Arbeitsbuch zu
K. P. C. Vollhardt,
N. E. Schore

# Organische Chemie

Dritte Auflage

Zusammengestellt von Neil E. Schore

WILEY-VCH

Das Lehrbuch:

K. Peter C. Vollhardt, Neil E. Schore

# Organische Chemie

Dritte Auflage

2000. XXX, 1445 Seiten mit 293 und 77 Tabellen.

ISBN 3-527-29819-3

Arbeitsbuch zu
K. P. C. Vollhardt,
N. E. Schore

# Organische Chemie

Dritte Auflage

Zusammengestellt von
Neil E. Schore

Übersetzt von
Eduard Krahé und
Nicole Kindler

WILEY-VCH

Weinheim · New York · Chichester
Brisbane · Singapore · Toronto

Titel der Originalausgabe:
Study Guide and Solutions Manual for Organic Chemistry, Third Edition
first published in the United States / erstmals erschienen in den Vereinigten Staaten bei:
W. H. Freeman and Company, New York, New York and Basingstoke


Prof. Dr. Neil E. Schore
Dept. of Chemistry
University of California, Davis
Davis, CA 95616
USA



Übersetzer: Prof. Dr. E. Krahé, Dr. Nicole Kindler

1. Auflage 1988
2. Auflage 1995
3. Auflage 2000

Die Deutsche Bibliothek - CIP-Einheitsaufnahme
Ein Titeldatensatz für diese Publikation ist bei Die Deutsche Bibliothek erhältlich

ISBN 3-527-30278-6


Satz: InVision Romania, 1900 Timisoara, Rumänien. Druck: Strauss Offsetdruck GmbH, D-69503 Mörlenbach.
Bindung: Josef Spinner Großbuchbinderei GmbH, D-77833 Ottersweier.
Printed in the Federal Republic of Germany.

# Vorwort

## Von Dozent zu Dozent...

„Ich lerne fleißig, ich besuche alle Vorlesungen und Seminare, ich bearbeite alle Übungen ... wie konnte es da nur passieren, daß ich in der Prüfung durchgefallen bin?“ - Haben wir das nicht alle schon einmal gehört? (Zumindest *vermute* ich, daß ich nicht der einzige bin.) Wie kommt es, daß sich ansonsten gute Studenten mit der organischen Chemie zuweilen so schwer tun? Und vor allem, wie kann man das ändern? Nun, in einer perfekten Welt hätten alle Studenten hinreichend Zeit, um jede Vorlesung sofort und gründlich nachzuarbeiten. Leider ist die Wirklichkeit nicht so ideal. Die Studenten müssen ihr Zeitbudget unter vielen Kursen verteilen, und weil das oft während des Semesters sehr schwierig ist, hängen sie hinterher. Wenn dann die Prüfungen ins Haus stehen, schnappt die Falle zu: sie versuchen, *alles* auswendig zu lernen. Und dann fragen sie sich, woran es wohl gelegen hat, daß die Prüfung schiefgegangen ist...

Nun, wir als Lehrer sollten darauf vorbereitet sein, und wir sollten wissen, wie wir den Studenten helfen können, es besser zu machen. Nach meiner Erfahrung hat es vor allem zwei Gründe, wenn es Schwierigkeiten gibt: erstens ein lückenhaftes Verständnis der elementaren Prinzipien und zweitens das Unvermögen, diese auf neue Situationen zu übertragen.

Ich finde, das erste Problem läßt sich in den Griff bekommen. Mit der organischen Chemie ist es wie mit einer Fremdsprache: Reaktionen und Mechanismen sind wie Vokabular und Grammatik. Diese Grundlagen können sich die Studenten in aller Regel aneignen, auch wenn es intensiven Lernens bedarf. Das Lehrbuch bietet dafür in vielerlei Hinsicht aktive Lernhilfen: Die ständige Hervorhebung eben dieser Prinzipien, die durchgehende und konsistente farbige Gestaltung, und die Betonung der Zusammenhänge des aktuellen Stoffs mit anderen Gebieten der organischen Chemie in den Einleitungen und Zusammenfassungen sollen das Lernen so leicht wie möglich machen.

Das zweite Problem erweist sich meist als schwieriger. Wir müssen den Studenten beibringen, welche der gelernten Zusammenhänge und „Regeln“ für eine gegebene Situation überhaupt relevant sind, und in welcher logischen Reihenfolge sie angewendet werden müssen. Es geht eben nicht darum, nur Fakten zu vermitteln, sondern einen gedanklichen Prozeß. Wie kann man das am besten bewerkstelligen? Ich finde, daß es am erfolgreichsten ist, wenn man die Lernenden Schritt für Schritt durch die Lösung eines Problems führt, auch wenn sie dabei anfangs nur die Perspektive des Zuschauers einnehmen. Wichtig ist es zu zeigen, an welchen Stellen es Alternativen gibt, welche davon verworfen werden können und warum, und wie die besseren weiter verfolgt und erneut geprüft werden können. Als ich die Lösungen für die Aufgaben ausarbeitete, habe ich versucht, diesen gedanklichen Prozeß zu illustrieren. Dabei sind meine Ausführungen in den ersten Kapiteln sehr detailliert, während ich in den späteren Kapiteln Einzelheiten zuweilen absichtlich weggelassen habe.

Erfolgreiches Lernen bedeutet aber auch, daß die Studenten unmittelbare Erfahrungen machen müssen. Daher beginnen manche Lösungen mit einem *Hinweis* auf den richtigen Lösungsweg und der Auffordemng, es nun erst noch einmal selbst zu versuchen. Oft ist es ja das Schwierigste, den richtigen Lösungsansatz zu finden, und auf diese Weise erhält der Lernende eine zweite Chance. Daneben habe ich auch versucht, Reaktionsmechanismen so vollständig und konsistent wie möglich darzustellen. Das geht so weit, daß die Pfeile für „Elektronenwanderungen“ manchmal noch bei simplen Protonenübertragungs-Reaktionen eingezeichnet sind. Das mag vielen von Ihnen übertrieben erscheinen, doch finde ich, daß Studenten zuweilen von Details verunsichert werden (oder aus ihnen Nutzen ziehen!), die uns völlig insignifikant erscheinen mögen.

Zu guter Letzt möchte ich noch anmerken, daß ich nicht glaube, unsere Aufgabe sei es, „den Studenten die organische Chemie beizubringen“. Vielmehr sollte es unser Ziel sein zu vermitteln, wie man das Lernen lernt - und das ist oft viel schwieriger. Ich hoffe, daß das Lehrbuch und dieses Arbeitsbuch eine gute Hilfe auf diesem Wege sind.

## An die Studenten – *oder:* Kann man die leidige Organik nicht einfach abschaffen?

Gute Frage. Doch warum wird sie gestellt? Wie kommt es eigentlich, daß die organische Chemie den Ruf hat, ein „Angstfach“ zu sein? Ich glaube, dafür gibt es einen guten Grund: Die organische Chemie gilt als Lernfach par excellence. Wer kennt nicht die einschlägigen Kommentare von Kommilitonen, die die Organik gerade (vorerst) hinter sich gebracht haben: „... da muß man Millionen von Reaktionen auswendig lernen, und dann wird man in der Prüfung noch nicht mal diese gefragt."

Wie in vielen Klischees steckt leider auch in diesem ein Körnchen Wahrheit. Sie werden vieles auswendig lernen müssen. Aber sicherlich nicht Millionen von Reaktionen! Wenn Sie das tun, werden Sie Glück haben müssen, um die Prüfung zu bestehen, selbst wenn Sie es schaffen sollten, Millionen von Reaktionen zu behalten. Was Sie indessen wirklich lernen müssen, sind einige grundlegende Eigenschaften von Atomen und Molekülen, einige Regeln, die beschreiben, warum und wie chemische Reaktionen ablaufen, und etliche verallgemeinerte Typen von Reaktionen. Die meisten Reaktionen, die Sie jemals sehen werden, lassen sich auf diese allgemeinen Typen zurückführen.
Sie werden also sehen, wie sich die unglaublich vielfältigen Details von einigen „Grundregeln" ableiten lassen. *Diese* müssen Sie sich aneignen, und zwar rasch, denn deren Kenntnis wird schon bald vorausgesetzt werden.

Nun ist ein Lehrbuch linear aufgebaut, es beginnt auf Seite 1 und präsentiert den Stoff sequentiell bis zum Schluß. Ähnliches gilt auch für die Vorlesung. Das ist didaktisch sicherlich nicht gerade ideal. Auf diese Weise könnte man vielleicht eher einen historischen Ablauf beschreiben, dem eine wohlbekannte zeitliche Abfolge der Ereignisse zugrunde liegt. In der Chemie geht es aber nicht so geradlinig zu: die Prinzipien, die in Kapitel 2 erarbeitet werden, braucht man in Kapitel 12 wie in Kapitel 22. Man könnte sagen, daß die Chemie ein mehrdimensional vernetztes Gebäude von Ideen, Konzepten, Theorien und Fakten ist. Und diese vielfältigen Querbeziehungen lassen sich in einem Lehrbuch leider nicht immer angemessen umsetzen.

Und hier kommt dieses Arbeitsbuch ins Spiel. Die Aufgaben des Lehrbuches zielen darauf ab, Querbeziehungen sichtbar zu machen und die Anwendung „alten" Stoffs auf „neue" Probleme zu fördern. Dabei reicht das Spektrum von einfachen „Repetieraufgaben", die *ein* neues Konzept wiederholt auf einige einfache Beispiele anwenden, bis hin zu schwierigen „Denksport-Aufgaben", in denen mehrere Aspekte zusammenspielen, alte wie neue, und das anhand von Beispielen, die nicht viel mit dem bereits Gelernten gemeinsam zu haben scheinen.

Wichtig für ein erfolgreiches Lernen ist: *Bearbeiten Sie die Aufgaben!* Wenn Sie nicht auf Anhieb einen geeigneten Lösungsansatz finden, versuchen Sie, die Aufgabe systematisch zu analysieren: was ist konzeptionell zu beachten und wie ist der Kontext? Wenn Sie jetzt immer noch nicht weiterkommen, nehmen Sie das Arbeitsbuch zur Hand. Oft werden Sie zuerst noch einen Hinweis auf den richtigen Lösungsweg erhalten. Versuchen Sie, mit Hilfe dieser Hinweise die Aufgabe selbständig zu lösen. Erst wenn das nicht klappt, sollten Sie die ausgearbeitete Lösung durchlesen. Versuchen Sie dabei, jeden einzelnen Schritt nachzuvollziehen! Fragen Sie sich jedesmal, ob Sie nun in der Lage wären, eine ähnliche Aufgabenstellung alleine zu bewältigen. Vor allem aber, fragen Sie sich, warum die betreffende Aufgabe gestellt wurde - welche Aspekte soll sie verdeutlichen, welche Analogien erkennen Sie, welche Extrapolationen oder Interpolationen werden bei der Lösung verwendet? Wenn Sie das gewissenhaft tun, kann in der Prüfung eigentlich nicht mehr viel schief gehen. *Viel Erfolg!*

Davis, California *Neil E. Schore*

# Inhalt


1 Struktur und Bindung organischer Moleküle **1**
2 Alkane: Moleküle ohne funktionelle Gruppen **9**
3 Die Reaktionen der Alkane – Pyrolyse und Dissoziationsenergien, Verbrennung und Wärmeinhalt, radikalische Halogenierung und relative Reaktivität **21**
4 Cyclische Alkane **33**
5 Stereoisomerie **47**
6 Eigenschaften und Reaktionen der Halogenalkane – Bimolekulare nucleophile Substitution **61**
7 Weitere Reaktionen der Halogenalkane – Unimolekulare Substitution und Eliminierung **73**
8 Alkohole – Eigenschaften der Hydroxyverbindungen, Einführung in die Synthesestrategie **85**
9 Weitere Reaktionen der Alkohole und die Chemie der Ether **97**
10 NMR-Spektroskopie zur Strukturaufklärung **113**
11 Struktur und Bindung organischer Moleküle **129**
12 Die Reaktionen der Alkene **143**
13 Alkine – Die Kohlenstoff-Kohlenstoff-Dreifachbindung **161**
14 Delokalisierte $\pi$-Systeme und ihre Untersuchung mit UV-VIS-Spektroskopie **171**
15 Die besondere Stabilität des cyclischen Elektronensextetts – Benzol, andere cyclische Polyene und die elektrophile aromatische Substitution **183**
16 Elektrophiler Angriff auf Benzolderivate – Substituenten beeinflussen die Regioselektivität **193**
17 Aldehyde und Ketone – Die Carbonylgruppe **203**
18 Enole und Enone – $\alpha,\beta$-ungesättige Alkohole, Aldehyde und Ketone **215**
19 Carbonsäuren **229**
20 Derivate von Carbonsäuren und Massenspektrometrie **239**
21 Amine und ihre Derivate – Stickstoffhaltige funktionelle Gruppen **251**
22 Chemie der Substituenten am Benzolring **265**
23 Dicarbonylverbindungen **281**
24 Kohlenhydrate – Polyfunktionelle Naturstoffe **295**
25 Heterocyclen – Heteroatome in cyclischen organischen Verbindungen **305**
26 Aminosäuren, Peptide und Proteine – Stickstoffhaltige natürliche Monomere und Polymere **317**

# Struktur und Bindung organischer Moleküle | 1

**1. (a)** $\ddot{\text{:}}\overset{..}{\underset{}{\text{Cl}}}\text{:}\overset{..}{\underset{..}{\text{F}}}\text{:}$

**(b)** $\text{:}\overset{..}{\underset{..}{\text{Br}}}\text{:}\,\text{C}\, \vdots\vdots\vdots\,\text{N:}$

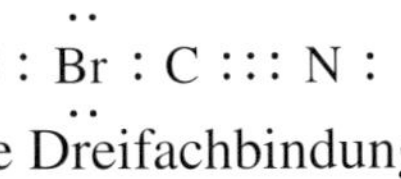

Die Dreifachbindung ist für die Ausbildung der Oktette an C und N erforderlich.

**(c)** $\text{H}\,\text{:}\overset{..}{\underset{..}{\text{O}}}\text{:}\overset{..}{\underset{..}{\text{Cl}}}\text{:}$

**(d)** $\text{:}\overset{..}{\underset{..}{\text{Cl}}}\text{:}\overset{\overset{+}{..}}{\underset{\underset{\text{:O:}}{..}}{\text{S}}}\text{:}\overset{..}{\underset{..}{\text{Cl}}}\text{:}$ ⟷ $\text{:}\overset{..}{\underset{..}{\text{Cl}}}\text{:}\overset{..}{\underset{\underset{\text{:O:}}{::}}{\text{S}}}\text{:}\overset{..}{\underset{..}{\text{Cl}}}\text{:}$

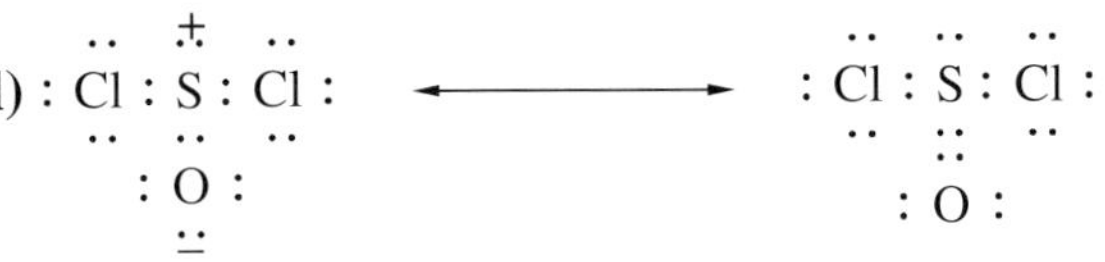

wichtiger (Oktette)

Man beachte, daß S über d-Orbitale verfügt und daher ein *fünftes* Elektronenpaar in seiner Valenzschale enthalten kann.

**(e)**
$$\text{H}\,\text{:}\overset{\overset{\text{H}\quad\text{H}}{..\quad ..}}{\underset{..}{\text{C}}}\text{:}\underset{..}{\text{N}}\text{:H}$$
(mit H unten)

**(f)**
$$\text{H}\,\text{:}\overset{\overset{\text{H}}{..}}{\underset{\underset{\text{H}}{..}}{\text{C}}}\text{:}\overset{..}{\underset{..}{\text{O}}}\text{:}\overset{\overset{\text{H}}{..}}{\underset{\underset{\text{H}}{..}}{\text{C}}}\text{:H}$$

**(g)** $\text{H}\,\text{:}\overset{..}{\text{N}}\text{::}\overset{..}{\text{N}}\text{:H}$   Doppelbindung zwischen den Stickstoffatomen.

**(h)** $\text{H}\,\text{:}\overset{\overset{\text{H}}{..}}{\text{C}}\text{::}\,\text{C}\,\text{::}\overset{..}{\underset{}{\text{O}}}\text{:}$   Ein Molekül mit zwei Doppelbindungen.

**(i)**
$\text{H}\,\text{:}\overset{..}{\text{N}}\text{::}\overset{+}{\text{N}}\text{::}\overset{\overline{..}}{\text{N}}\text{:}$ ⟷ $\text{H}\,\text{:}\overset{\overline{..}}{\underset{..}{\text{N}}}\text{:}\overset{+}{\text{N}}\,\vdots\vdots\vdots\,\text{N:}$

**(j)** $\text{:}\overset{\overline{..}}{\text{N}}\text{::}\overset{+}{\text{N}}\text{::}\overset{..}{\text{O}}$ ⟷ $\text{:N}\,\vdots\vdots\vdots\,\overset{+}{\text{N}}\text{:}\overset{\overline{..}}{\underset{..}{\text{O}}}\text{:}$

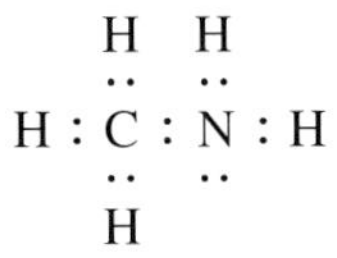

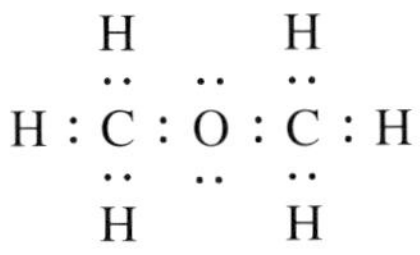

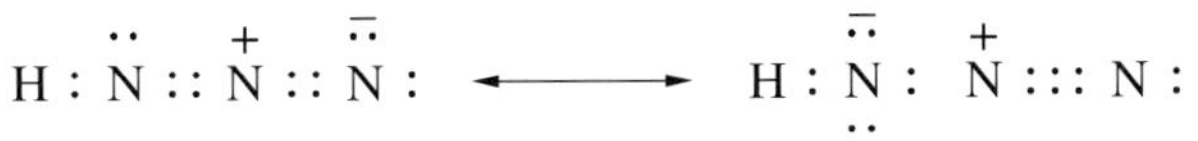

wichtiger (O elektronegativer als N)

**2.** Für die Antworten **1 (d)**, **(i)** und **(j)** sind bereits Resonanzstrukturen angegeben worden. Wie nachfolgend gezeigt wird, existieren auch viele weitere Verbindungen in Resonanzstrukturen. In jedem Fall ist aus den angeführten Gründen die untenstehende Form nicht annähernd so gut wie die in der Antwort zu Aufgabe 1.

**(b)** $\text{:}\overset{..}{\underset{..}{\text{Br}}}\text{:}\overset{+}{\text{C}}\text{::}\overset{\overline{..}}{\text{N}}\text{:}$ ⟷ $\text{:}\overset{+}{\underset{..}{\text{Br}}}\text{::}\,\text{C}\,\text{::}\overset{\overline{..}}{\text{N}}\text{:}$

(Kohlenstoffsextett)     (Ladungstrennung)

**(h)** $\text{H}\,\text{:}\overset{\overset{\text{H}}{}}{\text{C}}\text{::}\overset{+}{\text{C}}\text{:}\overset{\overline{..}}{\underset{..}{\text{O}}}\text{:}$

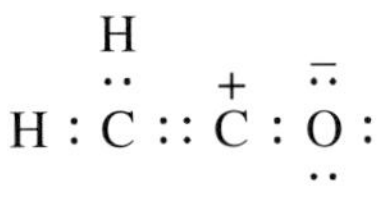

(Kohlenstoffsextett)

**3. (a)** :Ö : C ::: N :  ⟷  Ö :: C :: N̈ :

wichtiger (die negative Ladung bevorzugt das elektronegativere Atom Sauerstoff).

**(b)** H : C :: C : N̈ : H  ⟷  H : C : C :: N̈ : H
　　　　 H 　 H 　　　　　　　　　H 　 H

wichtiger (die negative Ladung bevorzugt das elektronegativere Atom Stickstoff).

**(c)**
　　Ö :　H 　　　　　 :Ö : H 　　　　 :Ö : H
　H : C : N̈ : H ⟷ H : C : N : H ⟷ H : C :: N : H
　　　　　　　　　　　　　+ 　　　　　　　　　 +

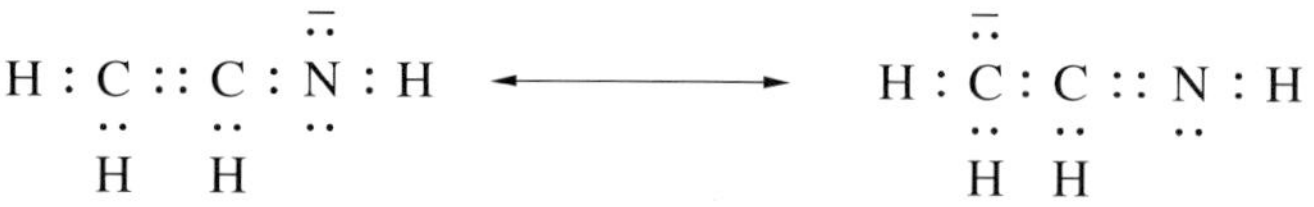

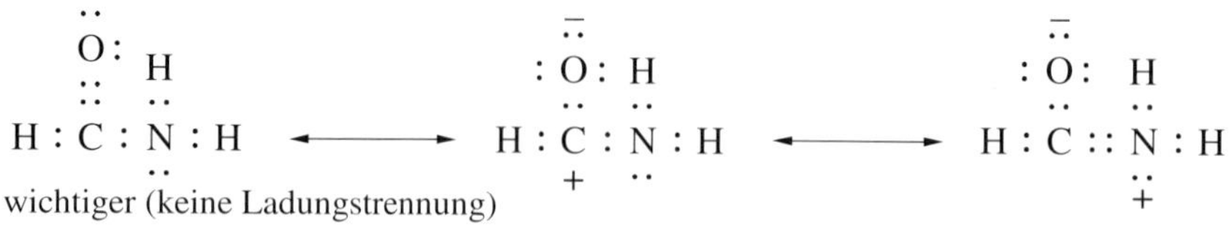

wichtiger (keine Ladungstrennung)

**(d)** :Ö : Ö :: O :  ⟷  :Ö :: Ö : Ö :  ⟷  :Ö : Ö : Ö :  ⟷  :Ö : Ö : Ö :

wichtiger, bevorzugt 　　　　　　 nicht so gut (Sauerstoff-Sextett)

**(e)**
　H 　　 H 　　　　　　 H 　H 　H 　　 identisch
H : C : C :: C : H ⟷ H : C :: C : C : H
　　+ 　　　　　　　　　　 +

**(f)** :Ö : S :: O :  ⟷  :Ö :: S :: O :  ⟷  :O :: S : Ö :

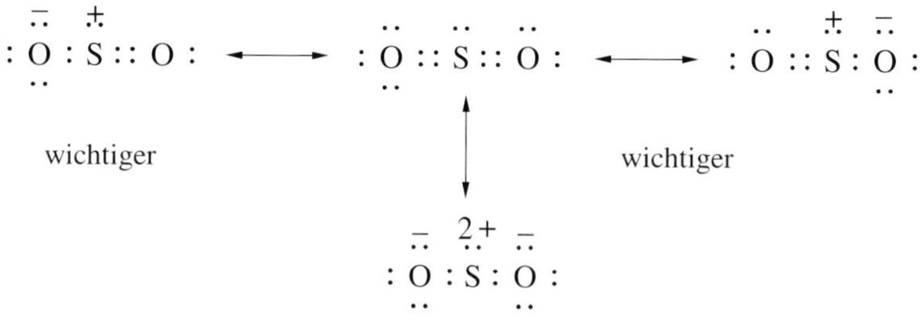

wichtiger 　　　　　　　　　　 wichtiger

　　　　　　:Ö : S : Ö :  　 2+

**(g)**
　H 　H 　　　　　　 H 　H
H : C :: N : H ⟷ H : C : N : H
　　　+ 　　　　　　　　+
wichtiger (Oktette) 　 (hier hat der Kohlenstoff ein Sextett)

**(h)**
　　H 　　　　　　　 H 　　　　　　　 H
H : C : N : H ⟷ H : C : N : H ⟷ H : C :: N : H
　:O + (positiver 　　:O : (Kohlenstoff- 　 :O : wichtiger
　H 　 Sauerstoff) 　 H 　 Sextett) 　　 H

**(i)** H : Ö : N :: O :  ⟷  H : Ö : N :: O :  ⟷  H : Ö :: N : O :
　　　: O : 　 identisch 　　 :O 　　　　　 :O :

schrecklich

**(j)**
　H 　　　　　　　 H 　　　　　　　 H
H : C : C :: N : O :  ⟷  H : C : C ::: N : O :  ⟷  H : C : C :: N : O :
　H 　　　　　　　 H 　　　　　　　 H
(Kohlenstoff-Sextett) 　 wichtiger (Sauerstoff ist elektronegativer als Kohlenstoff)

**4.** In einigen Fällen gibt es mehr als einen Weg, den Fehler zu interpretieren und zu korrigieren.

**(a)** Die Formelschreibweise impliziert, daß zwei Wasserstoffe und ein Kohlenstoff an das Sauer-

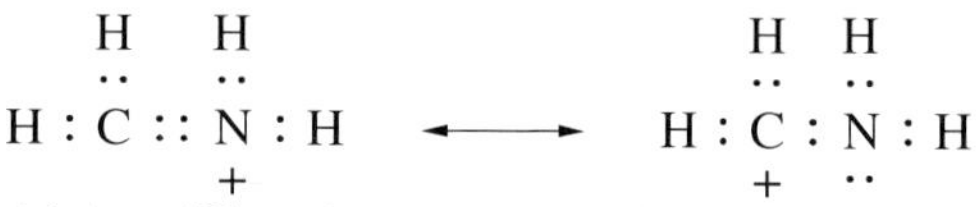

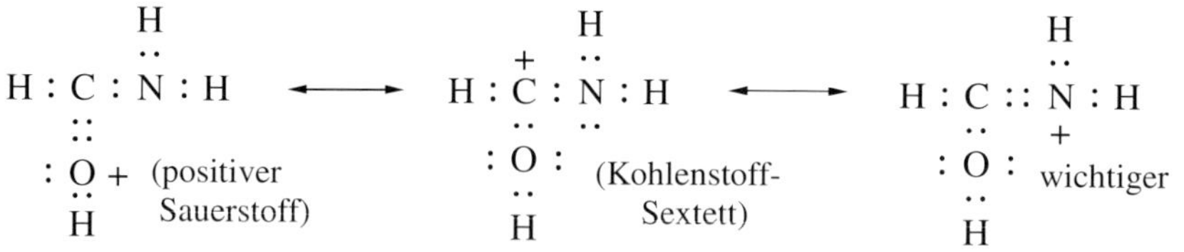

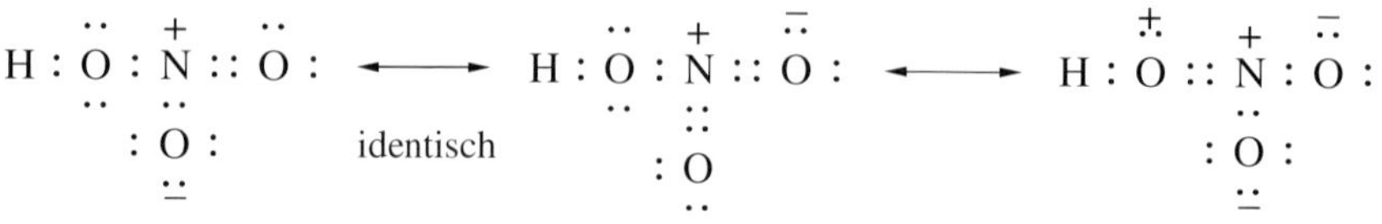

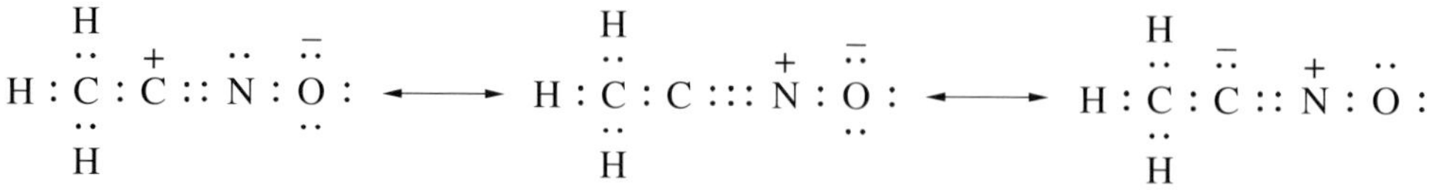

stoffatom gebunden sind, entgegen unseren gewöhnlichen Erwartungen insgesamt also drei Bindungen von diesem Atom ausgehen. Wir haben jedoch alle schon vom Hydronium-Ion, $H_3O^+$, gehört? Sein Sauerstoff ist dreibindig, positiv geladen und weist ein Oktett auf (siehe Lehrbuch, Seite 11). Die vorliegende Verbindung läßt sich entsprechend korrigieren: $H:\overset{+}{\ddot{O}}(H):\ddot{C}(H)(H):H$ . Der Kohlenstoff ist in Ordnung. Alternativ können wir eine Gruppe am Sauerstoff streichen und erhalten entweder $H_2O$ oder $HOCH_3$. (Gehen Sie in diesem und allen folgenden Abschnitten der Aufgabe, in denen ein neutrales Sauerstoffatom vorkommt, von zwei der freien Elektronenpaaren an selbigem aus.)

**(b)** Nun ist Sauerstoff in Ordnung, aber der Kohlenstoff hat nur drei Substituenten. Drei Korrekturmöglichkeiten: $H_2\overset{+}{C}OH$, $H_2\dot{C}OH$, und $H_2\overset{\bar{\cdot\cdot}}{C}OH$. Der Oktettregel genügt nur die letzte der drei Strukturen.

**(c)** Zehn Elektronen am Kohlenstoff (freies Elektronenpaar + 4 Bindungen). Entfernen Sie entweder zwei Elektronen, so daß $CH_4$ übrig bleibt, oder streichen Sie eine Bindung: in diesem Fall erhalten wir $^-:CH_3$.

**(d)** Stickstoff hat vier anstatt wie üblich drei Bindungen. Das Problem ähnelt somit dem in Teil **(a)**. Welche Verbindung mit vierbindigem Stickstoff kennen wir? Das Ammonium-Ion, $^+NH_4$. Formulieren Sie eine Lösung zu dieser Aufgabe in ähnlicher Weise: $^+NH_3OH$. Alternativ entfernen Sie eine der Gruppen am Sticktoff und gelangen entweder zu $:NH_3$, Ammoniak, oder zu $:NH_2OH$, das als Hydroxylamin bezeichnet wird.

**(e)** Fünf Bindungen am mittleren Kohlenstoff. Entfernen Sie ein H und Sie erhalten $CH_3{-}CH(CH_3){-}CH_3$.

**(f)** Das mittlere Kohlenstoff hat fünf Bindungen, das rechte nur drei. Wir könnten ein Wasserstoffatom verschieben: $CH_3 - CH = CH_2$.

**(g)** $HNO_2$ (salpetrige Säure) existiert tatsächlich, aber nicht in dieser Form, mit zehn Elektronen am Stickstoff. Die einfachste Lösung ist, ein H von N nach O zu verschieben, so daß man zu $H - O - N = O$ gelangt. Der Stickstoff hat ein freies Elektronenpaar.

**(h)** Fünf Bindungen an jedem Kohlenstoff. Streichen Sie an jedem ein H, so daß Sie zu $HC \equiv CH$ gelangen, oder reduzieren Sie die Dreifach- zu einer Doppelbindung: $H_2C = CH_2$.

**(i)** Werden Sie das seltsame H (zwei Bindungen!) in der Mitte los: $H_3C - CH_3$ (H–C(H)(H)–C(H)(H)–H)

**(j)** Vier Bindung zum mittleren Sauerstoff und nur zwei zum Kohlenstoff. Vertauschen Sie die Positionen: $O = C = O$.

**5. (a)** (i) $R:\ddot{B}(R):\ddot{N}(R):R \longleftrightarrow R:\overset{-}{\ddot{B}}(R)::\overset{+}{\ddot{N}}(R):R$ (ii) $R:\ddot{B}(R):\ddot{O}:R \longleftrightarrow R:\overset{-}{\ddot{B}}(R)::\overset{+}{\ddot{O}}:R$

(iii) $R:\ddot{B}(R):\ddot{F}: \longleftrightarrow R:\overset{-}{\ddot{B}}(R)::\overset{+}{\ddot{F}}:$

**(b)** Das Oktett hat die Priorität vor der Elektronegativität, darum werden bei allen drei Verbindungen die Strukturen mit Doppelbindung bevorzugt.

**(c)** Wegen der Reihenfolge F > O > N der Elektronegativitäten wird die Doppelbindungsstruktur von $R_2BF$, die dem elektronegativsten Element (F) eine positive Ladung erteilt, am wenigsten bevorzugt. Die Bedeutung der Doppelbindungsstruktur nimmt für $R_2BOR$ zu und erreicht ihr Maximum für $R_2BNR_2$, weil die Elektronegativität des positiv geladenen Atoms in der Doppelbindungsstruktur abnimmt.

(d) Die Resonanzstrukturen mit Doppelbindung in (i) und (ii) erfordern eine $sp^2$-Hybridisierung von N und O.

**6.** Jedes markierte Kohlenstoff-Atom ist mit drei weiteren so verknüpft, daß diese trigonal-planar angeordnet sind, zu einem vierten Kohlenstoff-Atom (das andere markierte Kohlenstoff-Atom) bildet es eine Bindung aus, die auf der Ebene, die durch die trigonale Anordnung aufgespannt wird, senkrecht steht:

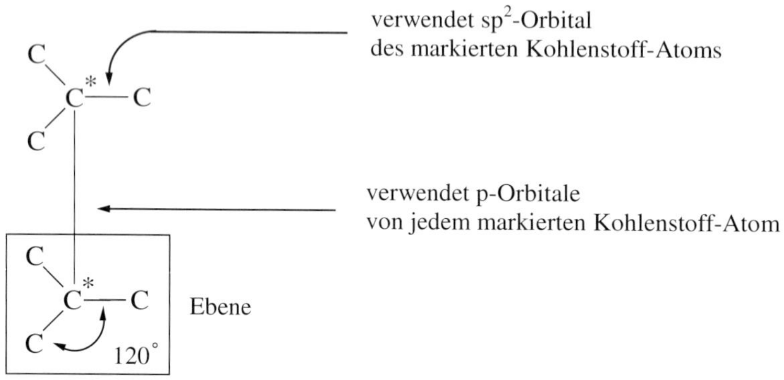


Dies steht in Einklang mit einer $sp^2$–Hybridisierung; $sp^2$-Orbitale bilden zu den anderen drei Kohlenstoff-Atomen Bindungen aus, die sich alle in einer Ebene befinden, und ein reines p-Orbital stellt die Verknüpfung zum vierten Kohlenstoff-Atom her.
Die Bindung zwischen den zwei markierten Kohlenstoff-Atomen kommt durch axiale („end-to-end") Überlagerung (s) von zwei nichthybridisierten p-Orbitalen zustande und ist darum länger und schwächer als normale $sp^3$-$sp^3$ C–C-Einfachbindungen.

**7.** (Man vergleiche Übung **1-9**)
**(a)** Die Molekülorbitale erhält man wie folgt:

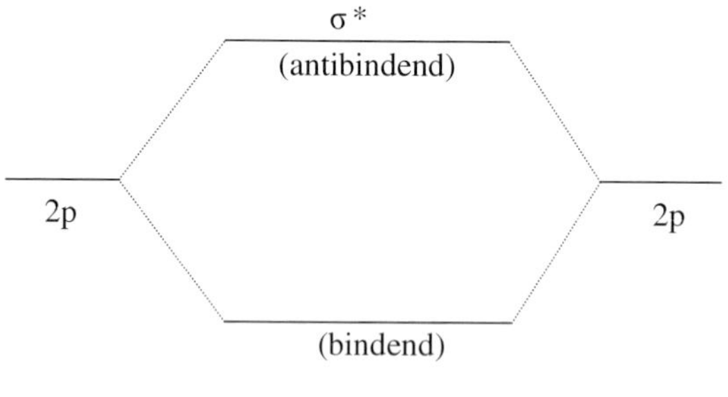


Daher sind die resultierenden Elektronenkonfigurationen für $H_2(\sigma)^2$ mit 2 bindenden Elektronen und für $H_2^+(\sigma)^1$ mit 1 bindenden Elektron. Daher besitzt $H_2$ die stärkere Bindung.

**(b)** und **(c)** Die in Frage kommenden Orbitale sind:

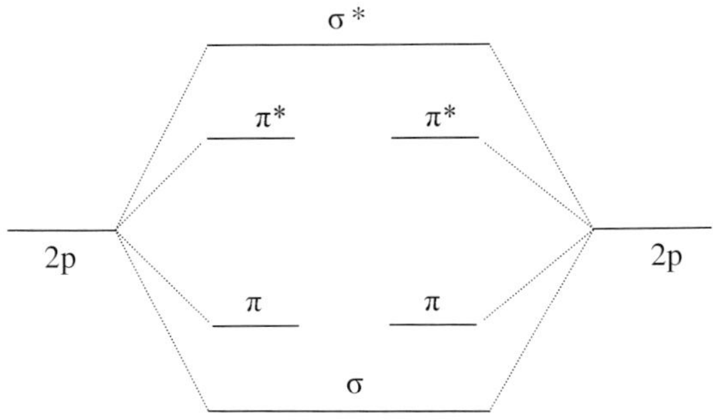


Zu **(b)**, $O_2$, $(\sigma)^2(\pi)^2(\pi)^2(\pi^*)^1(\pi^*)^1$, 4 bindende Elektronen gegenüber $O_2^+$, $(\sigma)^2(\pi)^2(\pi)^2(\pi^*)^1$, mit 5 bindenden Elektronen. Daher hat $O_2^+$ die stärkere Bindung.
Zu **(c)**, $N_2$, $(\sigma)^2(\pi)^2(\pi)^2$, 6 bindende Elektronen gegenüber $N_2^+$, $(\sigma)^2(\pi)^2(\pi)^1$ mit 5 bindenden Elektronen. Darum ist die Bindung in $N_2$ stärker.

**8. (a)**, **(b)** und **(c)**. Jedes Kohlenstoff-Atom ist mit vier weiteren Atomen verbunden und besitzt daher angenäherte Tetraeder-Geometrie. Jedes Kohlenstoff-Atom in diesen Molekülen ist $sp^3$-hybridisiert.

**(d)** Jedes Kohlenstoff-Atom ist mit drei weiteren Atomen verbunden (2 Wasserstoff-Atome und das andere Kohlenstoff-Atom). Bei den Bindungen zu Wasserstoff handelt es sich um σ-Bindungen. Eine der Kohlenstoff-Kohlenstoff-Bindungen ist eine σ-Bindung, und die andere Kohlenstoff-Kohlenstoff-Bindung ist eine π-Bindung. Für jedes Kohlenstoff-Atom ergibt sich ungefähr eine trigonal-planare Geometrie (wie bei Bor in $BH_3$) mit $sp^2$-Hybridisierung. Mit anderen Worten benutzt jedes Kohlenstoff-Atom in drei σ-Bindungen $sp^2$–Orbitale und das übriggebliebene p-Orbital in einer π-Bindung.

**(e)** Jedes Kohlenstoff-Atom ist mit zwei weiteren Atomen verbunden (ein Wasserstoff-Atom und das andere Kohlenstoff-Atom). Die C–H–Bindungen sind σ-Bindungen, das gilt auch für eine der C–C- Bindungen. Die anderen beiden C–C–Bindungen (der Dreifachbindung) sind π-Bindungen. Die von jedem Kohlenstoff ausgehenden Bindungen sind linear angeordnet (wie bei Beryllium in $BeH_2$), und jedes Kohlenstoff-Atom ist sp-hybridisiert. Jedes Kohlenstoff-Atom benutzt zwei sp-Orbitale für σ-Bindungen und zwei p-Orbitale für π-Bindungen.

**(f)**

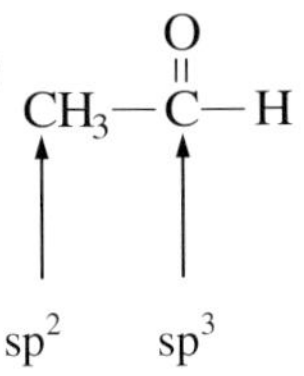


**(g)** Die Hybridisierung muß so erfolgen, daß beide Kohlenstoff-Atome Doppelbindungen ausbilden können (Resonanzstruktur auf der rechten Seite). Beide sind daher $sp^2$-hybridisiert.

**9. (a)** (i) Das negativ geladene Kohlenstoff-Atom ist mit drei weiteren Atomen verbunden und hat ein freies Elektronpaar ähnlich wie N in $NH_3$: $sp^3$.

(ii) Man vergleiche mit 7 (d): Das Kohlenstoff-Atom ist $sp^2$-hybridisiert (die Doppelbindung benötigt ein p-Orbital).

(iii) Man vergleiche mit 7 (e): Das Kohlenstoff-Atom ist sp-hybridisiert (die Dreifachbindung erforderz zwei p-Orbitale).

**(b)** Da s-Orbitale kleiner sind als p-Orbitale, halten sich s-Elektronen näher am Kern auf als p-Elektronen. Darum befinden sich Elektronen in Orbitalen mit hohem s-Charakter (z.B. sp in dem $\frac{1}{2}$ s enthalten ist) näher am Kern als Elektronen in Orbitalen mit weniger s-Charakter ($sp^2$, $\frac{1}{3}$ s oder $sp^3$, $\frac{1}{4}$ s). Die Stabilität der negativen Ladung gehorcht daher der folgenden Reihenfolge

$$sp > sp^2 > sp^3 \text{ oder } HC_2^- > CH_2CH^- > CH_3CH_2^-.$$

(c) $HC \equiv CH > CH_2 = CH_2 > CH_3CH_3$ die Säurestärke verläuft parallel zur Stabilität der konjugierten Base.

**10.** Wir nehmen an, daß in jedem Falle eine Gesamtmenge von 100 g vorliegt, und teilen jede Prozentzahl durch die Atommasse der betreffenden Elementsorte. Wir erhalten so die relativen Molzahlen der in dem Molekül enthaltenen Elemente.

**(a)** C: 92,31/12 = 7,69 und H: 7,69/1 = 7,69. Die empirische Formel lautet daher CH (gleiche Zahlen von C und H). Zu Molekülen, die dieser Analyse entsprechen, gehören Ethin, $C_2H_2$, und Benzol, $C_6H_6$.

**(b)** C: 62,07/12 = 5,17; H: 10,34/1 = 10,34. Für den O-Anteil erhalten wir 100 – (62,07 + 10,34) = 27,59 %; damit erhalten wir für O 27,59/16 = 1,72. Wir verwenden 1,72 als gemeinsamen Faktor und erhalten 5,17/1,72 = 3 Atome C für jedes O und 10,34/1,72 = 6 Atome H für jedes O. Die Antwort lautet $C_3H_6O$.

**(c)** C: 71,11/12 = 5,92; H: 6,67/1 = 6,67; N: 10,37/14 = 0,74; O: 11,85/16 = 0,74. Die Antwort lautet: $C_8H_9NO$.

**(d)** C: 48,70/12 = 4,06; H: 290/1 = 2,90; Cl: 20,58/35,5 = 0,58; O: 27,82/16 = 1,74. Die Antwort lautet: $C_7H_5ClO_3$.

**(e)** $C_7H_{16}$ **(f)** $C_2H_2O$

**11. (a)** 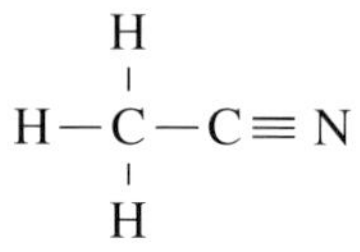 **(b)** 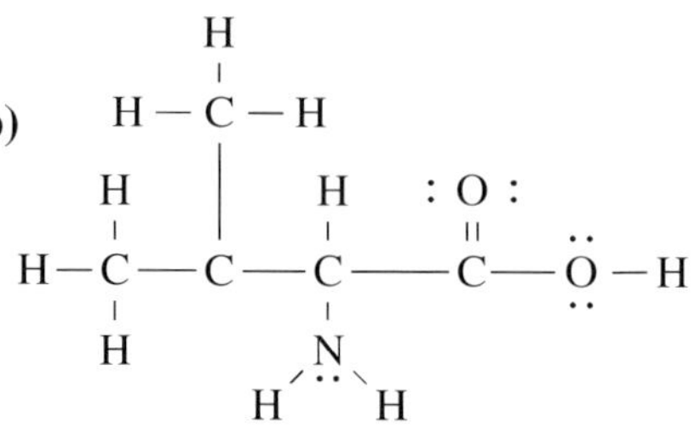 **(c)** 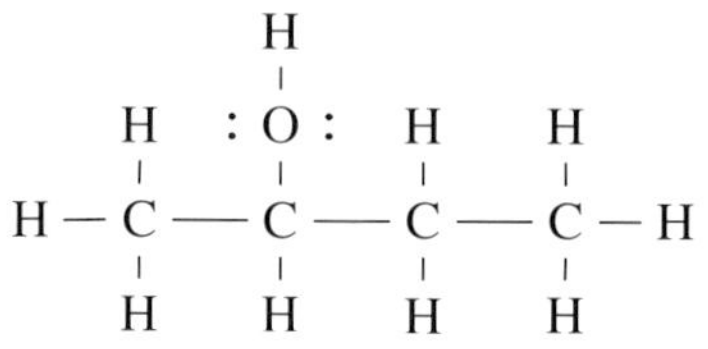

**(d)** 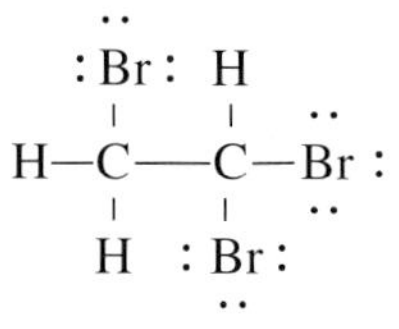 **(e)** 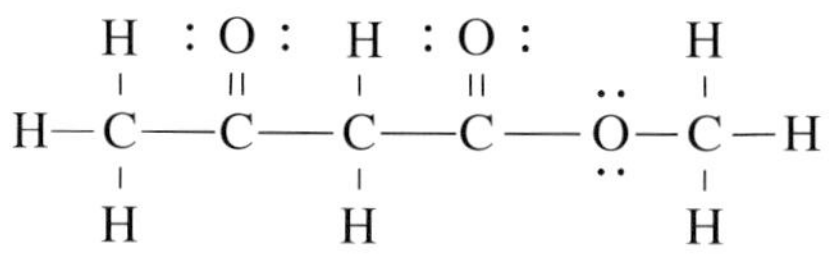 **(f)** 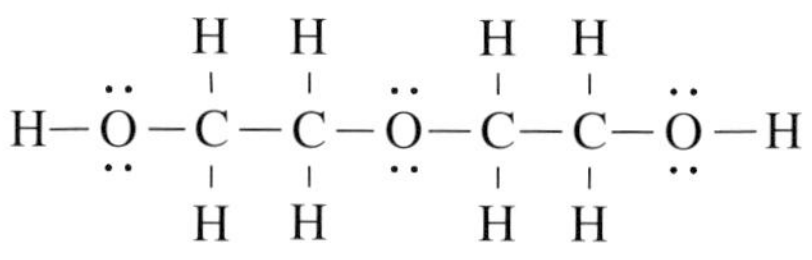

Strichformeln geben *nicht* die echten Bindungswinkel wieder.

**12. (a)** $H_2NCH_2CH_2NH_2$ **(b)** $CH_3CH_2OCH_2CN$ **(c)** $CHBr_3$

**13. (a)** $(CH_3)_2NH$ **(b)** $CH_3\text{–}\overset{\overset{\displaystyle O}{\|}}{C}\text{–}NCH_2CH_3$ **(c)** $CH_3CHOHCH_2CH_2SH$

**(d)** $CF_3CH_2OH$ **(e)** $CH_3CH = C(CH_3)_2$ **(f)** $CH_2 = CHC\underset{\underset{\displaystyle O}{\|}}{C}H_3$

**14. (a)** 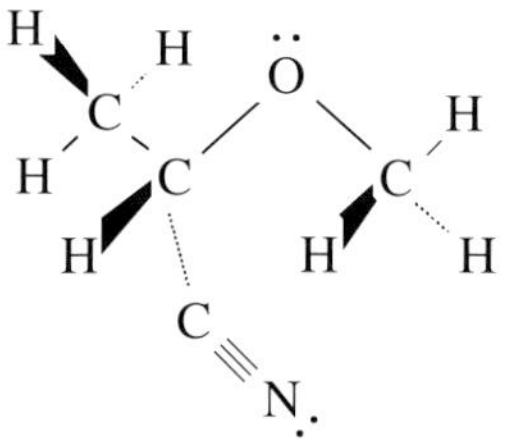 **(b)** 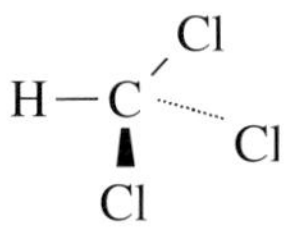 **(c)** 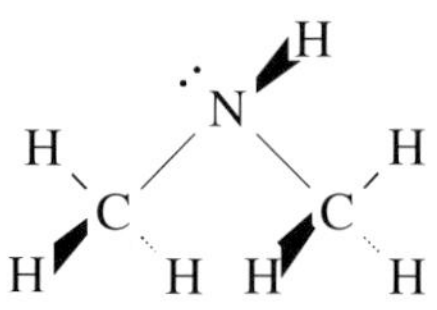 **(d)** 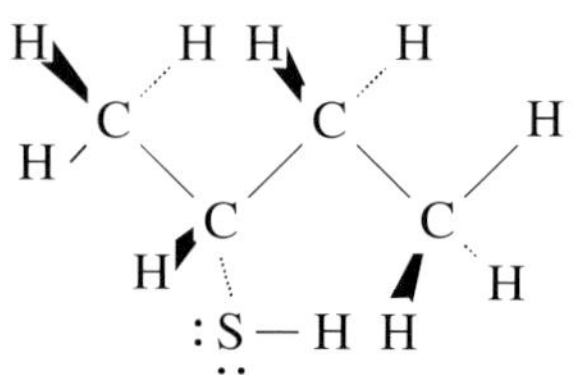

**15.** In jedem einzelnen Fall berechne man zunächst die Molekülmasse *M*.

**(a)** $M$ = 180,15; C = 9(12,011)/180,15 = 60,00 %; H = 8(1,0079)/180,15 = 4,48 %; O = 4(15,9994)/180,15 = 35,53 %.

**(b)** $M$ = 151,15; C = 63,56 %; H = 6,00 %; N = 9,27 %; O = 21,17 %.

**(c)** $M$ = 206,27; C = 75,69 %; H = 8,80 %; O = 15,51 %.

**(d)** $M$ = 183, 18; C = 45,89 %; H = 2,75 %; N = 7,65 %; O = 26,20 %; S = 17,50 %.

**(e)** $M$ = 179,24; C = 40,20 %; H = 7,31 %; N = 7,85 %; O = 26,78 %; S = 17,89 %.

**(f)** $M$ = 294,30; C = 57,14 %; H = 6,16 %; N = 9,52 %; O = 27,18 %.

**16. (e)** > **(c)** > **(d)** > **(a)** > **(b)**. Für das Kation ist die Situation klar; bei den anderen hängt der positive Charakter des Kohlenstoff-Atoms von der Anzahl der (polarisierten) Bindungen zu elektronegativen Atomen ab.

**17. (a)** C – O, O – H **(b)** irgendeine C – C - Gruppierung **(c)** C ≡ C **(d)** C = C
(with arrows under both C atoms in (c) and (d))

**(e)** irgendein C mit 4 Einfachbindungen **(f)** C — C = C oder C – C ≡ C
(with arrows under the first two C atoms)

**18. (a)**

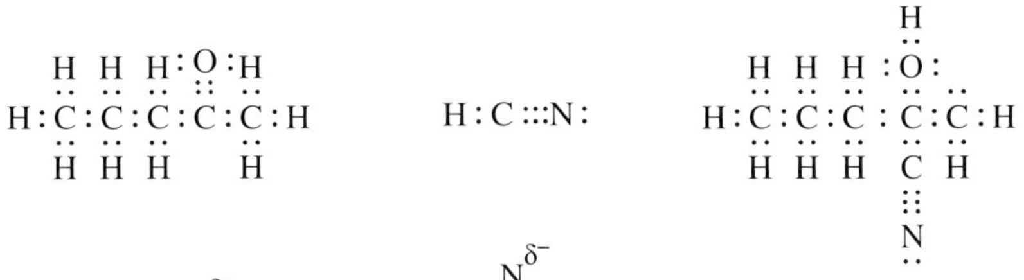

**(b)** und **(c)**

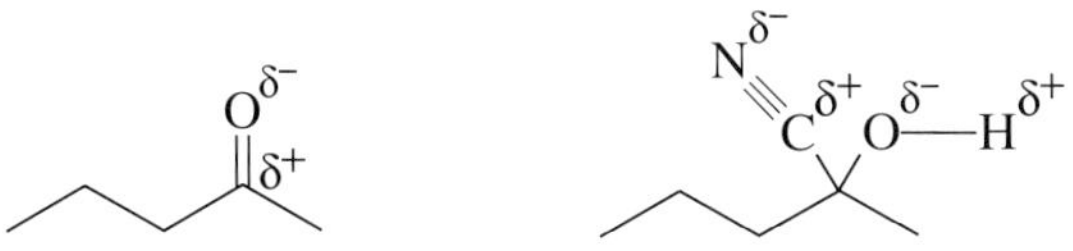

**(d)**

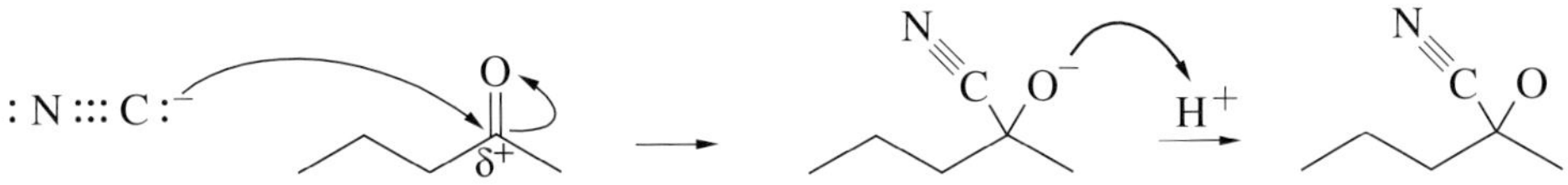

Der positivierte Kohlenstoff, der vom Cyanid-Ion angegriffen wird, besitzt bereits acht Valenzelektronen. Damit die Oktettregel nicht verletzt wird, muß sich eines der Doppelbindungselektronenpaare zum Sauerstoffatom hinbewegen.

# Alkane: Moleküle ohne funktionelle Gruppen

# 2

**1.** Zur Bestimmung der Bindungspolaritäten benutze man eine Elektronegativitätstabelle. Butan, 2-Methylpropen, 2-Butin und Methylbenzol haben keine polarisierten Bindungen. Die anderen Strukturen haben die nachfolgend gezeigten polarisierten Bindungen

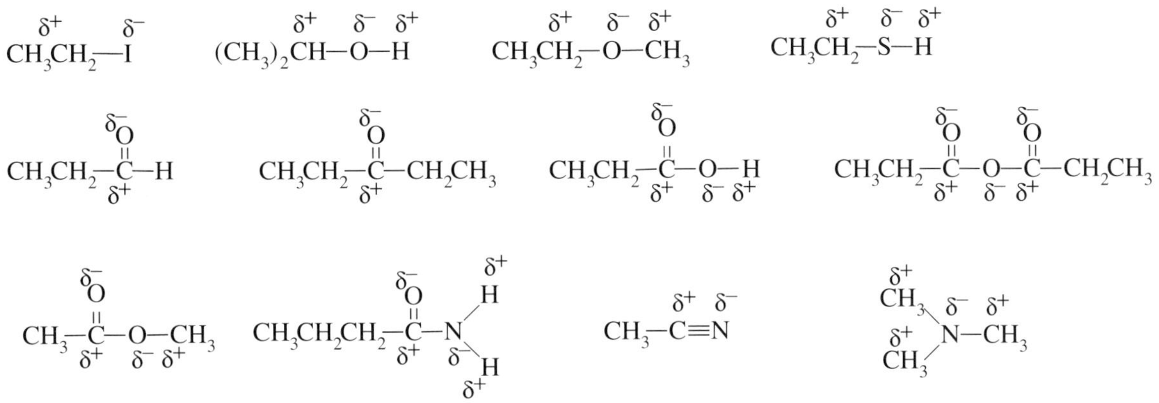

**2. (a)** 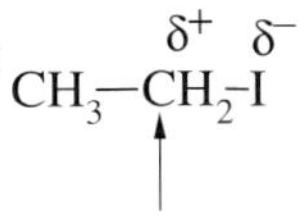 Das positivierte Kohlenstoff-Atom zieht das negativ geladene Sauerstoff-Atom des Hydroxid-Ions an.

**(b)** 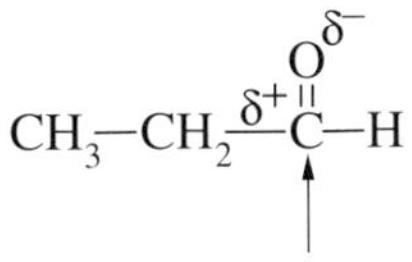

Das positivierte Kohlenstoff-Atom zieht das freie Elektronenpaar am negativierten Stickstoff-Atom von Ammoniak an. Gleichzeitig zieht das negativierte Sauerstoff-Atom ein positiviertes Wasserstoff-Atom von Ammoniak an.

**(c)** 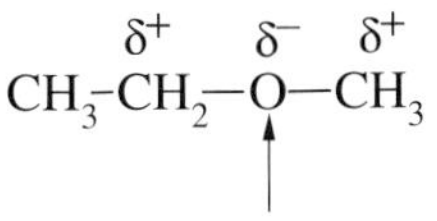 Ein freies Elektronenpaar des negativierten Sauerstoff-Atoms bindet ein $H^+$.

**(d)** 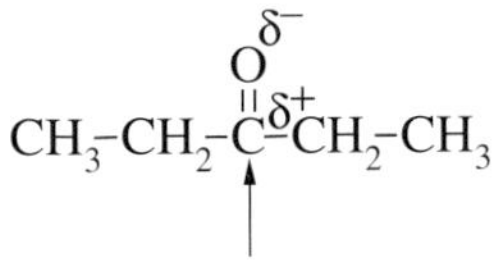 Das positivierte Kohlenstoff-Atom des Ketons zieht das negativ geladene Kohlenstoff-Atom des Carbanions an.

**(e)** 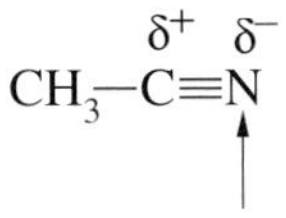 Das freie Elektronenpaar an Stickstoff sollte von dem positiv geladenen Kohlenstoff-Atom angezogen werden.

**(f)** Keine Reaktion. Butan hat keine polarisierten Atome und sollte daher mit geladenen oder polarisierten Teilchen nicht reagieren können.

**3.** Man denke daran, daß Kurzstrukturformeln nur zeigen, auf welche Weise Atome mit anderen Atomen verknüpft sind und *nicht* die wirkliche räumliche Gestalt eines Moleküls. Die längste Kette ist die Kette mit den meisten Atomen, nicht unbedingt diejenige, die in einer einzigen horizontalen Linie in diesen Formeln gezeichnet ist.

**(a)** 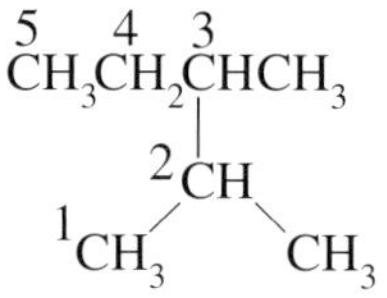 2,3-Dimethylpentan

**(b)** Die Hauptkette ist bereits horizontal; man numeriert von links nach rechts (Nonan): 2-Methyl-5(1-methylethyl)-5(1-methylpropyl)nonan.

**(c)** 3,3-Diethylpentan, egal, auf welche Weise man es betrachtet.

**(d)** Die Umzeichnung ergibt: 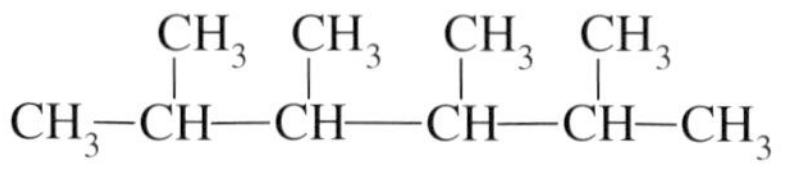 2,3,4,5-Tetramethylhexan.

**(e)** Hauptkette 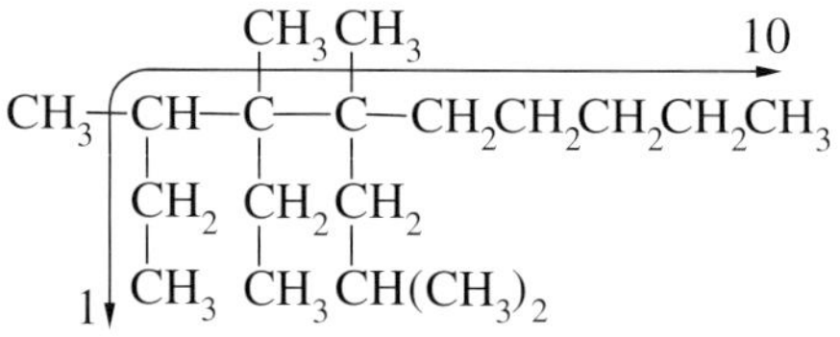 (10 Kohlenstoff-Atome)

4-Ethyl-3,4,5-trimethyl-5-(2-methylpropyl)decan.

**(f)** Hexan (lassen Sie sich nicht durch die Art und Weise der Darstellung beirren).

**(g)** 2-Methylpropan. Wenn nötig, zeichnen Sie dieses und auch die nächsten drei unter Darstellung aller Atome um.

**(h)** 2,2-Dimethylbutan **(i)** 2-Methylpentan **(j)** 2,5-Dimethyl-4-(1-methylethyl)heptan

**4. (a)** 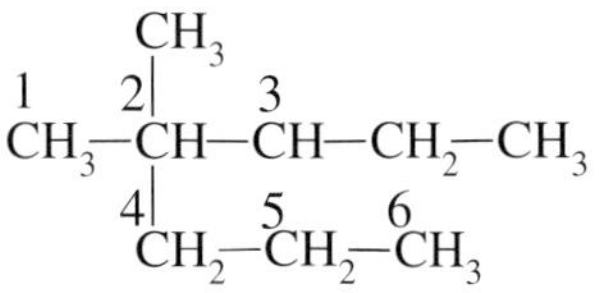

„Pentan" ist kein korrekter Name. Der korrekte Name ist 3-Ethyl-2-methylhexan.

**(b)** 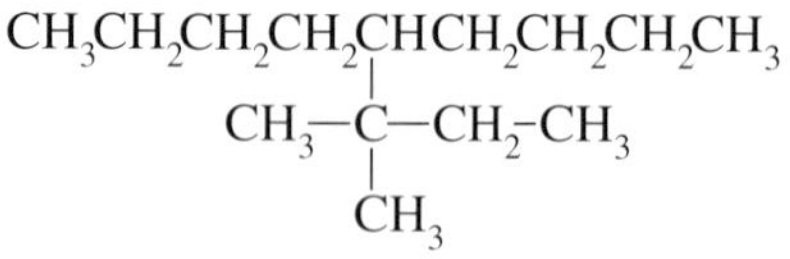 Der Name ist korrekt.

**(c)** 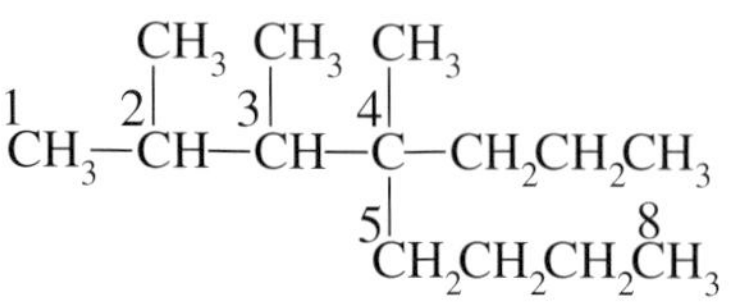

Es handelt sich nicht um ein „Heptan". Es ist 2,3,4-Trimethyl-4-propyloctan.

**(d)** 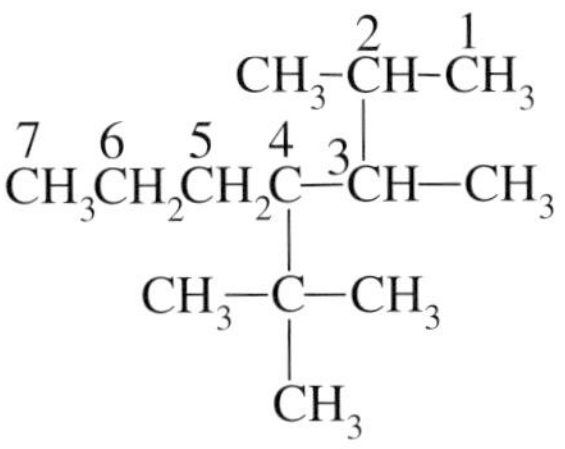

Hauptkette und Numerierung sind beide falsch. Es handelt sich um 2,3-Dimethyl-4-(1,1-dimethylethyl)heptan.

**(e)** 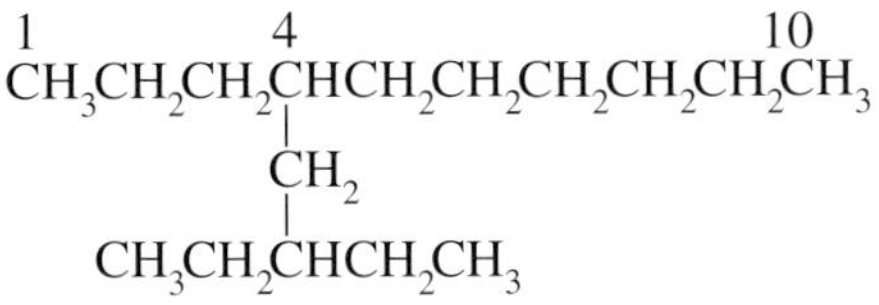 Der Name ist korrekt.

**(f)** 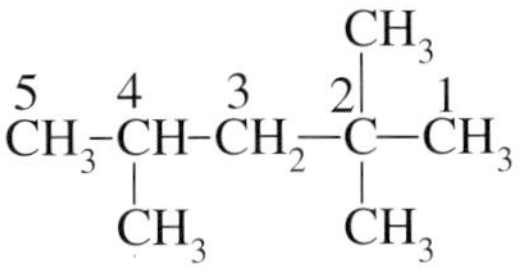

Die Numerierung muß umgekehrt erfolgen. Es handelt sich um 2,2,4-Trimethylpentan.

**(g)** 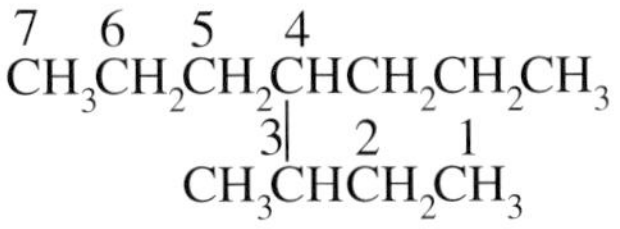

Die Hauptkette widerspricht der Regel von der „maximalen Anzahl von Substituenten". Es handelt sich um 3-Methyl-4-propylheptan.

**5.** Beantworten Sie die Fragen nicht in der Weise, daß Sie ziellos mögliche Strukturen hinschreiben. Sie werden mit Sicherheit manche Moleküle mehr als einmal formulieren. Gehen Sie das Problem systematisch an: Formulieren Sie Antworten mit sukzessiv kürzer werdenden Hauptketten, wie hier gezeigt.

**(a)** $CH_3CH_2CH_2CH_2CH_2CH_2CH_3$ Heptan (Hauptkette mit 7 Kohlenstoff-Atomen)

**(b)**  2-Methylhexan (Hauptkette mit 6 Kohlenstoff-Atomen)

**(c)** 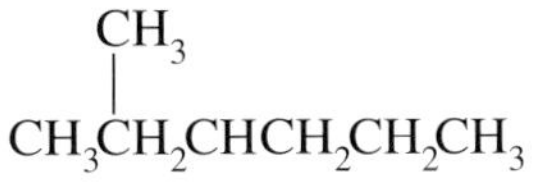 3-Methylhexan

**(d)** 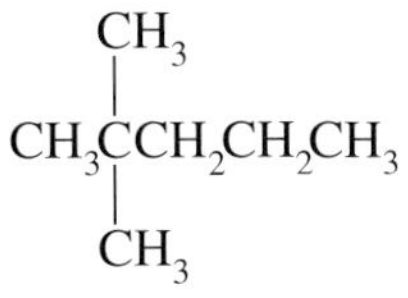 2,2-Dimethylpentan

**(e)** 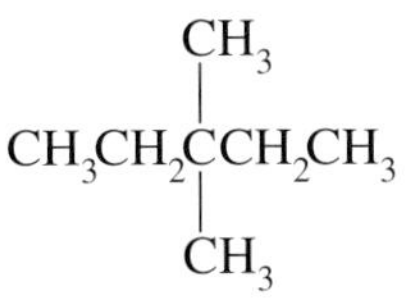 3,3-Dimethylpentan

**(f)** 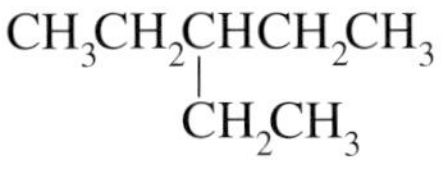 3-Ethylpentan

$$CH_3$$
$$|$$
**(g)** $CH_3CHCHCH_2CH_3$    2,3-Dimethylpentan (Hauptkette mit 5 Kohlenstoff-Atomen)
$$|$$
$$CH_3$$

$$CH_3$$
$$|$$
**(h)** $CH_3CHCH_2CHCH_3$    2,4-Dimethylpentan
$$|$$
$$CH_3$$

$$CH_3$$
$$|$$
**(i)** $CH_3C\text{---}CHCH_3$    2,2,3-Trimethylbutan (Hauptkette mit 4 Kohlenstoff-Atomen)
$$|\quad|$$
$$CH_3\ CH_3$$

Damit haben wir alle möglichen $C_7H_{16}$-Isomere erhalten.

**6. (a)** $CH_3\text{---}CH_3$    Beide Kohlenstoff-Atome sind primär.

**(b)** $(CH_3)\text{---}CH_2\text{-}CH_2\text{-}CH_2\text{---}(CH_3)$    **(c)** $(CH_3)\text{---}CH\text{-}CH_2\text{---}(CH_3)$

primär    sekundär    primär        primär    sekundär
                                            tertiär

$(CH_3)$ ← primär

**(d)** $CH_3\text{---}C\text{---}C\text{---}CH\text{---}CH_3$    alle CH$_3$-Gruppen sind primär.

$CH_3\ CH_3\ CH_3$ (above)

$CH_3\ |CH_2|$    tertiär

$CH_3$    sekundär

**7.** Die Bezeichnung erfolgt in Abhängigkeit vom Typ des Kohlenstoff-Atom in Stellung 1 (dem „Verknüpfungspunkt").

primär
↓    $CH_3$
$|$
**(a)** $\boxed{CH_2}\text{-}CH\text{-}CH_2\text{-}CH_3$    primär; 2-Methylbutyl

1    2    3    4

**(b)** primär; 3-Methylbutyl

**(c)** sekundär; 1,2-Dimethylpropyl    **(e)** sekundär; 1,2-Dimethylbutyl

**(d)** primär; 2-Ethylbutyl    **(f)** tertiär; 1-Methyl-l-ethylpropyl

**8.** Erst sollen die Strukturen hingeschrieben werden. Die Siedepunkte steigen in dem Maße an, wie das Molekül weniger verzweigt wird und allmählich einer geradlinigen Kettenstruktur gleicht. (Geradlinige Ketten haben mehr Oberfläche und darum stärkere Van-der-Waals-Wechselwirkungen). Darum steigen die Siedepunkte in der Reihenfolge **(d)** < **(c)** < **(a)** < **(b)** an.

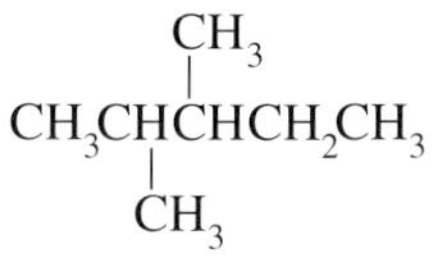

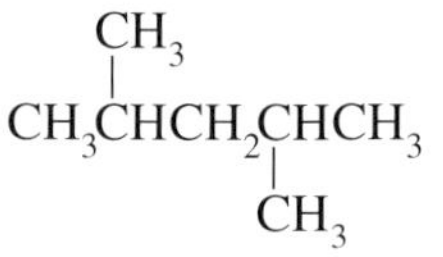

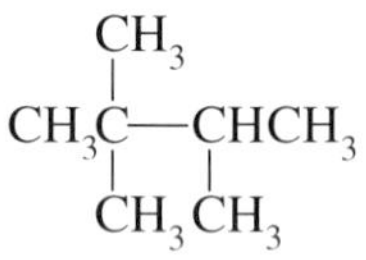

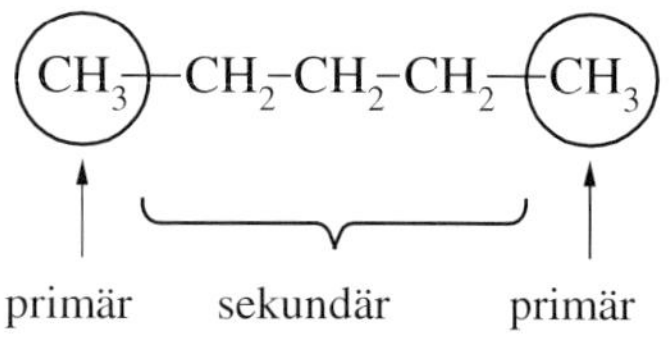

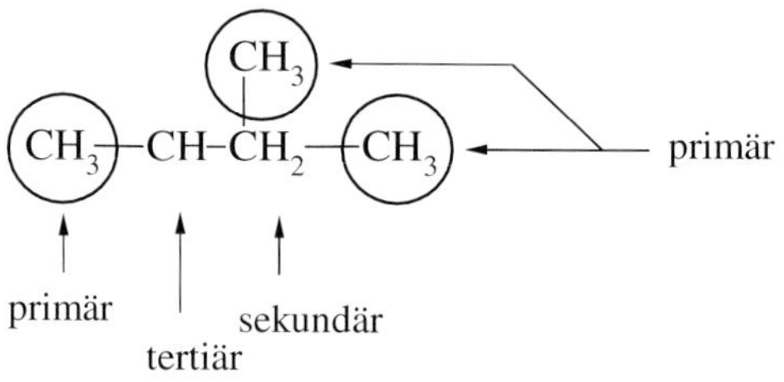

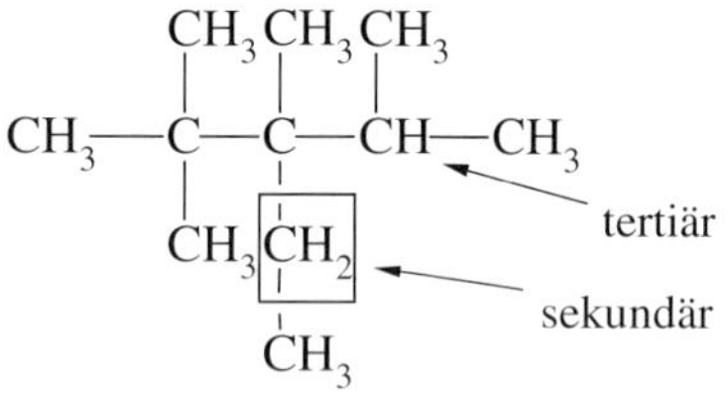

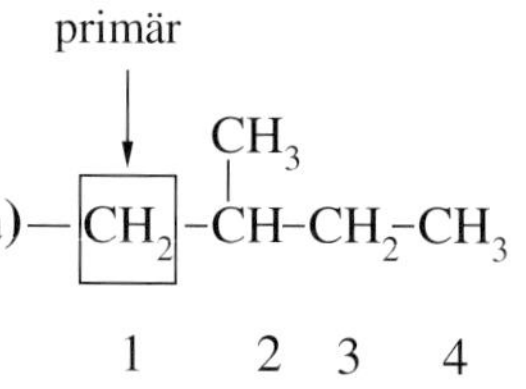

**9.** **(a)**

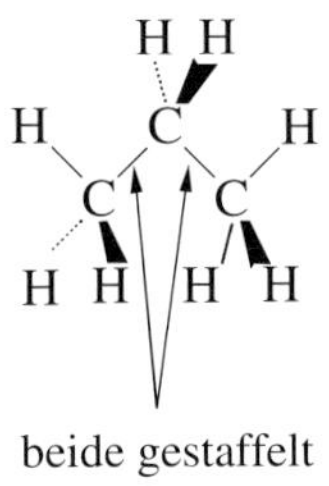


**(b)**

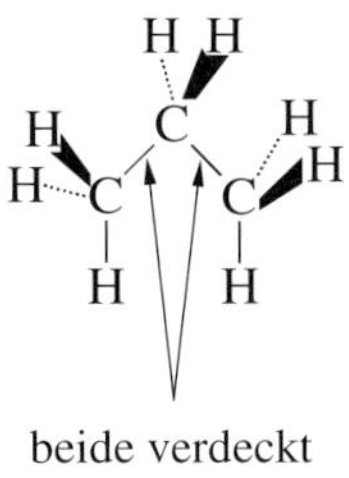


Man beachte bei **(c)** und **(b)** daß sich anti- und gauche- auf Konformationen um C–C-Bindungen herum beziehen, bei denen jedes Kohlenstoff-Atom eine Gruppe trägt, die nicht Wasserstoff ist. Darum braucht nur die $C_2$–$C_3$-Bindung berücksichtigt zu werden.

**(c)**

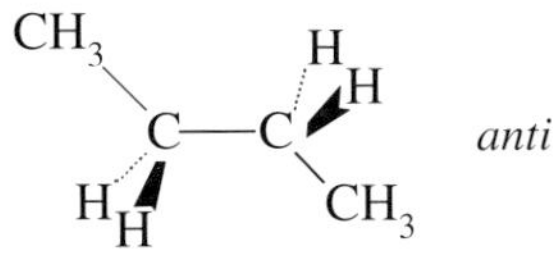


**(d)**

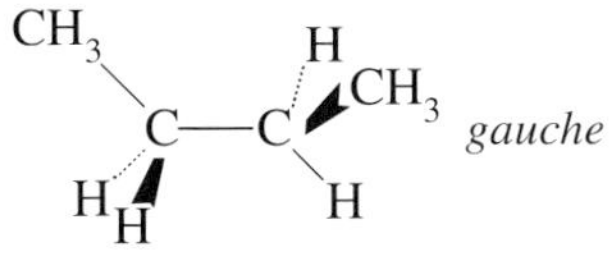


**10.** **(a)** $CH_3-CH(CH_3)-CH_2-CH_3$ (C-2, C-3) Die günstigste Konformation ist

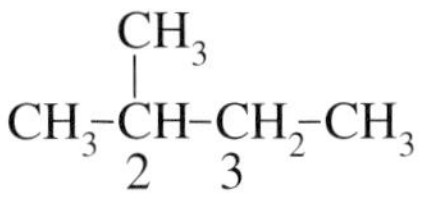

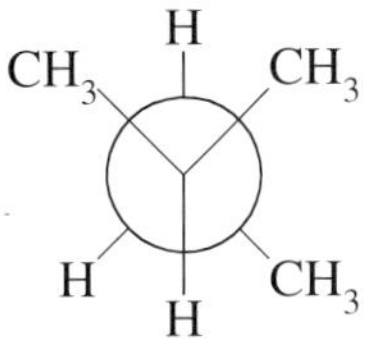

Wegen näherer Einzelheiten siehe Aufgabe 11.

**(b)** $CH_3-C(CH_3)_2-CH_2CH_3$ (C-2, C-3)

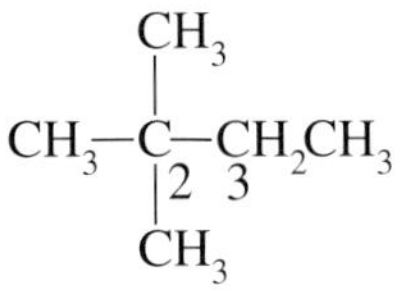

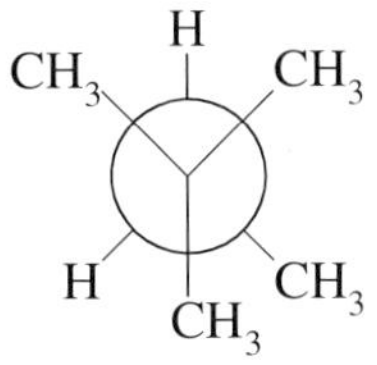

Alle drei gestaffelten Konformationen sind äquivalent.

**(c)** $CH_3-C(CH_3)_2-CH_2-CH_2-CH_3$ (C-3, C-4)

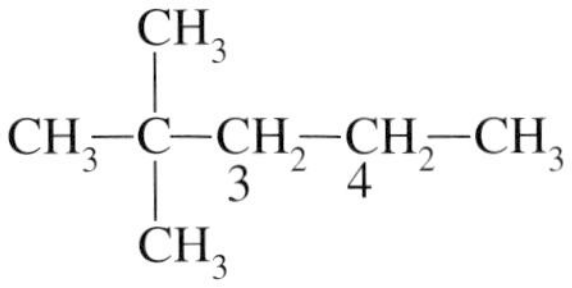

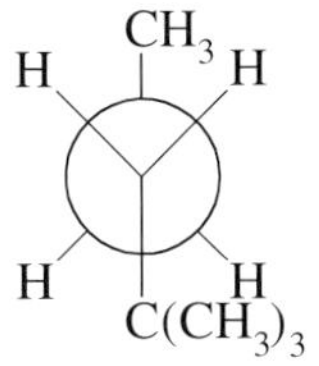

**(d)** $CH_3-C(CH_3)_2-CH_2-CH(CH_3)-CH_3$ (C-3, C-4)

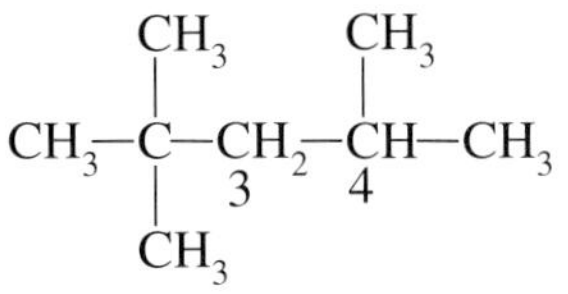

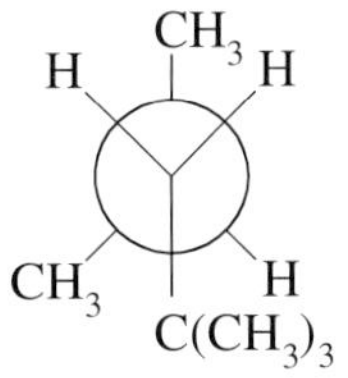

**11.** Die Aufgabe befaßt sich mit Konformationen um die $C_2$–$C_3$-Bindung von $(CH_3)_2CH$–$CH_2CH_3$ herum. (2 3)

**(a)** Man benutze $\Delta G° = -RT \ln K = -2.303\ RT \lg K$. ($T$ = 298 K, $K$ = 90 %/10 % = 9 und $R$ = 8.314 J mol$^{-1}$ K$^{-1}$. Somit ist $\Delta G°$ = –2.303(8.314)(298) lg 9 = –(5.796) lg 9 = –(5.796)(0.954) = –5.53 kJ/mol.

Fügen Sie Teile **(b)** und **(c)** zusammen: Man kann das Diagramm nicht eher zeichnen als bis man weiß, wie die verschiedenen Konformationen aussehen! Es ist nicht wichtig, womit man anfängt (welche der Möglichkeiten man als 0°-Konformation definiert). Hier sind vier Newman-Projektionen, die Drehung von C-3 um 180° darstellen:

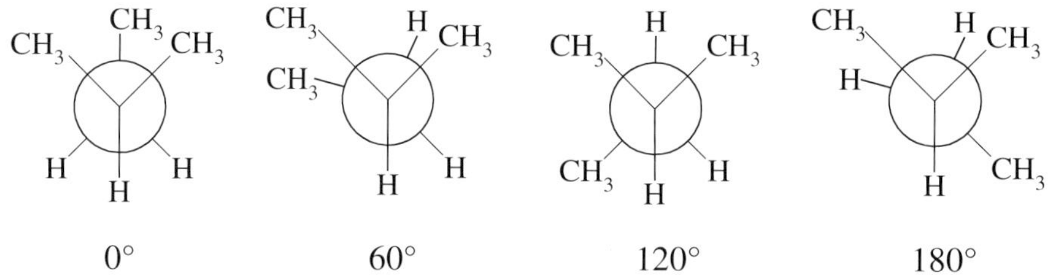


Die 240°-Konformation ist identisch mit der 120°-Konformation. Ebenso ist die 300°-Konformation die gleiche wie die 60°-Konformation. (Man fertige ein Modell an.) Als nächstes berechne man die relativen Energien für das Diagramm. Man beachte, daß es sich hierbei um *Enthalpien* ($\Delta H°$) handelt und nicht um freie Enthalpien ($\Delta G°$).

Unter den gestaffelten Konformationen sind die 120°/240°-Konformationen am stabilsten, mit einem *anti*-$CH_3$/$CH_3$-Paar und einem gauche-$CH_3$/$CH_3$-Paar. Diesen werden 0 kJ/mol zugeordnet.

Die 0°-Konformation hat 2 gauche-$CH_3$/$CH_3$-Wechselwirkungen und liegt daher um 3.8 kJ/mol höher.

Die 60°/300°-Konformationen sind verdeckt (+ 12.6 kJ/mol) mit einem verdeckten $CH_3$/H-Paar (+ 1.7 kJ/mol) und einem verdeckten $CH_3$/$CH_3$-Paar (+ 6.3 kJ/mol), was einen Gesamtenergiebetrag von 20.6 kJ/mol ergibt.

Die 180°-Konformation ist verdeckt (+ 12.6) mit 3 verdeckten $CH_3$/H-Paaren (3 x 1.7 = 5.1), mit einem Gesamtenergiebetrag von 17.7 kJ/mol. Somit sieht das Diagramm folgendermaßen aus:

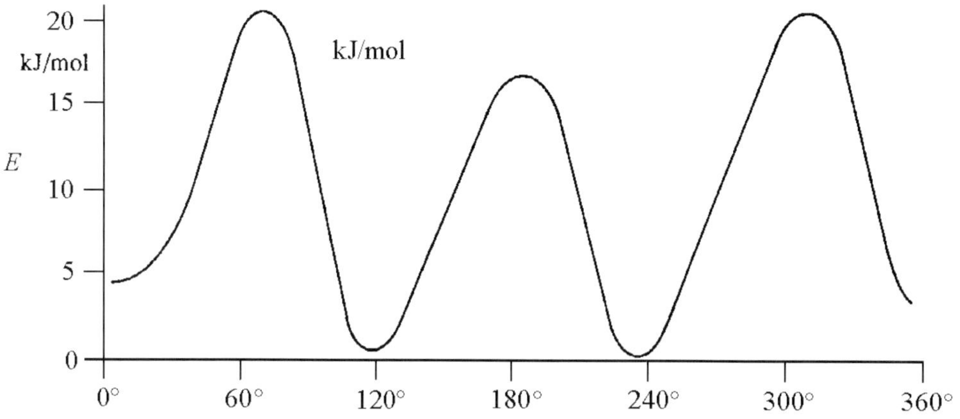


**12.**

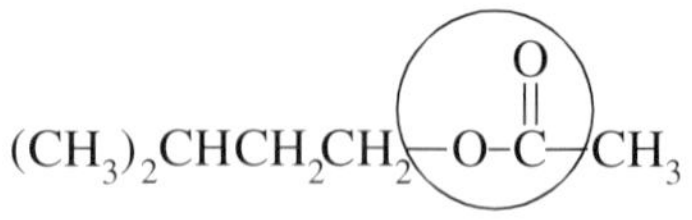

Ester

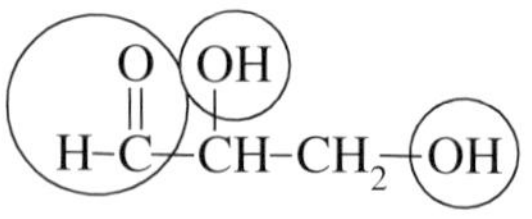

Aldehyd, Alkohol

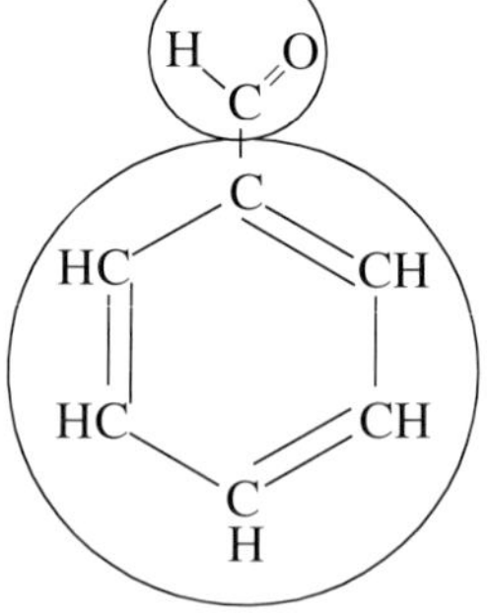

Aldehyd, aromatische Verbindung

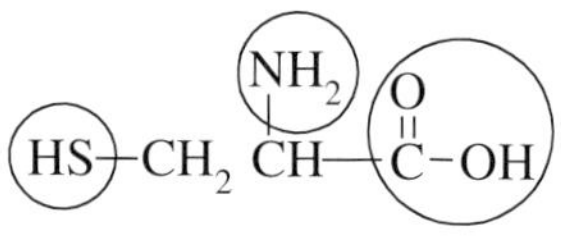

Mercaptogruppe,
Amin-Gruppe,
Carboxygruppe

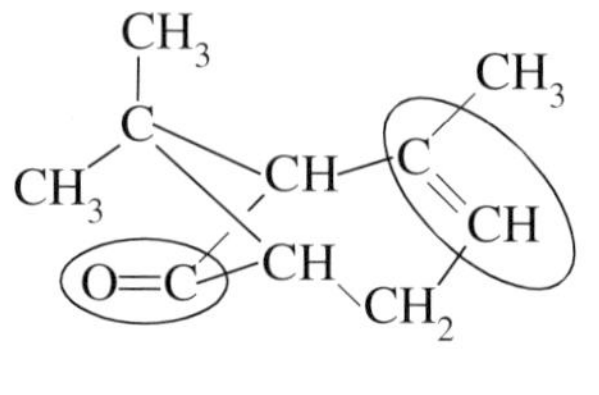

Keton, Alken

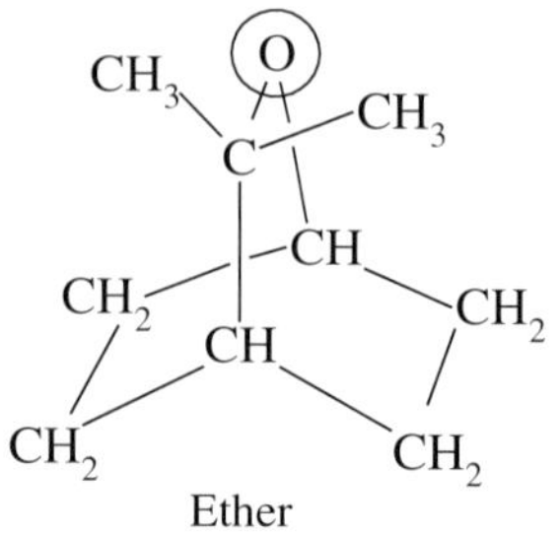

Ether

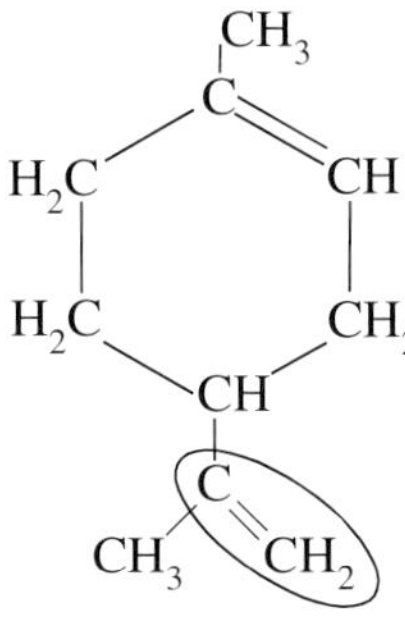
Alken

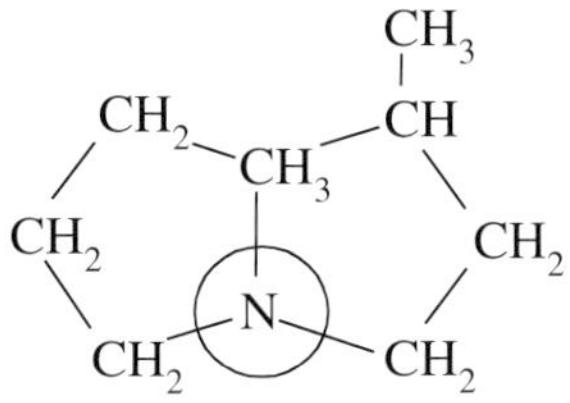
Amin

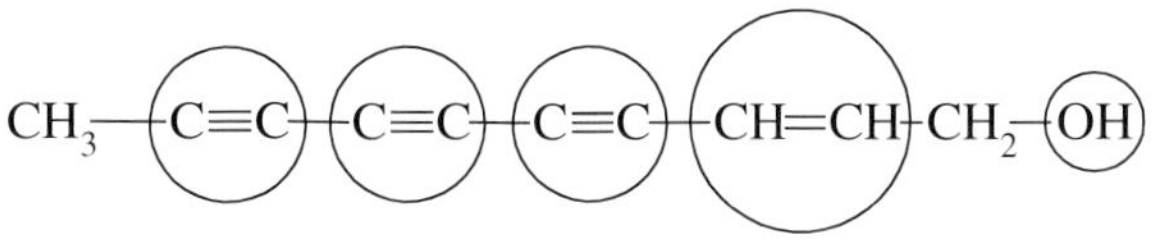
Alkin, Alken, Alkohol

**13.** Oberste Zeile von links nach rechts: 1-Methylethyl (sekundär), 2-Methylpropyl (primär) und 1-Methylpropyl (sekundär). In Vitamin $D_4$: 1 ,4,5-Trimethylhexyl (sekundär). In Cholesterin: 1,5-Dimethylhexyl (sekundär). In Vitamin E: 4,8,12-Trimethyltridecyl (primär).

**14. (a)** Aus **11 (a)** haben wir $\Delta G° = -5.53$ kJ/mol. $T = 298$ K und $\Delta S° = +5.9$ J mol$^{-1}$ K$^{-1}$ = +5.9 x 10$^{-3}$ kJ mol$^{-1}$ K$^{-1}$. Darum muß $\Delta G° = \Delta H° - T\,\Delta S°$ zur Berechnung von $\Delta H°$ umgeformt werden: $\Delta H° = \Delta G° + T\Delta S° = -5.53 + 298(+5.9 \times 10^{-3}) = -5.53 + 1.76$. $\Delta H° = -3.77$ kJ/mol.

Dieser Wert stimmt sehr gut mit dem Wert $\Delta H° = 3.8$ kJ/mol überein, der in Aufgabe **10 (b)/(c)** aus der Anzahl der *gauche*-Wechselwirkungen in der 0°-Konformation relativ zu der 120°-Konformation berechnet wurde.

**(b)** Man vergesse nicht, bei der Umwandlung von °C in K 273 zu addieren!

(i) $\Delta G°$ (–250 °C) = $\Delta H° - T\,\Delta S° = -3.77 - (23\text{ K})(5.9 \times 10^{-3}) = -3.91$ kJ/mol

(ii) $\Delta G°$ (–100 °C) = $\Delta H - \text{T}\,\Delta S° = -3.77 - (173\text{ K})(5.9 \times 10^{-3}) = -4.79$ kJ/mol

(iii) $\Delta G°$ (500 °C) = $\Delta H° - T\,\Delta S° = -3.77 - (773\text{ K})(5.9 \times 10^{-3}) = -8.33$ kJ/mol

**(c)** Verwenden Sie $\Delta G° = -RT \ln K = -2.303\, RT \lg K$ . Das läßt sich umformen zu $-\Delta G°/(2.303\, RT) = \lg K$ oder $K = 10^{-\Delta G°/(2.303RT)}$

(i) Bei $T = -250$ °C = 23 K, $\Delta G° = -3.91$ kJ/mol = –3910 J/mol;
$-\Delta G°/(2.303\, RT) = -[-910/(2.303 \times 1.986 \times 23)] = 8.65 = \lg K$, daraus folgt $K = 4.5 \times 10^8$.

(ii) Bei $T = -100$ °C = 173 K, $\Delta G° = -4.79$ kJ/mol = –4790 J/mol;
$-\Delta G°/(2.303\, RT) = -[-1120/(2.303 \times 1.986 \times 173)] - 1.42 = \lg K$, damit ist $K = 26$.

(iii) Bei $T = 500$ °C = 773 K, $\Delta G° = -8.33$ kJ/mol = –8330 J/mol;
$-\Delta G/(2.303\, RT) = -[-1960/(2.303 \times 1.986 \times 773)] - 0.55 = \lg K$, damit ist $K = 3.5$.

Wir können die Ergebnisse der Aufgaben 11 und 14 in einer kleinen Tabelle zusammenfassen:

| $T$ | 23 K | 173 K | 298 K | 773 K |
|---|---|---|---|---|
| $-\Delta G°$ | –0.91 | –1.12 | –1.30 | –1.96 |
| $K$ | $4.5 \times 10^8$ | 26 | 9 | 3.5 |

Diese Daten illustrieren zwei Punkte. Am auffallendsten ist der große Einfluß der Temperatur auf *K*. Bei 23 K sind nur zwei Moleküle 2-Methylbutan von einer Milliarde in der Konformation höherer Energie (0°). Es steht nur sehr wenig thermische Energie zur Rotation um Bindungen zur Verfügung. Dagegen fallen bei höheren Temperaturen die Werte für *K* in dem Maße, wie die zunehmende thermische Energie mehr und mehr Molekülen den Übergang in weniger stabile Konformationen gestattet.

Man beachte auch, daß der $\Delta S°$-Wert sehr wohl von Einfluß auf $\Delta G°$ ist insofern, als dieser sich mit der Temperatur ändert, aber der Effekt ist klein, weil $\Delta S°$ klein ist. Übrigens ist der Ursprung von $\Delta S°$ hier statistischer Natur: Es gibt *zwei* Konformationen niedrigster Energie (120° und 240°). Dieser statistische $\Delta S°$-Faktor wurde in Übung 2-7 übrigens vernachlässigt.

**15. (a)** Denken Sie an die Beziehung

$$\Delta H°(\text{Reaktion}) = \Delta H°(\text{gelöste Bindungen}) - \Delta H°(\text{geknüpfte Bindungen})$$

(i) Um zu einem Wert für $\Delta H°$ zu kommen, der mit der Lösung einer der beiden Bindungen der Kohlenstoff-Kohlenstoff-Doppelbindung verbunden ist, benutze man $\Delta H°$ (C=C) als Beitrag für die Bindungslösung und $\Delta H°$ (C–C) als Beitrag für die Bindungsbildung:

$$\Delta H° = \underset{\substack{\text{Lösung}\\ \text{von C=C}}}{612} + \underset{\substack{\text{Lösung}\\ \text{von Br–Br}}}{193} - \underset{\substack{\text{Bildung}\\ \text{von C–C}}}{348} - \underset{\substack{\text{Bildung}\\ \text{von 2 C–Br}}}{2(285)} = -113 \text{ kJ/mol}$$

(ii) $$\Delta H° = \underset{\substack{\text{Lösung}\\ \text{von C–H}}}{415} + \underset{\substack{\text{Lösung}\\ \text{von Br–Br}}}{193} - \underset{\substack{\text{Bildung}\\ \text{von C–Br}}}{285} - \underset{\substack{\text{Bildung}\\ \text{von H–Br}}}{365} = -42 \text{ kJ/mol}$$

**(b)** In Reaktion (i) vereinigen sich zwei Moleküle unter Bildung von einem einzigen. Dadurch wird die „Ordnung" des Systems wesentlich erhöht. Da $\Delta S°$ ein Maß für die „Unordnung" ist, ist es vernünftig, daß $\Delta S°$für Reaktion (i) einen großen negativen Wert hat. In Reaktion (ii) reagieren zwei Moleküle unter Bildung von zwei neuen Molekülen. Die Unordnung ändert sich praktisch nicht, so daß $\Delta S°$ klein ist.

Für (i) bei 25 °C
$\Delta G° = \Delta H° - T\,\Delta S° = -113 - 298(-146 \text{ x } 10^{-3}) = -70$ kJ/mol

Für (i) bei 600 °C
$\Delta G° = \Delta H° - T\,\Delta S° = -113 - 873(-146 \text{ x } 10^{-3}) = +14{,}5$ kJ/mol

Für (ii) bei entweder 25 °C oder 600 °C gilt $\Delta G° \approx \Delta H° = -42$ kJ/mol, weil $\Delta S° \approx 0$.

**(c)** Bei 25 °C läuft nur Reaktion (i) ab, unter Bildung von 1,2–Dibrompropan, weil für sie $E_a$ niedriger ist als für Reaktion (ii).

Bei 600 °C hat $\Delta G°$ aufgrund von $\Delta S°$ für Reaktion (i) einen positiven Wert angenommen: Die Reaktion ist daher energetisch nicht begünstigt. Reaktion (ii) hat sich in dieser Hinsicht gegenüber 25 °C nicht verändert, so daß sie jetzt energetisch bevorzugt ist und somit die Produkte 3-Brompropen und Bromwasserstoff entstehen.

**16.** Zunächst muß der Leser *quantitativ* verstehen, was diese Frage genau bedeutet. Unter „Einfluß auf $k$ " einer Temperaturänderung verstehen wir, wieviel größer $k$ bei höherer Temperatur als bei niedrigerer Temperatur ist oder das Verhältnis „$k_{\text{höhere Temp.}} / k_{\text{niedrigere Temp.}}$"

**(a)** $E_a = 60$ kJ/mol $\qquad k = Ae^{-Ea/RT}$

Wir nehmen an, daß A bei verschiedenen Temperaturen konstant ist, so daß es sich herauskürzt und man die allgemeine Lösung

$$\frac{k_{T_2}}{k_{T_1}} = \frac{e^{-E_a/RT_2}}{e^{-E_a/RT_1}} \quad \text{oder} \quad k_{T_2} = \left(\frac{e^{-E_a/RT_2}}{e^{-E_a/RT_1}}\right) k_{T_1}$$

erhält.

Weiter erinnere man sich, daß $R = 8.314$ J mol$^{-1}$ K$^{-1}$ ist, so daß $E_a$, von kJ/mol in J/mol umgerechnet werden muß:

(i) Für eine Temperatursteigerung um 10 K erhält man

$$k_{310\,\mathrm{K}} = \frac{\mathrm{e}^{-60000/(8.310\times 310)}}{\mathrm{e}^{-60000/(8.310\times 300)}} k_{300\,\mathrm{K}} = \frac{e^{-23.28}}{e^{-24.06}} k_{300\,\mathrm{K}} = \frac{7.76\times 10^{-11}}{3.56\times 10^{-11}} k_{300\,\mathrm{K}} = 2.18\, k_{300\,\mathrm{K}}$$

(ii) Für eine Temperatursteigerung um 30 K erhält man

$$k_{330\,\mathrm{K}} = \frac{\mathrm{e}^{-60000/(8.314\times 330)}}{\mathrm{e}^{-24.06}} k_{300\,\mathrm{K}} = 8.94\, k_{300\,\mathrm{K}}$$

(iii) Für eine Temperatursteigerung um 50 K erhält man

$k_{350\,\mathrm{K}} = 31.2\; k_{300\,\mathrm{K}}$

**(b)** $E_a$ = 120 kJ/mol = 120 000 J/mol

(i) Für eine Temperatursteigerung um 10 K erhält man

$$k_{310\,\mathrm{K}} = \frac{\mathrm{e}^{-120000/(1.986\times 310)}}{\mathrm{e}^{-120000/(1.986\times 300)}} k_{300\,\mathrm{K}} = 4.71\, k_{300\,\mathrm{K}}$$

(ii) Für eine Temperatursteigerung um 30 K erhält man $k_{330\,\mathrm{K}} = 79.0\; k_{300\,\mathrm{K}}$

(iii) Für eine Temperatursteigerung um 50 K erhält man $k_{350\,\mathrm{K}} = 963\; k_{300\,\mathrm{K}}$

**(c)** $E_a$ = 180 kJ/mol = 180 000 J/mol

(i) Für eine Temperatursteigerung um 10 K erhält man

$$k_{310\,\mathrm{K}} = \frac{\mathrm{e}^{-180000/(1.986\times 310)}}{\mathrm{e}^{-180000/(1.986\times 300)}} k_{300\,\mathrm{K}} = 10.3\, k_{300\,\mathrm{K}}$$

(ii) Für eine Temperatursteigerung um 30 K erhält man $k_{330\,\mathrm{K}} = 706\; k_{300\,\mathrm{K}}$

(iii) Für eine Temperatursteigerung um 50 K erhält man $k_{350\,\mathrm{K}} = 30\,030\; k_{300\,\mathrm{K}}$

Wir fassen die abgemndeten Ergebnisse in Tabellenform zusammen:

| $E_a$ | 60 kJ/mol | 120 kJ/mol | 180 kJ/mol |
|---|---|---|---|
| $k_{310\,\mathrm{K}}/k_{300\,\mathrm{K}}$ | 2 | 5 | 10 |
| $k_{330\,\mathrm{K}}/k_{300\,\mathrm{K}}$ | 10 | 80 | 700 |
| $k_{350\,\mathrm{K}}/k_{300\,\mathrm{K}}$ | 30 | 1000 | 30000 |

Diese Aufgabe veranschaulicht den Einfluß der Temperaturänderung auf die Geschwindigkeitskonstanten von Reaktionen mit drei verschiedenen Aktivierungsenergien. Man beachte das Folgende:

1. Reaktionen mit hohen Aktivierungsenergien reagieren am empfindlichsten auf Temperaturänderungen.

2. Selbst Reaktionen mit niedrigeren Aktivierungsenergien reagieren deutlich auf relativ kleine Temperaturerhöhungen. Das ist wichtig, weil viele Reaktionen der organischen Chemie Aktivierungsenergien im Bereich von 60 bis 120 kJ/mol haben.

**17.** Bevor Sie versuchen die Säuren zu bestimmen, überlegen Sie, welche Substanzen Protonen abgeben; viele der aufgelisteten Verbindungen können sowohl als Säure als auch als Base agieren! Das Gleichgewicht liegt auf der Seite des schwächeren Säure-Base-Paars (angedeutet durch unterschiedlich lange Pfeile für Hin- und Rückreaktion). Mit Hilfe der Daten in Tabelle 2-6 können Sie die stärkeren Säuren am größeren $K_a$- beziehungsweise kleineren (weniger positiven oder negativeren) $pK_a$-Wert erkennen. Die Gleichgewichtskonstante für jede Reaktion berechnet sich, indem man den $K_a$-Wert der Säure auf der linken Seite durch den $K_a$-Wert der Säure auf der rechten Seite dividiert. (Wie kommt man darauf? Folgendermaßen: Für die folgende allgemeine Reaktion

$$HA_1 + A_2^- \rightleftharpoons HA_2 + A_1$$

gilt doch $K_{a1} = [H^+][A_1^-]/[HA_1]$ und $K_{a2} = [H^+][A_2^-]/[HA_2]$? Also auch $K_{a1}/K_{a2} = [H^+][A_1^-][HA_2]/[HA_1][H^+][A_2^-] = [HA_2][A_1^-]/[HA_1][A_2^-] = K_{eq}$).

**(a)** $H_2O$ (schwächere Base) + $HCN$ (schwächere Säure) $\rightleftharpoons$ $H_3O^+$ (stärkere Säure) + $CN^-$ (stärkere Base) $K_{eq} = 1.3 \times 10^{-11}$

**(b)** $CH_3O^-$ (schwächere Base) + $NH_3$ (schwächere Säure) $\rightleftharpoons$ $CH_3OH$ (stärkere Säure) + $NH_2^-$ (stärkere Base) $K_{eq} = 3.1 \times 10^{-20}$

**(c)** $HF$ (stärkere Säure) + $CH_3COO^-$ (stärkere Base) $\rightleftharpoons$ $F^-$ (schwächere Base) + $CH_3COOH$ (schwächere Säure) $K_{eq} = 32$

**(d)** $CH_3^-$ (stärkere Base) + $NH_3$ (stärkere Säure) $\rightleftharpoons$ $CH_4$ (schwächere Säure) + $NH_2^-$ (schwächere Base) $K_{eq} = 10^{15}$

**(e)** $H_3O^+$ (schwächere Säure) + $Cl^-$ (schwächere Base) $\rightleftharpoons$ $H_2O$ (stärkere Base) + $HCl$ (stärkere Säure) $K_{eq} = 0.31$

**(f)** $CH_3COOH$ (stärkere Säure) + $CH_3S^-$ (stärkere Base) $\rightleftharpoons$ $CH_3COO^-$ (schwächere Base) + $CH_3SH$ (schwächere Säure) $K_{eq} = 2.0 \times 10^5$

**18. (a)** $CN^-$ ist eine Lewis-Base **(b)** $CH_3OH$ ist eine Lewis-Base
**(c)** $(CH_3)_2CH^+$ ist eine Lewis-Säure **(d)** $MgBr_2$ ist eine Lewis-Säure
**(e)** $CH_3BH_2$ ist eine Lewis-Säure **(f)** $CH_3S^-$ ist eine Lewis-Base

Lassen Sie uns bei der Lösung des zweiten Teils geschickt vorgehen. Wir haben drei Lewis-Säuren und drei Lewis-Basen. Fassen wir sie zu Paaren zusammen und beantworten wir die Frage mit nur drei Reaktionsgleichungen. Der Übersichtlichkeit halber sind die drei freien Elektronenpaare an jedem Halogenatom nicht eingezeichnet:

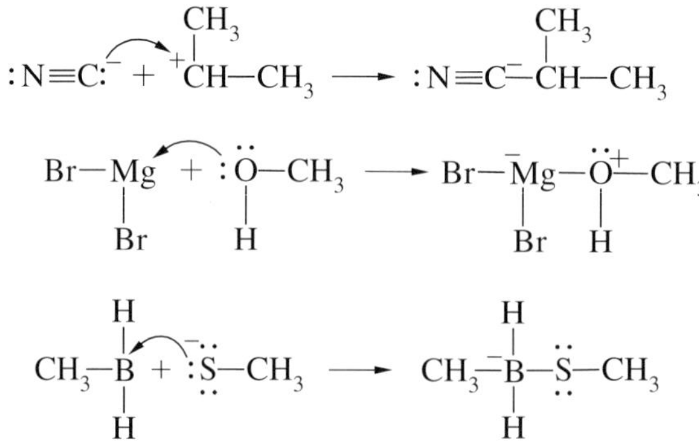


**19.** Es empfiehlt sich in der Regel, die gegebene Information sorgfältig auszuwerten – schreiben Sie die Fakten so auf, daß Sie sie vor Augen haben – bevor Sie versuchen die Frage zu beantworten.

**(a)**

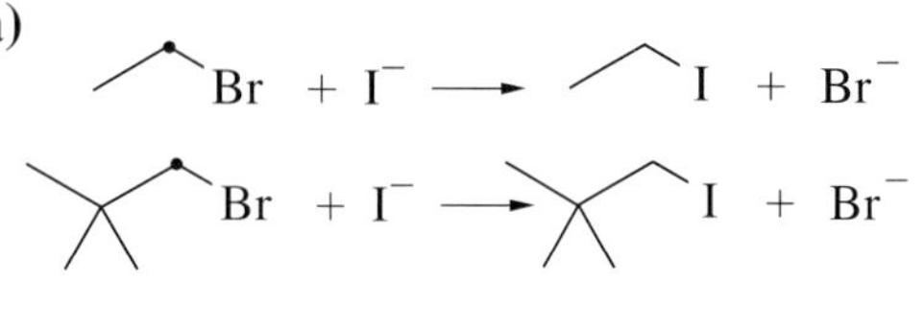


Diese Reaktion ist 10000-mal langsamer als die obere.

**(b)** Die Reaktionszentren sind in den obenstehenden Strukturformeln durch Punkte gekennzeichnet. Es handelt sich in beiden Fällen um primäre Kohlenstoffatome, da sie nur an genau ein weiteres Kohlenstoffstoffatom direkt gebunden sind.

**(c)** Aus elektrostatischen Gründen sollte das negative Iodid-Ion vom positiv polarisierten Kohlenstoffatom der C–Br-Bindung angezogen werden. Da dieses Kohlenstoffatom jedoch bereits eine geschlossene Schale besitzt, kann das Iodid eigentlich kein Elektronenpaar zur Bindung beisteuern, es sei denn, irgendein anderes Atom, zum Beispiel das Bromatom, wird abgespalten und zieht ein Elektronenpaar ab. Die Kinetik zweiter Ordnung ist mit einer Reihenfolge, bei der das Bromid-Ion abgespalten wird, bevor das Iodid-Ion eintritt, nicht vereinbar. Daher laufen beide Vorgänge höchstwahrscheinlich gleichzeitig ab:

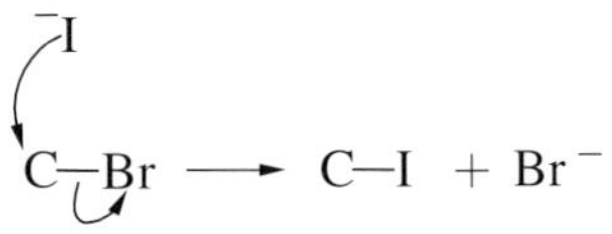


Die starke Abnahme der Reaktionsgeschwindigkeit vom ersten zum zweiten der obenstehenden Beispiele legt nahe, daß im zweiten Fall die Alkylgruppe aufgrund ihrer Größe dem Iodid-Ion bei seinem Versuch, an das Kohlenstoffatom zu binden, im Weg steht (ein Beispiel für sterische Hinderung; siehe Abschnitt 2.7). Diese Annahme ist dann vernünftig, wenn das Iodid-Ion aus irgendeinem Grund nahe an dieser Alkylgruppe vorbei muß, um die Bindung zu knüpfen, vielleicht über eine ähnliche Bahn wie die nachfolgend skizzierte:

**(d)**

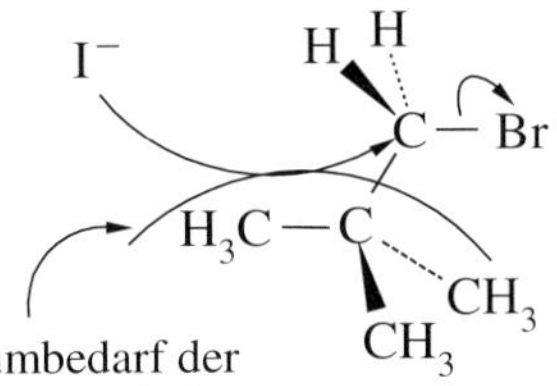


Der physikalische Raumbedarf der Alkylgruppe, angedeutet durch den Kreisbogen, stört den Angriff des Iodid-Ions von dieser Seite.

# Die Reaktionen der Alkane – Pyrolyse und Dissoziationsenergien, Verbrennung und Wärmeinhalt, radikalische Halogenierung und relative Reaktivität

## 3

**1.** Diese Aufgabe gehört eigentlich noch in das vorhergehende Kapitel.

**(a)** $CH_3CH_2CH_3$

primär | primär

sekundär

**(b)** $CH_3CH_2CH_2CH_3$

primär | | primär

sekundär

**(c)** tertiär → H  CH$_3$ ← primär

$$
\begin{array}{c}
\text{sekundär} \left\{ \begin{array}{c} \text{C} \\ CH_2 \diagup \diagdown CH_2 \\ CH_2 \text{—} CH_2 \end{array} \right\} \text{sekundär}
\end{array}
$$

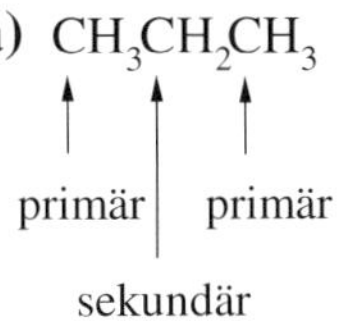

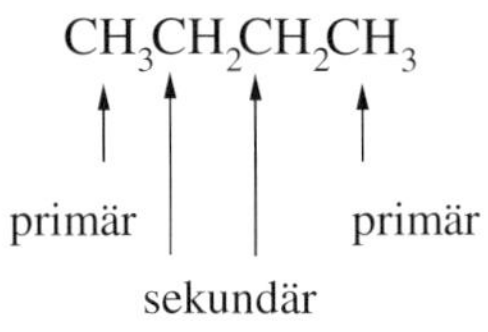

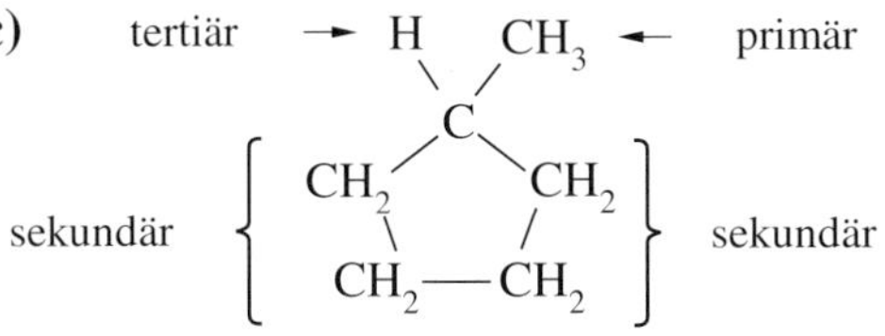

In Kapitel 4 werden wir sehen, daß die meisten ringförmigen Verbindungen auf die gleiche Weise behandelt werden können wie die Moleküle ohne Ringe.

**(d)** Alle sind primär.

**(e)** primär $\diagup$ CH$_3$ $\diagdown$ CH$_3$ CHCH$_2$CH$_3$

primär

sekundär

tertiär

**2. (a)** CH₃CH₂ĊHCH₃
   1-Methylpropyl (sek-Butyl; siehe Tabelle 2-4)
   sekundär, stabiler

CH₃CH₂CH₂CH₂•
Butyl-Radikal
primär, weniger stabil

Man denke daran: Das *radikalische Kohlenstoffatom* entscheidet darüber, ob es sich um ein primäres, sekundäres oder tertiäres Radikal handelt. Die anderen Kohlenstoffatome spielen hierbei keine Rolle. Die Hyperkonjugation im 1-Methylpropyl-Radikal läßt sich auf zweierlei Weise darstellen, einmal durch Überlappung von zwei C-H-Bindungen mit dem radikalischen p-Orbital, zum anderen durch Beteiligung einer C-C-Bindung anstelle einer C-H-Bindung:

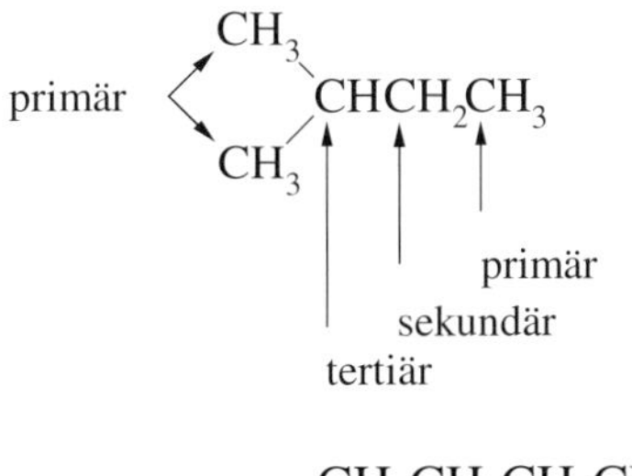

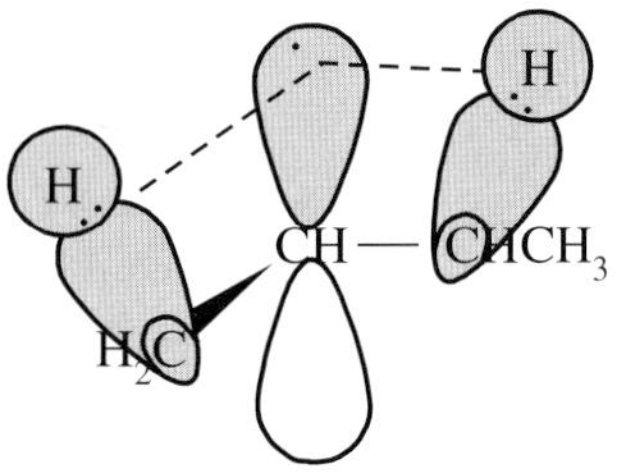

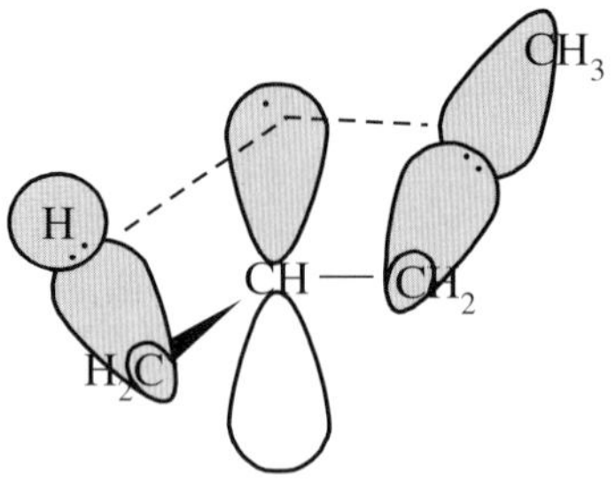

**(b)** Bei der Benennung beachte man, daß das radikalische Kohlenstoffatom *stets* C1 ist (wie das Kohlenstoffatom, über das eine Alkylgruppe gebunden wird). Der Name leitet sich von der längsten von C1 ausgehenden Kohlenstoffkette ab, alle „Anhängsel" werden als Substituenten behandelt:

$$\begin{array}{c} CH_3{-}CH_2 \\ | \\ CH_3{-}CH_2{-}CH{-}CH_2\cdot \\ 4 \quad\ 3 \quad\ 2 \quad\ 1 \end{array}$$

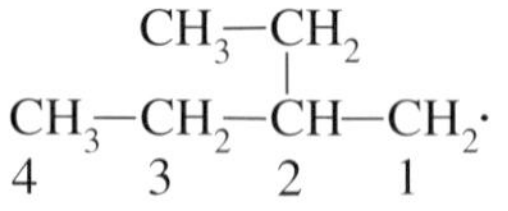

2-Ethylbutyl-Radikal
primär, weniger stabil

$$\begin{array}{c} CH_3{-}CH_2 \\ | \\ CH_3{-}CH_2{-}\dot{C}{-}CH_2 \\ 3 \quad\ 2 \quad\ 1 \end{array}$$

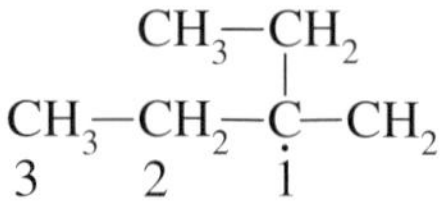

1-Ethyl-1-methylpropyl-Radikal
tertiär, stabiler

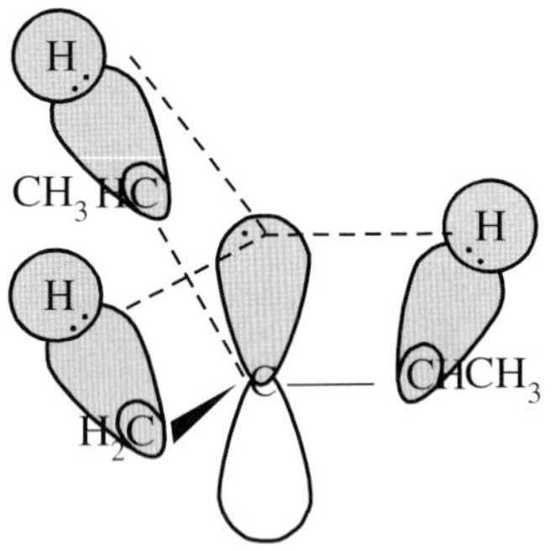

Hyperkonjugation
(mit C-H-Bindungen)

**(c)** Von links nach rechts: 1,2-Dimethylpropyl-Radikal, sekundär, von mittlerer Stabilität; 1,1-Dimethylpropyl-Radikal, tertiär, am stabilsten; 3-Methylbutyl-Radikal, primär, am wenigsten stabil.

Die Hyperkonjugation im 1,1-Dimethylpropyl-Radikal ist die gleiche wie in 1-Ethyl-l-methylpropyl [(b) oben]; in Ihrer Zeichnung sollte eine der endständigen $CH_3$-Gruppen durch H ersetzt sein.

**3.** Für die Lösung geht man am besten so vor, daß man allgemeine Reaktionsschritte von der Art der im Text gezeigten formuliert, bis man zu stabilen Molekülen gelangt. Die Pyrolyse von Propan startet wie folgt:

(1) $CH_3CH_3{-}CH_3 \rightarrow CH_3CH_2\cdot + \cdot CH_3$ Spaltung einer C–C-Bindung

Nun sind drei verschiedene Rekombinationen möglich:

(2) $2\ CH_3\cdot \rightarrow CH_3CH_3$ Ethan

(3) $2\ CH_3CH_2\cdot \rightarrow CH_3CH_2CH_2CH_3$ Butan

(4) $CH_3\cdot + CH_3CH_2\cdot \rightarrow CH_3CH_2CH_3$ Propan (Umkehrung des ersten Reaktionsschritts)

Wasserstoff kann auf zwei Weisen abstrahiert werden:

(5) $CH_3\cdot + \overset{H}{\overset{|}{C}}H_2CH_2\cdot \rightarrow \underset{\text{Methan}}{CH_4} + \underset{\text{Ethen}}{CH_2{=}CH_2}$

(6) $CH_3CH_2\cdot + \overset{H}{C}H_2CH_2\cdot \rightarrow CH_3CH_3 + CH_2{=}CH_2$
Ethan Ethen

Ein Wasserstoff-Atom kann nur von einem Kohlenstoff-Atom abstrahiert werden, das dem radikalischen Kohlenstoff-Atom *benachbart* ist. Das Methlyradikal, $\cdot CH_3$, besitzt kein weiteres Kohlenstoff-Atom in Nachbarschaft zu seinem Radikal-Zentrum und kann daher auch keinen Wasserstoff in einer Abstraktionsreaktion abgeben. Es kann dagegen ein Wasserstoff-Atom aufnehmen (Reaktion 5, oben).

Es bilden sich also vier neue Produkte beim Cracken von Propan: Methan, Ethan, Butan und Ethen (Ethylen).

**4. (a)** Die schwächste Bindung in Butan ist die $C_2$–$C_3$-Bindung, $DH° = 344$ kJ/mol.
Die Pyrolyse sollte daher folgendermaßen verlaufen:

(1) $CH_3CH_2—CH_2CH_3 \longrightarrow 2\ CH_3CH_2\cdot$ Spaltung einer C–C-Bindung

(2) $2\ CH_3CH_2\cdot \longrightarrow CH_3CH_2CH_2CH_3$ Umkehrung von (1)

(3) $CH_3CH_2\cdot + H\text{-}CH_2CH_2\cdot \longrightarrow CH_3CH_3 + CH_2{=}CH_2$ Abstraktion von Wasserstoff
Ethan Ethen

Dies sind die einzigen möglichen Reaktionen.

**(b)** Die schwächsten Bindungen sind die drei äquivalenten C–C-Bindungen, $DH° = 360$ kJ/mol.
Daher:

(1) $(CH_3)_2CH\text{-}CH_3 \longrightarrow (CH_3)_2CH\cdot + CH_3\cdot$ (Spaltung)

(2) $2\ CH_3\cdot \longrightarrow CH_3CH_3$ Ethan

(3) $2\ CH_3CH_2\cdot \longrightarrow (CH_3)_2CHCH(CH_3)_2$ 2,3-Dimethylbutan

(4) $CH_3\cdot + \cdot CH(CH_3)_2 \longrightarrow (CH_3)_3CH$ Umkehrung von (1) (Rekombinationen)

(5) $CH_3\cdot + H\text{-}CH_2CHCH_3 \longrightarrow CH_4 + CH_2{=}CHCH_3$ (Abstraktion von Wasserstoff-Atomen)
Methan Propen

(6) $(CH_3)_2CH\cdot + H\text{-}CH_2\dot{C}HCH_3 \longrightarrow CH_3CH_2CH_3 + CH_2{=}CHCH_3$
Propan Propen

**5. (a)** $CH_4 + 2\ O_2 \rightarrow CO_2 + 2\ H_2O$

**(b)** $C_3H_8 + 5\ O_2 \rightarrow 3\ CO_2 + 4\ H_2O$

**(c)** $C_6H_{12} + 9\ H_2O \rightarrow 6\ CO_2 + 6\ H_2O$

**(d)** $C_2H_6O + 3\ O_2 \rightarrow 2\ CO_2 + 3\ H_2O$

**(e)** $C_{12}H_{22}O_{11} + 12\ O_2 \rightarrow 12\ CO_2 + 11\ H_2$

**6.**

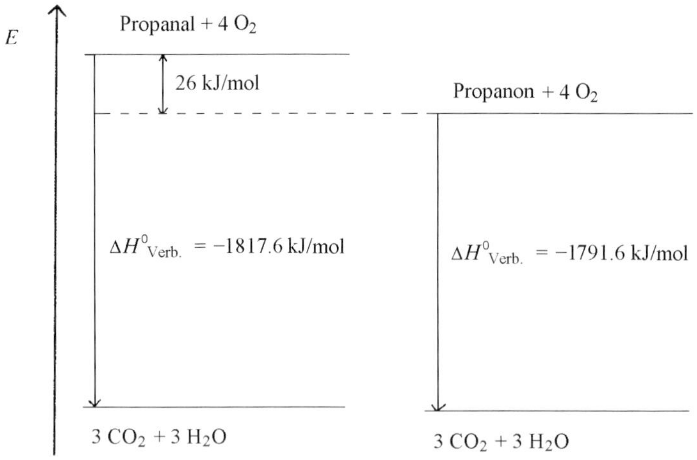


**(a)** $C_3H_6O + 4\ O_2 \rightarrow 3\ CO_2 + 3\ H_2O$
**(b)** 26kJ/mol; Propanon
**(c)** Propanon.

**7.** Auch hier gilt wieder $\Delta H° = \Sigma\Delta H°_f$ (Produkte) – $\Sigma\Delta H°_f$ (Edukte)

$HC{\equiv}CH + 2\ H_2 \rightarrow CH_3CH_3$ $\quad \Delta H° = -85 - (+227) = -312$ kJ/mol
$\Delta H_f° = +227 \quad 0 \quad -85$

**8. (a)** $CH{\equiv}CH + \frac{5}{2}O_2 \rightarrow 2\ CO_2 + H_2O$ Die Gleichung ist ausgeglichen.

Abschnitt 3.4 gibt $\Delta H_f°$-Daten für Ethin in Tabelle 3-5. Für beliebige Moleküle mit x Kohlenstoff-Atomen und y Wasserstoff-Atomen ergibt sich die Verbrennungsenthalpie gemäß

$$x[\Delta H_f°(CO_2)] + \frac{y}{2}[\Delta H_f°](H_2O)] - \Delta H_f° = \Delta H°_{Verbrennung}$$

Für Ethin gilt x = 2 und y = 2, darum

$$\Delta H°_{Verbrennung} = 2(-394) + \frac{2}{2}(-286) - (+227) = -1301 \text{ kJ/mol}$$

**(b)** Propan hat eine $\Delta H°_{Verbrennung}$ von –2223 kJ/mol, ein größerer Wert als der von Ethin. Jedoch hat Propan eine molare Masse von 44 g/mol und Ethin eine von 26 g/mol. Darum hat Propan eine spezifische Verbrennungswärme von –51 kJ/g und Ethin von –50 kJ/g. Diese beiden Werte sind gleich, offensichtlich läßt sich so nicht die heißere Flamme von Ethin erklären. Jedoch ist die Gesamtmenge an Verbrennungsgasen bei Ethin kleiner als bei Propan. Wenn die kleinere Gasmenge, die von Ethin herrührt, die Verbrennungswärme absorbiert, wird sie sehr viel höher erhitzt (ca. 2700 °C gegenüber 2100 °C für Propan). Das ist der Grund für die heißere Flamme.

**9. (a)** $2\ CH_3OH + 3\ O_2 \rightarrow 2\ CO_2 + 4\ H_2O$

$2\ (CH_3)_3COCH_3 + 15\ O_2 \rightarrow 10\ CO_2 + 12\ H_2O$

Mit Ausnahme von $H_2O$ flüssig befinden sich alle Substanzen in der Gasphase.

**(b)** $\Delta H°_{Reaktion} = \Delta H°_{Verbr.} = \Sigma\ \Delta H°_f$ (Produkte) – $\Sigma\ \Delta H°_f$ (Edukte)

Für $CH_3OH$:
$\Delta H°_{Verbr.} = \Delta H_f°(CO_2) + 2\ \Delta H_f°(H_2O) - \Delta H_f°(CH_3OH) =$
$= (-394) + 2(-286) - (-202) = -764$ kJ/mol für $CH_3OH$.

Für $(CH_3)_3COCH_3$:
$\Delta H°_{Verbr.} = 5\ \Delta H_f°(CO_2) + 6\ \Delta H_f°(H_2O) - \Delta H_f°[(CH_3)_3COCH_3]$
$= 5(-394) + 6(-286) - (-296) = -3390$ kJ/mol für $(CH_3)_3COCH_3$.

Haben Sie sich um den Faktor zwei vertan? Schauen Sie sich die Gleichungen in Teil (a) an: Um ganzzahlige Koeffizienten zu bekommen, war es erforderlich, mit zwei Mol Ausgangsverbindung zu beginnen. Bei der Weiterrechnung mit den Gleichungen des Teils **(b)** muß dieser Faktor von zwei herausgekürzt werden, damit man die Energiebeträge in kJ/mol *verbrannter Verbindung* erhält.

**(c)** $\Delta H°_{Verbr.}$ (für Ethan) = –1562 kJ/mol und $\Delta H°_{Verbr.}$ (für Hexan) = –4169 kJ/mol.
Bei der Verbrennung von Kohlenwasserstoffen wird sehr viel mehr Wärme frei als bei der Verbrennung sauerstoffhaitiger Verbindungen.

**10. (a)** Um die spezifische Verbrennungswärme (den Brennwert) zu erhalten, teilt man $\Delta H°_{verbr.}$ durch die molare Masse: (kJ/mol): (g/mol)= kJ/g

Methan: $\Delta H°_{Verbr.} = \dfrac{-212.8\,\text{kcal/mol}}{16\,\text{g/mol}\,(M\ \text{von}\ CH_4)} = -56\ \text{kJ/g}$

Ethan: Brennwert = –52 kJ/g  Propan: Brennwert = –50 kJ/g  Pentan: Brennwert = –49 kJ/g

**(b)** Ethanol (gasf.): Brennwert = –31 kJ/g
Methanol: Brennwert = –24 kJ/g
$(CH_3)_3COCH_3$: Brennwert = –39 kJ/g

**(c)** Qualitativ ist diese Beobachtung völlig konsistent mit der pro Masseneinheit sehr viel geringeren frei gewordenen Wärmemenge bei der Verbrennung von Ethanol im Vergleich zu der von Alkanen; sauerstofthaltige Moleküle sind in der Tat schlechtere Brennstoffe.

**11. (a)** $C + O_2 \rightarrow CO_2$ ist die Gleichung.

$\Delta H° = \Sigma\Delta H_f°$ (Produkte) – $\Delta H_f°$(Edukte)
= – 394.3 – (0 + 0) = –394.3 kJ/mol

**(b)** $H_2 + 1/2\ O_2 \rightarrow H_2O$ ist die Gleichung.

$\Delta H° = \Delta H_f°$(Produkte) –$\Sigma\Delta H_f°$(Edukte)
= –242.2 – (0 + 0) = –242.2 kJ/mol

Solange ein Mol eines Elements in seinem Standardzustand zu einem Mol Oxid verbrennt, ist die Verbrennungswärme des Elements mit der Bildungswärme seines Oxids identisch.

**12.** Es können sowohl *DH*°- als auch $\Delta H_f°$-Werte benutzt werden, obwohl sich die *DH*°–Werte einfacher finden lassen (Tabelle 3-1 und Abschnitt 3.5). Werte in kJ/mol.

**(a)** 436 + 155 – 2(566) = –541  **(e)** 390 + 155 – (461 + 566) = –482

**(b)** 436 + 243 – 2(432) = –185  **(f)** 390 + 243 – (339 + 432) = –138

**(c)** 436 + 193 – 2(365) = –101  **(g)** 390 + 193 – (281 + 365) = –63

**(d)** 436 + 151 – 2(297) = –7  **(h)** 390 + 151 – (218 + 297) = +26

**13. (a)** (i) $CH_3CH_2CH_2CH_2CH_2Cl$ (1-Chlorpentan),
$CH_3CH_2CH_2CHClCH_3$ (2-Chlorpentan) und
$CH_3CH_2CHClCH_2CH_3$ (3-Chlorpentan).

(ii) $CH_3CH_2CH(CH_3)CH_2CH_2Cl$ (1-Chlor-3-methylpentan),
$CH_3CH_2CH(CH_3)CHClCH_3$ (2-Chlor-3-methylpentan),
$CH_3CH_2CCl(CH_3)CH_2CH_3$ (3-Chlor-3-methylpentan) und
$CH_3CH_2CH(CH_2Cl)CH_2CH_3$ [3-(Chlormethyl)pentan].

**(b)** Zur Beantwortung dieser Frage müssen Sie zunächst *alle* Wasserstoffatome abzählen, deren Abspaltung jeweils zu *jedem* einzelnen der Produkte führt, und sie dem Typ nach (primär, sekundär, tertiär) identifizieren. Dann multiplizieren Sie die von Ihnen ermittelte Zahl der Wasserstoffatome mit der *relativen Reaktivität* für diesen *Typ* von Wasserstoffatomen in einer Chlorierungsreaktion bei 25 °C bei den in der Aufgabe genannten Reaktionsbedingungen. Diese Vorgehensweise liefert Ihnen die relative Menge an Produkt, die der Entfernung dieser Wasserstoffatome entspricht. Nachdem Sie das für alle Produkte gemacht haben, überführen Sie diese relativen Mengen durch Bezug auf 100 in prozentuale Ausbeuten (siehe unten).

(i) 1-Chlorpentan wird durch Chlorierung irgendeines der *sechs primären Wasserstoffatome* (jedes mit der relativen Reaktivität 1) an den Kohlenstoffatomen 1 und 5 gebildet, daraus folgt eine relative Ausbeute von 6 · 1 = **6**. 2-Chlorpentan wird durch Chlorierung jedes der vier *sekundären Wasserstoffatome* (jedes mit der relativen Reaktivität 4) an den Kohlenstoffatomen 2 und 4 gebildet, daraus folgt eine relative Ausbeute von 4 · 4 = **16**. 3-Chlorpentan wird durch Chlorierung eines jeden der *zwei sekundären Wasserstoffatome* (jedes mit der relativen Reaktivität 4) am Kohlen stoffatom 3 gebildet, daraus folgt eine relative Ausbeute von 2 · 4 = **8**. Die absolute prozentuale Ausbeute für jedes Produkt wird folgendermaßen berechnet:

$$\frac{\text{Relative Ausbeute an Produkt}}{\text{Summe der relativen Ausbeuten für alle Produkte}} \cdot 100 = \% \text{ Ausbeute des Produkts}$$

Man erhält daher für die
Ausbeute an 1-Chlorpentan  = 100 % · 6/(6 + 16 + 8) = 100 % · 6/30 - 20 %
Ausbeute an 2-Chlorpentan  = 100 % · 16/30 = 53 %
Ausbeute an 3-Chlorpentan  = 100 % · 8/30 = 27 %

(ii) 1-Chlor-3-methylpentan wird durch Chlorierung irgendeines der *sechs primären Wasserstoffatome* (jedes mit der relativen Reaktivität 1) an den Kohlenstoffatomen 1 und 5 gebildet, daraus folgt eine relative Ausbeute von 6 · 1 = **6**. 2-Chlor-3-methylpentan wird durch Chlorierung eines jeden der *vier sekundären Wasserstoffatome* (jedes mit der relativen Reaktivität 4) an den Kohlenstoffatomen 2 und 4 gebildet, daraus folgt eine relative Ausbeute von 4 · 4 = **16**. 3-Chlor-3-methylpentan wird durch Chlorierung des *einzigen tertiären Wasserstoffatoms* (relative Reaktivität 5) am Kohlenstoffatom 3 gebildet, daraus folgt eine relative Ausbeute von 1 · 5 = **5**. 3-(Chlormethyl)pentan wird durch Chlorierung irgendeines der *drei primären Wasserstoffatome* (relative Reaktivität 1) der am Kohlenstoffatom 3 stehenden Methylgruppe gebildet, die relative Ausbeute ist daher l · 3 = **3**.

Man erhält daher für die
Ausbeute an l-Chlor-3-methylpentan    = 100 % · 6/(6 + 16 + 5 + 3) = 100 % · 6/30 = 20 %
Ausbeute an 2-Chlor-3-methylpentan    = 100 % · 16/30 = 53 %
Ausbeute an 3-Chlor-3-methylpentan    = 100 % · 5/30 = 17 %
Ausbeute an 3-(Chlormethyl)pentan    = 100 % · 3/30 =10 %.

**(c)** Fortpflanzungsschritt 1 [die nachstehenden Werte sind $\Delta H°$ (kJ/mol) für geknüpfte oder gelöste Bindungen]:

$$
\underset{389}{CH_3CH_2\overset{\overset{\displaystyle CH_3}{|}}{C}HCH_2CH_3} + Cl^\bullet \rightarrow \underset{431}{HCl} + CH_3CH_2\overset{\overset{\displaystyle CH_3}{|}}{\underset{\bullet}{C}}CH_2CH_3 \quad \Delta H°=389-431=-42
$$

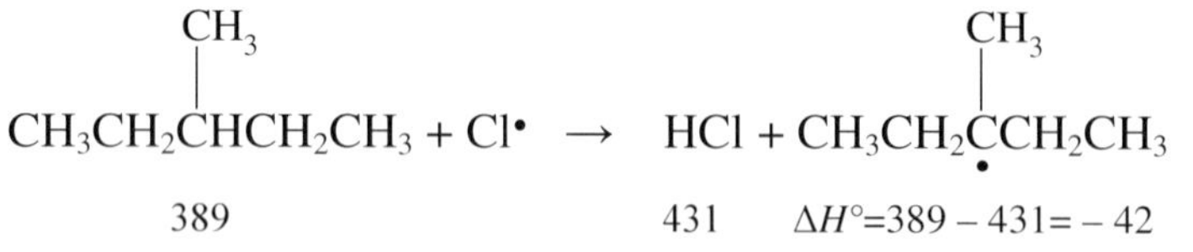

Fortpflanzungsschritt 2:

$$
\underset{243}{CH_3CH_2\overset{\overset{\displaystyle CH_3}{|}}{\underset{\bullet}{C}}CH_2CH_3 + Cl_2} \rightarrow Cl^\bullet + \underset{339}{CH_3CH_2\overset{\overset{\displaystyle CH_3}{|}}{C}ClCH_2CH_3} \quad \Delta H°=-96
$$

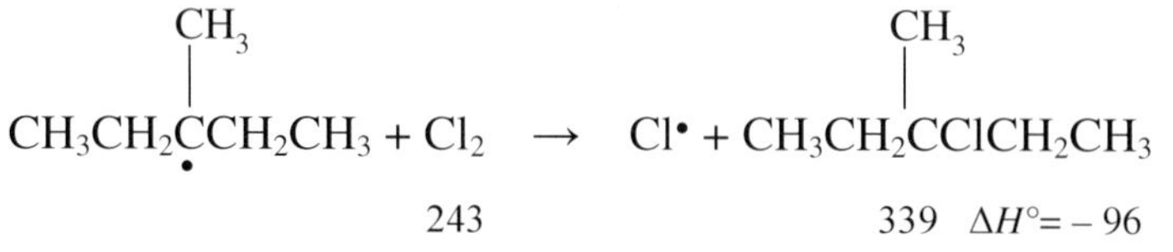

Für die Gesamtreaktion beträgt $\Delta H° = -138$ kJ/mol.

**14.** Kettenstart $Br_2 \rightarrow 2\,Br$ $\Delta H° = +193$ kJ/mol

Kettenfortpflanzung

(1) $Br\cdot + C_6H_6 \rightarrow HBr + C_6H_5$ $\Delta H° = +101$ kJ/mol

(2) $C_6H_5\cdot + Br_2 \rightarrow C_6H_5 + Br$ $\Delta H° = -147$ kJ/mol

Insgesamt $\Delta H° = -46$ kJ/mol

Der Gesamtwert für $\Delta H°$ unterscheidet sich nicht sehr von den Werten für C–H-Bindungen typischer Alkane: Methan, $\Delta H° = -29$ kJ/mol; primäre C–H, $\Delta H° = -46$ kJ/mol; sekundäre C–H, $\Delta H° = -61$ kJ/mol; tertiäre C–H, $\Delta H° = -67$ kJ/mol. Jedoch ist der geschwindigkeitsbestimmende erste Fortpflanzungsschritt in der Reaktion von Benzol *wesentlich stärker endotherm* als bei irgendeiner der Reaktionen mit Alkanen wegen der außergewöhnlichen Stärke der C–H-Bindungen in Benzol. Das hat zur Folge, daß die Bromierung von Benzol nach diesem Mechanismus äußerst schwierig ist (sehr langsam) und kinetisch nicht mit Bromierungsreaktionen typischer Alkane konkurrieren kann.

**15.** Wenn nicht ausdrücklich anders erwähnt, gehe man davon aus, daß nicht mehr als ein Halogen-Atom in jedes Alkan-Molekül eintritt.

**(a)** Keine Reaktion. Die Iodierung von Alkanen verläuft endotherm.

**(b)** $CH_3CHFCH_3 + CH_3CH_2CH_2F$ $F_2$ ist nicht sehr selektiv.

**(c)**

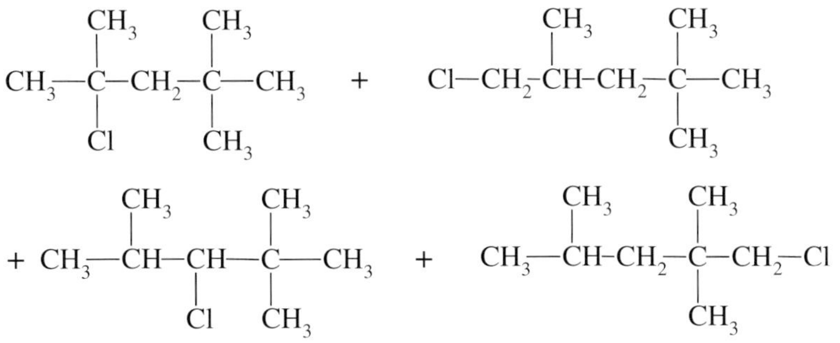

Ein komplexes Gemisch wird erhalten. $Cl_2$ ist selektiver als $F_2$, dennoch wird die tertiäre Stellung nur um den Faktor 5 : 1 gegenüber der primären bevorzugt.

**(d)**

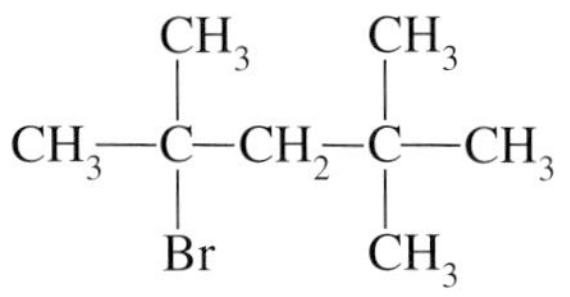

$Br_2$ ist sehr selektiv und bevorzugt tertiäre C–H-Bindungen.

**(e)**

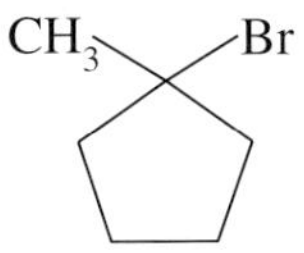

Auch hier verläuft die Bromierung, wann immer möglich, in tertiärer Position. Siehe die Anmerkung in der Antwort zu Aufgabe 1 (c).

**16.** Die Berechnungen werden folgendermaßen durchgeführt:
(Anzahl der Wasserstoff-Atome eines gegebenen Typs) × (relative Reaktivität) = relative Ausbeute.

$$\frac{\text{Relative Ausbeute eines Produkts}}{\text{Summe der relativen Ausbeuten aller Produkte}} = \text{Ausbeute dieses Produkts}$$

| | Produkt | Art des Wasserstoff-Atoms | Anzahl der Wasserstoff-Atome | Relative Reaktivität | Relative Ausbeute | Ausbeute in % |
|---|---|---|---|---|---|---|
| **(b)** | $CH_3CHFCH_3$ | sekundär | 2 | 1.2 | 2.4 | 29 |
| | $CH_3CH_2CH_2F$ | primär | 6 | 1 | 6 | 71 |
| **(c)** | $(CH_3)_2CClCH_2C(CH_3)_3$ | tertiär | 1 | 5 | 5 | 18 |
| | $ClCH_2CH(CH_3)CH_2C(CH_3)_3$ | primär | 6 | 1 | 6 | 21 |
| | $(CH_3)_2CHCHClC(CH_3)_3$ | sekundär | 2 | 4 | 8 | 29 |
| | $(CH_3)_2CHCH_2C(CH_3)_2CH_2Cl$ | primär | 9 | 1 | 9 | 32 |

**(d)** und **(e)** Die Substitution in tertiärer Position durch $Br_2$ ist zumindest zu 90 % selektiv.

**17.** Nur die Bromierungsreaktionen **(d)** und **(e)** sind für Synthesezwecke wirklich akzeptabel. Die anderen Reaktionen, die mehrere Produkte in vergleichbaren Ausbeuten liefern, eignen sich nicht für die Synthese. Die Fluorierung **(b)** sieht sich auf dem Papier gut an, in der Praxis ist aber die Verwendung von $F_2$ als Reagenz sehr schwierig.

**18.** **(a)** Es liegen drei tertiäre Wasserstoff-Atome vor, die glatt bromiert werden:

**(b)** Noch schlimmer, mit 4 tertiären Positionen:

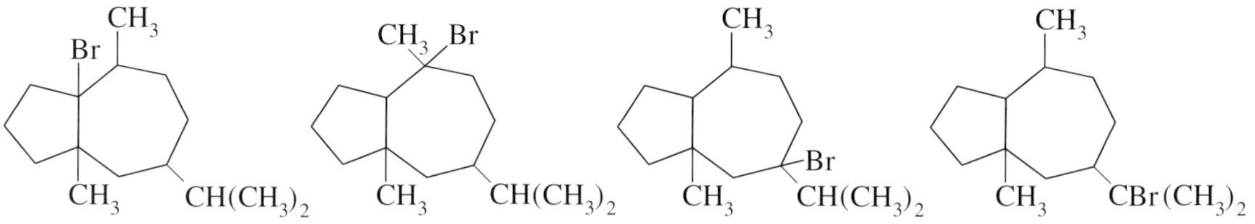


**(c)** Auch Twistan hat vier tertiäre Kohlenstoffatome, aber diese sind aufgrund der Symmetrie des Moleküls äquivalent. (Das Molekül hat drei zweizählige Drehachsen, die aufeinander senkrecht stehen–versuchen Sie, diese Symmetrieelemente zu lokalisieren, am besten anhand eines Modells.) Daher entsteht nur ein einziges Monobromierungs-Produkt. Diese Reaktion ist für synthetische Zwecke ausreichend selektiv.

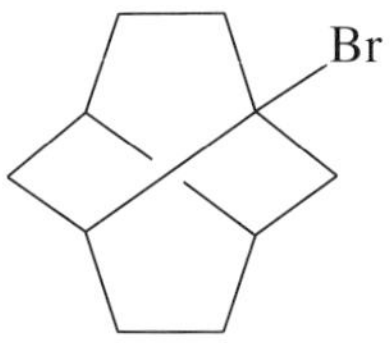


**(d)** Wiederum vier:

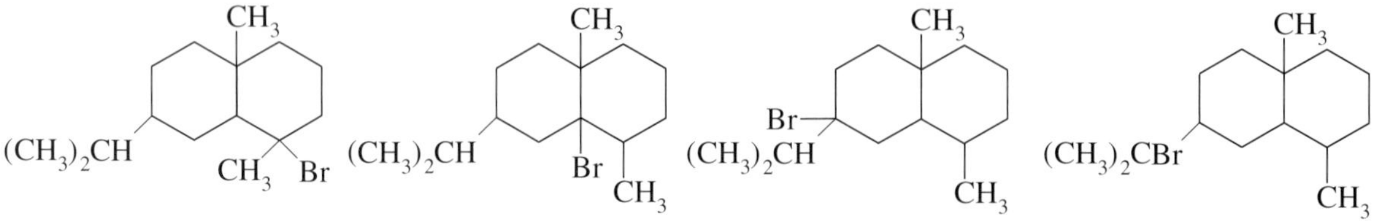

**19.** Alle erforderlichen $DH°$ -Werte sind in Tabelle 3-1 enthalten, mit Ausnahme für X–X, die in Abschnitt 3.5 angegeben werden. (Für die Gesamtheit der erforderlichen $\Delta H_f°$-Werte müßte man noch andere Datenquellen zu Rate ziehen).

**(a)** Unter Verwendung von $\Delta H° = DH°$ (gelöste Bindung) – $DH°$ (geknüpfte Bindung) lauten die Antworten in kJ/mol folgendermaßen:

| Reaktion | $\Delta H°$ für X = F | Cl | Br | I |
|---|---|---|---|---|
| (1) $X\cdot + CH_4 \rightarrow CH_3X + H\cdot$ | –21 | +84 | +142 | +201 |
| (2) $H\cdot + X_2 \rightarrow HX + X\cdot$ | –411 | –189 | –172 | –147 |
| $CH_4 + X_2 \rightarrow CH_3X + HX$ | $\Delta H°$ = –432 | –105 | –30 | +54 |

**(b)** In jedem Fall ist $\Delta H°$ für den oben angeführten hypothetischen ersten Fortpflanzungsschritt sehr viel *weniger* günstig als $\Delta H°$ für den allgemein akzeptierten korrekten Schritt (Tabelle 3-6). Darum sind aller Wahrscheinlichkeit nach die $E_a$-Werte für die oben gezeigten ersten Schritte sehr viel größer als die $E_a$-Werte für die korrekten Schritte. Bezogen auf die korrekten Forpflanzungsschritte wird also die Reaktion $X\cdot + CH_4 \rightarrow CH_3X + H\cdot$ vermutlich sehr sehr langsam ablaufen und vermutlich kaum kinetisch konkurrieren können.

**20.** Inhibierung tritt normalerweise durch Reaktion des Inhibitors mit einem der reaktiven „Kettenträger" in einem Fortpflanzungsschritt auf. Bei der radikalischen Halogenierung kann das Alkylradikal mit Inhibitoren reagieren. Die Produkte der Inhibierungsreaktion sind nicht reaktiv genug, um als Kettenträger in weiteren Fortpflanzungsschritten zu dienen, darum wird die „Fortpflanzungskette" auf ganz ähnliche Weise wie bei den Kettenabbruchreaktionen abgebrochen. Wir haben folgende Situation:

$Cl_2 \rightarrow 2\,Cl\cdot$ Kettenstart

$Cl\cdot + CH_4 \rightarrow HCl + CH_3\cdot$ Fortpflanzungsschritt 1 ($\Delta H°$ = + 4 kJ/mol)

In Gegenwart von $I_2$ geht es jedoch folgendermaßen weiter:

$CH_3\cdot + I_2 \rightarrow CH_3I + I\cdot$ Inhibierungsschritt, $\Delta H°$ = –84 kJ/mol.

Die in Fortpflanzungsschritt 1 begonnene Reaktionskette wird jetzt unterbrochen, weil $I\cdot$ nicht mit $CH_4$ reagieren kann ($\Delta H°$ = +142 kJ/mol, aus Tabelle 3-6). Ein $CH_3\cdot$-Radikal ist dadurch auf Dauer dem Reaktionssystem als Kettenträger verlorengegangen.

**21.** Vorgehensweise: Man sucht die schwächste Bindung, entweder in $CH_3I$ oder in HI, und versucht dann, eine radikalische Kettenreaktion zu formulieren. Die schwächste Bindung ist $CH_3$–I ($DH°$ = 235 kJ/mol), so daß wir diese für den Kettenstart benutzen:

Kettenstart: $CH_3\text{–}I \xrightarrow{\Delta} CH_3\cdot + I\cdot \quad \Delta H° = +235$ kJ/mol

Der beste Kettenfortpflanzungsschritt ist dann der folgende:

Fortpflanzungsschritt 1: $CH_3\cdot + \underset{298}{H\text{–}I} \rightarrow \underset{440}{CH_3\text{–}H} + I\cdot \quad \Delta H° = -142$ kJ/mol ($DH°$)

Jetzt muß noch die Kettenreaktion mit $I\cdot + CH_3I$ beendet werden:

Fortpflanzungsschritt 2: $I\cdot + \underset{239}{CH_3\text{–}I} \rightarrow \underset{151}{I\text{–}I} + CH_3\cdot \quad \Delta H° = +88$ kJ/mol ($DH°$)

Dies ist kein guter Wert, aber die Summe beider Fortpflanzungsschritte liefert einen besseren:

$HI + CH_3I \rightarrow I_2 + CH_4 \quad \Delta H° = -54$ kJ/mol

Als Ergebnis erhalten wir die *Umkehrung* einer Iodierungsreaktion (die Reaktion läuft tatsächlich in der angegebenen Richtung)!

**22.** Vor der Zeichnung des Diagramms muß zunächst Teil **(a)** gelöst werden.

**(a)** Primär: $\Delta H° = (+96) + (-36) - (-104) - (+112) = +52$ kJ/mol
Sekundär: $\Delta H° = (+75) + (-36) - (-104) - (+112) = +31$ kJ/mol

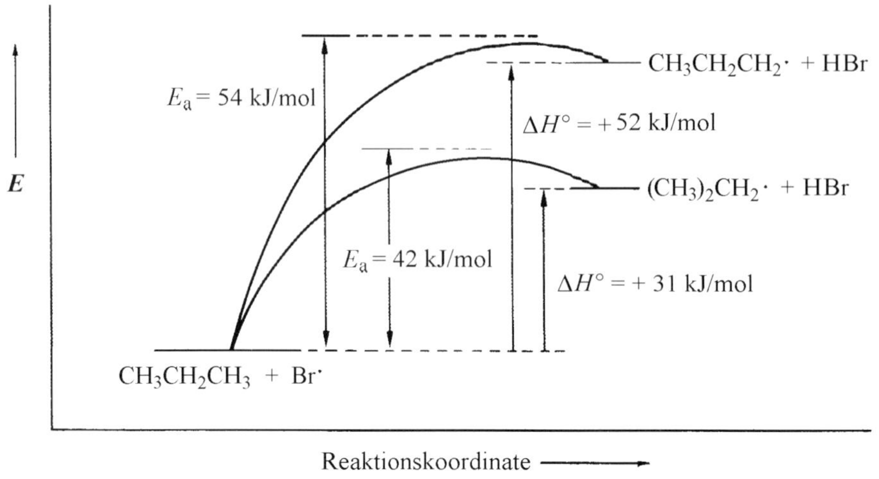


**(b)** Hierbei handelt es sich um „späte" Übergangszustände, die vom Energieinhalt her mit den Produkten vergleichbar sind. (Schauen Sie sich zum Vergleich die sehr „frühen" Übergangszustände bei der Chlorierung an.)

**(c)** Diese Übergangszustände ähneln strukturell sehr dem Produktradikal und haben beträchtlichen Radikalcharakter. Zum Vergleich weisen die aus Abbildung 3-12 (für die Chlorierung) einen sehr viel geringeren Radikalcharakter auf, da sie sehr viel früher auftreten und sehr viel weniger dem Produkt ähneln.

**(d)** Ja. Bei der Bromierung unterscheiden sich die radikalähnlichen Übergangszustände der primären bzw. sekundären Reaktionen hinsichtlich ihres Energieinhalts um einen Betrag (13 kJ/mol), der sehr gut der Energiedifferenz der Radikale selber entspricht (21 kJ/mol). Bei der Chlorierung entsprechen die sehr viel weniger radikalartigen Übergangszustände nicht entfernt so gut den Energien der Produktradikale, darum ist der Unterschied zwischen ihnen viel kleiner (4 kJ/mol). Die Selektivität wird hier vollständig durch die Energiedifferenz zwischen Übergangszuständen konkurrierender Reaktionspfade bestimmt; die Bromierung ist daher viel selektiver als die Chlorierung.

**23.** $\Delta H°$ wird wieder in der Weise berechnet, daß die $\Delta H_f°$-Werte der Edukte von denen der Produkte abgezogen werden. Man erhält daher
Fortpflanzungsschritt 1: $\Delta H° = 138 - (121 + 142) = -125$ kJ/mol
Fortpflanzungsschritt 2: $\Delta H° = 121 - (138 + 251) = -268$ kJ/mol

Die Gesamtreaktion ist $O_2 + O \rightarrow 2\ O_2$ mit $\Delta H° = -393$ kJ/mol. Die Reaktion ist energetisch extrem begünstigt und wird, wie aus den Gleichungen hervorgeht, durch Cl-Atome *katalysiert.* Ein einziges Chloratom kann *Tausende* von Ozon-Molekülen in Fortpflanzungszyklen wie dem gezeigten zerstören.

**24. (a)** und **(b)**  Drei monohalogenierte Produkte:

Hexan

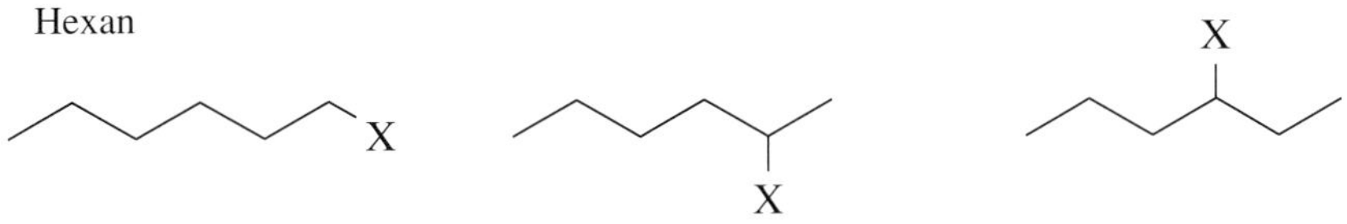


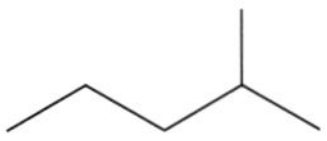 Fünf monohalogenierte Produkte:

2-Methylpentan

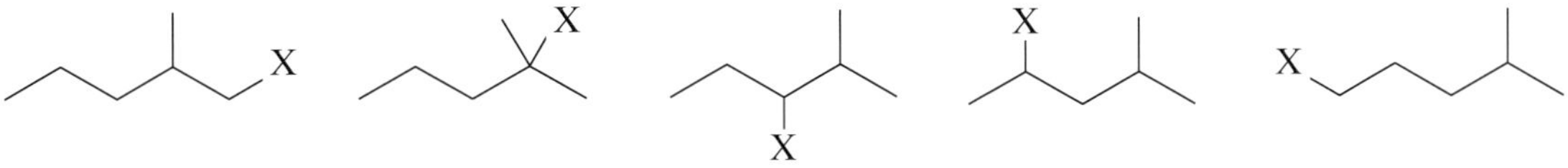

 Vier monohalogenierte Produkte:

3-Methylpentan

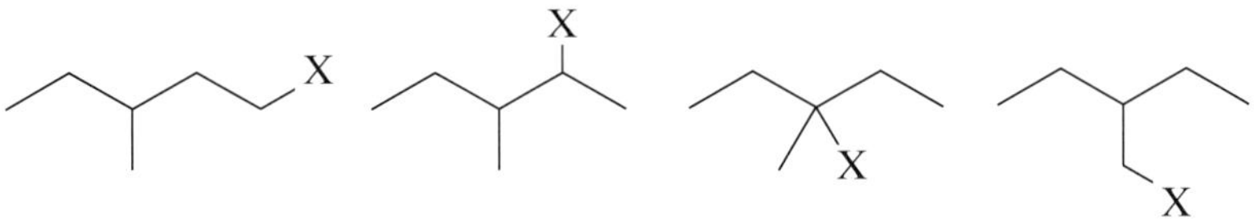

 Drei monohalogenierte Produkte:

2,2-Dimethylbutan

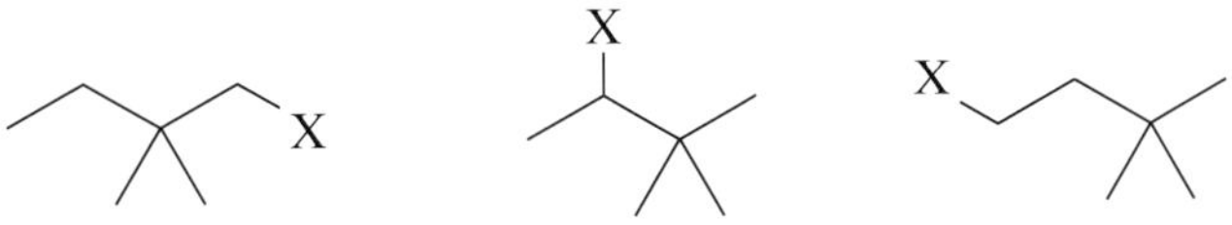


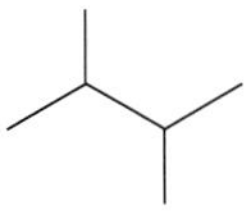 Zwei monohalogenierte Produkte:

2,3-Dimethylbutan

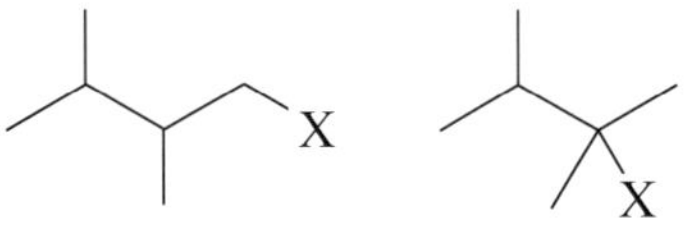

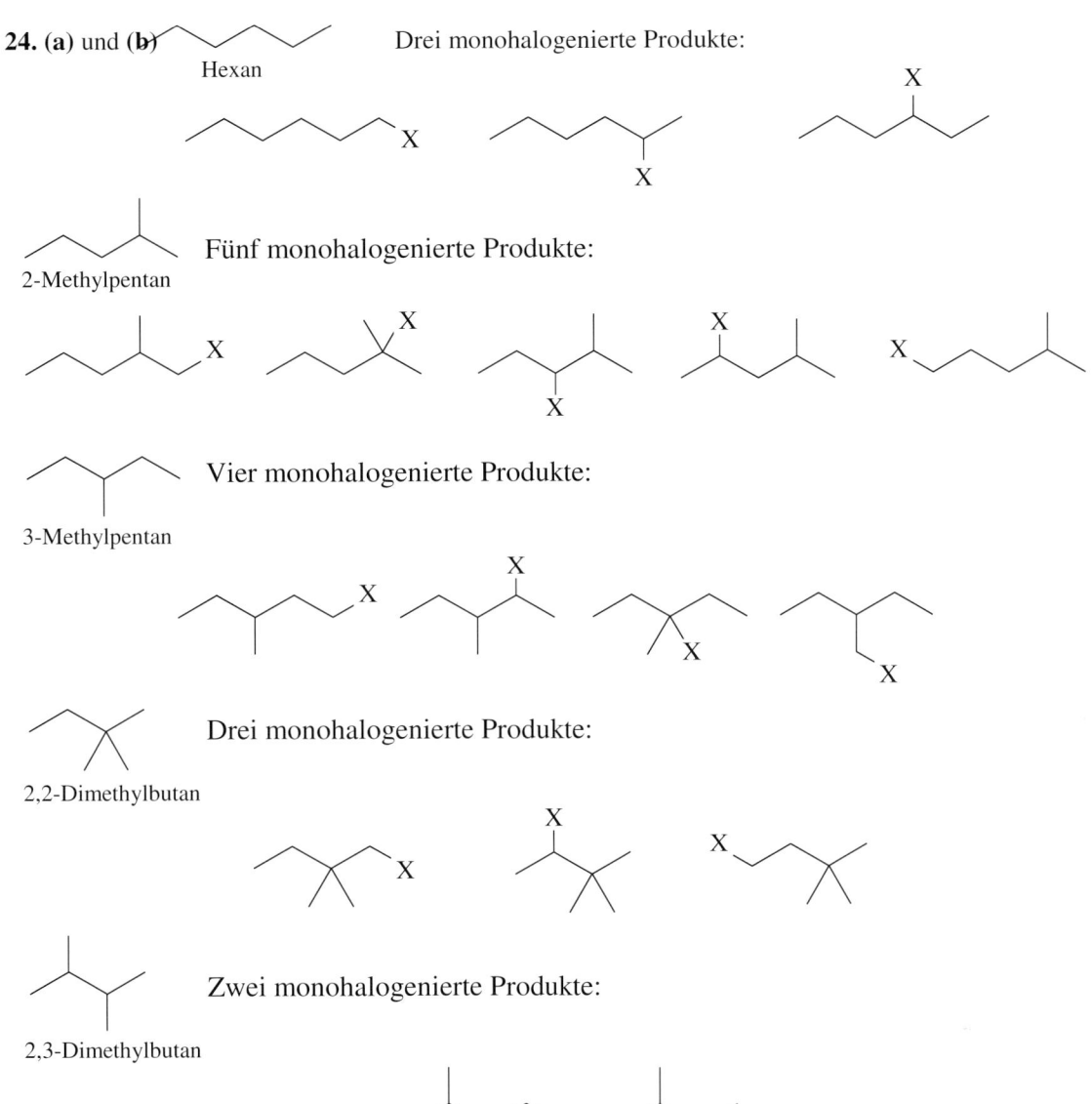

**(c)** Wie oben abgebildet besitzt 2,3-Dimethylbutan nur zwei unterschiedliche Positionen, die halogeniert werden können: zwei nicht unterscheidbare tertiäre Wasserstoffe und zwölf nicht unterscheidbare primäre H. Falls X = Br ist, erfolgt die Bromierung nahezu ausschließlich an der tertiären Position.

# Cyclische Alkane

# 4

**1.** Fangen Sie mit dem größten Ring an und gehen Sie systematisch zu kleineren Ringen über:

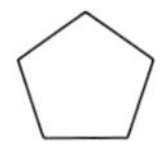

Cyclopentan

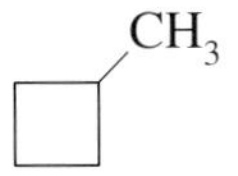

Methylcyclobutan

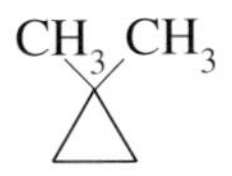

1,1-Dimethylcyclopropan

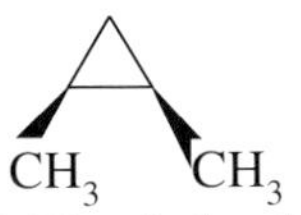

*cis*-1,2-Dimethylcyclopropan

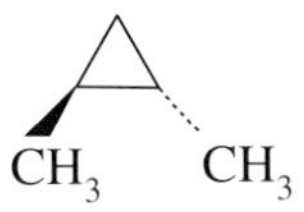

*trans*-1,2-Dimethylcyclopropan

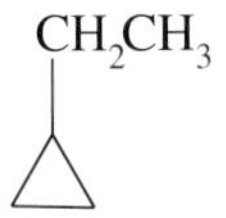

Ethylcyclopropan
(dieses wird häufig vergessen)

**2. (a)** Iodcyclopropan

**(b)** *trans*-1 -Methyl-3-(1-methylethyl)cyclopentan

**(c)** *cis*-1,2-Dichlorcyclobutan

**(d)** *cis*-1 -Cyclohexyl-5-methylcyclodecan

**(e)** Um sagen zu können, ob dies *cis* oder *trans* ist, muß man die Wasserstoff-Atome an den substituierten Kohlenstoff-Atomen einzeichnen:

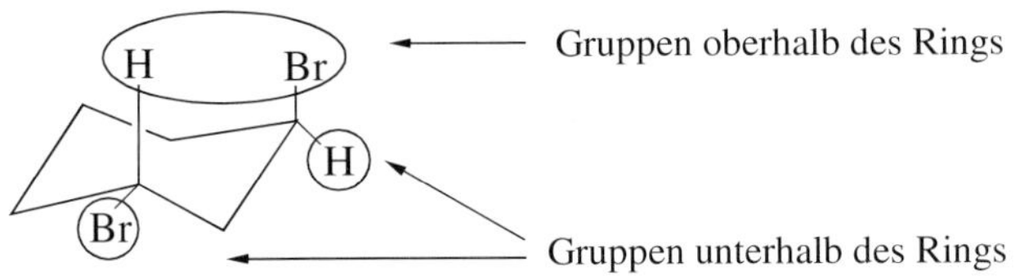


Ein Br auf der Oberseite, eines auf der Unterseite, d.h. *trans*-1,3-Dibromcyclohexan

**(f)** In gleicher Weise

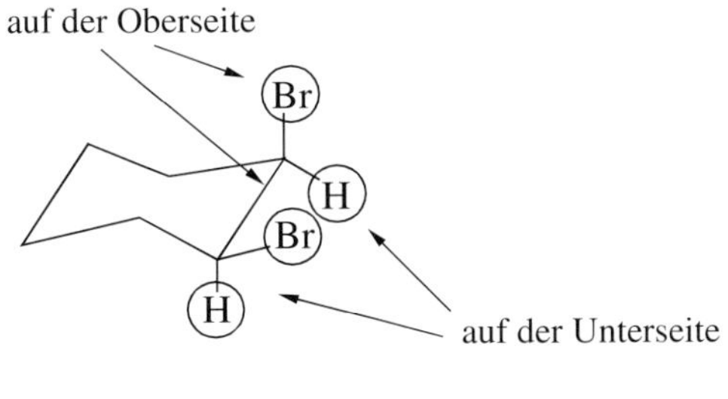


d.h. *cis*-1,2-Dibromcyclohexan

**(g)** Ermitteln Sie die „Brückenkopf"-C-Atome und zählen Sie die Kohlenstoff-Atome in den „Brükken" dieser bicyclischen $C_9$-Verbindung. Beachten Sie die *Trans*verknüpfung der Ringe.

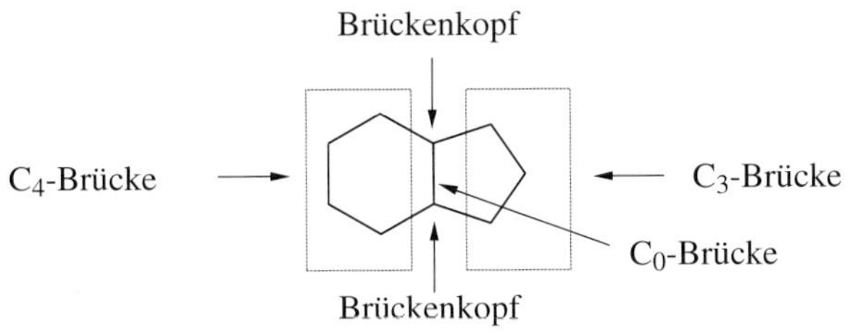


*trans*-Bicyclo[4.3.0]nonan.

**(h)** $C_3$-Brücke, $C_0$-Brücke, $C_3$-Brücke, eine *cis*-Verknüpfung der Ringe und insgesamt acht Kohlenstoff-Atome.

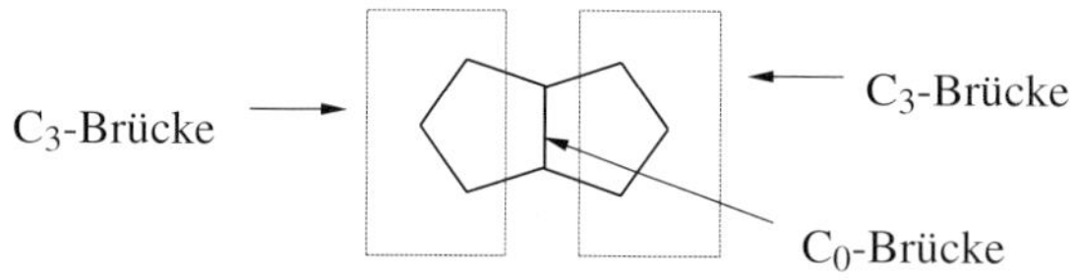


Daher *cis*-Bicyclo[3.3.0]octan.

**(i)** 1,7,7-Trimethylbicyclo[2.2.1]heptan.

**3.** **(a)** Die sehr niedrige relative Reaktivität von Cyclopropan läßt (i) anormal *starke* C–H-Bindungen und (ii) ein ungewöhnlich *instabiles* Cyclopropyl-Radikal vermuten.

**(b)** Radikale bevorzugen $sp^2$-Hybridisierung mit Bindungwinkeln von 120°. Darum ist in einem Cyclopropyl-Radikal die Winkelspannung am radikalischen Kohlenstoff-Atom größer (120° – 60° = 60° Bindungswinkelstauchung) als an einem Kohlenstoff-Atom im Cyclopropan selber (109.5° – 60° = 49.5° Bindungswinkelstauchung).

**(c)** Die gegenüber Cyclopropan erhöhte Reaktivität von 2,2-Dimethylcyclopropan muß als Ursache die Reaktion der Methyl-Wasserstoff-Atome haben.

Somit vorwiegend

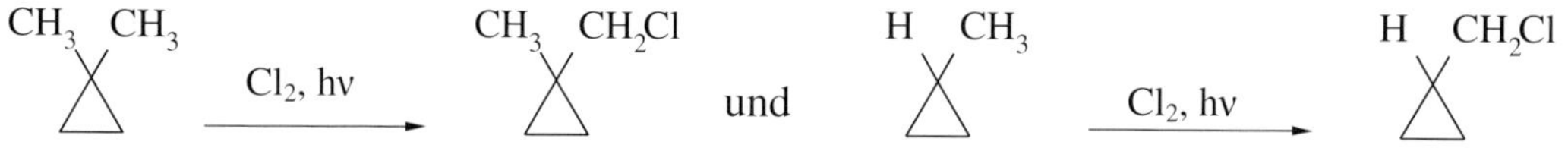


Das tertiäre Wasserstoff-Atom in Methylcyclopropan ist nicht viel reaktiver gegenüber Cl· als die sekundären Wasserstoff-Atome. (Man rufe sich Abschnitt 3.6 in Erinnerung.)

**4.** In allen Fällen beginnt man mit dem $DH°$-Wert für die C–C-Bindung zwischen $CH_2$-Gruppen (sekundär), d.h. $DH°$ für $CH_3CH_2$–$CH_2CH_3$, 344 kJ/mol (Tabelle 3-2).

**(a)** Wie das nachfolgende Diagramm zeigt, benötigt man für die Spaltung einer „gewöhnlichen" C–C-Bindung zweier sekundärer C-Atome (wie in Butan) 344 kJ/mol. Da bei der Spaltung einer C–C-Bindung im Cyclopropan aufgrund der Aufhebung der Ringspannung 117 kJ/mol freiwerden, werden hier nur 227 kJ/mol benötigt.

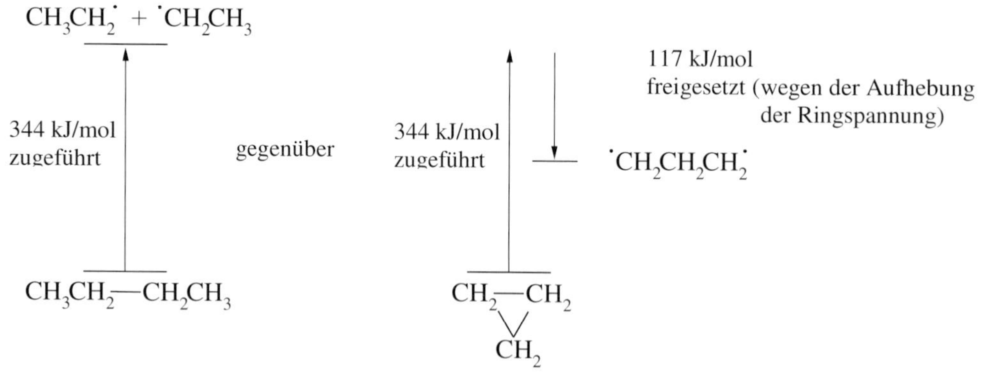


Also $DH° = 344 - 117 = 227$ kJ/mol. Beachten Sie, daß dieser Wert mit dem $E_a$-Wert von 272 kJ/mol für die Ringöffnung konsistent ist (Abschn. 4.2).

**(b)** Für Cyclobutan beträgt unser Schätzwert fur $DH°$ 344 – 113 = 231 kJ/mol. Bei den so berechneten Werten für Cyclopropan und Cyclobutan handelt es sich nur um Schätzwerte (die experimentellen Daten kommen für den $DH°$-Wert von Cyclobutan zu etwas höheren Ergebnissen).

**(c)** $DH°$ = 344 – 29 = 315 kJ/mol  **(d)** $DH°$ = 344 – 4 = 340 kJ/mol

Die (im Verhältnis zu anderen Alkanen und Cycloalkanen) ungewöhnlichen Ringöffnungsreaktionen von Cyclopropan und Cyclobutan sind also thermodynamisch vernünftig.

**5.** Hier ist eine Zeichnung von Cyclobutan mit axialen Positionen (a) und äquatorialen Positionen (e).

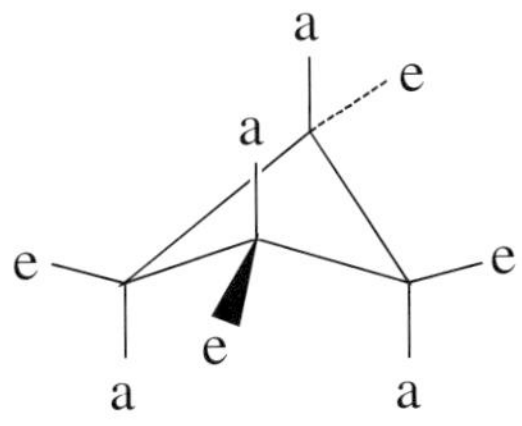

Alle Kohlenstoffatome sind äquivalent, und beim Umklappen der gefalteten Form gehen die axialen Positionen in äquatoriale Positionen und äquatoriale in axiale über, genau wie beim Umklappen von Sesselkonformationen des Cyclohexans.

**(a)**

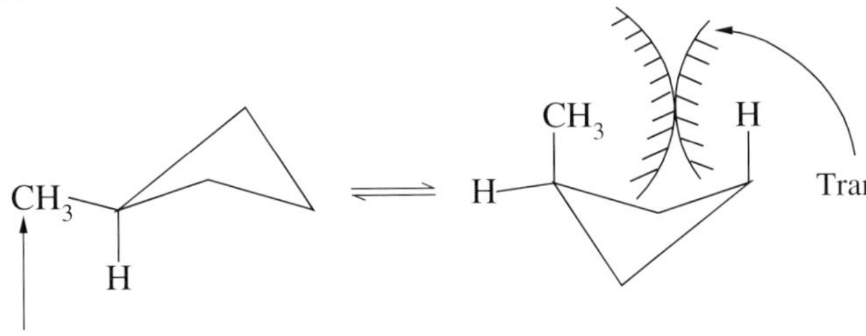

Transannulare (l,3-diaxiale)Wechselwirkung

Äquatorial; stabiler

**(b)**

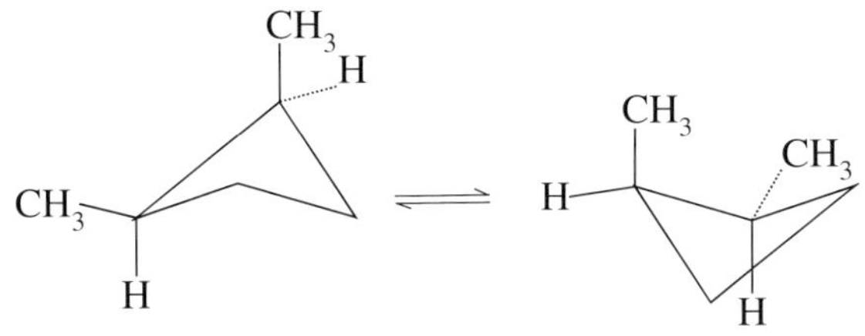

**(c)**

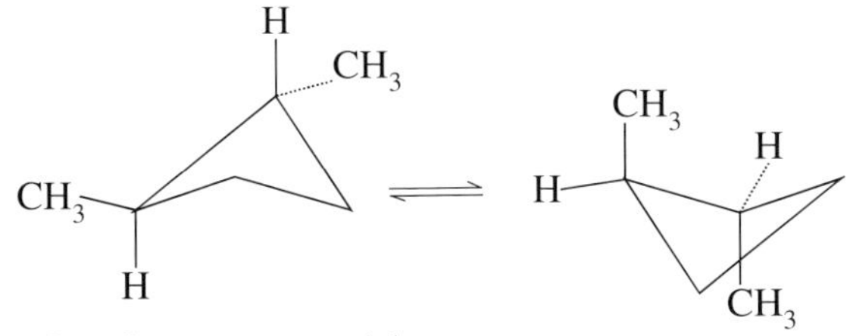

Beide $CH_3$-Gruppen äquatorial; stabiler

Diese Form (die *trans-1,2*-Verbindung) ist stabiler, weil beide $CH_3$-Gruppen gleichzeitig äquatorial sein können. In der *cis*-1,2-Verbindung [(b) oben] liegt in jeder Konformation stets eine axiale Gruppe vor.

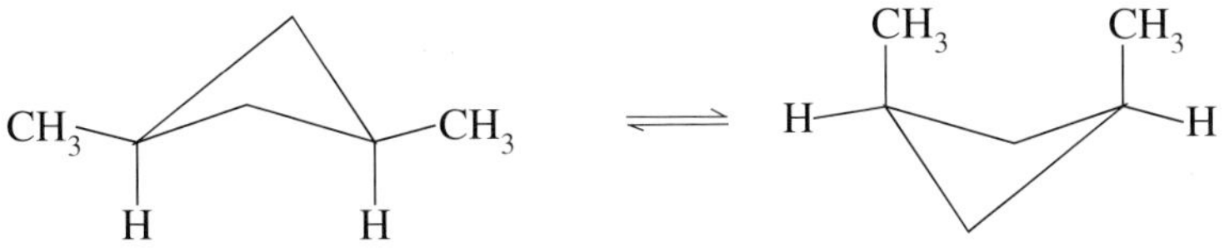

Beide $CH_3$-Gruppen äquatorial; stabiler

Jetzt handelt es sich um die *cis*-1,3-Verbindung, in der beide $CH_3$-Gruppen gleichzeitig äquatoriale Positionen einnehmen können. Sie ist stabiler als die *trans*-Verbindung (unten).

**(e)** 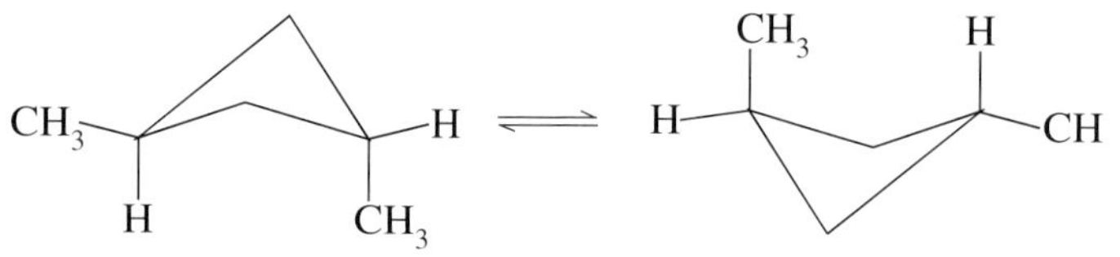


Energiegleich: in jeder Konformation ist eine Methylgruppe axial und eine äquatorial.

**6.** Man vergleiche die Wechselwirkungen der ekliptischen Konformationen in den beiden Formeln.

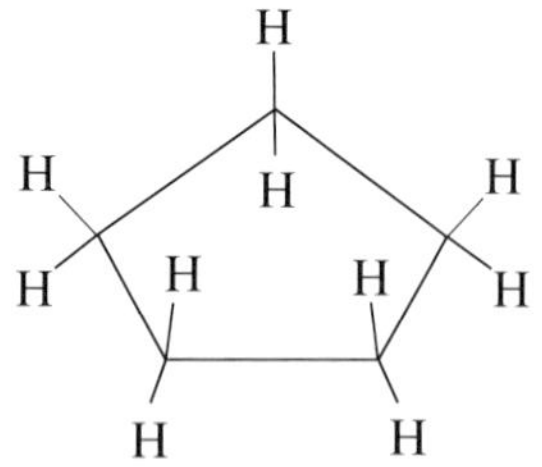

Planar- alle C–H-Bindungen auf der Oberseite und Unterseite sind ekliptisch, es liegen insgesamt 10 Wechselwirkungen dieser Art vor.

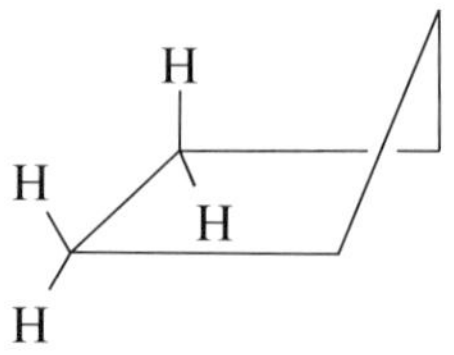

Briefumschlag-Konformation- nur die hier angeführten C–H-Bindungen sind ekliptisch, insgesamt ergeben sich 2 Wechselwirkungen dieser Art.

Für Ethan schätzen wir den Energieaufwand für jede ekliptische Wechselwirkung auf 4 kJ/mol. Darum ist $\Delta H_f°$ für ebenes Cyclopentan 42–8 oder 34 kJ/mol stärker positiv (d.h. weniger stabil) als $\Delta H_f°$ für Briefumschlag-Cyclopentan. $\Delta H_f°$ für das gezeigte Gleichgewicht beträgt dann –34 kJ/mol.

**7. (a)** *trans*! Beachten Sie die Stellungen der Wasserstoff-Atome:

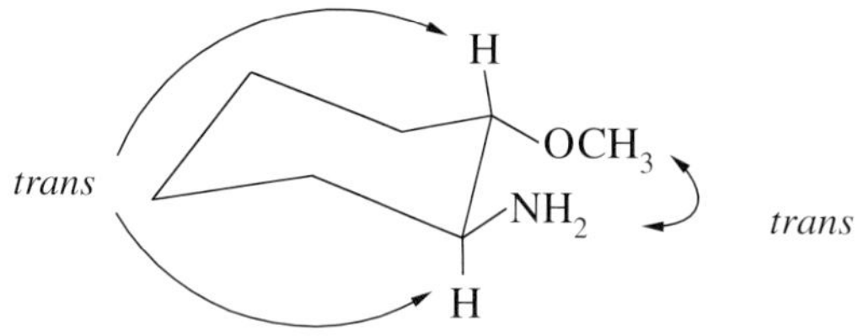


Die beiden Wasserstoff-Atome sind *trans,* darum müssen offensichtlich die $NH_2$-und $OCH_3$-Gruppe ebenfalls *trans* sein. Die $NH_2$-Gruppe ist *cis* in Bezug auf das obere H, und die $OCH_3$-Gruppe ist *cis* in Bezug auf das untere H.

Beide Gruppen sind äquatorial, darum ist dies die stabilste Konformation.

**(b)** *cis:*

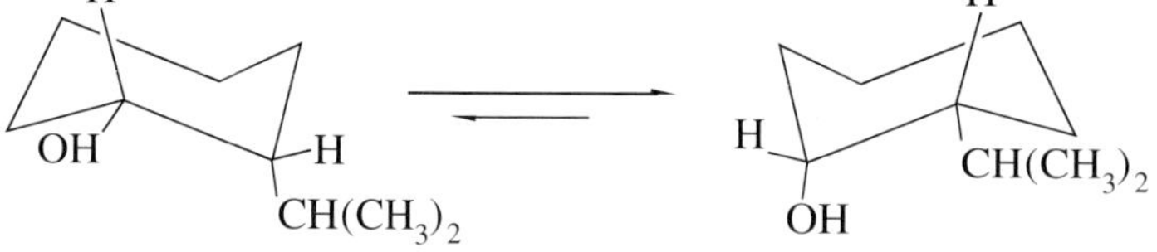


Aus Tabelle 4-3 geht hervor, daß $CH(CH_3)_2$ stärker eine äquatoriale Lage (9 kJ/mol) bevorzugt als OH (4 kJ/mol). In der Zeichnung ist $CH(CH_3)_2$ axial und OH äquatorial. Dies ist *nicht* die stabilste Konformation, weil der Ring in die rechts gezeigte Form umklappen kann, in der $CH(CH_3)_2$ äquatorial ist und OH axial.

*(c) Trans*: 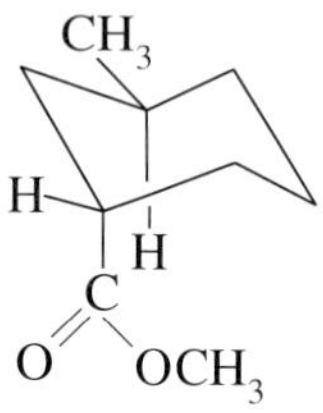


Stabilste Konformation ($CH_3$ äquatorial).

**(d)** *Trans:* Nicht die stabilste Form. Umklappen des Rings ergibt die äquatoriale Konformation:

**(e)** *Cis*:
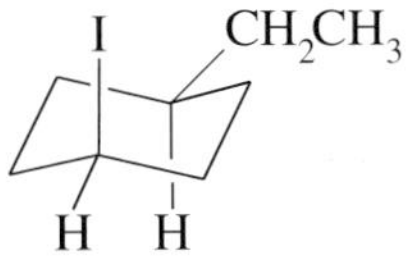

Stabilste Form ($CH_3CH_2$ äquatorial).

**(f)** *Trans*:
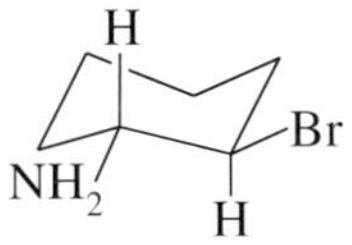

Stabilste Form (beide Gruppen äquatorial).

**(g)** *Cis*:
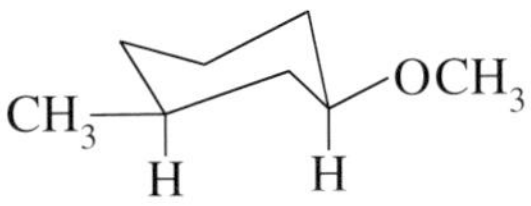

Stabilste Form (beide Gruppen äquatorial).

**(h)** *Cis:* Nicht die stabilste Form. Umklappen des Rings erzeugt diäquatoriale Konformation:

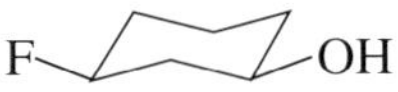


**(i)** *Cis*:
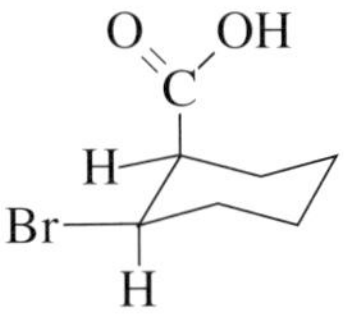

Nicht die stabilste Form. Umklappen des Rings bringt die $HO-\overset{O}{\overset{\|}{C}}$-Gruppe in eine äquatoriale Position, die bevorzugt wird (Tabelle 4-3).

**(j)** *Trans.* Stabilste Form [Vergleichen Sie Teil **(a)**, oben].

**8.** Beste Konformation — nächstbeste Konformation

**(a)**
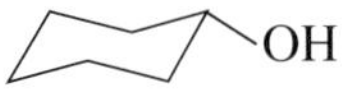

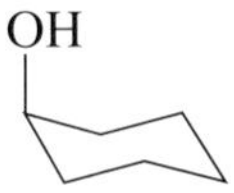


**(b)**

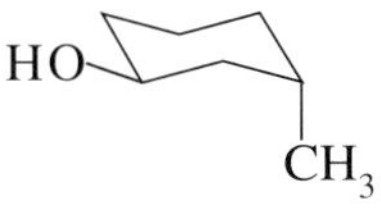


**(c)**
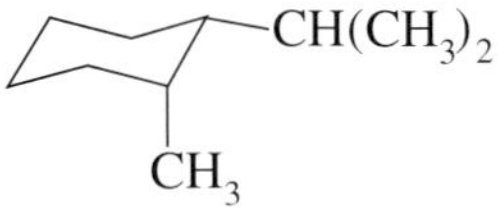

**(d)**
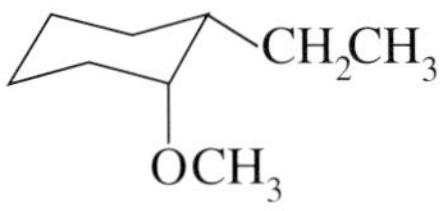

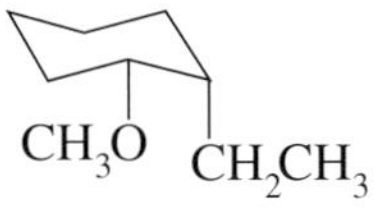


**(e)**

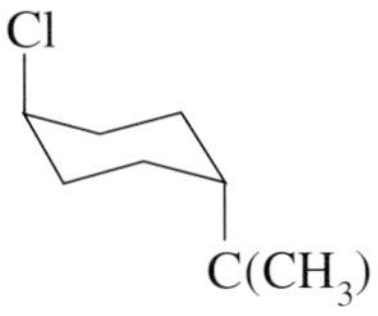

**9.** Aus Tabelle 4-3: Verhältnisse (unter Verwendung von $\Delta G^\circ = -RT \ln K$)

**(a)** 4 kJ/mol $\quad K = 4.8; \; \frac{4.8}{4.8+1} = 0.83$; Verhältnis 83/17

**(b)** 7 – 4 = 3 kJ/mol $\quad K = 3.8; \; \frac{3.8}{3.8+1} = 0.79$; Verhältnis 79/21

**(c)** 9 – 7 = 2 kJ/mol $\quad K = 2.3$; Verhältnis 70/30

**(d)** 7 – 3 = 4 kJ/mol $\quad K = 5.3$; Verhältnis 84/16

**(e)** 21 + 2 = 23 kJ/mol $\quad K \approx 10^4$; Verhältnis »99.9/0.1

In jedem Fall ist die stabilste Konformation die, in der die Gruppe mit dem größten $\Delta G^\circ$-Wert aus Tabelle 4-3 äquatorial angeordnet ist.

**10.** Beachten Sie, daß einige Positionen der Wannen-Konformation von Cyclohexan axialen Positionen ähneln („pseudoaxial"), andere äquatorialen Positionen gleichen („pseudoäquatorial"):

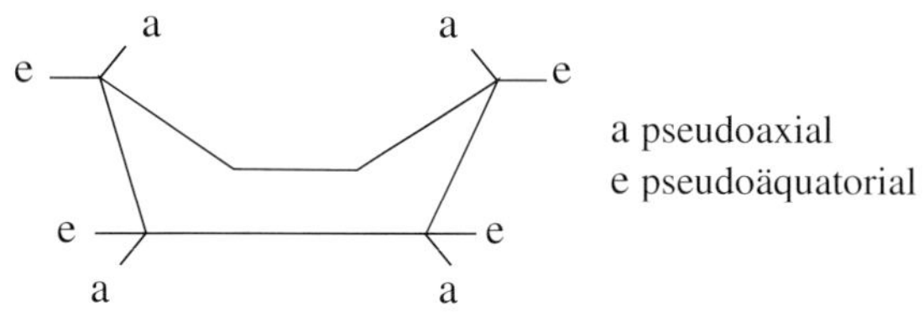


Wenn Sie Konformationen zeichnen, in denen die Methylgruppe in den verschiedenen Positionen untergebracht wird, und Sie sich jede dieser Konformationen hinsichtlich ihrer Ringspannung anschauen, erkennen Sie das Folgende:

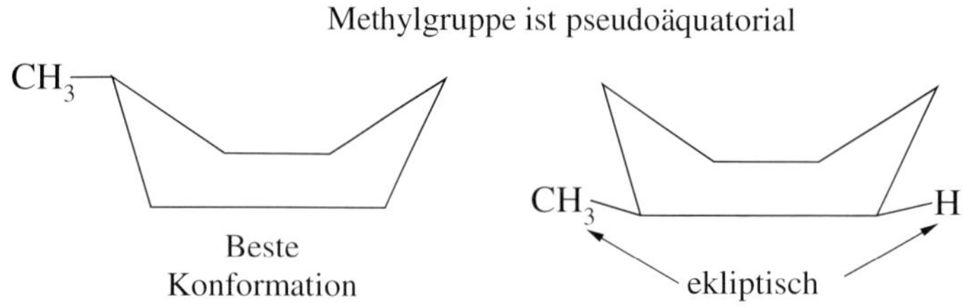


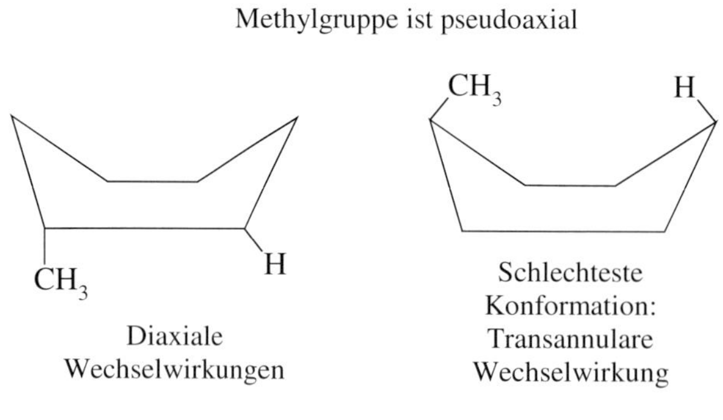


Bei den beiden Formen mit pseudoäquatorialer Methylgruppe sind im linken Konformer die $CH_3$-Ringbindung und die benachbarten C–H-Bindungen gestaffelt. Das andere Konformer ist wegen der ekliptischen Wechselwirkung energiereicher. Die beiden Konformationen mit pseudoaxialer $CH_3$-Gruppe sind beide ziemlich energiereich. Tatsächlich treten drei diaxiale Wechselwirkungen mit der Methylgruppe auf (nur eine ist dargestellt; bauen Sie ein Modell zur Veranschaulichung der beiden anderen!), die „schlimmste" von allen weist wegen der großen Nähe zwischen $CH_3$ und H eine beträchtliche transannulare Wechselwirkung auf, siehe die Abbildung.

**11.** Nur eine Konformation, die sich von der Wannen-Form ableitet, gestattet es sperrigen Gruppen, axiale Positionen zu vermeiden. Schauen Sie sich die Ähnlichkeit einiger Positionen rund um eine Wannen-Form des Cyclohexans mit axialen („pseudoaxial“) und äquatorialen Positionen („pseudoäquatorial“) an:

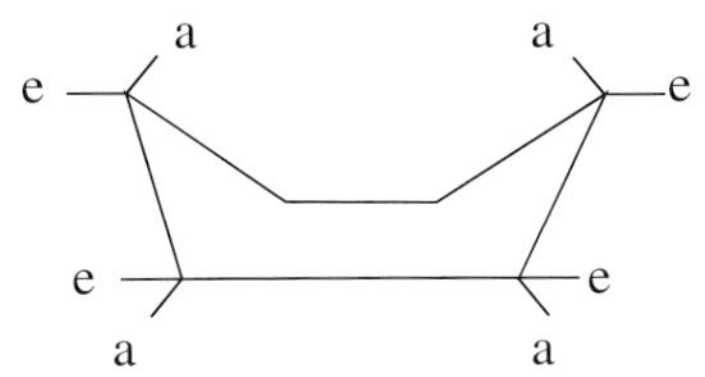


a pseudoaxial
e pseudoäquatorial

Dieses Molekül nimmt eine Konformation an, in der beide Gruppen „pseudoäquatorial“ sind. Die wirkliche Gestalt geht von der Twist-Form des Cyclohexans aus. Dadurch werden ekliptische Wechselwirkungen der echten Wannen-Konformation auf ein Minimum gebracht (Abschnitt 4. 3) (Machen Sie sich ein Modell.)

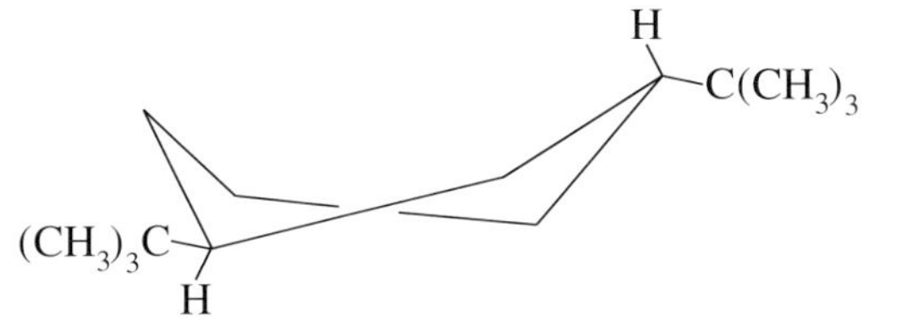


**12.** Modelle sind hier hilfreich. Sie sollten in der Lage sein, Strukturen zu zeichnen, die den nachstehend gezeigten gleichen.

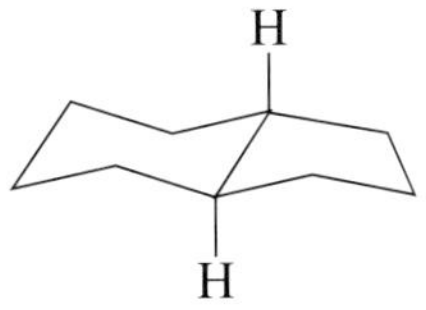


*trans*-Hexahydroindan

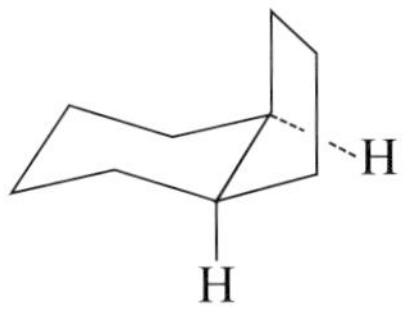


*cis*-Hexahydroindan

Beachten Sie, daß die Wasserstoffatome an den Brückenköpfen in *trans*-Hexahydroindan in *trans*-Stellung zueinander angeordnet sind und in *cis*-Hexahydroindan in *cis*-Stellung. In den Zeichnungen liegen die Cyclohexanringe in der Sesselform vor und die Cyclopentanringe in der Briefumschlag-Form. Eine leichte Verbiegung der von der Briefumschlagklappe abgewandten Cyclopentanbindung führt zu der Halbsesselform des Cyclopentans, die einen ähnlichen Energieinhalt besitzt, aber schwieriger zu zeichnen ist.

**13.** Das *trans*-Isomer ist stabiler: Es kann in einer Konformation existieren, in der beide Cyclohexanringe Sesselform aufweisen und keine Kohlenstoff-Kohlenstoff-Bindungen bezüglich eines der Ringe axial sind. Die stabilsten Konformationen des *cis*-Dekalins enthalten zwei axiale C–C-Bindungen. Wenn wir jeder von ihnen eine Energie von etwa 7.3 kJ/mol (ähnlich wie für eine Ethylgruppe) zuschreiben, können wir abschätzen, daß die *cis*-Form um 14.6 kJ/mol energiereicher ist als die *trans*-Form.

Ersatz der Brückenkopf-Wasserstoffatome durch Methylgruppen führt zu:

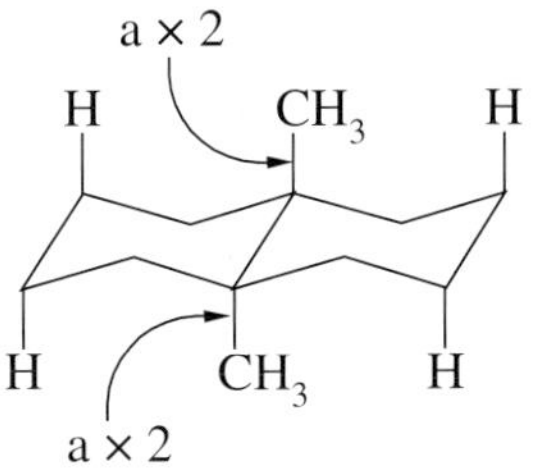


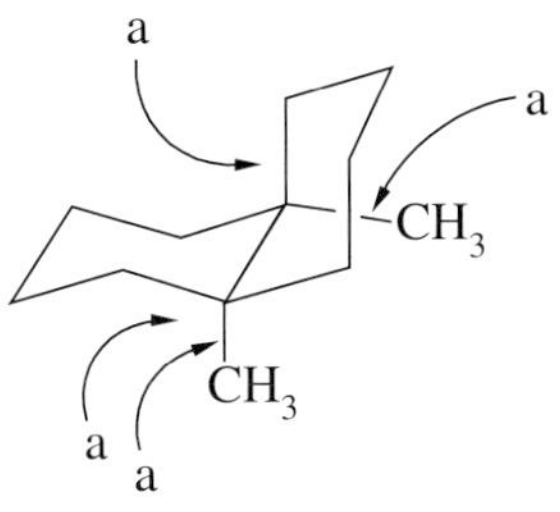

Im *cis*-Isomer (rechts) sind beide Methylgruppen axial bezüglich des einen Rings und äquatorial bezüglich des anderen. Insgesamt liegen jetzt vier axiale Bindungen vor, einschließlich der beiden axialen Ringbindungen, die im *cis*-Decalin selbst vorlagen (alle mit „a“ gekennzeichnet). Für das *trans*-Isomer hat sich die Situation in subtiler, aber dramatischer Weise geändert. Die neuen Methylgruppen sind beide axial hinsichtlich *beider* Ringe (siehe die „a × 2“-Markierungen; daraus ergeben sich 1,3-diaxiale Wechselwirkungen mit den hervorgehobenen H-Atmmen auf jeder Seite). Wir sind also von null axialen C–C-Bindungen in *trans*-Decalin zu vier solcher Bindungen im 9,10-Dimethylderivat gelangt. Die Energien dieser beiden Isomere sind daher sehr ähnlich.

**14.** Man zähle die Kohlenstoff-Atome des Molekülskeletts ab. Sind es 10, handelt es sich bei dem Molekül um ein Monoterpen, bei 15 um ein Sesquiterpen, bei 20 um ein Diterpen.

**(a)** 10 Kohlenstoff-Atome, Monoterpen
**(b)**, **(c)** und **(d)** 15 Kohlenstoff-Atome, Sesquiterpen
**(e)** 11 Kohlenstoff-Atome aber nur 10 im Molekülskelett; Monoterpen
**(f)** 15, Sesquiterpen **(g)** 10, Monoterpen **(h)** 20, Diterpen

**15.** Die einzelnen Isopren-Einheiten sind durch gestrichelte Linien hervorgehoben:

**(a)** 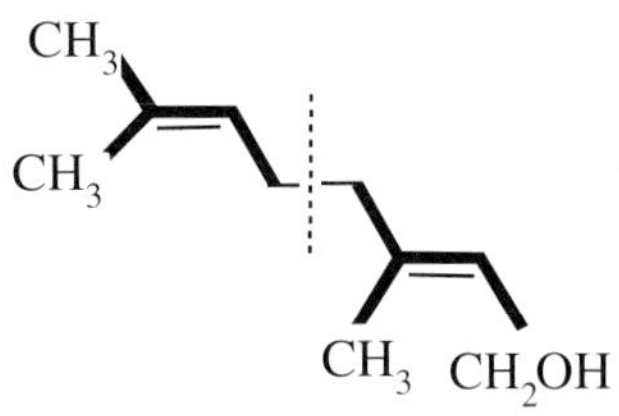


**(b)** 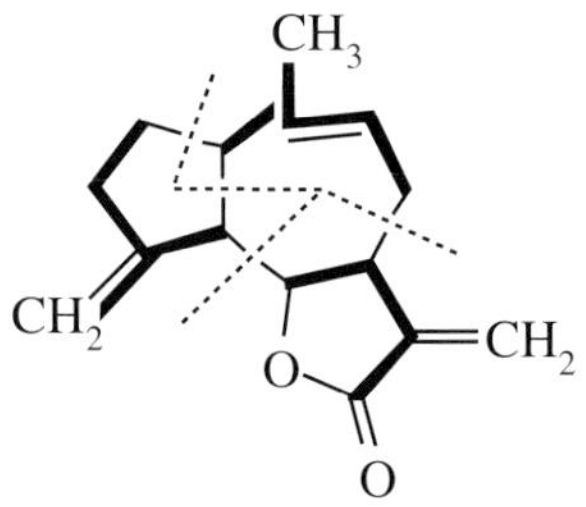


oder

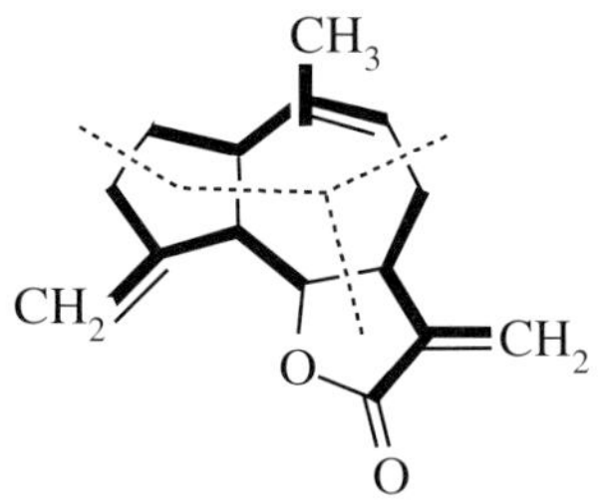


**(c)** 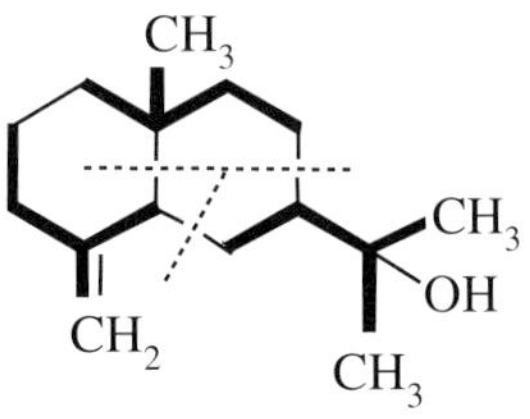


oder

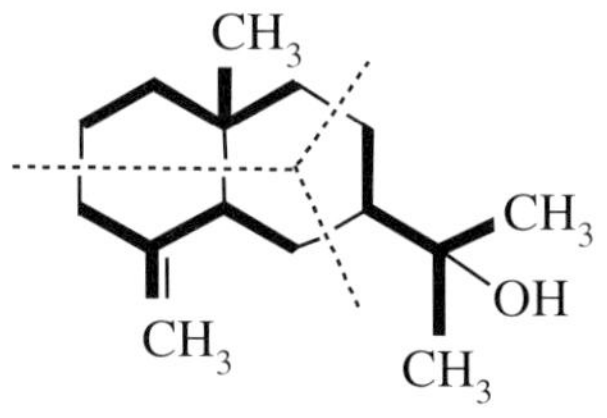


**(d)** 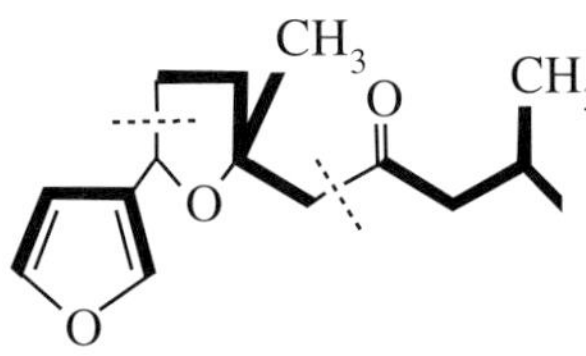


**(e)** 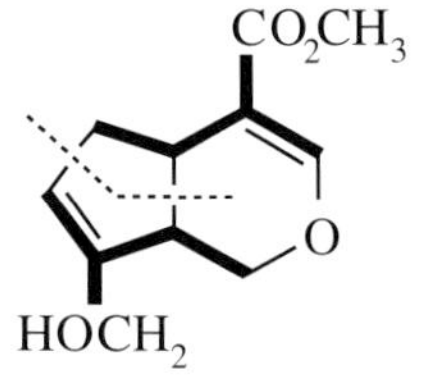


**(f)** 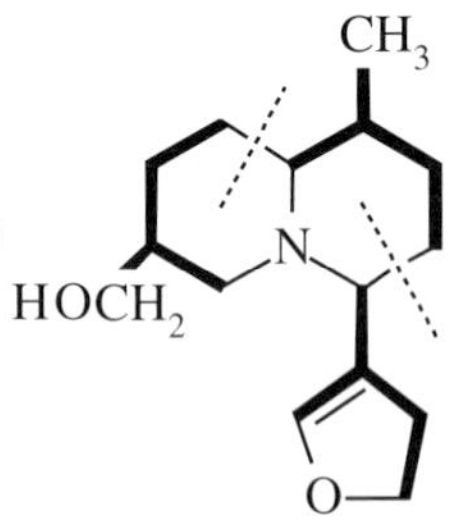


**(g)** 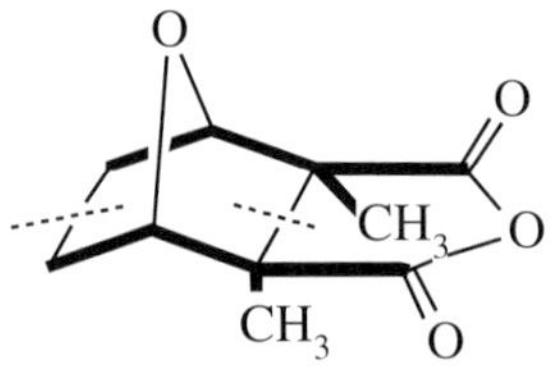


**(h)** 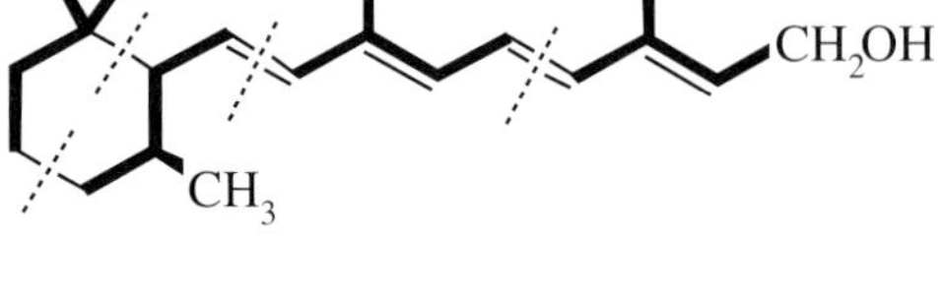

**16.** Cortison liefert ein gutes Beispiel für diese Aufgabe:

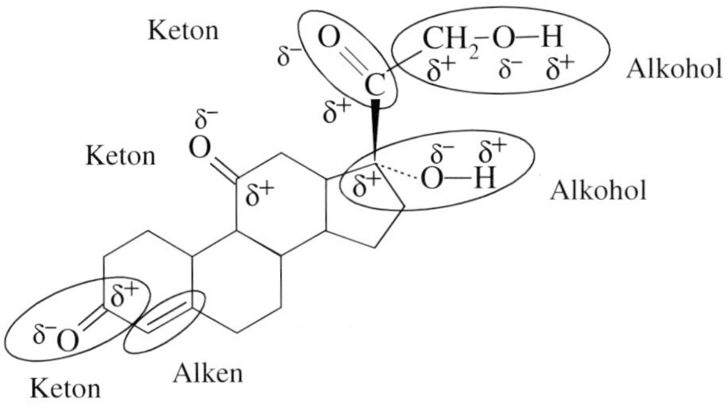


Weitere funktionelle Gruppen aus diesem Abschnitt:

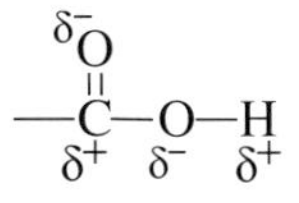


in Cholsäure;

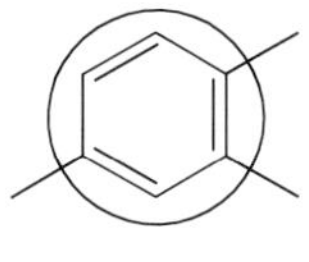


in Östradiol;

$-C\equiv C-$
Alkin

in Norethinodrel und Mestranol und

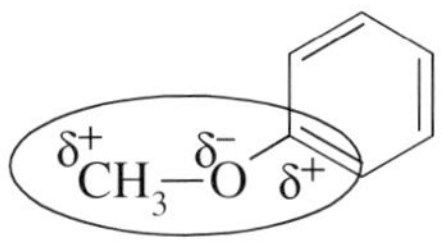


in Mestranol

**17.** **(a)** α-Pinen ist ein Monoterpen:

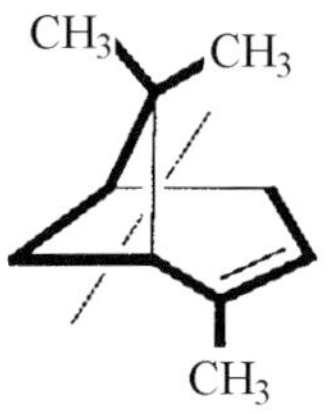


10 Kohlenstoff-Atome

Africanon ist ein Sesquiterpen:

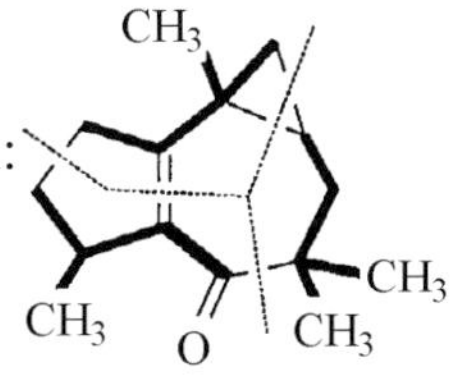


**(b)** (i) Bicyclo[3.1.1]heptan (ii) *cis*-Bicyclo[5.1.0]octan

**18.** Würde man von reinen p-Orbitalen für die C–C-Bindungen von Cyclobutan ausgehen, dann könnte jedes Kohlenstoff-Atom sp-hybridisiert sein:

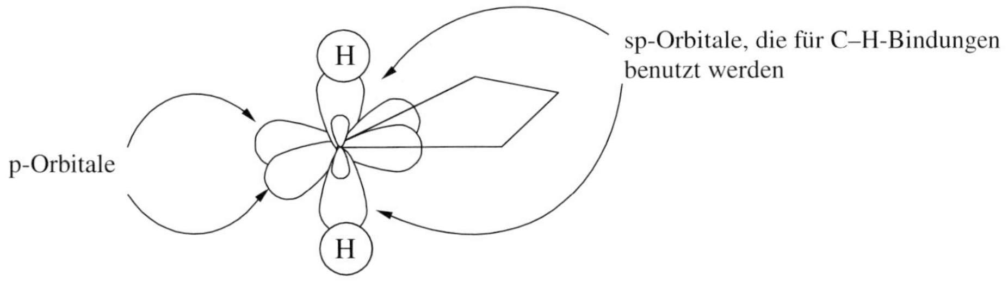

Der H–C–H-Bindungswinkel würde 180° betragen und Cyclobutan sähe so aus:

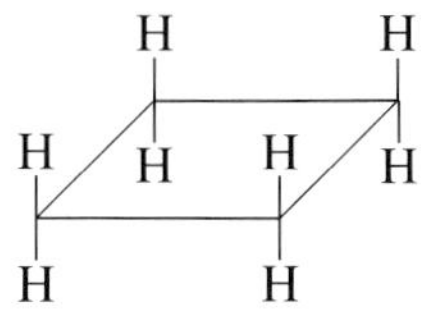

In Wirklichkeit benutzt Cyclobutan genau wie Cyclopropan „gebogene" Bindungen, und alle vier Bindungen zu jedem Kohlenstoff-Atom gehen von Hybridorbitalen aus. Außerdem ist Cyclobutan keineswegs eben, und der H–C–H-Bindungswinkel unterscheidet sich nicht sehr vom normalen Tetraederwinkel von 109° (siehe Abbildung 4-3).

**19.** Fertigen Sie ein weiteres Modell an! Beachten Sie, daß die Bildung eines All-Sessel-Cyclodecans identisch ist mit der Aufhebung der Bindung der „Null-Brücke" im Transdecalin und der Unterbringung von jeweils einem Wasserstoff-Atom an jedem der beiden ehemaligen Brückenkopf-Kohlenstoff-Atome:

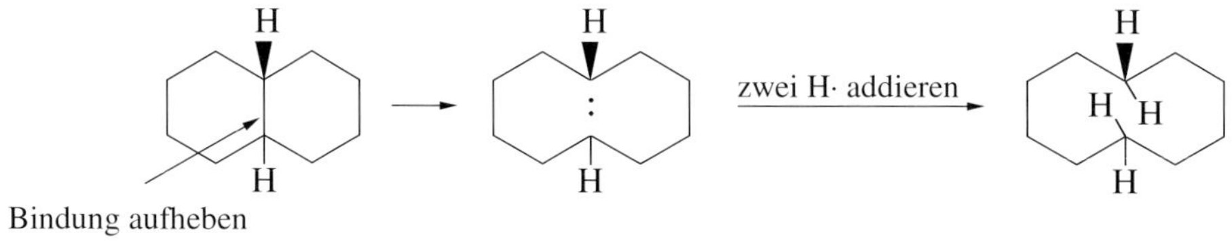

In dem resultierenden Molekül sind die beiden neuen Wasserstoff-Atome in den Ring gerichtet und kommen den Kohlenstoff- und Wasserstoff-Atomen auf der gegenüberliegenden Seite des Rings äußerst nahe. Die sterische Spannung dieser *transannularen* Wechselwirkung führt dazu, daß diese Konformation sehr energiereich ist.

**20. (a)** Von links nach rechts: Cyclohexan - Sesselform, Cyclohexan - Wannen - (oder Twist-Wannen)-Form, Cyclohexan-Sesselform, Briefumschlag-Cyclopentan.

**(b)** Alle sind *trans*.

**(c)** $\alpha$ bedeutet unterhalb und $\beta$ bedeutet oberhalb. Daher : $3\alpha$–OH, $4\alpha$–CH$_3$, $8\alpha$–CH$_3$, $11\alpha$–OH, $14\beta$–CH$_3$, $16\beta$–OCCH$_3$.
$$\overset{\|}{\underset{O}{}}$$

**(d)** Die Wannen-Form des Cyclohexanrings fällt als sehr ungewöhnlich auf; die meisten Steroide haben nur Cyclohexanringe in der Sesselform. Die Wannenform resultiert aus der ungewöhnlichen *cis*-Stellung der Gruppen in den Positionen 9 und 10 bzw. 5 und 8. Man beachte auch die ungewöhnliche Anzahl und Stellung der Methyl-Gruppen: In den Positionen 4, 8 und 14 anstelle des häufiger auftretenden Paars von Methyl-Gruppen in 10 und 13.

21.

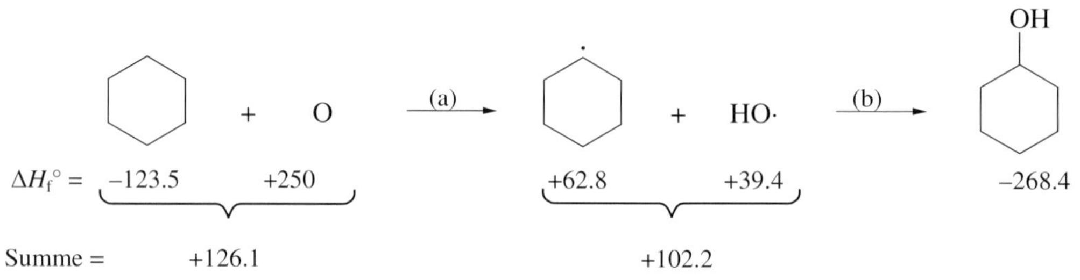

|  | + O | (a) → |  | + HO· | (b) → | OH |
|---|---|---|---|---|---|---|
| $\Delta H_f° =$  −123.5 | +250 | | +62.8 | +39.4 | | −268.4 |
| Summe = +126.1 | | | +102.2 | | | |

Für **(a)** $\Delta H_f° = +102.2 - 126.5 = -24.3$ kJ/mol; für **(b)** $\Delta H° = -286.4 - 102.2 = -388.6$ kJ/mol. Insgesamt: $\Delta H° = -412.9$ kJ/mol.

**22. (a)** Kettenfortpflanzung

Cl· + RH → HCl + R· kann anfangs eintreten.

$$\text{[Ar]}—\overset{\cdot}{\text{I}}—\text{Cl} + \text{RH} \longrightarrow \text{HCl} + \text{R}· + \text{[Ar]}—\text{I}$$

$$\text{R}· + \text{[Ar]}—\text{I}—\text{Cl}_2 \longrightarrow \text{RCl} + \text{[Ar]}—\overset{\cdot}{\text{I}}—\text{Cl}$$

} Hauptschritte der Kettenreaktion

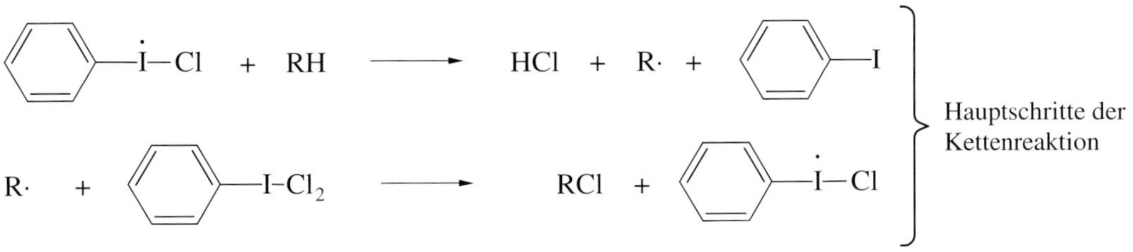

*Kettenabbruch* (eine der Möglichkeiten)

$$\text{R}· + \text{[Ar]}—\overset{\cdot}{\text{I}}—\text{Cl} \longrightarrow \text{RCl} + \text{[Ar]}—\text{I}$$

**(b)** Es gibt vier tertiäre Wasserstoff-Atome, aber das β-ständige (nach oben) ist wegen seiner 1,3-diaxialen Wechselwirkungen mit den beiden β-Methylgruppen sterisch zu stark gehindert, um chloriert zu werden. Darum erfolgt die Chlorierung an den Positionen der drei tertiären α- (nach unten) Wasserstoff-Atome:

zu stark behindert

Hauptangriffspunkte der Chlorierung

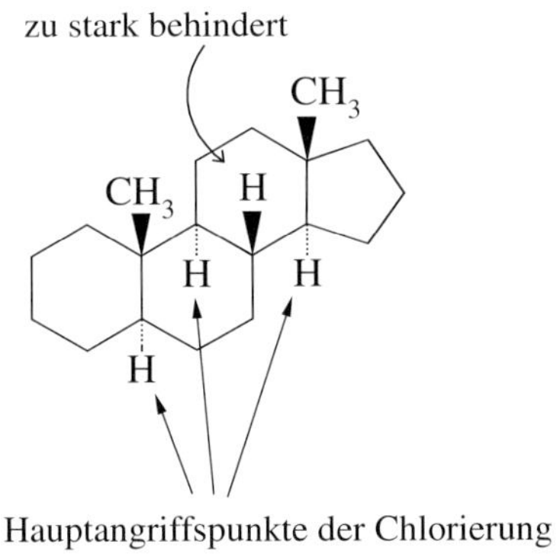

**23.** Die Zugabe von Chlor erzeugt in jedem Fall eine substituierte [Ar]—ICl$_2$ -Einheit. Daraus wird bei Bestrahlung mit Licht [Ar]—$\overset{\cdot}{\text{I}}$—Cl . Diese Gruppen können nahegelegene C–H-Bindungen gemäß den in der Antwort der Aufgabe 22 (a) angeführten Fortpflanzungsschritten chlorieren. Die Selektivität rührt daher, daß in Reaktion (i) die [Ar]—$\overset{\cdot}{\text{I}}$—Cl-Gruppe das Wasserstoff-Atom in Position 9 sehr bequem erreichen kann, während in (ii) das Wasserstoff-Atom in Stellung 14 besonders leicht erreicht wird. Ihre Modelle sollten ungefähr wie folgt aussehen:

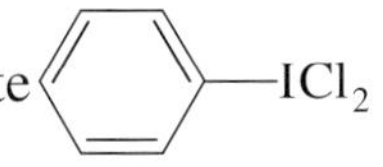

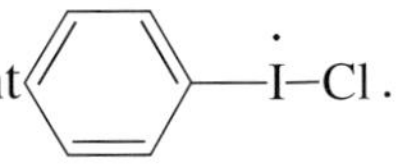

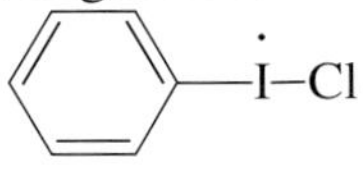

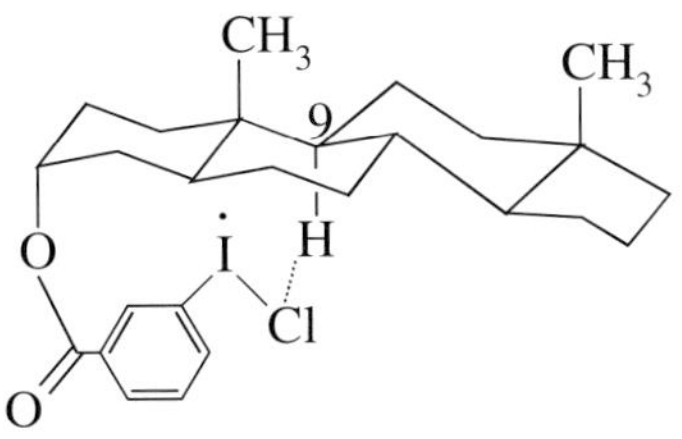

im Vergleich zu

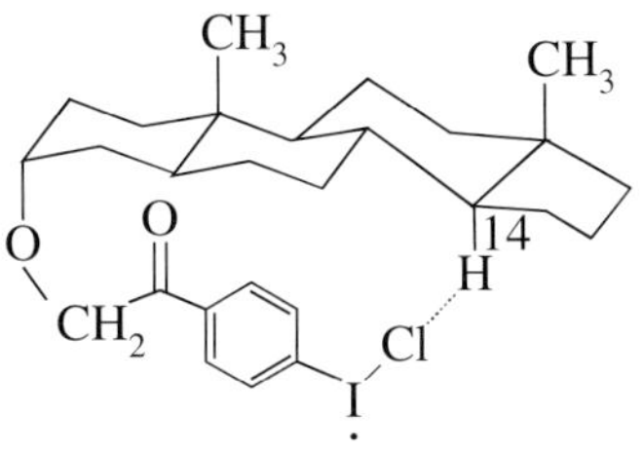

**24. (a)** Ohne ein Modell anzufertigen, ergibt diese Aufgabe für Sie anfangs unter Umständen überhaupt keinen Sinn. Beginnen Sie, indem Sie für **A** die günstigere Sesselkonformation herausfinden. Von den zwei Möglichkeiten ist diejenige mit beiden Alkylgruppen in äquatorialer Position bevorzugt:

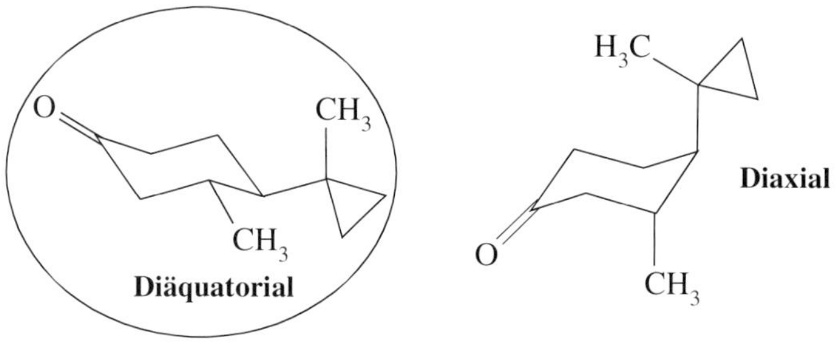


Wenn wir für einen Moment abschweifen, um diese Strukturen genauer zu betrachten, stellen wir fest, daß die Konformationen um die externe Bindung, die den Ring mit dem großen Substituenten an C4 verbindet, nicht optimal ist. Wie in der Lösung zu Aufgabe 28 dieses Kapitels kurz diskutiert, ist eine einfache Alkylgruppe (zum Beispiel $CH_3$) auf Grund der ihr möglichen freien Rotation sterisch anspruchsvoller als ein vergleichbares Molekülfragment in einem Ring. Zudem betragen die Winkel in Cyclopropanringen nur 60° und schränken den Raum, den dieser Substituent einnehmen kann, zusätzlich ein. Folglich ist eine Konformation, in der eine 120°-Drehung um die zuvor erwähnte Bindung die zwei Methylgruppen soweit wie möglich voneinander entfernt und den gespannten Cyclopropanring auf die Seite der Bindung, die der Methylgruppe an C3 am nächsten ist, bringt, für die diäquatoriale Struktur günstiger. Eine ähnliche Rotation im diaxialen Konformer bewegt die $CH_3$-Gruppe von den axialen Wasserstoffen auf derselben Seite des Cyclohexanringes weg:

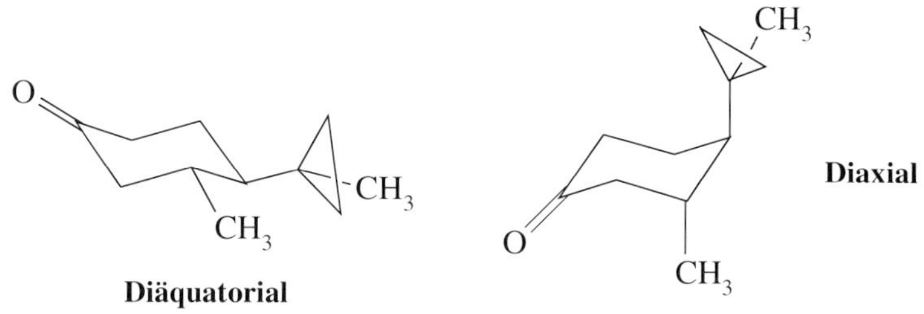


**(b)** Verbindung **B** resultiert aus der Öffnung des Cyclopropanringes in **A**. Dieser Prozess erzeugt an Stelle des 1-Methylcyclopropyl-Substituenten eine 1,1-Dimethylethyl-Gruppe (*tert*-Butyl-Gruppe). Wichtig für die Beurteilung der sterischen Wechselwirkungen ist, daß diese neue *tert*-Butyl-Gruppe aus zwei Gründen effektiv *sehr viel* größer ist. Erstens wird das starre $CH_2$–$CH_2$-Fragment des Cyclopropanrings durch zwei frei drehbare $CH_3$-Gruppen ersetzt. Zweitens wird der ursprüngliche 60°-Winkel zwischen den Bindungen zu diesen Kohlenstoffatomen bei der Ringöffnung zu einem echten Tetraederwinkel von 109.5° aufgeweitet. Die Zunahme der Raumerfüllung des Substituenten ist beträchtlich und wird durch die Zeichnungen keineswegs angemessen wiedergegeben. Da wir nun wissen, wonach wir suchen müssen, wollen wir die Konformationen von **B**, die mit den oben gezeigten von **A** vergleichbar sind, untersuchen. Die diaxiale Form ist schlichtweg unmöglich, da es keine Konformation ohne die verbotene sterische Wechselwirkung zwischen einer der $CH_3$-Gruppen der *tert*-Butyl-Gruppe und einem oder beiden axialen H auf derselben Ringseite gibt. Wie die sich überschneidenden Kreisbögen jedoch andeuten, leidet auch das diäquatoriale Konformer an einer ähnlichen Wechselwirkung mit den Methylgruppen, die unvermeidlich in allen gestaffelten Konformationen des Substituenten auftritt. Im Grunde werden die Wasserstoffatome an diesen beiden $CH_3$-Gruppen gezwungen, zu versuchen, denselben Raum einzunehmen:

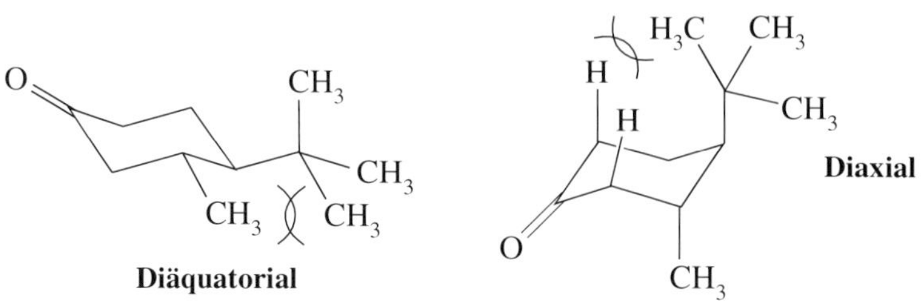

Das Molekül entzieht sich diesem Dilemma, indem es eine Form, die auf dem untengezeigten Boot basiert, zur Schwächung ekliptischer Wechselwirkungen jedoch verdreht ist, einnimmt. Diese unkonventionelle Konformation plaziert die Methylgruppe an C3 in einer pseudoaxialen Position, in der sie sich nicht in unmittelbarer Nähe zur *tert*-Butyl-Gruppe befindet. (Die Situation unterscheidet sich nicht allzu sehr von der in Aufgabe 26 beschriebenen.)

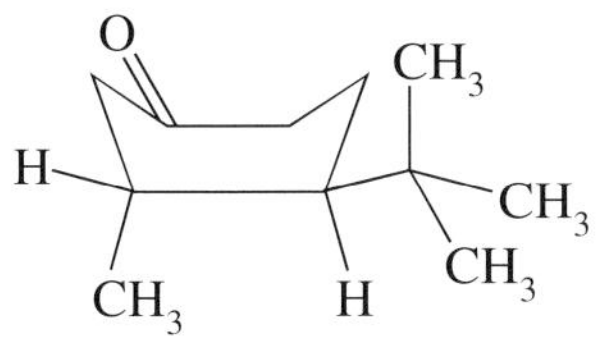

# Stereoisomerie

# 5

**1.** Chiral: **(b)**[1)] **(c)** (Propellerblätter sind immer verdrillt!), **(d)**, **(e)**, **(h)**. Achiral: **(a)**, **(f)**, **(g)**, **(i)**, **(j)**, **(k)**, **(l)**, alle achiralen Objekte enthalten eine Symmetrieebene:

Löffel

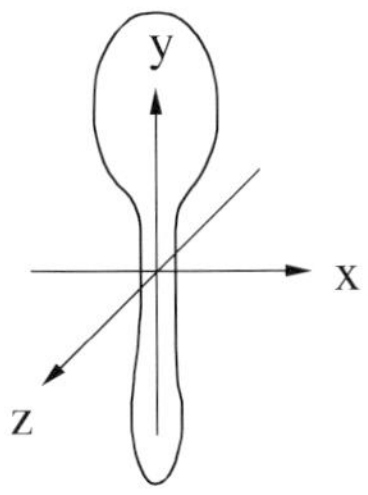


yz-Symmetrieebene

Messer

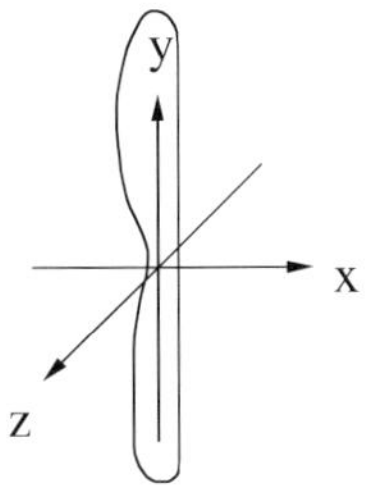


xy-Symmetrieebene

**2. (a)** Enantiomere **(b)** Enantiomere **(c)** Diastereomere

**(d)** identisch (wenn ein Paar umgeklappt wird kann es anschließend mit dem anderen Paar zur Deckung gebracht werden)

**3. (a)** Strukturisomere

**(b)** Identisch (deckungsgleich nach Drehung um 180° eines der beiden)

**(c)** Stereoisomere (Enantiomere), aber ineinander überführbar

**(d)** Stereoisomere (Enantiomere), nicht ineinander überführbar

**(e)** Stereoisomere (Enantiomere), nicht ineinander überführbar

**(f)** Strukturisomere

**(g)** Stereoisomere, aber ineinander überführbar

**(h)** Strukturisomere

**4.** Das Chiralitätszentrum in jedem chiralen Molekül wurde mit * markiert.

**(a)** 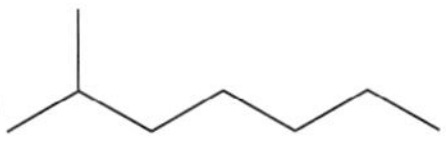 nicht chiral (achiral) (2 $CH_3$-Gruppen am tertiären Kohlenstoff-Atom!)

**(b)** 

chiral

**(c)** 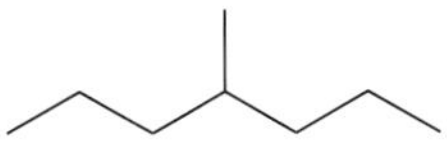 nicht chiral

**(d)** 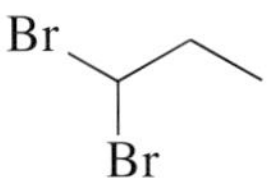

nicht chiral

**(e)** 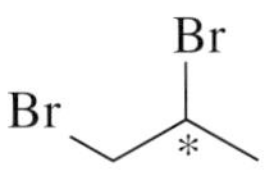

chiral

**(f)** 

nicht chiral

---

1 Eine Tür ist normalerweise chiral, es sei denn, daß die Scharniere und der Türknauf symmetrisch angebracht sind oder eine horizontale Ebene angebracht werden kann, die die Tür in zwei gleiche Hälften zerlegt. Somit *könnte* eine normale Tür (ohne Klopfer, Guckloch usw.) sehr wohl achiral sein.

**(g)**, **(h)**, **(i)** nicht chiral (bei allen handelt es sich um ebene Moleküle)

**(j)** 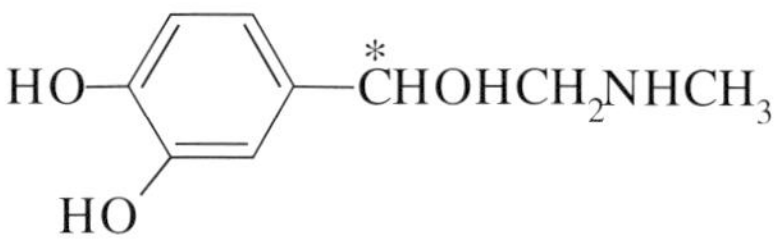 chiral

**(k)** nicht chiral

**(l)** nicht chiral

**(m)** 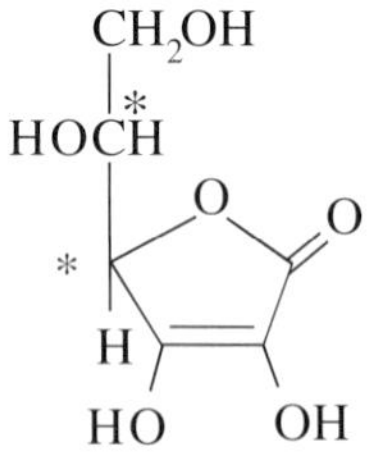

chiral (hat zwei Chiralitätszentren)

**(n)** und **(o)** nicht chiral – beide Moleküle haben vertikale Symmetrieebenen, die die Ringe in zwei Hälften teilen. Fertigen Sie Modelle an!

**5.** **(a)** nicht chiral (*meso-Form:* enthält eine Symmetrieebene – siehe Abschnitt 5.5)

**(b)** chiral

**(c)** chiral

**(d)** nicht chiral (enthält Symmetrieebene – man beachte, daß die substituierten Kohlenstoff-Atome *keine Chiralitätszentren* sind)

**6.** **(a)** 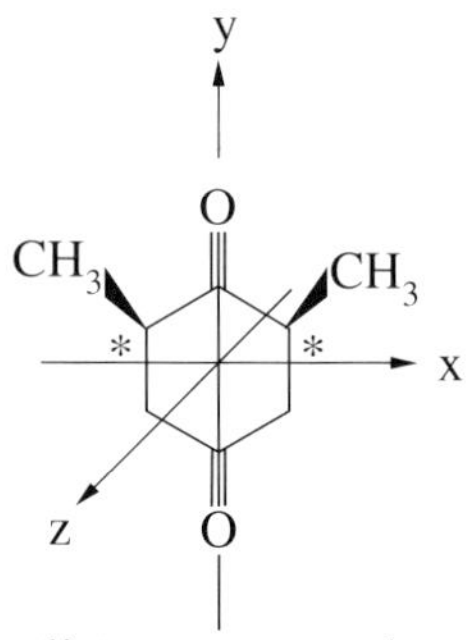

nicht chiral
(yz-Ebene ist Symmetrieebene)

(zwei Chiralitätszentren, aber *meso*-Form! – Abschnitt 5-5.)

**(b)** chiral

**(c)** chiral

**(d)** 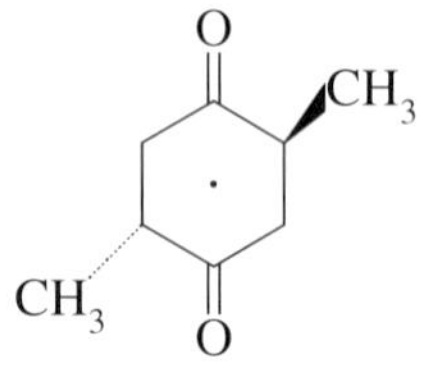

nicht chiral
(Molekül enthält ein Symmetriezentrum)

**7.** **(a)** Zwei Ansichten desselben Moleküls. Ein tetraedrisch gezeichneter Kohlenstoff bedeutet nicht automatisch, daß das Molekül chiral ist. Bei diesem hier sitzen zwei Chloratome am selben Kohlenstoff.

**(b)** In diesem Fall liegt ein chirales Kohlenstoffatom mit denselben vier Substituenten in jeder Struktur vor. Sind sie identisch oder enantiomer? Hinweis: Bis Sie die Strukturbilder auch in Gedanken drehen können, um zu entscheiden, ob sie identisch oder verschieden sind, empfiehlt es sich, für beide die absolute Konfiguration zu bestimmen (*R* oder *S*). Sie sind identisch (Drehung einer der beiden Verbindungen um 180° um eine vertikale Achse ergibt die andere).

**(c)** Unterschiedliche Konnektivität: Konstitutionsisomere.

**(d)** Enantiomere. **(e)** Identisch. **(f)** Identisch.

**(g)** Bei Ringverbindungen können Sie einige vereinfachende „Tricks" anwenden. Um beispielsweise zu bestimmen, ob ein Ring eine Symmetrieebene enthält oder nicht, kann er so behandelt werden, als wäre er eben (planar). Diese beiden Strukturen sind identisch. Die dargestellte Verbindung hat zwei Chiralitätszentren, enthält aber eine Symmetrieebene, die sie zu einer *meso*-Verbindung macht: 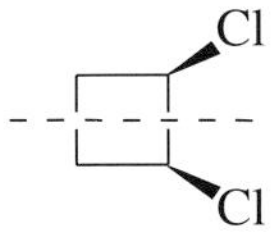 Symmetrieebene

**(h)** Unterschiedliche Konnektivität: Konstitutionsisomere.

**(j)** Erneut: Konstitutionsisomere.

**(k)** Identisch.

**(l)** Diastereomere (*cis/trans*-Isomerenpaare sind Stereoisomere aber keine Spiegelbilder – die Definition eines Diastereomers). Haben Sie bemerkt, daß die Moleküle in **(k)** und **(l)** keine Chiralitätszentren enthalten? Die Kohlenstoffe sind *nicht* durch vier unterschiedliche Gruppen substituiert.

**(m)** Überprüfen Sie, ob die Gruppen vertauscht wurden. Werden an einem Chiralitätszentrum zwei Gruppen vertauscht, ändert sich seine Stereochemie. Wenn beide Chiralitätszentren verändert wurden, liegen Ihnen zwei Enantiomere vor. Wurde nur eines geändert, handelt es sich um Diastereomere. Dieses hier sind Diastereomere: Nur das Cl-haltige Zentrum wurde geändert.

**(n)** Leichter als es aussieht: 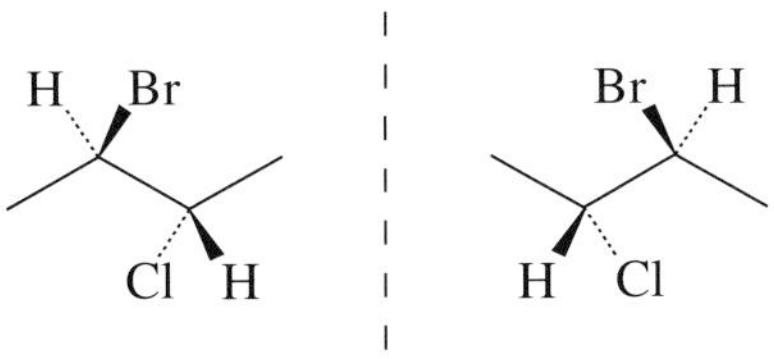 Enantiomere.

Spiegel

**(o)** Diese Aufgabe erfordert ein wenig Arbeit. Ein Ansatz: Bestimmen Sie *R*/*S* für jedes Chiralitätszentrum und vergleichen Sie die Strukturen. Einfacher: Beachten Sie, daß sich die Strukturen durch Drehung um 180° in der Papierebene ineinander überführen lassen.

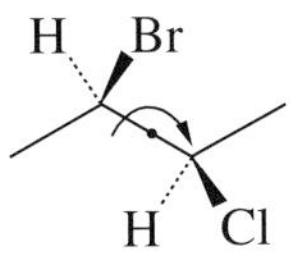 wird zu 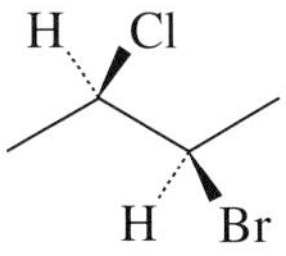

**(p)** Genau wie in **(n)** sind die Strukturen zueinander spiegelbildlich. Aber jetzt sitzen an jedem Chiralitätszentrum die gleichen Gruppen, so daß wir es entweder mit zwei Enantiomeren oder zwei Darstellungen ein und derselben *meso*-Verbindung zu tun haben könnten. Vorschlag: Bestimmen Sie entweder *R*/*S* für jedes Chiralitätszentrum oder (besser) bringen Sie die Struktur durch Drehung in eine ekliptische Konformation, um zu festzustellen, ob eine interne Symmetrieebene vorhanden ist.

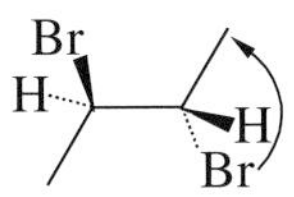 wird zu 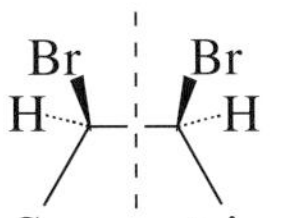

Symmetrieebene

Dies sind zwei Abbildungen derselben *meso*-Verbindung.

**8. (a)** 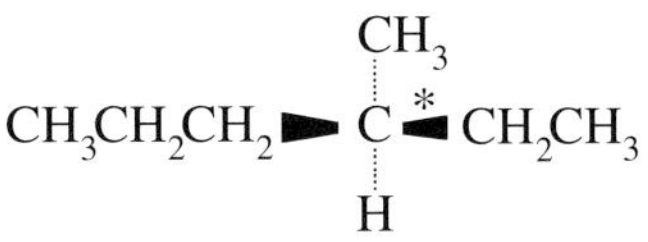 1 Chiralitätszentrum (*), 2 Stereoisomere
(*S*)-3-Methylhexan

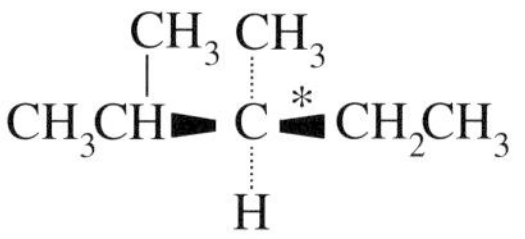

$$\underset{H}{\overset{CH_3\ CH_3}{CH_3CH \blacktriangleright \overset{*}{C} \blacktriangleleft CH_2CH_3}}$$

1 Chiralitätszentrum (*), 2 Stereoisomere
(*S*)-2,3-Dimethylheptan

Beachten Sie, daß es nicht notwendig ist, '3*S*' im Namen zu erwähnen – nur Kohlenstoff-Atom 3 ist chiral, darum reicht '*S*' aus. Kohlenstoff-Atom 2 ist kein Chiralitätszentrum, weil es mit zwei identischen Methylgruppen verknüpft ist.

Dies sind die einzigen beiden chiralen Isomere des Heptans.

(b) $$\underset{H}{\overset{CH_3}{CH_3CH_2CH_2CH_2 \blacktriangleright \underset{*}{C} \blacktriangleleft CH_2CH_3}}$$

1 Chiralitätszentrum (*), 2 Stereoisomere
(*S*)-3-Methylheptan

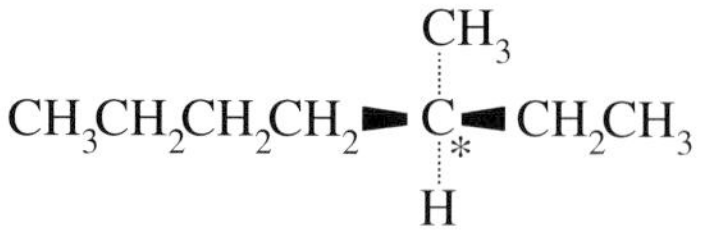

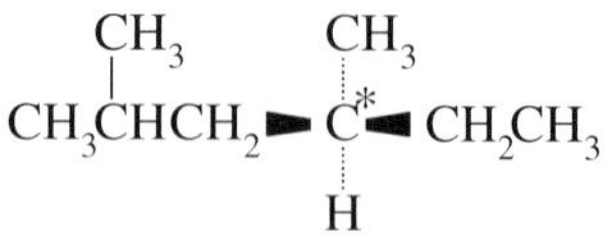

$$\underset{H}{\overset{CH_3\qquad CH_3}{CH_3CHCH_2 \blacktriangleright \overset{*}{C} \blacktriangleleft CH_2CH_3}}$$

1 Chiralitätszentrum (*), 2 Stereoisomere
(*S*)-2,4-Dimethylhexan

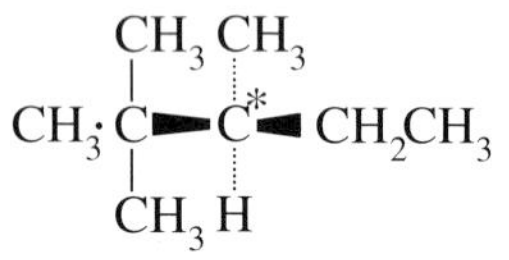

$$\underset{CH_3\ H}{\overset{CH_3\ CH_3}{CH_3C \blacktriangleright \overset{*}{C} \blacktriangleleft CH_2CH_3}}$$

1 Chiralitätszentrum (*), 2 Stereoisomere
(*S*)-2,2,3-Trimethylpentan

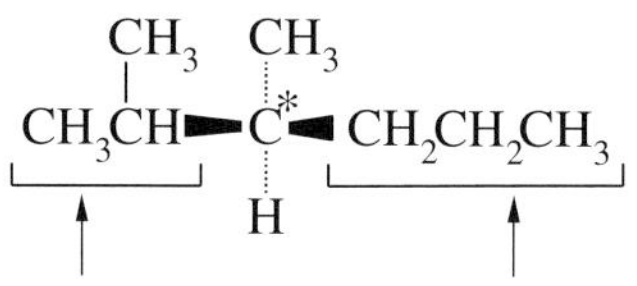

$$\underset{H}{\overset{CH_3\ CH_3}{CH_3CH \blacktriangleright \overset{*}{C} \blacktriangleleft CH_2CH_2CH_3}}$$

1 Chiralitätszentrum (*) 2 Stereoisomere
(*S*)-2,3-Dimethylhexan

Beachten Sie, daß die Isopropylgruppe die Priorität gegenüber der n-Propylgruppe hat: An der Stelle des ersten Auftretens eines Unterschieds (Pfeile) ist der Isopropyl-Kohlenstoff mit C, <u>C</u>, H verbunden, während der n-Propyl-Kohlenstoff mit C, <u>H</u>, H verknüpft ist. Die unterstrichenen Atome (das zweite C für Isopropyl gegenüber dem ersten H für n-Propyl) bestimmen die Priorität.

Die Strukturen auf der vorigen Seite sind die einzigen mit genau einem Chiralitätszentrum. Es folgt das einzige Isomer mit mehr als einem Chiralitätszentrum.

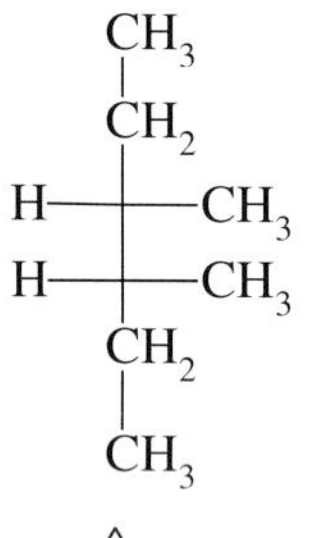

$$\begin{array}{c}CH_3\\ |\\ CH_2\\ |\\ H\!\!-\!\!\!\!-\!\!\!\!-\!CH_3\\ H\!\!-\!\!\!\!-\!\!\!\!-\!CH_3\\ |\\ CH_2\\ |\\ CH_3\end{array}$$

2 Chiralitätszentren, 3 Stereoisomere
meso-Form oder (3*R*,4*S*)-3,4-Dimethylhexan ist abgebildet

(c) $$H \cdots \overset{*}{\triangle} \overset{*}{} \cdots CH_3 \atop CH_3 \quad H$$

2 Chiralitätszentren, 3 Stereoisomere
(1*S*,2*S*)-1,2-Dimethylcyclopropan ist abgebildet

(„*trans*" ist in der (*S,S*)-Konfiguration enthalten). Bei den beiden anderen Stereoisomeren handelt es sich um das Enantiomer (*R,R*) (offensichtlich ebenfalls *trans*), und das *cis*-Isomer, ein Diastereomer, welches eine *meso*-(*R,S*)-Verbindung ist (Abschnitt 5.5). Dies ist das einzige mögliche chirale Molekül der Formel $C_5H_{10}$ und einem Ring.

**9.** Die Buchstaben entsprechen Teilen der Aufgabe **4**.

**(b)** Siehe Antwort zu Aufgabe **8 (a)**.

$$\underset{H}{\overset{Br}{BrCH_2 \blacktriangleright C \blacktriangleleft CH_3}}$$

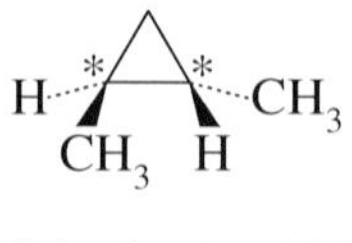

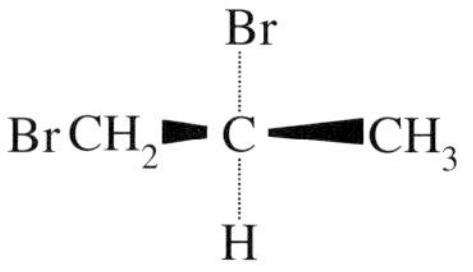

(*S*)-1,2-Dibrompropan

**(j)** 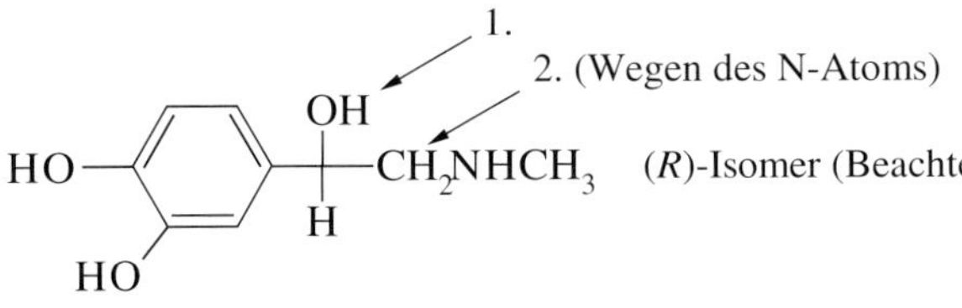

(*R*)-Isomer (Beachten Sie die Prioritäten)

**(m)** 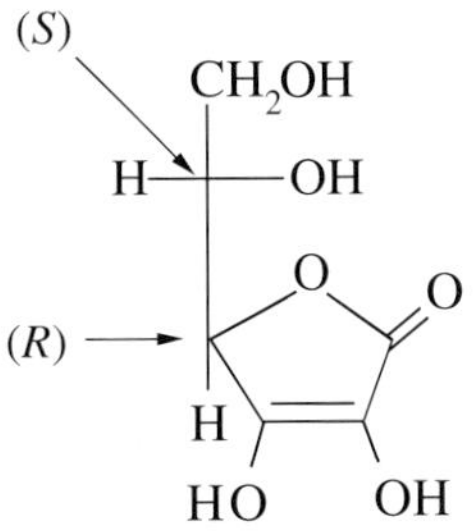


Oberes Chiralitätszentrum:

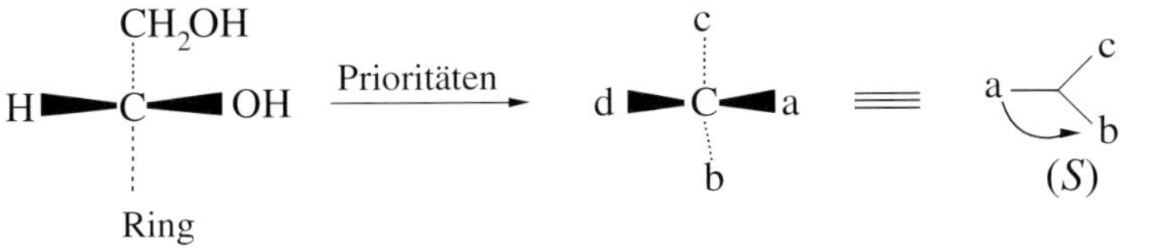


Unteres Chiralitätszentrum:

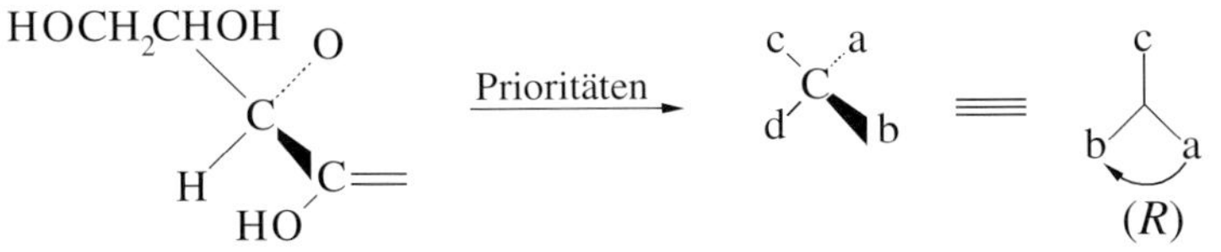


**10.** 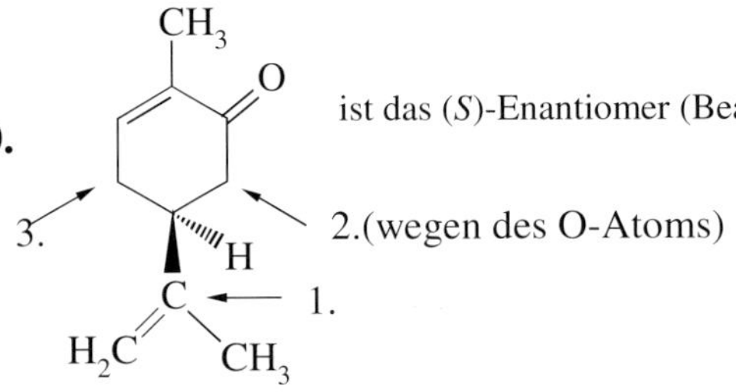

ist das (*S*)-Enantiomer (Beachten Sie die Prioritäten)

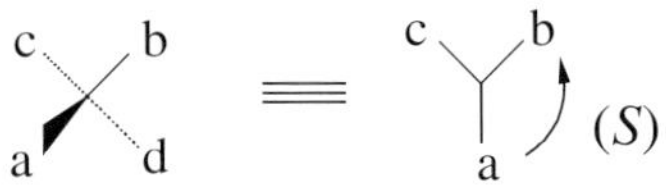


Umgekehrt hat das (+)-Carvon die *R*-Konfiguration.

**11. (a)** 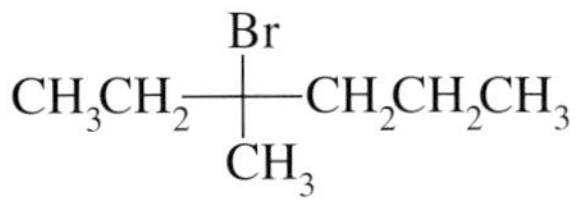


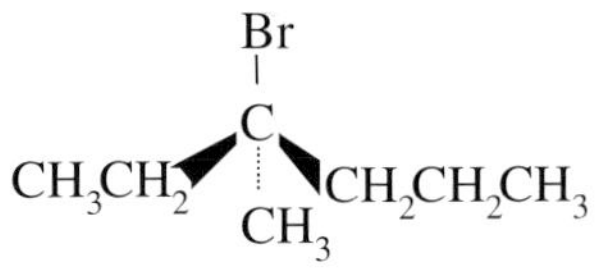


**(b)** 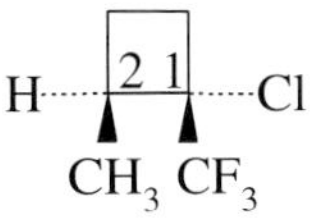

Beachten Sie die Prioritäten an C-1: Cl > $CF_3$ > Ring-$CHCH_3$ >Ring-$CH_2$

**(c)** 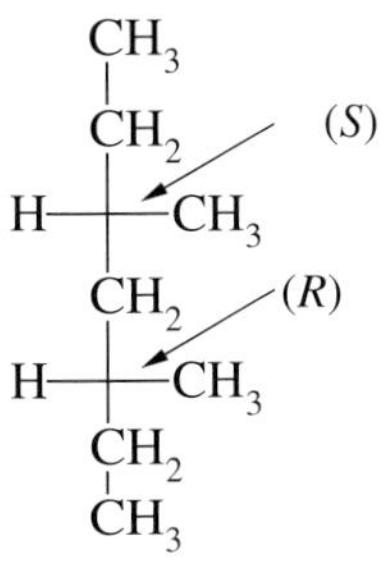

(meso-Form)

**(d)** 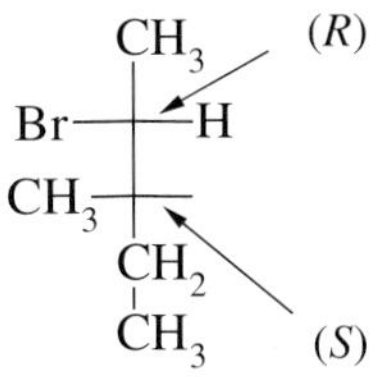

**(e)** 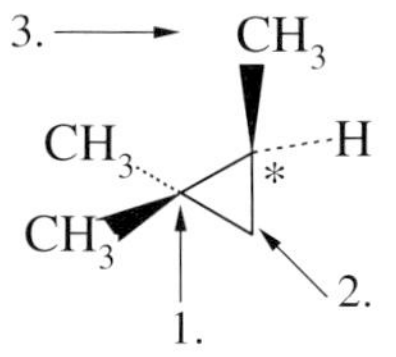


Beachten Sie die Prioritäten

**(f)** 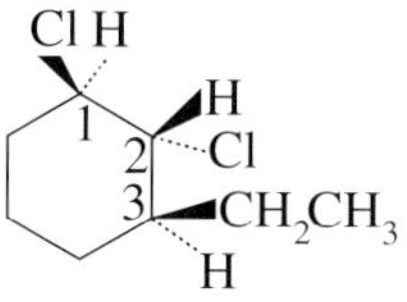


**12.** Benutzen Sie die Beziehung

$$[\alpha]_D(\text{spezifische Drehung}) = \frac{\alpha(\text{beobachtete Drehnung})}{\text{Konzentration (in g/mL) x Weglänge (in dm)}}$$

**(a)** $c = \frac{0.4\,\text{g}}{10\,\text{mL}} = 0.04\frac{\text{g}}{\text{mL}}$, $\alpha = -0.56°$ und $l = 10\,\text{cm} = 1\,\text{dm}$

Damit ergibt sich $[\alpha]_D = -14.0°$

**(b)** $[\alpha]_D = +66.4°, c = 0.3\frac{\text{g}}{\text{mL}}, l = 1\,\text{dm}; \alpha = +19.9°$

**(c)** Auflösung nach $c$ ergibt $c = \frac{\alpha}{[\alpha]_D} = \frac{57.3°}{23.1°} = 2.48\,\text{g/mL}$

**13.** $c = \frac{0.5\,\text{g}}{10\,\text{mL}} = 0.05\,\text{g/mL}$, somit $\frac{\alpha}{c \times l} = \frac{-2.5°}{0.05} = -50°$

was identisch ist mit dem wirklichen Wert für $[\alpha]_D$. Darum ist das Adrenalin optisch rein und vermutlich gefahrlos in der Anwendung.

**14. (a)** 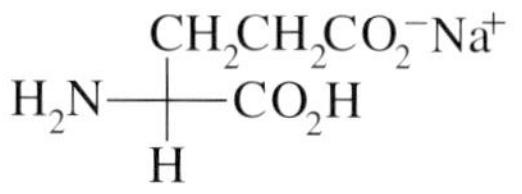


(Prioritäten: 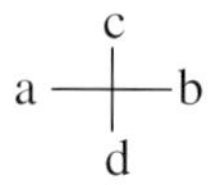)


**(b)** $\frac{8°}{24°}$ = 0.33 oder 33 % optische Reinheit, das entspricht einem Gemisch von 33 % reinem *S* + 67 % Racemat, oder 67 % *S* und 33 % *R*.

**(c)** $\frac{16°}{24°}$ = 0.67 oder 67 % optische Reinheit, was 67 % reinem *S* + 33 % Racemat entspricht. Das ist das gleiche wie 83 % *S* und 17 % ***R*.**

**15.** Der Kürze wegen wird in dieser Aufgabe im folgenden jeweils nur das Enantiomer von jedem Molekül gezeigt. Chiralitätszentren sind markiert.

**(a)** Enantiomer ist 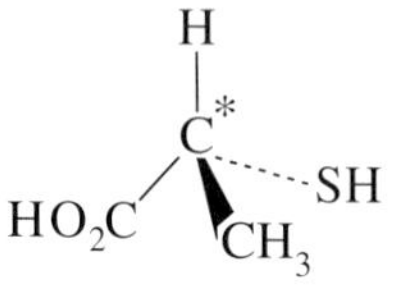, welches *R* ist (das ursprüngliche Molekül war *S*).


**(b)** Enantiomer: 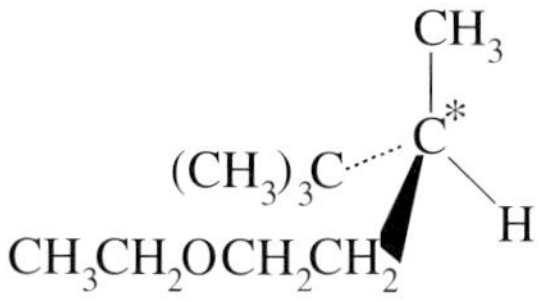 (*S*)


Das ursprüngliche Molekül war *R*. Vorsicht! $(CH_3)_3C$ hat gegenüber $CH_3CH_2OCH_2CH_2$–Priorität!

**(c)** Enantiomer: 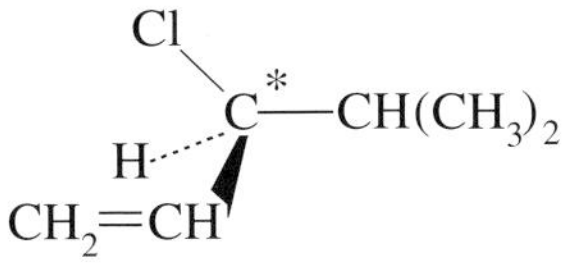 (*S*)

Das ursprüngliche Molekül war *R*. Wiederum Vorsicht: $CH_2$=CH– zählt als $\overset{\text{C}}{\text{Ⓒ}}\text{H}_2\text{—}\overset{\text{C}}{\text{CH}}\text{—}$, und hat daher gegenüber $\text{Ⓒ}\text{H}_3\text{—}\overset{\text{CH}_3}{\text{CH}}\text{—}$ Priorität. Die eingekreisten Kohlenstoff-Atome zeigen die Stelle, an der zuerst ein Unterschied auftritt. In der Vinylgruppe zählt der eingekreiste Kohlenstoff in der Weise, als trüge er ein weiteres C-Atom, während in der Isopropyl-Gruppe das eingekreiste Kohlenstoff-Atom mit drei H-Atomen verbunden ist.

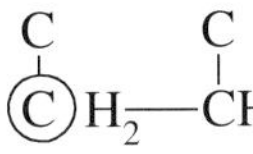

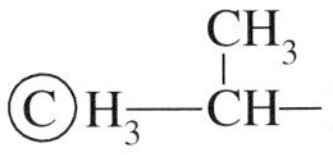

**(d)** 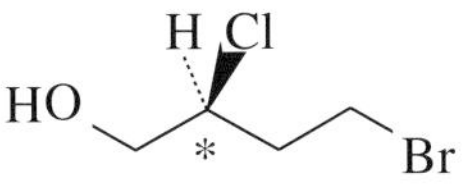 ursprüngliche Verbindung = *R*.

(*S*)

**(e)** 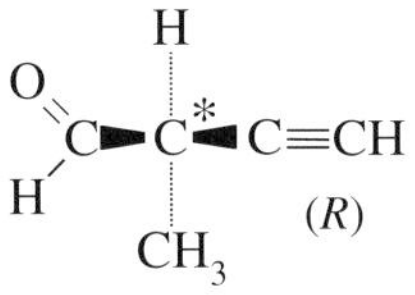 ursprüngliche Verbindung = *S*.

(*R*)

**(f)** 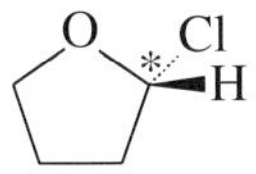 ursprüngliche Verbindung = *S*.

(*R*)

**(g)** 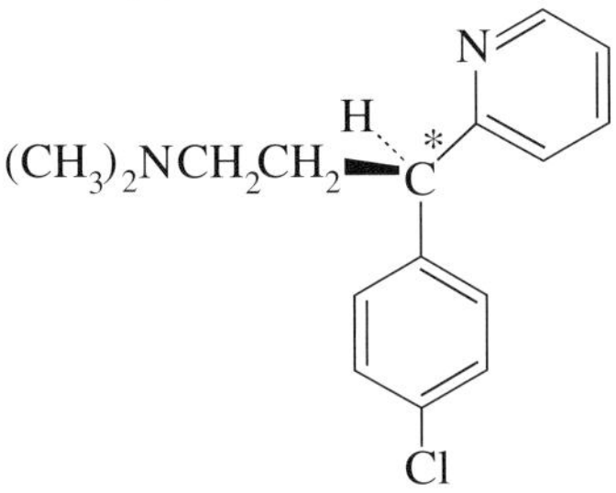 (*R*) ursprüngliche Verbindung = *S*.

**(h)** 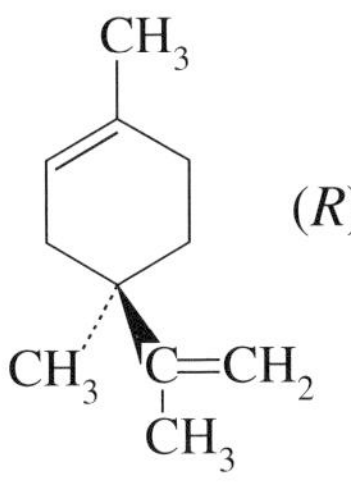 (*R*) ursprüngliche Verbindung = *S*.

**16. (a)** Identisch (das Kohlenstoff-Atom in der Mitte ist kein Chiralitätszentrum – es trägt 2 Ethyl-Gruppen).

**(b)** Enantiomere: 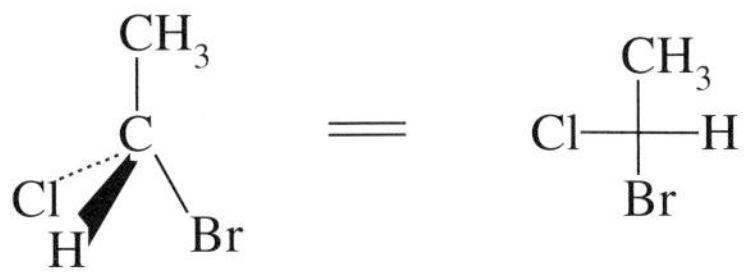

**(c)** Nehmen Sie an einer der Verbindungen paarweise Vertauschungen vor und vergleichen Sie so mit der anderen:

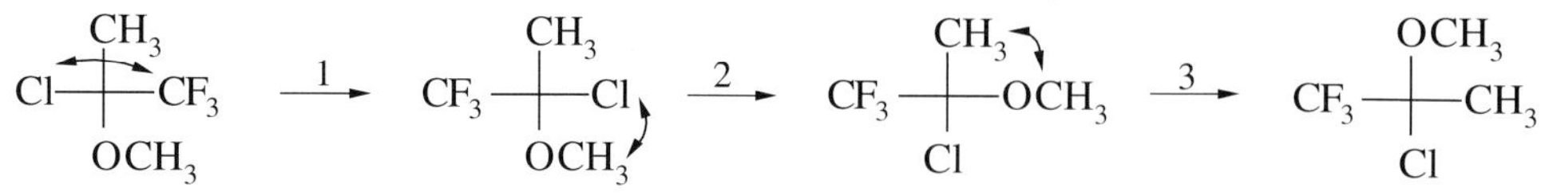

Durch dreimalige paarweise Vertauschung bekommt man identische Strukturen. Die ungerade Zahl der Vertauschungen bedeutet, daß die Strukturen Enantiomere sind.

**(d)** In gleicher Weise

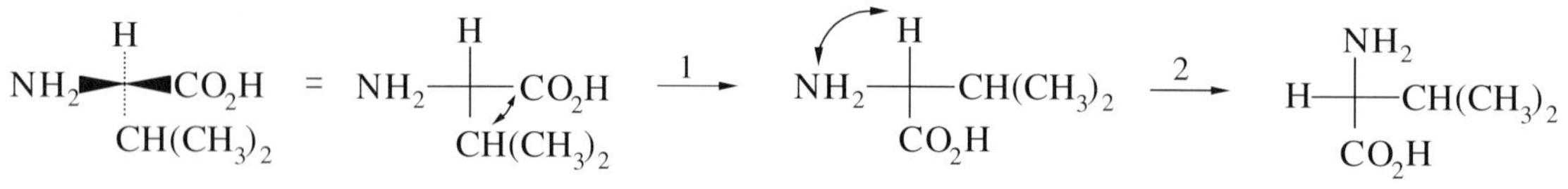

Zweimalige paarweise Vertauschung bedeutet, daß die Strukturen identisch sind.

**17. (a)** keine asymmetrischen Kohlenstoff-Atome

**(b)** 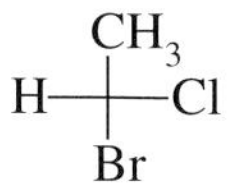 ist *R*. Das andere ist *S*.

**(c)** 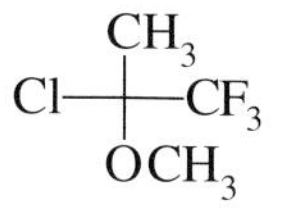 ist *S*. Das andere ist *R*.

**(d)** Beide sind *R*.

**18. (a)** 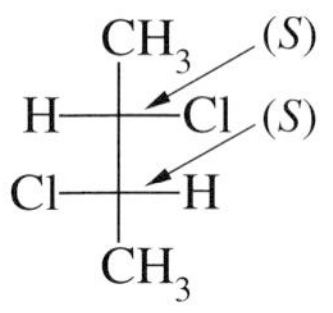

**(b)** 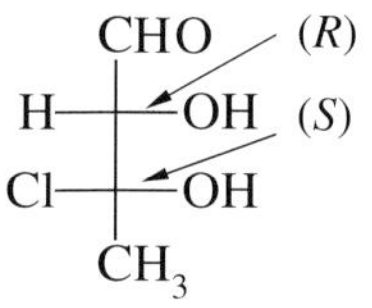

**(c)** 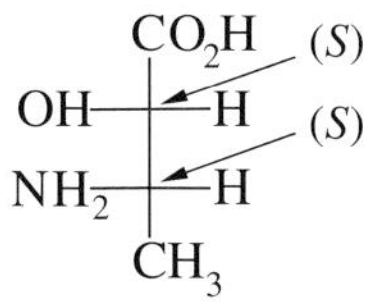

**(d)** 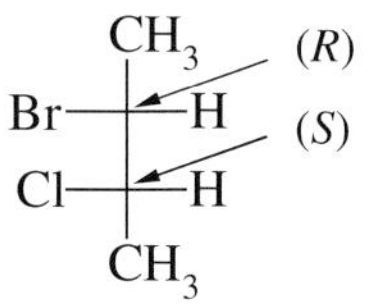

**19. (a)** 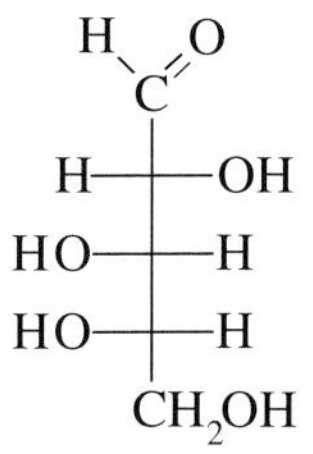

**(b)** Nein. Ein Objekt kann nur ein einziges Spiegelbild haben.

**(c)** Es gibt mehrere. Eines davon ist: 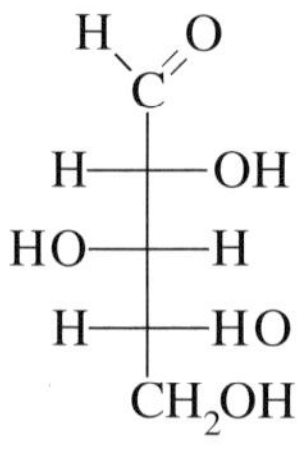

**(d)** Ja. **(e)** +105°

**(f)** Man kann nicht die optische Drehung eines Diastereomers einer Verbindung, deren optische Drehung man kennt, vorhersagen. Diastereomere Verbindungen haben normalerweise sehr verschiedene physikalische Eigenschaften.

**(g)** Nein. Da die beiden endständigen Kohlenstoff-Atome unterschiedliche Gmppen tragen, läßt sich in das Molekül keine Symmetrieebene hineinlegen, die für eine meso-Verbindung benötigt wird.

**20.** (*S*)-1,3-Dichlorpentan ist der Name der Verbindung.
**(a)** Ein einziges achirales Produkt wird gebildet: $ClCH_2CH_2CCl_2CH_2CH_3$.
**(b)** Es entstehen zwei Diastereomere in unterschiedlichen Mengen:

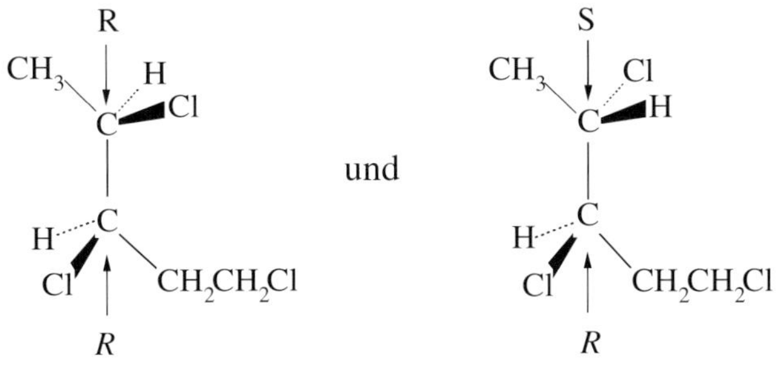


Beachten Sie, daß C-3 jetzt *R* ist, weil die Priorität der $CHClCH_3$-Gruppe höher ist als die der $CH_2CH_2Cl$-Gruppe.

**(c)** Ein einziges achirales Produkt wird gebildet: $ClCH_2CH_2CHClCH_2CH_2Cl$.
Beachten Sie, daß in (a) und (c) die Chiralität von C-3 auf zwei leicht verschiedene Weisen aufgehoben wurde. Bei (a) wurde eine Bindung zu C-3 gelöst und ein zweites Cl angebracht. Bei (c) wurde keine an C-3 befindliche Bindung angegriffen, dafür entstanden durch eine Reaktion an eher abgelegener Stelle an C-3 zwei identische Gruppen.

**21. (a)** Ein einziges achirales Produkt wird gebildet: 1-Chlor-1-methylcyclopentan.

**(b)** Wie nachstehend gezeigt, werden vier Stereoisomere gebildet:

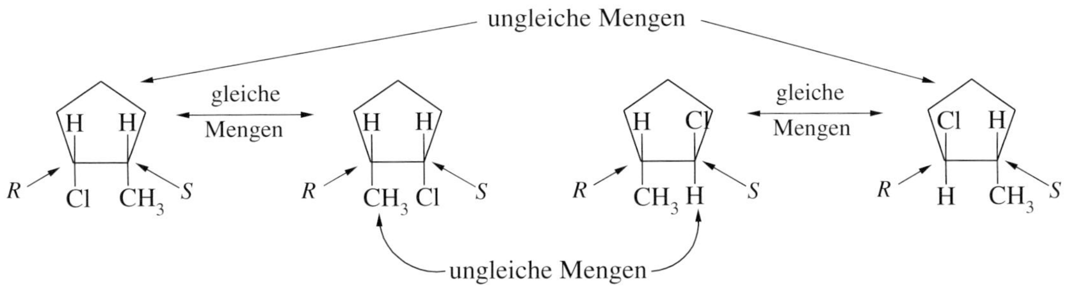


(1*R*,2*S*) (1*S*,2*R*) (1*R*,2*R*) (1*S*,2*S*)
1-Chlor-2-methylcyclopentan

**(c)** Wieder werden vier Stereoisomere gebildet:

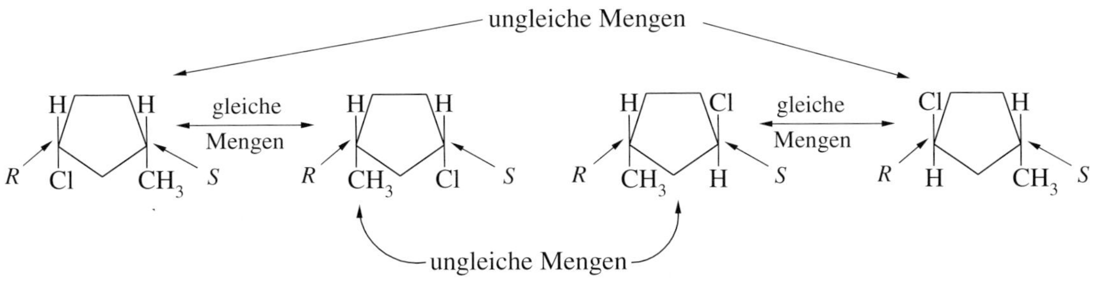


(1*R*,3*S*) (1*S*,3*R*) (1*R*,3*R*) (1*S*,3*S*)

1-Chlor-3-methylcyclopentan

**22.** Angriff an Cl:

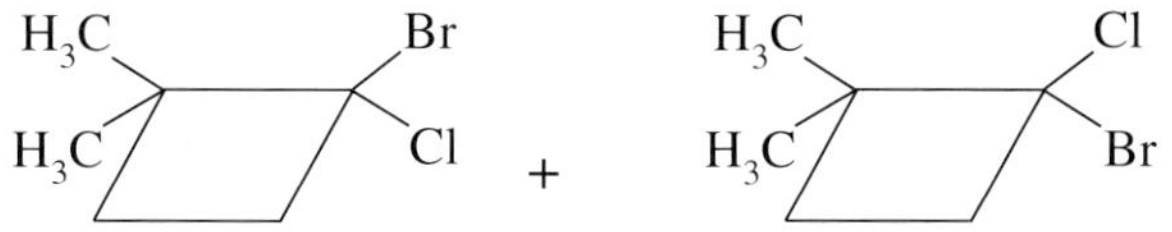

Beide sind chiral, werden aber in gleichen Mengen gebildet; dies ist ein Racemat, optisch inaktiv.

Angriff an den Methylgruppen:

Beide sind Diastereomere, sie werden in unterschiedlichen Mengen gebildet und in optisch aktiver Form.

Angriff an C3:

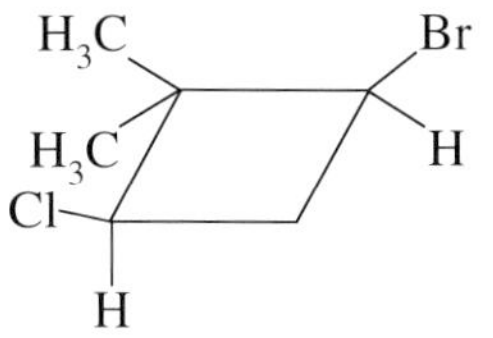

Chirales *trans*-Diastereomer

In unterschiedlichen Mengen aus dem *cis*-Isomer gebildet; optisch aktiv

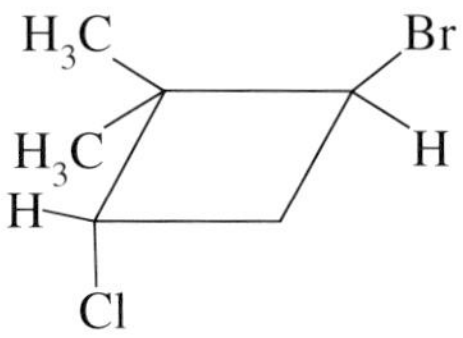

Chirales *cis*-Diastereomer

In unterschiedlichen Mengen aus dem *trans*-Dihalogenid gebildet; optisch aktiv

Angriff an C4:

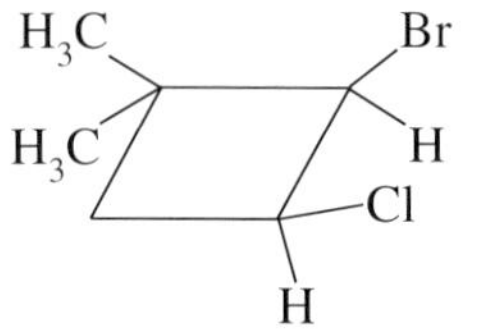

Chirales *trans*-Diastereomer

In unterschiedlichen Mengen aus dem *trans*-Dihalogenid gebildet; optisch aktiv

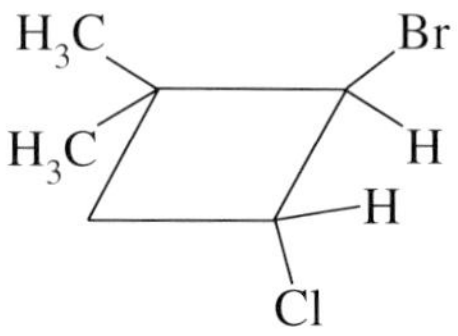

Chirales *cis*-Diastereomer

In unterschiedlichen Mengen aus dem *cis*-Isomer gebildet; optisch aktiv

**23.** In mehreren Schritten:

(1) Das racemische Amin wird mit einer äquimolaren Menge einer optisch reinen Säure, z.B. natürliche (*S*)-2-Hydroxypropansäure (Milchsäure), $CH_3CHOHCOOH$, neutralisiert. Es bilden sich zwei diastereomere Salze: (R)-Amin/(*S*)-Säure-Salz und (*S*)-Amin/(*S*)-Säure-Salz.

(2) Das Salzgemisch wird durch Umkristallisieren aus einem Alkohol-Wassergemisch in die beiden diastereomeren Komponenten aufgetrennt.

(3) Die beiden diastereomeren Salze werden jedes für sich mit einer starken Base, z.B. wäßriger NaOH, umgesetzt, wodurch die Milchsäure eliminiert und das jeweilige Amin-Enantiomer in Freiheit gesetzt wird. Die Enantiomeren können so in reiner Form gewonnen werden.

**24.** Umkehrung der Vorgehensweise aus Aufgabe 23:

Racemische Milchsäure
(*R*) + (*S*)

↓ Mit optisch reinem basischen (*S*)-Amin umsetzen

(*S*)-Amin/(*R*)-Säure-Salz + (*S*)-Amin/(*S*)-Säure-Salz

diastereomere Salze

↓ Umkristallisieren

(*S*)-Amin/(*R*)-Säure-Salz | (*S*)-Amin/(*S*)-Säure-Salz

↓ HCl (bindet das Amin) | ↓ HCl (bindet das Amin)

(*R*)-2-Hydroxypropansäure | (*S*)-2-Hydroxypropansäure

**24.** Die Bromierung verläuft hochselektiv, wir ziehen daher *nur* Reaktionen an den tertiären Kohlenstoff-Atomen in Betracht!

**(a)** Vier stereoisomere Produkte:

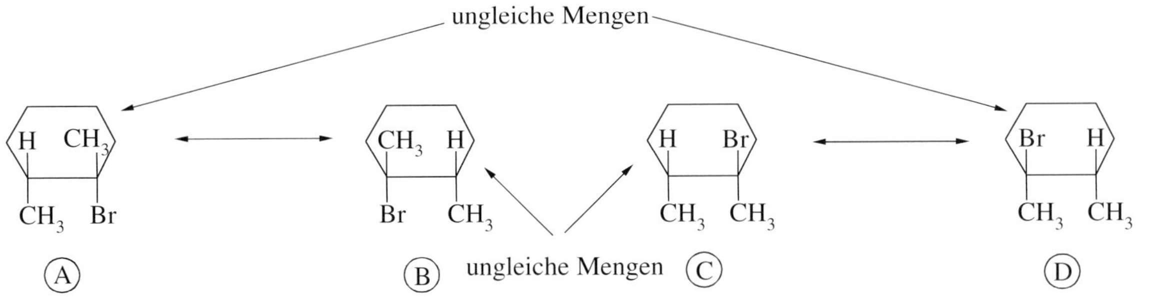


Ein racemisches Gemisch von Ⓐ und Ⓑ kann aus einem racemischen Gemisch von Ⓒ und Ⓓ abgetrennt werden, optische Aktivität tritt aber in den isolierten Produkten nicht auf.

**(b)** *R*,*R*-1,2-Dimethylcyclohexan ist 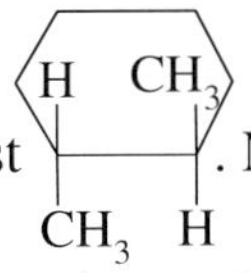. Nur zwei der vier Produkte aus Teil (a) sind möglich:


Ⓐ und Ⓒ. Sie sind Diastereomere, sie werden in unterschiedlichen Mengen gebildet, sie können durch physikalische Methoden getrennt werden, und beide fallen in optischer Reinheit an.

Vergessen Sie nicht, daß die radikalische Halogenierung am *reagierenden* Kohlenstoff beide möglichen stereochemischen Konfigurationen liefert, aber nicht die Konfiguration von Kohlenstoff-Atomen ändert, die nicht reagieren.

**26.** 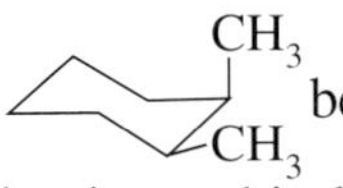 besitzt weder eine Symmetrieebene noch ein Symmetriezentrum: In dieser Konformation ist es chiral. Das Umklappen des Rings führt jedoch zum Spiegelbild (Enantiomer) der obenstehenden Konformation (prüfen Sie dies an einem Modell!). Darum ist *cis*-1,2-Dimethylcyclohexan in Wirklichkeit ein Gemisch enantiomerer Sesselformen, die durch Umklappen des Rings schnell ineinander übergehen. Deshalb hat die Verbindung keine optische Aktivität und verhält sich genau wie eine gewöhnliche meso-Verbindung. Zwar hat keine der Sesselformen eine Symmetrieebene, dafür

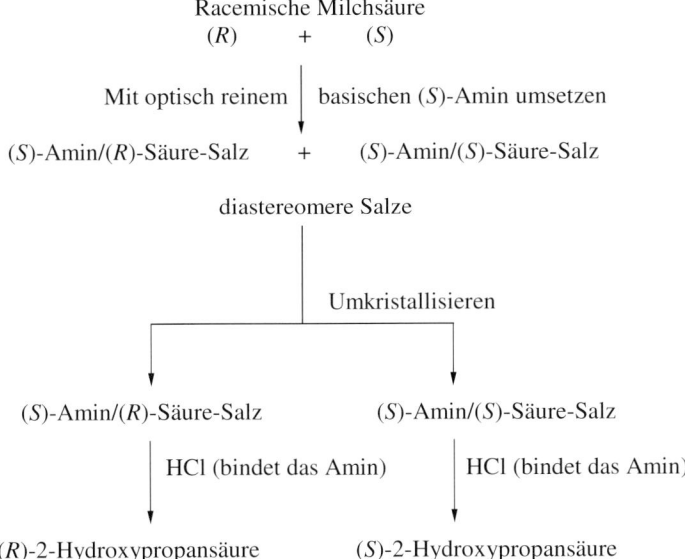

hat aber eine der Wannen-Übergangsstrukturen für die Umwandlung von Sesselformen ineinander eine solche, genau wie eine echte meso-Struktur:

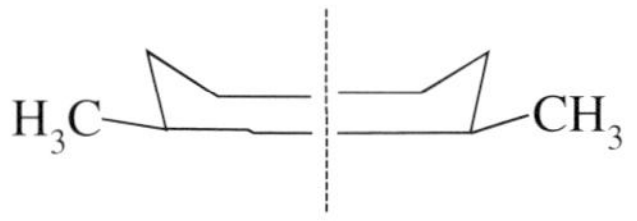


Spiegelebene

**27.** **(a)** Es gibt drei (C-9, C-13, C-14):

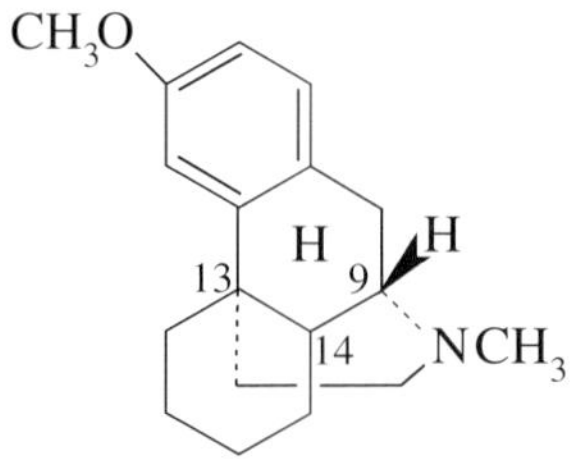


**(b)**

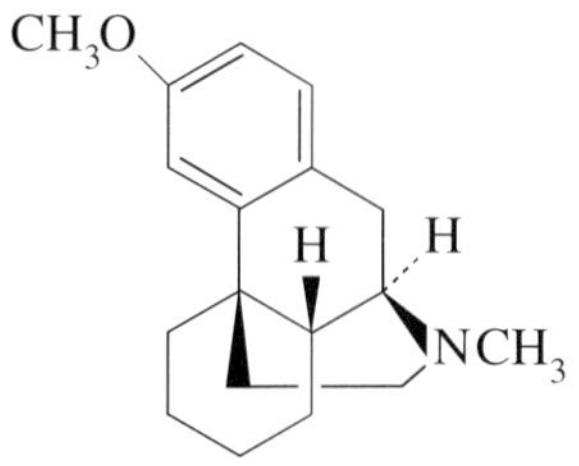


**(c)** Für jedes dieser Chiralitätszentren werden die Gruppen soweit ausführlich dargestellt, daß das erste Auftreten eines Unterschiedes erkennbar ist.

C-9:

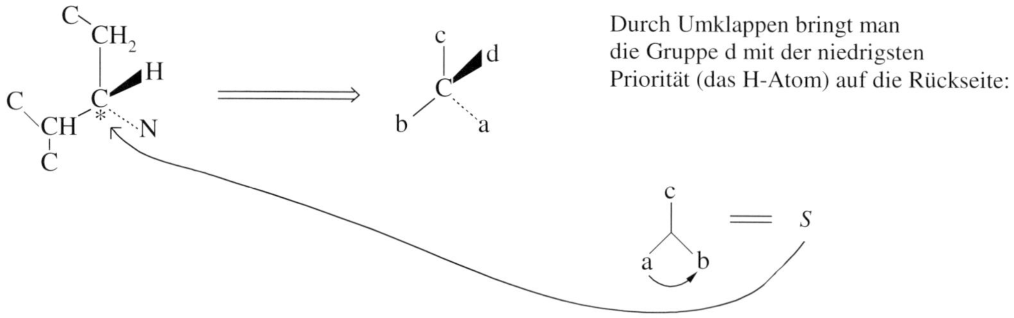


C-13:

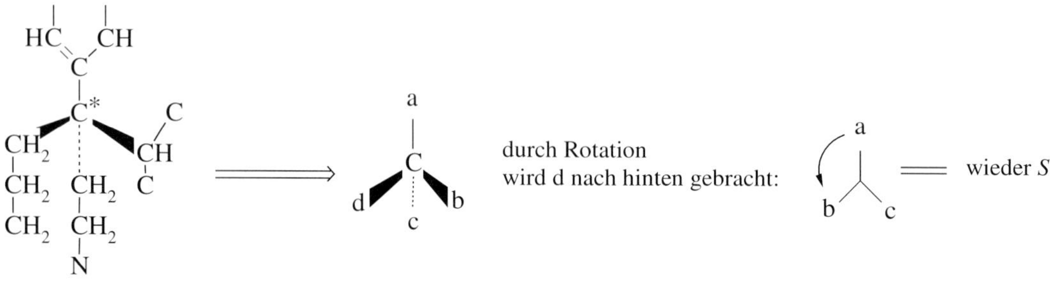


Benzol-Kohlenstoff-Atome werden wie beliebige Kohlenstoff-Atome mit Doppelbindung behandelt:

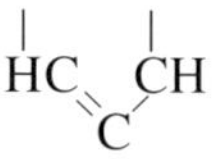 wird zu 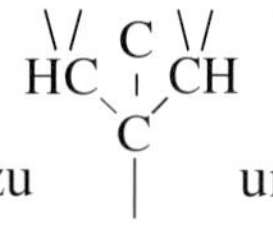 und hat daher gegenüber allen anderen Gruppen die höchste Priorität.

C-14:

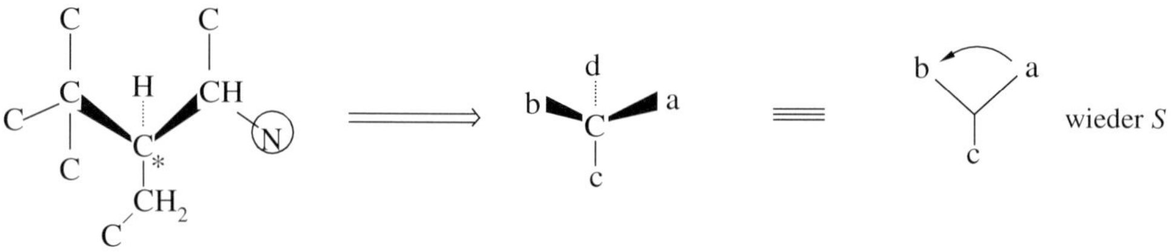


Vorsicht! Das C-Atom auf der rechten Seite (an N, C, H gebunden) bekommt die Priorität gegenüber dem C-Atom auf der linken Seite (mit 3 weiteren C-Atomen verbunden): An der ersten Stelle des Auftretens eines Unterschiedes ist N (eingekreist) > C.

Dextromethorphan hat daher die (9*S*, 13*S*, 14*S*)-Konfiguration.

**28.** **(a)** 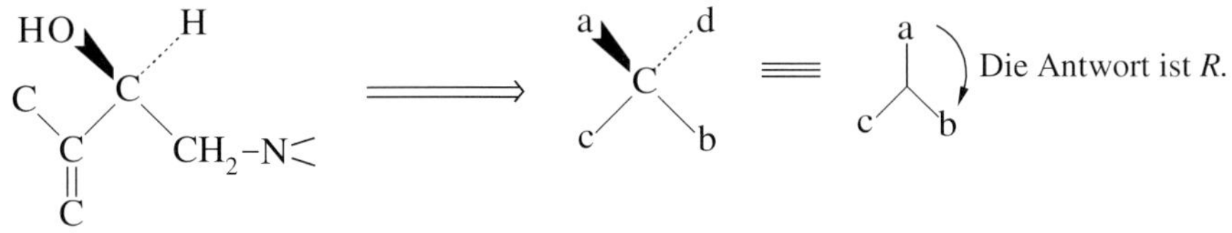


Vorsicht! Die $CH_2$-N⋜-Gruppe hat eine höhere Priorität als der Benzolring, obwohl letzterer als

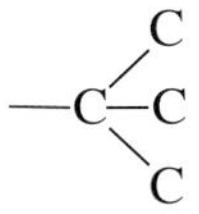

gezählt wird. An der ersten Stelle des Auftretens eines Unterschiedes gilt N > C!

**(b)** Enantiotop (Der Ersatz eines davon durch eine beliebige Gruppe 'G' liefert das Enantiomer der Verbindung, die durch Ersatz des anderen entstehen würde).

**(c)** Gleiche Energie: Die Übergangszustände verhalten sich wie Bild und Spiegelbild zueinander (sie sind *enantiomer)*.

**(d)** Das Enzym muß die Energie des Übergangszustandes, der zu dem (–)-Isomer führt, im Verhältnis zu dem, der zum (+)-Isomer führt, absenken. Dafür muß das Enzym chiral und auch optisch rein sein, so daß die beiden Übergangszustände in Gegenwart des Enzyms *diastereomer* und darum energetisch verschieden werden.

**29.** **(a)** Die vier Strukturen, die Ihren Modellen zugrunde liegen sollten, sehen wie folgt aus. In jedem Molekül sind die chiralen Kohlenstoffe die beiden Brückenatome, über die die Ringe verknüpft sind. In allen Fällen ist der Substituent mit der höchsten Priorität das andere Brückenatom; das Ringatom, das dem Stickstoff näher ist, folgt als zweites.

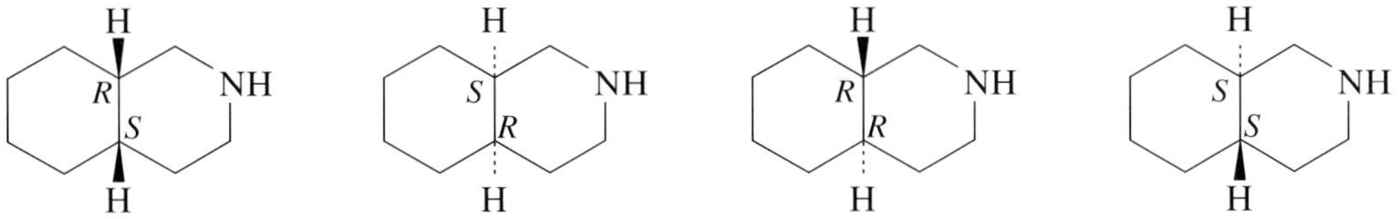


***Cis*** (Enantiomere) ***Trans*** (Enantiomere)

*Cis* und *trans*-Verbindung sind diastereomer.

**(b)** Die Prioritäten der Ringbindungen werden durch die zusätzlichen Gruppen nicht verändert, da diese hinter den Punkten, an denen bezogen auf die chiralen Brückenkohlenstoffatome eine Unterscheidung erstmals möglich ist, liegen.

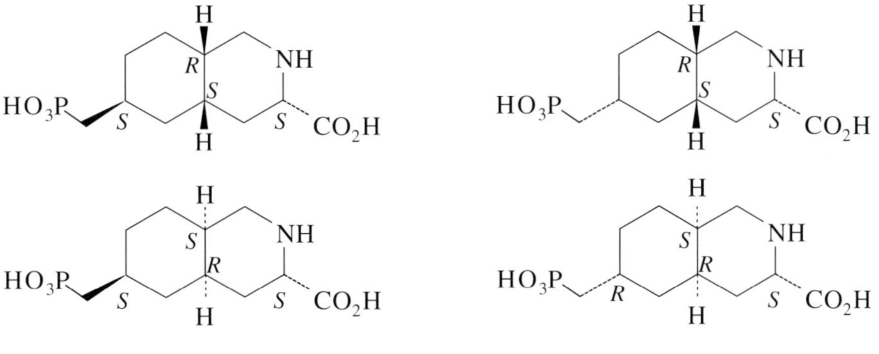

**(c)**

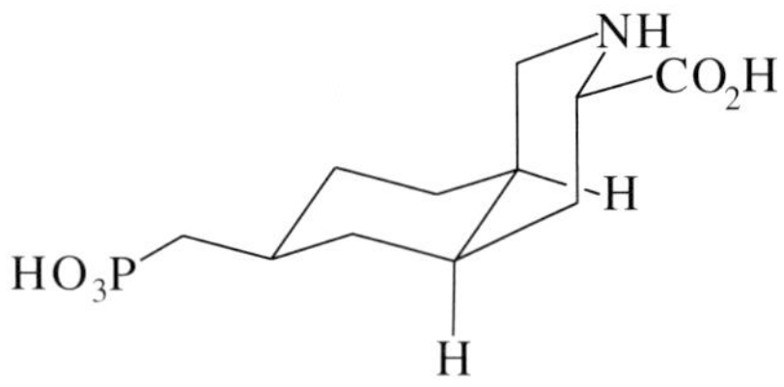


(3*S*,4a*R*,6*S*,8a*S*)
Entspricht dem in Teil (b) links unten abgebildeten Isomer

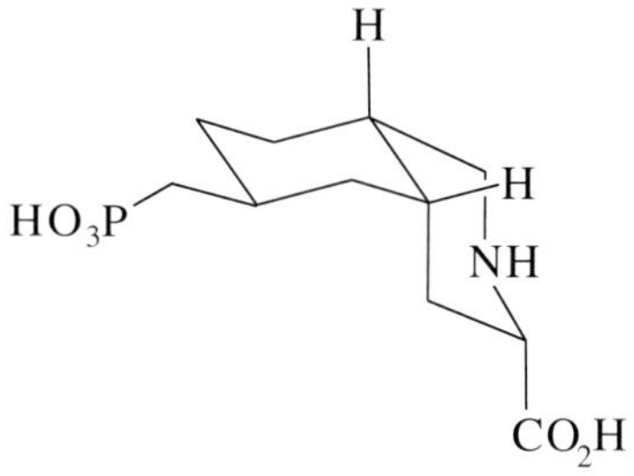


(3*S*,4a*S*,6*S*,8a*R*)
Entspricht dem in Teil (b) rechts oben abgebildeten Isomer

# Eigenschaften und Reaktionen der Halogenalkane – Bimolekulare nucleophile Substitution

# 6

**1.** **(a)** Chlorethan

**(b)** 1,2-Dibromethan

**(c)** 3-(Fluormethyl)pentan

**(d)** 2,2-Dimethyl-1-iodpropan

**(e)** (Trichlormethyl)cyclohexan

**(f)** Tribrommethan

**2.** **(a)** $CH_3CHI\overset{CH_2CH_3}{\overset{|}{C}}HCH_2CH_3$

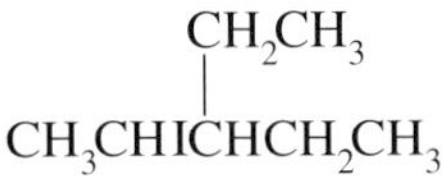

**(b)** $CHCl_2CH_2CHBrCH_3$

**(c)** 

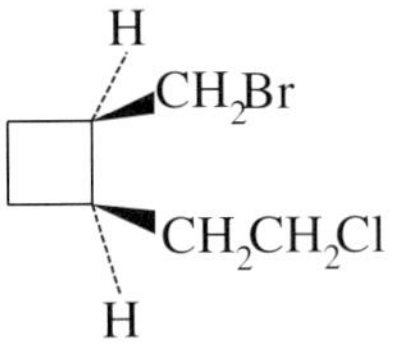

**(d)** 

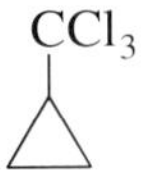

**(e)** $CH_2Cl{-}\underset{\underset{CH_3}{|}}{\overset{\overset{Cl}{|}}{C}}CH_2Cl$

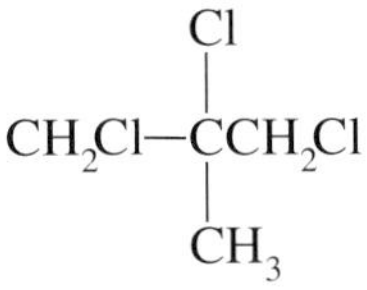

**3.** Hier wird auch Aufgabe 5 beantwortet. Chiralitätszentren sind markiert, und die Anzahl der Stereoisomere steht in Klammern.

$BrCl\overset{*}{C}HCH_2CH_3$
1-Brom-1-chlorpropan (2)

$BrCH_2\overset{*}{C}HClCH_3$
1-Brom-2-chlorpropan (2)

$ClCH_2\overset{*}{C}HBrCH_3$
2-Brom-l-chlorpropan (2)

$CH_3CBrClCH_3$
2-Brom-2-chlorpropan

$BrCH_2CH_2CH_2Cl$
l-Brom-3-chlorpropan

**4.** Chiralitätszentren sind markiert und die Zahl der Stereoisomere steht in Klammem.

$BrCH_2CH_2CH_2CH_3$
1-Brompentan

$CH_3\overset{*}{C}HBrCH_2CH_2CH_3$
2-Brompentan (2)

$CH_3CH_2CHBrCH_2CH_3$
3-Brompentan

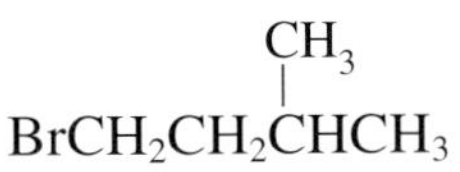

$BrCH_2CH_2\overset{CH_3}{\overset{|}{C}}HCH_3$
l-Brom-3-methylbutan

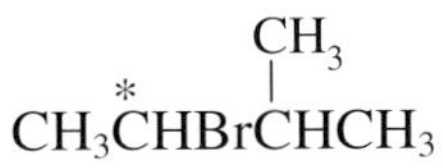

$CH_3\overset{*}{C}HBr\overset{CH_3}{\overset{|}{C}}HCH_3$
2-Brom-3-methylbutan (2)

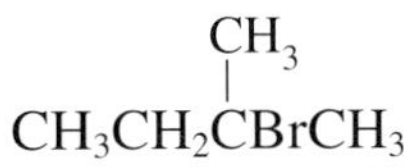

$CH_3CH_2\overset{CH_3}{\overset{|}{C}}BrCH_3$
2-Brom-2-methylbutan

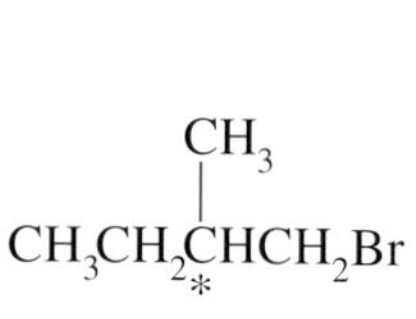

1-Brom-2-methylbutan (2)

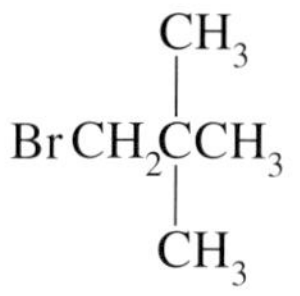

1-Brom-2,2-dimethylpropan

**5.** Siehe 3 und 4.

**6.** In den nachfolgenden Antworten sind das nucleophile Atom im Nucleophil und das elektrophile Atom im Substrat beide unterstrichen.

| Reaktion | Nucleophil | Substrat | Abgangsgruppe |
|---|---|---|---|
| 1. | $H\underline{O}^-$ | $\underline{C}H_3Cl$ | $Cl^-$ |
| 2. | $CH_3\underline{O}^-$ | $CH_3\underline{C}H_2I$ | $I^-$ |
| 3. | $\underline{I}^-$ | $CH_3\underline{C}HBrCH_2CH_3$ | $Br^-$ |
| 4. | $:N\equiv\underline{C}:^-$ | $(CH_3)_2CH\underline{C}H_2I$ | $I^-$ |
| 5. | $CH_3\underline{S}^-$ | 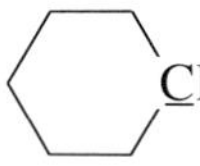 $\underline{C}HBr$ | $Br^-$ |
| 6. | $:\underline{N}H_3$ | $CH_3\underline{C}H_2I$ | $I^-$ |
| 7. | $:\underline{P}(CH_3)_3$ | $\underline{C}H_3Br$ | $Br^-$ |

**7.** **(a)** $:N\equiv C:^- \longleftrightarrow {}^-:\ddot{N}=\ddot{C}:^-$ in Reaktion 4.

**(b)** Das N-Atom kann im Cyanid-Ion ($CN^-$) als nucleophiles Atom wirken. Die Reaktion würde dann wie folgt ablaufen:

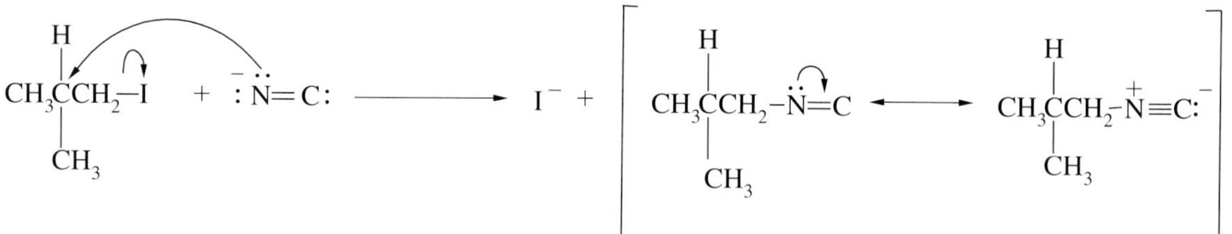

Ein organisches „Isonitril“.

**8.** Die bimolekulare Substitutionsreaktion ist für jede Komponente erster Ordnung.

**(a)** Geschwindigkeit = $k\ [CH_3Cl][KSCN]$
$2 \times 10^{-8}$ mol L$^{-1}$ s$^{-1}$ = $k$ (0.1 mol L$^{-1}$)(0.1 mol L$^{-1}$), somit $k = 2 \times 10^{-6}$ L mol$^{-1}$ s$^{-1}$

**(b)** Die drei von oben nach unten in der Tabelle fehlenden Geschwindigkeiten sind $4 \times 10^{-8}$; $1.2 \times 10^{-7}$ und $3.2 \times 10^{-7}$ mol L$^{-1}$ s$^{-1}$.

**9.** **(a)** $CH_3CH_2CH_2I$ **(b)** $(CH_3)_2CHCH_2CN$ **(c)** $CH_3OCH(CH_3)_2$

**(d)** $CH_3CH_2SCH_2CH_3$ **(e)** 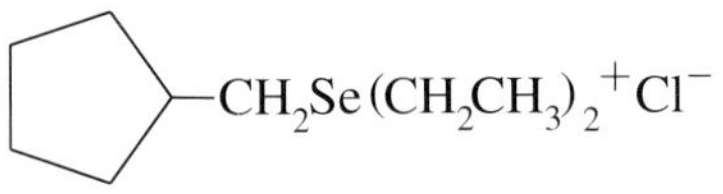


**(f)** $(CH_3)_2CHN(CH_3)_3^{+}\ {}^{-}OSO_2CH_3$

**10.** **(a)** Das Ausgangsmaterial hat *R*-Konfiguration. Das Produkt 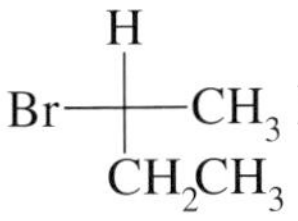

hat *S*-Konfiguration.

**(b)** Das Ausgangsmaterial ist (2*S*,3*S*)-2-Brom-3-chlorbutan. Bei dem Produkt handelt es sich um

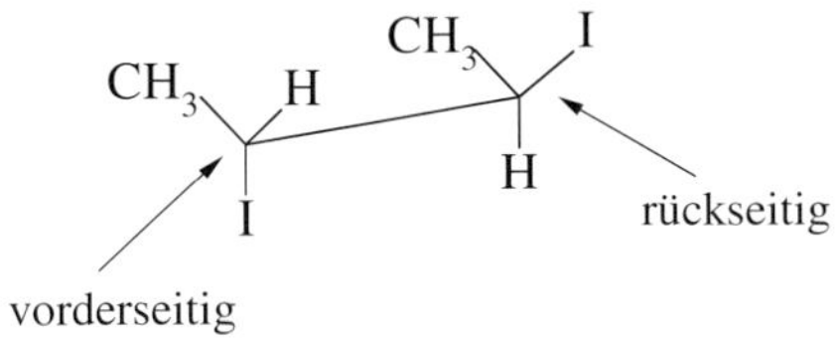

, (2*R*,3*R*)-2,3-Diiodbutan.

**(c)** Die Ausgangssubstanz ist (1*S*,3*R*)-3-Chlorcyclohexanol (die OH-Gruppe befindet sich an C-1).

Bei dem Produkt handelt es sich um 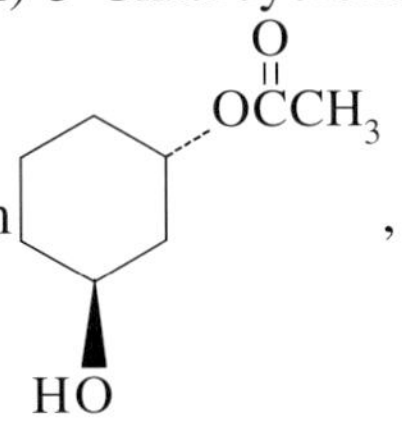

, (1*S*,3*S*)-1,3-Cyclohexandiolmonoethanoat.

**(d)** Die Ausgangssubstanz ist (1*S*,3*S*)-3-Chlorcyclohexanol. Bei dem Produkt handelt es sich um

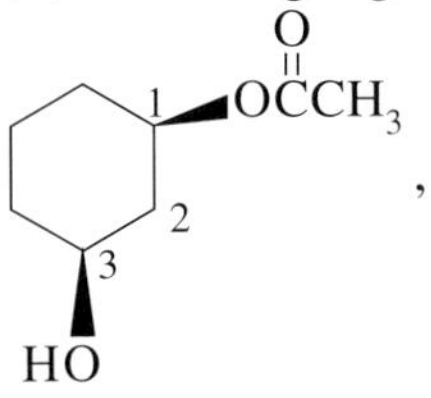

, (1*R*,3*S*)-1,3-Cyclohexandiolmonoethanoat.

Beachten Sie, daß der Austausch von OH und $O\overset{O}{\overset{\|}{C}}CH_3$ im Produkt von **(c)** das Molekül nicht ändert. Das Produkt von **(d)** geht durch einen solchen Austausch aber in sein Enantiomer über.

**11.** **(a)** Keine Reaktion, obwohl sich $CH_3CH_2CH_2OH$ im Verlaufe einiger Jahrhunderte bilden könnte. $H_2O$ ist ein sehr schlechtes Nucleophil.

**(b)** Keine Reaktion. **(c)** $CH_3CH_2CH_2OH$ **(d)** $CH_3CH_2CH_2I$

**(e)** $CH_3CH_2CH_2CN$ **(f)** keine Reaktion. **(g)** $CH_3CH_2CH_2\overset{+}{S}(CH_3)CH_3\ \ Br^-$

**(h)** $CH_3CH_2CH_2\overset{+}{N}H_3\ \ Br^-$

**(i)** Keine Reaktion. Jedoch wird bei Einwirkung von Wärme oder Lichteinstrahlung eine radikalische Chlorierung ablaufen, die ein Produktgemisch ergibt.

**(j)** $CH_3CH_2CH_2F$ bildet sich, aber nur sehr langsam.

**12. (a)** $CH_3CH_2CH_2CH_2OH$    **(b)** $CH_3CH_2Cl$    **(c)** 〈benzene ring〉$-CH_2OCH_2CH_3$

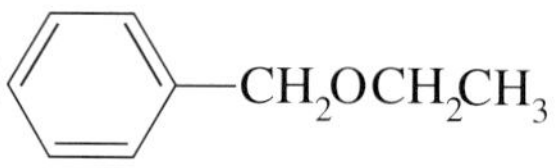

**(d)** $(CH_3)_2CHCH_2I$    **(e)** $CH_3CH_2CH_2SCN$

**(f)** Keine Reaktion ($F^-$ ist eine sehr schlechte Abgangsgruppe).

**(g)** Keine Reaktion ($OH^-$ ist eine noch schlechtere Abgangsgruppe).

**(h)** $CH_3SCH_3$

**(i)** Keine Reaktion ($^-OCH_2CH_3$ ist eine schlechte Abgangsgruppe).

**(j)**
$$CH_3CH_2O\overset{\overset{O}{\|}}{C}CH_3$$

**13. (a)** $(R)\text{-}CH_3\overset{\overset{OSO_2CH_3}{|}}{C}HCH_2CH_3 + Na^+N_3^- \xrightarrow{CH_3OH} (S)\text{-}CH_3\overset{\overset{N_3}{|}}{C}HCH_2CH_3$

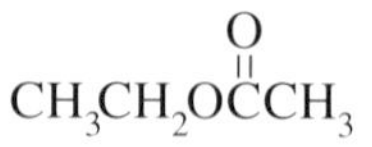

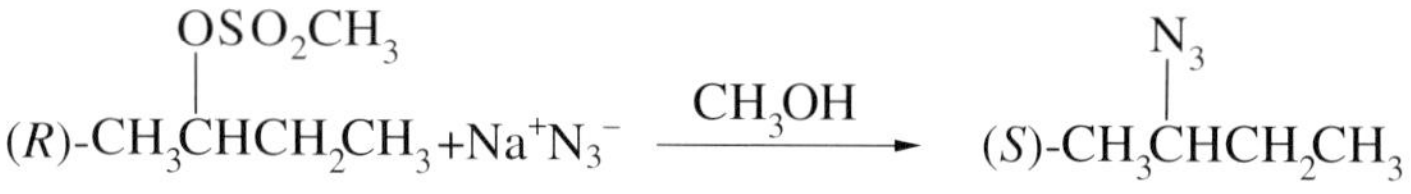

**(b)** Im Gegensatz zu **(a)**, wo Konfigurationsumkehr am sterischen Zentrum verlangt wurde, soll hier Br durch CN *unter Retention* substituiert werden. Weil jede $S_N2$-Reaktion unter Inversion abläuft, muß eine Reaktionsabfolge aus zwei $S_N2$-Reaktionen mit zweimaliger Inversion ersonnen werden, um das angestrebte stereochemische Ergebnis zu erhalten. Die erste $S_N2$-Reaktion muß mit einem Nucleophil erfolgen, das gleichzeitig eine gute Abgangsgruppe darstellt ($I^-$ entspricht diesen Anforderungen):

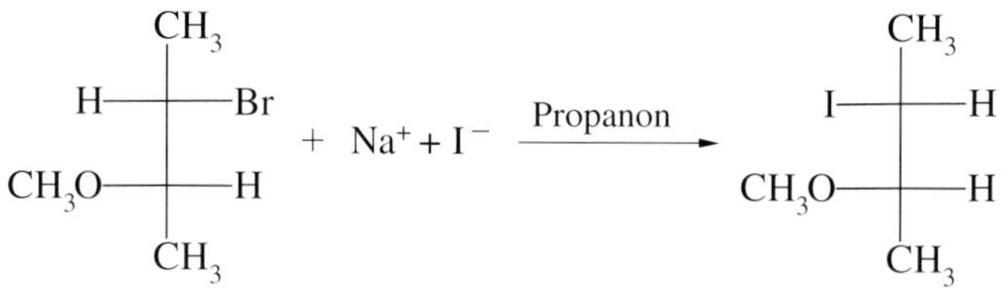

Erste $S_N2$-Inversion

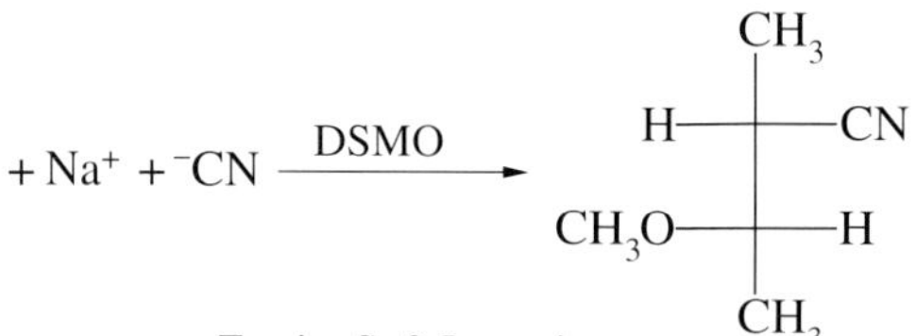

Zweite $S_N2$-Inversion

**(c)** Man beachte, daß hier eine Inversion erforderlich ist: Im Substrat ist Br *trans* zu den Brückenkopf-Wasserstoffatomen, im Produkt ist dagegen die $SCH_3$-Gruppe in *cis*-Position dazu. Wählen Sie eine $S_N2$-Reaktion:

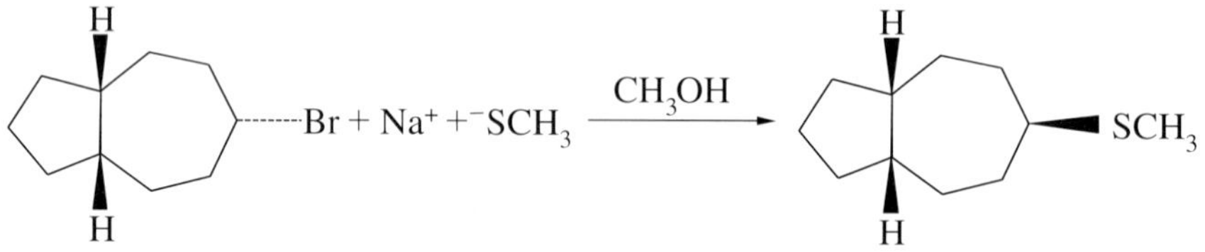

**(d)** Sieht das komisch aus? Hier sehen Sie ein *Nucleophil,* an das Sie eine Alkylgruppe knüpfen sollen: eine *Alkylierungsreakion* (Abschnitt 6-3). Dies ist nichts anderes als eine $S_N2$-Reaktion, Sie müssen aber jetzt ein geeignetes *Halogenalkan-Substrat* mit dem Nucleophil reagieren lassen, also „andersherum" denken:

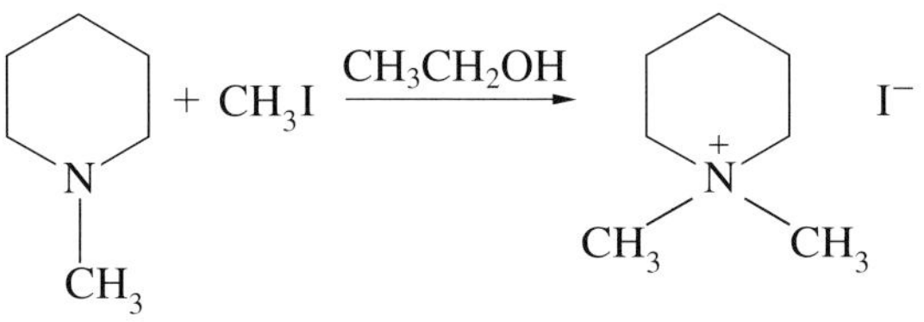

**14.**

**(a)** (1) $HO^- > CH_3CO_2^- > H_2O$ Die Basenstärke wächst mit wachsender Ladung und nimmt ab mit wachsender Ladungsstabilisierung.

(2) $HO^- > CH_3CO_2^- > H_2O$ Bei einem Einzelatom verlaufen Nucleophilie und Basenstärke parallel.

(3) $H_2O > CH_3CO_2^- > HO^-$ Die Eignung als Abgangsgruppe steht im umgekehrten Verhältnis zur Basenstärke.

**(b)** (1) $F^- > Cl^- > Br > I^-$ Zunehmende Größe stabilisiert die negative Ladung, wodurch die Base schwächer wird.

(2) $I^- > Br^- > Cl^- > F^-$ Zunehmende Größe vermindert die Solvatation und erhöht die Polarisierbarkeit, wodurch die Nucleophilie erhöht wird.

(3) $I^- > Br^- > Cl^- > F^-$ Umgekehrte Reihenfolge wie bei (1).

**(c)** (1) $^-NH_2 > {}^-PH_2 > NH_3$ Die größere $^-PH_2$-Gruppe ist eine schwächere Base als $^-NH_2$; wegen der fehlenden Ladung ist $NH_3$ die schwächste Base.

(2) $^-PH_2 > {}^-NH_2 > NH_3$ Nach der Größe kommt zunächst $^-PH_2$; wegen der fehlenden Ladung steht $NH_3$ an letzter Stelle.

(3) $NH_3 > {}^-PH_2 > {}^-NH_2$ Umgekehrte Reihenfolge von (1).

**(d)** (1) $^-OCN > {}^-SCN$ Größe (ein kleineres Atom ist basischer).

(2) $^-SCN > {}^-OCN$ Größe (ein größeres Atom ist nucleophiler).

(3) $^-SCN > {}^-OCN$ Umgekehrte Reihenfolge von (1).

**(e)** (1) $HO^- > CH_3S^- > F^-$ $HO^-$ ist stärker als $CH_3S^-$ wegen der Größe, und stärker als $F^-$ wegen der Elektronegativitätsdifferenz. Ein Vergleich zwischen $CH_3S^-$ und $F^-$ ist schwierig, weil die Kleinheit $F^-$ begünstigt, während die niedrigere Elektronegativität $CH_3S^-$ begünstigt.

(2) $CH_3S^- > HO^- > F^-$ Die Größe von $CH_3S^-$ überwiegt gegenüber der Nucleophilie.

(3) $F^- > CH_3S^- > HO^-$ Sie sind alle schlecht. Die Reihenfolge ist umgekehrt wie bei (1).

**(f)** (1) $NH_3 > H_2O > H_2S$ Elektronegativität, dann Größe.

(2) $H_2S > NH_3 > H_2O$ Größe, dann Elektronegativität.

(3) $H_2S > H_2O > NH_3$ Umgekehrte Reihenfolge wie bei (1).

**15. (a)** Keine Reaktion. (Die Ausgangssubstanz ist ein Alkan. Alkane reagieren nicht mit nucleophilen Teilchen).

**(b)** $CH_3CH_2OCH_3$

**(c)** 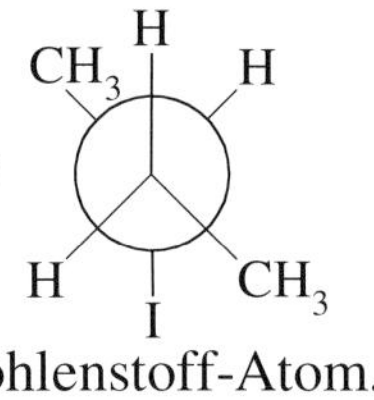

Wäre eine gute Konformation des Produkts nach Inversion am reagierenden Kohlenstoff-Atom.

**(d)** 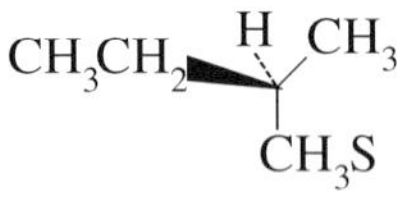


**(e)** Keine Reaktion (keine gute Abgangsgruppe)

**(f)** Keine Reaktion (gleicher Grund, außerdem ist HCN eine zu schwache Säure um den Sauerstoff des Alkohols unterstützend zu protonieren).

**(g)** $CH_3CHBrCH_3$ (HBr ist eine starke Säure, sie kann deshalb die OH-Gruppe protonieren und $H_2O$ bilden, eine gute Abgangsgruppe in der Reaktion).

**(h)** $(CH_3)_2CHCH_2CH_2SCN$ (die Abgangsgruppe ist 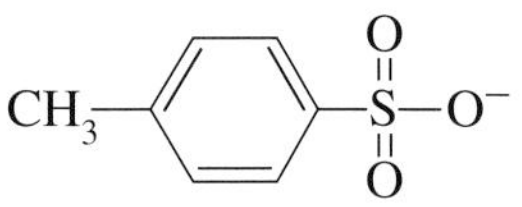

).

**(i)** Keine Reaktion ($NH_2^-$ ist eine schlechte Abgangsgruppe).

**(j)** $CH_3NH_2$

**(k)** $(CH_3)_2\overset{+}{N}H_2$ $I^-$

**(l)** 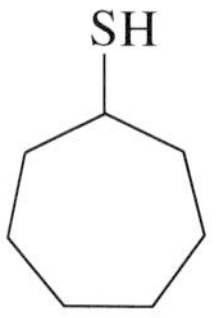


**(m)** 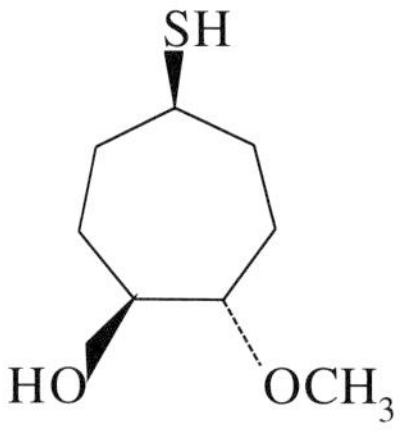


**(n)** 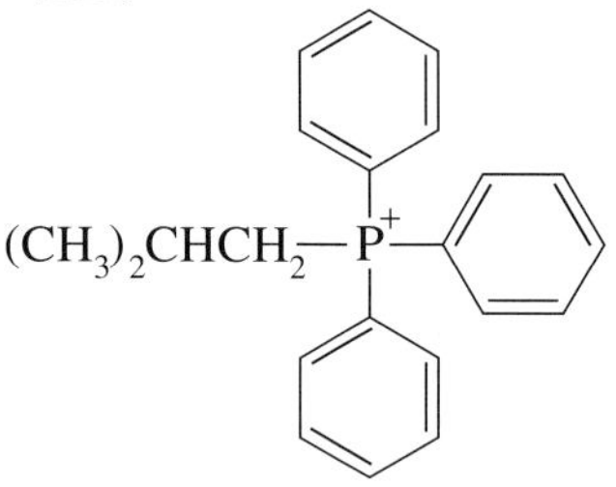

$Br^-$

**16. (a)** $CH_3CH_2CH_3 \xrightarrow{Cl_2,\ 100\ °C} CH_3CH_2CH_2Cl + CH_3CHClCH_3$

60% 40%

Dies ist nach unserem Wissen der beste Weg, selbst wenn ein Gemisch gebildet wird.

**(b)** Die Ausnutzung der selektiven Bromierung sekundärer C-H-Bindungen führt zum besten Reaktionsweg:

$$CH_3CH_2CH_2 \xrightarrow{Br_2,\ h\nu} CH_3CHBrCH_3 \xrightarrow{KCl,\ DMSO} CH_3CHClCH_3$$

**(c)** $CH_3CH_2CH_2Cl$ [aus Teil(**a**)] $\xrightarrow{NaBr,\ Propanon} CH_3CH_2CH_2Br$

**(d)** Siehe Teil **(b)**

**(e)** $CH_3CH_2CH_2Cl$ [aus Teil **(a)**] $\xrightarrow{\text{NaI, Propanon}}$ $CH_3CH_2CH_2I$

**(f)** $CH_3CHBrCH_3$ [aus Teil **(b)**] $\xrightarrow{\text{NaI, Propanon}}$ $CH_3CHICH_3$

**17.** Denken Sie stets daran, daß jede $S_N2$-Reaktion die Stereochemie am Ort des Geschehens *umkehrt.*

**(a)**

*trans*-Produkt aus einer $S_N2$-Inversion

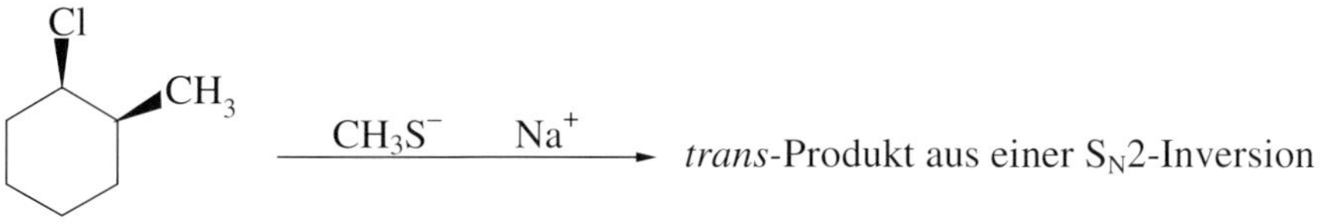

**(b)** Das Ausgangsmaterial ist bereits *trans.* Die direkte $S_N2$-Reaktion mit $CH_3S^-$ liefert ein *cis*-Produkt, welches unerwünscht ist. Arbeiten Sie stattdessen eine Synthese mit *zwei aufeinanderfolgenden* $S_N2$-Inversionen aus: Man geht zunächst von *trans* nach *cis* und dann zurück nach *trans.* In der ersten $S_N2$-Reaktion sollte ein Nucleophil verwendet werden, das später auch als Abgangsgruppe dienen kann, z.B. $Br^-$; $CH_3S^-$ kann das Nucleophil im zweiten $S_N2$-Schritt sein:

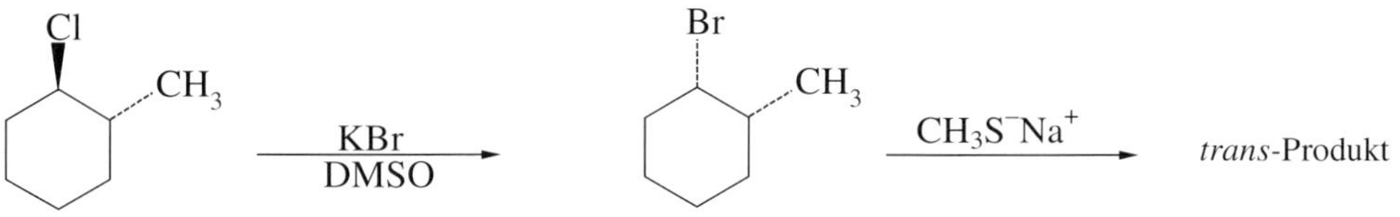

**(c)**

*cis* aber schlechte Abgangsgruppe — ebenfalls *cis,* die Abgangsgruppe ist aber besser

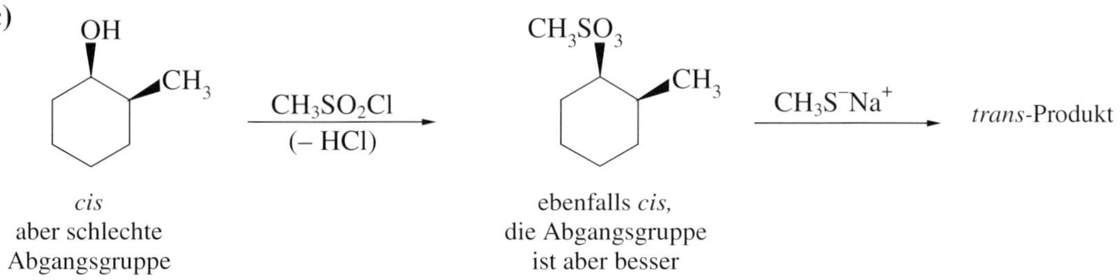

**(d)**

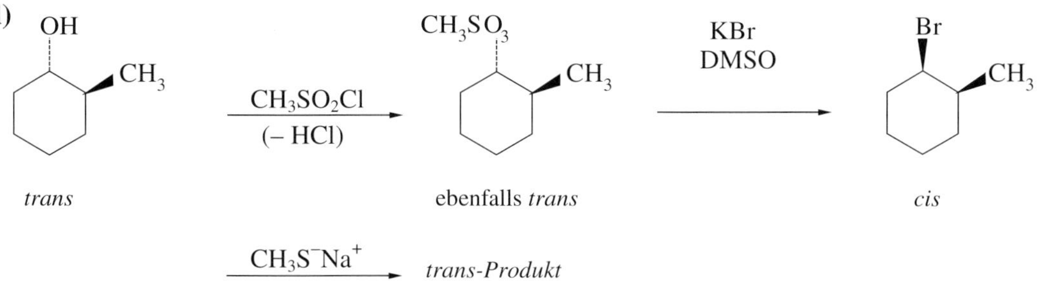

**18. (a)** $CH_3Br > CH_3CH_2Br > (CH_3)_2CHBr$

**(b)** $(CH_3)_2\ CHCH_2CH_2Cl > (CH_3)_2CHCH_2Cl > (CH_3)_2CHCl$

**(c)** $CH_3CH_2I > CH_3CH_2Cl >$ 


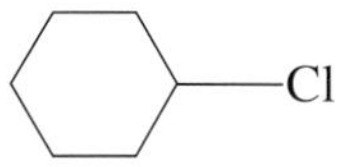

**(d)** $(CH_3)_2CHCH_2Br > (CH_3CH_2)_2CHCH_2Br > CH_3CH_2CH_2CHBrCH_3$

**19.** Heterolytische Dissoziation/Kombination: Nehmen Sie an, daß der erste Reaktionsschritt langsam verläuft und daher geschwindigkeitsbestimmend ist.

**(a)** $I^-$ ist eine bessere Abgangsgruppe als $Cl^-$, die Reaktion verläuft daher schneller.

**(b)** Das Nucleophil ist im langsamen Schritt nicht enthalten, daher, wenn überhaupt, nur geringfügige Änderung.

**(c)** Ein sterisch stärker gehindertes Ausgangsmolekül, der langsame Schritt könnte daher aus sterischen Gründen beschleunigt werden (im nächsten Kapitel sehen wir, daß das intermediäre Kation auch durch Hyperkonjugation in hohem Maße stabilisiert wird, woraus eine beträchtliche zusätzliche Beschleunigung hervorgeht).

**(d)** Beide Lösungsmittel solvatisieren das Kation gut, aber das aprotische $(CH_3)_2SO$ kann keine Wasserstoffbrücken zur Abgangsgruppe ausbilden, darum wird der langsame Schritt verlangsamt.

**20.** Die Nucleophilie der drei nichtsolvatisierten Anionen schlägt sich in den Geschwindigkeitskonstanten in DMF nieder: $Cl^- > Br^- = {}^-SeCN$. Das läßt vermutlich auf eine etwas höhere Basenstärke des $Cl^-$ schließen. Die Ausbildung von Wasserstoff-Brücken zu $CH_3OH$ vermindert bei allen drei die Reaktivität auf verschiedene Weise. Das kleinste Ion, $Cl^-$, wird am stärksten solvatisiert und wird in Methanol zum schlechtesten Nucleophil. Die Solvatation ist bei $Br^-$ etwas geringer und viel geringer bei $^-SeCN$ wegen der delokalisierten Ladung in letzterem.

**21.**

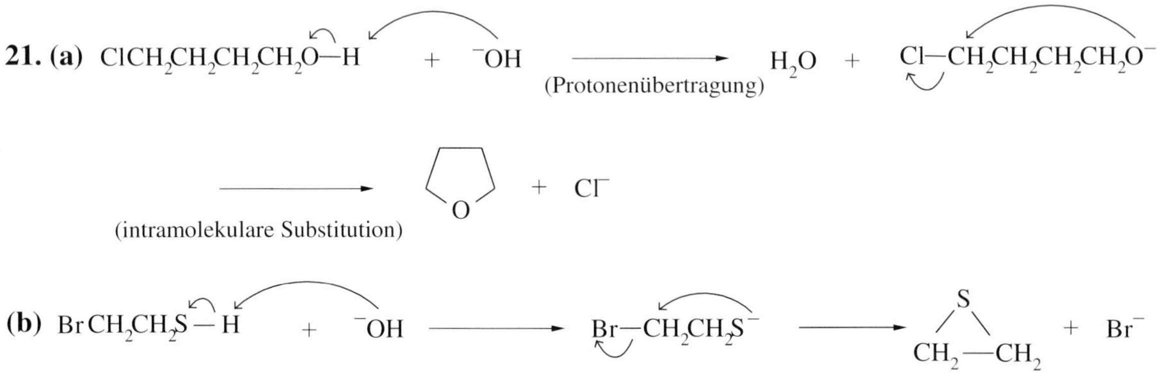


Schwefel ist solch ein gutes Nucleophil, daß auch ein etwas anderer Mechanismus ablaufen kann:

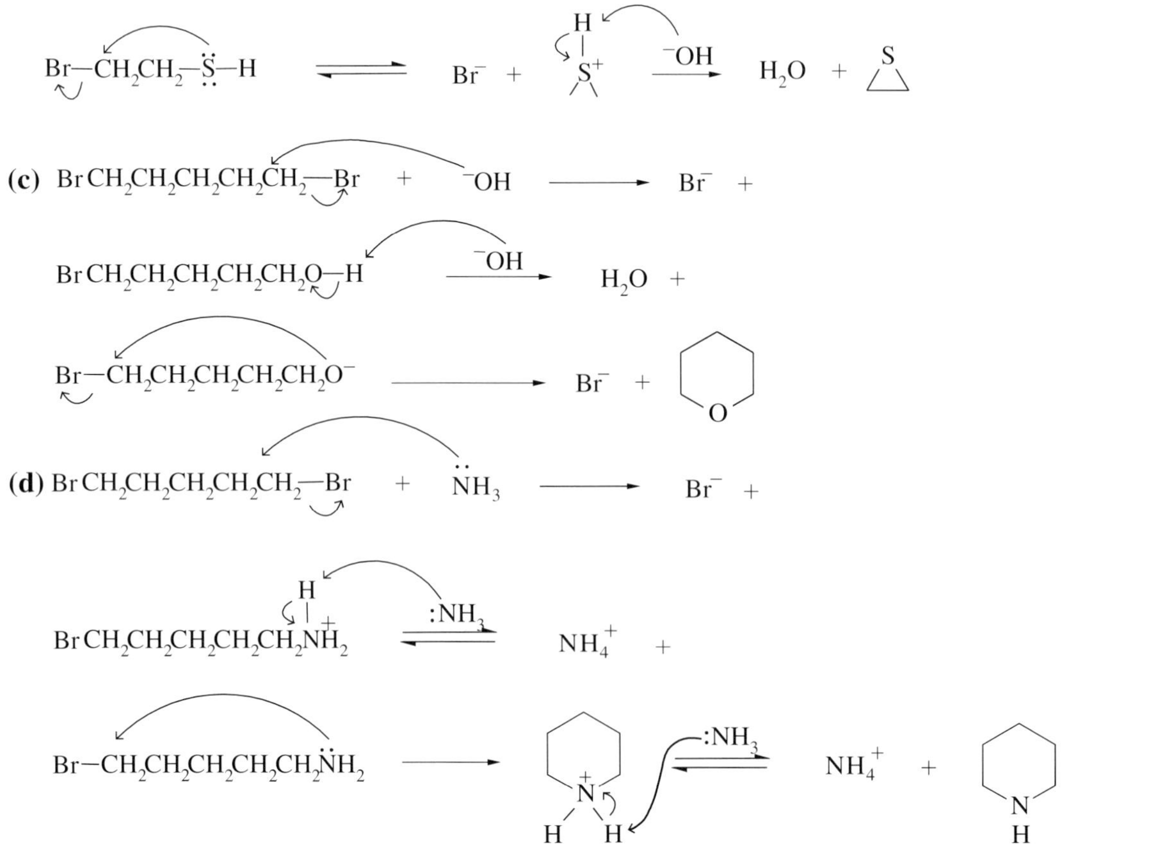

**22.** Im $S_N2$-Übergangszustand *nehmen* die Winkel der drei nicht direkt an der Reaktion beteiligten Bindungen von 109.5° auf 120° *zu*. Liegt in der Reaktion ein kleiner Ring mit Ringspannung und gestauchten Winkeln vor, dann leistet die Struktur gegen eine Aufweitung der Bindungswinkel Widerstand, und die Energie des $S_N2$-Übergangszustandes wird sehr hoch. Das Ergebnis ist eine hohe Aktivierungsenergie und eine sehr langsame Reaktion (siehe Abschnitt 6.9).

**23.** Man überlege sich, wie es sich mit der sterischen Hinderung der $S_N2$-Reaktion in den beiden folgenden Fällen verhält: (a) $Nu^-$ greift an, die Abgangsgruppe ist äquatorial und (b) $Nu^-$ greift an, die Abgangsgruppe ist axial.

**(a)** Abgangsgruppe äquatorial. Der Übergangszustand sieht so aus:

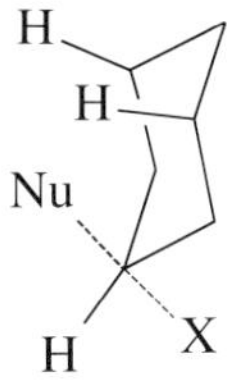


Der Angriff von $Nu^-$ von der Rückseite her wird durch die axialen Wasserstoffe auf derselben Seite des Rings behindert. *Jeder* einzelne bewirkt eine sterische Hinderung ähnlich der, die bei dem Angriff eines Nucleophils auf ein Halogenpropan in einer *anti*-Konformation auftritt (Abbildung 6-10C).

**(b)** Abgangsgruppe axial. Jetzt haben wir folgende Situation:

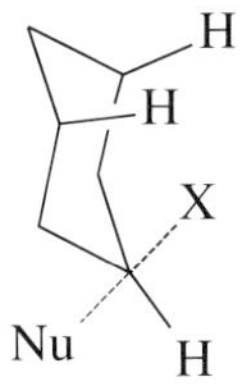


Die sterische Hinderung bezüglich des Angriffs von $Nu^-$ ist jetzt geringer: Das entspricht Abbildung 6-10D. Hierfür muß aber ein Preis gezahlt werden. Erstens ist X axial, was Energie kostet. Zweitens wird der *Abgang* von $X^-$ jetzt durch die axialen Wasserstoffe auf der *gleichen* Seite des Rings behindert. Darum verläuft auch diese Reaktion langsam.

**24.** **(a)** Ja!

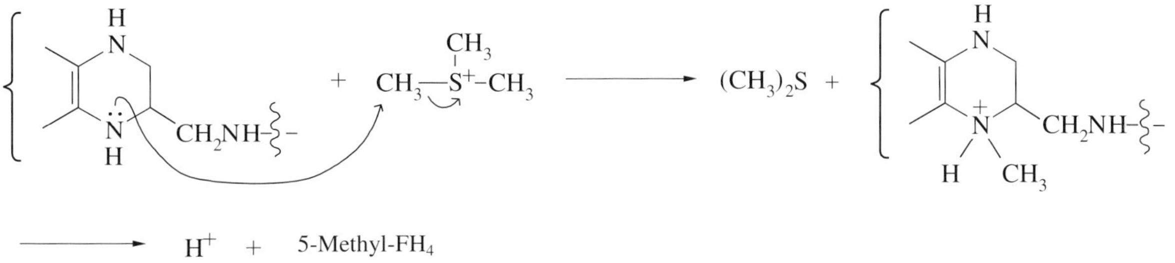


**(b)** Nucleophil: $FH_4$. Nucleophiles Atom: N-5. Elektrophiles Atom: C in der Methylgruppe an $(CH_3)_3S^+$. Abgangsgruppe: $(CH_3)_2S$.

**(c)** Ja! N-5 in $FH_4$ ähnelt N in Ammoniak und ist daher eine Lewis-Base und voraussichtlich ein vernünftiges Nucleophil. Die Methyl-Gruppen in $(CH_3)_3S^+$ sollten positiv polarisiert sein wegen der Elektronenanziehung durch den positiv geladenen Schwefel. Ihre Kohlenstoff-Atome sollten einigermaßen elektrophil sein. $(CH_3)_2S$ ist neutral und vermutlich analog zu $H_2S$ und $CH_3SH$ eine sehr schwache Base, es sollte daher eine sehr gute Abgangsgruppe darstellen.

**25.** **(a)** Ja! Ein möglicher Mechanismus:

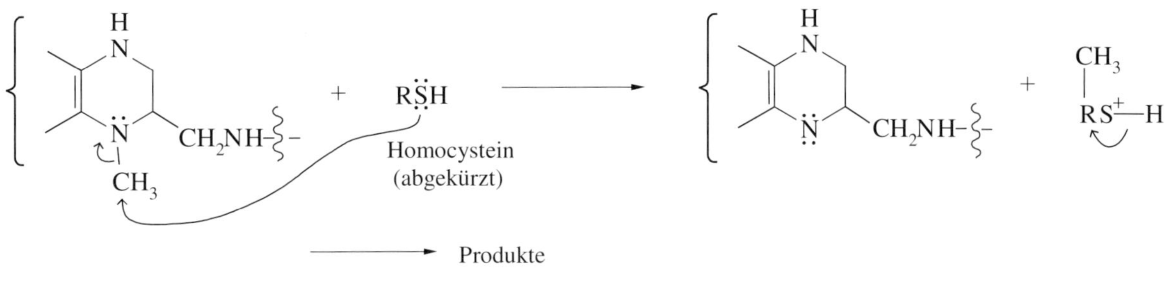

**(b)** Nucleophil: Homocystein. Nucleophiles Atom: S. Elektrophiles Atom: C der N-5-Methyl-Gruppe in 5-Methyl-$FH_4$. Abgangsgruppe: Konjugierte Base von $FH_4$.

**(c)** Bis auf die Abgangsgruppe ist alles in Ordnung. Als konjugierte Base einer ziemlich schwachen Säure wird sie eine relativ starke Base darstellen und sich daher nicht so gut als Abgangsgruppe eignen. Aber genau so, wie sich die Protonierung von Sauerstoff in Alkoholen zur Bildung einer besseren Abgangsgruppe (Wasser) eignet, führt die Protonierung von N-5 durch Säure in 5-Methyl-$FH_4$ *vor* der nucleophilen Substitutionsreaktion zu einer besseren Abgangsgruppe ($FH_4$ selber) für die Reaktion in dieser Aufgabe:

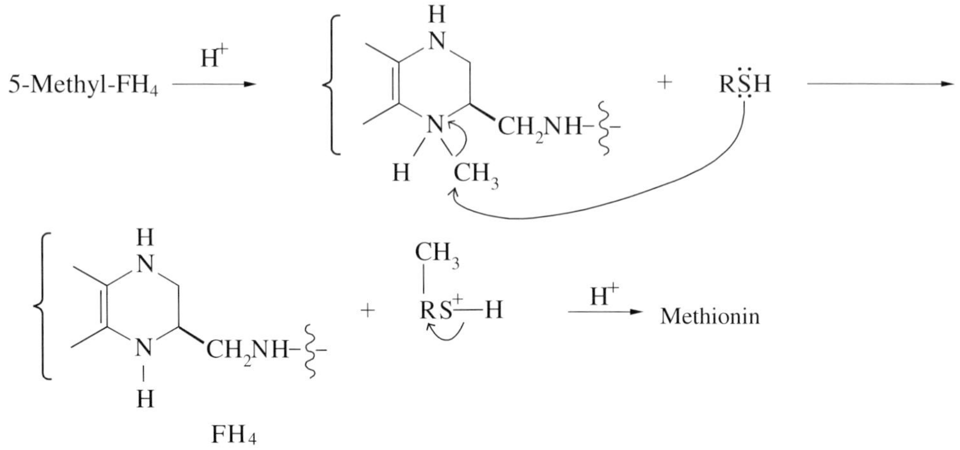


**26.** **(a)** Reaktion 1 ist eine $S_N2$-Reaktion. Das S-Atom von Methionin verdrängt Triphosphat von der $CH_2$-Gruppe in ATP. Reaktion 2 verläuft auch nach $S_N2$. Das N-Atom von Noradrenalin verdrängt *S*-Adenosylhomocystein von einer $CH_3$-Gruppe, dadurch wird die entscheidende $CH_3$-N-Bindung im Adrenalin gebildet. Das ATP macht die zweite $S_N2$-Reaktion dadurch möglich, daß es alles, was an die $CH_3$-Gruppe des Methionins gebunden ist, als eine große Abgangsgruppe abtrennt. Mit anderen Worten ist *S*-Adenosylmethionin eine ausgefallene biologische Entsprechung zu $CH_3I$.

**(b)** Nein. Eine $S_N2$-Reaktion an $CH_3$ tritt nicht ein, weil die Abgangsgruppe (im wesentlichen $RS^-$) schlecht ist.

**(c)** Einfach! Mit $CH_3I$ umsetzen!

**27.** Zur Lösung des ersten Teils des Problems siehe Antworten zu Aufgabe 26 und 27. Nachfolgend sind die acht Konstitutionsisomere aufgelistet sowie ihr Verzweigungsgrad, und ob sie chiral sind oder nicht.

| Substanzname | Typ | Chiral? | Relative $S_N2$-Reaktivität |
|---|---|---|---|
| **1-Brompentan** | primär | nein | **A** |
| **2-Brompentan** | sekundär | ja | **D** |
| **3-Brompentan** | sekundär | nein | **E** |
| **1-Brom-3-methylbutan** | primär | nein | **B** |
| **2-Brom-3-methylbutan** | sekundär | ja | **F** |
| **2-Brom-2-methylbutan** | tertiär | nein | **H** |
| **1-Brom-2-methylbutan** | verzweigt primär | ja | **C** |
| **1-Brom-2,2-dimethylpropan** | neopentyl | nein | **G** |

Wir können die Spalte für die relative Reaktivität ausfüllen, wenn wir die Information aus Abschnitt 6.10 zusammen mit den Hinweisen in dieser Aufgabe nutzen. Die zwei unverzweigten primären Halogenalkane sollten am reaktivsten sein (A und B), wobei das geradkettige Isomer etwas überlegen sein sollte. Danach sollte die verzweigte primäre Verbindung folgen (C). Diese Schlußfolgerung wird auch durch die Information, daß C tatsächlich chiral ist, bestätigt. Die zwei geradkettigen sekundären Halogenide, von denen eines chiral ist, sollten die nächsten in der Reihe sein (D und E). Dann folgt das verzweigte sekundäre Halogenid (F), mit einigem Abstand die Neopentylverbindung (G) und schließlich das unreaktive tertiäre Halogenid (H). Der letzte Hinweispunkt bestätigt diese Zuordnung: Die Chiralitätszentren in den Substraten D und F entsprechen den Kohlenstoffatomen, die die Abgangsgruppen tragen; daher erfolgt bei der $S_N2$-Reaktion an diesen Zentren Konfigurationsinversion. Im Gegensatz dazu wird das Chiralitätszentrum in C durch die Substitutionsreaktion nicht beeinflußt, *da es nicht dem Reaktionszentrum entspricht.*

# Weitere Reaktionen der Halogenalkane – Unimolekulare Substitution und Eliminierung

**7**

**1. (a)** $(CH_3)_3COCH_2CH_3$

**(d)**

**(b)** $(CH_3)_2\overset{\displaystyle OCH_2CF_3}{\underset{\displaystyle |}{C}}CH_2CH_3$

**(e)** $(CH_3)_3COD$

**(c)**

**(f)** $(CH_3)_3{-}O{-}$

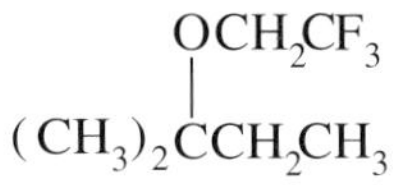

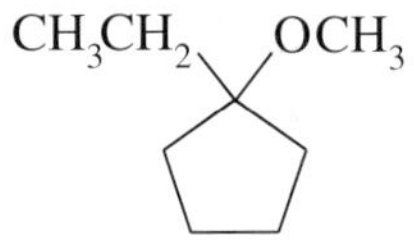

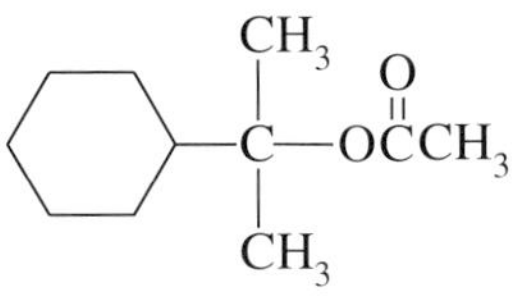

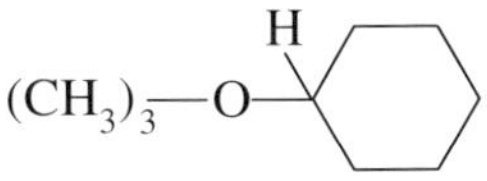

**2.** und

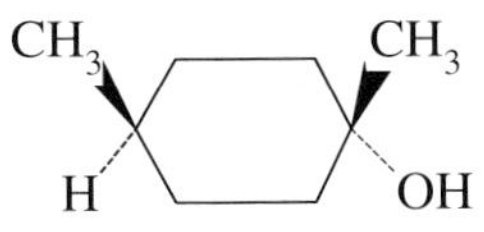

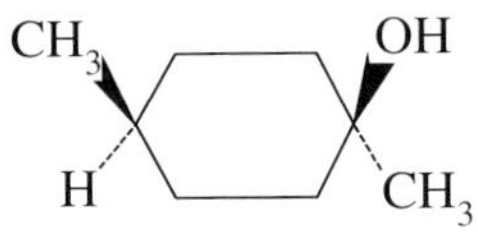

**(a)** Zwei Reaktionsschritte:

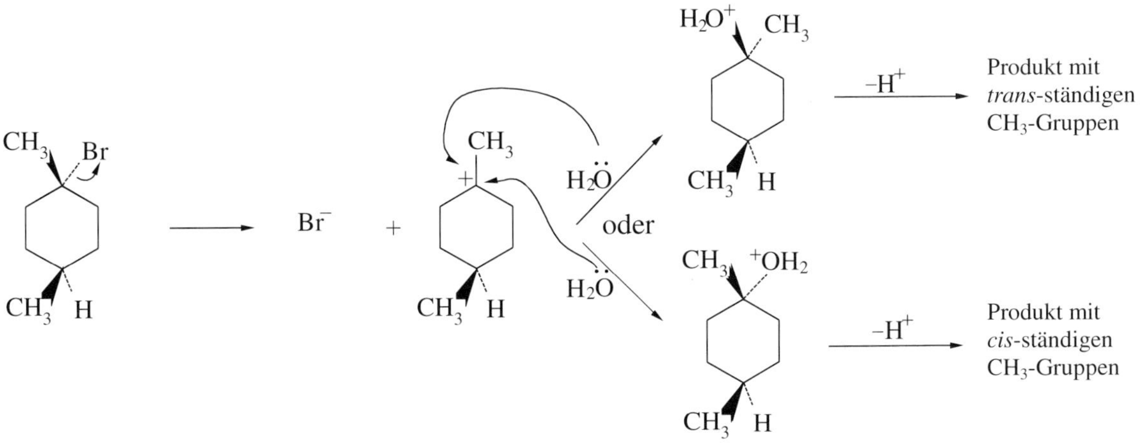

Das Nucleophil kann sich auf beiden Seiten des ebenen Carbenium-Ions anheften. Dadurch entstehen die beiden gezeigten Produkte.

**(b)** , durch Anbindung von Br⁻ auf der gegenüberliegenden Seite des Carbenium-Ions.

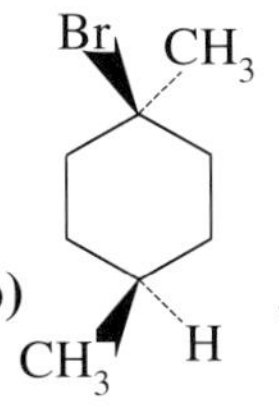

**3.** Zwei Produkte: 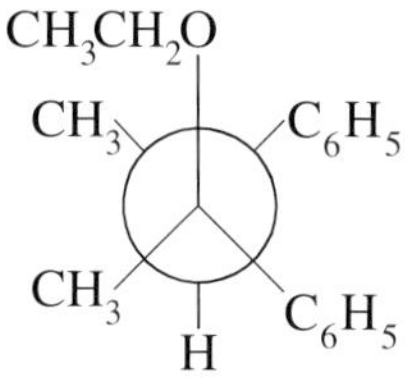 und 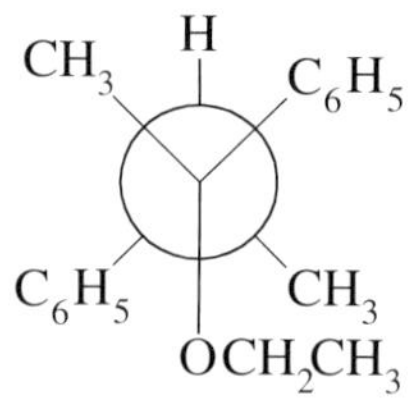



**4.** **(a)** Wasser beschleunigt alle Reaktionen mit Ausnahme von 1(d), weil es polarer ist als jedes andere für die Solvolyse eingesetzte Lösungsmittel. Es tritt auch in Konkurrenz um die Carbenium-Ionen und bildet Alkohole als Produkte.

**(b)** Ähnlich wie bei **(a)** erhöht $H_2S$ die Polarität der meisten Lösungsmittelsysteme und beschleunigt die Solvolyse. Verglichen mit den weniger nucleophilen Lösungsmittelmolekülen reagiert es auch bevorzugt mit den Carbenium-Ionen und bildet Thiole (R-SH).

**(c)** Salze (ionisch gebaut) erhöhen in starkem Maße die Polarität und beschleunigen $S_N1$-Reaktionen (siehe jedoch Aufgabe 20). Die Hauptprodukte sind Iodalkane.

**(d)** Wie bei (c); das Azid-Ion ist ein starkes Nucleophil, die Produkte sind Alkylazide, R-$N_3$**.**

**(e)** Die Polarität sollte dadurch etwas erniedrigt werden, die Solvolysen verlaufen verlangsamt.

**(f)** Wie bei **(e)** aber in einem größeren Umfang, da Ether noch weniger polar sind als Ketone.

**5.** 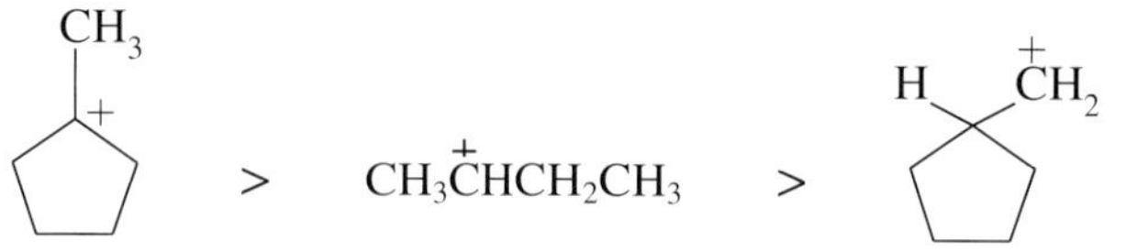

(tertiär) (sekundär) (primär)

**6.** **(a)** $(CH_3)_2CClCH_2CH_3 > (CH_3)_2CHCHClCH_3 > (CH_3)_2CHCH_2CH_2Cl$
(tertiär > sekundär > primär)

**(b)** RCl > $RO\overset{O}{\overset{\|}{C}}CH_3$ > ROH (Reihenfolge des Austrittvermögens)

**(c)** 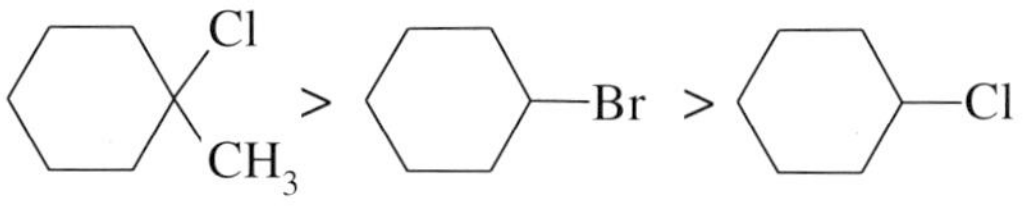

**7.** **(a)** Ein sekundäres System mit einer ausgezeichneten Abgangsgruppe und einem schlechten Nucleophil ⇒ $S_N1$-Reaktion.

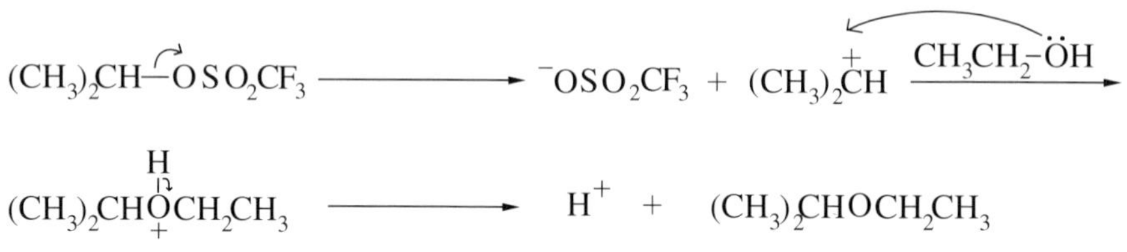

**(b)** Ein tertiärer Alkohol in einer starken wässrigen Säure ⇒ $S_N1$-Reaktion.

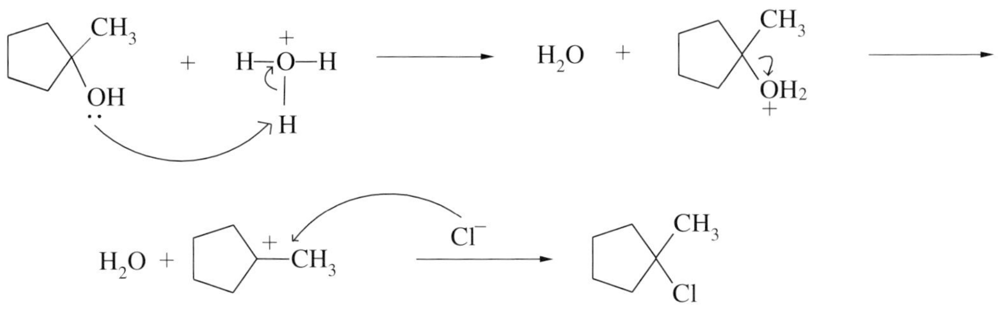

**(c)** Ein primäres Halogenid mit einem guten Nucleophil in einem aprotischen Lösungsmittel ⇒ $S_N2$-Reaktion.

**(d)** Ähnlich wie bei **(c)**, nur daß es sich hier um ein sekundäres Halogenid handelt ⇒ auch hier $S_N2$-Reaktion.

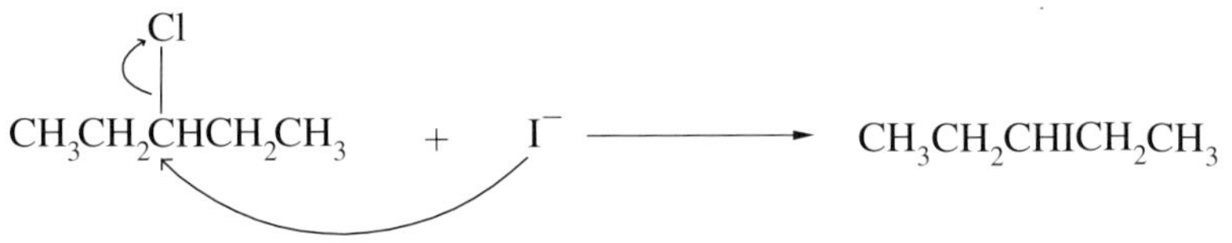

**8.** Bestimmen Sie zunächst den wahrscheinlichsten Mechanismus für jede Reaktion. Schreiben Sie dann das Produkt hin. Bedenken Sie schließlich, daß $S_N2$-Reaktionen schneller in polaren aprotischen Lösungsmitteln ablaufen, während $S_N1$-Reaktionen wegen der stärkeren Stabilisierung des Übergangszustands der Kation-Anion-Dissoziation in polaren protischen Lösungsmitteln schneller verlaufen.

**(a)** Primäres Substrat ⇒ $S_N2$ unter Bildung von $CH_3CH_2CH_2CH_2CN$; verläuft am besten in aprotischen Lösungsmitteln.

**(b)** Verzweigt, aber weiterhin primär, das Nucleophil ist keine starke Base ⇒ wiederum $S_N2$. Das Produkt ist $(CH_3)_2CHCH_2N_3$; am besten ist wieder ein aprotisches Lösungsmittel.

**(c)** Tertiäres Substrat ⇒ $S_N1$-Substitution unter Bildung von $(CH_3)_3CSCH_2CH_3$; am besten in protischem Lösungsmittel.

**(d)** Sekundäres Substrat mit einer ausgezeichneten Abgangsgruppe und einem schwachen Nucleophil ⇒ $S_N1$ ist hier der wahrscheinlichste Mechanismus; das Produkt ist $(CH_3)_2CHOCH(CH_3)_2$; verläuft am schnellsten in protischem Lösungsmittel.

**9.** *Zwei aufeinanderfolgende* unter Inversion verlaufende $S_N2$-Schritte braucht man, um das angestrebte Ergebnis stereochemischer Retention zu erreichen:

$$(R)\text{-2-Chorbutan} \xrightarrow{\text{KBr, DMSO}} (S)\text{-2-Brombutan} \xrightarrow{\text{NaN}_3\text{, DMSO}} (R)\text{-2-Azidobutan}$$

**10.** (1) Racemisches $CH_3CH_2CH(O\overset{\overset{O}{\|}}{C}H)CH_3$ entsteht in einer $S_N1$-Reaktion (einer Solvolyse). Das Lösungsmittel (eine Carbonsäure) ist sehr polar und protisch, aber ein schwaches Nucleophil.

(2) $(R)$-$CH_3CH_2CH(O\overset{\overset{O}{\|}}{C}H)CH_3$ bildet sich in einer $S_N2$-Reaktion (gutes Nucleophil, aprotisches Lösungsmittel). Beachten Sie die sehr unterschiedlichen Bedingungen.

**11.** **(1a)** $(CH_3)_2C=CH_2$

**(1b)** $CH_2=C(CH_3)CH_2CH_3$, $CH_3CH=C(CH_3)_2$

**(1c)** 

**(1d)** 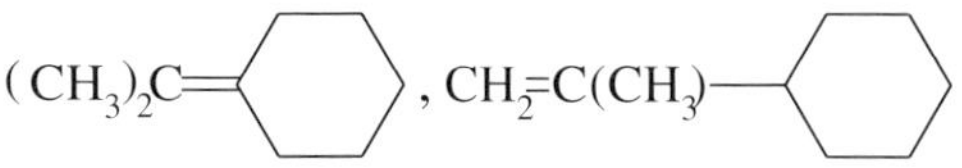


**(1e), (1f)** wie bei **(1a)**

**12.** **(a)** E1: 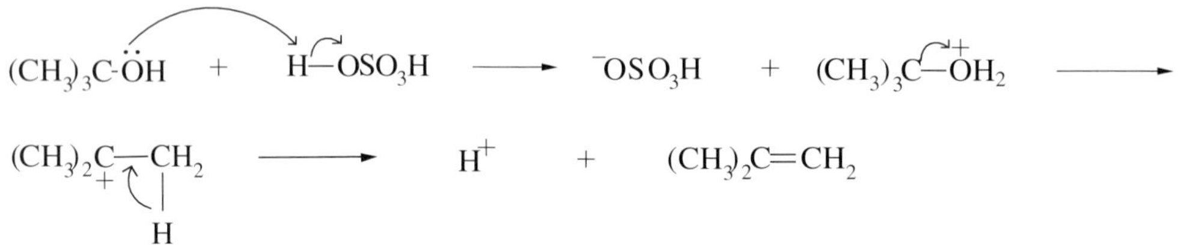


**(b)** E2: 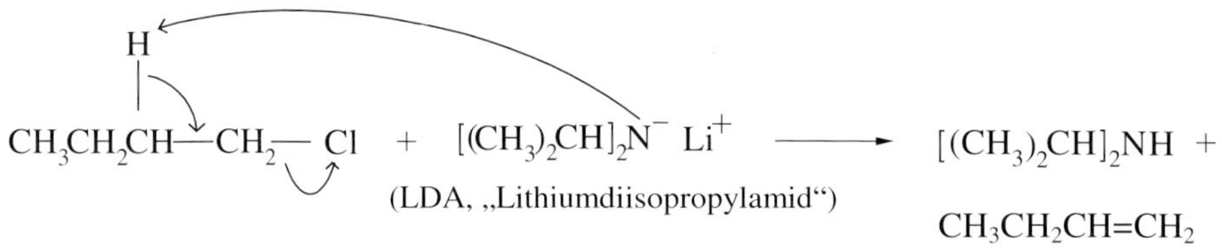


**(c)** E2: 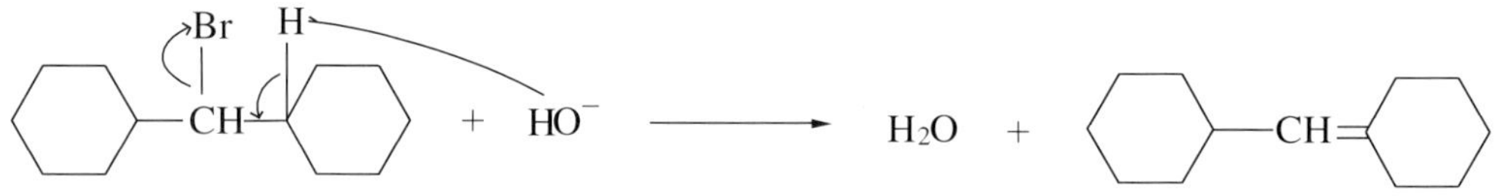


**(d)** E1 oder E2 können auftreten, und zwei Produkte gehen aus jedem Reaktionsweg hervor:

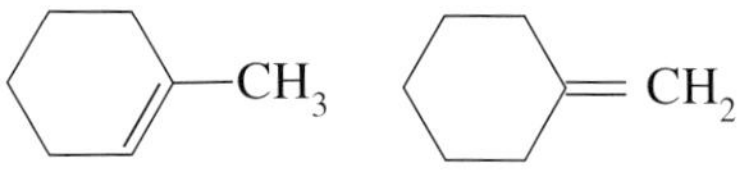


Beispiel für einen E1-Mechanismus:

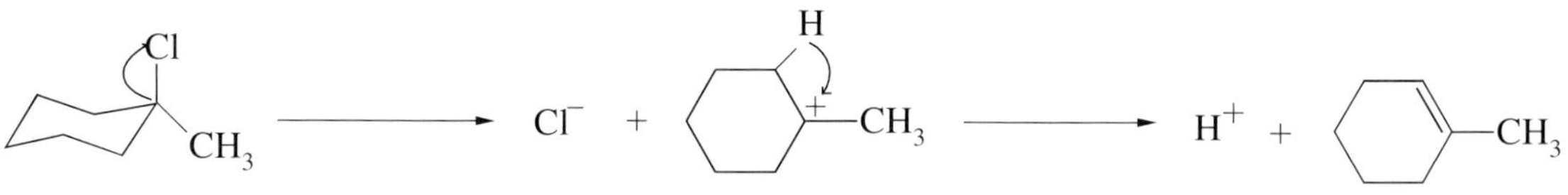


Beispiel für einen E2-Mechanismus:

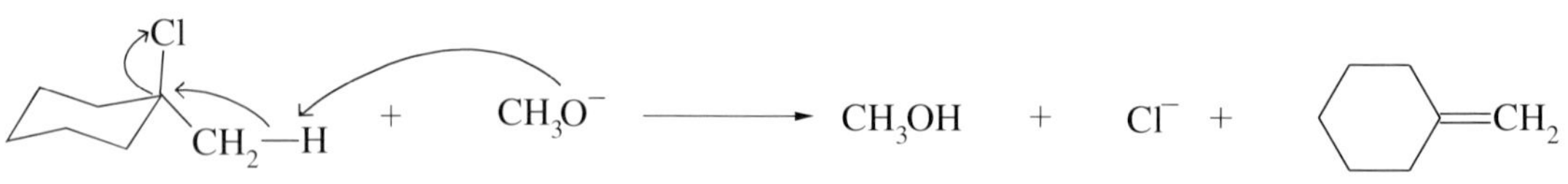


**13.** **(a)** (1) $(CH_3)_3CSH$

(2) $(CH_3)_2C=CH_2$ ($CH_3\text{—}\overset{\overset{\displaystyle O}{\|}}{C}O^-K^+$ ist ausreichend basisch, um zu bevorzugter Eliminierung bei tertiären Halogeniden zu führen).

(3) $(CH_3)_2C=CH_2$

**(b)** Die Geschwindigkeiten von (1) und (2) sind dieselben. (1) ist $S_N1$ und (2) ist El, und sie haben denselben geschwindigkeitsbestimmenden Dissoziationsschritt. Die Geschwindigkeit von (3) ist höher, weil die stärkere Base gleichzeitigen Ablauf einer E2-Reaktion *zusätzlich zu E1* verursacht.

**(c)**

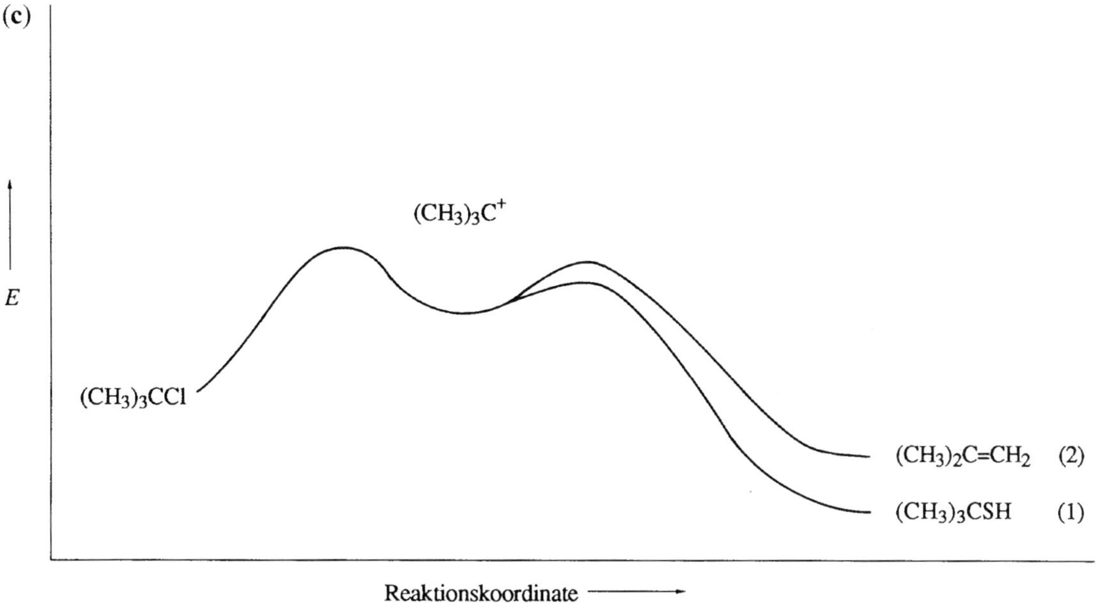


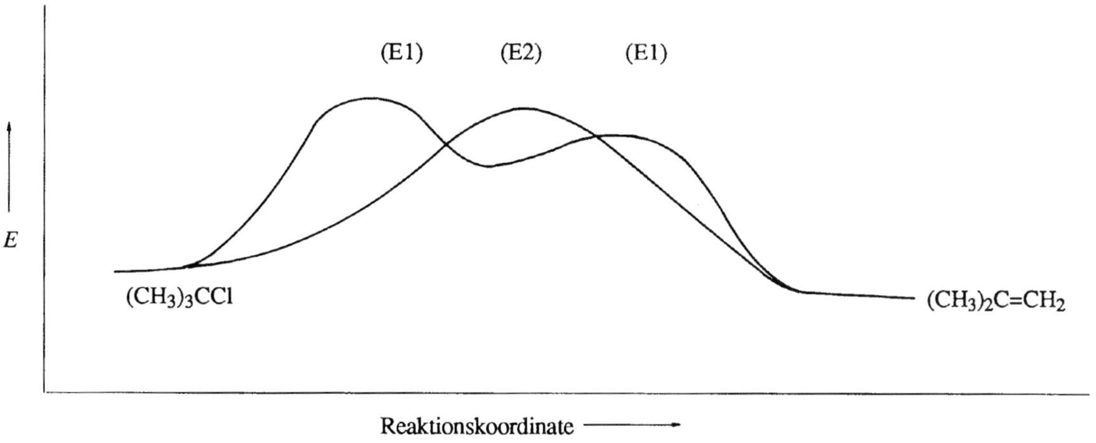


**14. (a)** 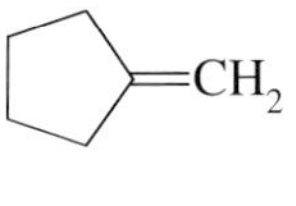

(E2)

**(b)** Keine Reaktion (schlechte Abgangsgruppe)

**(c)** Racemisches $CH_3CH_2CHOHCH_3$ ($S_N1$)

**(d)** 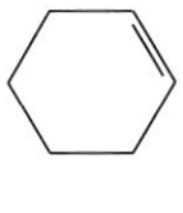 (E2)

**(e)** $(CH_3)_2CHCH_2CH_2CH_2OCH_2CH_3$ ($S_N2$)

**(f)** Racemisches $CH_3CH_2C(I)(CH_3)CH_2CH_2CH_3$ ($S_N1$)

**(g)** Keine Reaktion (mit Ausnahme des reversiblen Protonentransfers)

**(h)** 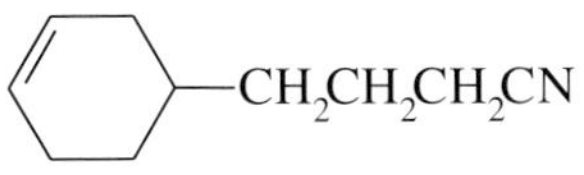

und 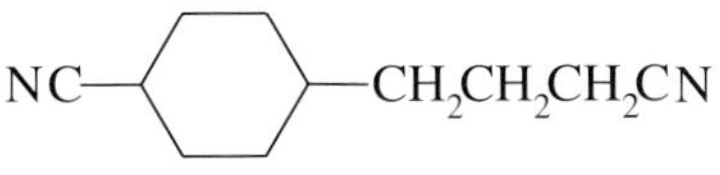

(E2 und $S_N2$)

**(i)** (*S*)-$CH_3CH_2CHSHCH_3$ ($S_N2$)

**(j)** $(CH_3CH_2)_3CCl$ ($S_N1$)

**(k)** $CH_2{=}C(CH_3)_2$ (E2)

**(l)** 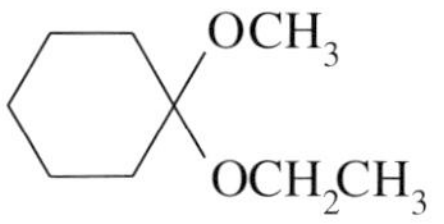

($S_N1$)

**(m)** $(CH_3)_3CCH{=}CH_2$ (E2)

**(n)** Keine Reaktion (schlechtes Nucleophil)

**15.** Die Reaktion erfolgt zwischen einem sekundären Substrat und einem basischen Nucleophil: Eliminierung sollte vorwiegen. Weil das Ethanolat-Ion eine starke Base ist, wird der E2-Mechanismus befolgt. Die Struktur des Produkts ist wegen der Bevorzugung der *anti*-Eliminierung vorhersagbar. Zeichnen Sie eine Sesselkonformation mit der Abgangsgruppe (Cl) in einer axialen Position.

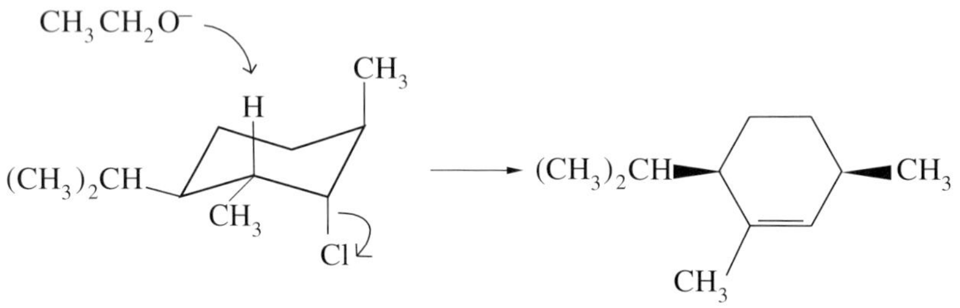


Wie Sie erkennen können, befindet sich nur ein Wasserstoff in *anti*-Stellung zu Cl. Die Eliminierung führt zu dem dargestellten cyclischen Alken.

**16.**

| | $H_2O$ | $NaSCH_3$ | $NaOCH_3$ | $KOC(CH_3)_3$ |
|---|---|---|---|---|
| $CH_3Cl$ | keine Reaktion | $CH_3SCH_3$ ⎫ | $CH_3OCH_3$ ⎫ $S_N2$ | $CH_3O(CH_3)_3$: $S_N2$ |
| $CH_3CH_2Cl$ | keine Reaktion | $CH_3CH_2SCH_3$ ⎬ $S_N2$ | $CH_3CH_2OCH_3$ ⎭ | $CH_2{=}CH_2$ ⎫ |
| $(CH_3)_2CHCl$ | $(CH_3)_2CHOH$ ⎫ $S_N1$ | $(CH_3)_2CHSCH_3$ ⎭ | $CH_3CH{=}CH_2$ ⎫ E2 | $CH_3CH{=}CH_2$ ⎬ E2 |
| $(CH_3)_3CCl$ | $(CH_3)_3COH$ ⎭ | $(CH_3)_3CSCH_3$: $S_N1$ | $(CH_3)_2{=}CH_2$ ⎭ | $(CH_3)_2C{=}CH_2$ ⎭ |
| | und | und | (auch E1 für die letzten beiden Verbindungen) | |
| | $(CH_3)_2C{=}CH_2$: E1 | $(CH_3)_2C{=}CH_2$: E1 | | |

**17.** Siehe 16. Sekundäre Halogenide ergeben höhere E2/E1-Verhältnisse als tertiäre Halogenide.

**18. (a)** schlecht: $CH_3CH{=}CHCH_3$ und $CH_3CH_2CH{=}CH_2$ sind wichtige Produkte.

**(b)** Überhaupt nicht: keine Reaktion (schlechtes Nucleophil).

**(c)** Überhaupt nicht: keine erkennbare Reaktion.

**(d)** Gut: eine „intramolekulare" (interne) $S_N1$-Reaktion.

**(e)** Gut, im Endeffekt aber sehr sehr langsam.

**(f)** Gut.

**(g)** Gut, obwohl auch im gewissen Umfang Eliminierung eintritt.

**(h)** Überhaupt nicht: wegen des schlechten Nucleophils keine Reaktion.

**(i)** Überhaupt nicht: keine Reaktion.

**(j)** Schlecht: gutes Nucleophil gibt hauptsächlich $CH_3CH_2CH_2CH_2OCH_2CH_3$.

**(k)** Schlecht, aber besser als **(j)**; es bildet sich $(CH_3)_2CHCH_2CH_2OCH_2CH_3$.

**(l)** Überhaupt nicht: keine Reaktion wegen der sehr schlechten Abgangsgruppe.

**19.** **(a)** $CH_3CH_2CH_2CH_3 \xrightarrow{Br_2,\ \Delta} CH_3CH_2CHBrCH_3 \xrightarrow{KI,\ DMSO} CH_3CH_2CHICH_3$

**(b)**
$CH_3CH_2CH_2CH_3 \xrightarrow{Cl_2,\ 100°C}$ etwas $CH_3CH_2CH_2CH_2Cl \xrightarrow{NaI,\ Propanon} CH_3CH_2CH_2CH_2I$

**(c)** $CH_4 \xrightarrow{Cl_2,\ h\nu} CH_3Cl \xrightarrow{KOH,\ H_2O} CH_3OH$;

dann $(CH_3)_3CH \xrightarrow{Br_2,\ \Delta} (CH_3)_3Br \xrightarrow{CH_3OH} (CH_3)_3COCH_3$

**(d)** 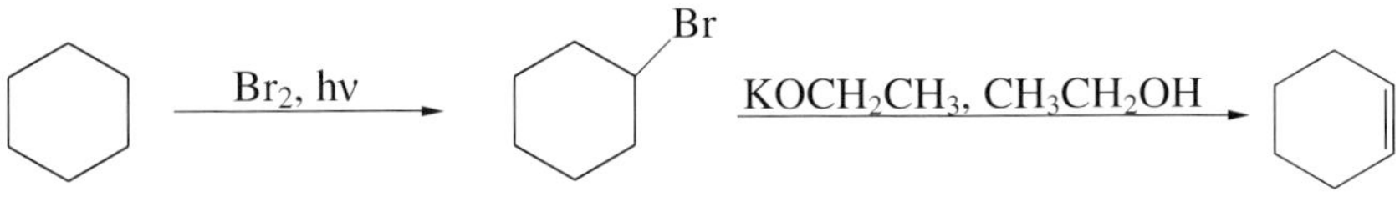


**(e)** Aus **(d)** 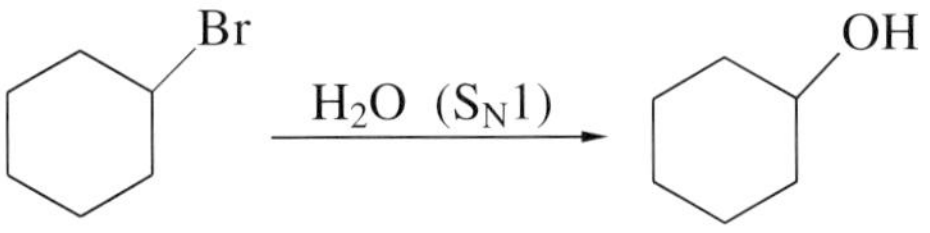


(eine bessere Methode wird in Abschn. 8.4 angegeben).

**(f)** Konzentrierte $H_2SO_4$, erhitzen (einstufig, eine intramolekulare $S_N2$-Reaktion).

**(g)** $Na_2S$ in Alkohol (eine Stufe!)

**20.** **(a)** Geschwindigkeit = $k$[RBr], somit $2 \times 10^{-4} = k(0.1)$ und darum $k = 2 \times 10^{-3}\ s^{-1}$.
Produkt ist  $—C(CH_3)_2—OH$ (ROH).

**(b)** Neues „$k_{LiCl}$“= $4 \times 10^{-3}\ s^{-1}$. Zusatz von LiCl erhöht durch Zugabe von Ionen die Polarität der Lösung, und dadurch wird der geschwindigkeitsbestimmende Dissoziationsschritt im Solvolysevorgang beschleunigt.

**(c)** In diesem Fall enthält das zugefügte Salz $Br^-$, *das auch die Abgangsgruppe in der Solvolysereaktion darstellt.* Dadurch kommt es zu einer *Abnahme* der Geschwindigkeit, weil der erste Solvolyseschritt reversibel ist und die *Rekombination* von $R^+$ und $Br^-$ mit der Reaktion von $R^+$ mit $H_2O$ konkurriert:

$$RBr \underset{\text{Rekombination}}{\overset{\text{Ionisierung}}{\rightleftharpoons}} Br^- + R^+ \xrightarrow{H_2O} ROH$$

**21.** 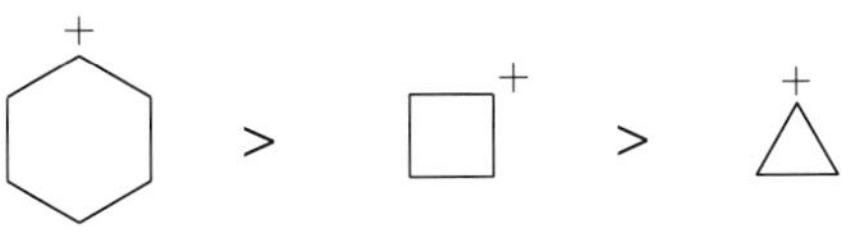


Carbenium-Ionen sind $sp^2$ hybridisiert mit Bindungswinkeln von 120°. Wird der Ring kleiner, nimmt die Abweichung von 120° zu, wodurch das Carbenium-Ion destabilisiert wird.

**22. (a)** Ein tertiäres Halogenid ⇒ $S_N1$-Reaktion, die aus zwei einfachen Reaktionsschritten besteht, wie im Reaktionsprofil (3) dargestellt.

$$E = (CH_3)_3 \overset{\delta^+}{C} \cdots \overset{\delta^-}{Cl}$$

$$F = (CH_3)_3 C^+$$

$$G = (CH_3)_3 \overset{\delta^+}{C} \cdots \overset{\delta^+}{P} (C_6H_5)_3$$

$$H = (CH_3)_3 \overset{+}{C} P(C_6H_5)_3$$

**(b)** ein sekundäres Halogenid, das durch ein anderes Halogenid ersetzt wird ⇒ $S_N1$-Reaktion. Produkt und Ausgangsmaterial sind von ähnlicher Stabilität: Reaktionsprofil (2)

$$C = \overset{\delta^-}{Br} \cdots \overset{\overset{H}{|}}{\underset{\underset{CH_3}{|}}{C}} \cdots \overset{\delta^-}{I}$$
$$\phantom{C = } CH_3 \quad CH_3$$

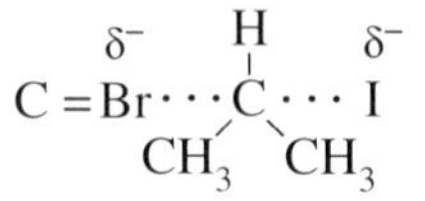

$$D = (CH_3)_2CHBr$$

**(c)** Ein tertiärer Alkohol mit einer starken wässrigen Säure ⇒ $S_N2$, mit mehreren Reaktionsschritten: Reaktionsprofil (4).

$$I = (CH_3)_3 C - \overset{\overset{H}{|}}{\underset{\delta^+}{O}} \cdots \overset{\delta^+}{H}$$

$$L = (CH_3)_3 C^+$$

$$J = (CH_3)_3 COH_2$$

$$M = (CH_3)_3 \overset{\delta^+}{C} \cdots \overset{\delta^-}{Br}$$

$$K = (CH_3)_3 \overset{\delta^+}{C} \cdots \overset{\delta^+}{OH_2}$$

$$N = (CH_3)_3 CBr$$

**(d)** Ein primäres Halogenid und ein gutes Nucleophil ⇒ $S_N2$-Reaktion, aber das Produkt ist wesentlich stabiler als das Ausgangsmaterial (C–O-Bindungen sind stärker als C–Br-Bindungen): Reaktionsprofil (1).

$$A = CH_3CH_2O \cdots \overset{\delta^-}{\phantom{.}} \overset{\overset{H}{\diagdown} \overset{H}{\diagup}}{\underset{\underset{CH_3}{|}}{C}} \cdots \overset{\delta^-}{Br}$$

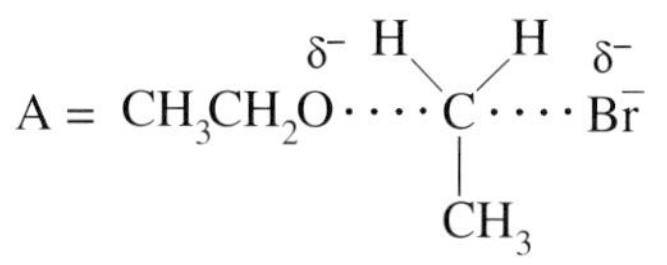

$$B = CH_3CH_2OCH_2CH_3$$

**23.** Neutrale polare Bedingungen sind ideal für eine *intra*molekulare $S_N1$-Reaktion:

$$(CH_3)_2\overset{\overset{Cl}{|}}{C}CH_2CH_2CH_2OH \longrightarrow (CH_3)\overset{+}{C}CH_2CH_2CH_2\overset{..}{O}H \longrightarrow$$

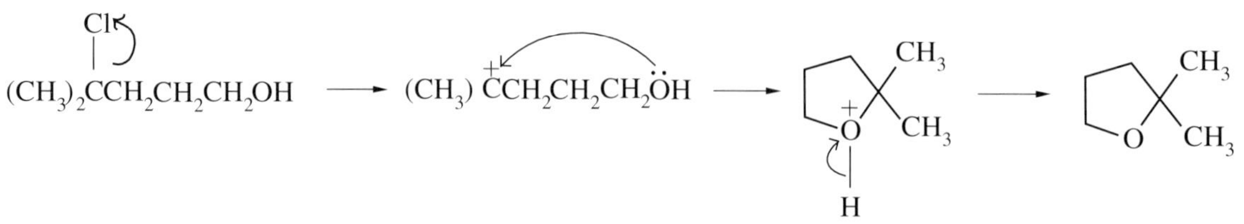

Basische Bedingungen fördern die zu Alkenen führende Eliminierung. Zwei isomere Alkene sind möglich: $CH_2=C(CH_3)CH_2CH_2CH_2OH$ und $(CH_3)_2C=CHCH_2CH_2OH$.

**24. (a)** E1-Geschwindigkeit = $(1.4 \times 10^{-4} \text{ s}^{-1})(2 \times 10^2 \text{ mol L}^{-1}) = 2.8 \times 10^{-6} \text{ mol L}^- \text{s}^{-1}$
E2-Geschwindigkeit = $(1.9 \times 10^{-4} \text{ L mol}^{-1} \text{ s}^{-1})(2 \times 10^{-2} \text{ mol L}^{-1})(5 \times 10^{-1} \text{ mol L}^{-1}) =$
$= 1.9 \times 10^{-6} \text{ mol L}^{-1} \text{ s}^{-1}$
Die Geschwindigkeit von El ist höher, darum herrscht die E1-Reaktion vor.

**(b)** E1-Geschwindigkeit = $2.8 \times 10^{-6} \text{ mol L}^{-1} \text{ s}^{-1}$ (keine Änderung)
E2-Geschwindigkeit = $(1.9 \times 10^{-4} \text{ L mol}^{-1} \text{ s}^{-1} \ 2 \times 10^{-2} \text{ mol L}^{-1})(2 \text{ mol L}^{-1}) = 7.6 \times 10^{-6} \text{ mol L}^{-1} \text{ s}^{-1}$

Jetzt ist die Geschwindigkeit von E2 höher, darum herrscht E2-Reaktion vor.

**(c)** Man löst nach [NaOCH₃] auf für Geschwindigkeit El = Geschwindigkeit E2:
$2.8 \times 10^{-6} \text{ mol L}^{-1} \text{ s}^{-1} = (1.9 \times 10^{-4} \text{ L mol}{-1} \text{ s}^{-1})(2 \times 10^{-2} \text{ mol L}^{-1}) \text{ [NaOCH}_3]$
$\text{[NaOCH}_3] = 0.74 \text{ mol L}^{-1}$

**25.** Der Mechanismus ist exakt die *Umkehrung* der in Abschnitt 7-2 erwähnten Hydrolyse.

$$(CH_3)_3C\!-\!\overset{..}{\underset{..}{O}}H + H^+ \rightleftharpoons (CH_3)_3C\!-\!\overset{+}{\underset{..}{O}}H_2 \xrightarrow{-H_2O} (CH_3)_3C^+ \xrightarrow{Br^-} (CH_3)_3CBr$$

| Protonierung von Alkohol mit entweder HBr oder H₃O | Abspaltung von Wasser vom Alkyloxonium-Ion | Nucleophiler Angriff des Bromid-Ions am (tertiären) Carbenium-Ion |

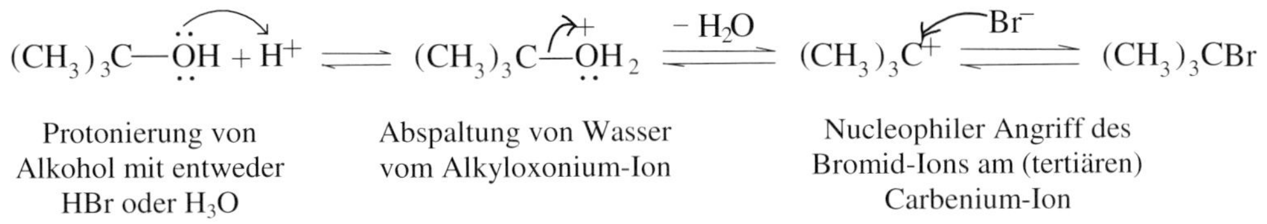

Beachten Sie die Abgangsgruppe im zweiten Schritt: Es ist *Wasser*, eine *schwache Base*. Die Protonierung ermöglicht die nucleophile Substitution von Alkoholen, weil durch sie eine schlechte Abgangsgruppe (Hydroxid, eine starke Base) in eine gute (Wasser) umgewandelt wird. Zu diesem Thema kommen wir in Kapitel 9 zurück.

**26.** Hauptsächlich $S_N2$: **(a), (d), (f), (h), (i), (j))** (diese Nucleophile sind alle schwache Basen, darum wird die Eliminierung nicht begünstigt).

Teils $S_N2$, teils E2: **(c), (g)**.

Hauptsächlich E2: **(b), (e)** (starke Basen begünstigen die Eliminierung, obwohl bestimmte hydridhaltige Reagentien mit sekundären Halogeniden $S_N2$-Reaktionen eingehen können).

**27.** Sowohl in <u>A</u> als auch in <u>B</u> befinden sich H und Cl (beide in axialen Positionen) längs der in Frage kommenden Kohlenstoff-Kohlenstoff-Bindung in *anti*-Stellung zueinander, so daß die E2-Eliminierung zum gewünschten Alken führt. In <u>C</u> ist das Cl äquatorial angeordnet, *anti*-Eliminierung kann deshalb keinesfalls auftreten (man überprüfe das an einem Modell). Statt dessen laufen sehr langsame Eliminierungen über *syn*-Geometrien ab und ergeben Gemische, die neben dem gewünschten Alken das nachfolgend gezeigte Isomer enthalten.

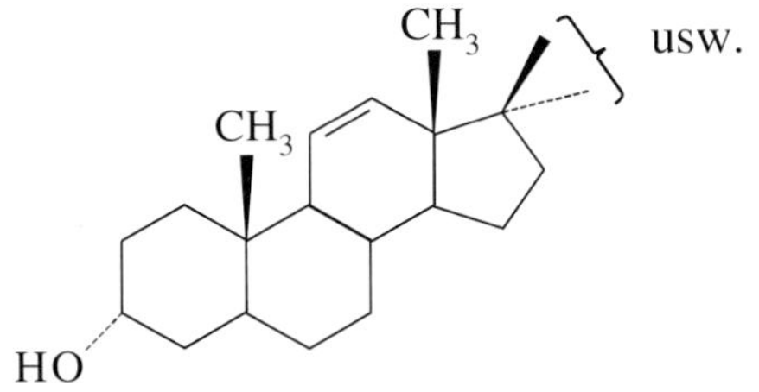

**28.** Schauen Sie sich zunächst die Konformationen an (sie enthalten auch die für Teil b nötigen Deuterium-Atome):

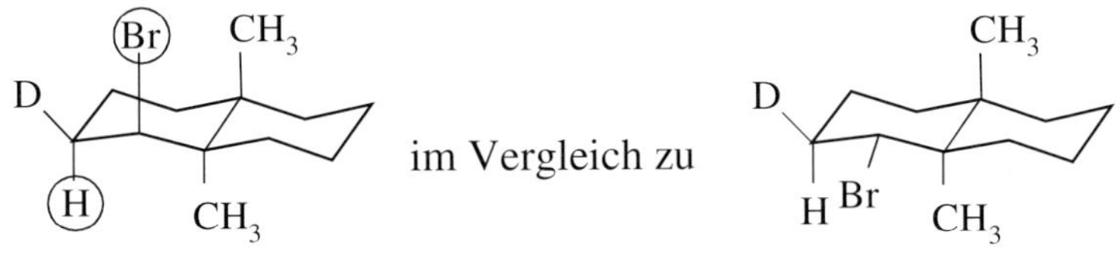

**(a)** und **(b)** Verbindung i reagiert viel schneller, weil sie bereits die erforderliche *anti*-Stellung von Br und H enthält (am benachbarten Kohlenstoff, eingekreist). In dem angegebenen deuterierten Beispiel führt die E2-Reaktion nur zum Verlust von HBr; D bleibt vollständig erhalten, weil Deuterium hinsichtlich des Broms keine *anti*- Stellung einnehmen kann. Die gezeigte Konformation ist auch die reaktive.

Verbindung ii besitzt in der gezeigten Konformation kein Wasserstoff-Atom in *anti*-Stellung zu Br. Wenn jedoch, wie nachfolgend gezeigt, der links befindliche Ring eine Wannenkonformation einnimmt, kann eine E2-Eliminierung über einen *anti*-Übergangszustand ohne weiteres ablaufen:

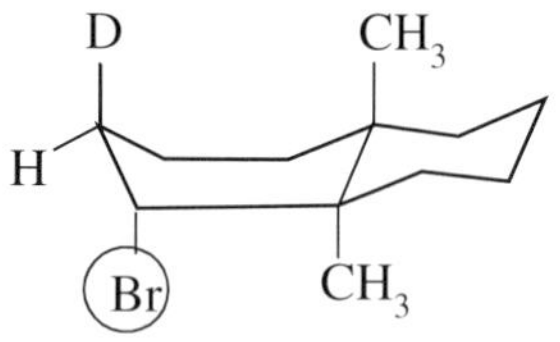


Von der Zeichnung her sollte man erwarten, daß alles D nach diesem Mechanismus austritt, und das wird tatsächlich beobachtet.

**(c)** Die Reaktion von ii-d sollte einen Isotopeneffekt aufweisen, weil im geschwindigkeitsbestimmenden Schritt eine C–D-Bindung gelöst wird. Die E2-Eliminierung sollte daher bei ii-d langsamer verlaufen, als bei ii. Die E2-Eliminierungen bei i und i-d sollten praktisch die gleiche Geschwindigkeit haben, weil die C–D-Bindung in i-d bei der Reaktion nicht unmittelbar betroffen ist.

**29.** Charakterisieren Sie, wie wir es bereits getan haben, zunächst jede Substrat-Nucleophil(Base)-Kombination, bevor Sie fortfahren. Wir gehen aus von:

einem primären Halogenalkan **A**, zwei sekundären Halogenalkanen **B** und **C** und einem tertiären Halogenalkan **D**, die **(a)** mit einem guten, relativ schwach basischen Nucleophil, **(b)** mit einer starken, raumerfüllenden Base, **(c)** mit einem guten, relativ stark basischen und kleinen Nucleophil, **(d)** ähnlich wie unter (a) mit einem guten, jedoch nicht besonders stark basischen Nucleophil und **(e)** mit einem schwachen und im wesentlichen nicht-basischen Nucleophil reagieren.

Die Aufgabe ist am besten zu lösen, indem Sie jedes Bromalkan einzeln betrachten und jeweils den wahrscheinlichsten Mechanismus, nach dem es unter den Bedingungen (a) bis (e) reagiert, ermitteln. Fangen wir mit dem einfachsten an!

**A** 1-Brombutan (primär) ergibt unter allen Bedingungen mit Ausnahme von (b) (E2 mit sehr raumerfüllender Base führt zu $CH_3CH_2CH{=}CH_2$) und (e) (keine Reaktion mit schlechten Nucleophilen) $S_N2$-Produkte, $CH_3CH_2CH_2CH_2Nu$.

**D** 2-Brom-2-methylpropan (tertiär) ergibt mit Methanol (e) das $S_N1$-Produkt, $(CH_3)_3COCH_3$, und kleinere Mengen an $(CH_3)_2C{=}CH_2$, dem Nebenprodukt aus der E1-Reaktion. Unter den Bedingungen (a) und (d) werden die $S_N1$-Produkte $(CH_3)_3CN_3$ beziehungsweise $(CH_3)_3CO_2CCH_3$ gebildet sowie eine erhöhte Menge $(CH_3)_2C{=}CH_2$, das nun bei der E2-Reaktion mit dem mäßig basischen Azid- beziehungsweise Acetat-Nucleophil entsteht. Unter stark basischen Bedingungen (c) und (b) findet ausschließlich E2 statt.

**B** und **C** 2-Brombutan (sekundär) ergibt unter den Bedingungen (a) und (d) (gute Nucleophile, die keine sehr starken Basen sind) $S_N2$-Produkte, ein Gemisch aus $S_N2$- und E2-Produkten mit dem Hydroxid (c) (an der Grenze zu einer starken Base, die bei sekundären Substraten die Substitution gegenüber der Eliminierung begünstigt) und mit LDA (b) das E2-Produkt. Methanol (e) reagiert hauptsächlich nach $S_N1$, teilweise nach E1. Die Frage nach der Stereochemie, die sich bei Anwesenheit der beiden Diastereomere von deuteriertem 2-Brombutan stellt, untersuchen die folgenden mechanistischen Betrachtungen:

**Substitutionsreaktionen**

**$S_N2$:** Inversion am Reaktionszentrum

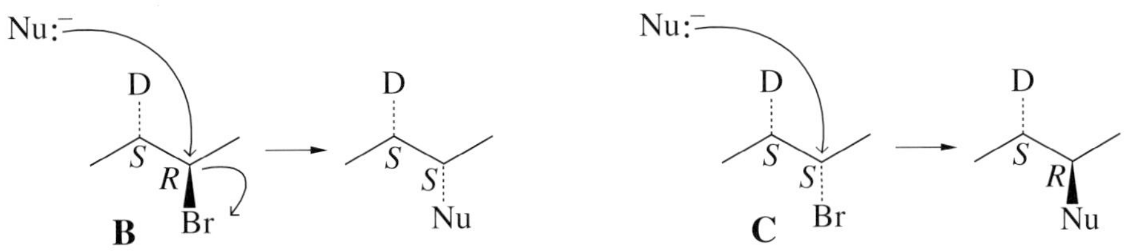

**$S_N$1:** Gemisch von Stereoisomeren am Reaktionszentrum erhalten

Entweder **B** oder **C** → Gemisch aus (2*S*,3*S*)- und (2*R*,3*S*)-Substitutionsprodukten

**Eliminierungsreaktionen**

**E2:** *Anti*-Konformation von Wasserstoff und Abgangsgruppe im Übergangszustand. Jedes Substrat kann entweder zum Alken mit der Doppelbindung zwischen C1 und C2 oder zum Alken mit der Doppelbindung zwischen C2 und C3 reagieren; letzteres kann zwei verschiedene Konformationen einnehmen.

**B**

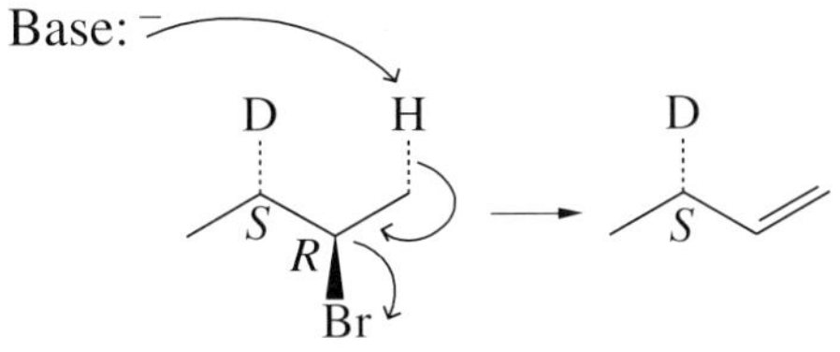

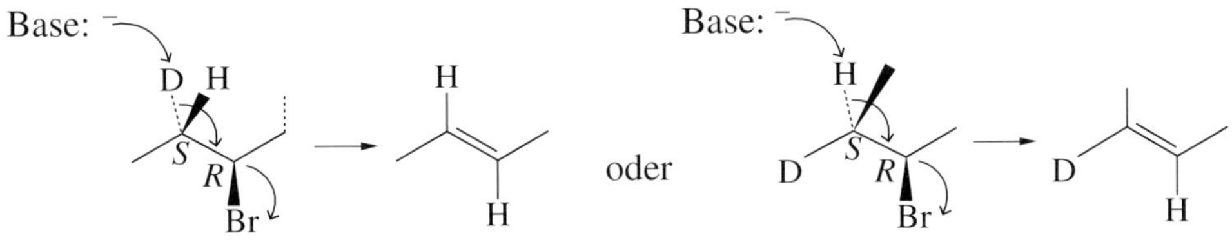

Die Faktoren, die einen der beiden E2-Reaktionspfade gegenüber dem anderen begünstigen, werden in Kapitel 11 diskutiert.

**C**

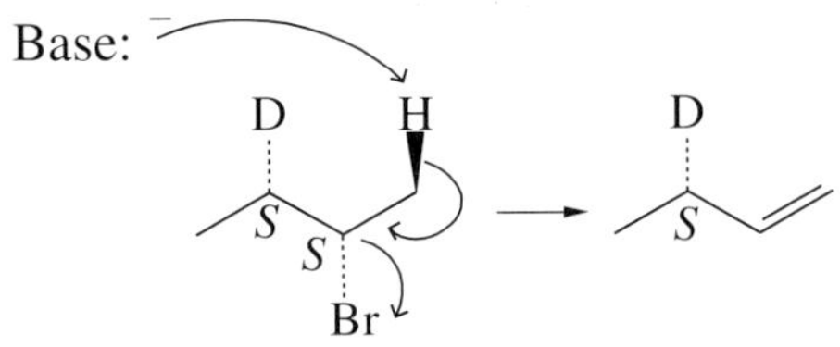

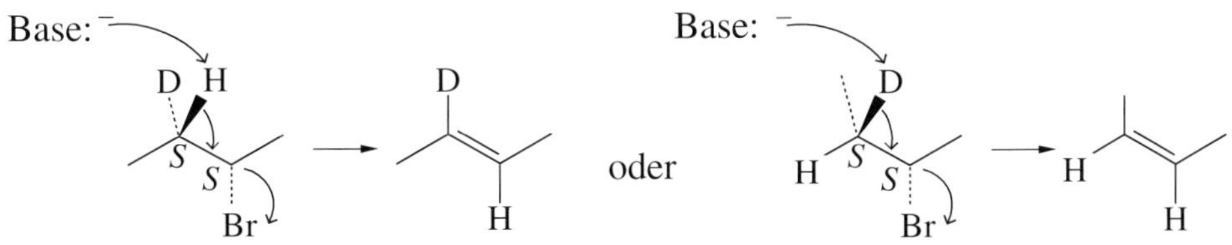

**E1:** Gemisch aller aus beiden Substraten erhaltenen Alkenisomere

# Alkohole – Eigenschaften der Hydroxyverbindungen, Einführung in die Synthesestrategie

# 8

**1.** **(a)** 2-Butanol, sekundär

**(b)** 5-Brom-3-hexanol

**(c)** 2-Propyl-1-pentanol, primär

**(d)**) (*S*)-1-Chlor-2-propanol

**(e)** 1-Ethylcyclobutanol, tertiär

**(f)** *trans*-(1*R*,2*R*)-2-Bromcyclodecanol

**(g)** 2,2-Bis(hydroxymethyl)-1,3-propandiol („bis" benutzt man als Präfix anstatt „di", wenn der folgende Ausdruck kompliziert genug ist, um in Klammem gesetzt zu werden)

**(h)** *meso*-1,2,3,4-Butantetraol, primär an C-1 und 4, sekundär an C-2 und 3

**(i)** *cis*-(1*R*,2*R*)-2-(2-Hydroxyethyl)cyclopentanol, sekundär am Ring, primär an der Seitenkette

**(j)** (*R*)-2-Chlor-2-methyl-1-butanol, primär

**2.** **(a)** $(CH_3)_3SiCH_2CH_2OH$

**(b)**

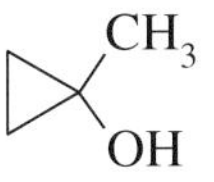


(c)

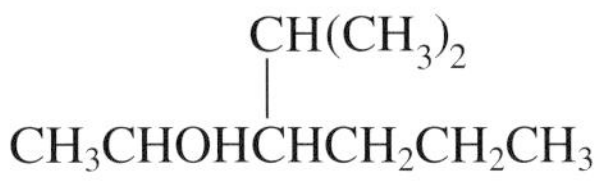


**(d)**

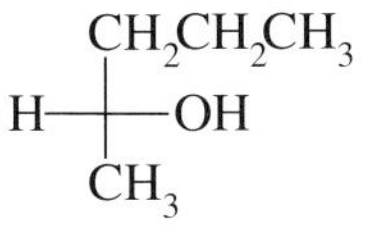


**(e)**

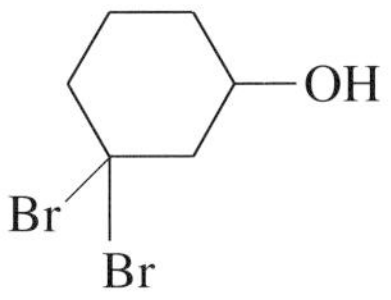


3. **(a)** Cyclohexanol > Chlorcyclohexan > Cyclohexan (Polarität)

**(b)** 2-Heptanol > 2-Methyl-2-hexanol > 2,3-Dimethyl-2-pentanol (Verzweigung)

**4.** **(a)** Wasserstoffbrücken-Bindungen des Ethanols zu Wasser. Chlorethan wird von Wasser durch Dipol-Wechselwirkungen angezogen. Ethan ist unpolar und wird am wenigsten von Wasser angezogen.

**(b)** Die Löslichkeit nimmt in dem Maße ab, wie der unpolare Teil des Moleküls im Verhältnis zum polaren Zentrum größer wird.

**5.** Intramolekulare Wasserstoffbrücken-Bindung kann in der *gauche*-Konformation auftreten:

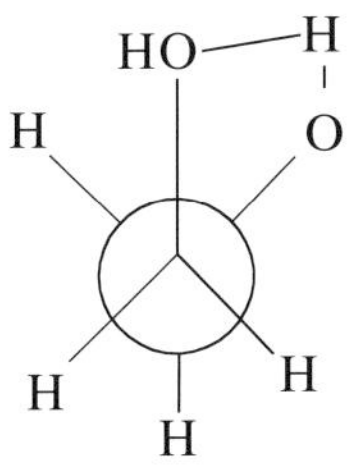


aber nicht in der *anti*-Form, Dadurch wird die *gauche*-Konformation im Vergleich zur *anti*-Konformation stabilisiert.

In 2-Chlorethanol kann eine ähnliche aber schwächere Wasserstoffbrücken-Bindung geknüpft werden:

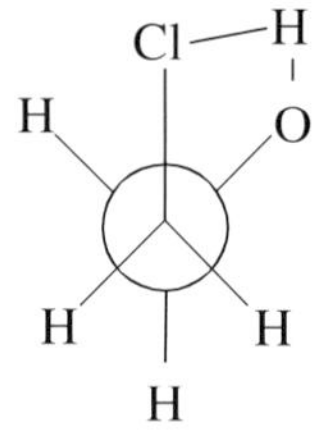


Darum sollte das Verhältnis der Konformationen von 2-Chlorethanol mehr demjenigen von 1,2-Ethandiol ähneln als dem von 1,2-Dichlorethan, in dem Wasserstoff-Bindungen nicht möglich sind.

**6.** Drei Faktoren sind zu berücksichtigen: Die Elektronegativität des elektronenabziehenden Atoms, wieviele davon da sind, und ihr Abstand zur Hydroxy-Gruppe.

**(a)** $CH_3CHClCH_2OH > CH_3CHBrCH_2OH > ClCH_2CH_2CH_2OH$

**(b)** $CCl_3CH_2OH > CH_3CCl_2CH_2OH > (CH_3)_2CClCH_2OH$

**(c)** $(CF_3)_2CHOH > (CCl_3)_2CHOH > (CH_3)_2CHOH$

**7. (a)** $(CH_3)_2CH\overset{+}{O}H_2 \xleftarrow{\text{als Base, } H^+} (CH_3)_2CHOH \xrightarrow{\text{als Säure, } HO^-} (CH_3)_2CHO^-$

Die Verbindung ist sowohl eine schwächere Säure als auch eine schwächere Base als Methanol (Tabellen 8-2 und 8-3).

**(b)** $CH_3CHFCH_2\overset{+}{O}H_2 \xleftarrow{H^+} CH_3CHFCH_2OH \xrightarrow{HO^-, (H^+)} CH_3CHFCH_2O^-$

**(c)** $CCl_3CH_2\overset{+}{O}H_2 \xleftarrow{H^+} CCl_3CH_2OH \xrightarrow{HO^-, (H^+)} CCl_3CH_2O^-$

Die letzten beiden sind stärkere Säuren und schwächere Basen als Methanol. In jedem von ihnen wird durch die elektronegativen Halogen-Atome das Alkoxid stabilisiert und das Oxonium-Ion destabilisiert.

**8. (a)** Auf halber Strecke zwischen den beiden $pK_a$-Werten: pH 6.7. (Vergleichen Sie mit $H_2O$ – bei pH 7 liegen gleiche Mengen an $H_3O^+$ und $HO^-$ vor).

**(b)** pH –2.2 **(c)** pH +15.5

**9.** Nein. In diesen Ionen besitzt Sauerstoff keine leeren p-Orbitale, im Gegensatz zu Carbenium-Ionen. Eine Hyperkonjugation erfordert die π-Überlappung eines bindenden Orbitals mit einem leeren p-Orbital. Eine solche Überlappung ist hier nicht möglich, darum ist auch keine Stabilisierung durch Hyperkonjugation möglich.

**10. (a)** wertlos ($H_2O$ ist in $S_N2$-Reaktionen ein sehr schlechtes Nucleophil)
**(b)** gut (ausgezeichnete $S_N2$-Reaktion)
**(c)** nicht so gut (bei Basen tritt mit sekundären Halogenalkanen in beträchtlichem Umfang Eliminierung auf)
**(d)** gut (aber langsam, über einen $S_N1$-Mechanismus)
**(e)** wertlos ($^-CN$ ist eine schlechte Abgangsgruppe)
**(f)** wertlos ($^-OCH_3$ ist eine schlechte Abgangsgruppe)
**(g)** gut (im ersten Schritt $S_N1$)
**(h)** nicht so gut (Verzweigung vermindert die $S_N2$-Reaktivität, und E2 tritt auf).

**11.** **(a)** $CH_3CH_2CHOHCH_3$

**(b)** ($R$)-$CH_3(CH_2)_5CH(O\overset{O}{\overset{\|}{C}}CH_3)CH_3$

**(c)** ($R$)-$CH_3(CH_2)_5CHOHCH_3$

**(d)** $CH_3CHOHCH_2CH_2CHOHCH_3$

**(e)** 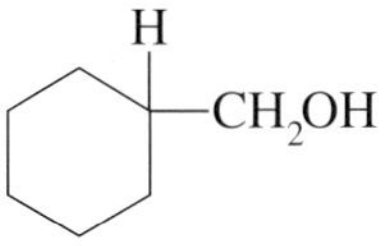


**(f)** 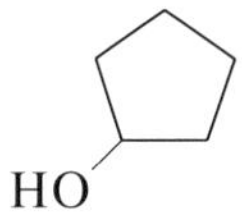


**(g)** 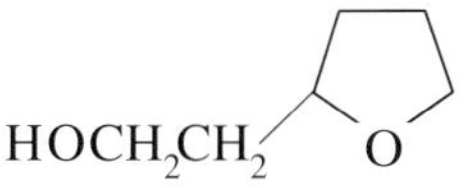


**(h)** 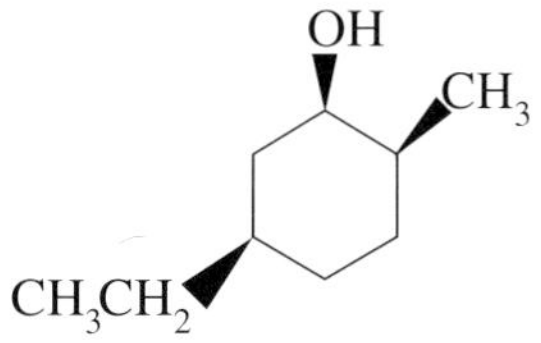


**12.** Nach rechts hin ($H_2$ ist eine schwächere Säure als $H_2O$ und $HO^-$ eine schwächere Base als $H^-$).

**13.** **(a)** $CH_3CHDOH$

**(b)** $CH_2DCH_2OH$

**(c)** 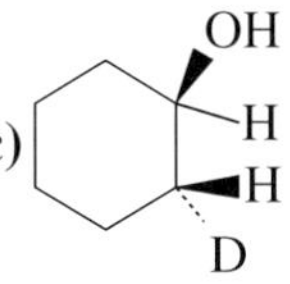

Beachten Sie, daß der $S_N2$-Mechanismus zu einem *trans*-Produkt führt.

**(d)** $CH_2DCH_2CH_2OH$

**14.** **(a)** $CH_3(CH_2)_5\overset{MgCl}{\overset{|}{C}}HCH_3$

**(b)** $CH_3(CH_2)_5CHDCH_3$

**(c)** 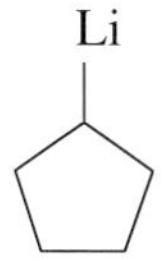


**(d)** 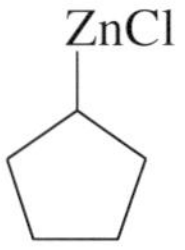


**15.** Die nach der Hydrolyse auftretenden Produkte sind angegeben.

**(a)** 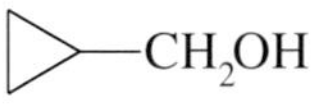


**(b)** $(CH_3)_2CHCH_2CHOHCH_3$

**(c)** $C_6H_5CH_2CHOHC_6H_5$

**(d)** 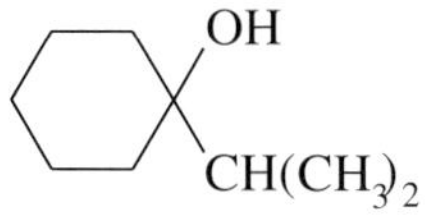


**(e)** $C_6H_5COH(CH_3)_2$

**(f)** $(CH_3CH_2)_2CHOH$

**(g)** 

**(h)** $C_6H_5CH_2CH_2OH$

**16.** **(a)** $CH_3CH_2CO_2H$. Die Carbonsäure ist das Hauptprodukt der energischen Oxidation primärer Alkohole mit $Na_2Cr_2O_7$ in saurem Milieu.

**(b)** $(CH_3)_2CHCHO$ **(c)** 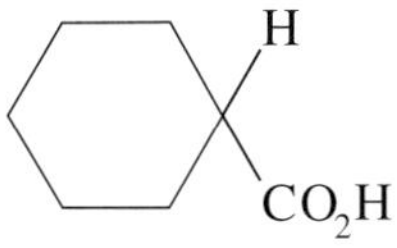

**(d)** 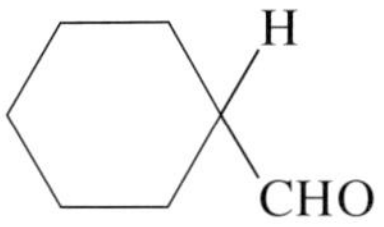

**(e)** 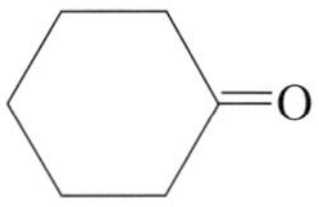

**17.** Sie brauchen nur das *End*produkt hinzuschreiben, zu Ihrer Information werden aber für (a) und (b) die nach jedem Reaktionsschritt vorliegenden Verbindungen angegeben.

**(a)**  1. $(CH_3)_2C=O$;  2. $(CH_3)_2C-OMgBr$;  3. $(CH_3)_2C-OH$ (Endprodukt)
$\qquad\qquad\qquad\qquad\quad$ | $\qquad\qquad\qquad\qquad$ |
$\qquad\qquad\qquad\qquad CH_2CH_3 \qquad\qquad\qquad\quad CH_2CH_3$

**(b)**  1. $CH_3CH_2CH_2CH_2OH$;  2. $CH_3CH_2CH_2CHO$ (Aldehyd);

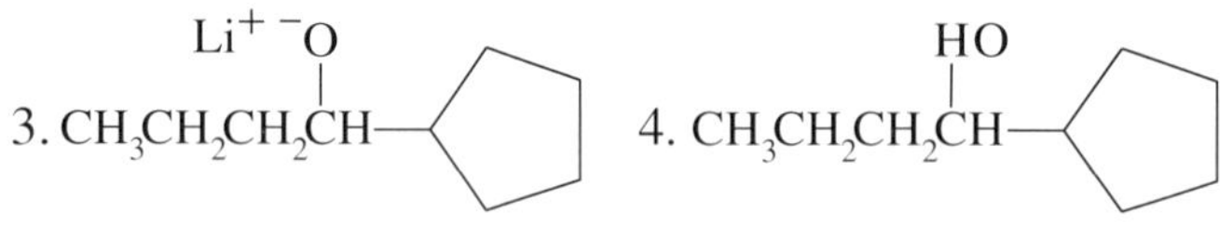

3. $CH_3CH_2CH_2\underset{\displaystyle Li^+\ ^-O}{CH}$—[cyclopentan]    4. $CH_3CH_2CH_2\underset{\displaystyle HO}{CH}$—[cyclopentan]    (Endprodukt)

**(c)** 1. $CH_3CH_2CH_2\overset{\displaystyle O}{C}$—[cyclopentan]    3. $CH_3CH_2CH_2\underset{\displaystyle D}{\overset{\displaystyle OH}{C}}$—[cyclopentan]    (Endprodukt)

**18.** Es gibt keine Möglichkeit, die Reaktionen so zu steuern, daß die Kupplung zweier gleicher Alkylgruppen verhindert wird und nur die erwünschte Kupplung zweier verschiedener abläuft. Mit anderen Worten ergibt die Reaktion zwischen Chlorethan und 1-Chlorpropan ein statistisches Gemisch von Butan (aus zwei Ethyl), Pentan (aus einem Ethyl und einem Propyl) und Hexan (aus zwei Propyl).

**19.** $A=BrMgCH_2CH_2CH_2CH_2MgBr$ (ein „bis-Grignard"-Reagenz).
$B=CH_3CHOHCH_2CH_2CH_2CH_2CHOHCH_3$

**20. (a)** $CH_4 \xrightarrow{\ Cl_2,\ h\nu\ } CH_3Cl \xrightarrow{\ HO^-,\ H_2O\ } CH_3OH$

**(b)** Wie bei **(a)**, von Ethan ausgehend.

**(c)** Wie bei **(a)**, von Propan ausgehend (nicht sehr gut).

**(d)** $CH_3CH_2CH_3 \xrightarrow{\ Br_2,\ \Delta\ } CH_3CHBrCH_3 \xrightarrow[\ 2.\ HO^-,\ H_2O\ ]{1.\ K^+-\overset{\displaystyle O}{\overset{\displaystyle \|}{O}}CCH_3} CH_3CHOHCH_3$

**(e)** Wie bei **(a)**, von Butan ausgehend (nicht sehr gut).

**(f)** Wie bei **(d)**, von Butan ausgehend (viel besser).

**(g)** $(CH_3)_2CH \xrightarrow{\ Br_2,\ \Delta\ } (CH_3)_3CBr \xrightarrow{\ H_2O\ } (CH_3)_3COH$

Von Alkanen ausgehend besteht der einzig mögliche erste Schritt in einer Halogenierung, die sich schlecht für die Einführung einer funktionellen Gruppe an primären Kohlenstoff-Atomen eignet, selbst wenn die Chlorierung eingesetzt wird. Außerdem ist eine Monochlorierung in praktischer Hinsicht schwierig auszuführen.

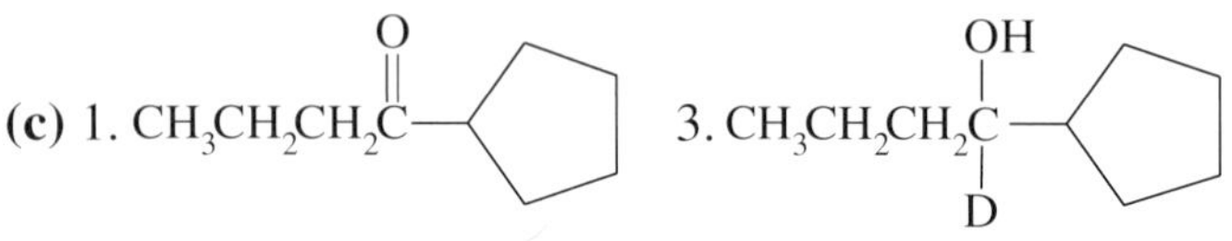

**21.** Bemerkung: In allen Grignard-Reagenzien kann das Halogenid (X) Cl, Br oder I sein.
(i) Aus Aldehyden, man verwende $RCHO \xrightarrow{H_2,\ Pd\text{-}C \text{ oder } NaBH_4 \text{ oder } LiAlH_4} RCH_2OH$ für

**(a)** R = H, **(b)** $R = CH_3$, **(c)** $R = CH_3CH_2$ und **(e)** $R = CH_3CH_2CH_2$. Alternativ kann man für alle, mit Ausnahme des ersten, folgende Umsetzung benutzen:

$$HCHO \xrightarrow{RMgX \text{ oder } RLi} RCH_2OH \quad \text{mit}$$

**(b)** $R = CH_3$, **(c)** $R = CH_3CH_2$ und **(e)** $R = CH_3CH_2CH_2$.

Schließlich **(d)** $CH_3CHO \xrightarrow{CH_3MgX \text{ oder } CH_3Li} CH_3CHOHCH_3$ und

**(f)** entweder $CH_3CHO \xrightarrow{CH_3CH_2MgX \text{ oder } CH_3CH_2Li} CH_3CHOHCH_2CH_3$

$CH_3CH_2CHO \xrightarrow{CH_3MgX \text{ oder } CH_3Li} CH_3CH_2CHOHCH_3$

(ii) aus Ketonen, man verwendet $R\overset{O}{\overset{\|}{C}}R' \xrightarrow{H_2,\ Pd\text{-}C \text{ oder } NaBH_4 \text{ oder } LiAlH_4} RCHOHR'$ für

**(d)** sowohl R als auch $R' = CH_3$ und **(f)** $R = CH_3$, $R' = CH_3CH_2$.

Ebenso **(g)** $CH_3\overset{O}{\overset{\|}{C}}CH_3 \xrightarrow{CH_3MgX \text{ oder } CH_3Li} (CH_3)_3CHO$

(iii) aus Oxacyclopropanen:

Ebenso für **(f)** 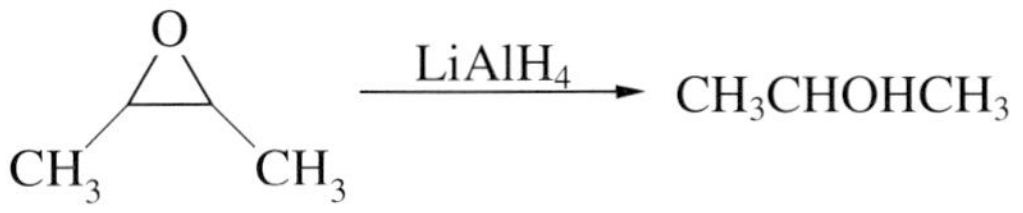


schließlich **(g)** 

**22. (a)** 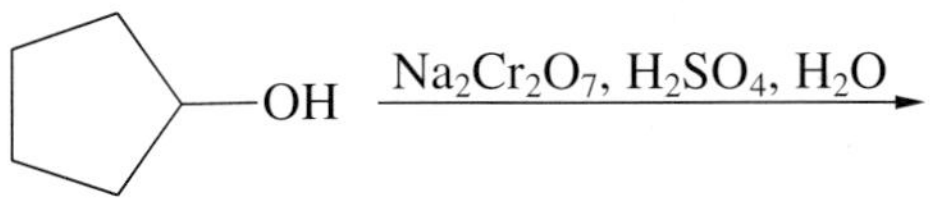


**(b)** $CH_3CH_2CH_2CH_2CH_2OH \xrightarrow{Na_2Cr_2O_7,\ H_2SO_4,\ H_2O}$

**(c)** 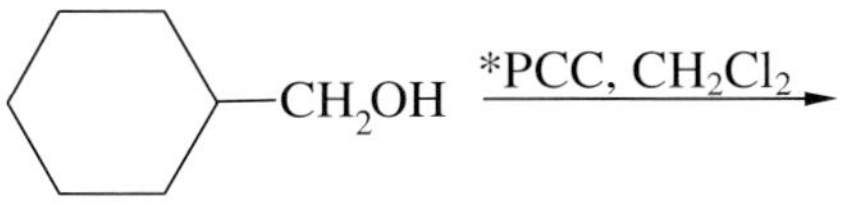

**(d)** $(CH_3)_2CHCHOHCH_3 \xrightarrow{Na_2Cr_2O_7,\ H_2SO_4,\ H_2O}$

**(e)** $CH_3CH_2OH \xrightarrow{*PCC,\ CH_2Cl_2}$

* Zur Vermeidung von Überoxidation wird PCC verwendet.

**23.** Das Zielmolekül ist 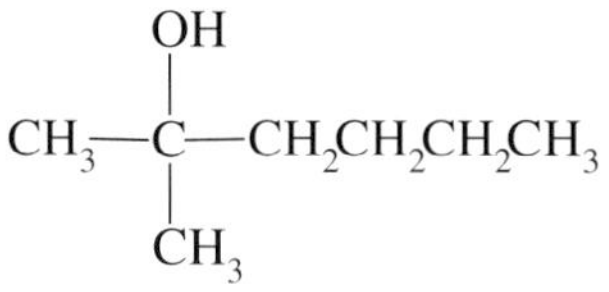

**(a)** $CH_3\overset{O}{\overset{\|}{C}}CH_3 \;+\; CH_3CH_2CH_2CH_2Li$

**(b)** $CH_3\overset{O}{\overset{\|}{C}}CH_2CH_2CH_2CH_3 \;+\; CH_3Li$

**(c)** $CH_3CH_2CH_2CH_2COOCH_3 \;+\; 2\ CH_3Li$

Alle Kombinationen sind vergleichbar, obwohl **(c)** die beste ist, weil sie *drei* kleinere Moleküle anstelle von zwei verknüpft. Für Alkyllithium-Verbindungen kann bei jeder der Kombinationen auch ein Grignard-Reagenz eingesetzt werden.

**(d)** Komplizierter, weil das Kohlenstoff-Atom, das zum Schluß ein –OH trägt, zunächst einmal keine funktionelle Gruppe besitzt. Es ist jedoch tertiär, wodurch die Funktionalisierung nach beendigtem Aufbau des Kohlenstoffgerüsts des Moleküls möglich wird. Zunächst:

1. Mg
2. 

$(CH_3)_2CHCH_2CH_2Br \longrightarrow (CH_3)_2CHCH_2CH_2CH_2CH_2OH$

Als nächstes muß man die primäre OH-Gruppe loswerden, weil diese überflüssig ist.

$\xrightarrow{\text{konz. HBr}} (CH_3)_2CHCH_2CH_2CH_2CH_2Br \xrightarrow{LiAlH_4} (CH_3)_2CHCH_2CH_2CH_2CH_2CH_3$

Jetzt wird die funktionelle Gruppe am tertiären Kohlenstoff-Atom eingeführt.

$\xrightarrow{Br_2,\ \Delta} (CH_3)CBrCH_2CH_2CH_2CH_3 \xrightarrow{H_2O} (CH_3)_2COHCH_2CH_2CH_2CH_3$

Ohne Zweifel wird Ihnen aufgefallen sein, daß der hier beschriebene Weg, „retrosynthetisch" gesehen, indirekt und ziemlich schlecht ist.

**24. (a)** $CH_3CH_2COCH_2CH_2CH_2CH_2CH_3$ + $LiAlH_4$ oder $NaBH_4$, $CH_3CH_2OH$ oder $H_2$, Pd-C

**(b)** $CH_3CH_2CHO$ + $CH_3CH_2CH_2CH_2CH_2MgBr$ (auch ein Lithiumreagens ist brauchbar)

**(c)** $CH_3CH_2CH_2CH_2CH_2CHO$ + $CH_3CH_2MgBr$ (auch ein Lithiumreagens ist brauchbar)

Wenn nicht anders angegeben, wird bei diesen Reaktionen $(CH_3CH_2)_2O$ als Lösungsmittel eingesetzt.

**25.** Um aus den nachfolgenden Antworten den größten Nutzen zu ziehen, stellen Sie für jeden Fall retrosynthetische Analysen der Trennungen an. Die Vorgehensweise wird Ihnen in Teil **(a)** gezeigt.

**(a)** Untersuchen Sie das Zielmolekül. Richten Sie Ihre Aufmerksamkeit auf funktionelle Gruppen in der Nähe von Bindungen. Halten Sie Ausschau nach Bindungen, die mit Reaktionen geknüpft werden können, die Ihnen bekannt sind.

Zum Beispiel:

$$CH_3-\underset{\underset{CH_3}{|}}{\overset{\overset{CH_3}{|}}{C}}-CH_2-CH_2-OH \Longrightarrow CH_3-\underset{\underset{CH_3}{|}}{\overset{\overset{CH_3}{|}}{C}}-CH_2-MgCl$$

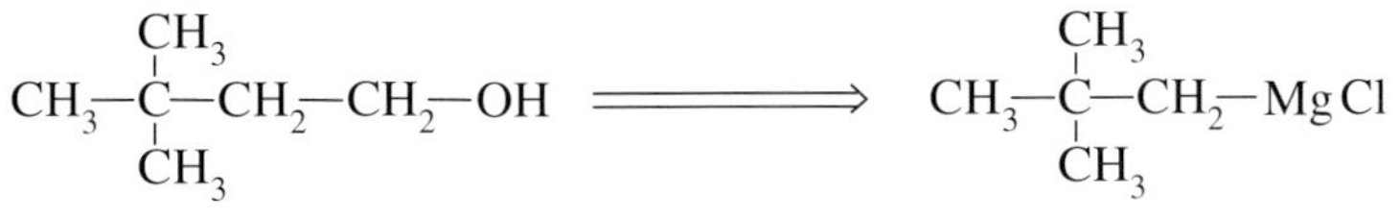

Daraus ergibt sich die folgende Gesamtsynthese

$$CH_3-\underset{\underset{CH_3}{|}}{\overset{\overset{CH_3}{|}}{C}}-CH_3 \xrightarrow{Cl_2,\ h\nu} CH_3-\underset{\underset{CH_3}{|}}{\overset{\overset{CH_3}{|}}{C}}-CH_2Cl \xrightarrow{Mg} CH_3-\underset{\underset{CH_3}{|}}{\overset{\overset{CH_3}{|}}{C}}-CH_2MgCl$$

$$\xrightarrow[\ \ 2.\ H^+,\ H_2O\ \ ]{1.\ HCOH} (CH_3)_3CCH_2CH_2OH$$

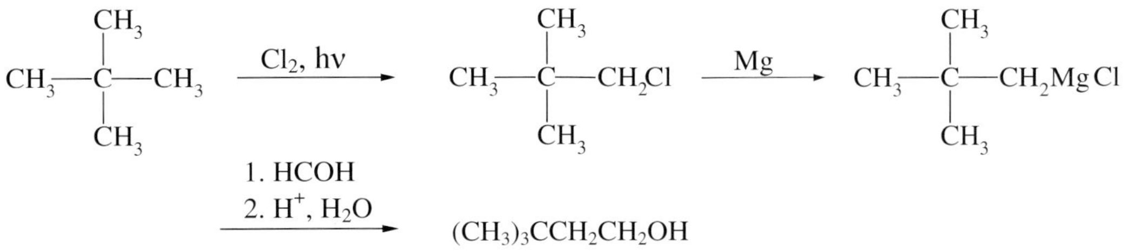

Gibt es eine bessere Möglichkeit? Suchen Sie, wenn möglich, eine symmetrischere retrosynthetische Aufspaltung. Wie ist es mit:

$$CH_3-\underset{\underset{CH_3}{|}}{\overset{\overset{CH_3}{|}}{C}}-CH_2CH_2OH \Longrightarrow CH_3-\underset{\underset{CH_3}{|}}{\overset{\overset{CH_3}{|}}{C}}-MgBr\ +\ \underset{CH_2-CH_2}{\overset{O}{\triangle}}$$

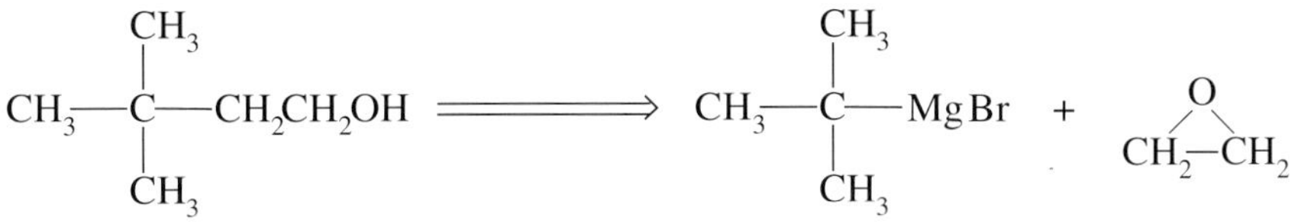

Besser!

Jetzt sieht die Synthese so aus

$$(CH_3)_3CH \xrightarrow{Cl_2,\ h\nu} (CH_3)_3CBr \xrightarrow{Mg} (CH_3)_3CMgBr$$

$$\xrightarrow[\ \ 2.\ H^+,\ H_2O\ \ ]{1.\ \overset{O}{\triangle}} (CH_3)_3CCH_2CH_2OH$$

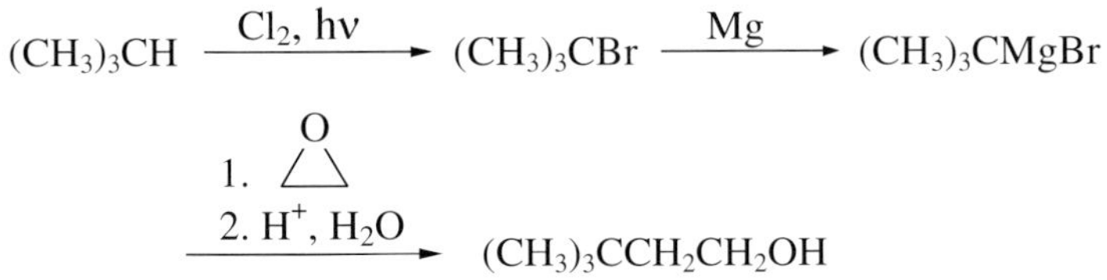

**(b)** Drei Wege werden gezeigt, der letzte Schritt ist jeweils der gleiche:

$$CH_3CH_2\underset{\underset{CH_3CH_2}{|}}{\overset{\overset{CH_3}{|}}{C}}-CH_2OH \Longrightarrow CH_3CH_2\underset{\underset{CH_3CH_2}{|}}{\overset{\overset{CH_3}{|}}{C}}MgBr\ +\ H_2C{=}O$$

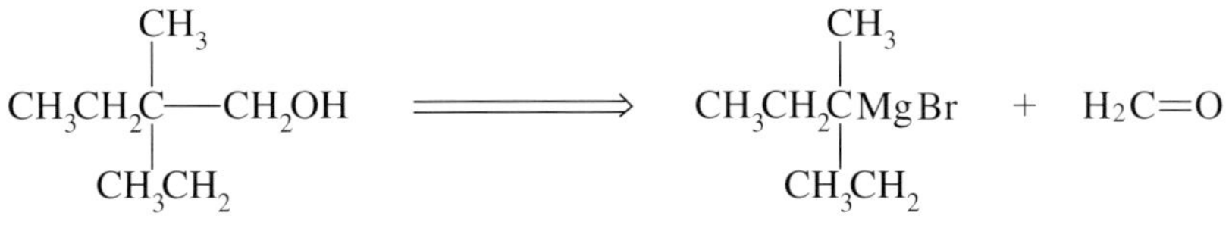

Das Grignard-Reagenz stammt von einem Bromid, welches seinerseits aus der Bromierung eines Alkans, 3-Methylpentan, oder der nucleophilen Substitution an einem Alkohol, 3-Methyl-3-pentanol, herrührt. Alkohole sind leicht herzustellen; wir schauen uns das an:

Methode 1

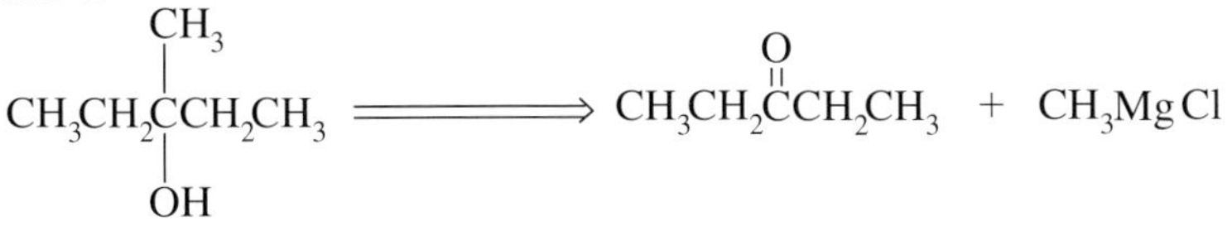

$$CH_3CH_2\underset{\underset{OH}{|}}{\overset{\overset{CH_3}{|}}{C}}CH_2CH_3 \Longrightarrow CH_3CH_2\overset{\overset{O}{||}}{C}CH_2CH_3\ +\ CH_3MgCl$$

Methode 2

$$CH_3CH_2\underset{\underset{OH}{|}}{\overset{\overset{CH_3}{|}}{C}}CH_2CH_3 \Longrightarrow CH_3\overset{\overset{O}{||}}{C}CH_2CH_3\ +\ CH_3CH_2MgCl$$

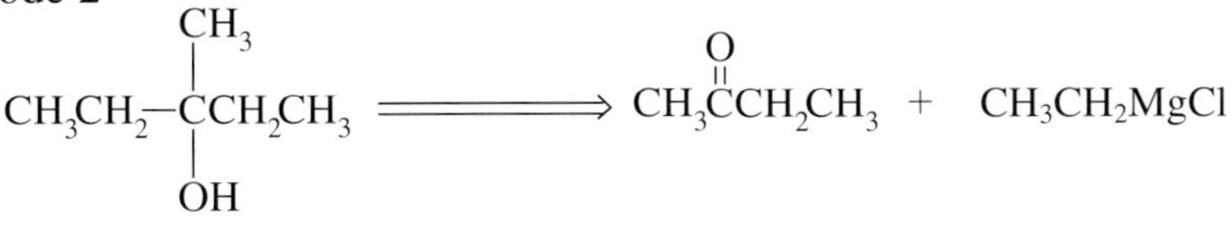

Beide Wege führen, ausgehend von Verbindungen, die sich ziemlich in der Größe unterscheiden, zur Knüpfung einer Bindung. Es fällt dabei auf, daß der gewünschte Alkohol zwei identische Gruppen am Alkohol-Kohlenstoff trägt. Sie können daher so verfahren:

Methode 3

$$\boxed{CH_3CH_2} \text{—}\overset{\overset{\displaystyle CH_3}{|}}{\underset{\underset{\displaystyle OH}{|}}{C}}\text{—}\boxed{CH_2CH_3} \Longrightarrow CH_3COOR \ + \ 2\,CH_3CH_2MgBr$$

(R = beliebige Alkylgruppe)

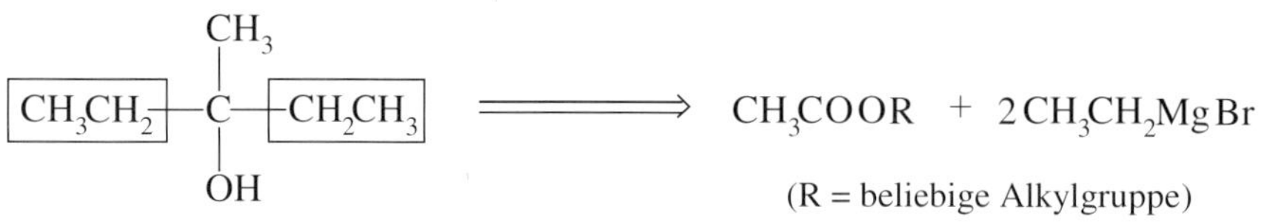

Diese letzte retrosynthetische Trennung weist den Weg für die beste Synthese, die nachfolgend ausführlich beschrieben wird.

$$\overset{\overset{\displaystyle O}{\parallel}}{CH_3CCH_2CH_3} \ \xrightarrow[\text{2. H}^+,\ \text{H}_2\text{O}]{\text{1. 2 CH}_3\text{CH}_2\text{MgBr}} \ CH_3CH_2\overset{\overset{\displaystyle CH_3}{|}}{\underset{\underset{\displaystyle OH}{|}}{C}}CH_2CH_3 \ \xrightarrow{\text{konz. HBr}}$$

$$CH_3CH_2\overset{\overset{\displaystyle CH_3}{|}}{\underset{\underset{\displaystyle Br}{|}}{C}}CH_2CH_3 \ \xrightarrow{\text{Mg}} \ CH_3CH_2\overset{\overset{\displaystyle CH_3}{|}}{\underset{\underset{\displaystyle MgBr}{|}}{C}}CH_2CH_3 \ \xrightarrow[\text{2. H}^+,\ \text{H}_2\text{O}]{\text{1. HCHO}} \ CH_3CH_2\overset{\overset{\displaystyle CH_3}{|}}{\underset{\underset{\displaystyle CH_2OH}{|}}{C}}CH_2CH_3$$

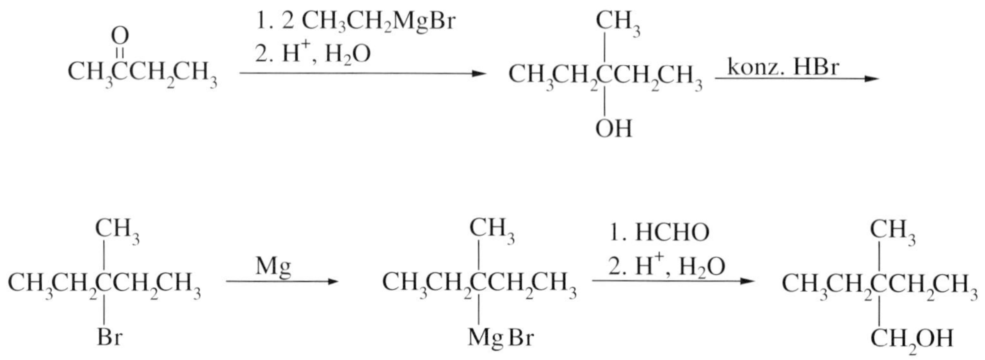

Das Molekül wurde folgendermaßen aufgebaut:
Seine sieben Kohlenstoff-Atome stammen von vier Molekülen, jedes davon bringt ein oder zwei Kohlenstoff-Atome mit. Die Synthese erfordert drei auszuführende Reaktionsstufen: Zwei Grignard-Reaktionen zur Knüpfung von Bindungen und einen Austausch von funktionellen Gruppen.

**(c)** Methode 1

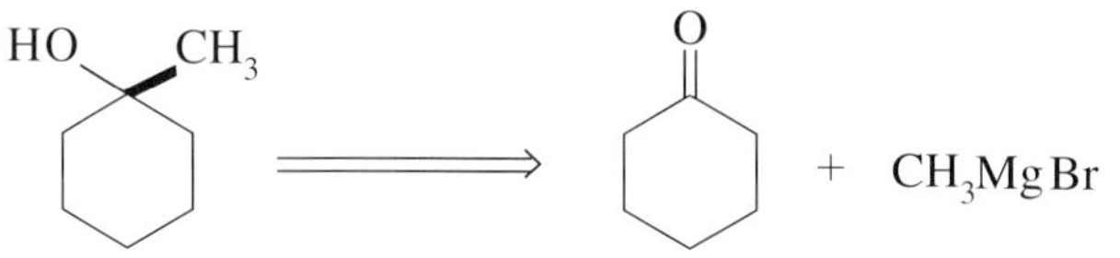

Methode 2

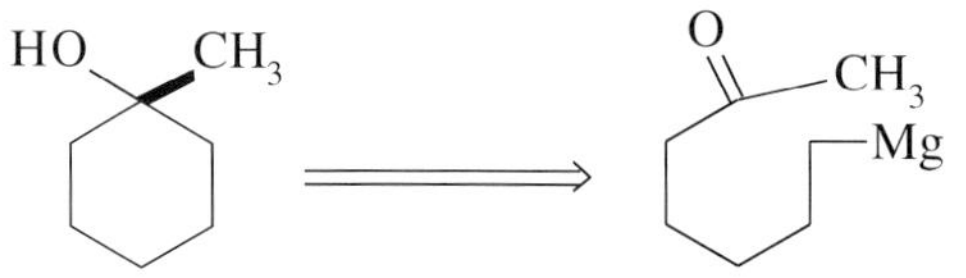

Methode 3

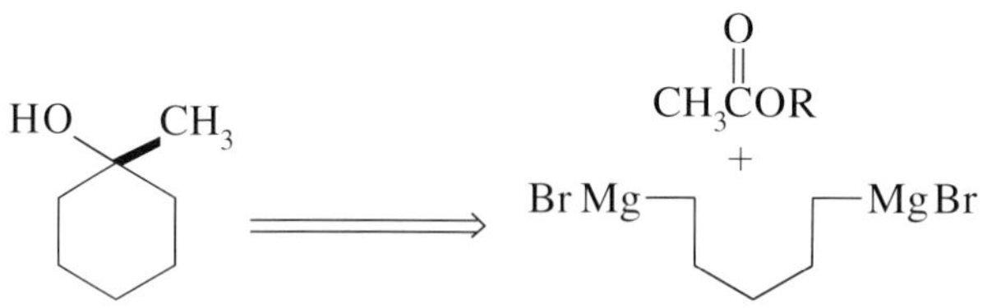

Die letzte Methode erfordert von der Größe her besser vergleichbare Teilstücke, somit

$$Br(CH_2)_5Br \xrightarrow{Mg} BrMg(CH_2)_5MgBr \xrightarrow[2.\ H^+,\ H_2O]{1.\ CH_3COOCH_2CH_3}$$

*In der Praxis* muß die „retrosynthetisch gesehen eleganteste" Synthese nicht unbedingt die Synthese der Wahl sein. Im vorliegenden Fall ist Cyclohexanon so bequem erhältlich, daß Methode 1 gewählt werden würde.

**(d)** Methode 1 $C_6H_5CH_2\overset{\overset{\displaystyle OH}{|}}{\underset{\underset{\displaystyle H}{|}}{C}}CH_2C_6H_5 \ \Longrightarrow \ C_6H_5CH_2\overset{\overset{\displaystyle O}{\parallel}}{C}CH_2C_6H_5 \ + \ NaBH_4$

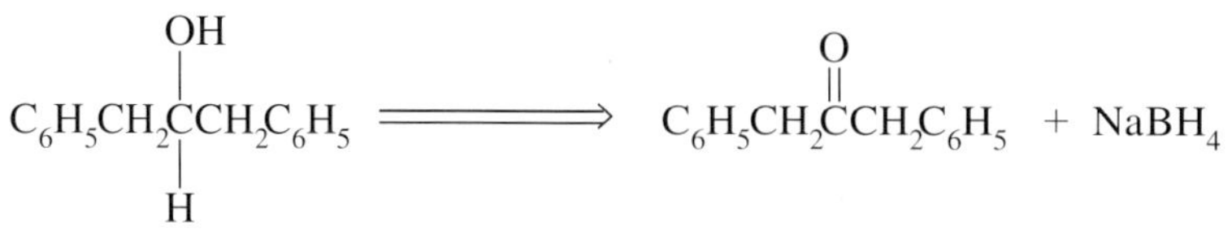

Methode 2 $C_6H_5CH_2{-}C(OH)H{-}CH_2C_6H_5 \Longrightarrow C_6H_5CH_2CHO + 2\,C_6H_5CH_2MgCl$

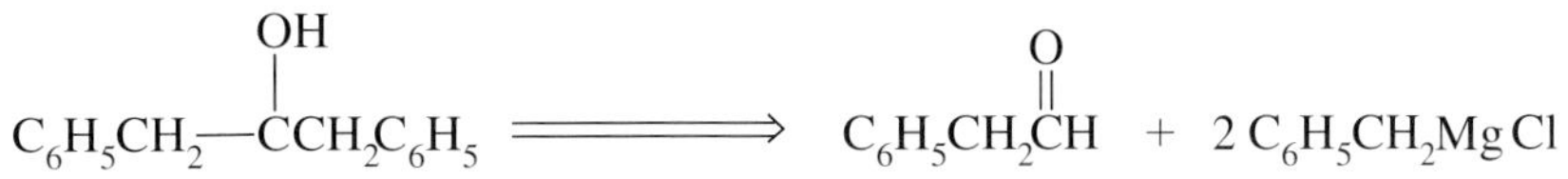

Methode 3 $C_6H_5CH_2{-}CH(OH){-}CH_2C_6H_5 \Longrightarrow HCOOR + 2\,C_6H_5CH_2MgCl$

Die beste Wahl ist offenbar:

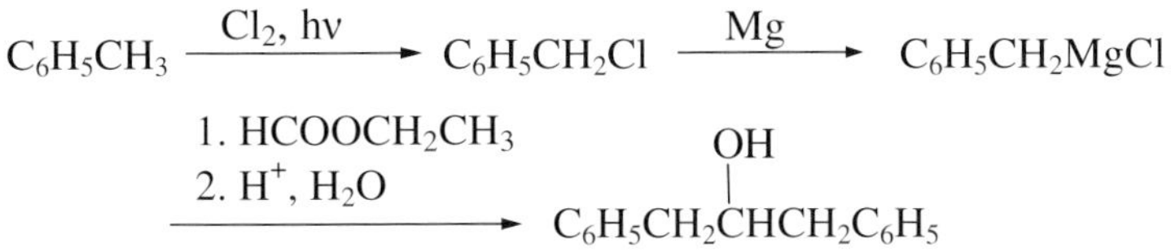

$$C_6H_5CH_3 \xrightarrow{Cl_2,\ h\nu} C_6H_5CH_2Cl \xrightarrow{Mg} C_6H_5CH_2MgCl$$

$$\xrightarrow[2.\ H^+,\ H_2O]{1.\ HCOOCH_2CH_3} C_6H_5CH_2CH(OH)CH_2C_6H_5$$

**(e)** Methode 1

Methode 2

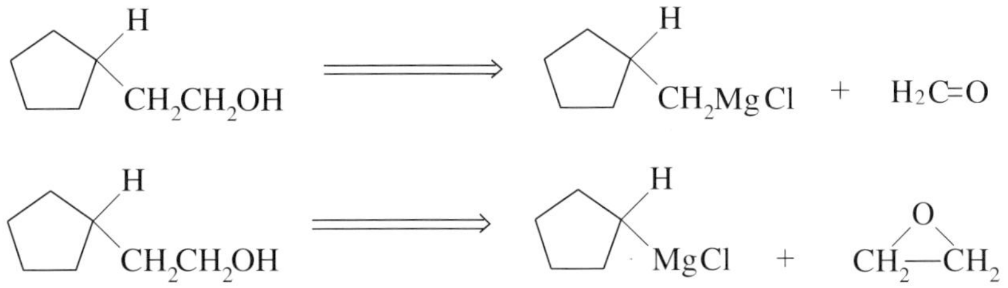


Die zweite Methode zeichnet sich durch bessere retrosynthetische Trennungen aus und geht zudem von leicht herzustellenden Ausgangssubstanzen aus.

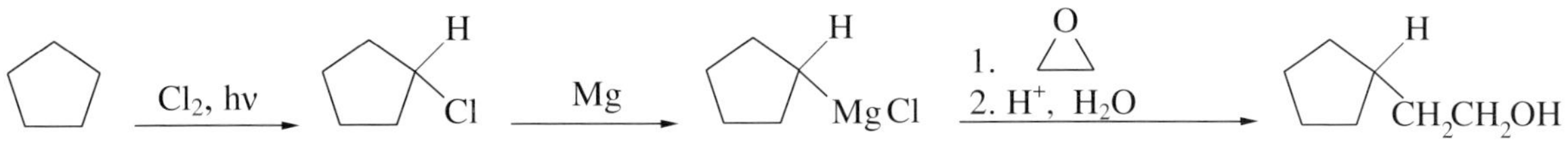


Beachten Sie die Ähnlichkeit mit Teil **(a)**

**26. (a)** $CH_3(CH_2)_{14}C(=O)O^-$ + $I(CH_2)_{15}CH_3$

**(b)** $CH_3(CH_2)_{14}C(=O)O^-Na^+$ + $HO(CH_2)_{15}CH_3$

**27. (a)** $CH_3CH_2OH$

**(b)** $CH_3CHOHC(=O)OH$

**(c)** $HOC(=O)CH_2CHOHC(=O)OH$

(b), (c): Nur die Keton-Carbonylgruppe wird hier reduziert.

**28.** 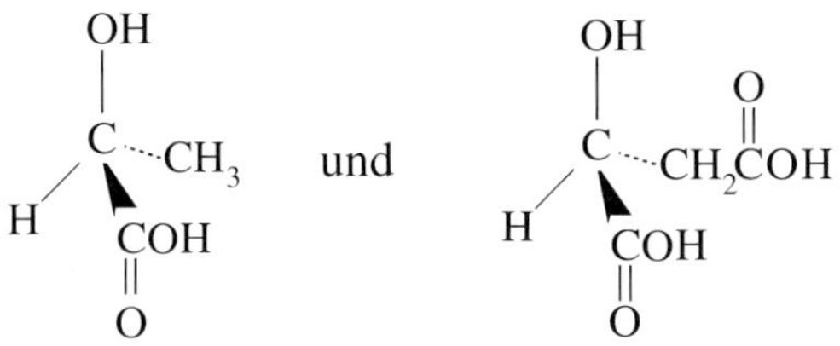

**29.** Die Unterseite des Steroids ist sterisch weniger gehindert.

**(a)**

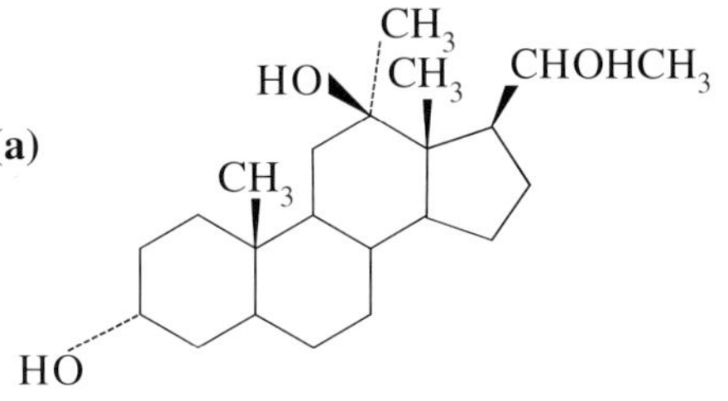


**(b)**

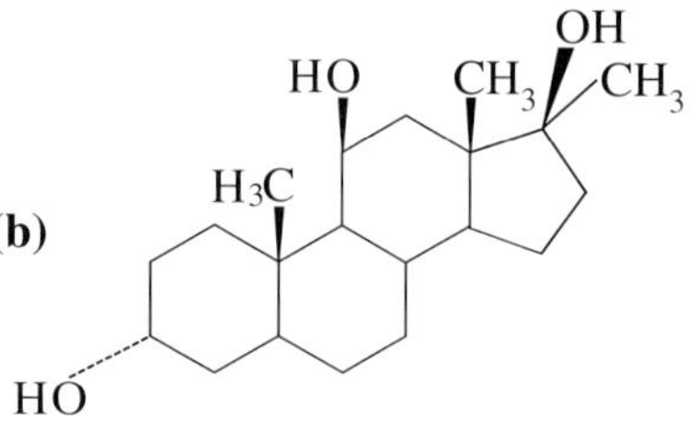


**(c)**

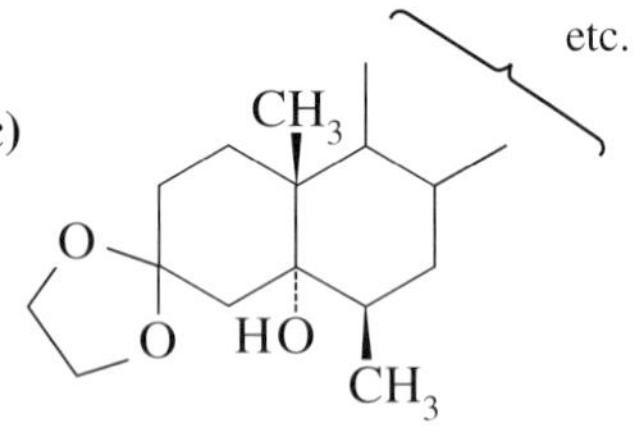


In **(c)** kann der Angriff nur von oben her erfolgen, weil die nucleophile Ringöffnung von Oxacyclopropanen (Epoxiden) ein $S_N2$ Substitutionsprozeß ist, der von der Rückseite her erfolgt.

**30.** Planen Sie jede Ihrer Retrosynthesen, indem Sie das Molekül zunächst an einer der Bindungen des hydroxysubstituierten Kohlenstoffatoms („strategische Bindungen") zerlegen.

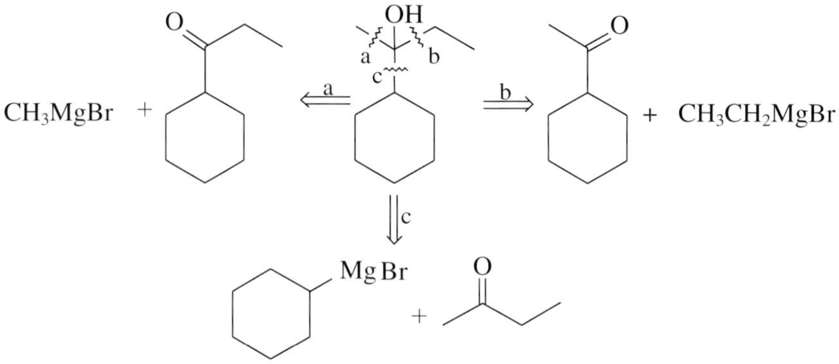


Als nächstes überlegen Sie für jede Retrosynthese, ob die anfallenden Ausgangsverbindungen kommerziell erhältlich sind (wenn ja, zu welchem Preis). Gehen Sie bei Grignardreagenzien von den entsprechenden Halogeniden aus, bei Ketonen von den entsprechenden Alkoholen.

| **Retrosynthese 'a'** | **Retrosynthese 'b'** | **Retrosynthese 'c'** |
|---|---|---|
| $CH_3Br$ $400/kg | $CH_3CH_2Br$ $20/kg | $CH_3CHOHCH_2CH_3$ $23/kg |

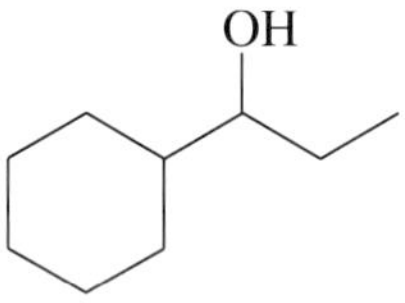


nicht käuflich

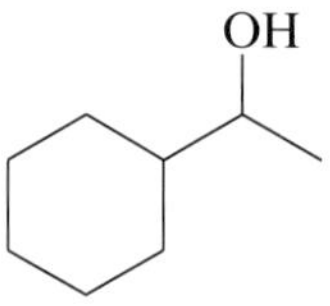


$125/25g

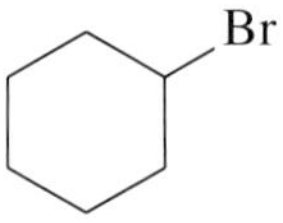


$50/kg

Obwohl 1-Cyclohexyl-1-propanol sicherlich durch Oxidation von Cyclohexylmethanol zum Aldehyd und Addition von $CH_3CH_2MgBr$ hergestellt werden könnte, ist Weg 'a' wegen des zusätzlichen Aufwands und der Kosten keine gute Wahl. Weg 'b' ist nicht schlecht, aber Weg 'c' insgesamt gesehen sicher am effizientesten. Also:

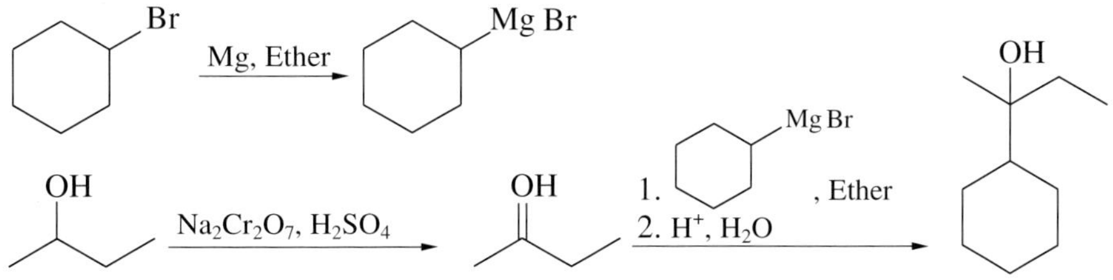
Br
Mg, Ether
Mg Br
OH
$Na_2Cr_2O_7$, $H_2SO_4$
OH
1.
Mg Br
, Ether
2. $H^+$, $H_2O$
OH

# Weitere Reaktionen der Alkohole und die Chemie der Ether

# 9

**1.** Das Gleichgewicht liegt immer auf der Seite des *schwächeren-Säure-Base-Paares.*
**(a)** Links. **(b)** Links. **(c)** Rechts. **(d)** Rechts.

**2. (a)** $CH_3CH_2CH_2I$ **(b)** $(CH_3)_2CHCH_2CH_2Br$ (beide nach $S_N2$)

**(c)** 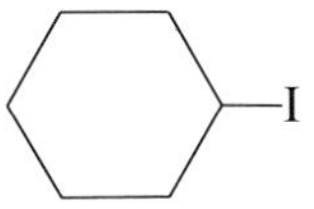 **(d)** $(CH_3CH_2)_3CCl$ (beide nach $S_N1$)

**3.** In jedem Fall spiegelt die Reihenfolge der Teilchen eine Sequenz von Umlagerungsschritten wider. Das Ausmaß der Umlagerung ist nicht unter allen Umständen gleich.

**(a)** $CH_3CH_2CH_2\overset{+}{O}H$, $CH_3\overset{+}{C}HCH_3$ (ähnlich der Umlagerung von 2,2-Dimethyl-1-propanol in Abschnitt 9.3)

**(b)** $CH_3CH\overset{+}{O}H_2CH_3$, $CH_3\overset{+}{C}HCH_3$

**(c)** $CH_3CH_2CH_2CH_2\overset{+}{O}H_2$, $CH_3CH_2\overset{+}{C}HCH_3$

**(d)** $(CH_3)_2CHCH_2\overset{+}{O}H_2$, $(CH_3)_3C^+$

**(e)** $(CH_3)_3CCH_2CH_2\overset{+}{O}H_2$, $(CH_3)_3C\overset{+}{C}HCH_3$, $(CH_3)_2\overset{+}{C}CH(CH_3)_2$

Einige mechanistische Pfeile sind als Orientierungshilfe eingefügt.

**(f)** 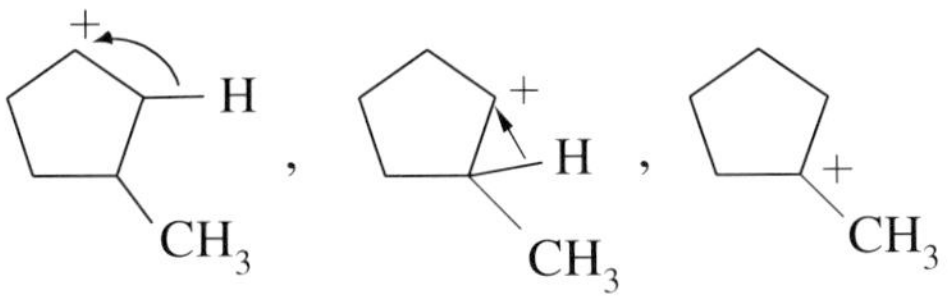

**(g)** 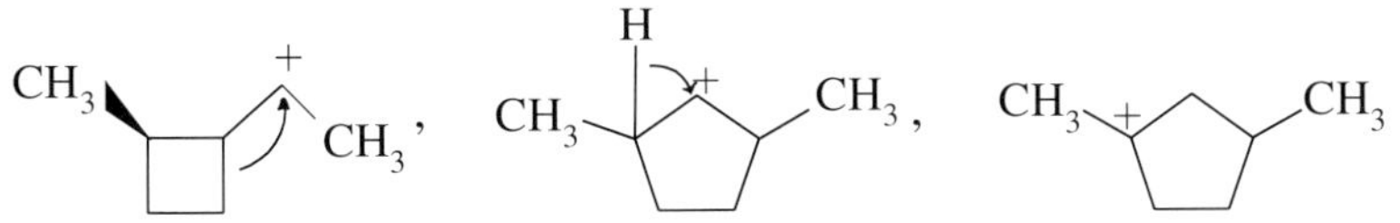

**(h)** 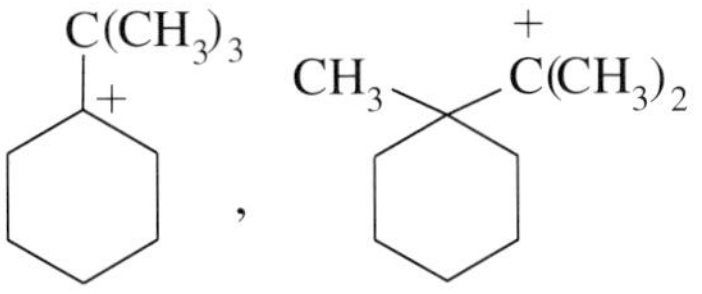

**(i)** 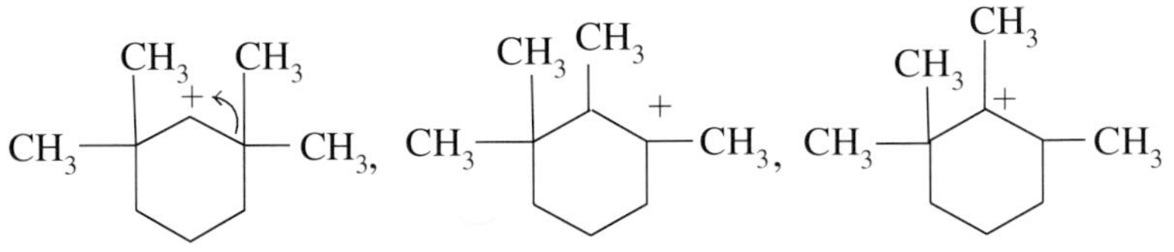

auch 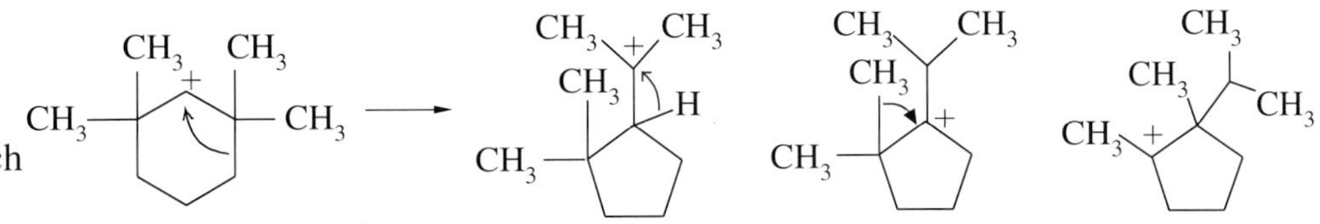

(j) 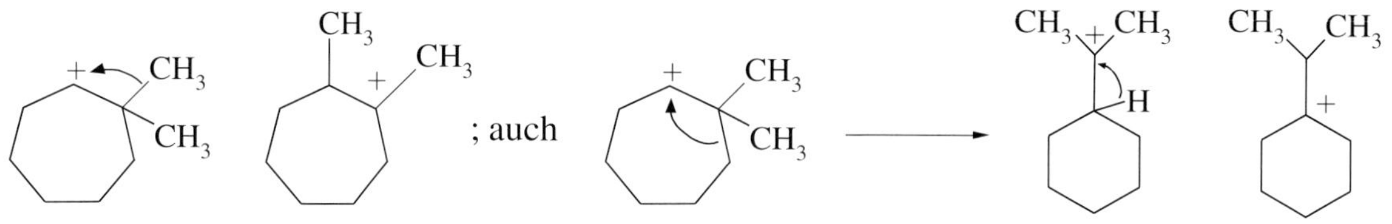

**4.** Diese Bedingungen begünstigen Umlagerungsreaktionen. Carbenium-Ionen können lange Zeit existieren, weil das Milieu stark sauer ist und vernünftige Nucleophile fehlen.

**(a)** und **(b)** $CH_3CH{=}CH_2$

**(c)** $(CH_3)_3CCH{=}CH_2$, $CH_3CH{=}CHCH_3$ (Hauptprodukt)

**(d)** $(CH_3)_2C{=}CH_2$

**(e)** $(CH_3)_3CCH{=}CH_2$, $(CH_3)_2C{=}C(CH_3)_2$ (Hauptprodukt)

Für die meisten der nachfolgend gezeigten cyclischen Strukturen werden Strichformeln verwandt. Beachten Sie, daß sich an den Enden von Strichen Methylgruppen befinden, auch wenn „$CH_3$" nicht explizit dort hingeschrieben wird.

**(f)** 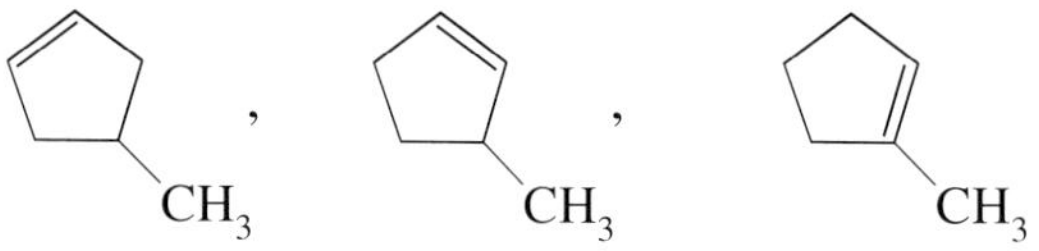

(Hauptprodukt)

**(g)** 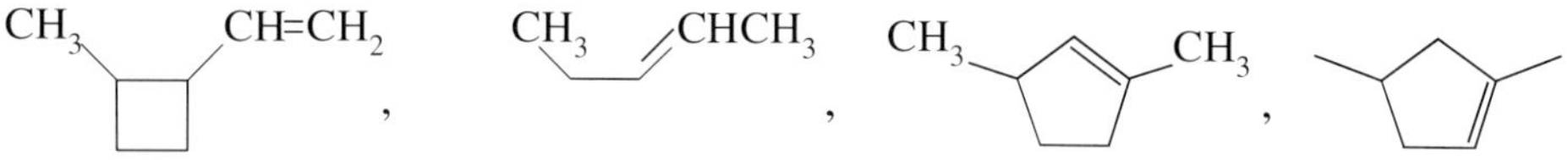

(Die letzten beiden sind Hauptprodukte; das erste ist das unbedeutendste.)

**(h)** 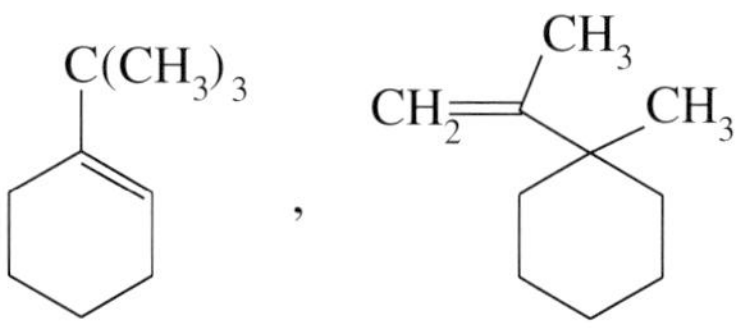

**(i)**

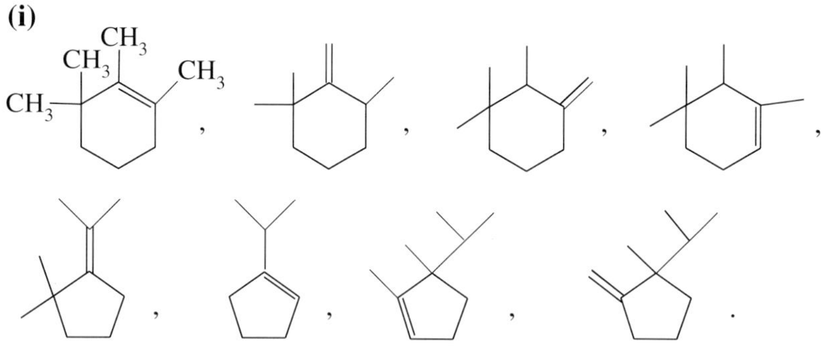

**(j)** 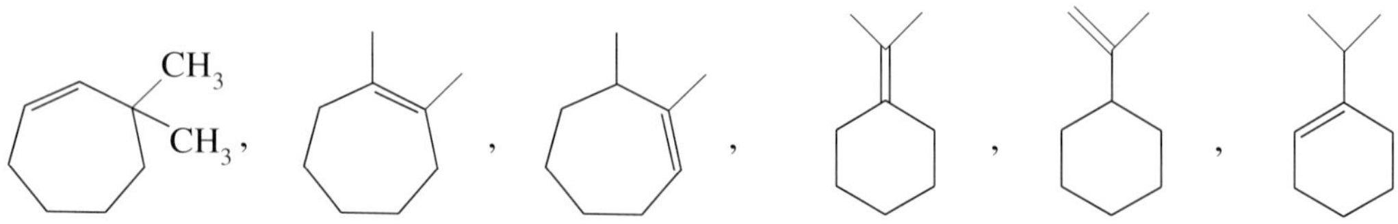

**5.** Unter diesen Bedingungen ist die Wahrscheinlichkeit für eine Umlagerung viel geringer, die Säure ist viel schwächer ($H_3O^+$ anstelle von $H_2SO_4$), und ein gutes Nucleophil ist vorhanden. Keiner der primären Alkohole lagert sich um.

**(a)** $CH_3CH_2CH_2Br$ **(b)** $CH_3CHBrCH_3$ **(c)** $CH_3CH_2CH_2CH_2Br$

**(d)** $(CH_3)_2CHCH_2Br$ **(e)** $(CH_3)_3CCH_2CH_2Br$

Für sekundäre oder tertiäre Alkohole wird die Möglichkeit der Umlagerung wieder wahrscheinlicher. Die Produkte resultieren aus der Anheftung eines $Br^-$ an irgendein positiv geladenes Kohlenstoff-Atom in den vorliegenden Carbenium-Ionen: Siehe Antworten auf Frage 3, Teile (f) bis (j).

**6.** Diese Reaktion ist uns schon einmal begegnet: Das wasserfreie Milieu erlaubt die quantitative Umwandlung des Alkohols in sein Oxonium-Ion, in Gegenwart hoher $Br^-$-Konzentrationen:

$$RCH_2OH \xrightleftharpoons{\text{konz. } H_2SO_4} \underset{\text{ca. }100\%}{RCH_2\overset{+}{O}H_2} \xrightarrow{Br^-\ (S_N2)} RCH_2Br$$

In konzentrierter wässriger HBr ist die wichtigste vorliegende Säure $H_3O^+$, die *schwächer* ist als das Oxonium-Ion. Das erste Gleichgewicht liegt deutlich links, und darum ist die Geschwindigkeit der Gesamtreaktion viel niedriger (es ist viel weniger protonierter Alkohol für die Reaktion mit $Br^-$ vorhanden):

$$\underset{\text{ca. }99\%}{RCH_2OH} \xrightleftharpoons{H_3O^+} \underset{\text{ca. }1\%}{RCH_2\overset{+}{O}H_2} \xrightarrow{Br^-\ (S_N2)} RCH_2Br$$

**7. (a)** 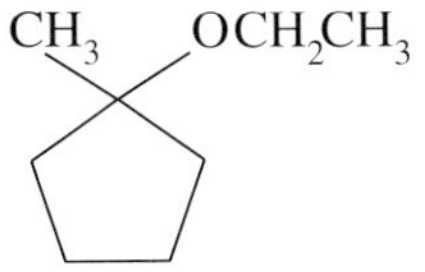


Eine wahrscheinliche Wahl nach der Umlagerung des sekundären Carbenium-Ions in ein tertiäres

**(b)** Sowohl $(CH_3)_3CCH_2I$ als auch $(CH_3)_2CICH_2CH_3$

**(c)** 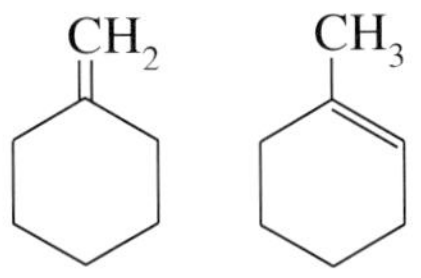


**(d)** $(CH_3)_2\overset{OH}{\overset{|}{C}}—CH(CH_3)_2$

**8. (a)** bis **(e)** sind dieselben, über die $S_N2$-Substitution einer Phosphit-Abgangsgruppe durch Bromid-Ion.

**(f)** 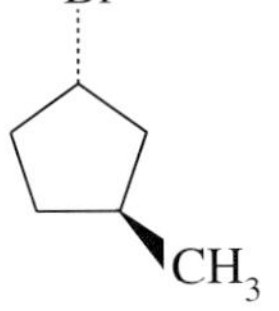


**(g)** 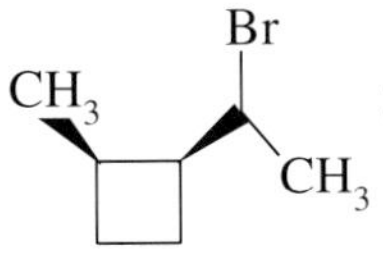


; **(f)** und **(g)** sind $S_N2$-Reaktionen mit Inversion am reagierenden Kohlenstoff, typisch für die Reaktion von $PBr_3$ mit sekundären Alkoholen.

**(h)** bis **(j)** sind tertiäre oder sterisch stark gehinderte sekundäre Alkohole, wodurch die Ausführung von $S_N2$-Reaktionen schwierig oder unmöglich wird, genauso wie mit wässriger HBr (Aufgabe 5) führen diese Reaktionen wegen der Umlagerung von Carbenium-Ionen zu Produktgemischen.

**9.** In jeder der nachstehenden Antworten ist R– = $CH_3CH_2CH_2CH_2CH_2$–.

**(a)** $RO^- K^+$ (+$(CH_3)_3COH$) **(b)** $RO^- Na^+$ (+ $H_2$)

**(c)** $RO^- Li^+$ (+ $CH_4$) **(d)** RI

**(e)** RCI **(f)** $R\overset{+}{O}H_2$ (+ $FSO_3^-$)

**(g)** ROR **(h)** $CH_3CH_2CH{=}CHCH_3$ (hauptsächlich *trans*)

**(i)** $(CH_3)_2CH\overset{O}{\overset{\|}{C}}OR$ **(j)** RBr

**(k)** RCl **(l)** $CH_3CH_2CH_2CH_2\overset{O}{\overset{\|}{C}}OH$

**(m)** $CH_3CH_2CH_2CH_2\overset{O}{\overset{\|}{C}}H$ **(n)**$ROC(CH_3)_3$

**10. (a), (b), (c)** 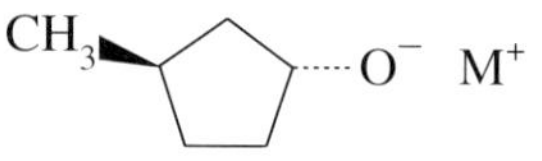

($M^+ = K^+, Na^+$ oder $Li^+$)

**(d)** 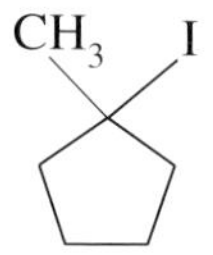


**(i)** 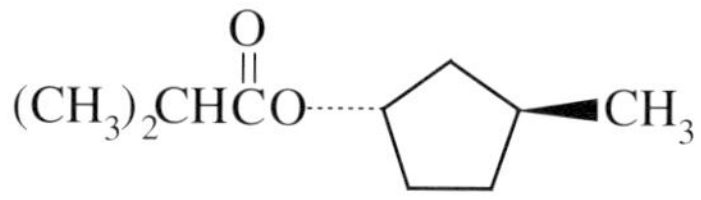


**(j)** 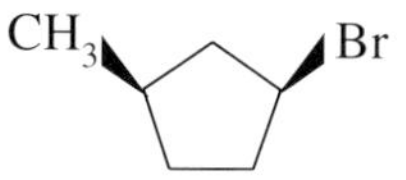


**(e)** 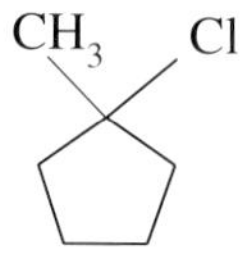


**(k)** 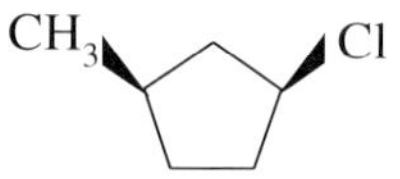


**(f)** 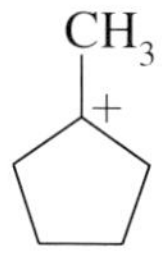


**(l)** und **(m)** 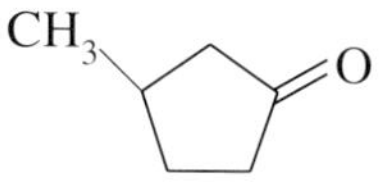


**(g)** und **(h)** 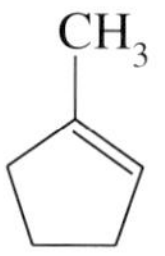


**(n)** 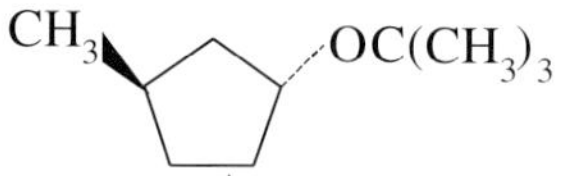


[aus ROH + $^+C(CH_3)_3$]

Merken Sie sich, daß neben dem Eintreten oder Ausbleiben einer Umlagerung auch der Reaktionstyp die Stereochemie des Produkts bestimmt. In **(a)**, **(b)**, **(c)**, **(i)** und **(n)** wird nur die O-H-Bindung gespalten, so daß die *trans*-Stereochemie um den Ring herum erhalten bleibt. In **(j)** und **(k)** führen $S_N2$-Reaktionen durch Umkehrung der Stereochemie zu *cis*-Produkten. In **(d)** bis **(h)** entstehen sekundäre Carbenium-Ionen, die durch Umlagerung zu tertiären die beobachteten Ergebnisse liefern.

**11. (a)** $SOCl_2$ (b) $PBr_3$ (Verzweigung erhöht die Gefahr einer Umlagerung)

**(c)** HCl **(d)** P + $I_2$ (Zur Vermeidung einer Umlagerung)

**12. (a)** 2-Ethoxypropan **(e)** 1-Methoxy-l-methylcyclopentan

**(b)** 2-Methoxyethanol **(f)** *cis*-l,4-Dimethoxycyclohexan

**(c)** Cyclopentoxycyclopentan **(g)** Chlormethoxymethan

**(d)** 2-Chlor-1-(2-chlorethoxy)ethan

**13.** Der Ether-Sauerstoff ist nicht mit Wasserstoff verbunden, aus diesem Grunde können Ethermoleküle im Gegensatz zu Alkoholen nicht Wasserstoffbrücken-Bindungen zueinander ausbilden. Die Wasserstoff-Atome von Wasser können jedoch Wasserstoffbrücken zu Ethermolekülen knüpfen, darum sind Ether in Wasser etwa so gut löslich wie Alkohole von vergleichbarer molare Masse.

**14. (a)** $CH_3CH_2CH_2OCH(CH_2CH_3)_2$ ($S_N2$ läuft ab mit primärem Halogenalkan).

**(b)** $CH_3CH_2CH_2OH$ + $CH_3CH{=}CHCH_2CH_3$ (basisches Alkoxid gibt mit sekundärem Halogenalkan hauptsächlich E2).

**(c)** 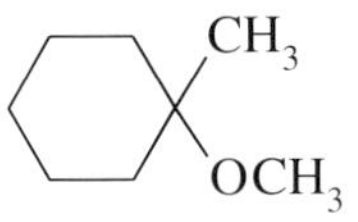


**(d)** $(CH_3)_2CHOCH_2CH_2CH(CH_3)_2$

**(e)** Cyclohexanol + Cyclohexen (gleiche Situation wie in **b** oben).

**(f)** Dieses tertiäre Alkoxid ist so sperrig, daß selbst primäre Halogenalkane hauptsächlich zur Eliminierung führen: Es bildet sich Ethen zusammen mit etwas 1,1-Dicyclopentylethoxyethan.

**15. (b)** Die Reaktion wird in Teil **(a)** angegeben.
**(e)** Man wendet $S_N1$-Bedingungen an: Chlorcyclohexan in neutralem Cyclohexanol (Solvolyse, ohne ein basisches Nucleophil).
**(f)** Man verwende eine andere Solvolyse, dieses Mal mit dem tertiären Halogenalkan:

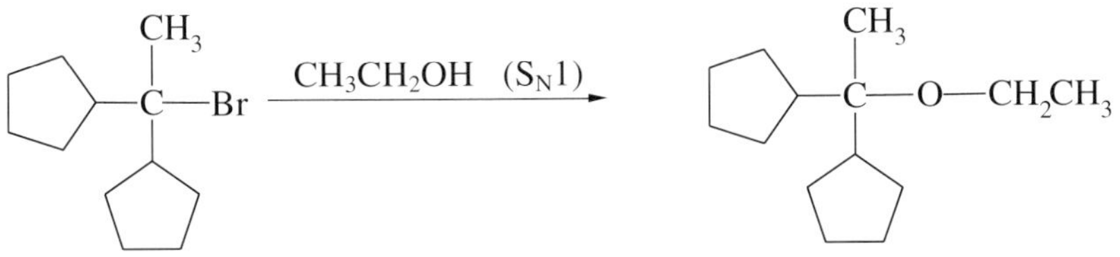


**16.** Faustregel: Säure-Base-Reaktionen laufen im allgemeinen schneller ab als Substitutionsreaktionen: Daher ist $HO^- + ROH \leftrightharpoons H_2O + RO^-$ im Vergleich zu $HO^- + RX \rightarrow ROH + X^-$ schneller. Diese Regel wende man auf jedes der angegebenen Systeme an. Man beachte, daß jedes System sowohl die Alkohol- als auch die Halogenalkan-Funktion enthält, und in jedem Fall kann eine intramolekulare Substitution zu einem vernünftigen Produkt führen. Die intramolekulare Substitution wird außerdem dadurch begünstigt, daß die in Lösung befindliche Konzentration der Ausgangsverbindung niedrig gehalten wird, wodurch konkurrierende *inter*molekulare Vorgänge zurückgedrängt werden.

**(a)** 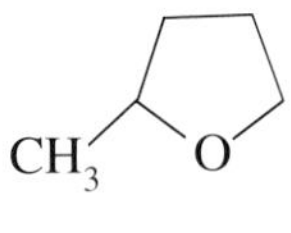


**(b)** 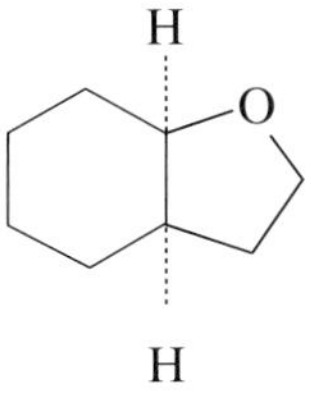


**(c)** 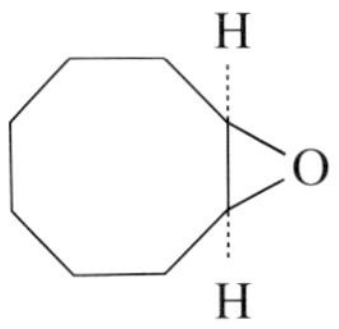

**17.** Führen Sie $S_N2$-Synthesen nur mit primären Halogenalkanen aus. $S_N1$ -Reaktionen eignen sich am besten für tertiäre Systeme

**(a)** $CH_3CH_2CHOHCH_3 \xrightarrow[\text{2. } CH_3CH_2Br]{\text{1. NaOH}}$ ($S_N2$)

**(b)** 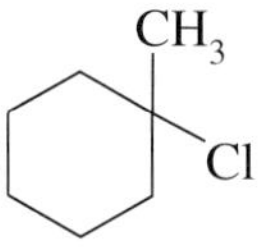

+ $CH_3CH_2CH_2CH_2OH$ (Lösungsmittel) $\longrightarrow$ (Solvolyse)

**(c)** $HOCH_2CH_2CH_2C(CH_3)_2Br \longrightarrow$ (intramolekulare $S_N1$ -Reaktion) oder

$HOCH_2CH_2CH_2C(CH_3)_2OH \xrightarrow{H^+}$ (ebenso)

**(d)** 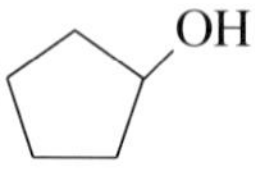

$\xrightarrow{H_2SO_4,\ 130\ °C}$ ($S_N1$)

**18.** **(a)** $CH_3CH_2I$ + $CH_3CH_2CH_2I$

**(b)** $CH_3Br$ + $(CH_3)_2CHBr$

**(c)** $CH_3I$ + $ICH_2CH_2I$

**(d)** 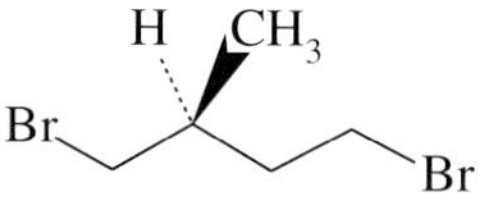


**(e)** 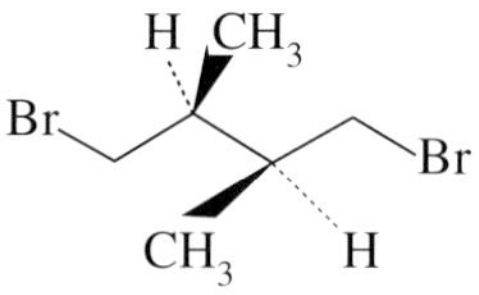


**(f)** 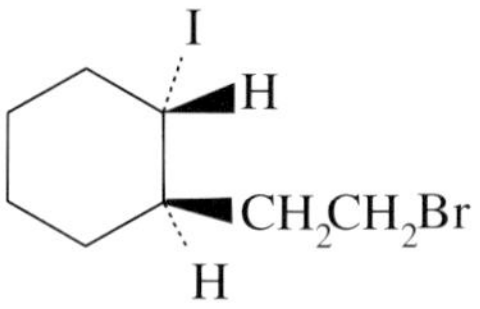


**19.** **(a)** $HOCH_2CH_2NH_2$ (Ringöffnung nach einem $S_N2$-Mechanismus)

**(b)** 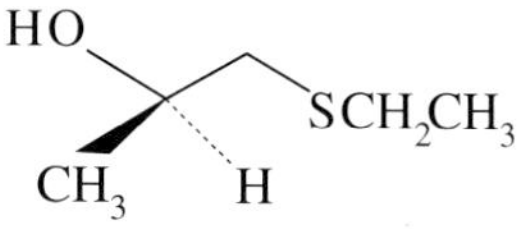


(ebenso, die Reaktion erfolgt am geringst substituierten Kohlenstoff des Rings).

**(c)** $BrCH_2CH_2CH_2Br$

**(d)** $HOCH_2CH_2C(CH_3)_2OCH_3$ (Ringöffnung erfolgt nach $S_N1$)

**(e)** $CH_3OCH_2CH_2C(CH_3)_2OH$ ($S_N2$ am geringst substituierten Ring-Kohlenstoff)

**(f)** 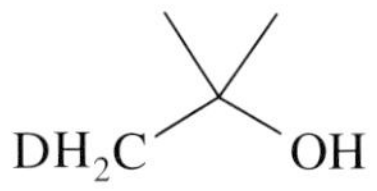

(durch Angriff von $H^-$ am sterisch weniger beanspruchten Ring-C-Atom)

**(g)** 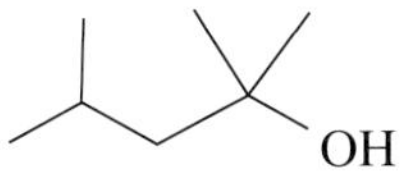

(durch Angriff der Grignard-Verbindung am sterisch weniger beanspruchten Ring-C-Atom)

**(h)** 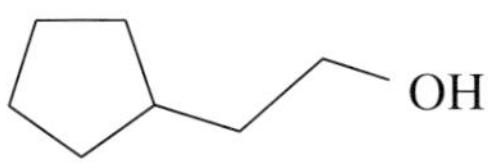

(ein Beispiel für eine „2C-Homologisierung"; Bildung eines Alkohols mit zwei Kohlenstoffatomen mehr als die organometallische Ausgangssubstanz durch Addition an Oxacyclopropan)

**20.** Überraschenderweise kann bis auf Methanol jeder dieser Alkohole durch die Addition von Hydrid oder einer Organometallverbindung an ein passendes Oxacyclopropan gewonnen werden. Man erinnere sich: Ein anionisches Nucleophil addiert stets an den am wenigsten gehinderten Kohlenstoff des Rings. Wir können die retrosynthetische Analyse in der folgenden Weise ausführen:

Für einen beliebigen primären Alkohol, der auf $-CH_2CH_2OH$ endet, können wir ausgehen von

$Nu{-}CH_2{-}CH_2{-}OH \Rightarrow Nu^- +$ 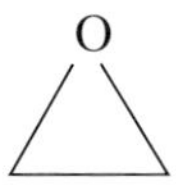

,

mit Nu = H aus $LiAlH_4$ oder R von RLi oder RMgX.

Für einen beliebigen sekundären Alkohol, der auf $-CH_2CHOHCH_3$ endet, können wir ausgehen von

$Nu{-}CH_2{-}CH(CH_3){-}OH \Rightarrow Nu^- +$ 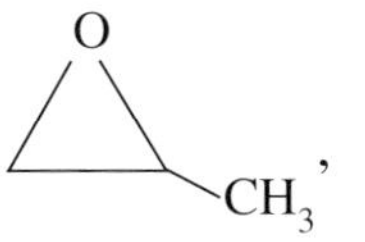

,

mit Nu = H aus $LiAlH_4$ oder R von RLi oder RMgX.

Erkennen Sie das Prinzip? Für einen tertiären Alkohol, der auf $-CH_2COH(CH_3)_2$ endet, können wir ausgehen von

$Nu{-}CH_2{-}C(CH_3)_2{-}OH \Rightarrow Nu^- +$ 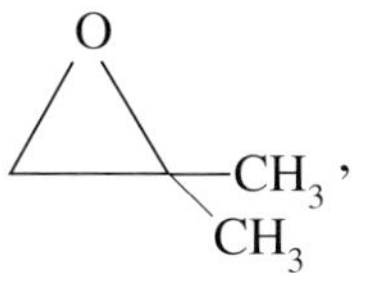

,

wiederum mit Nu = H aus $LiAlH_4$ oder R von RLi oder RMgX.

Für die Vorwärtsstrategie folgen hier sinnvolle Antworten. Für alle Reaktionen wird $(CH_3CH_2)_2O$ als Lösungsmittel eingesetzt, nach beendigter Reaktion wird mit wäßriger Säure aufgearbeitet.

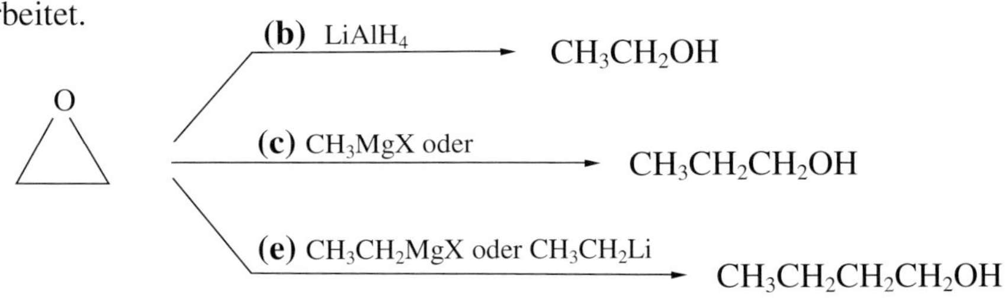


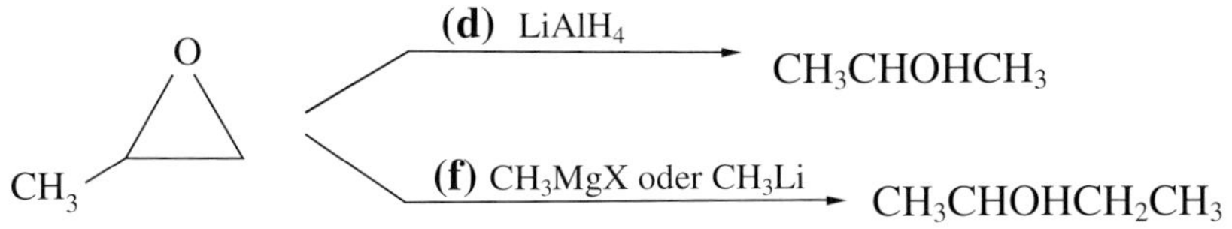

Für **(f)** auch 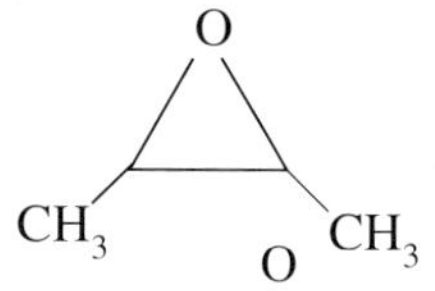 $\xrightarrow{LiAlH_4}$ $CH_3CHOHCH_2CH_3$

Schließlich **(g)** 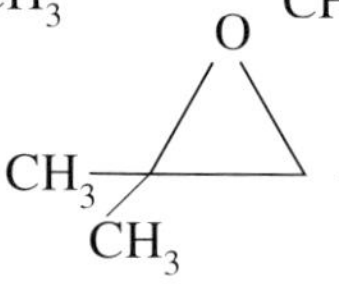 $\xrightarrow{LiAlH_4}$ $(CH_3)_3COH$

**21. (a)** 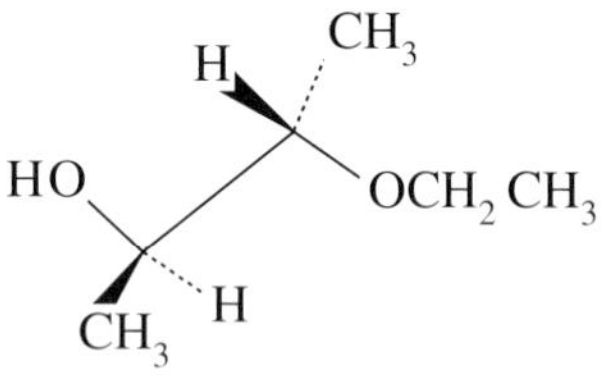 $S_N2$ mit Ethanol an protoniertem Oxacyclopropan. Angriff auf irgendeines der beiden Ringkohlenstoffatome führt zum gleichen Produkt.

**(b)** 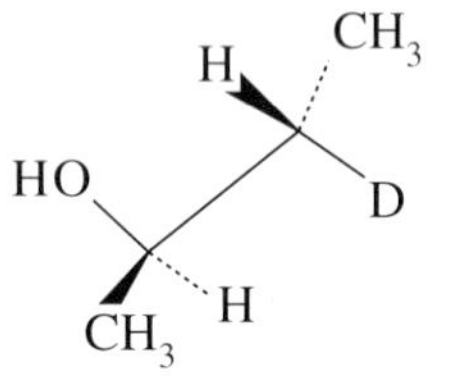 $S_N2$ an einem der Ringkohlenstoffe.

**22. (a)** Cyclopropylmethanthiol

**(b)** 2-(Methylthio)butan oderMethyl(1-methyl)propylsulfid

**(c)** 1-Propansulfonsäure

**(d)** Trifluormethylsulfonylchlorid

**23. (a)** (1) $(CH_3)SH$, (2) $CH_3OH$ **(b)** (1) $HS^-$, (2) $HO^-$ **(c)** (1) $H_3S^+$, (2) $H_2S$

**24. (a)** $HSCH_2CH_2CH_2CH_2SH$

**(b)**  (über Zwischenprodukt $^-SCH_2CH_2CH_2CH_2Cl$)

**(c)** 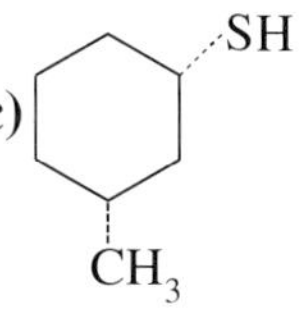 ($S_N2$)

**(d)** 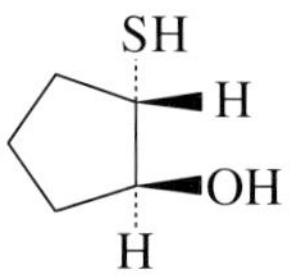 (wieder $S_N2$)

**(e)** $(CH_3CH_2)_3CSCH_3$ ($S_N1$)

**(f)** $(CH_3)_2CHSSCH(CH_3)_2$

**(g)** 

**25.** Ein „Straßenkarten"-Problem. Hinweis: Es gibt „versteckte" Informationen. Sind Sie beispielsweise gerade dabei, die Molekülformel des Endprodukts zu bestimmen, dessen Struktur angegeben ist, erhalten Sie einen nützlichen Anhaltspunkt. Es handelt sich um $C_6H_{12}SO_2$, das sich von C nur durch zwei Sauerstoffatome unterscheidet. Wir können daher C die Struktur des cyclischen Sulfids vor der Oxidation zuschreiben:

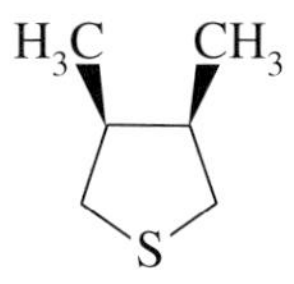

Wohin wenden wir uns danach? Die zu C führende Reaktion beinhaltet die Umsetzung von B mit $Na_2S$. Schauen Sie sich Aufgabe 24 (b) an. Ein Butan mit Abgangsgruppen an beiden Enden geht durch Reaktion mit $Na_2S$ in Thiacyclopentan über. Machen Sie in dieser Aufgabe das gleiche, aber achten Sie auf die Methylsubstituenten und ihre Stereochemie. C muß durch Reaktion von $Na_2S$ mit einem *meso*-2,3-Dimethylbutan mit Abgangsgruppen an beiden Enden gebildet werden:

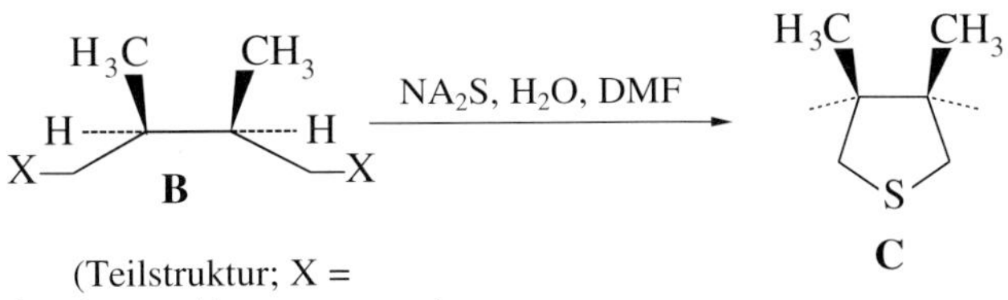


(Teilstruktur; X = unbestimmte Abgangsgruppe)

Wie bestimmen wir die Abgangsgruppen X? Betrachten Sie die Vorläufer von B: eine acyclische Verbindung A der Formel $C_6H_{14}O_2$ und zwei Äquivalente des Sulfonylchlorids $CH_3SO_2Cl$. Die einfachste Lösung ist es, anzunehmen, daß X das Sulfonat $CH_3SO_3^-$ ist und A der B entsprechende Dialkohol. Wir gelangen also zu diesen Strukturen:

PS: Das Endprodukt der Sequenz ist ein (cyclisches) Sulfon.

**26.** Alles läuft wie geschmiert bis zum letzten Schritt. Dann - Katastrophe!

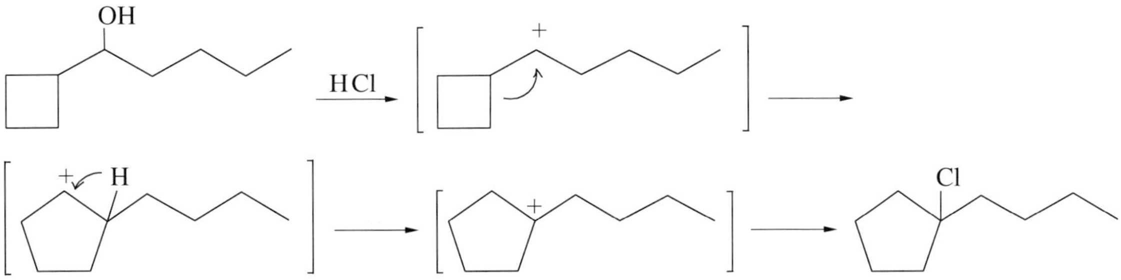


Gespannte Ringe sind besonders aussichtsreiche Kandidaten für Umlagerungen von Carbenium-Ionen, wenn die Ringspannung dabei aufgehoben wird.

**27.** Produkt: 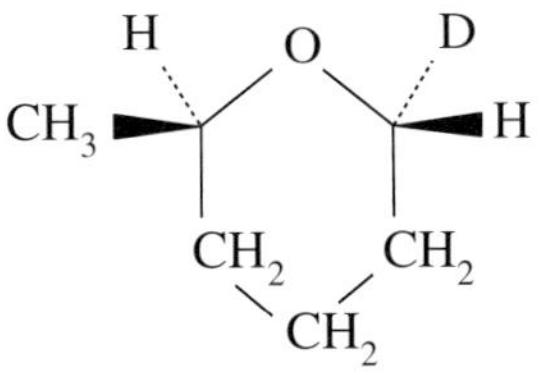


Beachten Sie *die Inversion* am Kohlenstoffatom, an dem zuvor das Brom stand. Bauen Sie notfalls ein Modell.

Die Reaktion ist kinetisch erster Ordnung, weil die Nucleophil- und die Halogenalkylgruppe am gleichen Molekül sitzen. Der Mechanismus ist mit dem der wohlvertrauten $S_N2$-Reaktion identisch. Die „2“ hat aber hier keine Geltung, weil die beiden reagierenden Komponenten Bestandteil desselben Moleküls sind.

**28. (a)** Ausgangssubstanzen: $CH_3CH_2\overset{O}{\overset{\|}{C}}H$, ⬠—Br , $\overset{O}{\overset{\triangle}{CH_2-CH_2}}$

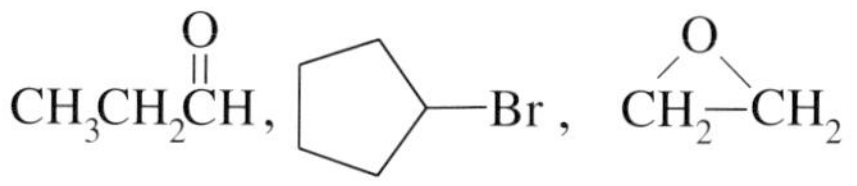

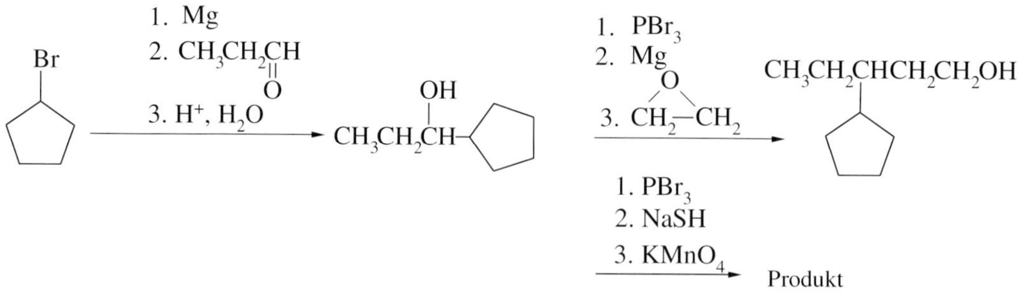

**(b)** Man geht aus von: $CH_3CH_2CH_2Cl$, $CH_3CH_2\overset{O}{\overset{\|}{C}}CH_3$, $H\overset{O}{\overset{\|}{C}}H$

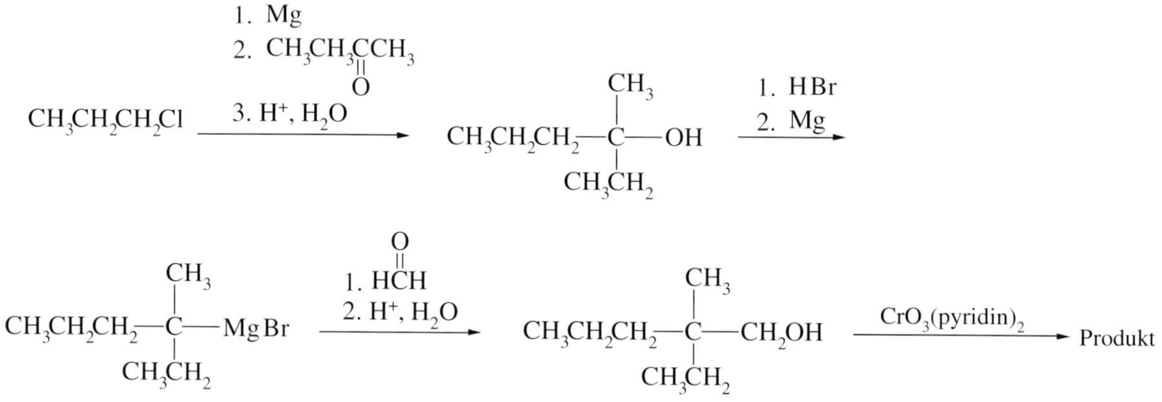

**29. (a)** Überführung eines sekundären Alkohols in das Bromid: Sie müssen sorgfältig eine Umlagerung vermeiden und auch die Stereochemie berücksichtigen.

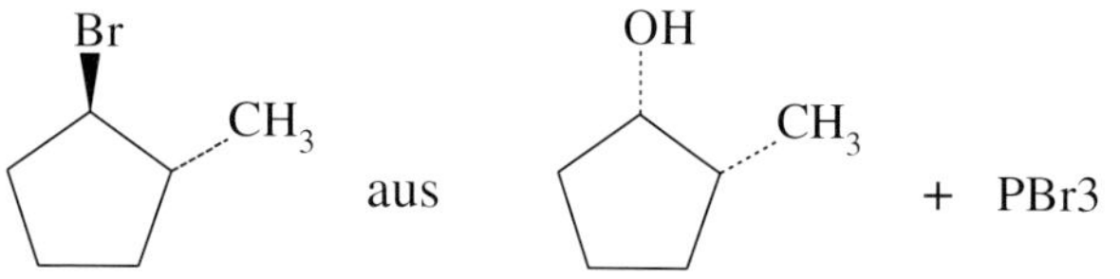

aus        + PBr3    $S_N2$ invertiert an Cl; Umlagerung wird vermieden.

Mit HBr würde Umlagerung zu 1-Brom-1-methylcyclopentan erfolgen.

**(b)** Zwei Schritte sind erforderlich: (1) OH in eine gute Abgangsgruppe umwandeln und (2) ersetzen. Eine Sequenz wie 1. $CH_3SO_2Cl$, $(CH_3CH_2)_3N$; 2. KCN, DMSO ist gut geeignet. Der erste Schritt könnte auch in der Überführung von OH ohne Umlagerung in ein Halogenid durch $PBr_3$ oder $SOCl_2$ (aber nicht HBr) bestehen. Für den zweiten Schritt benötigt man KCN, nicht HCN (sehr schlechter CN-Lieferant).

**(c)** Vorsicht!

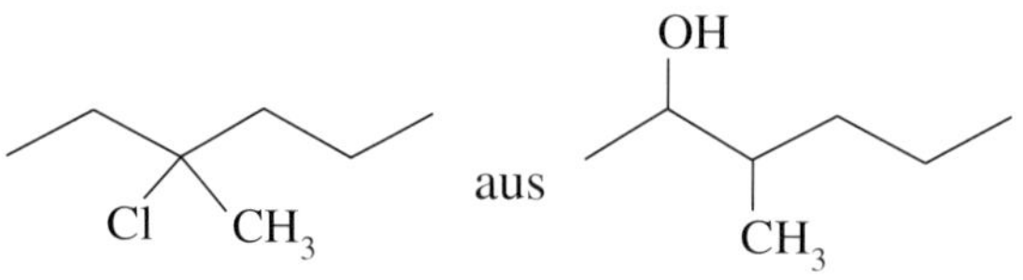

aus        *erfordert* Umlagerung.

Verwenden Sie konzentrierte HCl.

**(d)** Die retrosynthetische Analyse verrät Ihnen einen Trick.

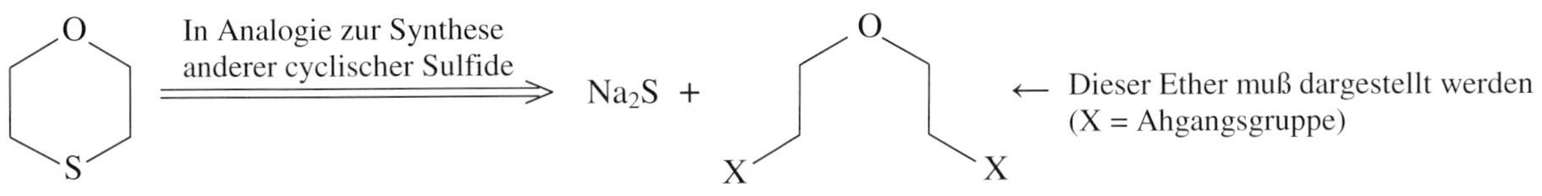


$$2\ BrCH_2CH_2OH \xrightarrow{H_2SO_4,\ 130\ °C} BrCH_2CH_2OCH_2CH_2Br \xrightarrow{Na_2S} \text{Produkt}$$

**30.** $H_2SO_4$/180 °C: Kürzerer Weg, aber anfälliger gegenüber Seitenreaktionen, z.B. Umlagerungen, Etherbildung usw.
$PBr_3$, dann $K^+\ {}^-OC(CH_3)_3$: Zwei Reaktionsstufen anstatt einer, aber die einzige Nebenreaktion, die ablaufen kann, ist $S_N2$ unter Bildung eines Ethers in der zweiten Stufe, normalerweise keine ernstzunehmende Komplikation.

**31. (a)** Es handelt sich um eine Dehydratisierungsreaktion (eine Eliminierung).

**(b)** Die Lewis-Säure kann die Hydroxy-Gruppe in eine bessere Abgangsgruppe überführen:

**32. (a)** Ja!

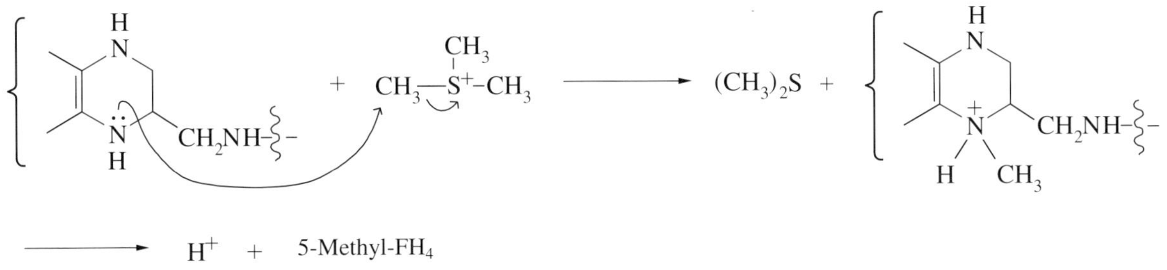


**(b)** Nucleophil: $FH_4$. Nucleophiles Atom: N-5. Elektrophiles Atom: C in der Methylgruppe an $(CH_3)_3S^+$ Abgangsgruppe: $(CH_3)_2S$.

**(c)** Ja! N-5 in $FH_4$ ähnelt N in Ammoniak und ist daher eine Lewis-Base und voraussichtlich ein vernünftiges Nucleophil. Die Methyl-Gruppen in $(CH_3)_3S^+$ sollten positiv polarisiert sein wegen der Elektronenanziehung durch den positiv geladenen Schwefel. Ihre Kohlenstoff-Atome sollten einigermaßen elektrophil sein. $(CH_3)_2S$ ist neutral und vermutlich analog zu $H_2S$ und $CH_3SH$ eine sehr schwache Base, es sollte daher eine sehr gute Abgangsgruppe darstellen.

**33. (a)** Ja! Ein möglicher Mechanismus:

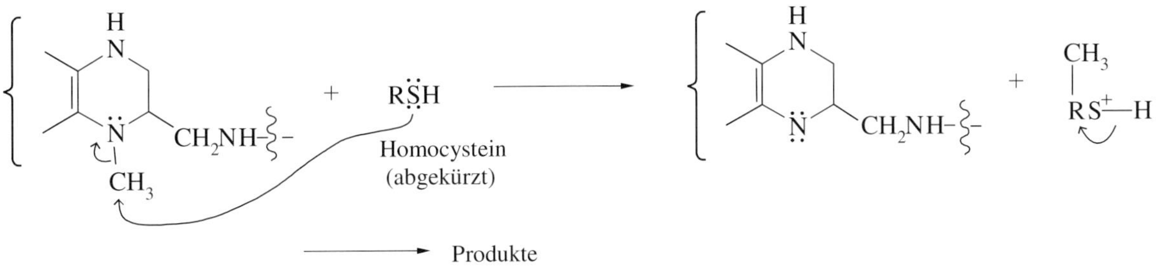


**(b)** Nucleophil: Homocystein. Nucleophiles Atom: S. Elektrophiles Atom: C der N-5-Methyl-Gruppe in 5-Methyl-$FH_4$. Abgangsgruppe: Konjugierte Base von $FH_4$.

**(c)** Bis auf die Abgangsgruppe ist alles in Ordnung. Als konjugierte Base einer ziemlich schwachen Säure wird sie eine relativ starke Base darstellen und sich daher nicht so gut als Abgangsgruppe eignen. Aber genau so, wie sich die Protonierung von Sauerstoff in Alkoholen zur Bildung einer besseren Abgangsgruppe (Wasser) eignet, führt die Protonierung von N-5 durch Säure in 5-Methyl-$FH_4$ *vor* der nucleophilen Substitutionsreaktion zu einer besseren Abgangsgruppe ($FH_4$ selber) für die Reaktion in dieser Aufgabe:

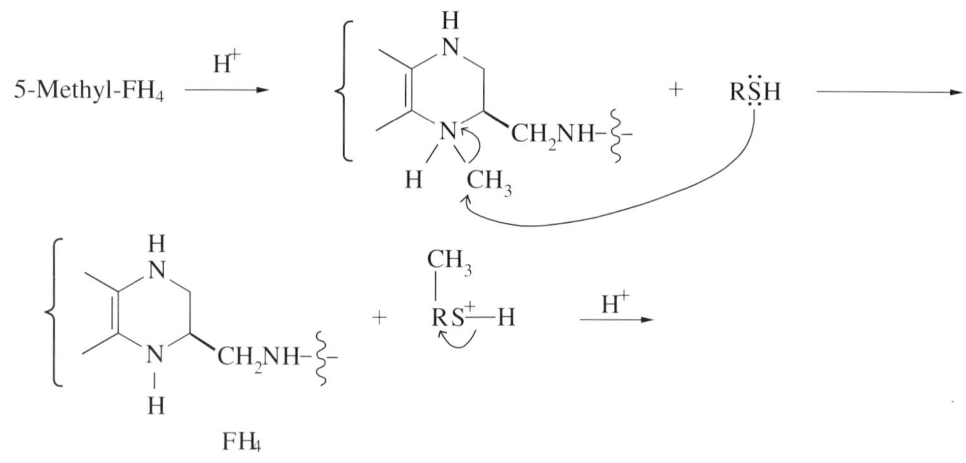


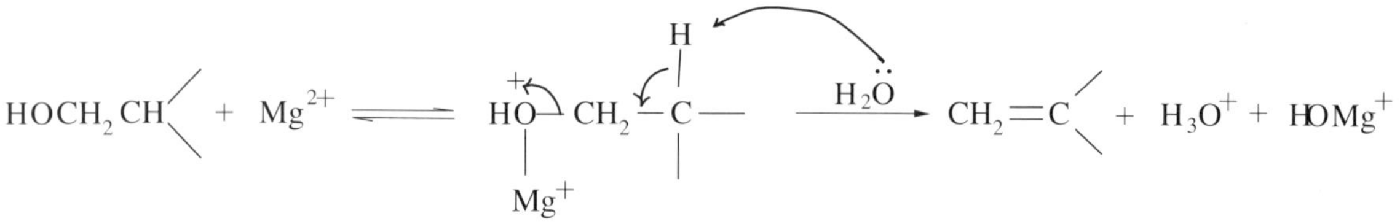


**34.** **(a)** Reaktion 1 ist eine $S_N2$-Reaktion. Das S-Atom von Methionin verdrängt Triphosphat von der $CH_2$-Gruppe in ATP. Reaktion 2 verläuft auch nach $S_N2$. Das N-Atom von Noradrenalin verdrängt S-Adenosylhomocystein von einer $CH_3$-Gruppe, dadurch wird die entscheidende $CH_3$-N-Bindung im Adrenalin gebildet. Das ATP macht die zweite $S_N2$-Reaktion dadurch möglich, daß es alles, was an die $CH3_3$-Gruppe des Methionins gebunden ist, als eine große Abgangsgruppe abtrennt. Mit anderen Worten ist *S*-Adenosylmethionin eine ausgefallene biologische Entsprechung zu $CH_3I$.

**(b)** Nein. Eine $S_N2$-Reaktion an $CH_3$ tritt nicht ein, weil die Abgangsgruppe (im wesentlichen $RS^-$) schlecht ist.

**(c)** Einfach! Setzen Sie es mit einem Äquivalent $CH_3I$ um! (Nun, ganz so einfach ist es nicht – einige Sorgfalt ist vonnöten, um eine Folgereaktion des Adrenalin-Stickstoffs, der immer noch nucleophil ist, mit überschüssigem $CH_3I$ zu verhindern.)

**35.** **(a)** Damit ein Oxacyclopropan aus 2-Bromcyclohexanol entstehen kann, muß das Molekül eine Geometrie annehmen können, die die „interne $S_N2$"-Substitution von der Rückseite her zuläßt. Dafür müssen Alkoxid und Br *anti* zueinander stehen, was nur mit dem *trans*-Isomer der Ausgangsverbindung möglich ist:

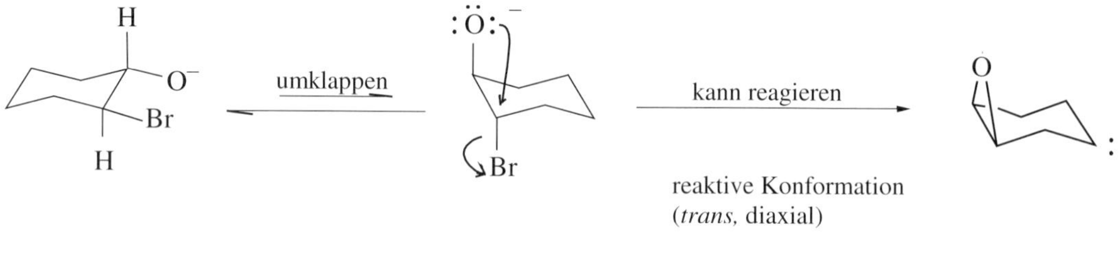


Man vergleiche mit 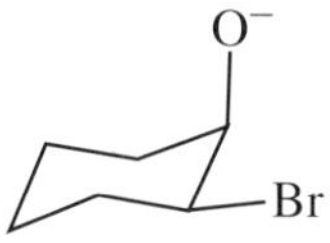 *cis*, schlecht.


**(b)** 1. $NaBH_4$ (reduziert Keton zu Alkohol); 2. NaOH (erzeugt Alkoxid und bewirkt damit die interne Substitution von $Br^-$ unter Bildung von Oxacyclopropan)

**(c)** Der erste Schritt besteht in der Bildung von β-OH, die neue Hydroxy-Gruppe steht trans zum ursprünglichen Br. Sonst würde der zweite Schritt aus den in Teil **(a)** gegebenen Gründen nicht zu einem Oxacyclopropan führen. Beachten Sie, daß die β-OH- und α-Br-Gruppen wegen der natürlichen Gestalt der Steroid-Ringe automatisch diaxiale *trans*-Lagen einnehmen.

**36.** $CH_2{=}CH{-}CH_2Cl \xrightarrow{HS^- Na^+} CH_2{=}CH{-}CH_2SH \xrightarrow{I_2}$

$CH_2{=}CH{-}CH_2{-}S{-}S{-}CH_2{-}CH{=}CH_2 \xrightarrow{\text{äquivalente Stoffmenge } H_2O_2}$ Allicin

**37.** Vier Diastereomere können von der in der Aufgabenstellung angegebenen allgemeinen Struktur formuliert werden:

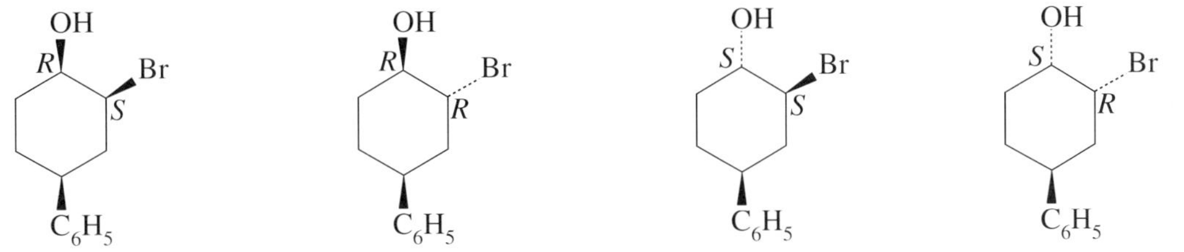


Die stabilsten Konformation sehen wie folgt aus.

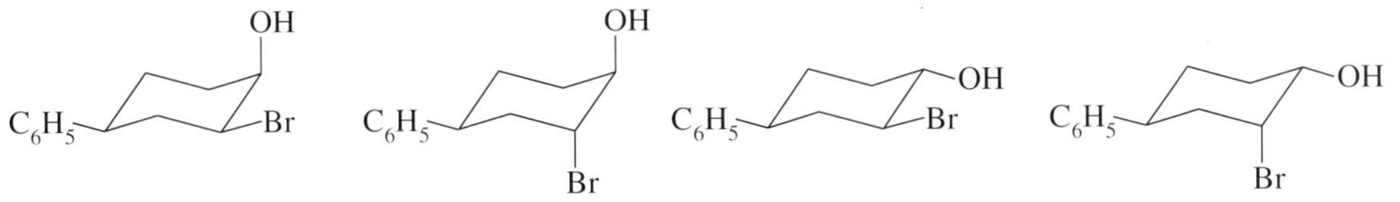


**(a)** Welche Reaktion bei der Umsetzung mit Base abläuft, wird in erster Linie von der Konfiguration der Chiralitätszentren des Substrats und der stabilsten Konformation des jeweiligen Isomers gesteuert. Die Hauptmöglichkeiten bestehen in einer E2-Reaktion oder einer Deprotonierung der OH-Gruppe und nachfolgender intramolekularer Substitution. Damit eine intramolekulare Substitution (von der Rückseite, ähnlich wie $S_N2$) erfolgen kann, müssen die Br- und die OH-Gruppe *trans* und beide axial angeordnet sein:

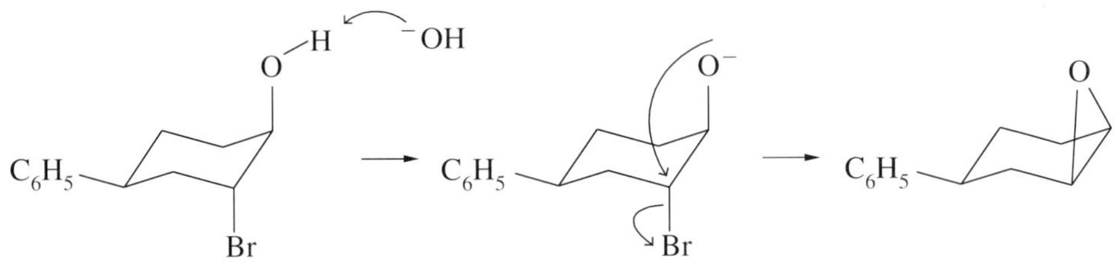


Bei der Ausgangssubstanz zu dieser Reaktion handelt es also sich um Verbindung A.
Als nächstes suchen wir nach einem Substrat, das leicht eine Eliminierung unter Bildung des in der Aufgabe dargestellten Enols eingeht.

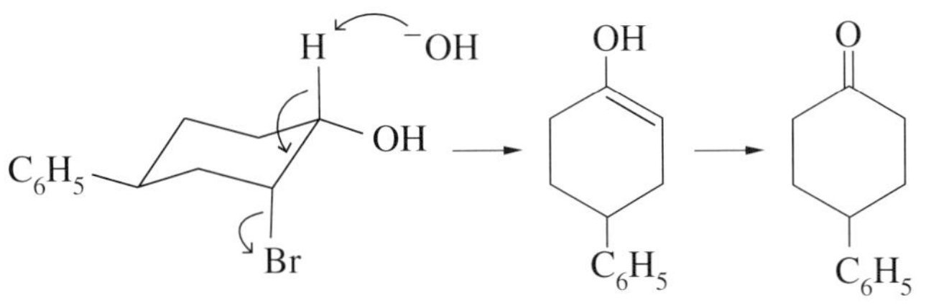


Verbindung C ist identifiziert. Sie mögen sich fragen, warum um alles in der Welt die Base unbedingt vom Kohlenstoff ein Proton entfernt, wo das Molekül doch auch eine sehr viel acidere OH-Gruppe enthält. Erinnern Sie sich daran, daß Säure-Base-Reaktionen typischerweise schnell und reversibel ablaufen. Selbst wenn der oben gezeigte E2-Prozess nur selten stattfindet, unter den Reaktionsbedingungen ist er irreversibel und führt schließlich zum beobachteten Hauptprodukt.

Bleiben Verbindung B und D, die, allerdings in beiden Fällen mit langsamerer Geschwindigkeit, ein Stereoisomer des von Verbindung A gebildeten Oxacyclopropans beziehungsweise dasselbe Produkt wie C ergeben, zu identifizieren. Da beide in Erwägung gezogenen Reaktionstypen eine axiale Abgangsgruppe erfordern, ist es sinnvoll, die Sessel der verbleibenden Ausgangsverbindungen (in denen Br gegenwärtig äquatorial ist) umzuklappen und zu prüfen, was wir erhalten.

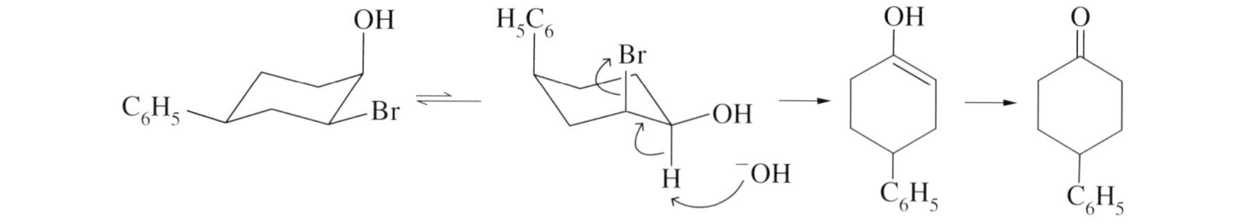

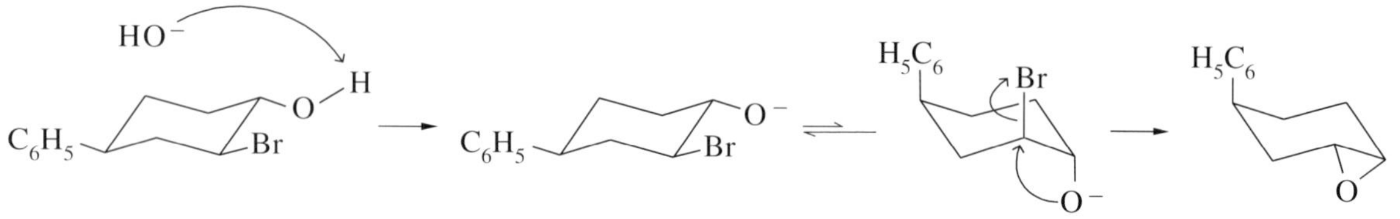

Die obere Verbindung entspricht D, die untere B. Die geringeren Reaktionsgeschwindigkeiten von B und D im Vergleich zu A und C sind auf den zusätzlichen Energieaufwand, um den Ring in die weniger günstige Sesselkonformation umzuklappen, so daß die Reaktion ablaufen kann, zurückzuführen. Das Umklappen des Rings in B ist sehr ungünstig (3 Gruppen wandern in die axiale Position); es ist daher viel wahrscheinlicher, daß die OH-Gruppe zuerst deprotoniert wird.

**(b)** Die Umsetzung von sekundären und tertiären Halogenalkanen mit Silberionen erzeugt die korrespondierenden Carbokationen. Ein kurzer Blick auf die von Verbindung A, C und D abgeleiteten Carbokationen bestätigt, daß sie allem Erwarten nach zu den gleichen Produkten, wie sie bei der Umsetzung mit Base erhalten werden, führen. Beachten Sie, daß die trigonal-planare Geometrie des Carbokations die Form des Cyclohexansessels ein wenig verzerrt.

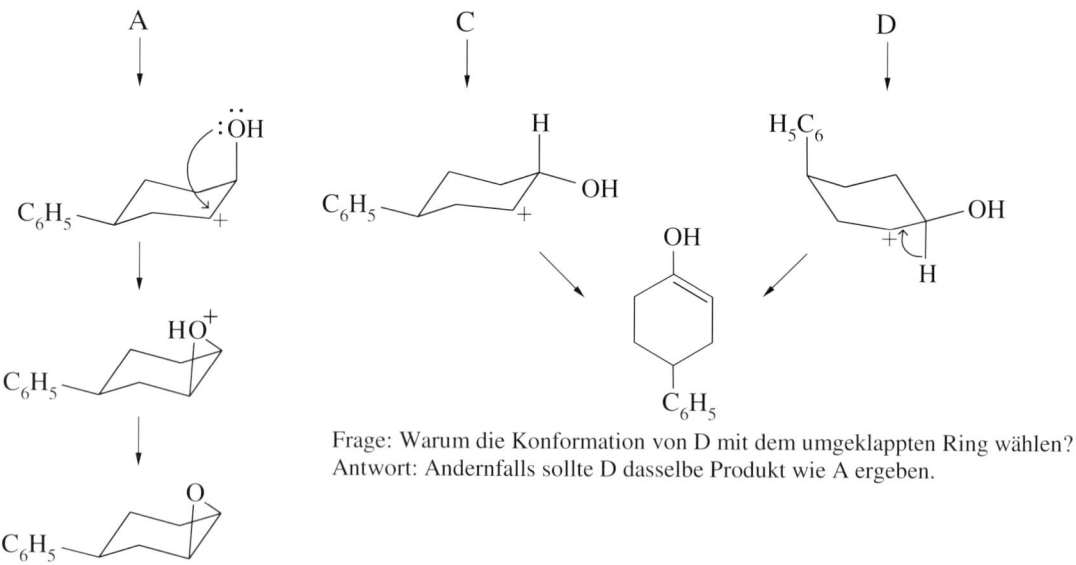

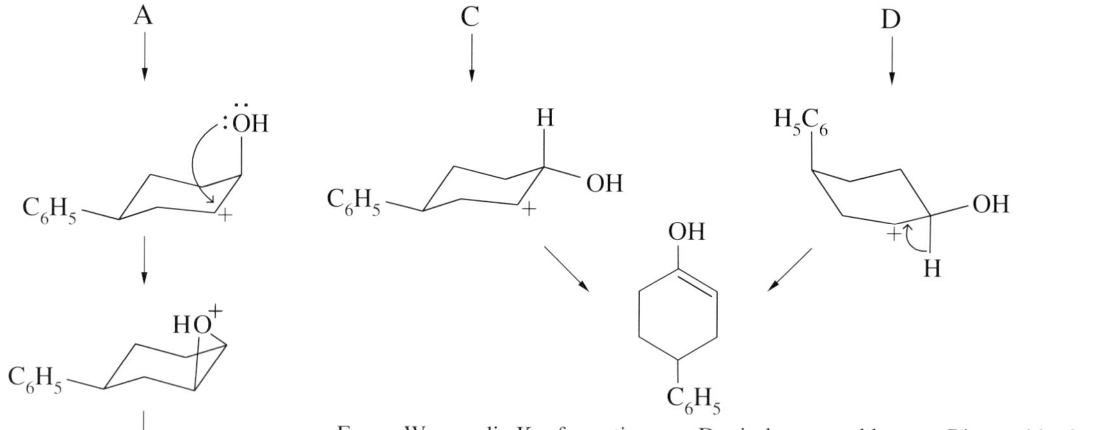


Frage: Warum die Konformation von D mit dem umgeklappten Ring wählen?
Antwort: Andernfalls sollte D dasselbe Produkt wie A ergeben.

**(c)** Die Umsetzung von B mit Silberionen führt zu einem gänzlich anderen Ergebnis: zu einer Ringkontraktion und der Bildung eines Aldehyds. Unsere Erklärung muß eine Begründung enthalten, warum weder ein Oxacyclopropan noch ein Cyclohexenol gebildet werden. Jede Antwort, die von einer der oben aufgeführten kationischen Zwischenstufen ausgeht, ist per definitionem falsch! Schauen Sie sich das Ergebnis der Reaktion von D in Teil (b) noch einmal an. Wären wir von der stabilsten Konformation von D ausgegangen, wäre das Kation identisch zu dem von A gewesen und hätte notwendigerweise zum selben Produkt geführt. Da das beobachtete Produkt *nicht* dasselbe ist, *müssen sich auch die Zwischenstufen unterscheiden*, also muß der Ring vor der Abspaltung des Bromids umklappen. Was können wir daraus lernen? Anscheinend bevorzugt die durch Silberionen beschleunigte Reaktion ein *axiales* Br. Die nähere Betrachtung der Reaktionen aus Teil (b) offenbart außerdem, daß in jedem der Fälle eine benachbarte *axiale* Gruppe mit dem Carbokation reagiert. Mit diesem Wissen kehren wir zurück zu Verbindung B. Untersuchen Sie die Struktur. Hier passiert etwas Seltsames. Wenn wir das Molekül in die alternative all-*axiale* Sesselkonformation bringen und mit Hilfe von Silber das Bromid entfernen, erhalten wir:

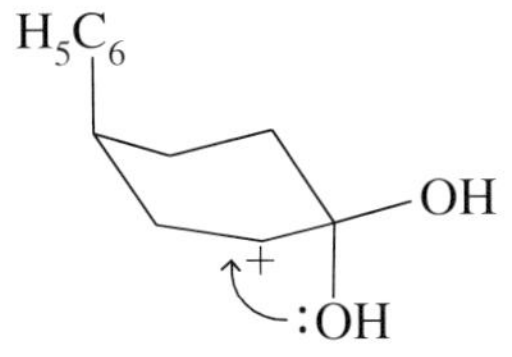


Diese Verbindung sollte sofort zum selben Oxacyclopropan, das bei Umsetzung von B mit Base entsteht, cyclisieren. *Da das nicht geschieht*, müssen wir uns etwas anderes einfallen lassen. Wir wissen, daß diese Konformation ungünstig ist, über 4 kcal mol$^{-1}$ energiereicher als die alternative. Laut Tabelle 2-5 nehmen zu jeder beliebigen Zeit weniger als 0.1% (eines von Tausend) der Moleküle von B diese Konformation ein. Die Reaktion von B mit Silber-Ionen verläuft daher aller Wahrscheinlichkeit nach über die all-*äquatoriale* Konformation, entgegengesetzt zur der von Silber offensichtlich bevorzugten Bromabspaltung aus axialer Position. Aber es wäre immer noch falsch, einfach anzunehmen, daß Silber Br in dieser Konformation abspaltet, da das Ergebnis dasselbe Kation wäre wie jenes, das aus Isomer C ensteht und zu Cyclohexenol weiterreagiert. Falls Sie es nicht bemerkt haben, wir haben gerade alle Carbokationen als mögliche Zwischenstufen ausgeschlossen. Was bleibt übrig? Silber kann zwar möglicherweise nicht die Bildung eines Kations durch Abspaltung eines äquatorialen Br beschleunigen, aber stattdessen könnte eine Umlagerung bei *gleichzeitigem* Verlust von Br unter Umgehung eines kationischen Ringkohlenstoffs erfolgen:

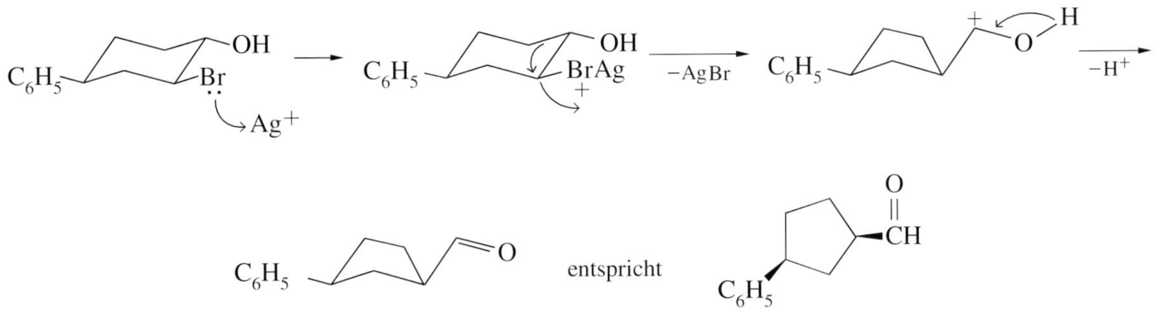


Zwei Dinge: Beachten Sie, daß diejenige Bindung des Cyclohexanrings, die wandert, *anti* zur zu spaltenden C–Br-Bindung steht (diese *anti*-Anordnung – Rückseitenangriff bei $S_N2$, der E2-Übergangszustand und nun diese Reaktion – taucht immer wieder auf, nicht wahr?). Außerdem befindet sich die positive Ladung im resultierenden Kation am hydroxysubstituierten Kohlenstoffatom und kann durch Resonanz mit den freien Elektronenpaaren des Sauerstoffs stabilisiert werden, was letzlich die Triebkraft für die Umlagerung ist.

# NMR-Spektroskopie zur Strukturaufklärung

# 10

**1.** Dafür müssen Sie den Unterschied zwischen *Frequenzen*, $\nu$ (in $s^{-1}$), und *Wellenzahlen*, $\tilde{\nu}$, in Einheiten von $cm^{-1}$ kennen. Die Legende von Abbildung 10.2 zeigt, wie sie zusammenhängen: $\nu = c/\lambda$ und $\tilde{\nu} = 1/\lambda$, somit $\nu = c\ \tilde{\nu}$ oder $\tilde{\nu} = \nu/c$. Für Schallwellen ($\nu = 10^3\ s^{-1}$) haben wir $\tilde{\nu} = 10^3/(3 \times 10^{10}) \approx 3 \times 10^{-8}\ cm^{-1}$; für Mittelwellen-Rundfunk ($\nu = 10^6\ s^{-1}$): $\tilde{\nu} = 10^6/(3 \times 10^{10}) \approx 3 \times 10^{-5}\ cm^{-1}$; und für UKW und Femsehen: ($\nu = 10^8\ s^{-1}$), $\tilde{\nu} = 10^8(3 \times 10^{10}) \approx 3 \times 10^{-3}\ cm^{-1}$. Sie befinden sich alle am rechten Ende der Grafik und sind hinsichtlich der meisten in der Grafik angegebenen Formen elektromagnetischer Strahlung sehr energiearm.

**2.** Die Umrechnungsformeln sind $\lambda = 1/\tilde{\nu}$ und $\nu = c/\lambda$ (siehe Legende von Abbildung 10.2).

**(a)** $\lambda = 1/(1050\ cm^{-1}) = 9.5 \times 10^{-4}\ cm = 9.5\ \mu m$

**(b)** $510\ nm = 5.1 \times 10^{-5}\ cm$, $\nu = (3 \times 10^{10}\ cm\ s^{-1})(5.1 \times 10^{-5}\ cm) = 5.9 \times 10^{14}\ s^{-1}$

**(c)** $6.15\ \mu m = 6.15 \times 10^{-4}\ cm$; $\tilde{\nu} = 1/(6.15 \times 10^{-4}\ cm) = 1.63 \times 10^3\ cm^{-1}$

**(d)** $\nu = c\ \tilde{\nu} = (3 \times 10^{10}\ cm\ s^{-1})(2.25 \times 10^3\ cm^{-1}) = 6.75 \times 10^{13}\ s^{-1}$

**3.** Verwenden Sie $\Delta E = 119\ 748/\lambda$ aus der Legende von Abbildung 10.2 und die Gleichungen $\lambda = 1/\tilde{\nu}$ und $\lambda = c/\nu$. Vergewissern Sie sich jedoch vor der Berechnung von $\Delta E$, daß die Einheiten von $\lambda$. in nm umgerechnet wurden!

**(a)** $\lambda = 1/750 = 1.33 \times 10^{-3}\ cm\ 1.33 \times 10^4\ nm$ ($1\ cm = 10^{-2}\ m$ und $1\ nm = 10^{-9}\ m$, somit $1\ cm = 10^7\ nm$). Damit erhalten wir $\Delta E = (11.97 \times 10^4)/(1.33 \times 10^4) = 9$ kJ/mol.

**(b)** $\lambda = 1/2900 = 3.45 \times 10^{-4}\ cm = 3.45 \times 10^3\ nm$.
Somit $\Delta E = (11.97 \times 10^4)/(3.45 \times 10^3) = 34.7$ kJ/mol.

**(c)** $\lambda = 350$ nm (gegeben) somit $\Delta E = (11.97 \times 10^4)/350 = 341.7$ kJ/mol.

**(d)** $\lambda = 3 \times 10^{10}/20 = 1.5 \times 10^9\ cm = 1.5 \times 10^{16}\ nm$.
Somit $\Delta E = (11.97 \times 10^4)/(1.5 \times 10^{16}) = 8 \times 10^{-12}$ kJ/mol (!).

**(e)** $\lambda = 3 \times 10^{10}/(4 \times 10^4) = 7.5 \times 10^5\ cm = 7.5 \times 10^{12}\ nm$.
Somit $\Delta E = (11.97 \text{ x } 10^4)/(7.5 \times 10^{12}) = 1.6 \times 10^{-8}$ kJ/mol.

**(f)** $\lambda = 3 \times 10^{10} \times 10^6) = 3.4 \times 10^3\ cm = 3.4 \times 10^{10}\ nm$.
Somit $\Delta E = (11.97 \times 10^4)/(3.4 \times 10^{10}) = 3.5 \times 10^{-6}$ kJ/mol.

**(g)** $\lambda = 7 \times 10^{-2}$ nm, daher $\Delta E = (11.96 \times 10^4)/(7 \times 10^{-2}) = 1.7 \times 10^6$ kJ/mol.

**4.** Zur Berechnung von $\Delta E$ benötigt man nur den Wert von $\nu$. Verwenden Sie $\Delta E = 119\ 748/\lambda$ zusammen mit $\lambda = c/\nu$.

**(a)** $l = (3 \times 10^{10}\ cm\ s^{-1})/(9 \times 10^7\ s^{-1}) = 333\ cm = 3.33 \times 10^9\ nm$;
$\Delta E = (11.97 \times 10^4)/(3.33 \times 10^9) = 3.6 \times 10^{-5}$ kJ/mol.

**(b)** $\Delta E = 19.9 \times 10^{-5}$ kJ/mol.

**5. (a)**

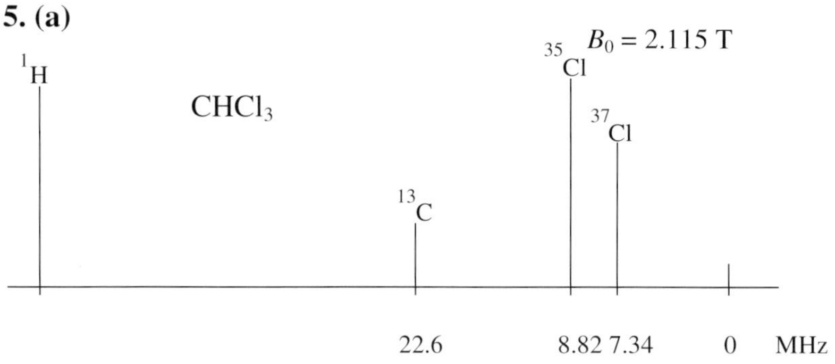

**(b)** Wie **(a)**, aber ein Signal bei 84.6 MHz ($^{19}$F) anstatt bei 90 MHz ($^1$H).

**(c)** Dieses zeigt alle Signale, die in (a) und (b) anwesend waren.
Bei 8.46 T liegen alle Linien bei Frequenzen, die viermal größer sind als die bei 2.115 T. Zum Beispiel wird ein $^1$H-Signal bei 360 MHz angetroffen.

**6.** In (c) zeigt das hochauflösende Spektrum in der Gegend von 22.6 MHz *zwei* $^{13}$C-Signale, weil dieses Molekül zwei nicht identische Kohlenstoff-Atome enthält.

**7. (a)** Teilen Sie durch 90: $\dfrac{90}{92}=1.02; \dfrac{185}{90}=2.06; \dfrac{205}{90}=2.28\,\text{ppm}.$

**(b)** Bei 60 MHz: $92\times\dfrac{60}{90}=61\,\text{Hz}; 185\times\dfrac{60}{90}=123\,\text{Hz}; 205\times\dfrac{60}{90}=137\,\text{Hz}.$

Bei 360 MHz: $92\times\dfrac{360}{90}=368\,\text{Hz}; 185\times\dfrac{360}{90}=740\,\text{Hz}; 205\times\dfrac{360}{90}=820\,\text{Hz}.$

**(c)**

$$\underset{\delta 2.06 \quad\quad \delta 2.28 \quad\quad \delta 1.02}{CH_3\text{-}\overset{\overset{\displaystyle O}{\displaystyle \|}}{C}\text{-}CH_2\text{-}C(CH_3)_3}$$

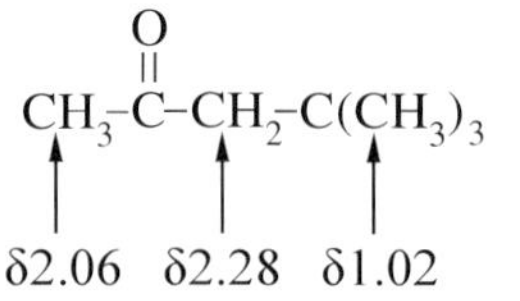

**8. (a)** $(CH_3)_2O$     O ist elektronegativer als N, darum sind die Wasserstoffe im Ether weniger abgeschirmt.

**(b)** $CH_3\overset{\overset{\displaystyle O}{\displaystyle \|}}{C}OCH_3$     Die Protonen an den Kohlenstoffatomen in Nachbarschaft zu elektronegativen Atomen weisen im Vergleich zu denen in Nachbarschaft zu funktionellen Gruppen mit Doppelbindung die größere Tieffeldverschiebung auf (vgl. Tabelle 10-2): Ketone 2.1 - 2.6, Ether 3.3 - 3.9.

**(c)** $CH_3CH_2CH_2OH$     Näher am elektronegativen Atom.

**(d)** $(CH_3)_2S{=}O$     Die elektronenziehende Natur des Schwefels wird durch Bindung an Sauerstoff verstärkt, wodurch die Wasserstoffe im Sulfoxid stärker entschirmt werden als im Sulfid.

**9.** Die chemischen Verschiebungen wurden aus Werten der Tabelle 10-2 abgeschätzt, sind für benachbarte funktionelle Gruppen korrigiert und gelten nur angenähert.

**(a)** 2 Signale: $CH_3\text{-}CH_2\text{-}CH_2\text{-}CH_3$
0.9    1.3

**(b)** 2 Signale: $CH_3\text{-}CHBr\text{-}CH_3$
1.5    3.8

**(c)** 3 Signale: $H\text{-}O\text{-}CH_2\text{-}CCl(CH_3)_2$
variabel    4.0    1.4

**(d)** 4 Signale: $(CH_3)_2CH\text{-}CH_2\text{-}CH_3$
0.9    1.5    1.3    0.9

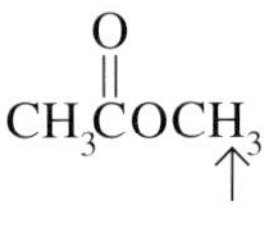

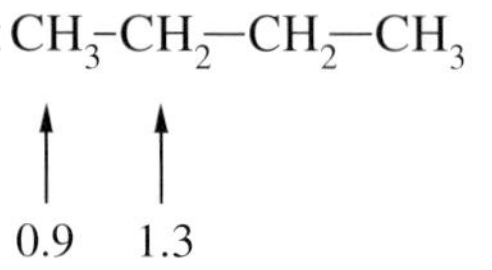

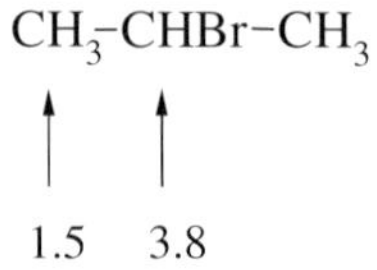

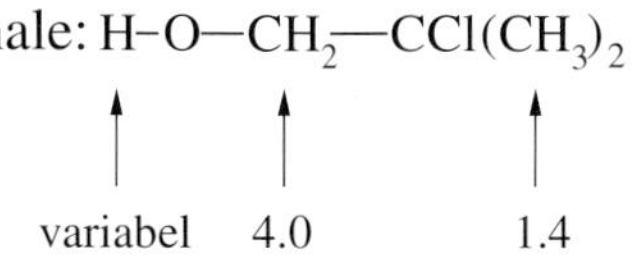

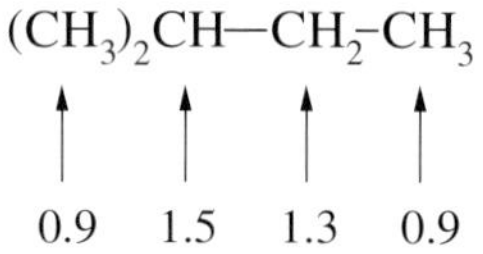

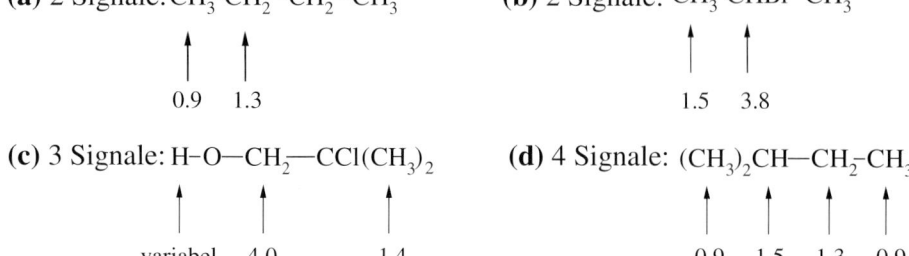

**(e)** 2 Signale: $(CH_3)_3C{-}NH_2$

<br>

1.3        variabel

**(f)** 3 Signale: $(CH_3CH_2)_3CH$

<br>

0.9   1.3   1.5

**(g)** 4 Signale: $CH_3{-}O{-}CH_2{-}CH_2{-}CH_3$

<br>

3.8        3.4   1.7   1.0

**(h)** 2 Signale:

1.5

2.4

**(i)** 6 Signale:

$CH_3{-}CH_2{-}CH{\overset{CH_3}{\underset{OH}{}}}$

1.0  1.4*  3.8

variabel

**(j)** 8 Signale: 1.3* →

variabel
4.0
1.0

1.4*

1.8

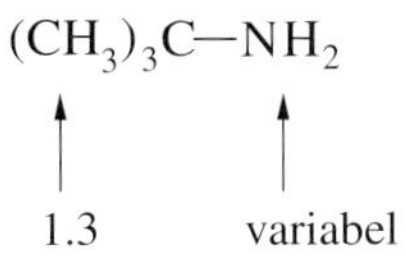

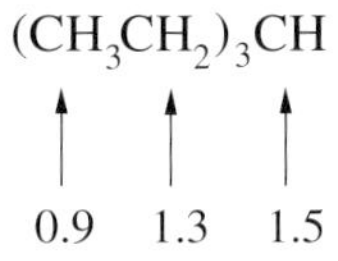

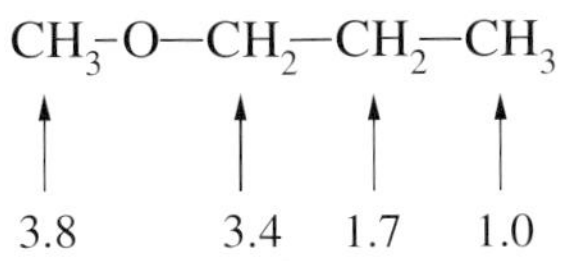

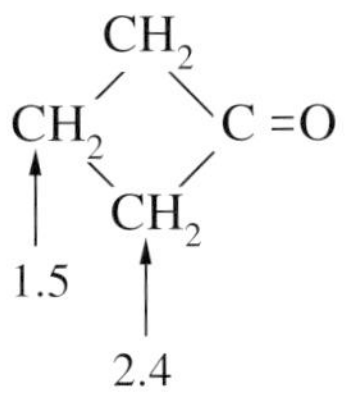

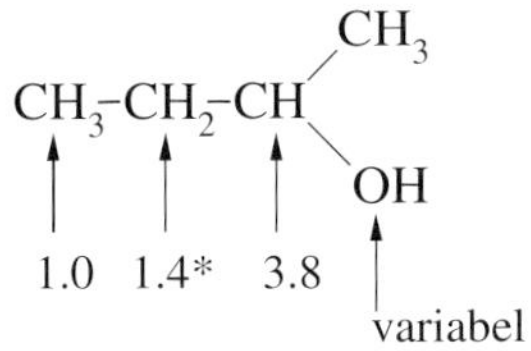

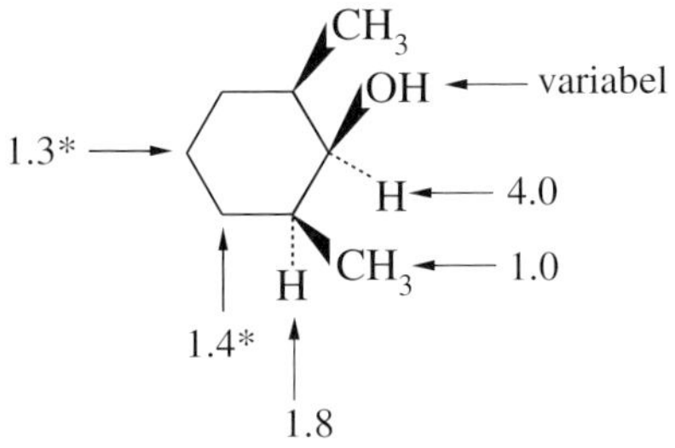

**10.** Wie in der vorherigen Aufgabe sind die chemischen Verschiebungen Näherungswerte, die auf den Daten der Tabelle 10.2 gründen und für die Nähe funktioneller Gruppen korrigiert wurden.

Die Integrationen stehen in Klammern. Signale, die mit Sternchen (*) markiert sind, sind wegen des Auftretens von Diastereotopie infolge der Gegenwart eines chiralen Kohlenstoffs im Molekül komplizierter.

**(a)** $(CH_3)_2CBr{-}CH_2{-}CH_3$

1.5        1.8   1.1
(6)        (2)   (3)

$BrCH_2{-}\overset{CH_3 \leftarrow \boxed{1.1}\,(3)}{CH}{-}CH_2{-}CH_3$

$\boxed{3.5}$  2.0   1.5  $\boxed{0.9}$
(2)*   (1)   (2)*   (3)

$(CH_3)_2CH{-}CH_2{-}CH_2Br$

$\boxed{0.9}$  1.6   1.8  $\boxed{3.5}$
(6)    (1)   (2)   (2)

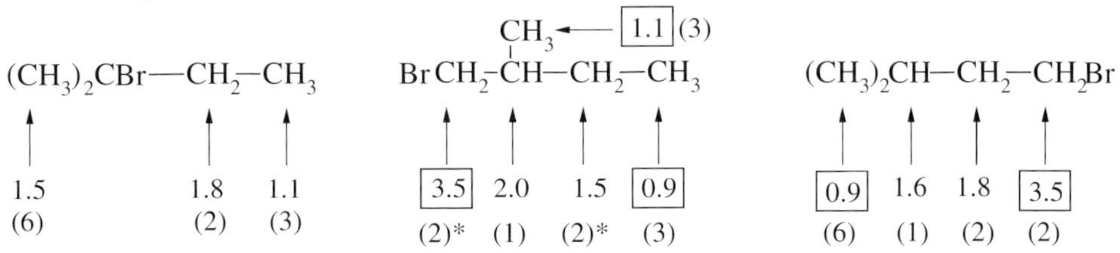

Verbindungen lassen sich anhand ihrer NMR-Spektren leicht unterscheiden: Die erste hat keine Signale bei tieferem Feld von δ2, die anderen wohl. Die letztere zeigt auch verschiedene Anzahlen von Signalen. Die mittlere Verbindung hat zwei nicht äquivalente Methylgruppen, während die letzte zwei identische Methylgruppen aufweist.

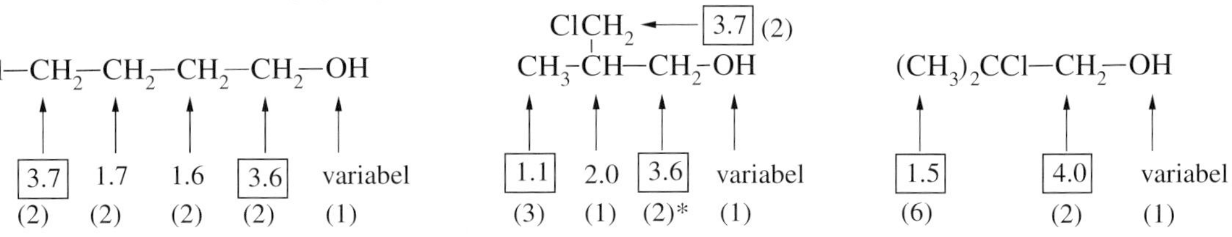

$Cl{-}CH_2{-}CH_2{-}CH_2{-}CH_2{-}OH$

$\boxed{3.7}$  1.7   1.6  $\boxed{3.6}$  variabel
(2)    (2)   (2)   (2)   (1)

**(b)**

$\overset{ClCH_2 \leftarrow \boxed{3.7}\,(2)}{CH_3{-}CH{-}CH_2{-}OH}$

$\boxed{1.1}$  2.0  $\boxed{3.6}$  variabel
(3)    (1)   (2)*   (1)

$(CH_3)_2CCl{-}CH_2{-}OH$

$\boxed{1.5}$      $\boxed{4.0}$  variabel
(6)        (2)   (1)

Wiederum sind die Verbindungen unterscheidbar. Anzahl und Integration der Signale bei tieferem Feld von δ3 unterscheidet die letzte Verbindung. Die anderen beiden unterscheiden sich dadurch, daß die eine ein Methylsignal im Bereich höherer Feldstärken besitzt, die andere dagegen nicht.

$\overset{CH_3 \leftarrow 1.5\ (3)}{ClCH_2CBrCH{-}(CH_3)_2}$

4.0    2.0   1.1
(2)*   (1)   (6)*

$\overset{CH_3 \leftarrow 1.2\ (3)}{ClCH_2{-}CHCBr(CH_3)_2}$

3.7    2.0   1.5
(2)*   (1)   (6)*

$ClCH_2C(CH_3)_2CHBrCH_3$

$\boxed{3.7}$  1.3  $\boxed{4.0}$  1.5
(2)*   (6)*  (3)   (3)

$ClCH_2{-}CHBrC(CH_3)_3$

4.0   4.2      $\boxed{1.1}$
(2)*  (1)      (9)

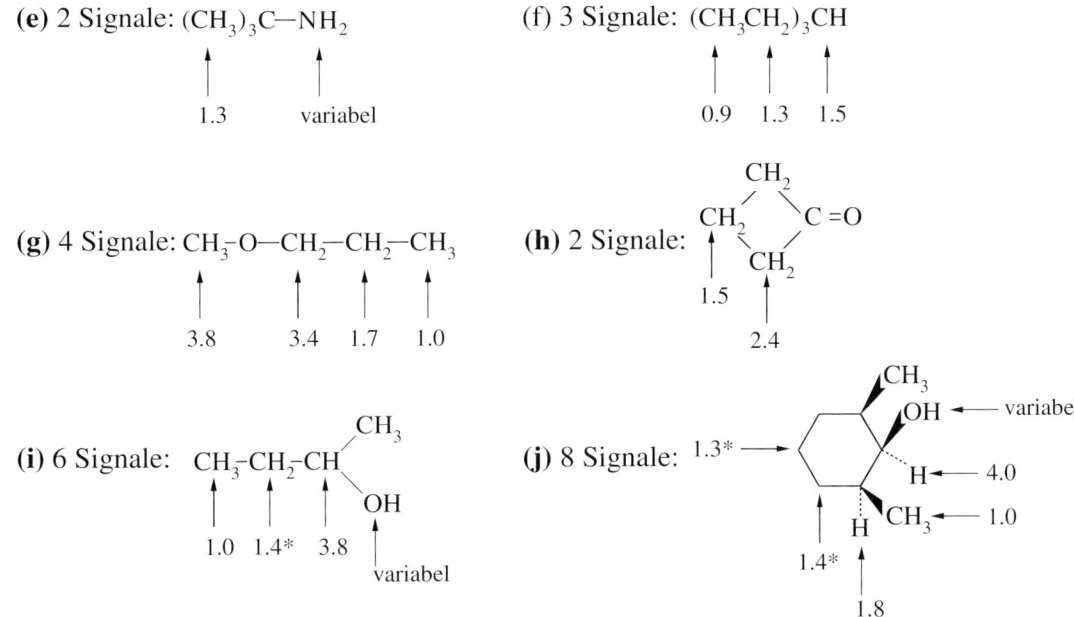

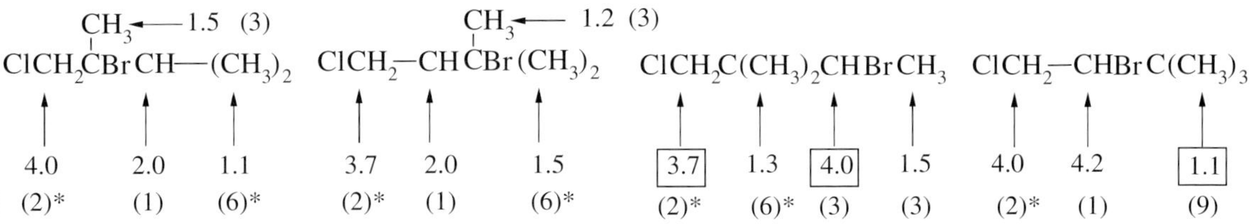

**(c)**

---

\* Methylen-Wasserstoffe sind diastereotop und daher nicht äquivalent.

Die letzten beiden Verbindungen lassen sich leicht identifizieren. Die letzte enthält 3 äquivalente Methylgruppen, die ein einzelnes Signal der Intensität 9 liefern. Obwohl die übrigen drei Verbindungen alle vier Signale zeigen, besitzt nur die letzte zwei Signale bei tieferem Feld von $\delta 3$ (mit einer Gesamtintegration von 3). Die ersten beiden Verbindungen lassen sich durch NMR schwierig unterscheiden - sie haben beide die gleiche Zahl von Signalen mit den gleichen Integrationsverhältnissen. Die chemischen Verschiebungen unterscheiden sich nur geringfügig, und beide Spektren enthalten Komplikationen, die auf diastereotope Methyl- und Methylen-Gruppen (mit Sternchen markiert) zurückzuführen sind.

**11. (a)** Das Spektrum enthält zwei Signale bei $\delta 1.1$ und $\delta 3.3$ mit einem Integrationsverhältnis von 9 : 2. Da die Formel ($C_5H_{11}Cl$) 11 Wasserstoff-Atome aufweist, muß das Signal bei $\delta 1.1$ neun äquivalenten Wasserstoff-Atomen und das Signal bei 3.3 zwei äquivalenten Wasserstoff-Atomen entsprechen. Eine ($CH_3)_3C$-Gruppe enthält z.B. 9 äquivalente Wasserstoff-Atome. Die beiden anderen Wasserstoff-Atome müssen sich an einem getrennten einzelnen Kohlenstoff-Atom befinden, weil die ($CH_3)_3C$-Gruppe ja bereits 4 der insgesamt 5 vorhandenen Kohlenstoff-Atome der Formel besitzt. Die Lage dieser beiden Wasserstoffe im Bereich niedrigerer Feldstärken läßt vermuten, daß ihr Kohlenstoff-Atom mit Cl verbunden ist. Damit:

$$(CH_3)_3C- \quad , \quad -CH_2- \quad , \quad -Cl \implies (CH_3)_2C-CH_2-Cl$$

$$\delta 1.1 \qquad\qquad \delta 3.3 \qquad\qquad\qquad\qquad \text{als plausible Struktur}$$

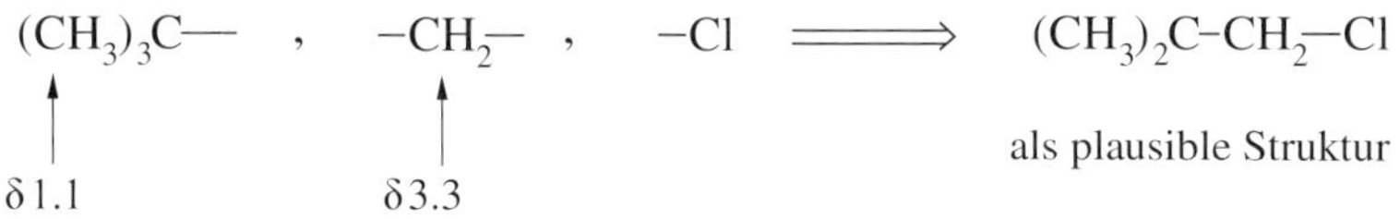

**(b)** Ähnlich: Zwei Signale, $\delta 1.9$ und 3.8 mit einem Integrationsverhältnis von etwa 6 oder 7 zu 2. Da das Molekül 8 Wasserstoff-Atome besitzt, ist das Integrationsverhältnis von 6 zu 2 vermutlich in Ordnung. Das Signal für 6 äquivalente Wasserstoff-Atome ist vermutlich auf 2 Methylgruppen zurückzuführen, die sich am selben Kohlenstoff-Atom befinden ($CH_3-C-CH_3$). Das Signal für die übrigen 2 Wasserstoff-Atome kann nur durch eine $-CH_2$-Gruppe verursacht werden, weil nur 4 Kohlenstoff-Atome im Molekül enthalten sind. Somit ist die Antwort:

$$CH_3-C-CH_3 \, , \quad -CH_2- \, , \quad 2 \cdot Br \implies$$

Br
|
$CH_2 \longleftarrow \delta 3.8$
|
$CH_3-C-CH_3$
|
Br

$\delta 1.9$

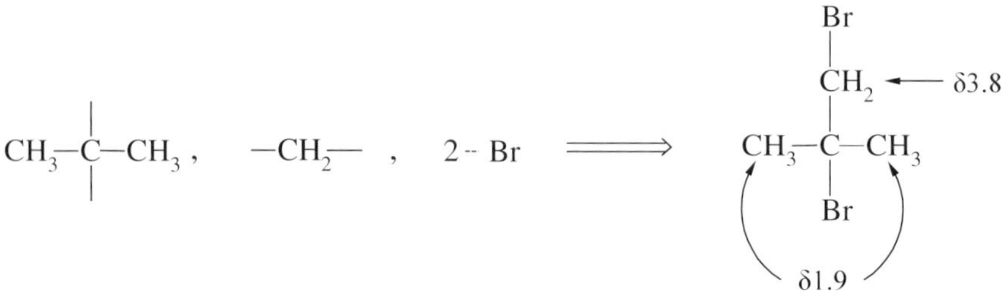

**12. (a)** Das Spektrum hat zwei Signale in einem Intensitätsverhältnis von 3 : 1. Da das Molekül 8 Wasserstoff-Atome aufweist, bedeutet das, daß es eine Gruppe von 6 äquivalenten Wasserstoff-Atomen gibt und eine andere von 2 äquivalenten Wasserstoff-Atomen (6 : 2 = 3 : 1). Zwei äquivalente $CH_3$-Gruppen und eine $CH_2$-Gruppe decken den Formelinhalt bis auf zwei Sauerstoff-Atome ab. Das größere Signal bei $\delta 3.3$ paßt gut für Wasserstoff-Atome an Kohlenstoff-Atomen, die mit einem Sauerstoff-Atom verknüpft sind. Die Lage des kleinen Signals ($\delta 4.4$) im Bereich niedrigerer Feldstärkensteht in Einklang mit der Verknüpfung des Kohlenstoffs mit mehr als einem Sauerstoff. Wir erhalten als Ergebnis

$$CH_3-O-CH_2-O-CH_3$$

$\delta 4.4$

gleich, bei $\delta 3.3$

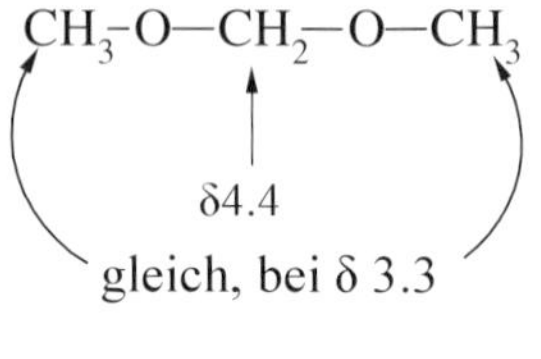

**(b)** Wieder zwei Signale, aber jetzt in einem Intensitätsverhältnis von 9:1. Gleiche Argumentation wie in **(a)**, es gibt drei äquivalente $CH_3$-Gruppen, von denen jede mit einem Sauerstoff-Atom verbunden ist, und eine CH-Gruppe, die wegen ihrer chemischen Verschiebung zu niedrigeren Feldstärken hin ($\delta 4.9$) mit mehr als einem Sauerstoff-Atom verbunden ist.

Die einzige damit in Einklang stehende Struktur ist somit $(CH_3O)_3CH$

$(CH_3O)_3$: δ3.3; CH: δ4.9

**(c)** Zwei intensitätsgleiche Signale weisen auf zwei verschiedene Gruppen hin, von denen jede 6 äquivalente Wasserstoff-Atome trägt. Das Signal bei δ3.1 könnte auf zwei äquivalente $CH_3$-O hinweisen, während das Signal bei δ1.2 durch 2 äquivalente $CH_3$ hervorgerufen werden kann, die nicht mit Sauerstoff verbunden sind. Das alles zusammen ergibt $C_4H_{12}O_2$, das heißt, es fehlt noch ein Kohlenstoff-Atom in der Formel des Moleküls ($C_5H_{12}O_2$). Das fünfte Kohlenstoff-Atom könnte zur Verknüpfung der anderen vier Gruppen dienen:
$(CH_3O)_2C(CH_3)_2$ ist die Antwort.

Damit verglichen hat l,2-Dimethoxyethan zwei Signale in einem Verhältnis von 3 : 2 (= 6 : 4), die beide in einem Bereich auftreten, der mit der Annahme konsistent ist, daß die Wasserstoff-Atome sich an Kohlenstoff-Atomen befinden, die mit nur einem *einzigen* Sauerstoff verknüpft sind, wie es die Struktur $CH_3OCH_2CH_2OCH_3$ verlangt.

**13. (a)** Wir haben zwei Signale in einem Intensitätsverhältnis von 3 : l. Da 12 Wasserstoff-Atome in der Formel enthalten sind, liegen 9 gleichgebundene H-Atome vor (wegen der chemischen Verschiebung δ1.2 im Bereich hoher Feldstärken, aber nicht in Nachbarschaft zu einer funktionellen Gruppe), gegenüber 3 weiteren H-Atomen in einer anderen chemischen Umgebung (in der Nähe einer funktionellen Gruppe wegen der chemischen Verschiebung von δ2.1). Am einfachsten geht man von $CH_3$-Gruppen als Bestandteilen einer möglichen Struktur aus. Da das Molekül ein Keton ist, liegt auch eine CO-Gruppe vor. Bis jetzt haben wir:

| | | |
|---|---|---|
| $CH_3$ | 3 $CH_3$-Gruppen | CO |
| δ2.1 | δ1.2 | |

Insgesamt also bisher $C_5H_{12}O$. Ein zusätzliches C-Atom wird benötigt, aber sonst nichts. Zeichnen wir diese Bruchstücke mit ihren Bindungen hin, erhalten wir

$-CH_3$ (δ2.1)  $-CH_3$  $-CH_3$  $-CH_3$ (δ1.2)  $-C(=O)-$  $>C<$

Die erste $CH_3$-Gruppe verknüpfen wir mit der CO-Gruppe, was ihre chemische Verschiebung plausibel macht: $CH_3-C(=O)-$. Von den weiteren 3 $CH_3$-Gruppen kann keine direkt an CO gebunden sein, weil (1) die chemische Verschiebung nicht paßt und (2) so nicht alle übriggebliebenen Bruchstücke unterzubringen sind. Darum bringen wir zunächst das nicht gebundene C-Atom unter:

$CH_3-C(=O)-C<$

Nun bleibt nur noch die Verknüpfung des letzteren mit den 3 $CH_3$-Gruppen: $CH_3-C(=O)-C(CH_3)_3$. Das ist die Antwort.

**(b)** Beide haben Signale in einem 3:1-Verhältnis; wieder haben wir zwei Gruppen von Protonen: 9 H-Atome und 3 H-Atome. Wir wollen weiter annnehmen, daß die gleichen Bruchstücke vorliegen, wie in Teil **(a)**, dazu kommt ein weiteres O-Atom. Weiter nehmen wir an, daß sich wieder drei $CH_3$-Gruppen an dem zusätzlichen Kohlenstoff-Atom befinden; d.h. wir haben

$-CH_3$  $-C(CH_3)_3$  $-C(=O)-$  $-O-$ als unsere Bruchstücke.

Bei Isomer 1 liegt $–CH_3$ bei δ2. 0 und $–C(CH_3)_3$ bei δ1.5. Die $—\overset{CH_3}{\underset{CH_3}{\overset{|}{\underset{|}{C}}}}—CH_3$-Gruppe befindet sich im Vergleich zum Keton in Teil **(a)** im Bereich niedrigerer Feldstärken.
Bei Isomer 2 liegt $–CH_3$ bei δ3.6, im Vergleich zum Keton in **(a)** weit zu niedrigeren Feldstärken hin verschoben, aber die $–C(CH_3)_3$-Gruppe liegt bei δ1.2, fast identisch wie bei dem Keton in **(a)**. Die $CH_3$-Gruppe in Isomer 2 muß mit dem zusätzlichen Sauerstoff-Atom verbunden sein, der Rest des Moleküls stimmt überein mit dem Keton in Teil **(a)**:

Das ist ein Ester. $CH_3\text{–O–}\overset{O}{\overset{\|}{C}}\text{–}C(CH_3)_3$

Isomer 1 hat das zusätzliche Sauerstoff-Atom auf der anderen Seite von CO, was die leichte Verschiebung der $–C(CH_3)_3$-Gruppe zu niedrigeren Feldstärken hin erklärt:

Dies ist ebenfalls ein Ester. $CH_3\text{–}\overset{O}{\overset{\|}{C}}\text{–O–}C(CH_3)_3$

**14. (a)** Diese Verbindung sollte vier Signale aufweisen, sie könnte daher (ii) oder (iii) entsprechen. Die Methylgruppe in diesem Molekül ist weit vom nächsten Cl entfernt und hat eine $CH_2$-Gruppe als Nachbarn, sie sollte daher ein Triplett zeigen (zwei Nachbarn, daher $N + 1 = 3$) bei relativ hohem Feld (niedriger δ-Wert). Die Antwort lautet daher (iii), mit dem Triplett bei δ = 1.0 ppm.

**(b)** Symmetrie in der Struktur sollte das NMR-Spektrum in der Weise vereinfachen, daß nur noch zwei Signale auftreten; (i) ist die Antwort.

**(c)** Vier Signale werden erwartet, aber anders als bei (a) ist hier die Methylgruppe näher an einem Cl und hat nur eine CH-Gruppe als Nachbarn. Ihr Signal sollte ein Dublett sein, das etwas zu tiefem Feld verschoben ist; (ii) ist das Spektrum, mit dem Dublett bei δ = 1.6 ppm.

Beachten Sie, daß es für die Zuordnung gar nicht nötig war, jeden einzelnen Peak zu analysieren. Die verbleibenden Signale können natürlich auch interpretiert werden:

**(a)** $CH_2Cl$ hat CH als Nachbarn und ist das Dublett bei δ = 3.6 ppm; CHCl hat vier Nachbarn und ist das Quintett bei δ = 3.9 ppm; $CH_2$ schließlich bei C3 hat vier Nachbarn und ist das Quintett bei δ = 1.9 ppm.

**(b)** Jede $CH_3$-Gruppe hat CH als Nachbarn, was zu dem Dublett bei δ = 1.5 ppm führt; jede CHCl-Gruppe hat vier Nachbarn und ergibt das Quintett bei δ = 4.1 ppm.

**(c)** $CH_2Cl$ ist $CH_2$ benachbart und ist das Triplett bei δ = 3.6 ppm; $CH_2$ bei C2 hat drei Nachbarn und ist das Quartett bei δ = 2.1 ppm; CHC1 hat fünf Nachbarn und ist das Sextett bei δ = 4.2 ppm.

**15.** In der folgenden Antwort werden Signale in abgekürzter Weise beschrieben, zudem werden mögliche Gruppen, denen sie entsprechen, angegeben. Denken Sie an die $(N + 1)$-Regel: $N$ Nachbarprotonen spalten ein Signal in $N + 1$ Linien auf!

**(C)** δ = 0.9 (Triplett, 3 H): $\mathbf{CH_3}$, durch benachbartes $CH_2$ aufgespalten (2 + 1 = 3 = Triplett)
δ = 1.3 (Singulett, 6 H): *Zwei identische* $\mathbf{CH_3}$, ohne benachbarte aufspaltende H.
δ = 1.5 (Quartett, 2 H): $\mathbf{CH_3}$, durch benachbartes $CH_3$ aufgespalten (3 + 1 = 4 = Quartett)
δ = 2.3 (Singulett, 1 H): nichtaufgespaltenes **CH** oder **OH**; OH ist wahrscheinlicher, weil das Molekül ein Alkohol ist

Man erhält daraus $C_4H_{12}O$. Ein weiteres C wird für $C_5H_{12}O$ benötigt; dann haben wir die Fragmente

$$CH_3{-}CH_2{-} \qquad CH_3{-} \qquad CH_3{-} \qquad {-}OH \qquad {-}\overset{\displaystyle |}{\underset{\displaystyle |}{C}}{-}$$

0.9    1.5          1.3                    2.3

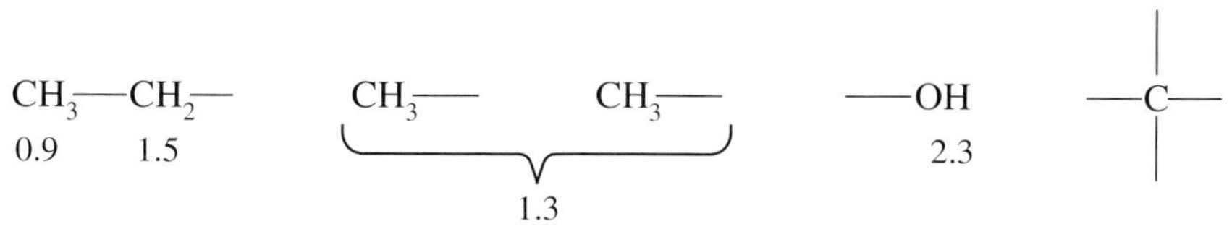

Durch Verknüpfen der ersten vier Gruppen mit dem letzten isolierten C erhält man die richtige Antwort: 2-Methyl-2-butanol.

$$CH_3CH_2{-}\overset{\displaystyle CH_3}{\underset{\displaystyle CH_3}{C}}{-}OH$$

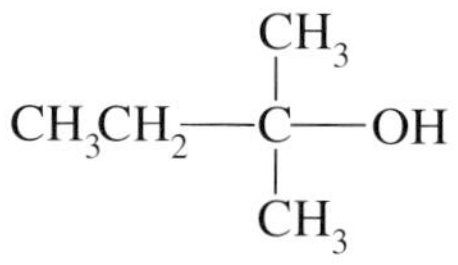

(D) $\delta$ = 0.9 (Dublett, 6 H): Zwei identische $CH_3$, beide durch benachbartes CH aufgespalten (1 + 1 = 2 = Dublett)

$\delta$ = 1.3-1.9 (Multiplett, 3 H): Wahrscheinlich mehr als ein überlappendes aufgespaltenes Signal

$\delta$ = 2.0 (Singulett, 1 H): Höchst wahrscheinlich OH

$\delta$ = 3.6 (Triplett, 2 H): $CH_2$, durch benachbartes $CH_2$ aufgespalten (2 + 1 = 3 = Triplett) und nach der chemischen Verschiebung zu urteilen direkt mit O verbunden.

Obwohl das Signal bei 1.3-1.9 nicht ohne weiteres gedeutet werden kann, können wir die Annahme machen, daß es sowohl die **CH**-Gruppe enthält, die das Signal bei 0.9 in ein Dublett aufspaltet, als auch die $CH_2$-Gruppe, die das Signal bei 3.6 in ein Triplett aufspaltet. Dies ist eine recht gute Annahme, weil so keine nichtzugeordneten Signale im Spektrum übrig bleiben. Die Gruppen ergeben insgesamt $C_5H_{12}O$, wir haben also in Form der Fragmente

$$\overset{\displaystyle CH_3}{\underset{\displaystyle CH_3}{{\Large >}}}CH{-} \qquad und \qquad {-}CH_2{-}CH_2{-}OH$$

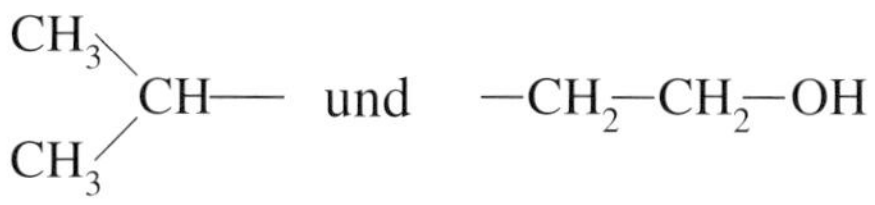

alles gefunden. Wir fügen sie zusammen zu

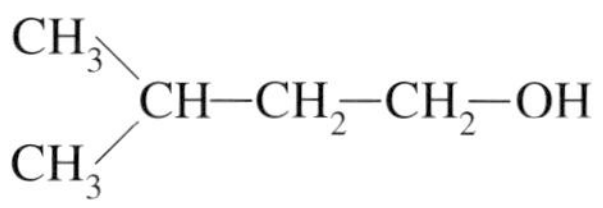

$$\overset{\displaystyle CH_3}{\underset{\displaystyle CH_3}{{\Large >}}}CH{-}CH_2{-}CH_2{-}OH \quad 3\text{-Methyl-1-butanol}$$

(E) $\delta$ = 0.9 (Ungefähres Triplett, 3 H): $CH_3$, durch benachbartes $CH_2$ aufgespalten)

$\delta$ = 1.2-1.8 (ein „Gebirge", 6 H): ???

$\delta$ = 2,1 (breites Singulett, 1 H): wieder **OH**

$\delta$ = 3.6 (Triplett, 2 H): $CH_2$, durch benachbartes $CH_2$ aufgespalten und mit O verbunden

Wieder müssen wir unsere Schlüsse daraus ziehen: Dafür nehmen wir an, daß sowohl die $CH_2$-Gruppe, die das Signal bei 0.9 aufspaltet, und die $CH_2$-Gruppe, die das Signal bei 3.6 aufspaltet, zwischen 1.2-1.8 „begraben" liegen. Die Gruppen, über die wir verfügen, ergeben dann insgesamt

$C_4H_{10}O$. Es müßte noch eine dritte **CH$_2$**-Gruppe dort versteckt sein, das erklärt die integrierte Intensität 6 H. Was haben wir also?

$$\underset{\underset{0.9 \quad 1.2\text{-}1.8}{}}{CH_3\text{—}CH_2\text{—}} \qquad \underset{\underset{1.2\text{-}1.8 \quad 3.6}{}}{\text{—}CH_2\text{—}CH_2\text{—}OH} \quad \underset{2.1}{} \qquad \underset{\underset{1.2\text{-}1.8}{}}{\text{—}CH_2\text{—}}$$

Es gibt nur eine Möglichkeit, die Fragmente in der richtigen Weise zusammenzufügen: 1-Pentanol, $CH_3\text{–}CH_2\text{–}CH_2\text{–}CH_2\text{–}CH_2\text{–}OH$.

**(F)** δ = 0.9 (Triplett, nicht besonders deutlich, 3 H): **CH$_3$** in Nachbarschaft zu $CH_2$

δ = 1.2 (Dublett, 3 H): **CH$_3$** in Nachbarschaft zu CH

δ = 1.4 (breites Signal, 4 H): ???

δ = 2.3 (Singulett, 1 H): **OH**

δ = 3.8 (vier, vielleicht fünf Linien, 1 H): **CH**, in Nachbarschaft zu O, durch mindestens drei und vielleicht vier benachbarte H aufgespalten

Wir wollen uns die Fragmente ansehen. Die CH$_3$-Gruppe bei 1.2 könnte mit CH bei 3.8 verbunden werden. Die CH$_3$-Gruppe bei 0.9 könnte mit einer CH$_2$-Gruppe aus dem Signal bei 1.4 verknüpft werden. Das ergibt insgesamt $C_4H_{10}O$, wir brauchen also eine weitere CH$_2$-Gruppe, vermutlich auch bei 1.4. Die Fragmente sind also

$$\underset{\underset{1.2 \quad 3.8 \quad 2.3}{}}{CH_3\text{—}\overset{|}{C}H\text{—}OH} \qquad \underset{\underset{0.9 \quad 1.4}{}}{CH_3\text{—}CH_2\text{—}} \qquad \underset{1.4}{\text{—}CH_2\text{—}}$$

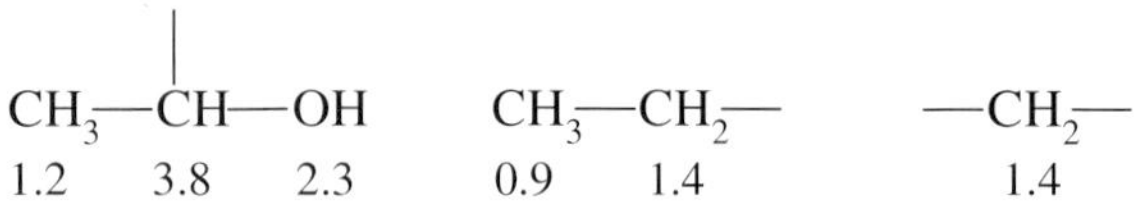

Durch Zusammenfügen erhalten wir 2-Pentanol.

$$\underset{\underset{CH_3}{|}}{CH_3\text{—}CH_2\text{—}CH_2\text{—}\overset{\overset{OH}{|}}{C}H}$$

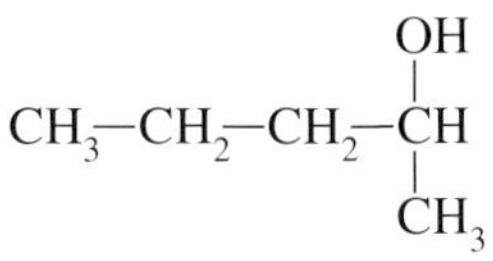

Beachten Sie, daß in den beiden Spektren **E** und **F** sehr verzerrte Tripletts bei etwa 0.9 für CH$_3$-Gruppen auftraten, die CH$_2$ benachbart sind. Diese Verzerrung wird sehr häufig beobachtet und wird durch das dichte Beieinander der chemischen Verschiebungen der Methylgruppen (δ = 0.9) und der sie aufspaltenden Gruppen (δ = 1.2-1.8 in **E** und δ = 1.4 in **F**) bedingt.

**16. (a)** Die Skizze zeigt typische Ethyl-Signale (Hochfeld-Triplett für $CH_3$ und Tieffeld-Quartett für $CH_2$) und ein stark entschirmtes $CH_2$-Singulett wegen der Verknüpfung mit zwei elektronegativen Atomen (die im Spektrum auftretenden chemischen Verschiebungen entsprechen den beobachteten Werten).

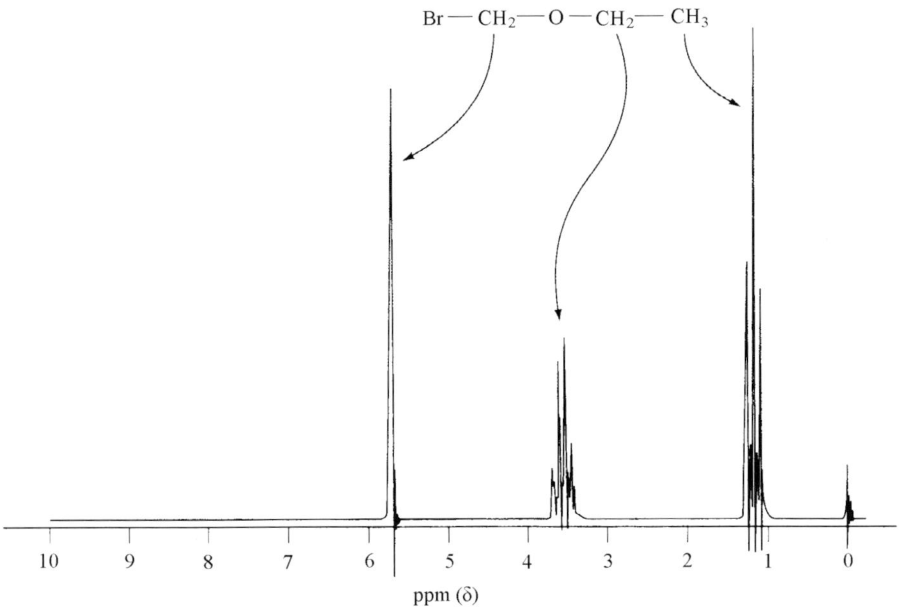


**(b)** Die Skizze zeigt ein Singulett für die Methylgruppe und zwei dicht benachbarte Tripletts für die -$CH_2$-$CH_2$-Gruppierung. Das wirkliche Spektrum würde wegen der engen Nachbarschaft der chemischen Verschiebungen für letztere Komplikationen bei der Aufspaltung aufweisen (siehe Abschnitt 10-8). Hier wird dieser Effekt ausgeklammert und das ideale Spektrum erster Ordnung gezeigt.

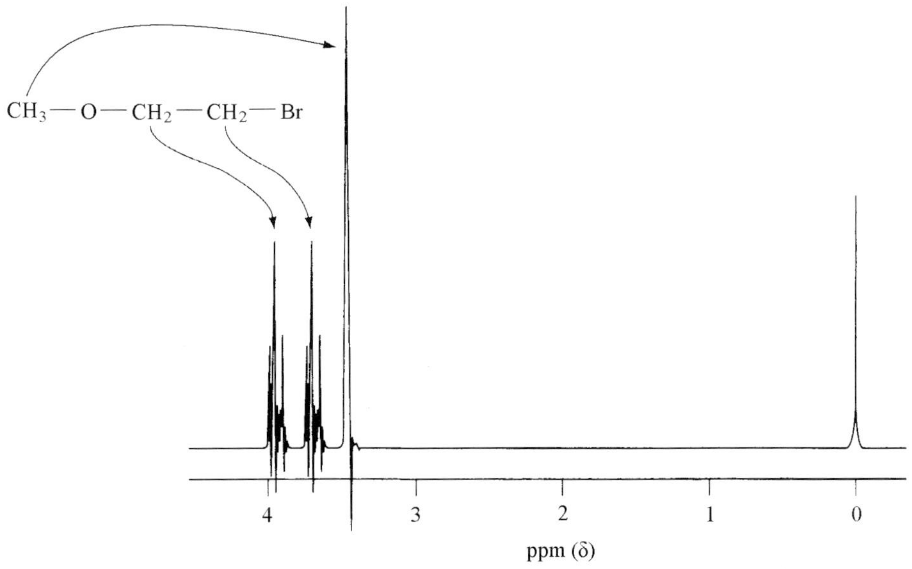

**(c)** Die Skizze sollte wie das Spektrum von $CH_3CH_2CH_2Br$ (Abbildung 10-29 im Lehrbuch) aussehen. C2 ergibt ein Sextett (fünf Nachbarn) unter der Annahme etwa überall gleicher Kopplungskonstanten.

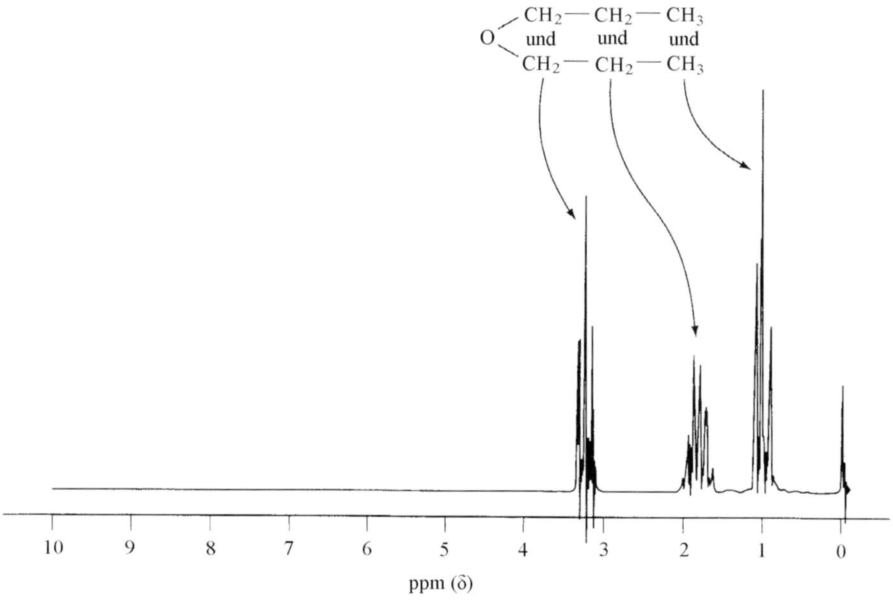


**(d)** Wie in **(a)** haben wir auch hier wieder ein Signal mit relativ hoher Tieffeldverschiebung, weil die Gruppe von zwei elektronegativen Atomen flankiert wird.

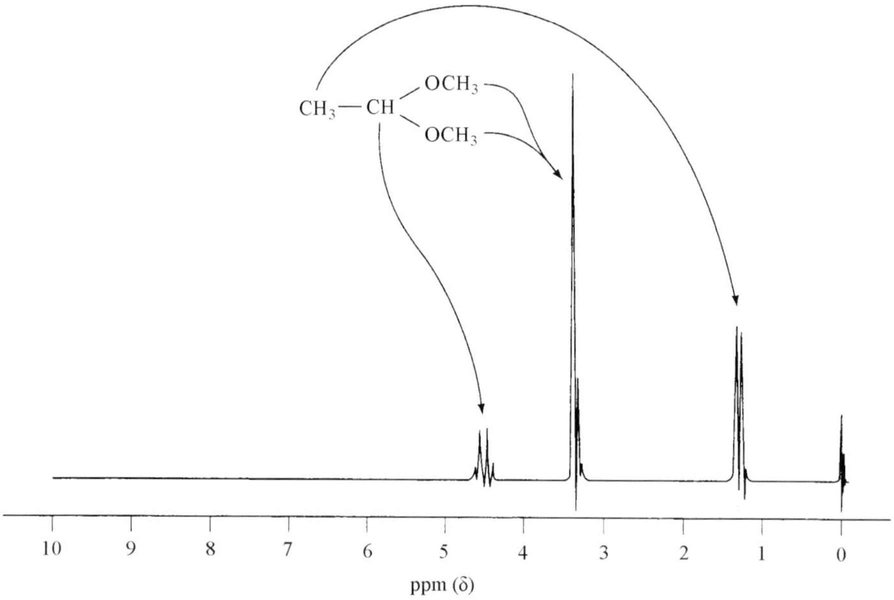


**17.** Zwei Signale, δ0.9 (Dublett) und δ1.2-1.8 (Multiplett) in einem Intensitätsverhältnis von etwa 5 oder 6 zu 1. Die Formel enthält 14 H-Atome, wir ordnen daher 12 H dem starken Signal und 2 H dem schwächeren Signal zu. Zwölf äquivalente Wasserstoff-Atome bedeuten wahrscheinlich 4 äquivalente $CH_3$-Gruppen, die zusammen $C_4H_{12}$ ergeben. Es muß also noch $C_2H_2$ untergebracht werden. Die einzige Struktur, die damit verträglich ist (identische $CH_3$-Gruppen und Aufspaltung in ein Dublett) ist $(CH_3)_2CH\text{-}CH(CH_3)_2$, 2,3-Dimethylbutan.

Abbildung 10-25 zeigt das NMR-Spektrum von 2-Iodpropan, ein anderes Molekül mit der $(CH_3)_2CH$-Gruppe. Das Methyl-Signal ist wieder ein Dublett, aber das CH-Signal stellt sich jetzt als sauber aufgelöstes Septett dar. Der größere Unterschied zwischen den chemischen Verschiebungen der beiden Signal-Gruppen in 2-Iodpropan führt im Spektrum nahezu zu Verhältnissen erster Ordnung, wenn man mit dem Spektrum von 2,3-Dimethylbutan vergleicht.

**18.** Das NMR-Spektrum des Produkts ähnelt weitgehend dem des tertiären Alkohols 2-Methyl-2-butanol (Aufgabe 15, Spektrum C), aber das Signal für die OH-Gruppe fehlt, und die Molekülformel enthält Br anstelle von OH. Bei dem Produkt handelt es sich um 2-Brom-2-methylbutan, und die Signale im Spektrum werden ähnlich zugeordnet. Wie entsteht es? Natürlich durch eine Umlagerung!

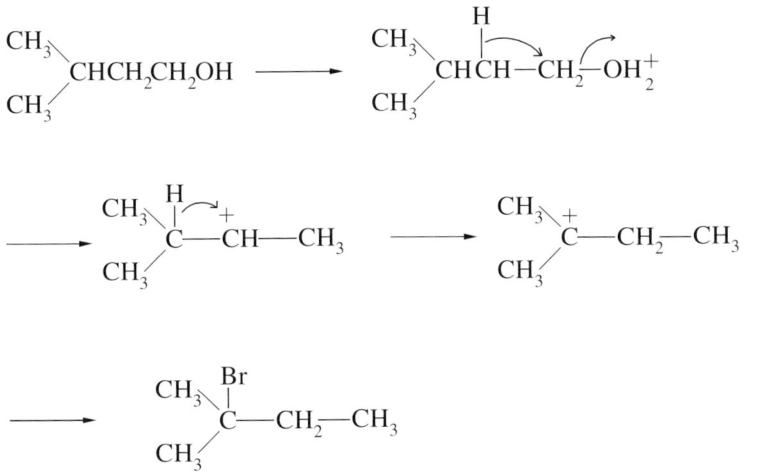

**19.** Bei 60 MHz wird nur die $CH_2$-Gruppe in Nachbarschaft zu Cl ($\delta$ = 3.5) deutlich aufgelöst. Das stark verzerrte $CH_3$-Triplett ($\delta$ = 0.9) wird kaum von den anderen drei $CH_2$-Gruppen getrennt, die zwischen $\delta$ = 1.0-2.0 überlappen. Bei 500 MHz ist die Trennung der Signale in Hertz soviel größer, daß das gesamte Spektrum praktisch aus Signalen erster Ordnung besteht: $\delta$ = 0.92 (Triplett, $CH_3$), 1.36 (Sextett, $C_4$ $CH_2$), 1.42 (Quintett, $C_3$ $CH_2$), 1.79 (Quintett, $C_2$ $CH_2$), 3.53 (Triplett, Cl $CH_2$). Beachten Sie, wieviel enger die Multipletts bei 500 MHz erscheinen. In Wirklichkeit haben sich die Kopplungskonstanten nicht geändert. Erinnern Sie sich jedoch daran, daß bei 60 MHz der Abstand zwischen $\delta$ = 0 und $\delta$ = 4 nur 240 Hz beträgt, während bei 500 MHz die gleiche spektrale Breite von 4 ppm 2000 Hz entspricht! Darum scheinen sich bei 60 MHz die Aufspaltungen zwischen 6 und 8 Hz über einen viel größeren Bereich der chemischen Verschiebung zu erstrecken als bei 500 MHz.

**20.** Bestimmen Sie die Anzahl der verschiedenen Signale, die durch jedes Isomer verursacht werden. Pentane:

3 Signale.

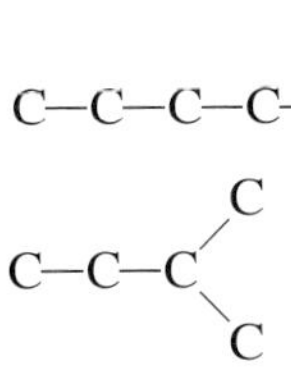
4 Signale

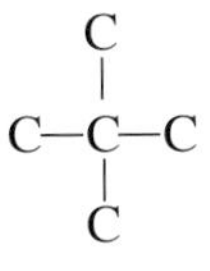
2 Signale

Sie können alle leicht durch $^{13}C$-Spektroskopie identifiziert werden.

Hexane:

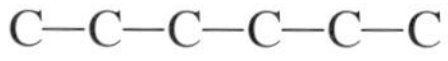

C—C—C—C—C—C     3 Signale

C—C—C—C<
        C
        C     5 Signale

C—C—C—C—C
      |
      C       4 Signale

C     C
 \   /
  C—C          2 Signale
 /   \
C     C

    C
    |
C—C—C—C
    |         4 Signale
    C

Die $^{13}$C-Spektren von 3-Methylpentan und 2,2-Dimethylbutan sind ähnlich. Jede Verbindung hat 4 Kohlenstoff-Atome in unterschiedlichen Umgebungen. Die Signal*intensitäten* müssen aber verschieden sein: 2,2-Dimethylbutan besitzt 3 äquivalente $CH_3$-Gruppen, die ein außergewöhnlich intensives Signal ergeben.

**21.** Die Antworten umfassen die Anzahl der Signale und (für die Spektren ohne Protonenentkopplung) die durch die direkt gebundenen Wasserstoff-Atome bewirkte Aufspaltung ($N + 1$-Regel). Bei den chemischen Verschiebungen handelt es sich um *ungefähre* Näherungswerte, die der Tabelle 10.6 entnommen wurden.

**(a)** 2 Signale: $\delta$10 ($CH_3$, Quartett) und 20 ($CH_2$, Triplett).

**(b)** 2 Signale: $\delta$25 ($CH_3$, q) und 45 (CHBr, Dublett)

**(c)** 3 Signale: $\delta$25 ($CH_3$, q), 60 (CC1, Singulett) und 65 ($CH_2OH$, t)

**(d)** 4 Signale: $\delta$10 (C-4 $CH_3$, q), 15 (die übrigen $CH_3$, q), 25 ($CH_2$, t) und 30 (CH, d)

**(e)** 2 Signale: $\delta$30 ($CH_3$, q) und 50 ($CNH_2$, s)

**(f)** 3 Signale: $\delta$10 ($CH_3$, q), 25 ($CH_2$, t) und 30 (CH, d)

**(g)** 4 Signale: $\delta$10 ($CH_2$, q), 30 ($CH_2$, t), 60 ($CH_3O$, q) und 65 ($CH_2O$, t)

**(h)** 3 Signale: $\delta$15 ($CH_2$ t), 45 ($CH_2$ in Nachbarschaft zu $\overset{\overset{O}{\|}}{C}$, t) und 200 ($\overset{\overset{O}{\|}}{C}$, s)

**(i)** 4 Signale: $\delta$10 ($CH_3$, q), 20 ($CH_3$ in der Nähe von OH, q), 30 ($CH_2$, t) und 70 (CHOH, d)

**(j)** 5 Signale: $\delta$15 ($CH_3$, q), 20 (C-4 $CH_2$, t), 25 (die übrigen $CH_2$, t), 40 (CH, d) und 70 (COH, s).

**22.** In jeder Gruppe gehe man die Verbindungen von links nach rechts durch. Auch hier handelt es sich bei den chemischen Verschiebungen um nur sehr ungefähre Schätzwerte unter Berücksichtigung der in Tabelle 10-6 gegebenen Daten und der Nähe von Kohlenstoff-Atomen zu elektronegativen Atomen.

**(a)** Links: 4 Signale, $\delta$15 ($CH_3$), 25 (2 $CH_3$), 35 ($CH_2$), 50 (CBr).
Mitte: 5 Signale, $\delta$10 ($CH_3$), 15 ($CH_3$), 25 ($CH_2$), 40 ($CH_2Br$), 45 (CH).
Rechts: 4 Signale, $\delta$10 (2 $CH_3$), 30 ($CH_2$), 35 ($CH_2Br$), 40 (CH).
Ohne zusätzliche Informationen würden sich die erste und die dritte Verbindung nur schwierig anhand des Spektrums unterscheiden lassen.

**(b)** Links: 4 Signale, $\delta$25 ($CH_2$), 30 ($CH_2$), 40 ($CH_2Cl$), 60 ($CH_2OH$).
Mitte: 4 Signale, $\delta$20 ($CH_3$), 35 (CH), 45 ($CH_2Cl$), 60 ($CH_2OH$).
Rechts: 3 Signale, d25 (2 $CH_3$), 55 (CCl), 65 ($CH_2OH$).
Die erste und zweite Verbindung lassen sich nicht ohne weiteres unterscheiden.

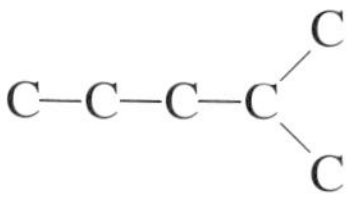

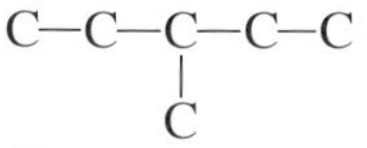

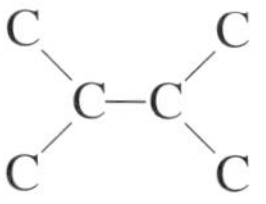

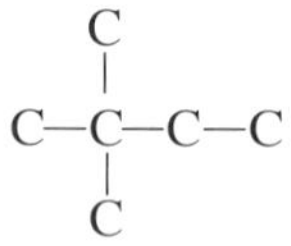

**(c)** 1. 5 Signale, δ15 (2 $CH_3$), 25 ($CH_3$), 45 (CH), 50 (CBr), 55 ($CH_2Cl$).
2. 5 Signale, δ15 ($CH_3$), 25 (2 $CH_3$), 45 (CBr), 50 ($CH_2Cl$), 55 CH).
3. 5 Signale, δ15 (2 $CH_3$), 25 ($CH_3$), 40 (CHBr), 45 (C), 50 ($CH_2Cl$).
4. 4 Signale, δ10 (3 $CH_3$), 45 (CHBr), 50 (C), 55 ($CH_2Cl$).
Die ersten drei lassen sich praktisch nicht unterscheiden.

**23. (a)** $(CH_3)_2CHCH(CH_3)_2$: Die einzige Verbindung, die nur zwei Signale zeigen sollte.

**(b)** 1-Chlorbutan: Die einzige mit genau vier Signalen.

**(c)** Cycloheptanon: Gleicher Grund wie bei b (Man beachte die Symmetrie im Molekül).

**(d)** $CH_2$=$CHCH_2Cl$: Das einzige Beispiel mit Alken-Kohlenstoff-Atomen (δ100-150 ppm).

**24. (a)** $^{13}C$, sieben verschiedene Kohlenstoff-Signale treten auf. $^1H$, 4 Signale: δ0.9 (verzerrtes t, relative Fläche = 3), 1.3 (breit, relative Fläche = 10), 2.7 (s, relative Fläche = 1), 3.5 (t, relative Fläche = 2). Das erste und das letzte Signal geben Hinweise:

—$CH_2$—($CH_3$) (δ0.9) und —O—($CH_2$)—$CH_2$— (δ3.5)

Das Singulett bei δ2.7 läßt sich am einfachsten als *–OH* deuten. Somit haben wir (bis jetzt): HO–$CH_2$–$CH_2$– und –$CH_2$–$CH_3$; $C_3H_6$ fehlt noch.

Da das $^1H$-Spektrum keinen weiteren Hinweis auf eine $CH_3$-Gruppe enthält, lautet die beste Antwort HO–$CH_2$–$CH_2$–$CH_2$–$CH_2$–$CH_2$–$CH_2$–$CH_3$, 1-Heptanol, das auch gut mit den $^{13}C$-Spektrum übereinstimmt. (Andere Möglichkeiten wie 3- oder 4-Methyl-l-hexanol sollten zusätzlich zu dem Methyl-Triplett im Bereich δ0.9 ein Methyl-Dublett aufweisen).

**(b)** $^{13}C$, 4 Signale, das Molekül muß eine *zweizählige Symmetrie* aufweisen, denn in der Formel sind 8 Kohlenstoff-Atome enthalten. $^1H$ δ0.9 (d, relative Fläche ungefähr = 3), 1.0-1.8 (Multiplen, relative Fläche ungefähr = 3), 2.3 (breites s, relative Fläche = 1), 3.4 (d, relative Fläche = 2). Die Summe der Flächen ergibt 9, wenn man diesen Wert *verdoppelt,* erhält man die 18 Wasserstoff-Atome, die in der Formel enthalten sind.

Sichere Hinweise auf:

2 —CH—($CH_3$) (δ0.9) ,2 —CH—($CH_2$)—OH (δ3.4 und 2.3)

Diese ergeben zusammen $C_8H_{16}O_2$, woraus sich ein Problem ergibt – wenn man die verbleibenden 2 Wasserstoff-Atome mit 2 beliebigen CH-Gruppen verknüpft, ändert sich die Aufspaltung. Wir können versuchsweise die $CH_3$-Gruppen bei δ0.9 und die $CH_2$-Gruppen bei δ3.4 an *derselben* CH-Gruppe unterbringen. Das ergibt zwei Fragmente $CH_3$—CH—$CH_2$—OH, die zu $C_6H_{14}O_2$ addieren; es bleibt ein Rest $C_2H_4$. Hierbei könnte es sich einfacherweise um zwei äquivalente $CH_2$-Gruppen handeln, man erhält als Antwort

HO–$CH_2$–CH($CH_3$)–$CH_2$–$CH_2$–CH($CH_3$)–$CH_2$–OH

**25.** Eine Reihe von überlappenden scharfen Singuletts und Dubletts von den $CH_3$-Gruppen liegen offensichtlich zwischen δ0.6 und 1.1. Signale der aromatischen Wasserstoff-Atome liegen zwischen δ7.2 und 8.2. Drei weitere Signale können folgendermaßen gedeutet werden:

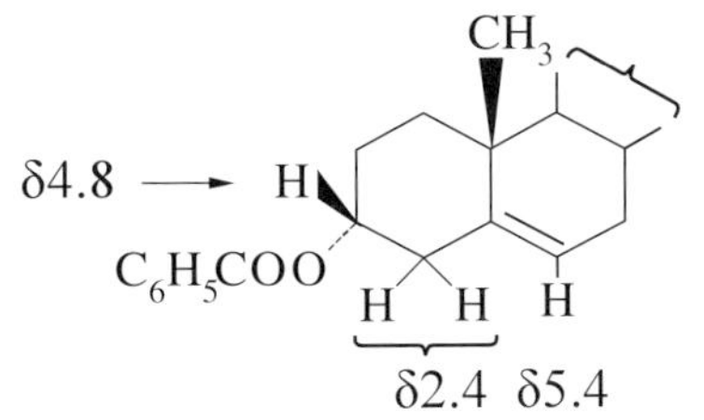


6

Die $CH_2$-Gruppe bei δ2.4 wird durch die benachbarte CH-Gruppe in ein Dublett aufgespalten. Diese CH-Gruppe ist die Ursache für das Signal bei δ4.8, und dessen komplexe Aufspaltung ist auf die auf beiden Seiten befindlichen $CH_2$ zurückzuführen. Der Alken-Wasserstoff (δ5.4) ist ein Dublett, obwohl er eine $CH_2$-Gruppe als Nachbarn hat. Hier liegt offenbar der Fall vor, daß die *J*-Werte zwischen dem Alken-H und jedem H der $CH_2$-Gruppe verschieden sind, einer groß, der andere aber sehr klein, wodurch im Spektrum ein Dublett auftritt.

**26.** Das Spektrum zeigt die Anwesenheit zweier äquivalenter $CH_3$-Gruppen, die, da nicht aufgespalten, keine benachbarten H-Atome haben (δ1.1), eine dritte nicht aufgespaltene $CH_3$-Gruppe, die wegen ihrer chemischen Verschiebung (δ1.6) vermutlich mit einer funktionellen Gruppe verbunden ist und ein Alken-H mit Hyperfeinstruktur (δ5.3). Da kein Signal im Bereich δ3-5 auftritt, kann der Alkohol-Kohlenstoff nicht mit H-Atomen verknüpft sein. Wir vergleichen diese Informationen mit dem vermuteten Molekülgerüst.

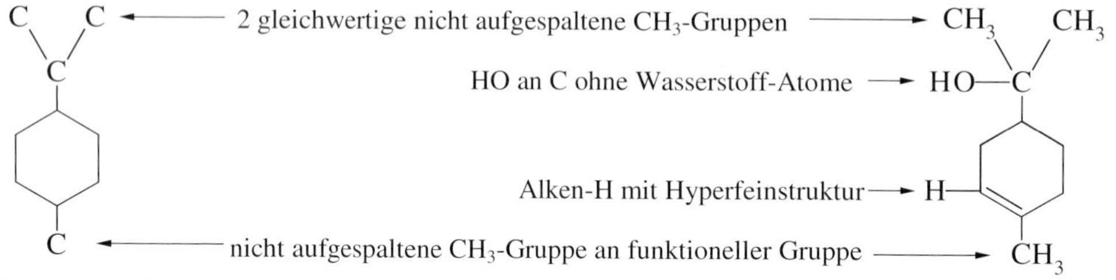


Das ist die Antwort!

**27. (a)** 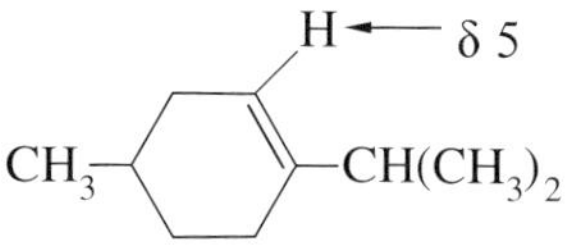

**(b)** 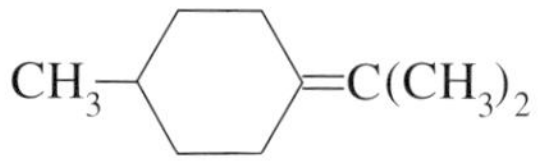 über eine H-Verschiebung:

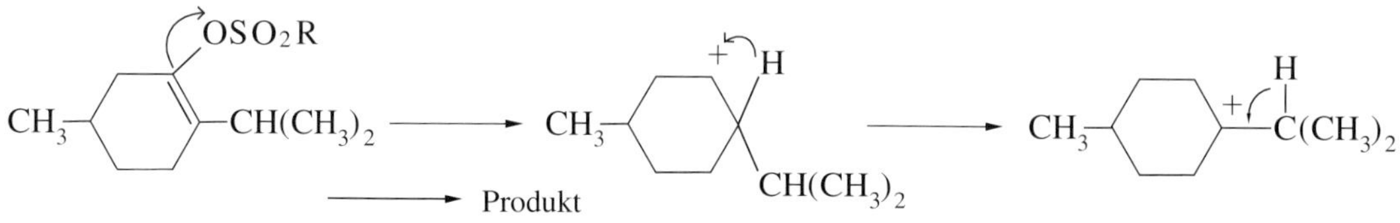


**(c)** Man verfolge alle möglichen E1-Mechanismen bis zum ersten Produkt, mit D im Ausgangsmolekül:

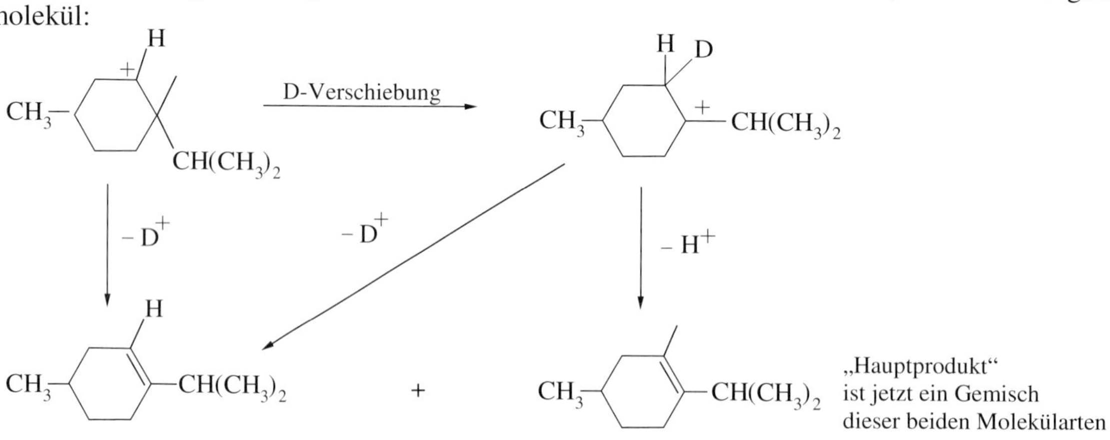


Diesen drei Reaktionswegen entsprechend enthält ein Teil des Hauptprodukts anstelle eines Alken-H ein Alken-D. Die Moleküle mit Alken-D ergeben *kein* $^1$H-Signal bei δ5. Folglich wird die Intensität des Signals bei δ5 im Vergleich zu dem aus nicht deuteriertem Ausgangsmaterial erhaltenen Hauptprodukt vermindert.
Dieses Ergebnis beweist das Auftreten von H-Verschiebungen. Bis dahin waren einfache E1-Reaktionen angenommen worden.

**28.** Ordnen und notieren Sie die gegebene Information zunächst. Glauben Sie mir, es hilft.

A ($C_4H_9BrO$) + KOH → E ($C_4H_8O$); E zeigt 2 komplexe $^1$H-NMR- und 2 $^{13}$C-NMR-Signale

B ($C_4H_9BrO$) + KOH → F ($C_4H_8O$); F zeigt 2 $^1$H-NMR-Singuletts und 3 $^{13}$C-NMR-Signale

C ($C_4H_9BrO$) + KOH → G ($C_4H_8O$); G zeigt 2 komplexe $^1$H-NMR- und 2 $^{13}$C-NMR-Signale

D ($C_4H_9BrO$) + KOH → G ($C_4H_8O$); C und D haben identische $^1$H- NMR-Spektren

Die Ausgangssubstanzen können optisch aktiv sein; die Produkte sind es nicht.

Was können wir *mit Sicherheit* festhalten? Nun, wenn C und D zwei verschiedene Verbindungen sind, jedoch identische NMR-Spektren haben, müssen sie Enantiomere sein (denken Sie darüber nach). Wenn die Reaktion beider Verbindungen zu G führt, ist G entweder achiral oder eine *meso*-Verbindung. Nächste Frage. Mit welcher Art von chemischen Reaktionen haben wir es zu tun? Jede verläuft unter Verlust von HBr, aber normale Eliminierungsprozesse sind ausgeschlossen, da in allen $^1$H-NMR-Spektren der Produkte Signale von Alken-Wasserstoffen im Bereich von δ 4.6-5.7 ppm fehlen. Intramolekulare Substitutionsreaktionen vom Williamson-Typ unter Bildung cyclischer Ether bewirken jedoch dieselbe Änderung hinsichtlich der Summenformel (erinnern Sie sich an Abschnitt 9.6). Ein wenig „trial and error" sollte Sie davon überzeugen, daß die einzige Möglichkeit, über derartige Reaktionen zu Verbindungen mit der Summenformel $C_4H_8O$ zu gelangen, ohne eine Doppelbindung einzubauen, in der Bildung eines cyclischen Ethers besteht (Sie werden in Kapitel 11 einen systematischeren Weg kennenlernen, um zu dieser Schlußfolgerung zu kommen). Zeichnen Sie also einige cyclische Ether mit der Summenformel $C_4H_8O$. Es gibt sechs:

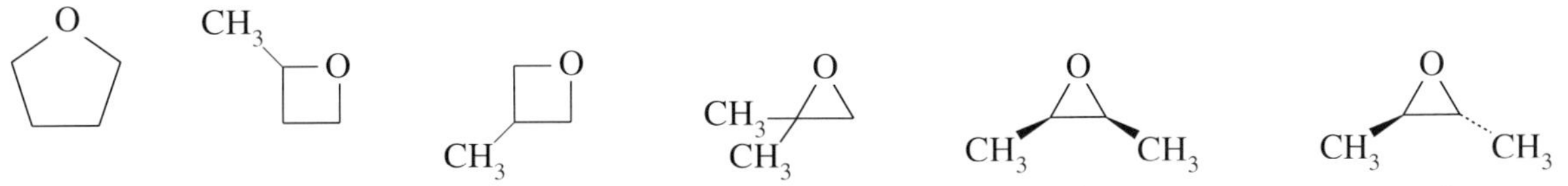


1 2 3 4 5 6

Verbindung 2 und 6 sind chiral; streichen Sie sie. Verbindung 3 müßte 3 $^1$H-NMR-Signale zeigen, scheidet also ebenfalls aus. Bleiben drei übrig. Lassen Sie uns nun versuchen, sie mit den Daten, die uns vorliegen, in Einklang zu bringen. Verbindung 4 sollte im $^1$H-NMR-Spektrum zwei Singuletts zeigen und besitzt 3 nicht-äquivalente Kohlenstoffatome, was darauf hindeutet, daß es sich um F handelt. Was könnte der Vorstufe B entsprechen? Ein geeigneter Bromoalkohol:

**B** **F**

Wenden wir uns den verbleibenden möglichen Produkten zu: Verbindung 1 und 5 sollten beide zwei komplexe $^1$H-NMR- und 2 $^{13}$C-NMR-Signale aufweisen. Wie die folgende Reaktion zeigt, existiert zu Verbindung 1 nur eine mögliche Vorstufe; sie ist damit als E identifiziert.

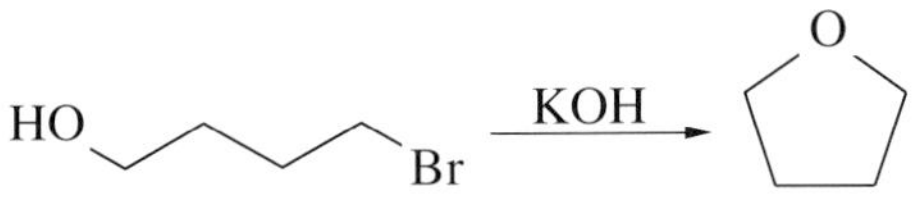


A E

Im Gegensatz dazu kann Verbindung 5 (die in der *meso*-Form vorliegt) aus zwei enantiomeren Vorstufen gebildet werden (erinnern Sie sich, daß eine Substitution von der Rückseite aus zur Inversion des angegriffenen Zentrums führt).

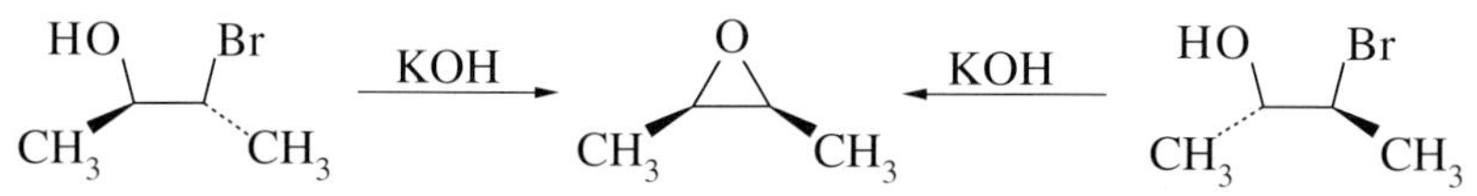


Eines der Vorläufermoleküle ist C, das andere D. Die chemischen Verschiebungen der Verbindungen E, F und G können direkt anhand der Tabellen 10-2 und 10-6 abgeschätzt werden. Die DEPT-Spektren sollten sich deutlich voneinander unterscheiden. E sollte im DEPT-90-Spektrum keine und im DEPT-135-Spektrum zwei Signale mit negativer Phase zeigen. F sollte ein DEPT-90-Signal und ein DEPT-135-Spektrum mit zwei normalen Signalen und einem Signal mit negativer Phase zeigen. G schließlich sollte ein DEPT-90-Signal und zwei DEPT-135-Signale mit positver Phase zeigen.

# Struktur und Bindung organischer Moleküle | 11

**1. (a)** *cis*- oder Z-2-Penten

**(b)** 3-Ethyl-1-penten

**(c)** *trans*- oder *E*-6-Chlor-5-hexen-2-ol

**(d)** Z-1-Brom-2-chlor-2-fluor-1-iodethen (die Prioritäten sind: I > Br an C-1 und Cl > F an C-2).

**(e)** Z-2-Ethyl-5,5,5-trifluor-4-methyl-2-penten-1-ol

**(f)** 1,1-Dichlor-1-buten

**(g)** Z-1,2-Dimethoxypropen

**(h)** Z-2,3-Dimethyl-3-hepten

**(i)** 1-Ethyl-6-methylcyclohexen (besser als 2-Ethyl-3-methylcyclohexen)

**(j)** (2-Propenyloxy)cyclohexan

**2. (a)** $H_{gesättigt} = 8 + 2 - 1 = 9$; Ungesättigtheitsgrad $= (12 - 8)/2 = 1$, also 1 $\pi$-Bindung oder Ring vorhanden. Die integrierten Intensitäten geben Auskunft über die Teilstücke :
$\delta$1.9 (s, 3H) – $CH_3$, an eine funktionelle Gruppe gebunden.
$\delta$4.0 (s, 2H) – $CH_2$, höchstwahrscheinlich an Cl gebunden.
$\delta$4.9 und 5.1 (Singuletts, jedes 1H) – zwei Alken-Wasserstoffe.

Somit haben wir $CH_3$–, –$CH_2$–Cl und $\diagdown$C$=$C$\diagup$ , mit 2 H-Atomen verbunden.

Es gibt drei Möglichkeiten, die vier Gruppen mit der Doppelbindung zu kombinieren:

$$\underset{H}{\overset{CH_3}{\diagdown}}C=C\underset{H}{\overset{CH_2Cl}{\diagup}} \quad , \quad \underset{H}{\overset{CH_3}{\diagdown}}C=C\underset{CH_2Cl}{\overset{H}{\diagup}} \quad \text{und} \quad \underset{ClCH_2}{\overset{CH_3}{\diagdown}}C=C\underset{H}{\overset{H}{\diagup}}$$

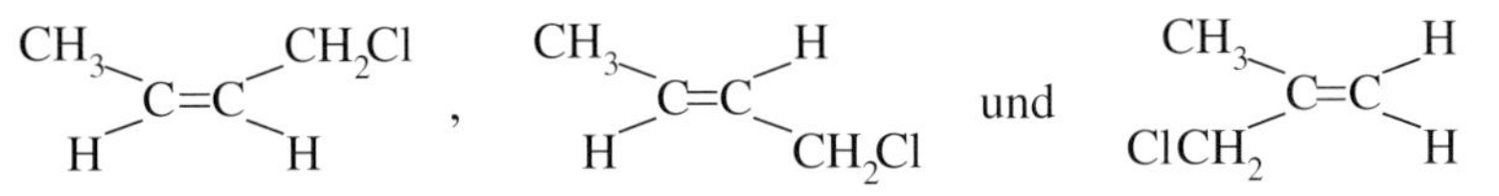

In den beiden ersten Verbindungen sollten alle NMR-Signale beträchtliche Kopplungen aufweisen. Nur die dritte Verbindung zeigt ein Spektrum, das so einfach ist wie Spektrum A (Erinnern Sie sich, daß $=$C$\underset{H}{\overset{H}{\diagup}}$-Kopplungen typischerweise sehr klein sind, während *cis*- und *trans*-H–C = C–H-Kopplungen groß sind). Das ist die Antwort.

**(b)** $H_{gesättigt} = 10 + 2 = 12$; Ungesättigtheitsgrad $= (12 - 8)/2 = 2$, 2 $\pi$-Bindungen und/oder Ringe. Dem NMR-Spektrum entnehmen wir:
$\delta$2.1 (s, 3H) – $CH_3$, an eine funktionelle Gruppe gebunden.
$\delta$4,5 (d, 2H) – $CH_3$, mit Sauerstoff verbunden, durch ein H aufgespalten.
$\delta$5.1-6.2 (m, 3H) –$-CH=CH_2$, das charakteristische Muster der Ethenyl-Gruppe [siehe Abbildung 11.11 (b) im Lehrbuch] in Nachbarschaft zu einer $CH_2$-Gruppe.
Wir haben bis jetzt die Teilstücke $CH_3$- und $CH_2=CH–CH_2–O–$, die zu $C_4H_8O$ addieren, es fehlen noch ein C und ein O und eine weitere $\pi$-Bindung (ein Ring würde unmöglich sein). Wir fügen $\diagdown$C$=$O ein und erhalten als Lösung:

$$CH_3–\overset{\overset{\displaystyle O}{\|}}{C}–O–CH_2–CH=CH_2$$

**(c)** $H_{\text{gesättigt}} = 12 + 2 - 1 = 13$; Ungesättigtheitsgrad $= (13 - 11)/2 = 1$, 1 π-Bindung oder Ring.

δ1.1 (Singulett, 9H) – höchstwahrscheinlich $(CH_3)_3C$ (eine tert-Butyl-Gruppe)

δ5.9 und 6.5 (Dubletts, jedes 1H) – zwei Alken-H, die mit etwa 14 Hz (siehe Einfügung) koppeln. Charakteristisch für eine *trans*-Beziehung.

Die Struktur ist eindeutig:

$$(CH_3)_3C \underset{H}{\overset{}{\diagdown}} C = C \underset{I}{\overset{H}{\diagup}}$$

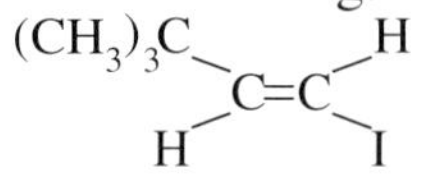

**(d)** Die gleiche Formel, also ist wieder 1 π-Bindung oder Ring anwesend.

δ0.9 (verzerrtes Triplett, 3H) – $CH_3$, in Nachbarschaft zu $CH_2$

δ1.4 (Multiplett, 4H) – 2 $CH_2$ ?

δ2.1 (m, 2H) – $CH_2$, in Nachbarschaft zu einer funktionellen Gruppe (C = C?).

δ5.9 (d, 1 H) – Alken-$CH$, mit einer *trans*-Kopplung von 14 Hz.

δ6.5 (m, 1 H) – die andere Alken-$CH$-Gruppe

Wir haben also:

$$CH_3-, \text{ zwei } -CH_2- \text{ und } \quad -CH_2 \underset{}{\overset{H}{\diagdown}} C = C \underset{}{\overset{}{\diagup}} H \text{ sowie } -I$$

$$\delta 0.9 \qquad 1.4 \qquad 2.1 \quad 6.5 \quad 5.9$$

Es gibt drei Kombinationsmöglichkeiten.

$$CH_3-CH_2-CH_2-CH_2 \overset{H}{\diagdown} C = C \overset{I}{\diagup} H \qquad CH_3-CH_2-CH_2 \overset{H}{\diagdown} C = C \overset{CH_2-I}{\diagup} H \qquad CH_3-CH_2 \overset{H}{\diagdown} C = C \overset{CH_2-CH_2-I}{\diagup} H$$

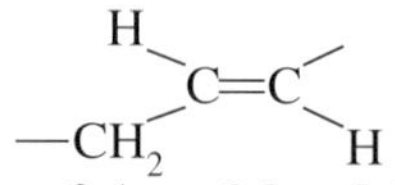

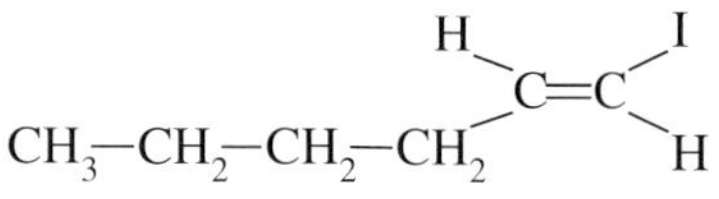

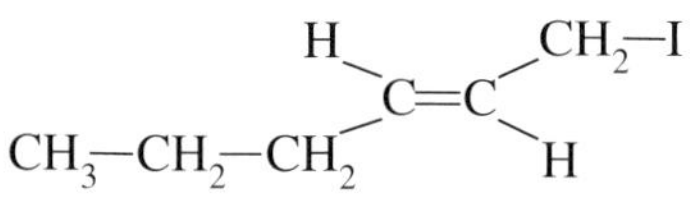

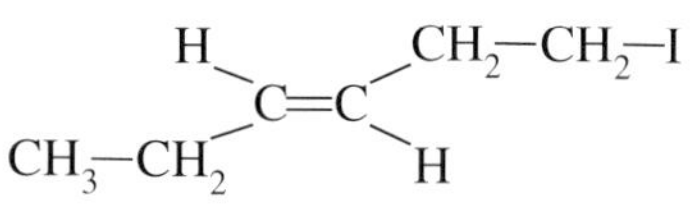

Es gibt jedoch keine $CH_2$-Gruppe, deren chemische Verschiebung so groß ist, daß man eine Verknüpfung mit Halogen annehmen könnte. Die zweite und dritte Struktur sind daher unwahrscheinlich. *Beide* Alkenprotonen würden außerdem stark aufgespalten. Damm ist die erste Struktur, *E*-1-Iod-1-hexen, die Antwort.

**(e)** $H_{\text{gesättigt}} = 6 + 2 - 2 = 6$; Ungesättigtheitsgrad $= (6 - 4)/2 = 1$, 1 π-Bindung oder Ring.

δ1.8 (Dublett, 3H) – $CH_3$, in Nachbarschaft zu CH

δ5.8 (Quartett, 1H) – Alken-$CH$, in Nachbarschaft zu $CH_3$

Es fehlen noch zwei Cl, wir kombinieren daher $CH_3-CH=C\diagup\diagdown$ mit zwei Cl und erhalten als Antwort $CH_3-CH=CCl_2$.

**3.** Der Einschub zeigt 5 Linien für das δ6.5-Signal. Ist das vernünftig? Dieser Wasserstoff sollte sowohl durch die $CH_2$-Gruppe (in ein Triplett) und den anderen Alken-H (in ein Dublett) aufgespalten werden. Das tritt auch in der Tat ein, zufällig überlappen aber zwei der erwarteten sechs Linien:

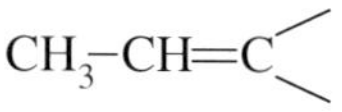

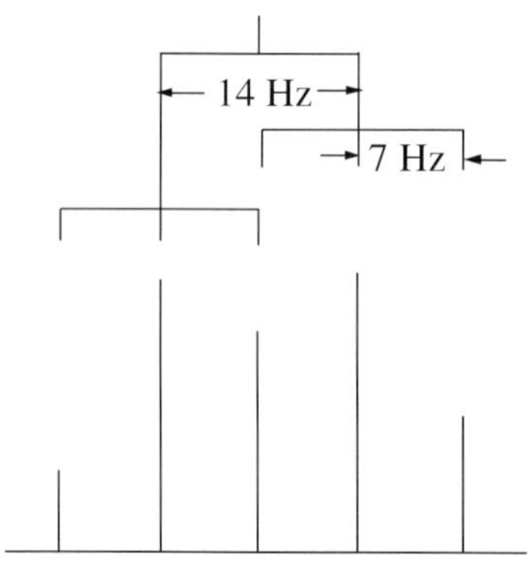

Auch im δ5.9-Signal ist jede Linie des Dubletts um etwa 1 Hz zusätzlich in ein Triplett aufgespalten: Dies ist eine kleine „weitreichende" Kopplung für $-CH_2-C=C-H$, die nur bei einer solch extremen Spreizung des Spektrums sichtbar wird.

**4. (a)** Ja: 1-Buten > *trans*-2-Buten (was 0 sein sollte)

**(b)** Nein    **(c)** Ja: *cis* >*trans* (was wiederum 0 sein sollte)

**5.** Man nehme die Aufspaltungen und die chemischen Verschiebungen zu Hilfe, um zwischen unterschiedlichen Möglichkeiten zu wählen. Die ($N$ + 1)-Regel gestattet uns, eine Aussage darüber zu machen, wieviel H mit einem gegebenen Kohlenstoff verbunden sind. Zum Beispiel stellt das Signal eines $CH_3$-Kohlenstoffs ein Quartett (3 + l) dar; $CH_2$ gibt ein Triplett; CH ein Dublett.

**(a)** $H_{\text{gesättigt}}$ = 8 + 2 = 10; Ungesättigtheitsgrad = (10 – 6)/2 = 2, 2 $\pi$-Bindungen und/oder Ringe. $\delta 30.2$ (t) ist eine $CH_2$-Gruppe; $\delta 136.0$ (d) ist ein Alken-CH. Beide zusammen ergeben nur $C_2H_3$, es müssen also jeweils zwei dieser Gruppen vorliegen.
2 $-CH_2$ + $-CH = CH-$ können nur zu

CH═══CH
|          |
CH$_2$—CH$_2$

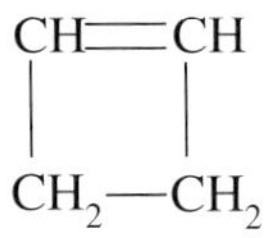

kombinieren, Cyclobuten (1 $\pi$-Bindung und l Ring).

**(b)** $H_{\text{gesättigt}}$ = 8 + 2 = 10; wiederum Ungesättigtheitsgrad = (10 – 6)/2 = 2.
$\delta 18.2$ (q) ist eine $CH_3$-Gruppe, die *nicht* mit Sauerstoff verbunden ist; $\delta 134.9$ (d) und 153.7 (d) sind Alken-CH-Gruppen; $\delta 193.4$ (d) liegt in der C=0-Gegend und muß daher, weil es ein Dublett ist, eine

O
‖
—C —H-Gruppe sein. Die Antwort lautet daher

                    O
                    ‖
CH$_3$–CH=CH–C —H

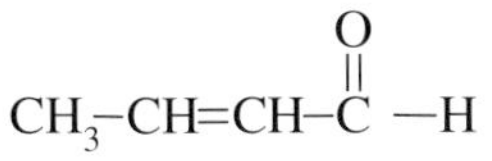

(2 $\pi$-Bindungen). Es liegt nicht genügend Information über $^{13}$C NMR vor, um die Stereochemie bestimmen zu können.

**(c)** $H_{\text{gesättigt}}$ = 8 + 2 = 10; Ungesättigtheitsgrad = (10 – 8)/2 = 1.
$\delta 13.6$ (q), 25.8 (t), 139.0 (d), 112.1 (t) – die Antwort ergibt sich unmittelbar aus den Aufspaltungen:

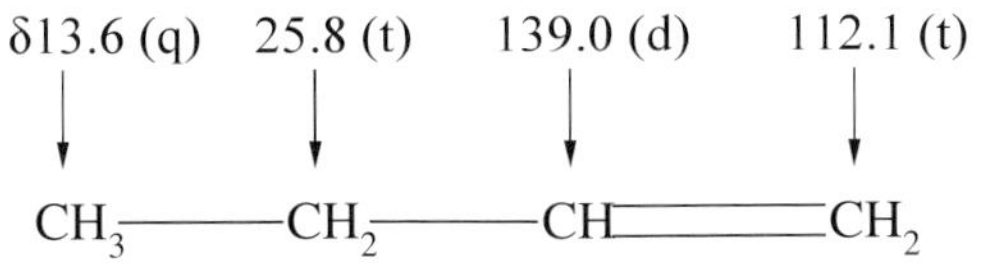

$\delta 13.6$ (q)    25.8 (t)    139.0 (d)    112.1 (t)
|              |              |              |
↓            ↓            ↓            ↓
CH$_3$———CH$_2$———CH═══CH$_2$

**(d)** $H_{\text{gesättigt}}$ = 10 + 2 = 12; Ungesättigtheitsgrad = (12 – 10)/2 = 1. Diese Verbindung hat zwei $CH_3$-Gruppen ($\delta 17.6$; 25.4), eine $CH_2$-Gruppe, die genügend weit zu niedrigeren Feldstärken ($\delta 58.8$) verschoben ist, um mit einem 0 verknüpft sein zu können, und 2 Alken-Kohlenstoffe, von denen nur einer ($\delta 125.7$) ein H trägt.

Wir haben: 2 $CH_3$–, $-CH_2-O-$, —CH=C< . Ein H ist noch nicht untergebracht. Da es nicht mit einem der Kohlenstoff-Atome verbunden ist, muß es sich am Sauerstoff befinden. Daher lauten die möglichen Antworten:

CH$_3$\        /CH$_3$          CH$_3$\        /CH$_2$–OH          CH$_2$–OH\        /CH$_3$
    C=C                        C=C                              C=C
H/        \CH$_2$–OH          H/        \CH$_3$            H/        \CH$_3$

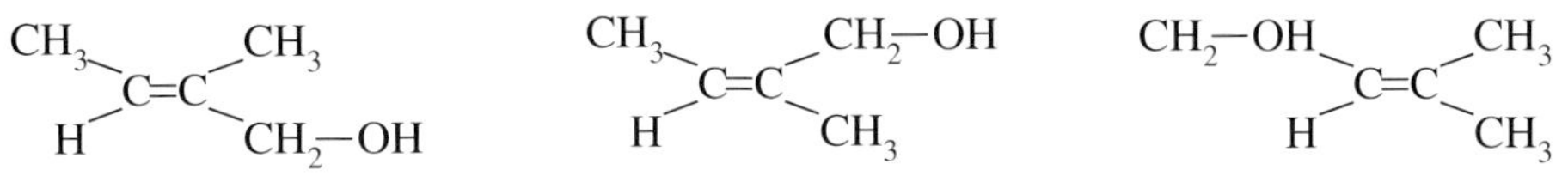

Es fehlen zusätzliche Informationen, um entscheiden zu können, um welche Verbindung es sich nun tatsächlich handelt.

**(e)** Beachten Sie, daß nur 4 Signale da sind, aber fünf Kohlenstoff-Atome. Vorsicht!
$H_{\text{gesättigt}} = 10 + 2 = 12$; Ungesättigtheitsgrad $= (12 - 8)/2 = 2$.
$\delta$15.8 (t) und 31.1 (t) sind $CH_2$-Gruppen; $\delta$103. 9 (t) ist ein Alken-$CH_2$, während $\delta$149.2 (s) ein Alken-C ohne Wasserstoffe ist.

Wo stehen wir? Das Molekül hat das Strukturelement $CH_2{=}C\langle$, 3 Kohlenstoffe und 6 Wasserstoffe müssen noch untergebracht werden. Außerdem muß eine weitere Ungesättigtheit (ein Ring?) berücksichtigt werden. Da die Signale bei hohen Feldstärken Tripletts darstellen, kann es sich bei diesen nur um $CH_2$-Gruppen handeln: Insgesamt drei. $CH_2{=}C\langle$ läßt sich mit 3 $CH_2$ nur in folgender Weise kombinieren

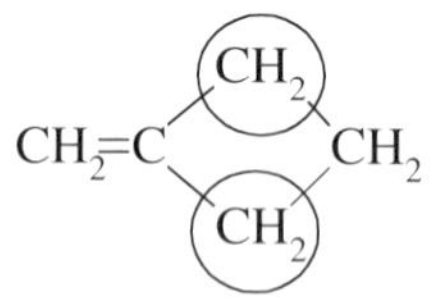

das $\delta$31.1-Signal gehört zu den beiden *äquivalenten* $CH_2$-Gruppen (eingekreist).

**(f)** *H*gesättigt $= 14 + 2 = 16$; Ungesättigtheitsgrad $= (16 - 10)/2 = 3$ oder 1 $\pi$-Bindung und 2 Ringe. Auch hier muß man vorsichtig sein: Wir haben vier Signale aber *sieben* Kohlenstoffe im Molekül. Zu höheren Feldstärken hin gibt es zwei verschiedene Sorten von $CH_2$ ($\delta$25.2 und 48.5) und eine Sorte von CH ($\delta$41.9). Nur eine Art von Alken-Kohlenstoff ($\delta$135.2) tritt auf. Da eine Doppelbindung *zwei* Alken-Kohlenstoffe verknüpft, muß dieses Signal zwei äquivalenten Alken-CH-Gruppen (es ist ein Dublett) entsprechen: –CH=CH–. Wir haben also mindestens zwei $CH_2$-Gruppen, eine Alkan-CH-und eine –CH = CH— Gruppe, was zusammen $C_5H_7$ ergibt.

Es fehlen also noch zwei Kohlenstoffe und drei Wasserstoffe: Eine zusätzliche $CH_2$- und eine weitere CH-Gruppe würden ausreichen, diese müßten mit Rücksicht auf das einfach NMR-Spektrum mit bereits identifizierten Gruppen äquivalent sein. Mit anderen Worten haben wir folgende Strukturelemente für das Molekül: zwei äquivalente –$CH_2$–, zwei äquivalente $-\overset{|}{\underset{|}{C}}H$, eine eine einzelne –$CH_2$–und die –CH=CH-Gruppe, was zusammen $C_7H_{10}$ ergibt.

Wie fügen wir diese Stücke zusammen? Da durch Symmetriebeziehungen Gruppen äquivalent werden können, formulieren wir mit diesen Gruppen symmetrische Anordnungen und probieren, die Stücke miteinander zu verbinden:

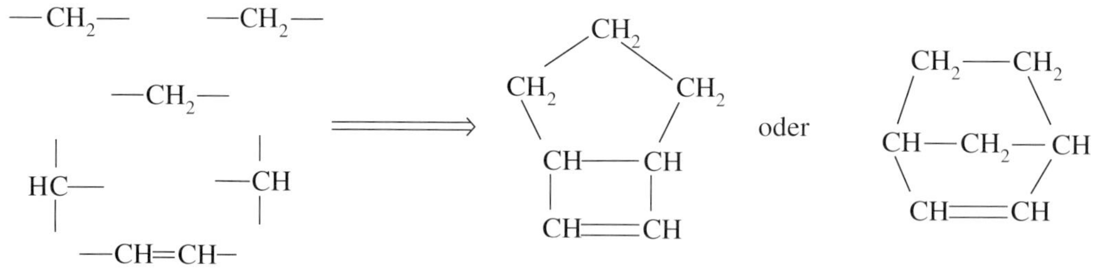

Beide Strukturen stellen vernünftige Möglichkeiten dar (bei der zweiten, dem „Norbornen", handelt es sich um die Verbindung, die tatsächlich vorgelegen hat).

**6.** $H_{\text{gesättigt}} = 10 + 2 = 12$; Ungesättigtheitsgrad $= (12 - 10)/2 = 1$.

(a) Die einzige Möglichkeit für fünf Kohlenstoffe äquivalent zu sein, liegt in der Ringbildung:

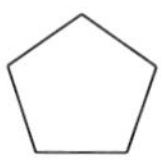 ist die Antwort.

**(b)** Drei $CH_3$ und eine $-CH{=}C\langle$ : $CH_3{-}CH{=}C(CH_3)_2$ ist die Antwort.

**(c)** Zwei $CH_3$, ein $CH_2$ und –CH=CH–: $CH_3–CH_2–CH=CH–CH_3$ ist die Antwort (die Stereochemie läßt verschiedene Möglichkeiten zu).

**7.** Niedriger, weil die Schwingungsfrequenz *umgekehrt proportional* vom Quadrat der „reduzierten" Masse der Atome der Bindung abhängt. Darum zeigen Bindungen mit schweren Atomen Schwingungsanregungen niedrigerer Energie. Typischerweise: $\tilde{\nu}_{C–Cl} \cong 700\ cm^{-1}$, $\tilde{\nu}_{C–Br} \cong 600\ cm^{-1}$ und $\tilde{\nu}_{C–I} \cong 500\ cm^{-1}$.

8. 10 000 000/ $\tilde{\nu}$ =nm

**(a)** 5813.95 nm **(b)** 6060.61 nm **(c)** 3030.30 nm **(d)** 11235.96 nm

**(e)** 9090.91 nm **(f)** 4424.78 nm

**9.** (i) Alken (1660) und Alkohol (3350) haben sich gebildet.
(ii) Nur Alken (1670) entsteht. (iii) Nur Alkohol (3350) entsteht.

**(a)** Schlußfolgerungen: Isomer C ist vermutlich ein primäres Bromalkan, das in einen primären Alkohol übergeht ($S_N2$). Isomer B ist vermutlich ein tertiäres Bromalkan, das nur Alken liefert (E2). Isomer A ist vermutlich ein sekundäres Bromalkan, das zu einem Gemisch von $S_N2$- und E2-Produkten führt.

**(b)** Möglichkeiten für A: $CH_3CHBrCH_2CH_2CH_3$, $CH_3CHBrCH(CH_3)_2$ oder $CH_3CH_2CHBrCH_2CH_3$

Möglichkeiten für B: $(CH_3)_2CBrCH_2CH_3$ (nur das tertiäres Isomer)

Möglichkeiten für C: $CH_3CH_2CH_2CH_2CH_2Br$, $(CH_3)_2CHCH_2CH_2Br$ oder $CH_3CH_2CH(CH_3)CH_2Br$ aber vermutlich nicht $(CH_3)_3CCH_2Br$ (sterisch zu stark gehindert, um eine $S_N$-2Reaktion eingehen zu können).

**10. (a)** $H_{sätt.} = 2(7) + 2 = 16$; Grad der Ungesättigtheit = (16 – 12)/2 = 2
**(b)** $H_{sätt.} = 2(8) + 2 + 1$ (für N) = 19; Grad der Ungesättigtheit = (19 – 7)/2 = 6
**(c)** $H_{sätt.} = 2(6) + 2 - 6$ (für die Cl) = 8; Grad der Ungesättigtheit = (8 – 0)/2 = 4
**(d)** $H_{sätt.} = 2(10) + 2 = 22$; Grad der Ungesättigtheit = (22 – 22)/2 = 0
**(e)** $H_{sätt.} = 2(6) + 2 = 14$; Grad der Ungesättigtheit = (14 – 10)/2 = 2
**(f)** $H_{sätt.} = 2(18) + 2 = 36$; Grad der Ungesättigtheit = (36 – 28)/2 = 4

**11.** Die unbekannte Verbindung enthält insgesamt zwei Ringe oder π-Bindungen. Das IR-Spektrum ist nützlich: Die dort vorkommenden Banden verraten, daß zumindest eine Einheit des Grads der Ungesättigtheit auf eine C=C-Bindung zurückgeht. Ebenso ist die scharfe Bande bei 888 $cm^{-1}$ ein Hinweis auf eine $R_2C$=C-Gruppe. Können Sie entscheiden, ob die unbekannte Verbindung zwei Doppelbindungen oder eine Doppelbindung und einen Ring enthält? Die Hydrierung liefert $C_7H_{14}$: Eine Ungesättigtheitseinheit bleibt bestehen, was die Existenz eines Rings in der ursprünglichen Verbindung nahelegt. Das $^1$H-NMR-Spektrum läßt sich auch dahingehend interpretieren. Die Integration des Alkenwasserstoff-Signals (bei δ = 4.8) ergibt 2 H. Darum kann die Struktur nur eine $R_2C$=C-Gruppe enthalten. Was läßt sich noch aus dem $^1$H-NMR-Spektrum ableiten? Das Alken-Signal ist ein Quintett (5 Linien). Auf der Grundlage der (*N* + l)-Regel können Sie versuchsweise eine Struktur entwerfen, in der vier äquivalente benachbarte H die Alkenwasserstoffe aufspalten:

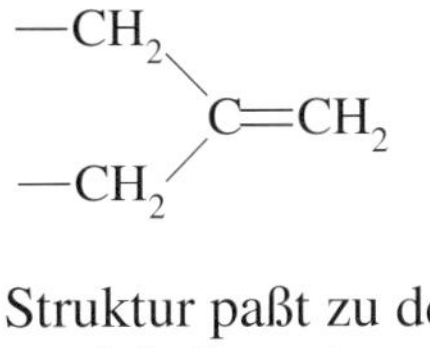


Diese Struktur paßt zu dem Signalmuster, und die Kopplungskonstante *J* von 3 Hz ist im Einklang mit einer Allylkopplung (Tabelle 11-1). Auch die beiden $CH_2$-Gruppen passen zu dem $^1$H-NMR-Signal für 4 H bei δ = 2.2. Damit haben wir vier Kohlenstoffe und sechs Wasserstoffe erklärt, es verbleibt ein Rest von $C_3H_6$. Probieren Sie den einfachsten Weg, um zu einem Ring zu kommen:

Fügen Sie drei $CH_2$-Gruppen hinzu unter Bildung von

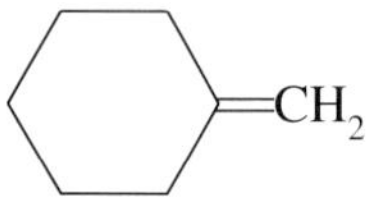


Erklärt diese Struktur den Rest des Spektrums? Die Struktur enthält zwei weitere äquivalente $CH_2$-Gruppen, und die $CH_2$-Gruppe auf der der Doppelbindung entgegengesetzten Seite des Rings, die zum $^1$H-NMR-Spektrum und auch zum $^{13}$C-NMR-Spektrum paßt, spiegelt die Symmetrie mit fünf Peaks wider. Es handelt sich in der Tat um die richtige Antwort.

**12.** Ein gesättigtes $C_{60}$-Alkan hat die Formel $C_{60}H_{122}$. Darum weist der „Buckyball" einen Grad der Ungesättigtheit von 122/2 = 61 auf. Im hydrierten Produkt $C_{60}H_{36}$ beträgt der Grad der Ungesättigtheit (122 – 36)/2 = 43. Darum sind *mindestens* 61 – 43 = 18 π-Bindungen in $C_{60}$ enthalten. (Wie Sie später sehen werden, sind es tatsächlich 30 π-Bindungen, aber nicht alle werden hydriert.)

**13.** Die beiden Reihenfolgen verlaufen gegensinnig, da sehr stabile Alkene energiearm sind und bei ihrer Hydrierung weniger Wärme frei wird als bei weniger stabilen Alkenen. Die Reihenfolgen der Stabilität sind nachfolgend angegeben.

**(a)** $CH_2{=}CH_2 < (CH_3)_2C{=}CH_2 < (CH_3)_2C{=}C(CH_3)_2$ (zunehmende Substitution).

**(b)** 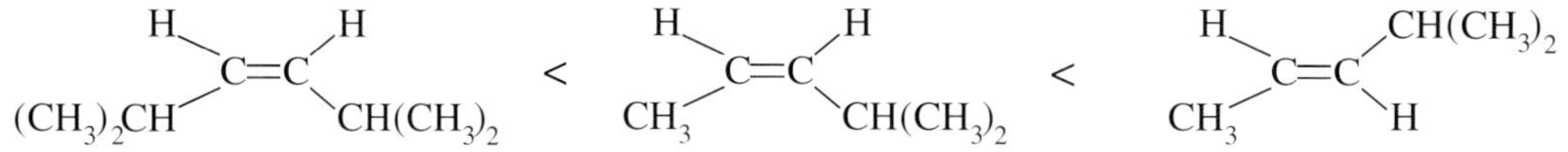


(zwei große Gruppen *cis*) (eine kleine und eine große Gruppe *cis*) (*trans*)

**(c)** 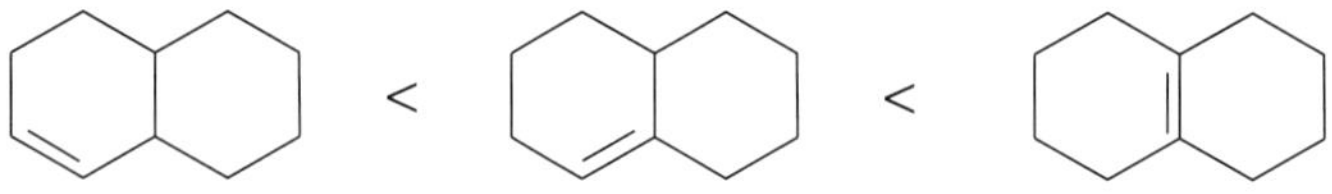 (ähnlich wie **(a)**, oben)


**(d)** 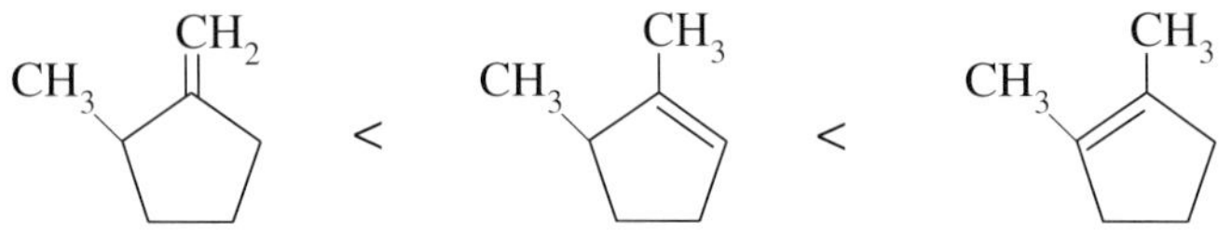 (ähnlich wie **(a)** und **(c)**, oben)


**(e)** 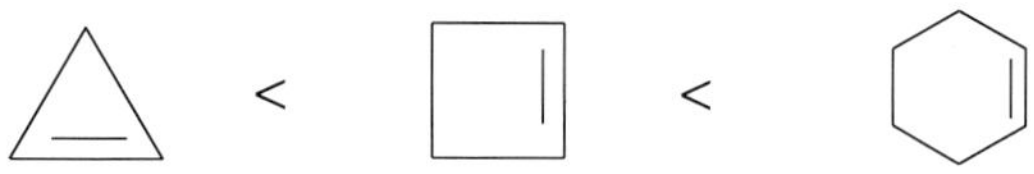 (Ringspannung)


**14.** $CH_3CH_2CH{=}CH_2$ 

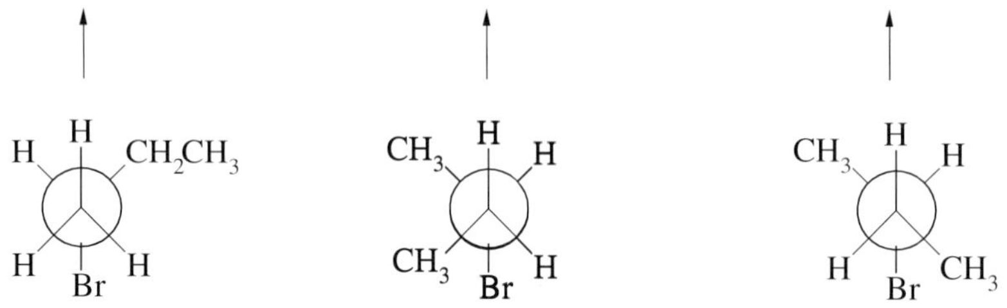


(1) (2) (3)

Konformation (2) (Methyl-Gruppen *gauche*) ist weniger stabil als Konformation (3) (Methyl-Gruppen *anti*), das ist konsistent mit der Bevorzugung von *trans*-2-Buten gegenüber *cis*-2-Buten. Unabhängig von der C2-C3-Konformation sind alle gestaffelten C1-C2-Konformationen äquivalent (1). Die Wahl zwischen der C1-C2-Eliminierung und der C2-C3-Eliminierung wird außer durch die Konformation durch weitere Faktoren wie die substitutionsabhängige Stabilität des Alkens und die Wahl der Base beeinflußt.

**15.** Ein Halogenalkan der allgemeinen Struktur R-$CH_2$-CHX-R' weist *zwei* Konformationen auf, in denen H *anti* zu X steht; eine davon liefert das *cis*-Alken und das andere das *trans*-Alken als Produkt (vergleichen Sie die Konformationen (2) und (3) in Aufgabe 10).

Ein Halogenalkan der allgemeinen Struktur RR'CH-CHX-R" besitzt nur eine Konformation mit H *anti* zu X. Darum kann sich auch nur ein einziges Alken-Stereoisomer bilden. Seine Struktur hängt von der Stereochemie der beiden chiralen Kohlenstoff-Atome im Halogenalkan ab.

**16.** Das sterisch stärker gehinderte $(CH_3)_3CO^-K^+$ begünstigt die Abtrennung von Protonen am Ende der Moleküle. Dabei entstehen weniger stabile Produkte. Eliminierungen mit Ethoxid begünstigen die Entstehung von stabileren Produkten.

| | (1) | Struktur des Ausgangsmaterials | (2) |
|---|---|---|---|
| **(a)** | $CH_3OCH_3$ | $CH_3Cl$ | $CH_3OC(CH_3)_3$ |
| **(b)** | $CH_3CH_2CH_2CH_2CH_2OCH_2CH_3$ + 1 -Penten | $CH_3CH_2CH_2CH_2CH_2Br$ | 1-Penten |
| **(c)** | *trans* und *cis*-2-Pentene | $CH_3CH_2CH_2CHBrCH_3$ | 1-Penten |

**(d)**

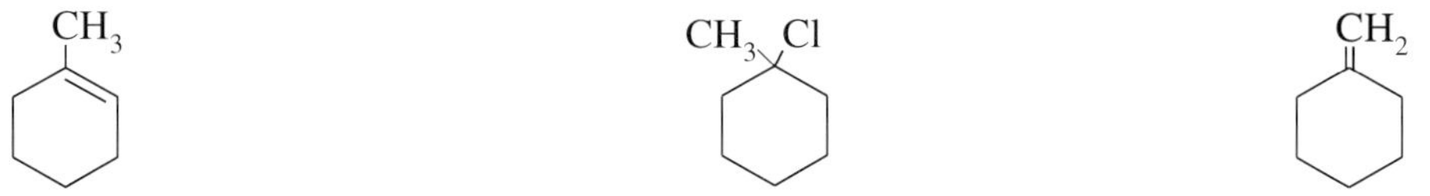

**(e)**

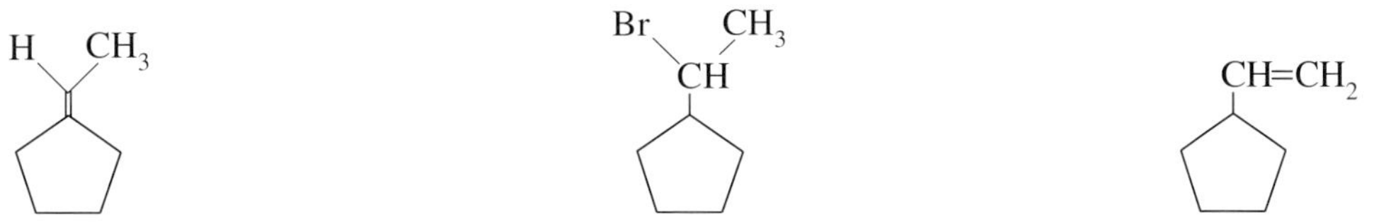

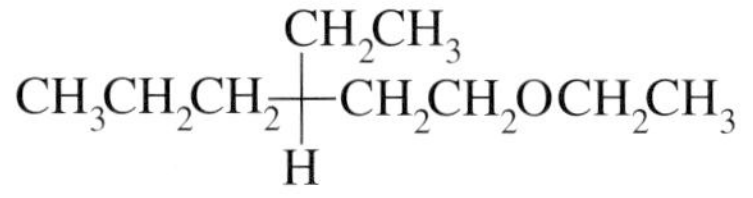

**(f)**

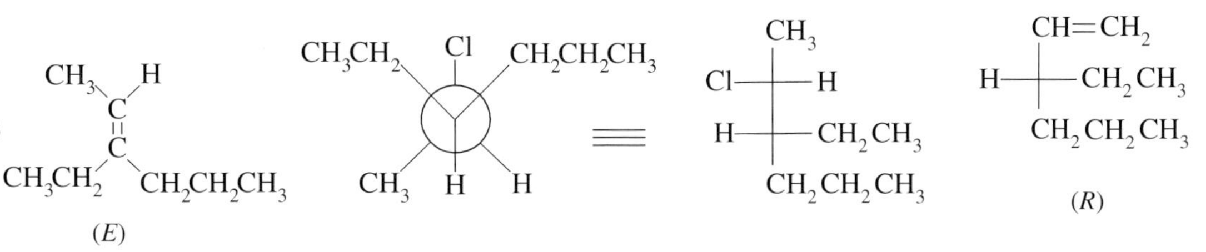

**(g)**

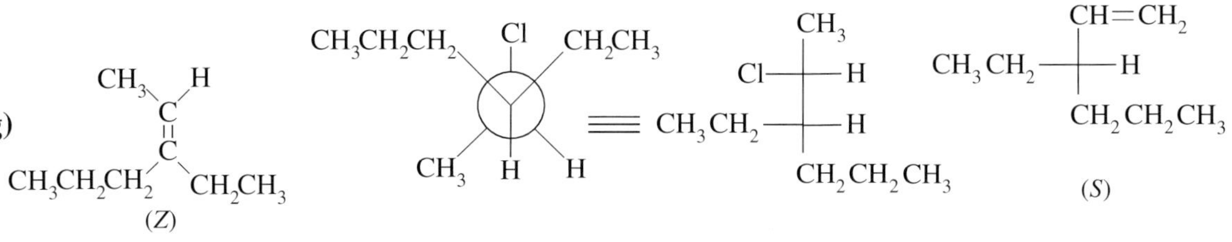

| | (1) | Struktur des Ausgangsmaterials | (2) |
|---|---|---|---|
| **(h)** | 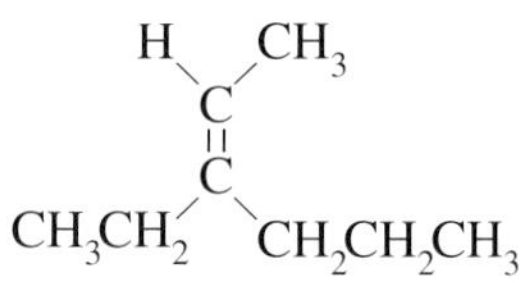 (*Z*) | 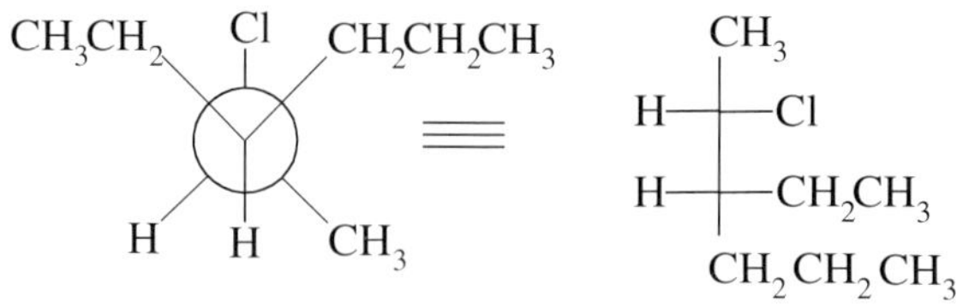 | 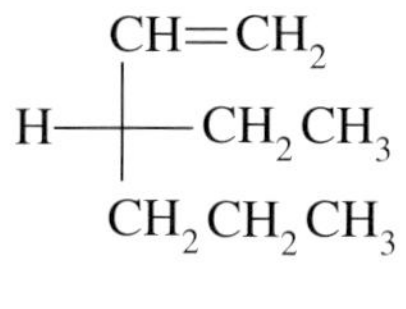 (*R*) |

**17.**

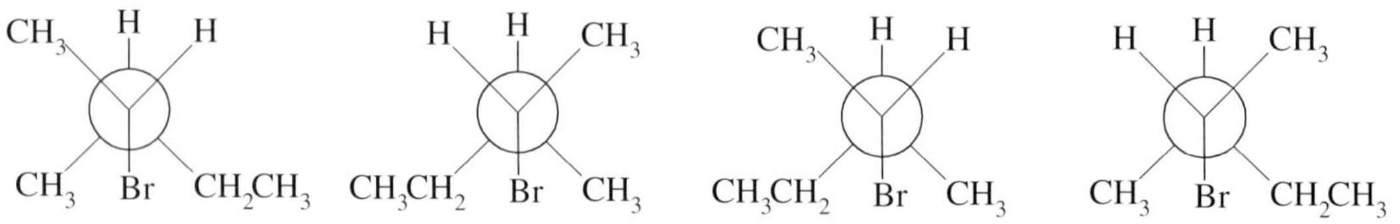

2*R*, 3*R* 2*S*, 3*S* 2*R*, 3*S* 2*S*, 3*R*

Dies sind vermutlich nicht die stabilsten Konformationen, da alle drei *gauche*-Wechselwirkungen zwischen Alkyl-Gruppen und/oder Brom aufweisen. Für das *R*,*R*-Isomer wäre eine bessere Konformation vermutlich

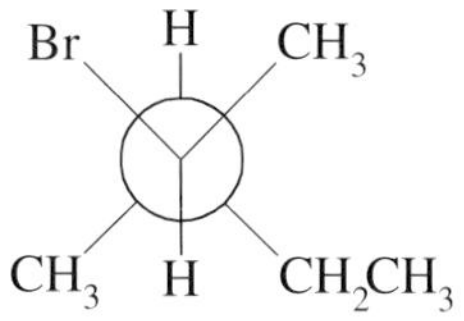

Die anderen sähen ähnlich aus.

**18.** Wir beziehen uns auf die Nummern der Aufgaben in Kapitel 7:

(1b) $CH_3CH{=}C(C_6H_5)CH_3 > CH_2{=}C(C_6H_5)CH_2CH_3$

(1c) vergleichbare Mengen

(1d) 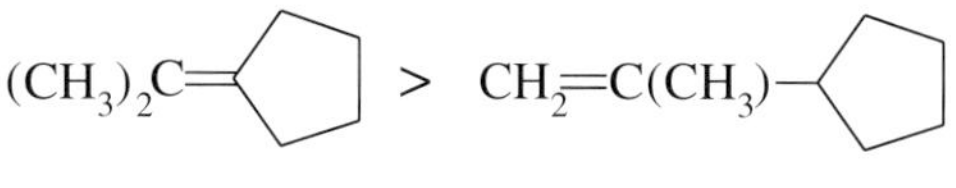

(2) 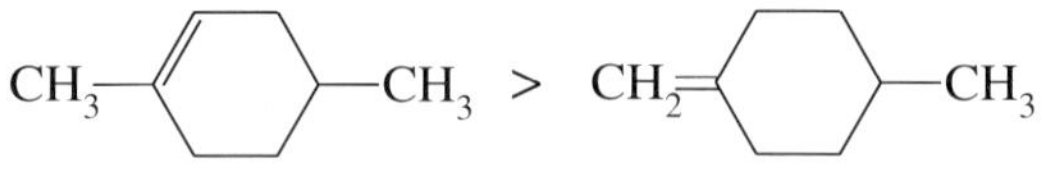

(3) $C_6H_5(CH_3)C{=}C(CH_3)C_6H_5 > C_6H_5(CH_3)CH{-}C(C_6H_5){=}CH_2$

Dies sind die einzigen Produktgemische der Eliminierung in diesen Aufgaben.

**19.** Die Hauptprodukte sind für die Teile **(a)** bis **(g)** angegeben.

**(h)** 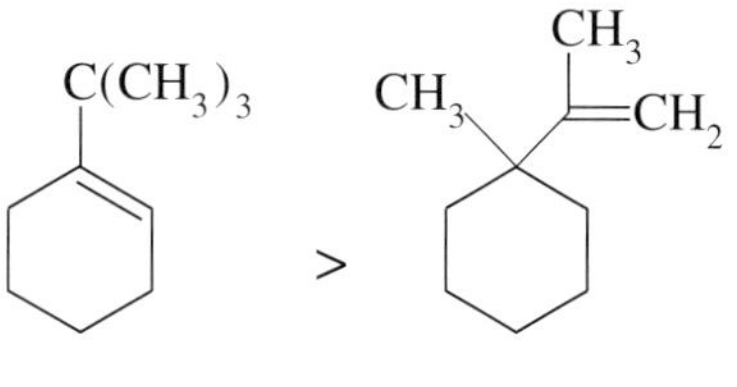

**(i)**

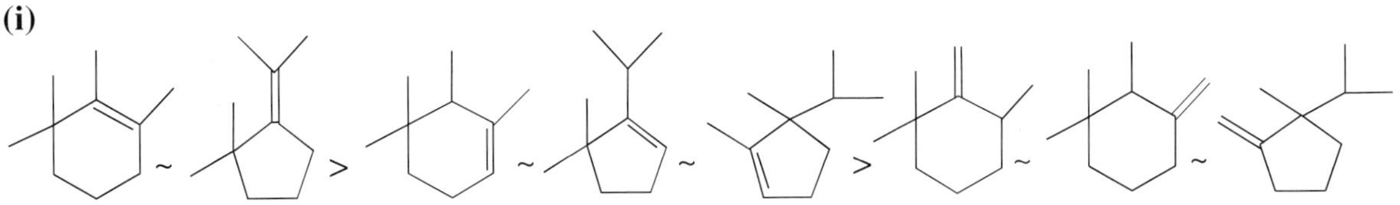

**(j)**

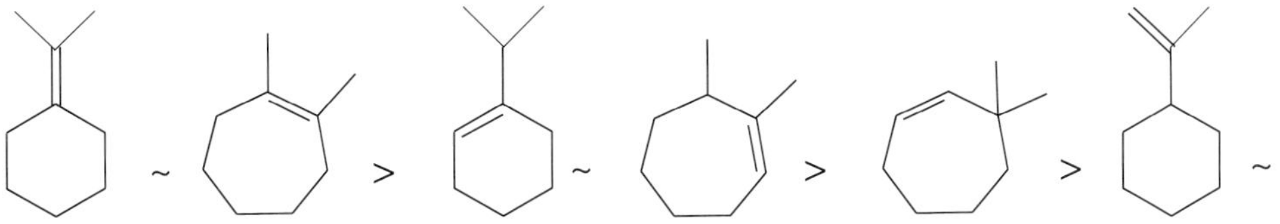

**20.** Wäre die Stabilität des Alkens der ausschlaggebende Faktor, würde **A** zum tetrasubstituierten Alken führen

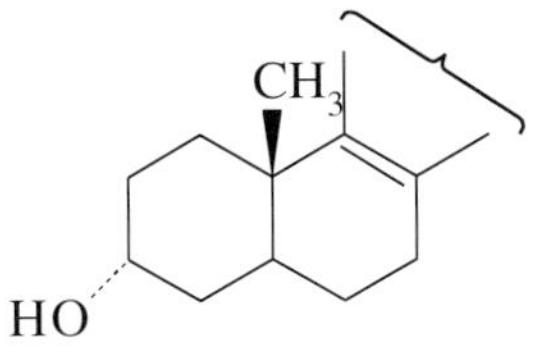


. **B** gibt hauptsächlich das gewünschte Alken.

**21.** Ähnlich, nur daß hier die stabilere *trans*-Decensäure gegenüber dem *cis*-Isomer bevorzugt entstehen sollte.

**22.** Die Stabilität sechsgliedriger Ringe hängt erwartungsgemäß vom Substitutionsgrad ab (tri- > di-). Aus Gründen der Ringspannung haben jedoch die Stabilitäten dreigliedriger Ringe die umgekehrte Reihenfolge. Im 1-Methylcyclopropen befinden sich *beide* Alken-Kohlenstoffe im Ring, und ihre Winkel werden von 120° auf fast 60° gestaucht. Im Methylencyclopropan befindet sich nur *eines* der Alken-Kohlenstoff-Atome im Ringgerüst, die geringe Winkelstauchung entspricht einer kleineren Ringspannung.

**23.** Stellen Sie jede Verbindung in einer Newman-Projektion dar, mit Br und dem (β-H in einer *anti*-Konformation:

**(a)**

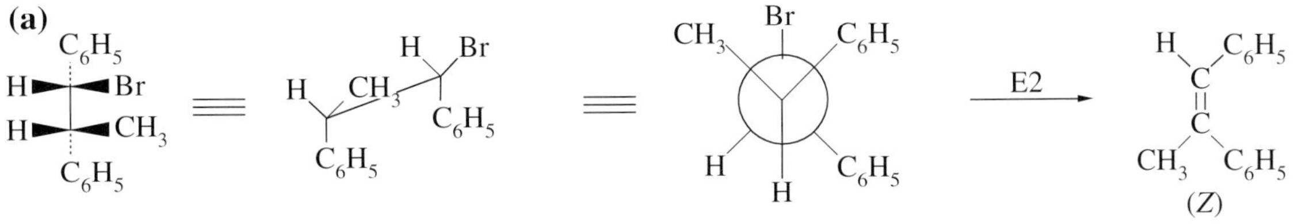


**(b)**

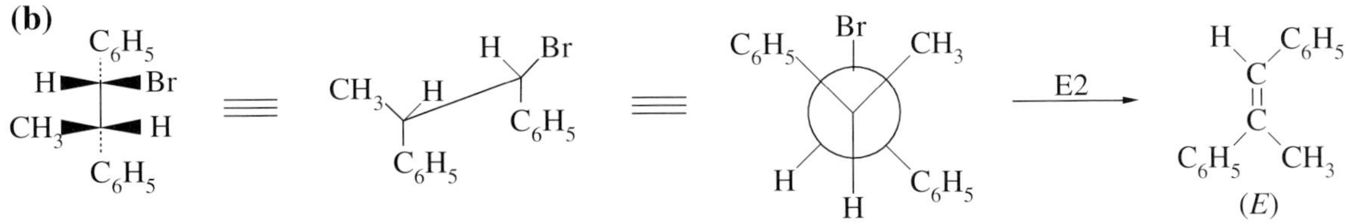


Bei **(b)** sollte die Eliminierung schneller ablaufen als bei **(a)**, weil bei **(b)** die großen $C_6H_5$-Gruppen in der reaktiven Konformation anti zueinander stehen, während in **(a)** die $C_6H_5$-Gruppen in der reaktiven Konformation *gauche*-Lagen annehmen müssen.

Aus der Arrhenius-Gleichung, $k_{(b)}/k_{(a)} = \exp(-\Delta E_a/RT)$. Man verwende $T = 298$ K:

In 50 = $-\Delta Ea/(8.314 \times 298)$;

man erhält somit für die Differenz der $E_a$-Werte 9.7 kJ/mol. Es lassen sich kaum alle Faktoren nennen, die zu diesem Unterschied beitragen, jedoch liegt man sicher richtig mit der Annahme, daß ein Teil auf die größere Energie zurückzuführen ist, die man benötigt, um **(a)** in eine reaktive Konformation zu überführen.

**24.** Sollen E2-Eliminierungen in Cyclohexanen ablaufen, müssen die Abgangsgruppe und das β-H, das abgespalten werden soll, 1,2-*trans-diaxial* zueinander liegen. Das ist die einzige Möglichkeit, um zu der erforderlichen *anti*-Konformation zu gelangen. Zeichnen Sie daher für jede Ausgangsverbindung zunächst die beiden möglichen Sessel-Konformationen und analysieren diejenige davon genauer, in welcher die Abgangsgruppe Cl axial steht:

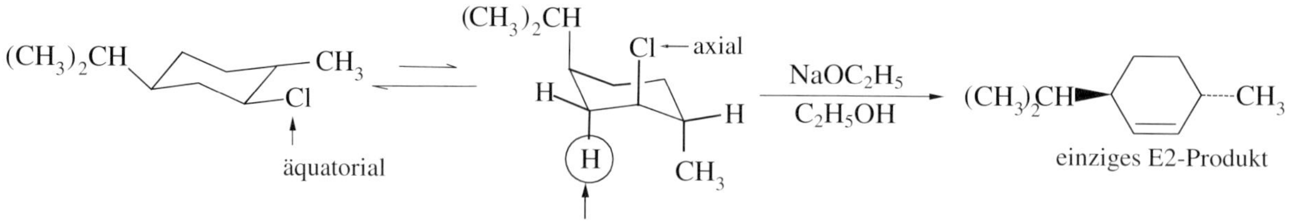


Dies ist das einzige H, das zum Cl *anti* ist – es ist daher auch das einzige, das in einem E2-Mechanismus entfernt werden kann.

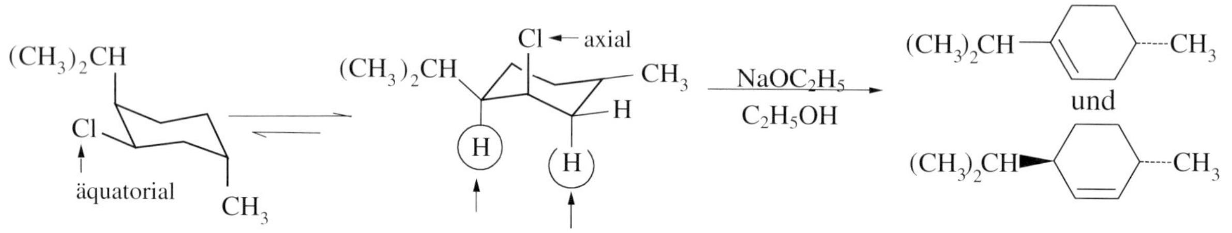


Hier stehen *zwei* H *anti* zu Cl und sind einer Eliminierung nach E2 zugänglich.

**25.** Ordnen Sie zunächst die Informationen, die Sie den Daten entnehmen können:

(i) Molekülformel: Der Grad der Ungesättigtheit ist 1.

$^{1}$H-NMR: Es gibt drei Methyl gruppen; zwei (bei $\delta$ = 1.63 und 1.71 ppm) sind wahrscheinlich an Alkenylkohlenstoffe gebunden, das Signal der dritten wird durch ein benachbartes Proton aufgespalten, wie **CH**$_3$-CH. Eine -CH$_2$–**CH**$_2$-O-Gruppe entspricht wahrscheinlich dem Triplett bei $\delta$ = 3.68 ppm. Ein Alkenwasserstoff hat als Signal ebenfalls ein Triplett, das Molekül enthält also vermutlich eine RR'C'=**CH**-CH$_2$-Gruppierung.

(ii) $^{13}$C-NMR: Es gibt Signale für einen Alkoholkohlenstoff und zwei Alkenkohlenstoffe.

(iii) IR: C=C- und O-H-Streckschwingungen für Alkene bzw. Alkohole sind erkennbar.

(iv) Oxidation eliminiert die Signale für

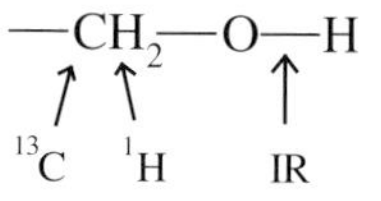


und ersetzt diese Gruppe laut IR- und $^{13}$C-NMR-Spektrum durch C=O**,** das, wie das $^{1}$H-NMR-Spektrum zeigt, zu einer Aldehydgruppe gehört (Signal bei $\delta$ = 9.64 ppm), die ja als Oxidationsprodukt eines primären Alkohols zu erwarten ist.

(v) Hydrierung ergibt das gleiche Produkt, das auch bei der Hydrierung von Geraniol entsteht.

Wir fügen jetzt alle Indizien zusammen: Die letzte Beobachtung führt uns zum Molekülgerüst

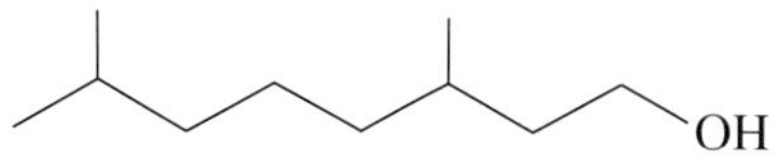

Sie müssen jetzt noch den richtigen Ort für die Doppelbindung finden. Das $^{1}$H-NMR-Spektrum zeigt nur einen Alkenylwasserstoff, die Doppelbindung muß daher trisubstituiert sein. Das bedeutet, daß es nur drei mögliche Positionen gibt:

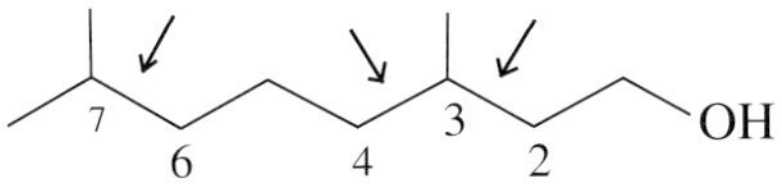


Hier hilft wieder das $^{1}$H-NMR-Spektrum, es enthält nämlich *zwei* Signale für Methylgruppen in dem für die Bindung an ungesättigte funktionelle Gruppen charakteristischen Bereich. Die Doppelbindung muß daher, um mit dieser Beobachtung konsistent zu sein, zwischen C6 und C7 liegen. Die Antwort lautet daher

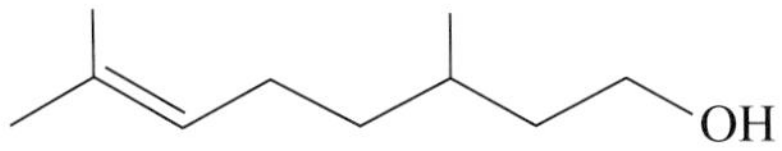


Diese Verbindung heißt Citronellol. Citronellol und Geraniol werden als öliger Extrakt aus Citronella gewonnen, einem wohlriechenden Gras aus Südasien. Das Öl ist lange als Insektenrepellent und als Liniment sowie in der Parfümerie verwendet worden.

**26.** Denken Sie daran, daß die IR-Spektroskopie nicht dazu dient, eine komplette Struktur im Detail aufzuklären, jetzt, wo derart phantastische NMR-Methoden verfügbar sind. Es reicht, wenn Sie die IR-Banden funktionellen Gruppen zuordnen.

**(a)** Campher hat eine funktionelle Gruppe, die C=O-Gruppe (Carbonyl); eine einzelne IR-Bande im Bereich 1690-1750 $cm^{-1}$ ist zu erwarten, die auch in (d), 1738 $cm^{-1}$, gefunden wird.

**(b)** Menthol ist ein einfacher Alkohol; die einzelne Bande in (a) ist die erwartete O-H-Streckschwin-gung.

**(c)** Chrysanthemumsäureester enthält zwei funktionelle Gruppen, eine Alkenbindung, C=C, und eine C=O-Estergruppe; die Alkengruppe sollte zwei Banden ergeben, eine bei etwa 1650 $cm^{-1}$, die andere bei etwa 3080 $cm^{-1}$; die Esterbande ist in der Gegend von 1740 $cm^{-1}$ zu erwarten. Die Übereinstimmung mit (b) ist nicht perfekt, es ist aber die richtige Antwort. Das Cyclopropan beeinflußt die exakten Bandenlagen.

**(d)** Epiandrosteron enthält eine Alkoholgruppe und eine Ketogruppe; (c) paßt perfekt.

**27.**

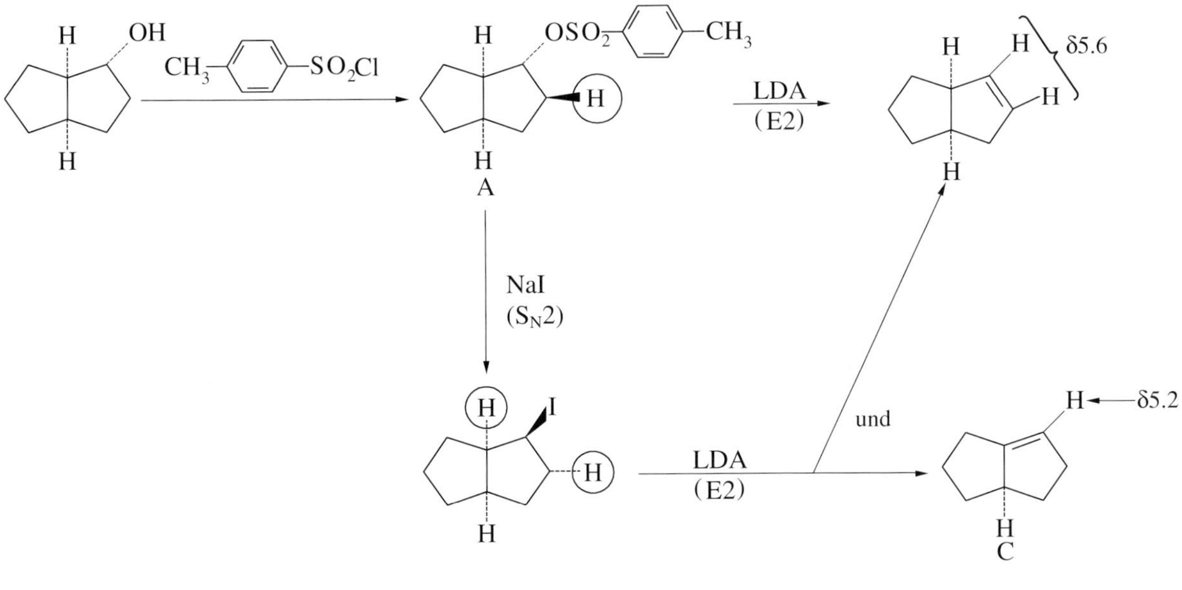

Die anti-Eliminierung nach E2 an A kann, über die Entfernung des eingekreisten Wasserstoff-Atoms, nur zu dem einen Alken B führen. Die Überführung in das Iodderivat über eine $S_N2$-Inversion ergibt zwei (eingekreiste) Wasserstoff-Atome, die beide in *anti*-Eliminierungen abgespalten werden können, was ein Gemisch der Alkene B und C zur Folge hat.

**28. (a)** Newman-Projektionen helfen hier:

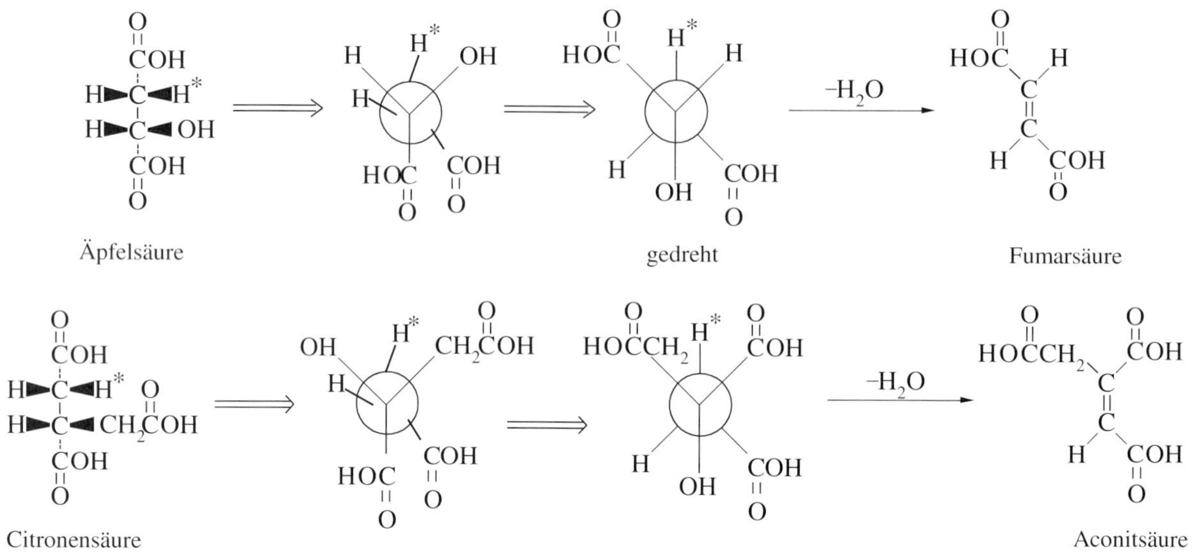


**(b)** Fumarsäure ist *E;* Aconitsäure ist *Z*.

**(c)** Äpfelsäure enthält bereits ein chirales Kohlenstoff-Atom, darum sind die Wasserstoffe der $CH_2$-Gruppe diastereotop. Citronensäure enthält kein chirales Kohlenstoff-Atom (diese überraschende Behauptung sollten Sie überprüfen!). Wird jedoch eines der Wasserstoff-Atome der $CH_2$-Gruppe substituiert, werden das damit verbundene Kohlenstoff-Atom und das mittlere Kohlenstoff-Atom chiral. In der Tat führt der Ersatz eines der Wasserstoff-Atome der $CH_2$-Gruppe zu einem Diastereomer des Produkts, das man bei Substitution des anderen Wasserstoffs erhält (ausprobieren!), diese Wasserstoffe sind also auch diastereotop.

**(d)** Es gibt vier Stereoisomere der Isocitronensäure:

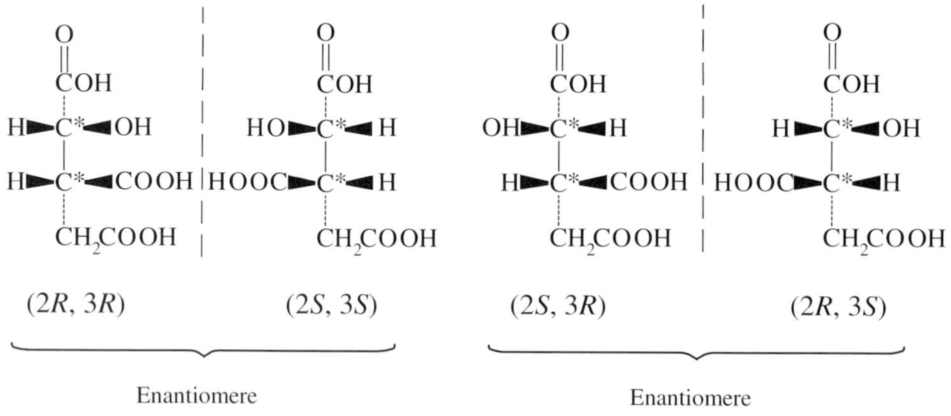


Die beiden asymmetrischen Kohlenstoffatome haben nicht die gleichen Substituenten, und daher gibt es kein achirales *meso*-Isomer.

Zwei Isomere ergeben bei der Dehydratisierung *Z*-Aconitsäure.

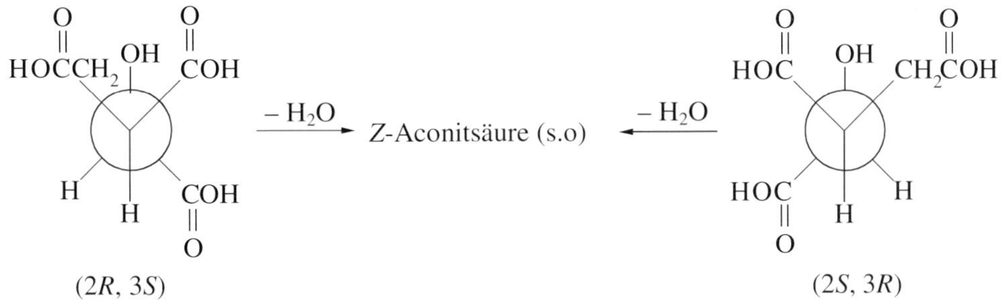

29. Der chirale α-Kohlenstoff, der in allen vier Verbindungen 1a-1d gleich ist, besitzt *S*-Konfiguration. Das chirale Kohlenstoffatom zu seiner Linken hat die folgende absolute Konfiguration: **1a**, *R*; **1b**, *S*; **1c**, *R*; **1d**, *S*. Arbeiten Sie sich rückwärts von der Stereochemie der Alkenfunktion zur Newman-Projektion der (für E2) notwendigen *anti*-Konformation mit der erforderlichen Konfiguration vor. Kontrollieren Sie, daß das obengenannte chirale Kohlenstoffatom **exakt** so wie in der Formel des Substrats gezeichnet ist, und Sie nicht aus Versehen seine absolute Konfiguration geändert haben. Bestimmen Sie nötigenfalls sowohl für die in der Aufgabenstellung angegebene Struktur (sie ist *S*-konfiguriert) als auch für Ihre Newman-Projektion die absolute Konfiguration – es sollte dieselbe sein!

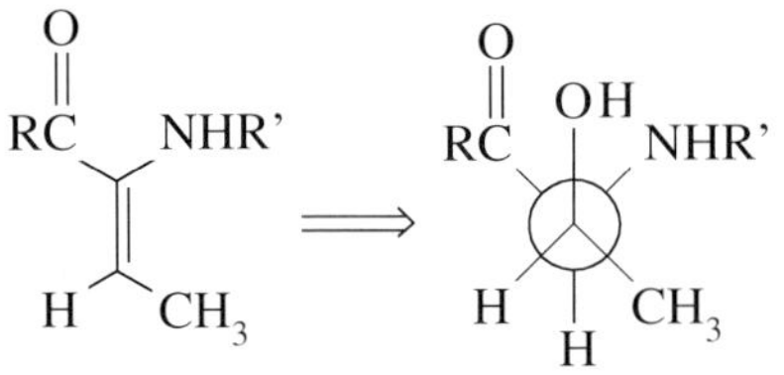

Bestimmen Sie jetzt die Konfiguration des Kohlenstoffatoms, das die Hydroxygruppe trägt: es ist *S*-konfiguriert.

# Die Reaktionen der Alkene

# 12

**1.** Vorsicht! Verwenden Sie $DH°$ von $CH_3CH_2$-X und nicht von $CH_3$-X aus Tabelle 3.1.

**(a)** $C_2H_4 + Cl_2 \rightarrow$ Cl-$CH_2CH_2$–Cl
zugeführte Wärme: 272 + 243; frei gewordene Wärme: 2 × 339;
$\Delta H° = 272 + 243 - (2 \times 339) = -163$ kJ/mol

**(b)** $C_2H_4$ + IF → I–$CH_2CH_2$–F; $\Delta H° = 272 + 280 - (222 + 448) = -118$ kJ/mol

**(c)** $C_2H_4$+ IBr → I–$CH_2CH_2$–Br; $\Delta H° = 272 + 180 - (222 + 285) = -55$ kJ/mol

**(d)** $C_2H_4$+ HF → H–$CH_2CH_2$–F; $\Delta H° = 272 + 565 - (410 + 448) = -21$ kJ/mol

**(e)** $C_2H_4$+ HI → H–$CH_2CH_2$-I; $\Delta H° = 272 + 297 - (410 + 222) = -63$ kJ/mol

**(f)** $C_2H_4$+ BrCN → Br–$CH_2CH_2$–CN; $\Delta H° = 272 + 348 - (285 + 519) = -184$ kJ/mol

**(g)** $C_2H_4$+ HOCl → HO–$CH_2CH_2$–Cl; $\Delta H° = 272 + 251 - (381 + 339) = -197$ kJ/mol

**(h)** $C_2H_4 + CH_3SH \rightarrow CH_3S$–$CH_2CH_2$-H; $\Delta H° = 272 + 368 - (251 + 410) = -21$ kJ/mol

**2.** In allen Fällen bestimme man die Seite der Doppelbindung, die bei der Komplexbildung mit der Katalysatoroberfläche die geringste sterische Hinderung aufweist. Man addiere $H_2$ an diese Seite der π-Bindung.

**(a)** $H_2$ addiert an die Seite, die der sperrigen $(CH_3)_2CH$-Gruppe entgegengesetzt liegt:

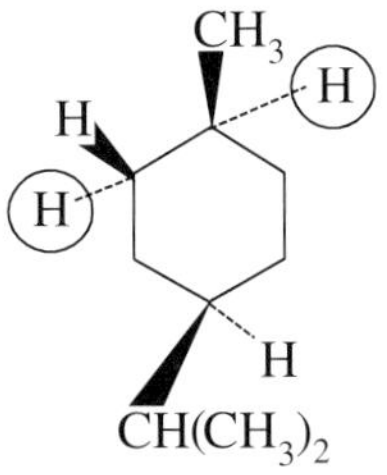


Die eingekreisten H sind die, die an die Doppelbindung addiert werden.

**(b)** Die Hydrierung erfolgt auf der der Methyl-Gruppe abgewandten Seite:

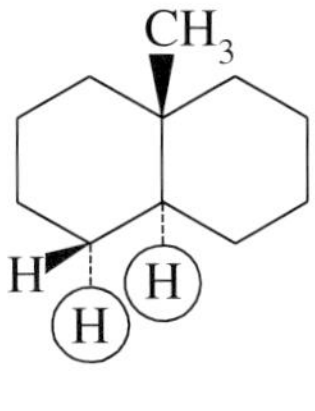


**(c)** Die Hydrierung erfolgt auf der exponierteren (Unter-)Seite des gefalteten Moleküls (man vergleiche mit Aufgabe **2 (d)** oben):

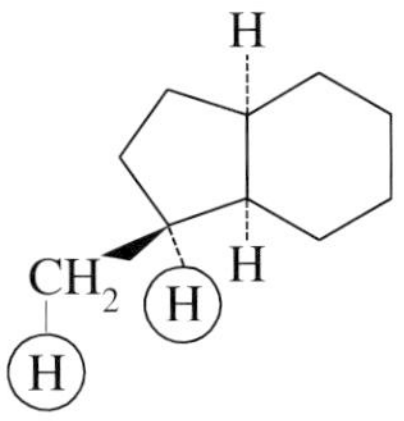

**3.** Stärker exotherm. Alken-Kohlenstoffe ($sp^2$-Hybridisierung) weisen in kleinen Ringen eine stärkere Bindungswinkel-Stauchung auf (120° → 90° für Cyclobuten) als Alkan-Kohlenstoffe ($sp^3$,109° → 90° für Cyclobutan). Darum ist Cyclobuten stärker gespannt als Cyclobutan. Folglich wird die Hydrierwärme von Cyclobuten bei Addition von $H_2$ um den Betrag erhöht, der dieser zusätzlichen Spannungsenergie entspricht.

| **4.** | (i) Peroxidfreie HBr (Markownikov-Addition) | (ii) HBr + Peroxide (Anti-Markownikov-Addition) |
|---|---|---|
| **(a)** | 2-Bromhexan | 1-Bromhexan |
| **(b)** | 2-Brom-2-methylpentan | 1-Brom-2-methylpentan |
| **(c)** | 2-Brom-2-methylpentan | 3-Brom-2-methylpentan |
| **(d)** | 3-Bromhexan | 3-Bromhexan |
| **(e)** | Bromcyclohexan | Bromcyclohexan |

Alle chiralen Verbindungen entstehen als racemische Gemische.

**5. (a)** 1,2-Dibromhexan

**(b)** 1,2-Dibrom-2-methylpentan

**(c)** 2,3-Dibrom-2-methylpentan

**(d)** (*R*,*R*) und (*S*,*S*)-3,4-Dibromhexan. *Anti*-Addition an eine *cis*-Verbindung ergibt ein racemisches Gemisch chiraler Produkte; ein *trans*- Substrat ergibt das *meso*-Isomer.

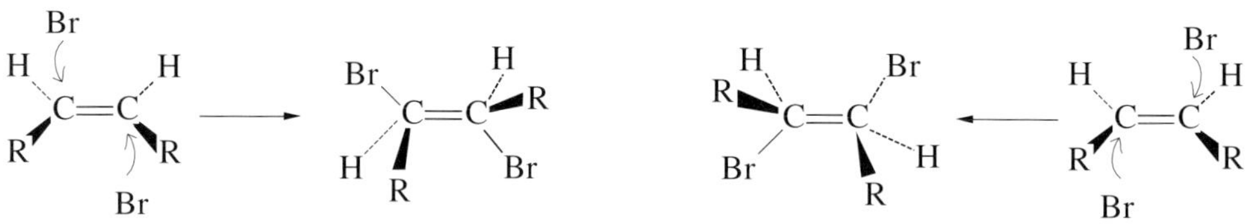

Racemisches Gemisch

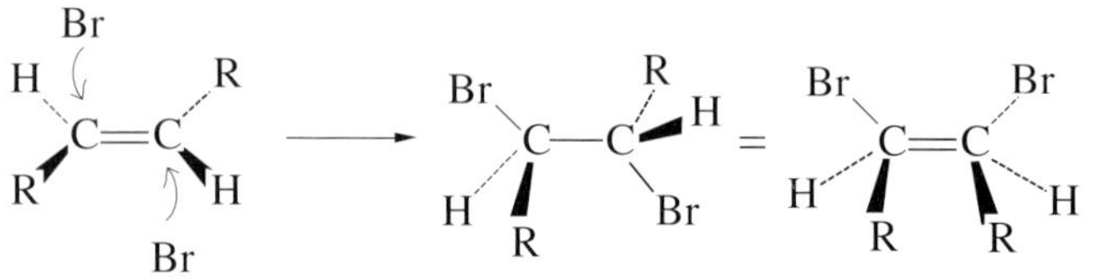

*meso*-Verbindung

**(e)** *trans-1*,2-Dibromcyclohexan

Alle Produkte in dieser Aufgabe sind chiral; alle entstehen als racemische Gemische.

| **6.** | $H_2SO_4 + H_2O$ (Markownikov-Hydratisierung) | $BH_3$, THF; dann NaOH, $H_2O_2$ (Anti-Markownikov-Hydratisierung) |
|---|---|---|
| **(a)** | 2-Hexanol | 1-Hexanol |
| **(b)** | 2-Methyl-2-pentanol | 2-Methyl-1-pentanol |
| **(c)** | 2-Methyl-2-pentanol | 2-Methyl-3-pentanol |
| **(d)** | 3-Hexanol | 3-Hexanol |
| **(e)** | Cyclohexanol | Cyclohexanol |

Oxymercurierung-Demercurierung ergibt dieselben Produkte wie wäßrige Schwefelsäure. Die aus diesen Substraten und $H^+$ gebildeten Carbenium-Ionen neigen nicht besonders zu Umlagerungen. Alle chiralen Produkte entstehen als racemische Gemische.

**7. (a)** Heiße konzentrierte $H_2SO_4$ **(b)** Kalte wäßrige $H_2SO_4$

(c) $NaOCH_2CH_3$ in $CH_3CH_2OH$ **(d)** HCl in $CCl_4$

Additionen [Reaktionen (b) und (d)] sind normalerweise thermodynamisch begünstigt (Abschnitt 12-1). Damit Eliminierung eintritt, müssen Bedingungen geschaffen werden, unter denen die Gleichgewichte in der entgegengesetzten Richtung verschoben werden. In (a) wird das in der reversiblen E1-Reaktion sich bildende Wasser durch die konzentrierte $H_2SO_4$ protoniert und so aus dem Gleichgewicht herausgenommen. Gute Nucleophile liegen nicht vor; darum verliert das Carbenium-Ion ein Proton unter Bildung des Alkens. In (c) induziert das stark basische Ethoxid-Ion die bimolekulare Eliminierung und neutralisiert das freigesetzte HCl unter Bildung von Ethanol und NaCl. Im Reaktionsgemisch gibt es keine Spezies, die elektrophil genug ist, um an das Alken zu addieren.

**8. (a)** $CH_3\overset{\overset{\displaystyle Cl}{|}}{C}CHCH_2SeCH_3$. Markownikov-Addition; $CH_3Se^{\delta+}$ ist das Elektrophil.

**(b)** Das Se-Atom in $CH_3SeCl$ ist elektrophil und hat einsame Elektronenpaare. Genau wie ein Halogen greift es ein Alken unter Bildung eines verbrückten cyclischen Übergangszustands, eines sogenannten Selenonium-Ions, an:

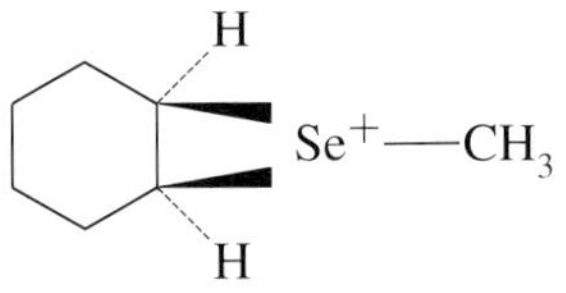


Das Halogenid-Ion öffnet den Ring durch rückseitigen Angriff, *anti*-Addition ist daher das Ergebnis.

**9.** Alle chiralen Produkte werden als racemische Gemische gebildet.

**(a)**
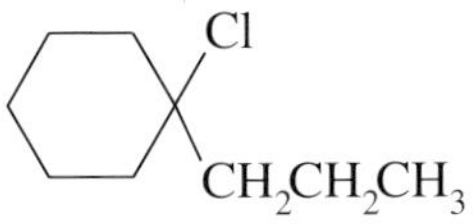


**(d)**
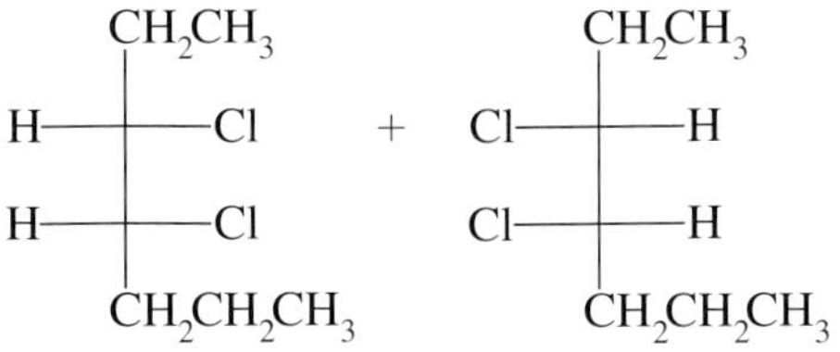


racemische Gemische

**(c)**
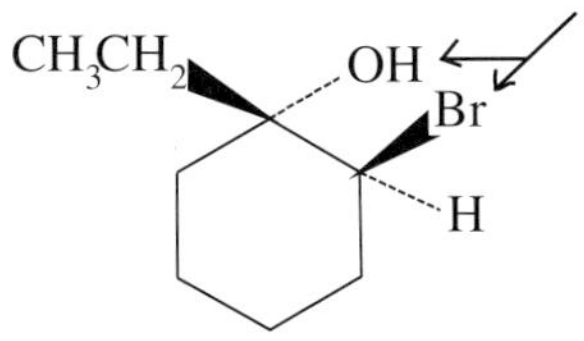


*trans*, von der *anti*-Addition her

**(d)**
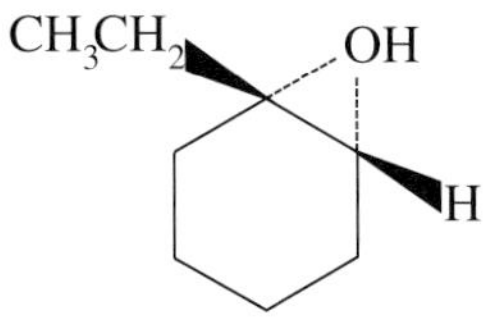

Blockiert das obere Ende,
darum greift Hg
am unteren Ende an

**(e)**          +                    (vorwiegend), über

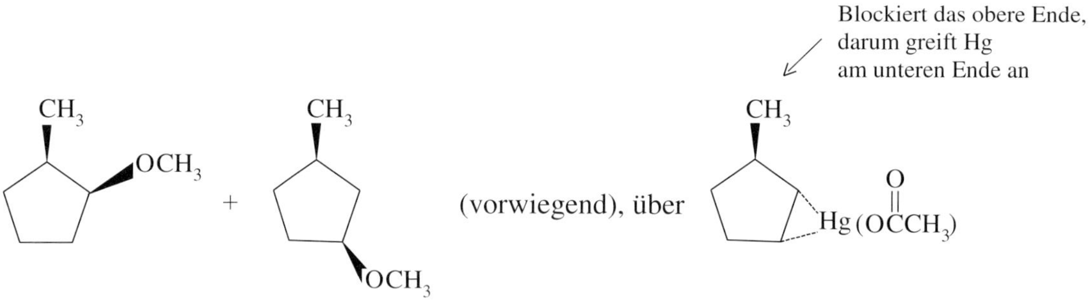

Alle Produkte entstehen als racemische Gemische.

**(f)**          +

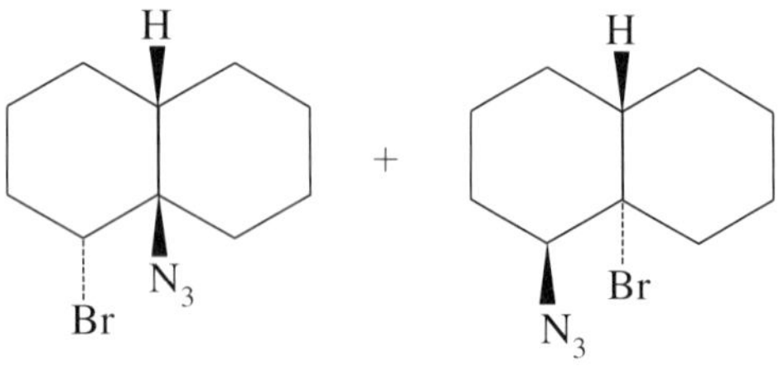

**(g)**

CH₃  ← Blockiert das obere Ende

HO  ←——— *syn*-Addition am unteren Ende

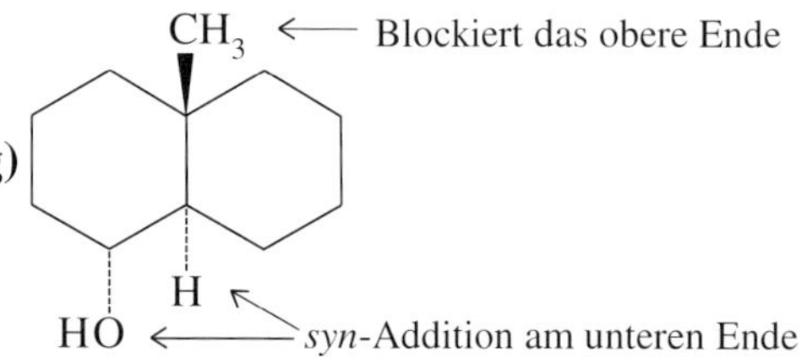

Beachten Sie die anti-Markownikovsche Regiochemie für Hydroborierungen.

**10.** Jedes Problem wird von einer kurzen Analyse möglicher Alternativen begleitet.

**(a)** Man benötigt eine nach Markownikov verlaufende Anlagemng von Wasser an $(CH_3)_2CHCH=CH_2$

oder eine *anti*-Markownikov-Addition von Wasser an $(CH_3)_2C=CHCH_3$. Beides kann gemacht werden:

$$(CH_3)_2CHCH=CH_2 \xrightarrow{\text{1. Hg(OAc)}_2,\ H_2O;\ 2\ NaBH_4} (CH_3)_2CHCHOHCH_3$$

$$(CH_3)_2C=CHCH_3 \xrightarrow{\text{1. BH}_3;\ 2.\ NaOH,\ H_2O_2,\ H_2O} (CH_3)_2CHCHOHCH_3$$

**(b)** Man muß „Cl⁺" und „$(CH_3)_2CHO^-$" an Propen addieren. $Cl_2$ dient als Quelle für „Cl⁺", und $(CH_3)_2CHOH$ liefert das Nucleophil:

$$CH_2=CHCH_3 \xrightarrow{\text{1. Cl}_2,\ \text{Lösungsmittel } (CH_3)_2CHOH} ClCH_2CH(CH_3)OCH(CH_3)_2$$

**(c)** und **(d)** $Br_2$ muß an *cis*- oder *trans*-4-Octen addiert werden. Die Addition verläuft *anti*, darum ergibt *trans*-Octen *meso* und *cis* gibt *dl*.

$$\underset{H}{\overset{CH_3CH_2CH_2}{\diagdown}}C=C\underset{CH_2CH_2CH_3}{\overset{H}{\diagup}} \xrightarrow{Br_2} meso-CH_3CH_2CH_2CHBrCHBrCH_2CH_2CH_3$$

$$\underset{H}{\overset{CH_3CH_2CH_2}{\diagdown}}C=C\underset{H}{\overset{CH_2CH_2CH_3}{\diagup}} \xrightarrow{Br_2} dl-CH_3CH_2CH_2CHBrCHBrCH_2CH_2CH_3$$

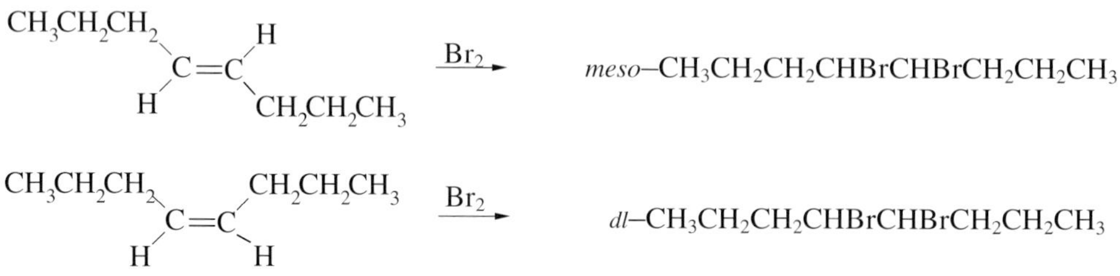

**(e)** Dies ist leichter – die Methyl-Gruppe von [Struktur] blockiert die Oberseite, wodurch die Reaktion mit einer Peroxycarbonsäure von unten möglich wird:

[Reaktionsschema: Alken $\xrightarrow{\text{MCPBA}}$ Epoxid]

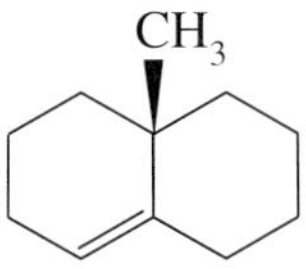

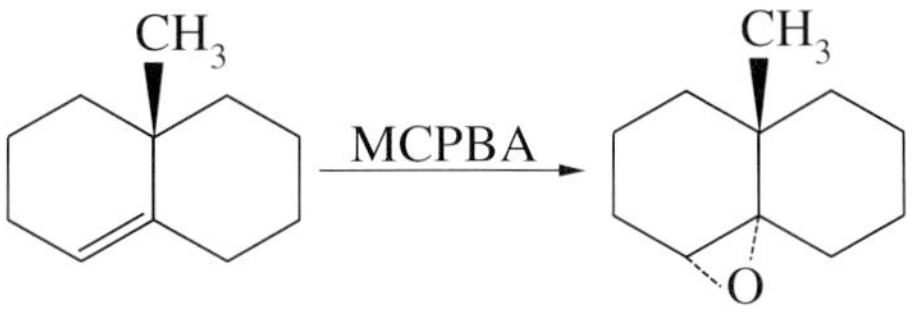

**(f)** Dies ist schwieriger. Wie läßt sich der Sauerstoff an der sterisch stärker gehinderten Seite anbringen? Das muß schrittweise erfolgen, mit einem Inversionsschritt, der dem anfänglichen Angriff eines Elektrophils auf der weniger stark behinderten Unterseite folgt. Man wende die Sequenz der Syntheseschritte für die allgemeine Oxacyclopropan-Synthese an

Alken $\xrightarrow{\text{X}_2,\ \text{H}_2\text{O}}$ Halogenhydrin (*anti*-Addition) $\xrightarrow{\text{Base}}$ Oxacyclopropan (interne $S_N2$-Reaktion)

[Reaktionsschema mit Strukturen:]

$\xrightarrow{\text{Br}_2,\ \text{H}_2\text{O}}$

Br an der Unterseite

Br und OH *trans*

$\xrightarrow{\text{CH}_3{}^-\text{ONa}^+}$

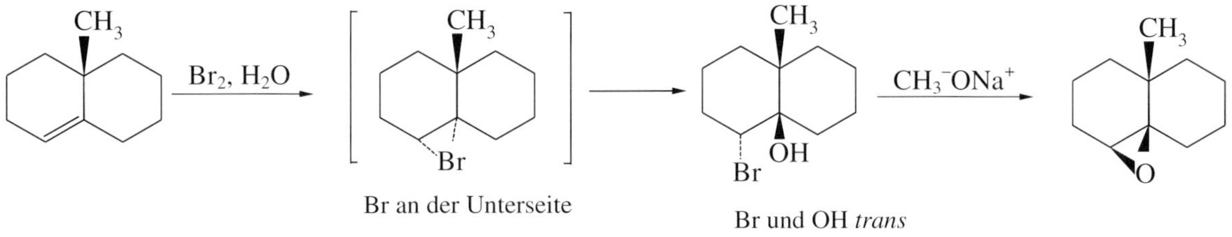

**11. (a)** muß über eine *anti*-Markownikov-Addition an 1-Buten verlaufen. Zur Erzeugung von 1-Buten über eine Eliminierung braucht man eine sperrige Base:

$$\text{CH}_3\text{CH}_2\text{CHBrCH}_3 \xrightarrow{(\text{CH}_3)_3\text{O}^-\text{K}^+} \text{CH}_3\text{CH}_2\text{CH}=\text{CH}_2$$

Man kann HI nicht direkt nach *anti*-Markownikov addieren. Zwei indirekte Möglichkeiten werden gezeigt:

$$\text{CH}_3\text{CH}_2\text{CH}=\text{CH}_2$$

$\xrightarrow[\text{Peroxide}]{\text{HBr,}}$ $\text{CH}_3\text{CH}_2\text{CH}_2\text{CH}_2\text{Br}$ $\xrightarrow{\text{KI, DMSO }(S_N2)}$ $\text{CH}_3\text{CH}_2\text{CH}_2\text{CH}_2\text{I}$

*oder*

$\xrightarrow{\text{BH}_3}$ $(\text{CH}_3\text{CH}_2\text{CH}_2\text{CH}_2)_3\text{B}$ $\xrightarrow{\text{ICl}}$ $\text{CH}_3\text{CH}_2\text{CH}_2\text{CH}_2\text{I}$

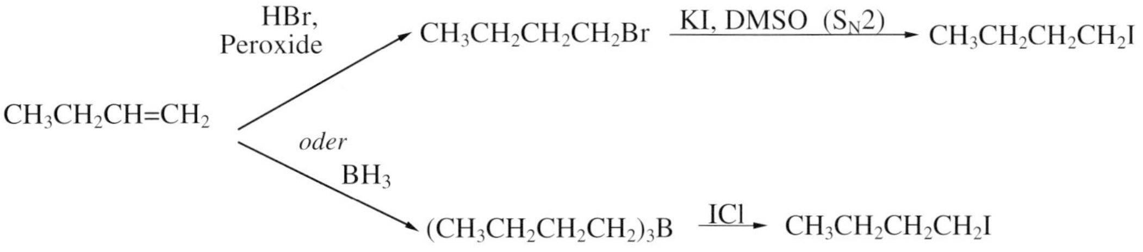

**(b)** und **(c)** Da die Dehydratisierung hauptsächlich zu *trans*-Alkenen führt, müssen Wege gefunden werden, um 2 OH-Gruppen entweder *anti* ($\rightarrow$ *meso*) oder *syn* ($\rightarrow$ *dl*) zu addieren. *Syn* ist einfach:

$$\text{CH}_3\text{CHOHCH}_2\text{CH}_3 \xrightarrow{\text{H}_2\text{SO}_4,\ \Delta} \underset{\text{(cis-Alken)}}{\text{C}=\text{C}} \xrightarrow{\text{KMnO}_4,\ \text{H}_2\text{O},\ 0\,°\text{C}} dl\text{—CH}_3\text{CHOHCHOHCH}_3$$

*Anti* läßt sich auch leicht durchführen:

$$\underset{\text{(trans-Alken)}}{\text{C}=\text{C}} \xrightarrow{\text{CH}_3\text{CO}_3\text{H}} \text{Epoxid} \xrightarrow[\text{(mit Inversion)}]{\text{H}^+,\ \text{H}_2\text{O}} meso\text{—CH}_3\text{CHOHCHOHCH}_3$$

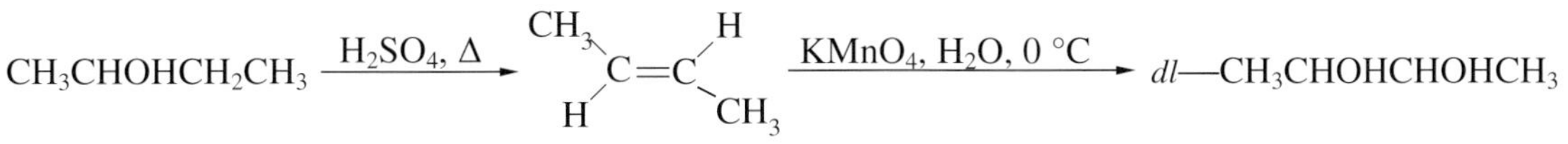

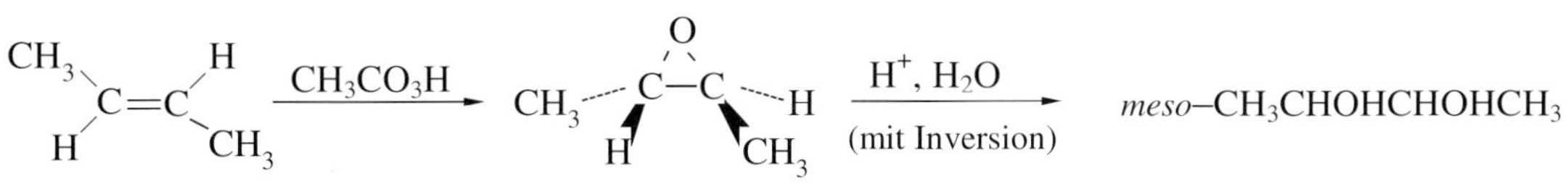

**(d)** Jede Doppelbindung erfordert unterschiedliche Reaktionen. Die Hydroborierung ist bei ungehinderten Doppelbindungen sehr selektiv, darum läßt sich ein primärer Alkohol leicht herstellen. Dann läßt sich die trisubstituierte Doppelbindung mit MCPBA in ein Oxacyclopropan überführen. Die Synthese wird abgeschlossen durch eine Oxidation zu einem Aldehyd:

$$(CH_3)_2C{=}CHCH_2CH_2CH{=}CH_2 \xrightarrow{1.\ BH_3;\ 2.\ H_2O_2,\ HO^-} (CH_3)_2C{=}CHCH_2CH_2CH_2OH \xrightarrow{MCPBA}$$

$$(CH_3)_2\overset{O}{\widehat{C{-}C}}HCH_2CH_2CH_2OH \xrightarrow{CrO_3(Pyridin)_2} (CH_3)_2\overset{O}{\widehat{C{-}C}}HCH_2CH_2CH_2\overset{O}{\overset{\|}{C}}H$$

**(e)** Analysieren Sie dies sorgfältig: Beachten Sie, daß Kohlenstoff-Atome weder dazukommen noch verlorengehen. Man muß die Doppelbindung aufheben, weil man sie in präparativer Hinsicht nicht verwenden kann, und dann *am anderen Ende* eine Aldehyd-Gruppe einführen, unter ausschließlicher Verwendung von Kohlenstoff-Atomen, die bereits im Molekül vorhanden sind. Darum zunächst:

$$(CH_3)_2CHCH_2CH{=}CHCH_3 \xrightarrow{Pd,\ H_2} (CH_3)_2CHCH_2CH_2CH_2CH_3$$

Jetzt muß eine funktionelle Gruppe in das Alkan eingeführt werden. Das geht nur über eine radikalische Bromiemng. Dann kann man durch die Anwendung einer Kombination von Reaktionen, die in den Teilen **(a)** und **(d)** eingesetzt wurden, die Synthese abschließen:

$$(CH_3)_2CHCH_2CH_2CH_2CH_3 \xrightarrow{Br_2,\ h\nu} (CH_3)_2\overset{Br}{\overset{|}{C}}CH_2CH_2CH_2CH_3 \xrightarrow{(CH_3)_3CO^-K^+}$$

$$CH_2{=}\overset{CH_3}{\overset{|}{C}}CH_2CH_2CH_2CH_3 \xrightarrow{1.\ BH_3;\ 2.\ H_2O_2,\ HO^-} HOCH_2\overset{CH_3}{\overset{|}{C}}HCH_2CH_2CH_2CH_3$$

$$\xrightarrow{CrO_3(Pyridin)_2} H\overset{O}{\overset{\|}{C}}{-}\overset{CH_3}{\overset{|}{C}}HCH_2CH_2CH_2CH_3$$

**12.** Ausgangsverbindung ist $CH_2{=}C(CH_3)CH_2CH_2CH_3$.

**(a)** $(CH_3)_2CHCH_2CH_2CH_3$

**(b)** $CH_2DCD(CH_3)CH_2CH_2CH_3$

**(c)** $HOCH_2CH(CH_3)CH_2CH_2CH_3$

**(d)** $(CH_3)_2CClCH_2CH_2CH_3$

**(e)** $(CH_3)_2CBrCH_2CH_2CH_3$

**(f)** $BrCH_2CH(CH_3)CH_2CH_2CH_3$

**(g)** $(CH_3)_2CICH_2CH_2CH_3$ (Peroxide haben keinen Einfluß auf die Addition von HI)

**(h)** und **(l)** $(CH_3)_2C(OH)CH_2CH_2CH_3$

**(i)** $ClCH_2CCl(CH_3)CH_2CH_2CH_3$

**(j)** $ICH_2CCl(CH_3)CH_2CH_2CH_3$

**(k)** $BrCH_2C(OCH_2CH_3)(CH_3)CH_2CH_2CH_3$

**(m)** $H_2\overset{O}{\widehat{C{-}C}}(CH_3)CH_2CH_2CH_3$

**(n)** $HOCH_2C(OH)(CH_3)CH_2CH_2CH_3$

**(o)** $H_2C{=}O + CH_3\overset{O}{\overset{\|}{C}}CH_2CH_2CH_3$

**(p)** $CH_3SCH_2CH(CH_3)CH_2CH_2CH_3$

**(q)** $CBr_3CH_2CH(CH_3)CH_2CH_2CH_3$

**(r)** $(CH_3)_2C{=}CHCH_2CH_3$

**13.** Ausgangsverbindung ist 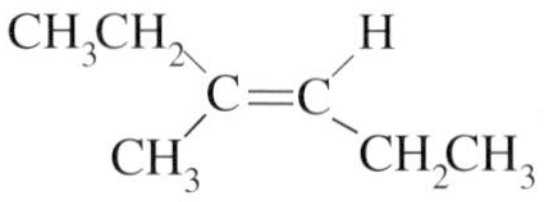 .Alle chiralen Produkte bilden sich als racemische Gemische.



**(a)** $CH_3CH_2CH(CH_3)CH_2CH_2CH_3$

**(b)** Syn-Addition: 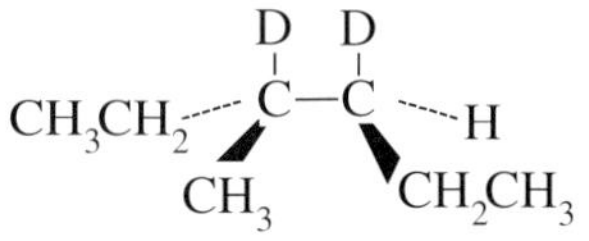

**(c)** *Syn*: 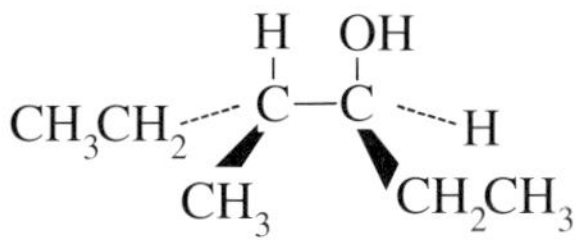

**(d)** $CH_3CH_2CCl(CH_3)CH_2CH_2CH_3$

**(e)** $CH_3CH_2CBr(CH_3)CH_2CH_2CH_3$

**(f)** $CH_3CH_2CH(CH_3)CHBrCH_2CH_3$ (Gemisch der Stereoisomere)

**(g)** $CH_3CI(CH_3)CH_2CH_2CH_3$

**(h)** und **(l)** $CH_3CH_2C(OH)(CH_3)CH_2CH_2CH_3$

**(i)** *Anti*-Addition: 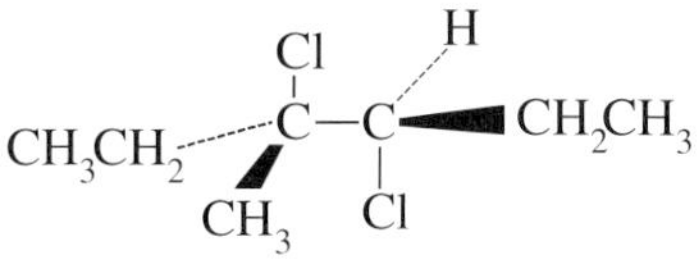

**(j)** *Anti*: 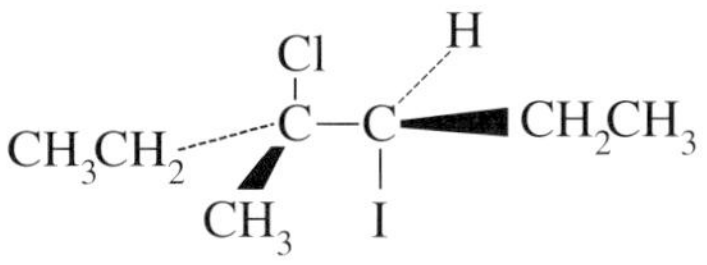

**(k)** *Anti*: 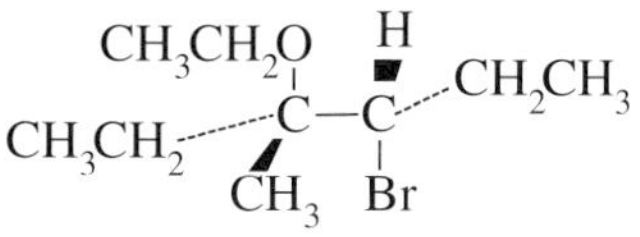

**(m)** 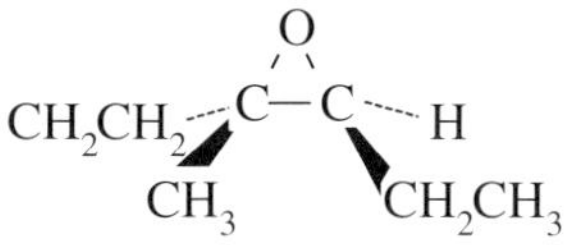

**(n)** *Syn*: 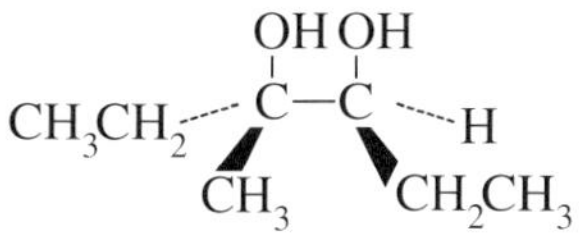

**(o)** $CH_3CH_2\overset{O}{\overset{\|}{C}}CH_3$ + $CH_3CH_2\overset{O}{\overset{\|}{C}}H$

**(p)** $CH_3CH_2CH(CH_3)CH(SCH_3)CH_2CH_3$ (Gemisch der Isomere)

**(q)** $CH_3CH_2CH(CH_3)CH(CBr_3)CH_2CH_3$ (Gemisch der Isomere)

**(r)** Gemisch der *E*- + *Z*-Isomere der Ausgangsverbindung und *E*- +*Z*-Isomere von $CH_3CH{=}C(CH_3)CH_2CH_2CH_3$ (das ebenfalls trisubstituiert ist)

**14.** Ausgangsverbindung ist 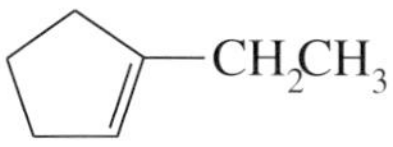

**(a)** 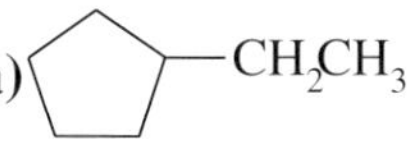

**(b)** 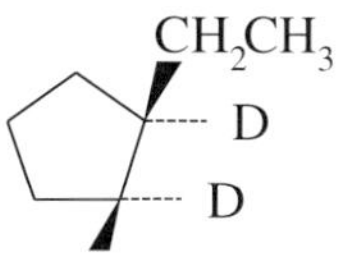

**(c)** 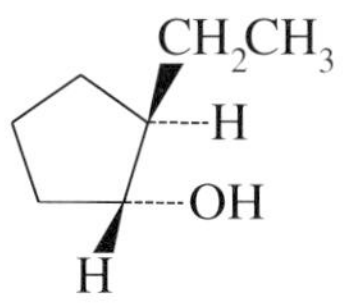

**(d)** 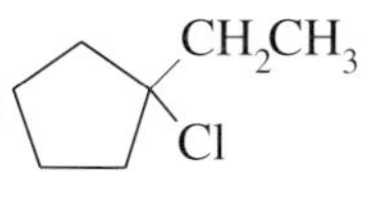

**(e)** 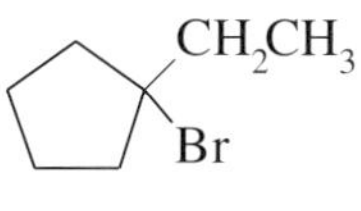

**(f)** 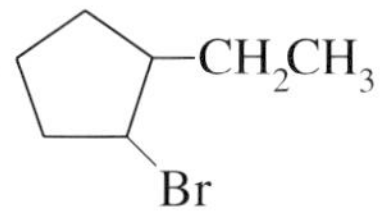 (Isomerengemisch)

**(g)** 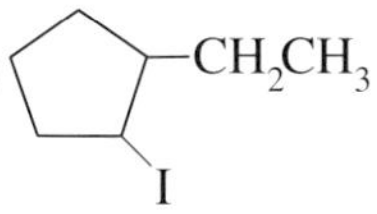

**(h)** und **(l)** 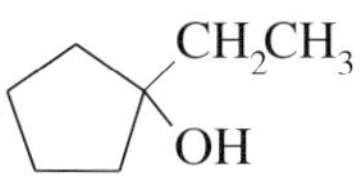

**(i)** 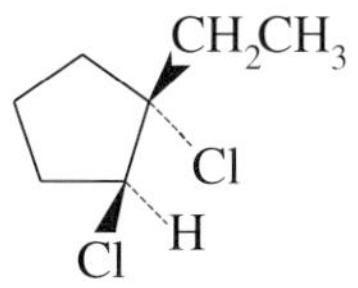

**(j)** 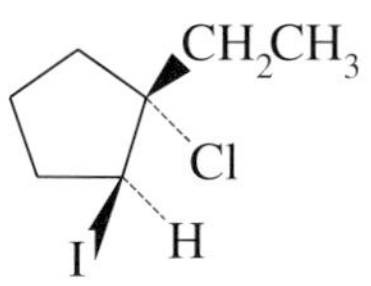

**(k)** 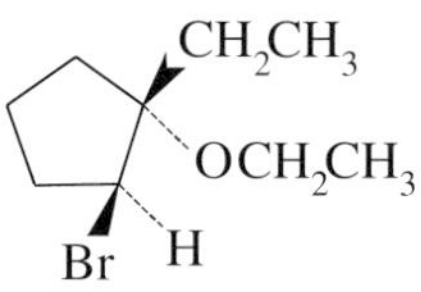

**(m)** 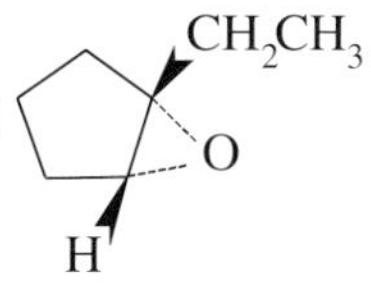

**(n)** 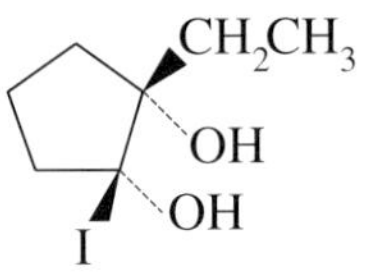
CH2CH3
OH
OH
I

**(o)** $HC(=O)CH_2CH_2CH_2C(=O)CH_2CH_3$

**(p)** 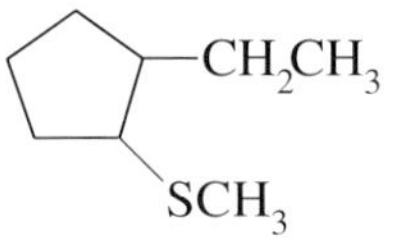
CH2CH3
SCH3
(Isomerengemisch)

**(q)** 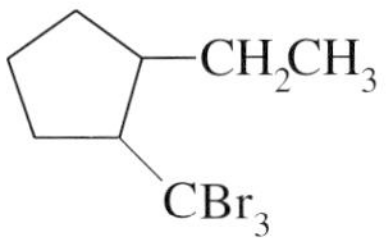
CH2CH3
CBr3
(Isomerengemisch)

**(r)** Gemisch der Ausgangsverbindung und 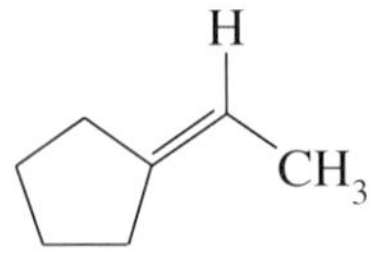
H
CH3
(beide sind trisubstituiert)

**15. (a)** Die anfängliche Protonierung an C1 führt zu einem sekundären Carbenium-Ion, das sich durch Hydridverschiebung zu einem stabileren tertiären Kation umlagern kann. Das Produkt ist ein tertiärer Alkohol.

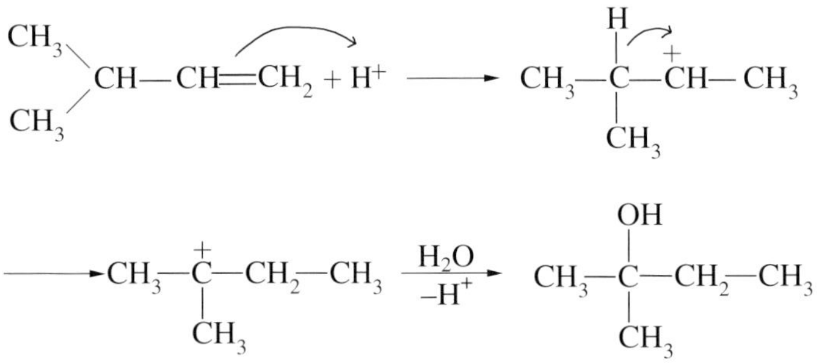


**(b)** Markownikov-Hydratisierung ohne Umlagerung läuft ab unter Bildung von

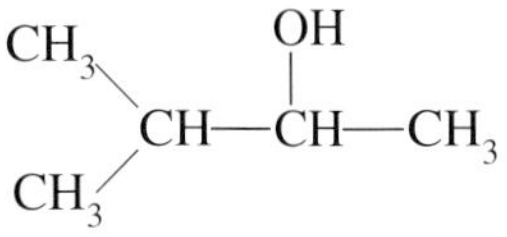
CH3
OH
CH—CH—CH3
CH3

**(c)** Das anti-Markownikov-Produkt wird gebildet.

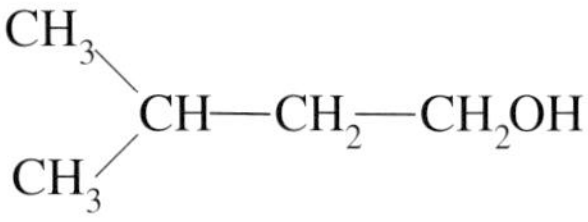


**16. (a)** 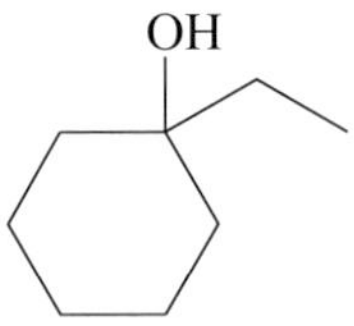
OH
**(b)** 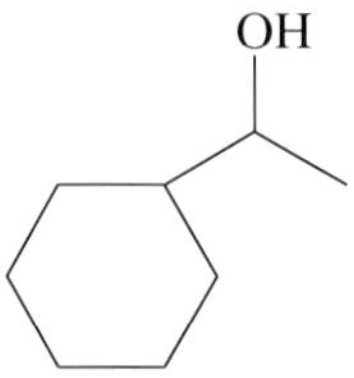
OH
**(c)** 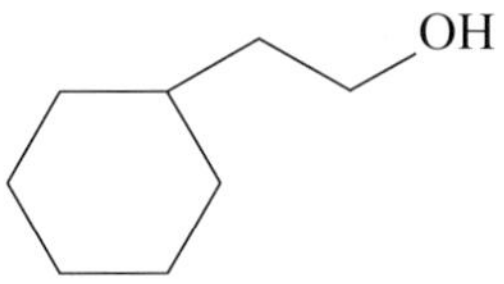
OH

**17. (a)** und **(b)** Ungesättigtheitsgrad (siehe Arbeitsbuch, Kapitel 11):
$H_{gesättigt} = 6 + 2 - 1 = 7$; Ungesättigtheitsgrad = $(7 - 5)/2 = 1$, 1 π-Bindung oder Ring. Wenn nötig, kann man Aufgabe 3 (b) aus Kapitel 11 zu Rate ziehen. Die Antwort ist

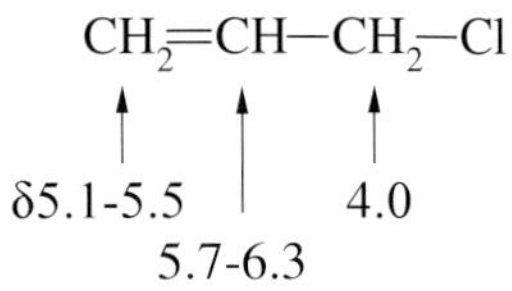

**(c)** Ja. Diese Größenordnung ist für die Kopplung der $\ce{C=C-C}$ -Struktur zu erwarten.

**(d)** Dies ist eine weitreichende Kopplung zwischen den weitauseinandergelegenen Alken-Wasserstoffen und den Wasserstoffen der gesättigten $CH_2$-Gruppe: $H_2C=C-CH_2-$, Wegen der Entfernung zwischen den Wasserstoffen (daher „weitreichend") ist die Aufspaltung klein. Weil *zwei* Alken-Wasserstoffe mit der $CH_2$-Gruppe koppeln, treten kleine Tripletts auf.

**18.** $C_3H_6OCl_2$: $H_{gesättigt} = 6 + 2 - 2 = 6$; es handelt sich um gesättigte Verbindungen.
$C_3H_5OCl$: gesättigt $= 6 + 2 - 1 = 7$; Ungesättigtheitsgrad $= (7 - 5)/2 = 1,1$ π-Bindung oder Ring für Verbindung „NMR-D".

**(a)** Spektrum B:
δ2.7 (s, 1H) – O*H*?
δ3.8 (d, 4H) – zwei äquivalente *CH₂*-Gruppen, die mit O oder Cl verbunden sind und durch eine CH-Gruppierung aufgespalten werden.
δ4.1 (Quintett, 1H) – *CH*, verbunden mit O oder Cl und durch 4 benachbarte H aufgespalten
Da 2 Cl vorhanden sind, aber nur 1 O, müssen die beiden identischen $CH_2$-Gruppen mit Cl verbunden sein. Wir erhalten:

2 $-CH_2Cl$, $-\overset{|}{\underset{|}{C}}H$ und $-OH$ und daraus $C_3H_6OCl_2$.

Bei dem Molekül muß es sich daher um $Cl-CH_2-\overset{\overset{OH}{|}}{C}H-CH_2-Cl$ handeln.

Spektrum **C**:
δ2.0 (breites s, 1H) – O*H*
δ3.8 (d, 2H) – C*H₂*, mit O oder Cl verbunden und durch eine CH-Gruppierung aufgespalten
δ3.9 (d, 2H) – C*H₂*, wie die vorhergehende aber nicht mit ihr äquivalent
δ4.1 (m, 1H) – C*H*, mit O oder Cl verbunden und einer großen Zahl von Aufspaltungen

Das Molekülgerüst ist wieder $-CH_2-\overset{|}{C}H-CH_2-$ unterscheidet sich aber von B, darum muß es sich um $Cl-CH_2-\overset{\overset{Cl}{|}}{C}H-CH_2-OH$ handeln.

Spektrum D:
alle Signale befinden sich im Bereich höherer Feldstärken. Die Reaktion mit Base muß zu einem Oxacyclopropan, nicht zu einem Alken, geführt haben:
δ2.7, 2.9 und 3.2 (Multipletts, jedes *1H*) – 3 C*H*?
δ3.6 (Dublett, 2H) – C*H₂*, durch eine CH-Gruppe aufgespalten
Daraus ergeben sich 4 Kohlenstoff-Atome, es sind aber nur 3 Kohlenstoff-Atome im Molekül vorhanden. Es müssen daher zwei von den drei bei höheren Feldstärken anzutreffenden H mit demselben Kohlenstoff-Atom verbunden sein. Wiedemm erhalten wir für das Molekülgerüst

$-CH_2-\overset{|}{C}H-CH_2-$ ($C_3H_5$) das mit einem Cl und einem O verbunden werden muß:

$\overset{\overset{O}{/\backslash}}{CH_2-CH}-CH_2-Cl$

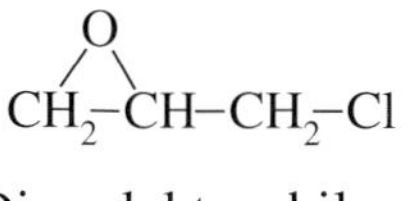

**(b)** Die elektrophile Addition von $Cl_2$ an die Doppelbindung in $CH_2=CH-CH_2-Cl$ ergibt $CH_2\overset{\overset{}{\diagdown}}{\underset{\underset{+}{Cl}}{\diagup}}CH-CH_2-Cl$ . Der Angriff von Wasser würde normalerweise am mittleren sekundären Koh-

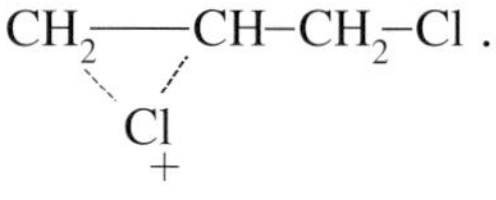

lenstoff erfolgen, der stärker kationisch sein sollte. Durch den induktiven Einfluß des anderen Cl vermindert sich jedoch die Bevorzugung des sekundären Kations gegenüber dem primären. Darum reagiert ein Teil der Chloronium-Ionen stattdessen mit Wasser am primären Kohlenstoff:

(c)

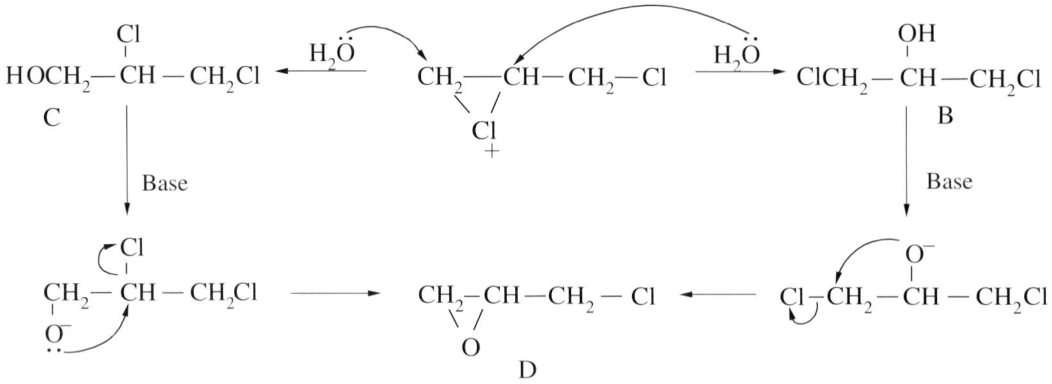


**19.** **(a)** $H_{\text{gesättigt}} = 8 + 2 = 10$; Ungesättigtheitsgrad = (10 – 8)/2 = 1, 1 π-Bindung oder Ring.
δ1.2 (d, 3H) – $CH_3$, aufgespalten durch eine CH-Gruppe.
δ3.4 (breites Singulett, 1H) – *OH*
δ4.2 (Quintett, 1H) – *CH*, aufgespalten durch 4 Wasserstoffe, die mit O verbunden sind.
δ4.8-6.0 – endständige Alken-Gruppierungen, $-CH{=}CH_2$

Als einzige Möglichkeit ergibt sich für das Molekül $CH_2{=}CH{-}CH(OH){-}CH_3$

**(b)** Die im Bereich höherer Feldstärken liegenden Signale sind oben zugeordnet. Die Zuordnungen für die Alken-Gruppierung sind die folgenden:

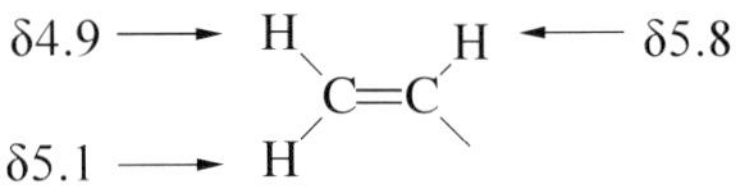


**(c)** Die Aufspaltungen im Bereich höherer Feldstärken sind in Teil **(a)** zugeordnet worden. Wasserstoff bei δ5.8 zeigt ein Linienmuster aus 8 Linien, das durch Kopplungen mit *drei verschiedenen Wasserstoffen* hervorgerufen wird, wobei jedes eine *andere* Kopplungskonstante hat:

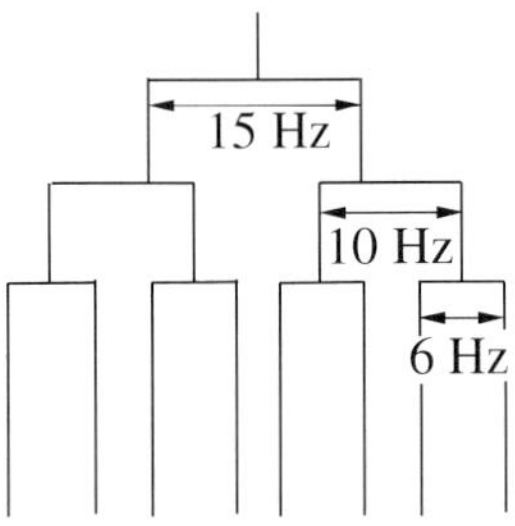


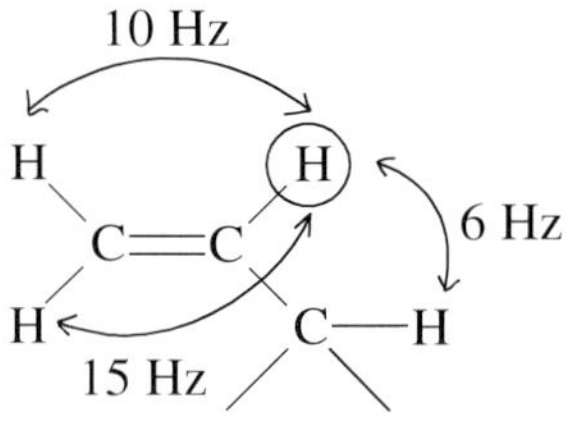


*J*-Werte für eingekreisten Wasserstoff

**20.** OH ist durch Cl ersetzt worden: $CH_2{=}CH{-}CH(Cl){-}CH_3$
(Folgende Reaktion ist abgelaufen: $ROH + SOCl_2 \rightarrow RCl + HCl + SO_2$).
F – bei der Reaktion handelt es sich um eine einfache Hydrierung unter Bildung von 2-Chlorbutan:

| | $CH_3$— | CHCl— | $CH_2$— | $CH_3$ |
|---|---|---|---|---|
| δ | 1.5(d) | 3.9 (Sextett) | 1.7 (Quintett) | 1.0(t) |

**21.** Die Ozonolyse spaltet Doppelbindungen: C=C → C=O + O=C. Um daher das Alken zu ermitteln, aus dem durch Ozonolyse zwei Carbonyl-Verbindungen entstanden sind, kehren Sie den Vorgang in Gedanken um und verknüpfen wieder die Carbonylkohlenstoffe:
C=O + O=C → C=C.

**(a)** Entsteht nur eine einzige Carbonylverbindung bei der Ozonolyse, heißt das, daß der Alken-Vorläufer symmetrisch aufgebaut war, mit zwei gleichen „Hälften". 2-Buten, $CH_3CH{=}CHCH_3$, lautet die Antwort. Das *cis*- und das *trans*-Isomer ergeben die gleichen Ozonolysenprodukte, zwei Moleküle $CH_3CHO$.

**(b)** 2-Penten, $CH_3CH{=}CHCH_2CH_3$. Wiederum spielt die Stereochemie bei der Ozonolyse von Alkenen unter Bildung von Carbonylverbindungen keine Rolle.

**(c)** 2-Methylpropen, $(CH_3)_2C{=}CH_2$

**(d)** 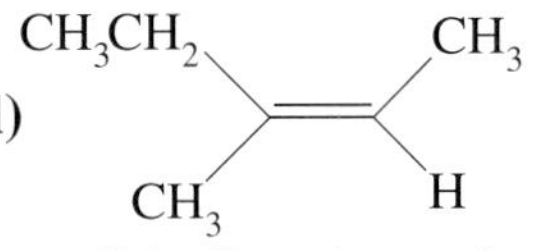


(Oder Stereoisomere)

**(e)** 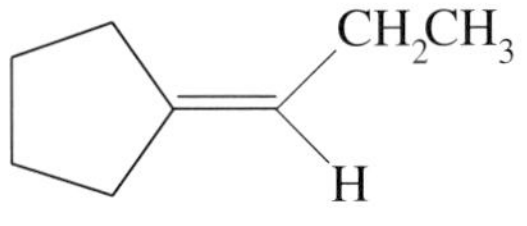


**22.** Nehmen Sie an, daß chirale Produkte tatsächlich als racemische Gemische entstehen.

**(a)** Beste zu knüpfende Bindung:

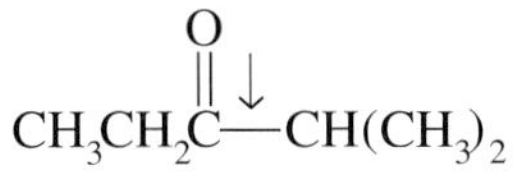


Sie müssen den endständigen Kohlenstoff des einen Propens mit dem mittleren Kohlenstoff des anderen verbinden, entsprechend müssen Sie daher funktionalisieren.

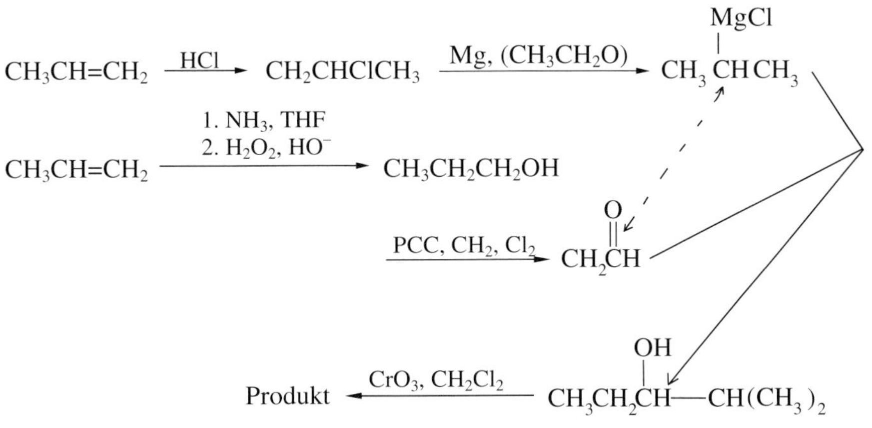


**(b)** Analyse: 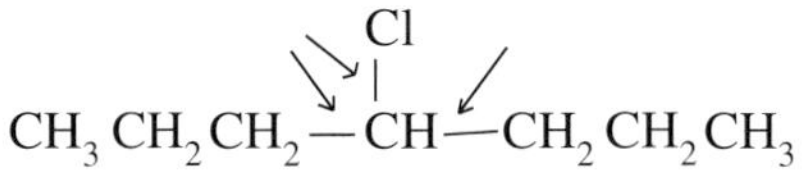


Das Endprodukt kann aus der Reaktion einer geeigneten Verbindung wie zum Beispiel $SOCl_2$ mit 4-Heptanol hervorgehen. Letzteres kann aus einer Grignard-Synthese stammen. Hier ist das retrosynthetische Schema.

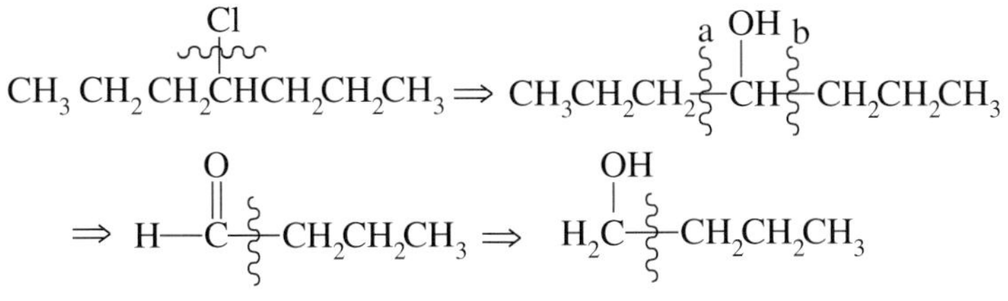

Wie erwähnt, wird die Synthese in recht schlichter Weise abgeschlossen: OH in 4-Heptanol wird mit $SOCl_2$ gegen Cl ausgetauscht. Zur Knüpfung der Bindungen „a“ und „b“ müssen Sie $CH_3CH_2CH_2MgBr$ darstellen. Hierfür müssen Sie eine *Anti-Markownikov*-Addition an Propen vornehmen. Wenn Sie sich rückwärts bewegen, bedeutet Bindung „a“ Addition dieses Grignards an einen Aldehyd. Woher kommt der Aldehyd? Er muß aus der *Oxidation* eines primären Alkohols mit PCC hervorgehen. Der Alkohol seinerseits stammt aus der Bildung von Bindung „b“ durch Addition desselben Grignards an Formaldehyd. Wir haben also

$$CH_3CH{=}CH_2 \xrightarrow{\text{HBr, Peroxid}} CH_3CH_2CH_2Br \xrightarrow{\text{Mg, }(CH_3CH_2)_2O} CH_3CH_2CH_2MgBr$$

zunächst; dann

$$CH_3CH_2CH_2MgBr \xrightarrow[\text{3. PCC, }CH_2Cl_2]{\text{1. }H_2C{=}O\text{, }(CH_3CH_2)_2O\text{; 2. }H^+\text{, }H_2O} CH_3CH_2CH_2CHO$$

$$\xrightarrow[\text{2. }H^+\text{, }H_2O]{\text{1. }CH_3CH_2CH_2MgBr\text{, }(CH_3CH_2)_2O} CH_3CH_2CH_2\text{–}\underset{\displaystyle OH}{\underset{|}{CH}}\text{–}CH_2CH_2CH_3 \xrightarrow{SOCl_2} \text{Produkt}$$

**(c)** Hier müssen Sie etwas „extrapolieren“. Sie müssen sich überlegen, wie Sie eine Methylgruppe und ein OH an die Doppelbindung eines Alkens addieren können. Erinnern Sie sich an das, was in Abschnitt 9-8 erwähnt wurde: Oxacyclopropanringe werden durch Grignard-Reagentien unter Bildung von Alkoholen geöffnet. Die Alkylgruppe der Organometallverbindung geht an den Kohlenstoff in Nachbarschaft zu der funktionellen Alkoholgruppe.

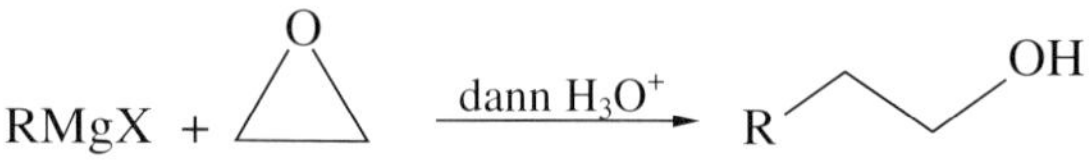


Wenn Sie überlegen, daß das Oxacyclopropan aus einem Alken hergestellt wurde, enthält das Endprodukt eine Alkoholgruppe und eine R-Gruppe an den Enden der ursprünglichen Doppelbindung, genau das, was Sie haben wollten. Gehen Sie hier so vor wie beschrieben unter Verwendung des von Cyclohexen abgeleiteten Oxacyclopropans:

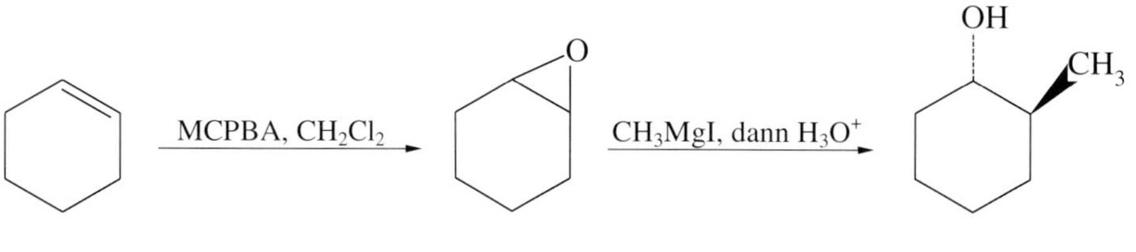


Eine häufige (und sehr falsche) Antwort auf ähnliche Probleme lautet so: Ein Student will Halogen und Wasser an ein Alken unter Bildung eines 2-Halogenoalkohols anlagern. Anschließend will der Student diese Verbindung mit einer Organometallverbindung umsetzen, um das Halogen durch Alkyl zu ersetzen. Diese Reaktionssequenz „läuft“ nicht, weil (1) die OH-Gruppe des Halogenoalkohols augenblicklich die Organometallverbindung zerstört und (2), selbst wenn (1) nicht einträte, Grignard- und Organolithiumverbindungen *mit Halogenalkanen keine C-C-Bindungen ausbilden.* Gebrauchen Sie die Oxacyclopropanmethode!

23. Zunächst muß die Reaktion 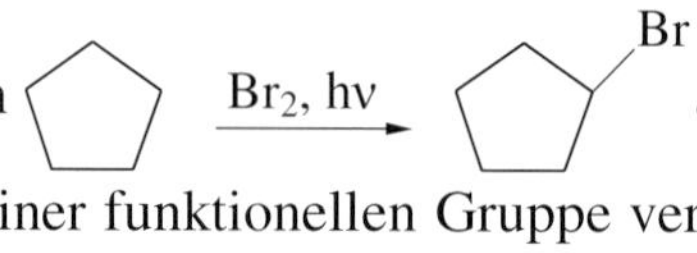 ausgeführt werden; vor allem anderen muß zunächst das Alkan mit einer funktionellen Gruppe versehen werden! Anmerkung: In späteren Teilen dieser Aufgabe werden Moleküle aus vorangegangenen Teilen eingesetzt.

**(a)** 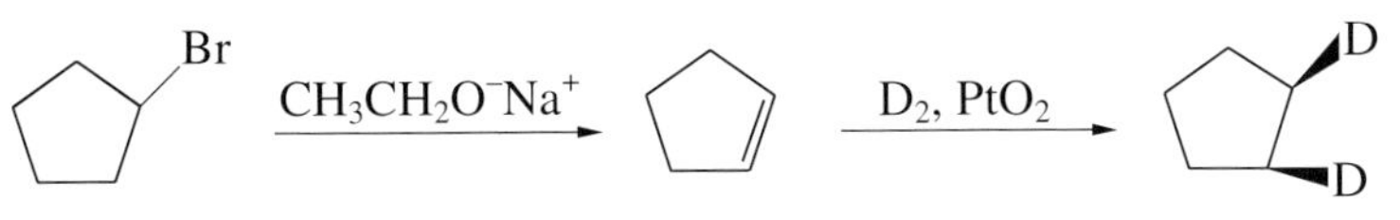


**(b)** 

(Halt! Wenn Sie nicht auf diesen Syntheseschritt gekommen sind, sollten Sie von hier aus versuchsweise die weiteren Schritte formulieren, bevor Sie sich den Rest der Antwort ansehen.

Der Rest: 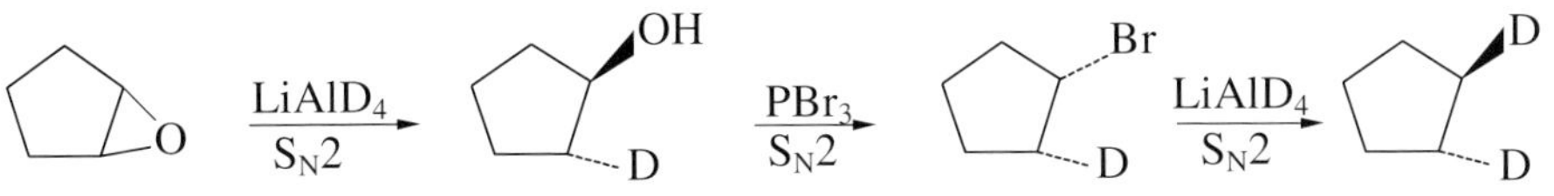


**(c)** 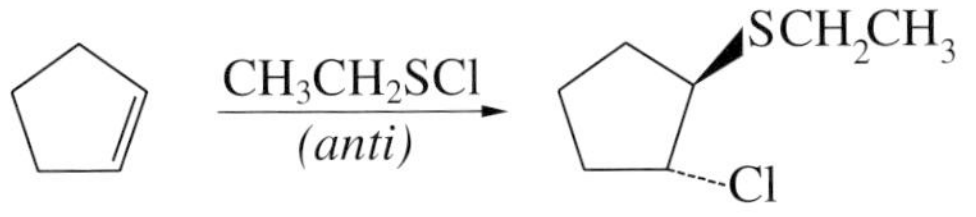


**(d)** 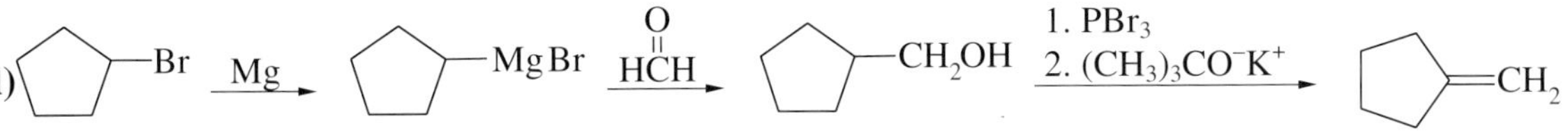


**(e)** 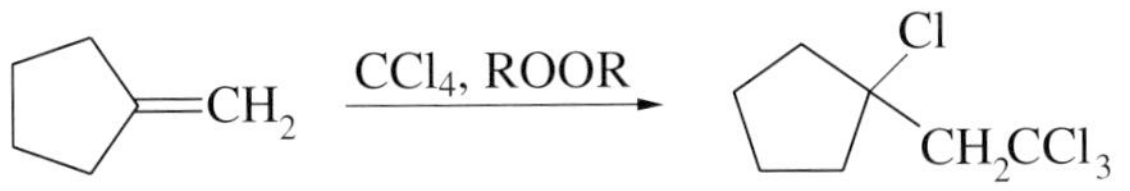


**(f)** 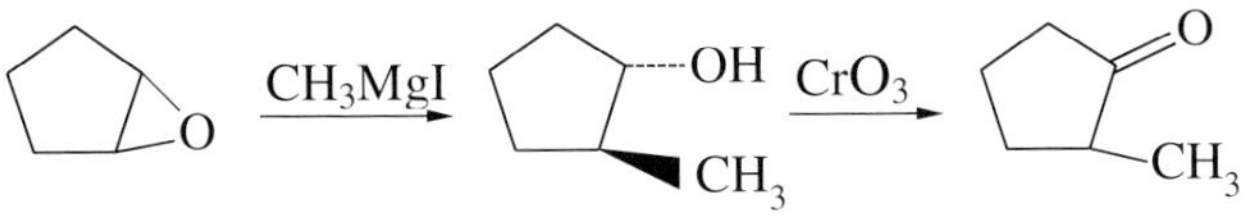


**(g)** 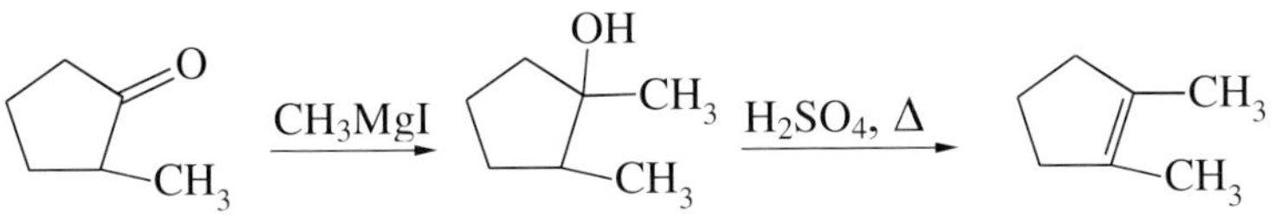


**(h)** 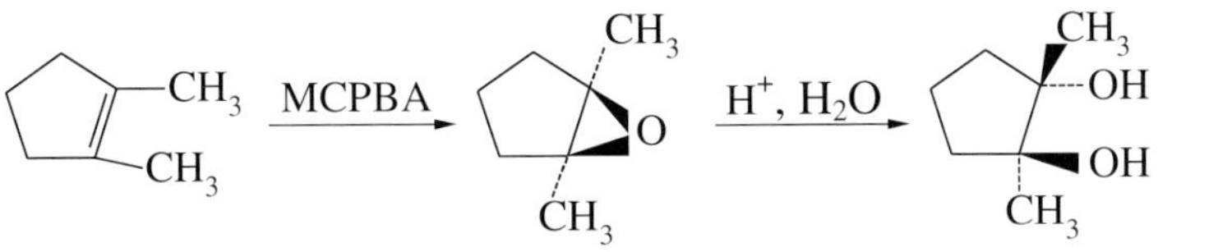


**(i)** 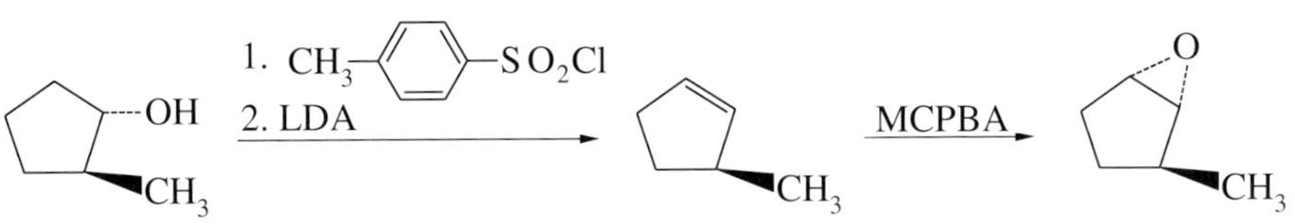


**24. (a)** $CH_3OCH_2CH_2CH(OCH_3)CH_3$ (Markownikovsche Ether-Synthese)

**(b)** $HOCH_2C(OH)(CH_3)CH_2OH$ (Oxacyclopropan → Ringöffnung)

**(c)** Umlagerung: 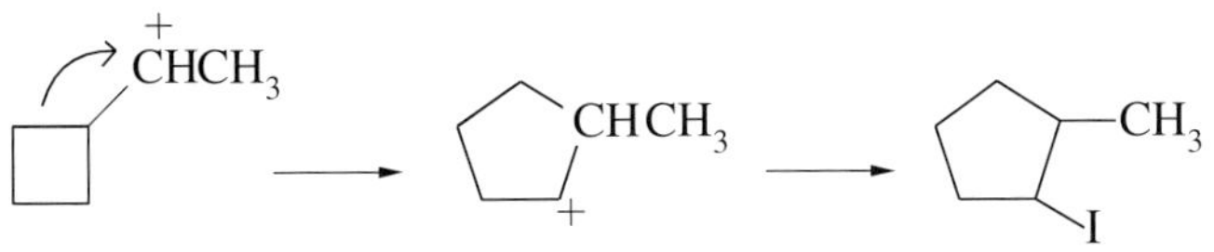


(Ringspannung ist aufgehoben).

**(d)** $\mathrm{CH_3CH_2\overset{\overset{O}{\|}}{C}H}$ + $\mathrm{H\overset{\overset{O}{\|}}{C}CH_2CH_2\overset{\overset{O}{\|}}{C}CH_2CH_2CH_2CH_2\overset{\overset{O}{\|}}{C}H}$

**(e)** Addiert als $Br^+$ $^-CN$ in *anti*: 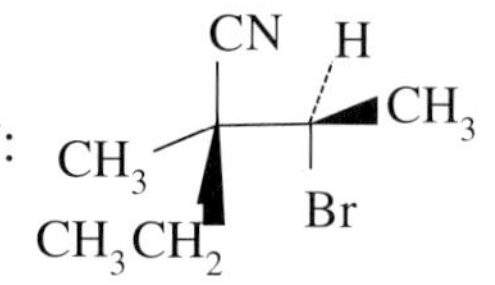


**(f)** 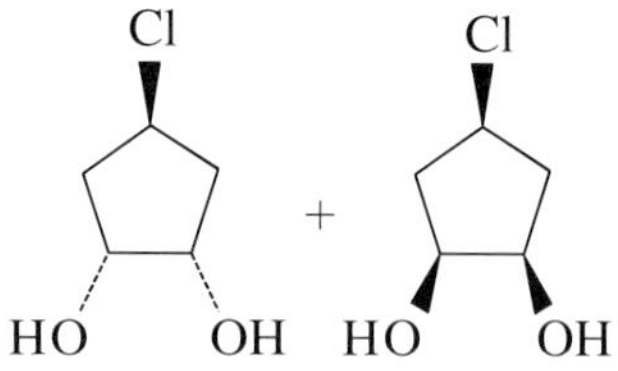


**(g)** $(CH_3)_2C(OH)CH_2CH_2Br$ (*anti*-Markownikov)

**(h)** *anti*-Addition an *trans*-Alken ⇒ *meso*-Isomer: 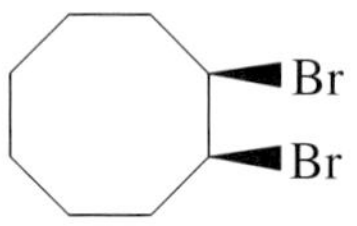


**(i)** $-\!\!(\underset{\displaystyle CH_3}{\underset{|}{CH}}-CH_2)_n\!\!-$ („Polypropylen")

**(j)** Lewis-Struktur: $CH_2{=}CH{-}\overset{+}{N}({=}O){-}O^-$. Der positive N bedeutet, daß die $NO_2$-Gruppe elektronenziehend wird. Darum sollte sich dieses Alken, genau wie Acrylnitril (Abschnitt 12.7), ohne weiteres mit einer Base polymerisieren lassen. Das Polymer hat die Struktur $-\!\!(CH_2-\underset{\displaystyle NO_2}{\underset{|}{CH}})_n\!\!-$.

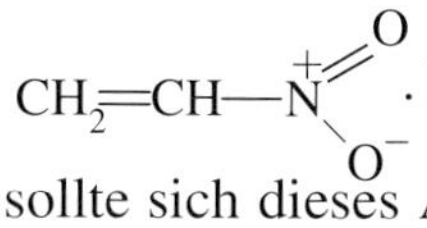

**25. (a)** $H_{sätt.} = 14 + 2 = 16$; Grad der Ungesättigtheit = (16 – 14)/2 = 1 π-Bindung oder Ring. Stellen Sie erst den Mechanismus auf, der Sie zu einer vernünftigen Struktur führt:

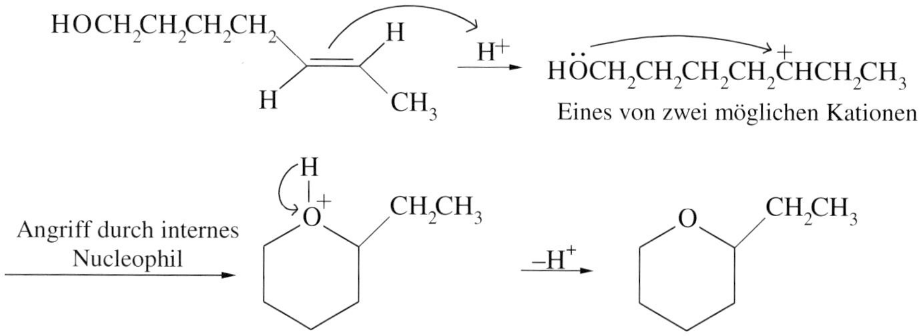


**(b)** $H_{sätt.} = 14 + 2 - 1 = 15$; Grad der Ungesättigtheit = (15 – 13)/2 = 1 π-Bindung oder Ring; IR: keine Doppelbindungen, keine OH-Gruppen.

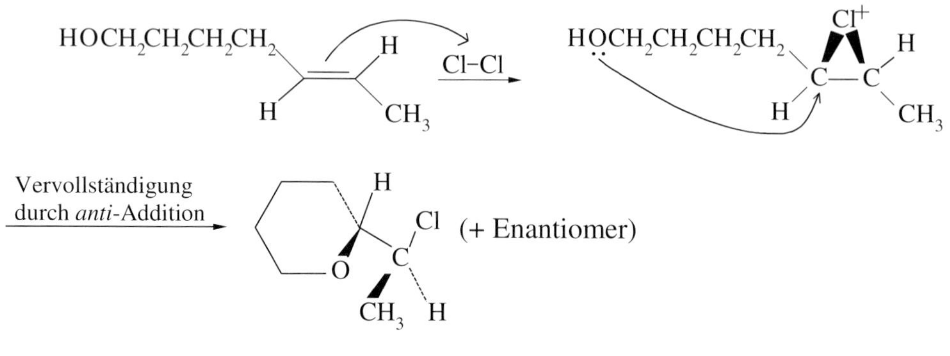

**26.** Einwirkung von Wärme oder Licht verursacht die Dissoziation
$I_2 + \longrightarrow 2\ I\cdot$; anschließend kann sich folgende Reaktion abspielen.

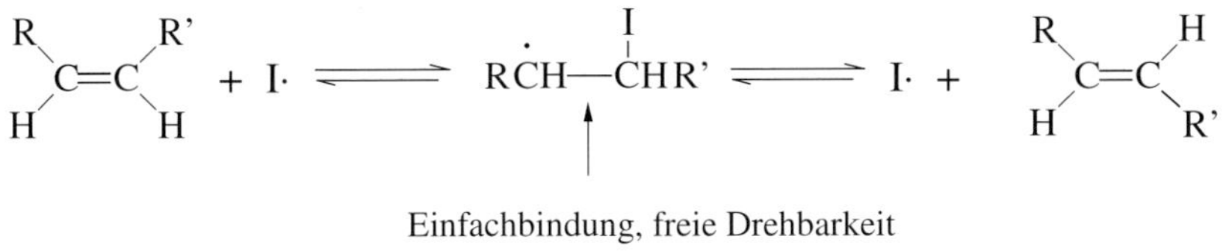


**27.** $H_{gesättigt} = 20 + 2 = 22$; Ungesättigtheitsgrad = (22 – 18)/2 = 2, 2 π-Bindungen und/oder Ringe. Das $^{13}C$ NMR zeigt nur 7 Signale: Das Produkt muß eine größere Symmetrie besitzen als die Ausgangssubstanz. Beachten Sie auch die *zwei* Signale für C, der an Sauerstoff gebunden ist (δ69.6 und 73.5), die Formel enthält aber nur *ein* Sauerstoff-Atom. Die einzig mögliche Schlußfolgerung ist die, daß das Produkt eine *Ether*gruppierung enthält: C–O–C. Wie?

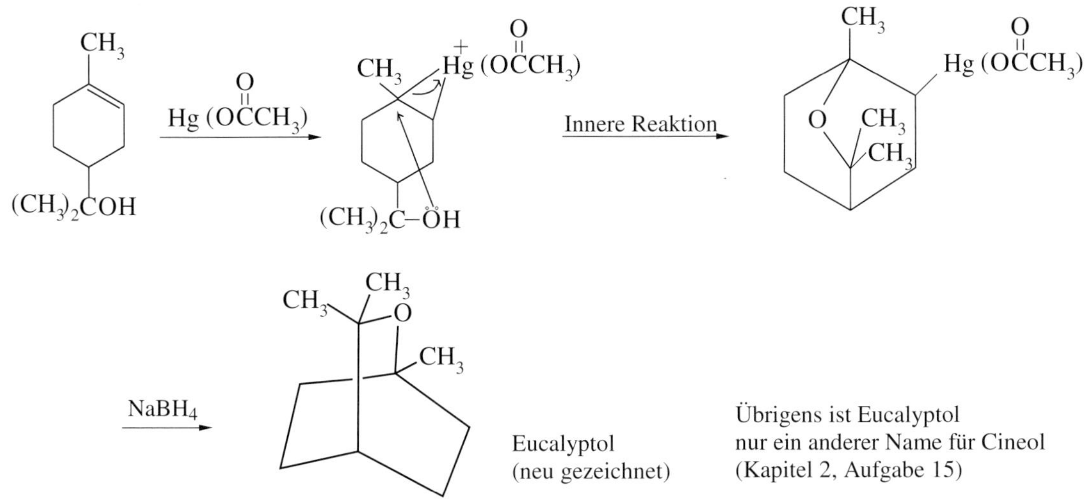


Übrigens ist Eucalyptol nur ein anderer Name für Cineol (Kapitel 2, Aufgabe 15)

**28.** Ähnliche Situation wie in Aufgabe 9 (d):

**(a)**

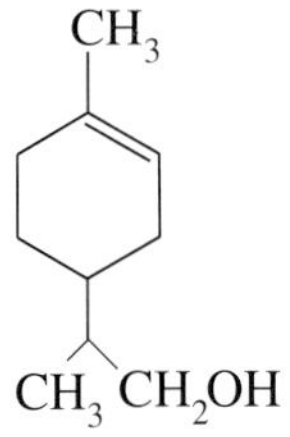

$BH_3$ bevorzugt wegen ihrer geringeren sterischen Hinderung niedriger substituierte Doppelbindungen.

**(b)**

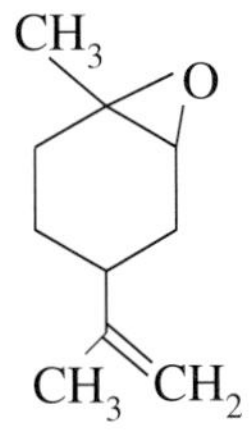

Elektrophile Agenzien wie z.B. MCPBA bevorzugen höher substituierte Doppelbindungen, weil sie stärker nucleophil (elektronenreicher) sind und ihre Alkyl-Gruppen Carbenium-Ionen und Carbenium-Ionen-ähnliche Übergangszustände stabilisieren helfen.

**29.** Ordnen Sie die gegebenen Informationen und arbeiten Sie sich schrittweise bis zu den Antworten vor:

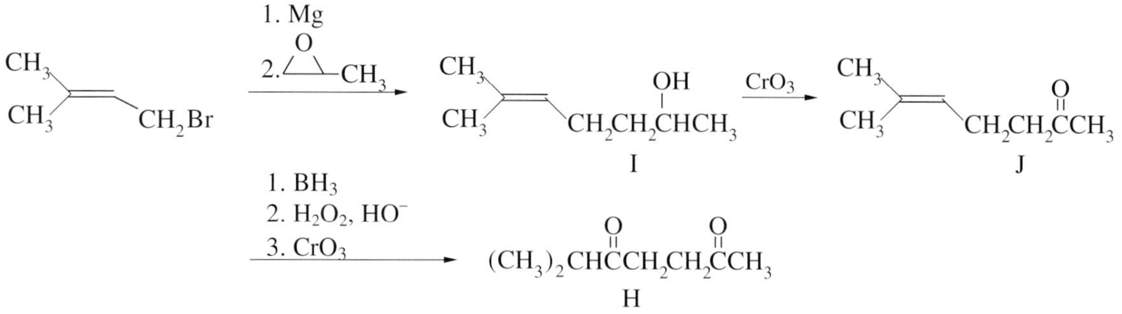


Wie verhält es sich nun mit Verbindung G? Für $C_{10}H_{16}$ ist $H_{gesättigt}$ =20+2=22; Ungesättigtheitsgrad = (22 – 16)/2 = 3, 3 π-Bindungen und/oder Ringe. G enthält nur zwei Kohlenstoff-Atome mehr als H, beide müssen daher zu den beiden Carbonyl-Kohlenstoffen von H Doppelbindungen ausbilden (beachten Sie, daß G *keinen Sauerstoff* enthält, daher müssen die Sauerstoff-Atome in H von der Ozonolyse von Doppelbindungen in G herrühren). Am besten lassen sich all diese Informationen auf folgende Weise in Einklang bringen:

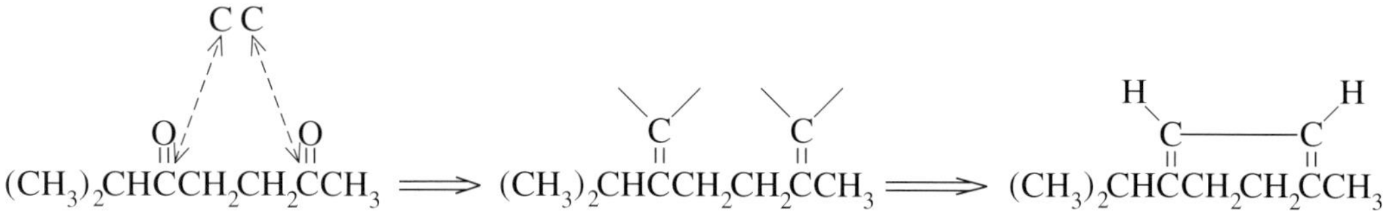


H, $C_8H_{14}O_2$ — Dies ist $C_{10}H_{14}$ – es benötigt zwei weitere Wasserstoffe — Dies muß G sein

Darum lautet die Antwort G = 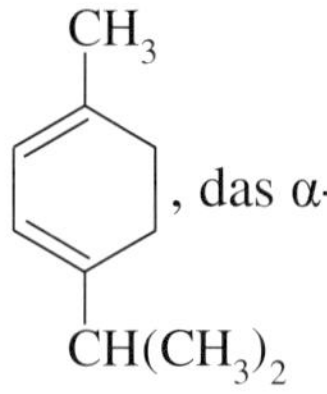, das α-Terpinen.


**30.** $H_{gesättigt}$ = 30 + 2 = 32; Ungesättigtheitsgrad = (32 – 24)/2 = 4, 4 π-Bindungen und/oder Ringe. Aus Reaktion (1) geht hervor, daß 2 π-Bindungen vorliegen (im Verlaufe der Hydrierung werden nur 2 $H_2$ addiert), darum müssen 2 Ringe vorhanden sein.

Bei Reaktion (2) bilden sich zwei Bruchstücke: Methanal ($CH_2O$) und das gezeigte Triketon, das die Formel $C_{14}H_{22}O_3$ hat. Beide zusammen enthalten alle Kohlenstoffe und Wasserstoffe von Caryophyllen. Die Sauerstoffe stammen von der Ozonolyse. Jetzt muß nur noch herausgefunden werden, wie die vier Carbonyl-Kohlenstoffe ursprünglich in zwei Alken-Doppelbindungen untergebracht waren.

Reaktion (3) liefert die Antwort auf diese letzte Frage. Die Hydroborierung überführt eine der Doppelbindungen des Caryophyllens in einen Alkohol. Die anschließende Ozonolyse spaltet die andere unter Bildung des gezeigten Diketoalkohols. Wenn wir von dieser Struktur aus den Weg zurückverfolgen, können wir folgendes schreiben:

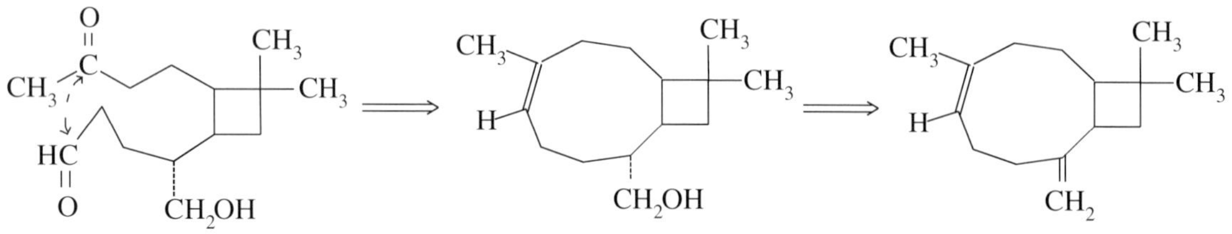


vor der Ozonolyse — vor der Hydroborierung

$= C_{15}H_{24}$ !

Unbeantwortet ist noch die Frage, ob die in dem Neunring enthaltene Doppelbindung *cis-* oder *trans*-Konfiguration hat (genauer gesagt Z oder *E*) – beides wäre möglich. In der Tat unterscheiden sich dadurch Caryophyllen (das *E*-Isomer) und Isocaryophyllen (Z):

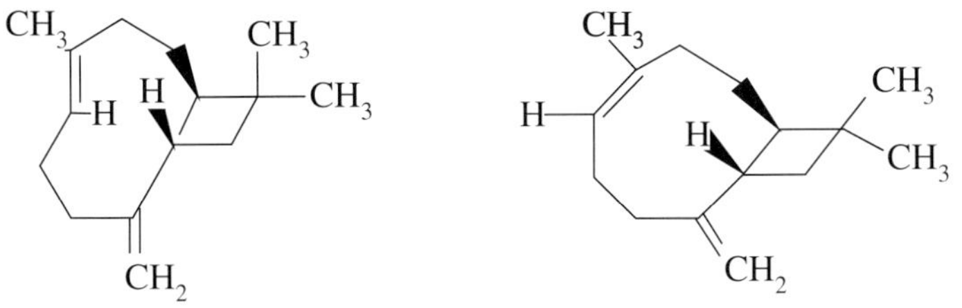

Caryophyllen    Isocaryophyllen

Beachten Sie, daß die Hydroborierung der unteren Doppelbindung nicht das *E*/Z-Verhältnis zwischen diesen beiden verändert, daß aber die nach Spaltung der anderen Alken-Doppelbindung durch Ozonolyse erhaltenen Produkte identisch sind.

**31.** Wie immer gehe man davon aus, daß sich ein *racemisches* Produkt bildet.
**(a)** Dieser Teil ist einfach: MCPBA erzeugt stereospezifisch das erforderliche Oxacyclopropan mit der gleichen Z-Geometrie wie im ursprünglichen Alken. Eine Reaktionssequenz, die von Halogenhydrin/Base ausgeht, würde sich ebenfalls bewähren.
**(b)** Das ist schwieriger. Wie kann man ein Oxacyclopropan darstellen mit *umgekehrter* Stereochemie hinsichtlich des Alkens, von dem ausgegangen wurde? Benötigt wird eine Folge von Syntheseschritten mit genau *einem einzigen* Inversionsschritt vom $S_N2$-Typ. Ein Weg wäre folgender.

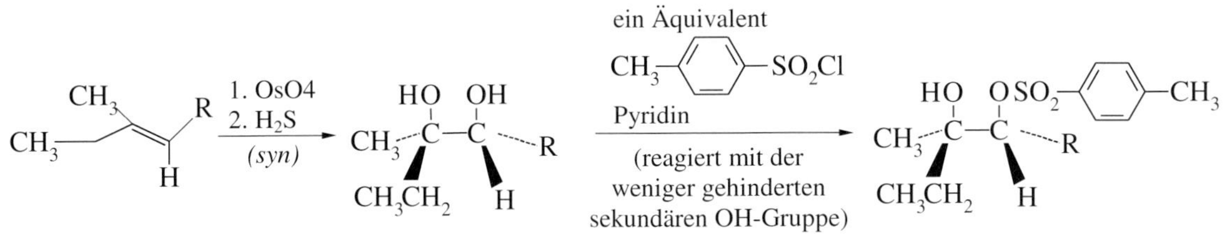

Eine Alkohol-Gruppe ist in eine mögliche Abgangsgruppe überführt worden, Inversionen haben bis jetzt noch *nicht* stattgefunden.

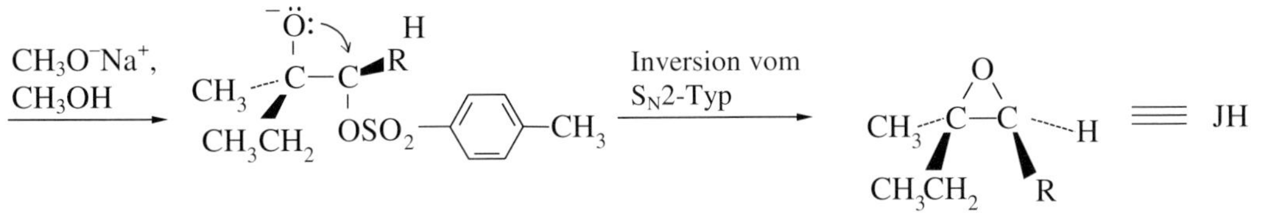

**(c)** Die Reaktion mit $CH_3MgCl$, obwohl nicht stereoselektiv, führt direkt zum erforderlichen Oxacyclopropan:

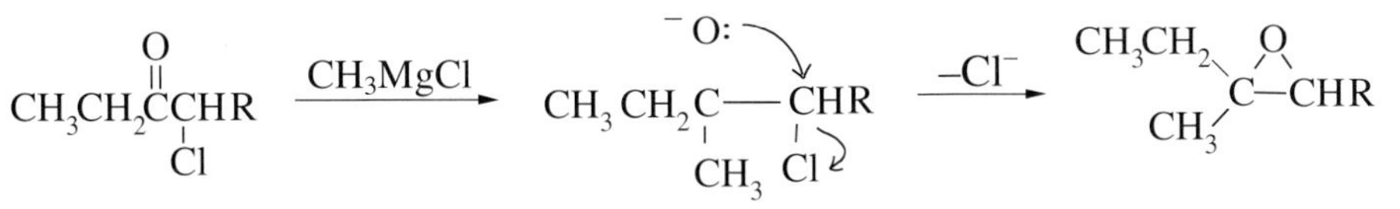

**32.** Höher substituierte Doppelbindungen reagieren besser mit Elektrophilen. Darum:

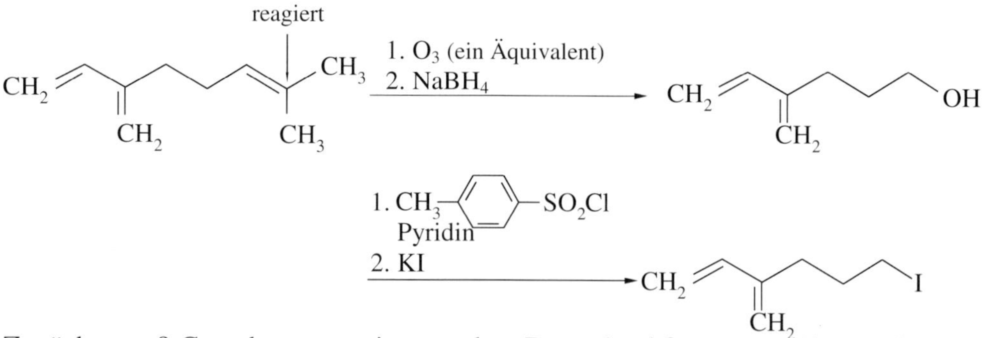


**33.** Zunächst muß Camphen protoniert werden. Dann durchforste man die möglichen Carbenium-Ionen-Umlagerungen und suche ein Kation, das das Kohlenstoffgerüst des Produkts aufweist. Somit:

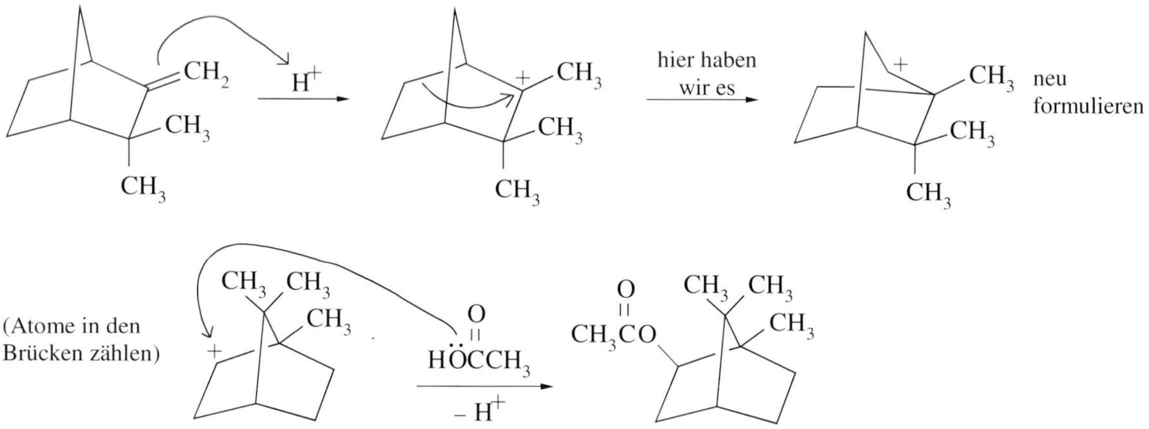


Auf den ersten Blick scheint das recht überraschend, ein tertiäres Carbenium-Ion wird nämlich in ein sekundäres umgewandelt. Der Grund dafür ist der, daß der *letzte* Schritt (Reaktion mit Essigsäure) unter den Reaktionsbedingungen irreversibel verläuft und die ansonsten ungünstige Gleichgewichtsreaktion bis zum Endprodukt ablaufen läßt.

**34. (a)** Bis(1,2-dimethylpropyl)boran („Disiamylboran“) ist das Hydroborierungsprodukt von 2-Methyl-2-buten, 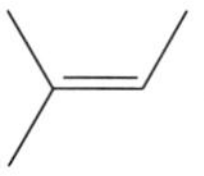 . Normalerweise kann ein Boranmolekül wegen der sterischen Hinderung an maximal zwei Moleküle eines trisubstituierten Alkens addieren, so daß ein B–H frei für die Addition an ein drittes Alken bleibt. 9-BBN entsteht sowohl bei der Hydroborierung von 1,4-Cyclooctadien,

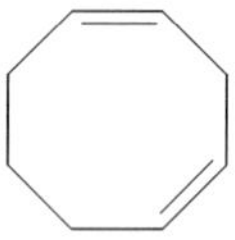 , als auch von 1,5-Cyclooctadien, 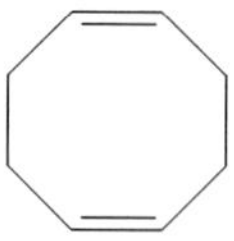 .

**(b)** Die chirale Umgebung der freien B–H-Bindung bedingt, daß die Addition an den beiden Seiten der Alken-Doppelbindung sterisch unterschiedlich stark gehindert ist. Die Addition an eine der beiden Seiten führt zum Enantiomeren des Produkts, das bei der Addition an die andere Seite entsteht; somit werden die beiden Enantiomere zu ungleichen Anteilen gebildet. Bei der Oxidation des Borans entsteht außerdem der von Pinen abgeleitete Alkohol:

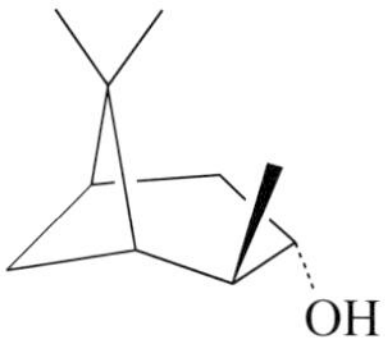

# Alkine – Die Kohlenstoff-Kohlenstoff-Dreifachbindung

# 13

**1.** **(a)** 3-Chlor-3-methyl-1-butin

**(b)** 2-Methyl-3-butin-2-ol

**(c)** 4-Propyl-5-hexin-1-ol

**(d)** *trans*-3-Penten-1-in

**(e)** *E*-5-Methyl-4-(1-methylbutyl)-4-hepten-2-in

**(f)** *S*-3-Butin-2-ol

**(g)** *cis*-1-Ethenyl-2-ethinylcyclopentan

**2.** Bindungstärken: Ethin > Ethen > Ethan. Die C–H-Bindung in Ethin enthält ein sp-Orbital vom Kohlenstoff. Der ausgeprägte s-Charakter (50 %) bewirkt, daß die Bindungselektronen vom Kohlenstoff-Kern stark angezogen werden, wodurch die Bindungstärke anwächst. Da dadurch die Elektronen näher zum Kohlenstoff hin verschoben werden, erhöht sich auch die Polarität der Bindung in der gleichen Reihenfolge wie oben: $^{\delta-}$C-H$^{\delta+}$ ist in Ethin am stärksten. Andererseits erhöht die stärkere Polarität der Bindung im Ethin auch die Acidität des Wasserstoffs (zugleich auch die Stabilität der konjugierten Base, des Ethinyl-Anions, ebenfalls als Ergebnis von Hybridisierungseffekten).

Es mag dem Leser paradox vorkommen, daß die stärkste C–H-Bindung gleichzeitig diejenige ist, die am leichtesten zu ionisieren ist. Man denke jedoch daran, daß sich Bindungsstärken auf die homolytische Spaltung (zu C· und H·) beziehen, Aziditäten dagegen auf die heterolytische Spaltung (Ionisierung zu $C^-$ und $H^+$).

**3.** In Propin sollte die höchste Bindungsstärke und die kürzeste Bindungslänge vorliegen, wiederum als Folge des sp-Orbitals (50 % s-Charakter) an C2.

**4.** Die Reihenfolge der Stabilitäten ist

Cyclopenten > 1,4-Pentadien > 1-Pentin.

Cyclopenten hat die meisten σ-Bindungen, die im allgemeinen stärker sind als π-Bindungen. 1,4-Pentadien und 1-Pentin haben beide zwei π-Bindungen, aber das Alkin hat die höhere Energie. Beachten Sie (Abschnitt 13.4), daß die Hydrierungswärmen für Alkine 272-293 kJ/mol, d. h. 136-146 kJ/mol pro π-Bindung betragen, während diese Werte für Alkene zwischen 113 und 126 kJ/mol liegen (Abschnitt 11.7).

**5.** **(a)** 3-Heptin > 1-Heptin (intern stabiler als terminal)

**(b)** Die Stabilität nimmt von links nach rechts ab. Die beiden ersten, Isomere des Propinylcyclopentans, befolgen die Regel „Intern stabiler als terminal". Das letzte, Cyclooctin, ist zwar ein internes Alkin, ist aber wegen der Ringspannung weniger stabil als jedes der beiden anderen. Machen Sie sich ein Modell: Die Alkinkohlenstoffe können nicht Bindungswinkel von 180° aufweisen. Die Verbindung ist tatsächlich hergestellt worden, bleibt aber nicht lange stabil und hat eine Spannungsenergie von mehr als 84 kJ/mol.

**6.** Für jede Verbindung wird der Grad der Ungesättigtheit ausgerechnet.

**(a)** $H_{\text{sätt.}}$ = 12 + 2 = 14; Grad der Ungesättigtheit = (14 – 10)/2 = 2π-Bindungen oder Ringe. Das NMR-Spektrum sieht nach einer Ethylgruppe aus: $\mathbf{CH_3}$ (t, δ = 1.1) in Nachbarschaft zu $C\mathbf{H_2}$ (q, δ = 2.1). Weil das Molekül 10 H-Atome enthält, müssen es zwei äquivalente Ethylgruppen sein. Zwei $CH_3CH_2$– addieren zu $C_4H_{10}$. Es bleiben nur noch zwei C übrig. Für einen Grad der Ungesättigtheit von 2 verbinden wir sie über eine Dreifachbindung (2 π-Bindungen):

2 $CH_3CH_2$– und –C≡C– ⇒ $CH_3CH_2$–C≡C–$CH_2CH_3$

**(b)** $H_{\text{sätt.}}$ = 14 + 2 = 16; Grad der Ungesättigtheit = (16 – 12)/2 = 2 π-Bindungen oder Ringe.
IR: terminales –C≡CH. NMR:

δ = 0.9 (verzerrt t, 3 H) ⇒ $\mathbf{CH_3}$, in Nachbarschaft zu $CH_2$

δ= 1.4 (m, 6 H) ⇒ ?

δ= 1.7 (t, *J* klein. H) ⇒ Aha! Wie wäre es mit

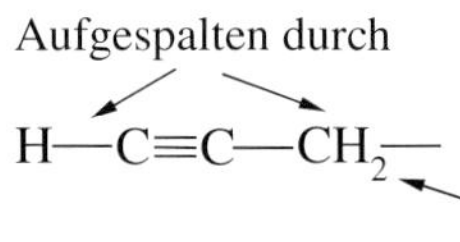

(Vergleiche mit Abbildung 13-5.)

δ = 2,2 (m, 2 H) ⇒ Vielleicht diese $CH_2$-Gruppe?
Bis jetzt haben Sie $CH_3$–$CH_2$– und –$CH_2$–C≡CH, macht zusammen $C_5H_8$ Sie benötigen eine weitere $C_2H_4$-Einheit. Am einfachsten wäre $CH_3CH_2CH_2CH_2CH_2C$≡CH, 1-Heptin.

**(c)** $H_{\text{sätt.}}$ = 10 + 2 = 12; Grad der Ungesättigtheit = (12 – 8)/2 = 2 π-Bindungen oder Ringe.
IR: –C≡CH-Streckschwingung bei 2100 $cm^{-1}$, breite Bande zwischen 3200 und 3500 $cm^{-1}$ läßt –O–H vermuten; NMR: Wir beschäftigen uns als erstes mit den Signalen mit den einfachsten Aufspaltungsmustern:

δ = 1.8 (breit s, 1 H) ⇒ OH, *breites* Singulett verrät es

δ = 3.7 (t, 2 H) ⇒ $C\mathbf{H_2}$, in Nachbarschaft zu OH (das geht aus der chemischen Verschiebung hervor) und auch in Nachbarschaft zu einem weiteren $CH_2$ (ersichtlich aus der Aufspaltung des Tripletts)

δ = 1.9 (t, 1 H) ⇒ C≡C**H** (die Schmalheit der Aufspaltung ist typisch), „Fernkopplung" mit $CH_2$ auf der anderen Seite der Dreifachbindung.

Was wissen wir bis jetzt? Wir haben herausbekommen, daß das Molekül die beiden Fragmente

HO–$CH_2$–$CH_2$– und –$CH_2$–C≡CH

enthält. Wenn wir sie zusammenrechnen, erhalten wir $C_5H_8O$, es bleibt also nichts übrig, wir fügen darum die beiden Stücke einfach zusammen: HO–$CH_2$–$CH_2$–$CH_2$–C≡CH. Die beiden mittleren $CH_2$-Gruppen sind für die beiden Signalgruppen verantwortlich, deren Deutung wir wegen ihrer Kompliziertheit gar nicht erst versucht haben. Versuchen Sie selbst herauszufinden, warum sie so aussehen wie sie aussehen.

**7.** ≡C–H eines terminalen Alkins hat $\tilde{\nu}_{C\text{-}H} \approx 3300\ cm^{-1}$.

**(a)** $CH_3CH_2CH_2CH_2C$≡$CCH_2$≡C–D **(b)** C≡C–D ($\tilde{\nu}_{C\text{–}D}$)

**(c)** Vor der Reaktion entspricht $m_1$ H (Masse = 1) und $m_2$ $C_9H_{11}$ (Masse = 119). Reformulieren Sie das Hookesche Gesetz als $\tilde{\nu}^2 = k^2f\,(m_1 + m_2)/m_1m_2$. Somit erhalten wir $(3300)^2 = k^2f(120/119)$ oder $k^2f = 1.1 \cdot 10^7$. Weil *k* und *f* als konstant angenommen werden, benutzen wir diesen Wert für $k^2f$ zur Vorhersage von $\tilde{\nu}^2$ für das Produkt. Jetzt entspricht $m_1$ D (Masse = 2), somit ist $\tilde{\nu}^2 = (1.1 \cdot 10^7)(121/238) = 5.6 \cdot 10^6$, und der vorhergesagte Wert für $\tilde{\nu}_{C\text{-}H}$ ist 2366 $cm^{-1}$. Die Diskrepanz von etwa 10 % ist typisch und geht auf Änderungen von *k* und *f* zurück.

**8.(a)** $CH_3CH_2CH(CH_3)C{\equiv}CH$ **(b)** $CH_3OCH_2CH_2C{\equiv}CCH_3$

(c) 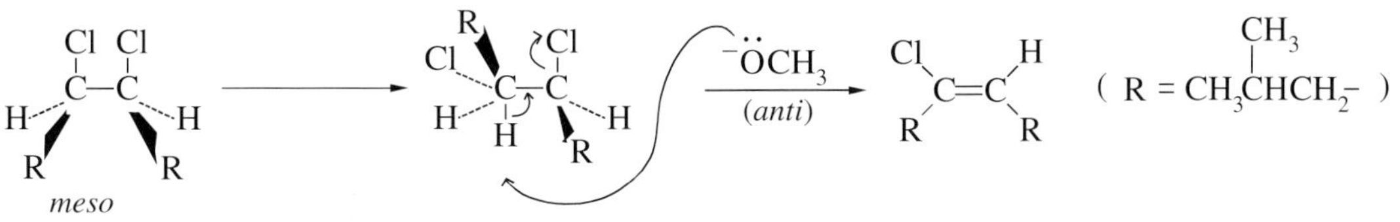


**(d)** Entgegengesetzt der *meso*-Verbindung, das ergibt 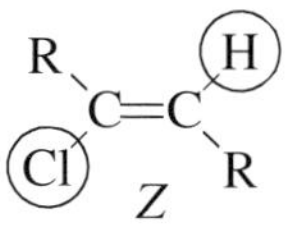


**(e)** *Z*, weil die verbleibenden H und Cl (eingekreist) *trans* sind, günstig für eine zweite *anti*-Eliminierung.

**9.** Die Produkte wurden ohne Ausnahme durch Aufarbeiten wässriger Gemische gewonnen

**(a)** $CH_3CH_2C{\equiv}CCH_3$

**(b)** 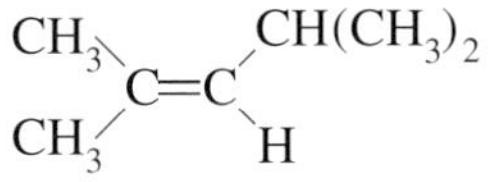


(über E2; das Halogenalkan ist für eine $S_N2$-Reaktion sterisch zu stark gehindert)

**(c)** $CH_3CH(Cl){-}CH_2{—}O^-Li^+$ zunächst (Säure/Base) $\xrightarrow{-Cl^-}$ schließlich 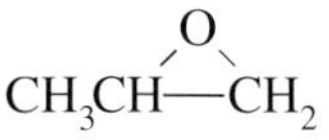


**(d)** 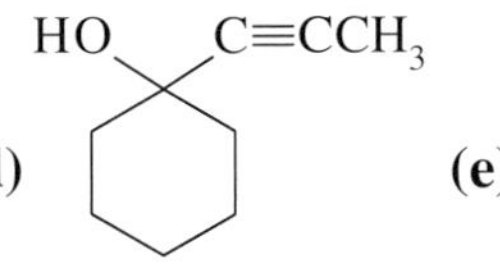


**(e)** 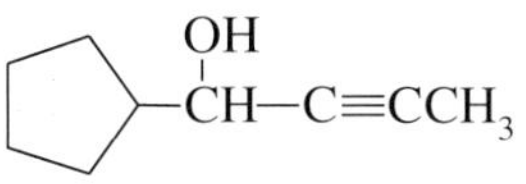


**(f)** 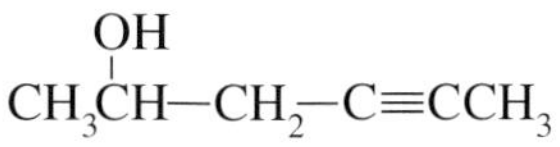


**(g)** 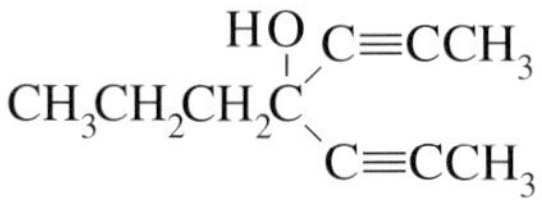


**(h)** 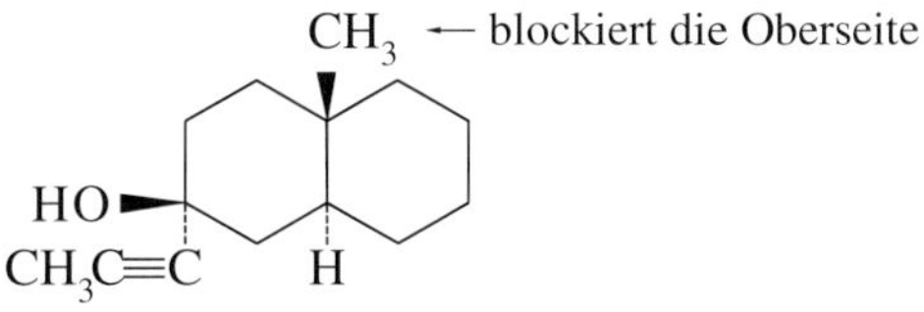


**10.** In den meisten Fällen handelt es sich bei der gegebenen Antwort um eine von mehreren zutreffenden Möglichkeiten.

**(a)** 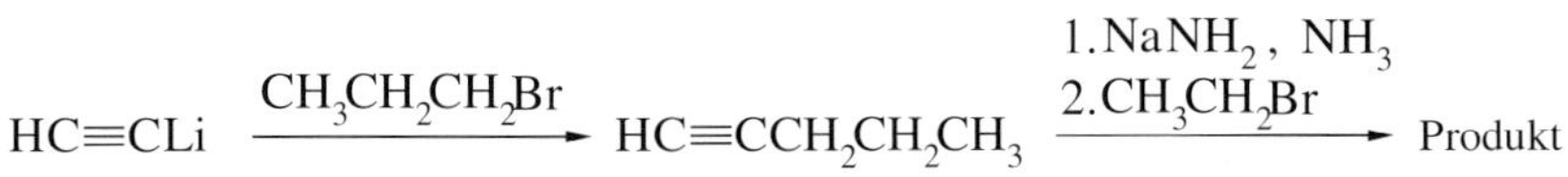


**(b)** 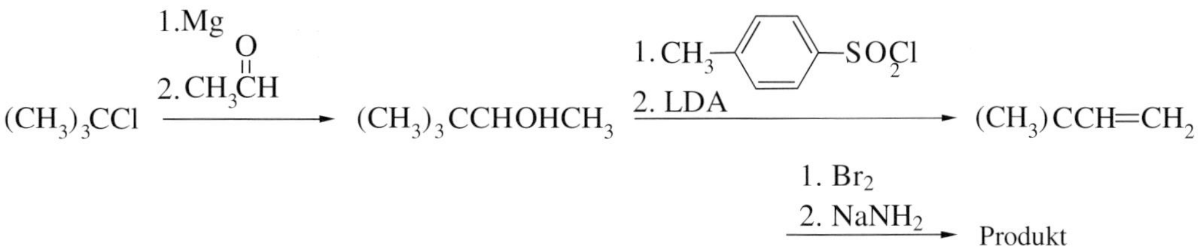

**(c)** LiC≡CLi $\xrightarrow{2\ \overset{O}{CH_2{-}CH_2}}$ $HOCH_2CH_2C{\equiv}CCH_2CH_2OH$ $\xrightarrow{2\ H_2,\ Pd\text{-}C}$ $HO(CH_2)_6OH$

$\xrightarrow[2.\ 2\,(CH_3)_3CO^-\ K^+]{1.\ 2\ PBr_3}$ $CH_2{=}CHCH_2CH_2CH{=}CH_2$ $\xrightarrow[2.\ NaNH_2]{1.\ Br_2}$ Produkt

**(d)** HC≡CLi + $CH_3CH_2\overset{O}{\overset{\|}{C}}CH_3$ ⟶ Produkt

**(e)** 2 HC≡CLi + $H\overset{O}{\overset{\|}{C}}OCH_3$ ⟶ Produkt

**(f)** 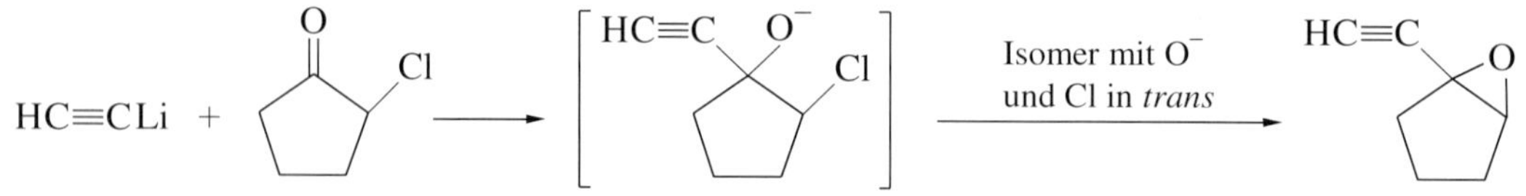
HC≡CLi +
O
Cl
HC≡C
O⁻
Cl
Isomer mit O⁻
und Cl in *trans*
HC≡C
O

Besser: 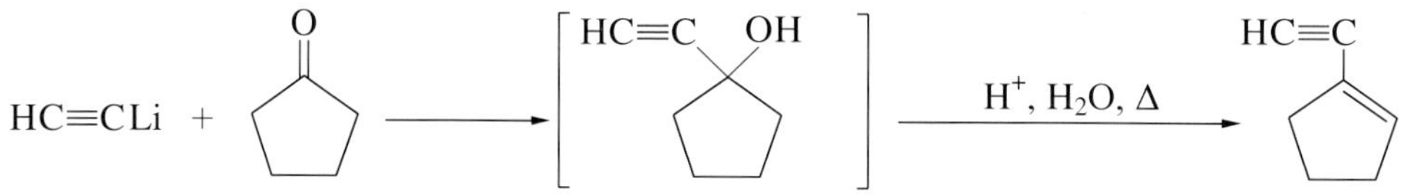
HC≡CLi +
O
HC≡C
OH
H⁺, H₂O, Δ
HC≡C

$\xrightarrow[\text{MCPBA}]{\text{ein Äquivalent}}$ Produkt

**(g)** HC≡CLi + $CH_3CH_2Br$ ⟶ $CH_3CH_2C{\equiv}CH$ $\xrightarrow{Cu^+,\ \text{Amin},\ O_2}$ Produkt

**11.** Die Priorität von D ist höher als die von H aber niedriger als die aller anderen Elemente. Wir haben folgende Struktur: 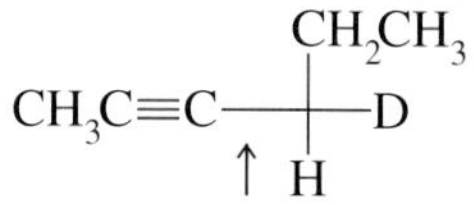 . Die zu knüpfende Bindung ist markiert (Pfeil).


Die Synthese des chiralen Produktes könnte durchgeführt werden, wenn das chirale Halogenalkan erhalten werden könnte:

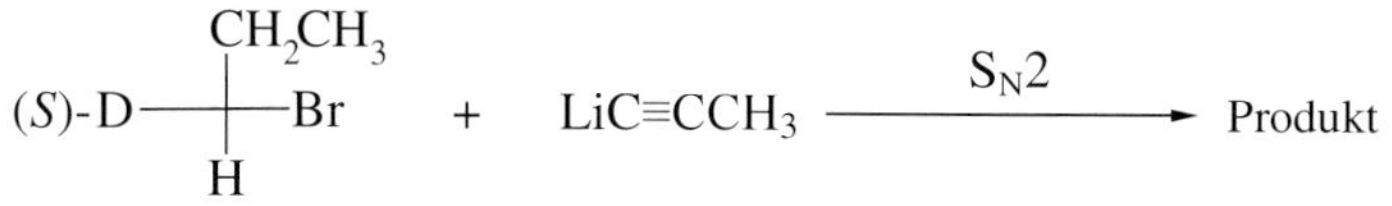


**12. (a)** 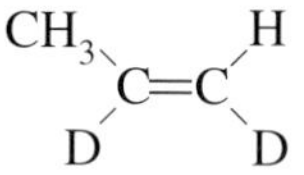


**(b)** 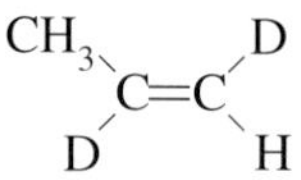


**(c)** 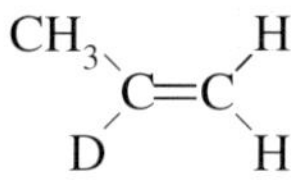


**(d)** 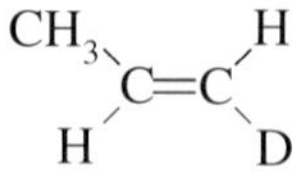


**(e)** $CH_3CI{=}CH_2$

**(f)** $CH_3CI_2CH_3$

**(g)** 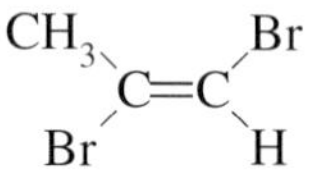


**(h)** 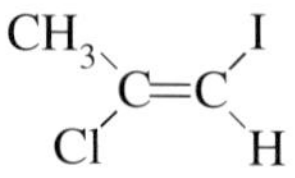


**(i)** $CH_3CCl_2CHI_2$

**(j)** $CH_3\overset{O}{\overset{\|}{C}}CH_3$

**(k)** $CH_3CH_2\overset{O}{\overset{\|}{C}}H$

**(l)** $CH_3C{\equiv}C{-}C{\equiv}CCH_3$

**13.** In den nachfolgenden Strukturen ist R = Cyclohexyl.

(a)   $\underset{D}{\overset{R}{\diagdown}}C=C\underset{D}{\overset{R}{\diagup}}$

(b)   $\underset{D}{\overset{R}{\diagdown}}C=C\underset{R}{\overset{D}{\diagup}}$

(c) und (d)   $\underset{D}{\overset{R}{\diagdown}}C=C\underset{H}{\overset{R}{\diagup}}$

(e) RCI=CHR (*E* und *Z*)          (f) $RCl_2CH_2R$

(g)   $\underset{Br}{\overset{R}{\diagdown}}C=C\underset{R}{\overset{Br}{\diagup}}$

(h)   $\underset{Cl}{\overset{R}{\diagdown}}C=C\underset{R}{\overset{I}{\diagup}}$

(i) $RCCl_2Cl_2R$ + $RCClICCClIR$

(j) und (k) $R\overset{\overset{\textstyle O}{\|}}{C}CH_2R$          (l) keine Reaktion mit internen Alkinen

**14.** Hier bedeudet „*dl*" ein racemisches Gemisch der *R,R*- und *S,S*-Stereoisomere.

$\underset{D}{\overset{R}{\diagdown}}C=C\underset{D}{\overset{R}{\diagup}}$     $\underset{D}{\overset{R}{\diagdown}}C=C\underset{R}{\overset{D}{\diagup}}$

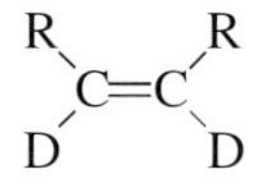

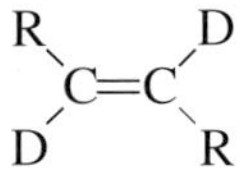

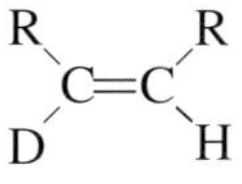

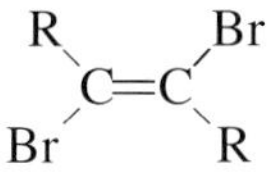

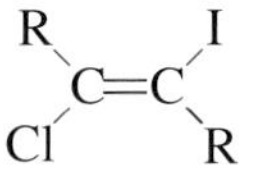

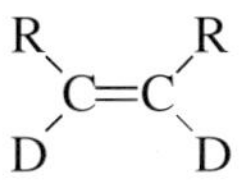

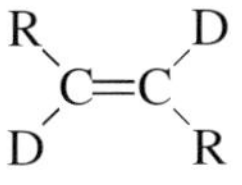

(a) *meso*-RCHDCHDR          (a) *dl*-RCHDCHDR

(b) *dl*-RCDBrCDBrR          (b) *meso*-RCDBrCDBrR

(c)   $R\diagup\overset{\overset{\textstyle H}{|}}{\underset{\underset{\textstyle D}{|}}{C}}-\overset{\overset{\textstyle OH}{|}}{\underset{\underset{\textstyle D}{|}}{C}}\diagdown R$ + Enantiomer

(c)   $R\diagup\overset{\overset{\textstyle H}{|}}{\underset{\underset{\textstyle D}{|}}{C}}-\overset{\overset{\textstyle OH}{|}}{\underset{\underset{\textstyle R}{|}}{C}}\diagdown D$ + Enantiomer

(d)   $R\diagup\overset{\overset{\textstyle O}{\diagup\diagdown}}{\underset{\underset{\textstyle D}{|}}{C}}-\overset{}{\underset{\underset{\textstyle D}{|}}{C}}\diagdown R$

(d)   $R\diagup\overset{\overset{\textstyle O}{\diagup\diagdown}}{\underset{\underset{\textstyle D}{|}}{C}}-\overset{}{\underset{\underset{\textstyle R}{|}}{C}}\diagdown D$ + Enantiomer

(e) *meso*-RCDOHCDOHR          (e) *dl*-RCDOHCDOHR

**15.** Die einfachste Antwort ist eine $S_N2$-Reaktion:

$CH_3CH_2CH_2\ddot{C}H_2^-Li^+$ + $\underset{H}{\overset{Br}{\diagdown}}C=CH_2$ ⟶ $CH_3CH_2CH_2CH_2Br$ + $Li^+\ \overset{-}{\underset{H}{\diagup}}\ddot{C}=CH_2$ = $\underset{H}{\overset{Li}{\diagdown}}C=CH_2$

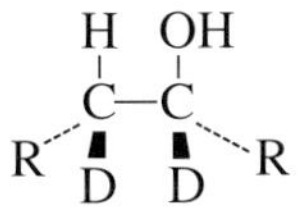

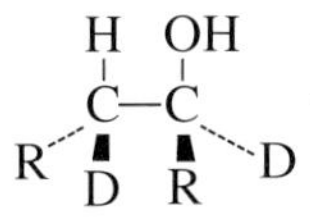

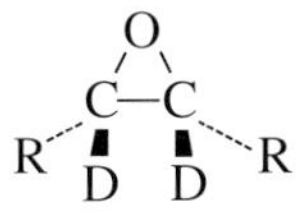

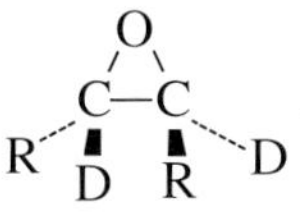

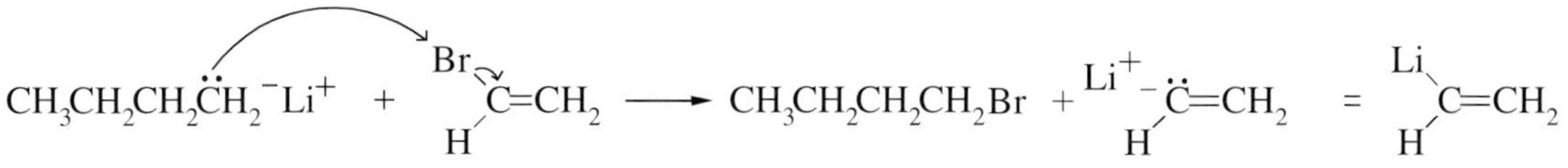

(a)  + $CH_3CH_2CH_2CH_2I$          (b) $(CH_3)_3C\text{-}C≡C\text{--}Li$ + $CH_3CH_2CH_2CH_2Br$

**16. (a)** $(CH_3)_2CHLi$ + LiBr          **(b)** $[(CH_3)_2CH]_2CuLi$ + LiI

**(c)** $(CH_3)_2CHCH_2CH_2CH(CH_3)_2$ + $(CH_3)_2CHCu$

**(d)**   $\underset{R}{\overset{H}{\diagdown}}C=C\underset{Br}{\overset{R}{\diagup}}$   $R- = CH_3CH_2CH_2-$

**(c)**   $\left(\underset{R}{\overset{H}{\diagdown}}C=C\overset{R}{\diagup}\right)_2 CuLi$

**(f)**   $\underset{CH_3CH_2CH_2}{\overset{H}{\diagdown}}C=C\underset{CH_3CH=CH_2}{\overset{CH_2CH_2CH_3}{\diagup}}$

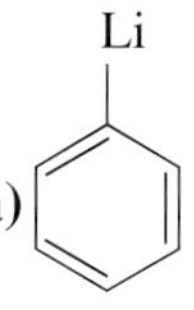

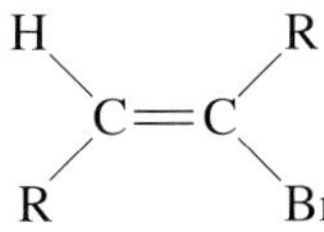

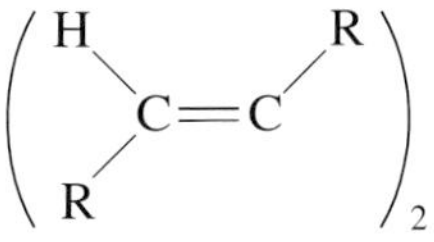

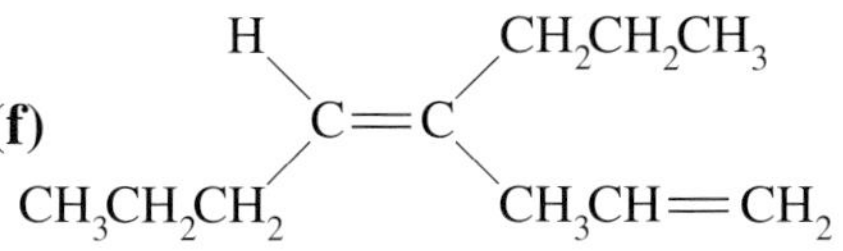

**17. (a)** $CH_3CH_2C\equiv CH$ $\xrightarrow[\text{2.HBr}]{\text{1.HCl}}$ Produkt

**(b)** $CH_3CH_2CH_2CH_2C\equiv CH$ $\xrightarrow{\text{2 HI}}$ Produkt

**(c)** $CH_3C\equiv CCH_3$ $\xrightarrow{Na, NH_3}$ [Alken: $CH_3$ und $H$ an einem C, $H$ und $CH_3$ am anderen C] $\xrightarrow{Br_2}$ Produkt

**(d)** $CH_3C\equiv CCH_3$ $\xrightarrow{H_2, Pd-BaSO_4, Chinolin}$ [Alken: $CH_3$ und $CH_3$ oben, $H$ und $H$ unten] $\xrightarrow{Br_2}$ Produkt

**(e)** $CH_3C\equiv CCH_3$ $\xrightarrow{HBr}$ [Alken: $CH_3$ und $Br$ oben, $H$ und $CH_3$ unten] hauptsächlich $\longrightarrow$ Produkt

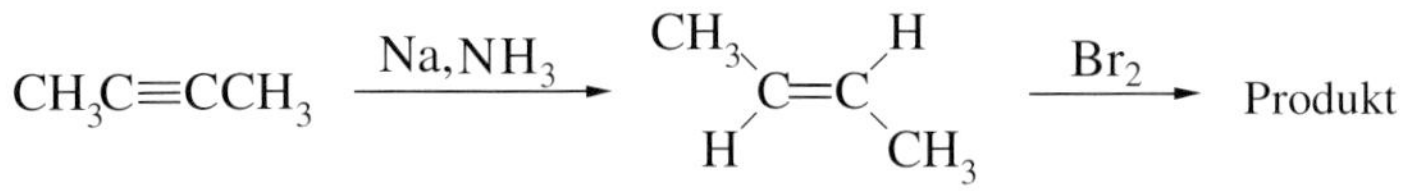

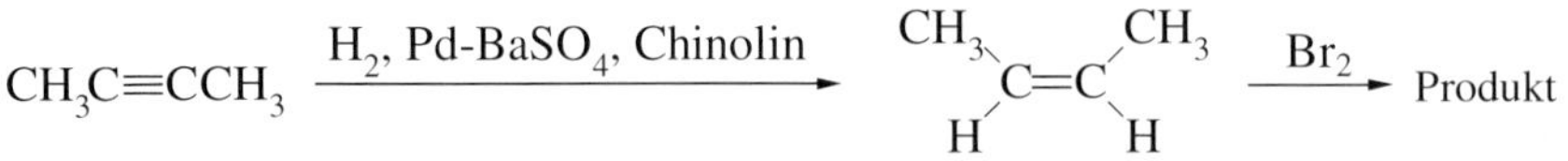

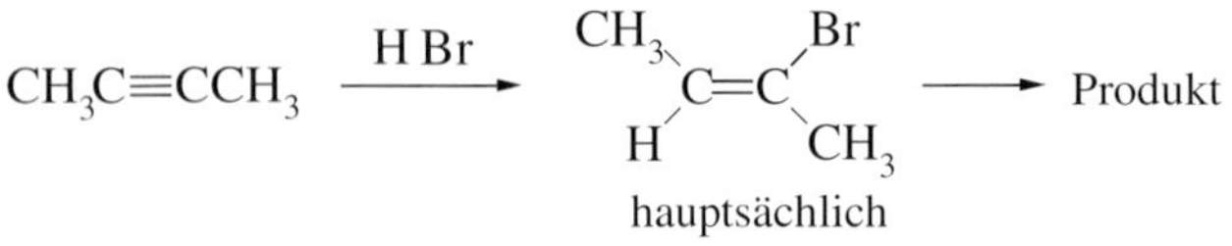

**(f)** $CH_3CH_2CH_2C\equiv CCH_2CH_2CH_3$ $\xrightarrow{HgSO_4, H_2SO_4, H_2O}$ Produkt

**(g)** $HC\equiv CCHOHCH_3$ $\xrightarrow{H_2, Pd-BaSO_4, Chinolin}$ $H_2C=CHCHOHCH_3$ $\xrightarrow[\text{2. }H_2O_2, HO^-]{\text{1. }BH_3}$ Produkt

**(h)**

$HC\equiv CLi$ $\xrightarrow{CH_3CH (O)}$ $HC\equiv CCHCH_3$ (OH) $\xrightarrow[\text{OH schützen}]{(CH_3)_2C=CH_2, H^+}$ $HC\equiv CCHCH_3$ ($OC(CH_3)_3$) $\xrightarrow[\text{2. }CH_2-CH_2 (O)]{\text{1. }NaNH_2}$

$HOCH_2CH_2C\equiv CCHCH_3$ ($OC(CH_3)_3$) $\xrightarrow{H_2, Pd-C}$ $HOCH_2CH_2CH_2CH_2CHCH_3$ ($OC(CH_3)_3$)

$\xrightarrow[\text{2. LDA}]{\text{1. }CH_3-C_6H_4-SO_2Cl, py}$ $CH_2=CHCH_2CH_2CHCH_3$ ($OC(CH_3)_3$) $\xrightarrow[\text{2. }CrO_3]{\text{1. }H^+, H_2O}$ Produkt

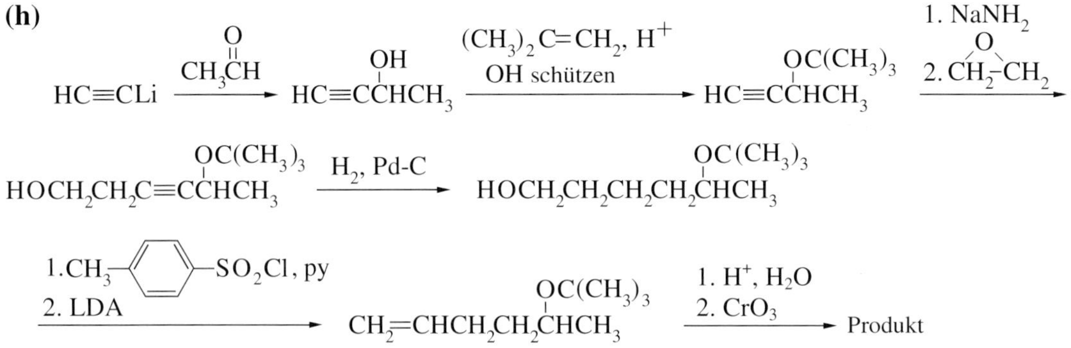

(Man weiß nie, wann eine dieser Reaktionen wirklich kompliziert wird!)

**(i)** [Cyclohexanon] $\xrightarrow[\text{2. }H^+, H_2O, \Delta]{\text{1. }HC\equiv CLi}$ [1-Ethinylcyclohexen] $\xrightarrow{H_2, Pd-BaSO_4, Chinolin}$ Produkt

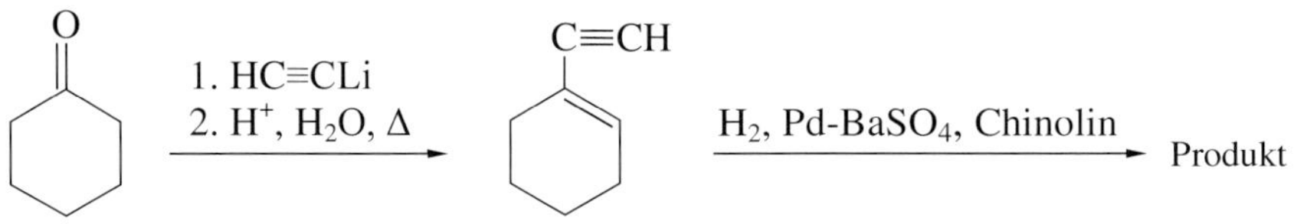

**(j)** Benutzen Sie eine kationische Cyclisierung:

[Struktur] $\xrightarrow[\text{2. }H^+, H_2O, \Delta]{\text{1. }CH_3-C_6H_4-SO_2Cl, Pyridin}$

[ [Carbokation-Struktur] $\longrightarrow$ [Decalin-Struktur mit $H^+$] $\xrightarrow{H_2O}$ [Decalin-Struktur mit $HO$] ] $\longrightarrow$ Produkt

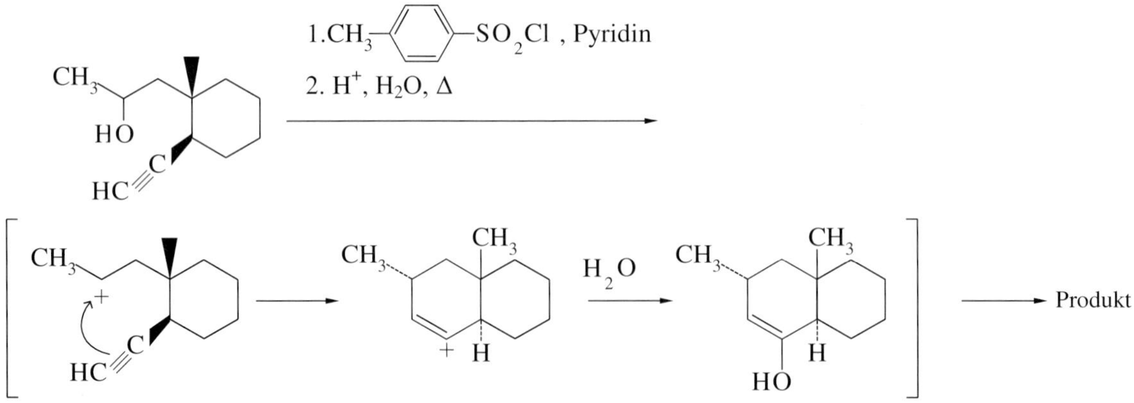

Mechanismus zu Ihrer Information!

**(k)** Auch hier kann eine kationische Cyclisierung eingesetzt werden:

OH
|
$CH_3CH(CH_3)_5C\equiv CCH_2CH_2CH_2CH_3$

1. $CH_3$—⟨benzene⟩—$SO_2Cl$, Pyridyn
2. $H^+$, $H_2O$, $\Delta$

[ring structure with $C\equiv C$—$CH_2CH_2CH_2CH_3$, $+$, $CH_3$]

[ring structure with $CH_2CH_2CH_2CH_3$, $+$, $CH_3$] $\xrightarrow{H_2O}$ Produkt

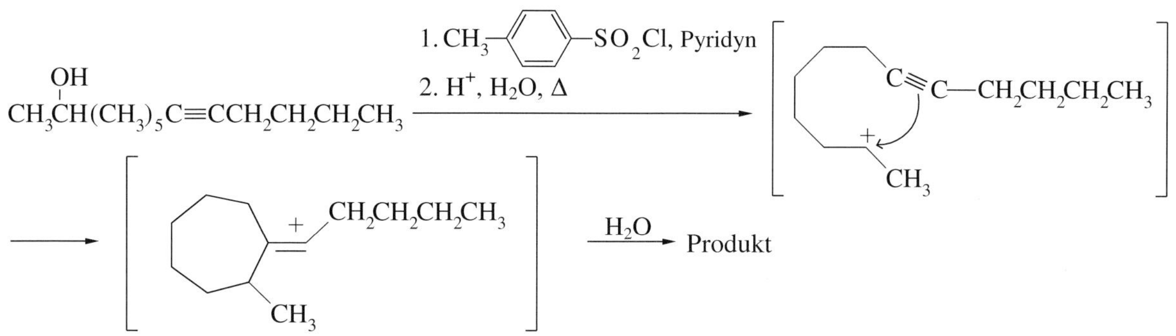

**18.** Die Formulierung $Ca^{2+}\,^-C\equiv C\!:$ für ein Calciumsalz des Ethins ist konsistent mit dessen Reaktion mit Wasser unter Bildung von $HC\equiv CH$. Diese Substanz heißt auch „Calciumacetylid", man könnte sie vielleicht auch „Ethindiylcalcium" nennen, wobei „di" andeuten soll, daß dem Ethin zwei Protonen fehlen.

**19.**

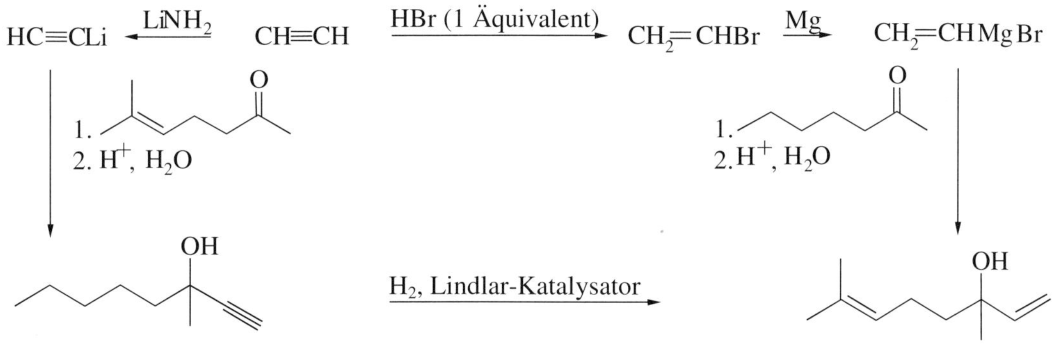

$HC\equiv CLi \xleftarrow{LiNH_2} CH\equiv CH \xrightarrow{HBr\ (1\ \text{Äquivalent})} CH_2{=}CHBr \xrightarrow{Mg} CH_2{=}CHMgBr$

1. [structure with O]
2. $H^+$, $H_2O$

1. [structure with O]
2. $H^+$, $H_2O$

[structure with OH, alkyne] $\xrightarrow{H_2,\ \text{Lindlar-Katalysator}}$ [structure with OH]

**20.**

[decalin structure, HO, Cl] $\xrightarrow{(CH_3)_3CO^-K^+}$ [decalin structure, HO, vinyl] $\xrightarrow[\substack{1.\ Br_2,\ CCl_4 \\ 2.\ NaNH_2,\ NH_3}]{}$

[decalin structure, HO, alkyne] $\xrightarrow{CrO_3(\text{Pyridin})_2}$ Produkt

**21.**

$RCH_2OH \xrightarrow[\substack{1.\ CH_3\text{—⟨benzene⟩—}SO_2Cl,\ \text{Pyrydin}^* \\ 2.\ NaI}]{} RCH_2I \xrightarrow{LiC\equiv CH} RCH_2C\equiv CH \xrightarrow[\substack{1.\ (\text{⟨cyclohexyl⟩})_2BH^{**} \\ 2.\ H_2O_2,\ HO^-}]{}$

$RCH_2CH_2\overset{O}{\overset{\|}{C}}H \xrightarrow[\substack{1.\ NaBH4 \\ 2.\ PBr_3}]{} RCH_2CH_2CH_2Br \xrightarrow[\substack{1.\ Mg \\ 2.\ CH_3\overset{O}{\overset{\|}{C}}CH}]{} RCH_2CH_2CH_2\underset{CH_3}{\overset{OH}{\underset{|}{C}}}CH_3$

$\xrightarrow{H_2SO_4,\ \Delta} RCH_2CH_2CH{=}C(CH_3)_2 \equiv$ Bergamoten

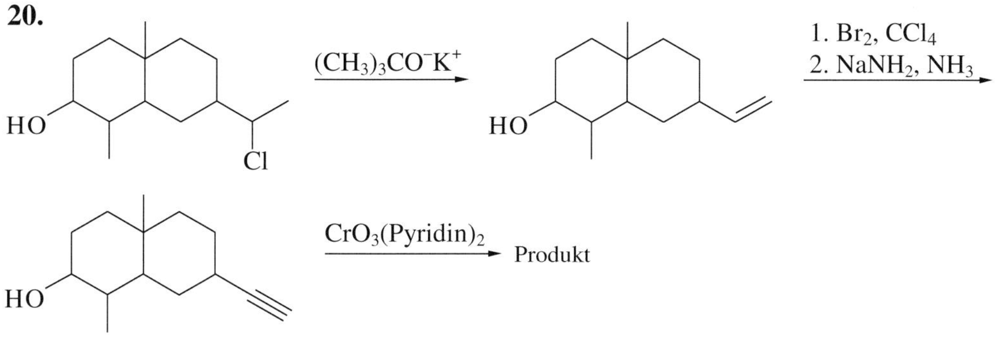

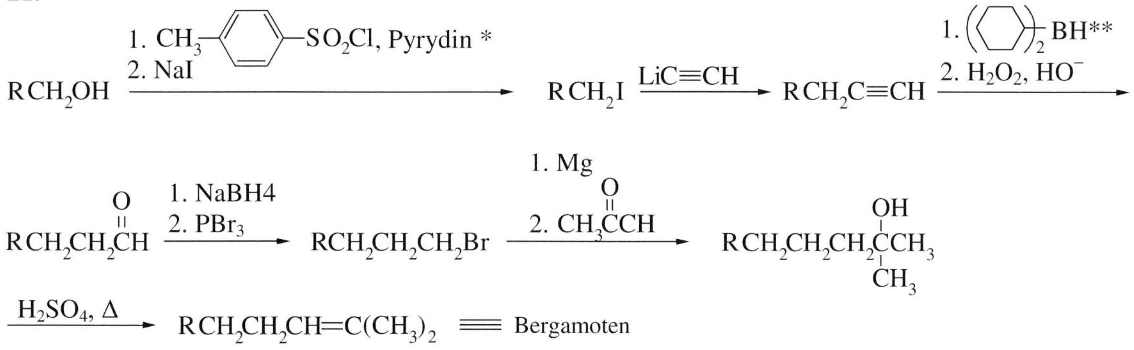

---
\* R ist so stark sterisch gehindert, daß diese spezielle Reaktionsabfolge (Tosylat → Iodid) notwendig wird, um die $S_N2$-Reaktion mit dem Alkinyl-Anion zu ermöglichen.
\*\* Die sterisch ungehinderte Dreifachbindung wird sehr viel schneller hydroboriert, als die gehinderte (trisubstituierte) Doppelbindung in der R-Gruppe.

**22.** Von den Produkten der Ozonolyse ausgehend verfolge man den Reaktionsweg rückwärts:

$$2\,HC(=O)H \;+\; CH_3C(=O){-}C(=O)H \xleftarrow[\text{2. Zn, H}^+\text{, H}_2\text{O}]{\text{1. O}_3}$$ muß sich aus $CH_3{-}C(=CH_2){-}C(=CH_2){-}H$ gebildet haben

Weiter: Welche Verbindung liefert bei der Hydrierung mit Lindlar-Katalysator dieses Dien? Es muß das Alkin $CH_3{-}C(=CH_2){-}C{\equiv}CH$ sein, dieses entspricht genau den NMR-Daten: δ1.9 ($CH_3$), 2.7 ($C{\equiv}CH$), 5.2 und 5.3 ($C{=}CH_2$)

**23.**

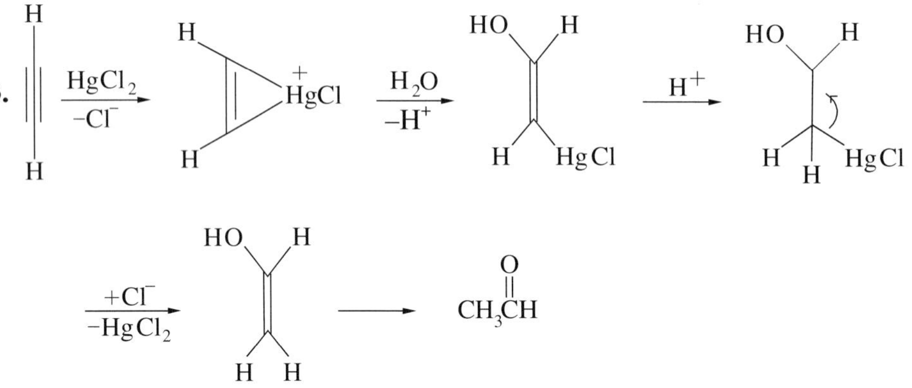

**24.**

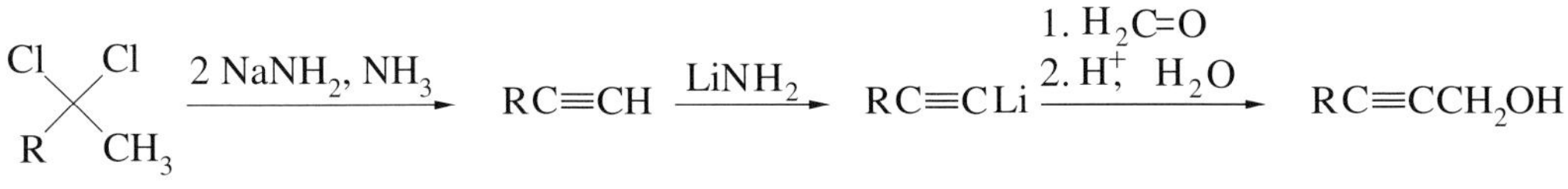

**25. A** Die Vorschrift für die Herstellung eines Sulfonats (ein anorganischer Ester):

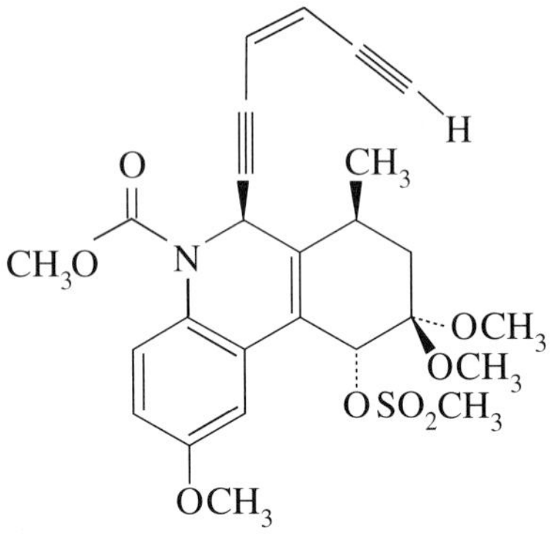

**B** Umsetzung einer C=C-Doppelbindung zu einem Oxacyclopropan: hierfür kann MCPBA oder eine andere beliebige Peroxycarbonsäure verwendet werden.

**C** Ähnlich wie A:

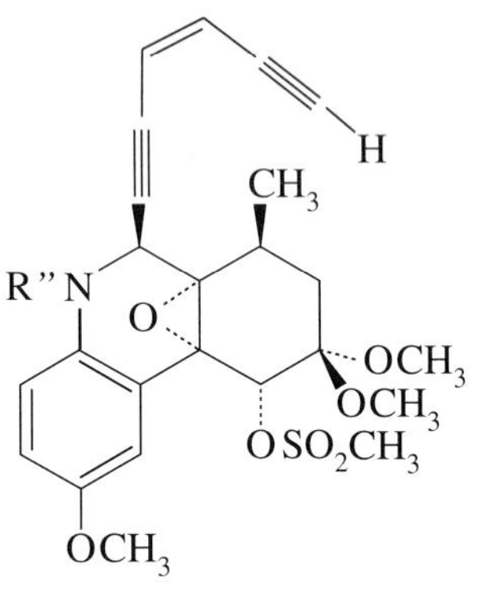

**D** Eine alternative Oxacyclopropan-Synthese:

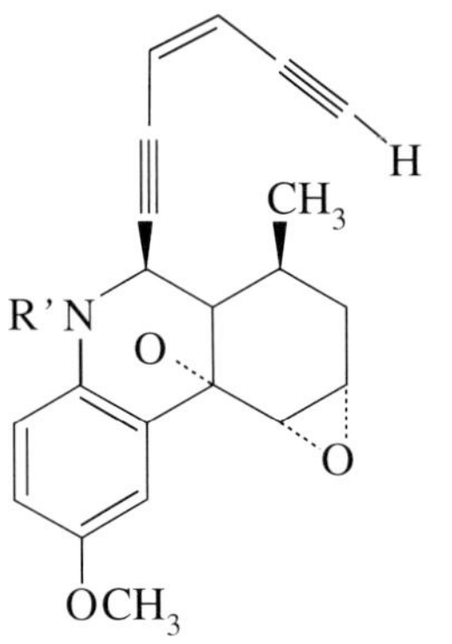


Modelluntersuchungen legen nahe, daß die Addition an eine Carbonylgruppe einer einfachen Substitutionsreaktion zum Aufbau des erforderlichen mittelgroßen Ringes überlegen ist. Es wäre daher vernünftig, etwas in der folgenden Art zu versuchen:

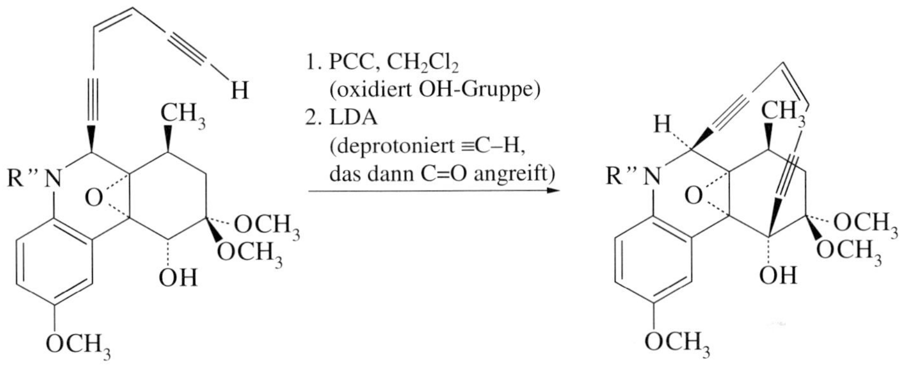

# 14 Delokalisierte π-Systeme und ihre Untersuchung mit UV-VIS-Spektroskopie

**1(a)** 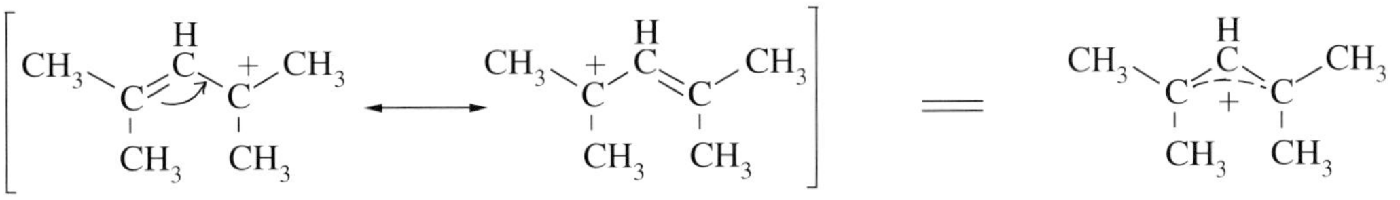

**(b)** 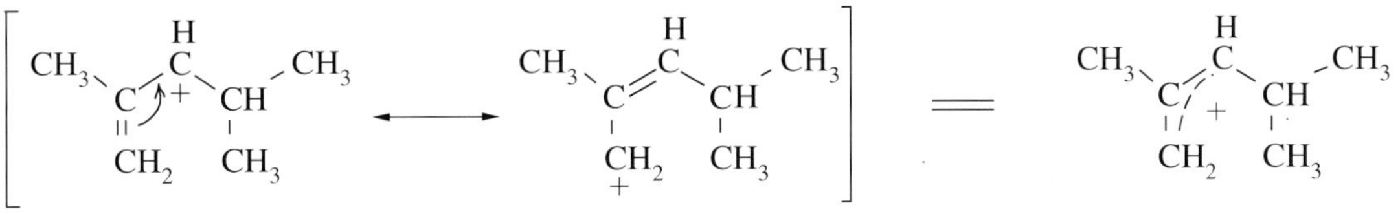

**(c)** 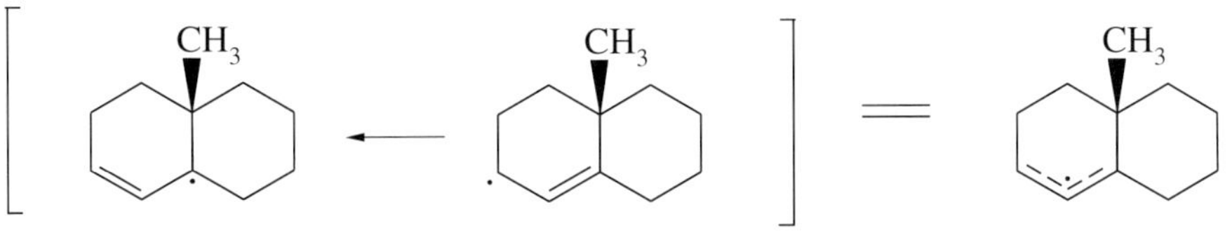

**(d)** 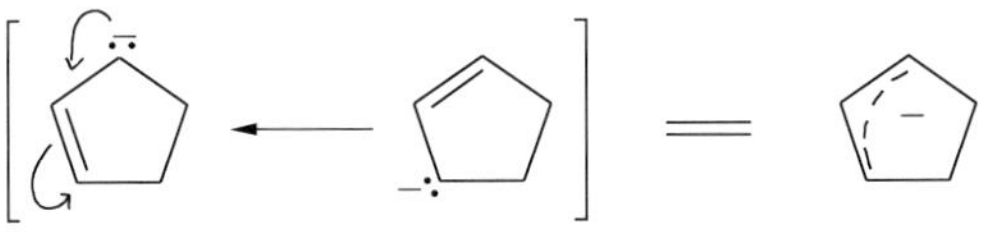

**(e)** 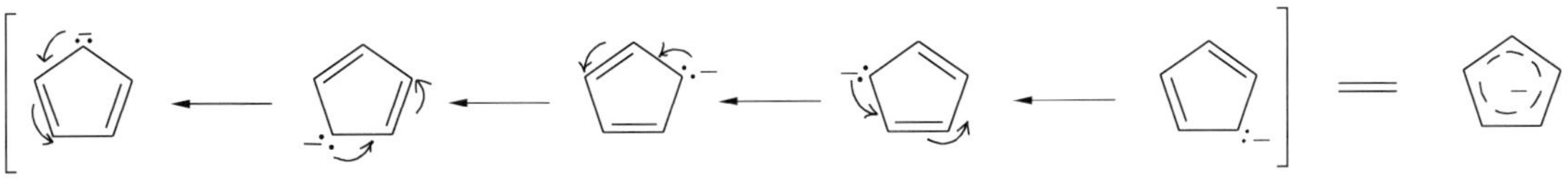

**2. (a)** $CH_3\dot{C}HCH{=}CH_2 \longleftrightarrow CH_3CH{=}CH\dot{C}H_2$

**(b)** 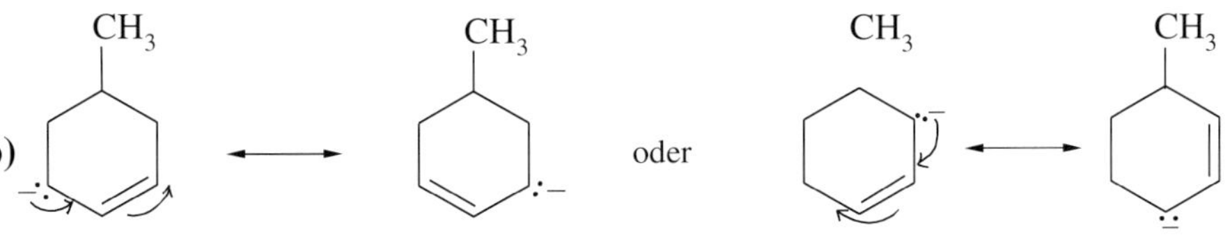


**(c)** 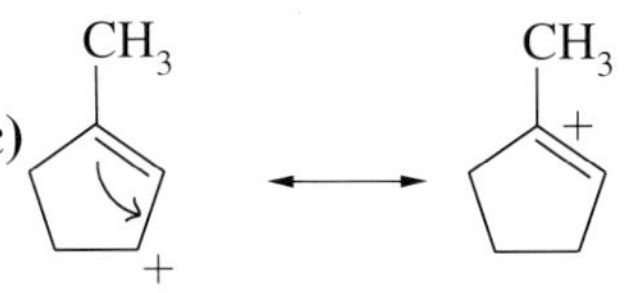

**3.** Radikale: Allyl > tertiär > sekundär > primär
Kationen: Tertiär > Allyl ≈ sekundär > primär

Die Hyperkonjugation, die für die Reihenfolge tertiär > sekundär > primär verantwortlich ist, spielt offenbar bei Kationen eine größere Rolle als bei Radikalen. Bei tertiären Kationen ist der Effekt so stark, daß diese die resonanzstabilisierten Allyl-Kationen in der Stabilität übertreffen (umgekehrt wie bei der Reihenfolge für Radikale).

**4.** Der kinetisch gesteuerte Angriff eines Nucleophils erfolgt an dem Ende des Alkyl-Kations, wo die positive Ladung hauptsächlich konzentriert ist: das höher substituierte Ende. In jedem einzelnen Beispiel wird zunächst das kinetisch gesteuerte Produkt aufgeführt und dann das thermodynamisch gesteuerte Produkt (in dem das Alken meistens höher substituiert ist).

**(a)** $(CH_3)_2CHC(CH_3)Br{-}CH{=}CH_2$ , $(CH_3)_2CHC(CH_3){=}CHCH_2Br$

**(b)**

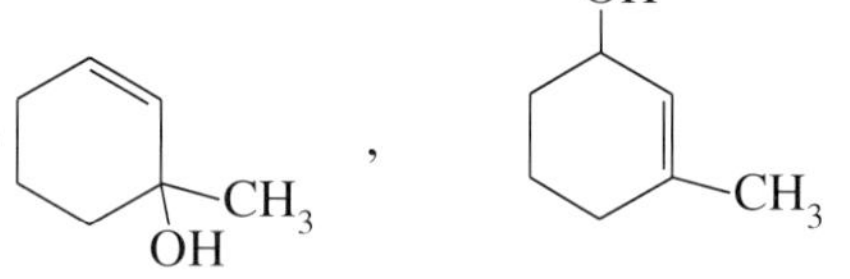


**(d)**

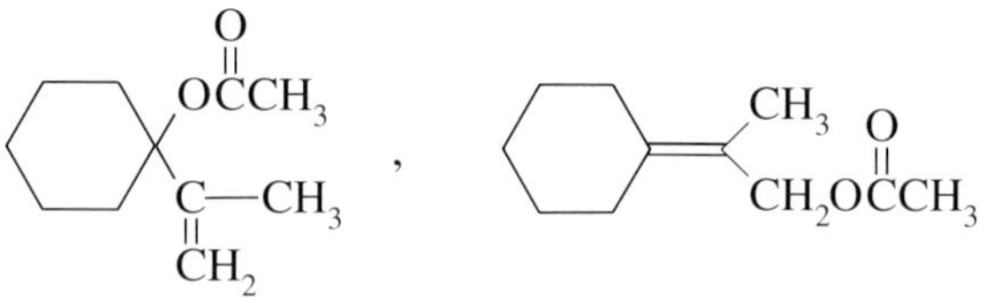


**(c)**

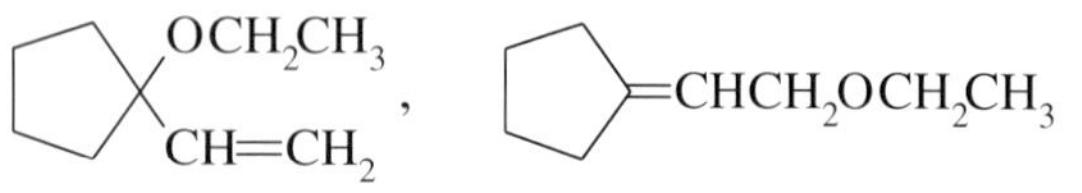


**(e)** Verschieden! $S_N2$-, nicht $S_N1$-Bedingungen. Die Reaktion erfolgt daher an dem am wenigsten gehinderten Kohlenstoff:

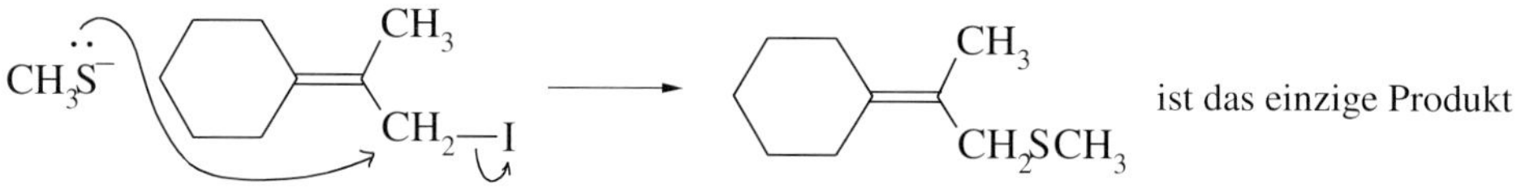


**(f)** Intramolekulare Variante:

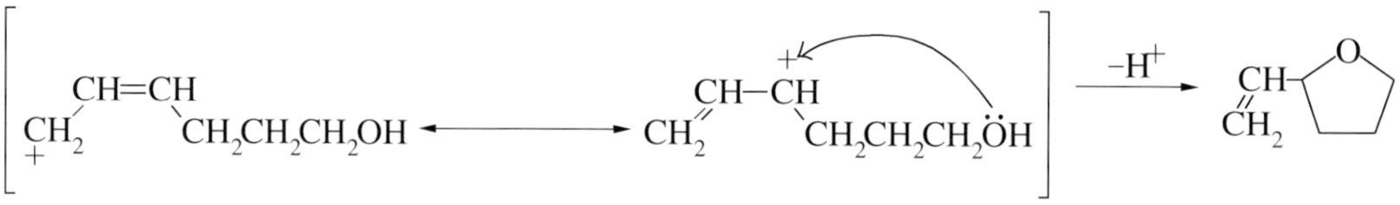


Wiederum bildet sich nur ein Produkt; die Bindungsknüpfung am anderen Ende würde zu einem mehr oder weniger gespannten siebengliedrigen Ring führen.

**5. (a)**

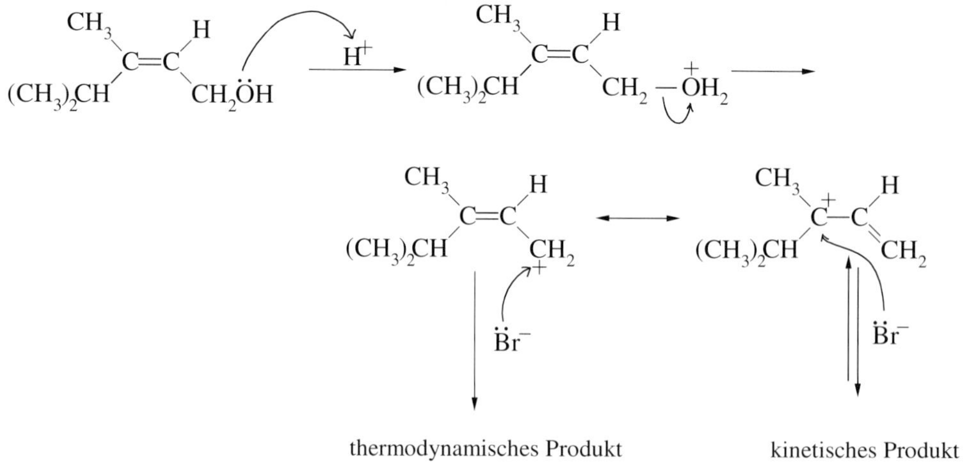

**(c)**

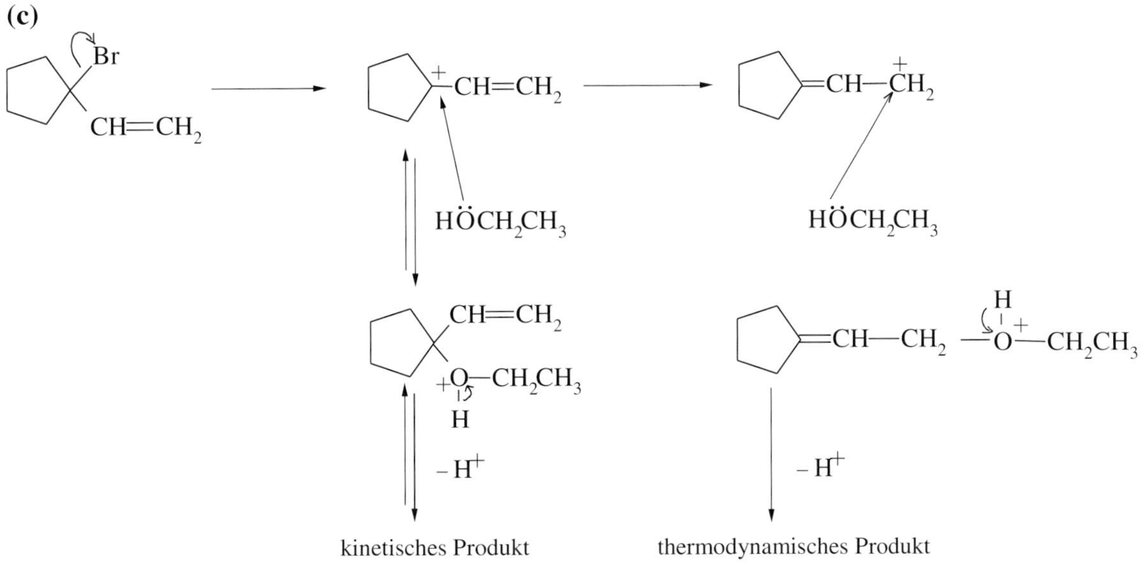


**(e) (f)** siehe Antworten zu Aufgabe 4.

**6.** (i) tertiär > Allyl ≈ sekundär » primär (Reihenfolge der Stabilitäten der Kationen)
(ii) Allyl > primär > sekundär » tertiär

**7.** (i) **e** (Allyl und tertiär) > **a** (Allyl und sekundär) > **d** (bildet das gleiche Kation wie '**e**', erfordert aber Ionisierung am primären Kohlenstoff, darum langsamer) > **c** > **b** > **f** (diese folgen der Reihenfolge der Stabilitäten der Kationen).
(ii) Sterische Hinderung herrscht vor, darum **f** > **b** > **d** > **a**> **e** (die letzten beiden eignen sich besser für $S_N2'$-Mechanismen).

**8.** Man formuliere alle möglichen allylartigen Isomere und achte auch auf die Stereochemie.

**(a)**

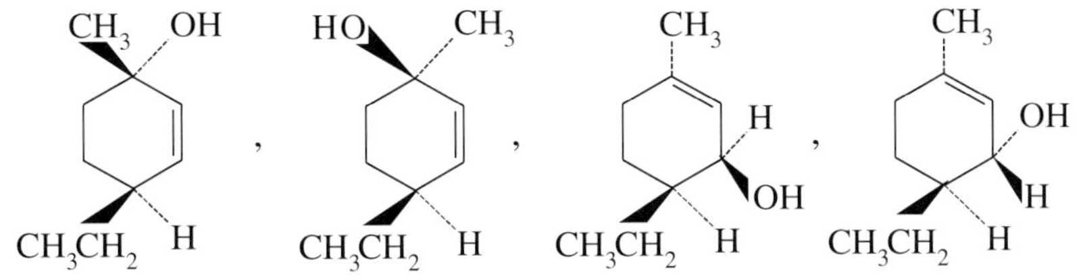

**(b)**

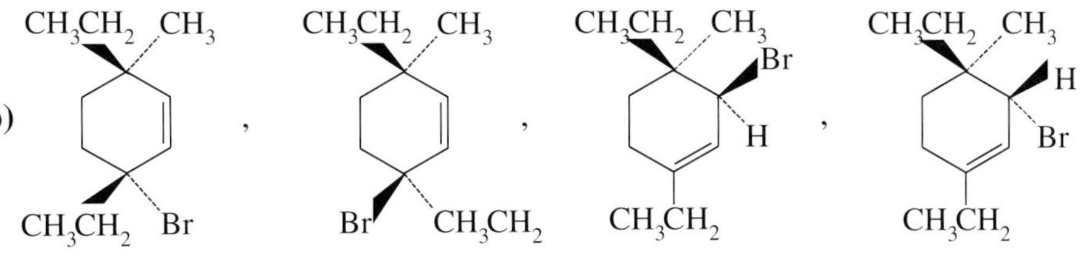

**(c)** $CH_3CH_2C(CH_3)(Br)–CH{=}CH_2$ (racemisch), $CH_3CH_2C(Br){=}CHCH_2Br$

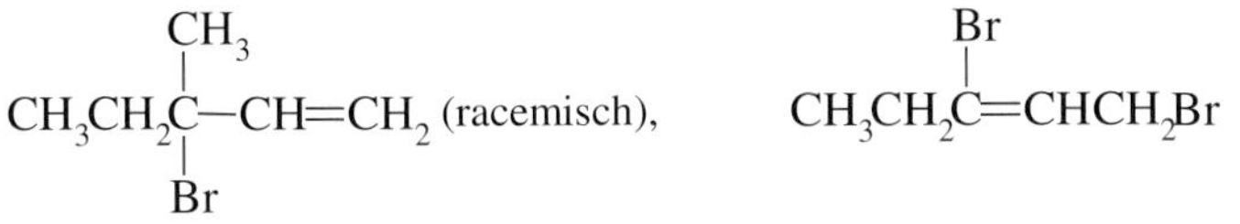

**(d)** $[CH_3\bar{C}HCH{=}CHCH_2CH_3 \longleftrightarrow CH_3CH{=}CH\bar{C}HCH_2CH_3]$ $Li^+$

**(e)** $CH_3CH(CH_3CHOH)CH{=}CHCH_2CH_3$ + $CH_3CH{=}CHCH(CH_3CHOH)CH_2CH_3$ (alle möglichen Stereoisomere für jede Struktur)

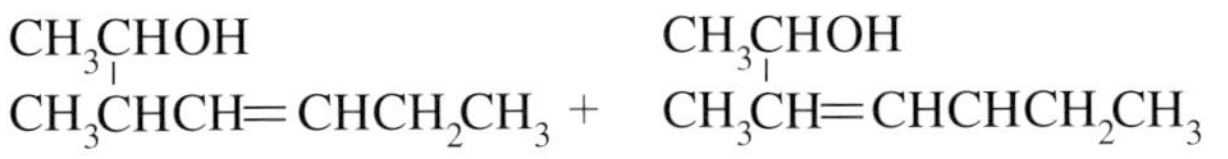

**(f)** 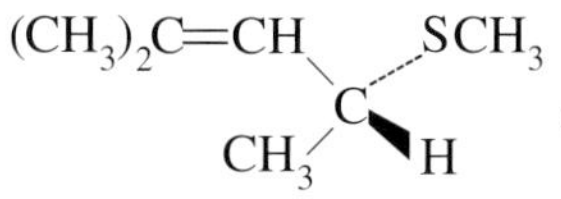 (ausschließlich $S_N2$)

**9.** 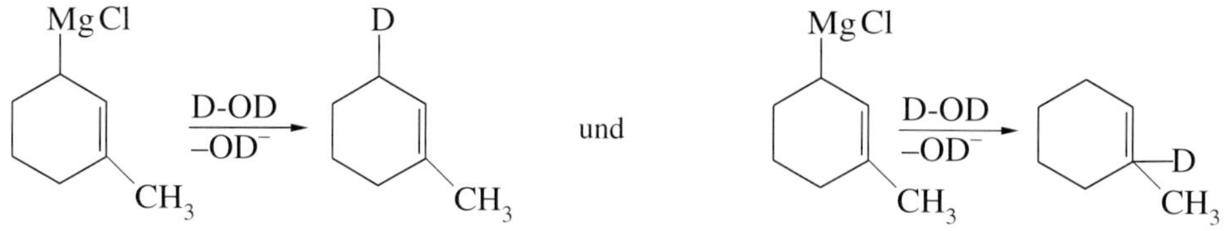

**10.** 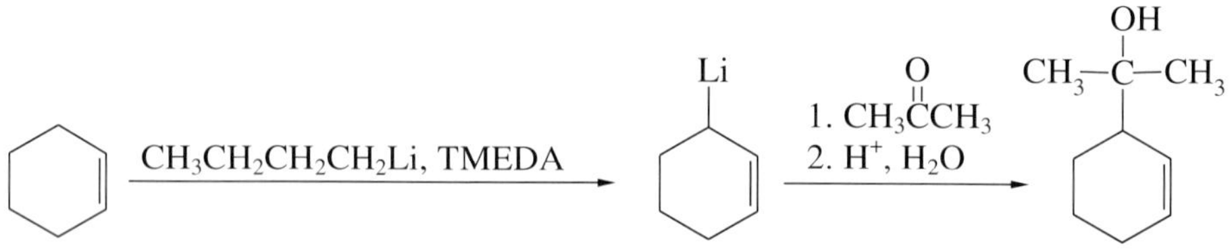

**11.** **(a)** (2*E*,5*Z*)-2,5-Heptadien; **(b)** 2,4-Pentadien-1-ol

**(c)** *trans*-5,6-Dibrom-1,3-cyclooctadien **(d)** 4-Ethenylcyclohexen

**12.** $CH_2{=}CH{-}CH(H){-}CH{=}CH_2$ hat die schwächste CH-Bindung (Pfeil), eine Bindung die zwei Allyl-Systemen gleichzeitig angehört ($DH° \approx 297$ kJ/mol); sie wird daher am schnellsten bromiert. Weil nur eine sehr schwache C-H-Bindung gelöst werden muß, verläuft die Bromierung dieses Isomers exothermer als bei dem anderen, wo eine stärkere C–H-Bindung einer Methylgruppe aufgespalten werden muß. Beide ergeben jedoch identische Produktgemische, weil sich aus jedem die *gleichen* Radikale bilden:

$$\overset{\cdot}{\overline{CH_2{-}CH{-}CH{-}CH{-}CH_2}} \equiv$$

$$\left[\dot{C}H_2{-}CH{=}CH{-}CH{=}CH_2 \longleftrightarrow CH_2{=}CH{-}\dot{C}H{-}CH{=}CH_2 \longleftrightarrow CH_2{=}CH{-}CH{=}CH{-}\dot{C}H_2\right]$$

13.

$$\underset{\text{(1) konjugiertes Dien}}{CH_2{=}CH{-}CH{=}CH{-}CH_3} \xrightarrow{H^+} \underset{(2)}{CH_3{-}\overset{+}{C}H{-}CH{=}CH{-}CH_3}$$ Allyl-Kation, an beiden Enden sekundär

$$\underset{\text{(3) isoliertes Dien}}{CH_2{=}CH{-}CH_2{-}CH{=}CH_2} \xrightarrow{H^+} \underset{(4)}{CH_2{=}CH{-}CH_2{-}\overset{+}{C}H{-}CH_3}$$ normales sekundäres Kation

(1) ist stabiler als (3), und (2) ist stabiler als (4):

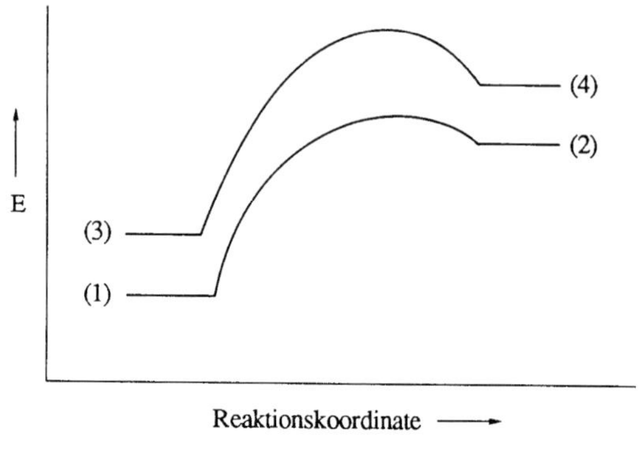

Reaktion (1) + $H^+ \rightarrow$ (2) verläuft schneller und gibt das stabilere Kation. Anmerkung: Wenn im Text davon die Rede ist, daß das Allyl- und sekundäre Kation energetisch vergleichbar sind, wird auf das einfachste Allyl-Kation, $\overset{+}{C}H_2{-}CH{=}CH_2$, Bezug genommen, das an beiden Enden primär ist. Wie zu erwarten, erhöhen zusätzliche Alkylgruppen an Allyl-Kationen deren Stabilität.

**14.** Gehen Sie davon aus, das in jedem Falle 1,2- und 1,4-Addition eintritt. Beachten Sie, daß bei den 1,2-Additionen in **(b)** und **(c)** mit *anti*-Konformationen zu rechnen ist, ähnlich wie bei Additionen an normale Alkene.

**(a)** 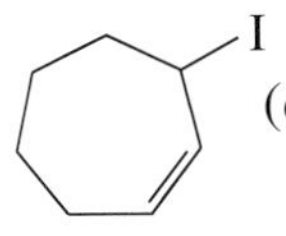

(die 1,2- und 1,4-Produkte sind identisch: 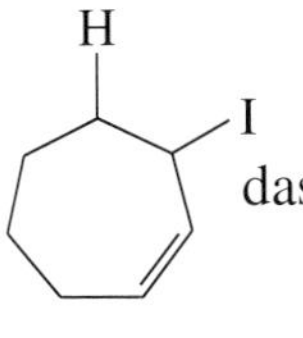

das gleiche wie 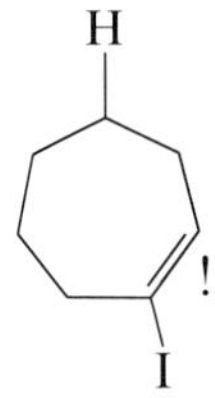

!)

**(b)** 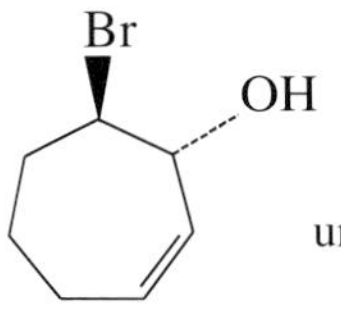

und 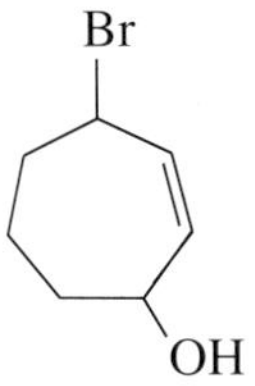


**(c)** 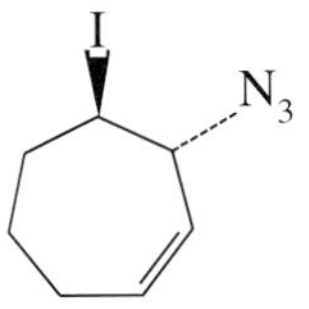

und 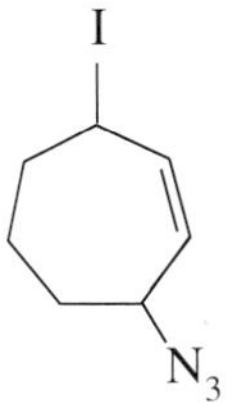


**(d)** 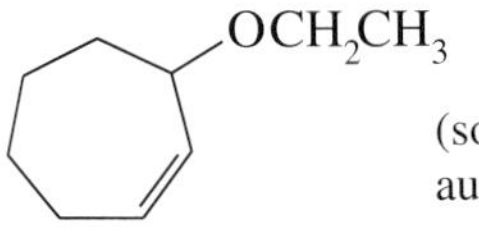

(sowohl aus 1,2- als auch aus 1,4-Addition)

**(e)** 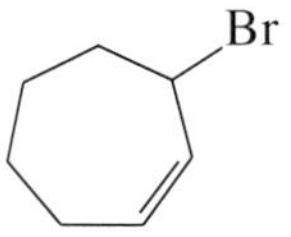

+ 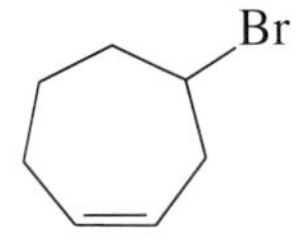


**15.** Die Addition des Elektrophils erfolgt stets an Cl und führt zu besten Allyl-Kation.

**(a)** $CH_3{-}CHI{-}CH{=}CH{-}CH_3$ (*cis* und *trans*)

**(b)** $BrCH_2{-}CHOH{-}CH{=}CH{-}CH_3$ und $BrCH_2{-}CH{=}CH{-}CHOH{-}CH_3$ (*cis* und *trans*).

**(c)** $ICH_2{-}CHN_3{-}CH{=}CH{-}CH_3$ und $ICH_2{-}CH{=}CH{-}CHN_3{-}CH_3$ (*cis* und *trans*).

**(d)** $CH_3{-}CH(OCH_2CH_3){-}CH{=}CH{-}CH_3$ (*cis* und *trans*).

**(e)** $BrCH_2{-}CH_2{-}CH{=}CH{-}CH_3$ und $BrCH_2{-}CH{=}CH{-}CH_2{-}CH_3$ (*cis* und *trans*).

**16.** Die gleichen Antworten, aber mit einer zusätzlichen Methyl-Gruppe an C2.

**17. (e)** $CH_2{=}CH{-}\overset{+}{C}H{-}CH{=}CH_2 \longleftrightarrow \overset{+}{C}H_2{-}CH{=}CH{-}CH{=}CH_2$ (doppelte Allyl-Struktur) >
**(d)** $CH_3{-}\overset{+}{C}H{-}CH{=}CH{-}CH_3$ (Allyl-Struktur, an beiden Enden sekundär) >
**(a)** $\overset{+}{C}H_2{-}CH{=}CH_2$ > **(c)** > **(b)**

**18.**

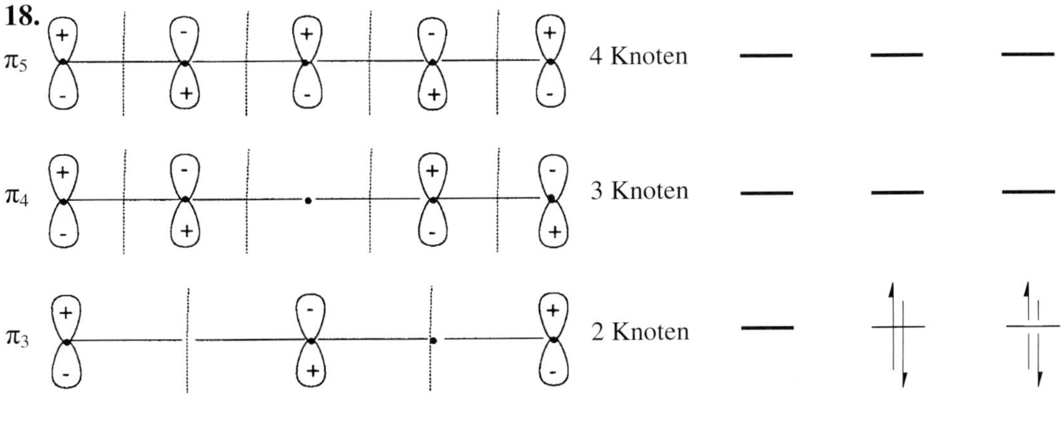

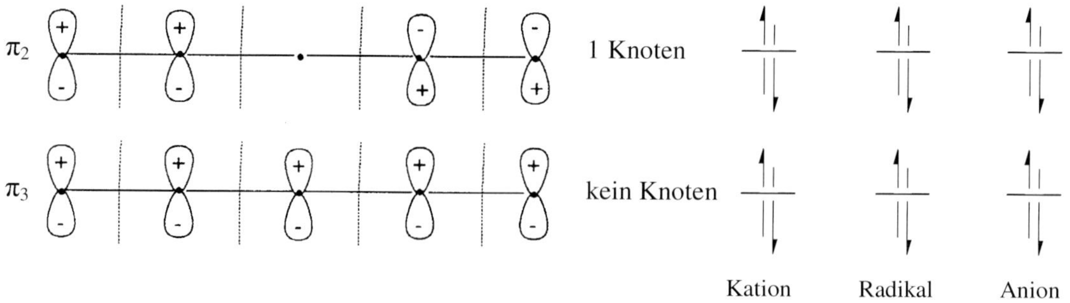


Siehe die Antwort zu Aufgabe **17** wegen der Resonanzstrukturen des Kations und Antwort zu Aufgabe **12** wegen der Resonanzstrukturen des Radikals.

**19.**

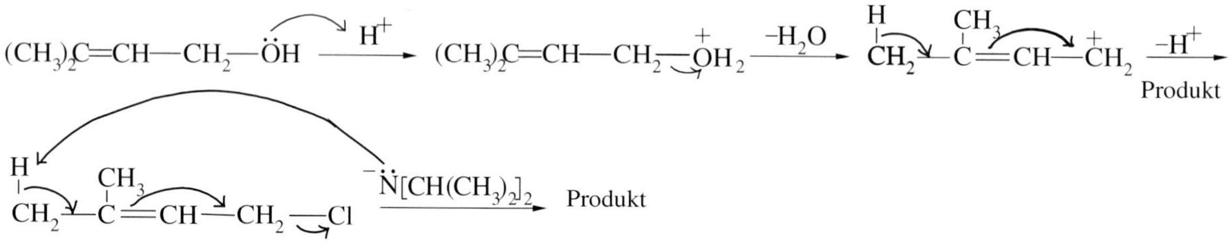


**20.** Ein beliebiger Allyl-Wasserstoff kann von dem intermediären Kation abgespalten werden (Pfeile):

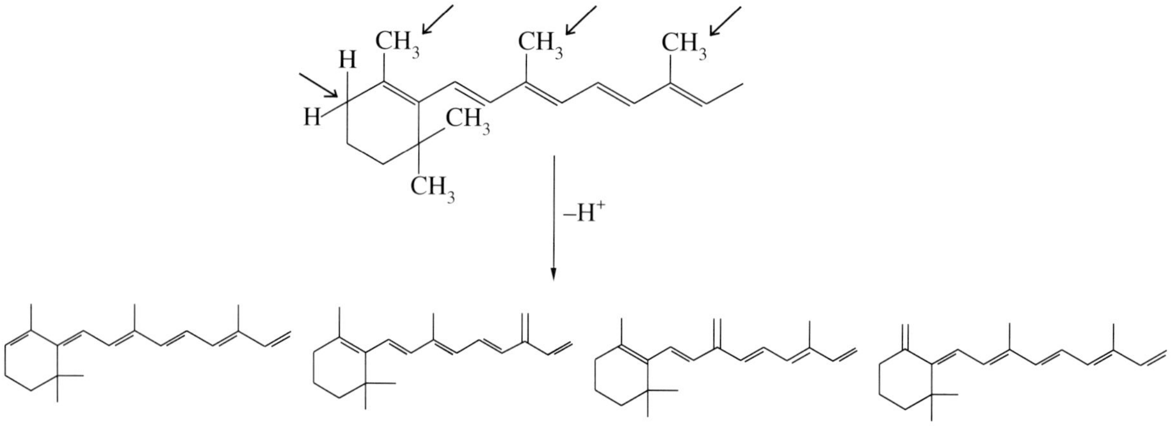


**21.**

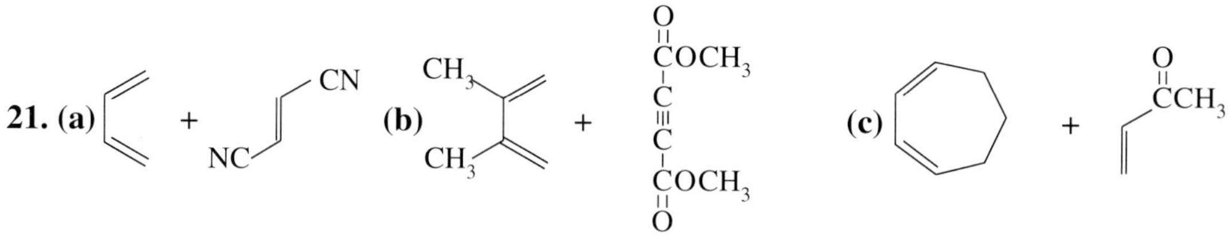

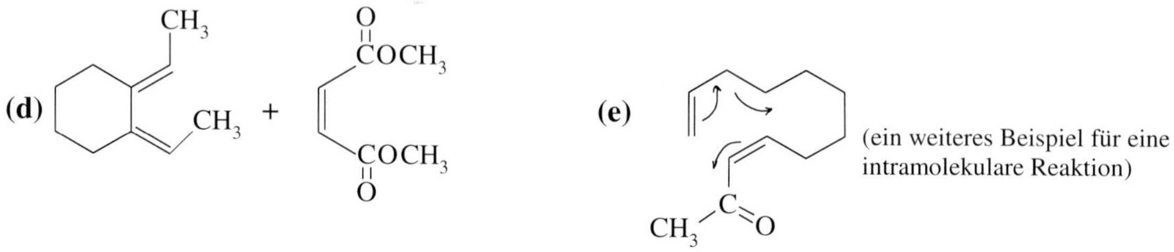

**22. (a)**

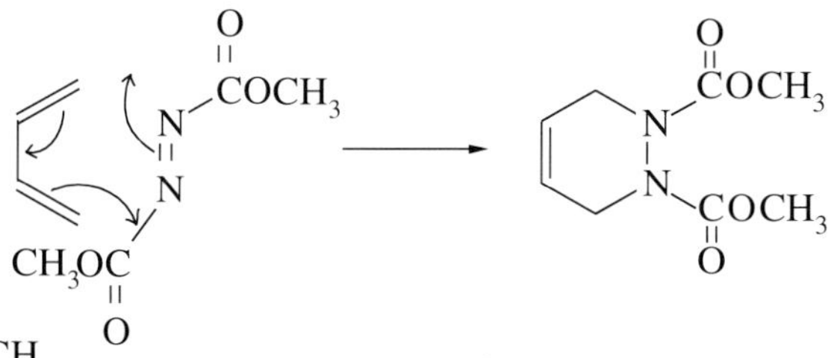

**(b)**

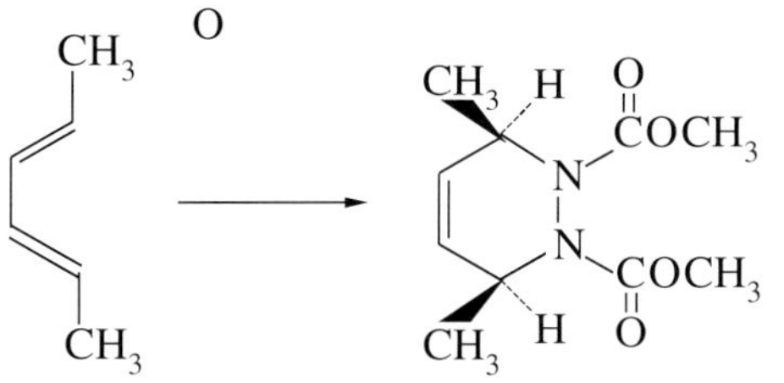

**(c)**

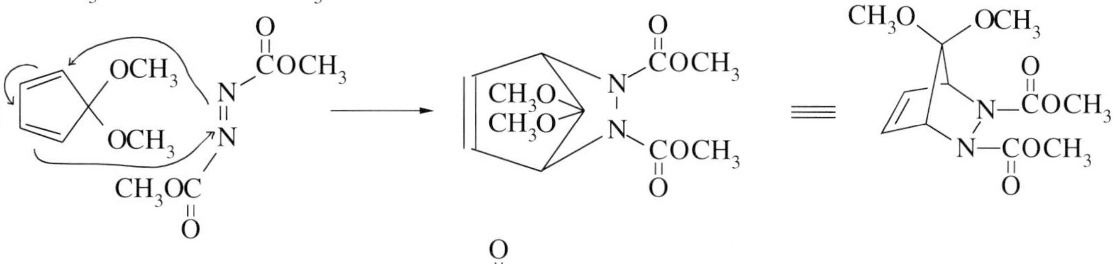

**(d)**

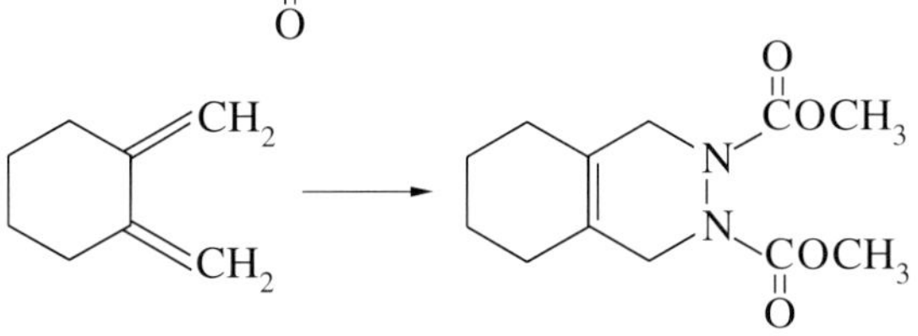

**23.** Dien 'A' ähnelt in der Struktur dem 1,3-Cyclohexadien, welches in Diels-Alder-Cycloadditionen gut reagiert (Tabelle 14.1). In Dien 'B' sind jedoch die Enden des Diens in einer „Zickzack"-Konformation festgelegt, (die „*s-trans*" genannt wird). Dadurch stehen die endständigen Kohlenstoffe zu weit auseinander, um an die beiden Alken-Kohlenstoffe eines Dienophils addieren zu können. Abbildung 14-10 zeigt das in einer Diels-Alder-Reaktion wirksame Dien in seiner „U"-förmigen Konformation (die „*s-cis*" genannt wird), in der die endständigen Kohlenstoffe nahe beieinander liegen. Diene (wie 'B'), die diese Konformation nicht erreichen können, reagieren nicht mit Dieonophilen in Diels-Alder-Reaktionen.

**24.** Es sind alles elektrocyclische Reaktionen. Für Systeme mit 6 Elektronen verlaufen thermische elektrocyclische Reaktionen disrotatorisch. Geht man von thermischen zu photochemischen Reaktionen über, oder ändert man die Anzahl der Elektronen um ± 2, ändert sich die Rotationsrichtung (z.B. von disrotatorisch nach conrotatorisch).

**(a)** Ein photochemischer Ringschluß eines 1,3-Diens (4 Elektronen). [Der Mechanismus ist disrotatorisch (Abbildung 14-12), auch wenn dieses bestimmte Dien nicht an den beiden Enden substituiert ist, was nötig wäre, um den disrotatorischen Verlauf direkt nachweisen zu können.]

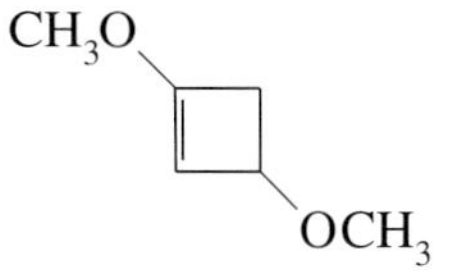

**(b)** Photochemische Ringöffnung eines Cyclohexadiens (6 Elektronen), die *conrotatorisch* verläuft:

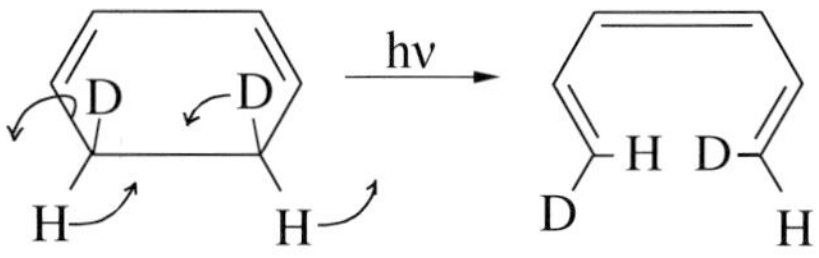

**(c)** Thermische Ringöffnung eines Cyclobutens (4 Elektronen), die *conrotatorisch* verläuft:

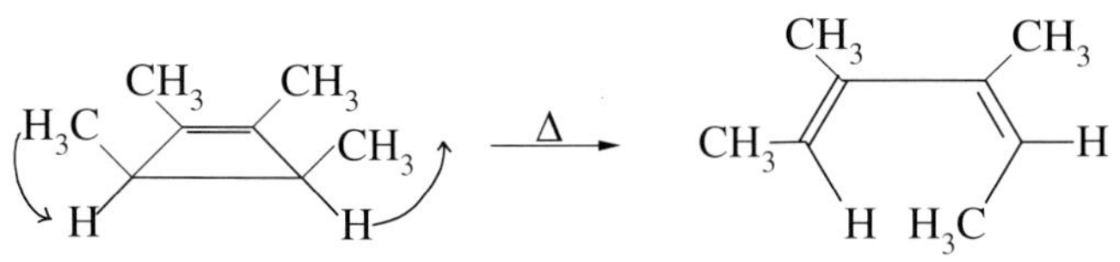

**(d)** Photochemischer Ringschluß eines Hexatriens (6 Elektronen), *conrotatorisch:*

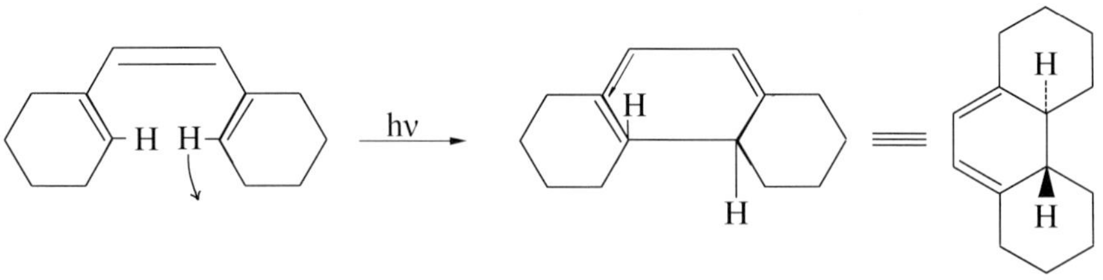

**(e)** Thermischer Ringschluß eines Hexatriens (6 Elektronen), *disrotatorisch:*

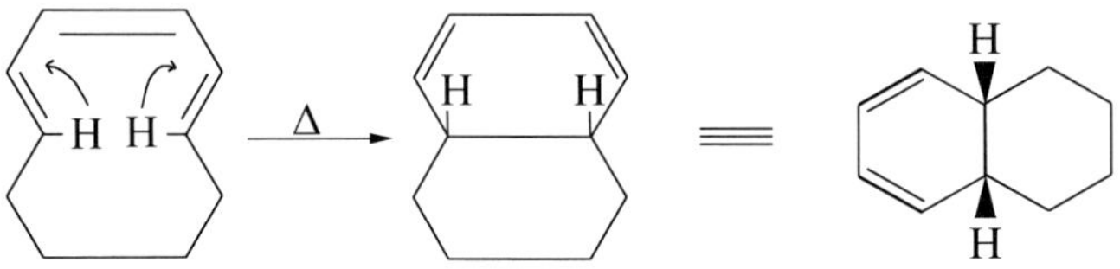

**25 (a)**

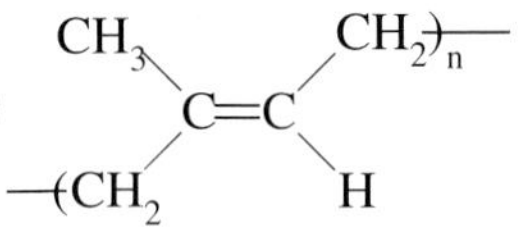

**(b)**

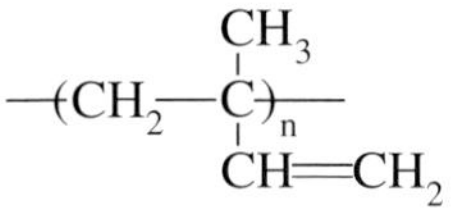

**(c)**

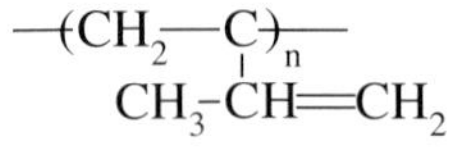

**(d)**

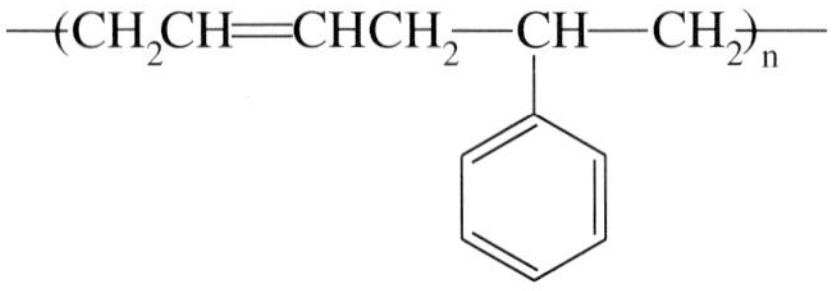

**(e)**

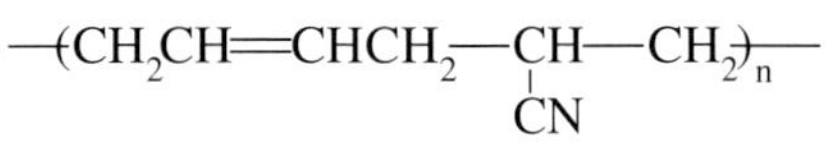

**(f)**

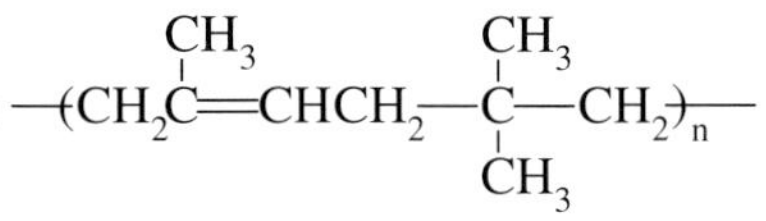

**26.**

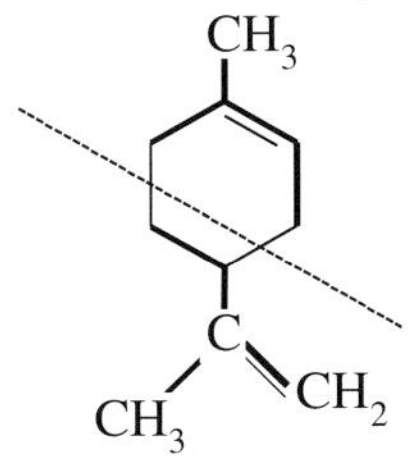

**(a)**

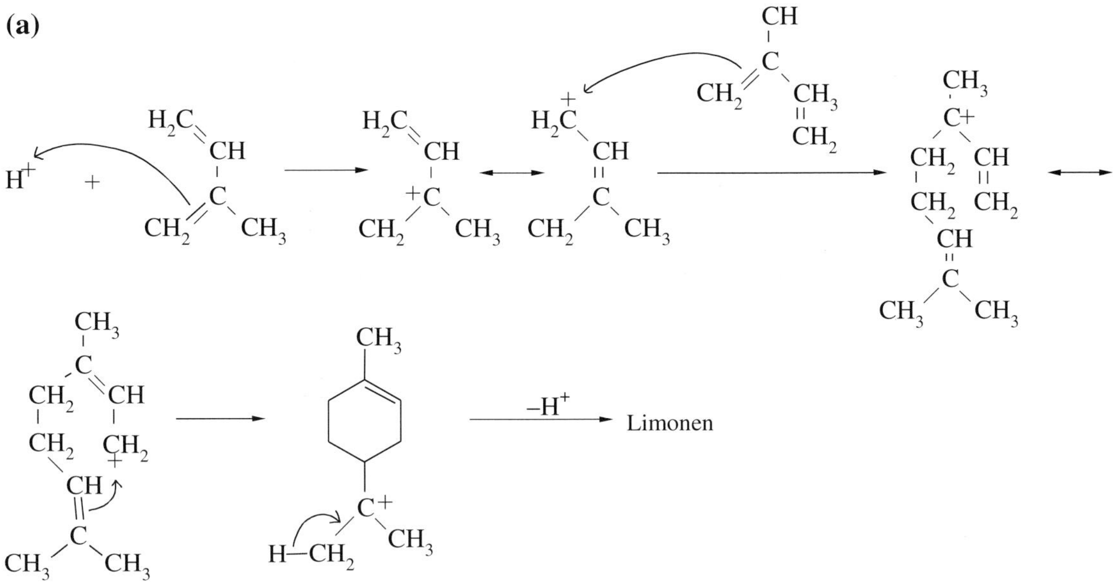

Beachten Sie, daß beide Additionen an Diene unter Bildung von Kationen ein Allyl-Kation liefern, das an einem Ende tertiär ist.

**(b)**

Limonen über eine konzentrierte Cycloadditionsreaktion nach Diels-Alder.

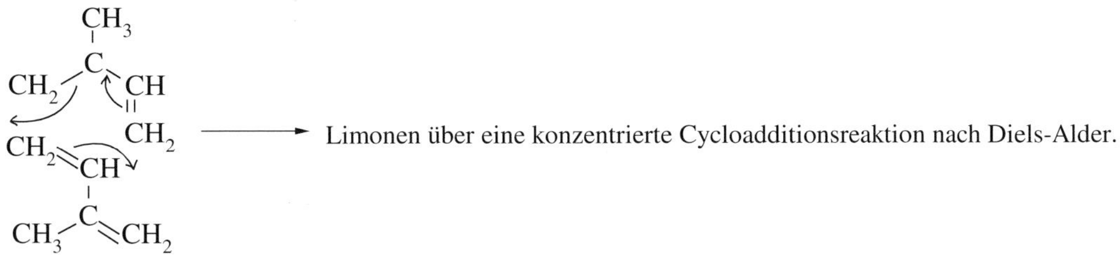

**27.**

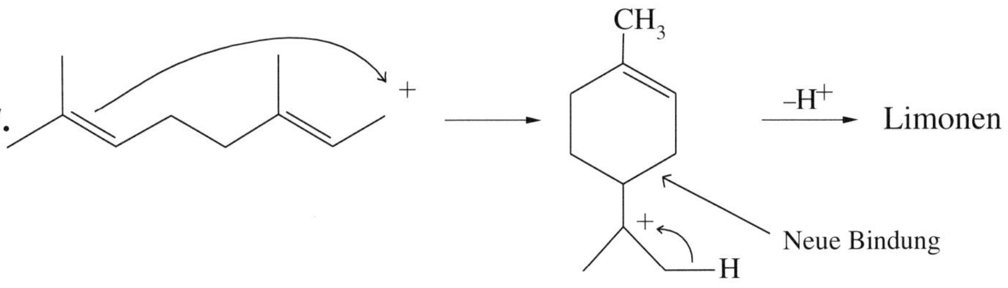

Alternativ:

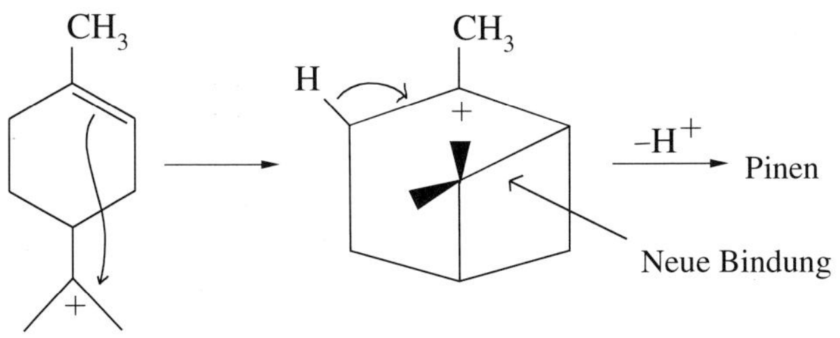

**28.** In jedem einzelnen Fall geht es um die Anhebung eines Elektrons aus dem höchsten besetzten Molekülorbital (n oder π) in das niedrigste unbesetzte Molekülorbital (z. B. π*). Benutzen Sie Indices, wenn mehr als ein Orbital eines bestimmten Typs vorliegt, **(a)** $\pi \rightarrow$ n (alternativ $\pi_1 \rightarrow \pi_2$); **(b)** $n \rightarrow \pi^*$ (alternativ $\pi_2 \rightarrow \pi_3$); **(c)** $n \rightarrow \pi^*$; **(d)** $n \rightarrow \pi^*$ (genauer $n \rightarrow \pi_3^*$); **(e)** $n \rightarrow \pi^*$ (alternativ $\pi_3 \rightarrow \pi_4^*$); **(f)** $\pi_3 \rightarrow \pi_4^*$

**29.** Diese Moleküle enthalten nur σ- und n-Elektronen, und ihre niedrigsten unbesetzten Molekülorbitale sind σ*-Orbitale. Die Energielücken zwischen diesen Orbitalen sind groß, weswegen nur UV-Strahlung mit Wellenlängen kürzer als 200 nm absorbiert wird.

**30.** $1.95/(2 \cdot 10^{-4}) = 9750$; $0.008/(2 \cdot 10^{-4}) = 40$

**31.**

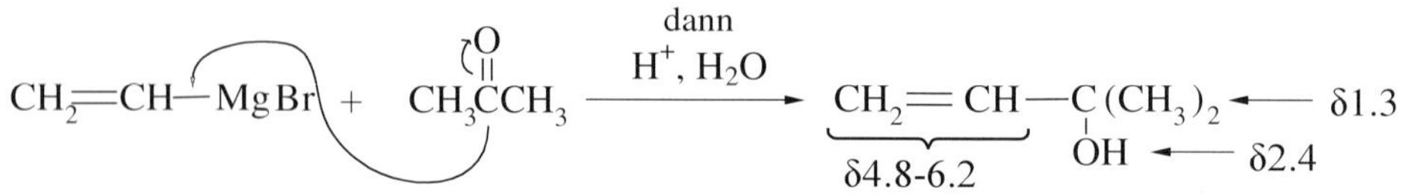


Die neue Verbindung kann aus dem Allyl-Alkohol durch dessen Ionisierung bei längerer Einwirkung von Säure erhalten werden:

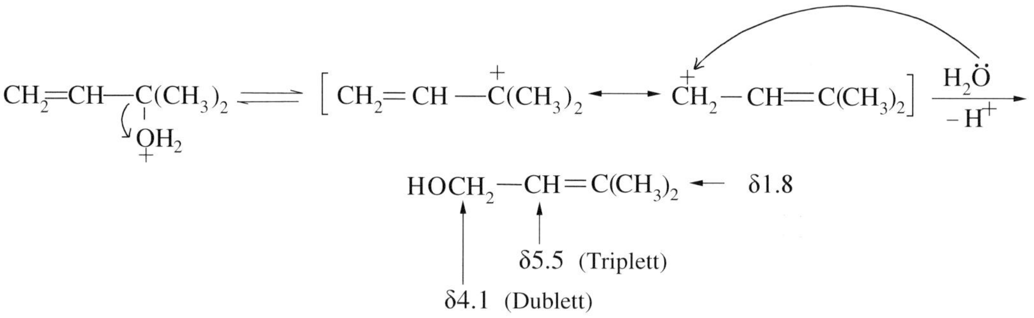


**32.**

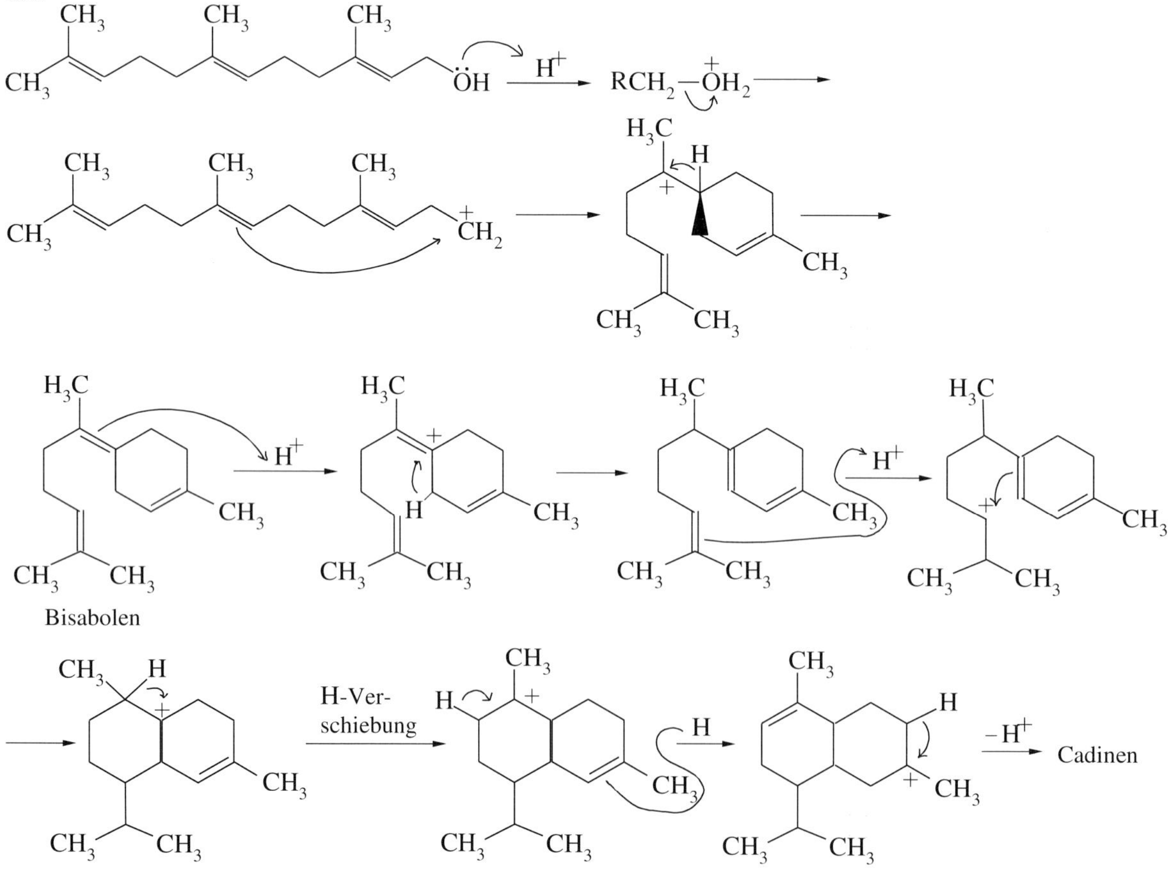

**33.** Das Produkt der 1,2-Addition entsteht unter kinetischer Kontrolle durch Angriff des Nucleophils an der internen Position des intermediären Allyl-Kations, wo die höchste Konzentration an positiver Ladung herrscht. Das Produkt der 1,4-Addition enthält eine interne Doppelbindung, wodurch es thermodynamisch stabiler ist.

**34.**

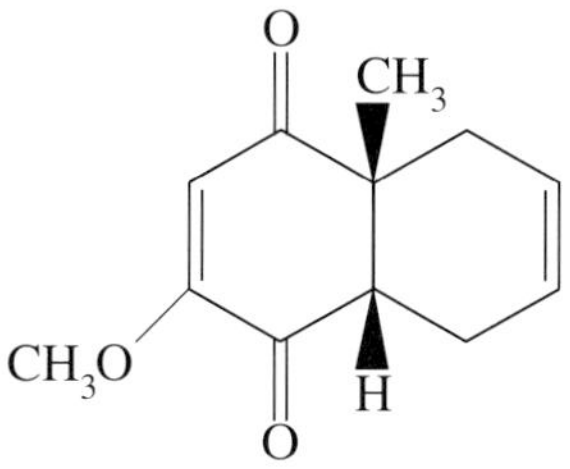


Dieses Beispiel veranschaulicht mehrere charakteristische Merkmale der Cycloaddition. Nur die methylsubstituierte Doppelbindung reagiert. Die methoxysubstituierte Doppelbindung ist zu elektronenreich, um konkurrieren zu können. Die *cis*-Ringfusion konserviert die Stereochemie der Doppelbindung im Dienophil. Weitere Cycloadditionen von zusätzlichem Dien an das Produkt schließlich finden nicht statt, weil keine der Doppelbindungen des Produkts ausreichend elektronenarm ist, um mit merklicher Geschwindigkeit zu reagieren.

**35.** Die thermische Ringöffnung eines Cyclobutens (4 Elektronen) strebt einen conrotatorischen Verlauf an:

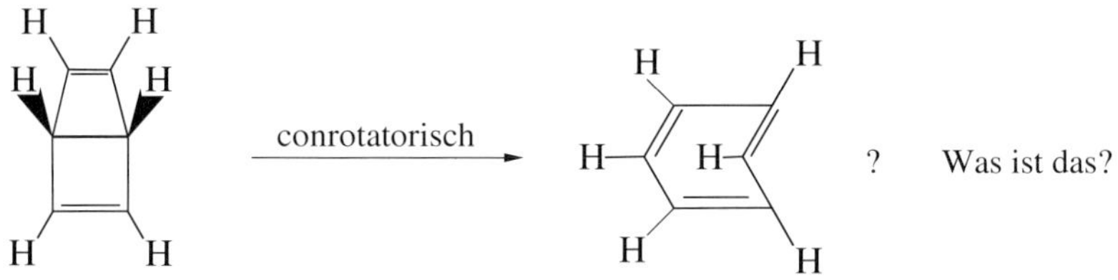


Unglücklicherweise ist dieser Bewegungsablauf geometrisch unmöglich, da er zu einem „Benzol" führt, das im Ring eine Doppelbindung in *trans*-Lage enthält. Da das nicht möglich ist, reagiert die Verbindung so lange überhaupt nicht, bis soviel Energie zugeführt wird, daß die Ringöffnung den „falschen" disrotatorischen Weg nimmt, der zum gewöhnlichen Benzol führt. Die hohe $E_a$ ist erforderlich, damit die elektrocyclische Reaktion eine normalerweise „verbotene" Richtung der Rotation nehmen kann.

**36. (a)** Photochemische [2 + 2]-Cycloaddition

**(b)** Photochemische Ringöffnung eines Cyclobutens (4 Elektronen; disrotatorisch).

**(c)** Photochemische Ringöffnung eines Cyclohexadiens (6 Elektronen; conrotatorisch).

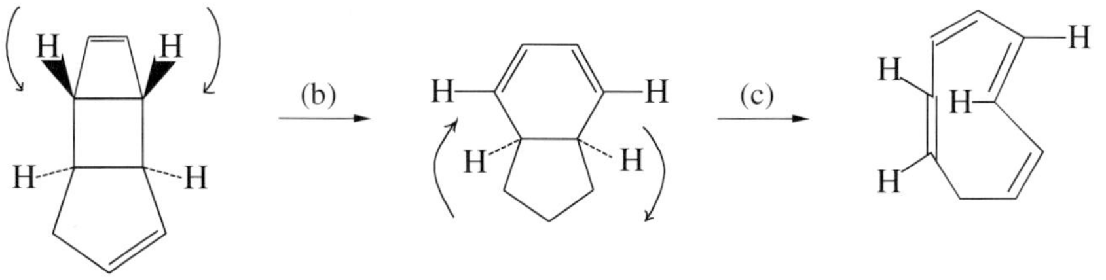


**(d)** Thermischer Ringschluß eines Hexatriens (6 Elektronen) (disrotatorisch):

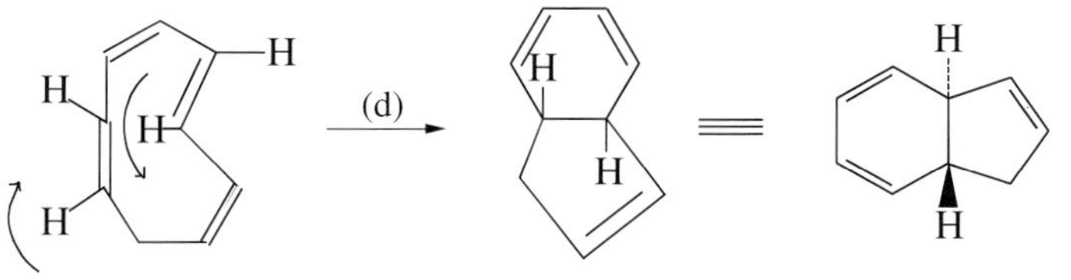

**(e)** Thermischer Ringschluß eines Hexatriens (6 Elektronen) (disrotatorisch):

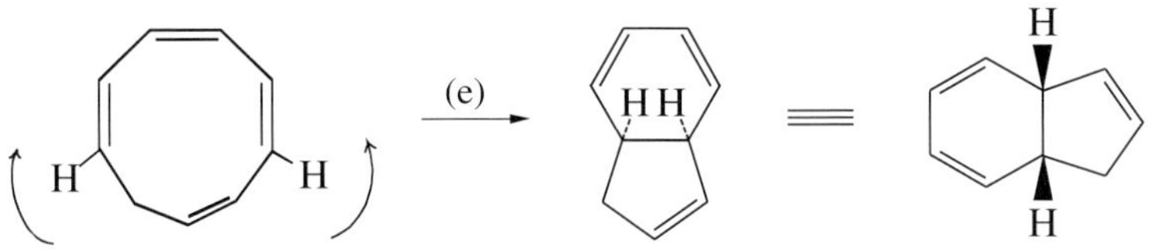


**(f)** Photochemischer Ringschluß eines Octatetraens (8 Elektronen) (disrotatorisch):

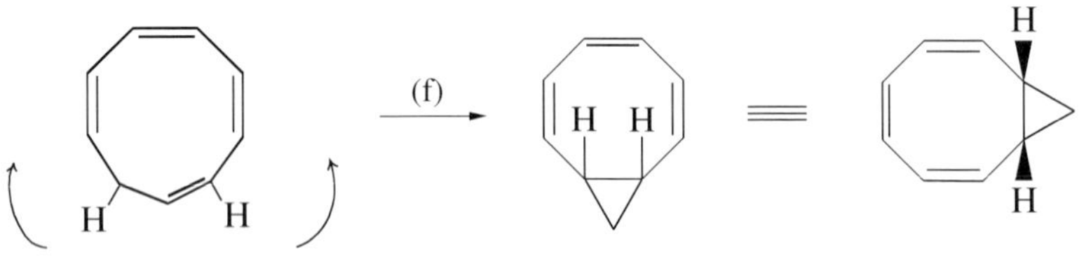


**37. (a)** NMR: 5 Alken-Wasserstoffe; UV: Isolierte Doppelbindungen.
Die einzig möglichen Verbindungen sind *cis*- oder *trans*-$CH_2$=CH–$CH_2$–CH=CH–$CH_3$.

**(b)** NMR: 6 Alken-Wasserstoffe; UV: isolierte Doppelbindungen.
Einzige Möglichkeit: $CH_2$=CH–$CH_2$–$CH_2$–CH=$CH_2$.

**(c)** NMR: 4 Alken-Wasserstoffe; UV: *konjugiertes Dien.*
Es könnte irgendeine *cis/trans-Kombination* von $CH_3$–CH=CH–CH=CH–$CH_3$ sein.

**(d)** NMR: 5 Alken-Wasserstoffe; UV: *konjugiertes Dien.*
Entweder *cis*- oder *trans*–$CH_2$=CH–CH=CH–$CH_2$–$CH_3$.

**38.** Der entscheidende Reaktionsschritt ist der Ringschluß eines 1,3-Butadiens zu einem Cyclobuten. Um die beiden Enden des Diens so zusammenzubringen, daß die zentrale Bindung in Dewar-Benzol gebildet werden kann, muß die Rotationsweise disrotatorisch sein; anderfalls entstünde ein unmöglich gespanntes Produkt, in dem zwei Cyclobutenringe miteinander *trans*-verknüpft sind. Der disrotatorische Ringschluß eines 1,3-Diens ist ein photochemisch erlaubter Prozeß (eine Photocyclisierung; siehe Abbildung 14-11). Der Widerstand dieses speziellen substituierten Dewar-Benzols gegenüber der Rückreaktion durch Ringöffnung zum entsprechenden Benzol folgt zum Teil daraus, daß zwei tertiäre Alkylgruppen nur ungern benachbarte (das heißt *ortho*) Positionen an einem planaren Benzolring einnehmen. Dewar-Benzole sind stark gekrümmte Strukturen (bauen Sie ein Modell!), dadurch behindern sich die benachbarten *tert*-Butyl-Gruppen in der vorliegenden Verbindung nicht.

# Die besondere Stabilität des cyclischen Elektronensextetts – Benzol, andere cyclische Polyene und die elektrophile aromatische Substitution

# 15

**1. (a)** 3-Chlorbenzolcarbonsäure, *m*-Chlorbenzoesäure

**(b)** 1-Methoxy-4-nitrobenzol, *p*-Nitroanisol

**(c)** 2-Hydroxybenzolcarbaldehyd, *o*-Hydroxybenzaldehyd

**(d)** 3-Aminobenzolcarbonsäure, *m*-Aminobenzoesäure

**(e)** (4-Ethyl-2-methylphenyl)amin, 4-Ethyl-2-methylanilin

**(f)** 1-Brom-2,4-dimethylbenzol

**(g)** 4-Brom-3,5-dimethoxybenzolol (ein Name, den allerdings niemand verwendet), 4-Brom-3,5-dimethoxyphenol

**(h)** 2-Phenylethanol

**(i)** 3-Ethanoylphenanthren, 3-Acetylphenanthren.

**2. (a)** 1,2,4,5-Tetramethylbenzol

**(b)** 4-Hexyl-l,3-benzoldiol

**(c)** *N*-(4-Hydroxyphenyl)acetamid

**(d)** 2-[4-(2-Methylpropyl)phenyl]propansäure

**3. (a)** 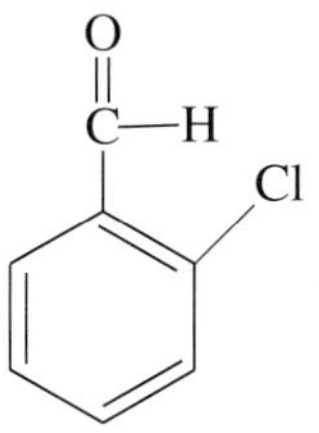

Der Name ist in Ordnung; (IUPAC: 2-Chlorbenzolcarbaldehyd).

**(b)** 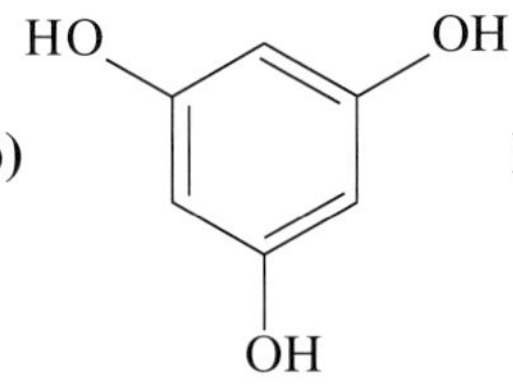

Die Numerierung ist nicht korrekt; richtig ist 1,3,5-Benzoltriol.

(c) 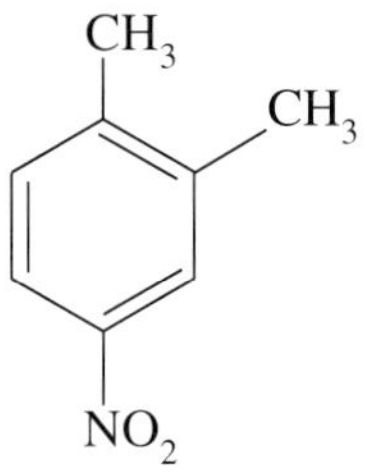


Der Name ist falsch. Man darf nie *o, m, p* neben Zahlenangaben verwenden; nennen Sie die Verbindung l,2-Dimethyl-4-nitrobenzol.

(d) 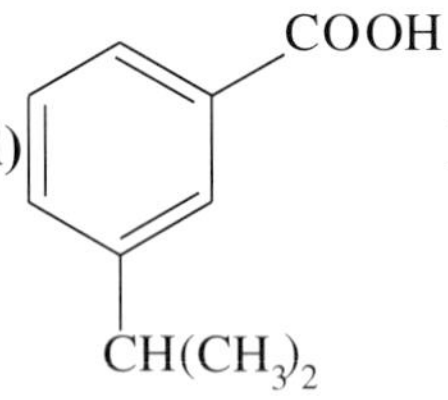


Der Name ist in Ordnung. [IUPAC: 3-(l-Methylethyl)-benzolcarbonsäure].

(e) 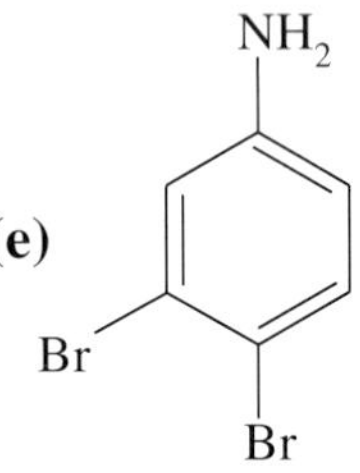


Falsche Zahlen; 3,4-Dibromanilin oder 3,4-Dibromphenylamin.

(f) 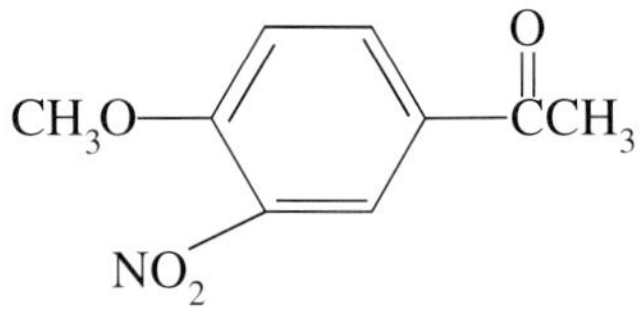


*Nur Zahlen* verwenden: 4-Methoxy-3-nitroacetophenon oder 1-(4-Methoxy-3-nitrophenyl)ethanon.

**4.** Benzol wäre um etwa 126 kJ/mol energiereicher, somit betrüge der Wert für $\Delta H_{\text{Verbr.}}$ –3426 kJ/mol.

**5.** 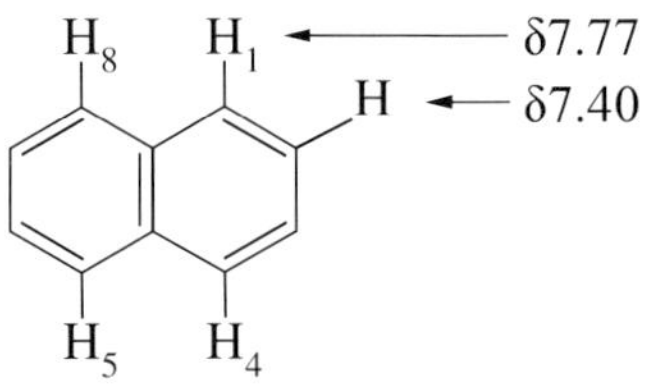


Die Wasserstoffe an C-1, 4, 5 und 8 sind entschirmt, weil sie sich näher an dem *anderen* Benzolring im Molekül aufhalten. Drei Ringströme von π-Elektronen üben auf sie ihren entschirmenden Einfluß aus: Der Ringstrom des ganzen Moleküls (i), der Ringstrom ihres eigenen Benzolrings (ii) und der Ringstrom des *benachbarten* Benzolrings (iii):

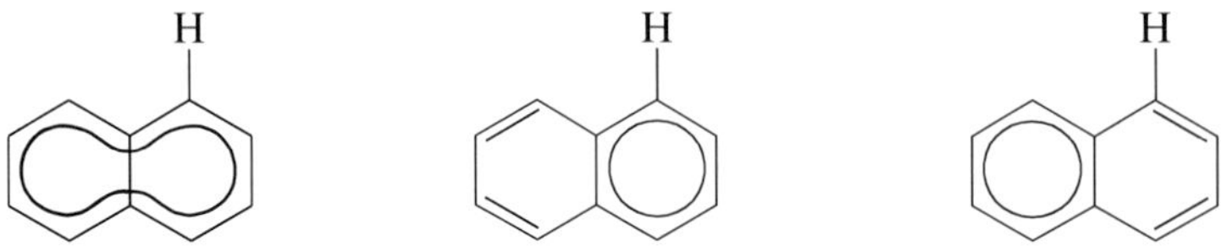


(i) (ii) (iii)

Die Wasserstoffe an C-2, 3, 6 und 7 sind zu weit entfernt, um durch den Ringstrom des anderen Benzolrings stark beeinflußt werden zu können.

**6.** Die Daten aus der Aufgabenstellung lassen darauf schließen, daß Cyclooctatetraen keine Resonanzstabilisierung aufweist, denn die Hydrierungswärme von Cyclooctatetraen entspricht ungefähr der vierfachen Hydrierungswärme von Cycloocten. Genau genommen ist sie sogar noch etwas höher als der erwartete Wert, was darauf hinweist, daß Cyclooctatetraen eine nennenswerte Ringspannung hat.

**7.** Regel: Aromatizität erfordert (1) $4n + 2\pi$-Elektronen, die sich (2) in einem vollständigen, nicht unterbrochenen Kreis von p-Orbitalen aufhalten.

**(a)** Nein (3 $\pi$-Elektronen).

**(b)** Ja (Benzol ist intakt; die zusätzliche Doppelbindung ist unwichtig, da sie nicht zu dem Kreis gehört).

**(c)** Nein (der gesättigte Kohlenstoff ist $sp^3$-hybridisiert und unterbricht den Kreis der p-Orbitale; in diesem Fall hat die Anzahl der $\pi$-Elektronen ihre Bedeutung verloren).

**(d)** Ja (10 $\pi$-Elektronen; hier hat der $sp^3$-Kohlenstoff eine Brückenfunktion und unterbricht nicht den Kreis der p-Orbitale).

**(e)** Nein (12 $\pi$-Elektronen: Falsche Anzahl).

**(f)** Nein (9 $\pi$-Bindungen = 18 $\pi$-Elektronen, was in Ordnung wäre, wenn sich nicht die Gesamtzahl der Elektronen durch die hinzukommende Ladung von 2- um 2 weitere auf 20 Elektronen erhöhte: Falsche Zahl).

**(g)** Nein (die gesättigten Kohlenstoff-Atome an den Ringverzweigungen unterbrechen den Kreis).

**(h)** Ja, mit Hilfe eines Tricks:

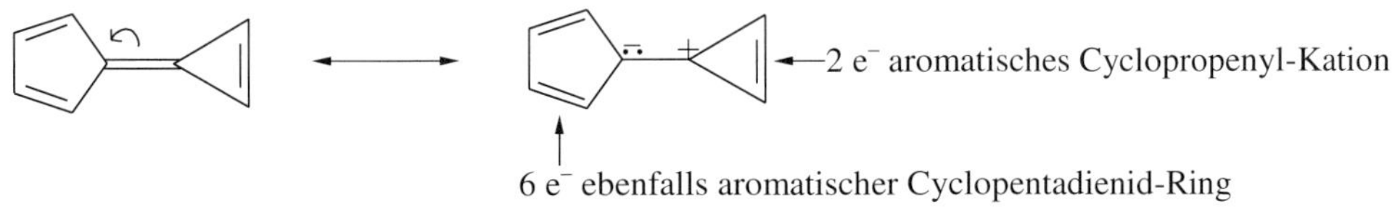


**8. (a)** Formel: $C_{2.5}H_{1.7}Br_{0.85}$ ⇒ $C_3H_2Br$ (empirische Formel). Da dieses Kapitel von *Benzol* handelt, nehmen wir an, daß das Molekül sechs Kohlenstoff-Atome besitzt.
Das UV-Spektrum spricht auch für die Anwesenheit eines Benzolrings.
$^{13}$C: 3 Peaks, das Molekül muß also Symmetrie besitzen.
$^{1}$H-NMR: zwei Signalgruppen gleicher Intensität.
Wenn wir uns die 3 möglichen Dibrombenzole anschauen, ist die Antwort klar:

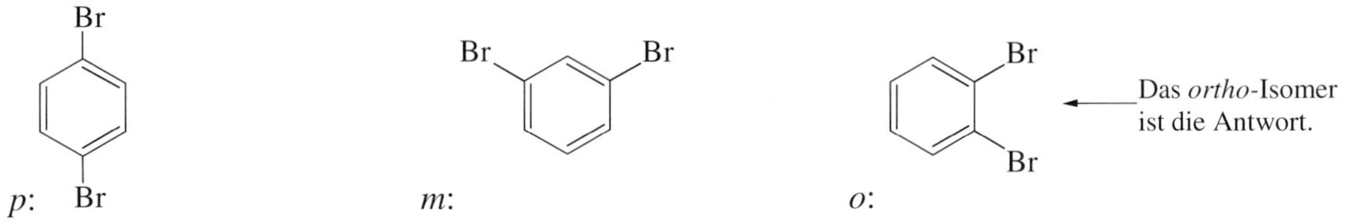


| | | |
|---|---|---|
| $^{13}$C: 2 Arten von Kohlenstoff | 4 Arten von Kohlenstoff | 3 Arten von Kohlenstoff |
| $^{1}$H Alle äquivalent | 3 Arten von Wasserstoff | 2 Arten von Wasserstoff |

Das IR-Spektrumm (einzelne Bande bei 745 cm$^{-1}$) stimmt mit dieser Annahme überein.

**(b)** Formel: $C_{6.7}H_{6.7}O_{0.83}$ ⇒ $C_8H_8O$. $^{1}$H NMR: 5 Benzol-Wasserstoffe und eine $CH_3$-Gruppe. $^{13}$C-NMR und IR: Eine C=O-Gruppe ($\delta$197.4 und $\tilde{\nu}$ 1680 cm$^{-1}$). Die Antwort ist einfach:

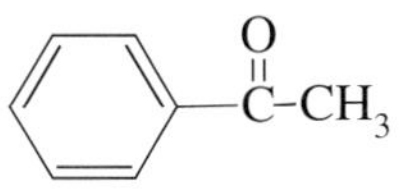

**(c)** Formel: $C_{5.9}H_{5.9}O_{1.5}$ ⇒ $C_4H_4O$ (empirische Formel). Daraus durch Verdopplung $C_8H_8O_2$.

NMR: $-\overset{O}{\overset{\|}{C}}H$ (δ9.8); 4 Benzol-Wasserstoffe; $CH_3-O-$ (δ3.8)

IR: *para*-disubstituiertes Benzol, aldehydische >C=O-Gruppierung.

Antwort: 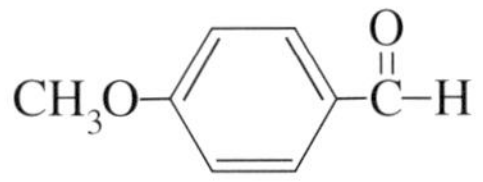

Man beachte die beiden NMR-Dubletts im Bereich δ6.5-8.0 – man beobachtet dies häufig bei *para*-disubstituierten Benzolen.

**(d)** Formel: $C_{3.7}H_{3.8}Br_{0.53}O_{0.53}$ ⇒ $C_7H_7BrO$. NMR: 4 Benzol-Wasserstoffe, $CH_3O$- (δ3.7)

IR: *meta*-disubstituiertes Benzol. Somit ist 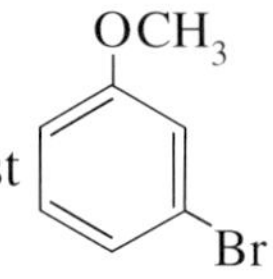 die Antwort.


**(e)** Formel: $C_{4.5}H_{5.6}Br_{0.5}$ ⇒ $C_9H_{11}Br$. $^1H$–NMR: 2 Benzol-Wasserstoffe, 3 $CH_3$-Gruppen (zwei äquivalent – nur *zwei* Quartetts in $^{13}C$–NMR). Im $^{13}C$-Spektrum auch nur 4 Benzol-Kohlenstoffe, das Molekül besitzt also Symmetrie. Antwort durch Ausprobieren:

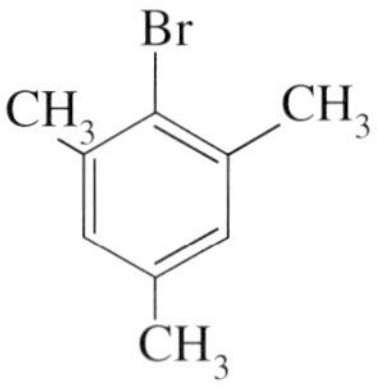


**9.** 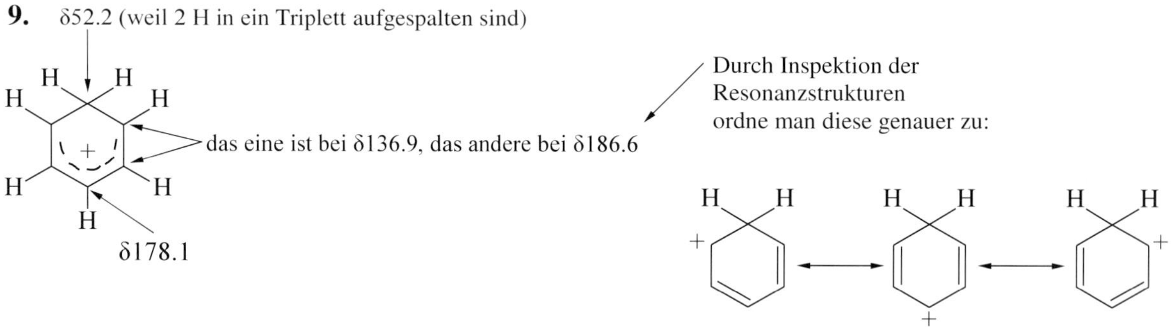


In den Resonanzstrukturen treten an nur drei Kohlenstoff-Atomen positive Ladungen auf: Diese sollten am meisten entschirmt sein. Das erklärt die chemische Verschiebung von δ178.1 des unteren Kohlenstoff-Atoms. Das Signal bei δ186.6 entspricht daher den beiden positivierten Kohlenstoff-Atomen an den Enden des delokalisierten Systems:

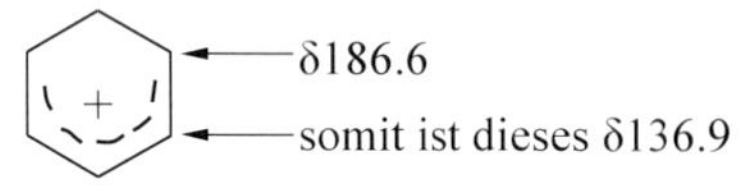

**10. (a)** 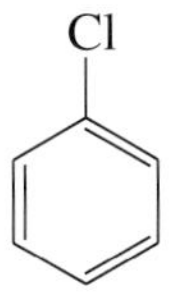 **(b)** am Ende 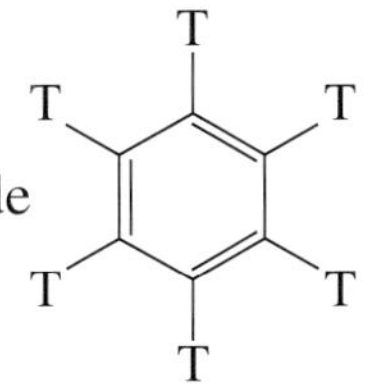 **(c)** 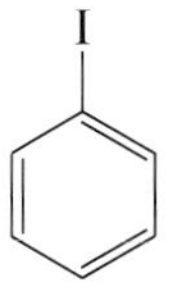

$\Delta H° = DH°(ICl) + DH°(C_6H_5\text{–}H) - DH°(C_6H_5\text{–}I) - DH°(HCl)$
$= 209 + 465 - 272 - 431 = -29$ kJ/mol, kaum exotherm!

**(d)** 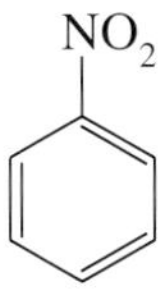 **(e)** 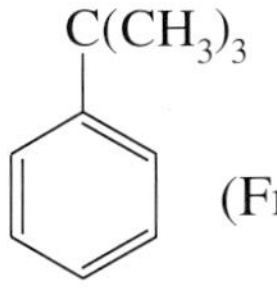 (Friedel-Crafts-Alkylierung über ein $(CH_3)_3C^+$-Kation)

**(f)** Vorsicht!

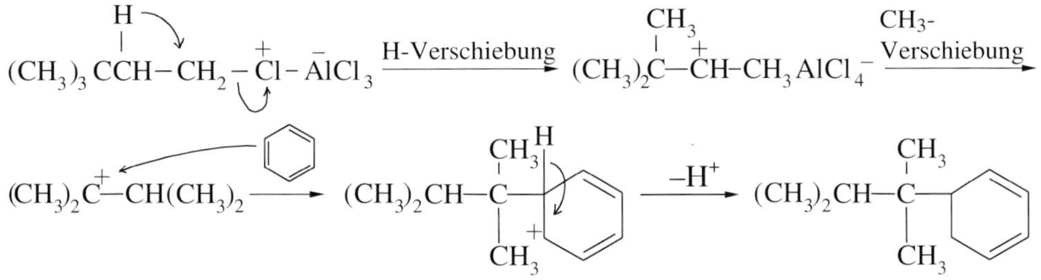


**(g)** 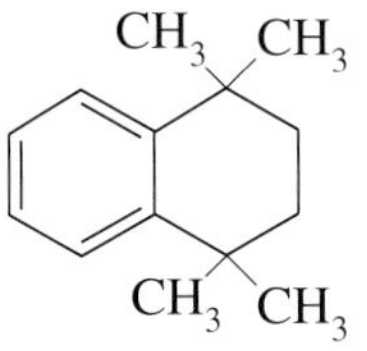 **(h)** 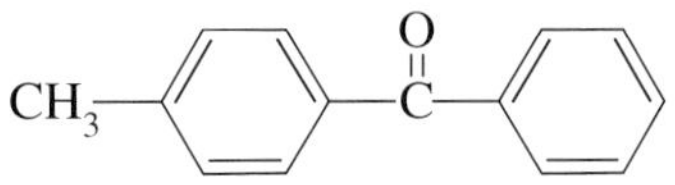

**11. (c)** 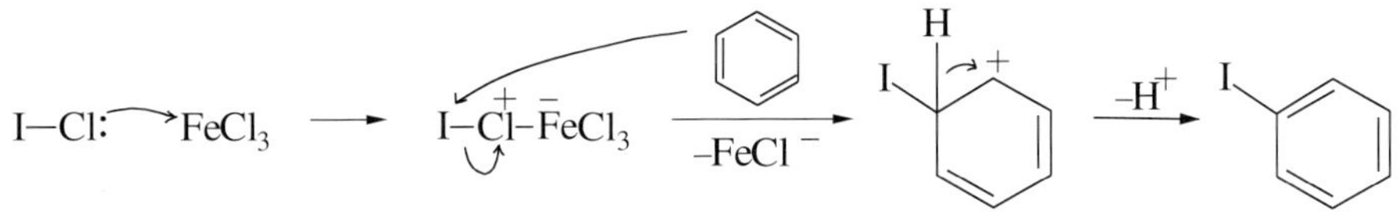


**(f)** steht in der Antwort zu Aufgabe **10.**

**12.** Suchen Sie ein geegnetes elektrophiles Atom und stellen Sie einen vernüftigen Mechanismus auf:

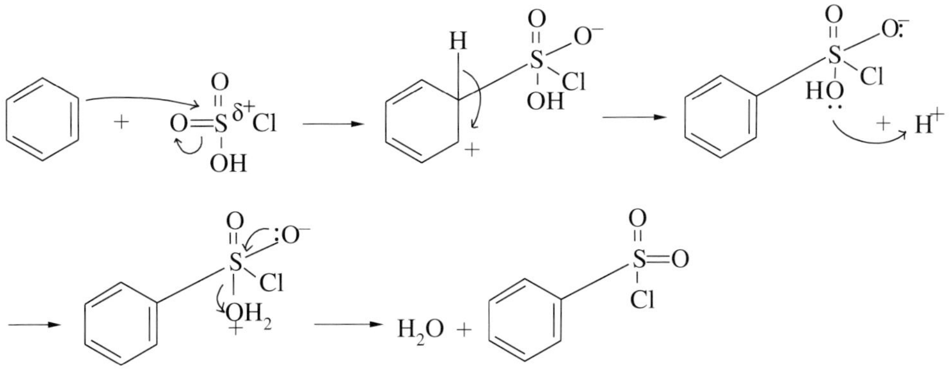

OH muß in eine Abgangsgruppe überführt werden. $H_2O$ reagiert anschließend mit überschüssiger $ClSO_3H$ unter Bildung von $H_2SO_4$ und HCl. (Anmerkung: dies ist nur einer von mehreren möglichen Mechanismen).

**13.**

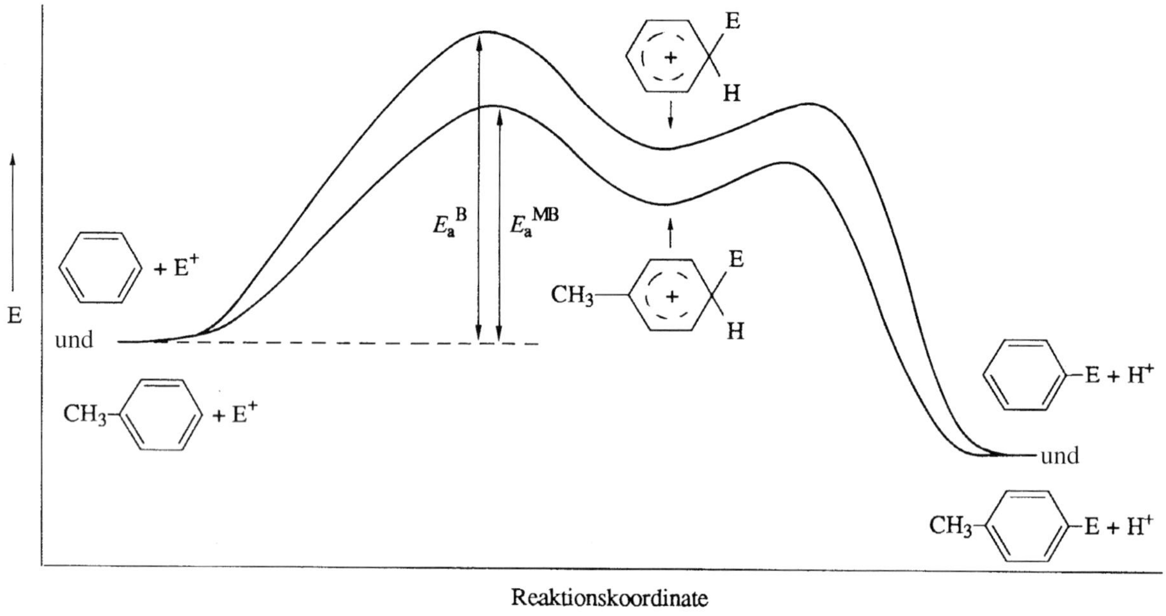


Die Reaktion von Methylbenzol sollte eine niedrigere Aktivierungsenergie benötigen als die von Benzol ($E_a^{MB} < E_a^{B}$), und das intermediäre Kation sollte stabiler sein.

**14.** **(a)** $C_6H_5CHOHCH_3$ **(b)** $C_6H_5CH_2CH_2OH$

**(c)** $(C_6H_5)_2C(OH)CH_2CH_3$

**15.** Für (a) und (b) ist mehr als ein Syntheseweg möglich: Eine Methode beinhaltet eine Friedel-Crafts-Alkanoylierung (Acylierung), bei der ein Alkanoylchlorid eingesetzt wird, und eine andere, die auf der Addition einer Grignardverbindung an einen Aldehyd oder ein Keton beruht. Wenn Ihnen nur einer der beiden Wege eingefallen ist, versuchen Sie jetzt noch schnell, eine weitere Antwort zu finden, bevor Sie sich die Lösungen ansehen.

**(a)**

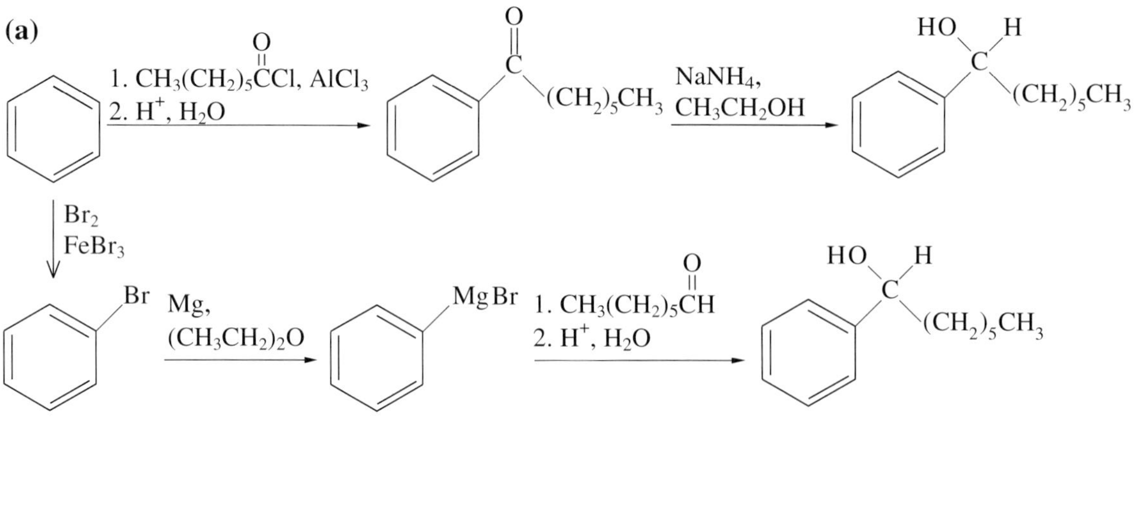

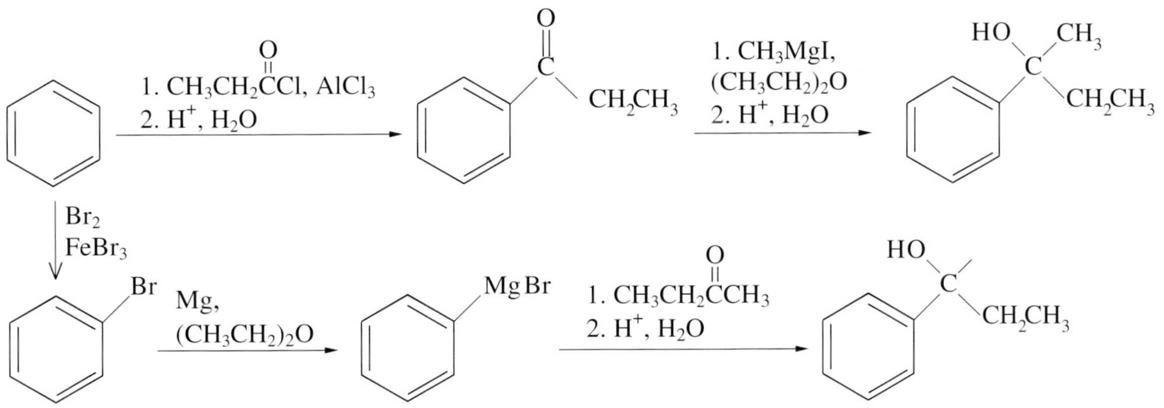


**(c)** Friedel-Crafts-Alkylierungen neigen zur Bildung umgelagerter Produkte. Verwenden Sie ein Cuprat.

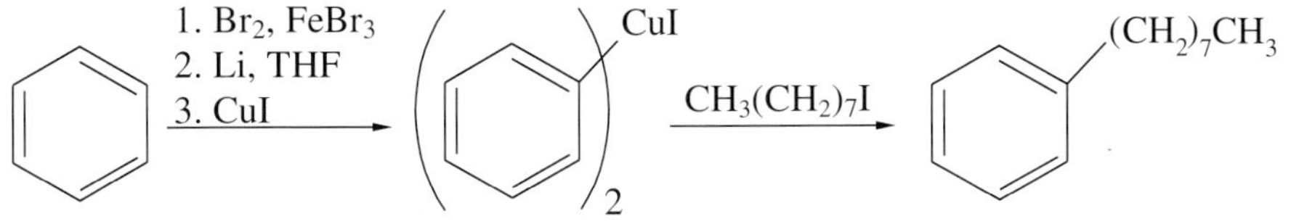


**16.** Cyclooctateytraen ist nicht resonanzstabilisiert; seine Doppelbindungen benehmen sich, als ob sie isoliert seien, nicht konjugiert. Und das trifft auch zu. Wegen der Geometrie des Moleküls (das *nicht* planar ist; siehe Abbildung 15-19) überlappen die Doppelbindungen nicht zu konjugierten Systemen. Resonanz tritt daher *nicht* ein:

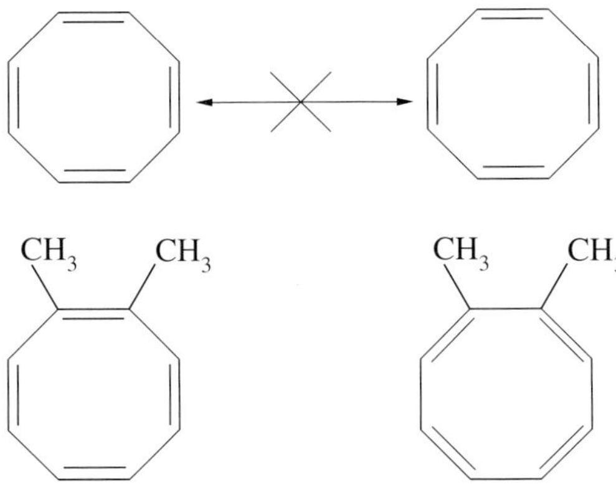


Die beiden hier abgebildeten Strukturen sind tatsächlich *verschiedene* Verbindungen, nämlich 1,2-Dimethylcyclooctatetraen und 1,8-Dimethylcyclooctatetraen.

**17. (a)** Beziehen Sie sich auf Abbildung 19.5 und zeichnen die Molekülorbitale, wobei Sie auf gleiche Weise Knoten in Ihren Zeichnungen unterbringen:

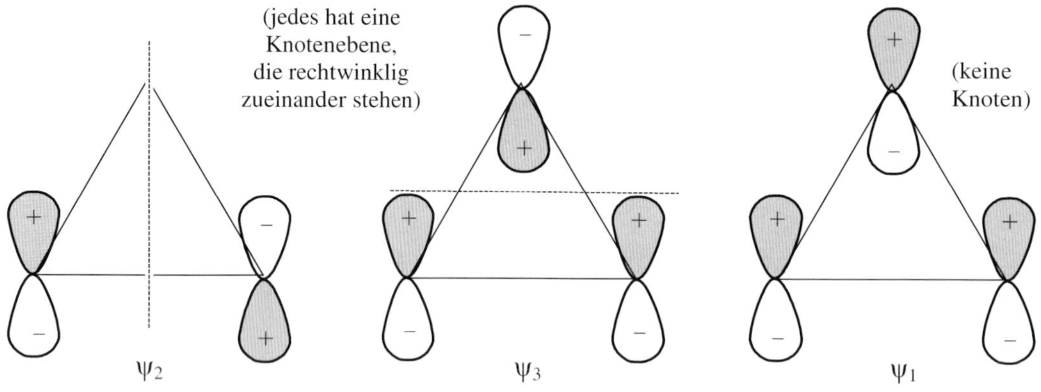


Cyclopropenyl

$\psi_2$ und $\psi_3$ in Cyclopropenyl sind entartete Orbitale.

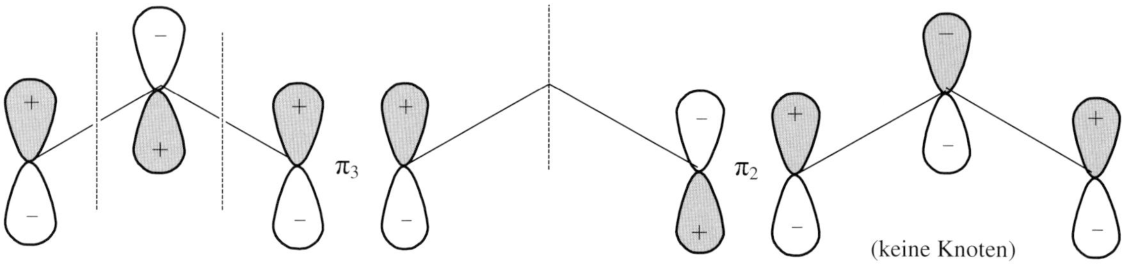


(zwei Knoten im gleichen Abstand) (ein Knoten in der Mitte) Allyl

**(b)** Zwei Elektronen sind am besten. Sie füllen das $\psi$-Orbital von Cyclopropenyl und sind gegenüber den Elektronen im $\pi_1$-Orbital von Allyl stabilisiert. Elektronen in $\psi_2$ oder $\psi_3$ von Cyclopropenyl sind gegenüber Elektronen in $\pi_2$ von Allyl destabilisiert. Lewis-Strukturen für das Cyclopropenyl- und das Allyl-System mit zwei Elektronen (beide sind Kationen):

**(c)** Ja! Die Elektronen im Cyclopropenyl-Kation sind *ringförmig* delokalisiert, und das System ist *stabiler* als das beste acyclische Vergleichssystem, das Allyl-Kation.

**18.** Struktur (i) enthält 4 *cis*- und 3 *trans*-Doppelbindungen; Struktur (ii) enthält 3 *cis*- und 4 *trans*-Doppelbindungen. Das NMR-Spektrum ergibt die Anwesenheit von 4 „inneren“ und 10 „äußeren“ Wasserstoffen (siehe Übung 25.11), was nur mit Struktur (ii) in Einklang zu bringen ist:

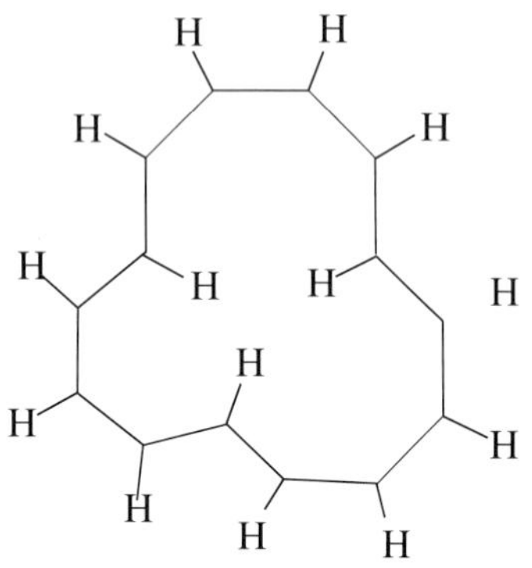

(i) 3 „innere“ und 11 „äußere“ H

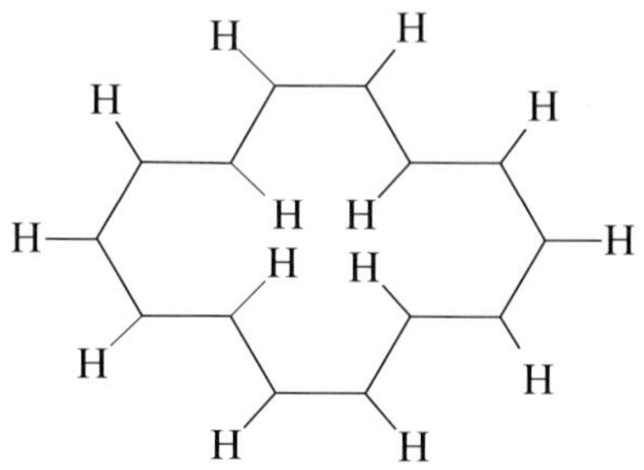

(ii) 4 „innere“ und 10 „äußere“

**19.** $AlCl_3$ ist die Lewis-Säure und Benzol das Nucleophil. Erinnern Sie sich (Abschnitt 9.8), daß säurekatalysierte Ringöffnungen von Oxacyclopropanen regiochemisch $S_N1$ gehorchen (stabilstes Carbenium-Ion) aber stereochemisch $S_N2$ (nucleophiler Angriff von der Rückseite). Somit:

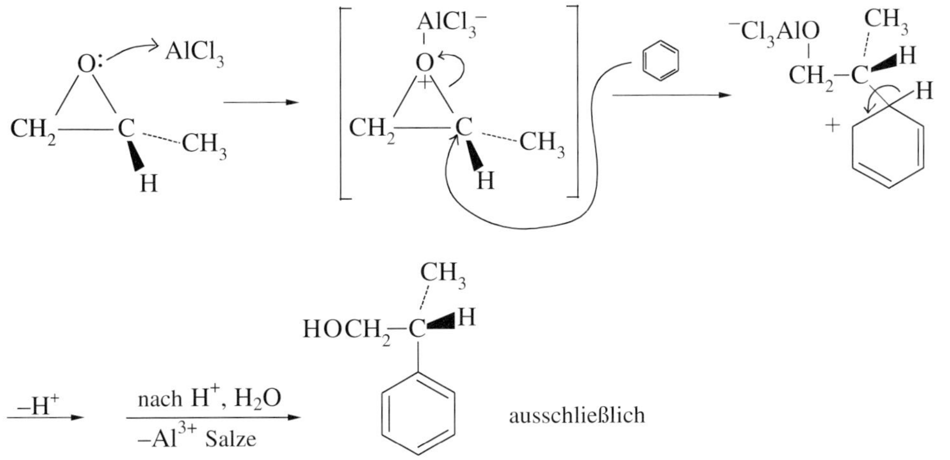


**20.** Wie wäre es mit einer einfachen elektrophilen Substitution? Hg in $Hg(OCCH_3)_2$ (mit C=O) ist elektrophil, darum

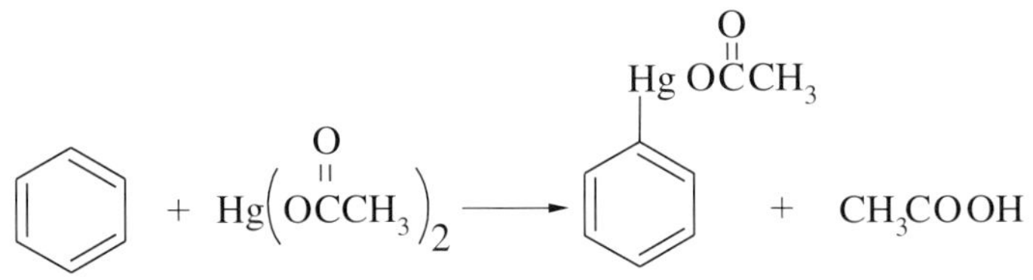


**21.** **(a)** In Analogie zur Reaktion von Alkylhalogeniden wie RCl mit $AlCl_3$ könnte man auch eine Reaktion zwischen HCl und $AlCl_3$ erwarten. Erinnern Sie sich daran (Abschnitt 15.12), daß RCl zwei verschiedene Reaktionstypen eingehen kann: primäre RCl bilden Lewis-Säure-Base-Komplexe, während sekundäre und tertiäre RCl zu Carbokationen ionisiert werden. Wir wissen, daß HCl leicht ionisiert wird, es also vernünftig ist anzunehmen, daß bei der Reaktion mit $AlCl_3$ eine Ionisierung erfolgt: $HCl + AlCl_3 \rightarrow H^+ + AlCl_4^-$. Lösungen ionischer Verbindungen sind elektrisch leitfähig.

**(b)** Die größten chemischen Verschiebungen gehören zu C1, C3 und C5, was auch vernünftig ist, da genau diese Atome in den drei Resonanzstrukturen des Kations die positive Ladung tragen und somit am stärksten entschirmt sein sollten. C2 und C4 zeigen ziemlich normale chemische Verschiebungen für Benzolkohlenstoffatome. Wie für diese Struktur zu erwarten, liegt die chemische Verschiebung von C6 im Bereich für $sp^3$-hybridisierte Kohlenstoffatome.

**(c)** Die Tabelle verdeutlicht zwei Effekte: Erstens erhöht jede zusätzliche Methylgruppe am Ring die Geschwindigkeit der aromatischen Substitution signifikant. Diese Beobachtung ist einfach nachzuvollziehen, da die Methylgruppen elektronenschiebend sind und somit die carbokationische Zwischenstufe der Reaktion durch positive Induktion stabilisieren und zu einem energieärmeren Übergangszustand für das Carbokation führen sollten. Zweitens unterscheiden sich in den drei Fällen, für die Daten von zwei Isomeren mit *gleicher Methylgruppenzahl*, aber *unterschiedlichem Substitutionsmuster* angegeben sind, die Reaktionsgeschwindigkeiten dieser beiden Isomere. Bei Di- und Trimethylbenzol ist der Effekt gering, der Faktor beträgt ungefähr zwei. Im Fall von Dimethylbenzol sind hierfür sterische Gründe verantwortlich: In jedem Molekül werden die Carbokationen ähnlich gut stabilisiert. In 1,4-Dimethylbenzol befindet sich jedoch jede Position in Nachbarschaft zu einer Methylgruppe, während bei der Substitution von 1,2-Dimethylbenzol an Position 4 oder 5 die sterische Wechselwirkung mit einer benachbarten $CH_3$-Gruppe vermieden wird. Von den trisubstituierten Benzolen reagiert das 1,2,3-Isomer schneller, da bei der Substitution an beiden der zwei Positionen, C4 oder C6, ein Carbokation erzeugt wird, in dem zwei der drei Resonanzstrukturen durch Übertragung der positiven Ladung auf einen tertiären Ringkohlenstoff zur Stabilsierung beitragen. Im Gegensatz dazu ist die Substitution an C3 des 1,2,4-Isomers schwierig, da diese Position zu beiden Seiten von Methylgruppen flankiert wird. Schließlich verlangt noch der spektakuläre Unterschied der Reaktionsgeschwindigkeiten der beiden tetrasubstituierten Benzole nach einer Erklärung. Hier besteht der Unterschied darin, daß die Substitution am 1,2,3,5-Isomer über eine Zwischenstufe, in der alle drei positiv geladenen Positionen tertiär sind, verläuft. Im 1,2,3,4-Isomer treten dagegen in keiner Zwischenstufe mehr als zwei tertiäre Positionen mit positiver Ladung auf.

**(d)** Am besten wird das Salz wie folgt formuliert: 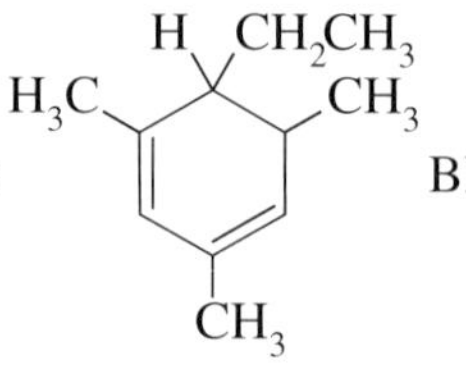

$BF_4^-$. Erhitzen führt zur Eliminierung von $HBF_4$ und Bildung des neutralen tetrasubstituierten Benzols. Warum ist das Salz, solange es nicht erhitzt wird, stabil? Bauen Sie ein Modell. Das *sp*$^3$-Kohlenstoffatom positioniert die voluminöse Ethylgruppe außerhalb der Ebene der Methylgruppen zu beiden Seiten. Infolge der Deprotonierung wandert die Ethylgruppe in dieselbe Ebene wie diese Methylgruppen und erfährt dadurch eine sterische Hinderung. Die Aromatizität des Benzols reicht aus, um diesen ungünstigen sterischen Effekt thermodynamisch auszugleichen, doch zeigt er sich deutlich in der ungewöhnlich hohen Aktivierungsbarriere für die Deprotonierung und Aromatisierung.

# Elektrophiler Angriff auf Benzolderivate – Substituenten beeinflussen die Regioselektivität

# 16

**1.** Reihenfolge *abnehmender* Reaktivität; um uns kurz zu fassen, geben wir nur die Substituenten wieder.

**(a)** $-CH_3 > -CH_2Cl > -CHCl_2 > -CCl_3$ (elektronegative Cl-Atome positivieren den Kohlenstoff, die elektronenabziehenden und desaktivierenden induktiven Effekte werden immer stärker).

**(b)** $-CH_2CH_3 > -CH_2CCl_3 > -CH_2CF_3 > -CF_2CH_3$ (auch hier induktive Effekte, zusätzlich unterschiedliche Abstände zum Ring)

**(c)** $-O^-Na^+ > -OCH_3 > -O\overset{\overset{O}{\|}}{C}CH_3$ (Resonanzaktivatoren; die Reihenfolge wird durch die Verfügbarkeit freier Elektronenpaare an O für den Ring bestimmt: $-O\overset{\overset{O}{\|}}{C}CH_3$ ist der schwächste Aktivator wegen der folgenden Resonanzstruktur: $-\overset{+}{O}{=}\overset{\overset{O^-}{|}}{C}CH_3$).

**(d)** $-\overset{\overset{O}{\|}}{C}O^-Na^+ > -\overset{\overset{O}{\|}}{C}NH_2 > -\overset{\overset{O}{\|}}{C}CH_3$ (Die Reihenfolge wird durch das Ausmaß der Positivierung des Carbonyl-Kohlenstoffs bestimmt: Beachten Sie, daß für den nucleophilen Angriff an Carbonyl-Kohlenstoffen die *umgekehrte* Reaktivitätsreihenfolge gilt.)

**2.** Aktiviert: **(c)**, **(d)**, **(f)**, **(h)**

**3.** *ortho*-Angriff:

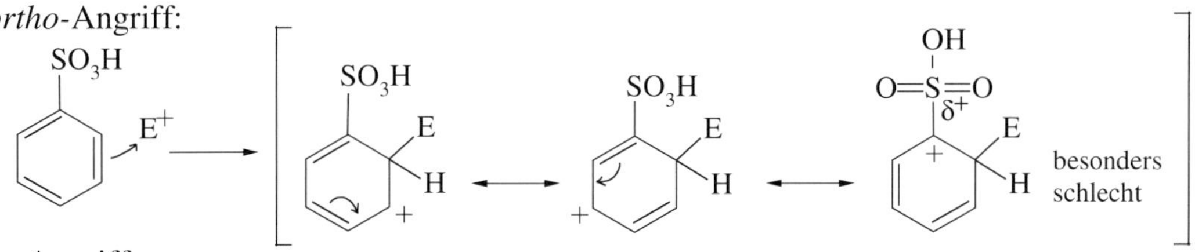


*para*-Angriff:

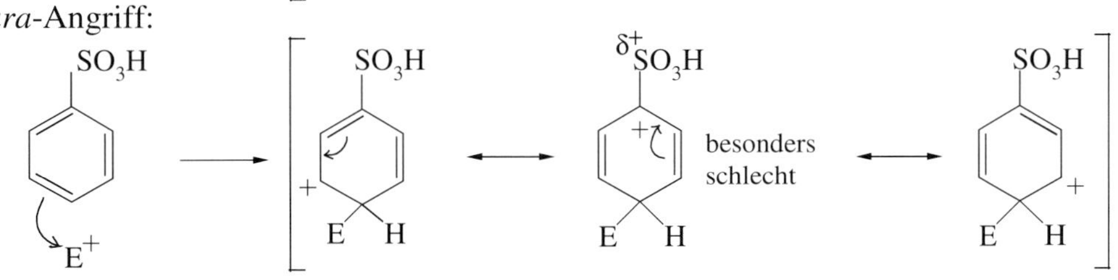


*meta*-Angriff

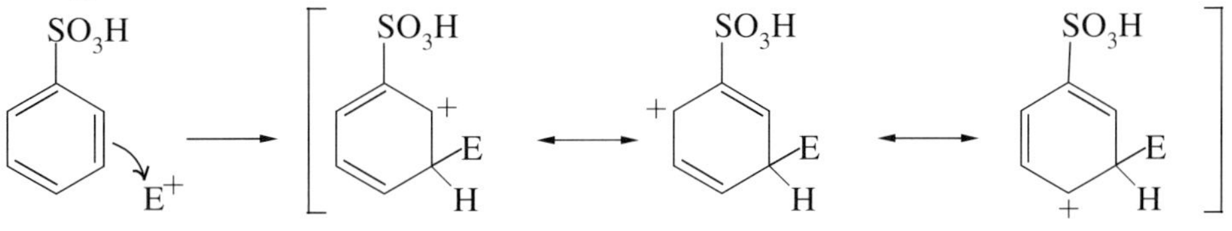


Keine Resonanzstrukturen mit + in Nachbarschaft zu positiviertem Schwefel

**4.** Die Aussage ist korrekt. Alle nach *meta* dirigierenden Gruppen desaktivieren den ganzen Ring durch induktiven Elektronenabzug. Die Desaktivierung in *ortho* und *para* ist durch Resonanz am stärksten (siehe zum Beispiel oben die Antwort auf Aufgabe **3**). Die *meta*-Substitution tritt einfach deswegen ein, weil die Desaktivierung in dieser Stellung am schwächsten ist.

**5.** Wenn *ortho*- und *para*-Produkte gleichzeitig gebildet werden, überwiegt im allgemeinen das *para*-Produkt.

**(a)** 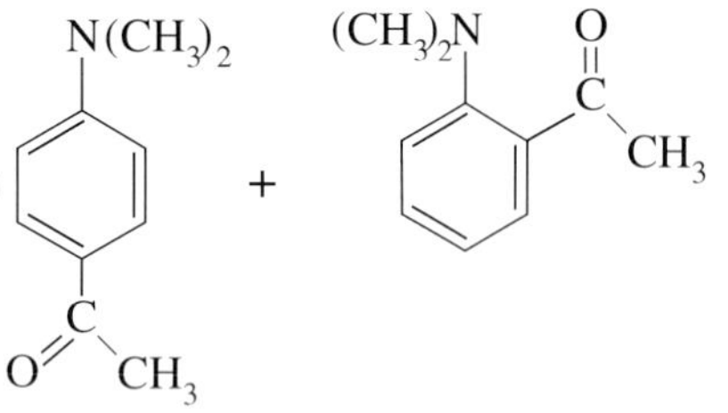

**(b)** 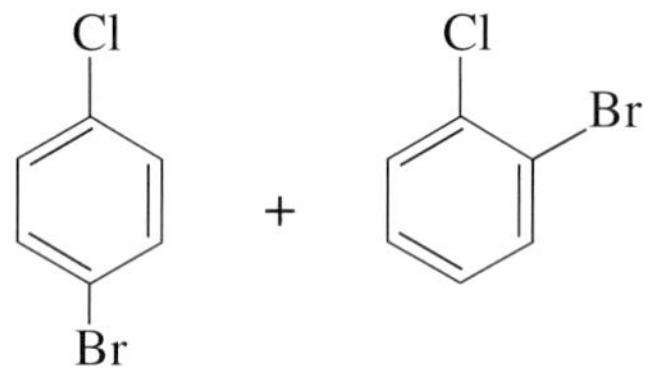

**(c)** 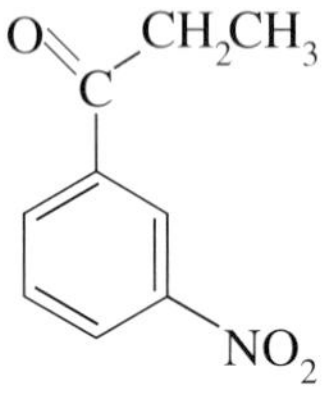

**(d)** 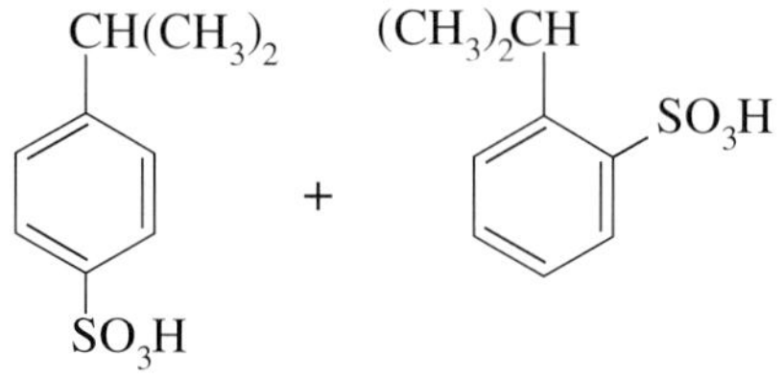

**(e)** 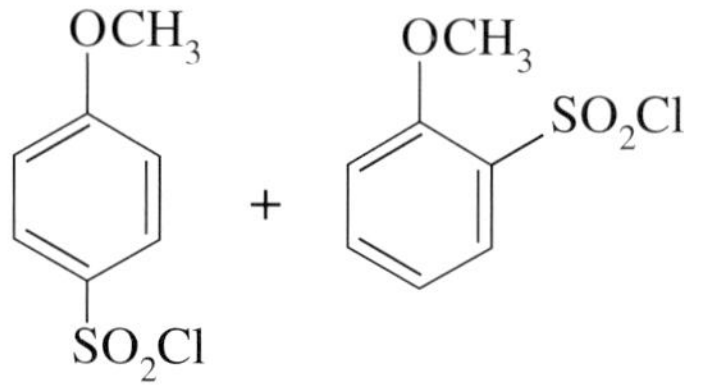

**(f)** 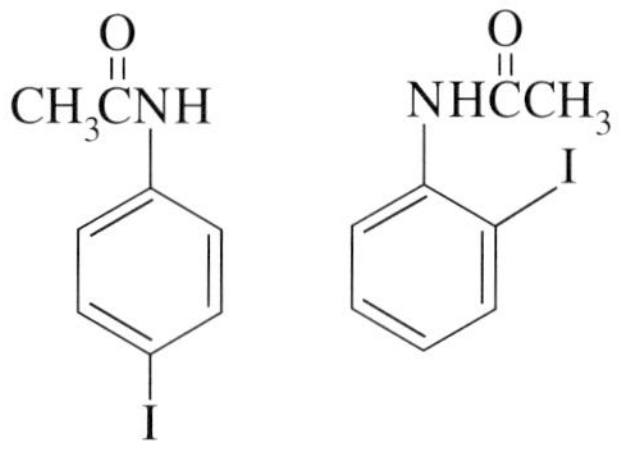

**(g)** 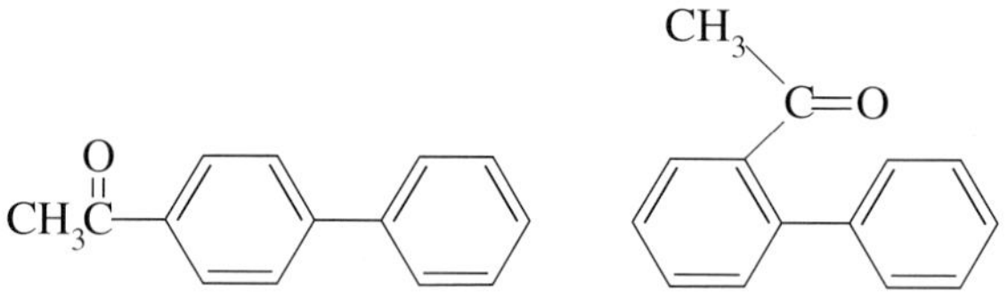

**(h)** 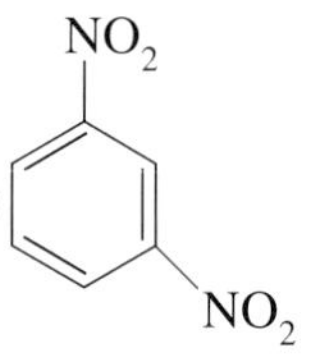

**6.** Die Orientierung der Reaktion wird durch den stärker aktivierenden (oder weniger desaktivierenden) Substituenten (nachfolgend stets gekennzeichnet bestimmt.) Auch hier kann man davon ausgehen, daß das *para*-Produkt überwiegt, wenn *ortho* und *para* entstehen.

**(a)** 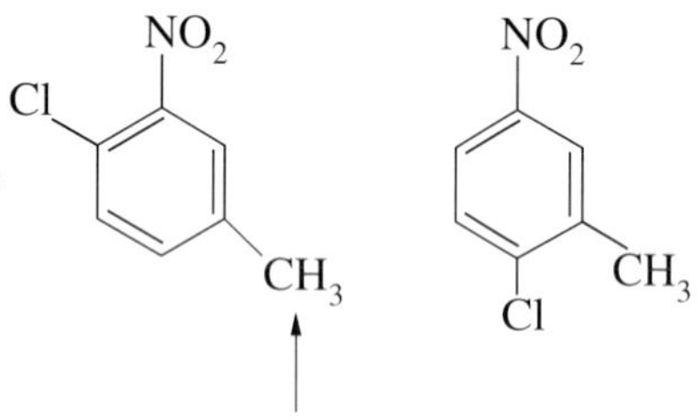

**(b)** 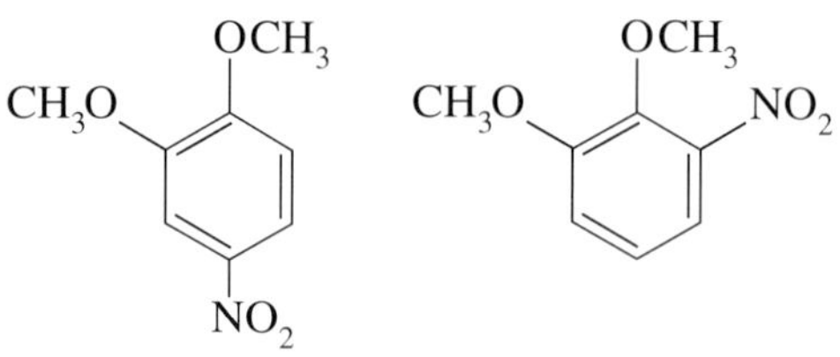

**(c)** 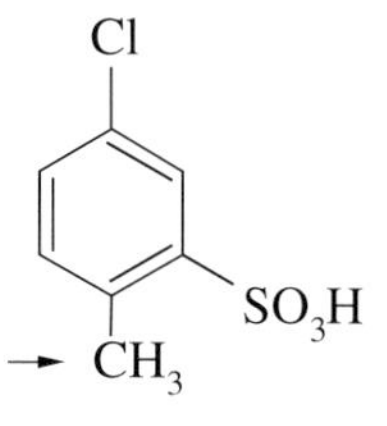

**(d)** 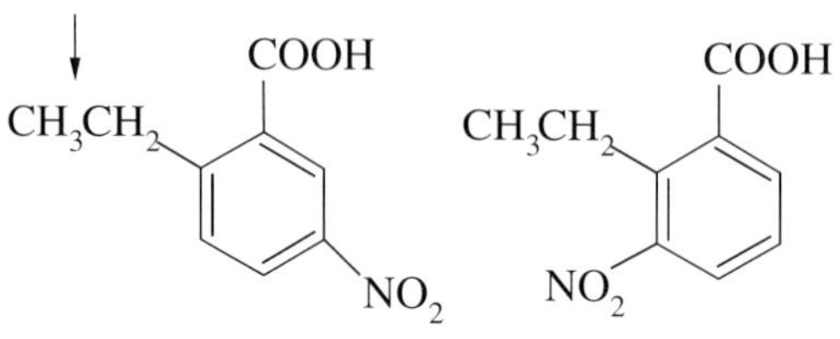

**(e)** 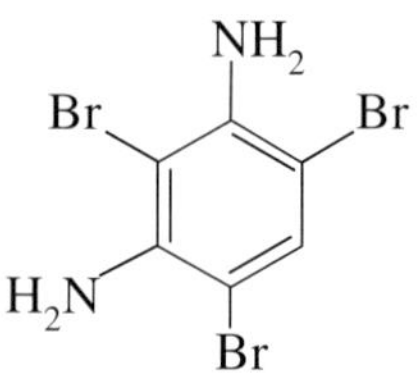

**(f)**

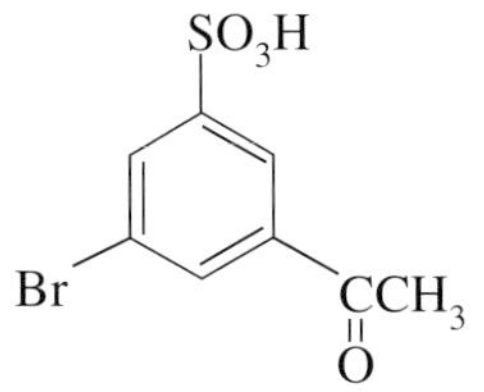


(beide dirigieren nach *meta*)

**(g)**

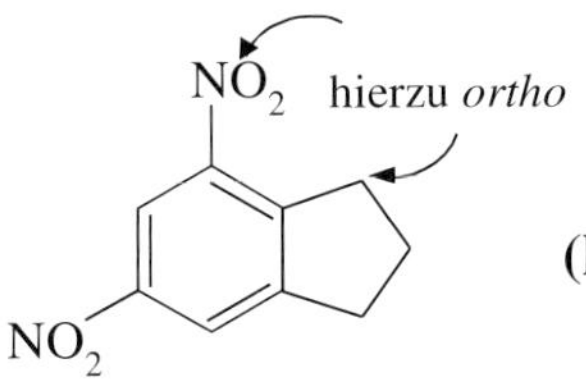


**(h)**

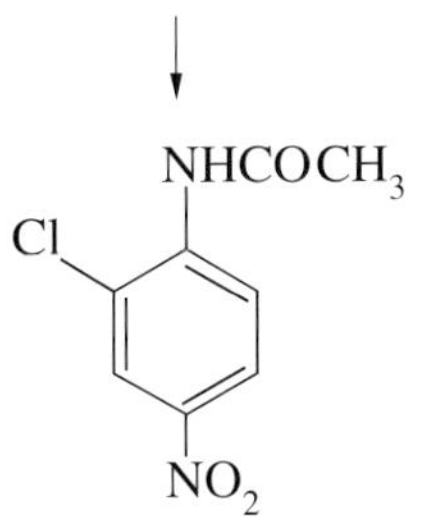


**(i)** Keine Reaktion (Friedel-Crafts-Reaktionen laufen nicht mit Ringen ab, die *meta*-dirigierende Gruppen enthalten: Der Ring ist zu stark desaktiviert)

**(j)**

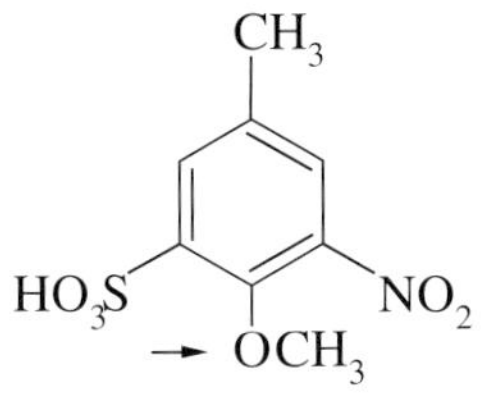


**7.** **(a)** Aktivierungseffekte sind additiv. Wie in Abschnitt 16-2 erwähnt, unterscheidet sich 1,3-Dimethylbenzol (*m*-Xylol) von dem 1,2- und dem 1,4-Isomer, weil es das *einzige* Isomer mit Ringpositionen ist, die von *beiden* Methylsubstituenten aktiviert werden. Elektrophile Substitution an C2, C4 und C6 (äquivalent mit C4) ergibt intermediäre Kationen, deren positive Ladungen zu den zwei methylsubstituierten Positionen im Ring delokalisiert werden. Für den Angriff an C4 stellt sich das so dar:

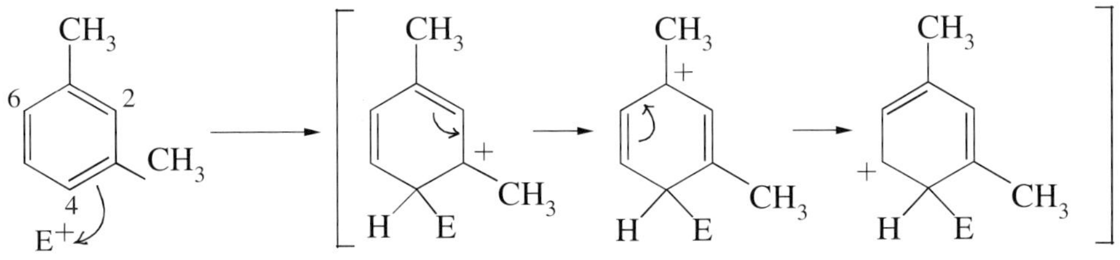


Die wichtigsten Grenzstrukturen des Resonanzhybrids

Die Kationen sind stabiler, die zu ihnen führenden Übergangszustände energieärmer, und sie bilden sich schneller. Die Substitution erfolgt hauptsächlich an C4/6 (C2 ist eine sterisch gehinderte Position wegen der flankierenden Methylgruppen).

Überzeugen Sie sich selbst davon, daß die elektrophile Substitution an den *ortho*- und *para*-Isomeren nicht zu solchen doppelt stabilisierten intermediären Kationen führen kann.

**(b)** Drei Methylgruppen, die Vorgehensweise ist aber die gleiche:
Suchen Sie Positionen, die doppelt oder dreifach aktiviert sind. Bestimmen Sie in jeder Struktur die Zahl der Methylgruppen in *ortho*- oder *para*-Stellung zu jeder offenen Position.

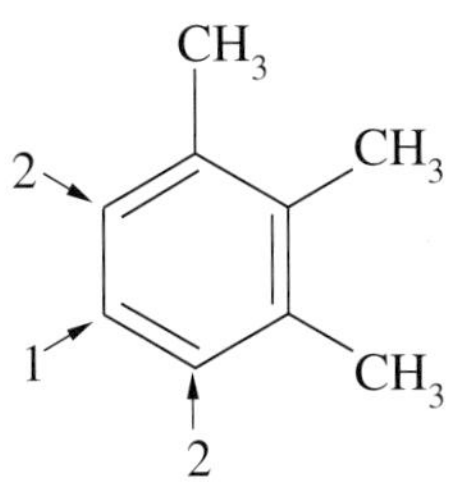


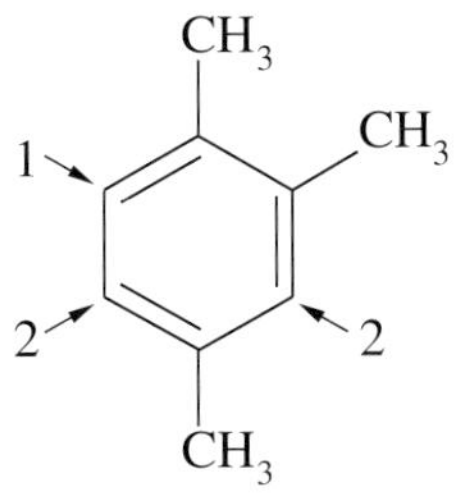


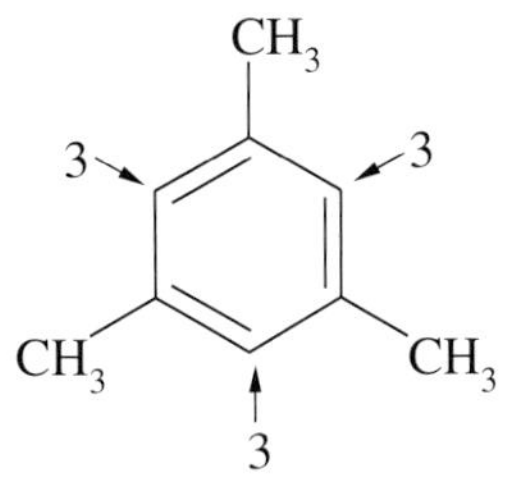

Das letzte Isomer sollte am reaktivsten gegenüber elektrophilen Reagentien sein: Jede vakante Position wird dadurch aktiviert, daß sie zu *allen drei* Methylgruppen in *ortho-* oder *para*-Position steht. Übrigens ist die Reaktivitätsdifferenz zwischen dem 1,3,5-Isomer und den beiden anderen recht groß; die Reaktionsgeschwindigkeit ist etwa 200mal höher.

**8.** Friedel-Crafts-Reaktionen werden anschließend mit wässriger Säure aufgearbeitet.

**(a)** 1. $CH_3COCl$, $AlCl_3$; 2. $NH_2NH_2$, KOH, $H_2O$, Δ; 3. $CH_3COCl$, $AlCl_3$.

**(b)** 1. $HNO_3$. $H_2SO_4$; 2. $Cl_2$, $FeCl_3$.

**(c)** 1. $CH_3COCl$, $AlCl_3$; 2. $SO_3$, $H_2SO_4$; 3. HCl, Zn(Hg).

**(d)** 1. $HNO_3$. $H_2SO_4$; 2. HCl, Zn(Hg); 3. $CH_3COCl$ (bildet 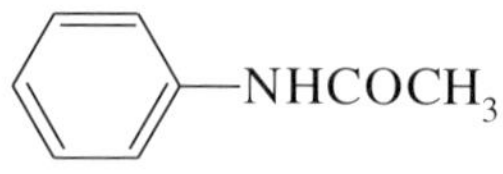

siehe Lösung von Aufgabe 12); 4. $HNO_3$, $H_2SO_4$; 5. $H^+$, $H_2O$, Δ.

**(e)** 1. $Cl_2$, $FeCl_3$; 2. überschüssige konzentrierte $HNO_3$, $H_2SO_4$, Δ.

**(f)** 1. $Br_2$, $FeBr_3$; 2. $HNO_3$, $H_2SO_4$, *para* von *ortho* trennen;

3. HCl, Zn(Hg) (erzeugt 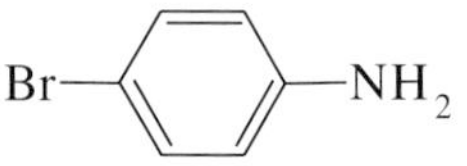

); 4. $Cl_2$, $CHCl_3$, 0 °C (chloriert einmal in *ortho*-Stellung zu $NH_2$ ; siehe Abschnitt 20.4; 5. $CF_3CO_3H$.

**(g)** 1. $Br_2$, $FeBr_3$; 2. $SO_3$, $H_2SO_4$ (blockiert *para*-Stellung); 3. $Cl_2$, $FeCl_3$; 4. $H_2O$, Δ.

**(h)** 1. $CH_3Cl$, $AlCl_3$; 2. $SO_3$, $H_2SO_4$; 3. Überschuß an $Br_2$, $FeBr_3$; 4. $H_2O$, Δ.

**(i)** 1. $CH_3CH_2COCl$, $AlCl_3$; 2. $Cl_2$, $FeCl_3$ (*meta*-Stellung wird substituiert); 3. $NH_2NH_2$, KOH, Δ (erzeugt 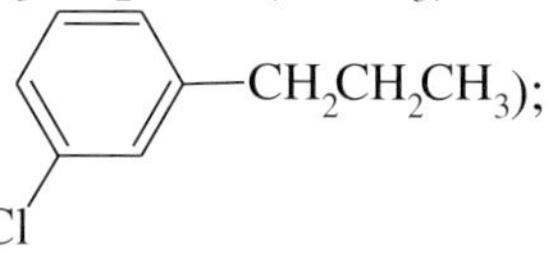

); 4. $SO_3$, $H_2SO_4$ (bildet 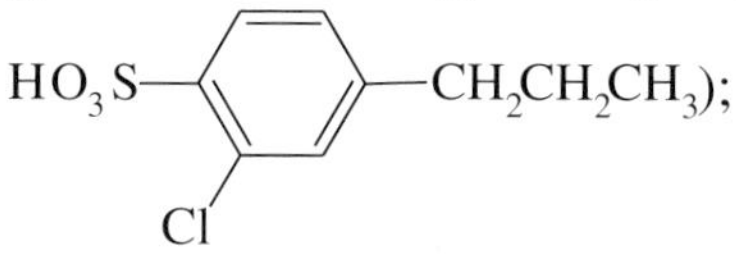

); 5. $HNO_3$, $H_2SO_4$; 6. $H_2O$, Δ.

**(j)** Dies Problem ist verzwickt! Um zwei nach *ortho* und *para* dirigierende Gruppen wie hier in *meta*-Stellungen zu bekommen, muß man mit zwei wieder entfernbaren Gruppen arbeiten: Zunächst benötigen Sie eine wieder entfernbare Gruppe 'A', die nach *ortho* und *para* dirigiert und dann eine zweite wieder entfernbare Gruppe 'B', die die *para*-Stellung zu 'A' blockiert. Hier ist die Antwort:

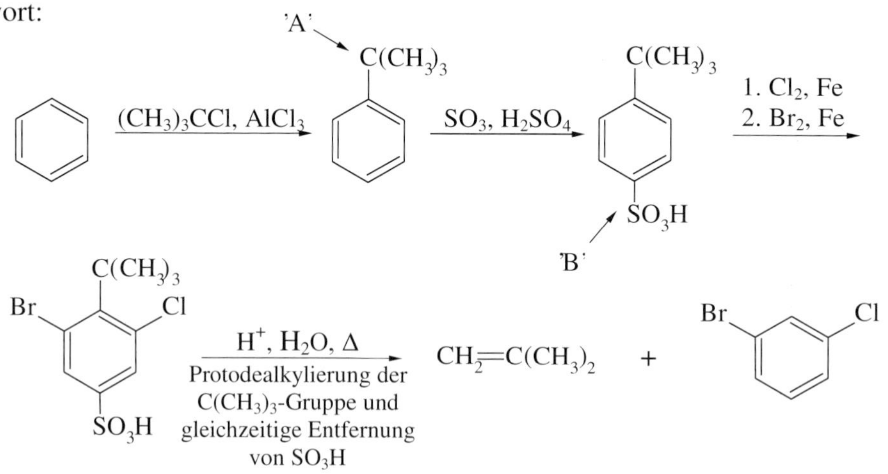


**9.** 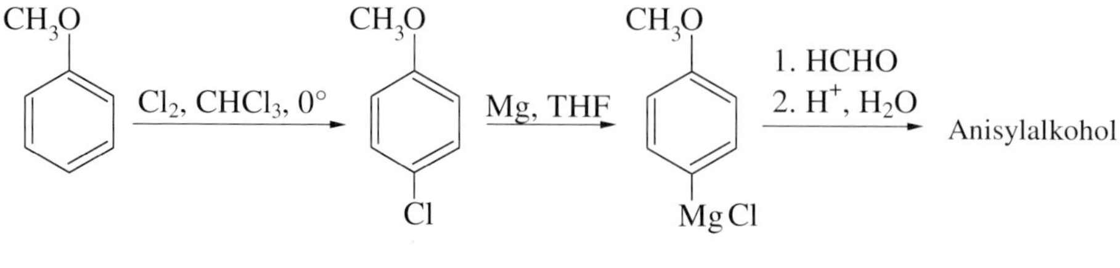

**10.** A: Formel $C_{3.8}H_{3.2}Br_{0.64} \Rightarrow C_6H_5Br$, 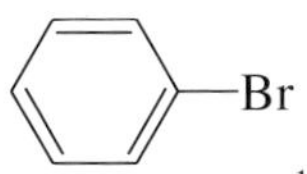

Beachten Sie die IR-Banden bei 685 und 735 $cm^{-1}$, die durch monosubstituiertes Benzol verursacht werden.

B: Formel $C_{3.5}H_{3.5}Br_{0.58}N_{0.58} \Rightarrow C_6H_6BrN$. IR: Banden bei 3378 und 3463 $cm^{-1}$, die das Vorliegen einer oder mehrerer N–H-Bindungen wahrscheinlich machen. NMR: 4 Benzol-H und 2 H als breiter Peak in der Nähe von δ3.5, $-NH_2$-Gruppe? Wir haben also vermutlich die Teilstücke -Br, $-NH_2$ und „$C_6H_4$". Die IR-Bande bei 820 $cm^{-1}$, und die symmetrische Anordnung der Benzol-H-Signale in Form zweier symmetrischer Dubletts im NMR sprechen für ein *para*-disubstituiertes Isomer:

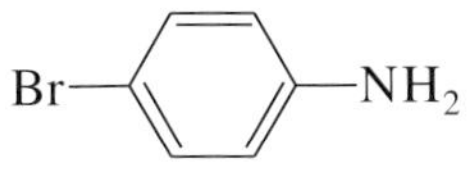

C: Ebenfalls $C_6H_6BrN$. Wiederum geht wie bei B aus beiden Spektren die wahrscheinliche Anwesenheit von $-NH_2$ hervor. Das IR-Spektrum enthält eine Bande bei 745 $cm^{-1}$, die mit einer *ortho*-Disubstitution vereinbar ist:

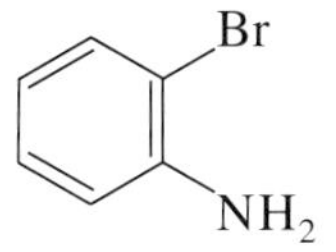

ist die Antwort. Zwischen δ6 und 7.5 ist, wie zu erwarten, das NMR-Spektrum kompliziert.

D: Formel: $C_{2.4}H_{2.0}Br_{0.8}N_{0.4} \Rightarrow C_6H_5Br_2N$. Auch hier ist eine $-NH_2$-Gruppe enthalten. Wir haben jetzt zwei Br und 3 Benzol-Wasserstoffe, die im NMR ein Triplet (1H) und ein Dublett (2H) ergeben. Wie müssen wir diese sechs Gruppen, 2 Br, 3 H, $NH_2$ anordnen, um dieses Muster zu bekommen? Wir brauchen einen H, der durch zwei äquivalente H aufgespalten wird:

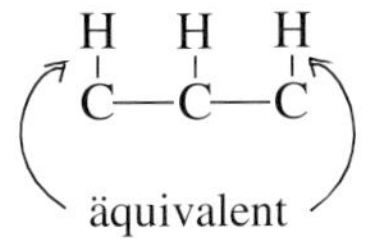


Da wir einen Benzolring haben, müßte die nachstehende Struktur die richtige Antwort sein, was in der Tat der Fall ist.

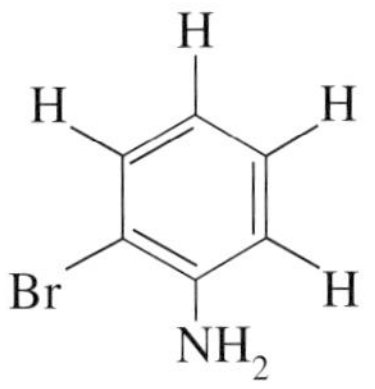

Synthese (es wird angenommen, daß aus Gemischen von *ortho* und *para* das *para*-Produkt in guter Ausbeute isoliert werden kann):

$$A \xrightarrow[]{\text{1. } HNO_3,\ H_2SO_4 \quad \text{2. } H_2,\ Ni} B$$

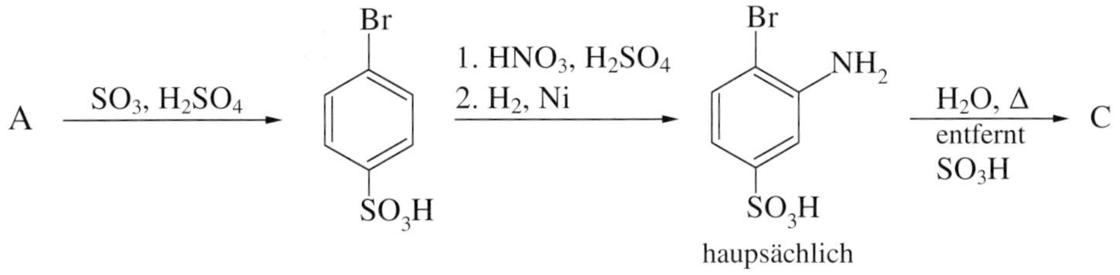

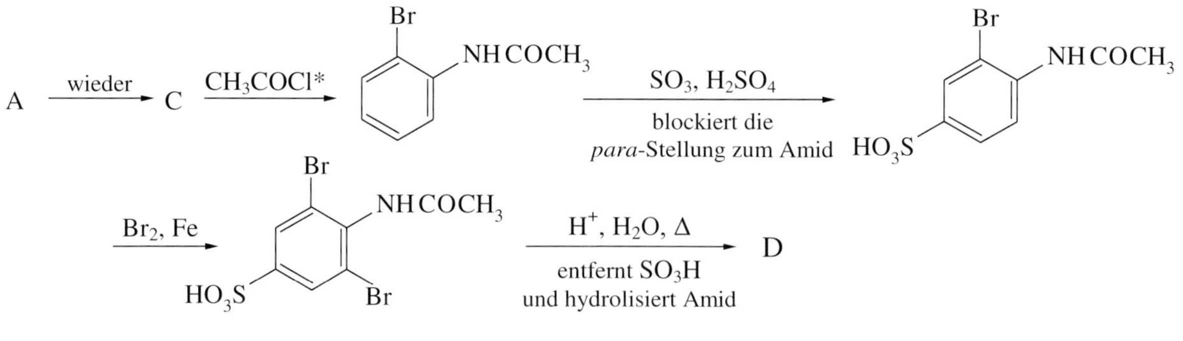


**11.** 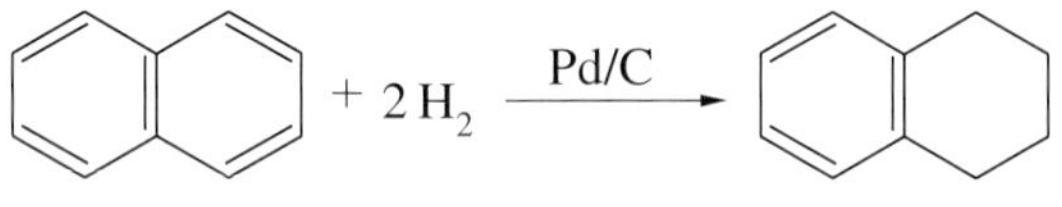


Naphthalin ist aromatisch, geht aber Additionsreaktionen wie diese ein. Die Addition erfolgt in der Weise, daß ein aromatischer Benzolring unversehrt bleibt.

**12.** Die Reaktion sollte an dem in Abhängigkeit von den anwesenden Gruppen am stärksten aktivierten (oder am wenigsten desaktivierten) Ring eintreten.

**(a)** 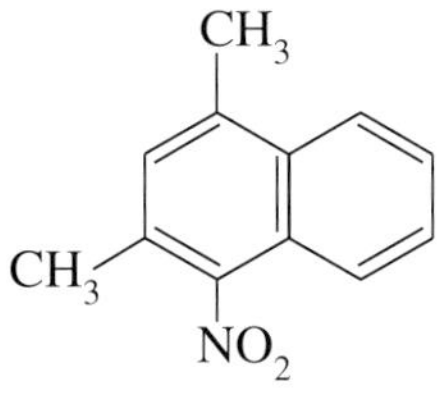


**(b)** 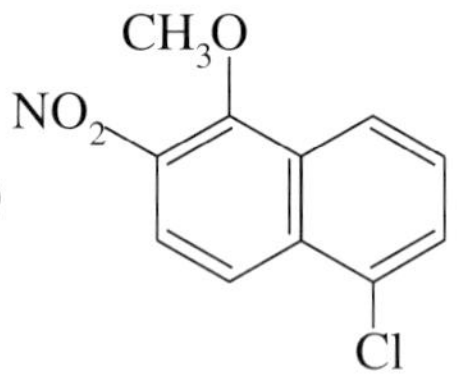

(Hauptprodukt; 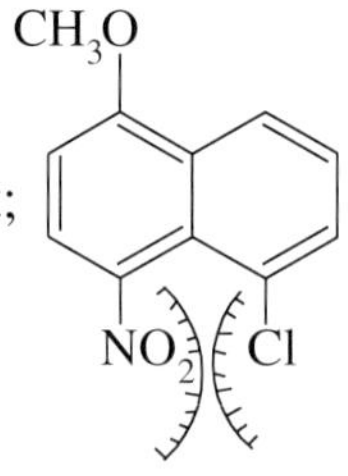

ist sterisch gehindert)

**(c)** 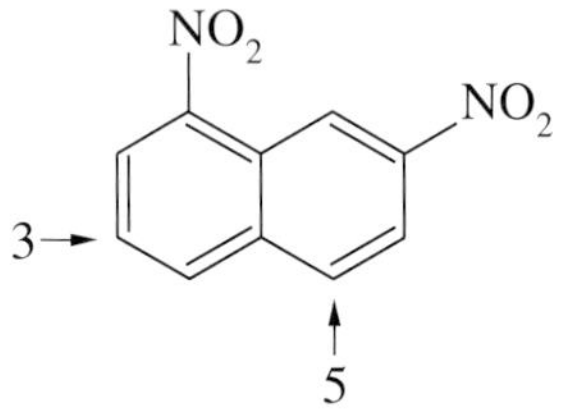


Zwei Möglichkeiten: C-3 (*meta* zu C-1 $NO_2$) und C-5 (*meta* zu C-7 $NO_2$). Bei sonst gleichen Verhältnissen wird die Substitution in Nachbarschaft zu einem annellierten bevorzugt, weil in der Zwischenverbindung ein Benzolkern intakt bleibt. Darum tritt die Nitrierung an C-5 ein.

**(d)** 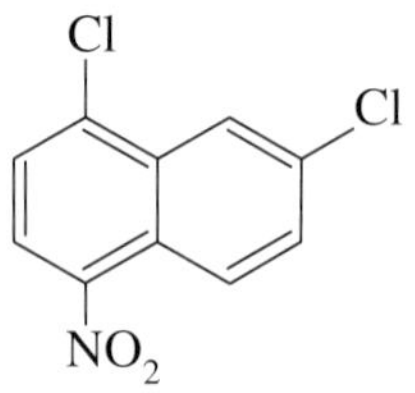


Gründe: *para* zu Cl, Nachbarschaft zu einem Verzweigungspunkt und verhältnismäßig ungehindert.

---

* Das Amid wird erzeugt, um die Basizität des Amin-Stickstoffs zu erniedrigen. Geschieht das nicht, wird das Amin bei dem Versuch, die Verbindung zu sulfonieren, von der Säure protoniert und in die

—$\overset{+}{N}H_3$-Gruppe überführt, die nach *meta* dirigiert und die Sulfonierungsreaktion stört.

**13.** **(a)** 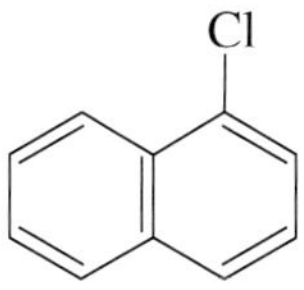 **(b)** 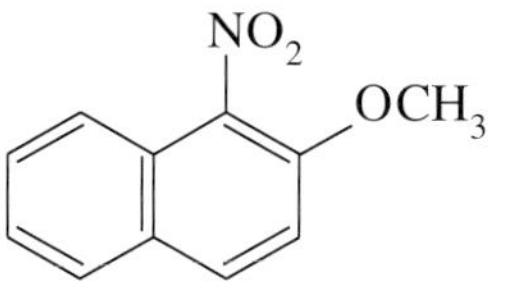 **(c)** 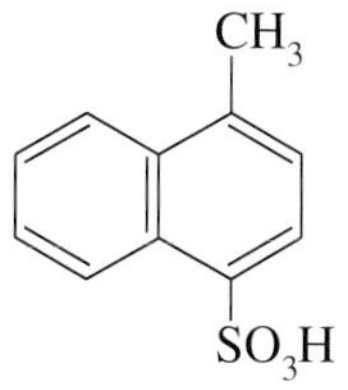

**(d)** 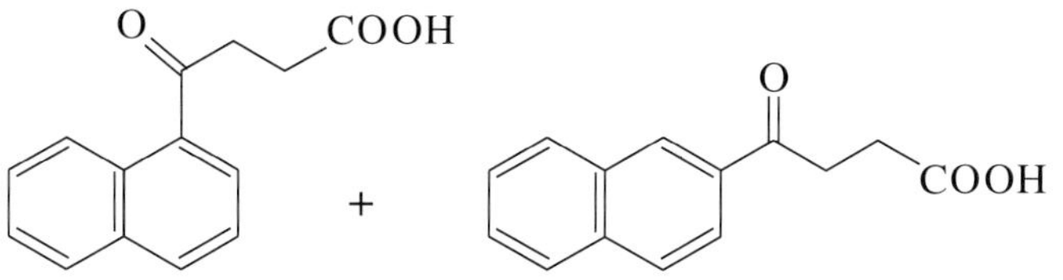 **(e)** 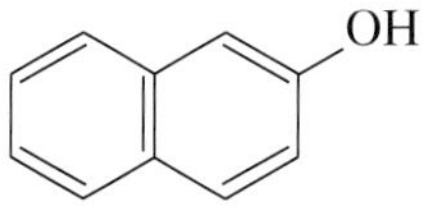

**(f)** 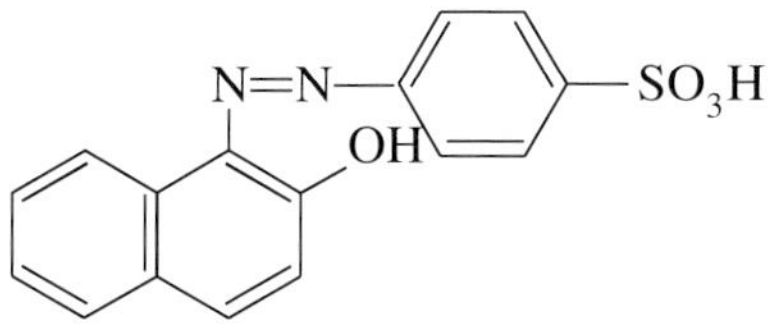 **(g)** 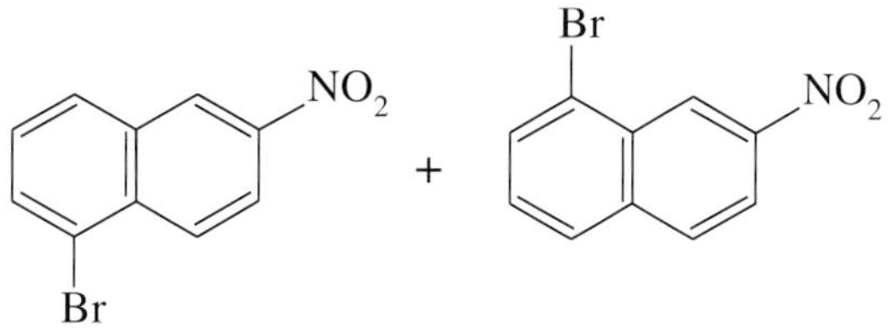

**(h)** 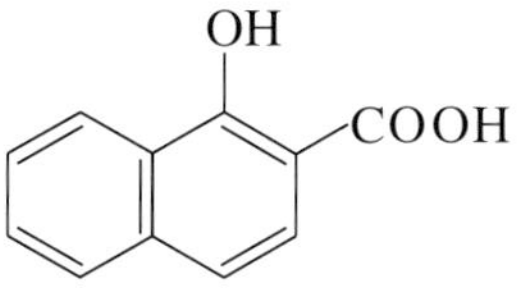 nach Ansäuern.

**14.** 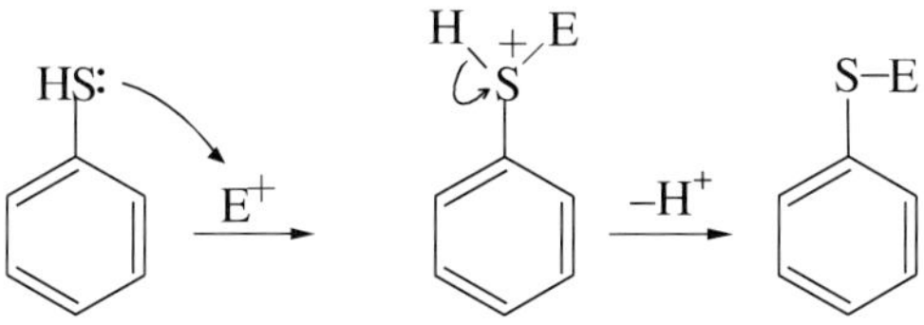

läuft vorzugsweise ab wegen der hohen Nucleophilie des Schwefel-Atoms.

**15.** Wegen des induktiven Effektes des elektronegativen Sauerstoff-Atoms wirkt die Methoxy-Gruppe elektronenziehend. Der wesentlich stärkere Resonanzeffekt bewirkt eine starke Aktivierung der ortho- und *para*-Stellungen, nicht aber der *meta*-Stellung (vergleiche die ähnlichen Resonanzstrukturen von Anilin). Der desaktivierende induktive Effekt herrscht in den *meta*-Stellungen vor.

**16.** Siehe die Antwort auf Aufgabe 6 (g). Der gesättigte sechsgliedrige Ring ist nichts Besonderes. Behandeln Sie ihn wie zwei am Benzolring stehende benachbarte Alkylgruppen. Zum Beispiel verhält sich der Kohlenwasserstoff, von dem in (a) ausgegangen wird, so, als wäre er 1,2-Dimethylbenzol (*o*-Xylol).

**(a)** 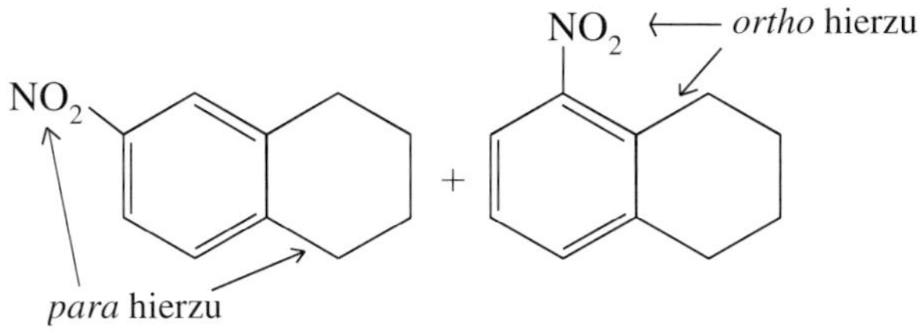


**(b)** 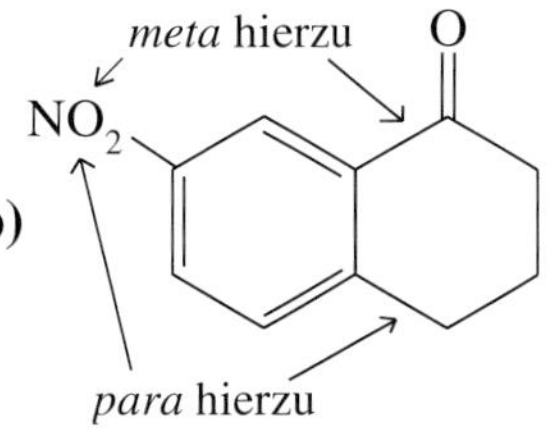


**(c)** 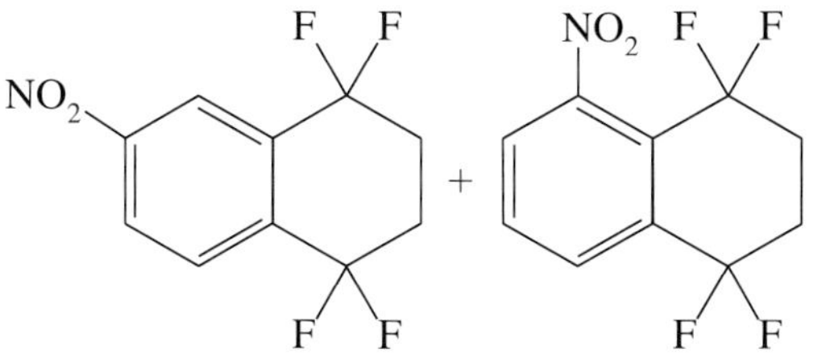

Jede Position ist *meta* zu einer der $CF_2$-Gruppen.

In (d) und (e) erfolgt die Monosubstitution in dem stärker aktivierten oder weniger desaktivierten Ring.

**(d)**
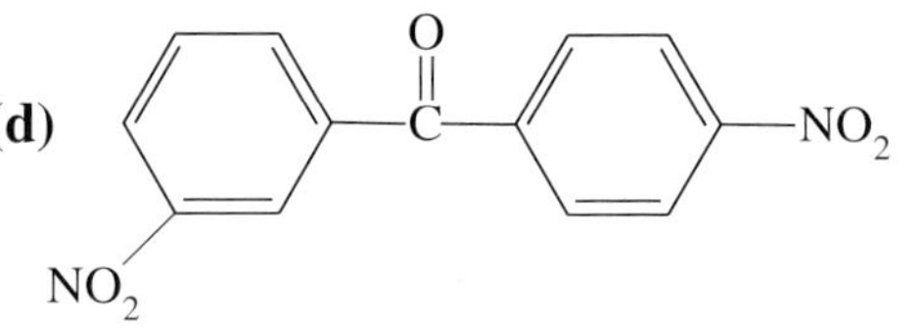


**(e)**
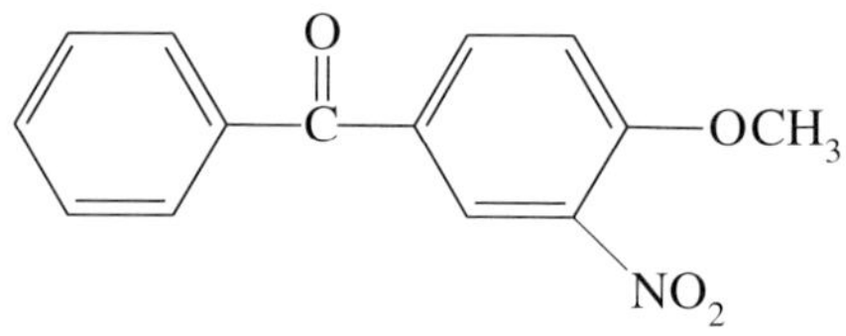


**17.** Lewis-Struktur: —N̈=Ö: . Wegen der folgenden Resonanzstrukturen begünstigt das einsame Elektronenpaar am N die *ortho-* und *para-*Substitutionen:

*ortho:*
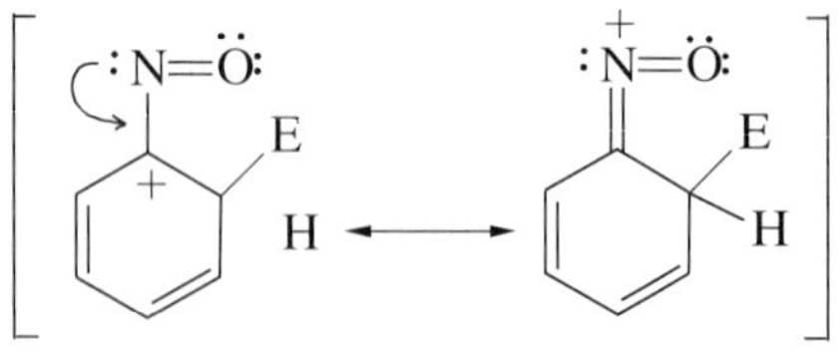


*para:*
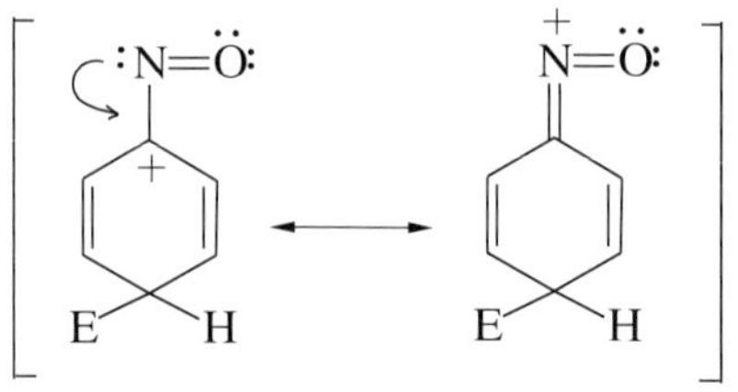


Die -NO-Gruppe wirkt jedoch durch den induktiven Effekt des Stickstoffs elektronenziehend. Wie bei den Halogen-Substituenten ist dieser desaktivierende induktive Effekt im Mittel stärker als der Resonanzeffekt, darum wird insgesamt Nitrosobenzol desaktiviert, selbst wenn die Substitution (wegen des Resonanzeffekts) bevorzugt an den *ortho-* und *para-*Stellungen erfolgt.

**18.** Das Elektrophil:

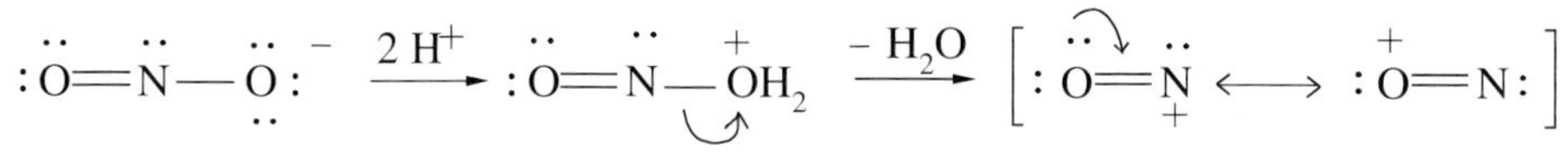


Dann:

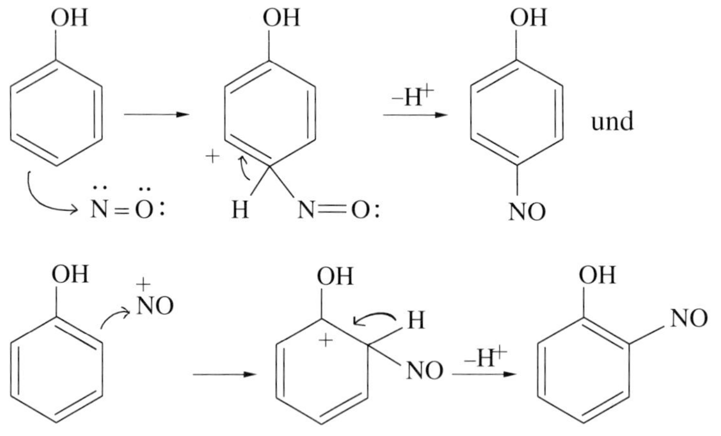


**19.** In den reaktionsfreudigsten stehen die $NO_2$-Gruppen *ortho* und/oder *para* zur Abgangsgruppe. Somit:

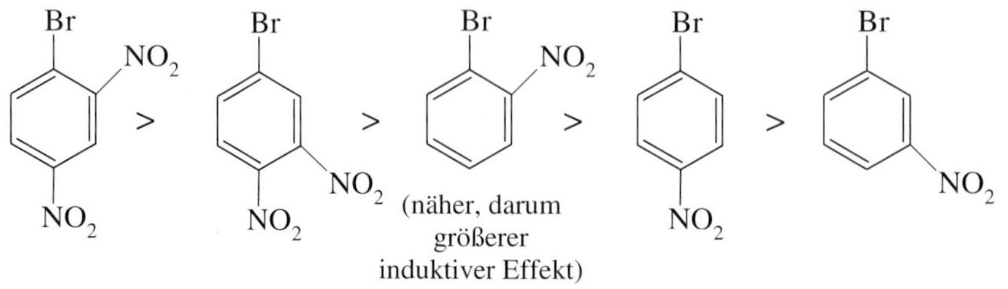

**20.**

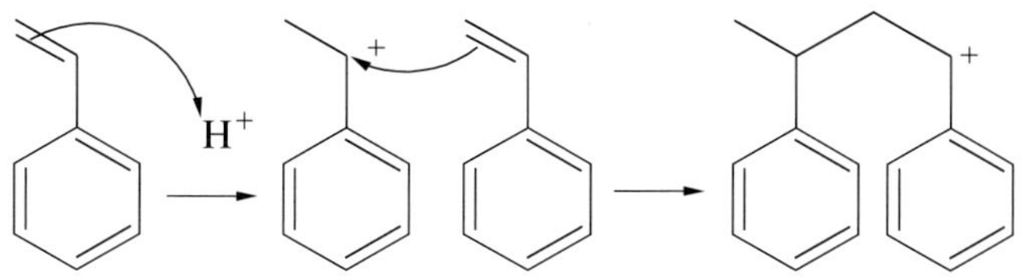


An dieser Stelle hat das System zwei Möglichkeiten: ein weiteres Styrolmolekül zu addieren und die Polymerisation fortzusetzen oder den Ring durch intramolekulare Friedel-Crafts-Reaktion zu schließen.

Polymerisation:

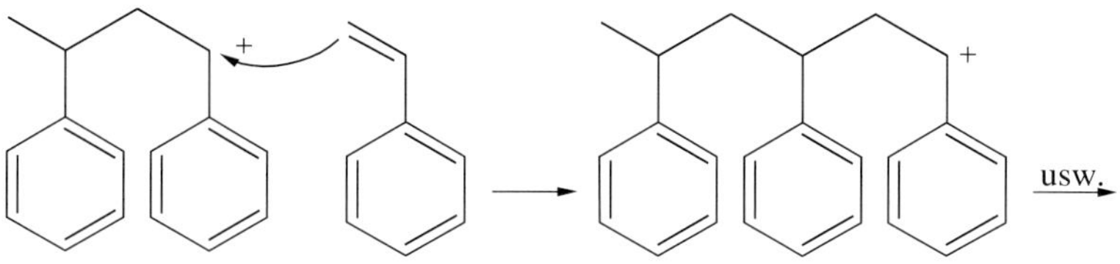


Friedel-Crafts-Reaktion:

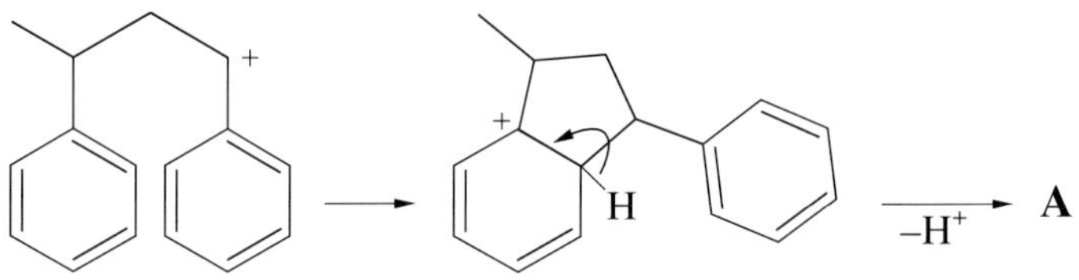

# Aldehyde und Ketone – Die Carbonylgruppe

# 17

**1.** **(a)** 2,4-Dimethyl-3-pentanon **(b)** 4-Methylpentanal **(c)** 3-Buten-2-on

**(d)** 4-Chlor-3-butenal **(e)** 4-Brom-2-cyclopentenon **(f)** *cis*-1,2-Dipropanoylcyclohexan

**(g)** 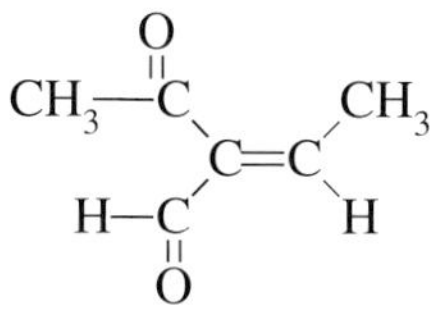


**(h)** 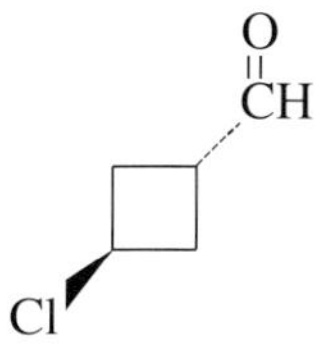


**2.** Informieren Sie sich in Kapitel 11 des Lehrbuchs über den Begriff Grad der Ungesättigtheit. Für $C_8H_{12}O$ ist $H_{gesättigt} = 16 + 2 = 18$; Ungesättigtheitsgrad = $(18 - 12)/2 = 3$, 3 $\pi$-Bindungen und/oder Ringe.

**(a)** $^{13}$C: Das Molekül enthält >C=O (δ198.6) und >C=C< (δ139.8 und 140.7).

$^1$H: Deutlich zu sehen sind δ2.15 (s, 3H) für $\underline{CH_3}$C(=O)— und δ6.78 (t, 1H) für >C=C(<u>H</u>)–$CH_2$–. Beachten Sie, daß weitere Alken-Wasserstoffe fehlen. Beginnen wir also mit den jetzt bekannten Bruchstücken:

$CH_3$—C(=O)— und >C=C(H)–$CH_2$–, zusammen $C_6H_6O$.

Wir müssen noch drei weitere Kohlenstoff-Atome, sechs Wasserstoff-Atome und noch einen Grad Ungesättigtheit, diesmal ein Ring, unterbringen. Eine einfach aufzustellende Versuchsstruktur würde aus einem sechsgliedrigen Ring mit 3 $CH_2$-Gruppen bestehen, an dem die Ethanoyl-Gruppe angebracht wird:

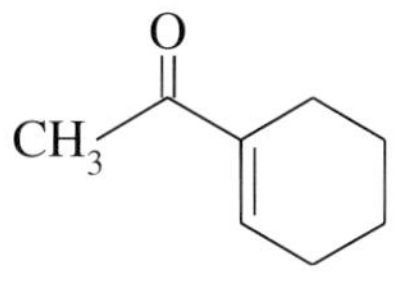


Hierbei handelt es sich nicht um die einzig mögliche Antwort, es ist aber in der Tat das Molekül, das die angegebenen Spektren liefert.

**(b)** $^{13}$C-NMR: Eine C=O-Gruppe (δ193.2) und *zwei* C=C-Gruppen (δ129.0, 135.2, 146.7 und 152.5). $^1$H-NMR: Die Carbonyl-Gruppe bildet eine *Aldehyd*-Funktion (δ9.56 für —C(=O)—H. Am anderen Ende finden wir $CH_3$—$CH_2$—$CH_2$— (δ0.94, δ1.48, δ2.21). Das gibt zusammen $C_4H_8O$, $C_4H_4$ muß noch untergebracht werden. Alle vier fehlenden H sind Alken-Wasserstoffe (δ5.8-7.1), die einfachste Annahme ist, daß es sich um 2 –CH = CH-Gruppen handelt.

Das Ergebnis: $CH_3CH_2CH_2CH{=}CHCH{=}CHCH{=}O$

**3.** Es handelt sich jeweils um eine konjugierte Carbonyl-Verbindung mit einer intensiven UV-Absorptionsbande bei $\lambda_{max} > 200$ nm. Das erste Spektrum trifft auf eine $\pi \rightarrow \pi^*$-Absorption bei 232 nm und die $n \rightarrow \pi^*$-Absorption der Carbonyl-Gruppe bei 308 nm zu. Das zweite Spektrum paßt zu dem Dien-Aldehyd, mit der bei der längeren Wellenlänge von 272 nm liegenden Bande, die der $\pi \rightarrow \pi^*$-Absorption des ausgedehnteren konjugierten Systems entspricht.

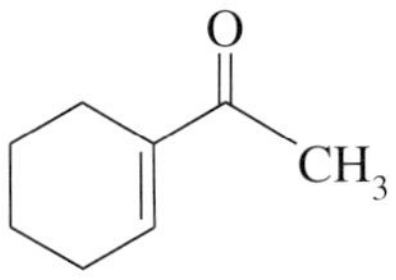


**4.** **(a)** $CrO_3$, $H_2SO_4$, Propanon **(b)** $CrO_3$, Pyridin **(c)** 1. $O_3$, 2. Zn, $CH_3COOH$, $H_2O$

**(d)** $HgSO_3$, $H_2O$, $H_2SO_4$ **(e)** wie **(d)** **(f)** 1. 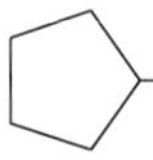 —COCl, $AlCl_3$ 2. $H^+/H_2O$

**(5). (a)** $CH_3CH_2CH_2\overset{\overset{O}{\|}}{C}H + H\overset{\overset{O}{\|}}{C}H$ **(b)** 2 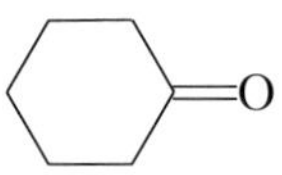


**(c)** $H\overset{\overset{O}{\|}}{C}CH_2CH_2CH_2CH_2\overset{\overset{O}{\|}}{C}H$ **(d)** 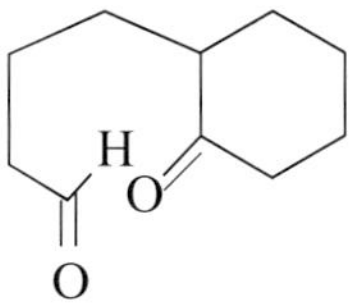


**6. (a)** Fragen Sie „Wie elektrophil ist der betreffende Kohlenstoff?“:

$(CH_3)_2C{=}\overset{+}{O}H > (CH_3)_2C{=}O > (CH_3)_2C{=}NH$ Nach der Elektronegativität geordnet.

**(b)** $CH_3\overset{\overset{O}{\|}}{C}\overset{\overset{O}{\|}}{C}\overset{\overset{O}{\|}}{C}CH_3 > CH_3\overset{\overset{O}{\|}}{C}\overset{\overset{O}{\|}}{C}CH_3 > CH_3\overset{\overset{O}{\|}}{C}CH_3$ Benachbarte Carbonylgruppen steigern ihre gegenseitige Reaktivität durch Verstärkung des $\delta^+$-Charakters ihrer jeweiligen Kohlenstoffatome.

**(c)** $BrCH_2CHO > CH_3CHO > BrCH_2COCH_3 > CH_3COCH_3$

Aldehyde sind reaktiver als Ketone; Halogensubstituenten erhöhen die Reaktivität.

**7. (a)** 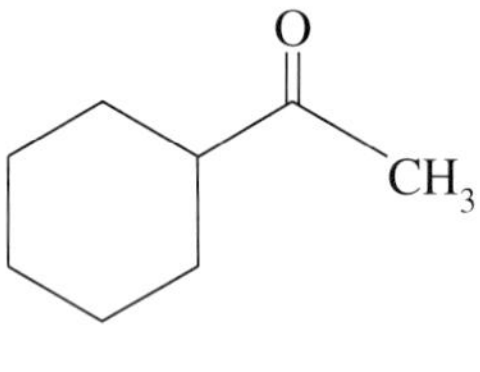

**(b)** 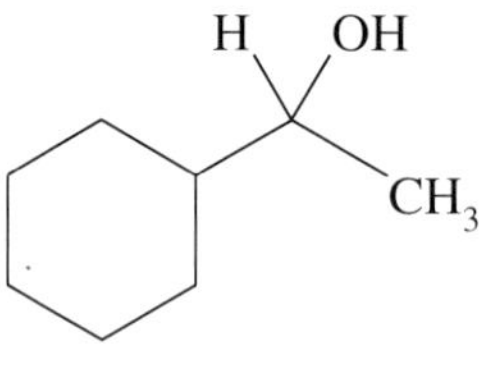

**(c)** 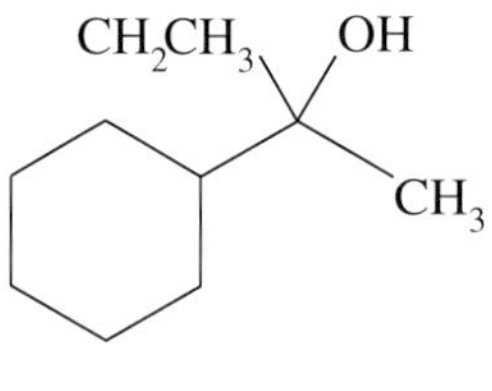


**8. (a)** Keine Reaktion bis auf die Äquilibrierung mit 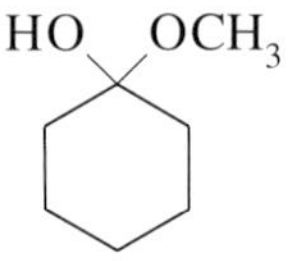


**(b)** 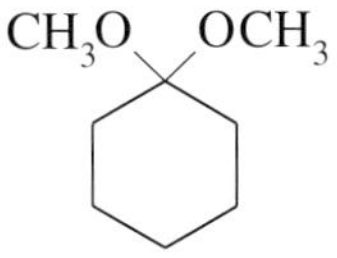

(nur Säure katalysiert die Acetalbildung)

**(c)** 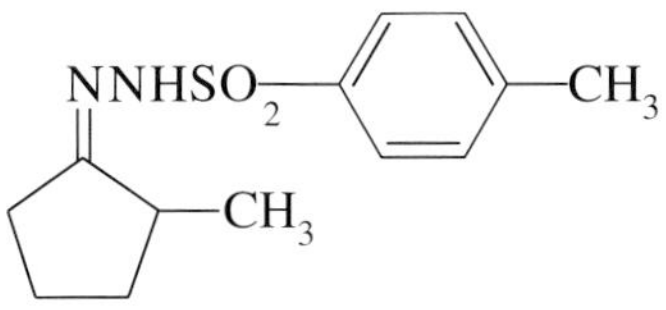
**(d)** 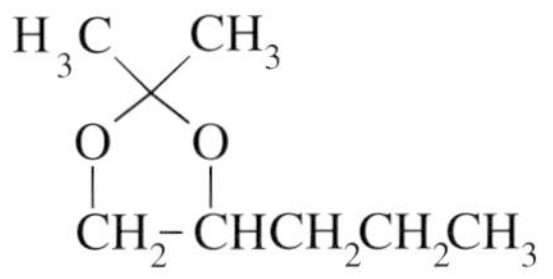
**(e)** 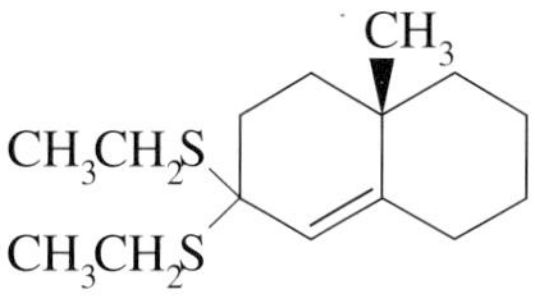

**(f)** 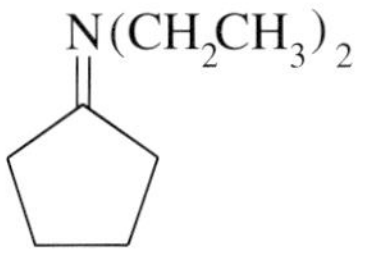
**(g)** 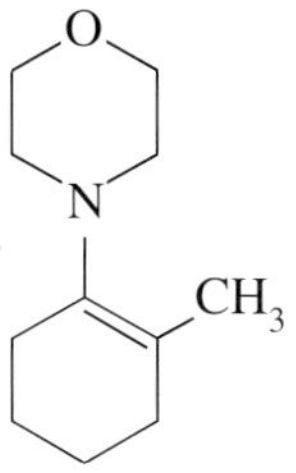

**9.**

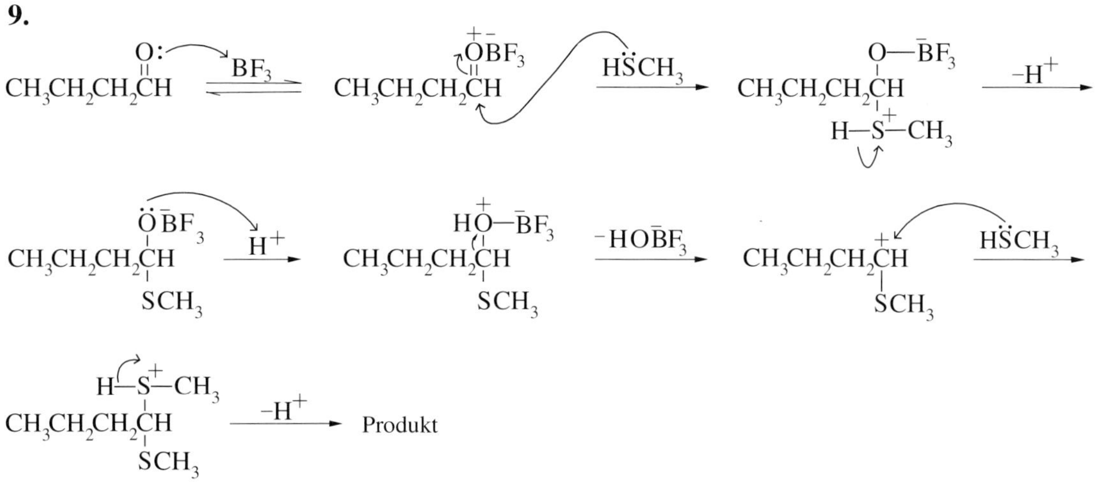

**10. (a)** Ketonhydrate enthalten *nicht* die H—C—OH-Gruppierung, die für eine glatte Weiteroxidation nötig ist. Die Weiteroxidation des Ketons würde über die Spaltung einer Kohlenstoff-Kohlenstoff-Bindung verlaufen, ein schwierigerer Vorgang.

**(b)** Man überlege sich, was in dem Gemisch vorliegt, wenn $CrO_3$ zu einem Alkohol hinzugefügt wird. Neben einem Überschuß von *nicht umgesetztem Alkohol* finden wir etwas Aldehyd, der sich durch Oxidation gebildet hat. Welche Reaktion kann zwischen Aldehyden und Alkoholen ablaufen?

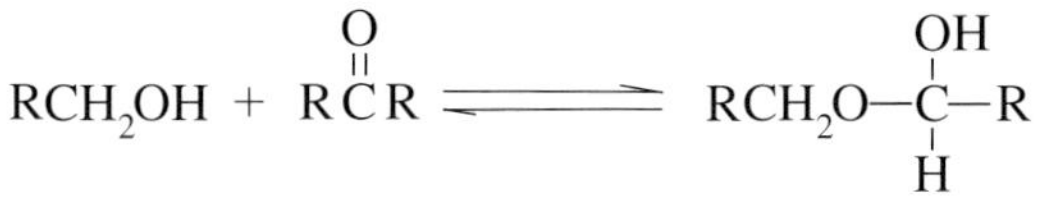
Bildung eines Halbacetals

Welches Reaktionsprodukt ist bei der Reaktion des Halbacetals mit $CrO_3$ zu erwarten? Besitzt das Halbacetal eine oxidierbare Gruppierung? Ja:

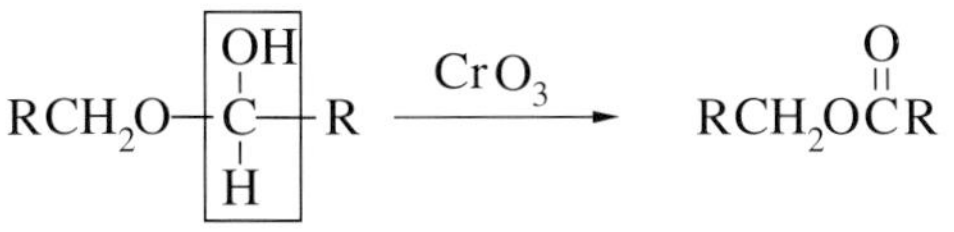

Es bildet sich ein Ester.

**(c)** (1)

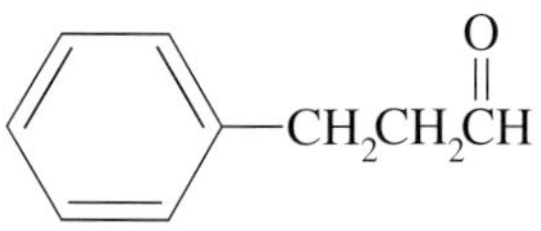

Geeignete Methode zur Oxidation von primären Alkoholen zu Aldehyden

(2)

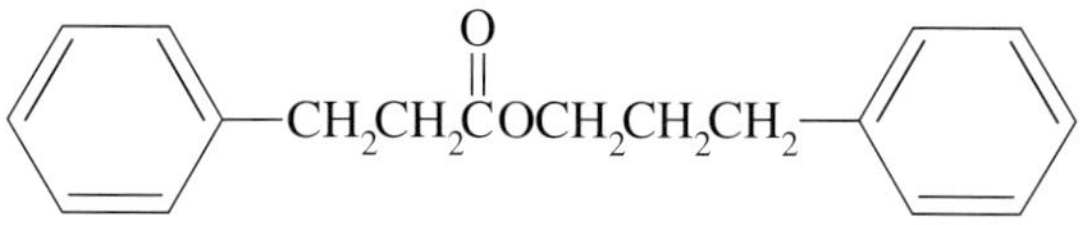

Halbacetal entsteht und wird oxidiert; tatsächliche Ausbeute: 54%

**11 (a)**

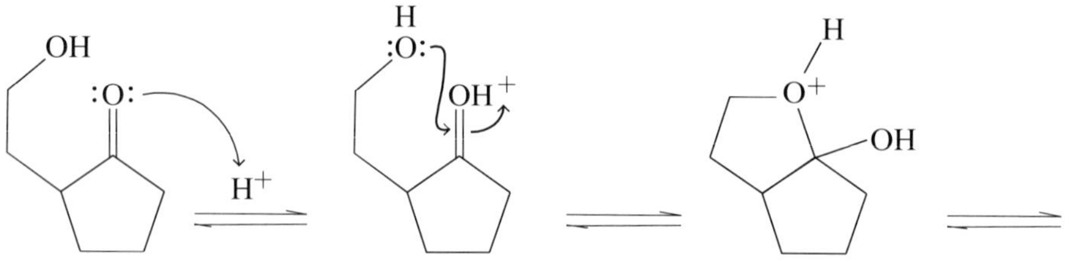

Produkt (ein bicyclisches Halbacetal)

**(b)**

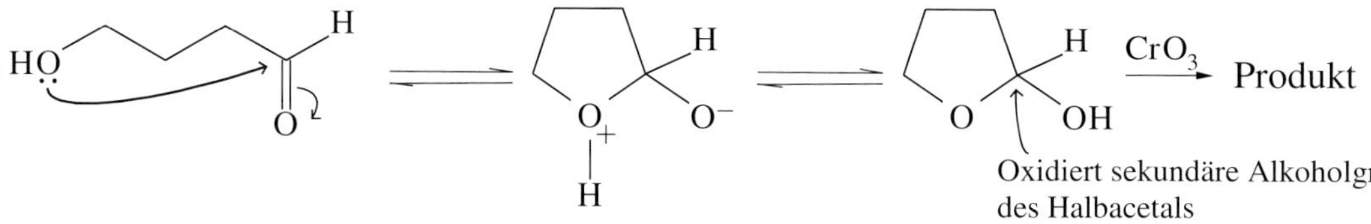


**(c)**

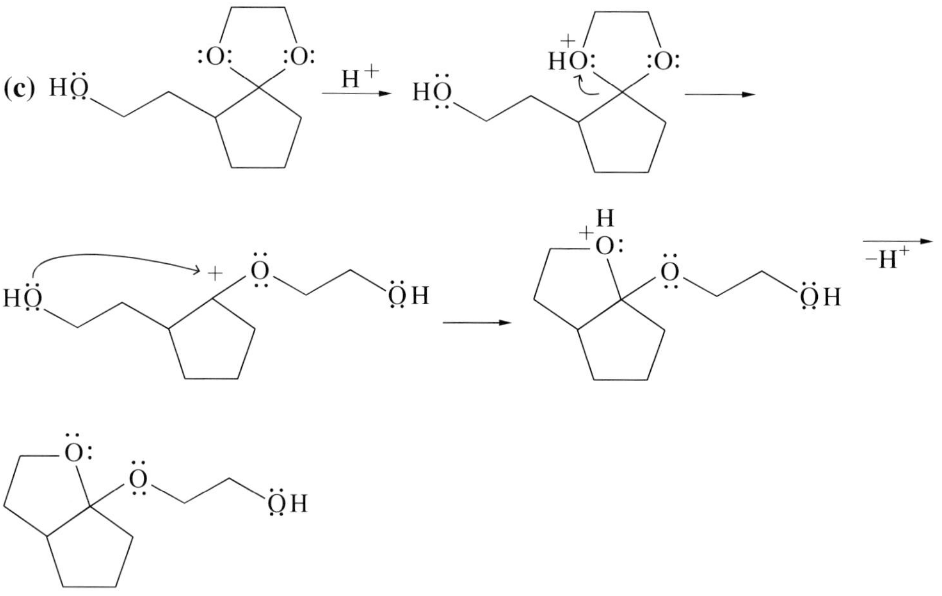

**(d)** Die Bildung eines Halbacetals ist einer Addition von Wasser analog. Säurekatalyse:

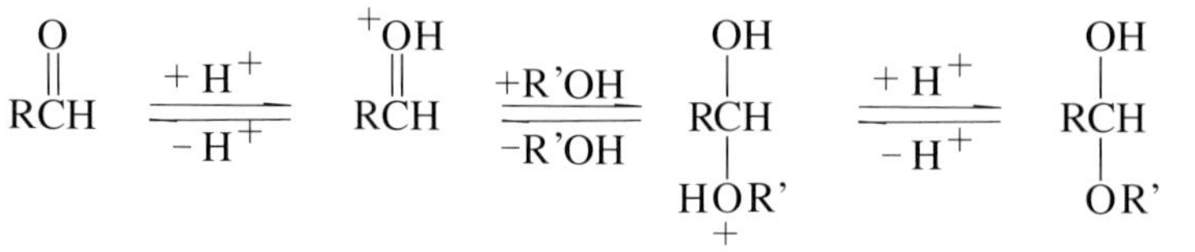

Basekatalyse:

$$\underset{\text{RCH}}{\overset{\text{O}}{\|}} \;\overset{+R'O^-}{\underset{-R'O^-}{\rightleftharpoons}}\; \underset{\underset{\text{OR'}}{|}}{\overset{O^-}{\underset{|}{\text{RCH}}}} \;\overset{+R'OH}{\underset{-R'OH}{\rightleftharpoons}}\; \underset{\underset{\text{OR}}{|}}{\overset{OH}{\underset{|}{\text{RCH}}}} + R'O^-$$

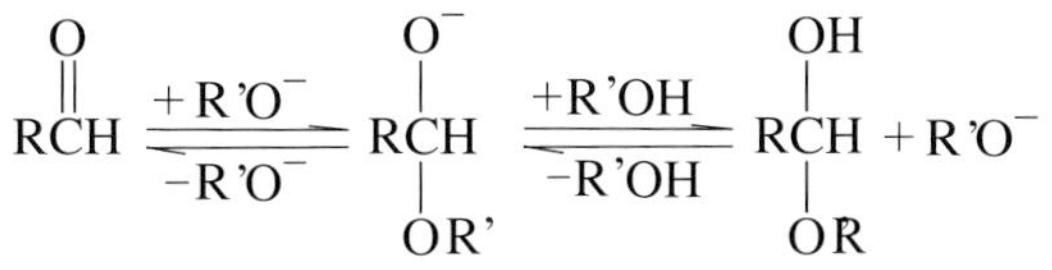

Acetale werden über Halbacetale als Zwischenstufe gebildet.
Säurekatalyse:

$$\underset{\underset{\text{OR'}}{|}}{\overset{OH}{\underset{|}{\text{RCH}}}} \;\overset{+H^+}{\underset{-H^+}{\rightleftharpoons}}\; \underset{\underset{\text{OR'}}{|}}{\overset{OH_2^+}{\underset{|}{\text{RCH}}}} \;\overset{+H_2O}{\underset{-H_2O}{\rightleftharpoons}}\; \left[ \underset{\underset{\text{OR'}}{|}}{\overset{+}{\text{RC--H}}} \;\longleftrightarrow\; \underset{\underset{+\text{OR'}}{|}}{\text{RC--H}} \right]$$

$$\overset{+R''OH}{\underset{-R''OH}{\rightleftharpoons}}\; \underset{\underset{\text{OR'}}{|}}{\overset{H\overset{+}{O}R''}{\underset{|}{\text{RCH}}}} \;\overset{+H^+}{\underset{-H^+}{\rightleftharpoons}}\; \underset{\underset{\text{OR'}}{|}}{\overset{OR''}{\underset{|}{\text{RCH}}}}$$

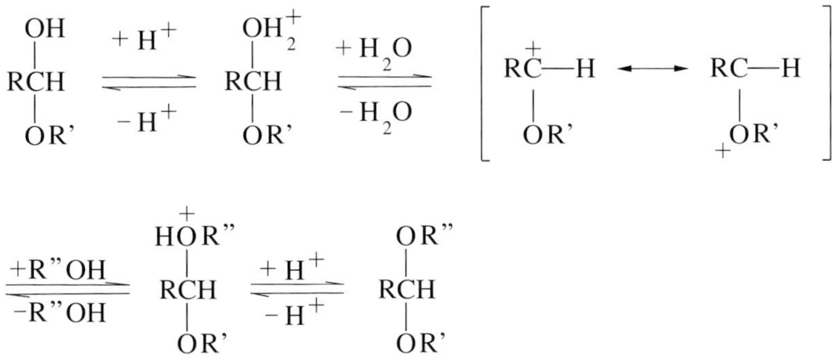

Diese Reaktion kann nicht basekatalysiert ablaufen, da der Angriff von R''O⁻ an das Halbacetal zu einer nucleophilen Substitution der R'O-Gruppe führen würde (Formulieren Sie den Mechanismus!).

**12.** Eine doppelte Iminbildung. Derartige Reaktionen können ohne Katalyse ablaufen, eine nicht zu starke Säure wirkt aber im allgemeinen förderlich. Für die erste Kondensation wird der Mechanismus detailliert gezeigt, für die zweite in abgekürzter Form.

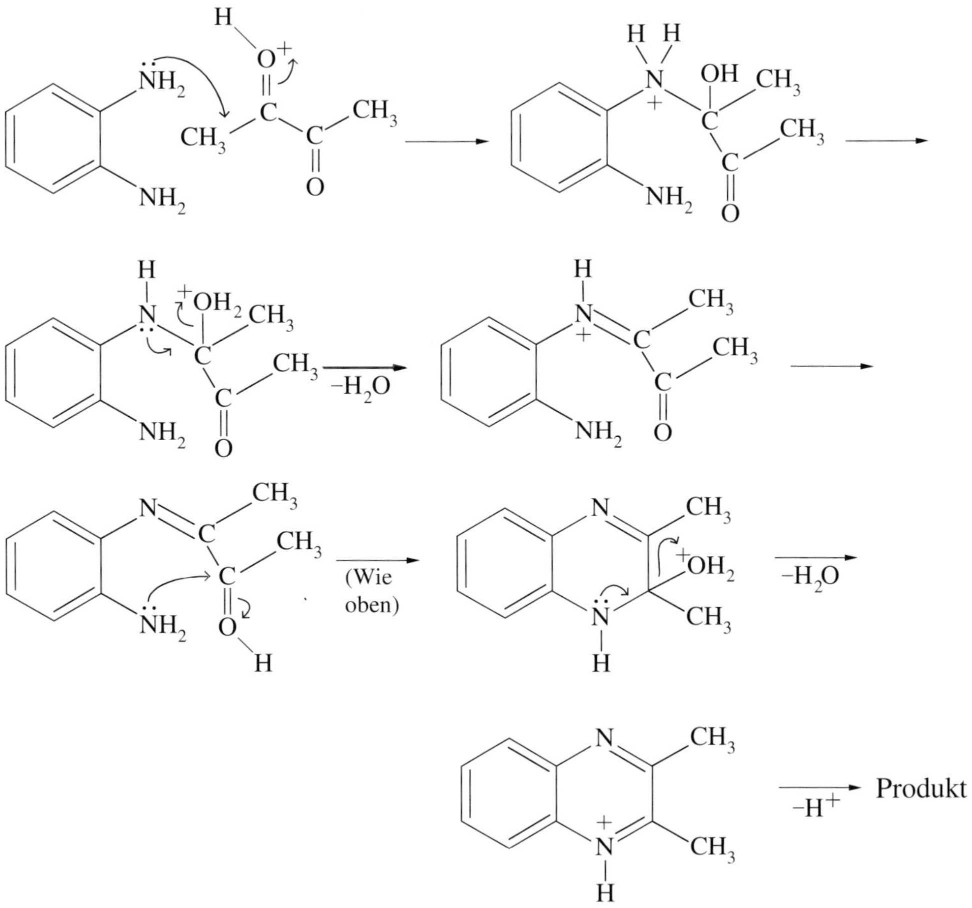

**13.**

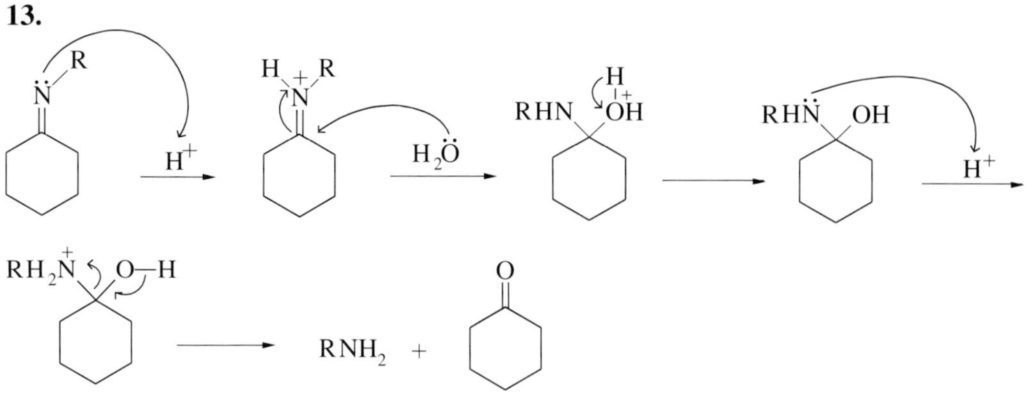

**14. (a)**

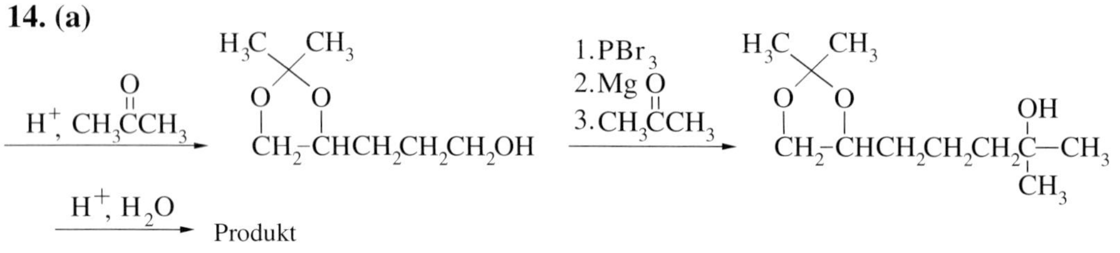

$$\xrightarrow{\text{H}^+,\ \text{H}_2\text{O}} \text{Produkt}$$

**(b)** $\xrightarrow{\text{CrO}_3}$ 3-Pentanon $\xrightarrow{\text{H}^+,\text{C}_6\text{H}_5\text{NH}_2}$ Produkt

**(c)**

$\xrightarrow{2\ \text{CrO}_3,\ \text{Pyridin}}$ 1,5-Pentadial $\xrightarrow{\text{H}_2\text{O}}$ Produkt, über

**(d)**

$$\xrightarrow{\text{H}^+,\ \text{H}_2\text{O}} \text{Produkt}$$

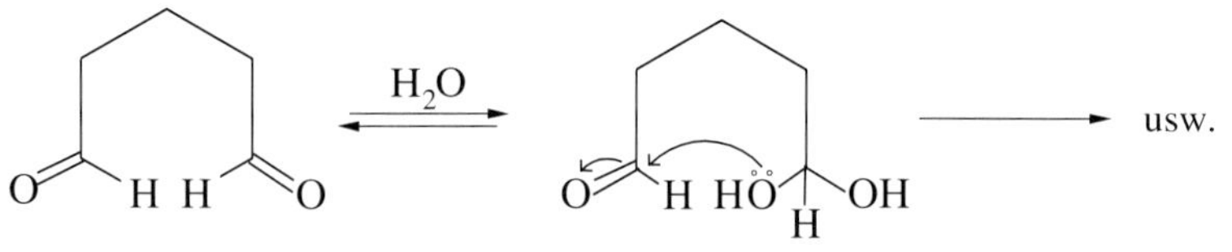

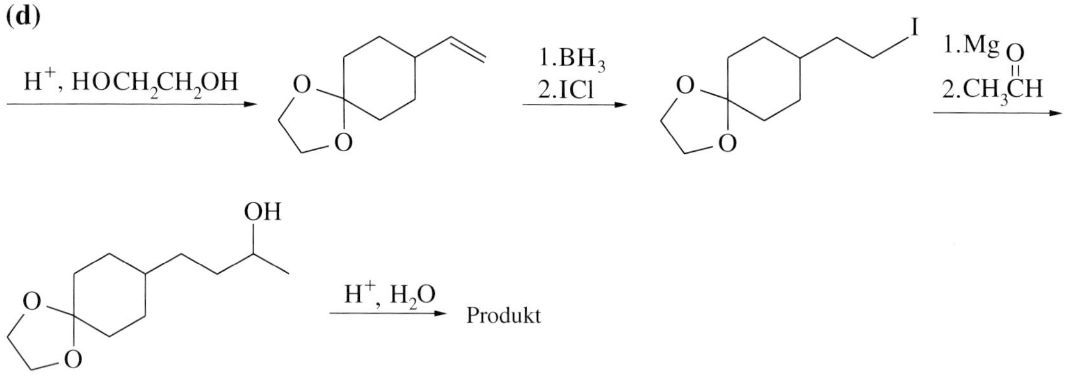

**(e)**

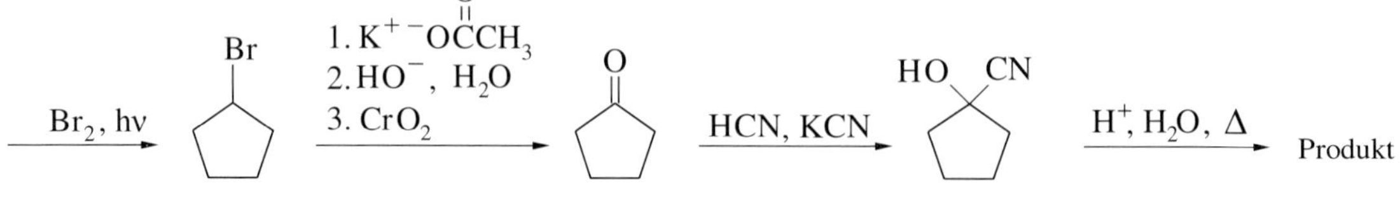

**15.** Mit zunehmender Ausdehnung der Konjugation müßten sich erwartungsgemäß die Absorptionsbanden dieser Hydrazone zu längeren Wellenlängen hin verschieben, genauso wie bei den Ketonen, von denen ausgegangen wurde. Darum:

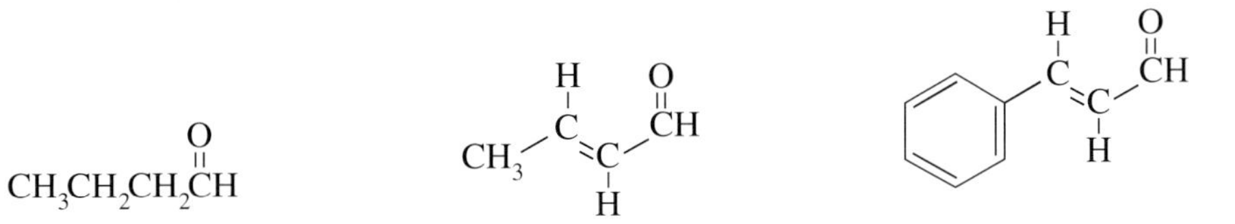

| | | |
|---|---|---|
| Hydrazon $\lambda_{max}$ 358 nm<br>(gelb)<br>Flasche 2 | Hydrazon $\lambda_{max}$ 377 nm<br>(orange)<br>Flasche 1 | Hydrazon $\lambda_{max}$ 394 nm<br>(rot)<br>Flasche 3 |

**16. (a)** $H_2NNH_2$, $H_2O$, $HO^-$, Δ (Wolff-Kishner-Reduktion der beiden Ketone)

**(b)** $H_2$, Pd-C (selektive Reduktion des Alkens)

**(c)** $LiAlH_4$ (selektive Reduktion des Aldehyds)

**(d)** $H^+$, Cycloheptanon (Bildung eines ungewöhnlichen Acetals, nicht mehr)

**17. (a)** $CH_3CH_2C(CH_3){=}CH_2 \xrightarrow[(1)]{\text{MCBPA}}$ Produkt $\xleftarrow[(2)]{(CH_3)_2S{=}CH_2} CH_3CH_2C(=O)CH_3$

**(b)** $CH_3C(=O)H + (C_6H_5)_3P{=}CHCH_2CH(CH_3)_2 \xrightarrow{(1)}$ Produkt $\xleftarrow{(2)} CH_3CH{=}P(C_6H_5)_3 + HC(=O)CH_2CH(CH_3)_2$

**(c)**

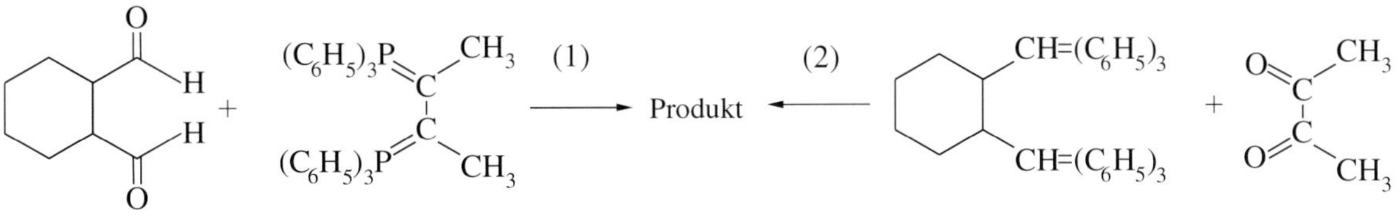

**18.** Es gibt nur drei mögliche Ketone: 2-Heptanon, 3-Heptanon und 4-Heptanon. Es geht also um die Zuordnung.

$CH_3CH_2CH_2CH_2CH_2C(=O)CH_3$ (2-Heptanon) $\xrightarrow{\text{Baeyer-Villiger}}$

$CH_3CH_2CH_2CH_2CH_2OC(=O)CH_3$ + $CH_3CH_2CH_2CH_2CH_2C(=O)OCH_3$

Hauptprodukt (durch Wanderung von primärem Alkyl) — Nebenprodukt (durch Wanderung von Methyl)

$CH_3CH_2CH_2CH_2C(=O)CH_2CH_3$ (3-Heptanon) $\longrightarrow$

$CH_3CH_2CH_2CH_2OC(=O)CH_2CH_3$ + $CH_3CH_2CH_2CH_2C(=O)OCH_2CH_3$

Zwei Produkte in ungefähr gleichen Mengen
(beide durch Wanderung primäaren Alkylgruppen)

$CH_3CH_2CH_2C(=O)CH_2CH_2CH_3$ (4-Heptanon) $\longrightarrow$ $CH_3CH_2CH_2OC(=O)CH_2CH_2CH_3$

Nur ein Produkt (das Ausgangsketon ist symmetrisch)

Verbindung A muß 4-Heptanon sein; B ist 2-Heptanon; C ist 3-Heptanon.

**19.** **(a)**  ** (b)** 1-Hexanol  **(c)** $CH_3CH_2CH_2CH_2CH_2CH{=}NOH$

**(d)** Hexan  **(e)** $CH_3CH_2CH_2CH_2CH_2CH{=}CHCH_2CH(CH_3)_2$ (*E* und *Z*)  **(f)** Hexansäure

**(g)**  ** (h)** 

**(i)** Hexansäure + Ag-Metall  **(j)** Hexansäure

**(k)** 2-Hydroxyheptansäure (über $RCH(=O) \rightarrow RCH(OH)CN \rightarrow RCH(OH)-C(=O)OH$) 

**(l)** $CH_3CH_2CH_2CH_2CH_2CH(OH)-CH(OH)CH_2CH_2CH_2CH_2CH_3$ (Pinakolbildung)

**20.** **(a)**  ** 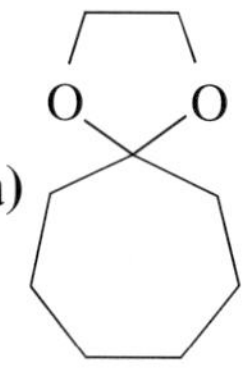(b)** Cycloheptanol  **(c)**  ** 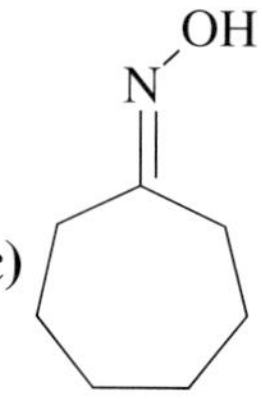(d)** Cycloheptan

**(e)**  ** 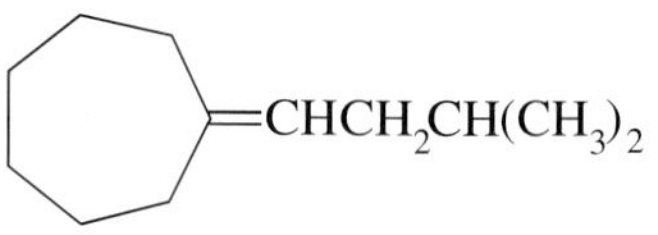(f)**  ** 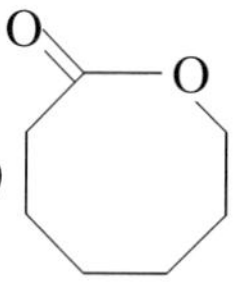(g)**  ** 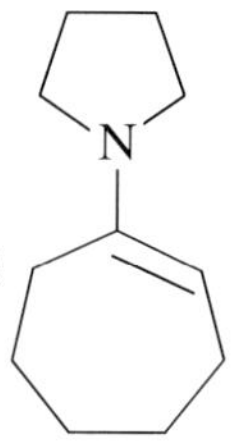(h)** 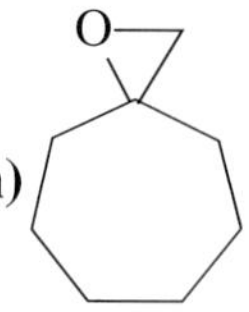

**(i)** und **(j)** keine Reaktion (diese Reaktionen gehen nur Aldehyde ein)

**(k)** 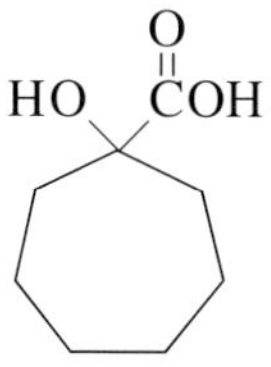  ** 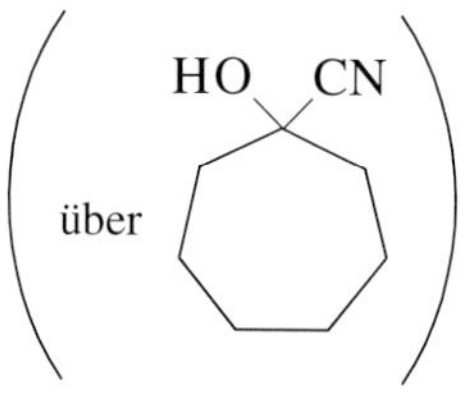(l)**  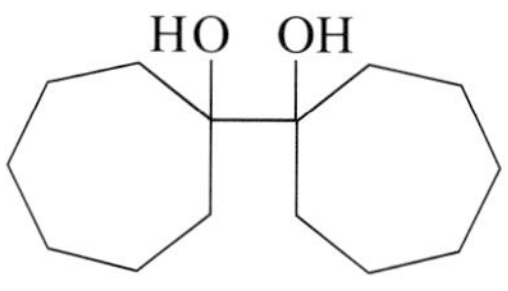(Pinalkolbildung)

**21.**

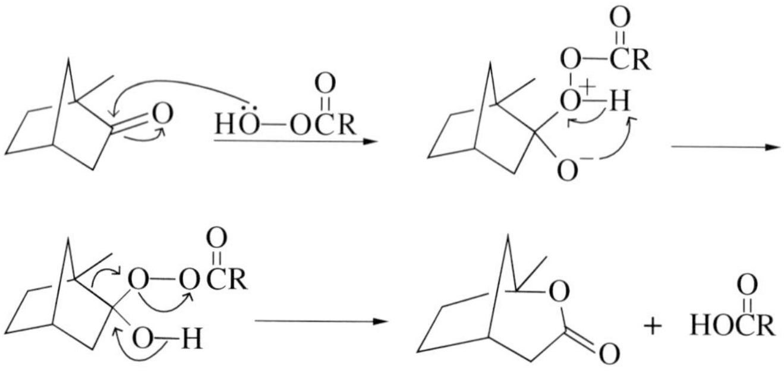

**22.** In jedem Fall wird 'O' auf einer der beiden Seiten des Carbonyl-Kohlenstoffs eingeführt. Um das bevorzugte Produkt zu ermitteln, schlagen Sie in Abschnitt 17.13 die dort gegebenen Informationen über das Wanderungsverhalten nach. In den folgenden Antworten wird die *erste* Struktur bevorzugt.

**(a)** 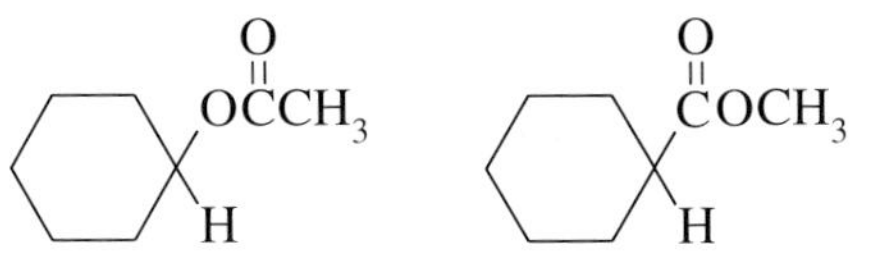

**(b)** 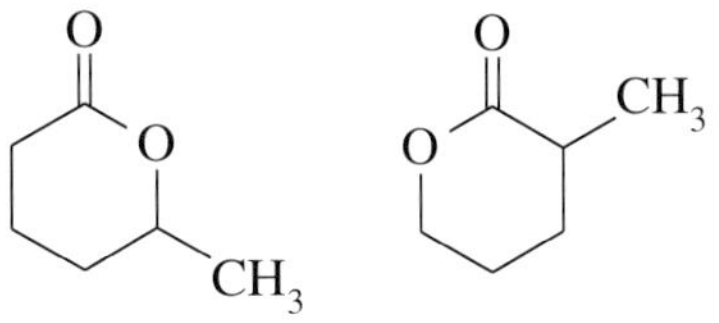

**(c)** $(CH_3)_2CHO-\overset{O}{\overset{\|}{C}}-CH_2CH(CH_3)_2$    $(CH_3)_2CH-\overset{O}{\overset{\|}{C}}-OCH_2CH(CH_3)_2$

**(d)** 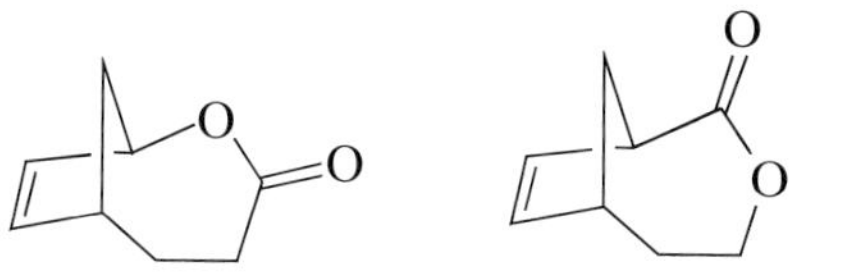

(e) $C_6H_5\overset{O}{\overset{\|}{C}}OH$    $C_6H_5O\overset{O}{\overset{\|}{C}}H$

**(f)** $C_6H_5O\overset{O}{\overset{\|}{C}}CH_3$    $C_6H_5\overset{O}{\overset{\|}{C}}OCH_3$

**23.** **(a)** Ein Reaktionsschritt besteht in der Reaktion von $CH_3MgI$ mit einem Keton-Carbonyl, darum muß die Aldehyd-Gruppe geschützt werden.

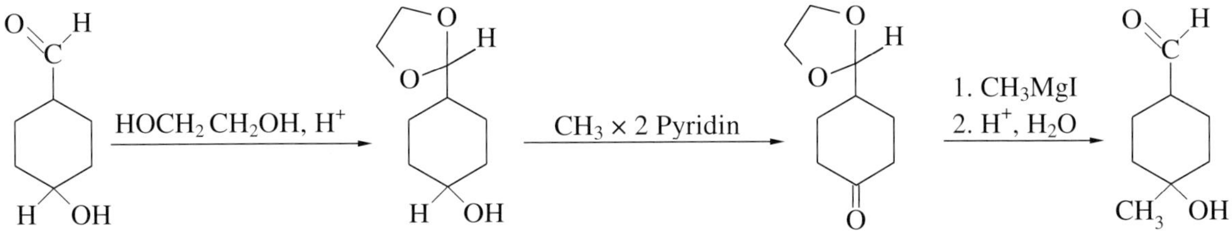

**(b)** Vorsicht! Auch hier empfiehlt sich, die Aldehyd-Gruppe zu schützen, weil sie bei Anwendung einer (von mehreren) Reaktionen zur Eliminierung der Alkoholfunktion zerstört wird. Hier ist eine Reaktionssequenz:

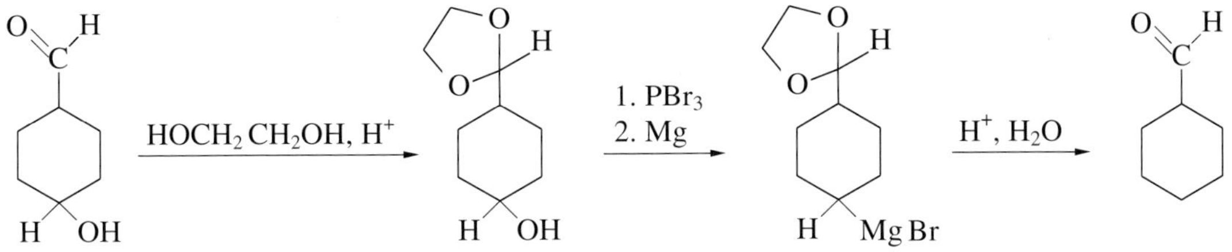

und weiter:

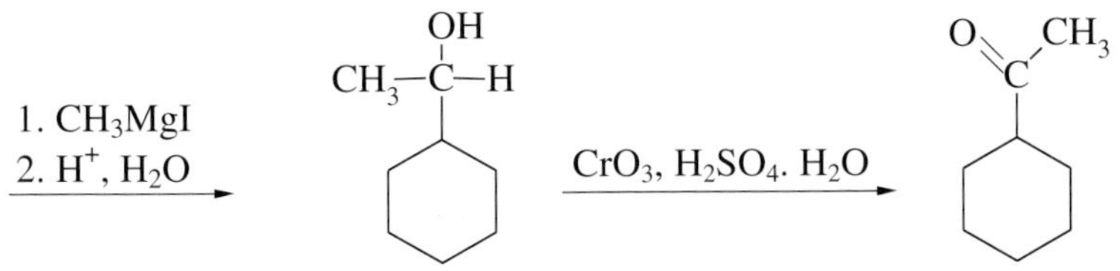

Gut ist auch die Oxidation des Alkohols zu einem Keton mit nachfolgender Wolff-Kishner-Reduktion.

**(c)** Das „Zielmolekül“ ist ein Halbacetal. Formulieren Sie es in der offenen Form, (d.h. in der Form des acyclischen Isomers):

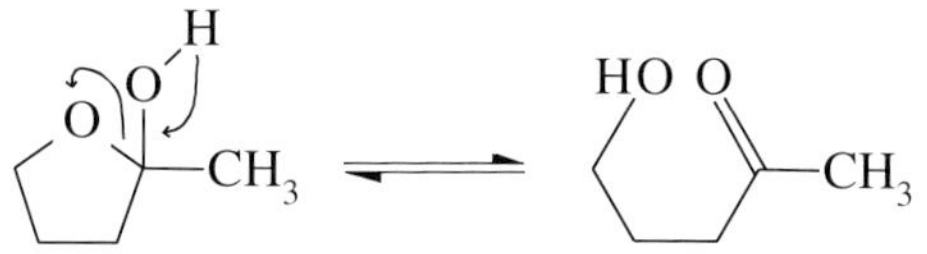


Die Synthese der offenen Form führt automatisch zur Bildung des gewünschten Produkts. Zunächst wird die Alkohol-Funktion geschützt, dann:

$$ClCH_2CH_2CH_2OH \xrightarrow{H^+,\ CH_2{=}C(CH_3)_2} ClCH_2CH_2CH_2OC(CH_3)_3 \xrightarrow[2.\ CH_3CHO]{1.\ Mg}$$

$$CH_3\overset{OH}{\overset{|}{C}}HCH_2CH_2CH_2OC(CH_3)_3 \xrightarrow{CrO_3,\ Pyridin} CH_3\overset{O}{\overset{\|}{C}}CH_2CH_2CH_2OC(CH_3)_3$$

$$\xrightarrow{H^+,\ H_2O} CH_3\overset{O}{\overset{\|}{C}}CH_2CH_2CH_2OH \rightleftharpoons \text{Produkt}$$

**24.** Unterhalb von pH 2 ist der Stickstoff in $NH_2OH$ protoniert ($\overset{+}{N}H_3OH$), somit fehlt das nucleophile Atom. Bei pH 4 liegt N zum überwiegenden Teil frei vor, aber die Lösung ist noch sauer genug, um die Elektrophilie einiger Carbonyl-Gruppen durch Protonierung zu erhöhen: $>C{=}\overset{+}{O}H$ . Oberhalb von pH 7 sind keine Carbonyl-Gruppen mehr protoniert, darum sinkt die Geschwindigkeit auf die von freiem $NH_2OH$, das nichtaktivierte $>C{=}OH$-Gruppen angreift.

**25.** Gehen Sie von der gegebenen Strukturinformation aus den Weg zurück.

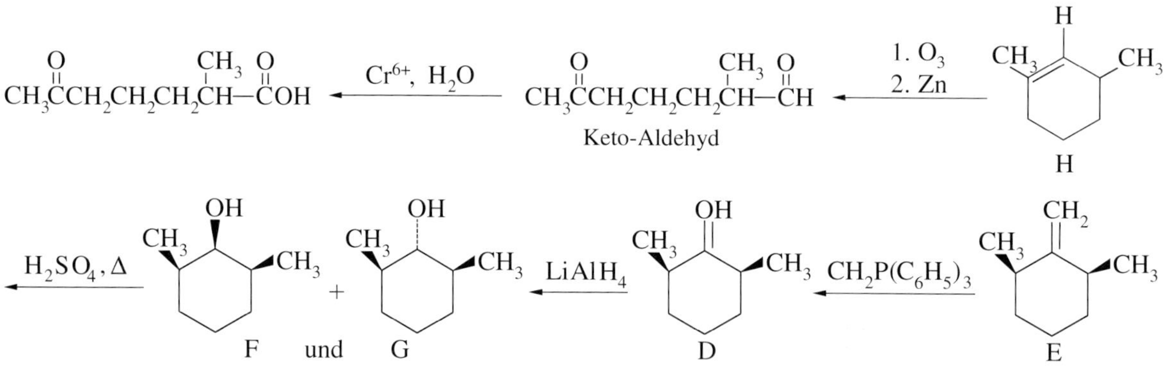


Zur Beachtung: F und G müssen *sekundäre* Alkohle sein, weil sie durch Reduktion eines Ketons mit $LiAlH_4$ entstanden sind. Die Methyl-Gruppen in D müssen *cis*-Positionen einnehmen. Wären es *trans*-Lagen, würde aus der Reduktion mit $LiAlH_4$ nur ein einziges Produkt hervorgehen.

**26.** Die sich aus jeder Einzelinformation ergebenden Folgerungen werden Ihnen gegeben.

(i) Coprostanol ist ein Alkohol und J ist ein Keton.

(ii)

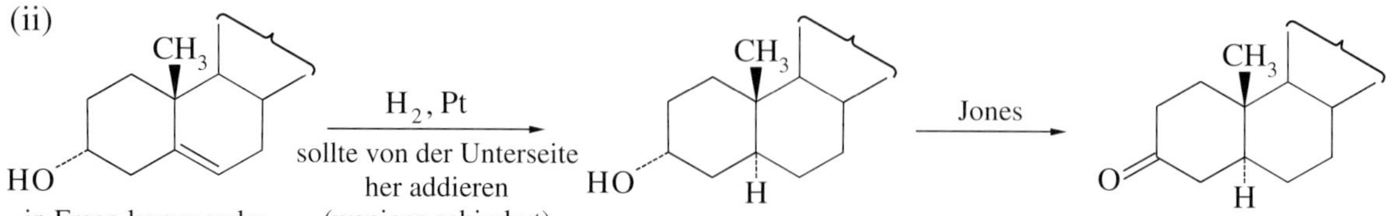


in Frage kommender Teil des Cholesterins

K, ein Stereoisomer von Coprostanol

L, ein Stereoisomer von J

Es ist darum wahrscheinlich, daß J                ist.

An dieser Stelle stereoisomer mit L

(iii) Cholesterin $\xrightarrow{\text{Jones}}$ M $\xrightarrow{\text{H}_2,\text{Pt}}$ wieder L

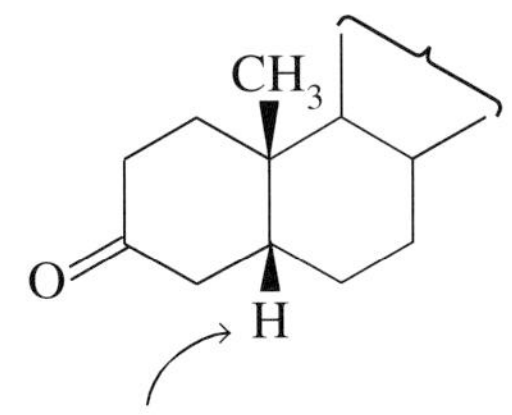

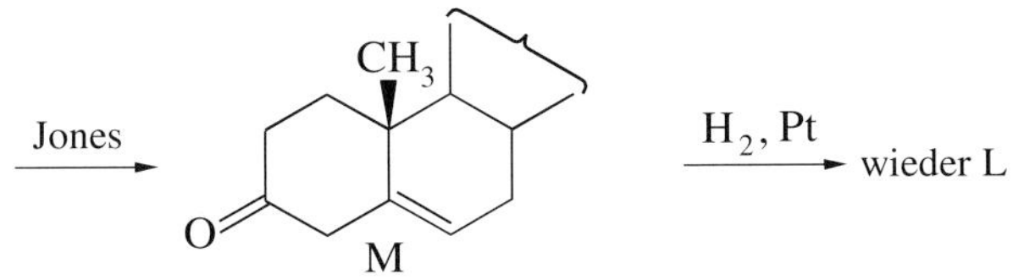

Also das, was man aufgrund der Information in (ii) erwarten sollte. Was ist also Coprostanol? Da es bei Oxidation mit dem Reagenz von Jones J ergibt, muß es einer von den beiden folgenden Alkoholen sein,

oder

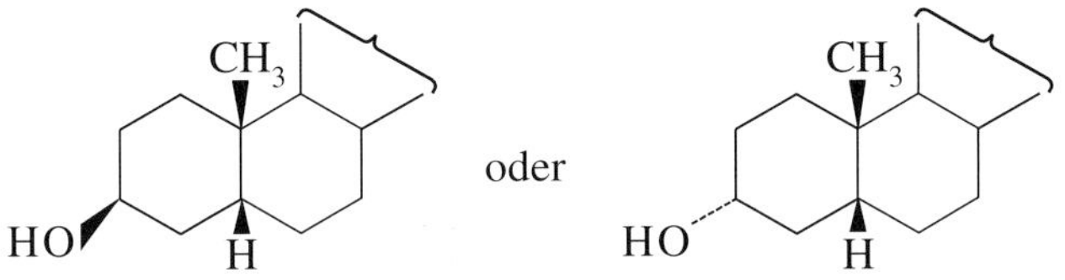

in der Tat sind beide bekannt und heißen 3b- und 3a-Coprostanol.

**27. (a)** Das UV-Spektrum weist auf ein *konjugiertes* Keton hin (vergleichen Sie mit dem UV-Spektrum von 3-Buten-2-on in Abschnitt 15.2 und Aufgabe 15.3). N könnte also folgendermaßen entstehen:

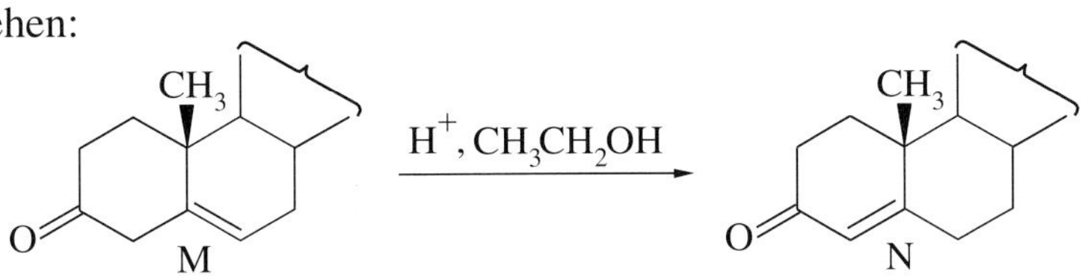

M $\xrightarrow{\text{H}^+,\text{CH}_3\text{CH}_2\text{OH}}$ N

**(b)** N $\xrightarrow{\text{H}_2,\text{Pd}}$ J

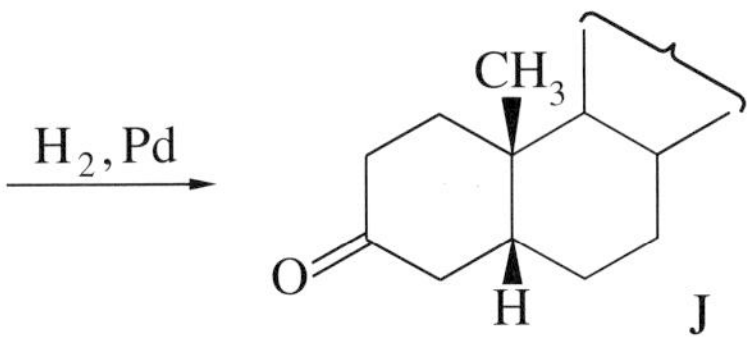

Das ist in der Tat merkwürdig, der Wasserstoff addiert nämlich in diesem besonderen Falle von der *stärker* gehinderten Oberseite her.

**(c)** Das Hydrazon bildet sich auf die übliche Weise (Abschnitt 17.9). Also:

$\xrightarrow{\text{HÖ}^-}$  $\xrightarrow{\text{H}-\text{OH}}$  $\xrightarrow{\text{HÖ}^-}$

$N_2 +$

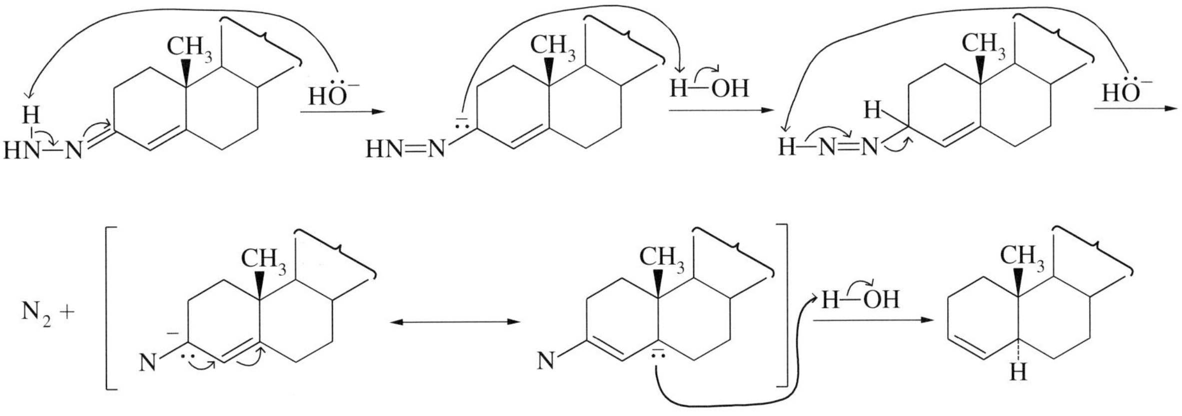

**28.**

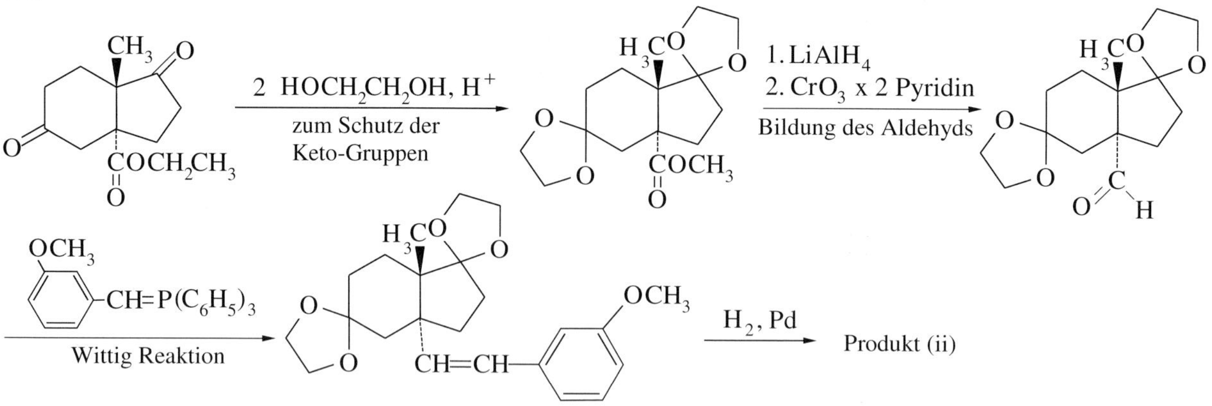


**29.** Die Hauptfrage ist, mit welcher Carbonylgruppe Methanol bevorzugt reagiert. Nach der Information aus Abschnitt 17.6 sollte die Aldehydgruppe reaktiver sein. Schlagen Sie daher, als Arbeitshypothese, ein Produkt mit einer Acetal-Funktion, die bei der Additon von Methanol an den Aldehyd-Kohlenstoff entsteht, vor und prüfen Sie, ob das NMR damit übereinstimmt.

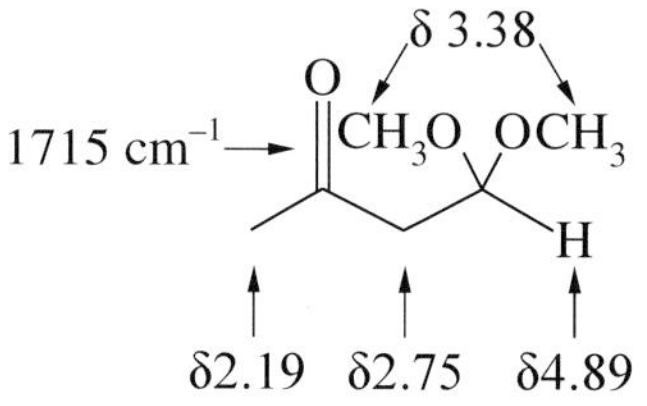


Ein Schlüssel zur Lösung ist das Fehlen eines Signals für ein Formyl-(Aldehyd-)Wasserstoff im Verschiebungsbereich von δ9.5-10 des Spektrums. Der Reaktionsmechanismus entspricht exakt dem auf Seite 799 in Abschnitt 17.7 des Lehrbuchs dargestellten.

# Enole und Enone – α,β-ungesättige Alkohole, Aldehyde und Ketone

# 18

**1. (a)** (i) $CH_3CH{=}C(OH)CH_2CH_3$ (ii) $[CH_3\bar{C}HC(=O)CH_2CH_3 \longleftrightarrow CH_3CH{=}C(\ddot{O}^-)CH_2CH_3]$

Im folgenden wird nur noch eine der Enolat-Resonanzstrukturen formuliert.

**(b)** (i) $CH_2{=}C(OH)CH(CH_3)_2$ $CH_3C(OH){=}C(CH_3)_2$ (ii) $\bar{C}H_2C(=O)CH(CH_3)_2$ $CH_3C(=O)\bar{C}(CH_3)_2$

**(c)** (i) 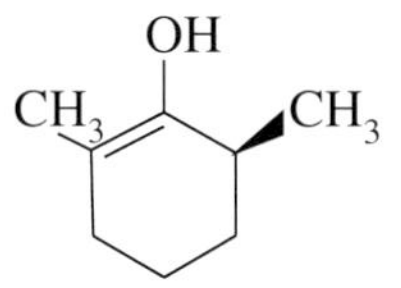 (ii) 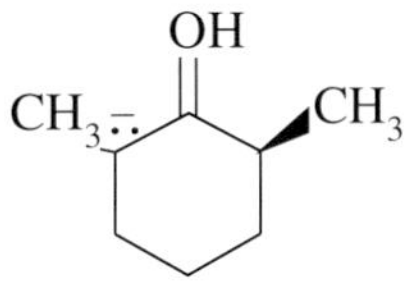

**(d)** wie **(c)** – die stereochemische Isomerie geht verloren, da das α-Kohlenstoff-Atom $sp^2$-Hybridisierung annimmt.

**(e)** (i) 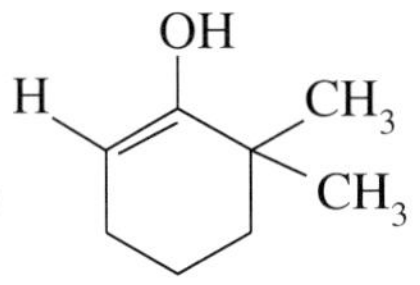 (ii) 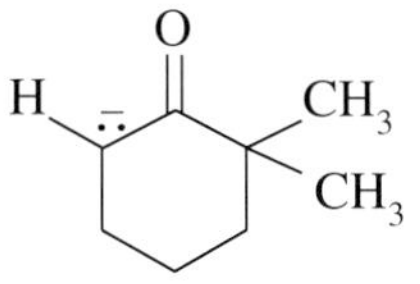 **(f)** (i) 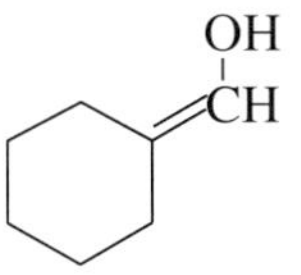 (ii) 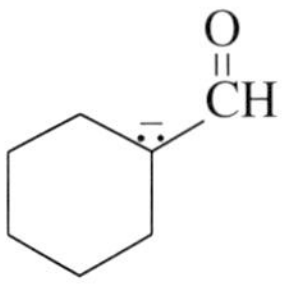

**(g)** keines ist möglich (keine α-Wasserstoffe!)

**(h)** (i) $(CH_3)_3CCH{=}CH(OH)$ (ii) $(CH_3)_3C\bar{C}HC(=O)H$

**2. (a)** *Alle* α-Wasserstoffe werden durch D ersetzt; zum Beispiel ergibt $CH_3CH_2C(=O)CH_2CH_3$ $CH_3CD_2C(=O)CD_2CH_3$, 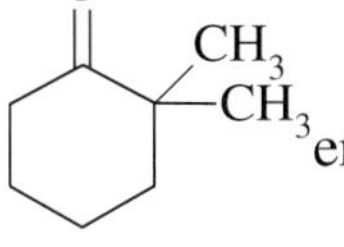 ergibt 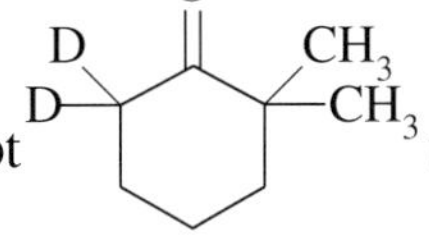 und $(CH_3)_3CCH_2C(=O)H$ $(CH_3)_3CCD_2C(=O)H$ (Beachten Sie, daß der Aldehyd-Wasserstoff *nicht* ersetzt wird - er ist *nicht* sauer).

**(b)** Bedingungen für die Einführung eines *einzelnen* α-Halogens. Man erhält der Reihe nach: $CH_3CHBrC(=O)CH_2CH_3$, ein Gemisch von $CH_3C(=O)CBr(CH_3)_2$ und $BrCH_2C(=O)CH(CH_3)_2$, 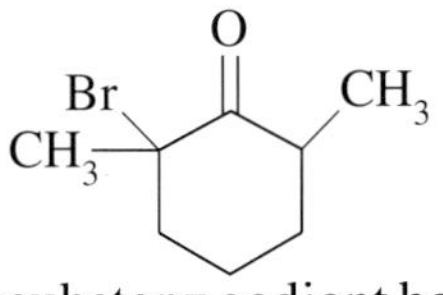

(Gemisch von Stereoisomeren aus dem *cis*- oder *trans*-Keton, das als Ausgangssubstanz gedient hat),

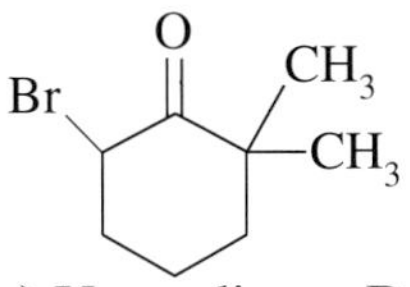, 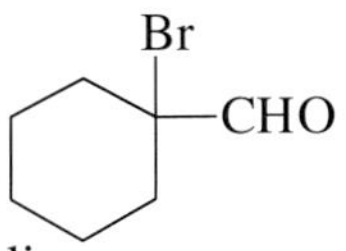 keine Reaktion und $(CH_3)_3CCHBrC(=O)H$.

**(c)** Unter diesen Bedingungen werden alle α-Wasserstoffe durch Cl ersetzt.

**3. (a)** Ein Äquivalent $Br_2$ in Ethansäure ($CH_3CO_2H$) als Lösungsmittel.

**(b)** Überschuß von $Cl_2$ in wässriger Base.

**(c)** Ein Äquivalent $Cl_2$ in Ethansäure.

**4. (a)** 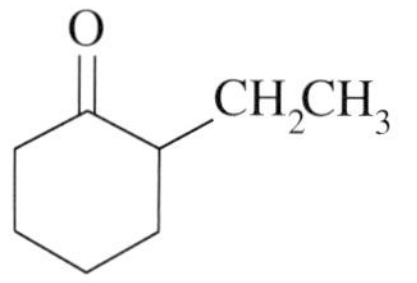 **(b)** 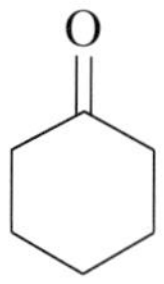 + $CH_3CH{=}CH_2$ (E2) **(c)** 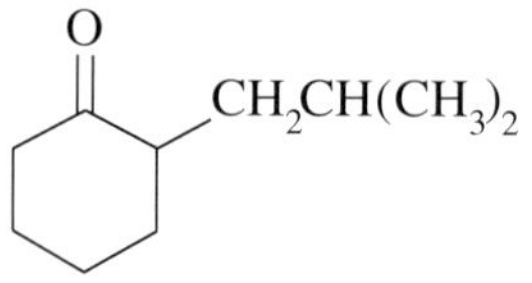

**(d)** 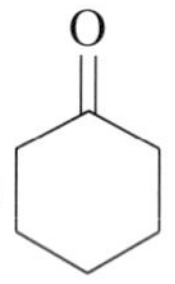 + $CH_2{=}C(CH_3)_2$

(wieder E2: sekundäre und tertiäre Halogenalkane gehen bei Behandlung mit stark basischen Enolat-Anionen Eliminierungsreaktionen ein).

**5.** In beiden Fällen handelt es sich um die Reaktionsfolge Aldehyd → Enamin → Alkylierung. Die neue Kohlenstoff-Kohlenstoff-Bindung ist mit einem Pfeil markiert.

**(a)** $(CH_3)_2C{=}CHCH_2\overset{\downarrow}{-}CH_2CHO$ (über $CH_2{=}CH{-}N$ )

**(b)**

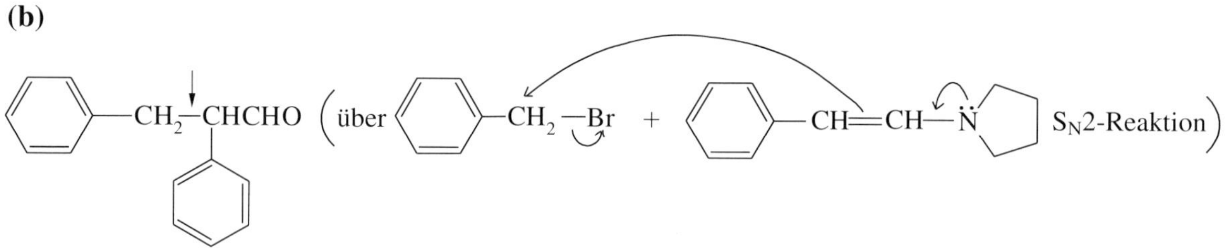


**6.** Am Beispiel des Cyclohexanons: Bevor die Reaktion zwischen Cyclohexanon-Enolat und Iodmethan abgelaufen ist, liegt ein Gemisch vor, das $CH_3I$, 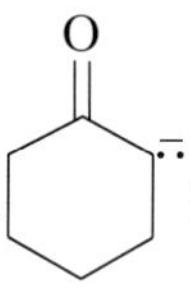 und 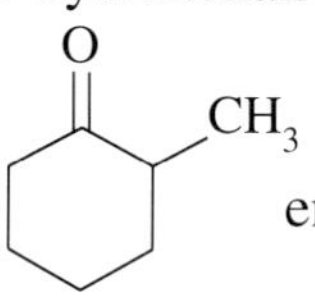 enthält. Unter diesen Bedingungen kann eine Säure-Base-Reaktion zwischen Cyclohexanon-Enolat und 2-Methylcyclohexanon ablaufen, die zu den beiden möglichen Enolatformen des letzteren führt:

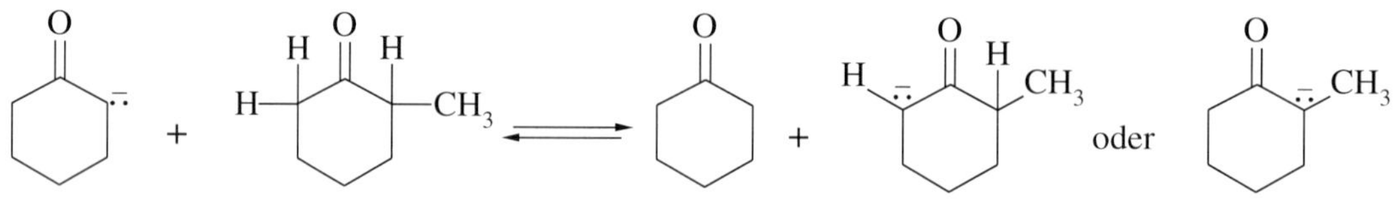


Die Reaktion dieser neuen Enolate mit $CH_3I$ führt zu doppelt alkylierten Produkten.

Bei Enaminen fällt dieses Problem weg. Das Alkylierungsprodukt des Enamins, 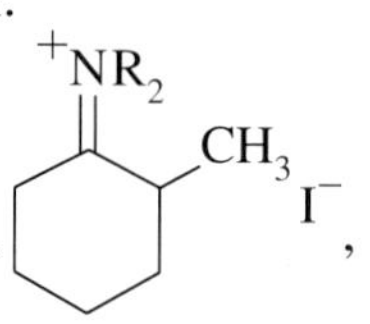, kann weder durch unumgesetztes Enamin noch durch irgendeine andere im Reaktionssytem anwesende Spezies in ein anderes alkylierbares Produkt überführt werden. Genauer gesagt ist unumgesetztes Enamin nicht basisch genug, um aus dem Alkylierungsprodukt ein Proton abzuspalten.

**7.** Ja. Enamine (neutral) sind sehr viel weniger basisch als Enolate (anionisch) und neigen in sehr viel geringerem Maße zu E2-Eliminierungsreaktionen.

**8.** Benutzen Sie einen Katalysator! Dann ist es einfach:

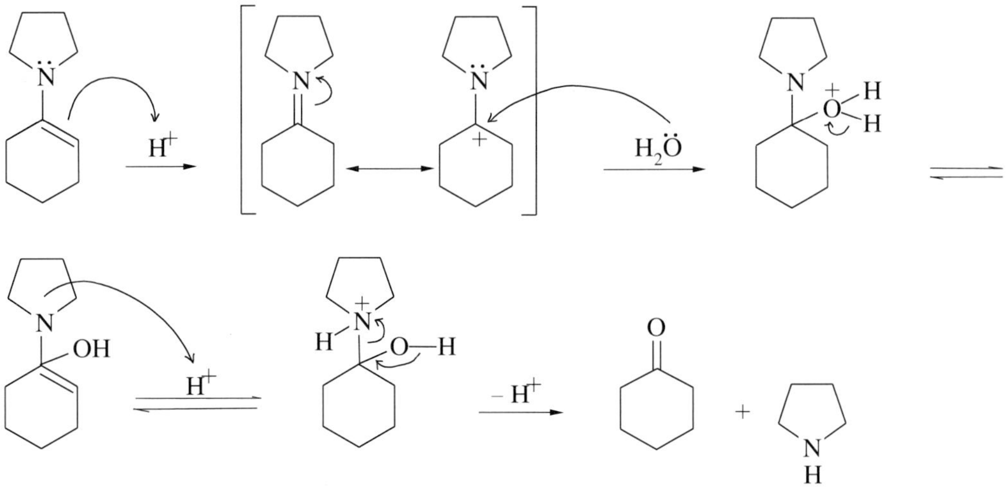

**9.** Aldol-Additionen. Abgekürzte Mechanismen (für Ihre Antworten nicht nötig) werden angegeben, in jedem Fall ist die neue Bindung im Produkt durch einen Pfeil markiert.

**(a)**

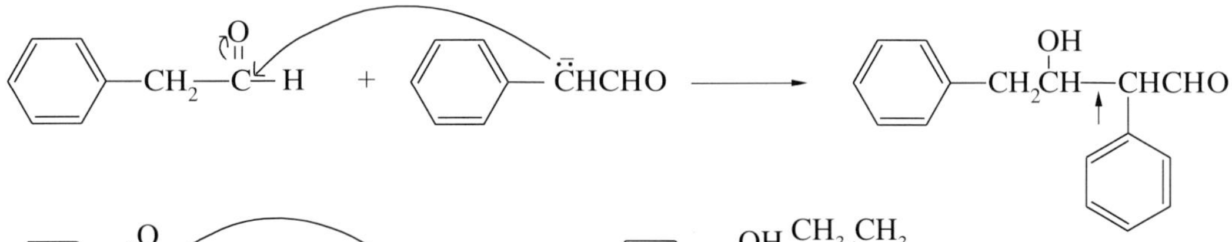

**(b)**

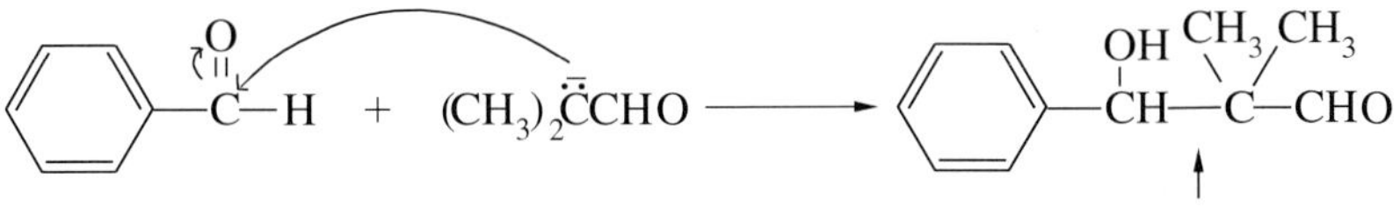

**(c)**

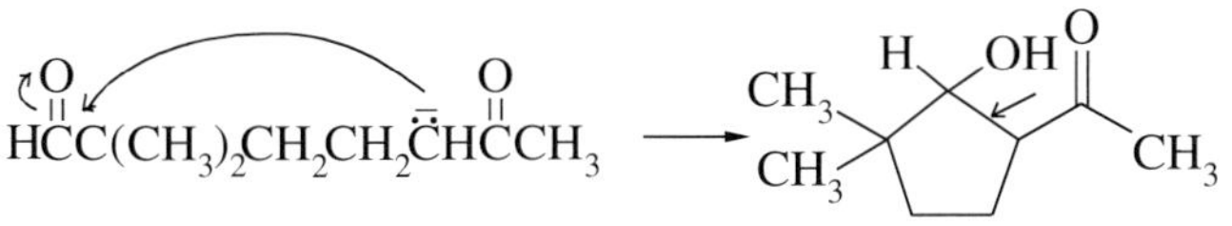

**(d)**

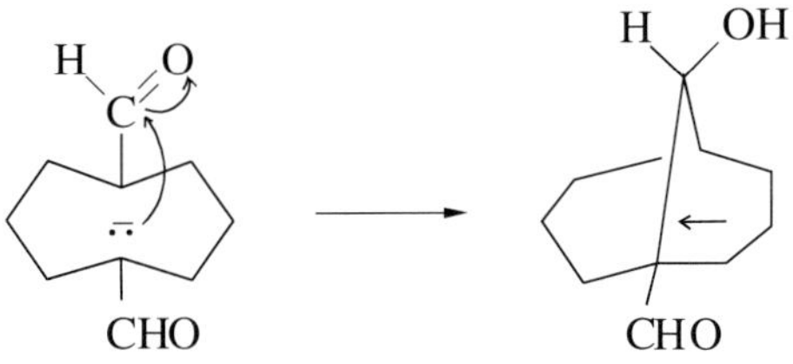

**10.** Wichtig ist die retrosynthetische Analyse: Zur Bestimmung der Bindung, die aus der Kondensationsreaktion hervorgeht, suchen Sie die Aldol-Gruppierung:

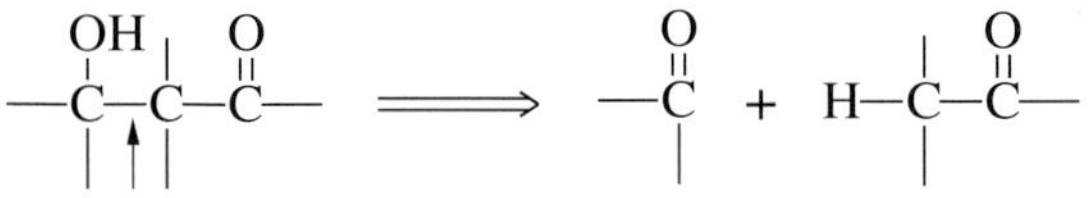

das ist die neue Bindung diese sind die Vorläufer

**(a)**

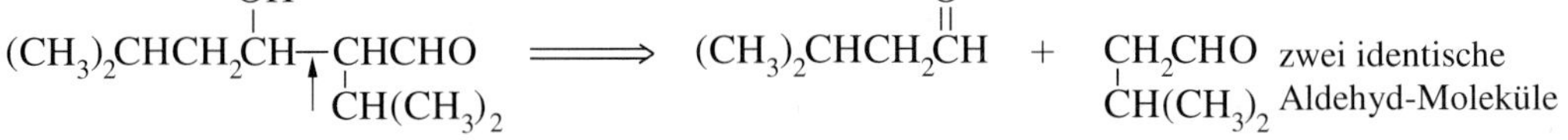

Die antwort ist 2 $(CH_3)_2CHCH_2CHO \xrightarrow{NaOH,\ H_2O}$ Produkt

**(b)** 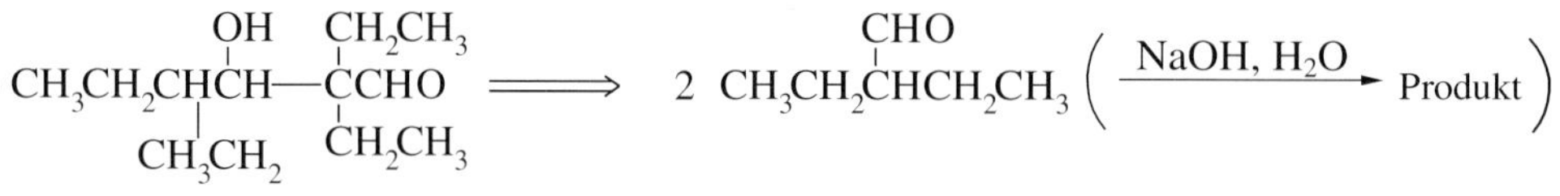


**(c)** 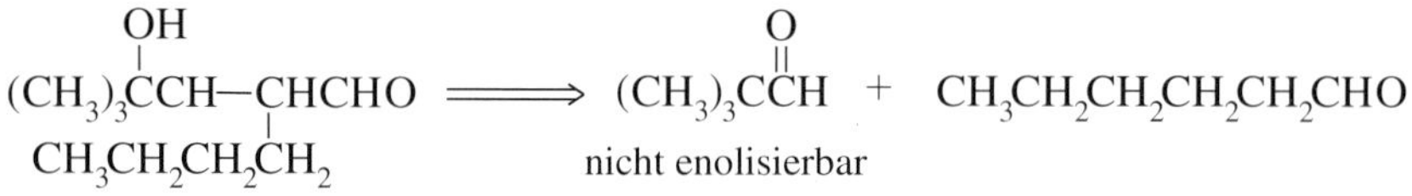


Eine gemischte Aldol-Addition: Läuft am besten ab mit einem Überschuß an $(CH_3)_3CCHO$, um die Selbstkondensation von zwei Hexanal-Molekülen möglichst gering zu halten.

**(d)** 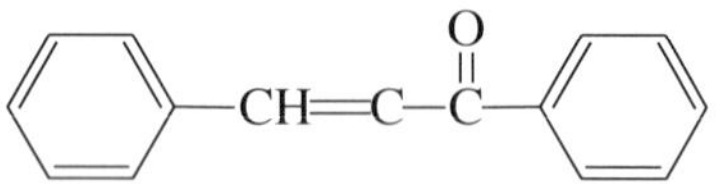 ist das Dehydratisierungsprodukt, das sich ableitet von

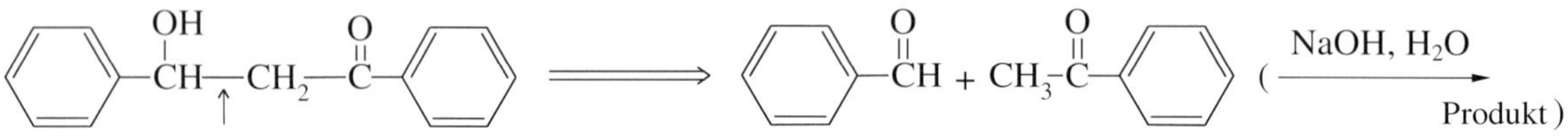


Ein sehr gutes gemischtes Aidol, weil der Aldehyd nicht enolisierbar ist und das Keton nicht mit sich selbst kondensiert (ungünstige Gleichgewichtslage). Beachten Sie, wie die retrosynthetische Analyse eines α, β-ungesättigten Ketons oder Aldehyds zur Aldol-Addition führt:

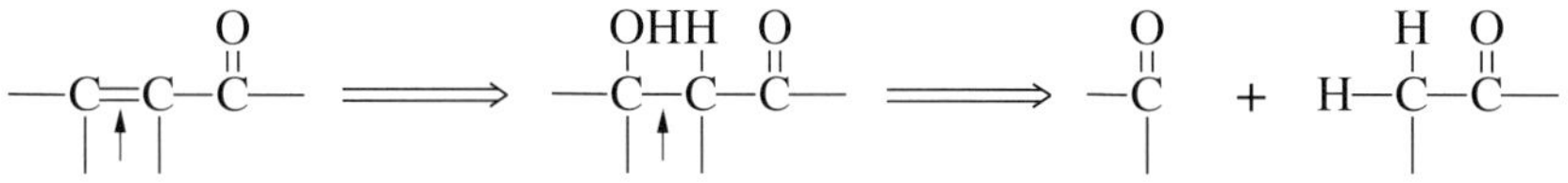

**(e)** Folgen Sie dem *Schema*:

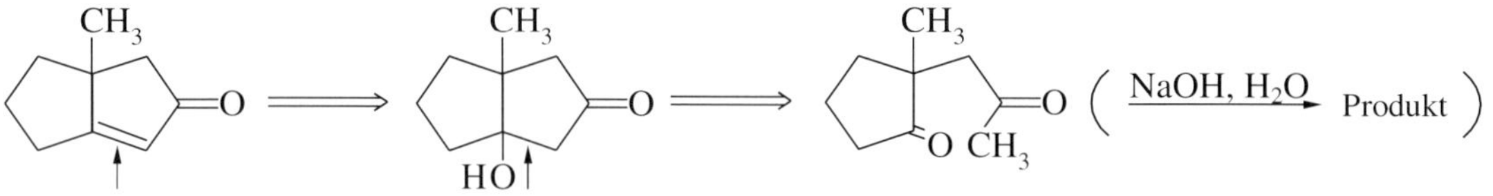


**(f)** 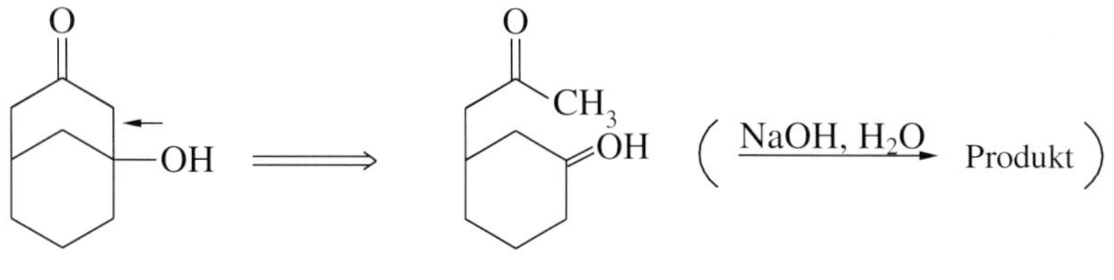


**11.** Da Enolate sich nicht als Zwischenverbindungen herstellen lassen, muß man eine Alternative ins Auge fassen: Ein neutrales Enol, das in seinem nucleophilen Verhalten einem Enamin gleicht:

Welche Rolle spielt die Säure? Sie wissen bereits (Abschnitt 17.5), daß Säure durch Reaktion mit dem Sauerstoff Additionsreaktionen von Carbonyl-Verbindungen katalysiert, wodurch ein besseres Elektrophil entsteht. Somit haben wir (mit Ethanal als Beispiel):

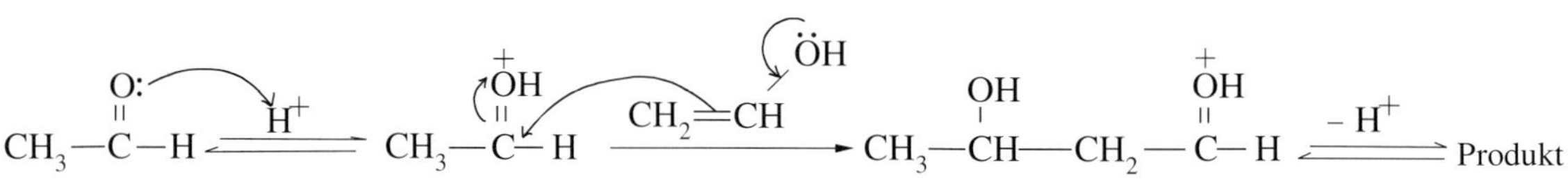

**12.** $CH_3CH_2CH_2CH{=}CHCHO$ ◄——— $CH_3CH_2CH_2CHO$ + $(C_6H_5)_3P{=}CHCHO$
        2-Hexanal

$CH_3CH_2CH_2CH{=}CH\overset{\overset{\displaystyle O}{\|}}{C}CH_3$ ◄——— $CH_3(CH_2)_3CHO$ + $(C_6H_5)_3P{=}CH\overset{\overset{\displaystyle O}{\|}}{C}CH_3$
        3-Octen-2-on

$CH_3CH_2CH_2CH_2CH{=}CHCH{=}CHCHO$ ◄—$\dfrac{(C_6H_5)_3P{=}CHCHO}{wieder}$— $CH_3(CH_2)_3CH{=}CHCHO$

◄—$\dfrac{(C_6H_5)_3P{=}CHCHO}{}$— Pentanal

**13. (a)** $\xrightarrow{\begin{array}{l}1.\ Cl_2,\ CH_3CO_2H\\2.\ Na_2CO_3\end{array}}$ Produkt

**(b)** $CH_3\overset{\overset{\displaystyle O}{\|}}{C}CH_3$ + $CH_3CH_2CH_2\underset{\underset{\displaystyle P(C_6H_5)_3}{|}}{\overset{\overset{\displaystyle O}{\|}}{C}}CH$ ——► Produkt

**(c)** $CH_3(CH_2)_4\overset{\overset{\displaystyle O}{\|}}{C}H$ $\xrightarrow{\begin{array}{l}1.\ CH_2{=}CHLi\\2.\ MnO_2\end{array}}$ Produkt

Produkt (spezielle $MnO_2$-Oxidation des Allylalkohols zum α,β-ungesättigten Keton).

In Teil **(b)** bildet sich das Wittig-Reagenz durch Reaktion von $(C_6H_5)_3P$ mit einem α-Chloraldehyd. Die Aldol-Addition bildet hier eine Alternative.

**14.** : **(a)** Cyclohexanon       **(b)** 2-Cyclohexanol

**(c)**  **(d)**  **(e)**  **(f)**

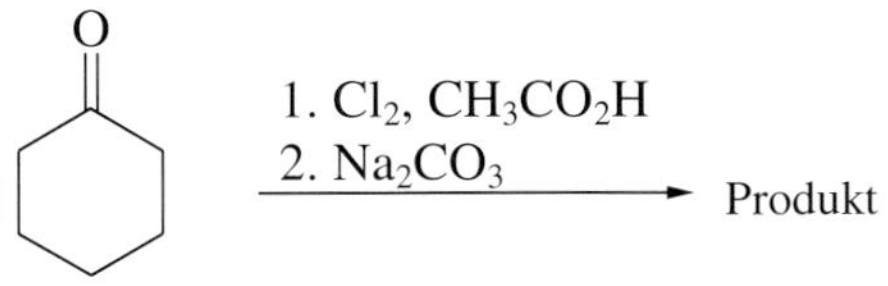

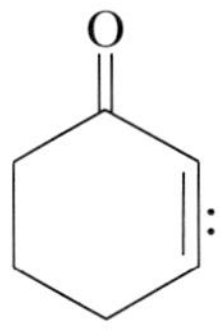

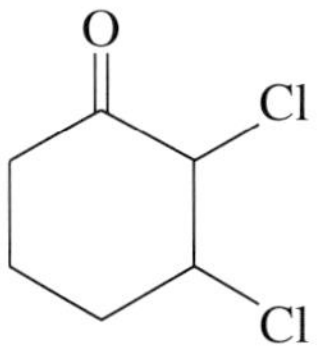

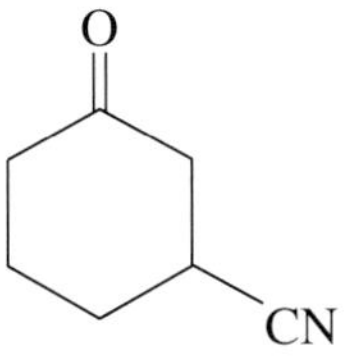

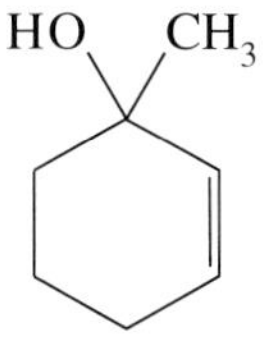

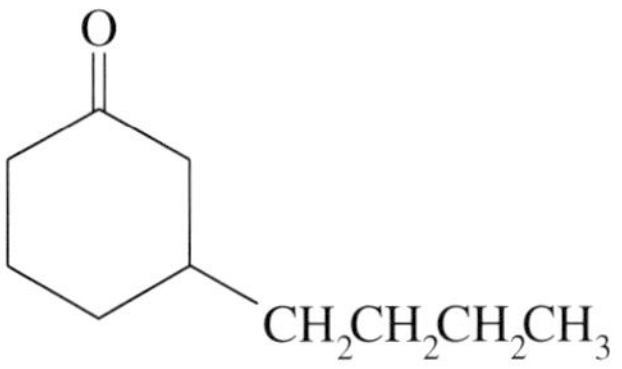

**(g)**  **(h)**  (im ersten Schritt wird ein Enolat gebildet, das dann alkyliert wird)

:  **(a)** $(CH_3)_2CHCH\underset{\underset{\displaystyle CHO}{|}}{}CH_2CH_2CH_3$

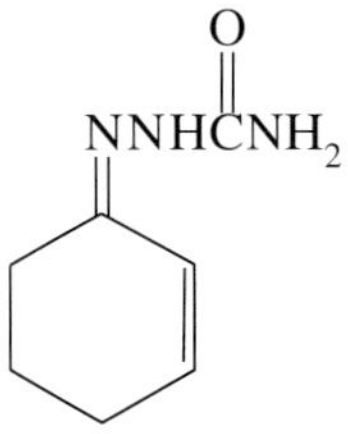

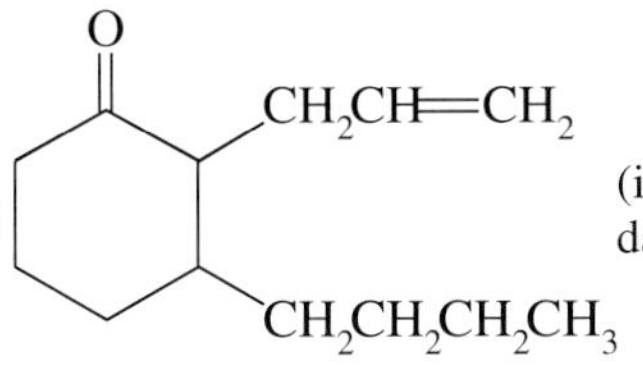

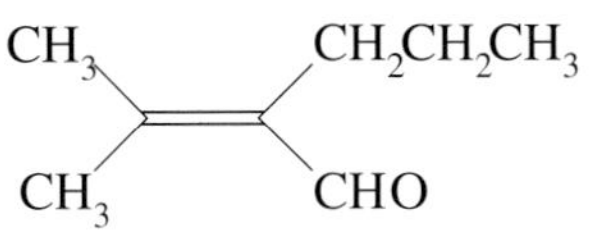

**(b)** $(CH_3)_2C{=}C(CH_2OH)CH_2CH_2CH_3$

**(c)** $(CH_3)_2CClC(CHO)ClCH_2CH_2CH_3$

**(d)** $(CH_3)_2C(CN){-}C(CH_2OH)CH_2CH_2CH_3$

**(e)** $(CH_3)_2C{=}C(CH_3CHOH)CH_2CH_2CH_3$

**(f)** $CH_3CH_2CH_2CH_2C(CH_3)_2{-}CH(CHO)CH_2CH_2CH_3$

**(g)** $(CH_3)_2C{=}C(CH{=}NNHCONH_2)CH_2CH_2CH_3$

**(h)** $CH_3CH_2CH_2CH_2C(CH_3)_2{-}CH(CHO)(CH_2CH{=}CH_2)CH_2CH_2CH_3$

$CH_2{=}CHC({=}O)(CH_2)_4CH_3$ : **(a)** 3-Octanon **(b)** 1-Octen-3-ol

**(c)** $ClCH_2CHClC({=}O)(CH_2)_4CH_3$

**(d)** $NCCH_2CH_2C({=}O)(CH_2)_4CH_3$

**(e)** $CH_2{=}CHC(OH)(CH_3)(CH_2)_4CH_3$

**(f)** $CH_3(CH_2)_5C({=}O)(CH_2)_4CH_3$

**(g)** $CH_2{=}CHC({=}NNHCONH_2)(CH_2)_4CH_3$

**(h)** $CH_3(CH_2)_4CH(CH_2CH{=}CH_2)C({=}O)(CH_2)_4CH_3$

**15.** **(a)** $C_6H_5C({=}O){-}CH(CH_2CH_3)CH_2CH_3$

**(b)**

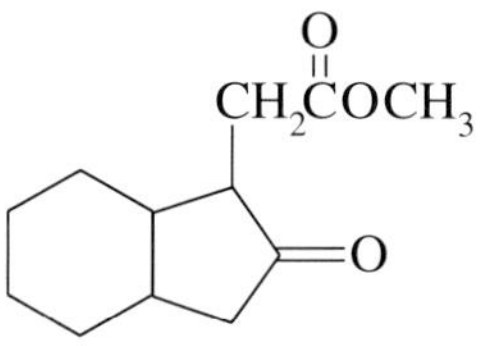


(c)

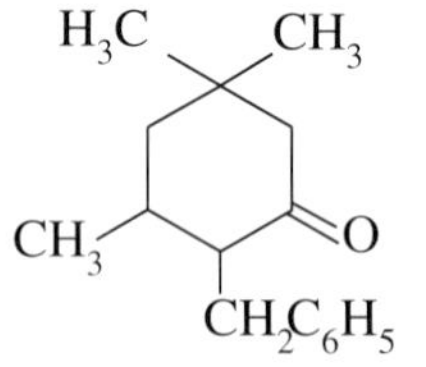


(über

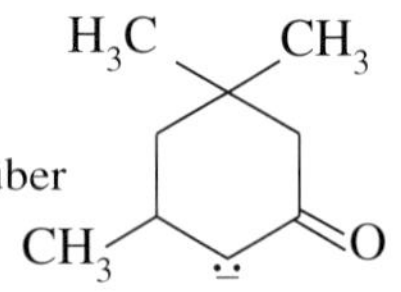


+ $C_6H_5CH_2Cl$)

**(d)**

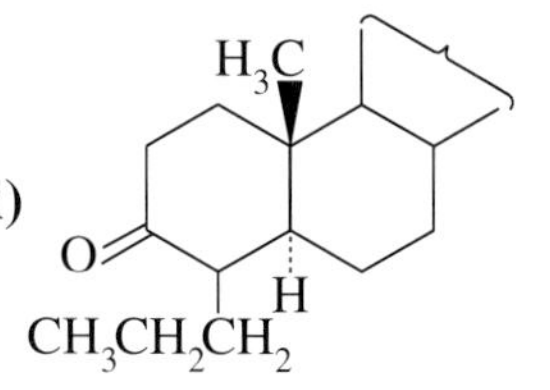


(über

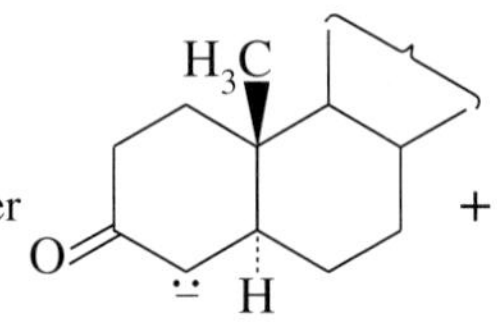


+ $CH_3CH_2CH_2Cl$)

**(e)** 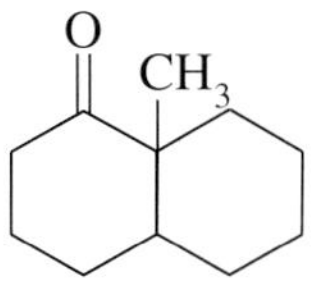

**(f)** 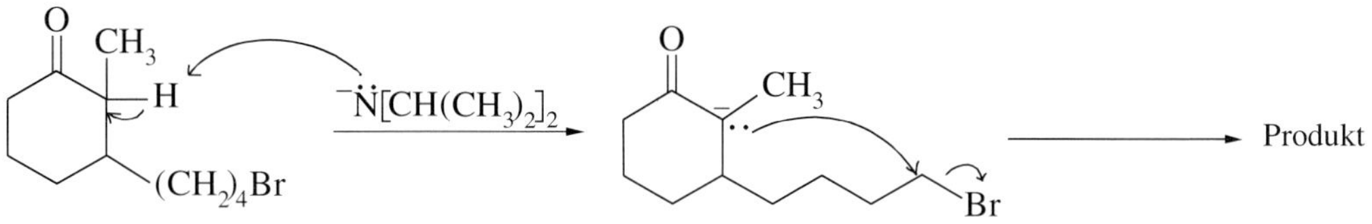


**16.** „Michael“-Additionen: 1,4-Additionen von Enolat-Anionen an α,β-ungesättigte Aldehyde oder Ketone.

**(a)** $C_6H_5\overset{O}{\overset{\|}{C}}CH_2-CH_2CH_2\overset{O}{\overset{\|}{C}}C_6H_5$  **(b)** 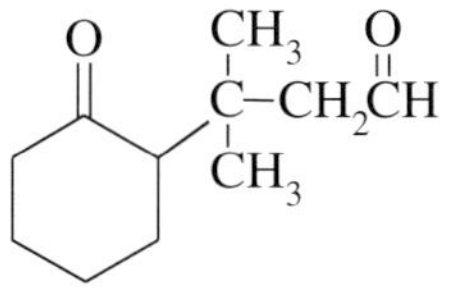  **(c)** 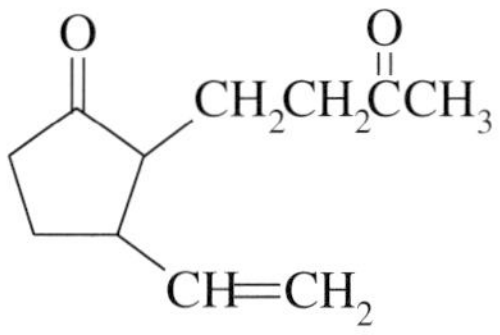

**(d)** 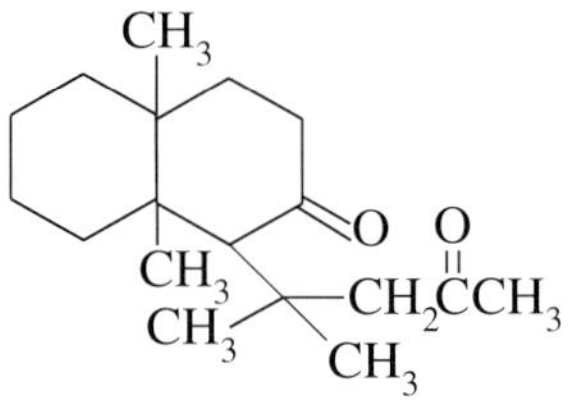

**(e)** Intramolekulare Aldol-Additionen,

ergeben 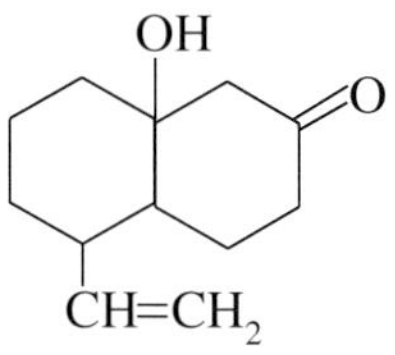 aus **(c)** und 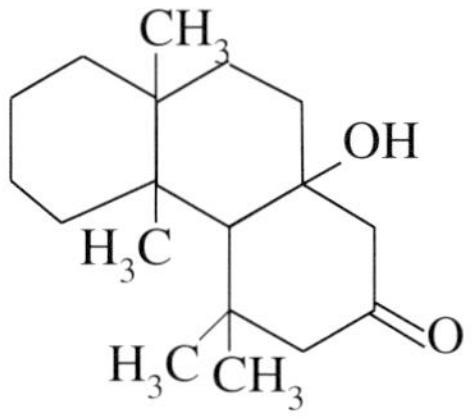 aus **(d)**.

**17.** Robinson-Annelierungen (Michael-Addition und nachfolgende Aldol-Additionen).

**(a)** 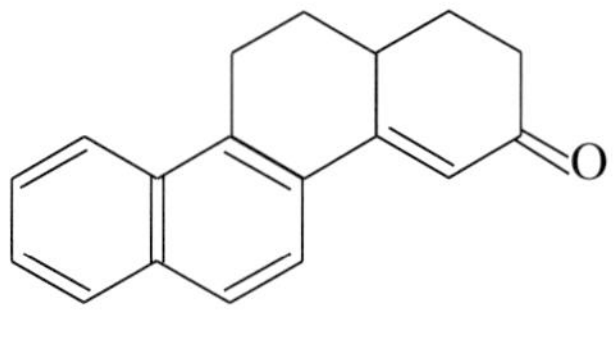  **(b)** 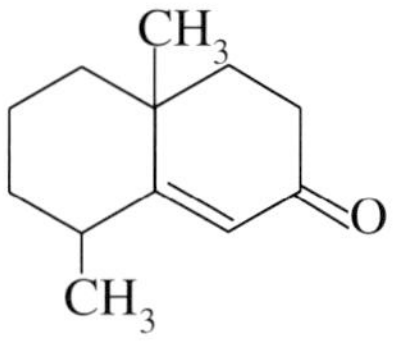  (c) 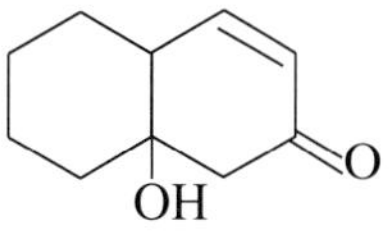

**(d)**

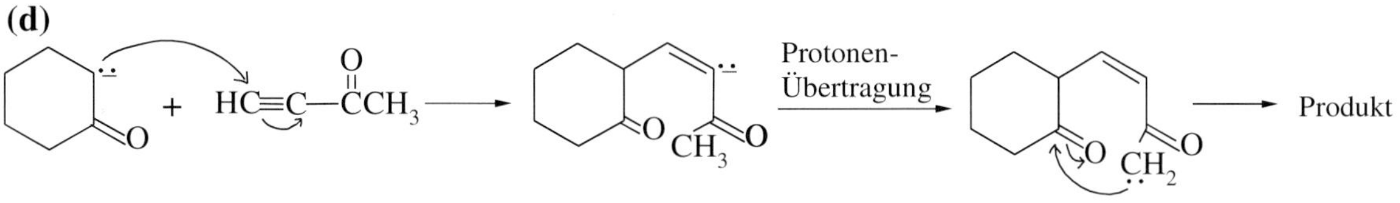


Erhitzen in **(a)** und **(b)** verstärkt die Dehydratisierung unter Bildung des α,β-ungesättigten Ketons.

**18.** Retrosynthetisch

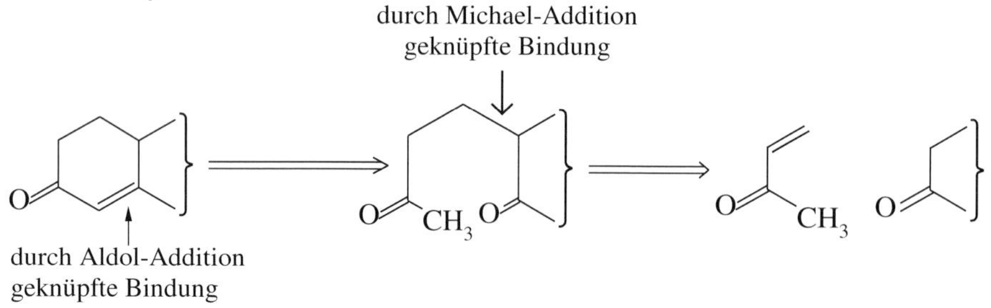
durch Michael-Addition geknüpfte Bindung
durch Aldol-Addition geknüpfte Bindung

**(a)**

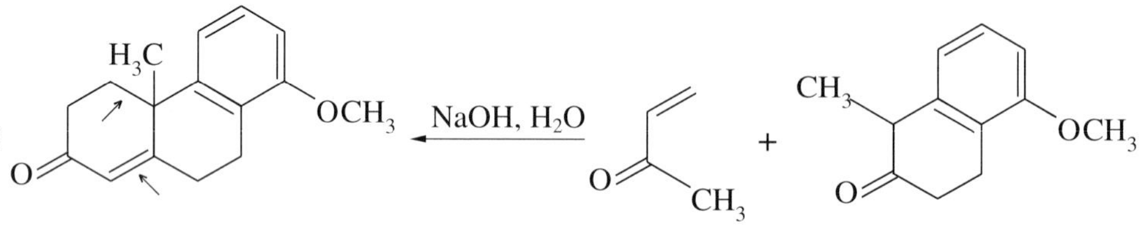
NaOH, H2O

**(b)**

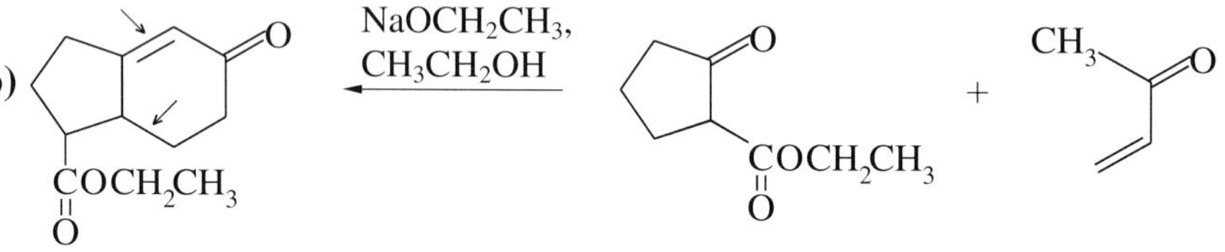
NaOCH2CH3,
CH3CH2OH

(Verwenden Sie Alkohol/Alkoxid, um die Hydrolyse des Esters zu vermeiden).

**(c)**

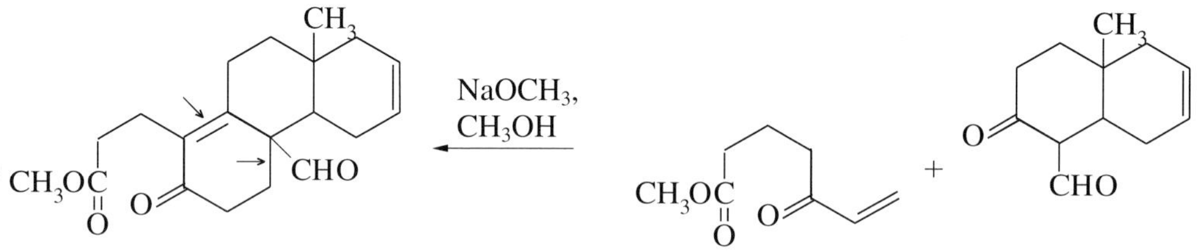
NaOCH3,
CH3OH

**(d)**

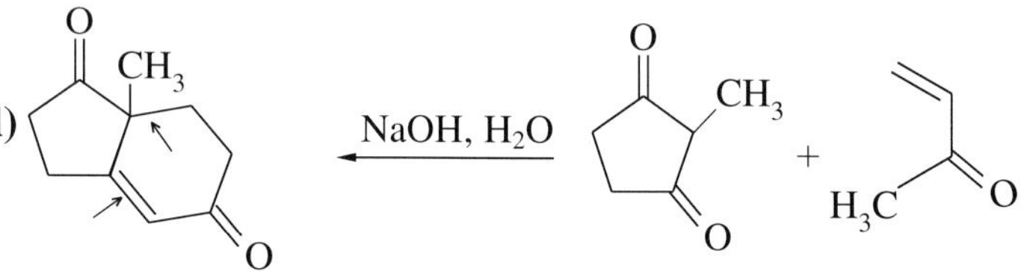
NaOH, H2O

**19.** Nein! Die Carbonyl-Gruppe ändert den Mechanismus:

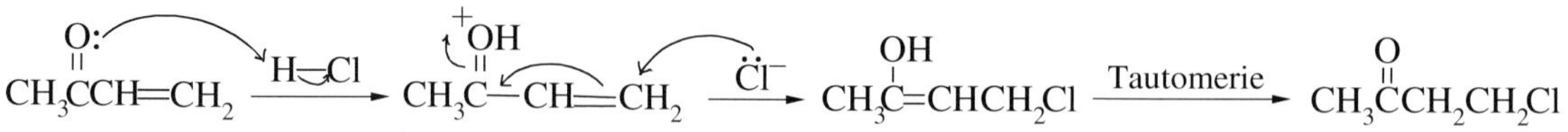
Tautomerie

Die Protonierung erfolgt am Sauerstoff, nicht am Kohlenstoff, und das Ergebnis *sieht aus* wie eine *anti*-Markownikov-Orienderung.

**20.** Hier soll der *Blick* für Strukturdetails geübt werden. Versuchen Sie, die Kohlenstoff-Atome der Ausgangsverbindungen in den Reaktionsprodukten wiederzuerkennen und die Stellen zu finden, an denen Bindungen geknüpft oder gelöst wurden:

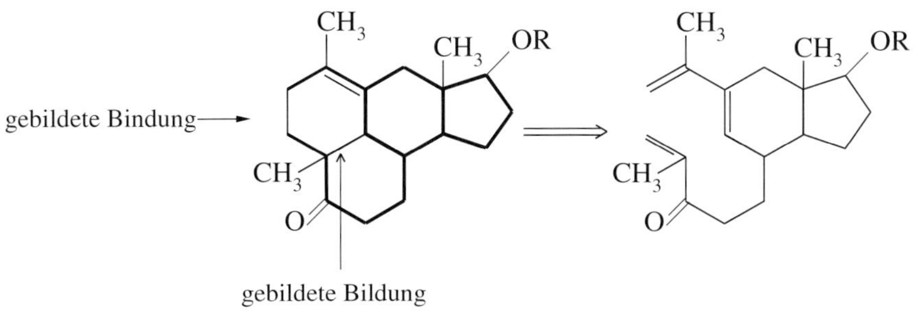


Dies ist eine Diels-Alder-Reaktion! Antwort bei **(a)** lautet „Wärme".

Ähnlich für Reaktion **(b)**:

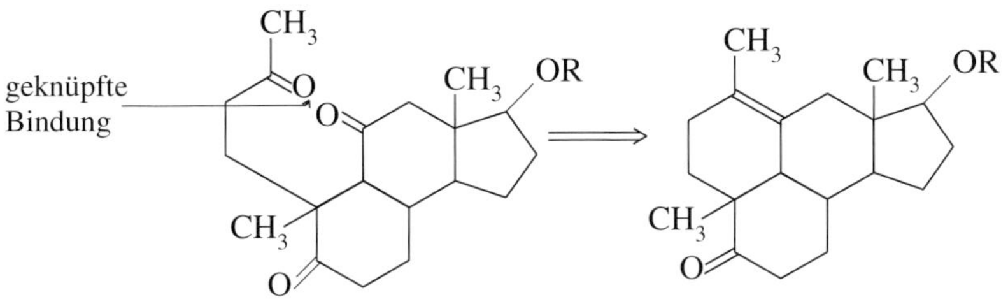


Dies ist eine Ozonolyse: 1. $O_3$, 2. Zn, $H^+$, $H_2O$.
Reaktion **(c)** schließlich ist eine Aldol-Addition:

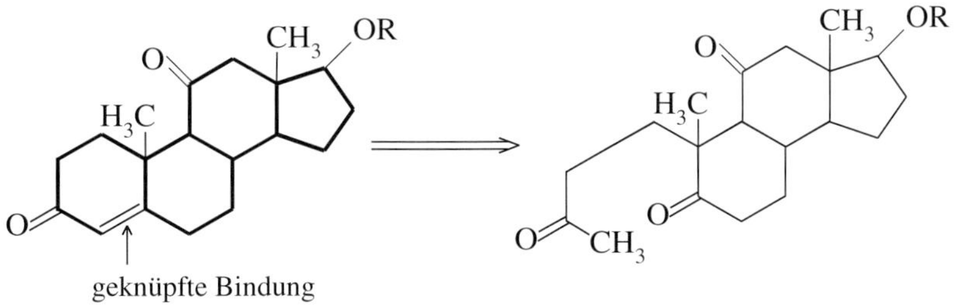


Bedingungen: NaOH, $H_2O$, Δ.
Aldol-Addition „zur anderen Seite", mit dem Keton im mittleren Ring:

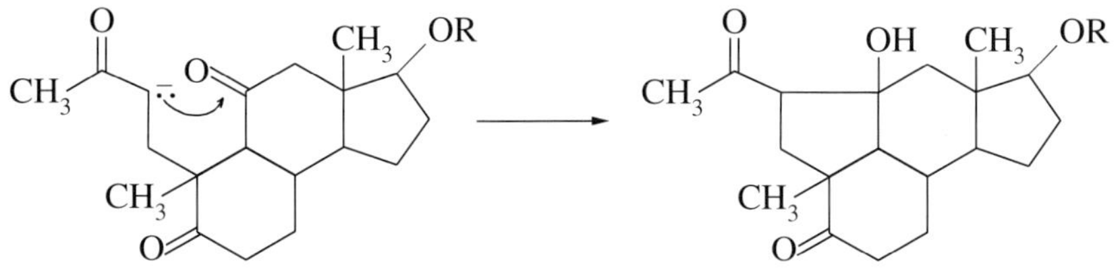

Aber der fünfgliedrige Ring, der sich hier bildet, ist *stärker gespannt* als der sechsgliedrige, der sich oben gebildet hatte, darum ist diese Alternative nicht begünstigt. Sollte sie eintreten, kehrt sie sich ohne weiteres wieder um (Retro-Aldol-Reaktion).

21. Der Begriff „Ungesättigtheitsgrad" wird in Kapitel 11 des Lehrbuchs erläutert.

**(a)** $H_{\text{gesättigt}} = 10 + 2 = 12$; Ungesättigtheitsgrad = (12 – 10)/2 =1, 1 π-Bindung oder Ring. UV: n→π*-Absorption von Carbonyl. NMR: $CH_3$–C(=O)–$CH_2$– und –$CH_2$–$CH_3$ sind klar zu erkennen, (δ2.1, δ2.3, δ0.9 (t)) wir erhalten als Antwort 2-Pentanon, $CH_3COCH_2CH_2CH_3$ (A).

**(b)** $H_{gesättigt}$ = 10 + 2 = 12; Ungesättigtheitsgrad = (12 – 8)/2 = 2, 2 π-Bindungen und/oder Ringe. UV: π → π*-Absorption von α,β-ungesättigtem Carbonyl bei 220 nm.

NMR: $CH_3$–C(=O)— (δ2.1) ist klar zu erkennen. Ebenso zwei Alken-Wasserstoffe (δ5.8 bis 6.9) und weitere 3H bei δ1.9 ($CH_3$–?). Da UV auf Konjugation hinweist, gibt es drei Möglichkeiten:

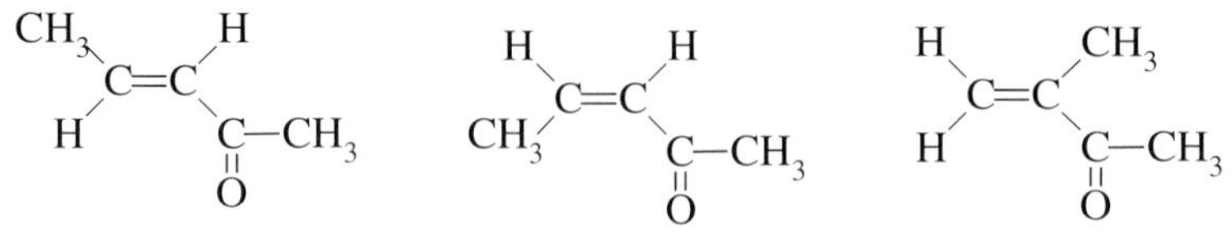

Die letzte kommt nicht in Frage, weil das Signal bei δ1.9 starke Aufspaltung aufweist, was auf die Gruppierung $CH_3$(H)C= hindeutet. In der Alken-Region deutet die starke Aufspaltung des Signals bei δ6.0 (etwa 15 Hz) auf *trans*-ständige Alken-Wasserstoffe hin, darum stellt die erste der drei Möglichkeiten B dar.

**(c)** $H_{gesättigt}$ = 12 + 2 = 14; Ungesättigtheitsgrad = (14 – 12)/2 =1, 1 π-Bindung oder Ring. UV: π→π*-Absorption eines einfachen Alkens. NMR: $CH_3$—$CH_2$— (δ0.8 (t)) liegt vor, ebenso

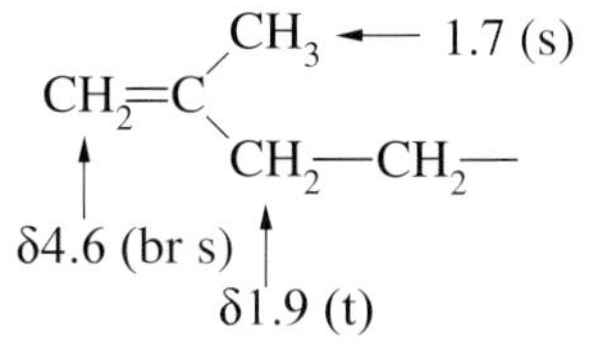

Die Identifizierung erfolgt anhand der chemischen Verschiebungen und der Aufspaltungen. Wir erhalten insgesamt $C_7H_{14}$, das bedeutet, das eine $CH_2$-Gruppe in beiden Fragmenten auftritt. Wenn wir das berücksichtigen, ergibt sich als Antwort für C

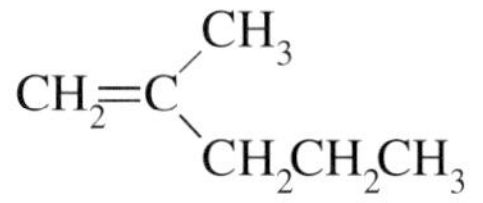

**(d)** Ebenfalls ein Ungesättigtheitsgrad von l. UV: n→π*-Absorption eines nichtkonjugierten Keton.

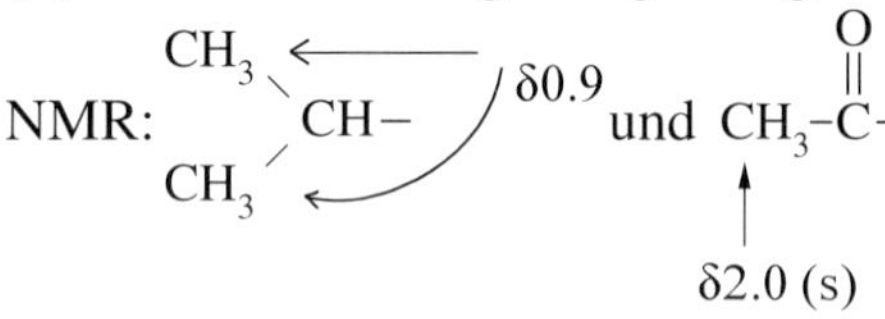

NMR: $(CH_3)_2$CH– (δ0.9) und $CH_3$–C(=O)— (δ2.0 (s)), die zusammen $C_5H_{10}O$ ergeben; es muß gerade noch eine $CH_2$-Gruppe eingefügt werden: $(CH_3)_2$CH—$CH_2$—C(=O)—$CH_3$ ist D.

**(e)** A + $CH_2$=P$(C_6H_5)_3$ → C **(f)** B + $(CH_3)_2$CuLi → D **(g)** B + $H_2$, Pd-C → A

**22. (a)**

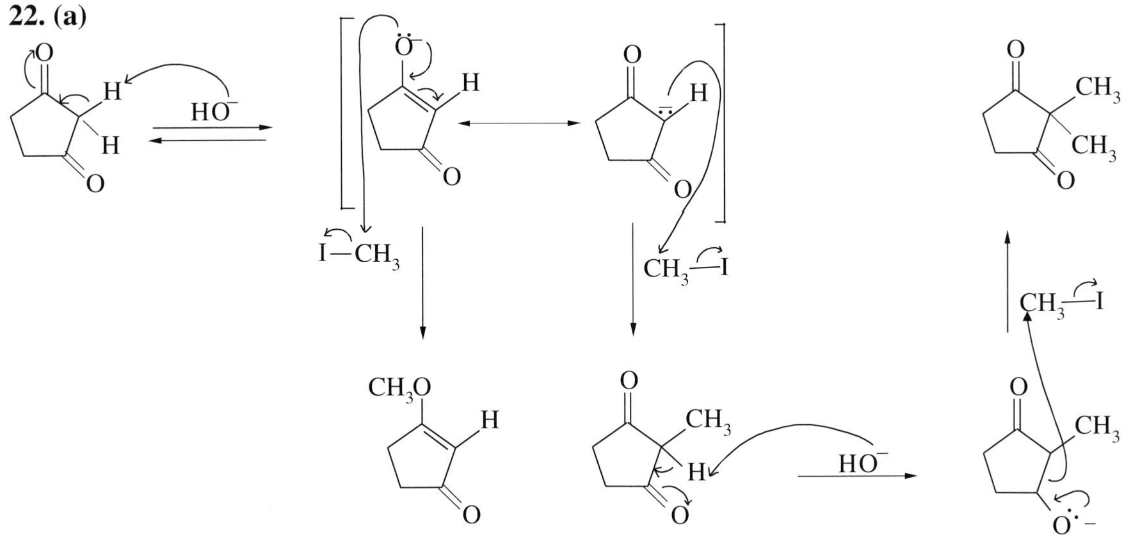


**(b)**

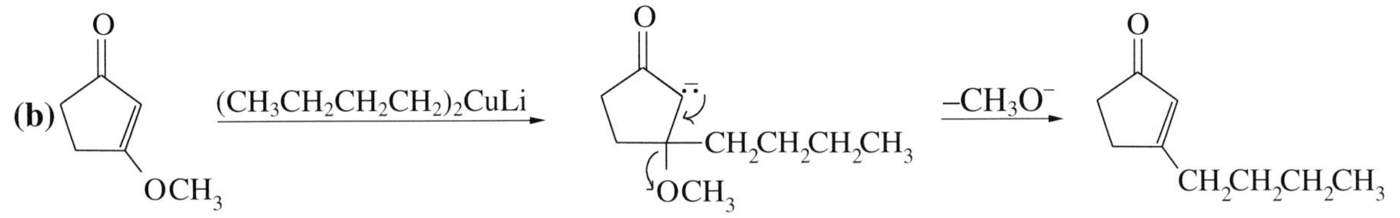


Wahrscheinlich liegt ein Additions-Eliminierungs-Mechanismus vor.

**23. (a)** Die Deprotonierung in Allyl-Stellung erfolgt unter Bildung eines konjugierten enolatartigen Anions:

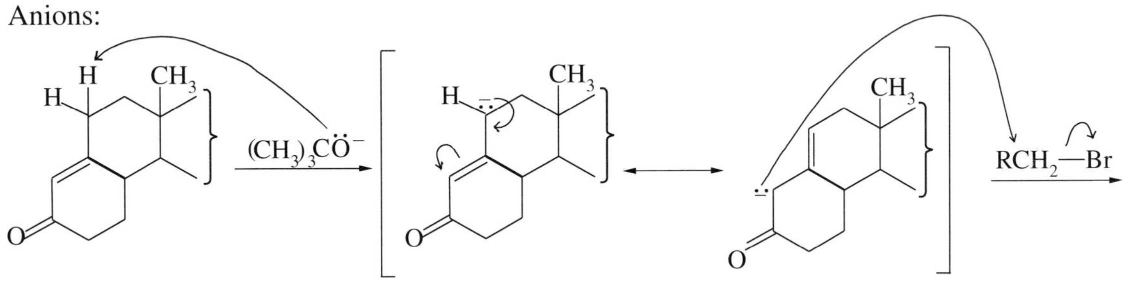


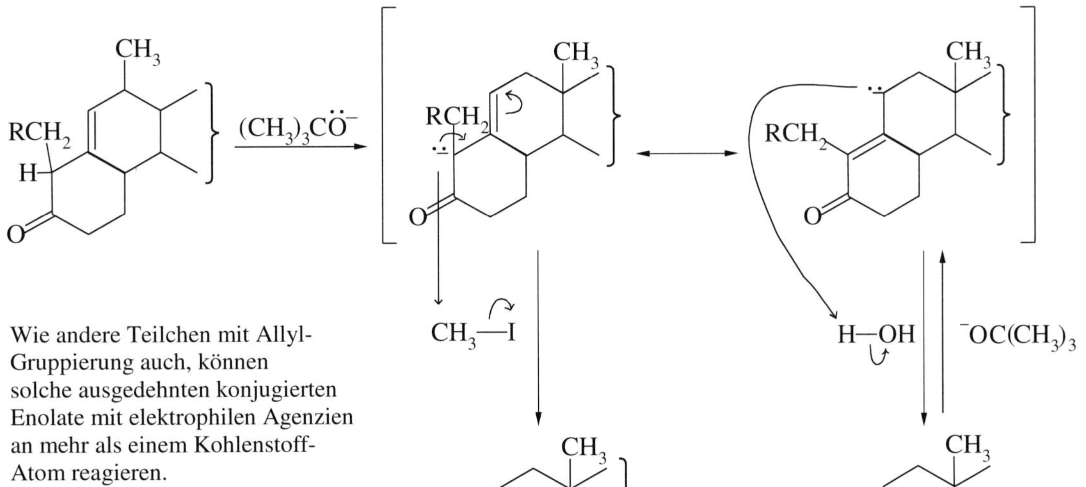


Wie andere Teilchen mit Allyl-Gruppierung auch, können solche ausgedehnten konjugierten Enolate mit elektrophilen Agenzien an mehr als einem Kohlenstoff-Atom reagieren.

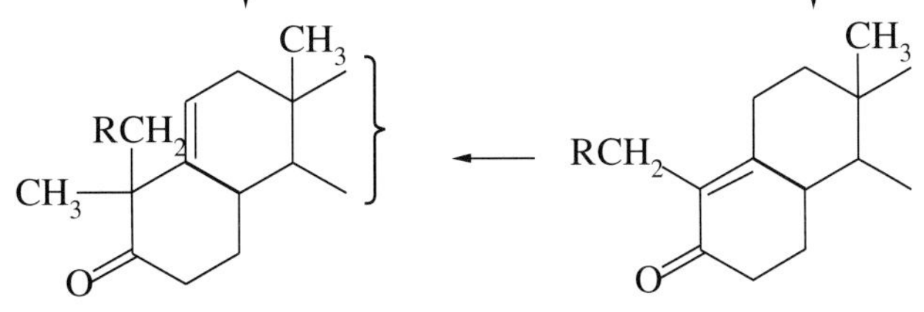

Produkt der zweiten Reaktion

Produkt der ersten Reaktion

**(b)** $H^+$, $H_2O$ mit nachfolgender Anwendung von Jones-Reagenz ergeben:

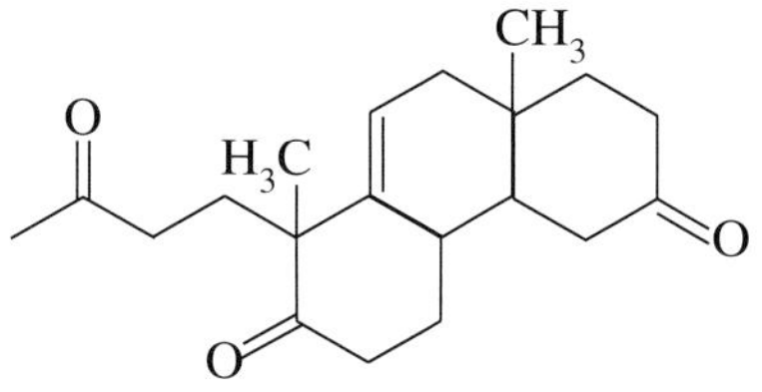


Jetzt kann eine Aldol-Addition erfolgen:

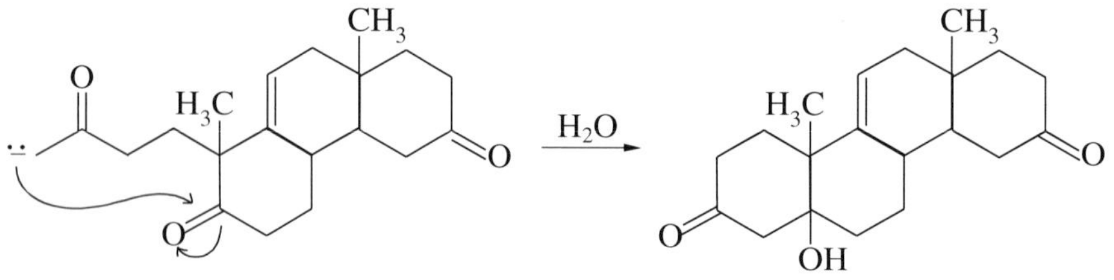


**24.** Untersuchen Sie die Bindungen, die sich in jedem Schritt gebildet haben. Können Sie in jedem die nucleophilen und elektrophilen Kohlenstoff-Atome erkennen? Wenn Sie eines der Atome, das eine neue Bindung eingeht, als Nucleophil identifizieren können ('a'), dann *muß* das andere elektrophil ('b') sein. Somit:

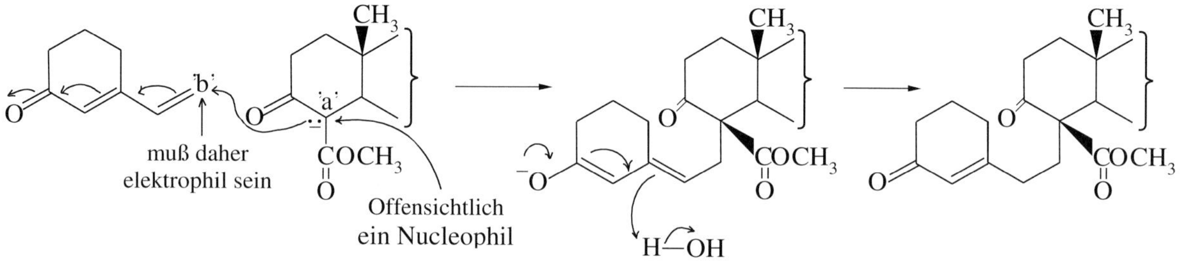


Bei dieser nucleophilen Addition an ein ungesättigtes Keton ist das Keton allerdings doppelt ungesättigt („α, β, γ, δ"), und es handelt sich daher um eine „1,6-Addition". Das entstandene Enolat wird am δ-Kohlenstoff protoniert und geht in ein α,β-ungesättigtes Keton über. In der zweiten Reaktion wird mit einer Base ein allylisches Proton abgespalten, dabei bildet sich ein „ausgedehntes" Enolat:

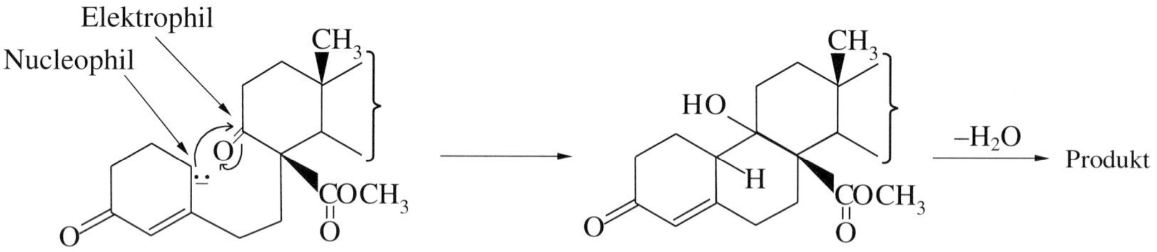


Bei dieser Aldol-Addition befindet sich das nucleophile Zentrum am γ-Kohlenstoff eines α,β-ungesättigten Ketons anstatt wie sonst bei einem einfachen Enolat am α-Kohlenstoff eines gesättigten Ketons.

**25.** Man verfolge den Weg zurück.

**(a)**

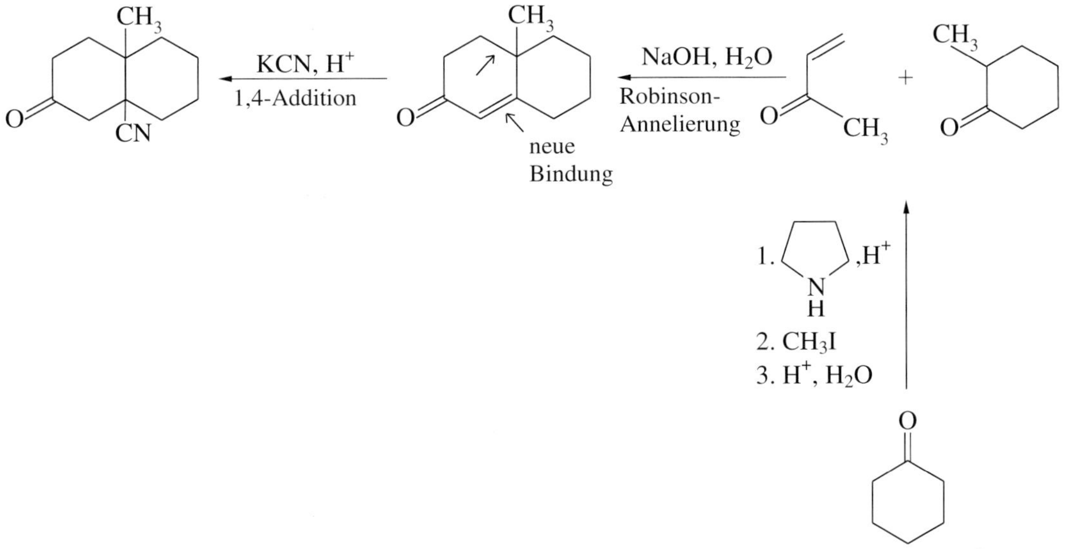


(b) Machen Sie Gebrauch von dem *Hinweis*! Finden Sie die Kohlenstoffe von 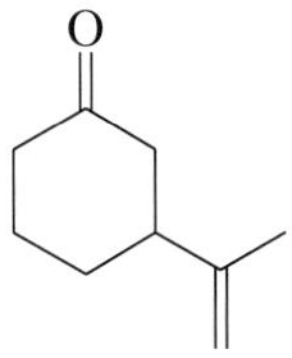 im Zielmolekül:

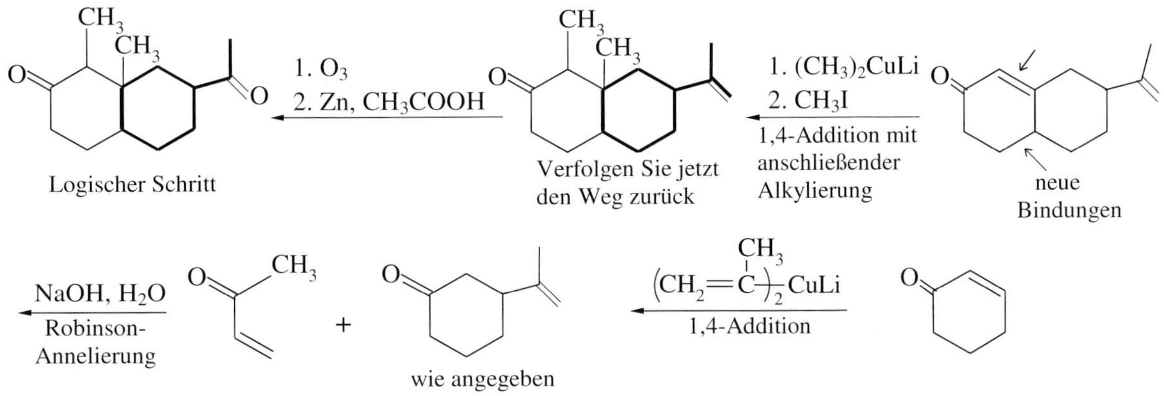


**26. (a)** $CH_3CH_2\overset{O}{\overset{\|}{C}}CH{=}CH_2$, NaOH, $H_2O$ (Robinson-Annelierung)

**(b)** genau die gleichen Reagenzien wie bei 'a', aber hier ist das Nucleophil der α-Kohlenstoff des ausgedehnten Enolats, das durch Deprotonierung des α,β-ungesättigten Ketons in Allyl-Stellung erhalten wird:

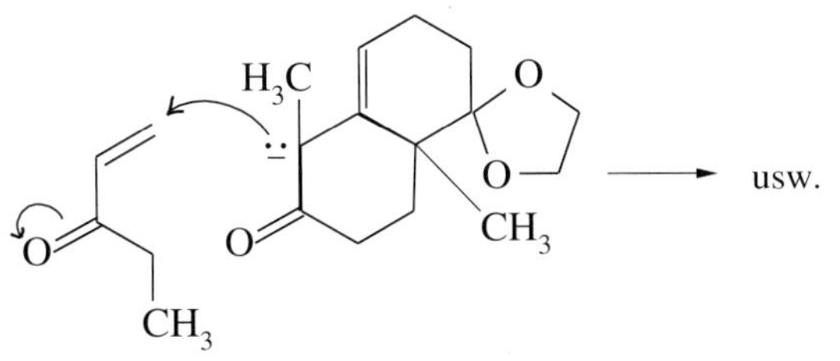


**(c)** 1. Li, $NH_3$ (reduziert die Doppelbindung und liefert Enolat), 2. $CH_3I$

**(d)** 1. $H_2$ im Überschuß, Pt (reduziert die C=C- und C=O-Bindungen), 2. $H^+$ , $H_2O$ (hydrolisiert das Acetal), 3. $CH_3\overset{O}{\overset{\|}{C}}Cl$ (verestert den sich bildenden Alkohol)

**(e)** 1. $Cl_2$, $CH_3COOH$ (chloriert das Keton in α-Stellung), 2. $K_2CO_3$, $H_2O$ (eliminiert HCl unter Bildung des α,β-ungesättigten Ketons).

**27.** **(a)** Es handelt sich um die Umwandlung $RCH_2\overset{+}{N}H3 \longrightarrow R\overset{O}{\overset{\|}{C}}H$. Ein vernünftiger Reaktionsweg verliefe über die Oxidation der $CH_2$-Gruppe:

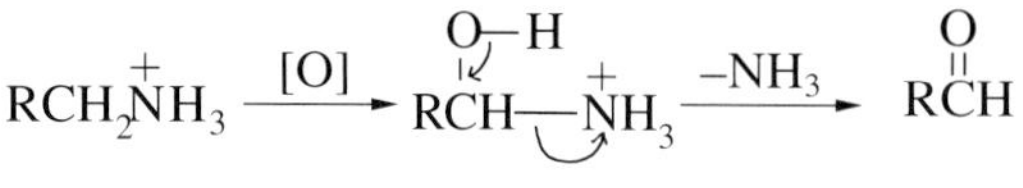


**(b)** Ähnlich

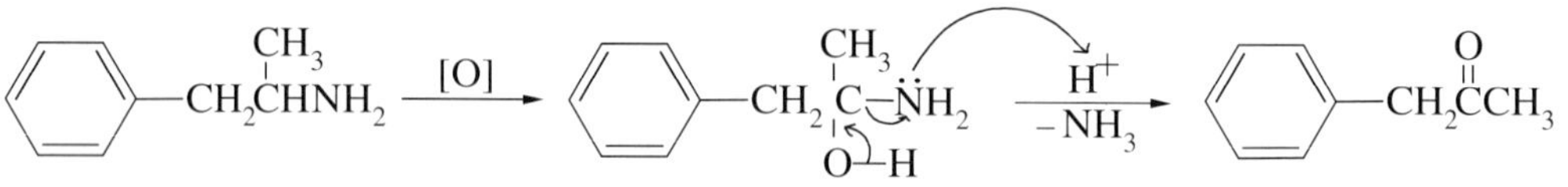


**28.** Bei kinetischer Kontrolle wird die sterisch anspruchsvolle Base das Keton bevorzugt am leichter zugänglichen unsubstituierten α-Kohlenstoffatom deprotonieren. Bei thermodynamischer Kontrolle ist jedoch das rechte Enolat-Ion mit der vierfach substituierten Doppelbindung stabiler (Abschnitt 11.7). Unter Bedingung B kann das vorhandene überschüssige Keton Enolat-Ionen reversibel protonieren und sich über diesen Mechanismus ein Enolat-Gleichgewicht eingestellen. Unter Bedingung A ist ständig Base im Überschuß vorhanden und somit tritt nie eine signifikante Konzentration an neutralem Keton auf, die die Einstellung des Enolat-Gleichgewichtes ermöglichen würde. Ihr Potentialenergie-Diagramm sollte eine niedrigere Aktivierungsbarriere für die Bildung des instabileren energiereicheren „kinetischen“ Enolats (das linke Produkt in der Aufgabenstellung) aufweisen.

# Carbonsäuren

# 19

**1. (a)** 2-Chlor-4-methylpentansäure

**(b)** 2-Ethyl-3-butensäure

**(c)** *E*-2-Brom-3,4-dimethyl-2-pentensäure

**(d)** Cyclopentylethansäure

**(e)** *trans*-2-Hydroxycyclohexancarbonsäure

**(f)** *E*-2-Chlorbutendisäure

**(g)** 2,4-Dihydroxy-6-methylbenzolcarbonsäure

**(h)** 1,2-Benzoldicarbonsäure

**(i)** $H_2NCH_2CH_2CH_2COOH$

**(j)** 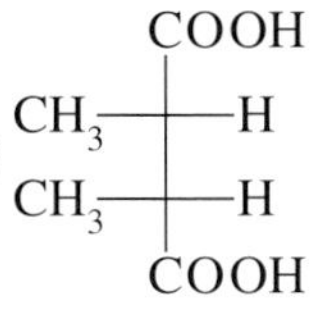


**(k)** $CH_3\overset{O}{\overset{\|}{C}}COOH$

**(l)** 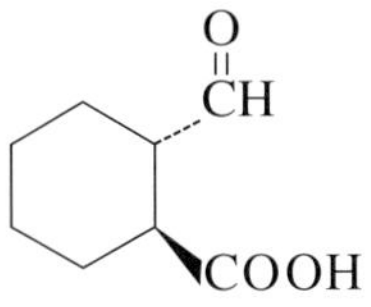


**(m)** 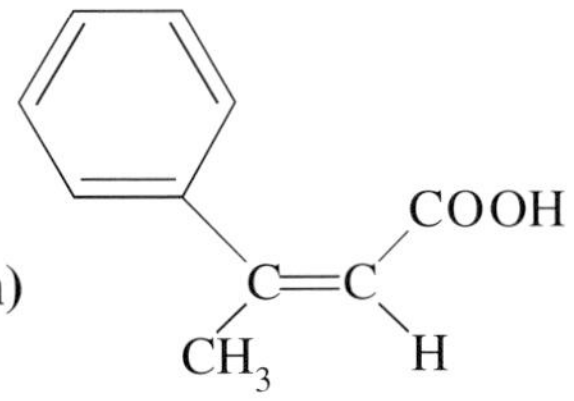


**(n)** 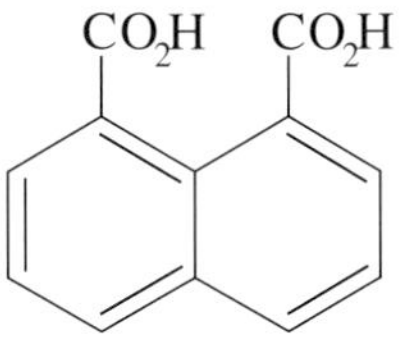


**2.** 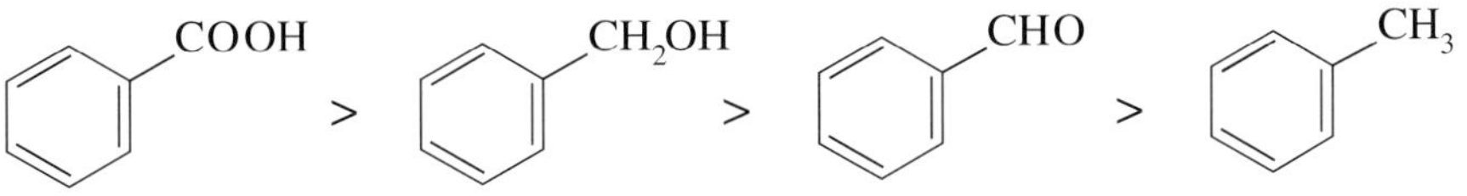

für (1) und (2)

Die Säure bildet die stärksten Wasserstoffbrücken-Bindungen aus und hat daher den höchsten Siedepunkt (249 °C) wegen der Bildung von dimeren Molekülen, die über Wasserstoffbrücken gebunden sind. Der Alkohol, der ebenfalls Wasserstoffbrücken-Bindungen ausbilden kann, folgt mit 205 °C, der polare Aldehyd steht an dritter Stelle (178 °C) und der fast unpolare Kohlenwasserstoff an letzter Stelle (115 °C). Für die Löslichkeiten gelten ähnliche Überlegungen, mit der Ausnahme, daß die Säure und der Alkohol sich in ihrer Wasserlöslichkeit ziemlich ähneln, weil sie beide mit $H_2O$ Wasserstoffbrücken-Bindungen ausbilden können.

**3. (a)** Die angegebene Reihenfolge ist korrekt.

**(b)** Die richtige Reihenfolge verläuft genau umgekehrt.

**(c)** $CH_3CH_2CHClCO_2H > CH_3CHClCH_2CO_2H > ClCH_2CH_2CH_2CO_2H$

**(d)** Die angegebene Reihenfolge ist korrekt.

**(e)** 2,4-Dinitrobenzoesäure > 4-Nitrobenzoesäure > unsubstituierte Benzoesäure > 4-Methoxybenzoesäure.

**4.** **(a)** $H_{sätt.}$ = 14 + 2 = 16; Grad der Ungesättigtheit = (16 – 12)/2 = 2 π-Bindungen oder Ringe. Vergleichen Sie mit der Abbildung 19-3. Dies ist eine Carbonsäure ($\tilde{\nu}$ = 1704 und 3040 $cm^{-1}$).

**(b)** Für **B** $H_{sätt.}$ = 12 + 2 = 14; Grad der Ungesättigtheit = (14 – 10)/2 = 2 π-Bindungen oder Ringe. Das $^{13}C$-NMR-Spektrum (3 Signale) deutet auf eine zweizählige Symmetrie des Moleküls hin, mit zwei Paaren äquivalenter Alkylkohlenstoffe und einem Paar äquivalenter Alkenkohlenstoffe. Das $^{1}H$-NMR-Spektrum enthält zwei gleichgroße Hochfeldsignale (jeweils 4 H) und ein Alkensignal (2 H). Wir haben somit folgende Teilstücke:

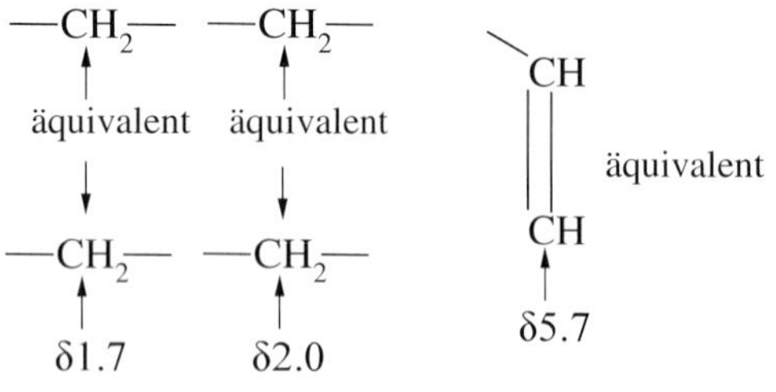


die einfach Cyclohexen 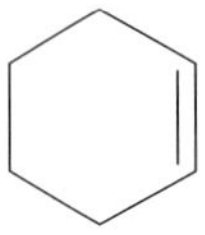 ergeben!

Dann **C** = 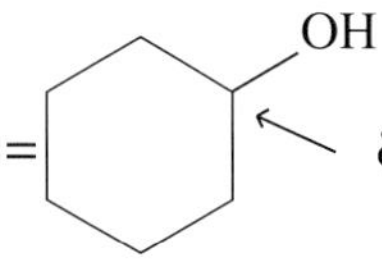 δ = 69.5 ($^{13}C$) über Oxymercurierung-Demercurierung

**D** = 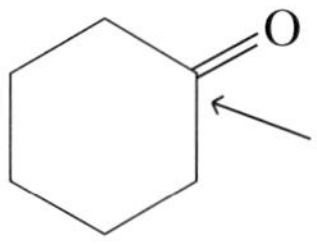 δ = 208.5 ($^{13}C$) ($\tilde{\nu}_{C=O}$ = 1715 $cm^{-1}$)

**E** = 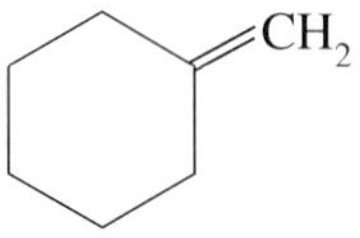 ($\tilde{\nu}_{C=C}$ = 1649 $cm^{-1}$ und $\tilde{\nu}_{C=CH_2}$ = 888 $cm^{-1}$) über eine Wittig-Reaktion

**F** = 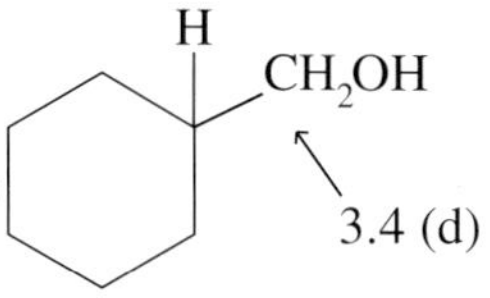 ($\tilde{\nu}_{C\text{-}H}$ = 3328 $cm^{-1}$) über eine Hydroborierung-Oxidation

**A** = 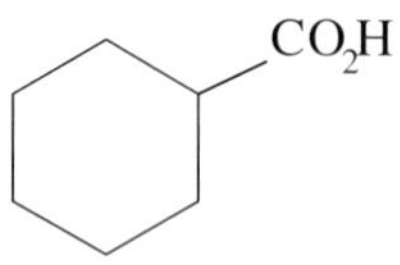

**(c)** Für **G:** $H_{sätt.}$ = 16 + 2 = 18; Grad der Ungesättigtheit = (18 – 14)/2 = 2 π-Bindungen oder Ringe.
IR: $\tilde{\nu}$ = 1742 $cm^{-1}$ ist C=O, sehr wahrscheinlich ein Ester wegen des hohen Werts und der großen Anzahl von Sauerstoffatomen in der Formel.
NMR: Nur drei Signale, das Flächenverhältnis ist 2 : 2 : 3. Da die Formel 14 H enthält, muß das Molekül symmetrisch sein, mit Fragmenten wie2 $CH_3$–O– (δ = 3.7), 2 —$CH_2$–$\overset{\overset{\displaystyle O}{\|}}{C}$—? (δ = 2.4)

und zwei weiteren äquivalenten $–CH_2–$ ($\delta = 1.7$). Die Aufspaltung zwischen den Hochfeldsignalen legt die Vermutung nahe, daß die $–CH_2–$ miteinander verbunden sind, daher ist eine vernünftige Antwort:

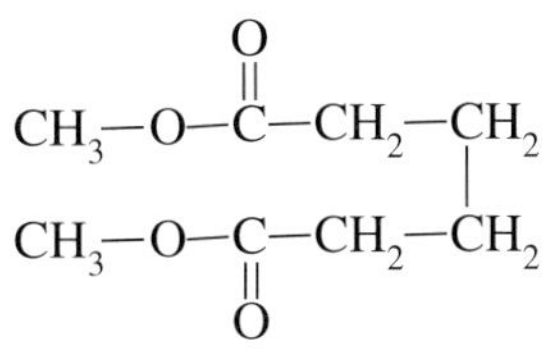

**(d)** 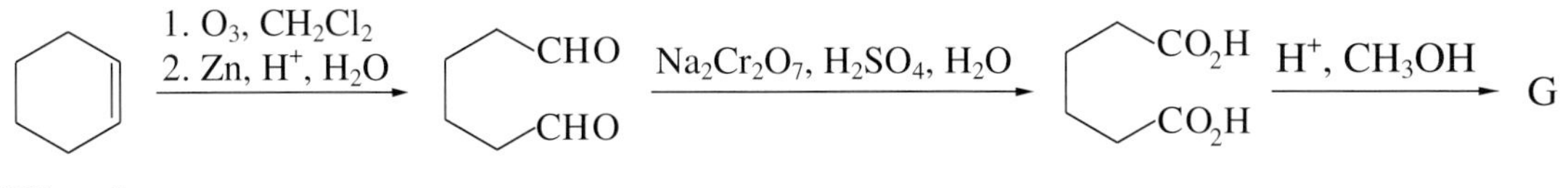

**(e)** Wie wäre

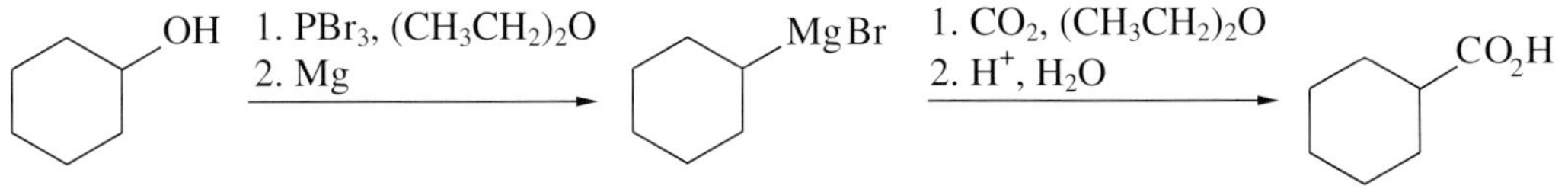

**(f)**

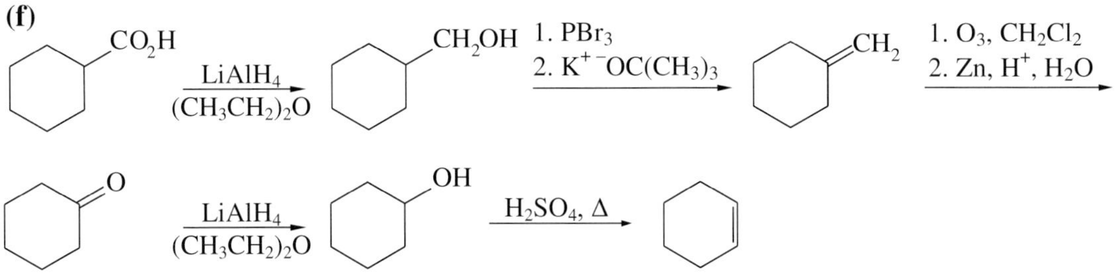

**5. (a)** $(CH_3)_2CH_2CH_2COCl$ (Alkanoylchlorid)

**(b)** $(CH_3)_2CH_2CHC(=O)–O–C(=O)CH_3$ (gemisches Anhydrid)

**(c)** 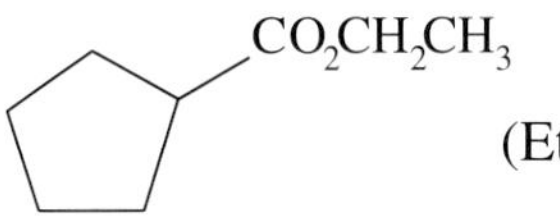 (Ethylester)

**(d)** 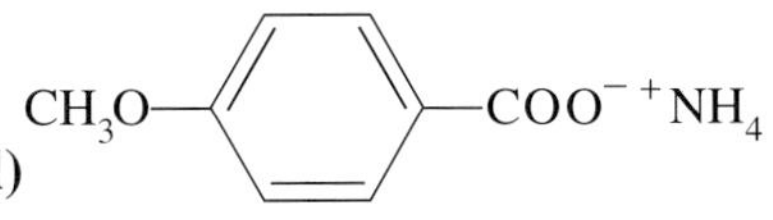 (Ammoniumsalz)

**(e)** 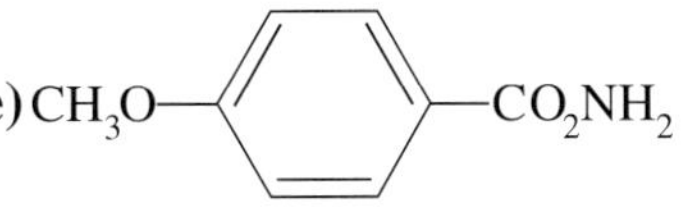 (Carbonsäureamid)

**(f)** 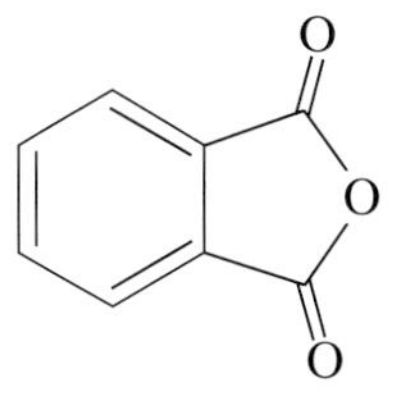 (Cyclisches Anhydrid)

**6.** **(a)** $Na_2Cr_2O_7$, $H_2O$, $H_2SO_4$ **(b)** $KMnO_4$, $OH^-$

**(c)** 1. Mg, 2. $CO_2$, 3. $H^+$, $H_2O$ **(d)** 1. NaCN, 2. KOH, $H_2O$, Δ, 3. $H^+$, $H_2O$, Δ

**(e)** 1. $SOCl_2$ (überführt in Alkanoylchloride), 2. Ein weiteres Mol der Ausgangssäure hinzufügen, Δ

**(f)** $(CH_3)_3COH$, $H^+$

**(g)** HCOOH, Δ (hat Sie die Struktur in die Irre geführt? $HC(=O)NR_2$ ist ein Amid der Methansäure)

**(h)** 1. $AgNO_3$, KOH, $H_2O$, 2. $Br_2$, $CCl_4$

**7.** **(a)** $CH_3(CH_2)_5Br \longrightarrow$ Produkt

Entweder: 1. Mg, $(CH_3CH_2)_2O$ 2. $CO_2$ 3. $H^+$, $H_2O$

Oder: 1. NaCN, DMF 2. KOH, $H_2O$ 3. $H^+$, $H_2O$, Δ

**(b)** $CH_3CH{=}CH_2 \xrightarrow{Cl_2,\ H_2O} CH_3CH(OH)CH_2Cl \xrightarrow[\text{3. } H^+,\ H_2O,\ \Delta]{\text{1. NaCN, DMF; 2. KOH, } H_2O}$ Produkt

(Wenn Sie hier anfangen, ist das auch in Ordnung)

(c) $(CH_3)_3CCl \xrightarrow[\text{3. } H^+,\ H_2O]{\text{1. Mg, } (CH_3CH_2)_2O\text{; 2. } CO_2}$ Produkt

**8.** **(a)** Die Veresterung soll durch Säurekatalyse erfolgen. Somit:

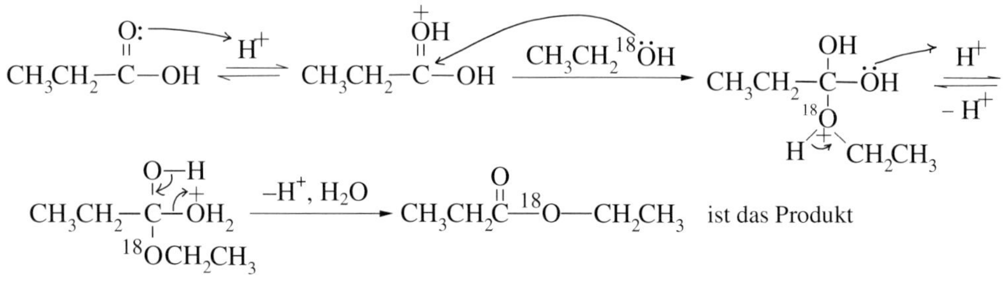


**(b)**

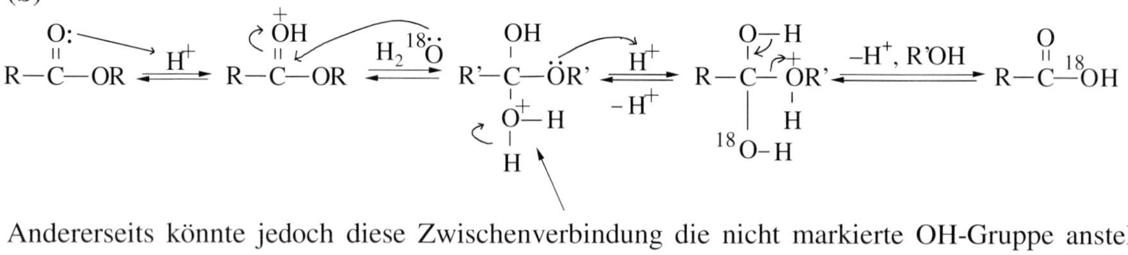

Andererseits könnte jedoch diese Zwischenverbindung die nicht markierte OH-Gruppe anstelle der OR'-Gruppe protonieren:

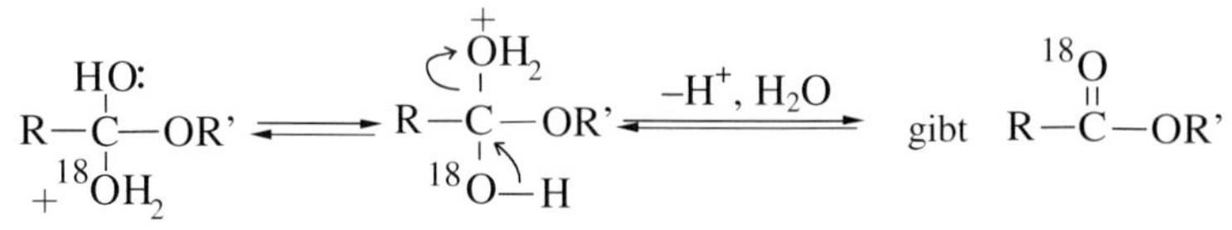


$^{18}O$ ist jetzt der Carbonylsauerstoff des Esters. Verfolgt man den oben angegebenen Hydrolyse-Mechanismus, ergibt sich als Produkt $R{-}C({=}^{18}O){-}^{18}OH$ !

**9. (a)** CH$_3$CH$_2$$\overset{\text{O}}{\overset{\|}{\text{C}}}$Cl

**(b)** CH$_3$CH$_2$$\overset{\text{O}}{\overset{\|}{\text{C}}}$Br

**(c)** CH$_3$CH$_2$$\overset{\text{O}}{\overset{\|}{\text{C}}}$O$\overset{\text{O}}{\overset{\|}{\text{C}}}$CH$_2$CH$_3$

**(d)** CH$_3$CH$_2$$\overset{\text{O}}{\overset{\|}{\text{C}}}$OCH(CH$_3$)$_2$

**(e)** CH$_3$CH$_2$$\overset{\text{O}}{\overset{\|}{\text{C}}}$OCH$_3$

**(f)** CH$_3$CH$_2$$\overset{\text{O}}{\overset{\|}{\text{C}}}$OCH$_2$CH$_3$

**(g)** CH$_3$CH$_2$$\overset{\text{O}}{\overset{\|}{\text{C}}}$O$^-$ H$_3\overset{+}{\text{N}}$CH$_2$—⬡

**(h)** CH$_3$CH$_2$$\overset{\text{O}}{\overset{\|}{\text{C}}}$NHCH$_2$—⬡

**(i)** CH$_3$CH$_2$CH$_2$OH

**(j)** CH$_3$CH$_2$$\overset{\text{O}}{\overset{\|}{\text{C}}}$—⬡

**(k)** CH$_3\overset{\cdot\cdot}{\text{C}}$H$\overset{\text{O}}{\overset{\|}{\text{C}}}$O$^-$ 2 Li$^+$

**(l)** CH$_2$=CHCH$_2$CH(CH$_3$)COOH nach H$^+$, H$_2$O.

**10. (a)** ⬠—COCl

**(b)** ⬠—COBr

**(c)** ⬠—$\overset{\text{O}}{\overset{\|}{\text{C}}}$—O—$\overset{\text{O}}{\overset{\|}{\text{C}}}$—CH$_2$CH$_3$

**(d)** ⬠—$\overset{\text{O}}{\overset{\|}{\text{C}}}$—O—CH(CH$_3$)$_2$

**(e)** ⬠—CO$_2$CH$_3$

**(f)** ⬠—CO$_2$CH$_2$CH$_3$

**(g)** ⬠—$\overset{\text{O}}{\overset{\|}{\text{C}}}$—O$^-$ ⬡—CH$_3$NH$_3^+$ (ein Salz)

**(h)** ⬠—$\overset{\text{O}}{\overset{\|}{\text{C}}}$—NH—CH$_2$—⬡

**(i)** ⬠—CH$_2$OH

**(j)** ⬠(CO$_2$H)(Br)

**(k)** ⬠—Br

**11.** 1. LiAlH$_4$ (bildet 1-Pentanol); 2. KBr, H$_2$SO$_4$, Δ; 3. KCN (bildet 1-Cyanopentan); 4. KOH, H$_2$O, Δ; 5. H$^+$, H$_2$O, Δ.

**12. (a)** SOCl$_2$ oder PCl oder ClC$\overset{\text{O}}{\overset{\|}{\text{C}}}$$\overset{\text{O}}{\overset{\|}{\text{C}}}$CCl

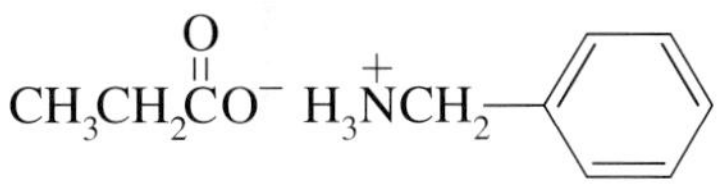

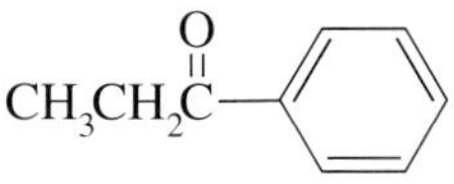

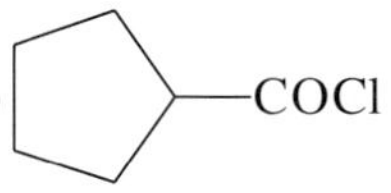

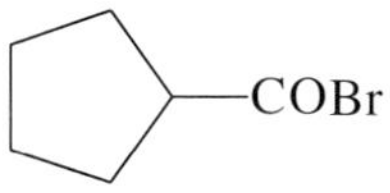

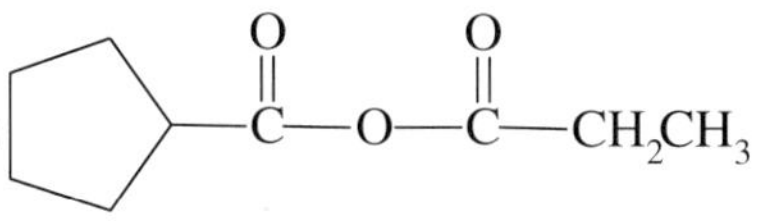

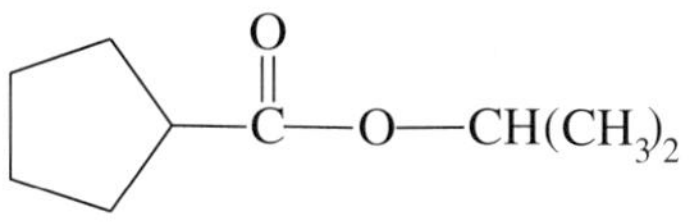

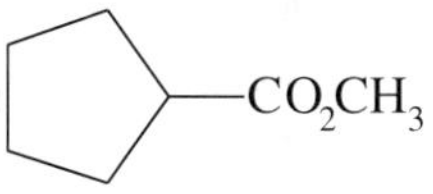

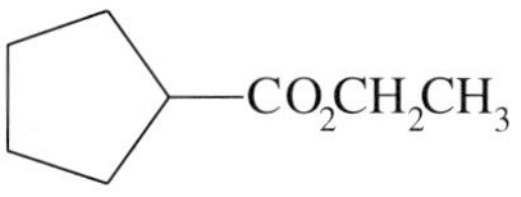

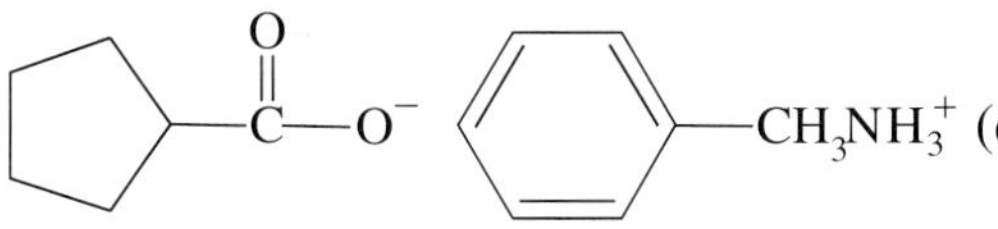

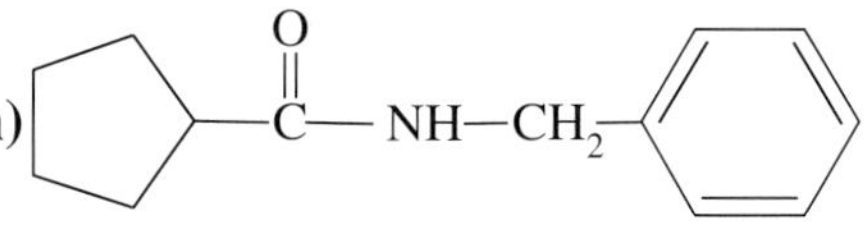

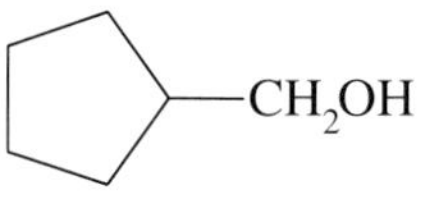

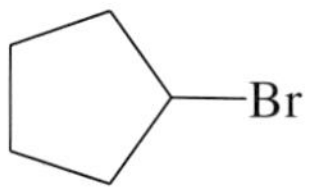

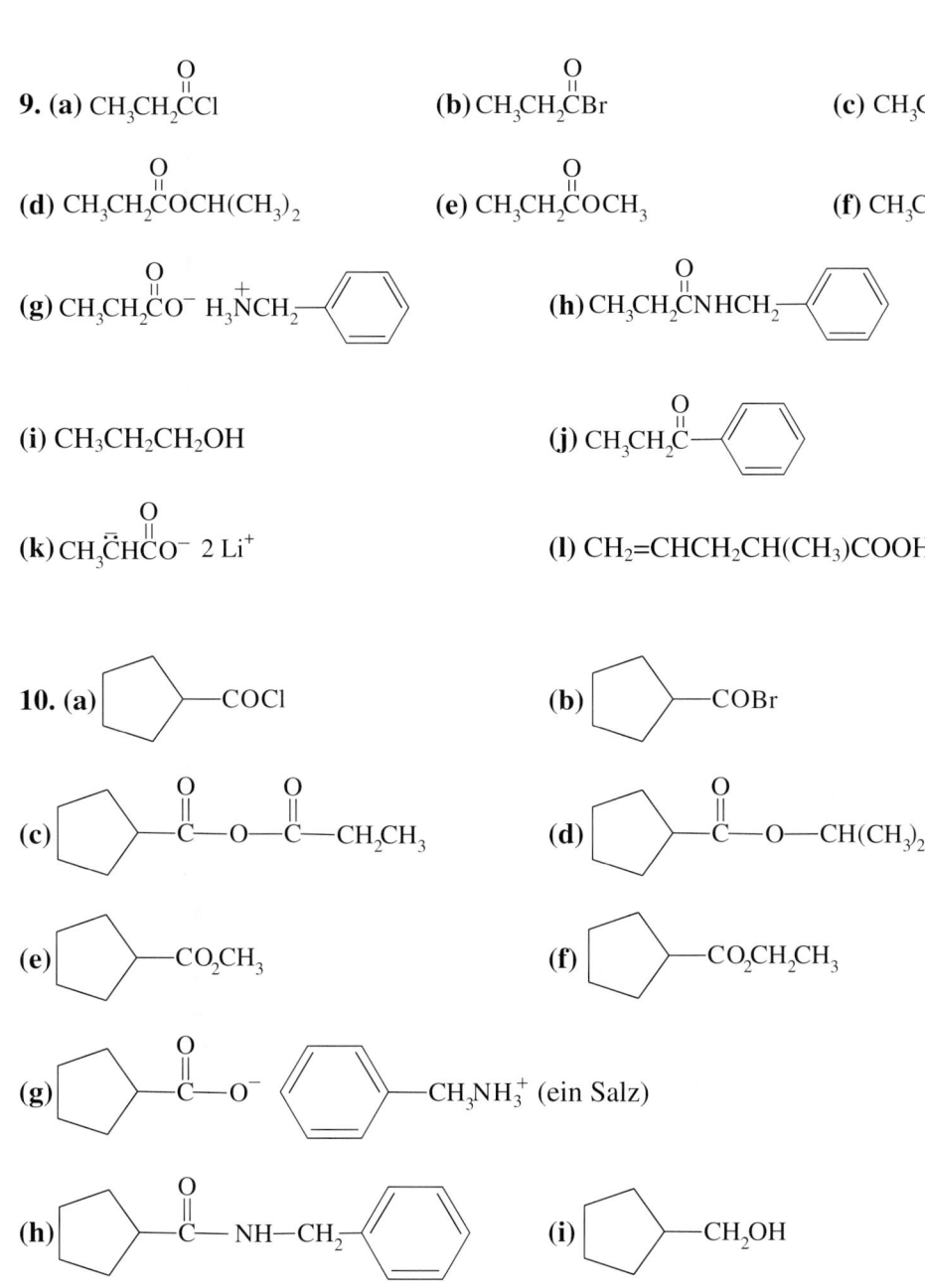

**(b)** H$^+$, CH$_3$OH

**(c)** H$^+$, 2-Butanol

**(d)** Alkanoylchlorid (Teil 'a') + Ethansäure

**(e)** CH$_3$NH$_2$ (über das Ammoniumsalz), Δ

**(f)** 2 CH$_3$Li

**(g)** LiAlH$_4$

**(h)** Br$_2$, P als Katalysator

**(i)** 1. 2 LDA, 2. CH$_3$I

**(j)** 1. AgNO$_3$, KOH, H$_2$O, 2. Br$_2$.

**13. (a)** $CH_3CH_2CH_2COOH \xrightarrow[\text{P als Katalysator}]{Br_2} CH_3CH_2\overset{\overset{\displaystyle Br}{|}}{C}HCOOH$    (über $CH_3CH_2CH_2CBr \rightleftharpoons$

$CH_3CH_2CH=\overset{\overset{\displaystyle O-H}{|}}{C}-Br \;\; + \;\; Br-Br \longrightarrow CH_3CH_2CHBr\overset{\overset{\displaystyle O}{||}}{C}Br \xrightarrow{\text{Austausch}}$ )

dann $CH_3CH_2\overset{\overset{\displaystyle Br}{|}}{C}HCOOH \;\; + \;\; :NH_3 \xrightarrow[\text{S}_N2]{-Br^-} CH_3CH_2\overset{\overset{\displaystyle {}^+NH_3}{|}}{C}HCOOH \xrightarrow{-H^+}$ Produkt

**(b)** $\langle \text{Benzol} \rangle -CH_2CO_2H \xrightarrow[\text{2. KCN}]{\text{1. Br}_2\text{, kat. P}} \langle \text{Benzol} \rangle -\overset{\overset{\displaystyle CN}{|}}{C}HCO_2H \xrightarrow[\text{2. H}^+\text{, H}_2O]{\text{1. HO}^-\text{, H}_2O}$ Produkt

**(c)** $CH_3CH_2CH(CH_3)CH_2CH_2COOH \xrightarrow[\text{P als Katalysator}]{Br_2} \overset{\text{dann}}{\xrightarrow[\text{2. H}^+\text{, H}_2O]{\text{1. K}_2CO_3\text{, H}_2O, \Delta}}$ Produkt

**(d)** $CH_3COOH \xrightarrow[\text{P als Katalysator}]{Br_2} BrCH_2COOH \xrightarrow[\text{2. I}_2]{\text{1. Überschuß KSH}}$ Produkt

**(e)** $BrCH_2COOH \;\; + \;\; (CH_3CH_2)_2NH \longrightarrow$ Produkt

**(f)** $CH_3CH_2COOH \xrightarrow[\text{2. (C}_6\text{H}_5)_3\text{P}]{\text{1. Br}_2\text{, P als Katalysator}}$ Produkt

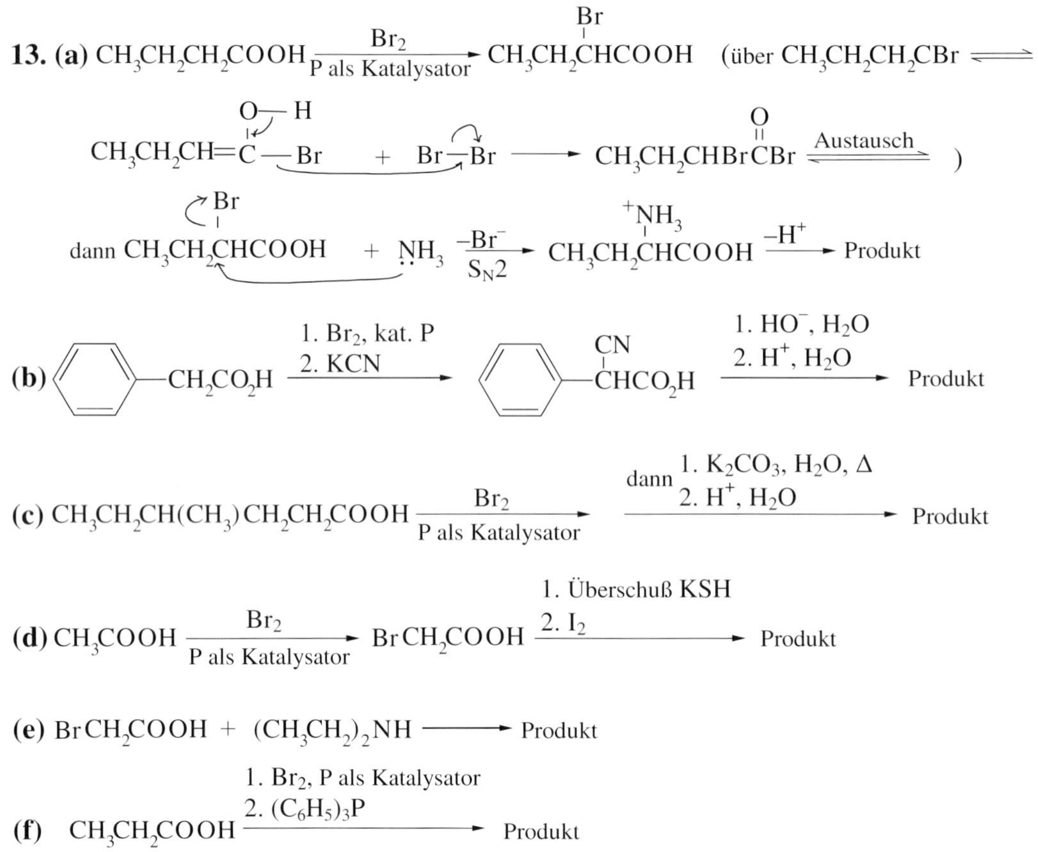

**14.** Keine Tricks hier! Der Mechanismus ist bis auf unerhebliche Unterschiede fast genau der gleiche wie in Abschnitt 19.12. Weil von einem Alkanoylhalogenid ausgegangen wird, ist Schritt 1 unnötig. Schritt 2 (Enolisierung) läuft ab wie beschrieben. Der dritte Schritt benötigt $Cl_2$, das in niedrigen Konzentrationen aus NCS erzeugt wird, oder $Br_2$, auf gleiche Weise aus NBS gebildet, oder $I_2$. Der vierte Schritt des Mechanismus entfällt, weil nur Alkanoylhalogenide vorliegen und keine Carbonsäuren.

**15.** Der direkteste Weg beginnt mit dem nucleophilen Angriff eines Moleküls Säure auf die Carbonylgruppe eines Alkanoylhalogenids. Weil die Hell-Volhard-Zelinsky-Reaktion unter sauren Bedingungen abläuft, tritt Protonierung der Carbonylsauerstoffe ein und fördert die Addition. Beachten Sie, daß in dem nachfolgenden Mechanismus der Carbonylsauerstoff der Säure und nicht OH das angreifende Nucleophil ist. Warum? Das Intermediat ist resonanzstabilisiert, ganz wie bei der Protonierung von Carbonsäuren (Abschnitt 19.4).

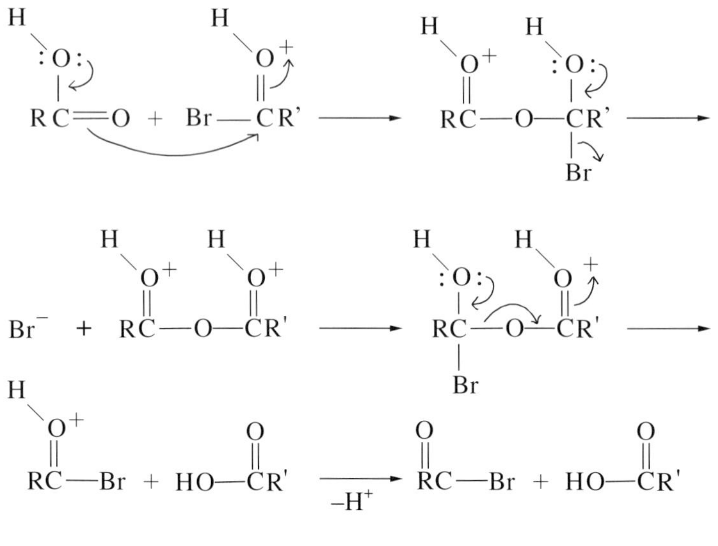

Das Bromid-Ion wird aus dem ersten tetraedrischen Intermediat unter Bildung eines sehr reaktiven Anhydrids eliminiert, in dem beide Carbonylsauerstoffe protoniert sind. Erneute Addition des Bromid-Ions kann nun entweder am selben Carbonylkohlenstoff erfolgen, wodurch die Ausgangsstoffe zurückgebildet werden, oder unter Austausch am anderen. Letzteres ist thermodynamisch begünstigt, weil das 2-Bromalkanoylbromid durch den elektronenziehenden induktiven Effekt des α-Bromsubstituenten an dem bereits stark an Elektronen verarmten Alkanoylhalogenid-Kohlenstoff destabilisiert wird.

**16.** Die radikalische Halogenierung von Cyclopropan selber ist sehr schwierig, weil die C–H-Bindungen so stark sind (siehe Aufgabe 3 in Kapitel 4). Elektrophile Reaktionen (z.B. Additionen an eine Doppelbindung) sind ohne Wert, weil der Ring leicht geöffnet wird. Nucleophile Substitutionen sind wegen der Winkelspannung in den Übergangszuständen der Reaktionen sehr schwierig durchzuführen.

**17.** Acidität: $CH_3\overset{O}{\overset{\|}{C}}OH$ > $CH_3\overset{O}{\overset{\|}{C}}NH_2$ > $CH_3\overset{O}{\overset{\|}{C}}CH_3$. Die am stärksten sauren Wasserstoffe in $CH_3\overset{O}{\overset{\|}{C}}NH_2$ befinden sich am Stickstoff. Die Reihenfolge der Aciditäten wird durch die Elektronegativitäten bestimmt.

2 Möglichkeiten: An N, wodurch sich $CH_3\overset{O}{\overset{\|}{C}}\overset{+}{N}H_3$ ergibt, und an O, was zu

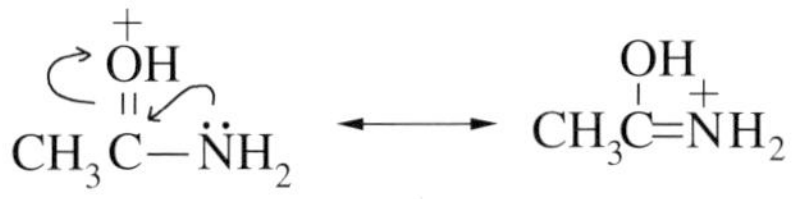

führt.

Die Resonanzstabilisierung begünstigt die Protonierung an O.

**18.** Siehe Aufgabe **5** aus Kapitel 15.

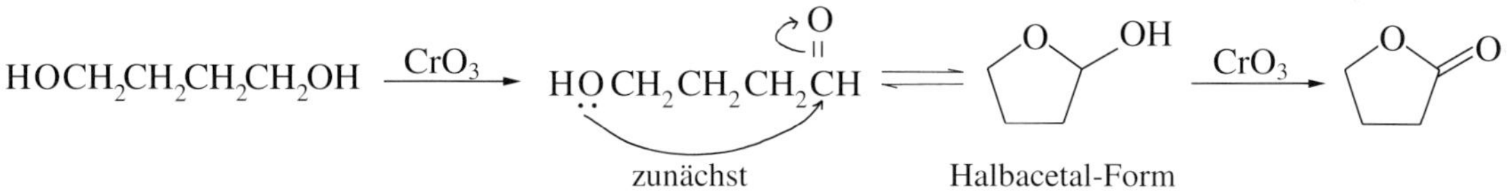


**19. (a)**

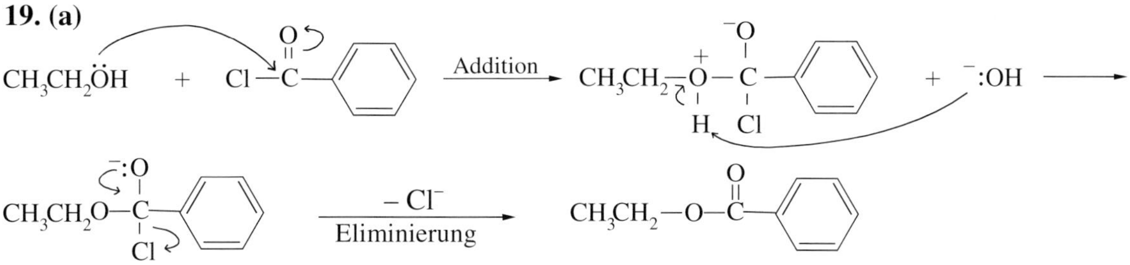


tetraedrische Zwischenverbindung

**(b)**

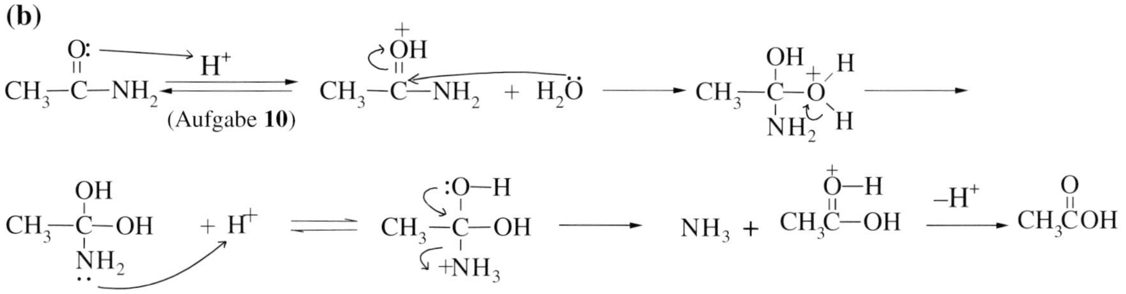

**20.** H = 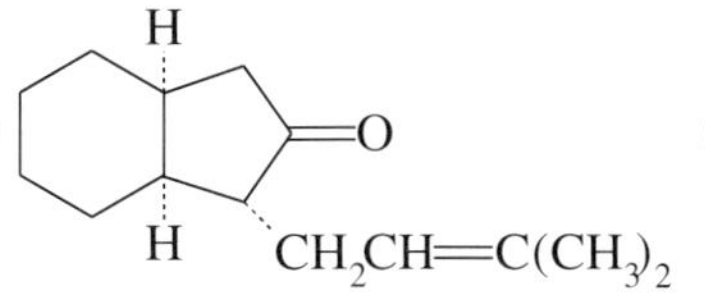 (Alkylierung an der weniger sterisch gehinderten Unterseite)

I = 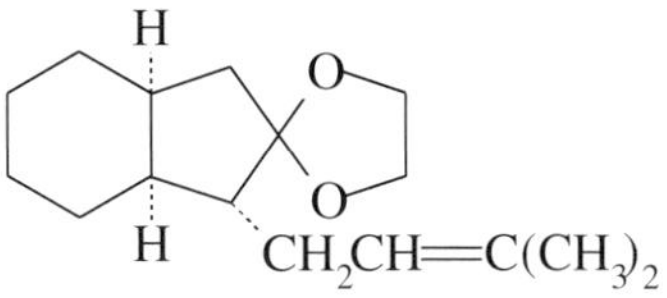 J = 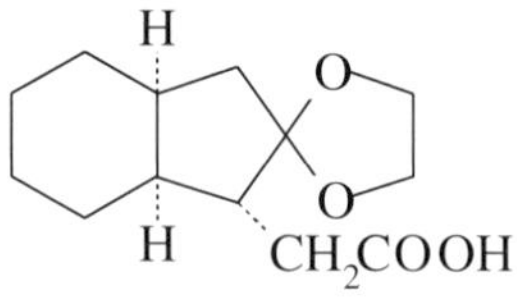

K = 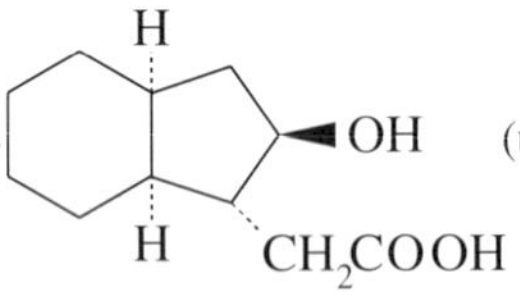 (über das Keton) L = 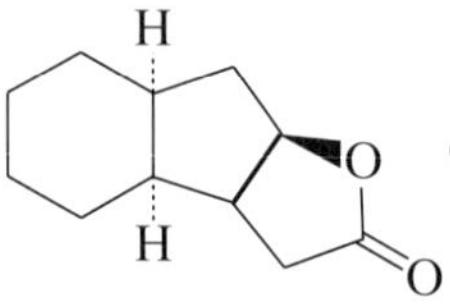 ein Lacton ($\tilde{\nu}_{C=O}$ = 1770 $cm^{-1}$).

**21.** **(a)** Halogenalkane sind im allgemeinen nicht besonders wasserlöslich (zu große Polaritätsdifferenz). Das Reaktionsgemisch ist heterogen, eine gute Vermischung der Reaktionsteilnehmer kann daher nicht erfolgen. Wasser bildet auch Wasserstoffbrücken-Bindungen zum Nucleophil aus, was ebenfalls nicht hilft.

**(b)** Ethansäure ist ein besseres Lösungsmittel für das Halogenalkan, das System ist daher homogen, und die reagierenden Moleküle können besser miteinander vermischt werden.

**(c)** Natriumdodecanoat ist eine Seife und löst sich in Wasser unter Bildung von Micellen. Die weniger polaren inneren Bereiche von Micellen bilden gute Lösungsmittel für Moleküle niedriger Polarität wie die Halogenalkane. Das Iodbutan löst sich *in den Micellen* und befindet sich daher in enger Nachbarschaft zu den nucleophilen Carboxylat-Gruppen, wodurch die $S_N2$-Reaktion ablaufen kann.

**22.**  Der Kohlenstoff ist *basisch.*

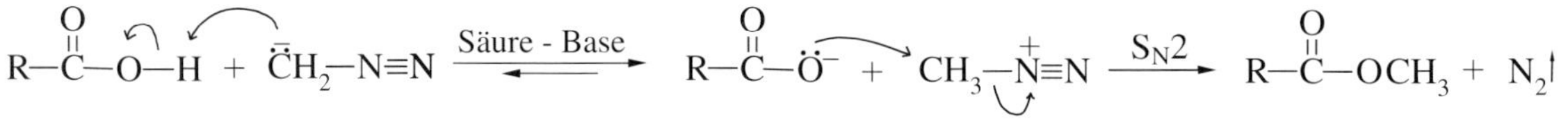

**23.** Von der gegebenen Struktur aus gehe man vorwärts und rückwärts. Die erste Reaktion sieht wie eine Aldol-Reaktion aus:

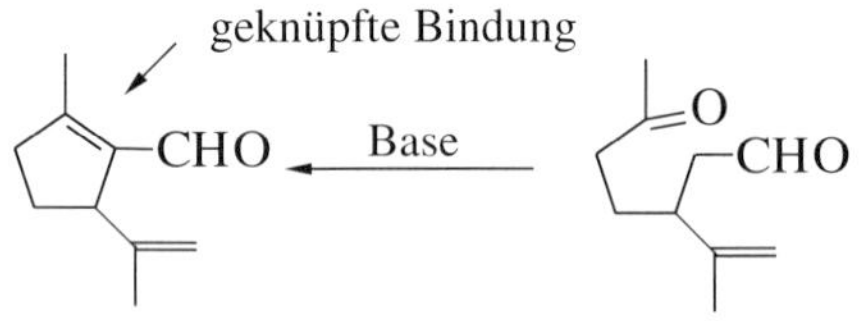 muß M sein.

Dann: N = 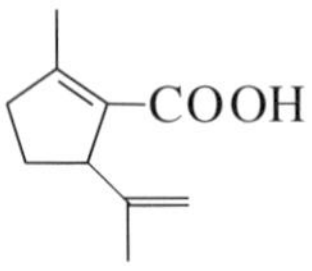 ; O = 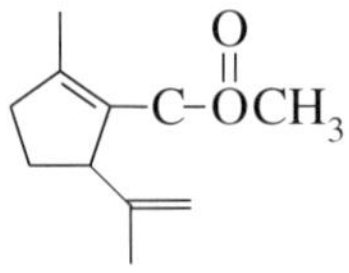 ; P = 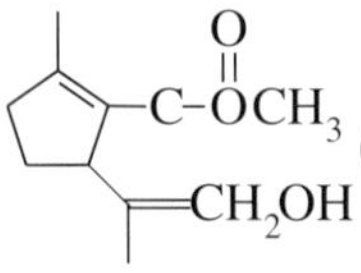 (beachten Sie, daß nur das am wenigsten gehinderte Alken hydroboriert wird); Neonepetalacton = 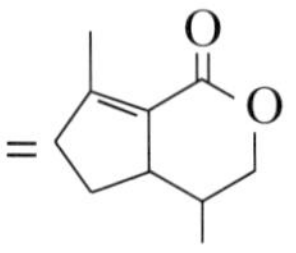

**24.**

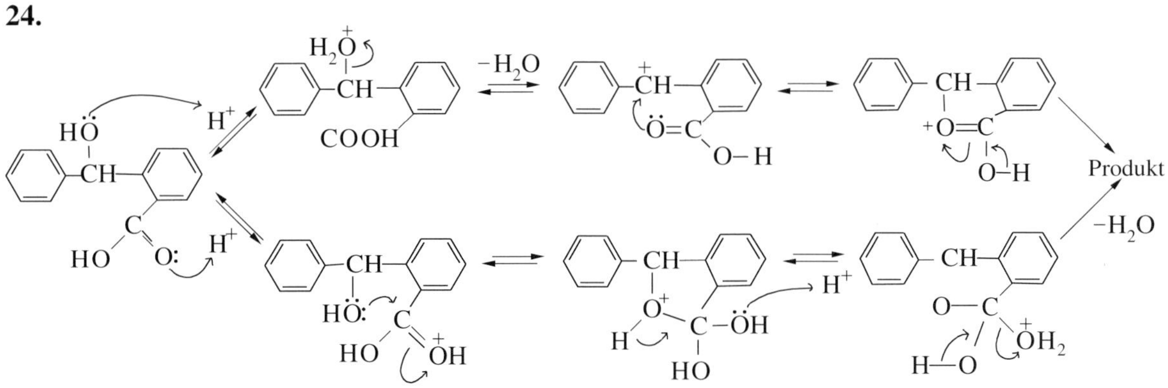


Der obere Mechanismus ist eine $S_N1$-Reaktion mit dem Alkohol, der untere Mechanismus ist der „Standard"-Additions-Eliminierungs-Vorgang an der Carboxyl-Gruppe. Durch Markierung des *Alkohols* mit $^{18}O$ kann man beide unterscheiden. Im oberen Mechanismus geht $^{18}O$ verloren, im unteren Mechanismus bleibt er dagegen erhalten.

**25.** $CH_3C{\equiv}CH$ (Propin) $\xrightarrow{\text{1. } CH_3(CH_2)_3Li\text{, THF, Hexan, −30 °C; 2. } CO_2\text{, 0 °C; 3. } H^+\text{, } H_2O}$ $CH_3C{\equiv}CCOOH$ (98 %, 2- Butinsäure)

**26.** Identifizieren Sie zunächst die Kohlenstoffatome im Produkt, die denen im Ausgangsmaterial entsprechen. Beide haben eine Methylgruppe *(a)* und einen Carboxykohlenstoff *(b),* die wir als Bezugspunkte wählen.

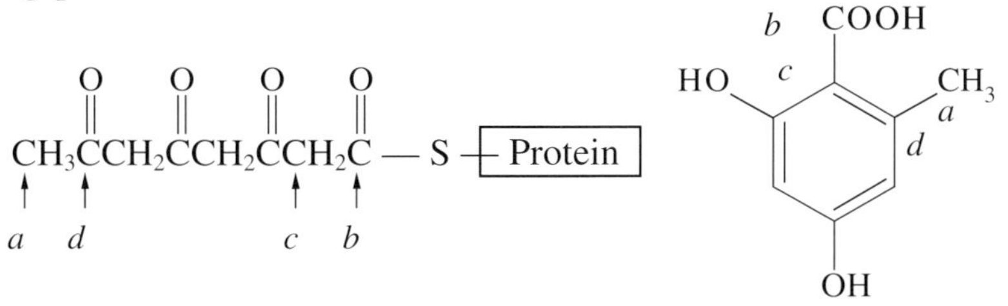


In der Struktur des Produkts (oben rechts) müssen die Kohlenstoffe *c* und *d* diejenigen sein, die in einer Cyclisierungsreaktion miteinander verknüpft werden. In der Ausgangssubstanz entsprechen sie einer Methylengruppe und einer Ketogruppe. Weil die Methylengruppe zu einer weiteren Ketogruppe in α-Stellung steht, wissen wir, daß eine Aldolkondensation uns die benötigte Bindung liefert.

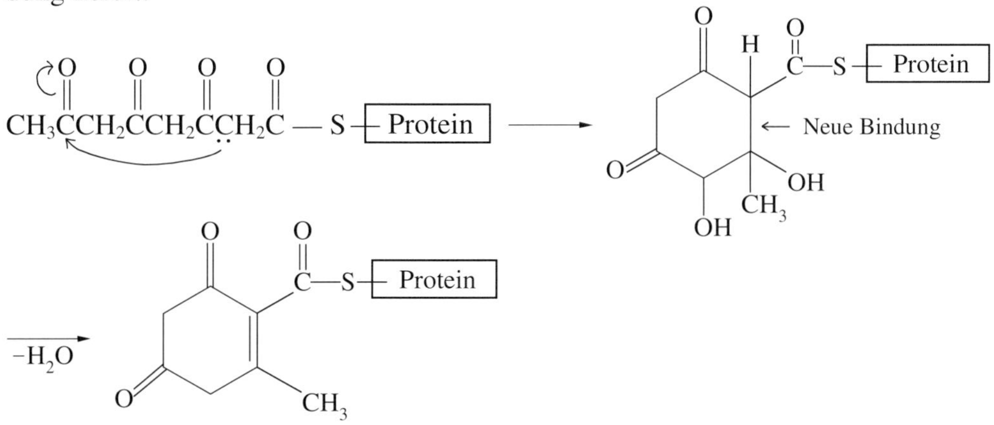


Damit der Benzolring entsteht, müssen jetzt nur noch die beiden Ketogruppen enolisiert werden. Dieser Schritt ist wegen Ausbildung des aromatischen Zustands begünstigt. Ganz zum Schluß wird der Thioester hydrolysiert, und man erhält die freie Säure.

**27.** Der erste Teil des Problems entspricht nur einer geringfügigen Erweiterung der Frage in Aufgabe 31: Durch die Verlängerung der Carbonsäurekette von fünf auf sechs Kohlenstoffatome kommt der stereochemische Aspekt hinzu. Auch hier zeigt sich wieder der kinetische Vorteil der Bildung eines Fünfrings gegenüber der eines Sechsrings. Die Stereochemie resultiert aus dem rückseitigen Angriff des Carboxylat-Sauerstoffs am intermediär gebildeten Bromonium-Ion (haben Sie ein Modell gebaut?!). Die zweite Reaktion ist eine doppelte Veresterung. Zunächst wird die Carboxygruppe eines Moleküls durch die Hydroxygruppe eines zweiten verestert und anschließend die Zwischenstufe (mittlere Struktur) in das Lacton überführt. Beide Prozesse folgen dem in Abschnitt 19.9 beschriebenen säurekatalysierten Mechanismus.

# Derivate von Carbonsäuren und Massenspektrometrie

# 20

**1.** **(a)** 3-Methylbutanoyliodid
**(b)** 1-Methylcyclopentancarbonylchlorid
**(c)** 2,2,2-Trifluoracetanhydrid
**(d)** Propionsäure-Benzoesäure-Anhydrid
**(e)** Ethyl-2,2-dimethylpropanoat
**(f)** *N*-Phenylacetamid

**(g)** $CH_3CH_2CH_2\overset{O}{\overset{\|}{C}}OCH_2CH_2CH_3$

**(h)** $CH_3CH_2\overset{O}{\overset{\|}{C}}OCH_2CH_2CH_2CH_3$

**(i)** 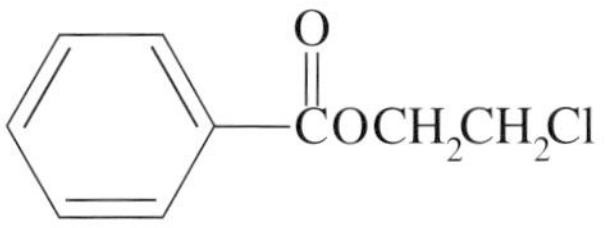

**(j)** 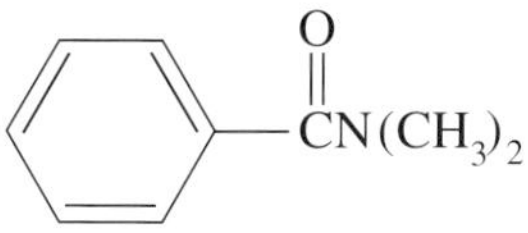

**(k)** $CH_3CH_2CH_2CH_2\overset{CH_3}{\overset{|}{C}}HCN$

**(l)** 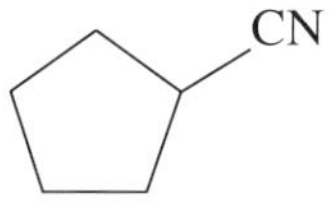

**2.** Die Acidität des α-Wasserstoffs in einem Carbonsäure-Derivat hängt von dem Ausmaß ab, in dem das Anion der konjugierten Base durch Resonanz und induktive Effekte stabilisiert wird. Die betreffende Resonanzstruktur ist $CH_2{=}\overset{O^-}{\overset{|}{C}}{-}L$ mit L = Cl, $OCH_3$ oder $N(CH_3)_2$. Wird diese Resonanzform begünstigt, weist das Anion erhöhte Stabilität auf. Das ist der Fall bei L = Cl, wo das elektronegative Cl die positive Partialladung am Carbonyl-Kohlenstoff erhöht und damit dessen anziehende Wirkung auf die Elektronen des anionischen α-Kohlenstoffs verstärkt. Wird Cl durch $OCH_3$ und schließlich $N(CH_3)_2$ ersetzt, wird die positive Partialladung am Carbonyl-Kohlenstoff durch die abnehmende Elektronegativität kleiner und damit vermindert sich dessen anziehende Wirkung auf die Elektronen. Das hat zur Folge, daß das Anion weniger gut stabilisiert ist. Außerdem gewinnt beim Übergang von Cl nach $OCH_3$ und weiter nach $N(CH_3)_2$ die Resonanzstruktur $\ddot{C}H_2{-}\overset{O^-}{\overset{|}{C}}{=}L^+$ die, das Anion destabilisiert, an Gewicht.

**3.** **(a)** Ethanoylchlorid (Cl ist größer als F, und die Bindungen zu ihm sind länger).

**(b)** $CH_2(COCH_3)_2$ (Wasserstoffe in α-Stellung zur Keton-Gruppierung sind saurer als Wasserstoffe in α-Stellung zur Ester-Gruppierung).

**(c)** Imid (Das freie Elektronenpaar an N verteilt sich im Resonanzhybrid auf 2 Carbonyl-Gruppen, darum vermindert es ihre Elektrophilie nicht im gleichen Maße wie das N in einem Amid tut. Ein Imid steht zu einem Amid in einem ähnlichen Verhältnis wie ein Anhydrid zu einem Ester).

**(d)** Ethenylethanoat (Die Resonanz $CH_3\overset{O}{\overset{\|}{C}}{-}\ddot{O}{-}CH{=}CH_2 \longleftrightarrow CH_3\overset{O}{\overset{\|}{C}}{-}\overset{+}{O}{=}CH{-}\overset{-}{C}H_2$ *vermindert* den „Elektronendruck" vom Sauerstoff auf den Carbonyl-Kohlenstoff. Darum liefert die Resonanzstruktur $CH_3\overset{O^-}{\overset{|}{C}}{=}\overset{+}{O}{-}CH{=}CH_2$ einen nicht so hohen Beitrag, die C=O-Doppelbindung wird verstärkt und die Streckschwingungsfrequenz der Carbonyl-Gruppe auf etwa 1760 $cm^{-1}$ erhöht).

**4. (a)** 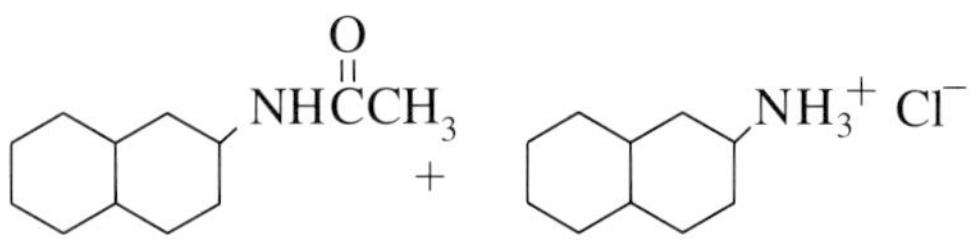

**(b)** 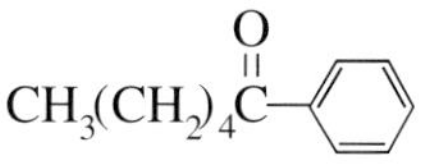

**(c)** $(CH_3)_3\overset{O}{\overset{\|}{C}}H$

**(d)** 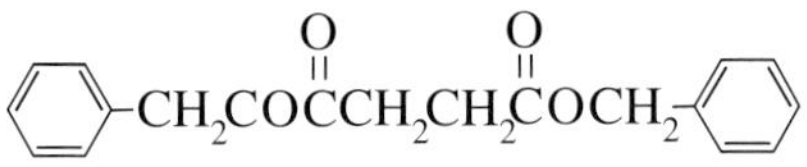

**(e)** 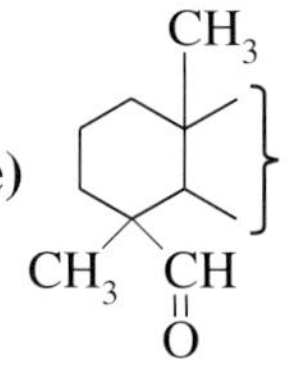

**5. (a)**

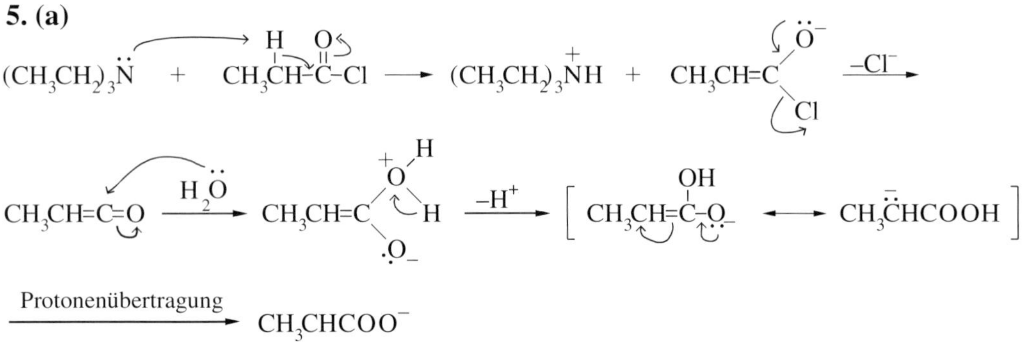

**(b)** Sterische Hinderung: Weniger gehinderte Amine wie $(CH_3)_3N$ addieren leichter unter Bildung von Alkanoylammoniumhalogeniden als stärker gehinderte, die ihrerseits eher als Basen bei der Bildung von Ketenen fungieren. Das ist der Fall bei $(CH_3CH_2)_3N$.
Struktur: Nur Alkanoylhalogenide mit α-Wasserstoffen können Ketene bilden.

**6.** Bei dieser und der nächsten Aufgabe soll mit wässriger Säure aufgearbeitet werden.

**(a)** $CH_3\overset{O}{\overset{\|}{C}}OCH(CH_3)_2 + CH_3\overset{O}{\overset{\|}{C}}OH$

**(b)** $CH_3\overset{O}{\overset{\|}{C}}NH_2 + CH_3\overset{O}{\overset{\|}{C}}OH$

**(c)** 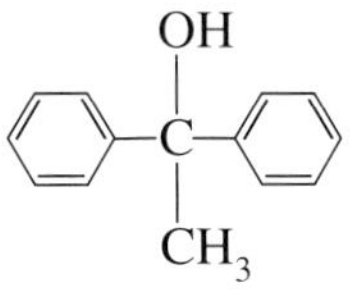

**(d)** 2 $CH_3CH_2OH$

**7. (a)** $(CH_3)_2CHO\overset{O}{\overset{\|}{C}}CH_2CH_2\overset{O}{\overset{\|}{C}}OH$

**(b)** $HO\overset{O}{\overset{\|}{C}}CH_2CH_2\overset{O}{\overset{\|}{C}}NH_2$

**(c)** 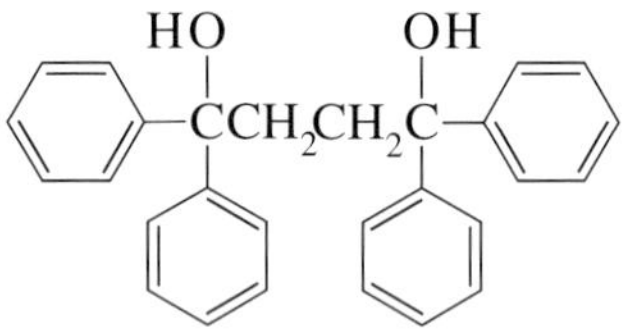

**(d)** $HOCH_2CH_2CH_2CH_2OH$

**8. (a)** $CH_3CH_2CH_2CH_2CO_2H$

**(b)** $CH_3CH_2CH_2CH_2\overset{O}{\overset{\|}{C}}OCH_2CH_2CH_2CH(CH_3)_2$

**(c)** $CH_3CH_2CH_2CH_2\overset{O}{\overset{\|}{C}}N(CH_2CH_3)_2$

**(d)** $CH_3CH_2CH_2CH_2\overset{OH}{\underset{CH_3}{C}}CH_3$

**(e)** $CH_3CH_2CH_2CH_2CH_2OH$

**(f)** $CH_3CH_2CH_2CH_2\overset{O}{\overset{\|}{C}}H$

**9. (a)** $\overset{\text{OH}}{\underset{|}{\text{CH}_3\text{CHCH}_2\text{CH}_2\text{CO}_2\text{H}}}$

**(b)** $\text{CH}_3\overset{\text{OH}}{\underset{|}{\text{CH}}}\text{CH}_2\text{CH}_2\overset{\text{O}}{\overset{||}{\text{C}}}\text{OCH}_2\text{CH}_2\text{CH(CH}_3)_2$

**(c)** $\text{CH}_3\overset{\text{OH}}{\underset{|}{\text{CH}}}\text{CH}_2\text{CH}_2\overset{\text{O}}{\overset{||}{\text{C}}}\text{N(CH}_2\text{CH}_3)_2$

**(d)** $\text{CH}_3\overset{\text{OH}}{\underset{|}{\text{CH}}}\text{CH}_2\text{CH}_2\overset{\text{OH}}{\underset{|}{\underset{\underset{\text{CH}_3}{|}}{\text{C}}}}\text{CH}_3$

**(e)** $\text{CH}_3\overset{\text{OH}}{\underset{|}{\text{CH}}}\text{CH}_2\text{CH}_2\text{CH}_2\text{OH}$

**(f)** $\text{CH}_3\overset{\text{OH}}{\underset{|}{\text{CH}}}\text{CH}_2\text{CH}_2\overset{\text{O}}{\overset{||}{\text{CH}}}$, das das cyclische Halbacetal

bildet.

**10. (a)**  **(b)**  **(c)**

**(d)**  **(e)**  **(f)**

**11.**

**12. (a)**  **(b)**  **(c)** (nach $\text{H}^+$, $\text{H}_2\text{O}$)

**(d)**  **(e)** (über $\xrightarrow{\text{H}^+}$ )

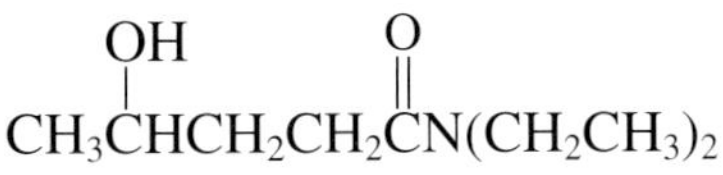

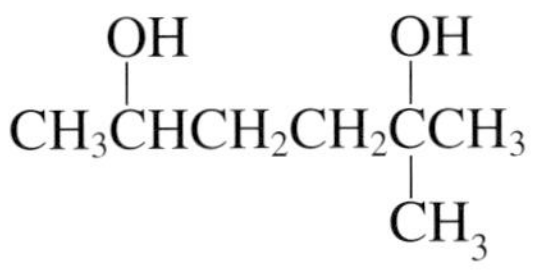

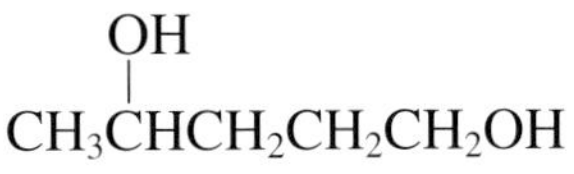

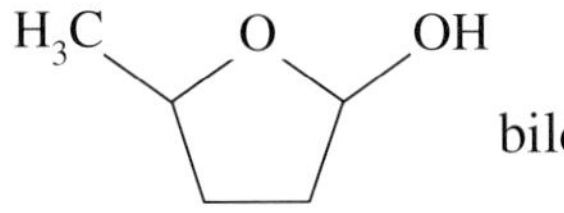

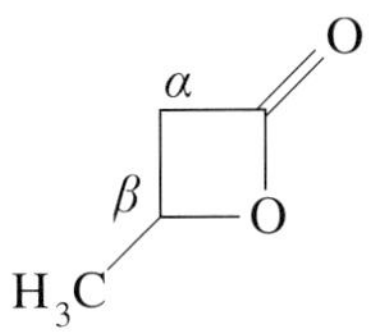

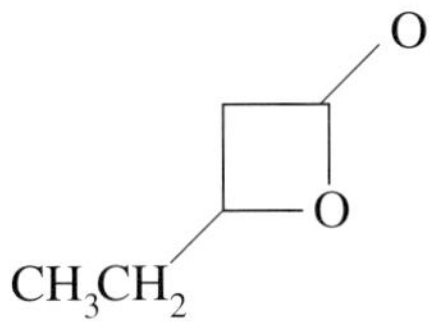

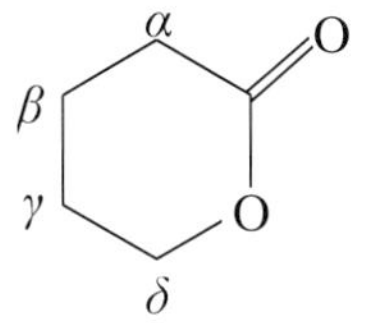

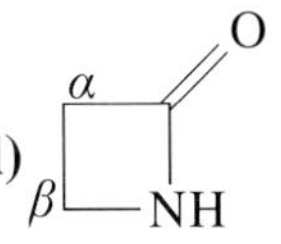

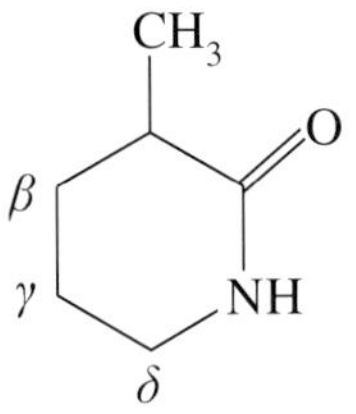

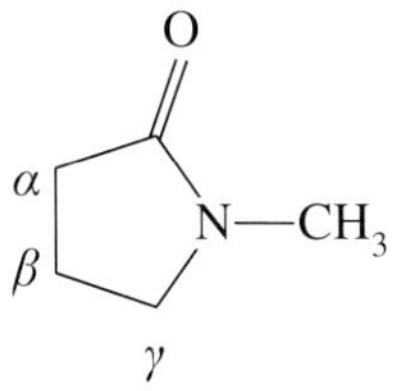

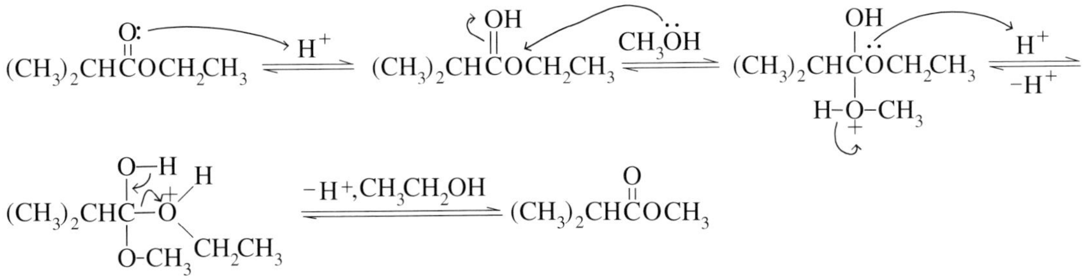

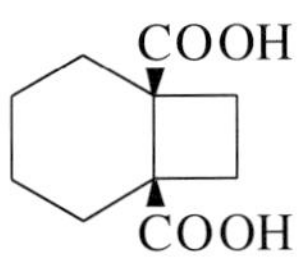

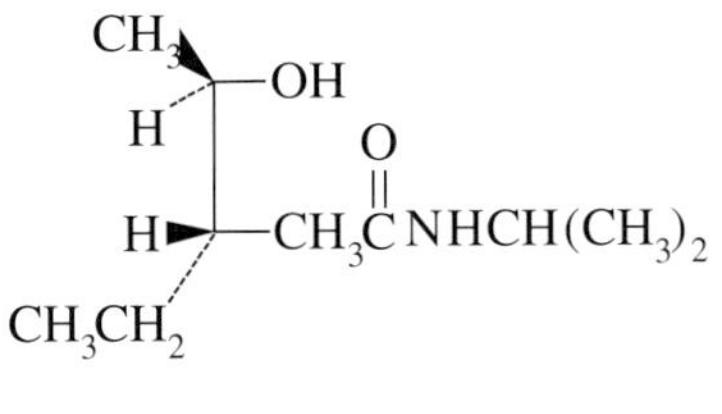

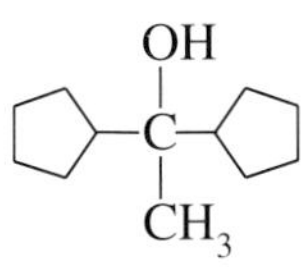

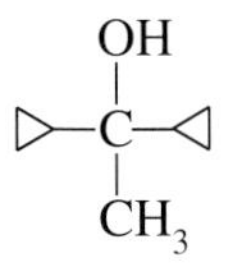

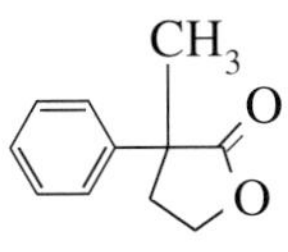

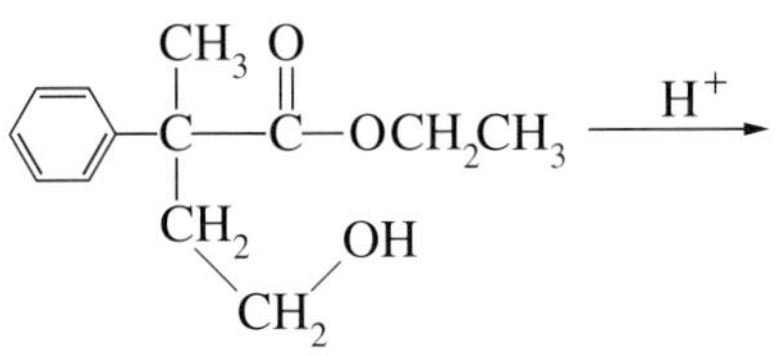

**(f)**

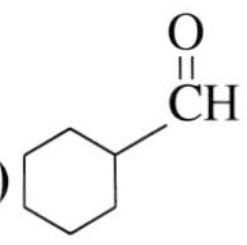

**13.** **(a)**

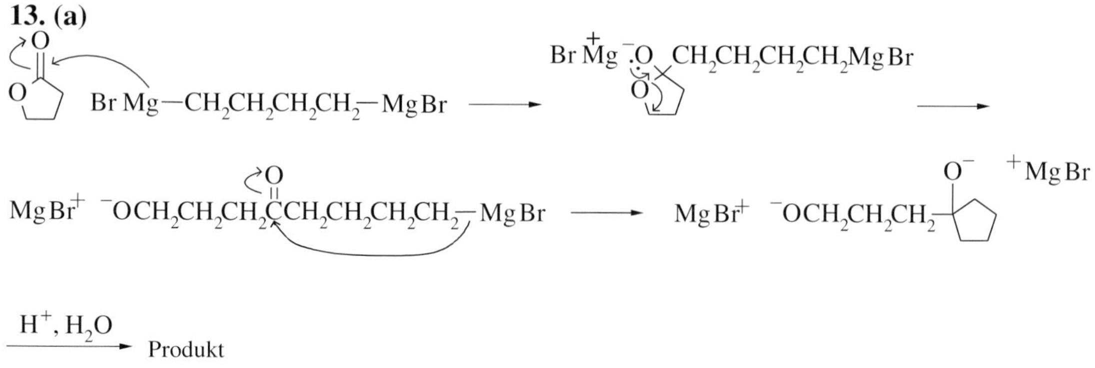

(b) 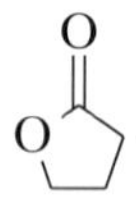 + $BrMgCH_2CH_2CH_2CH_2CH_2MgBr$, dann $H^+$, $H_2O$ → (i)

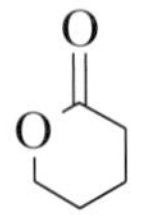 + $BrMgCH(CH_3)CH_2CH_2CH(CH_3)MgBr$, dann $H^+$, $H_2O$ → (ii)

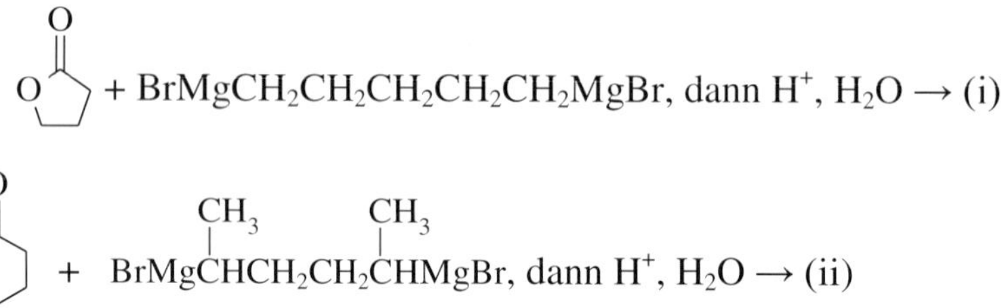

Achten Sie darauf, wie in diesen Fällen der Ring entsteht. Er wird von den Kohlenstoff-Atomen des Bis-Grignard-Reagenz und dem Carbonyl-Kohlenstoff des Lactons gebildet:

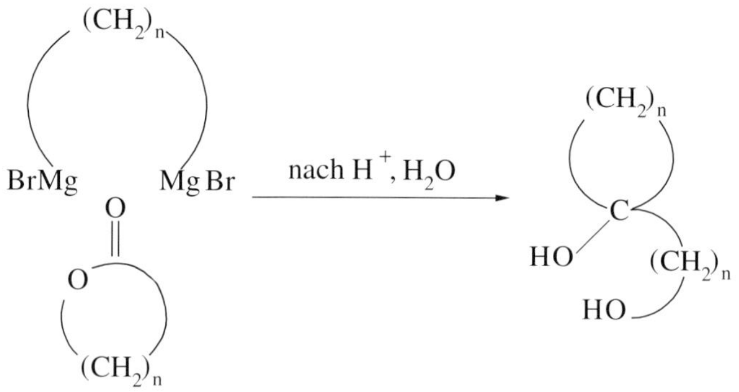

**14.**

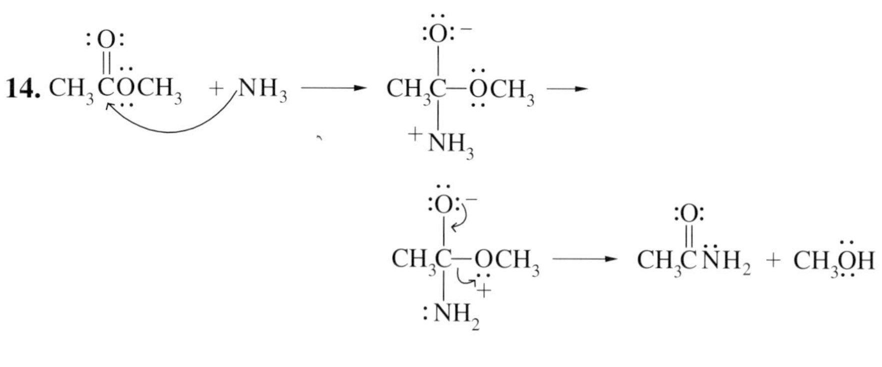

**15.** Pentanamid liefert **(a)** Pentansäure, **(e)** Pentanamin und **(f)** Pentanal; *N*,*N*-Dimethylpentanamid ergibt dieselben Produkte für **(a)** und **(f)**, während die Reduktion mit $LiAlH_4$ in diesem Fall zu *N*,*N*-Dimethylpentanamin, $CH_3CH_2CH_2CH_2CH_2N(CH_3)_2$, führt.

**16.** **(a)** $(CH_3CH_2CH_2CH_2)_2CuLi$; dann $H^+$, $H_2O$; **(b)**, **(d)** $LiAlH_4$, $(CH_3CH_2)_2O$; dann $H^+$, $H_2O$; **(c)** $LiAl[OC(CH_3)_3]H$; dann $H^+$, $H_2O$; **(e)**, **(f)** $CH_3CH_2CH_2MgBr$, $(CH_3CH_2)_2O$; dann $H^+$, $H_2O$.

**17.** In i und ii besitzen die α-Wasserstoffe die höchste Acidität. Deprotonierung und anschließende Protonierung stellen einen Mechanismus dar, der eine Isomerisierung gestattet:

(ähnlich bei ii).

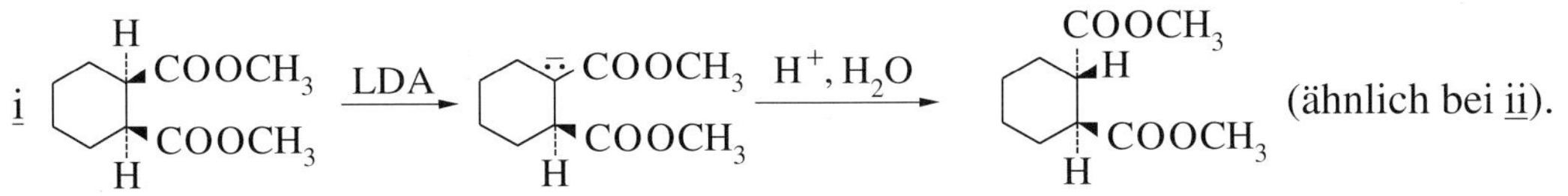

In iii befinden sich die Wasserstoffe höchster Acidität am Stickstoff. Die α-Wasserstoffe werden nicht entfernt, darum wird keine Isomerisierung beobachtet.

**18.** Die Mechanismen beinhalten Amidbildung beziehungsweise Hofmann-Umlagerung. Bei der Bildung von Phthalimid werden nur die Protonenübertragungen gezeigt, die längs des Reaktionswegs zum Produkt auftreten.

Phthalimid

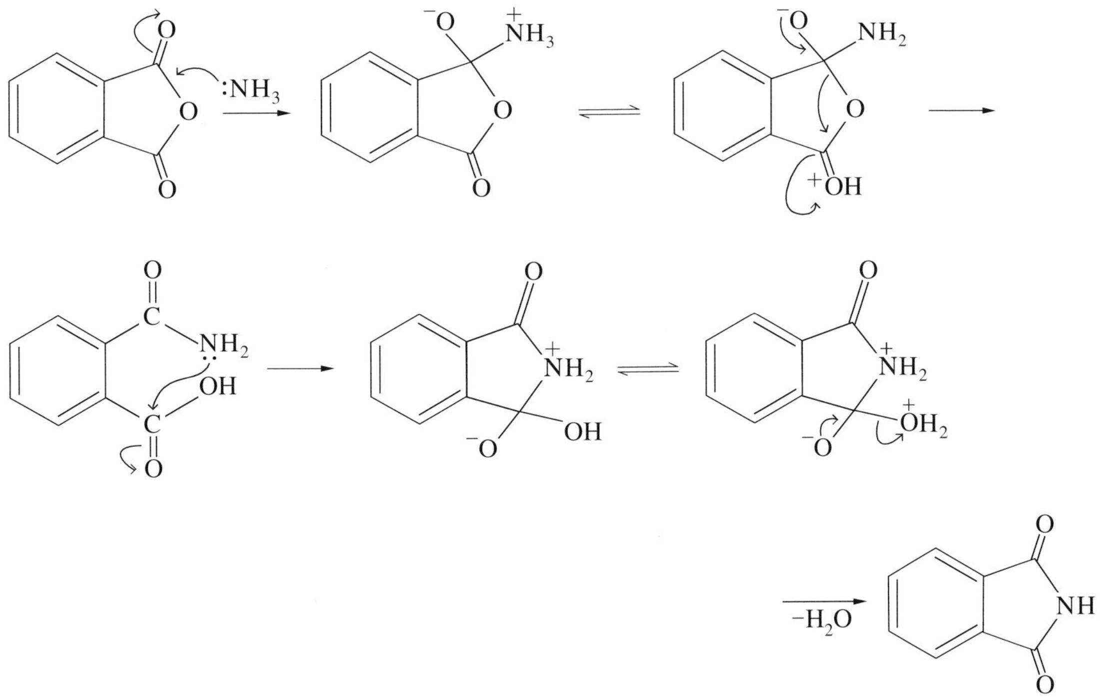

Dann

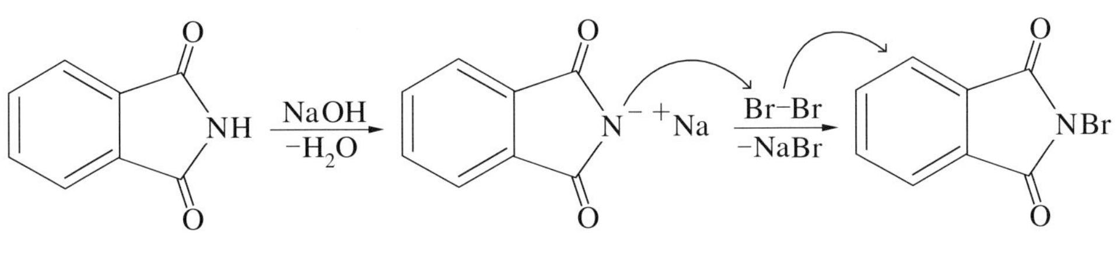

Was nun? Am N ist kein Wasserstoff mehr, wie können Sie dann zu einem intermediären *N*-Halogenamidat gelangen, das sich zu dem erforderlichen Acylnitren zersetzen kann?

N-Halogenamidat Acylnitren

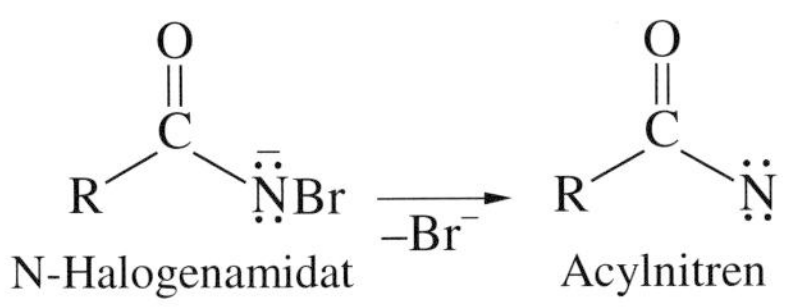

Die Antwort: Die Reaktion läuft in *stark basischem* Milieu ab, verwenden Sie daher Hydroxid bei der Addition-Eliminierung.

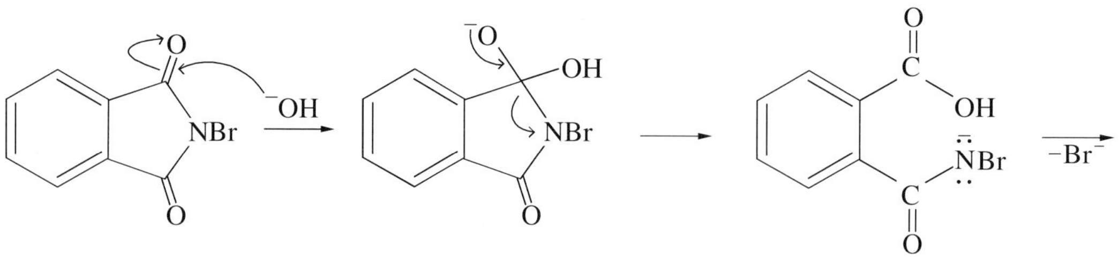


Jetzt liegen Sie richtig. Machen Sie genau so weiter, wie in Abschnitt 20.7 beschrieben.

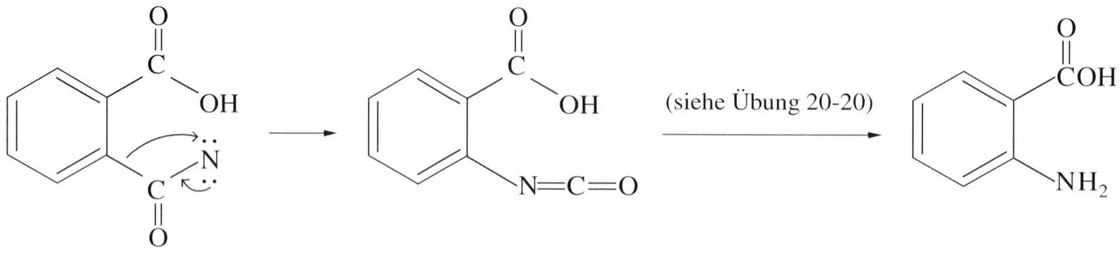


**19.** Aus 'i': 1. $SOCl_2$, 2. $(CH_3)_2NH$ (bildet das Säureamid), 3. $LiAlH_4$.
Aus 'ii': 1. $SOCl_2$, 2. $NH_3$, 3. $Cl_2$, NaOH (Hofmann-Umlagerung, $CO_2$ tritt aus, und es entsteht das einfache Amin), 4. 2 $CH_3I$, NaOH ($S_N2$-Methylierungen des Amin-Stickstoffs).

**20.** Die dipolaren Resonanzstrukturen, die die C=O-Bindung der Carbonylgruppe schwächen und ihre Streckfrequenz herabsetzen, verlieren in kleinen Ringen wegen der vermehrten Spannung, die durch ein zweites $sp^2$-Atom hervorgerufen wird, an Bedeutung:

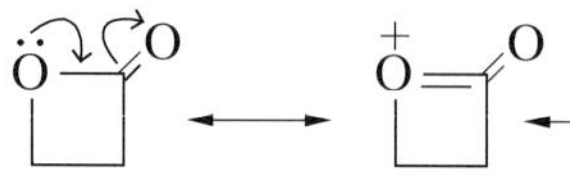

← sehr gespannt, verhältnismäßig unbedeutende Resonanzstruktur

**21. (a)** Keine gute Idee. Restliches Hexanoylchlorid wird in Hexansäure überführt, die einen Geruch hat wie ein alter Stall an einem heißen Tag.

**(b)** Die Glasgeräte werden mit einem Alkohol, zum Beispiel Methanol, ausgewaschen. Die Reaktion von Hexanoylchlorid mit Alkohol ergibt den Ester Methylhexanoat, der wie frisches Obst riecht. Viel besser.

**22.** Mit $H^+$ und $CH_3OH$ umsetzen! Der Methylester oben rechts bleibt ein Methylester, weil das einzige Nucleophil, das für einen Angriff der Carbonyl-Gruppen in Frage kommen könnte, Methanol ist. Das Ethanoat unten rechts wird jedoch zu Methylethanoat umgeestert, und der Steroidalkohol wird frei:

$$CH_3\overset{O}{\overset{\|}{C}}\text{-O-Steroid} \xrightarrow{H^+,\ CH_3OH} CH_3\overset{O}{\overset{\|}{C}}\text{-O-}CH_3 + \text{HO-Steroid}$$

**23.** Baeyer-Villiger-Reaktion und anschließende Ester-Hydrolyse:

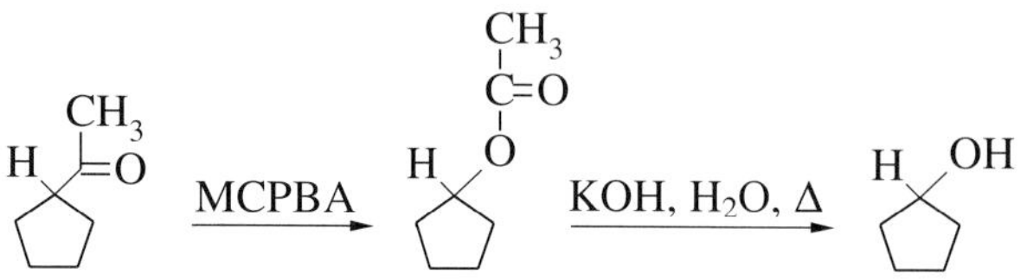

**24.** Es gibt mehrere gangbare Wege. Einer davon verwendet eine Reaktion aus diesem Kapitel (der tatsächlich eingeschlagene Weg) und wird nachfolgend gezeigt.

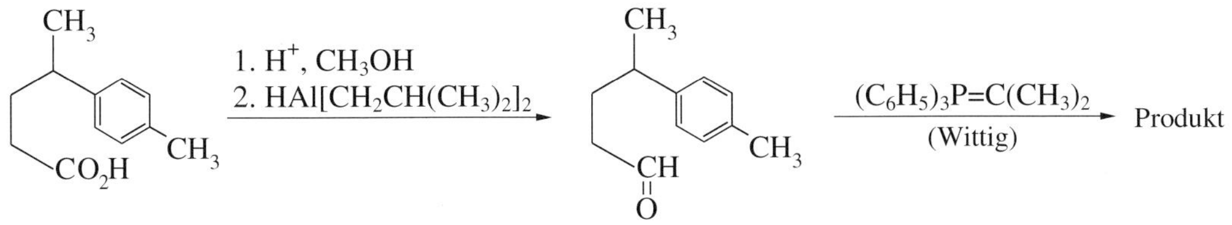


**25.** Retrosynthetische Analyse: Die gebildete Bindung verknüpft den α-Kohlenstoff eines Esters und den Carbonyl-Kohlenstoff eines anderen.

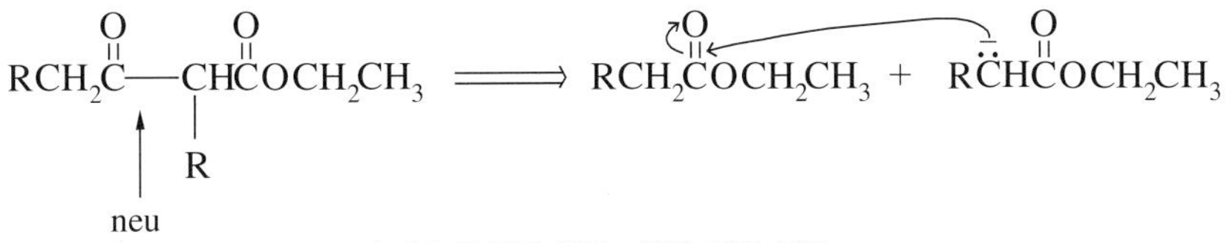


**(a)** 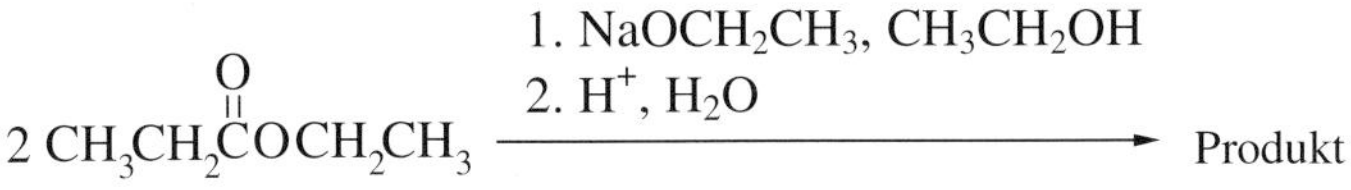 2 $CH_3CH_2\overset{O}{\overset{\|}{C}}OCH_2CH_3$ $\xrightarrow[2.\ H^+,\ H_2O]{1.\ NaOCH_2CH_3,\ CH_3CH_2OH}$ Produkt

**(b)** 2 $(CH_3)_2CHCH_2CO_2CH_2CH_3$ $\xrightarrow{\text{wie bei a}}$ Produkt

**(c)** 2 $C_6H_5CH_2CO_2CH_2CH_3$ $\xrightarrow{\text{ebenso}}$ Produkt

**(d)** 2 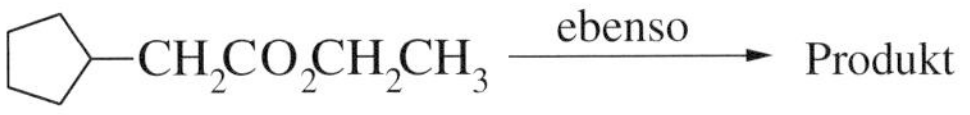


**26.** Schwierig zu machen. Man kann nicht verhindern, daß 2 $CH_3CO_2CH_3$ kondensieren oder 2 $CH_3CH_2CO_2CH_2CH_3$ oder sogar die Kondensation von zwei verschiedenen Estern im entgegengesetzten Sinne als gewünscht, erfolgt, nämlich das Enolat von $CH_3CH_2CO_2CH_3$ mit dem Carbonyl von $CH_3CO_2CH_3$. Es würde ein grauenhaftes Gemisch aller vier möglichen Kondensationsprodukte ergeben:

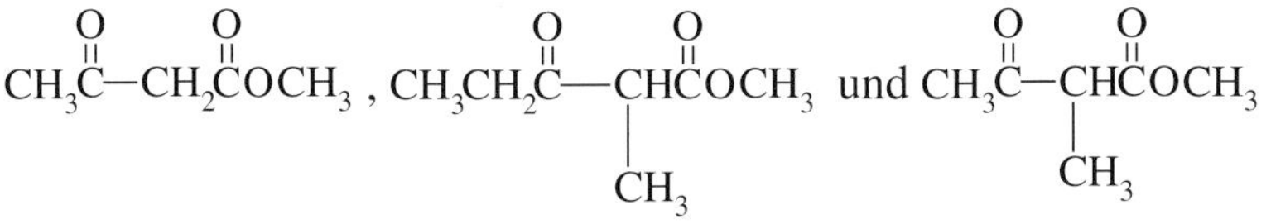

$$CH_3\overset{O}{\overset{\|}{C}}\text{—}CH_2\overset{O}{\overset{\|}{C}}OCH_3,\ CH_3CH_2\overset{O}{\overset{\|}{C}}\text{—}\underset{CH_3}{\underset{|}{C}H}\overset{O}{\overset{\|}{C}}OCH_3\ \text{und}\ CH_3\overset{O}{\overset{\|}{C}}\text{—}\underset{CH_3}{\underset{|}{C}H}\overset{O}{\overset{\|}{C}}OCH_3$$

zusätzlich zu dem gewünschten Produkt.

**27.** 1. $(CH_3)_2NH$, Δ (überführt in das *N*,*N*-Dimethylsäureamid), 2. $LiAlH_4$ (ergibt das Amin), 3. $H^+$, $H_2O$ (protoniert das Alkoxid).

**28.** Achten Sie auf die Stereochemie:

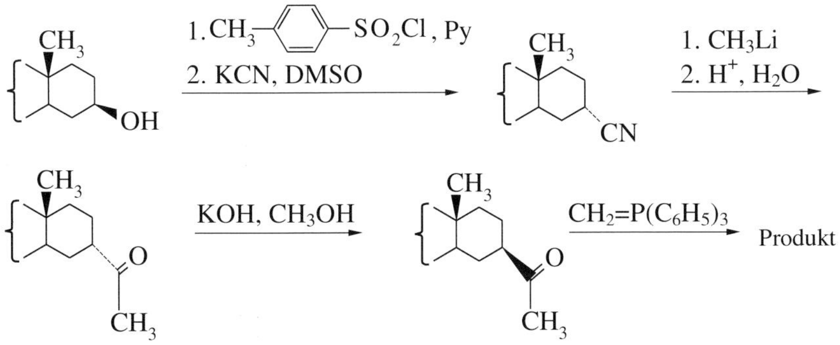


Produkt (die Deprotonierung am α-Kohlenstoff erlaubt die Isomerisierung zu einem stabileren äquatorialen Stereoisomer).

**29.**

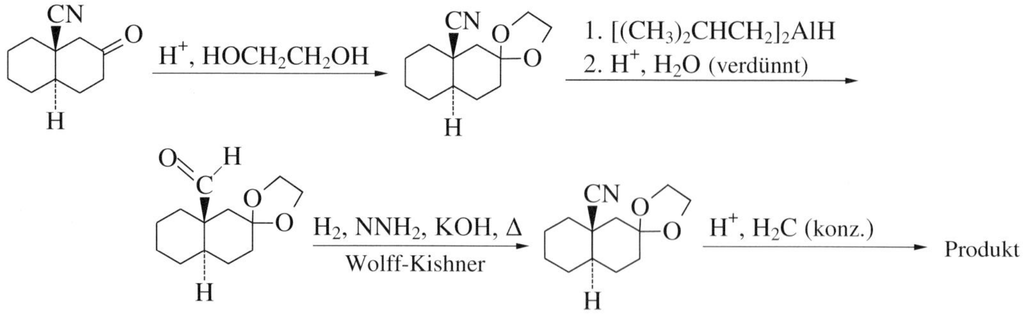

**30.**

| | | |
|---|---|---|
| Stärkste Peaks: | *m/z* 43 $(CH_3CH_2CH_2)^+$ | aus M–Br |
| | *m/z* 41 $(CH_2CH{=}CH_2)^+$ | aus M–HBr–H |
| Kleinere Peaks: | *m/z* 109 $(CH_2CH_2{}^{81}Br)^+$ | aus M–$CH_3$ |
| | *m/z* 107 $(CH_2CH_2{}^{79}Br)^+$ | aus M–$CH_3$ |
| | *m/z* 42 $(CH_3CH{=}CH_2)^+$ | aus M–HBr |
| | *m/z* 29 $(CH_3CH_2)^+$ | aus M–Br–$CH_2$ |
| | *m/z* 28 $(CH_2{=}CH_2)^+$ | aus M–Br–$CH_3$ |
| | *m/z* 27 $(CH_2{=}CH)^+$ | aus M–Br–$CH_3$–H |

**31.** Die Verbindung ist gesättigt (siehe „Ungesättigtheitsgrad“, Kapitel 11). Versuchen Sie es mit der allgemeinen Regel, daß intensive Fragmentpeaks normalerweise entweder auf den Verlust relativ stabiler neutraler Fragmente oder die Bildung relativ stabiler kationischer Teilchen zurückzuführen sind.

So entspricht bei Isomer C der intensive Peak mit m/*z* 73 $(M–15)^+$ oder der Abspaltung einer $CH_3$-Gruppe. Die Wahrscheinlichkeit dafür ist sehr groß, wenn das zurückbleibende Fragment ein sehr stabiles Kation ist, zum Beispiel

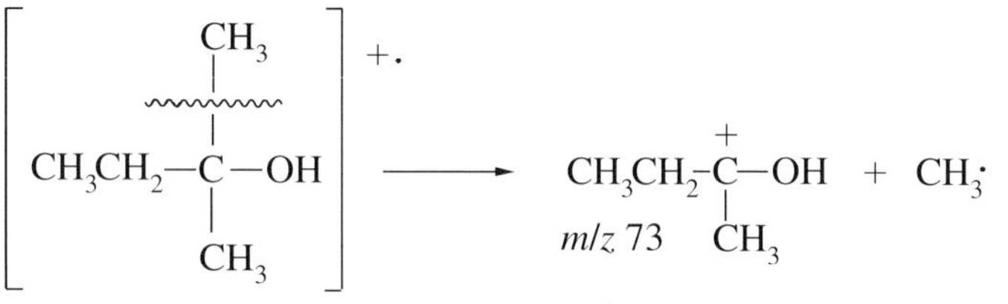

tertiäres Kation, stabilisiert durch das einsame Elektronenpaar an Sauerstoff

Der Basis-Peak liegt bei *m/z* 59; das entspricht $(M\text{-}29)^+$ oder dem Verlust von $CH_3CH_2$:

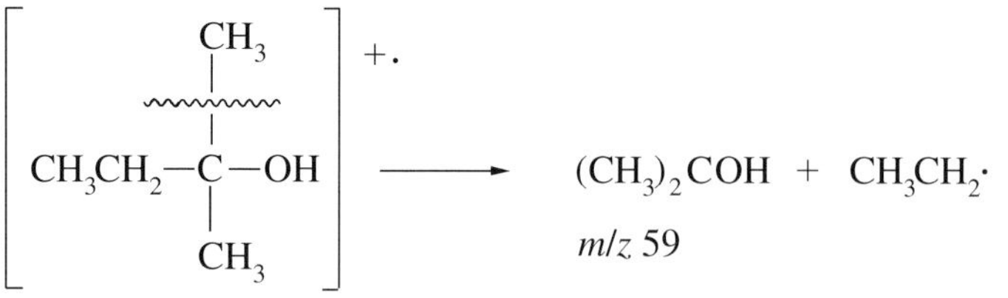

Zusammenfassend spricht vieles dafür, daß es sich bei dem Isomer C, wie gezeigt, um 2-Methyl-2-butanol handelt.

Isomer B weist ebenfalls einen Peak bei *m/z* 73 auf, der durch Verlust einer $CH_3$-Gruppe zustande kommt. Sein Basispeak (*m/z* 45) entspricht dem Verlust von 43 oder $CH_3CH_2CH_2$. Diese Peaks sind für 2-Pentanol zu erwarten:

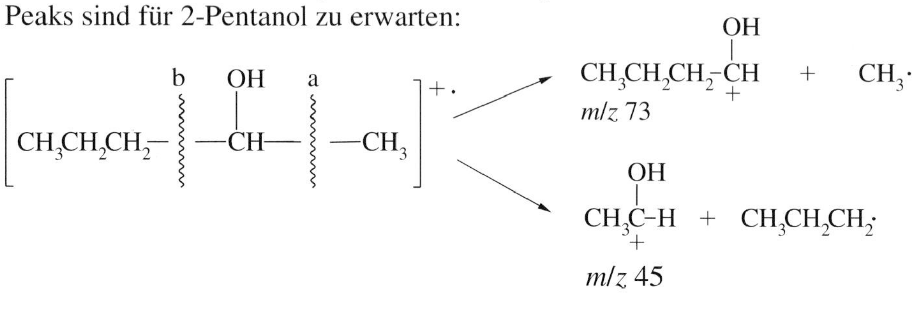

Beide Fragmentierungen liefern sekundäre Kationen, die durch ein freies Elektronenpaar des Sauerstoffs resonanzstabilisiert sind. In der Tat ist dies die richtige Antwort.

Isomer A verliert *weder* $CH_3$ *noch* $CH_3CH_2$ (keine Peaks bei *m/z* 73 oder 59). Deswegen kommt ein tertiärer oder sekundärer Alkohol als Struktur nicht in Frage (Beispiele, die Sie für diese Strukturmöglichkeiten formulieren können, müßten diese Fragmentierungen zeigen). Wie verhält es sich mit einem primären Alkohol? Die starken Fragmentpeaks können uns möglicherweise Hinweise geben. Der Wert *m/z* 70, der auf die Abspaltung von Wasser zurückzuführen ist, ist wenig hilfreich, wenn man davon absieht, das er das Vorliegen von $(CH_3)_3CCH_2OH$ ausschließt, welches keine β-Wasserstoffe hat und darum nicht dehydratisieren kann. Damit bleiben für A 3 Möglichkeiten übrig:

$$CH_3CH_2CH_2CH_2CH_2OH, \quad CH_3CH_2\overset{\overset{\displaystyle CH_3}{|}}{C}HCH_2OH \quad \text{und} \quad CH_3\overset{\overset{\displaystyle CH_3}{|}}{C}HCH_2CH_2OH$$

Die vorliegenden Daten passen in der Tat recht gut zu den beiden ersten Strukturen (aus der dritten läßt sich schwer ein Fragment mit *m/z* 42 erhalten). Wenn Sie soweit gekommen sind, haben Sie sich wacker geschlagen! (Übrigens entspricht das Spektrum von Isomer A der Verbindung 1-Pentanol).

**32. (a)** Formel: $C_{6.25}H_{12.60}O_{0.78} \Rightarrow C_8H_{16}O$ (empirisch).

MS: $M^{+\cdot}$ von 128 zeigt, daß $C_8H_{16}O$ auch die Molekülformel ist.

$H_{\text{gesättigt}} = 16 + 2 = 18$; Ungesättigtheitsgrad $= (18 - 16)/2 = 1$, 1 π-Bindung oder Ring.

IR, UV: Eine ketonische C=O-Gruppe scheint vorzuliegen.

NMR: $CH_3-CH_2-$ und $CH_3-\overset{\overset{\displaystyle O}{\|}}{C}-CH_2-CH_2-$ sind wahrscheinliche Teilstücke, zusammen ergeben sie

$$\underset{\delta 0.9(t)}{\uparrow} \qquad \underset{\delta 2.0(s)\ \ \delta 2.2(t)}{\uparrow\ \ \ \uparrow}$$

$C_6H_{12}O$; es fehlt nur noch $C_2H_4$. Ist 2-Octanon eine vernünftige Antwort?

MS: Basispeak (*m/z* 43) entspricht $\left[CH_3\overset{\overset{\displaystyle O}{\|}}{C}\right]^+$; nächstgrößer ist *m/z* 58, geht wie folgt aus der McLafferty-Umlagerung hervor:

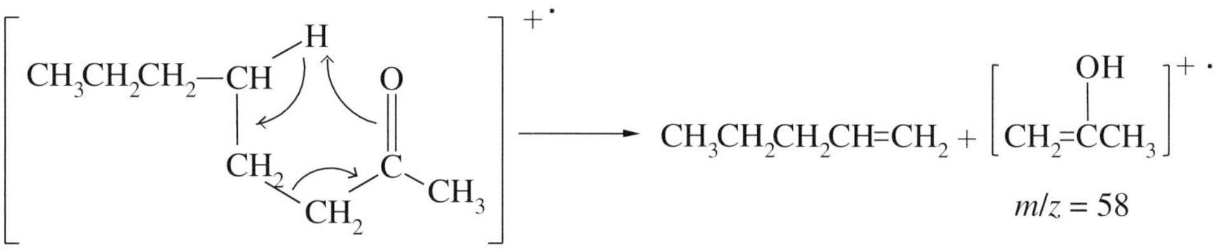

$$\left[\begin{array}{c} CH_3CH_2CH_2-CH \\ | \\ CH_2 \\ \qquad CH_2 \end{array} \begin{array}{c} H \\ \\ O \\ \| \\ C-CH_3 \end{array}\right]^{+\cdot} \longrightarrow CH_3CH_2CH_2CH=CH_2 + \left[CH_2=\overset{\overset{\displaystyle OH}{|}}{C}CH_3\right]^{+\cdot}$$

$$\text{2-Octanon} \qquad\qquad\qquad\qquad\qquad\qquad\qquad\qquad m/z = 58$$

Diese Antwort ist recht vernünftig.

**(b)** Formel: $C_{7.3}H_{11.8} \Rightarrow C_{10}H_{16}$ (empirisch).

MS: $M^+$ von 136 bestätigt $C_{10}H_{16}$ als Summenformel.

$H_{\text{gesättigt}} = 20 + 2 = 22$; Ungesättigtheitsgrad $= (22 - 16)/2 = 3$, 3 π-Bindungen und/oder Ringe.

IR, UV: Eine oder vielleicht zwei Alken-Doppelbindungen ($\tilde{\nu}_{C=C}$ bei 1646 und 1680 cm$^{-1}$), mindestens 1 davon vom Typ $\begin{array}{c} R \\ R \end{array}C=C\begin{array}{c} H \\ H \end{array}$ ($\tilde{\nu}_{\text{Bindung}}$ bei 888 cm$^{-1}$).

$^1$H-NMR $\begin{array}{c} \\ \\ \end{array}C=CH_2$ wahrscheinlich; ebenso ist eine getrennte $C=C\begin{array}{c} \\ H \end{array}$ -Gruppierung anwesend. Im

$$\underset{\delta 4.6}{\uparrow} \qquad\qquad\qquad\qquad\qquad\qquad \underset{\delta 5.3}{\uparrow}$$

übrigen liegen die einzigen noch außerdem für eine Auswertung in Frage kommenden Signale bei δ1.6-1.7; hierbei könnte es sich um 2 allylische $CH_3$-Gruppen handeln ($CH_3-\overset{|}{C}=C$ -Fragmente). Kein sehr hilfreiches NMR-Spektrum, wir können aber mindestens Teilstücke formulieren:

$C=CH_2$, $C=C\begin{array}{c} \\ H \end{array}$ 2 $CH_3$ an Doppelbindungen.

Es müssen noch 4 C und 7 H untergebracht werden. Die $^{13}$C-Daten müßten bedeutend aufschlußreicher sein, wir wollen aber einmal sehen, welche Informationen wir aus dem Massenspektrum beziehen können.
MS: Die Abspaltung von 15 bestätigt das Vorliegen einer oder mehrerer $CH_3$-Gruppen. Die beiden anderen wichtigen Fragmentierungen liefern m/z 95 + m/z 41 und 2 *m/z* 68 Fragmente. Wir beginnen mit dem leichtesten, *m/z* 41 = $C_3H_5$, das der Kombination $-\overset{CH_3}{\overset{|}{C}}=CH_2$ (aus den oben erwähnten NMR-Daten) entsprechen könnte. Die Fragmente mit *m/z* 68 entsprechen jeweils der Hälfte des ursprünglichen Moleküls oder $C_5H_8$. Ein vernünftiger Strukturvorschlag für $C_5H_8$ ergibt sich aus der Addition von $C_2H_3$ oder $H_2C{=}CH$- und $-\overset{CH_3}{\overset{|}{C}}=CH_2$ unter Bildung von $CH_2{=}CH-\overset{CH_3}{\overset{|}{C}}=CH_2$ (Isopren). Allmählich sieht die Sache vertraut aus. Könnte es sich bei dem Molekül um ein *Dimer* von Isopren handeln, das vielleicht aus einer Diels-Alder-Reaktion hervorgegangen ist?

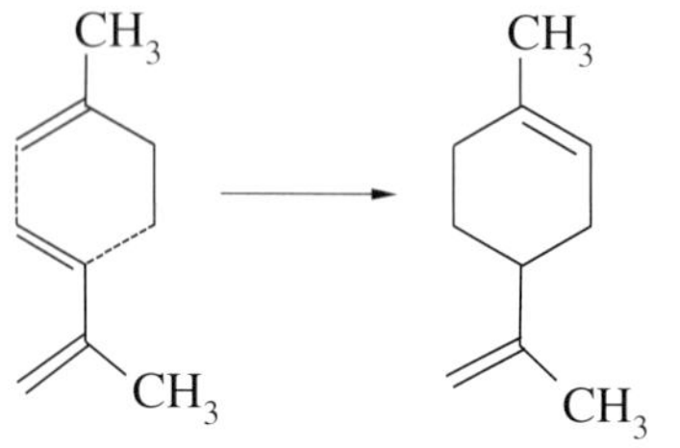


(Limonen?)

Dies ist in der Tat die Antwort (siehe Aufgabe **26** in Kapitel 14). Versuchen Sie, die $^{13}$C-NMR-Daten in diesem Sinne zu deuten.

**33. (a)** Sammeln Sie die Informationen und überlegen Sie, welche Schlüsse Sie daraus ziehen können. Fangen Sie mit dem Molekül-Ion an. Es handelt sich um einen einzelnen Peak, weshalb Cl oder Br nicht in Frage kommen, die zwei Peaks, um zwei Masseneinheiten getrennt, ergeben würden. Der Wert ist eine gerade Zahl, ein einzelnes N-Atom kann daher nicht vorliegen (siehe Übung 20-27; null oder eine gerade Anzahl von Stickstoffatomen werden für eine gerade Massenzahl benötigt). Die IR-Absorption liegt nahe an dem für Ester charakteristischen Bereich, Sie sollten daher zunächst die Annahme machen, daß das Molekül ein Ester ist und nur C, H und O enthält.

Die genaue Masse liefert Ihnen, mit einem bißchen Arbeit, die Molekülformel. Die Esterfunktion enthält zwei Sauerstoffe, ziehen Sie daher deren Masse (2 · 15.9949) von der Masse des Stamm-Ions ab und versuchen Sie, die Restmasse durch eine Kombination von Kohlenstoffen und Wasserstoffen auszudrücken:

$$\begin{array}{r} 116.0837 \\ -(2 \cdot 15.9949) \\ \hline 84.0939 \end{array}$$

Die einzige vernünftige Kombination von C und H mit der Masse 84 ist $C_6H_{12}$. Paßt sie *genau*? $(6 \cdot 12) + (12 \cdot 1.00783) = 84.0940$ – in der Tat ist es so. (Wäre das nicht der Fall gewesen, hätten Sie weitere Möglichkeiten mit Sauerstoff, zum Beispiel $C_5H_8O$ usw. erkunden müssen). Die Molekülformel ist $C_6H_{12}O_2$, mit einem Grad der Ungesättigtheit von 1, der Carbonylgruppe des Esters.

Wenden Sie sich jetzt der Protonenkernresonanz zu. Sie haben folgende Absorptionen:

$\delta$ = 1.0-1.3: Möglicherweise überlappende Signale, gesamte Integration von 9 H

$\delta$ = 2.2: Quartett, Integration von 2 H; deutet auf eine $CH_3$-$\mathbf{CH_2}$-Gruppe hin, die wegen der geringfügig entschirmten Lage im Spektrum wahrscheinlich mit einem Carbonylkohlenstoff verbunden ist.

$\delta = 5.0$: Ein Septett (siehe die verstärkte Aufnahme), Integration von 1 H; sieben Linien lassen auf zwei benachbarte Methylgruppen als Nachbarn schließen; die chemische Verschiebung deutet auf Verknüpfung mit Sauerstoff: $(CH_3)_2\mathbf{CH}$–O–

Haben Sie die Antwort? Ja: $CH_3CH_2\overset{\overset{\displaystyle O}{\|}}{C}\text{—}OCH(CH_3)_2$

Stimmt der Rest der Daten damit überein? Die Hochfeldregion des NMR-Spektrums kann jetzt in der Weise interpretiert werden, daß sie aus einem ausgedehnten Dublett für die Methylgruppen der $CH(CH_3)_2$-Gruppe besteht, das mit einem Peak eines kleineren Tripletts überlappt, das vom $CH_3$ der Ethylgruppe herrührt. Wie verhält es sich mit dem Massenspektrum? Der Basis-Peak bei *m/z* = 57 stammt von einer Art α-Spaltung der C-O-Esterbindung unter Bildung des sehr stabilen Acylium-Ions $CH_3CH_2C{\equiv}O^+$.

**(b)** Hier sehen Sie zwei Stamm-Ionen, zwei Masseneinheiten auseinander, von gleicher Intensität; ein Bromatom liegt vor. Etwa die Hälfte der Moleküle enthält $^{79}$Br und hat die Molekülmasse 180; die andere Hälfte enthält $^{81}$Br, *m/z* ist 182. Auch hier läßt das IR-Spektrum erkennen, daß es sich um einen Ester handelt.

Ziehen Sie von einer der beiden exakten Massen die Masse des betreffenden Br-Isotops und die der beiden Sauerstoffe der Esterfunktion ab:

$$\begin{array}{r} 179.9786 \\ -78.9183 \\ \hline 101.0603 \\ -(2 \cdot 15.9949) \\ \hline 69.0705 \end{array}$$

Die einzige vernünftige Kombination von C und H mit einer Masse von 69 ist $C_5H_9$. Seine exakte Masse ist: $(5 \cdot 12) + (9 \cdot 1.00783) = 69.0705$. Die Molekülformel ist $C_5H_9O_2Br$ mit einem Grad der Ungesättigtheit von 1, der Carbonylgruppe des Esters.

Sie können jetzt direkt zum NMR-Spektrum übergehen, versuchen Sie aber erst, möglichst alle Informationen aus den Massenspektrendaten herauszuholen. Der Basis-Peak hat *m/z* = 29; zwei Möglichkeiten, die Ihnen in diesem Kapitel begegnet sind, sind $CH_3CH_2^+$ und $HC{\equiv}O^+$. Ein Paar von Peaks bei *m/z* = 107 und 109 deutet auf ein Br enthaltendes Fragment hin. Was könnte es sein? Wenn Sie die Atommasse des jeweiligen Br-Isotops abziehen, gelangen Sie zu 28, was $C_2H_4$ oder CO sein könnte. Sie können deshalb als mögliche Strukturen für das 107/109-Fragment etwa $CH_3CHBr^+$ und $BrC{\equiv}O^+$ formulieren. Aus den IR-Daten wissen Sie, daß es sich um einen Ester handelt und nicht um ein Alkanoylhalogenid, die erste Möglichkeit ist daher einleuchtender. Jetzt kommen Sie der richtigen Antwort schon sehr nahe. Schauen Sie sich jetzt das $^1$H-NMR-Spektrum an. Folgende Absorptionen treten auf:

$\delta = 1.3$: Triplett, Integration von 3 H; eine $\mathbf{CH_3}$-$CH_2$-Gruppe

$\delta = 1.8$: Dublett, Integration von 3 H; eine $\mathbf{CH_3}$-CH-Gruppe δ = 4.1-4.5: Ein Multiplett, Integration von 3 H; hier muß es sich wegen CH$_2$ und CH, deren Existenz ja aus den beiden vorstehenden Signalen hervorgeht, um überlappende Multipletts (Quartetts) handeln! Weil diese Protonen so stark entschimt sind, schließen wir, daß eine dieser Gruppen mit dem Estersauerstoff und die andere mit Brom verknüpft ist. Welche ist womit verbunden? Wenn Sie CH$_3$–CH$_2$– mit Brom verbinden, erhalten Sie CH$_3$CH$_2$Br, Bromethan. Das geht nicht, weil es keine Möglichkeit mehr gibt, die restlichen Atome unterzubringen. Verbinden Sie daher CH$_3$–CH$_2$– mit dem Estersauerstoff und CH$_3$–CH– mit Brom und Sie erhalten als richtige Antwort:

$$
\begin{array}{c}
\quad\quad\quad\quad\quad \text{O} \\
\quad\quad\quad\quad\quad \| \\
\text{CH}_3\text{CH}_2\text{—O—C—CHCH}_3 \\
\quad\quad\quad\quad\quad\quad\quad\quad | \\
\quad\quad\quad\quad\quad\quad\quad\quad \text{Br}
\end{array}
$$

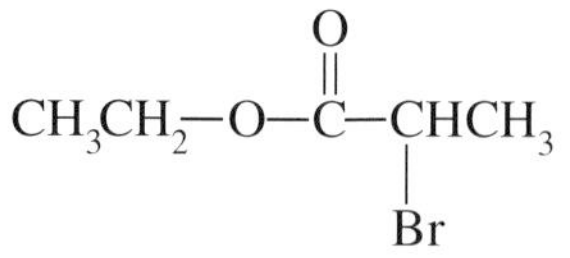

**34.** Erste Reaktion: Das „gemischte" Anhydrid kann zwei verschiedene Acylium-Ionen freisetzen.

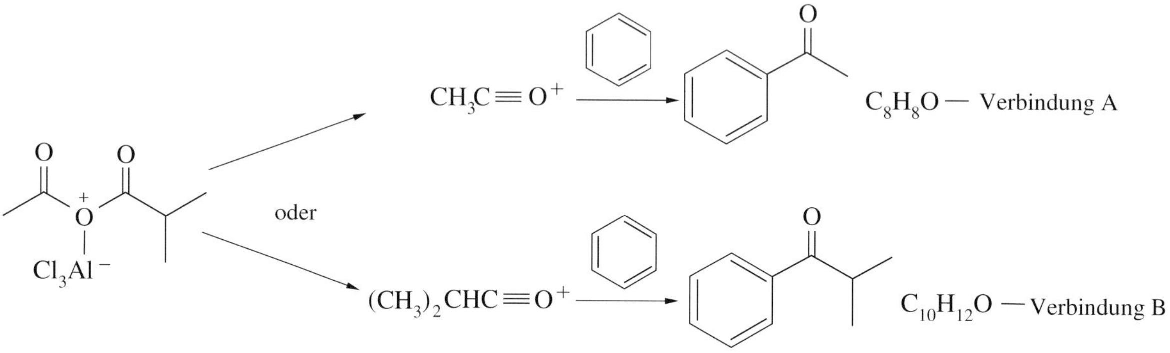

Zweite Reaktion: Ein Ester kann ebenfalls als Acylium-Ionenquelle dienen.

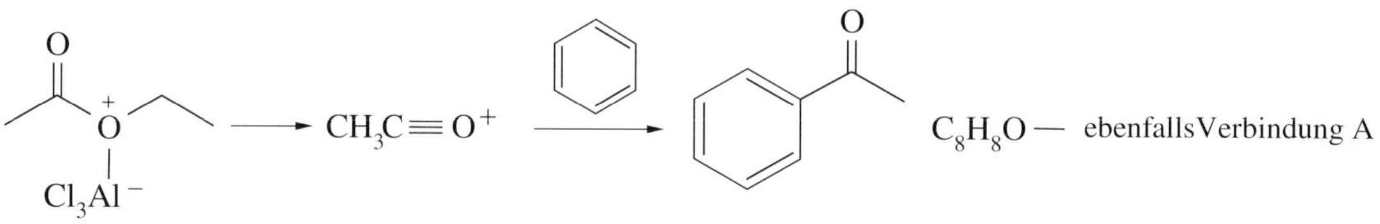

Aber was kann sonst noch passieren? Was ist das für ein Produkt C mit der Formel C$_8$H$_{10}$? Schauen Sie sich das NMR an: fünf Benzol-Wasserstoffe und hochfeldverschobene CH$_2$- und CH$_3$-Gruppen – das sieht nach Ethylbenzol aus! Wie das? Der durch eine Lewis-Säure komplexierte Sauerstoff ist eine gute Abgangsgruppe; wir können daher folgendes postulieren:

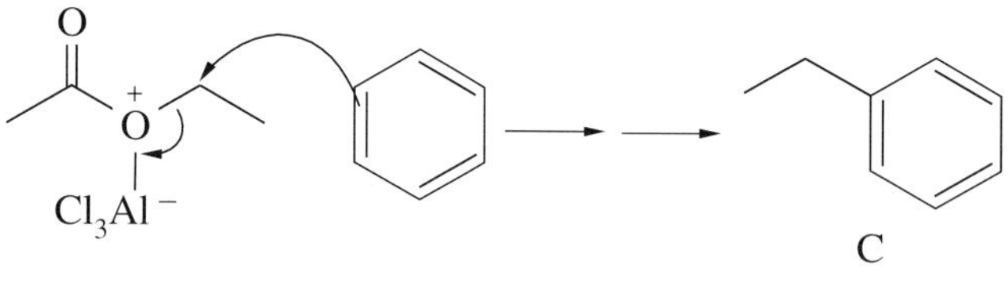

was natürlich weiterreagieren und eine weitere Acylierung eingehen kann unter der Bildung von

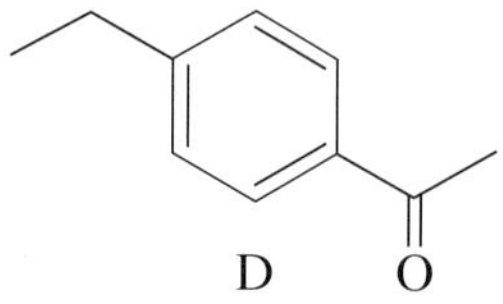

Dritte Reaktionssequenz:

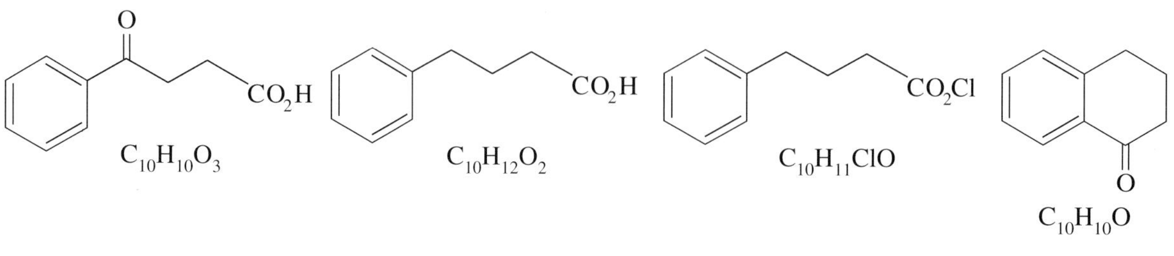

# Amine und ihre Derivate – Stickstoffhaltige funktionelle Gruppen

# 21

**1. (a)** 3-Hexanamin, 3-Aminohexan

**(b)** *N*-Methyl-2-propanamin, 2-(Methylamino)propan

**(c)** 2-Chlorbenzolamin, *ortho*-Chloranilin

**(d)** *N*-Methyl-*N*-propylbenzolamin; *N*-Methyl-*N*-propylanilin

**(e)** *N,N*-Dimethylmethanamin (übliche Bezeichnung: Trimethylamin), *N,N*-Dimethylaminomethan

**(f)** 4-(Dimethylamino)-2-butanon (einzige vernünftige Bezeichnung)

**(g)** 6-Chlor-*N*-cyclopentyl-*N*,5-dimethyl-1-hexanamin (die Ziffern beziehen sich auf Substituenten an der zugrundeliegenden Hexan-Kette); 1-Chlor-6-(*N*-cyclopentyl-*N*-methylamino)-2-methylhexan

**(h)** *N,N*-Diethyl-2-propen-l-amin, 3-(*N,N*-Diethylamino)-1-propen.

**2. (a)**

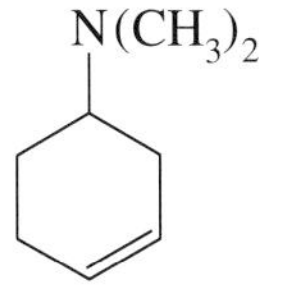


**(b)**

**(c)** $HOCH_2CH_2NH_2$

**(d)**

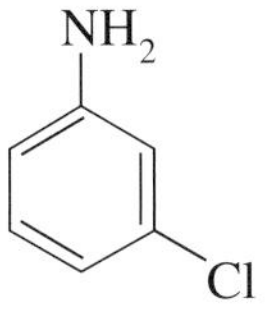


**3. (a)** 21 bis 29 kJ/mol, die für die Inversion benötigte Aktivierungsenergie.

**(b)** Das Methyl-Anion ist isoelektronisch mit Ammoniak und wie dieses tetraedisch gebaut ($sp^3$-hybridisiert). Das Methyl-Radikal und das Kation, mit einem bzw. zwei Elektronen weniger, sind stabiler in der trigonal-planaren Konfiguration. Durch Umhybridisierung und Verwendung von $sp^2$-Orbitalen in den s-Bindungen bilden sie stärkere Bindungen aus, wobei ein halb besetztes oder leeres p-Orbital „übrigbleibt". Das $sp^2$-Schema ist nicht so gut für das Anion oder für Ammoniak, weil in Abwesenheit anderer stabilisierender Einflüsse zwei Elektronen in einem nicht hybridisierten p-Orbital ein ziemlich ungünstiger Zustand ist: Diese Elektronen sind ziemlich weit vom Kern entfernt und werden durch diesen nur mäßig angezogen.

**4.** Die ungeraden Massen lassen vermuten, daß jedes ein einzelnes Stickstoff-Atom enthält. Die Gesamtzahl der Wasserstoff-Atome erhält man aus dem NMR-Spektrum, somit kann man die Anzahl der Kohlenstoff-Atome aus der Differenz ermitteln: $m/z$ 129 = 14 (ein N) + 19 (19 H) + Masse der Kohlenstoff-Atome. Masse der Kohlenstoff-Atome = 96, daraus folgt: acht Kohlenstoff-Atome; $C_8H_{19}N$ ist die Formel dieser unbekannten Verbindungen. Ungesättigtheitsgrad (siehe Kapitel 11): $H_{\text{gesättigt}}$ =16 + 2 + 1 (für N) = 19; die Verbindungen sind gesättigt.

A: NMR: $CH_3$–$CH_2$– und –$CH_2$–$CH_2$–$NH_2$; beachten Sie, daß das Signal bei δ2.7 nicht durch die

(↑ $CH_3$: δ0.9(t); ↑ $CH_2$ (neben $NH_2$): δ2.7(t); ↑ $NH_2$: δ2.3)

Aminowasserstoffe aufgespalten wird (wie das auch bei Alkohlen der Fall ist. Aus den Aufspaltungen geht sehr schön die Anzahl der benachbarten Wasserstoffe hervor. MS: $m/z$ 30 für das $[CH_2=NH_2]^+$-Fragment. Es bleibt nur noch $C_4H_8$ einzufügen, und die einfachste Annahme ist, daß $CH_3(CH_2)_7NH_2$ (1-Octanamin) vorliegt. Andere Isomere würden zusätzliche Methyl-Signale im NMR in der Nähe von δ0.9-1.0 zeigen.

B: NMR: $(CH_3)_3C-$ wahrscheinlich, ebenso 2 äquivalente $CH_3$-Gruppen, vielleicht eine $CH_2$- und

$$\delta1.0(s)$$

eine $NH_2$-Gruppe? (Signale bei δ1.3 und 1.4). MS $m/z$ 114 ist $[M-CH_3]^+$, 72 ist $[M–(CH_3)_3Cl]^+$ und 58 höchstwahrscheinlich ein Iminium-Ion. Bevor aus diesen Angaben eine Struktur aufgestellt wird, beachte man, daß in dem Bereich bei δ2.7 *keine* NMR-Signale auftreten, man würde dort Signale für

$$-\overset{\textcircled{H}}{\underset{|}{C}}-N\diagdown$$

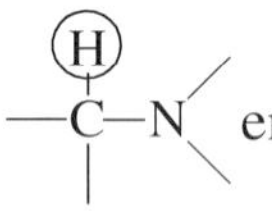

erwarten. Höchstwahrscheinlich ist daher der N an ein *tertiäres* Kohlenstoff-Atom gebunden. In Frage kommende Teilstücke:

$$(CH_3)_3C-,\ 2\ CH_3-,\ -CH_2-,\ -\underset{|}{\overset{|}{C}}-NH_2 \quad \text{tertiär}$$

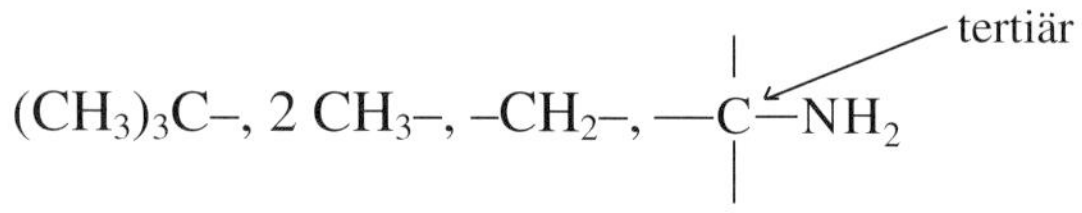

Alle in der Formel vorkommende Atome liegen hiermit vor, die Zusammenfügung ergibt:

$$(CH_3)_3C-CH_2-\underset{\underset{CH_3}{|}}{\overset{\overset{CH_3}{|}}{C}}-NH_2$$

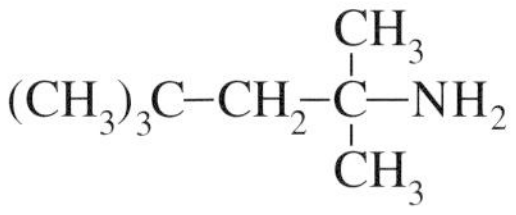

was in der Tat die richtige Antwort ist. Bei dem Fragment mit $m/z$ 58 handelt es sich daher um $[(CH_3)_2C=NH_2]^+$.

**5.** Bei der Lösung dieser Aufgaben denke man stets an die Formel $C_6H_{15}N$.

**(a)** $^{13}C$-NMR: Die Aufspaltungen sind sehr wertvoll, weil aus ihnen hervorgeht, daß der Peak bei δ23.7 einer oder mehreren äquivalenten $CH_3$-Gruppen und der Peak bei δ45.3 einer oder mehreren äquivalenten $\diagdown CH-$ -Gruppierungen (wegen der chemischen Verschiebung an N gebunden) entspricht. IR: Ein *sekundäres* Amin, -NH-. Andere Signale sind nicht vorhanden, somit erhalten wir durch Aneinanderfügung der passenden Zahlen der genannten Gruppierungen als Antwort:

$$\underset{CH_3}{\overset{CH_3}{\diagdown}}C-\overset{H}{N}-C\underset{CH_3}{\overset{CH_3}{\diagup}}$$

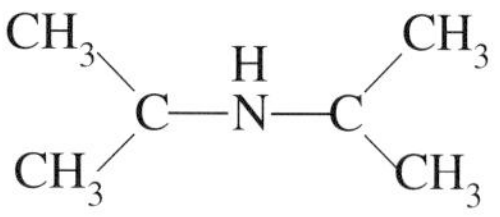

**(b)** $^{13}C$-NMR: Hier haben wir nur $CH_3$- und $-CH_2$-Gruppen (letztere an N gebunden).
IR: Ein *tertiäres* Amin. Somit: $(CH_3CH_2)_3N$.

**(c)** $^{13}C$-NMR: $CH_3$-Gruppen, $-CH_2$-Gruppen die *nicht* an N gebunden sind und $-CH_2$-Gruppen, die in der Tat *an N gebunden* sind. IR: *Sekundäres* Amin. Somit:

$$CH_3CH_2CH_2-\overset{H}{N}-CH_2CH_2CH_3$$

**(d)** $^{13}C$-NMR: Eine $CH_3$- und fünf $-CH_2$-Gruppen. IR: *Primäres* Amin (-NH$_2$). Hierbei handelt es sich um $CH_3(CH_2)_5NH_2$.

(e) $^{13}$C-NMR: Zwei verschiedene Typen von $CH_3$-Gruppen, eine ($\delta$38.7) an N gebunden; ebenfalls ein quaternäres C an N gebunden ($\delta$53.2). IR: Ein *tertiäres* Amin. Unter Berücksichtigung der Formel $C_6H_{15}N$, können wir das Molekül konstruieren. Die Antwort:

$$\delta25.6 \longrightarrow (CH_3)_3C-N \underset{CH_3}{\overset{CH_3}{<}} \delta38.7$$
$$\underset{\delta53.2}{\uparrow}$$

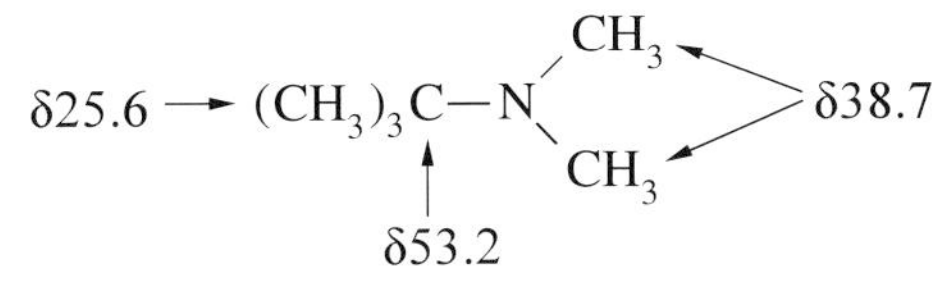

**6.** Abbildung 21.5 ist $(CH_3CH_2)_3N$ und Abbildung 21.6 ist $CH_3(CH_2)_5NH_2$, diese Verbindungen dienen dem Vergleich (keine von ihnen entspricht den in dieser Aufgabe gegebenen Daten). In jedem Einzelfall halten wir Ausschau nach wichtigen Fragmenten aus der Spaltung von C— —C—N unter Bildung von Iminium-Ionen.

**(a)** $m/z$ 72 ist wichtig, dieser Wert entspricht $[M-29]^+$ oder dem Verlust von $CH_3CH_2\cdot$. Das einzige Amin unter denen von Aufgabe **5**, das leicht eine Ethyl-Gruppe verlieren kann, ist

$$CH_3CH_2 \dashv\!-CH_2-NH-CH_2CH_2CH_3$$

(Teil **c**). Das ist die Antwort.

**(b)** $m/z$ 86 ist ziemlich groß und entspricht dem Verlust von $CH_3\!-$. Drei Amine in Aufgabe **5** könnten $CH_3\!-$ leicht verlieren: **a**, **b** und **e**. *N,N*-Diethylethanamin (Triethylamin, **b**) scheidet aus, weil sein MS (Abbildung 21.5) nicht paßt. Der Peak $m/z$ 58 entspricht dem Verlust von 43 oder $C_3H_7$. Das ist leicht mit der Formel von **a** zu vereinbaren:

$$(CH_3)CH\dashv\!-NH-CH(CH_3)_2$$

(die korrekte Antwort), aber nicht mit dem Amin **e**.

**7.** Schwächer. $B: + H_2O \rightleftharpoons BH^+ + HO^- \qquad K_b = \dfrac{[BH^+][OH^-]}{[B:][H_2O]}$

$K_b$ ist größer für starke Basen. Da $pK_b = -\lg K_b$ entsprechen hohe $pK_b$-Werte niedrigen $K_b$-Werten oder schwächeren Basen.

**8. (a)** Schwächere Basen, weil das freie Elektronenpaar am N durch Resonanz beansprucht wird:

$$\underset{RC-NH_2}{\overset{O}{\|}} \longleftrightarrow \underset{RC=NH_2^+}{\overset{O^-}{|}}$$

Stärkere Säuren, weil die konjugierte Base resonanzstabilisiert ist:

$$\underset{RCNH_2}{\overset{O}{\|}} \rightleftharpoons H^+ + \left[ \underset{RC-\ddot{N}H^-}{\overset{O}{\|}} \longleftrightarrow \underset{RC=NH}{\overset{O^-}{|}} \right]$$

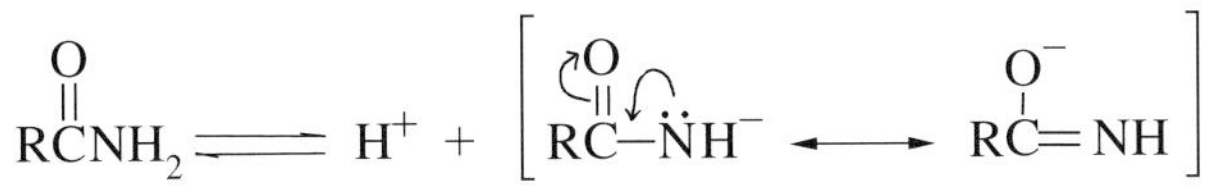

**(b)** Wie die Carboxamide wegen der beiden Carbonyl-Gruppen, jedoch sowohl hinsichtlich der Acidität als auch der Basizität in größerem Ausmaß.

**(c)** Ein bißchen schwächere Basen wegen der Resonanz 
$$\underset{/}{\overset{\backslash}{C}}=C-\ddot{N} \longleftrightarrow \bar{C}-C=\overset{+}{N}$$

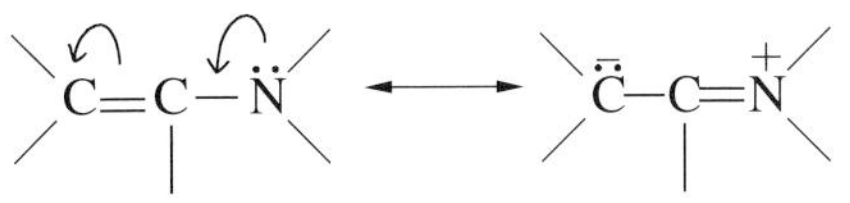

Der Stickstoff besitzt kein H, darum nicht acid.

**(d)** Schwächere Basen und stärkere Säuren aus den gleichen Gründen wie bei den Carboxamiden.

**9.** **(a)** In jedem Falle den doppelt gebundenen Stickstoff protonieren, man erhält so ein resonanzstabilisiertes Kation:

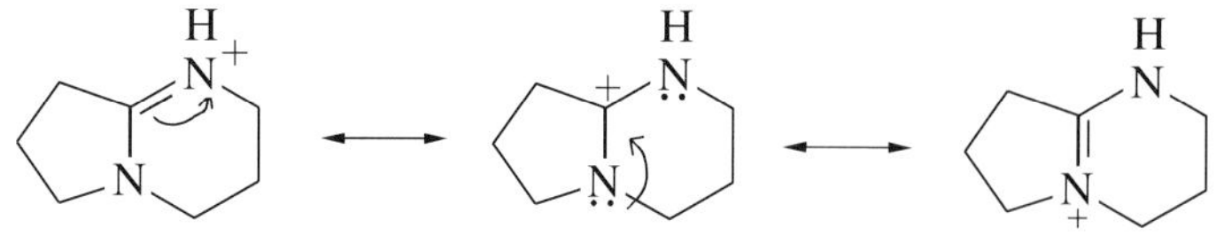

für DBN (DBU ist ähnlich)

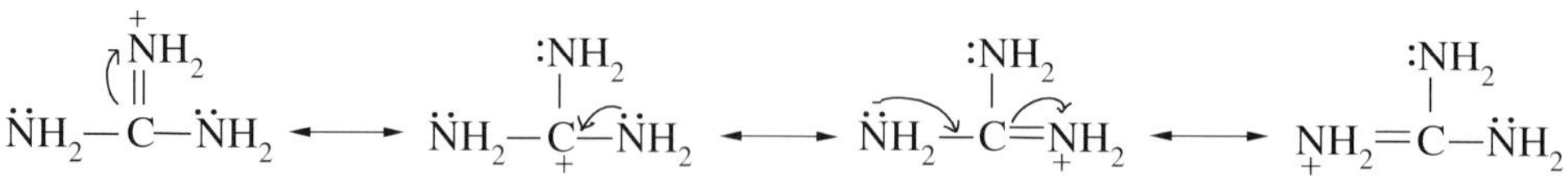

Guanidin

Die Resonanzstabilisierung der konjugierten Säuren erhöht die Basenstärken.

**(b)** Amidine $-\overset{\overset{N^-}{\|}}{C}-N\langle$ sind mit den Carboxamiden $-\overset{\overset{O}{\|}}{C}-N\langle$ und ganz allgemein Carbonsäurederivaten, $-\overset{\overset{O}{\|}}{C}-OH$ usw., verwandt. Guanidin, $NH_2-\overset{\overset{NH}{\|}}{C}-NH_2$ , ist mit Harnstoff, $NH_2-\overset{\overset{O}{\|}}{C}-NH_2$, Carbaminsäure, $HO-\overset{\overset{O}{\|}}{C}-NH_2$, und ganz allgemein Derivaten der Kohlensäure, $HO-\overset{\overset{O}{\|}}{C}-OH$, verwandt.

**10.** **(a)** Überhaupt nicht. Dieser Vorgang *addiert ein Kohlenstoff-Atom* (die $CN^-$-Gruppe) unter Bildung von 1-Pentanamin.

**(b)** Überhaupt nicht. $S_N2$-Reaktionen mit tertiären Halogenalkanen sind nicht möglich.

**(c)** Gut.

**(d)** Schlecht. Unter Bildung von 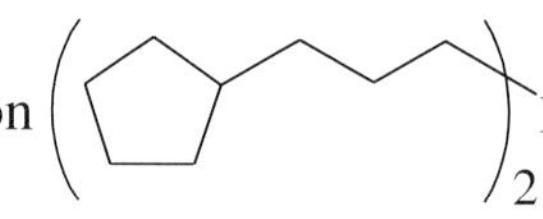 $NCH_3$ kann weitere Alkylierung erfolgen.

**(e)** Schlecht. Das Halogenalkan ist zwar primär aber hoch verzweigt und reagiert nicht gut in $S_N2$-Reaktionen.

**(f)**, **(g)** Gut.

**(h)** Schlecht. Viergliedrige Ringe sind gespannt und bilden sich schwierig. Für einen fünf- oder sechsgliedrigen Ring käme die Methode durchaus in Frage.

**(i)** Überhaupt nicht. Die gezeigte Reaktion läuft mit einem Benzolderivat, nicht mit einem Cyclohexanderivat ab.

**(j)** Gut.

**11.** Nach der Grignard- oder Hydrid-Reaktion soll mit wäßriger Säure aufgearbeitet werden.

**(a)** 1. $NaN_3$, 2. $LiAlH_4$.

**(b)** Wir müssen einen Umweg gehen: Fügen Sie ein Kohlenstoff-Atom hinzu und nehmen Sie es dann wieder weg!

$$(CH_3)_3CCl \xrightarrow[2.\ CO_2]{1.\ Mg} (CH_3)_3C\overset{\overset{O}{\|}}{C}OH \xrightarrow[2.\ NH_3]{1.\ SOCl_2} (CH_3)_3C\overset{\overset{O}{\|}}{C}NH_2 \xrightarrow[\text{(Hofmann-Umlagerung)}]{2.\ Br_2,\ NaOH} (CH_3)_3CNH_2$$

**(d)** 1. $NaN_3$, 2. $LiAlH_4$ (bildet ein primäres Amin), 3. $H_2C{=}O$ (bildet ein Imin), 4. $NaBH_3CN$ (vervollständigt die reduktive Aminierung). Beachten Sie, daß die $CH_2$-Gruppe als Methanal eingeführt wird, daran schließt sich ein Reduktionsschritt an.

**(e)** gleich wie in Teil **b**.

**(h)** Es gibt keinen einfachen Weg zur Verbesserung der Situation.

**(i)** Gehen Sie von 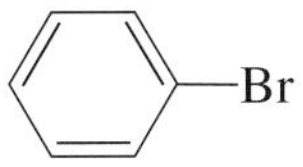 aus und stellen Sie 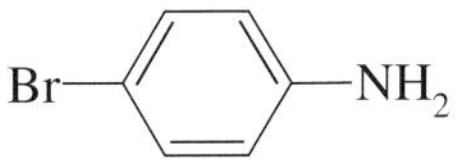 anhand der angegebenen Reaktionen her. Anschließend wird der Ring mit $H_2$, Pd (Abschnitt 14.4) langsam hydriert.

**12.** Stellen Sie Pseudoephedrin über eine reduktive Aminierung aus Phenylpropanolamin her:

$$RNH_2 \xrightarrow{H_2C{=}O,\ NaBH_3CN} RNHCH_3$$

**13.** Sekundär (allgemeine Struktur RR'NH)

**(a)** 1. $CH_3CH_2NH_2$, $H^+$; 2. $NaBH_3CN$

**(b)** 1. $NaN_3$, DMF; 2. $LiAlH_4$, THF; 3. $CH_3CHO$, $H^+$; 4. $NaBH_3CN$

**(c)** 1. $SOCl_2$; 2. $NH_3$; 3. $Br_2$, NaOH, $H_2O$; 4. $CH_3CHO$, $H^+$; 5. $NaBH_3CN$.

**14. (a)** 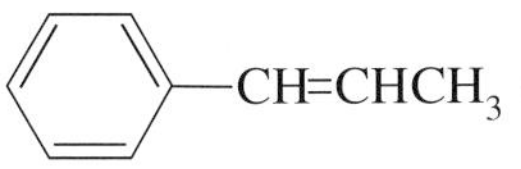 (*Z* und *E*) **(b)** 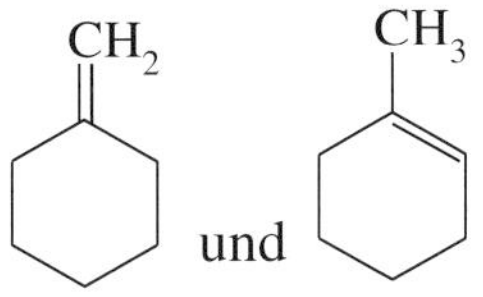

**(c)** Erster Zyklus : $CH_2{=}CH(CH_2)_3NHCH_3$, $CH_3CH{=}CH(CH_2)_2NHCH_3$ und $CH_3CH(NHCH_3)CH_2CH{=}CH_2$
Zweiter Zyklus: $CH_2{=}CHCH_2CH{=}CH_2$ und $CH_3CH{=}CHCH{=}CH_2$

**(d)** 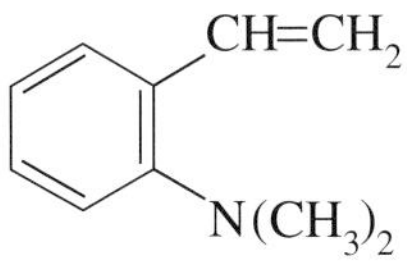

**(e)** Erster Zyklus: 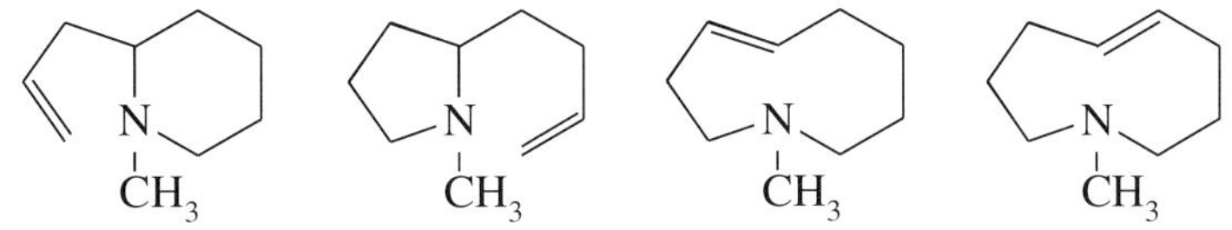

Zweiter Zyklus: 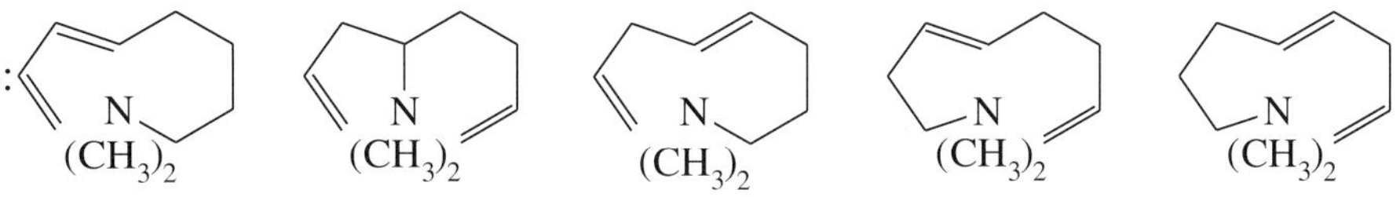

Dritter Zyklus: 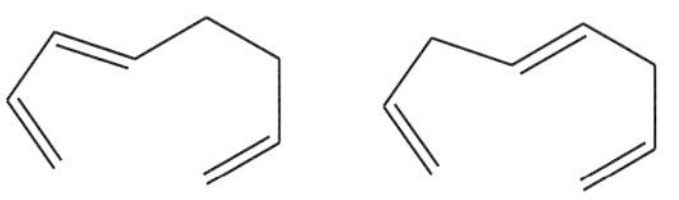

**15.** Tropinon ist ein tertiäres Amin. Die Alkylierung von Stickstoff kann entweder von links oder von rechts aus erfolgen (siehe die Pfeile), es werden stereoisomere Produkte erhalten:

**(a)**

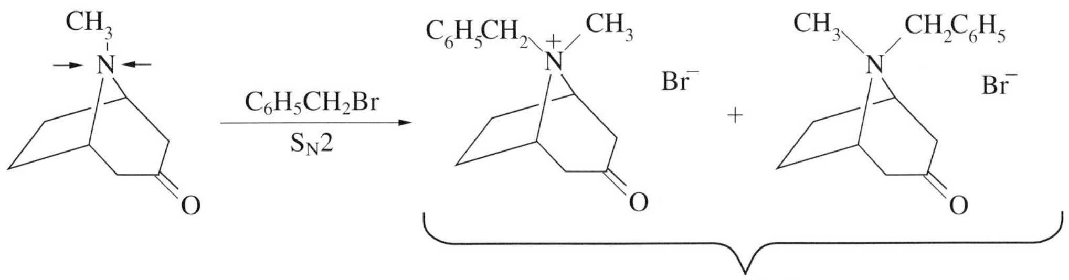


A und B

**(b)** Diastereomere (nicht Bild und Spiegelbild).

**(c)** Wo befinden sich in A und B acide Wasserstoffe? An den Kohlenstoffen in α-Stellung zum Keton-Carbonyl:

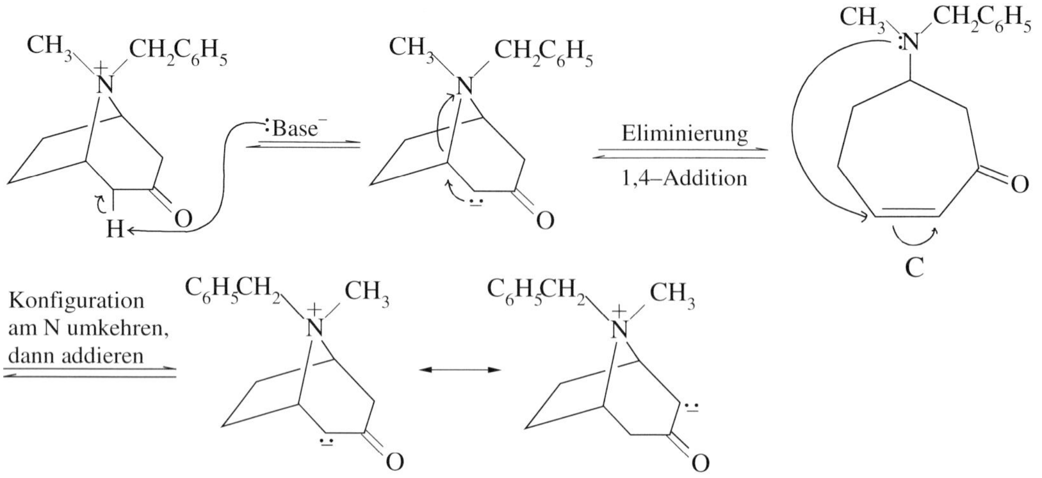


Deprotonierung und Eliminierung ergeben das Enon C. Das Amin kann wieder unter Rückbildung des ursprünglichen Ketons addieren oder es kann zunächst seine Konfiguration am Stickstoff umkehren und dann addieren, wodurch das stereoisomere Produkt entsteht ($CH_3$- und $C_6H_5CH_2$-Gruppen tauschen ihre Plätze).

**16.** **(a)**

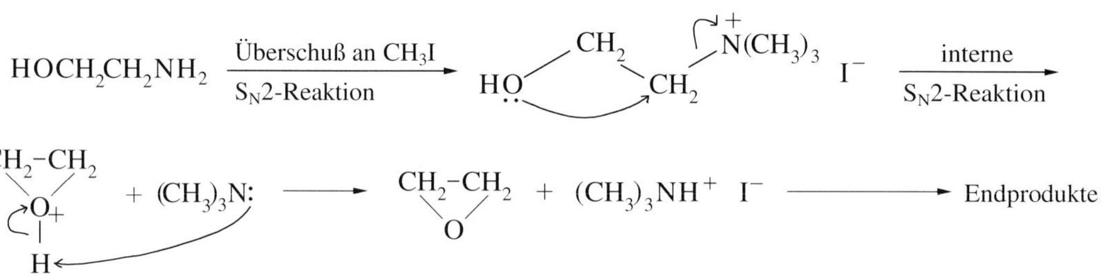


**(b)** Gehen Sie den Weg zurück:

*Ephedrin*:

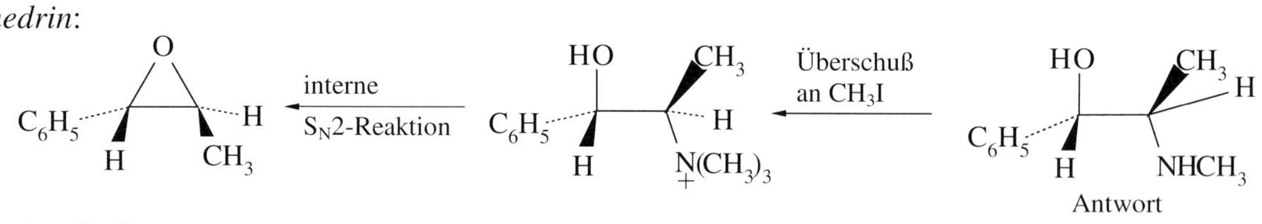


*Pseudoephedrin*:

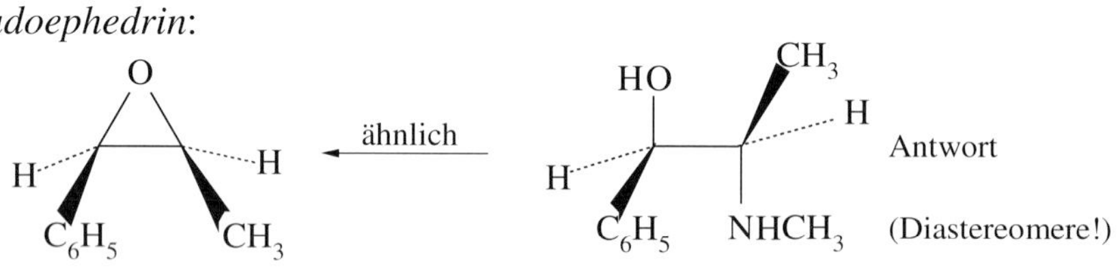


**17.** Suchen Sie nach der Gruppierung, die aus der Mannich-Reaktion hervorgeht:

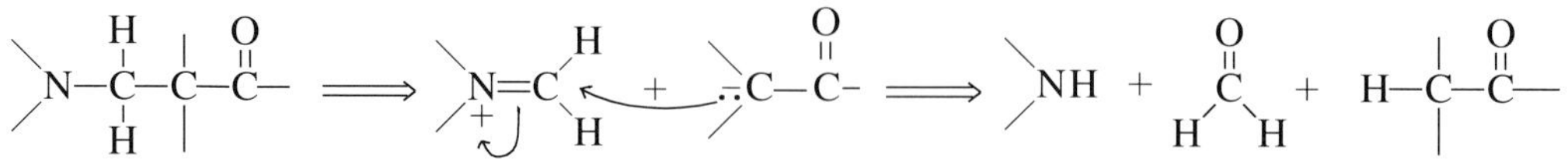

In Frage kommende Bindungen sind in den nachfolgenden Antworten hervorgehoben.

(a) $CH_3\overset{O}{\overset{\|}{C}}CH_2\text{–}CH_2\text{–}N(CH_2CH_3)_2$ $\xleftarrow[\text{2. HO}^-]{\text{1. HCl}}$ $CH_3\overset{O}{\overset{\|}{C}}CH_3$ + $CH_2\!=\!O$ + $HN(CH_2CH_3)_2$

(b) $\xleftarrow[\text{2. HO}^-]{\text{1. HCl}}$ + $CH_2\!=\!O$ + $HN(CH_2CH_3)_2$

(c) $CH_3CH_2CH_2\overset{O}{\overset{\|}{C}}\underset{\underset{CH_2CH_3}{|}}{CH}\text{–}CH_2\text{–}N(CH_3)_2$ $\xleftarrow[\text{2. HO}^-]{\text{1. HCl}}$ $CH_3CH_2CH_2\overset{O}{\overset{\|}{C}}CH_2CH_2CH_3$ + $CH_2\!=\!O$ + $HN(CH_3)_2$

(d) $CH_3\overset{O}{\overset{\|}{C}}CH_2\text{–}CH_2\text{–}\underset{\underset{CH_3}{|}}{N}\text{–}CH_2\text{–}CH_2\text{–}\overset{O}{\overset{\|}{C}}\text{–}CH_3$ $\xleftarrow[\text{2. HO}^-]{\text{1. HCl}}$ 2 $CH_3\overset{O}{\overset{\|}{C}}CH_3$ + 2 $CH_2\!=\!O$ + $H_2NCH_3$

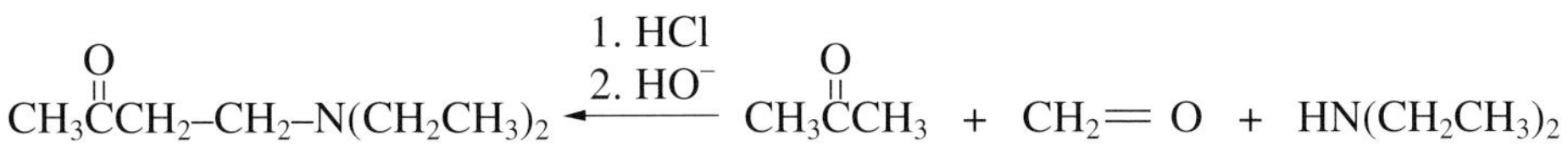

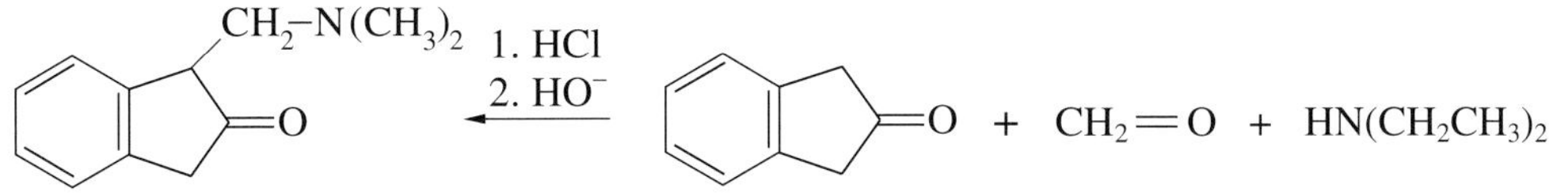

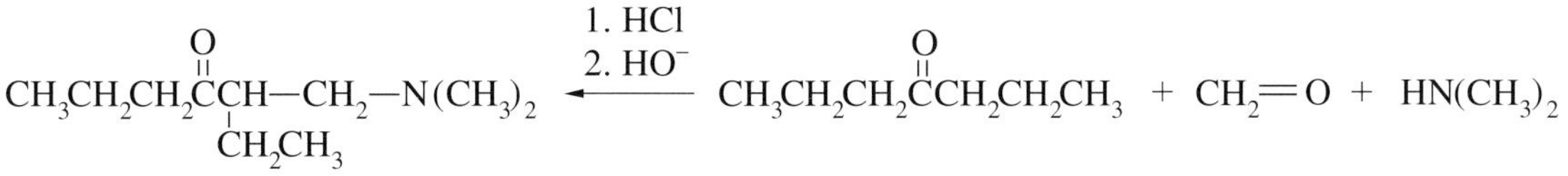

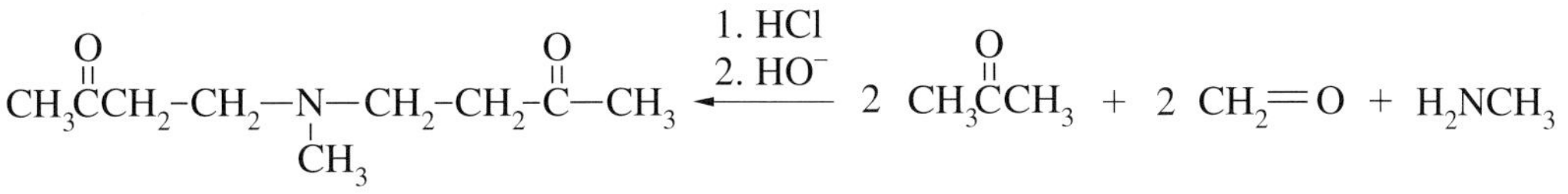

In diesem Beispiel laufen 2 Mannich-Reaktionen ab. Beachten Sie das *primäre* Amin und das Vorliegen von *zwei* Mol Methanal bzw. Propanon.

(e) $(CH_3CH_2)_2N\text{–}CH_2\text{–}CH_2NO_2$ $\xleftarrow[\text{2. HO}^-]{\text{1. HCl}}$ $HN(CH_2CH_3)_2$ + 2 $CH_2\!=\!O$ + $CH_3NO_2$

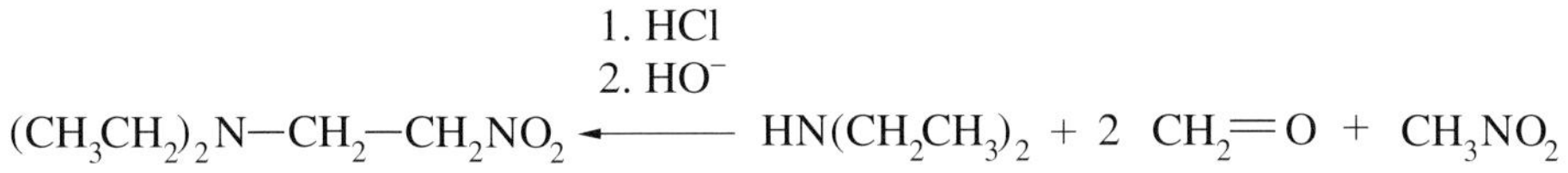

Anstelle einer Carbonyl-Verbindung als Lieferant für ein nucleophiles Enolat liegt hier ein Nitroalkan vor, das nach Deprotonierung durch eine **Base** das Anion $^-\ddot{C}H_2NO_2$ liefert (Übung 21.9).

(f) $H_2N\text{–}\underset{\underset{CH_3}{|}}{CH}\text{–}CN$ $\longleftarrow$ $NH_3$ + $CH_3CHO$ + $HCN$

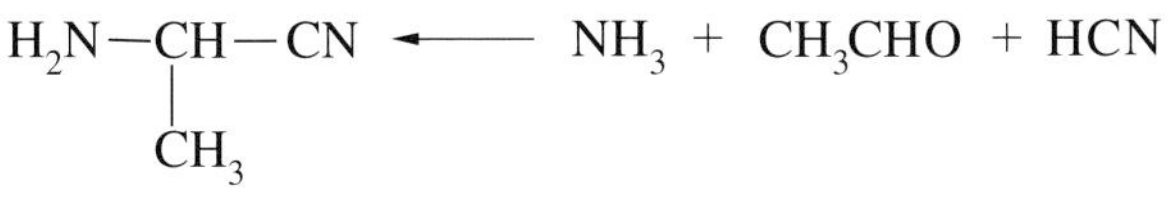

Hier haben wir wieder ein anderes Nucleophil, nämlich das Cyanid-Ion. (Siehe Aufgabe **18** in Kapitel 17).

**18.** Eine doppelte Mannich-Reaktion, ähnlich wie in Teil **d** in Aufgabe **17**. Der abgekürzte Mechanismus folgt:

nach der Enolisierung

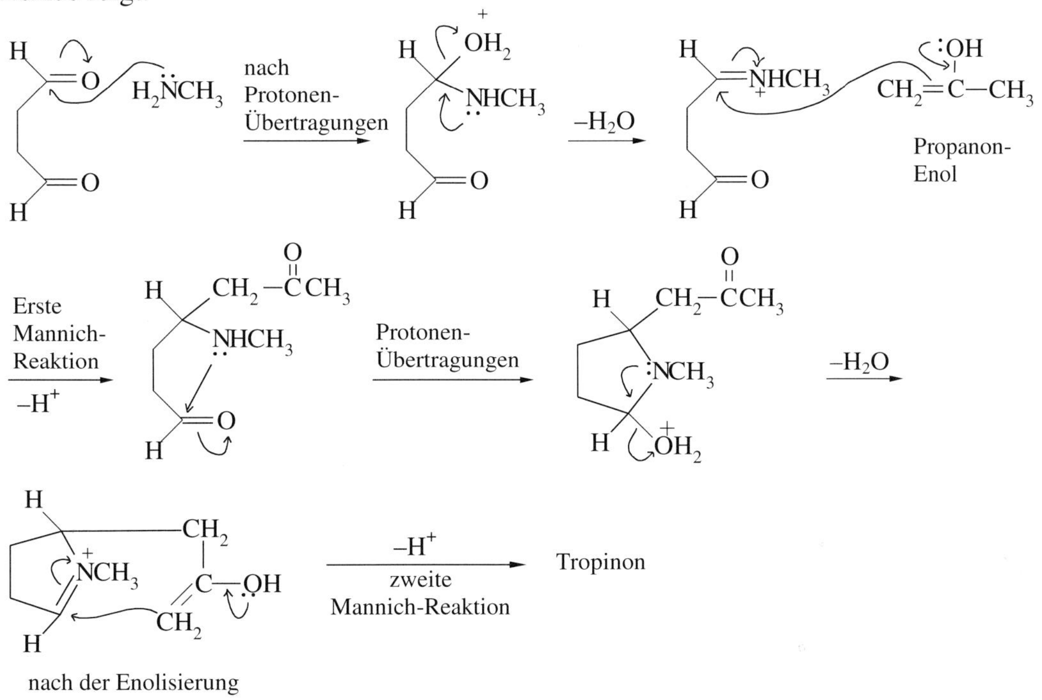

**19.**

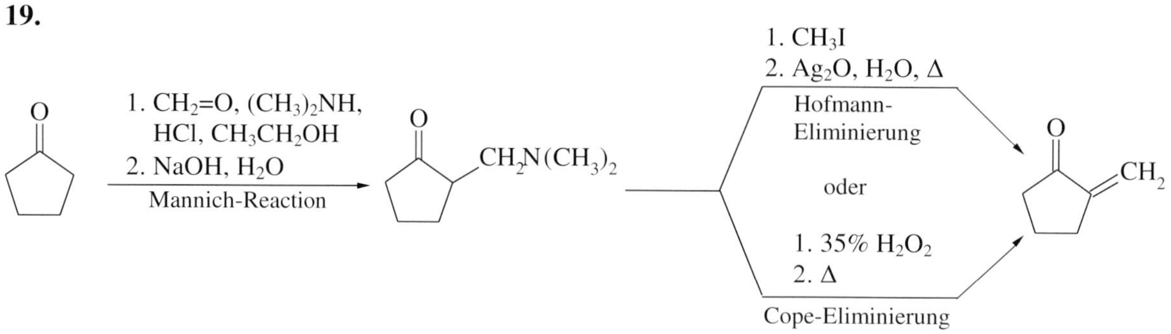


**20.** **(a)** Alle möglichen Produkte von 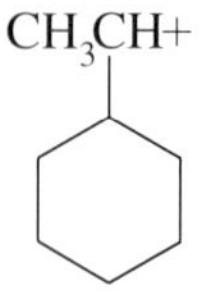 ! Somit 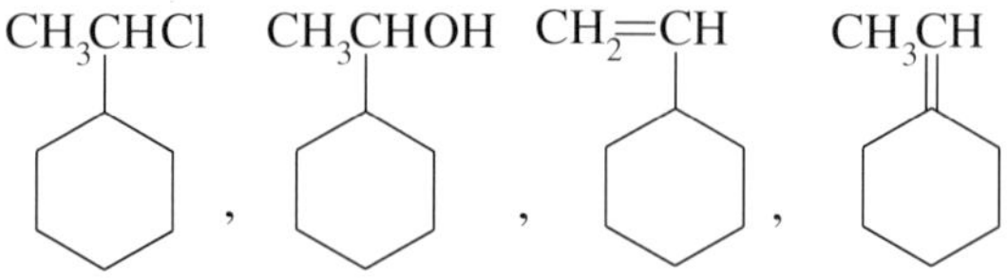

und,

nach der Wasserstoff-Verschiebung zu 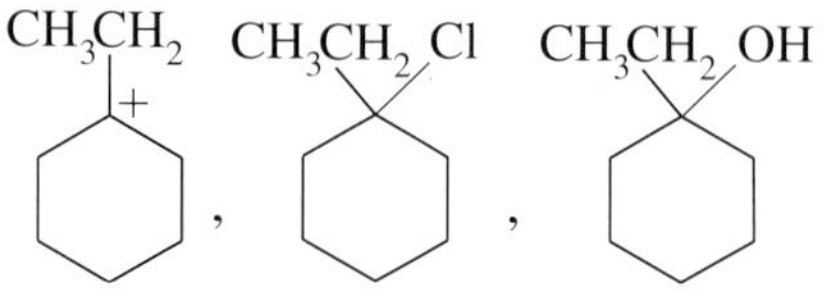 und 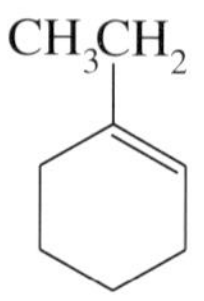 .

**(b)** 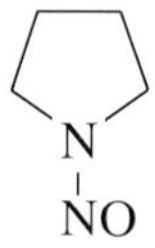

**(c)** $N_2CHCOOCH_2CH_3$, ein α-Diazoester, der ähnlich wie ein α-Diazoketon resonanzstabilisiert ist.

**(d)** 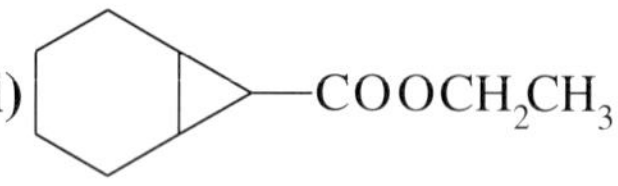 (vergleiche Übung 21.19)

**(e)** 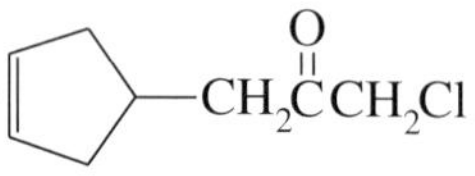 (Chlormethylketon aus einem Äquivalent $CH_2N_2$)

**(f)** Ursprüngliches Produkt ist 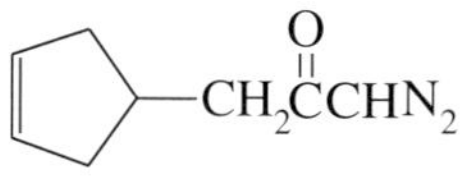 (α-Diazoketon aus 2 Äquivalenten $CH_2N_2$).

Erhitzen mit $CuSO_4$ liefert ein Carben, das mit der Doppelbindung reagieren kann!

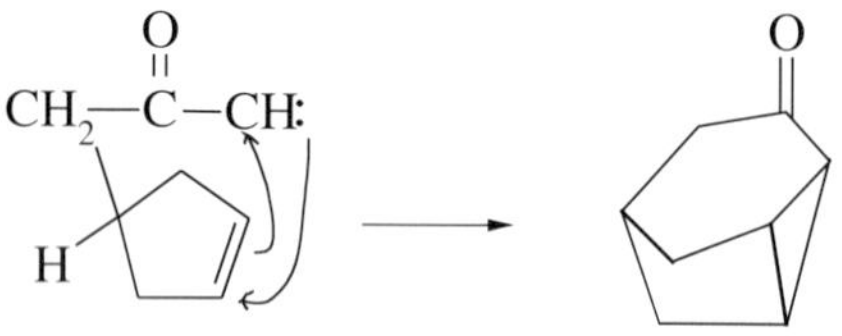
$C_8H_{10}O$-Keton als Produkt.

**21.** In allen Reaktionen entstehen Cyclopropanderivate. Achten Sie auf die Stereochemie! In all diesen Reaktionen werden die ursprünglich um die Doppelbindung herum bestehenden sterischen Verhältnisse bewahrt.

**(a)** 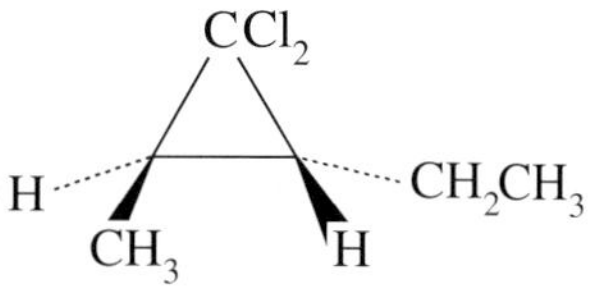

**(b)** 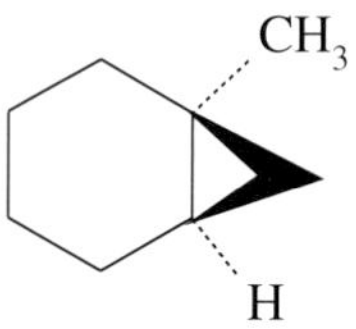

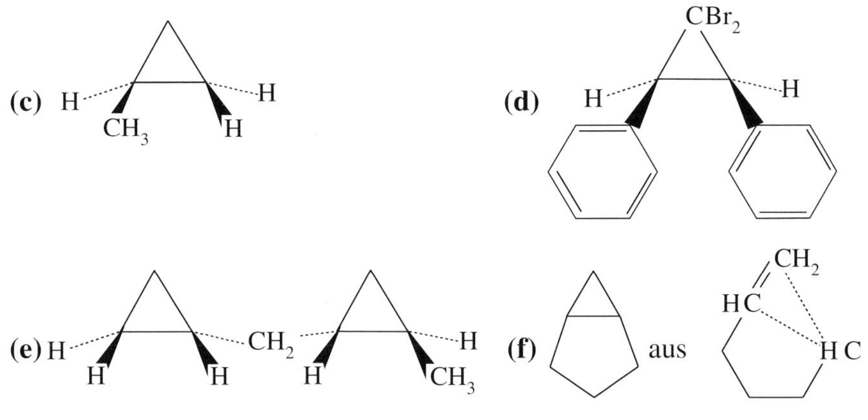


**22.** Sie müssen *zweimal* den mechanistischen Pfad beschreiten. Die erste reduktive Aminierung bildet ein sekundäres Amin mit einer Methylgruppe am Stickstoff. In Übereinstimmung mit dem Schema in Abschnitt 21-6 kann eine weitere reduktive Aminierung unter Bildung des dimethylierten Endprodukts ablaufen.

Zunächst findet die (reversible) Iminbildung statt:

$$CH_2{=}O + H_2NR \longrightarrow CH_2{=}NR + H_2O$$

Dann wird durch Reduktion das sekundäre Amin gebildet:

$$NaBH_3CN + CH_2{=}NR \longrightarrow CH_3{-}NHR$$

Ein weiteres Molekül $CH_2{=}O$ reagiert unter Bildung eines Iminium-Ions:

$$CH_2{=}O + HN(CH_3)R \longrightarrow CH_2{=}\overset{+}{N}(CH_3)R + HO^-$$

Reduktion des letzteren führt dann zum Endprodukt, einem dimethylierten Amin:

$$NaBH_3CN + CH_2{=}\overset{+}{N}(CH_3)R \longrightarrow (CH_3)_2NR$$

**23.**

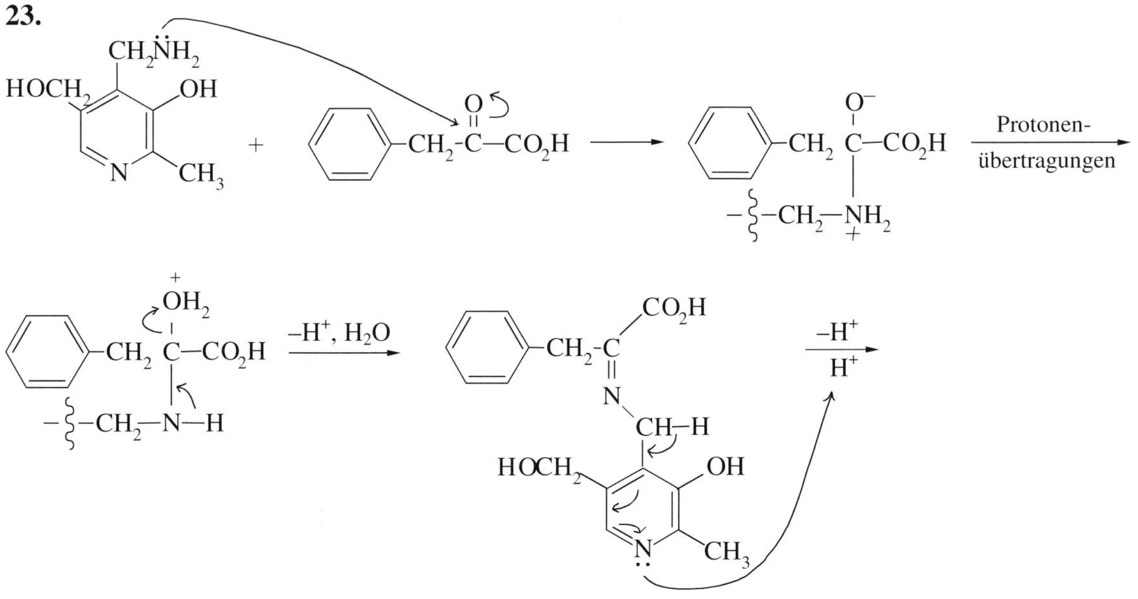

CO$_2$H

–CH$_2$–C

N

CH

HOCH$_2$    OH

CH$_3$

N

H

→ H$^+$

–H$^+$

CO$_2$H

–CH$_2$–C

N:

CH

HOCH$_2$    OH

CH$_3$

N

→ H$^+$,

H$_2$Ö →

–CH$_2$–CH–CO$_2$H

HN:

CH–O–H

→ H$^+$

–H$^+$    Produkte

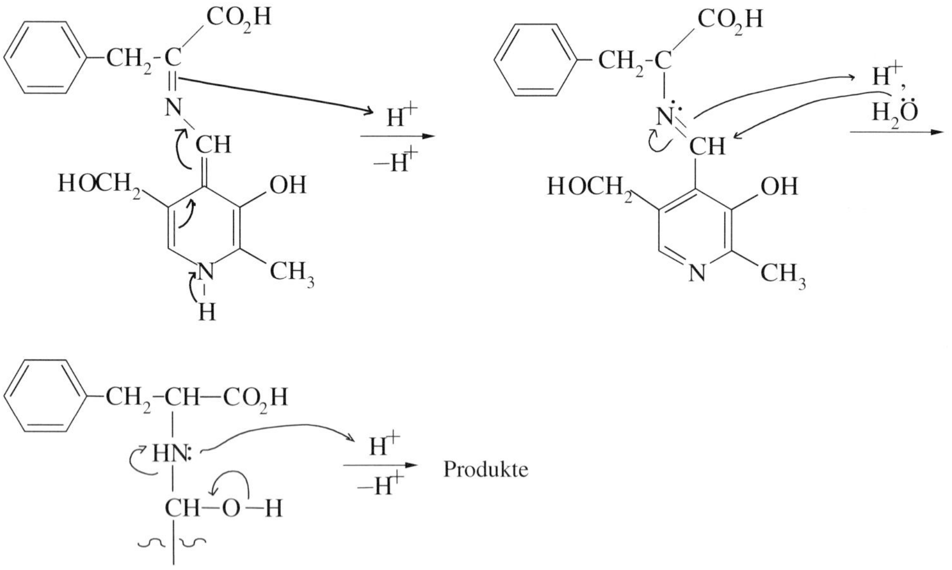

24. IR: Sekundäres Amin. NMR: CH$_3$–CH$_2$–  und  –CH$_2$–CH$_2$–N–CH  erkennbar.

H

δ0.9(t)                    δ2.7(t)    δ3.0(m)

δ1.3(s)

Insgesamt 17 Wasserstoffe im Molekül. MS: *m/z* 127 – 17 (H) – 14 (N) = 96 oder 8 Kohlenstoff-Atome, somit C$_8$H$_{17}$N.

$H_{\text{gesättigt}}$ = 16 + 2 + 1 = 19; Ungesättigtheitsgrad = (19 – 17)/2 = 1, 1 π-Bindung oder Ring.
MS: Basispeak ist [M–43]$^+$ oder Verlust von C$_3$H$_7$, vielleicht CH$_3$–CH$_2$–CH$_2$–.

aus NMR

Ergebnisse der Hofmann-Eliminierung: Verknüpfen Sie N auf verschiedene Weise mit den Alken-Kohlenstoffen, um zu sehen, was vernünftig ist. Nur Strukturen, die bei der Eliminierung 1,4- *und* 1,5-Octadien liefern, kommen weiter in Betracht:

Nicht gut.
Ergibt kein 1,5-Dien

Arbeiten Sie mit diesen

Nicht gut.
Ergibt kein 1,4-Dien

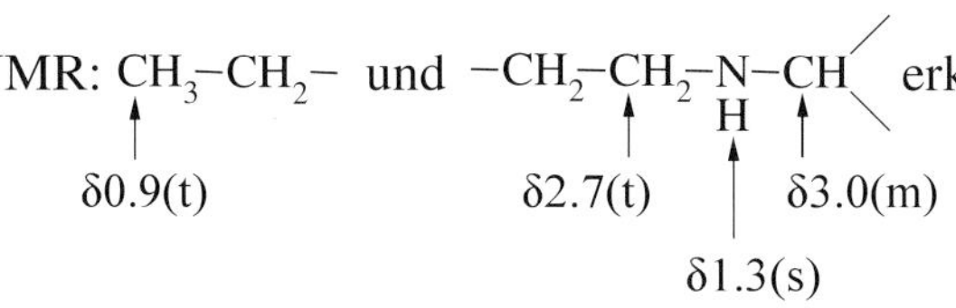

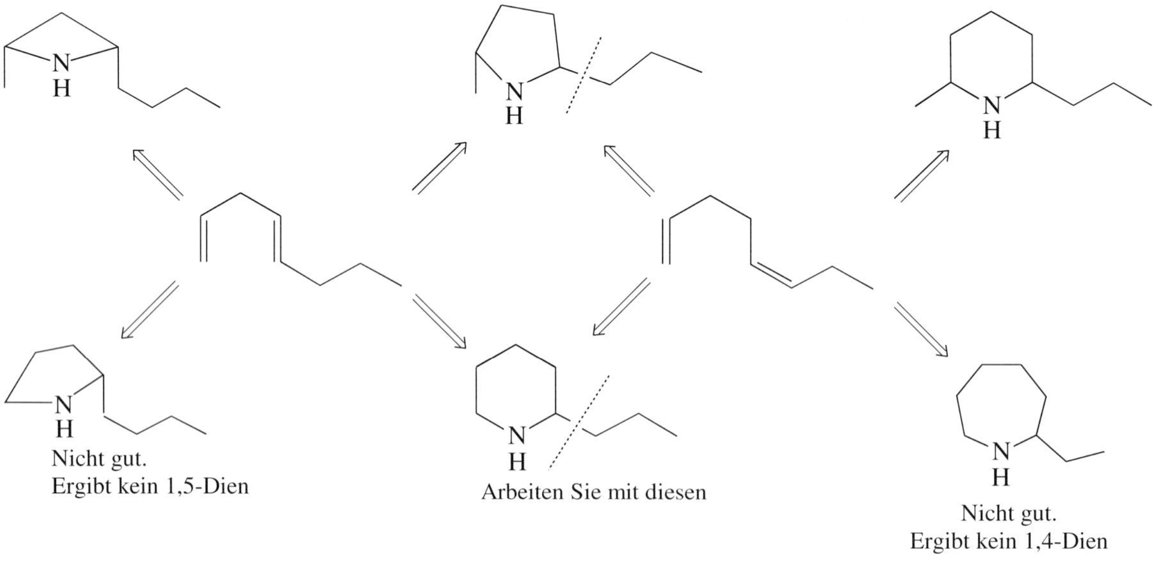

Die in der Mitte stehenden Strukturen sollten beide im MS C$_3$H$_7$ verlieren (siehe gestrichelte Linien). Die obere Struktur steht allerdings nicht im Einklang mit dem NMR: Sie dürfte nur 2 H an den Kohlenstoffen haben, die mit N verbunden sind. Auch sollte im MS ein starker [M-15]$^+$-Peak

auftreten (Verlust von $CH_3$), der nicht zu sehen ist. Außerdem sollte sie ein anderes Hofmann-Produkt liefern: 2,4-Octadien. Die einzig mögliche richtige Struktur ist daher

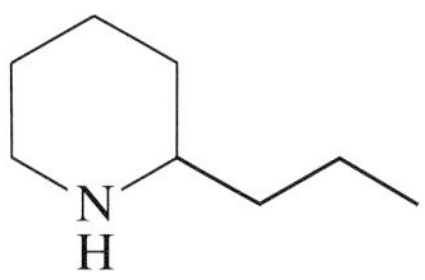

**25.** Gehen Sie die Synthese zurück; achten Sie darauf, daß Sie alle 15 Kohlenstoffe in ihrer Antwort berücksichtigen.

**(a)**

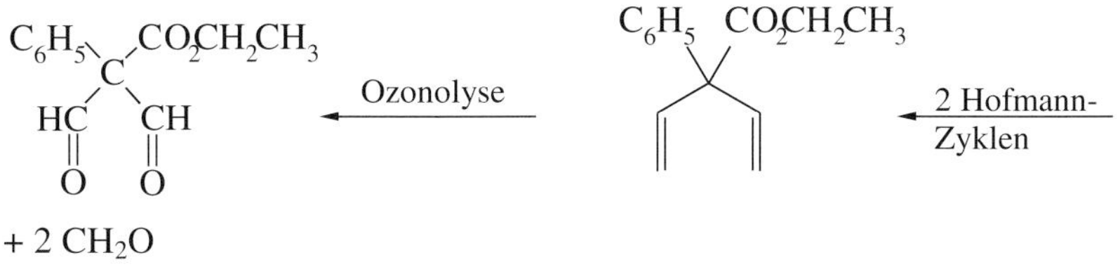

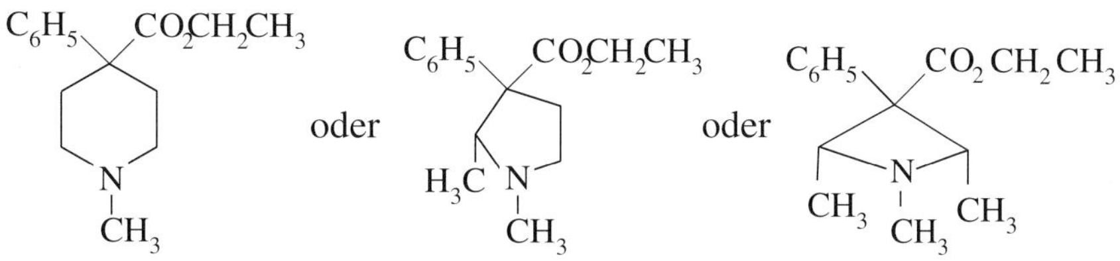

(Die zusätzliche $CH_3$-Gruppe am Stickstoff wird benötigt, um zu der richtigen Summenformel zu kommen). Eine Aussage darüber, welche der drei Strukturen zutrifft, ist aber nicht möglich.

**(b)** Wichtiger Hinweis: 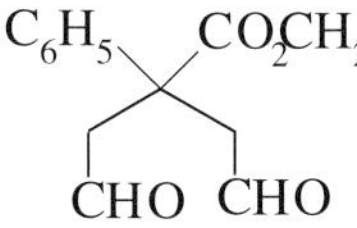 kann in Pethidin überführt werden.

Das macht sehr wahrscheinlich, das Pethidin das *sechsgliedrige Ring*amin ist, weil dieses, wie folgt, verhältnismäßig leicht von dem Dialdehyd aus zugänglich ist:

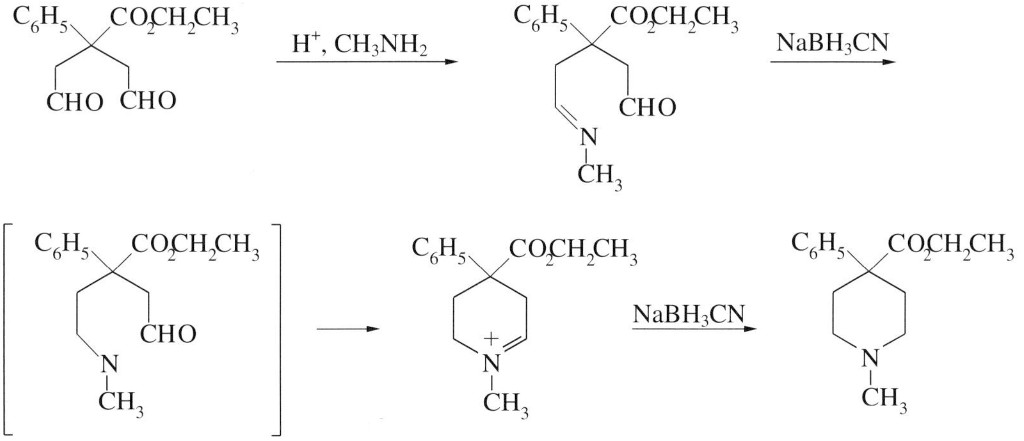

Diese Reaktionssequenz wird durch Zusammenmischen von Amin, Dialdehyd und $NaBH_3CN$ in einem Verfahrensschritt durchgeführt.
Die Synthese des Dialdehyds:

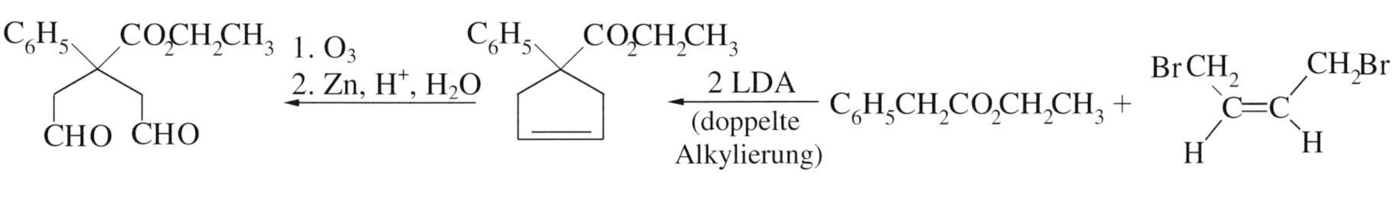

**26.** $H_{\text{gesättigt}} = 22 + 2 + 1(\text{N}) = 25$; Ungesättigtheitsgrad = (25 – 21)/2 = 2, 2 π-Bindungen und/oder Ringe. IR: Keine N-H-Bindungen, darum haben wir hier ein tertiäres Amin.

NMR: 2 unterschiedliche $CH_3{-}CH\langle$ -Gruppierungen (δ1.2 und 1.3); eine unaufgespaltene $CH_3$-Gruppe (vielleicht am N?).
Gehen Sie jetzt den Weg rückwärts:

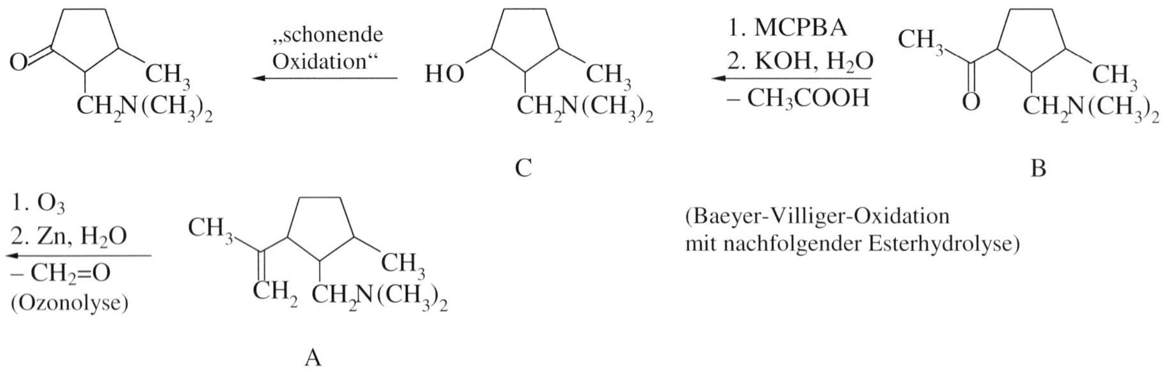


Verbinden Sie jetzt den Stickstoff in A mit jedem der Alken-Kohlenstoffe, um mögliche Strukturen vor der Hofmann-Eliminierung aufzustellen:

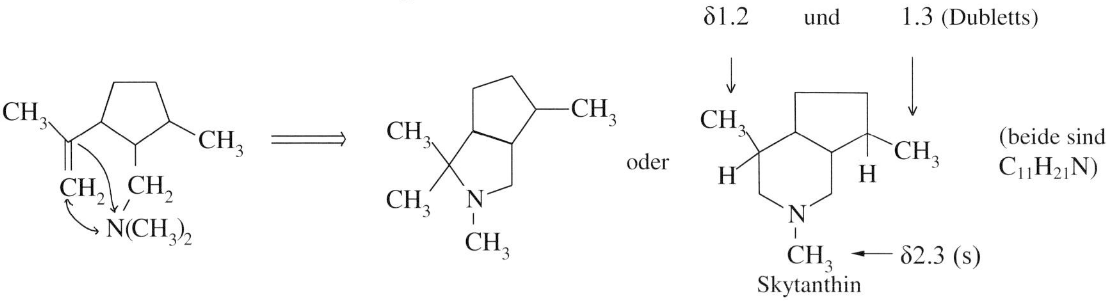


Die Methyl-Signale im NMR lassen sich nur mit der zweiten Struktur vereinbaren, diese ist die richtige.

**27.**

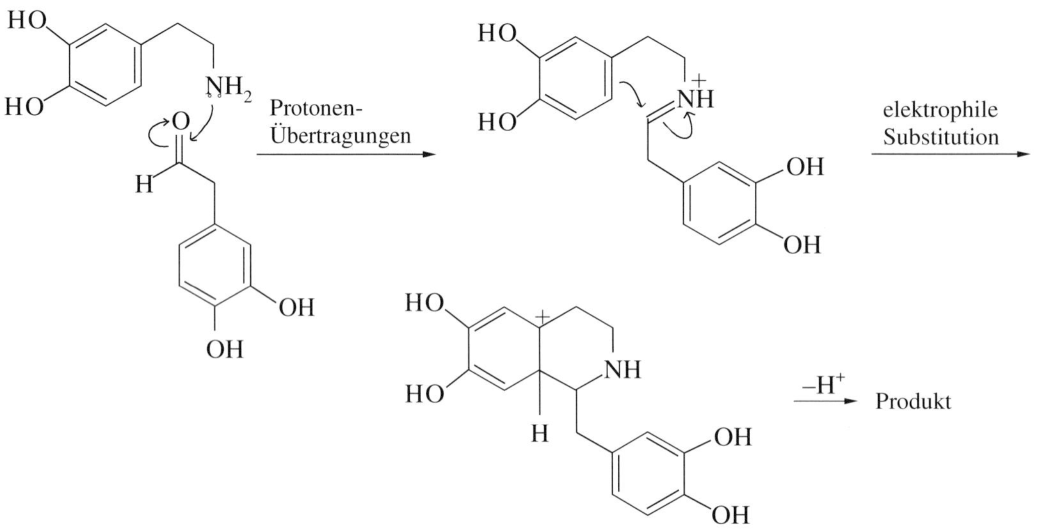


Die elektrophile Substitution ist in der Tat eine weitere Variante der Mannich-Reaktion, der elektronenreiche Benzolkern wirkt als Nucleophil.

**28.** Die Extraktion mit wässriger Säure protoniert das Amin und überführt es in Form seines Ammoniumsalzes zusammen mit wasserlöslichen anorganischen Bestandteilen in die wäßrige Schicht (A), wodurch es von allen nicht wasserlöslichen organischen Verunreinigungen (B) abgetrennt wird. Zusatz von Base überführt das Ammoniumsalz wieder in das neutrale Amin. Extraktion mit einem organischen Lösungsmittel trennt das reine Amin (D) von den verbleibenden wasserlöslichen anorganischen Verunreinigungen (C) ab.

**29. (a)** $CH_3CH_2CH_2CH(NO_2){-}CH_2CH{=}CH_2$ (Alkylierung)

**(b)** $C_6H_5CH{=}CHNO_2$ (aldolähnliche Addition)

**(c)** 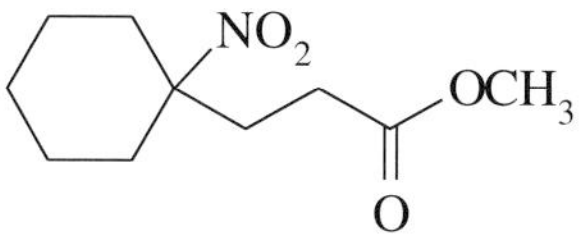

(1,4-Addition vom Typ der Michael-Addition)

**30.** Prüfen Sie den Mechanismus: $HCCl_3 \xrightarrow{NaOH} {}^{-}{:}CCl_3 \xrightarrow{-Cl^-} {:}CCl_2$ (zunächst)
Das ${}^{-}{:}CCl_3$-Anion könnte für den Transfer durchaus ein vernünftiges Anion sein:

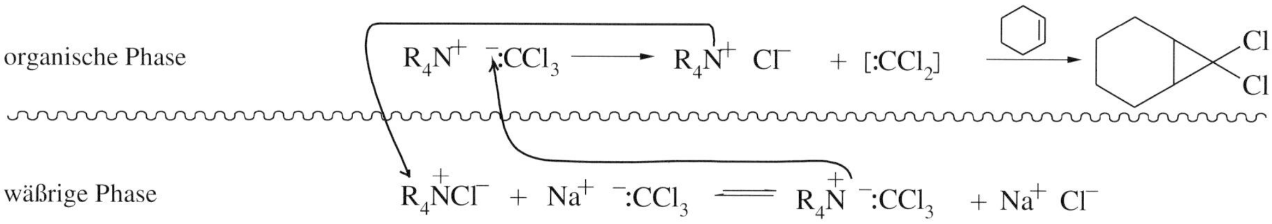


**31. (a)** Als Salz sollte der Katalysator eine gewisse Löslichkeit in Wasser zeigen. Da er mehrere Kohlenwasserstoffsubstituenten am Stickstoff trägt, sollt er auch zu einem gewissen Grade in Decan löslich sein.

**(b)** Das ionische Salz NaCN ist in Decan nahezu unlöslich. Die Konzentration des nucleophilen Cyanid-Ions in der Lösung ist daher äußerst gering und die $S_N2$-Reaktion entsprechend langsam.

**(c)** Das Ammonium-Kation kann in der wäßrigen Phase das Gegenion (Chlorid gegen Cyanid) austauschen und beim Phasentransfer Cyanid in die Decan-Phase überführen. Auf diese Weise kann sich Cyanid in signifikanter Konzentration im Decan anreichern und an der $S_N2$-Reaktion mit dem Chloroctan teilnehmen.

# Chemie der Substituenten am Benzolring

# 22

**1. (a)**

**(b)**

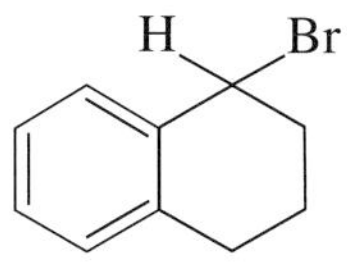


(c)

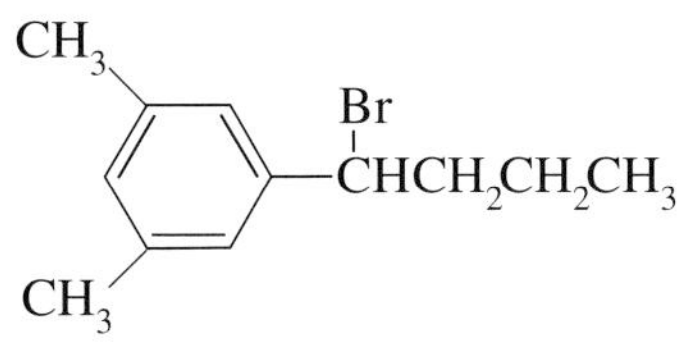


Ein sekundäres Benzyl-Radikal ist stabiler als ein primäres Benzyl-Radikal.

**2.**

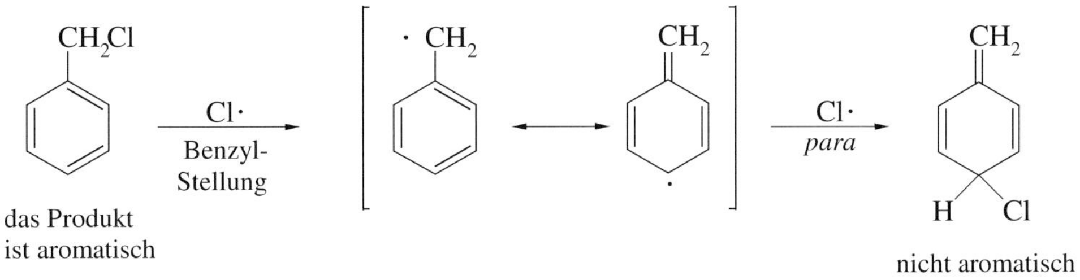


**3. (a)**

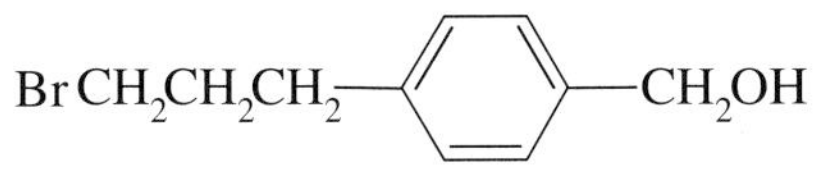


(In einer Solvolyse-Reaktion nach $S_N1$ ist die Benzyl-Stellung am reaktivsten)

**(b)**

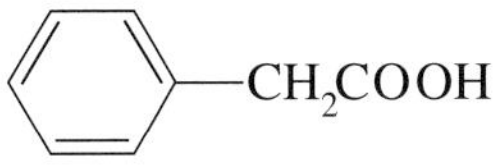


**(c)**

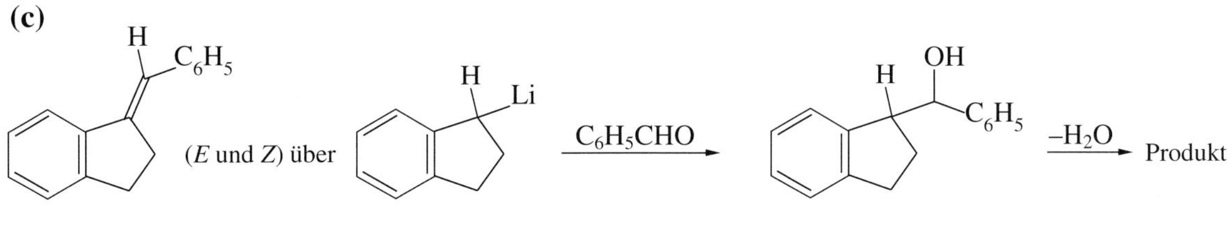


**4.**

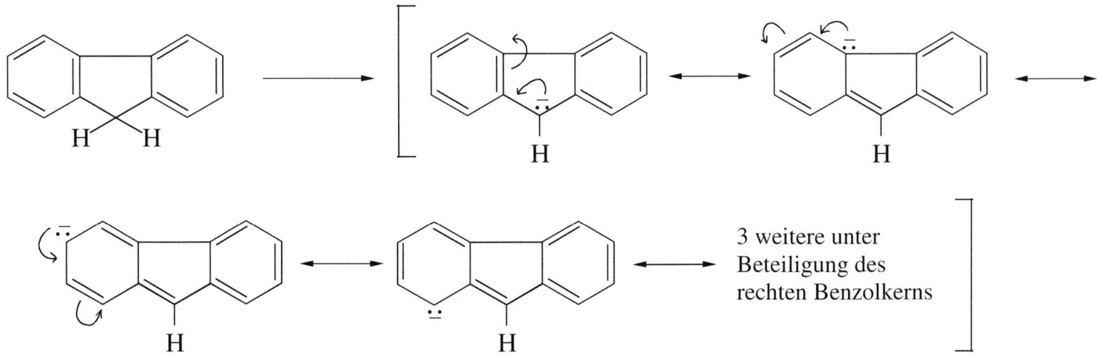


Sieben Resonanzstrukturen verleihen diesem Carbanion eine besonders hohe Stabilität.

**5. (a)** Vielleicht ein bißchen umständlich:

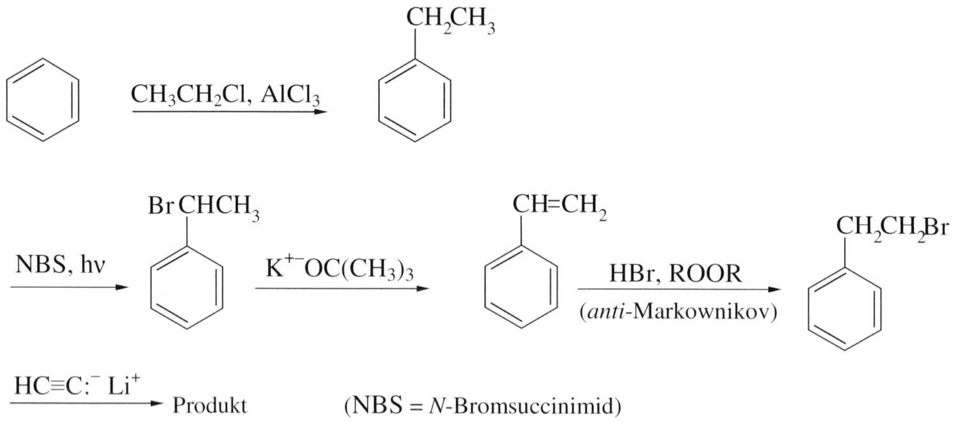


(NBS = *N*-Bromsuccinimid)

**(b)**

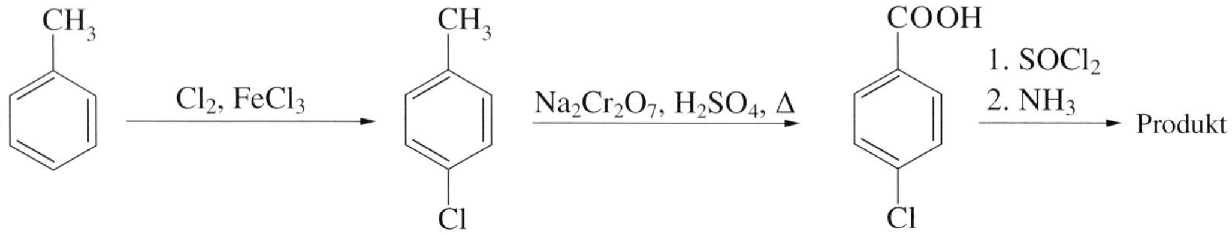


**(c)**

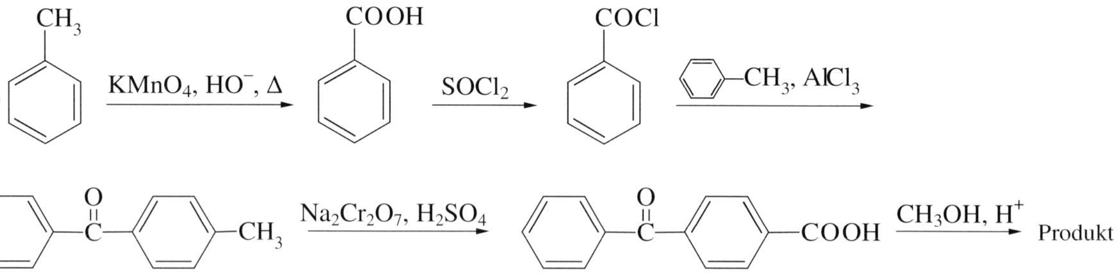


**(d)**

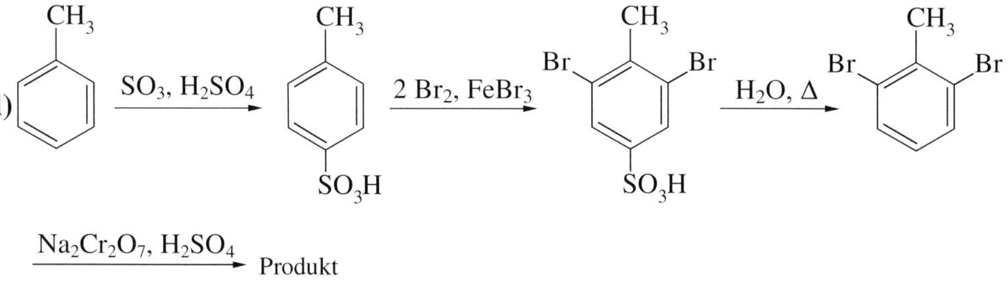


**6. (a)**

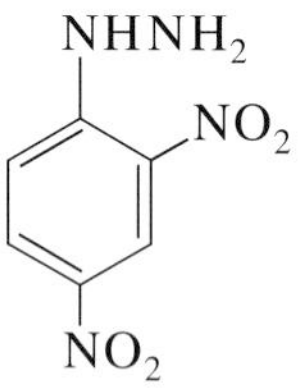


**(b)**

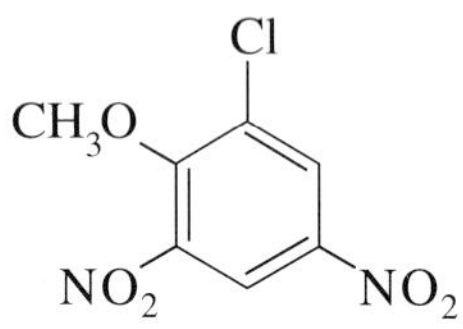


(Cl *ortho*/*para* zu den $NO_2$-Gruppen wird besonders einfach substituiert)

**(c)** 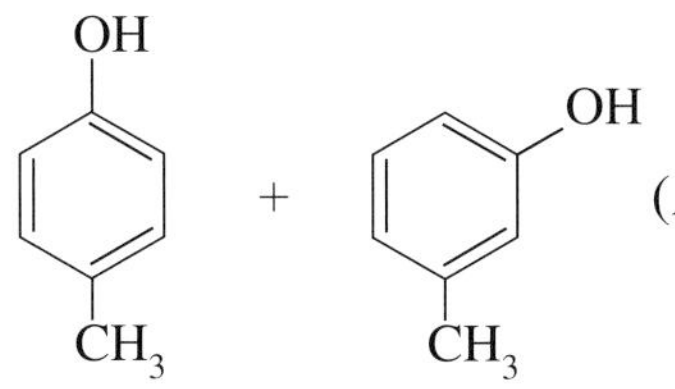 (Arin-Mechanismus)

**(d)** 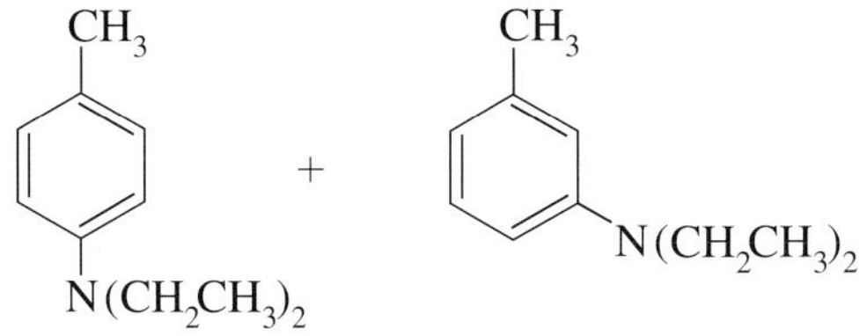 (wiederum Arin-Mechanismus)

**7. (a)** 1. $Cl_2$, Fe; 2. $Br_2$, Fe.

**(b)** 1. Mg, $(CH_3CH_2)_2O$; 2. $CO_2$ und anschließend $H^+$, $H_2O$

**(c)** überschüssige $HNO_3$, $H_2SO_4$, Δ

**(d)** 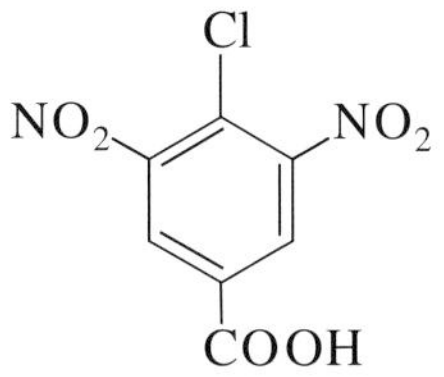 alles bereit für die nucleophile aromatische Substitution

**(e)** 1. $SOCl_2$; 2. $LiAlH[OC(CH_3)_3]_3$, THF, –78 °C; 3. $NH_2NH_2$, KOH, Δ.
Name: 4-Methyl-2,6-dinitro-*N*,*N*-dipropylanilin.

**8.** Nucleophile aromatische Substitution, der Ring ist gegenüber der Reaktion mit den Chlor-Substituenten aktiviert:

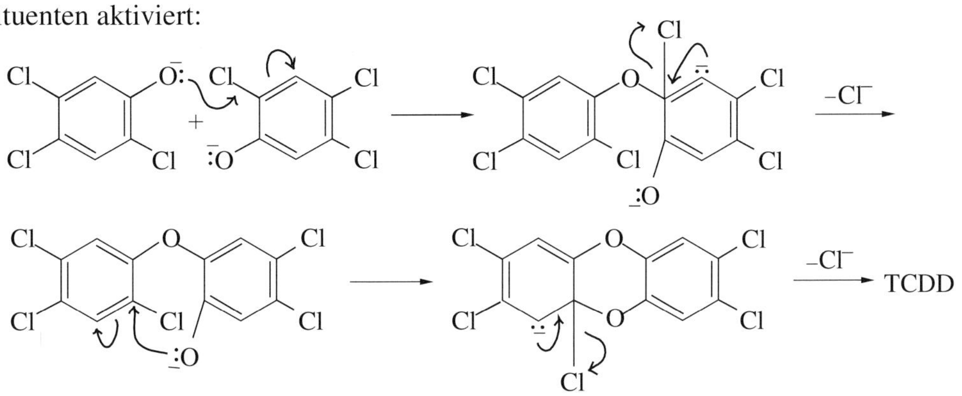

**9. (a)** 1. $CH_3COCl$; 2. $Br_2$, $CHCl_3$; 3. KOH, $H_2O$, Δ. **(b)** 1. $CF_3CO_3H$; 2. $Cl_2$, Fe.

**(c)** KCN (nucleophile aromatische Substitution).

**(d)** 1. $H^+$, $H_2O$, Δ; 2. $SOCl_2$; 3. $NH_3$. Name: 2- Chlor-4-nitrobenzolcarboxamid.

**10.** 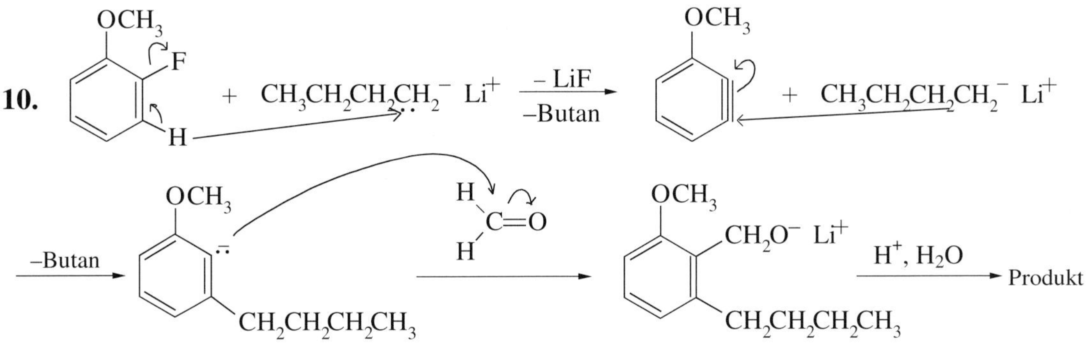

Im ersten Schritt spaltet stark basisches Butyllithium HF ab unter Bildung von Benz-in. Ein zweites Mol Butyllithium als Nucleophil addiert an Benz-in.

**11. (a)** 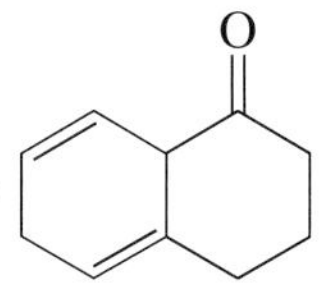 **(b)** 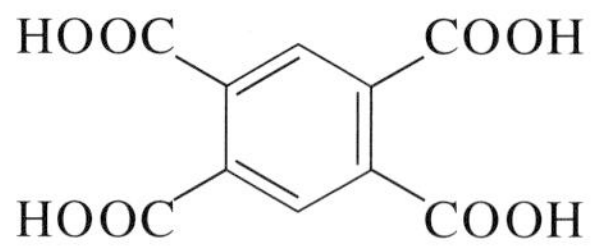

**(c)** 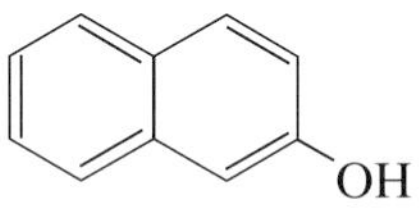 (über die Aldol-Addition von 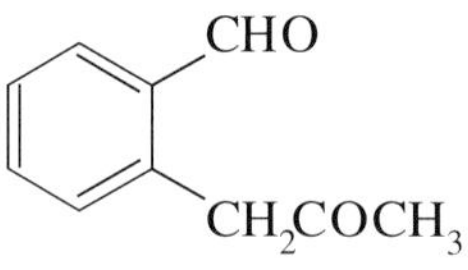 ) **(d)** 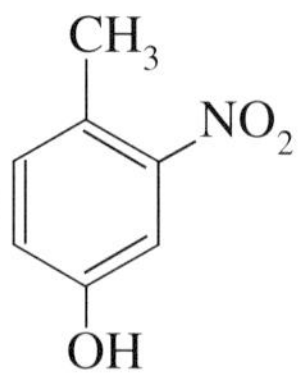

**12.** **(c)** (Die $-SO_3H$-Gruppe ist eine sehr starke Säure) > **(b)** > **(e)** > **(f)** > **(d)** > **(a)**. Carbonsäuren sind saurer als die meisten Phenole, und elektronenziehende Gruppen verstärken die Acidität von Phenolen.

**13. (a)** 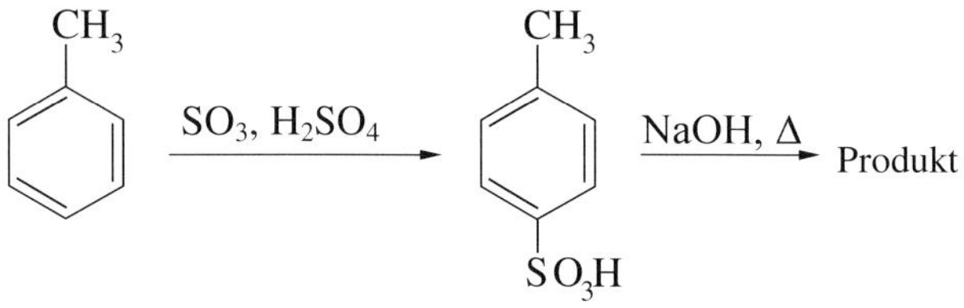


**(b)** 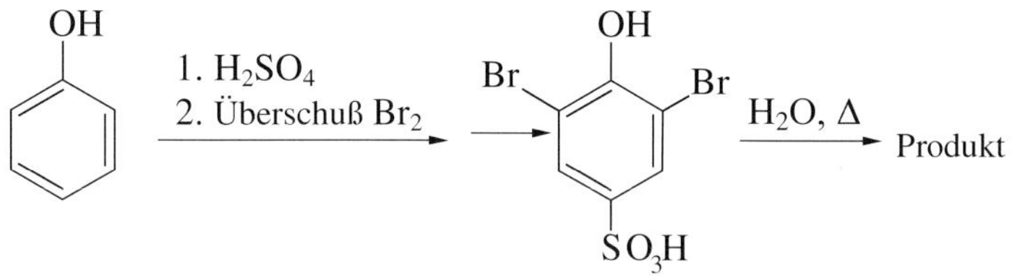


**(c)** 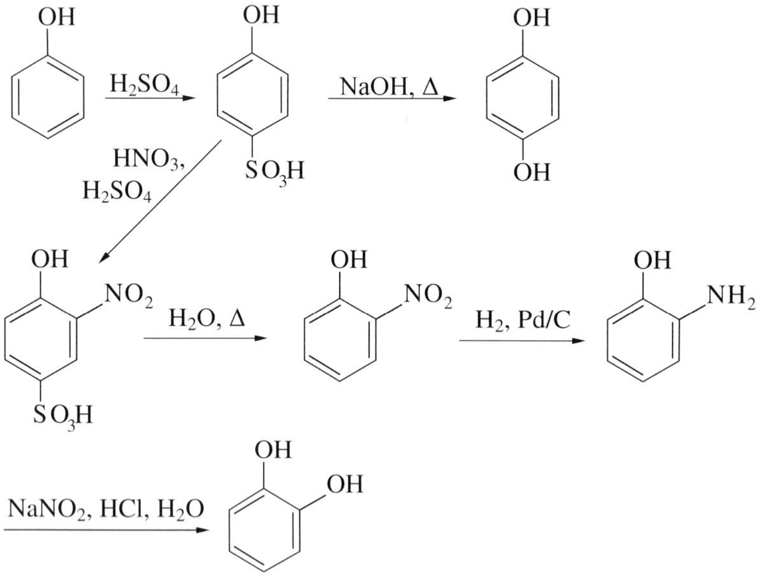


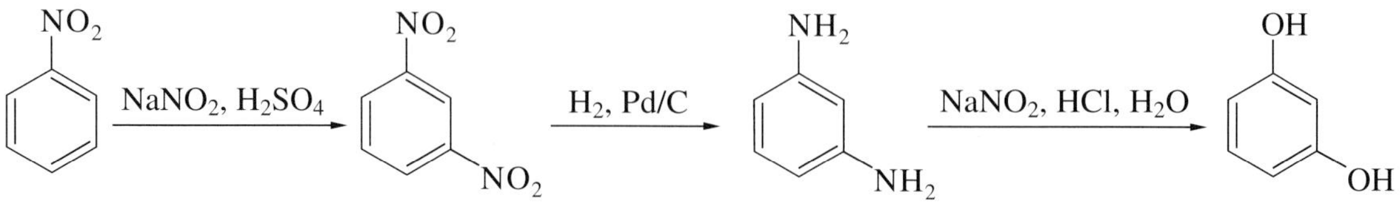

**(d)**

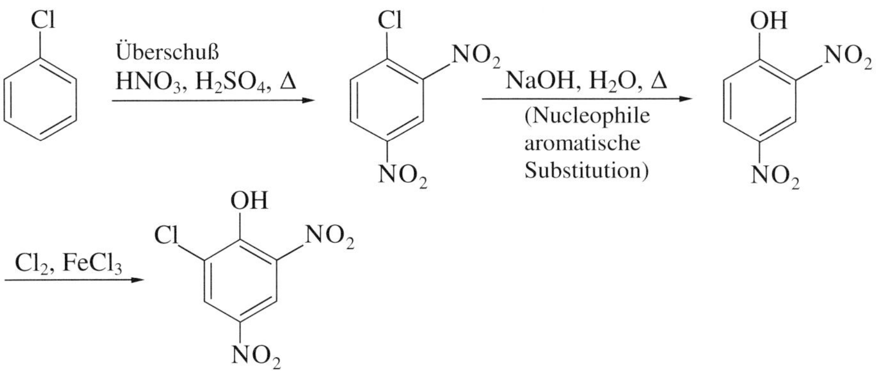


**14. (a)**

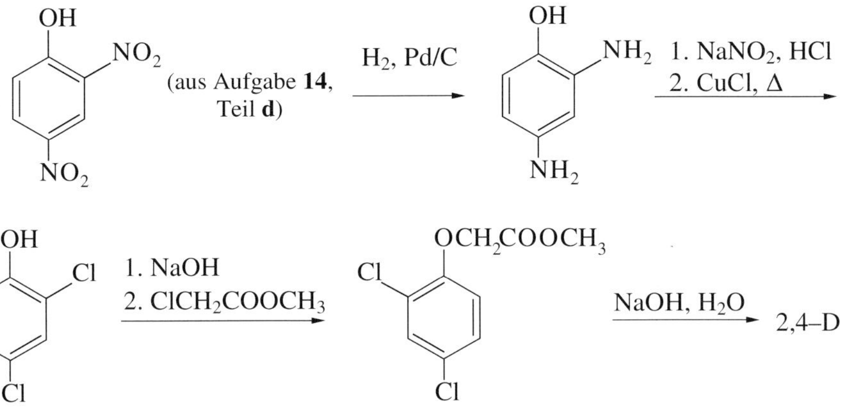


**(b)**

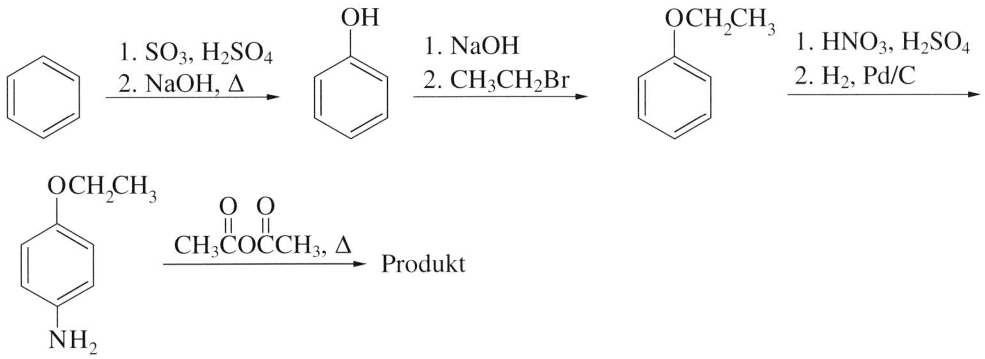


**(c)**

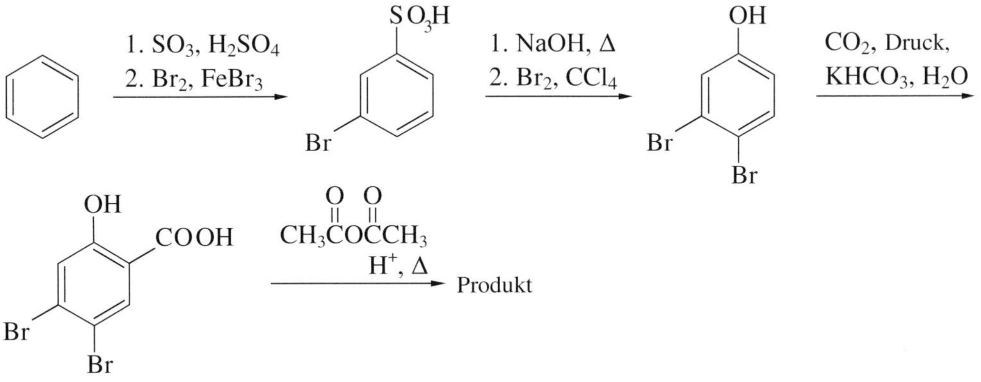


**15. (a)** 5-Brom-2-chlorphenol; **(b)** 4-(Hydroxymethyl)phenol; **(c)** 2,4-Dihydroxybenzolsulfonsäure; **(d)** 2-Phenoxyphenol; **(e)** 2-Methylthio-2,5-cyclohexadien-1,4-dion

**16. (a)** 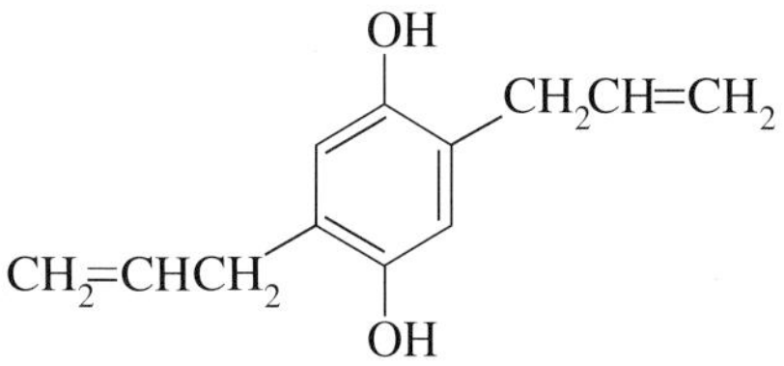


über eine doppelte Claisen-Umlagerung aus:

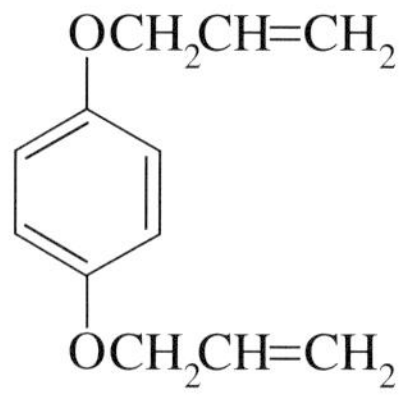


**(b)** Schritt für Schritt

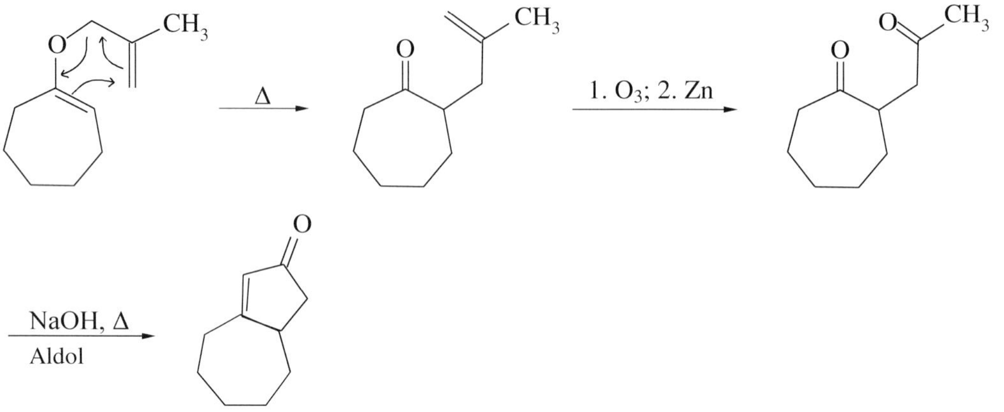


**(c)** Cope-Umlagerung: 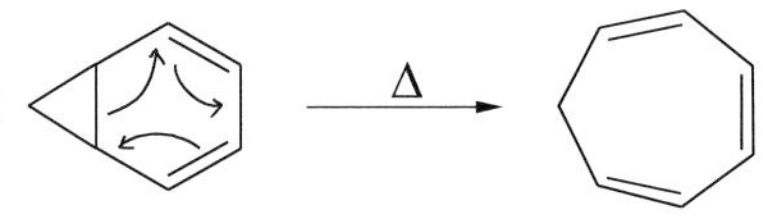


(Die Aufforderung, Wärme zuzuführen darf man nicht so wörtlich nehmen; diese Umlagerung läuft bereits unterhalb von Raumtemperatur ab).

**(d)** 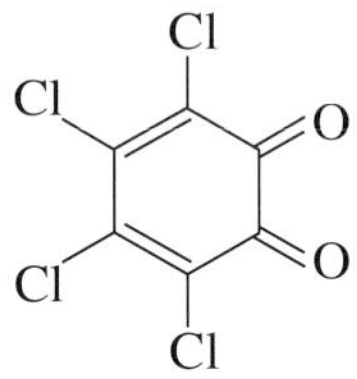


**(e)** 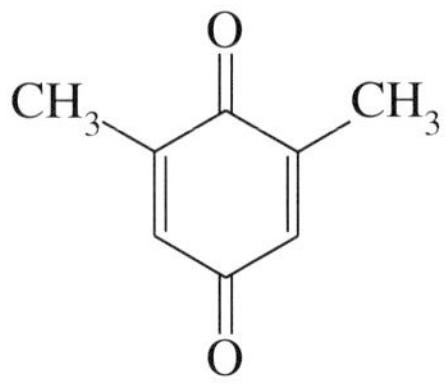


**(f)** Das Thiol wird leicht oxidiert, darum ist die folgende Redox-Reaktion wahrscheinlich:

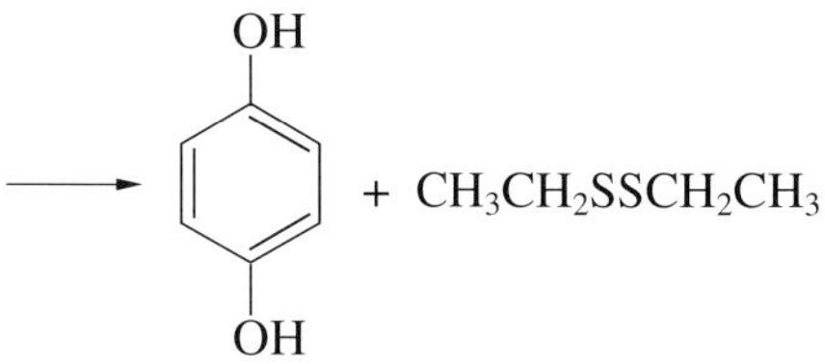


Die konjugierte Addition ist eine andere Möglichkeit

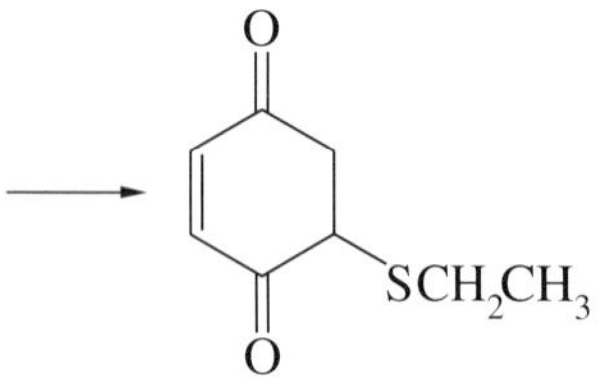


**(g)** 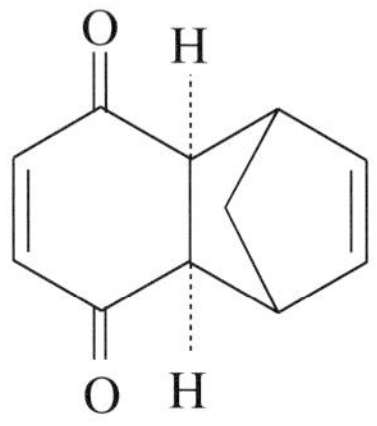


**(h)** 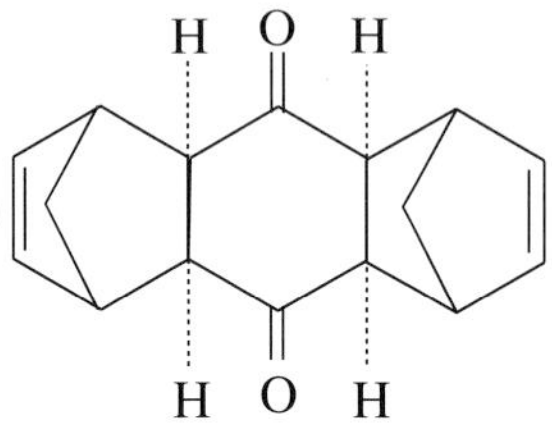


(eine bzw. zwei Diels-Alder-Cyclisierungen)

**17.** Aspirin ist ein Phenolester, und das Gleichgewicht

Phenol + Carbonsäure $\rightleftharpoons$ Phenolester

verläuft von links nach rechts *endotherm.* Darum sind wäßrige Lösungen von Aspirin thermodynamisch instabil und hydrolysieren verhältnismäßig leicht unter Bildung von Salicylsäure und Ethansäure:

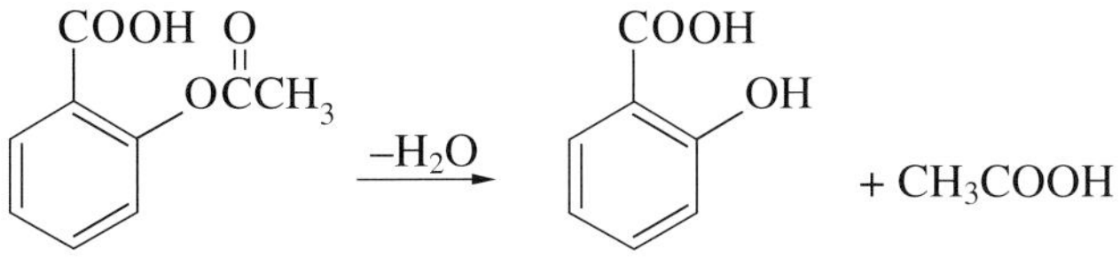


**18.**

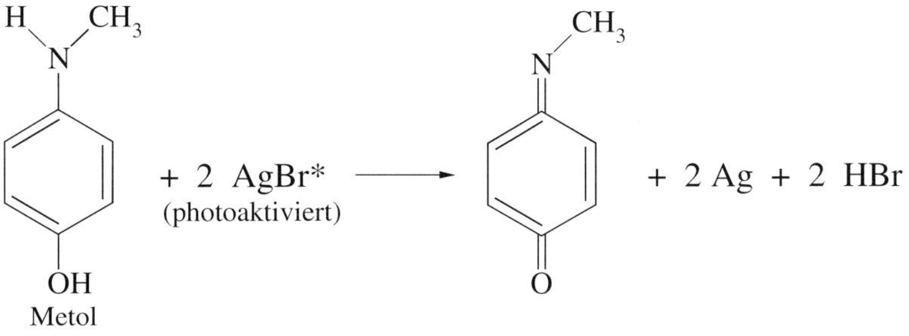


**19. (a)** (1) Die einzige vernünftige Möglichkeit ist ein elektrophiler Angriff.
**(b)** Die Bildung des Oxacyclopropans verläuft vermutlich über einen säurekatalysierten elektrophilen Angriff eines Reagenz wie $H_2O_2$ (von $O_2$ gebildet) am Benzolkern:

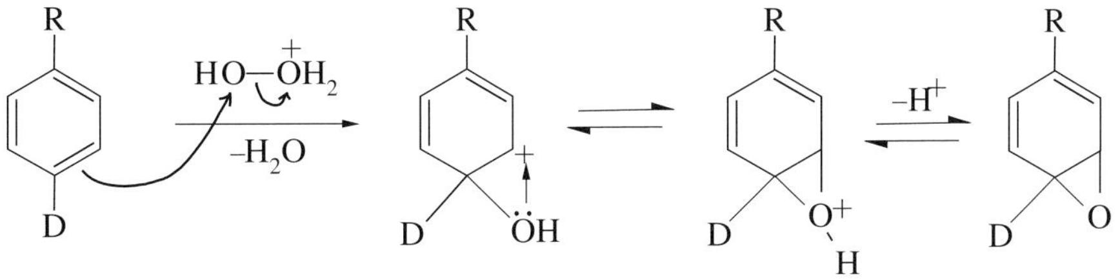


Das schließlich erhaltene Phenol entsteht vermutlich durch Umkehrung der letzten beiden Schritte. Der Oxacyclopropan-Ring kann sich immer wieder schließen, aber das Carbenium-Ion kann auch anders weiterreagieren, unter Wanderung von D entsteht das umgelagerte aromatische Produkt:

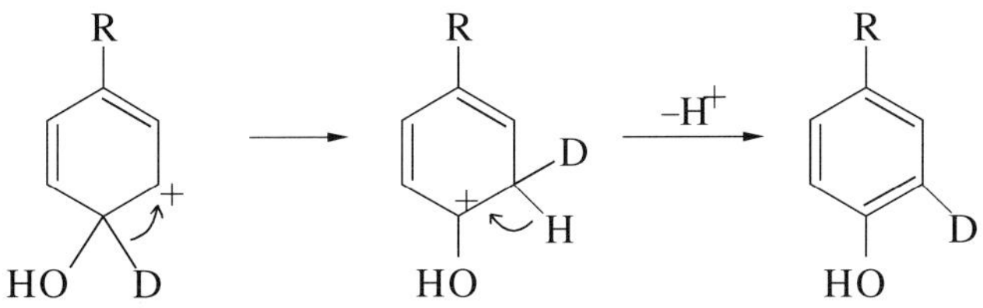


Natürlich kann im letzten Schritt auch $D^+$ abgespalten werden, wodurch das deuteriumfreie Phenol entsteht.

**20. (a)** 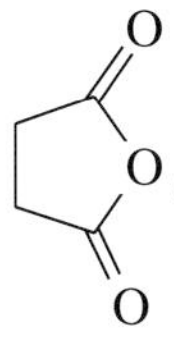  , Δ (Diels-Alder) **(b)** $H_2$, Pd/C **(c)** 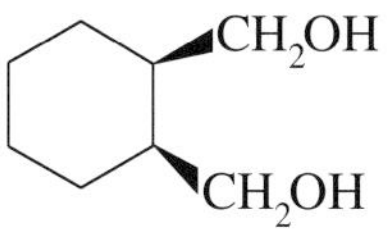

**(d)** 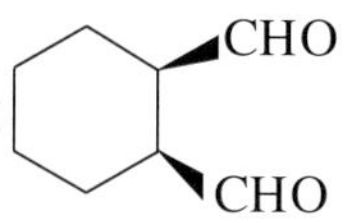 . Wie geht es weiter? Gehen Sie vom Produkt den *Weg zurück*:

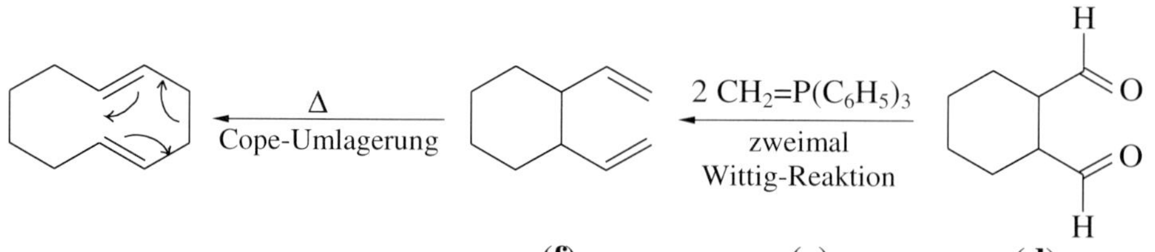


**21.** 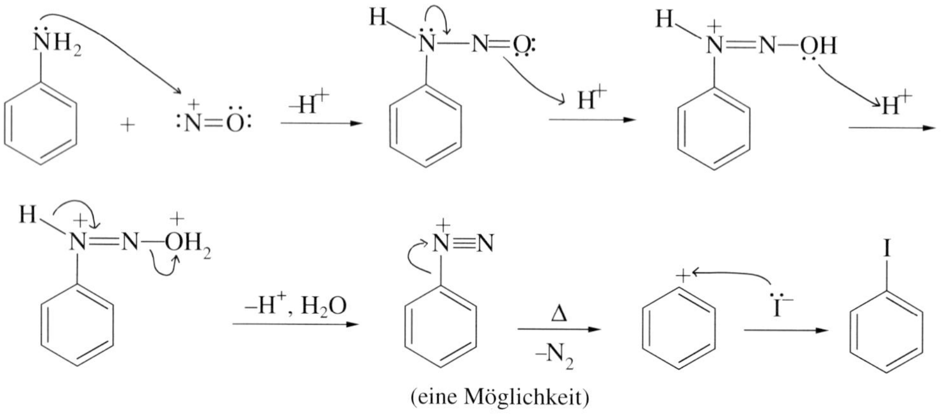


Es ist noch nicht ganz geklärt, ob ein Phenyl-Kation tatsächlich in solchen Reaktionen auftritt.

**22.** Überlegen Sie, in welcher Weise Benzoldiazoniumsalze als Zwischenprodukte hier von Nutzen sein könnten.

**(a)** 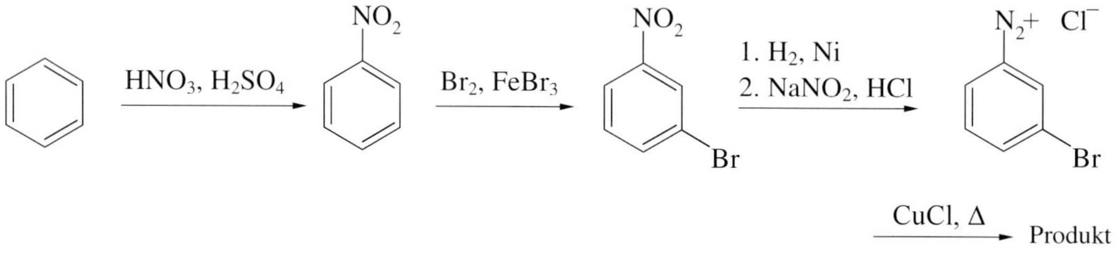


**(b)** 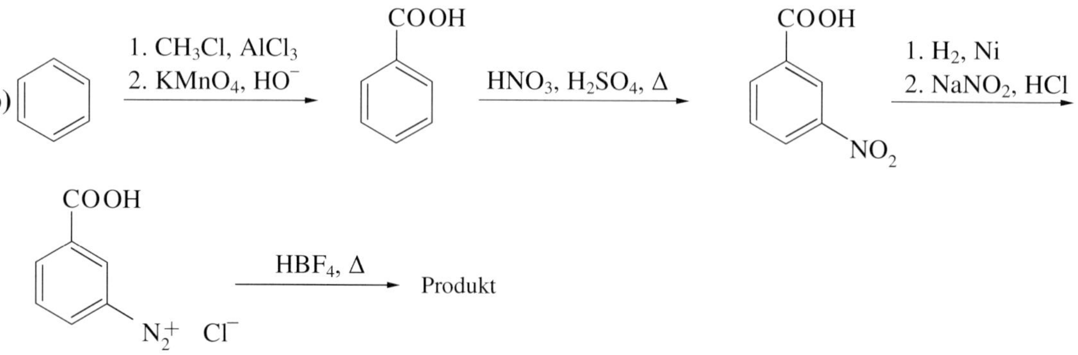


**(c)** 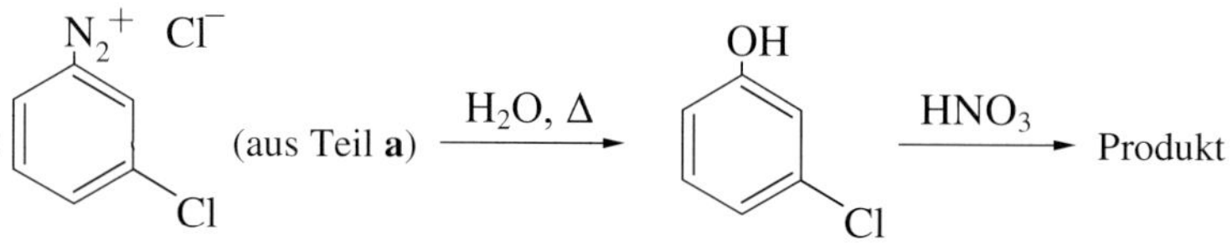

**(d)**

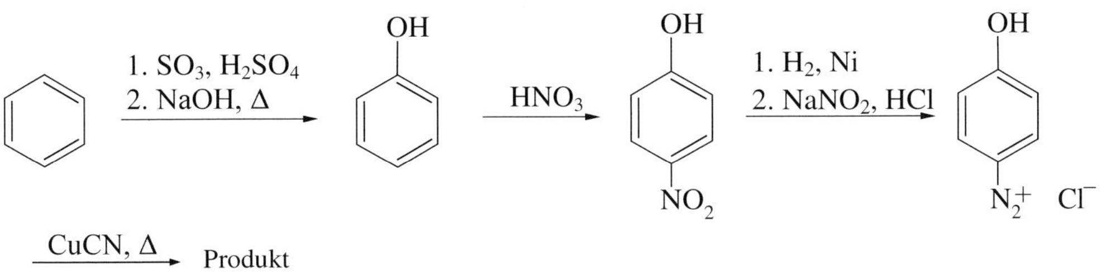
1. $SO_3$, $H_2SO_4$
2. NaOH, Δ
OH
$HNO_3$
OH
$NO_2$
1. $H_2$, Ni
2. $NaNO_2$, HCl
OH
$N_2^+$ $Cl^-$
CuCN, Δ
Produkt

**(e)**

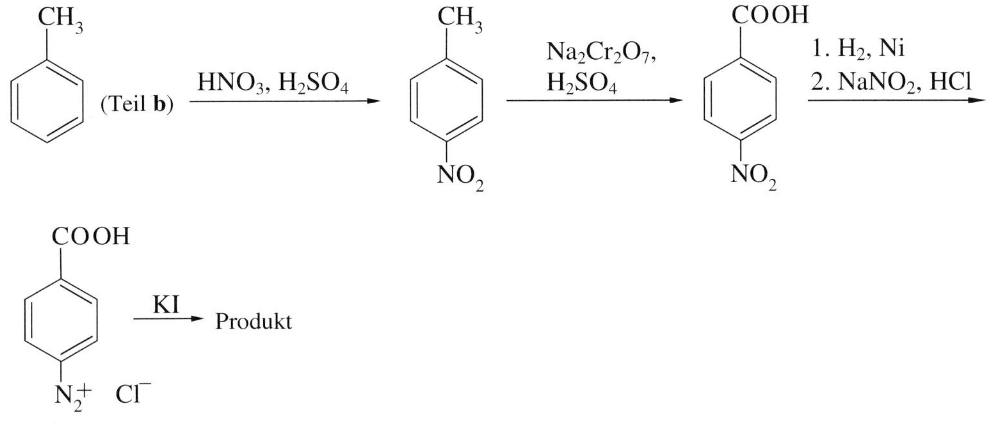
$CH_3$
(Teil **b**)
$HNO_3$, $H_2SO_4$
$CH_3$
$NO_2$
$Na_2Cr_2O_7$,
$H_2SO_4$
COOH
$NO_2$
1. $H_2$, Ni
2. $NaNO_2$, HCl
COOH
$N_2^+$ $Cl^-$
KI
Produkt

**(f)**

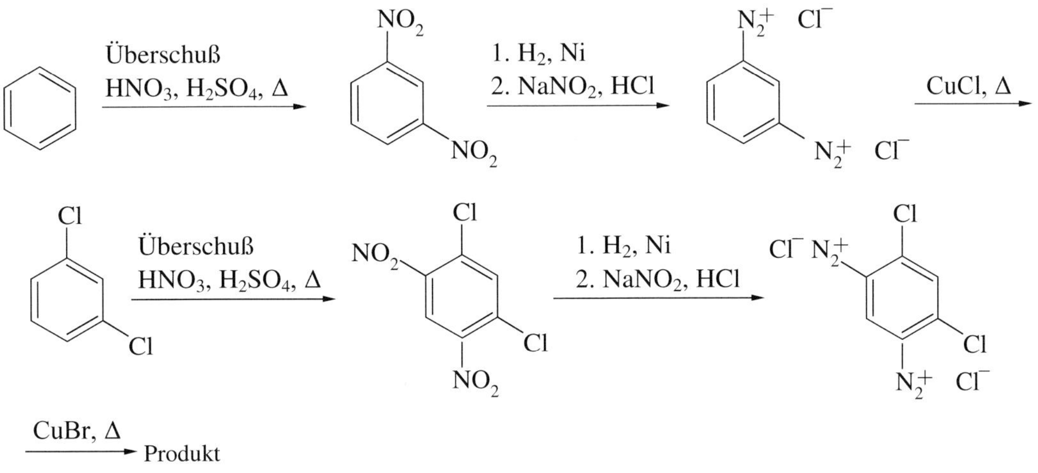
Überschuß
$HNO_3$, $H_2SO_4$, Δ
$NO_2$
$NO_2$
1. $H_2$, Ni
2. $NaNO_2$, HCl
$N_2^+$ $Cl^-$
$N_2^+$ $Cl^-$
CuCl, Δ
Cl
Cl
Überschuß
$HNO_3$, $H_2SO_4$, Δ
$NO_2$
Cl
Cl
$NO_2$
1. $H_2$, Ni
2. $NaNO_2$, HCl
$Cl^-$ $N_2^+$
Cl
Cl
$N_2^+$ $Cl^-$
CuBr, Δ
Produkt

**(g)**

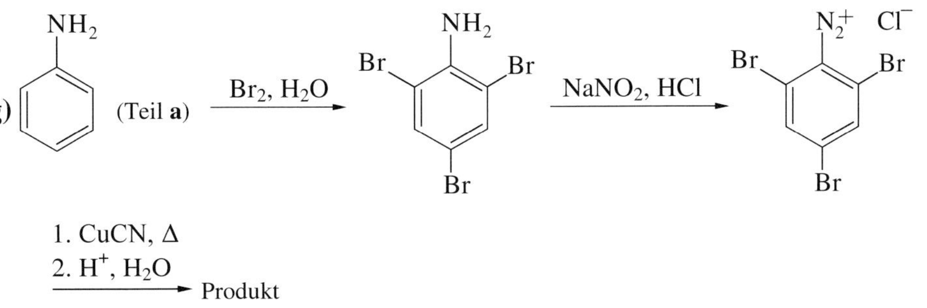
$NH_2$
(Teil **a**)
$Br_2$, $H_2O$
$NH_2$
Br
Br
Br
$NaNO_2$, HCl
$N_2^+$ $Cl^-$
Br
Br
Br
1. CuCN, Δ
2. $H^+$, $H_2O$
Produkt

**(h)**

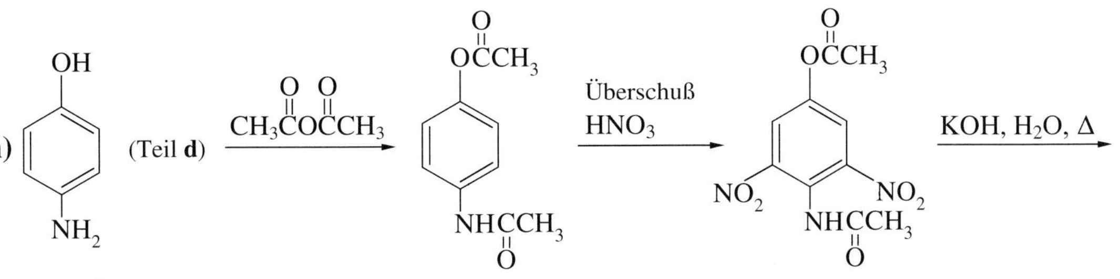
OH
$NH_2$
(Teil **d**)
$CH_3COCCH_3$
$OCCH_3$
$NHCCH_3$
Überschuß
$HNO_3$
$OCCH_3$
$NO_2$
$NO_2$
$NHCCH_3$
KOH, $H_2O$, Δ

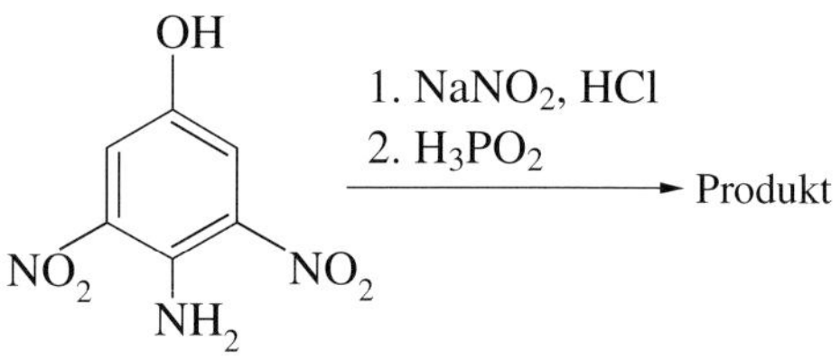

**23. (a)**

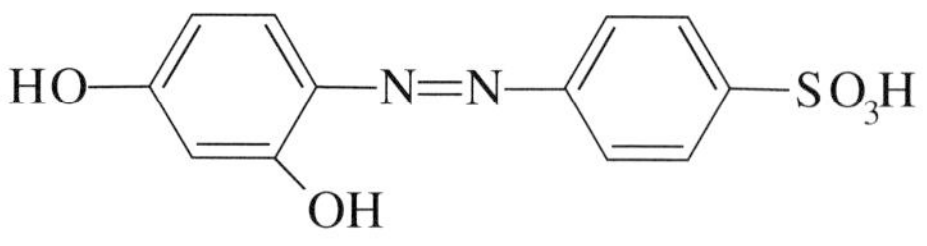

**(b)**

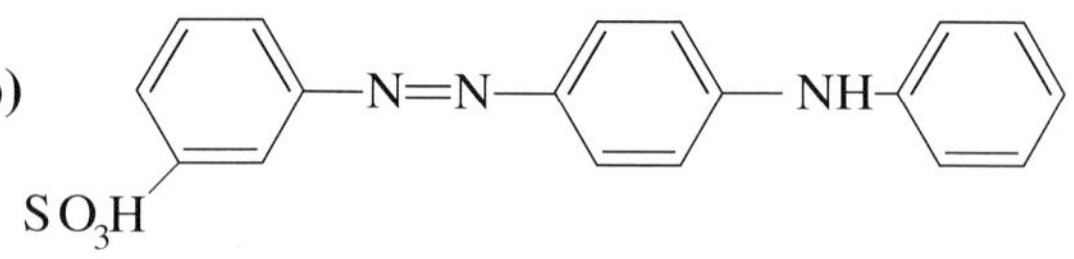

**(c)**

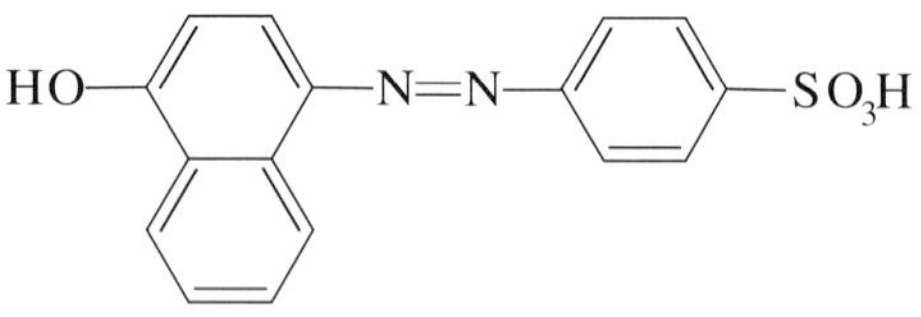

Wenn möglich, erfolgt die Kupplungs-Reaktion im allgemeinen in *para*-Stellung zur aktivierenden Gruppe.

**24. (a)**

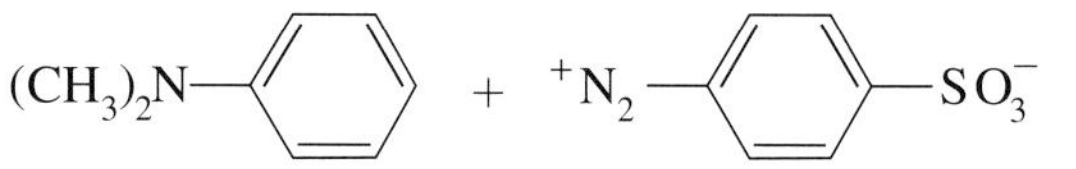

**(b)** 2

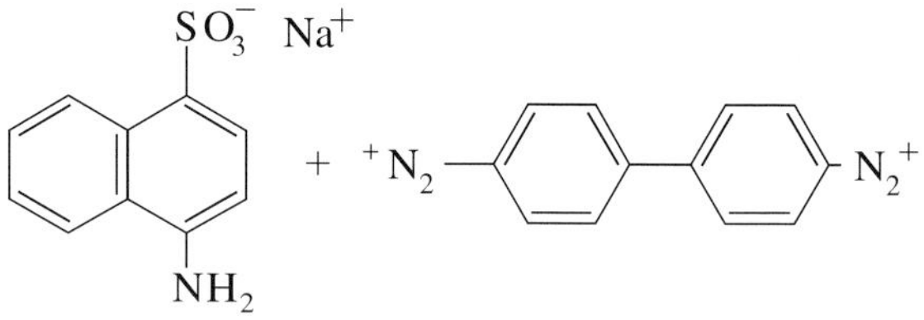

**(c)**

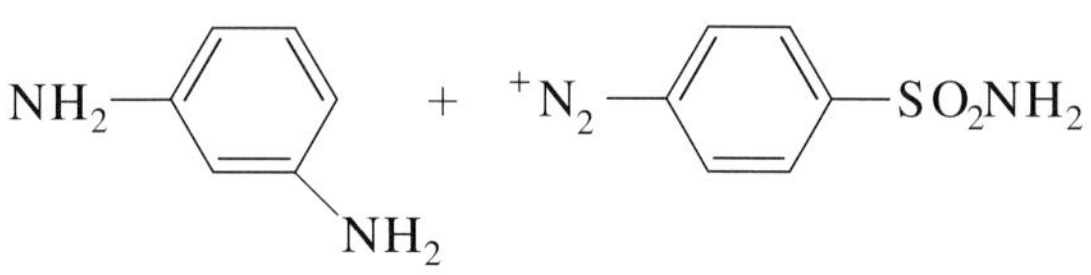

Beachten Sie, daß der Benzol-Kern in der Kupplungsreaktion stets durch OH-, $NH_2$- oder verwandte Gruppen stark aktiviert wird.

**25. (a)** Lipid–O·
oder
Lipid–O–O· +

Lipid–OH
oder
Lipid–O–OH +

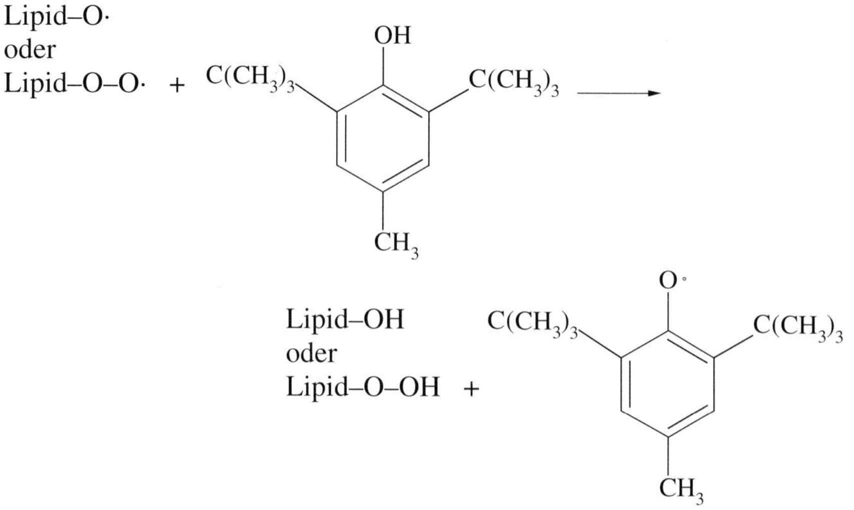

**(b)** Beginnen Sie mit dem Lipidhydroperoxid der Linolsäure, das in Abschnitt 22.9 in der Reaktion unter „Fortpflanzungsschritt 2“ dargestellt ist. Bilden Sie das Alkoxy-Radikal und enden Sie mit einer β-Spaltung.

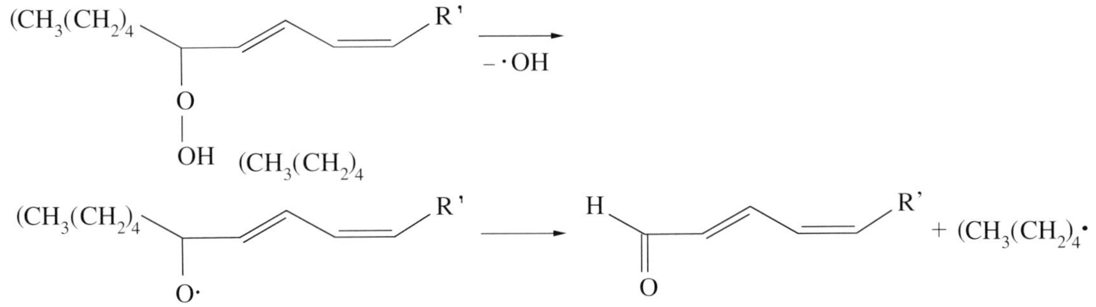

Das $CH_3(CH_2)_4\cdot$-Radikal geht durch Abstraktion eines Wasserstoffatoms von irgendeinem reaktiven Wasserstoffdonor, beispielsweise einem anderen Lipidmolekül, in Pentan über.

**26.** Man kann an verschiedenen Stellen anfangen; gehen Sie Schritt für Schritt weiter.

1. Grad der Ungesättigtheit (Kapitel 11).
Urushiol I, $H_{sätt.} = 42 + 2 = 44$; Grad der Ungesättigtheit = (44 – 36)/2 = 4 π-Bindungen oder Ringe
Urushiol II, Grad der Ungesättigtheit = (44 – 34)/2 = 5 π-Bindungen oder Ringe
**2.** Urushiol II enthält nur eine Doppelbindung, die leicht hydriert wird. Die vier Ungesättigtheitseinheiten in Urushiol I sind entweder Ringe oder schwer zu hydrierende π-Bindungen (wie die in einem Benzolring).
**3.** Urushiol II enthält das Fragment

$$CH_3CH_2CH_2CH_2CH_2CH_2CH{=}\underbrace{CHR}_{\text{Teil von Aldehyd A}}$$

**4.** Die Synthese von Aldehyd A wird gezeigt. Hier sind die Strukturen der Zwischenprodukte.

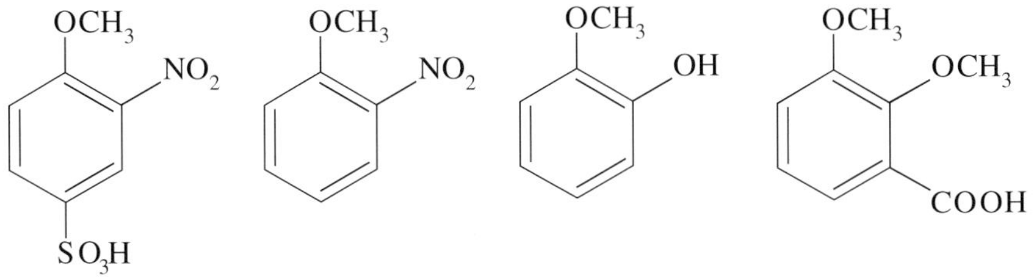

(COOH wird über eine Kolbe-Schmitt-Synthese eingeführt)

**B** **C** **D** **E**

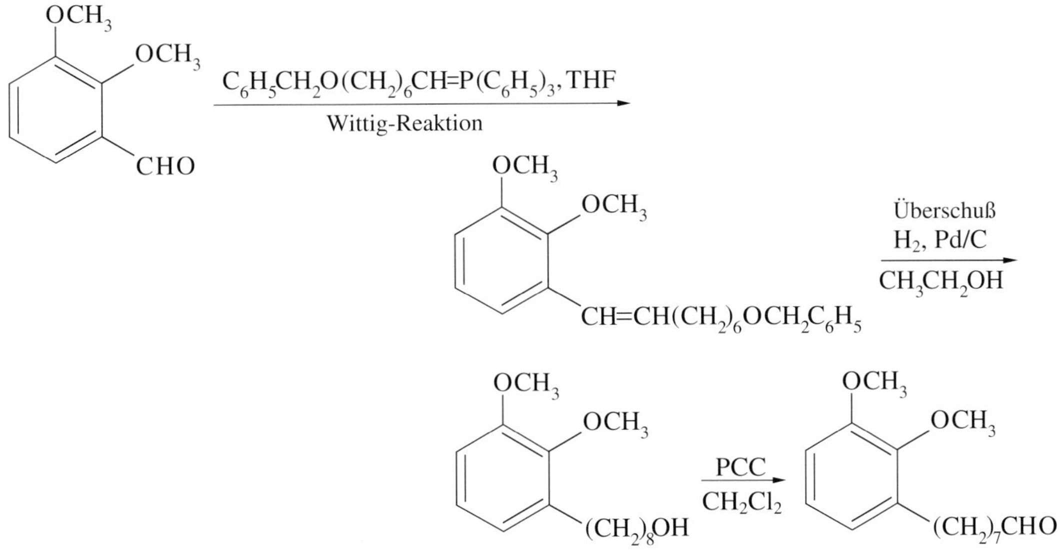

(Doppelbindung reduziert und „Benzyl"-Gruppe entfernt)

Aldehyd A

Wenn Sie jetzt zu Schritt 3 zurückgehen, können Sie sich zu der Struktur von Urushiol II „zurückarbeiten".

OCH₃

OCH₃

(CH₂)₇CHO    + CH₃(CH₂)₅CHO    $\xleftarrow{\text{1. O}_3, \text{CH}_2\text{Cl}_2 \quad 2. \text{Zn, H}_2\text{O}}$

OCH₃

OCH₃

(CH₂)₇CH=CH(CH₂)₅CH₃

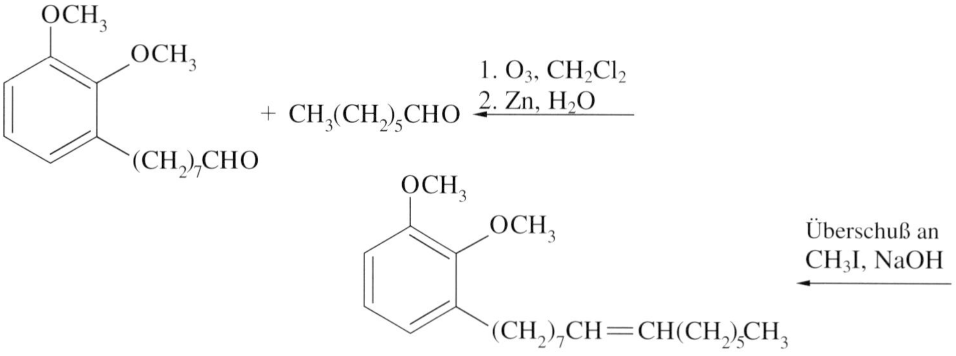

Dimethylurushiol II

$\xleftarrow{\text{Überschuß an CH}_3\text{I, NaOH}}$

OH

OH

(CH₂)₇CH=CH(CH₂)₅CH₃

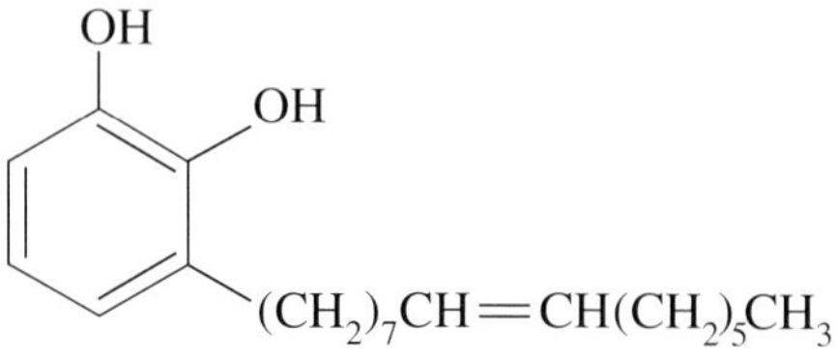

Urushiol II

Die nochmalige Beschäftigung mit Schritt 2 läßt erkennen, daß Urushiol I die folgende Struktur hat:

OH

OH

(CH₂)₁₄CH₃

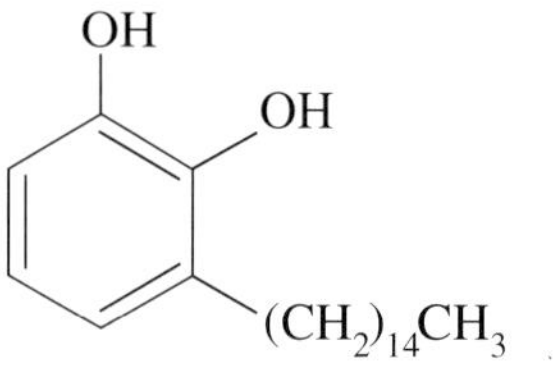

**27.** Die Antwort auf die erste Frage lautet ja: Ein Benzylkohlenstoff wird oxidiert. Die zweite Frage wird aus zwei Gründen mit nein beantwortet. Erstens ist das Amin eine reaktive und oxidationsempfindliche funktionelle Gruppe und müßte geschützt werden. Zweitens wäre die Bildung eines neuen sterischen Zentrums in ausschließlich der richtigen Konfiguration schwierig, obwohl die Spaltung des racemischen Produktgemischs in seine Enantiomeren einfach wäre.

**28. (a)** *Ortho*:    CH₃ / CH₃    $\xrightarrow{\text{1. O}_3 \quad 2. (\text{CH}_3)_2\text{S}}$    $CH_3\overset{O}{\overset{\|}{C}}\overset{O}{\overset{\|}{C}}CH_3$ + 2 $CH_3\overset{O}{\overset{\|}{C}}\overset{O}{\overset{\|}{C}}H$ + 3 $H\overset{O}{\overset{\|}{C}}\overset{O}{\overset{\|}{C}}H$    (Abschnitt 24.2)

*Meta*:    $\xrightarrow{\text{1. O}_3 \quad 2. (\text{CH}_3)_2\text{S}}$    4 $CH_3\overset{O}{\overset{\|}{C}}\overset{O}{\overset{\|}{C}}H$ + 2 $H\overset{O}{\overset{\|}{C}}\overset{O}{\overset{\|}{C}}H$

*Para*:    $\xrightarrow{\text{1. O}_3 \quad 2. (\text{CH}_3)_2\text{S}}$    4 $CH_3\overset{O}{\overset{\|}{C}}\overset{O}{\overset{\|}{C}}H$ + 2 $H\overset{O}{\overset{\|}{C}}\overset{O}{\overset{\|}{C}}H$

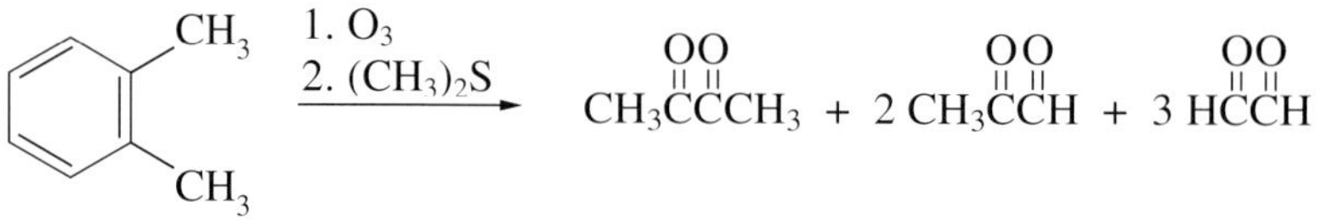

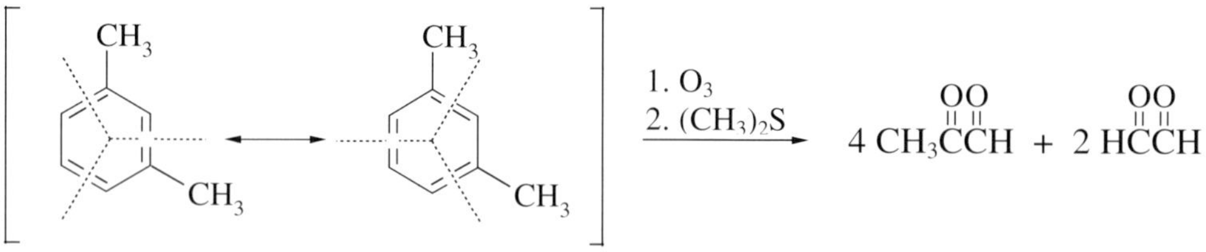

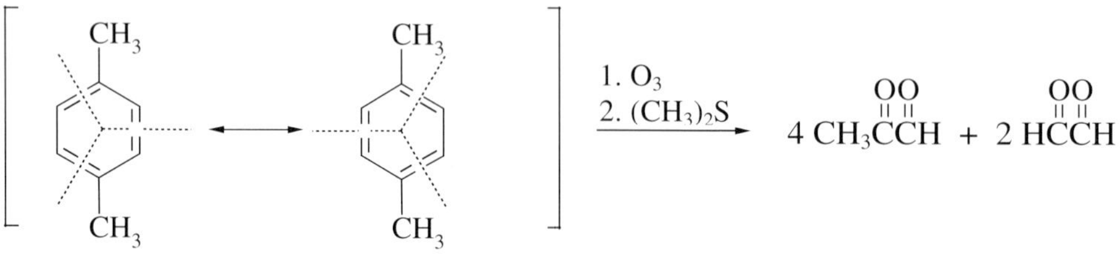

Nein. Die *meta*- und *para*-Isomere führen zum gleichen Ergebnis, einem 2:1-Gemisch von 2-Oxopropanal und Ethandial.

**(b)** Die Verbindung ist ein *Kohlenwasserstoff*, und die beiden Produkte werden in *äquimolaren* Mengen gebildet. Verfolgen Sie den Weg rückwärts: Wie können diese beiden miteinander verknüpft werden?

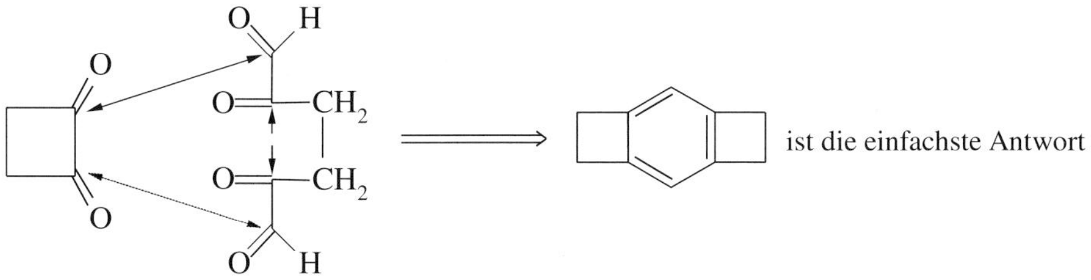


**29. (a)**

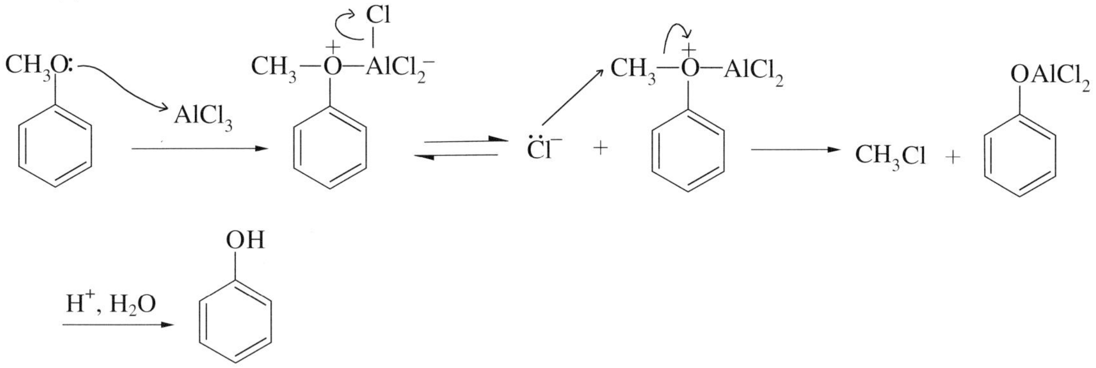

**(b)**

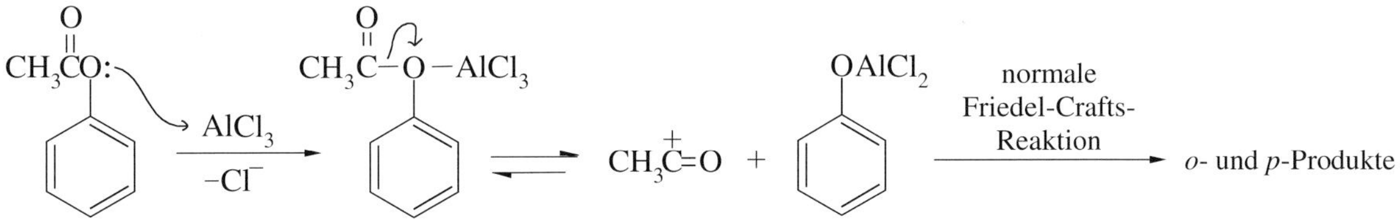


**(c)**

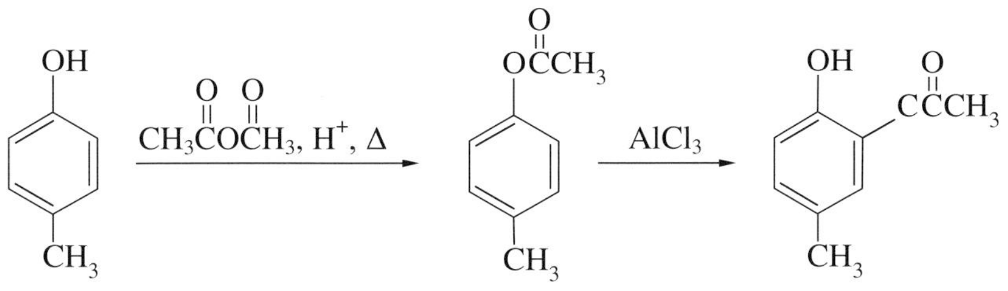

Nur das *o*-Produkt ist möglich, weil die *p*-Stellung besetzt ist.

**30.**

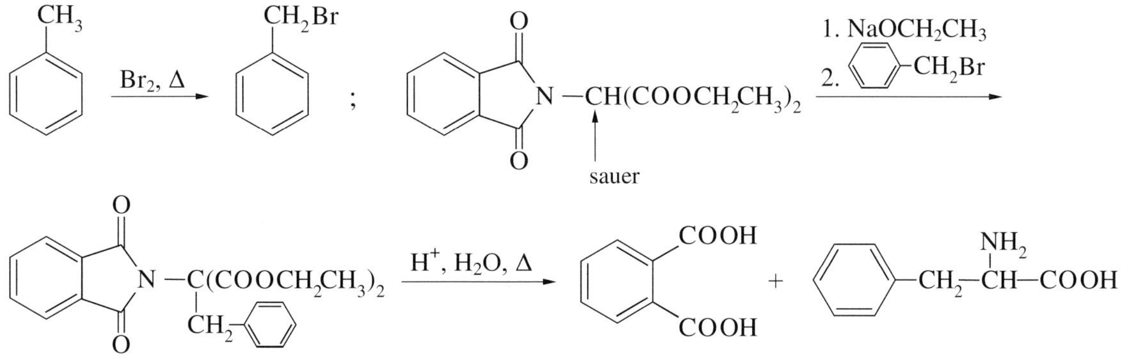


In dieser Variante der Malonestersynthese von Carbonsäuren wird über eine Gabriel-Synthese auch eine Aminogruppe am α-Kohlenstoff eingeführt.

**31. (a)** Sie können entweder mit den Spektren oder mit dem Reaktionsschema beginnen. Wahrscheinlich ist es bequemer, vom Reaktionsschema auszugehen, aber wir wählen den schwierigeren Weg und wollen sehen, was dabei herauskommt. Formel von B (Ungesättigtheitsgrad, Kapitel 11): $H_{\text{gesättigt}} = 16 + 2 = 18$; Ungesättigtheitsgrad = $(18 - 8)/2 = 5$, 5 π-Bindungen und/oder Ringe. $^{1}$H-NMR zeigt das Vorliegen von $CH_3O$- (δ3.9), $-\overset{\text{O}}{\overset{\|}{\text{C}}}\text{H}$ (δ9.8) und vier anderen Wasserstoffen an. Einer von diesen hat ein sehr breites Signal (δ6.7), vermutlich eine OH-Gruppe. Die anderen drei befinden sich wahrscheinlich an einem Benzolkern. IR und $^{13}$C-NMR bestätigen die Aldehyd-Gruppe, sechs Benzol-Kohlenstoffe (drei mit H verbunden) und die Methylgruppe, wir erhalten somit folgende Teilstücke:

$CH_3O$–, $\text{H}\overset{\text{O}}{\overset{\|}{\text{C}}}$–, HO– und  mit 3 H = $C_8H_8O_3$.

Was wir nicht kennen, ist die *Anordnung* dieser Gruppen in der unbekannten Verbindung B. Wir gehen daher zum Reaktionsschema über. Hier sind die Antworten:

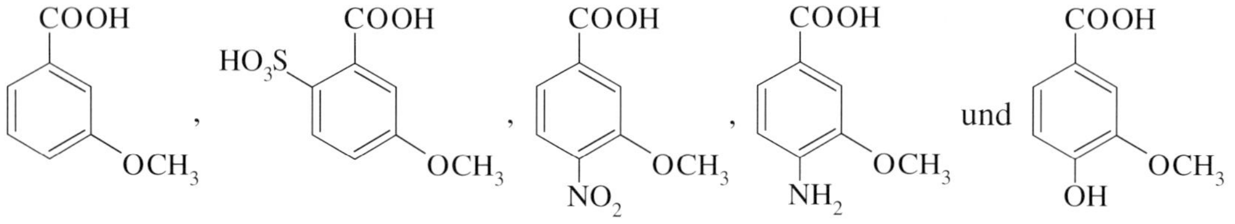


D E F G C

Da B mit $Ag_2O$ (einem Oxidationsmittel) behandelt C ergibt (und wir wissen, daß B ein Aldehyd ist), muß B die gleiche Anordnung der Gruppen haben, die in C vorliegt, allerdings mit –CHO anstelle von –COOH:

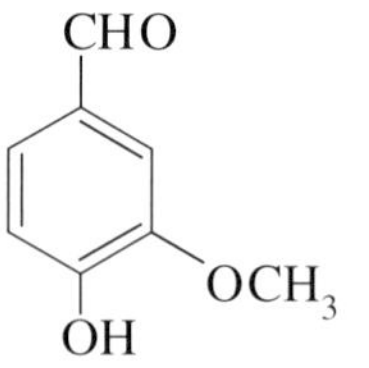


**(b)** Letzter Teil: Was ist A? Methylierung vor der Hydrolyse verbindet alle Sauerstoffe der Glucose mit Ausnahme des Sauerstoffs an C-5 (Teil des Pyranose-Rings) und an C-1 mit Methyl-Gruppen. Darum verknüpft der Sauerstoff an C-1 der Glucose diese mit der Verbindung B. Wo befindet sich in B der Verknüpfungspunkt? Logischerweise ist es der Phenol-Sauerstoff, damit steht in Einklang, daß dieser Sauerstoff ebenfalls nicht methyliert wurde. Darum handelt es sich bei A entweder um das α-oder das β-Anomer folgender Struktur:

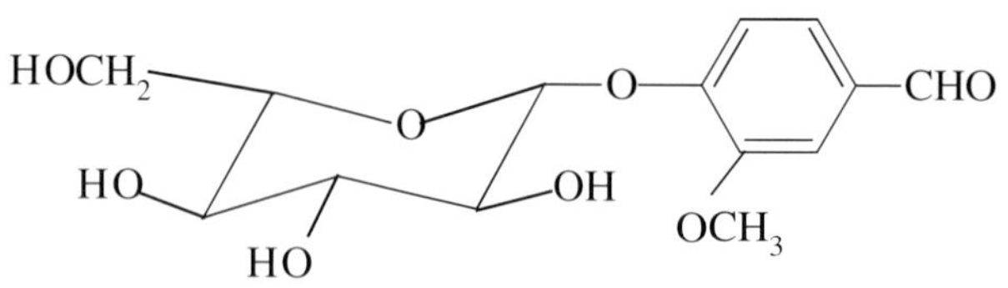


In dieser Form kommt Vanillin, Träger des Vanille-Aromas, in der Natur vor.

**32.**

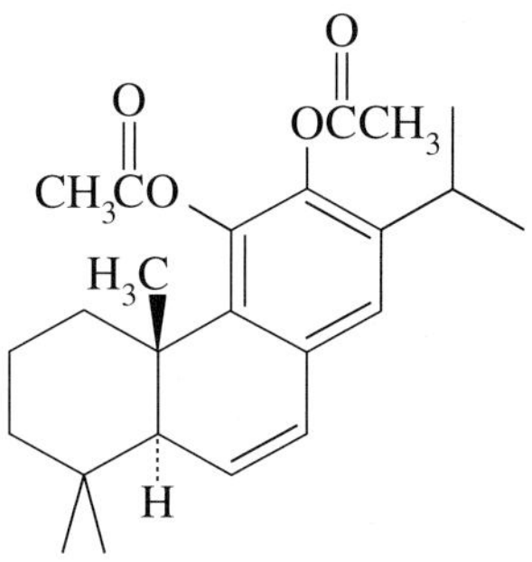


**B**

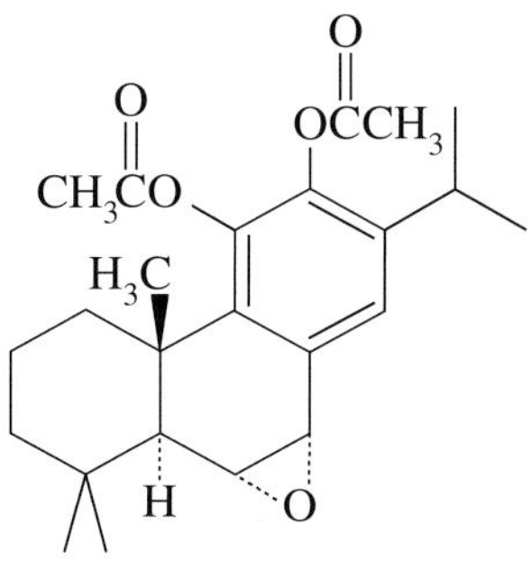


**C**

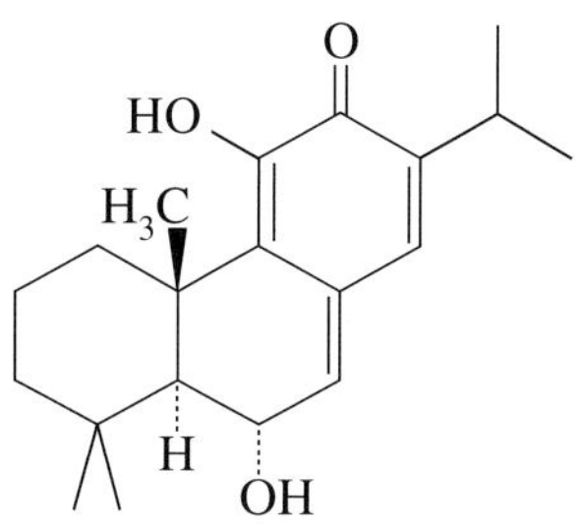


**D**

# Dicarbonylverbindungen

**1. (a)** Das ist so in Ordnung. (Die Halogenierung von α-Kohlenstoffen von Ketonen benötigt Säure oder Base)

**(b)** $^-$CN addiert auch '1,4' an Enon.

**(c)** Das ist so in Ordnung.

**(d)** Es kann Friedel-Crafts-Reaktion eintreten :

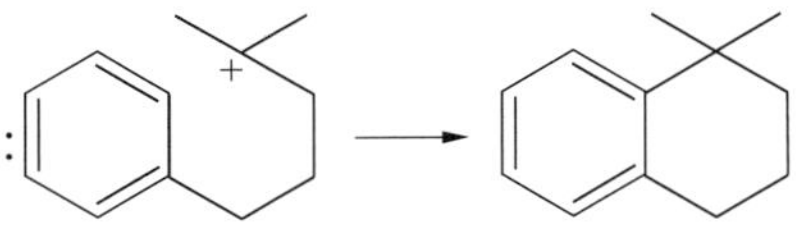

**(e)** Intramolekulare Alkylierung läuft ab:

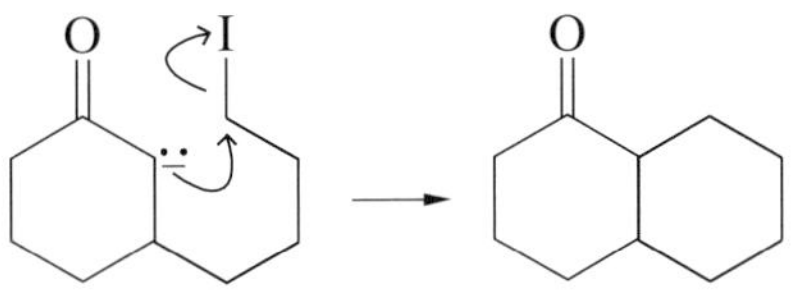

**(f)** Intramolekulare Amid-Bildung:

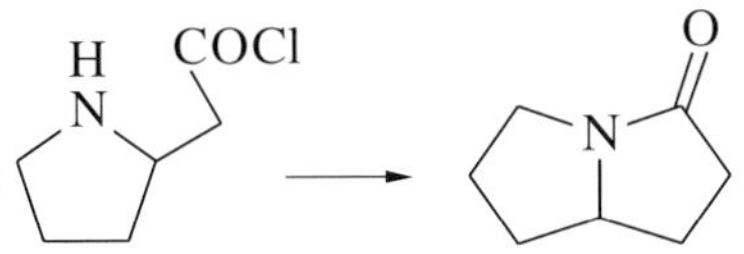

(Lactam)

**2.** Claisen-Kondensationen. Die Teilprobleme **a** bis **c** gehen von zwei identischen Molekülen aus, die Teilprobleme **d** und **e** sind intramolekulare Beispiele, bei dem Rest handelt es sich um gekreuzte Kondensationen. Knüpfen Sie die neue Kohlenstoff-Kohlenstoff-Bindung (markiert) zwischen dem Carbonyl-Kohlenstoff des einen Esters und dem α-Kohlenstoff des anderen.

**(a)** $CH_3CH_2CH_2\overset{\overset{O}{\|}}{C}\!\!-\!\!\underset{\underset{CH_3CH_2}{|}}{\overset{\overset{O}{\|}}{CH}}COCH_2CH_3$

**(b)** $C_6H_5CH(CH_3)_2CH_2\overset{\overset{O}{\|}}{C}\!\!-\!\!\underset{\underset{C_6H_5CHCH_3}{|}}{\overset{\overset{O}{\|}}{CH}}COCH_2CH_3$

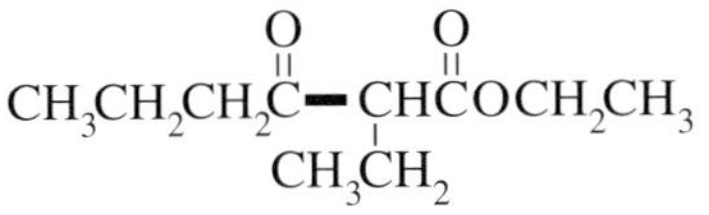

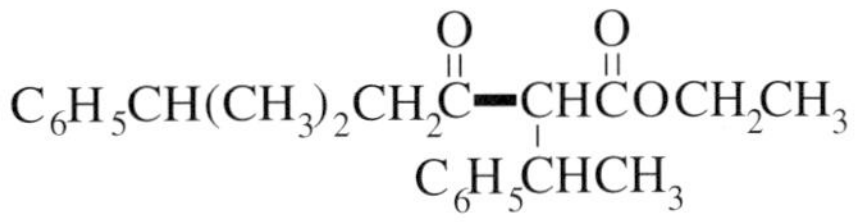

**(c)** Ungünstig liegendes Gleichgewicht: Das Claisen-Produkt ist nicht stabil, es wird keine Reaktion beobachtet.

**(d)**

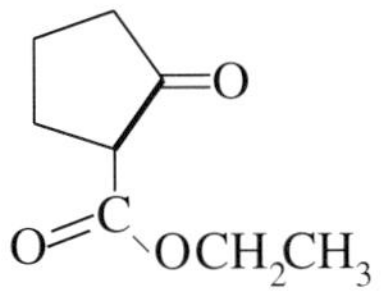

**(e)**

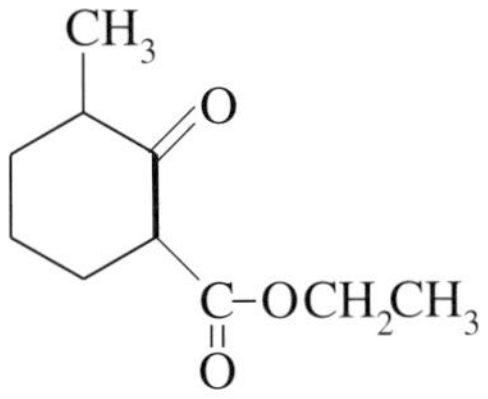

(das andere mögliche Produkt ist nicht stabil und wird nicht isoliert)

**(f)** $H\overset{\overset{O}{\|}}{C}\!\!-\!\!\underset{\underset{C_6H_5}{|}}{\overset{\overset{O}{\|}}{CH}}COCH_2CH_3$

**(g)** $C_6H_5\overset{\overset{O}{\|}}{C}\!\!-\!\!\underset{\underset{CH_3CH_2}{|}}{\overset{\overset{O}{\|}}{CH}}COCH_2CH_3$

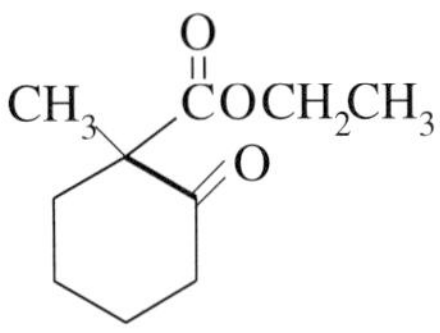

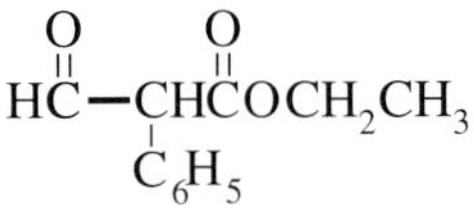

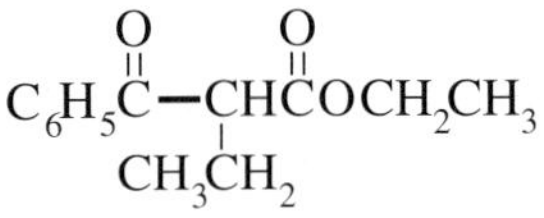

**(h)**

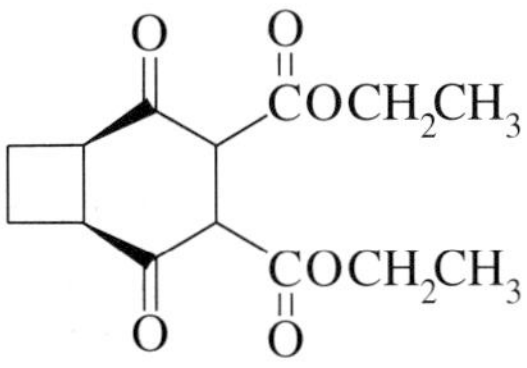

(i) 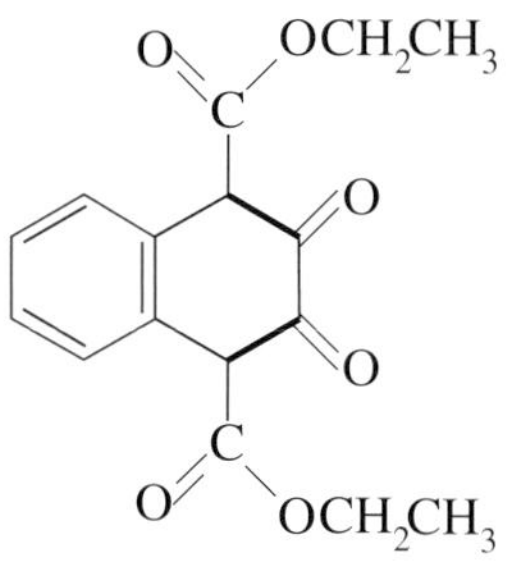

**3.** Der zweite Ester, $(CH_3)_2CHC(=O)OCH_3$, muß im Überschuß vorliegen, weil er (1) durch Claisen-Kondensation kein stabiles Produkt mit sich selber bildet und (2) vorzugsweise mit dem Enolat-Ion des ersten Esters reagiert.

Nebenreaktion: $2\ CH_3CH_2CO_2CH_3 \xrightarrow{NaOCH_3,\ CH_3OH} CH_3CH_2C(=O)CH(CH_3)CO_2CH_3$

(Kondensation des ersten Esters mit sich selbst.)

**4.** Verfahren Sie ähnlich wie bei Aufgabe **2**.
„Claisen" bedeutet 1. $NaOCH_2CH_3$, $Cl_3CH_2OH$; 2. $H^+$, $H_2O$

(a) 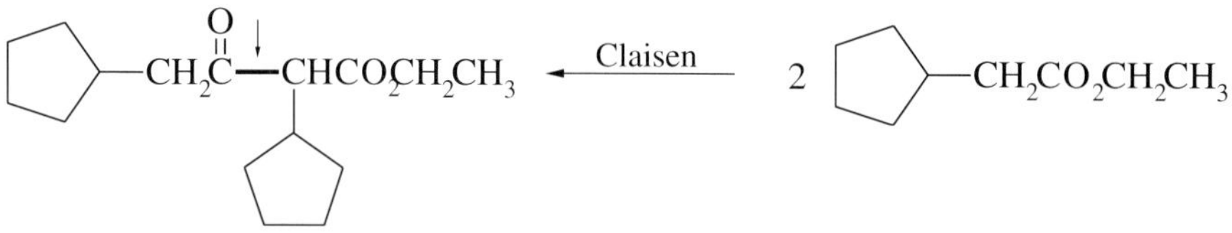

(b) $C_6H_5C(=O){-}CH(C_6H_5)CO_2CH_2CH_2CH_3 \xleftarrow{\text{Claisen}} C_6H_5CO_2CH_2CH_3 + C_6H_5CH_2CO_2CH_2CH_3$

(c) 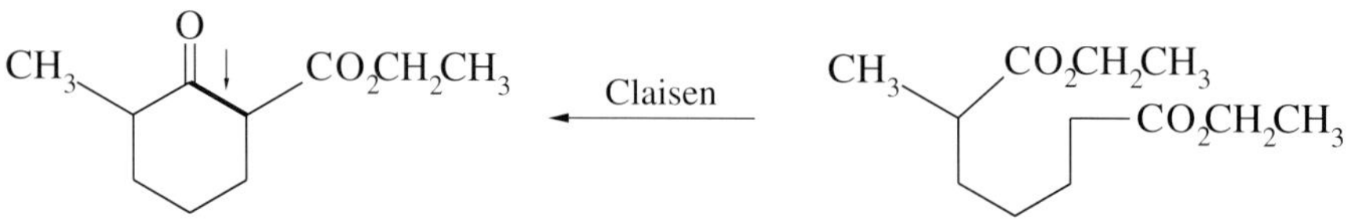 (Aufgabe **2**, Teil **c**!)

(d) 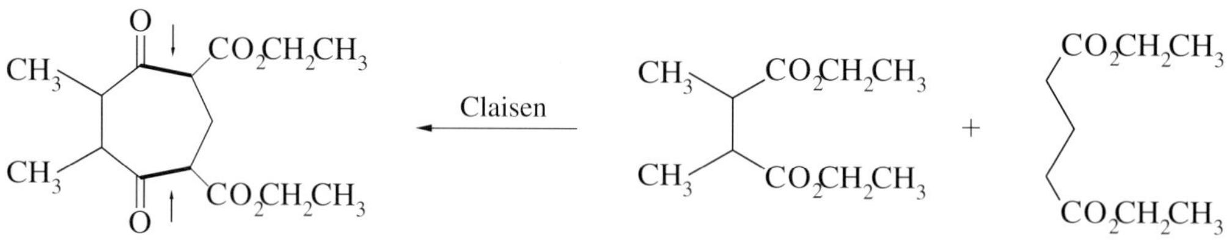

(e) $HC(=O){-}C(=O){-}CH_2CO_2CH_2CH_3 \xleftarrow{\text{Claisen}} HC(=O)CO_2CH_2CH_3 + CH_3CO_2CH_2CH_3$

(f) $C_6H_5C(=O){-}CH_2C(=O)C_6H_5 \xleftarrow{\text{Claisen}} C_6H_5CO_2CH_2CH_3 + CH_3C(=O)C_6H_5$ (Keton + Ester-Variante)

(g) $CH_3CH_2OC(=O){-}CH_2C(=O)OCH_2CH_3 \xleftarrow{\text{Claisen}} CH_3CH_2OC(=O)OCH_2CH_3 + CH_3CO_2CH_2CH_3$

(Carbonat + Ester-Variante)

**(h)** ← Claisen — + CH$_3$CCH$_3$ (Ester + Keton)

**(i)** ← Claisen — (Intramolekular, Ester + Aldehyd).

**5.** $\overset{O}{\overset{\|}{H C}}$—CH$_2$$\overset{O}{\overset{\|}{CH}}$ $\Rightarrow$ HCO$_2$CH$_2$CH$_3$ + CH$_3$$\overset{O}{\overset{\|}{CH}}$? Nicht sehr wahrscheinlich, weil die Aldol-Addition von 2 CH$_3$CHO eine wichtige Konkurrenz-Reaktion sein würde.

**6.** Analyse: CH$_3$$\overset{O}{\overset{\|}{C}}$CH–R $\Longrightarrow$ CH$_3$$\overset{O}{\overset{\|}{C}}$–$\overset{R}{\overset{|}{C}}$–CO$_2$CH$_2$CH$_3$ $\Longrightarrow$ CH$_3$$\overset{O}{\overset{\|}{C}}$CH$_2$CO$_2$CH$_2$CH$_3$
                    |                      |                      Ausgangssubstanz für jede Synthese
                    R'                     R'

**(a)** R = –CH$_2$CH(CH$_3$)$_2$, R' = H: 1. NaOCH$_2$CH$_3$; 2. (CH$_3$)$_2$CHCH$_2$Br; 3. NaOH, H$_2$O; 4. H$^+$, H$_2$O, $\Delta$.

**(b)** R = –CH$_2$C$_6$H$_5$, R' = –CH$_2$CH = CH$_2$: 1. NaOCH$_2$CH$_3$; 2. C$_6$H$_5$CH$_2$Br; 3. NaOCH$_2$CH$_3$; 4. CH$_2$=CHCH$_2$Br; 5. NaOH, H$_2$O; 6. H$^+$, H$_2$O, $\Delta$.

**(c)** R = R' = CH$_2$CH$_2$CH$_2$: 1. 2 NaOCH$_2$CH$_3$; 2. BrCH$_2$CH$_2$CH$_2$Br; 3. NaOH, H$_2$O; 4. H$^+$, H$_2$O, $\Delta$.

**(d)** R = –CH$_2$CH$_3$, R' = –CH$_2$CO$_2$CH$_2$CH$_3$: 1. NaOCH$_2$CH$_3$; 2. BrCH$_2$CO$_2$CH$_2$CH$_3$; 3. NaOCH$_2$CH$_3$; 4. CH$_3$CH$_2$Br; 5. NaOH, H$_2$O; 4. H$^+$, H$_2$O, $\Delta$.
(Decarboxyliert nur –COOH am $\alpha$-Kohlenstoff des Ketons); 5. CH$_3$CH$_2$OH, H$^+$ (überführt die andere –COOH-Gruppe zurück zum Ethylester)

**7.** Allgemeines Schema:

$\overset{R}{\underset{R'}{>}}$CH–COOH $\Longrightarrow$ $\overset{R}{\underset{R'}{>}}$CH$\overset{CO_2CH_2CH_3}{\underset{CO_2CH_2CH_3}{<}}$ $\Longrightarrow$ CH$_2$$\overset{CO_2CH_2CH_3}{\underset{CO_2CH_2CH_3}{<}}$   Ausgangsverbindung

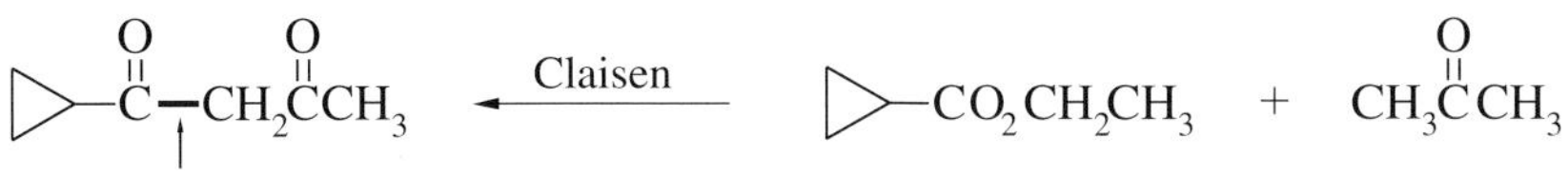

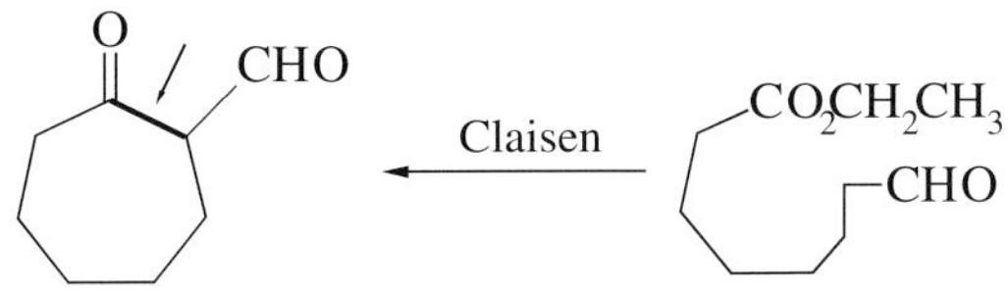

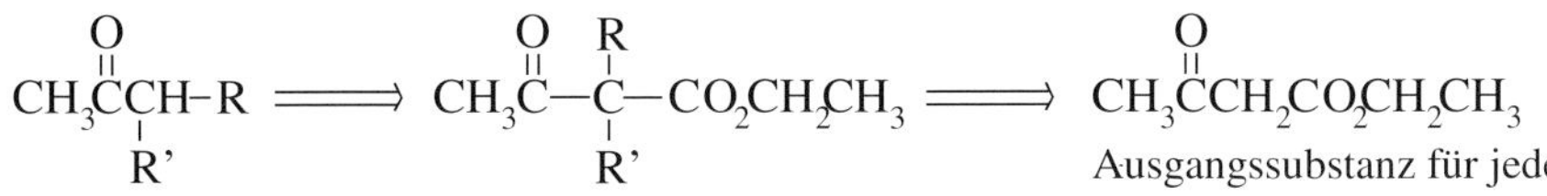

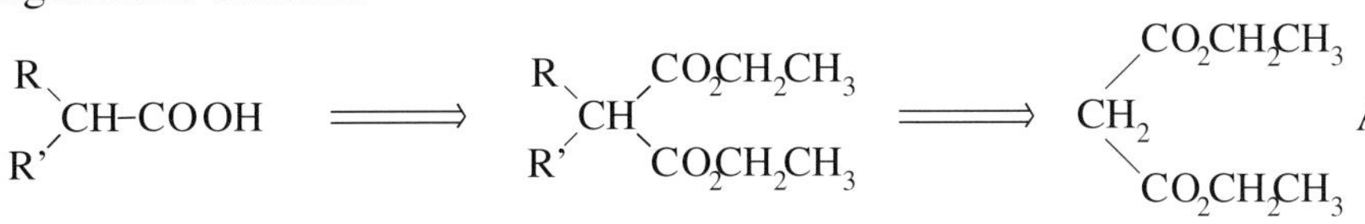

**(a)** 1. NaOCH$_2$CH$_3$; 2. CH$_3$CH$_2$CH$_2$CH$_2$I; 3. NaOCH$_2$CH$_3$; 4. —CH$_2$Br (vollendet die erforderlichen Alkylierungen); 5. NaOH, H$_2$O (hydrolysiert die Ester); 6. H$^+$, H$_2$O, $\Delta$ (Decarboxylierung).

**(b)** 1. NaOCH$_2$CH$_3$; 2. BrCH$_2$CO$_2$CH$_2$CH$_3$ [Alkylierung, überführt in CH$_3$CH$_2$O$_2$CCH$_2$CH(CO$_2$CH$_2$CH$_3$)$_2$]; 3. NaOH, H$_2$O; 4. H$^+$, H$_2$O, $\Delta$.

**(c)** 1. 2 NaOCH$_2$CH$_3$; 2. ; 3. NaOH, H$_2$O; 4. H$^+$, H$_2$O, $\Delta$.

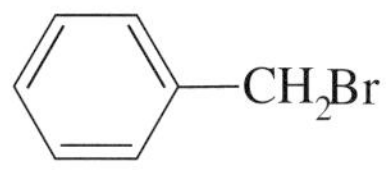

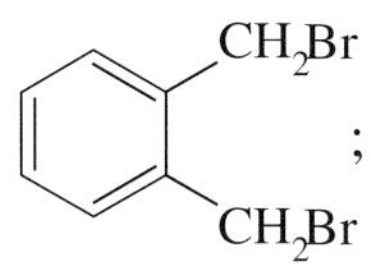

**(d)** Ausführlich formuliert:

$$\xleftarrow[\text{2. H}^+,\ \text{H}_2\text{O},\ \Delta]{\text{1. NaOH, H}_2\text{O}} \qquad \xleftarrow[\text{2. CH}_2=\text{CHCH}_2\text{Br}]{\text{1. NaOCH}_2\text{CH}_3}$$

$$\begin{array}{l}\text{1. NaOCH}_2\text{CH}_3\\ \text{2. CH}_2\text{—CH}_2\ (\text{epoxid})\\ \text{3. H}^+,\ \text{H}_2\text{O}\end{array} \xleftarrow{\qquad} \text{CH}_2(\text{CO}_2\text{CH}_2\text{CH}_3)_2$$

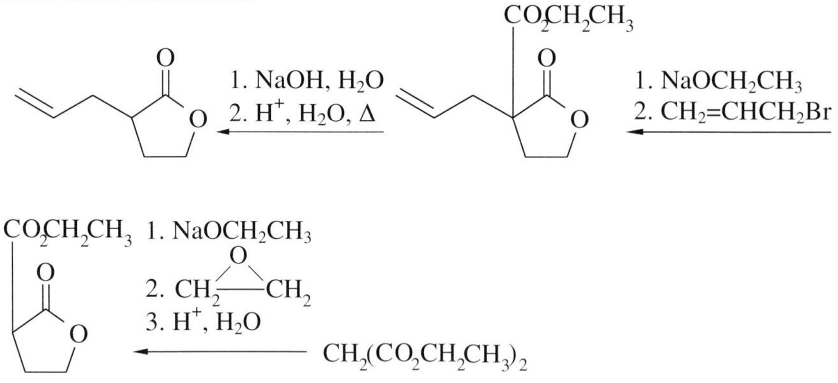

(formulieren Sie einen Mechanismus !)

**8. (a)** $+\ \text{CH}_2(\text{CO}_2\text{CH}_2\text{CH}_3)_2 \xrightarrow{(\text{CH}_3\text{CH}_2)_2\text{NH},\ \Delta}$ Produkt (Knoevenagel-Reaktion)

**(b)** $+\ \overset{\overset{\text{O}}{\|}}{\text{H}\text{C}}(\text{CH}_2)_3\text{CH}_3 \xrightarrow{(\text{CH}_3\text{CH}_2)_2\text{NH},\ \Delta}$ Produkt

**(c)** $\text{CH}_3\overset{\overset{\text{O}}{\|}}{\text{C}}\text{CH}_3\ +\ \text{CH}_2\overset{\nearrow\text{CN}}{\searrow\text{CO}_2\text{CH}_2\text{CH}_3} \xrightarrow{(\text{CH}_3\text{CH}_2)_2\text{NH},\ \Delta}$ Produkt

(ähnelt sehr einer
β-Dicarbonyl-Verbindung)

**(d)** $+\ \text{CH}_2=\text{CH}\overset{\overset{\text{O}}{\|}}{\text{C}}\text{CH}_3 \xrightarrow[\text{NaOCH}_2\text{CH}_3]{\substack{\text{Katalytische}\\ \text{Mengen}}}$ Produkt (Michael-Addition)

**(e)** $+\ \text{CH}_2(\text{CO}_2\text{CH}_2\text{CH}_3)_2 \xrightarrow[\text{NaOCH}_2\text{CH}_3]{\substack{\text{Katalytische}\\ \text{Mengen}}}$ Produkt

**(f)** $+\ \text{CH}_3\overset{\overset{\text{O}}{\|}}{\text{C}}\text{CH}_2\text{CO}_2\text{CH}_2\text{CH}_3 \xrightarrow[\text{(Michael)}]{\substack{\text{Katalytische}\\ \text{Mengen}\\ \text{NaOCH}_2\text{CH}_3}}$ $\xrightarrow[-\text{CO}_2]{\substack{\text{1. NaOH, H}_2\text{O}\\ \text{2. H}^+,\ \text{H}_2\text{O},\ \Delta}}$ Produkt

**9.** $(\text{CH}_3\text{CH}_2\text{O}_2\text{C})_2\overset{\overset{\curvearrowleft\text{H}}{|}}{\text{CH}} \xrightarrow[-\text{CH}_3\text{CH}_2\text{OH}]{^-\ddot{\text{O}}\text{CH}_2\text{CH}_3} (\text{CH}_3\text{CH}_2\text{O}_2\text{C})_2\overset{-}{\text{CH}}\ +\ \text{CH}_2\overset{\curvearrowright}{=}\text{CH}\overset{\overset{\text{O}}{\|}}{\text{C}}\text{CH}_3 \overset{*}{\rightleftharpoons}$

$(\text{CH}_3\text{CH}_2\text{O}_2\text{C})_2\text{CHCH}_2\overset{-}{\text{C}}\text{HCOCH}_3 \xrightarrow[\phantom{xxxxxxxxxxx}]{\overset{\text{H}}{\overset{|}{\underset{\curvearrowleft}{\text{CH}(\text{CO}_2\text{CH}_2\text{CH}_3)}}}} (\text{CH}_3\text{CH}_2\text{O}_2\text{C})_2\text{CHCH}_2\text{CH}_2\text{COCH}_3$

(Produkt)

$+\ \overset{..}{\overset{..}{\text{C}}}\text{H}(\text{CO}_2\text{CH}_2\text{CH}_3)_2$ wird regeneriert und reagiert von neuem.

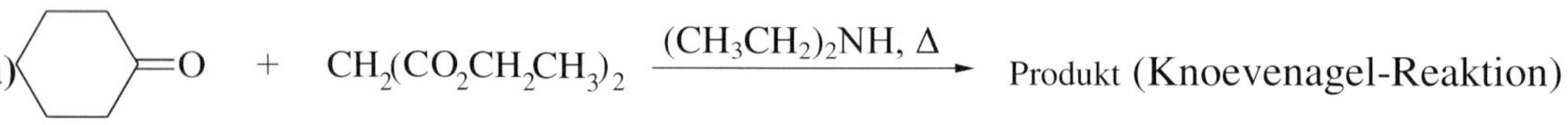

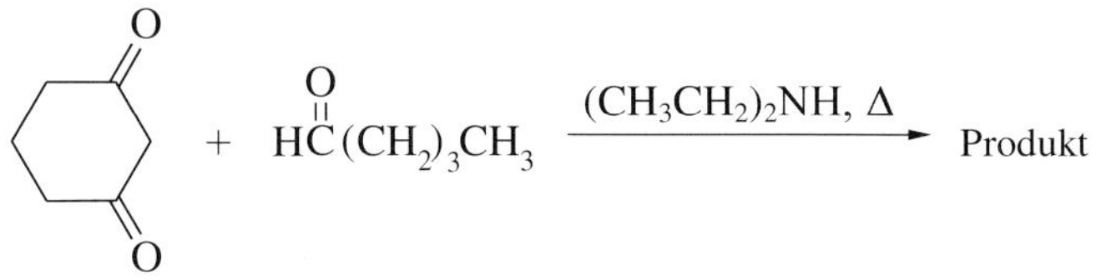

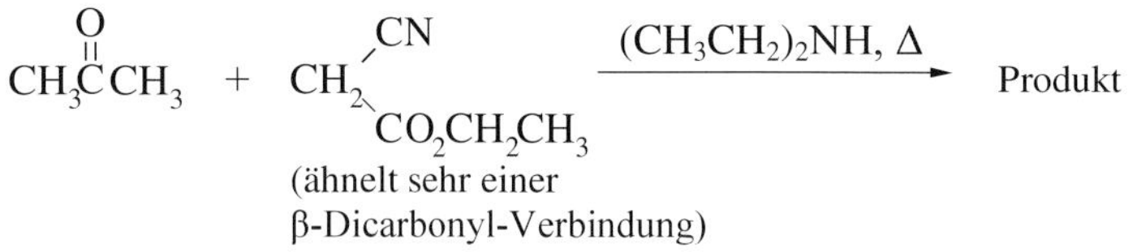

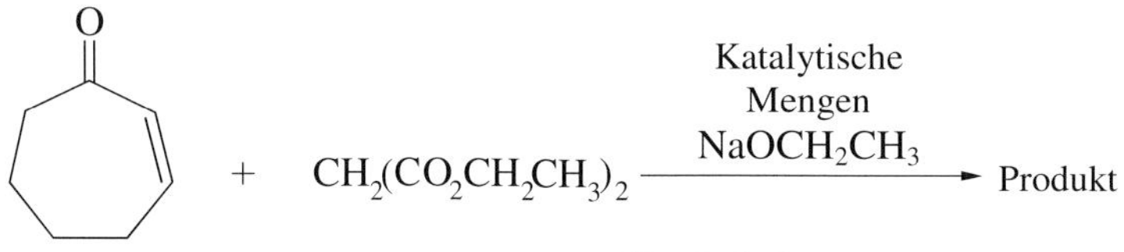

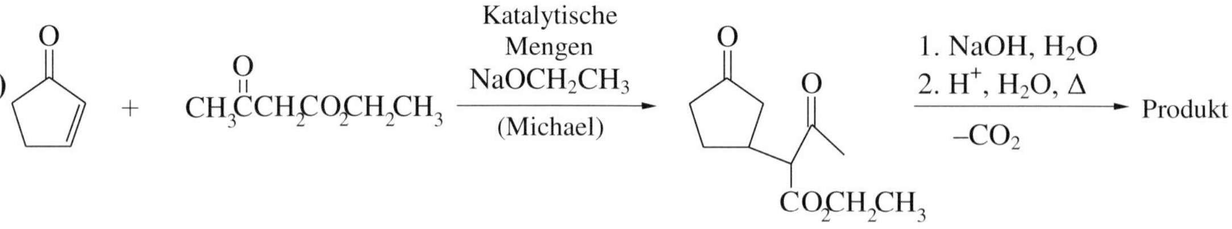

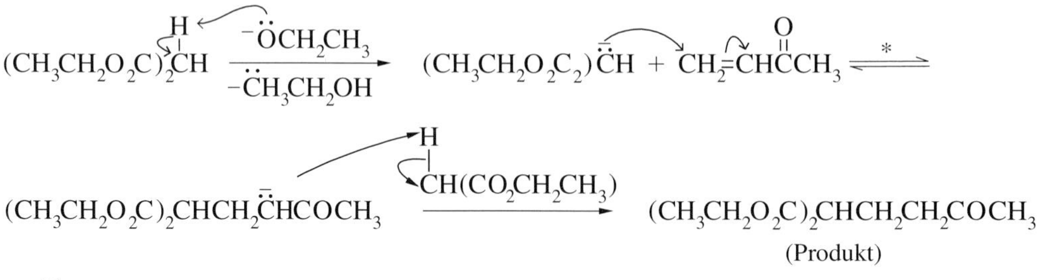

Der mit einem Stern (*) markierte Reaktionsschritt ist reversibel und hat in Wirklichkeit eine ungünstige Gleichgewichtslage, weil das Produkt (ein einfaches Keton-Enolat) ein weniger stabiles Anion darstellt als das doppelt stabilisierte Malonat-Anion. Der nächste Schritt jedoch, die Reaktion mit weiterem Malonester unter Bildung eines neuen Malonat-Anions, verschiebt das Gleichgewicht zum Produkt hin. Die Reaktion benötigt nur katalytische Mengen an Base, weil das Malonat in diesem letzten Schritt regeneriert wird.

**10.** Gehen Sie den Weg zurück. Achten Sie auf die Kohlenstoff-Kohlenstoff-Bindungen, die im Verlaufe der Reaktionsfolge geknüpft werden (Pfeile).

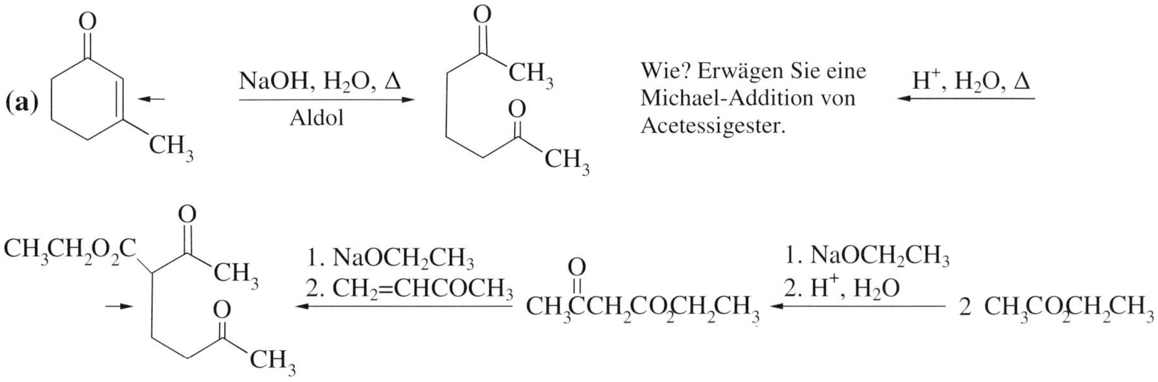


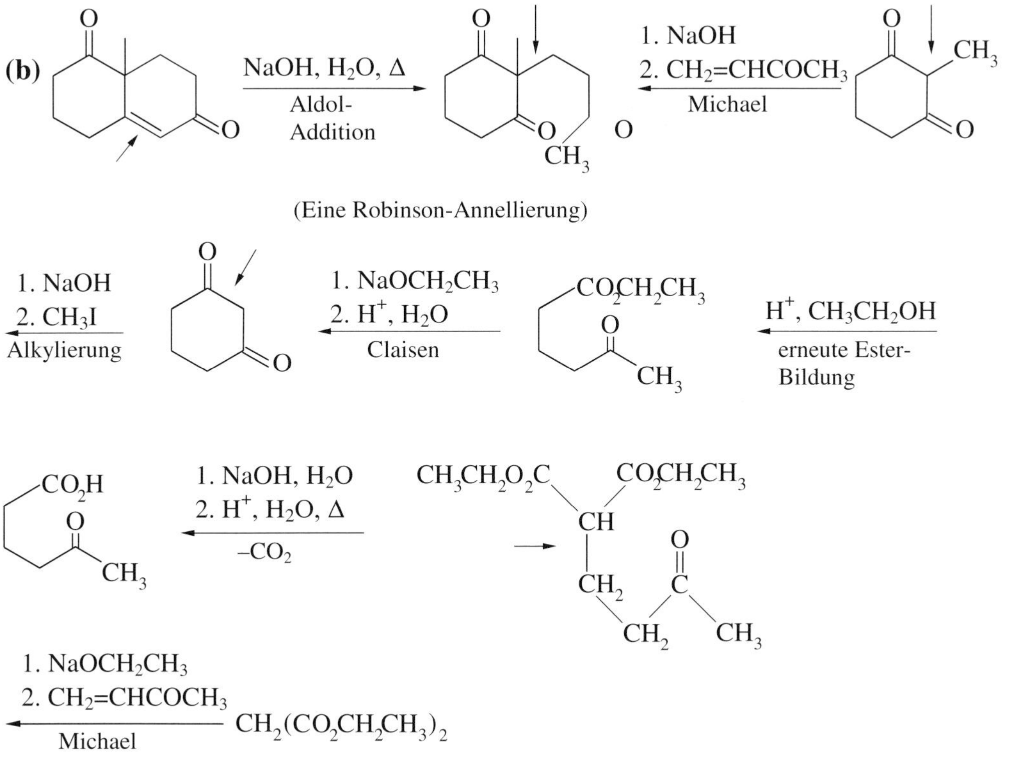


**(c)** Reaktionssequenz identisch mit **(b)**, die beiden Michael-Additionen an $CH_2$=$CHCOCH_3$ werden aber durch zwei Alkylierungen mit $BrCH_2COCH_3$ ersetzt.

**11. (a)** $(CH_3)_2CH{-}C(=O){-}CH(OH){-}CH(CH_3)_2$ **(b)** $C_6H_5{-}C(=O){-}CH(OH){-}C_6H_5$

**(c)** 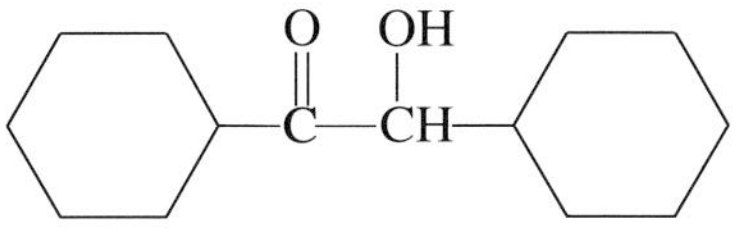 **(d)** $C_6H_5CH_2{-}C(=O){-}CH(OH){-}CH_2C_6H_5$

**12. (a)** 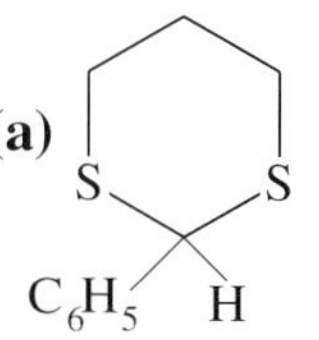 **(b)** 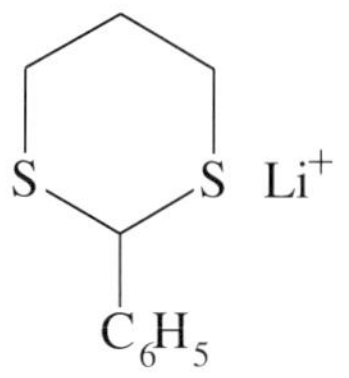

In der gleichen Reihenfolge wie in Aufgabe 11.

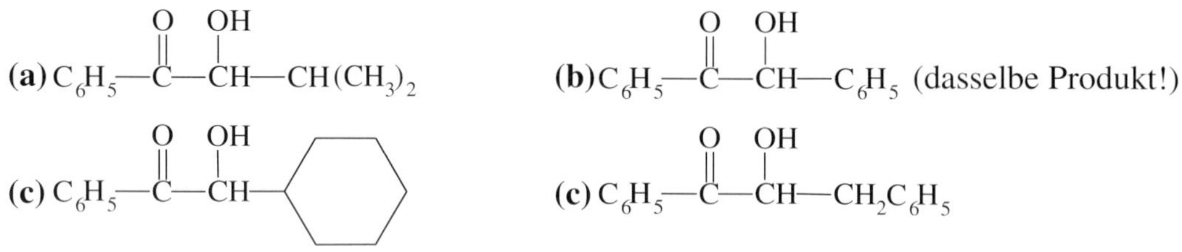

**(a)** $C_6H_5{-}\overset{O}{\overset{\|}{C}}{-}\overset{OH}{\overset{|}{C}H}{-}CH(CH_3)_2$

**(b)** $C_6H_5{-}\overset{O}{\overset{\|}{C}}{-}\overset{OH}{\overset{|}{C}H}{-}C_6H_5$ (dasselbe Produkt!)

**(c)** 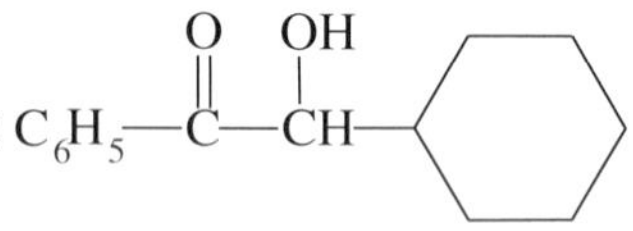

**(c)** $C_6H_5{-}\overset{O}{\overset{\|}{C}}{-}\overset{OH}{\overset{|}{C}H}{-}CH_2C_6H_5$

**13.** $Cu^{2+}$ oxidiert jedes α-Hydroxyketon zum entsprechenden α-Diketon, $R{-}\overset{O}{\overset{\|}{C}}{-}\overset{O}{\overset{\|}{C}}{-}R$, mit R = **(a)** $(CH_3)_2CH$; **(b)** $C_6H_5$; **(c)** Cyclohexyl und **(d)** $C_6H_5CH_2$. Anschließende Behandlung mit Base bewirkt eine Benzilsäureumlagerung, unter Bildung von Produkten der Struktur $R{-}\underset{R}{\underset{|}{\overset{HO}{\overset{|}{C}}}}{-}\overset{O}{\overset{\|}{C}}{-}OH$. (die gleichen R wie oben)

**14. (a)** A: IR: Keton- und Alkohol-Gruppen (ein Amin kann es nicht sein, weil die Molekülmasse *geradzahlig* ist).

NMR: $\underset{\delta 1.4(d)}{CH_3}{-}\underset{\delta 4.2(q)}{CH}$ , $\underset{\delta 2.2(s)}{CH_3}{-}\overset{O}{\overset{\|}{C}}{-}$ , $\underset{\delta 3.7}{{-}OH}$ . Die Struktur ist $CH_3\overset{OH}{\overset{|}{C}H}{-}\overset{O}{\overset{\|}{C}}{-}CH_3$.

B: Die Molekülmasse wird um 2 Einheiten vermindert, darum lautet die Formel jetzt vermutlich $C_4H_6O_2$. IR: Nur ein Keton-Peak. NMR: Alle H sind äquivalent. MS: Das Molekül zerfällt glatt in zwei Hälften und gibt *m/z* 43, $C_2H_3O$-Fragmente.

Einfachste Interpretation $CH_3{-}\overset{O}{\overset{\|}{C}}{-}$, somit ist die Formel des Moleküls $CH_3{-}\overset{O}{\overset{\|}{C}}{-}\overset{O}{\overset{\|}{C}}{-}CH_3$ .

**(b)** Oxidation. Bei der Verarbeitung von Sahne zu Butter vermischt man sie mit Luft, wodurch $O_2$ mit dem Ketoalkohol A regten und ihn in das Diketon B überführt.

**(c)** Acyloin-Kondensation eines Ethanoats:

$$CH_3CO_2H \xrightarrow[H^+]{CH_3CH_2OH} 2\ CH_3\overset{O}{\overset{\|}{C}}OCH_2CH_3 \xrightarrow{1.\ Na,\ (CH_3CH_2)_2O;\ 2.\ H^+,\ H_2O} \underset{A}{CH_3\overset{OH}{\overset{|}{C}H}{-}\overset{O}{\overset{\|}{C}}{-}CH_3}$$

$$\xrightarrow{Cu(O\overset{O}{\overset{\|}{C}}CH_3)_2,\ CH_3CH_2OH} \underset{B}{CH_3{-}\overset{O}{\overset{\|}{C}}{-}\overset{O}{\overset{\|}{C}}{-}CH_3}$$

**(d)** Das Diketon ist konjugiert.

**15.** Addition an Carbonyl:

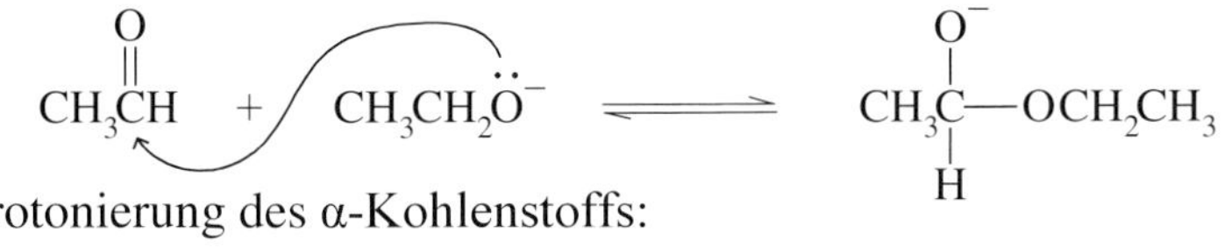

Deprotonierung des α-Kohlenstoffs:

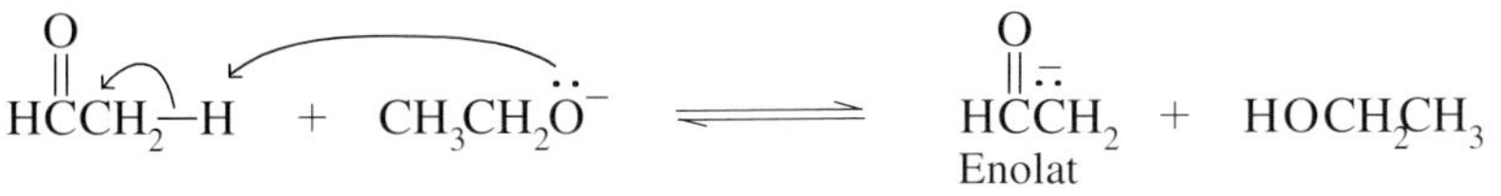

Deprotonierung des Aldehydkohlenstoffs führt zu einem viel „dürftigeren" Anion als das Enolat: $CH_3C(=O):^-$, das Elektronenpaar befindet sich in einem $sp^2$-Orbital und kann nicht resonanzstabilisiert werden. Neben den beiden oben gezeigten begünstigten Vorgängen ist die Deprotonierung der —C(=O)H-Gruppe einfach *nicht konkurrenzfähig.*

**16.** Erste Reaktionssequenz: 1. $HCO_2CH_2CH_3$, $NaOCH_2CH_3$, $CH_3CH_2OH$; 2. $H^+$, $H_2O$ (gemischte Claisen-Kondensation, Ester plus Keton). Zweite Reaktionssequenz: 1. NaOH; 2. $CH_3I$. Dritte Reaktionssequenz: 1. $CH_3C(=O)CH_3$, NaOH; 2. $H^+$, $H_2O$, Δ (doppelte Aldol-Kondensation:

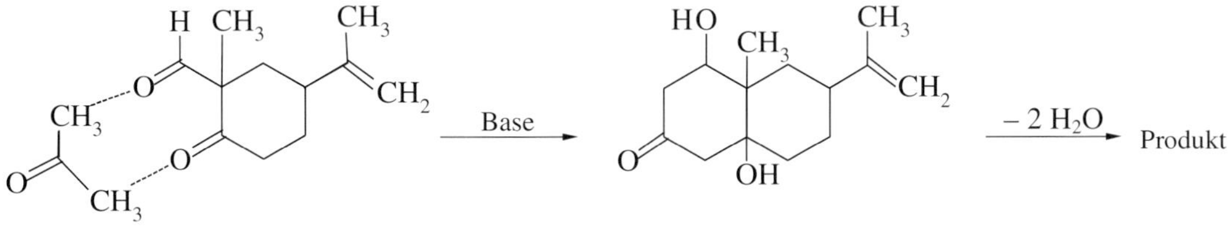


Letzte Reaktion: 1. $(CH_3)_2CuLi$; 2. $H^+$, $H_2O$ (1,4-Addition).

**17.** Die Ketonsynthese über „Acetessigester" eignet sich nur für *Methyl*ketone: $CH_3C(=O)$–CHRR' aus $CH_3C(=O)$–$CH_2CO_2CH_2CH_3$. Für andere Ketone muß über eine Claisen-Kondensation der passende 3-Ketoester dargestellt werden.

**(a)**

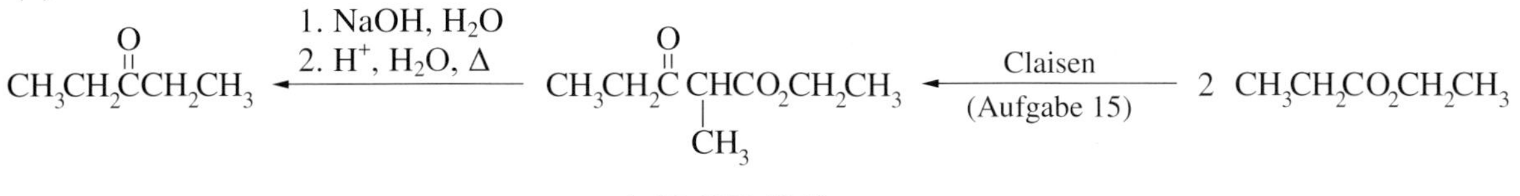


**(b)**

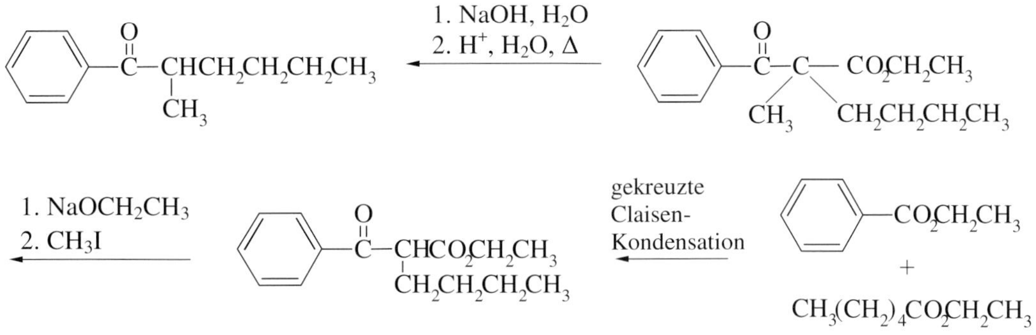

**(c)**

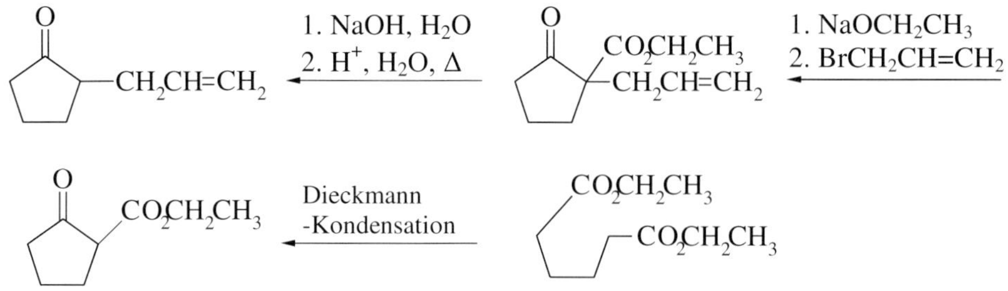


**(d)**

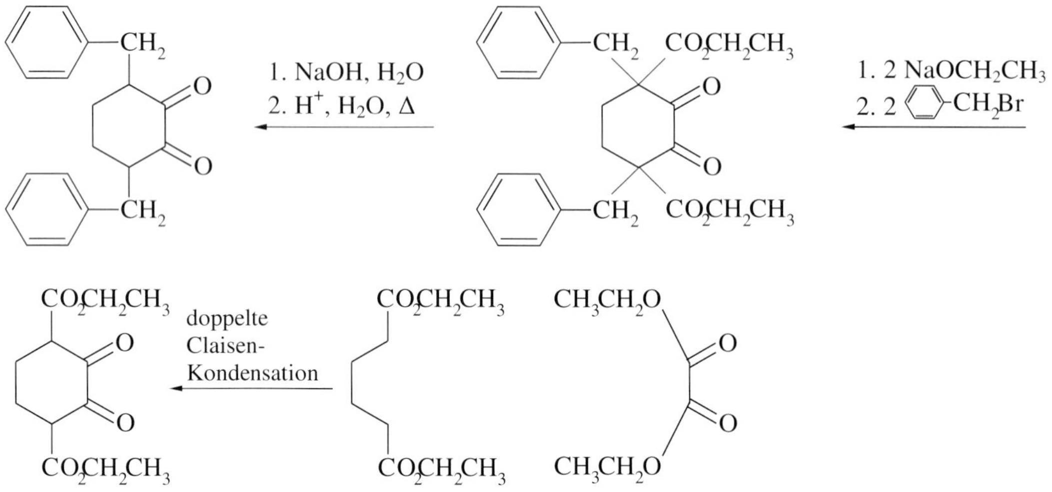


**18.** Cyclopentanon

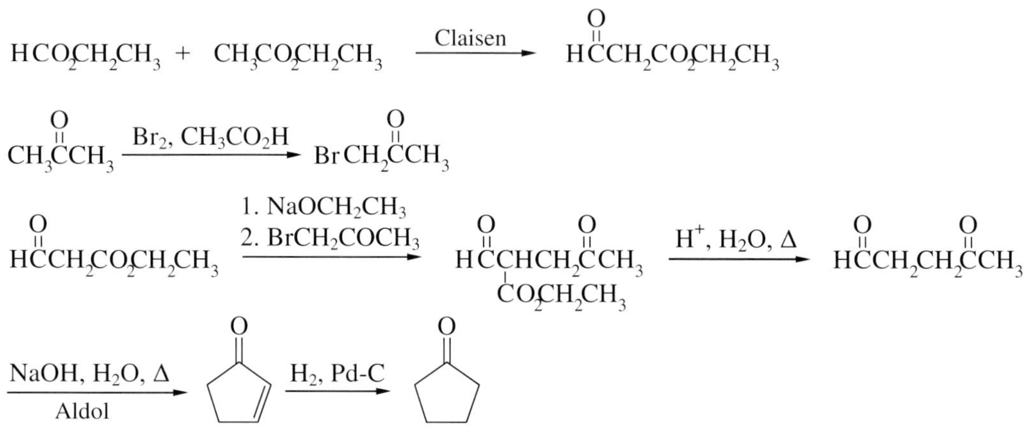


Cyclohexanon:

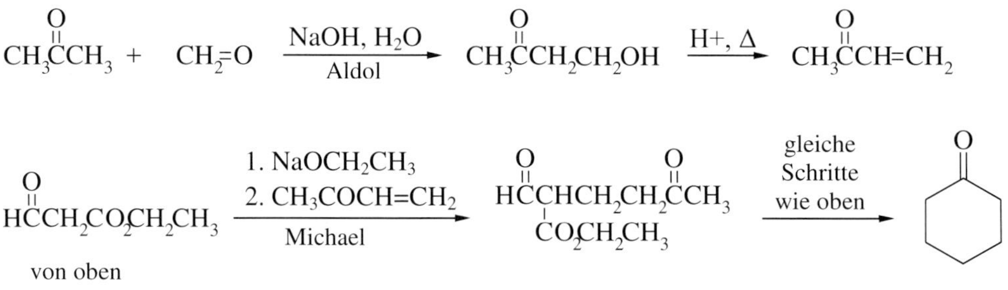

**19.**

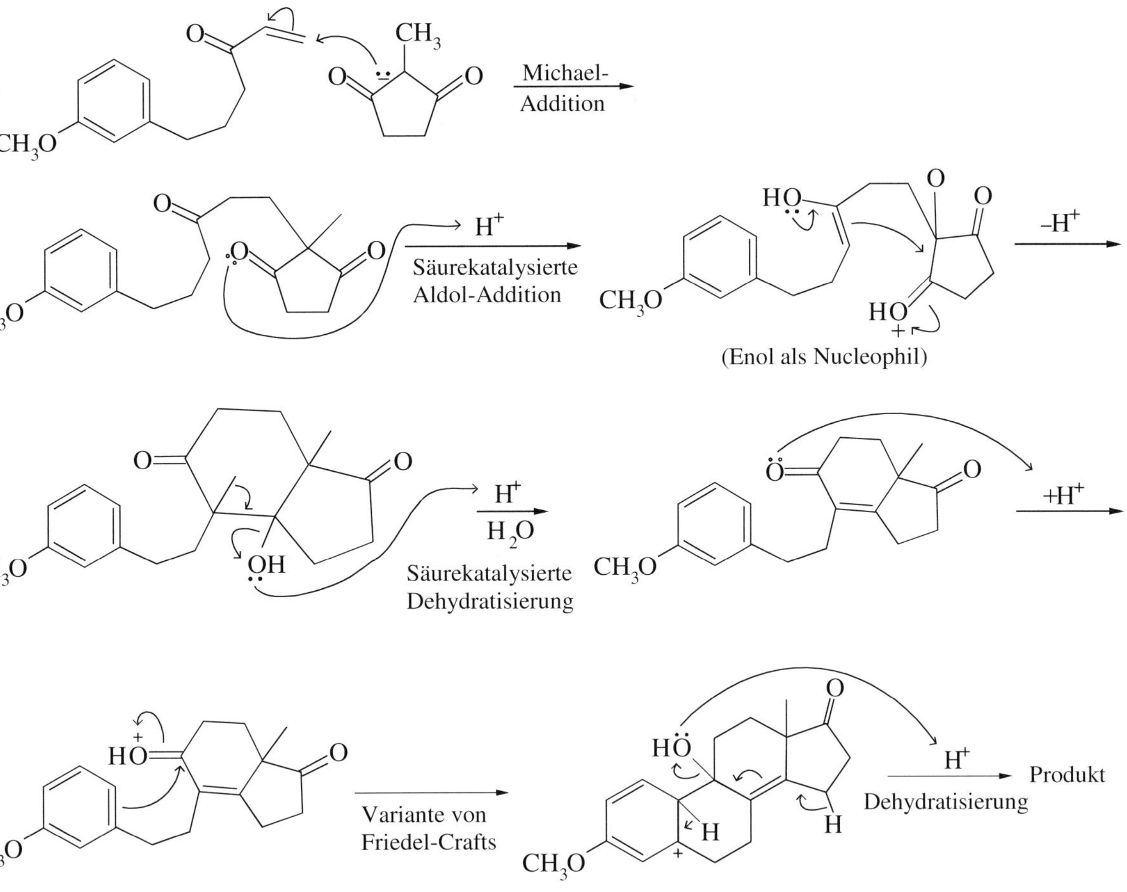


**20.** Am einfachsten ist es hier, den Weg zurückverfolgen:

**(a)**

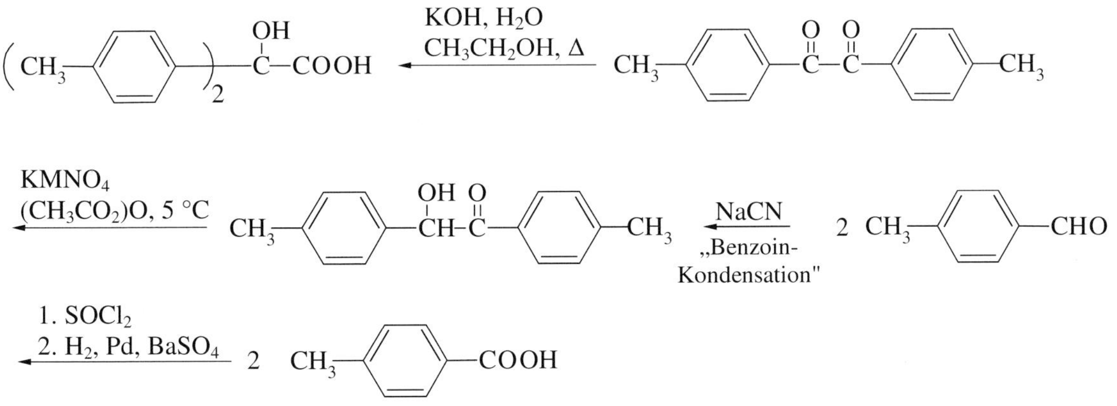


Bei den nächsten beiden Problemen ist die Rückverfolgung des Reaktionsweges *unbedingt geboten:*

**(b)**

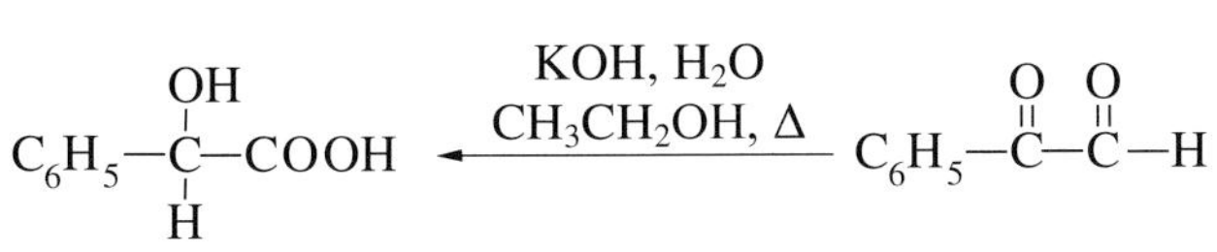

Benutzen Sie die Dithian-Methode zur Herstellung unsymmetrischer α-Dicarbonyl-Verbindungen (Abschnitt 23.2):

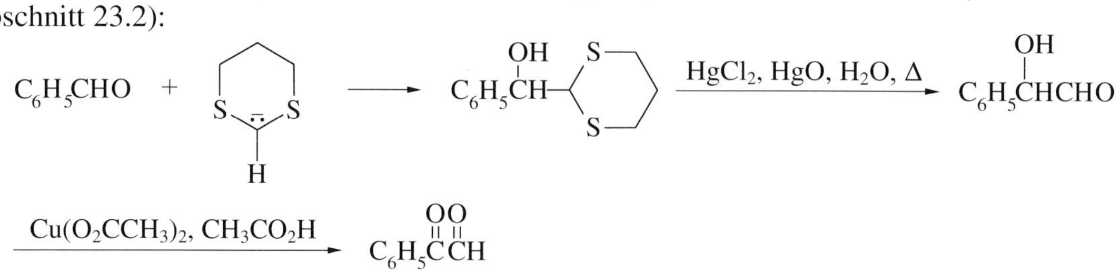

(c)

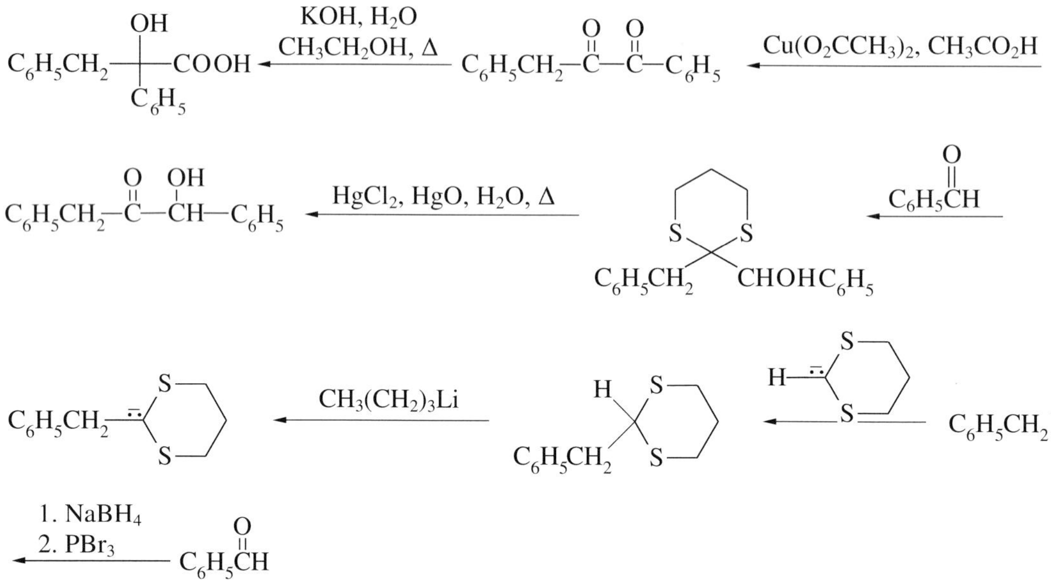

**21.** Diese sind nicht einfach. Schauen Sie sich die Antwort für Teil **a** an, wenn Sie sie nicht verstanden haben, und versuchen Sie dann erneut **b** und **c**. Retrosynthetisch zu lösende Bindungen sind angegeben.

**(a)**

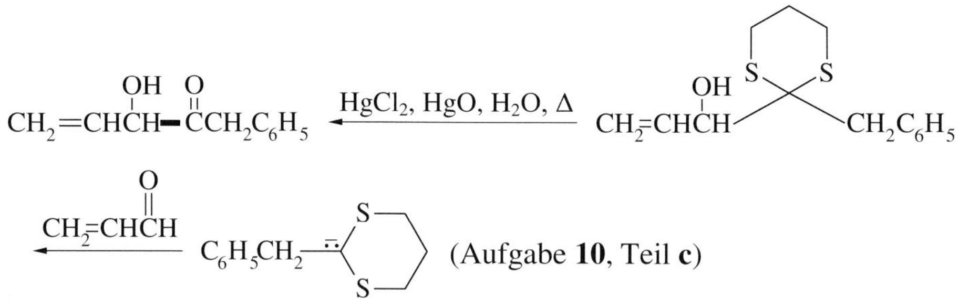

(Aufgabe **10**, Teil **c**)

**(b)**

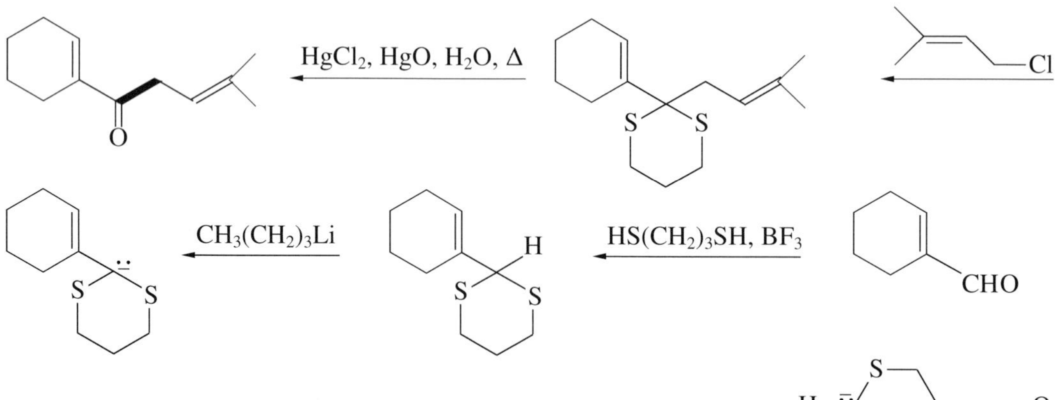

**(c)**

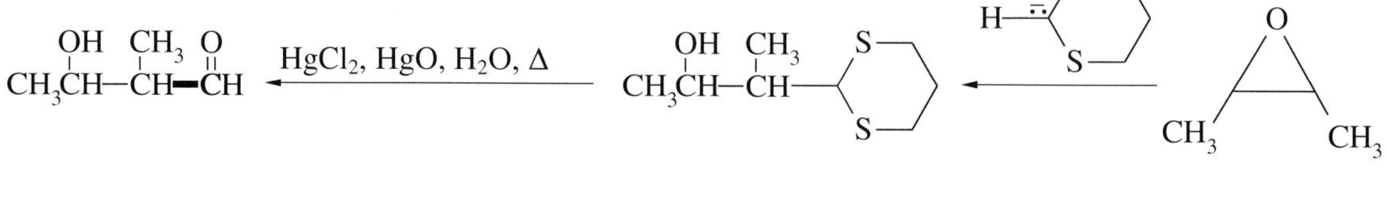

**22.** Bestimmen Sie die zu knüpfende Bindung. Es sieht aus wie die 1,4-Addition eines Alkanoyl-Anions an das α,β-ungesättigte Lacton:

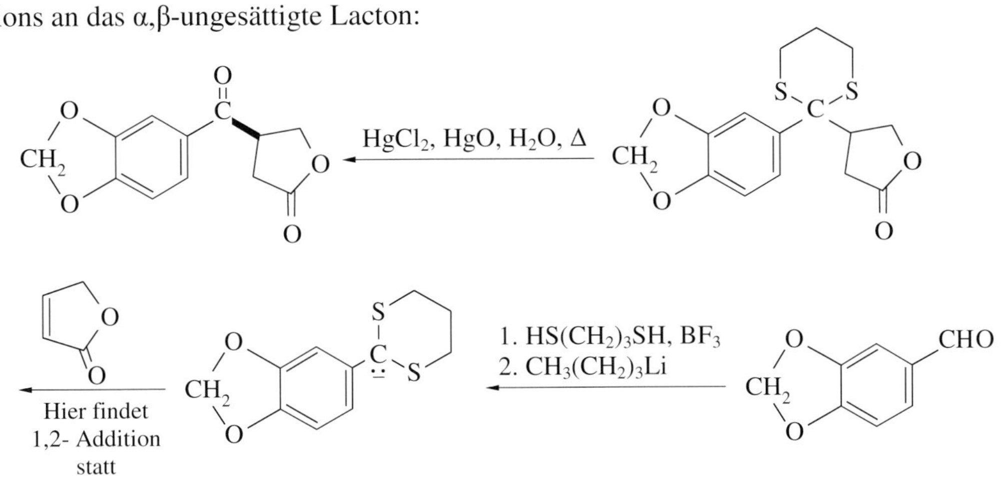

**23.**

Die erste Kondensation ist vollständig; die zweite beginnt

Ein Vorgang, der mit der Benzilsäureumlagerung verwandt ist. Er ist reversibel.

Das vorige Gleichgewicht wird durch Protonentransfer unter Bildung dieses in hohem Maße stabilisierten Anions (zwischen zwei C=O) nach rechts verschoben. Durch Protonierung entsteht das Endprodukt.

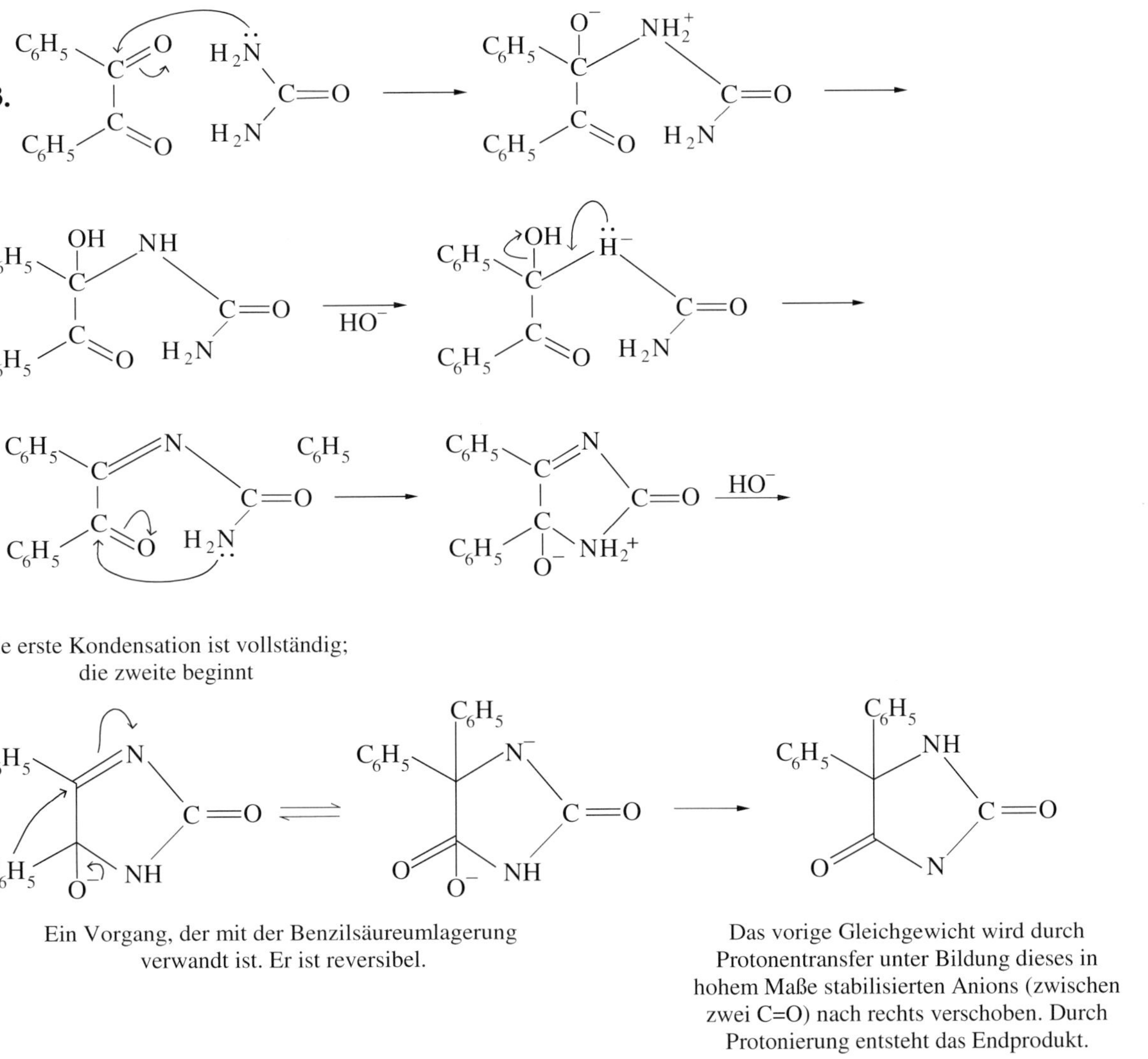

**24.** 1. Katalytische Mengen $OsO_4$, $H_2O_2$ (bildet ein Diol); 2. $CrO_3$, Pyridin (oxidiert den sekundären Alkohol zum Keton unter Bildung von ii); 3. $NH_2NH_2$, KOH, Δ (→ Maaliol).

**25.** Ringschluß durch Acyloin-Kondensation:

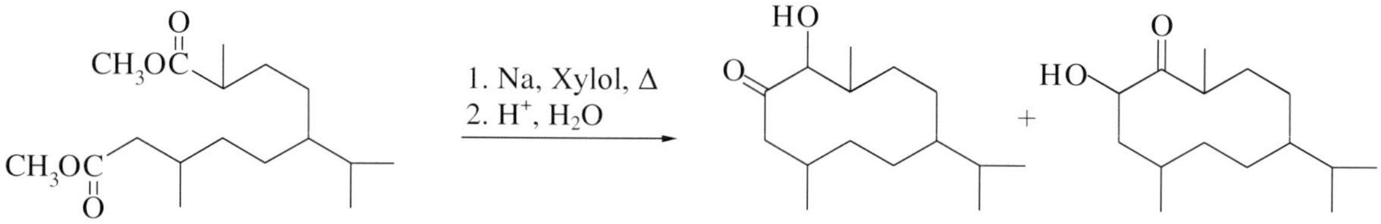


Gemisch

Dann kann man die Clemmensen-Reduktion (HCl, Zn-Hg, Δ) einsetzen, die α-Hydroxyketone vollständig in Kohlenwasserstoffe überführt.

Darum oben stehendes Gemisch $\xrightarrow{\text{HCl, Zn(Hg), }\Delta}$ Germacran

Die Reduktion kann natürlich auch schrittweise erfolgen, indem der Alkohol zu einem Alken dehydratisiert wird, die Doppelbindung hydriert wird und dann mit Hilfe irgendeiner der Methoden aus Kapitel 17 die Carbonyl-Gruppe entfernt wird.

**26. (a)** 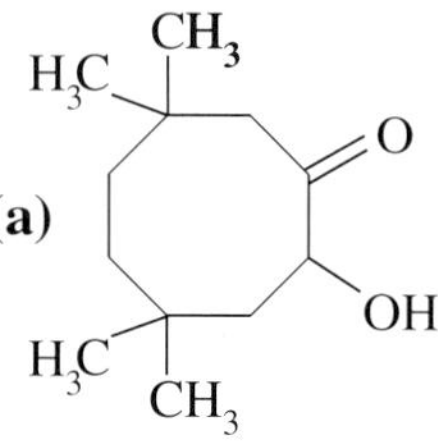

**(b)** $(CH_3)_2CHCH(OH){-}C(=O){-}CH(CH_3)_2$

**(c)** 

**(d)** 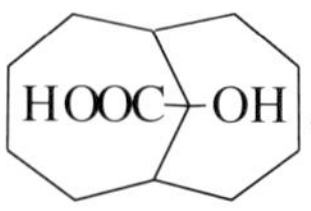, über eine „Benzilsäure-Umlagerung“: 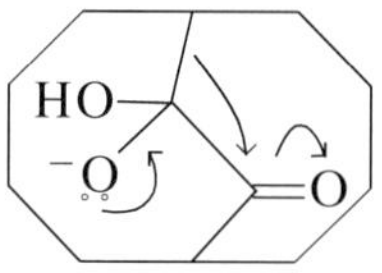

**27.** 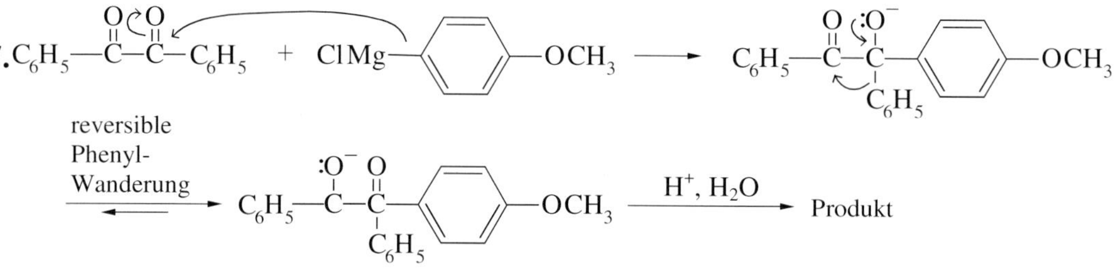


Stabiler

Die gezeigte Umlagerung, die über die Wanderung einer Phenyl-Gmppe verläuft, hat ihre Entsprechung in der Benzilsäure-Umlagerung, mit der Ausnahme, daß es sich um ein anderes Nucleophil handelt. Hier jedoch handelt es sich um eine reversible *Gleichgewichts*reaktion. Wegen der zusätzlichen Konjugation der Methoxy-Gruppe mit dem Benzolkern und der Carbonyl-Funktion ist das Umlagerungsprodukt stabiler:

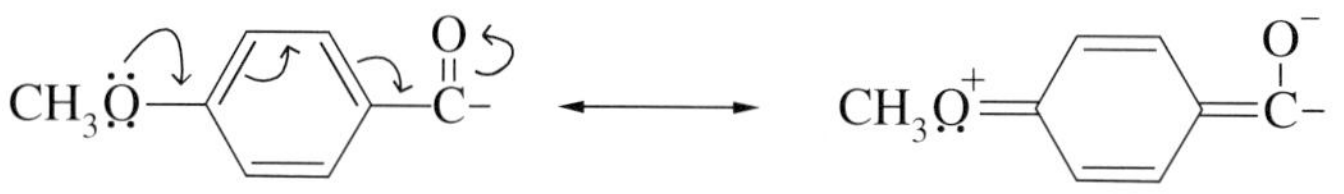

Die Reaktion wird daher thermodynamisch gesteuert.

**28.** $C_6H_5-CH_2-CH(CO_2CH_2CH_3)_2$ $\xrightarrow[\text{2. }(CH_3)_3CCOCl]{\text{1. NaH, }C_6H_6}$ $C_6H_5-CH_2-\underset{\underset{O}{\underset{\parallel}{C}}\,C(CH_3)_3}{\overset{}{C(CO_2CH_2CH_3)_2}}$ $\xrightarrow{H^+, H_2O, \Delta}$

$\left[ C_6H_5-CH_2-\underset{\underset{O}{\underset{\parallel}{C}}\,C(CH_3)_3}{\overset{}{C(COOH)_2}} \right]$ $\xrightarrow{-2\,CO_2}$ $C_6H_5-CH_2-\underbrace{-CH_2-}-\overset{\overset{O}{\overset{\parallel}{C}}}{}-CCH_3$

Aus $C_6H_5CH_2Br$    Malon-ester    Alkanoyl-halogenid

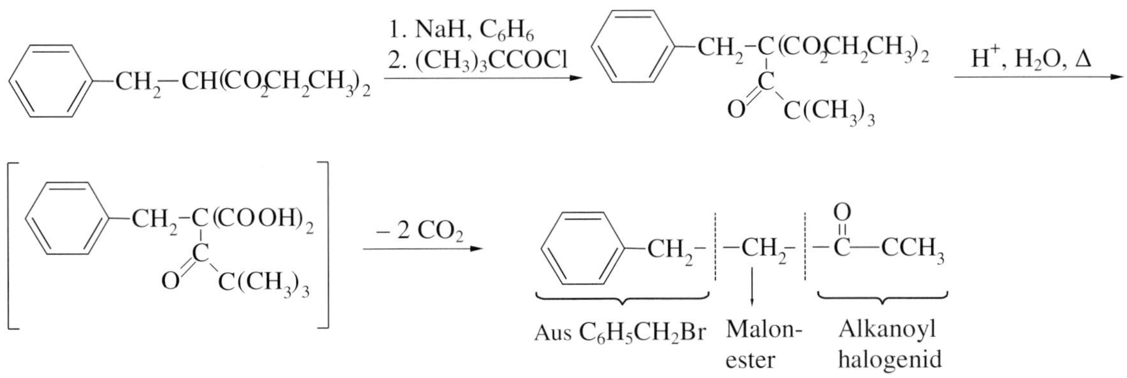

**29.** Ohne Einzelheiten:

**(a)** $\begin{array}{l} CH_2COOH \\ | \\ CH_2COOH \end{array}$ $\implies$ $BrCH_2CO_2R$ + $CH_2(CO_2R)_2$    Alkylierung, dann Hydrolyse/ Decarboxylierung

     (Aufgabe **7**, Teil **b**)

**(b)** $\begin{array}{l} CH_2COR' \\ | \\ CH_2COOH \end{array}$ $\implies$ $\begin{array}{c} BrCH_2COR' + CH_2(CO_2R)_2 \\ \text{oder} \\ R'\overset{\overset{O}{\overset{\parallel}{}}}{C}CH_2CO_2R + BrCH_2CO_2R \end{array}$    Ähnlich

**(c)** $\begin{array}{l} CH_2COR' \\ | \\ CH_2COR'' \end{array}$ $\implies$ $BrCH_2COR'$ + $R''\underset{\underset{O}{\underset{\parallel}{}}}{C}CH_2CO_2R$    Gleich

**(d)** $\begin{array}{l} CH_2CH_2COOH \\ | \\ CH_2COOH \end{array}$ $\implies$ $CH_2=CHCO_2R$ + $CH_2(CO_2R)_2$    Michael-Addition, dann Hydrolyse/Decarboxylierung

**(e)** $\begin{array}{l} CH_2CH_2COR' \\ | \\ CH_2COOH \end{array}$ $\implies$ $\begin{array}{c} CH_2=CHCOR' + CH_2(CO_2R)_2 \\ \text{oder} \\ R'\overset{\overset{O}{\overset{\parallel}{}}}{C}CH_2CO_2R + CH_2=CHCO_2R \end{array}$    Ähnlich

**(f)** $\begin{array}{l} CH_2CH_2COR' \\ | \\ CH_2COR'' \end{array}$ $\implies$ $CH_2=CHCOR'$ + $R''\underset{\underset{O}{\underset{\parallel}{}}}{C}CH_2CO_2R$    Gleich

**30. (a)** $C_6H_5-CHO$ + $CH_2(CO_2CH_2CH_3)_2$ $\xrightarrow[\text{2. }H^+, H_2O, \Delta]{\text{1. }(CH_3CH_2)_2NH, \Delta}$ $C_6H_5-CH=CHCOOH$

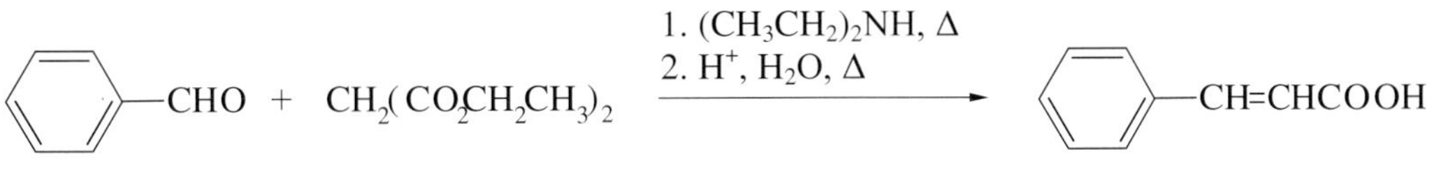

Anmerkung: Es gibt eine ähnliche aber kürzere Methode, die „Perkin-Synthese", mit der die gleiche Synthese wie folgt abläuft:

$C_6H_5-CHO$ + $CH_3\overset{\overset{O}{\overset{\parallel}{}}}{C}O\overset{\overset{O}{\overset{\parallel}{}}}{C}CH_3$ $\xrightarrow{Na^+ \,^-O\overset{\overset{O}{\overset{\parallel}{}}}{C}CH_3}$ $C_6H_5-CH=CHCOOH$

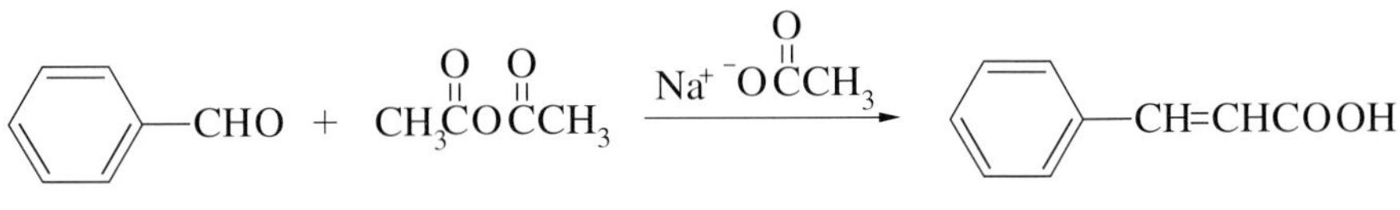

Versuchen Sie, dafür einen Mechanismus aufzustellen.

**(b)** ⟨benzene⟩—CHO + H$\overset{\text{O}}{\overset{\|}{\text{C}}}$CH$_2$CO$_2$CH$_2$CH$_3$ $\xrightarrow[\text{2. H}^+,\text{ H}_2\text{O, }\Delta]{\text{1. (CH}_3\text{CH}_2)_2\text{NH, }\Delta}$ ⟨benzene⟩—CH=CHCHO

**(c)** ⟨benzene⟩—CHO + C≡NCH$_2$CO$_2$CH$_2$CH$_3$ $\xrightarrow[\text{2. H}^+,\text{ H}_2\text{O, }\Delta]{\text{1. (CH}_3\text{CH}_2)_2\text{NH, }\Delta}$ ⟨benzene⟩—CH=CHCN

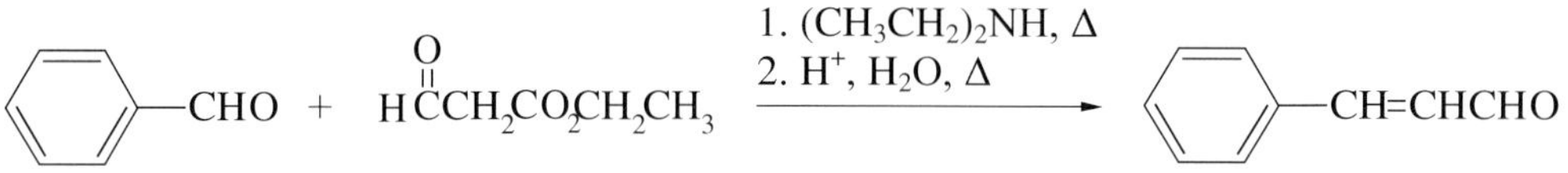

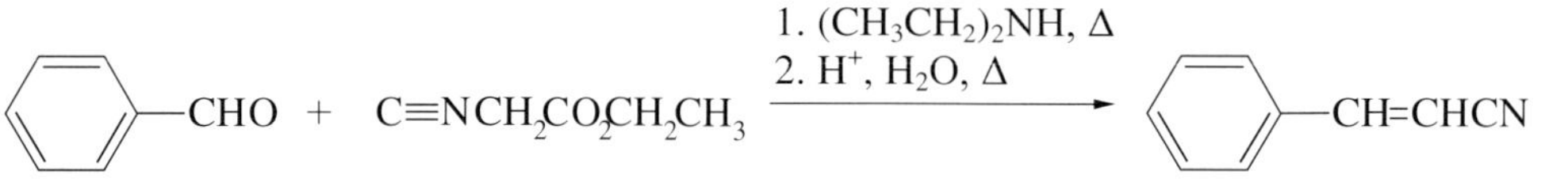

**31. (a)** Beachten Sie, daß die Sequenz mit der Umsetzung der Ausgangsverbindung mit *zwei* Äquivalenten einer starken Base beginnt. Daraus resultiert die Bildung eines Dianions, das durch die folgende Lewis-Struktur wiedergegeben werden kann:

$$^{13}\underset{..}{\text{C}}\text{H}_2-\overset{\text{O}}{\overset{\|}{\text{C}}}-\underset{..}{\text{C}}\text{H}-\overset{\text{O}}{\overset{\|}{\text{C}}}\text{OCH}_2\text{CH}_3$$

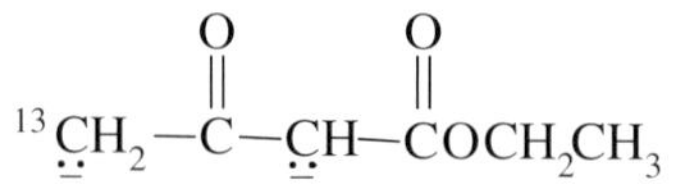

Das terminale ($^{13}$C) der beiden negativ geladenen Kohlenstoffatome ist basischer und somit nucleophiler, da die Ladung nur durch eine benachbarte Carbonylgruppe stabilisiert wird. Die übrige Teil der Synthese entspricht der Vervollständigung der Ketonsynthese aus einem β-Ketoester.

**(b)** Der Versuch, ein β-Dicarbonyl-Anion mit einem tertiären Halogenalkan zu alkylieren (ein S$_N$2-Prozeß) scheitert und stattdessen erfolgt eine E2-Eliminierung (Lehrbuch, Abschnitt 7.9). Zusatzfrage: Der Schlüssel zur Lösung ist, daß *drei* Äquivalente einer starken Base benötigt werden. Die beiden ersten deprotonieren die CH$_2$-Gruppe des β-Ketoamids an C2 und die NH-Gruppe. Was macht das dritte Baseäquivalent? Die Eliminierung von HCl aus dem Benzolring führt zu einem Dehydrobenzol, an das das Ketoamid-Carbanion addiert:

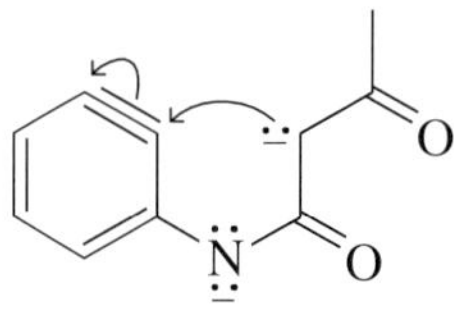

# Kohlenhydrate – Polyfunktionelle Naturstoffe

# 24

**1.** Sie erhalten

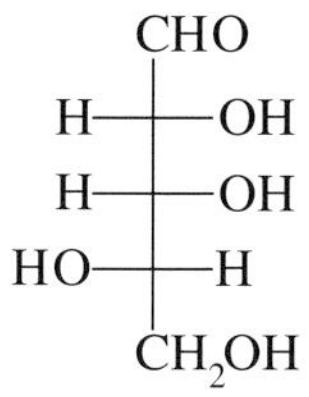

das Spiegelbild (Enantiomer) von *D-Lyxose.* Darum handelt es sich bei diesem Zucker um *L-Lyxose,* ein *Diastereomer* von D-Ribose.

**2. (a)** D-Aldopentose (nur *ein* Chiralitätszentrum!) **(b)** L-Aldopentose **(c)** D-Ketoheptose

**3.**

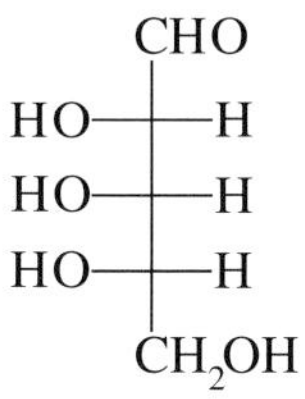

L-Ribose

Systematischer Name: (2*S*,3*S*,4*S*)-2,3,4,5-Tetrahydroxypentanal

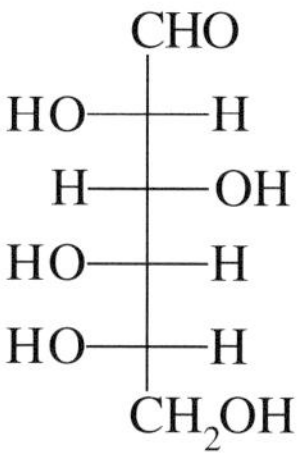

L-Glucose

Systematischer Name: (2*S*,3*R*,4*S*,5*S*)-2,3,4,5,6-Pentahydroxyhexanal

**4.** Hierfür müßte man die Abschnitte 5.4 und 5.5 wiederholen.

**(a)** L-Glycerinaldehyd **(b)** D-Erythrulose **(c)** ganz einfach D-Glucose (auf dem Kopf stehend!).

**(d)** D-Threose **(e)** L-Xylose.

**5.** Bauen Sie nötigenfalls Modelle!

**(a)**

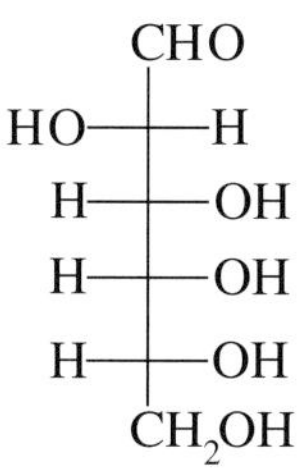

D-Altrose

**(b)**

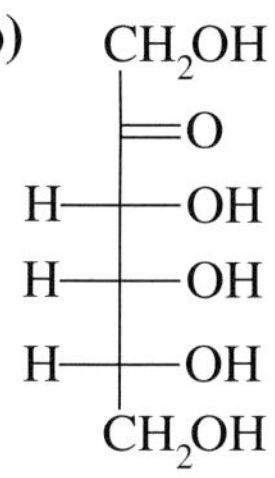

D-Psicose

**(c)**

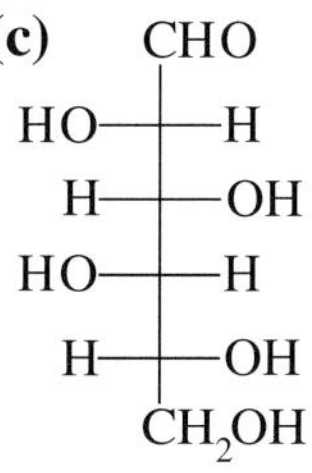

D-Idose

**(d)**

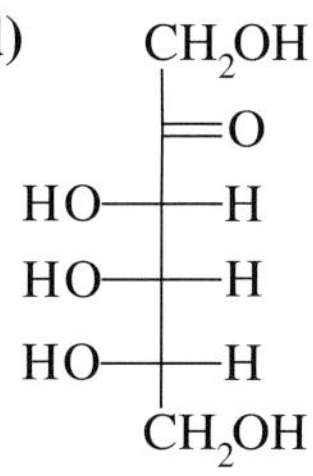

L-Psicose

**6.** Siehe die Vorgehensweise in dem Text des Arbeitsbuchs zu diesem Kapitel. Vorsicht: **(b)** und **(c)** sind L-Zucker.

**(a)**

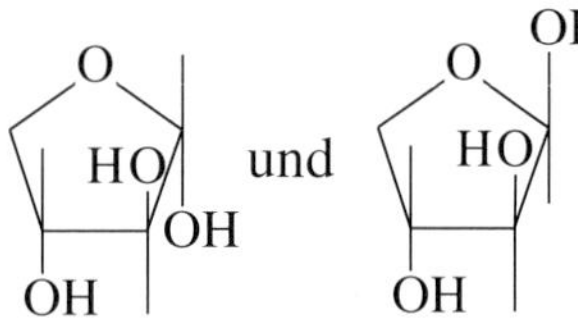

α-Furanose β-Furanose

(b)

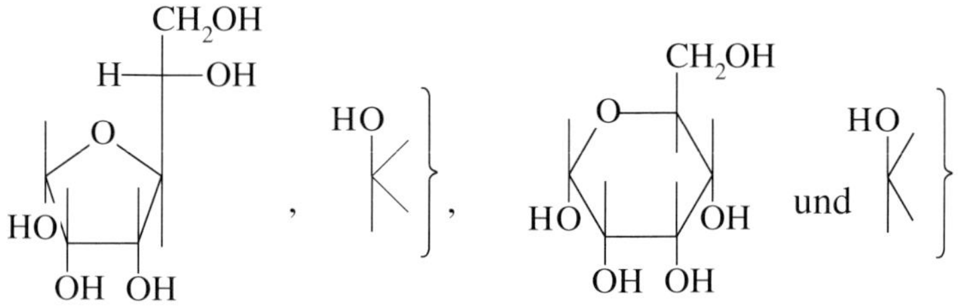

α-Furanose β α-Pyranose β

**(c)**

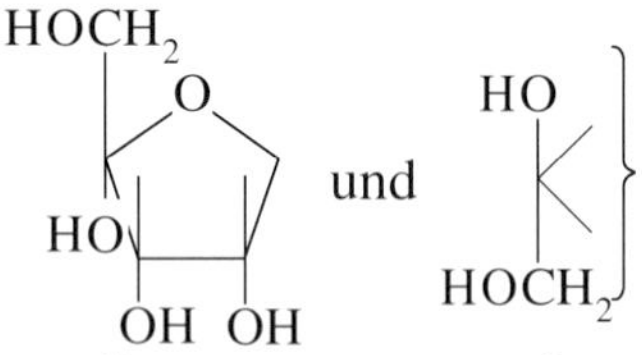

α-Furanose β

**(d)**

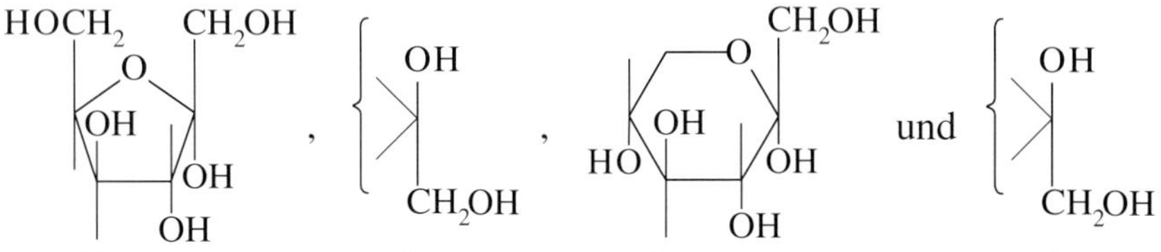

α-Furanose β α-Pyranose β

**(e)**

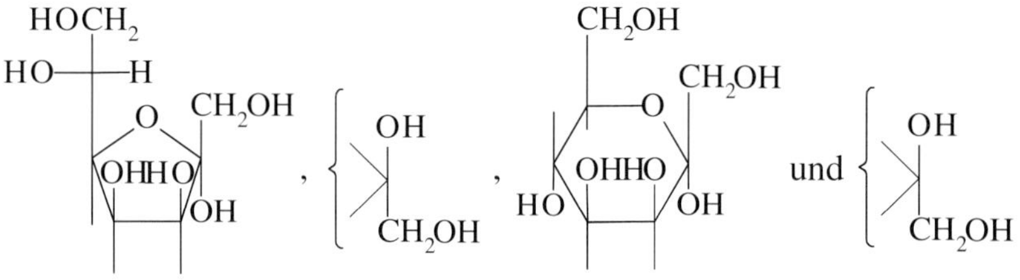

α-Furanose β α-Pyranose β

**7.** Nein. Es sind alles Halbacetale, deswegen können ihre α- und β-Anomere glatt ineinander über gehen.

**8. (a)**

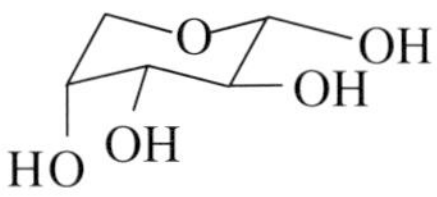

**(b)**

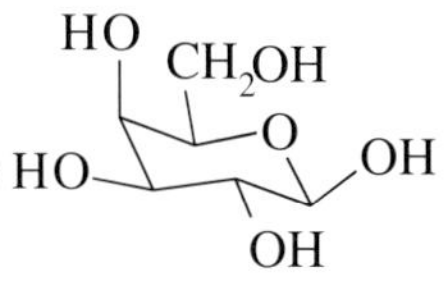

**(c)**

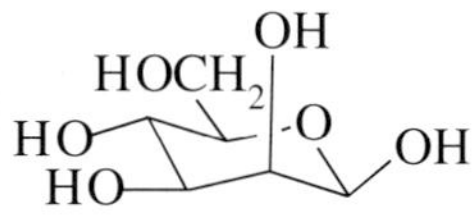

**(d)**

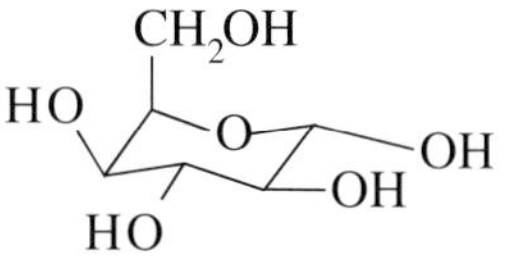

(Ein ungewöhnlicher Fall, wo die $-CH_2OH$-Gruppe zwangsweise eine axiale Lage einnimmt, damit alle 4 OH-Gruppen äquatoriale Positionen einnehmen können).

**9. (a)**

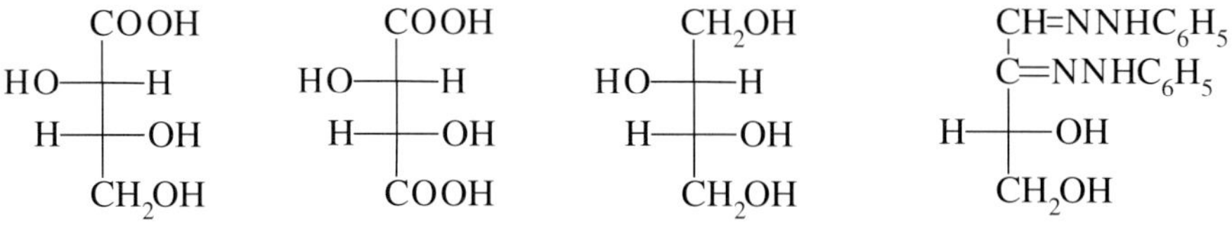

(i) D-Threonsäure (ii) D-Weinsäure (iii) D-Threit (iv) D-Threose-Phenylosazon*

*Identisch mit D-Erythrose-Phenylosazon

**(b)**

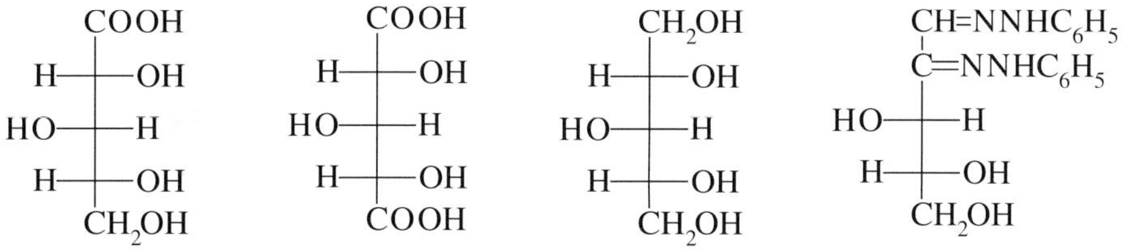

D-Xylonsäure D-Xylarsäure D-Xylitol D-Xylose-Phenylosazon**

**(c)**

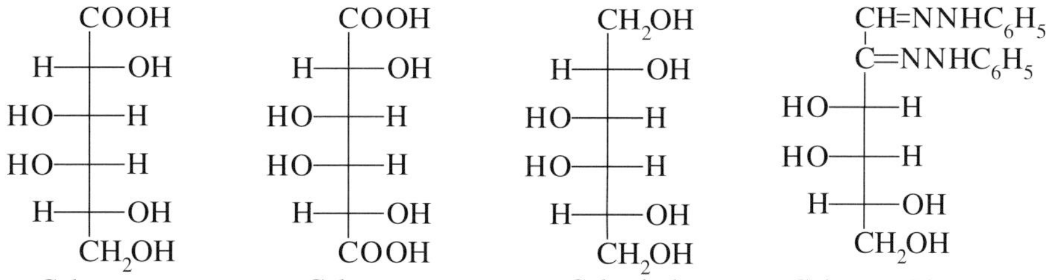

D-Galatonsäure (Falactarsäure, Schleimsäure) D-Galactarsäure D-Galactitol (Dulcit) D-Galactose-Phenylosazon***

**10. (a)** D-Glucose **(b)** L-Allose (alle OH-Gruppen auf der *linken* Seite)

**11. (a)** Arabinose und Lyxose. Ribit (Adonit) und Xylit sind *meso*-Verbindungen.

**(b)**

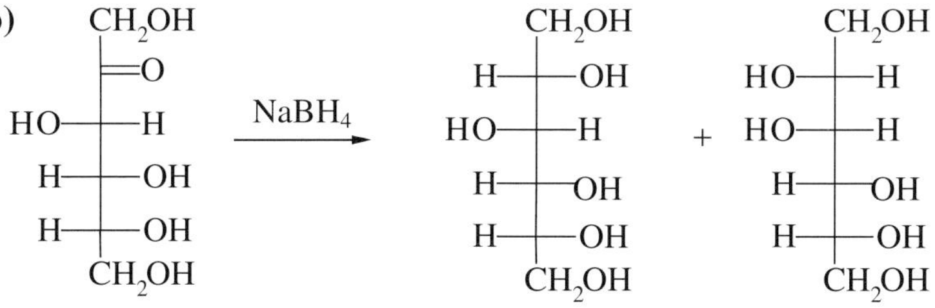

D-Fructose D-Glucit (D-Sorbit) D-Mannit

Ein neues Chiralitätszentrum entsteht an C-2, es werden also zwei diastereomere Aldite gebildet. Umgekehrt verläuft die Reduktion irgendeiner Aldose einfacher, weil kein neues Chiralitätszentrum entsteht und daher nur ein einziges Produkt gebildet werden kann.

**12. (a)** und **(d),** beide sind nämlich noch Halbacetale. In **(b)** und **(c)** ist die OH-Gruppe an C-1 in Glucose in -$OCH_3$ überführt worden, und das Molekül ist jetzt ein Acetal, das keine Mutarotation eingehen kann.

**(e)** 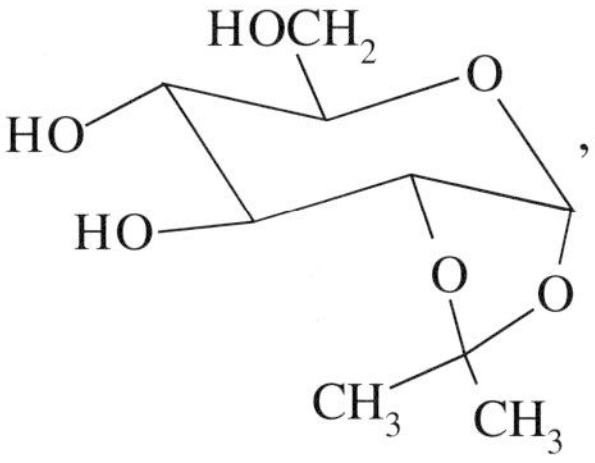 , ebenfalls mit einer Acetal-, nicht einer Halbacetal-Gruppierung, an C-1.

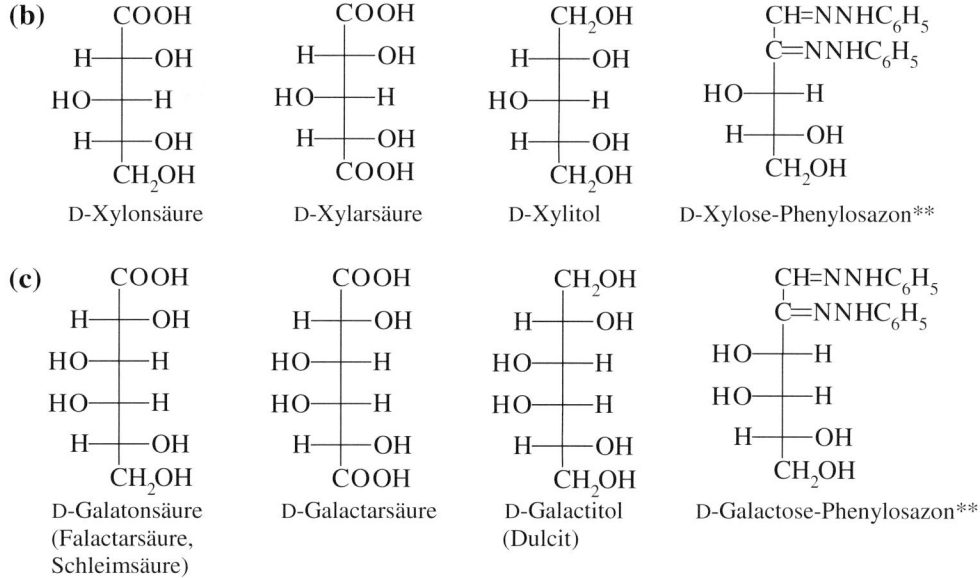

** Identisch mit D-Lyxose-Phenylosazon *** Identisch mit D-Talose-Phenylosazon

**13. (a)** Der Sauerstoff an C-1 einer Aldopyranose ist ein Halbacetal-Sauerstoff, nicht ein einfacher Alkohol-Sauerstoff. Er kann daher auf die gleiche Weise methyliert werden wie ein Halbacetal in ein Acetal überführt werden kann: Mit Methanol und Säure über ein stabilisiertes Carbenium-Ion.

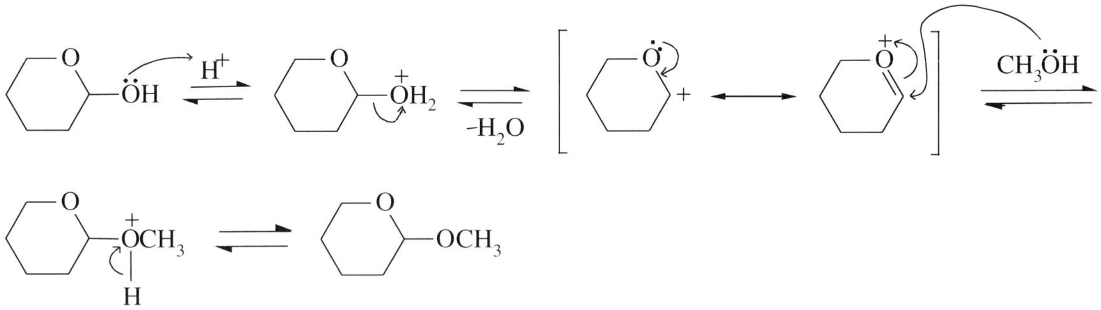


**(b)** In diesem Fall ist der Sauerstoff an C-1 ein Acetal-Sauerstoff, nicht ein einfacher Methylether. Ähnlich wie in **(a)** reicht verdünnte wäßrige Säure für die Hydrolyse aus, denn es bildet sich das gleiche stabilisierte Carbenium-Ion als Zwischenprodukt, das oben gezeigt wurde (der Mechanismus ist genau die Umkehrung des gezeigten Mechanismus).

**(c)** Vier Methylglycoside sind möglich (wegen der Strukturen von Fructofuranose und Fructopyranose siehe Abschnitt 23.1):

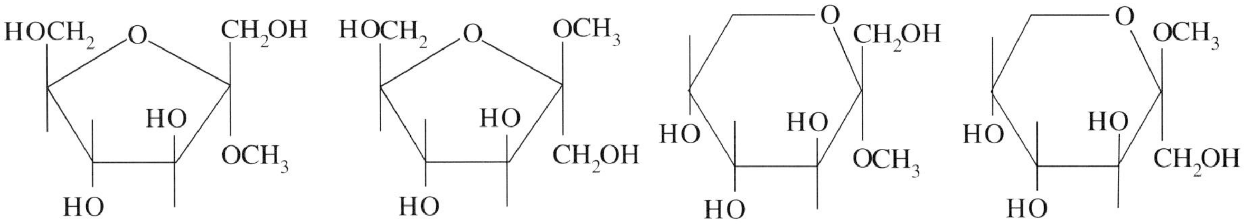


Methyl α-D-Fructofuranosid β Methyl α-D-Fructopyranosid β

**14.** Arabinose (als eine β-Pyranose) bildet ein doppeltes Acetal. Auch Ribose verhält sich so, weil in ihrer α-Pyranoseform alle vier Hydroxy-Gruppen *cis*-Stellungen einnehmen:

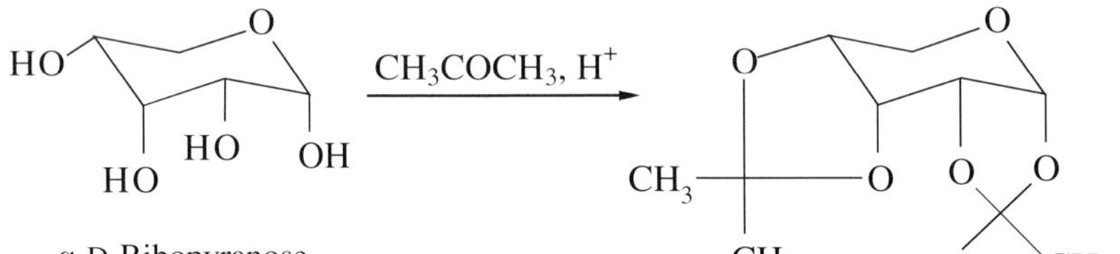


α-D-Ribopyranose.

Xylose und Lyxose haben nur ein einziges Paar *cis*-ständiger benachbarter Hydroxy-Gruppen, darum bilden sie nur Monoacetale:

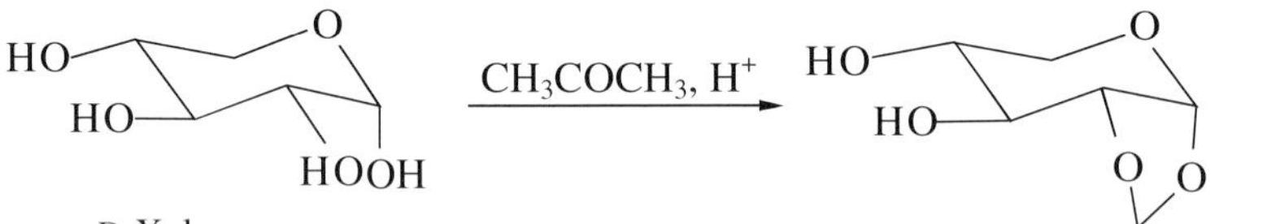


α-D-Xylopyranose

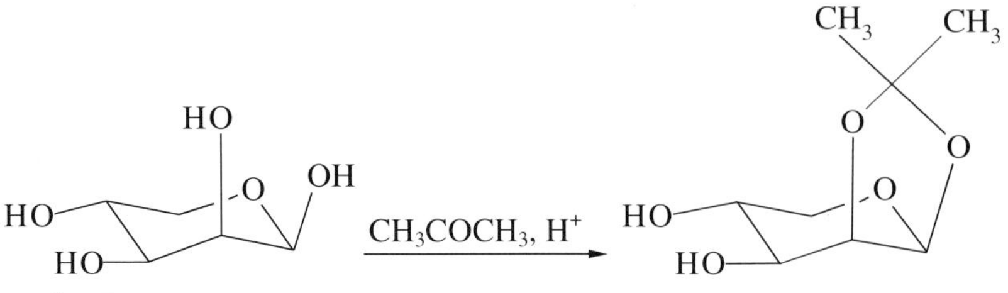


β-D-Lyxopyranose

**15.** (i) Der Zucker hat 7 Kohlenstoff-Atome und ist eine *Ketose,* weil durch Einwirkung von $HIO_4$ ein mol $CO_2$ entsteht (siehe die ähnliche Reaktion von D-Fructose, Abschnitt 24.4). Der Zucker hat zwei -$CH_2OH$-Gruppen (Bildung von 2 mol Methanal) und vier -CHOH-Gruppen (Bildung von 4 mol Methansäure).

(ii) Da der Zucker das gleiche Osazon wie eine *Aldose* bildet, muß sich seine Keto-Gruppe an C-2 befinden. Wir haben daher bis jetzt die folgende Teilstruktur:

```
    CH2OH
      |
      =O
    CHOH  ⎫
    CHOH  ⎬  Stereochemie unbekannt
    CHOH  ⎭
  H─┼─OH  ◄──── 'D'-Zucker
    CH2OH
```

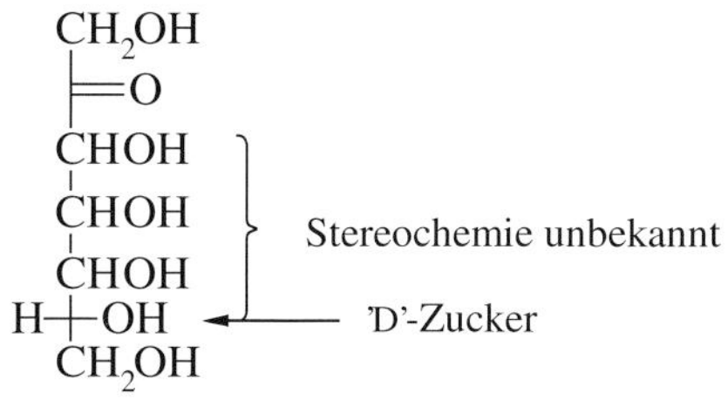

(iii) und (v) ergeben folgende Informationen:

```
    CHO                      CHO                    CHO
    CHOH                     CHOH                H──┼──OH  ◄─┐  Wir wissen jetzt, daß diese
    CHOH   ─Ruff→            CHOH   ─Ruff→        H──┼──OH  ◄─┘  Kohlenstoff-Atome in den
    CHOH                     CHOH                 H──┼──OH       Zuckern B, A und
    CHOH                     CHOH                    CH2OH       D-Seduheptulose eine
  H─┼─OH                  H──┼──OH                               R-Konfiguration haben.
    CH2OH                    CH2OH

Aldoheptose 'A'          Aldoheptose 'B'          D-Ribose
```

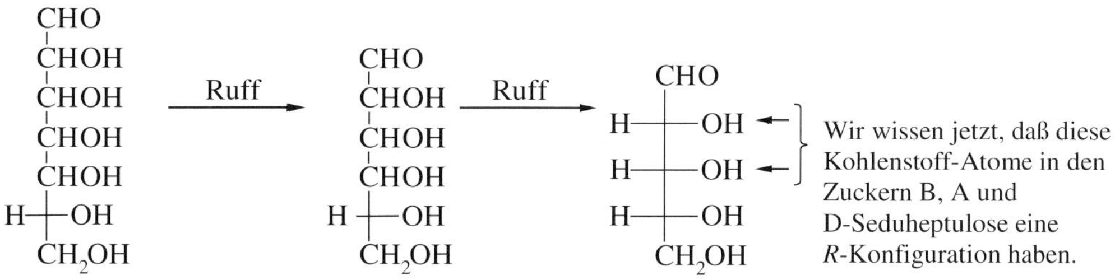

Aus (iv) erfahren wir:

```
    CHO                       COOH                        COOH
    CHOH                      CHOH   ◄─ Dieses Kohlenstoff-   HO─┼─H
  H──┼──OH   HNO3, H2O, Δ   H──┼──OH      Atom muß          H──┼──OH
  H──┼──OH   ──────────→    H──┼──OH      S-orientiert sein  H──┼──OH
  H──┼──OH                  H──┼──OH                         H──┼──OH
    CH2OH                     COOH                             COOH

Aldoheptose 'B'          Diese Verbindung soll             sonst wäre das
                         optisch aktiv sein.                Produkt meso
```

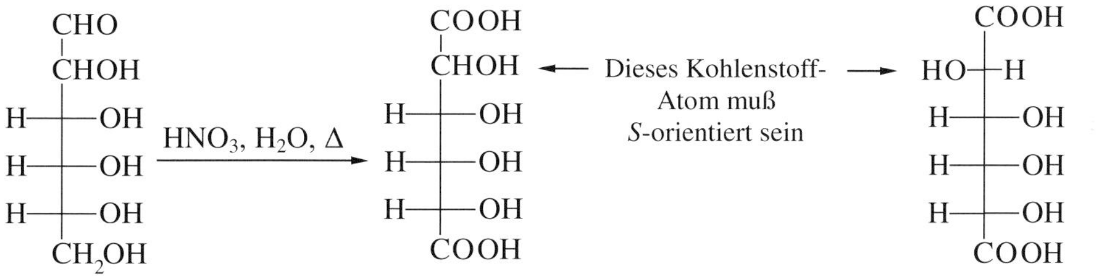

Mit diesen Information ausgestattet können wir jetzt zur Aufgabenstellung zurückgehen und eine Antwort auf die Frage geben: Die Chiralitätszentren in D-Sedoheptulose sind *3S, 4R, 5R* und *6R*.

```
    CH2OH
      =O
  HO─┼─H
  H──┼──OH   D-Sedoheptulose
  H──┼──OH
  H──┼──OH
    CH2OH
```

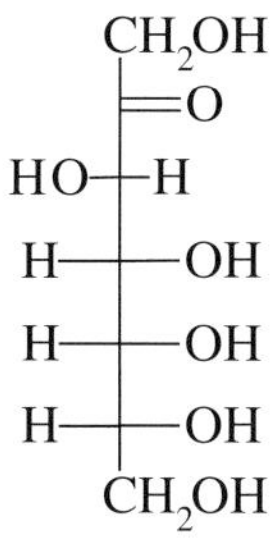

**16.** Es bilden sich zwei Aldoheptosen. Die Reaktion mit $HNO_3$ überführt die eine in eine optisch aktive Dicarbonsäure, die andere in eine inaktive *meso*-Verbindung:

optisch aktiv *meso*

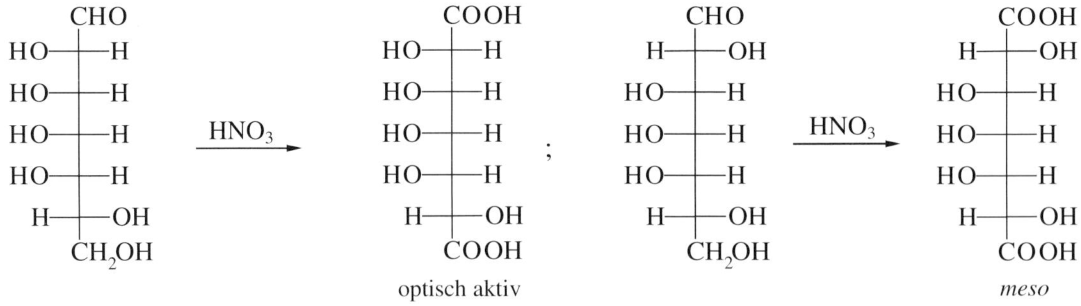

**17.** Die Anwesenheit von $Fe^{3+}$ und $H_2O_2$, zwei *Oxidationsmitteln*, sollte Sie auf die richtige Fährte bringen. Aus Abschnitt 19.13 geht hervor, daß die Hunsdiecker-Reaktion ebenfalls über eine Oxidation verläuft. Somit:

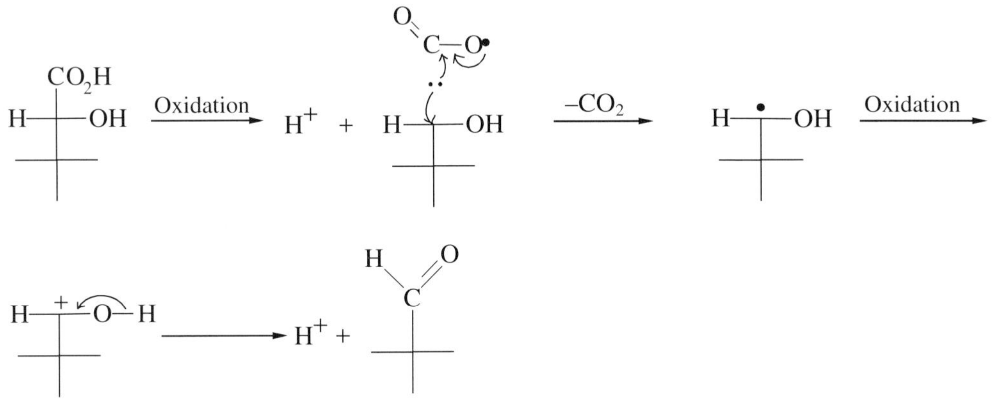

**18. (a)**

nach Protonierung (beide Anomere)

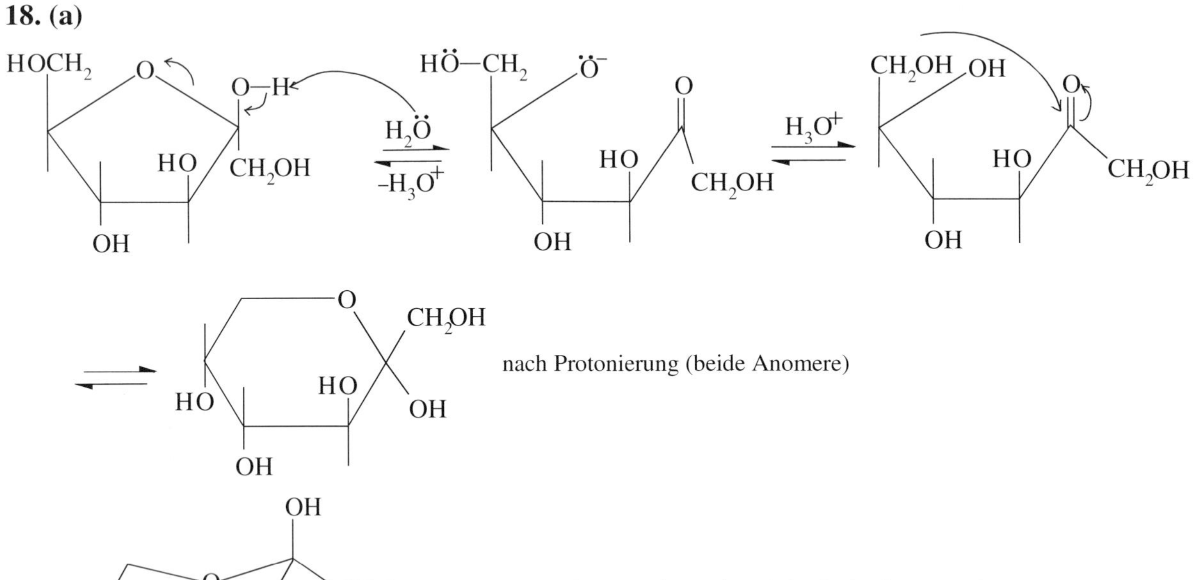

**(b)**  (drei äquatoriale und zwei axiale Substituenten).

**(c)** 3,4 kJ/mol (Tabelle 2.7)

**(d)** Gesunder Menschenverstand: $[\alpha]_{Gemisch} = X_A[\alpha]_A + X_B[\alpha]_B$, wobei $X$ = Stoffmengenanteil jeder Komponente. Wir nehmen an, daß A = Pyranose und B = Furanose ist. Somit: $-92° = (0{,}8)(-132°) + (0.2)[\alpha]_B$ und $[\alpha]_A = + 68°$.

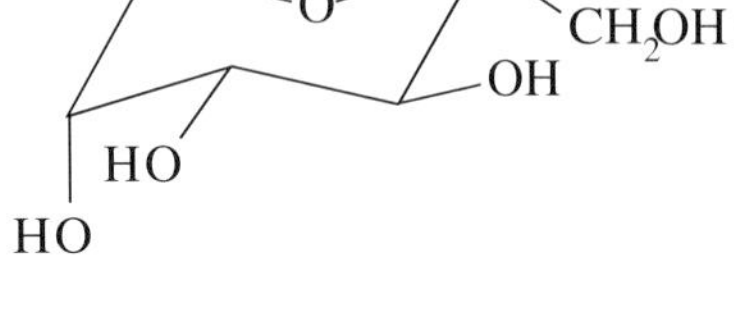

**19.** Reduzierend: **(a)**, **(b)**, **(c)**, **(e)**, **(f)**, **(h)**, **(i)** und **(j)** (alle haben Halbacetal-Gruppierungen).

**20.** Ja. In der Formel (Abschnitt 23.4) befindet sich rechts unten eine Halbacetal-Gruppe:

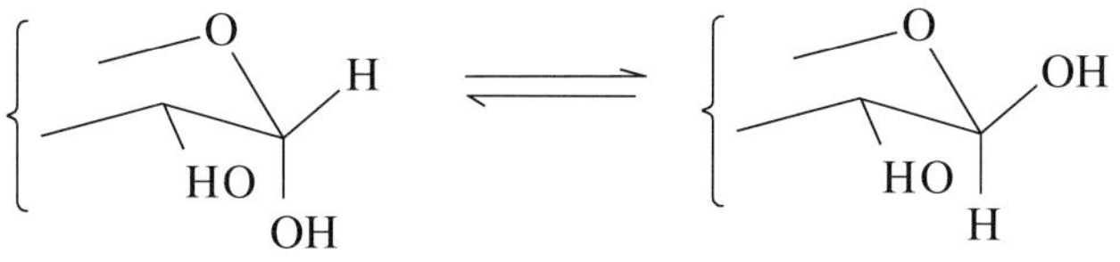


**21.** Trehalose muß **(d)** sein, der einzige nichtreduzierende Zucker, der dargestellt ist.
Turanose ist **(b)**, der einzige Zucker , der eine Ketose enthält (untere Hälfte).
Sophorose ist **(a)** (die obere Hälfte ist ein α-Anomer und die untere Hälfte ein β-Anomer).
Zucker **(c)** wird von zwei Aldosen gebildet, die an C-4 epimer sind.

**22.** **(a)** Aldol-Additionen! Abgekürzte Mechanismen werden nachstehend gezeigt. Wegen der ausführlicheren Darstellung informiere man sich, wenn nötig, in Abschnitt 18.6.

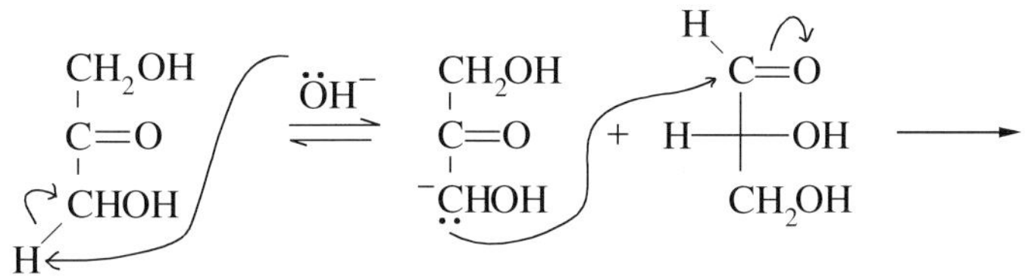


D-Sorbose und D-Fructose (isomer an C-4, dem neu entstandenen Chiralitätszentrum)

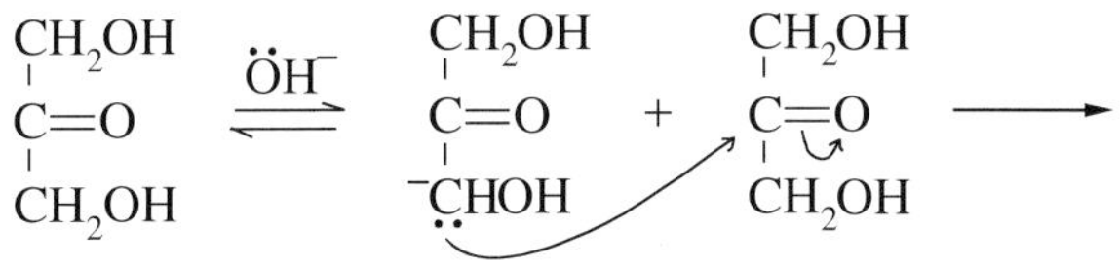


Dendroketose

**(b)** Der Hinweis soll Sie veranlassen, an Enolat-Anionen zu denken.
Glycerinaldehyd und 1,3-Dihydroxypropanon werden in wäßriger basischer Lösung über Enolate und Enole leicht *ineinander umgewandelt*:

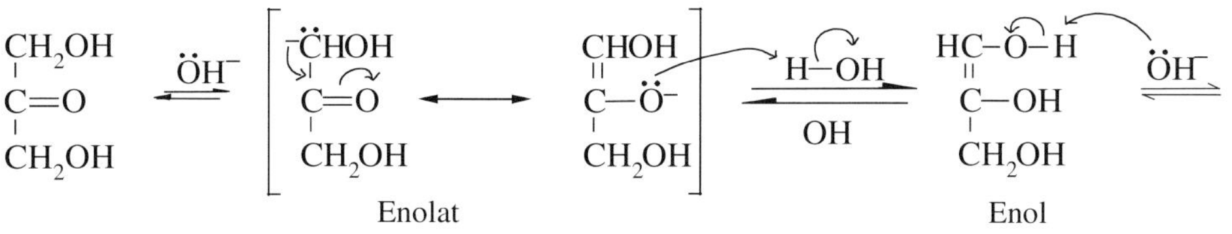


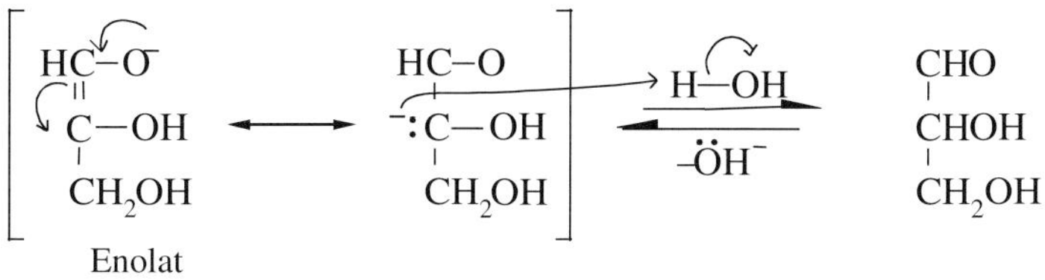


Geht man daher von einer basischen Lösung einer dieser Verbindungen aus, erhält man schnell ein Gemisch von beiden, und die in **(a)** genannten Reaktionen können ablaufen. Diese Aldose ⇌ Ketose-Umwandlung hat allgemeine Gültigkeit. Glucose und Fmctose werden zum Beispiel durch wäßrige Base meinander überführt.

**23.** **(a)** $Br_2$, $H_2O$.

**(b)** Siehe Antwort zu Aufgabe **9b**.

**(c)** $CH_3OH$, $H^+$

**(d)** Ester der Säure aus Teil **b**: $–COOCH_3$ an der Spitze.

**(e)** Bildet das Amid: $-CONH_2$ an der Spitze. Dann:

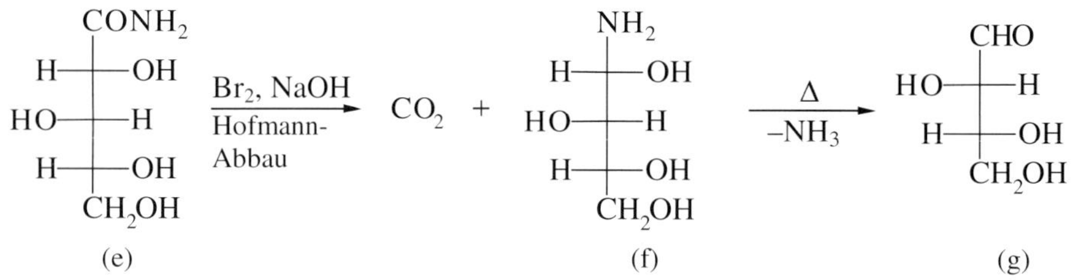

Das Hydroxyamin **(f)** geht bei Erhitzen unter Ammoniak-Abspaltung glatt in den Aldehyd über. Mit dieser Reaktionsfolge gelingt, genau wie bei dem Abbau-Verfahren von Wohl und Ruff, die Abspaltung von C-1 aus einer Aldose unter Bildung einer neuen Aldose mit einem Kohlenstoff-Atom weniger.

**24.** **(a)** $CH_3OH$, $H^+$

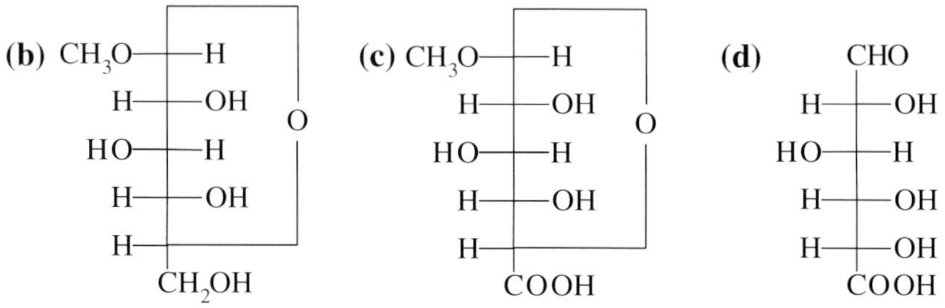

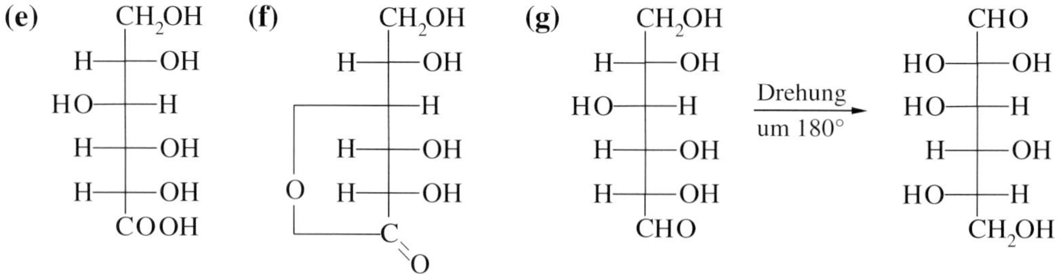

Wie Sie sehen, handelt es sich bei der von Fischer synthetisierten Gulose um das L-Enantiomer (Hydroxy-Gruppe an C-5 auf der linken Seite).

**25.** **(a)** Zucker 'C'

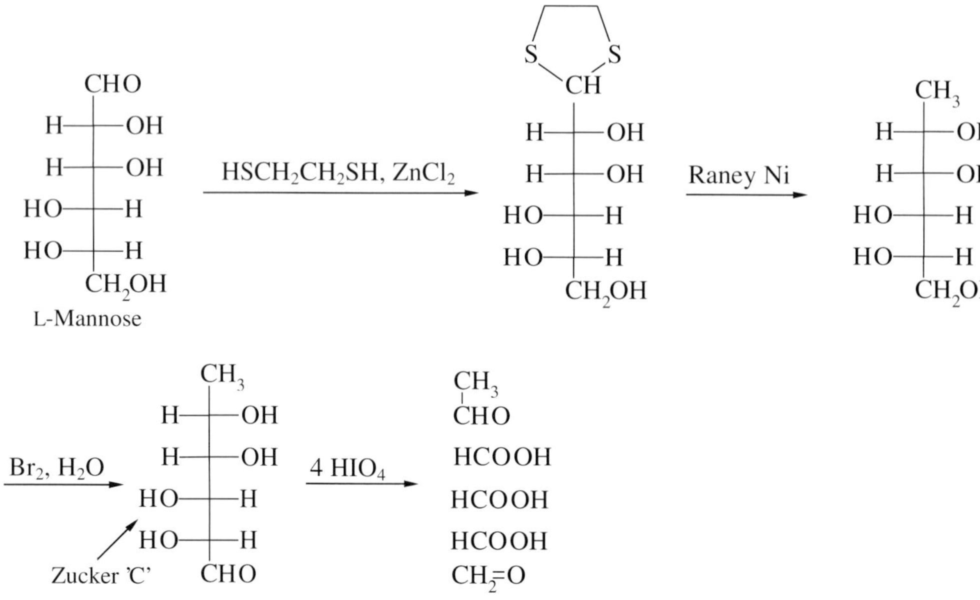

**(b)** Mit diesem Verfahren werden an allen Hydroxy-Sauerstoffen im Disaccharid Methyl-Gruppen angebracht. Nach der Hydrolyse der glycosidischen Bindung zwischen den beiden Monosacchariden, liegen die an dieser Bindung beteiligten Sauerstoffe als freie Hydroxy-Gruppen vor. Weil der Sauerstoff an C-6 des Methylglucosids keine Methyl-Gruppe trägt, muß er an der glycosidischen Bindung beteiligt gewesen sein. Dasselbe trifft auf den Sauerstoff an C-1 von Zucker 'C' zu. (In beiden Fällen muß der Sauerstoff an C-5 im Pyranose-Ring enthalten sein). Für Rutinose verknüpft man also C-6 von Glucose und C-1 des Zuckers 'C' durch einen glycosidischen Sauerstoff. Die beiden anomeren Kohlenstoffe können jeweils entweder α- oder β-Konfiguration besitzten. Somit:

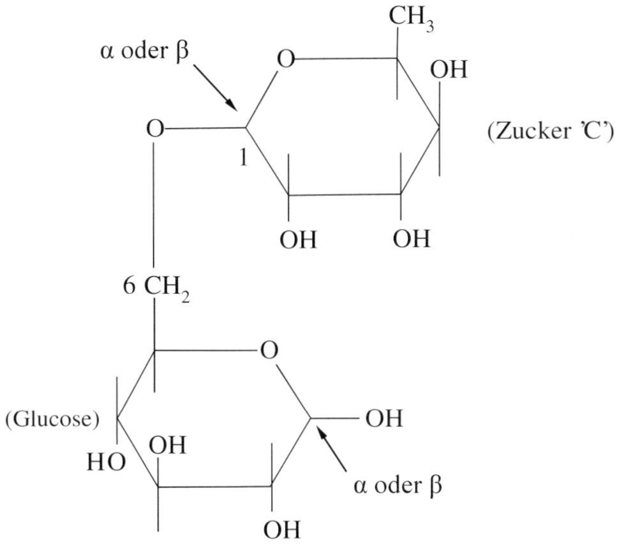


**26.** Das γ-Lacton der D-Glucuronsäure ist

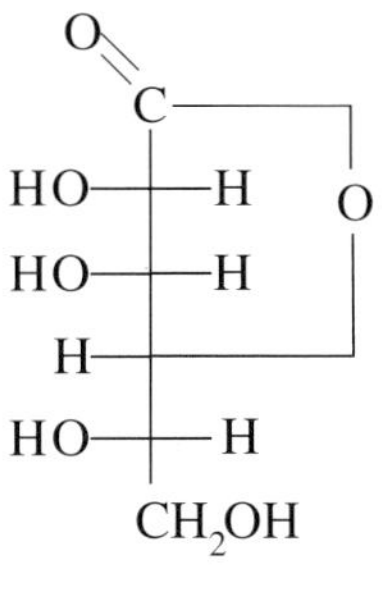


und das γ-Lacton der L-Gulonsäure wurde bereits gezeigt (Antwort auf Teil **f** von Aufgabe **24**).

**(a)** $NaBH_4$ **(b)**

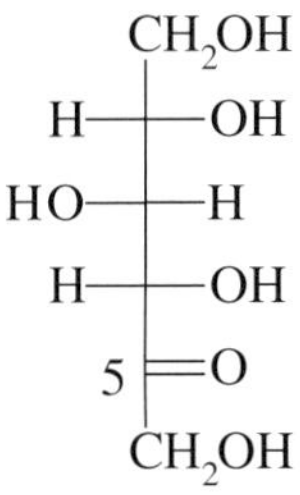


**(c)**

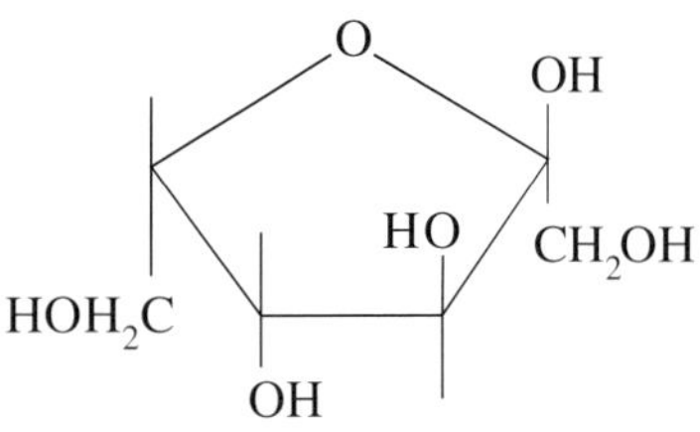


**(d)** 1.2 $CH_3COCH_3$, $H^+$; 2. $KMnO_4$, um den ungeschützten primären Alkohol zur Carbonsäure zu oxidieren

**(e)** $H_2O$, $H^+$ (hydrolysiert die Acetale)

**(f)** Δ ($-H_2O$)

**27.** Fahren Sie unter Zuhilfenahme der konkreten Struktur von D-Lactose aus Abschnitt 24.11 fort.

**1.** Unter milden sauren Bedingungen werden Acetalbindungen gespalten. Sie wissen, über welche Art von funktioneller Gruppe die beiden Monosaccharide miteinander verknüpft sind, aber nicht, an welchem Kohlenstoffatom die Sauerstoffe der Acetalfunktion sitzen.

**2.** Das Experiment sollte zeigen, ob der „unbekannte" Zucker reduzierend wirkt. Es ist ein reduzierender Zucker, womit bewiesen wäre, daß eines der beiden Monosaccharid-Einheiten eine Hemiacetal-Funktion zurückbehält. (Anderfalls gliche er Saccharose, in der beide anomeren Kohlenstoffe über einen Acetal-Sauerstoff miteinander verbunden sind.)

**3.** Die vollständige Methylierung [mit $(CH_3)_2SO_4$] aller freien OH-Gruppen gefolgt von einer Hydrolyse unter milden sauren Bedingungen verschafft in diesem Fall Klarheit. Die Galactose-Einheit addiert vier Methylgruppen, während Glucose nur drei addiert. Daher muß der anomere Kohlenstoff von Galactose Bestandteil der Acetalgruppe sein, die die beiden verknüpft.

**4.** und **5.** Der Vergleich des Tri-*O*-methylglucose-Produkts aus der Methylierungs-Hydrolyse-Sequenz mit bekannten Verbindungen wäre ein Weg festzustellen, ob die Hydroxygruppen an C4 und C5 nicht methyliert worden sind, und daher eine von ihnen für die Disaccharid(Acetal)verknüpfung verantwortlich sein muß und die andere Teil des cyclischen Hemiacetals ist, wobei wir aber nicht wissen, welche von beiden es jeweils ist. Wir müssen eine andere chemische Reaktion nutzen, um den Hemiacetalring zu öffnen und die daran beteiligte Hydroxygruppe zu bestimmen. Wir kennen eine solche Reaktion: In Abschnitt 24.2 haben wir gelernt, daß Aldosen (die in Form von cyclischen Halbacetalen vorliegen) in Wasser durch Brom an C1 zu (acyclischen) Aldonsäuren oxidiert werden. Ausgehend von Lactose sollten wir somit folgende Verbindung erhalten:

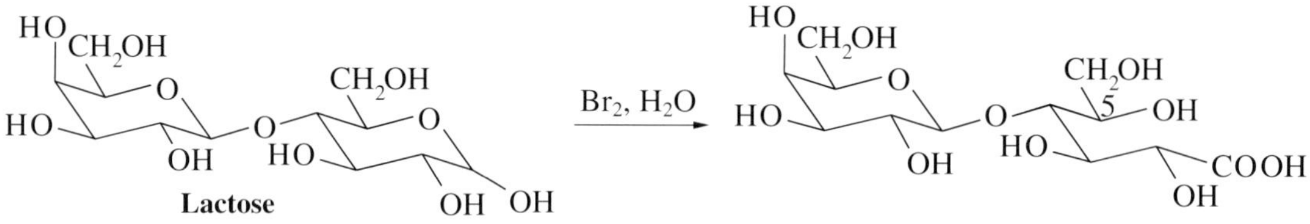


Die Oxidation setzt die am cyclischen Hemiacetal beteiligte Hydroxygruppe frei, aber greift die Acetal-Bindung des Disaccharids nicht an. Jetzt erfolgt die Methylierung der Hydroxygruppe – an C5 in der konkreten Struktur (siehe oben) – des ehemaligen Hemiacetals. Die Anwesenheit einer Methoxygruppe an C5 und einer freien OH-Gruppe an C4 nach schonender saurer Hydrolyse belegen eindeutig, daß die Disaccharidverknüpfung über die Hydroxygruppe an C4 der Glucose-Einheit erfolgt und letztere als Pyranosering, in dem der Sauerstoff an C5 gebunden ist, vorliegt.

# Heterocyclen – Heteroatome in cyclischen organischen Verbindungen

# 25

**1.** **(a)** 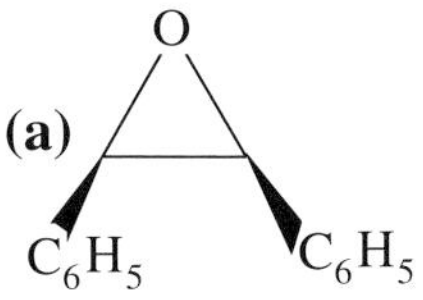 **(b)** 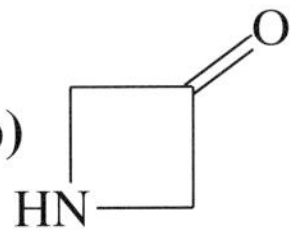 **(c)** 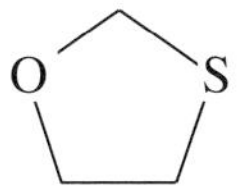 **(d)** 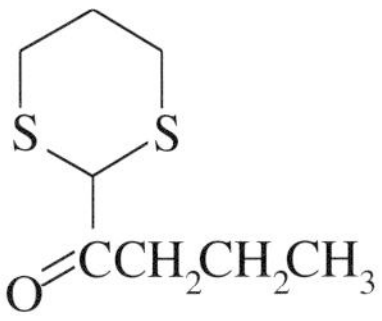

**(e)** 2-Methanoylfuran oder Furan-2-carbaldehyd **(f)** *N*-Methylpyrrol oder 1-Methylpyrrol
**(g)** Chinolin-4-carbonsäure **(h)** 2,3-Dimethylthiophen.

**2.** **(a)** *anti*-Addition: 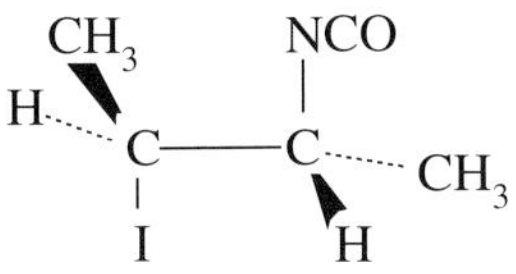 **(b)** 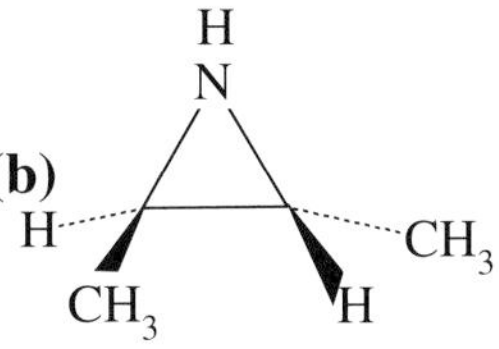

**(c)** I—N=$\overset{+}{N}$=$\ddot{N}$ , isoelektronisch mit INCO und von ähnlicher Reaktivität: 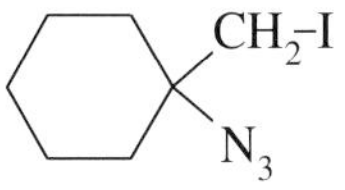

**(d)** 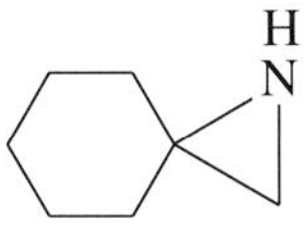

**3.** **(a)** 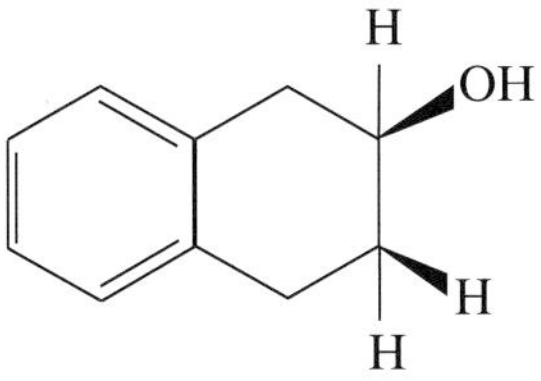 **(b)** 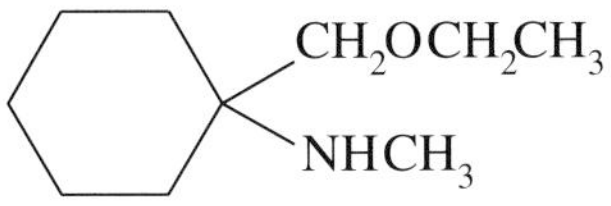

**(c)** Etwas kompliziert, gehen Sie daher nach dem folgenden Mechanismus vor.

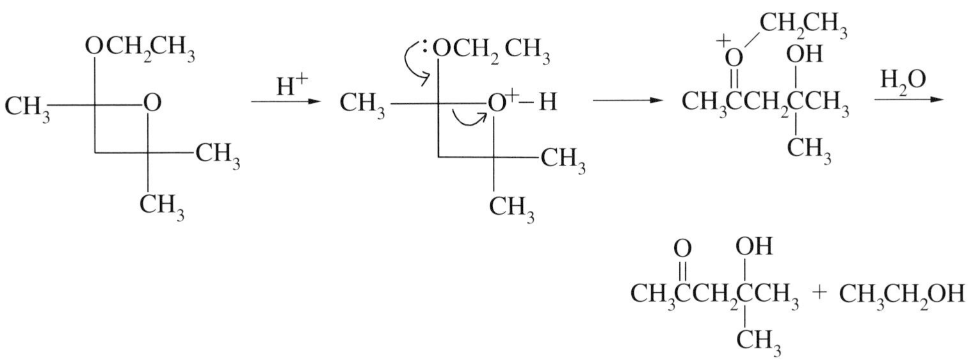

**4. (a)**

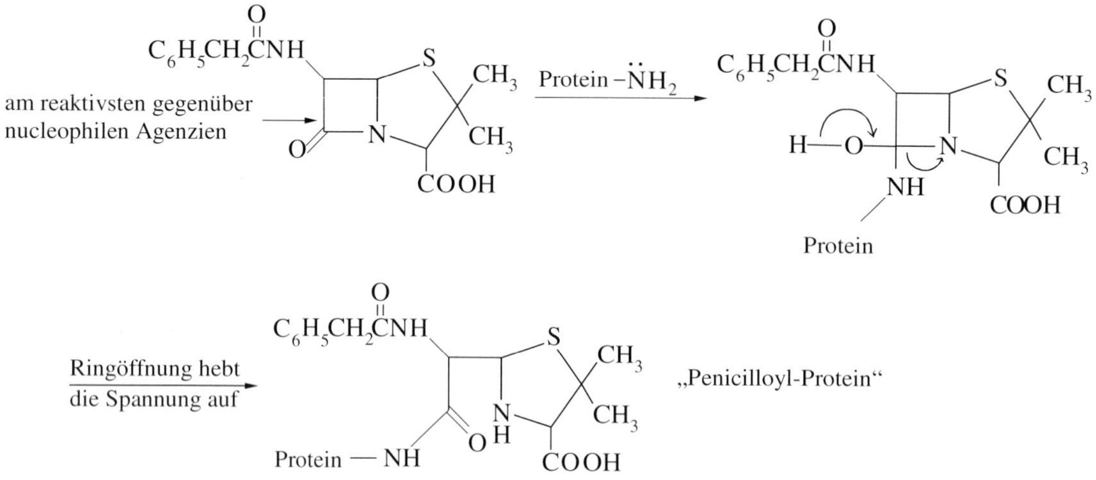

**(b)**

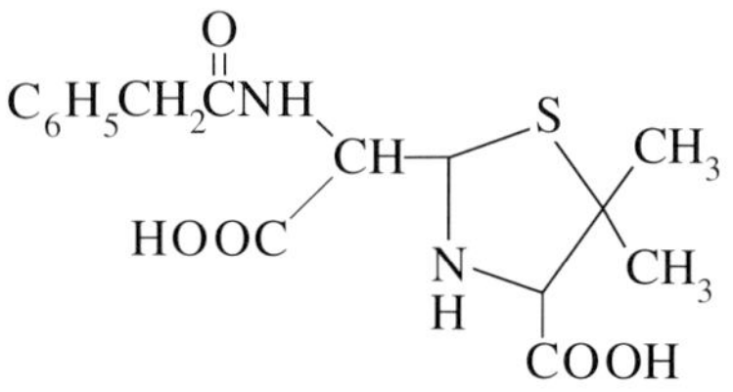

über einen ähnlichen Mechanismus mit $H_2O$ als Nucleophil. Das Produkt Penicillinsäure besitzt nicht mehr den gespannten Azacyclobutanon-Ring, der für die Reaktion mit bakteriellem Protein erforderlich ist. Es besitzt daher keinerlei antibiotische Eigenschaften.

**5.** Benutzen Sie die Lewis-Säuren zur Aktivierung der Ringsauerstoffe in (a) und (b).

**(a)**

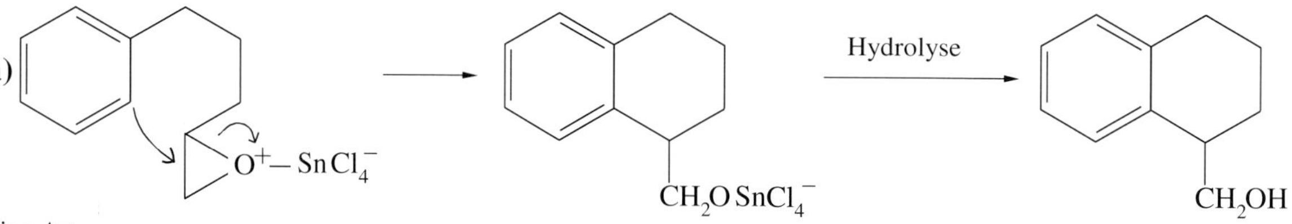

(Eine Art Friedel-Crafts-Reaktion)

**(b)**

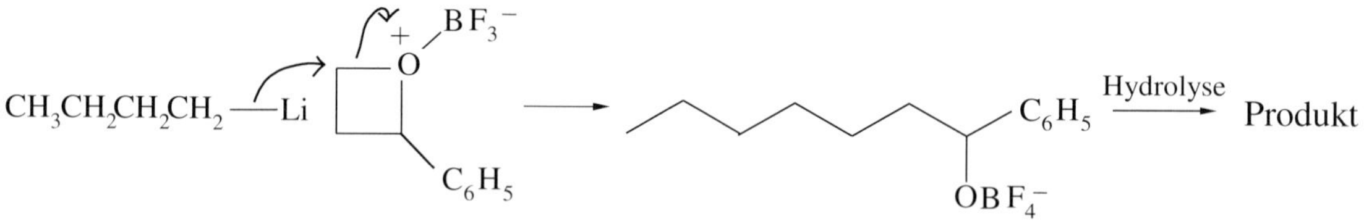

**(c)** Verwenden Sie die Lewis-Säure zur Aktivierung des Anhydrids und Bildung eines Acylium-Kations, ähnlich wie im ersten Schritt der Friedel-Crafts-Alkanoylierung.

$$CH_3C(=O)\text{—}\overset{+}{O}(MgBr_2^-)\text{—}C(=O)CH_3 \rightleftharpoons CH_3CO^+ + CH_3C(=O)\text{—}O\text{—}MgBr_2^- \quad \text{und}$$

$$CH_3C(=O)\text{—}O\text{—}MgBr_2^- \rightleftharpoons CH_3C(=O)\text{—}O\text{—}MgBr + Br^-$$

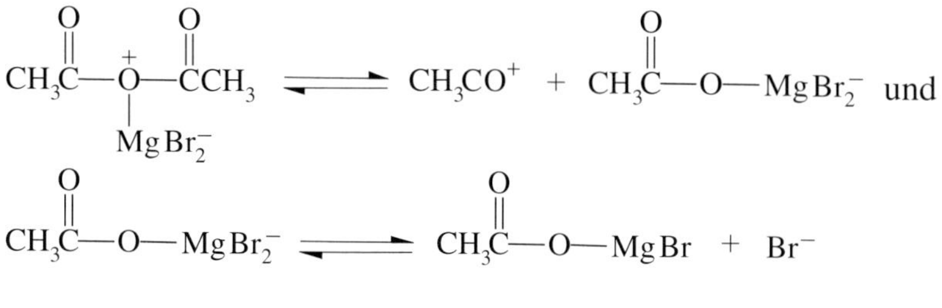

Dann überführt das Acylium-Ion den Ethersauerstoff in eine gute Abgangsgruppe und bewirkt die $S_N2$-Substitution durch Bromid.

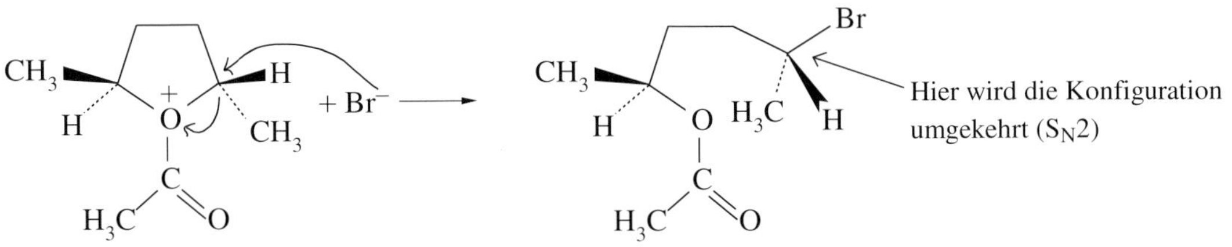


**6.** Die Reihenfolge der Basizitäten verläuft umgekehrt wie die Reihenfolge der Aciditäten der konjugierten Säuren (p$K_a$-Werte sind unter den Strukturen angegeben).

Basen:

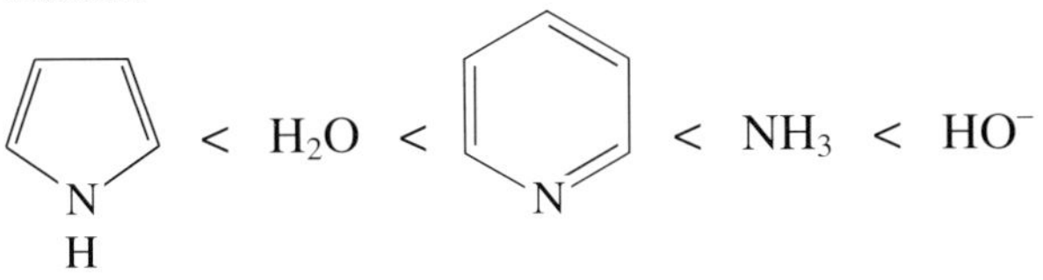


Schwächste Base Stärkste Base

Konjugierte Säuren:

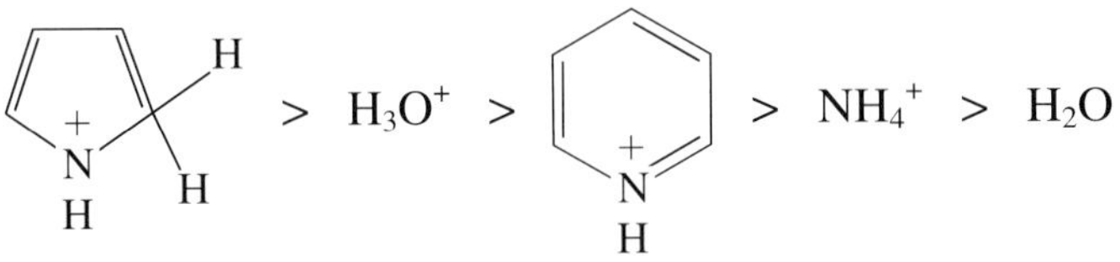


p$K_a$ = –4.4 0.0 5.3 9.2 15.7

Stärkste Säure Schwächste Säure

**7.**

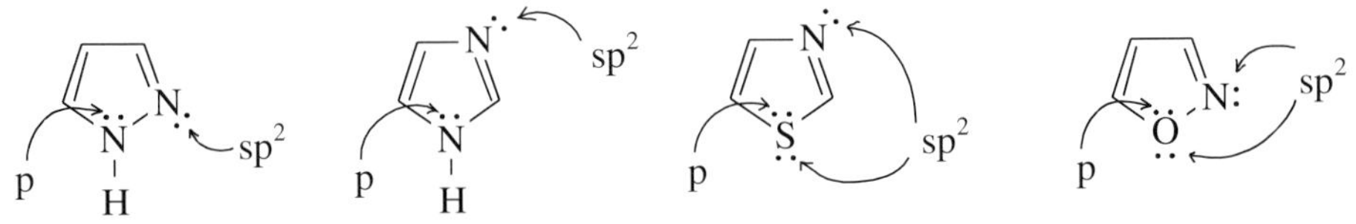


Alle haben 2 Doppelbindungen und verfügen über ein freies Elektronenpaar in einem p-Orbital = 6 π-Elektronen, *alle* sind also aromatisch. Alle haben $sp^2$-hybridisierte einsame Elektronenpaare am Stickstoff, die nicht dem aromatischen π-System angehören und daher Lewis-Basencharakter haben. Pyrrol hat kein $sp^2$-hybridisiertes freies Elektronenpaar; darum sind *alle* oben stehenden Verbindungen stärkere Basen als Pyrrol.

**8. (a)**

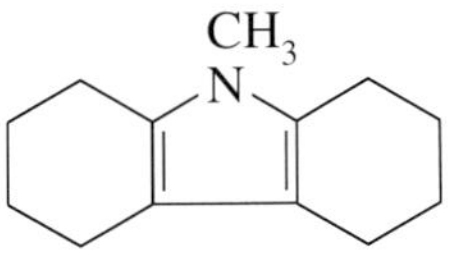


**(b)**

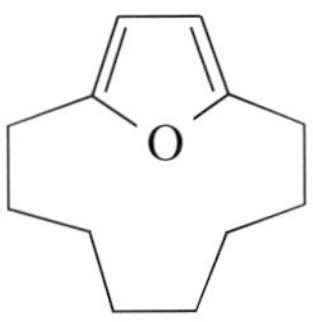

**9.** Abgekürzter Mechanismus:

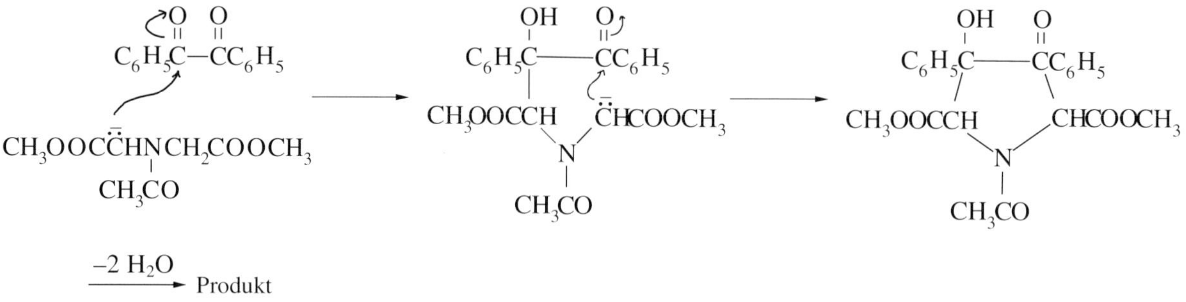

Synthese:

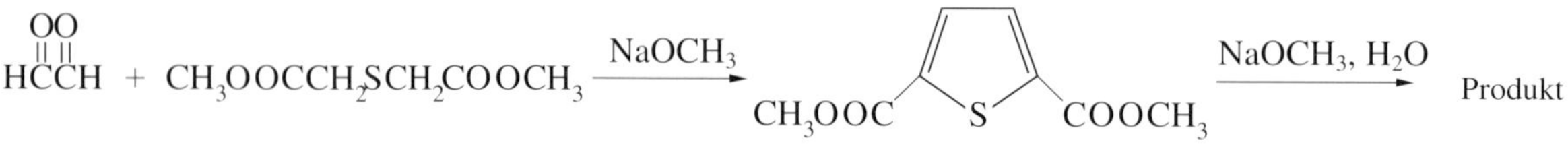

**10.** Drei Faktoren gilt es zu berücksichtigen: (1) Die „angeborene" Vorliebe dieser Verbindungen für eine Substitution an C-2 anstatt an C-3, (2) ihre im Vergleich zu Benzol viel größere Reaktivität, und (3) die dirigierenden Einflüsse von Substituenten (die auf die gleiche Weise wie bei Benzol wirksam sind).
Die folgenden Aufgaben sind nicht ganz einfach!

**(a)** Zwei zu Konflikten führende Präferenzen:

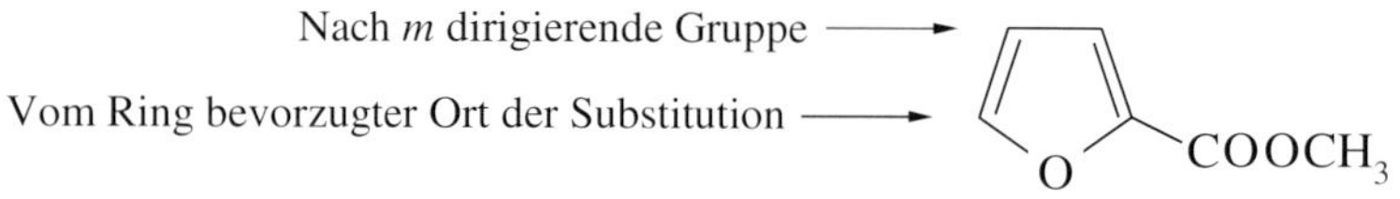


in diesem Fall muß mit einem Gemisch gerechnet werden:

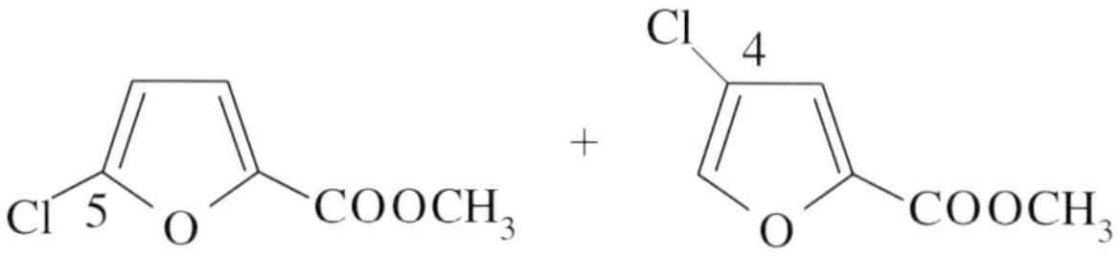

Die erste Verbindung ist tatsächlich das Hauptprodukt; der nach C-5 dirigierende Effekt des aktivierenden Ring-Sauerstoffs behält die Oberhand über die mäßig desaktivierende, nach C-4 dirigierende –$COOCH_3$-Gruppe.

**(b)** Einfacher:

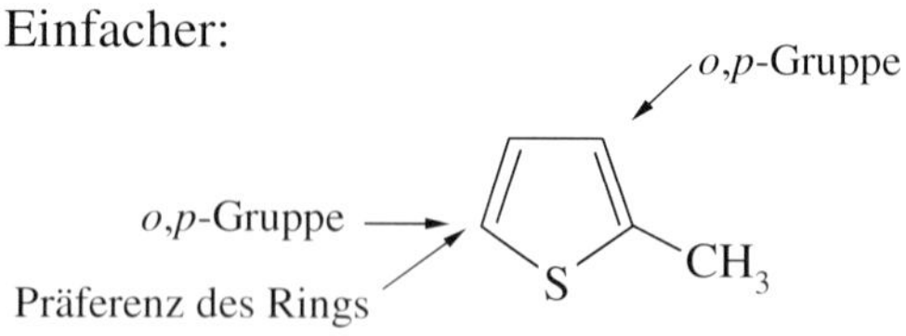


C-5 ist stark aktiviert:

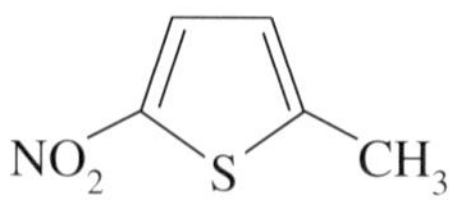

**(c)** Verzwickt. Handelte es sich um Benzol, würde die Friedel-Crafts-Reaktion wegen der Anwesenheit einer –$COCH_3$-Gruppe überhaupt nicht ablaufen. Hier kann sie eintreten, weil der Heterocyclus viel reaktiver ist. Der Keton-Substituent wird während der Reaktion durch $AlCl_3$ komplex gebunden. Dadurch wird er jedoch noch stärker desaktivierend und dirigiert nach *meta*. Insgesamt erhalten wir die langsame Bildung von

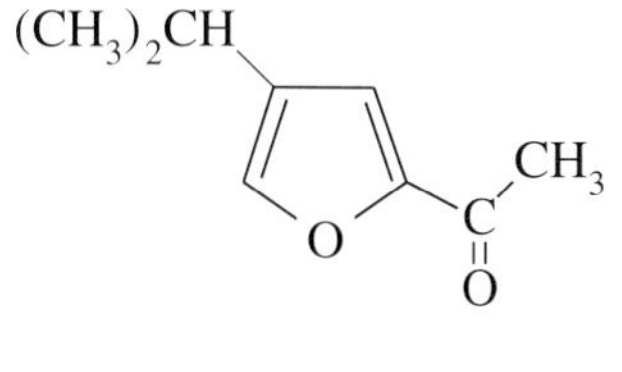

(**d**) Einfach:

(**e**) Jetzt müssen Sie improvisieren! Vergleichen Sie einen Angriff an

C-2

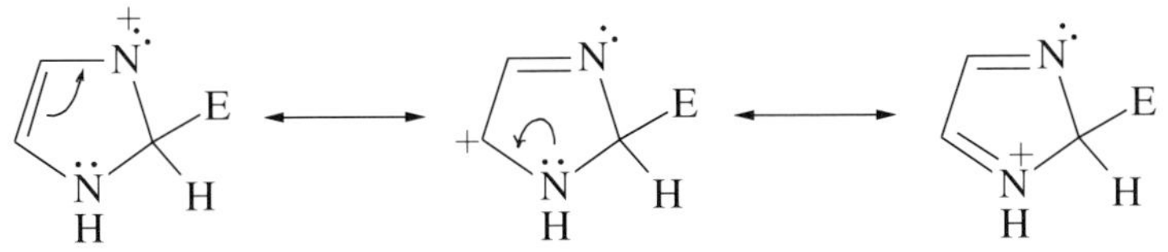

mit einem Angriff an C-4

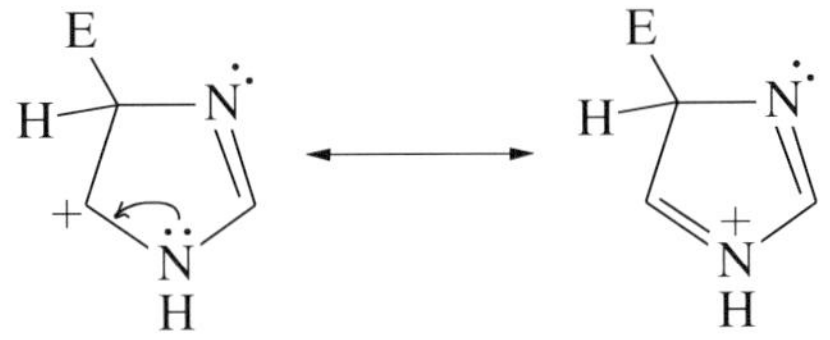

und einem Angriff an C-5

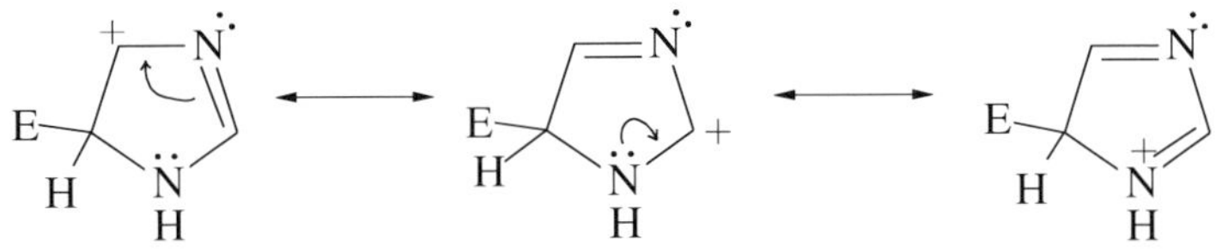

C-4 kommt nicht in Frage (nur zwei Resonanzstrukturen für das Kation). Wählen Sie C-5 anstatt C-2 (wir vermeiden so ein Elektronensextett und eine positive Ladung an dem elektronegativen Stickstoff in der oberen rechten Hälfte). C-5 ist also der Ort, an dem ein typisches Elektrophil angreift. In diesem speziellen Beispiel wird das Hauptprodukt jedoch durch Kupplung an C-2 gebildet, weil unter den *basischen* Bedingungen das Imidazol-Anion angegriffen wird, und die Reaktion an C-2 liefert ein symmetrisches Zwischenprodukt mit zwei äquivalenten Resonanzstrukturen:

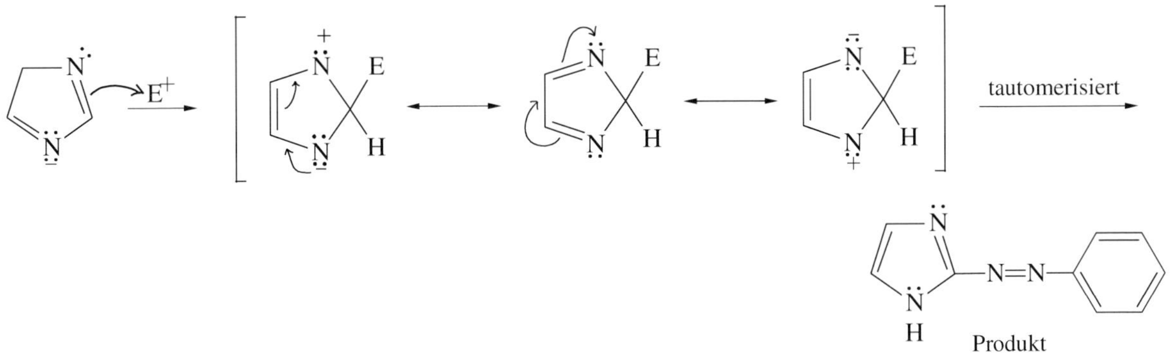


**11.** (**a**) 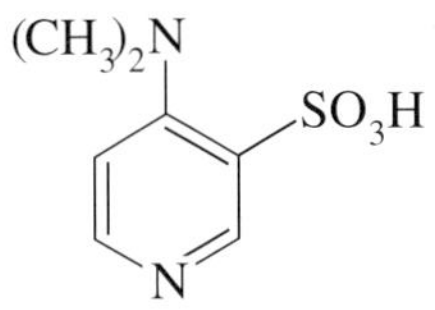 (**b**) Diels-Alder: 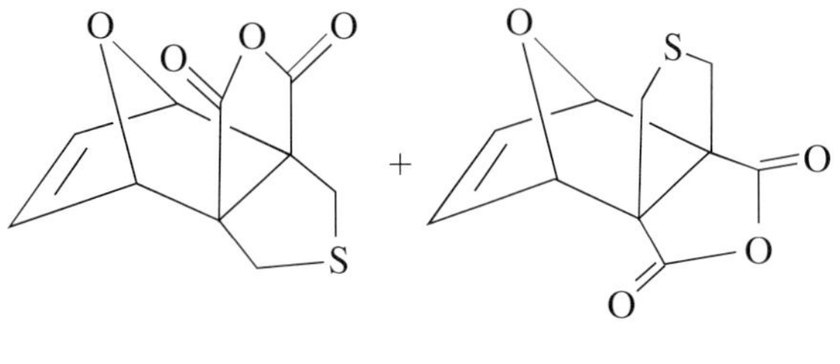

**(c)** 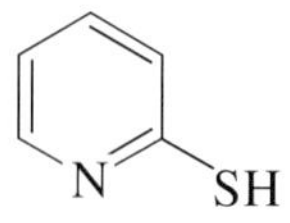


**(d)** $CH_3CH_2CH_2CH_2\overset{O}{\overset{\|}{C}}C_6H_5$ (über 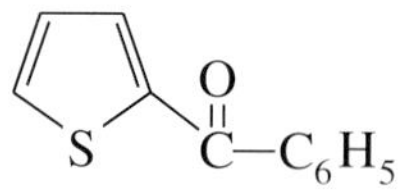

)

**(e)** 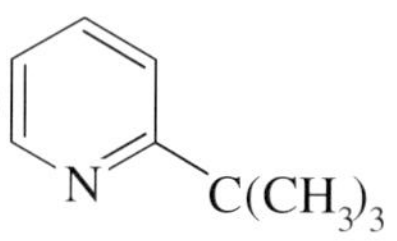


**12. (a)** 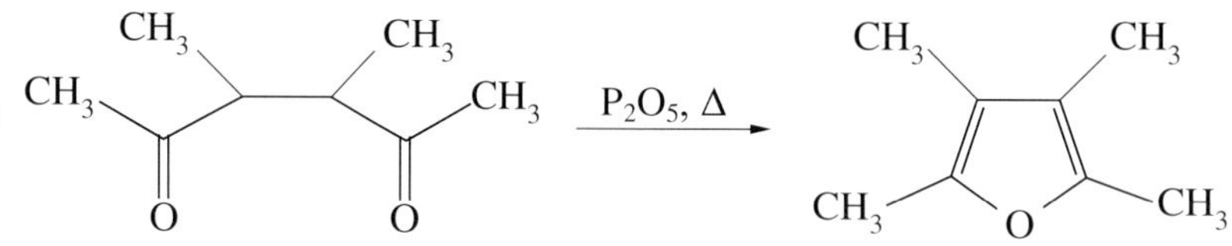


**(b)** Hantzsch: $C_6H_5\overset{O}{\overset{\|}{C}}CH_2\overset{O}{\overset{\|}{C}}OCH_2CH_3 \xrightarrow{H_2C{=}O\ NH_3}$

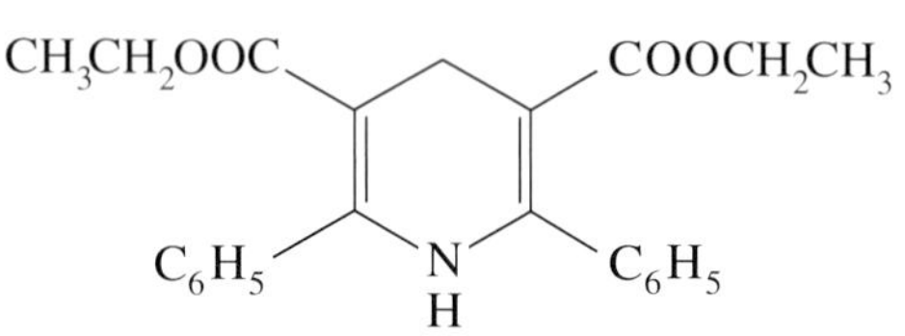


$\xrightarrow[\text{3. CaO, }\Delta]{\text{1. }HNO_3,\ H_2SO_4\quad \text{2. }KOH,\ CH_3CH_2OH}$ Produkt

**(c)** Paal-Knorr 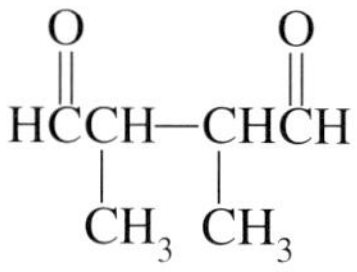

$\xrightarrow{NH_3}$ Produkt

**(d)** 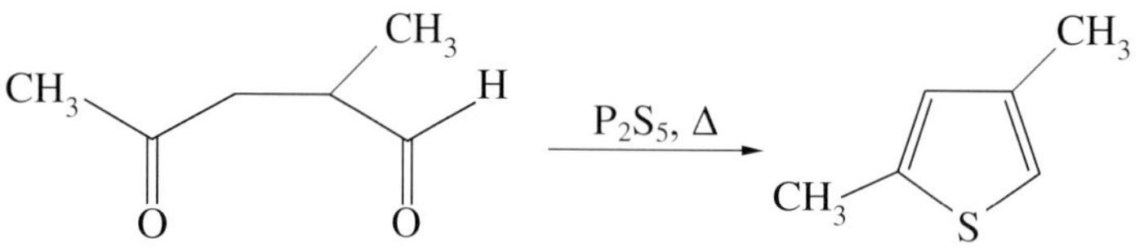


**13.**

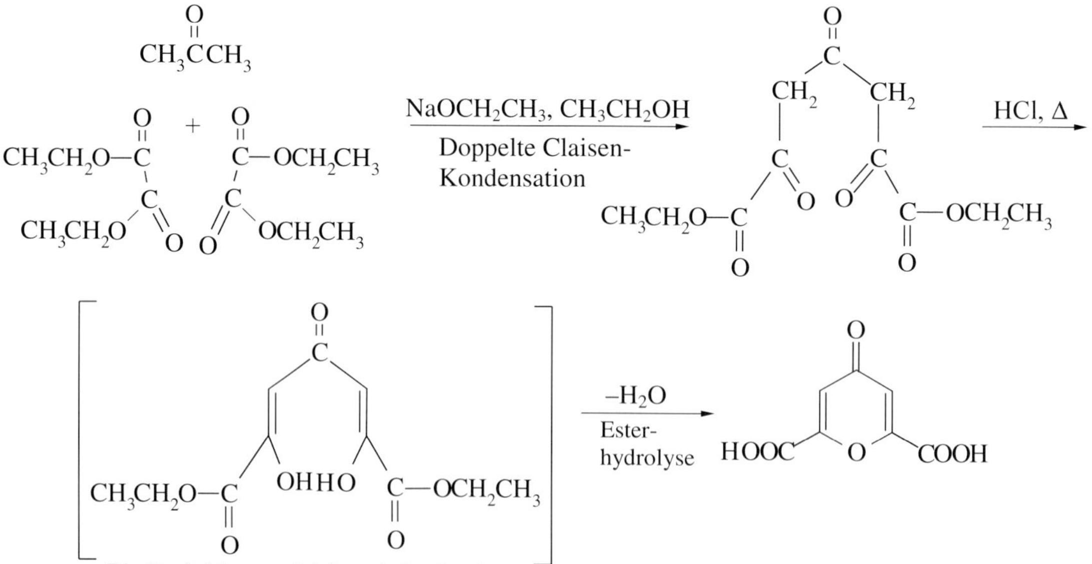


Bis-Enol: Man vergleiche mit der Synthese von Furanen usw. aus 1,4-Diketonen

**14. (a)** $H_2$, Pt

**(b)** Schrittweise, zuerst Ringöffnung des Azacyclopropans, anschließend intramolekulare Amid-(Lactam-)Bildung.

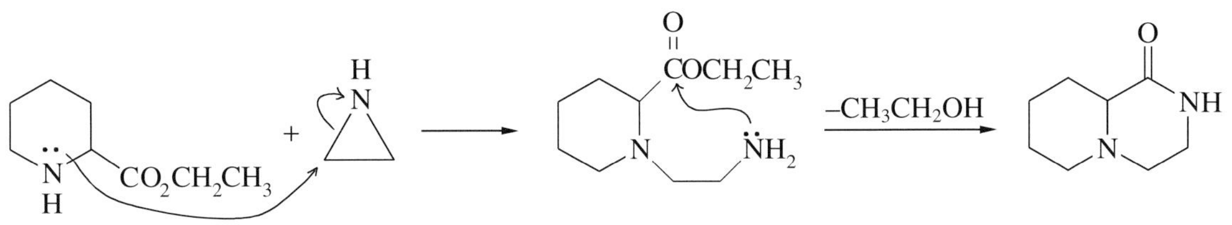

(c) 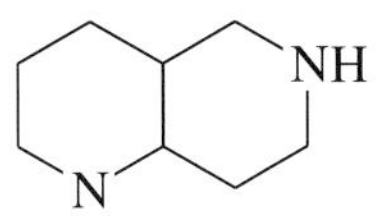

**15.** 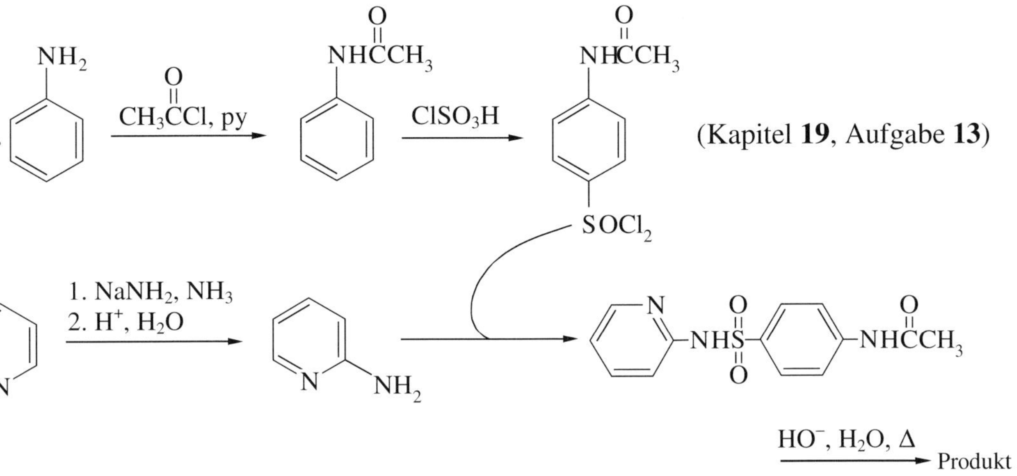

(Kapitel **19**, Aufgabe **13**)

**16.** Die Reaktion mit einem aktivierten Derivat der Ethansäure wie z.B. ihrem Anhydrid würde zum Produkt führen:

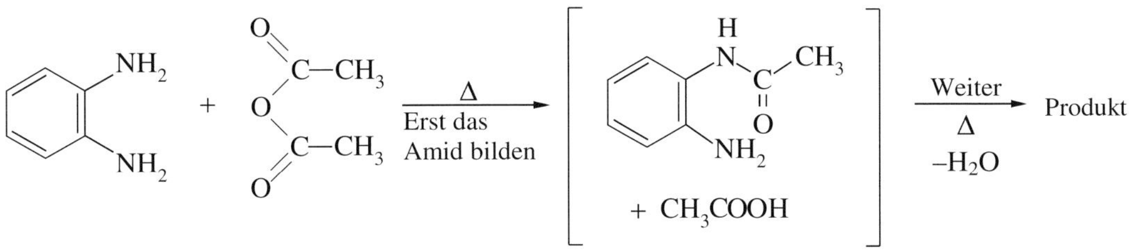

**17.** Doppelte Imin-Bildung: 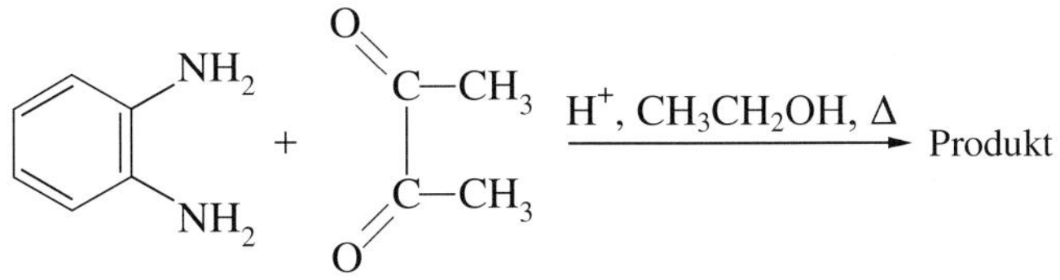

**18.** **(a)** 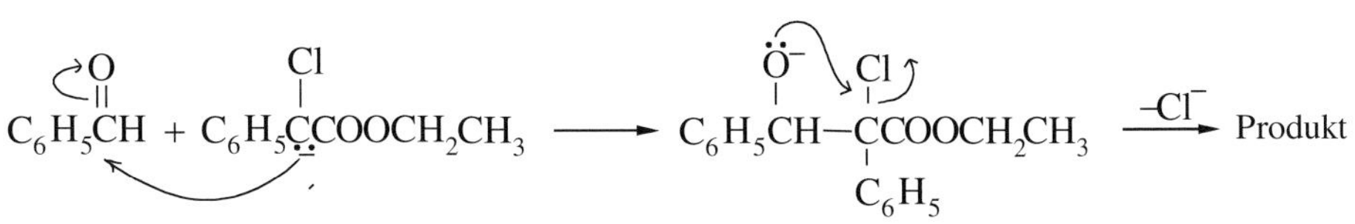

**(b)** 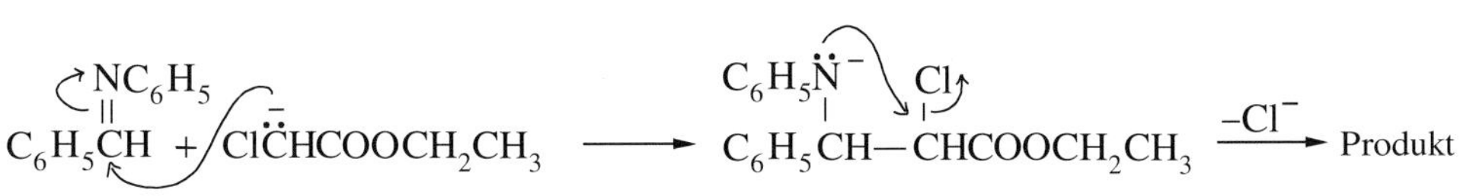

**19.** **(a)** 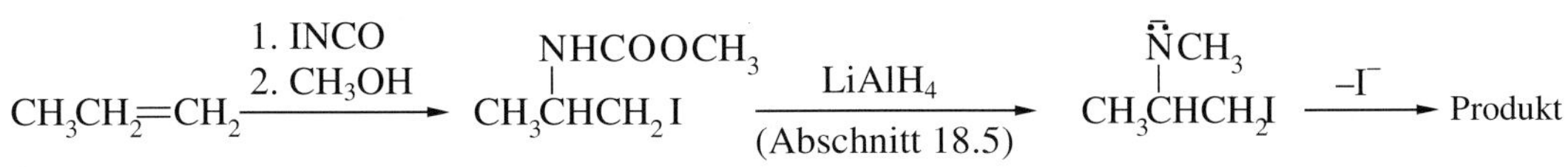

**(b)** 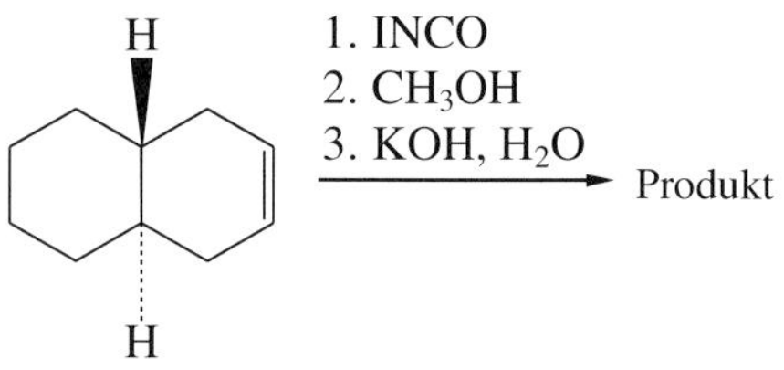


(c) Phenanthren + MCPBA → Produkt

**(d)** 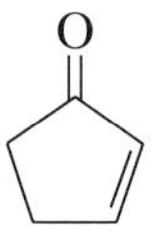

+ $H_2O_2$, NaOH, $CH_3OH$ ⟶ Produkt

**20.** 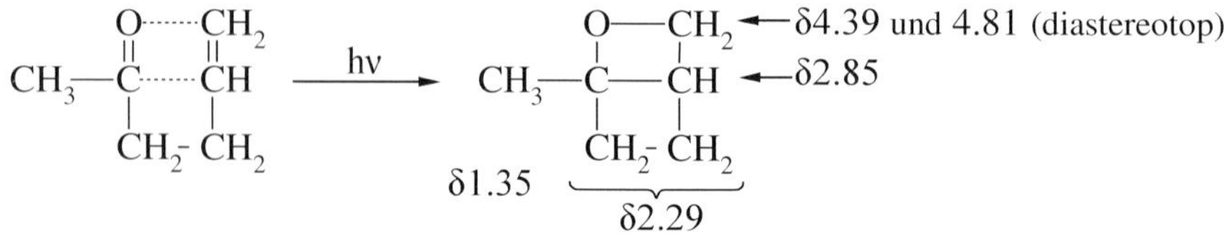


**21. (a)** 1,3-Dibrom-5,5-dimethyl-1,3-diaza-2,4-cyclopentandion.

**(b)** Mechanistisch gesehen haben wir folgenden Ablauf:

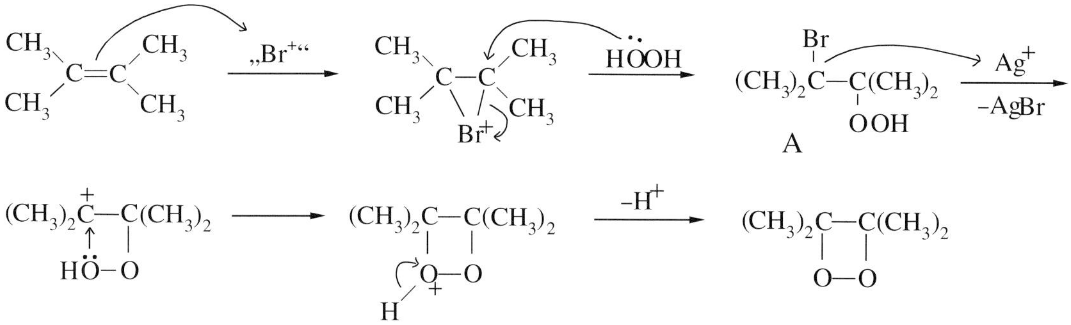


B ist 3,3,4,4-Tetramethyl-l,2-dioxacyclobutan.

**22.** Abgekürzter Mechanismus (man beachte die „doppelte" Michael-Addition):

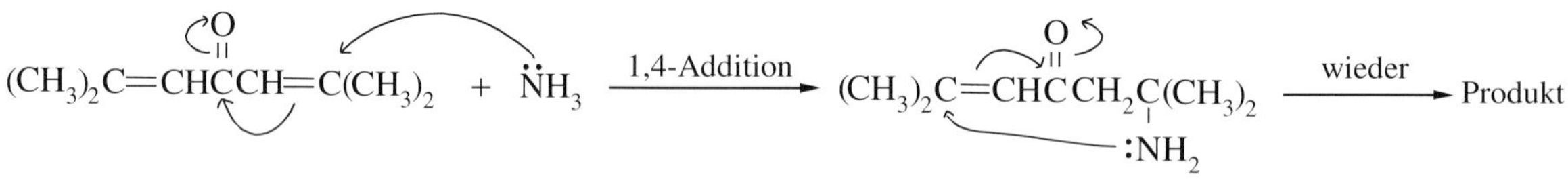


**23.** Ungesättigtheitsgrad (Arbeitsbuch, Kapitel 11): $H_{\text{gesättigt}} = 16 + 2 = 18$; Ungesättigtheitsgrad = $(18 - 8)/2 = 5$, 5 π-Bindungen und/oder Ringe. NMR: Eine $C_6H_5$-Gruppe liegt vor, auf ihr Konto gehen 4 Grade Ungesättigtheit. Keine Signale, die auf Alken hindeuten, darum ist der verbleibende Grad Ungesättigtheit vermutlich auf einen weiteren Ring zurückzuführen. Bisher haben wir gefunden: $C_6H_5$–, 2C, 3H, O, was zusammen $C_8H_8O$ ergibt. Die 3 H koppeln allesamt miteinander (alle 3 Signale sind aufgespalten), darum ist –OH unwahrscheinlich. O ist daher ein Ether-Sauerstoff, und als einzig mögliche Antwort erhalten wir

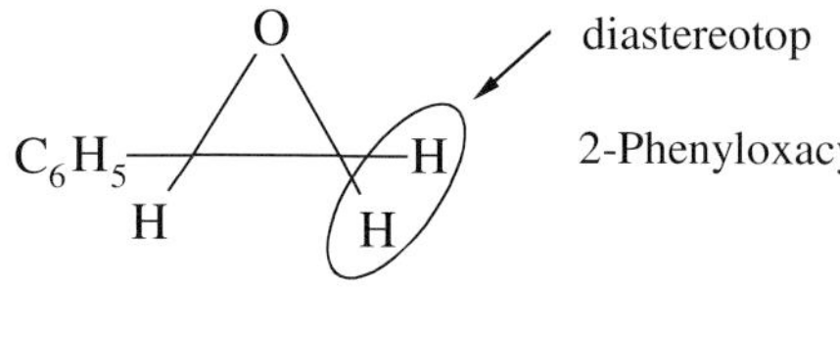


2-Phenyloxacyclopropan

**24.** $H_{\text{gesättigt}}$= 10 + 2 = 2; Ungesättigtheitsgrad = (12 – 6)/2 = 3, 3 π-Bindungen und/oder Ringe in E.
F hat eine π-Bindung oder einen Ring. Die Addition von $H_2$ an E legt die Annahme nahe, daß dieses 2 π-Bindungen und 1 Ring enthält, F enthält keine π-Bindungen mehr.
NMR von E: $CH_3$– (δ2.3), vielleicht 3 CH, es verbleiben ein C und ein O. Hinweise auf das Vorliegen einer Alkohol-Gruppe sind nicht zu finden, wir nehmen daher an, daß es sich um ein Ether handelt. Einige Möglichkeiten:

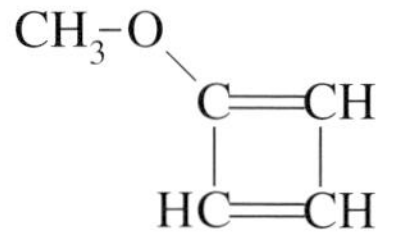


Nicht vernünftig: $CH_3$-Signal sollte bei niedrigerem Feld auftreten, und der Ring würde sehr instabil sein (Abschnitt 25.5)

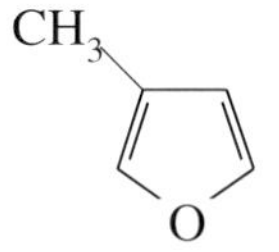


und

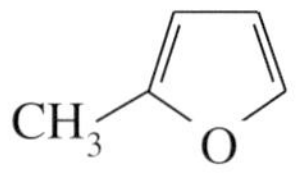


Beide Möglichkeiten kommen zunächst in Frage

NMR von F: Kompliziert, zwei Informationen lassen sich aber erhalten. Erstens ist die $CH_3$-Gruppe im Bereich höherer Feldstärken (δ1.2) und ein Dublett, was mit

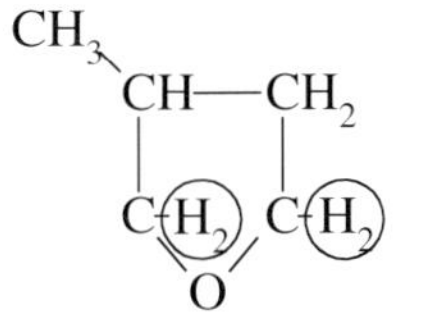


4 H in der Nähe von O

oder

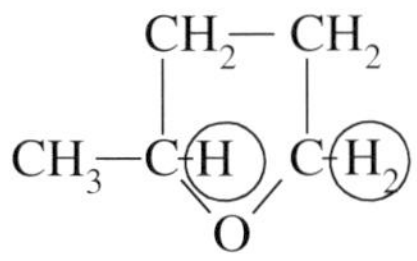


3 H in der Nähe von O

vereinbar ist. Zweitens liefert die Integration des Signals zwischen δ3.4 und 4.0 für die an Kohlenstoffen sitzenden Wasserstoffe, die sich in der Nähe von O befinden, 3 H, was nur mit der zweiten Struktur in Einklang zu bringen ist. Darum handelt es sich bei E um 2-Methylfuran und bei F um 2-Methyloxacyclopentan.

**25.** $H_{\text{gesättigt}}$ = 10 + 2 = 12; Ungesättigtheitsgrad = (12 – 4)/2 = 4, 4 π-Bindungen und/oder Ringe. NMR: δ9.7 läßt einen Aldehyd (dafür spricht auch IR) und 3 CH vermuten. Wir fassen wie in Aufgabe **24** Furane als Möglichkeit ins Auge:

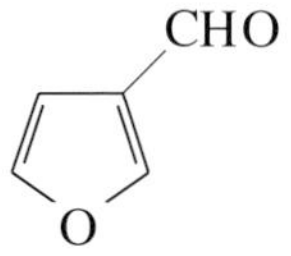


oder

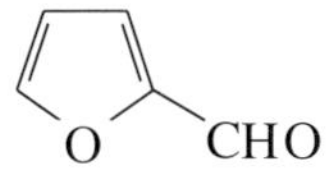


Wie treffen wir die Wahl? Bei welchem ist die Wahrscheinlichkeit größer, von einer Aldopentose zu stammen? Ein möglicher (abgekürzter) Mechanismus:

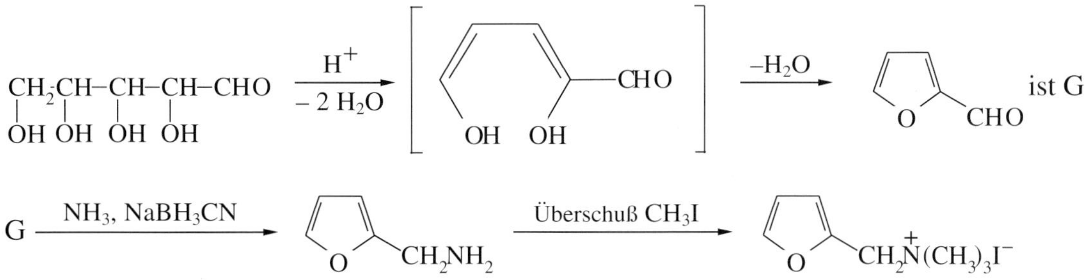


Furethonium

**26.**

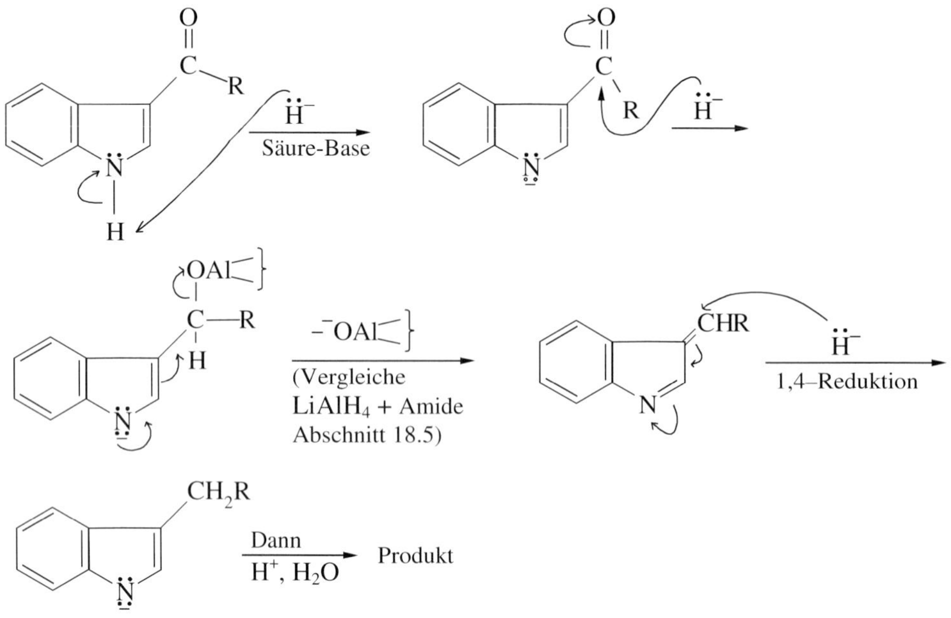


**27.** Schrittweise:

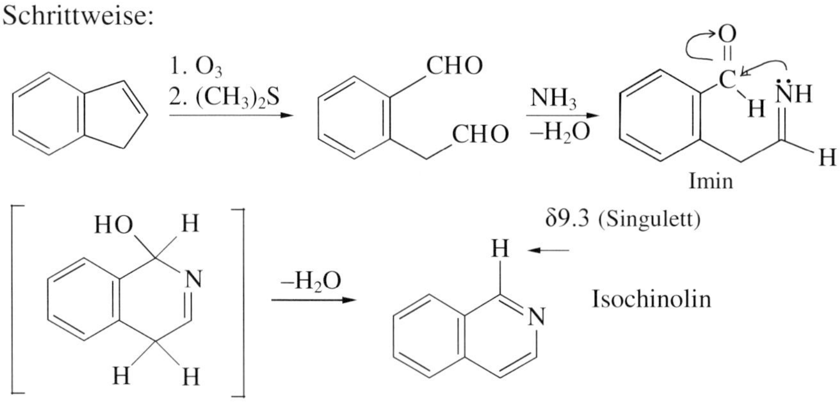


**28.** **(a)** Friedländer-Synthese:

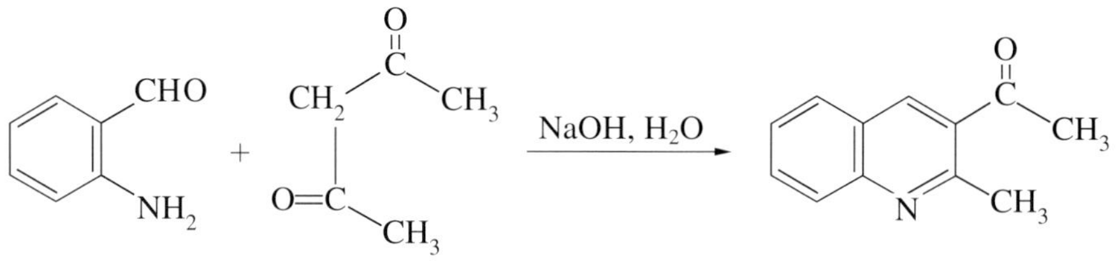


**(b)** Hantzschsche Dihydropyridinsynthese:

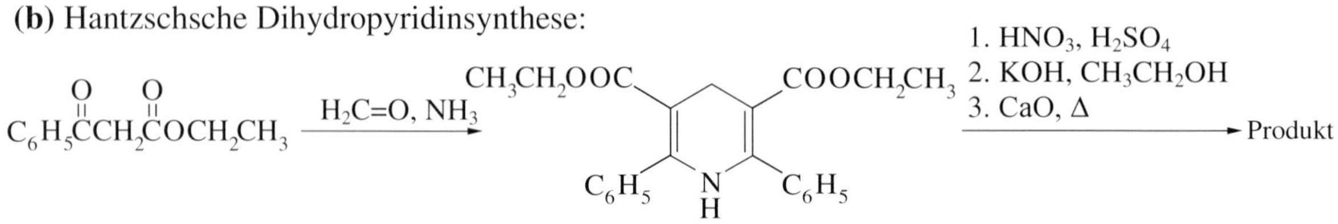


**(c)** Paal-Knorr-Synthese: 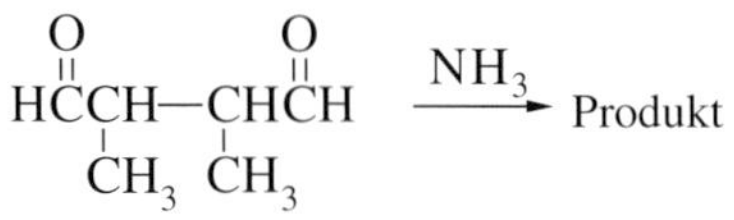


**(d)** Fischer : 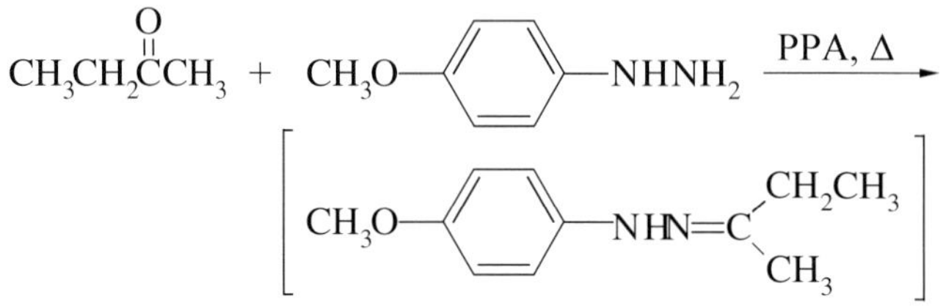

**29.** Beginnen Sie mit dem Hydrazon in der Mitte des Reaktionsschemas. Untersuchen Sie die Struktur des Produkts: zwischen der Methylgruppe und dem Benzol-Kohlenstoff in *ortho*-Position zum Stickstoff wird eine Bindung benötigt. Aus Platzgründen wurden der Angriff der Protonen und die von ihnen katalysierte Reaktion jeweils in einem Reaktionsschritt zusammengefaßt. In Wirklichkeit erfolgt in der Regel jedoch zuerst die Protonierung und dann die Tautomerisierung oder Addition.

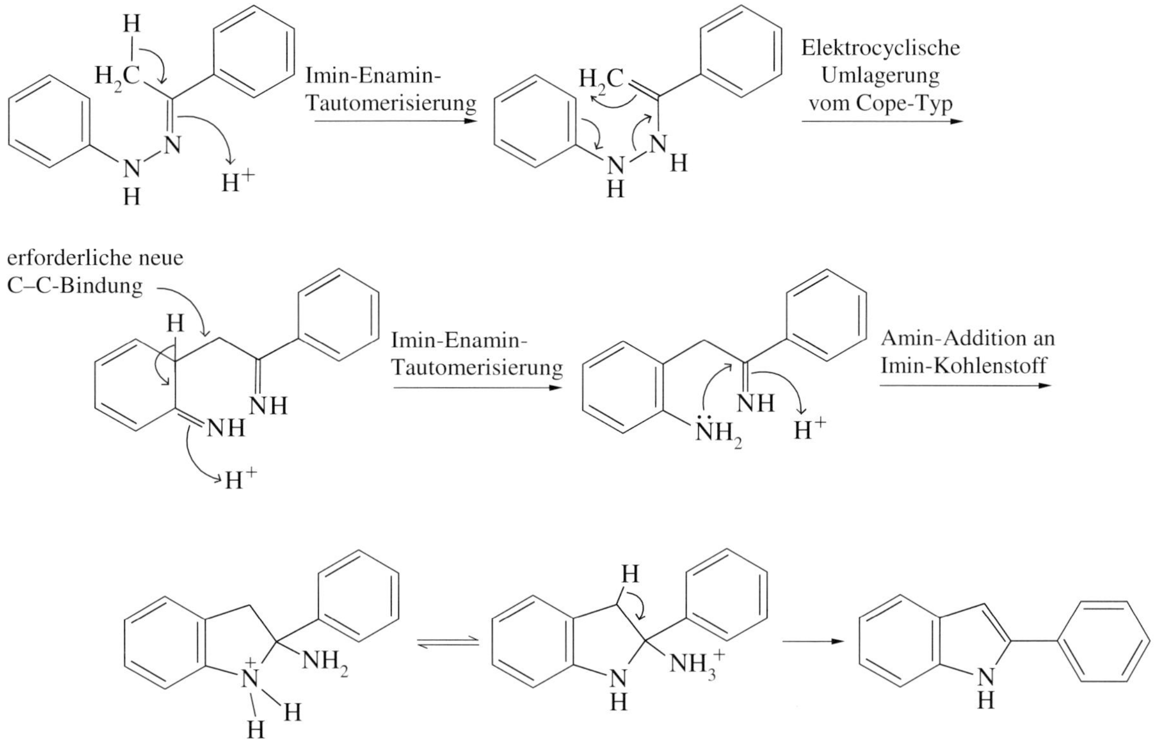


Das ist die Fischer-Indol-Synthese. Die Reissert-Synthese ist in gewisser Hinsicht geradliniger. Der erste Schritt ist entfernt mit der Claisen-Kondensation verwandt, jedoch wird, wie nachfolgend gezeigt, an Stelle des Enolat-Anions ein (durch die Nitrogruppe stabilisiertes) Benzyl-Anion an die Carbonylgruppe des Esters addiert:

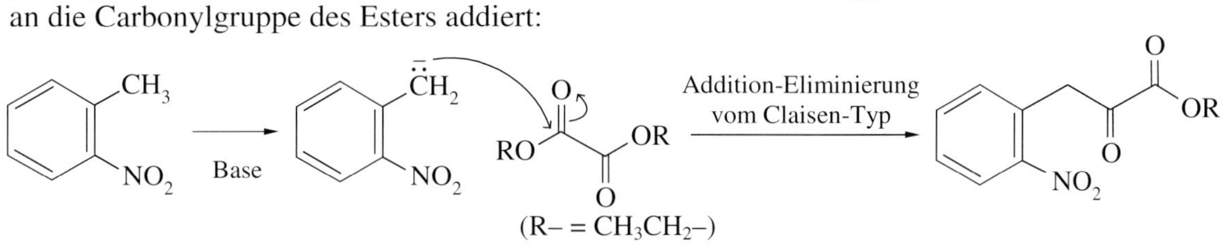


Nach der Hydrierung der Nitrogruppe endet die Sequenz ähnlich wie die oben beschriebene Fischer-Synthese:

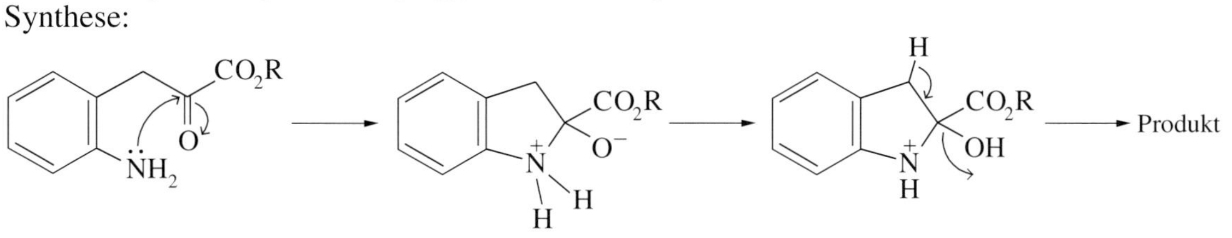

# Aminosäuren, Peptide und Proteine – Stickstoffhaltige natürliche Monomere und Polymere

# 26

**1.** 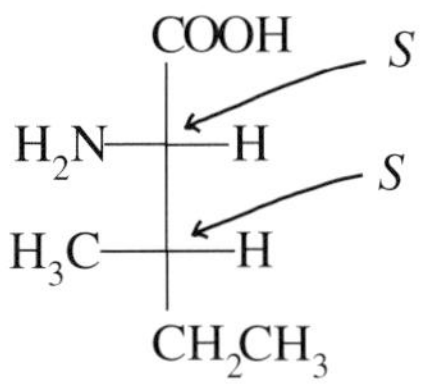 L-Isoleucin; 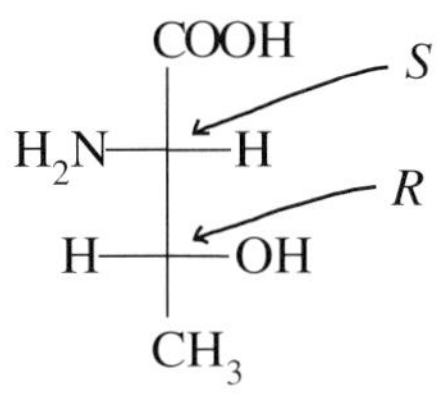 L-Threonin

**2.** 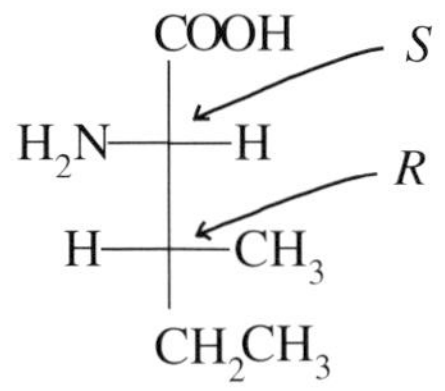 *allo*-L-Isoleucin

**3.** Die Strukturen sind nach steigendem pH angeordnet (Wert in Klammern).

**(a)** 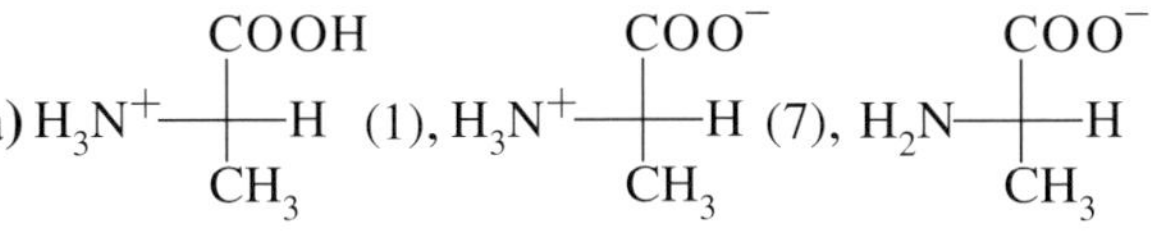 Isoelektrischer Punkt $pI = \frac{2.4 + 9.9}{2} = 6.2$

**(b)** 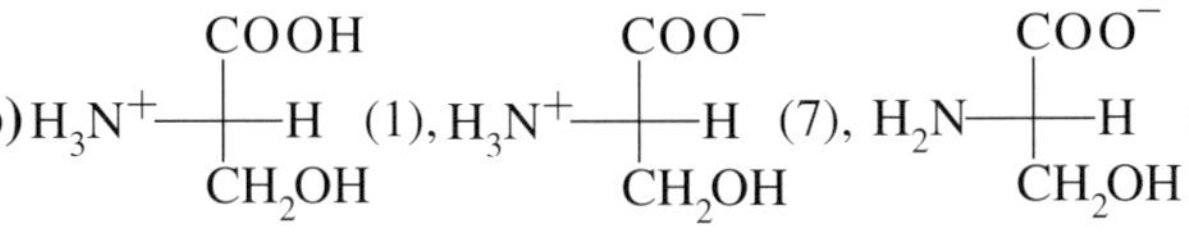 $pI = \frac{2.2 + 9.4}{2} = 5.8$

**(c)** 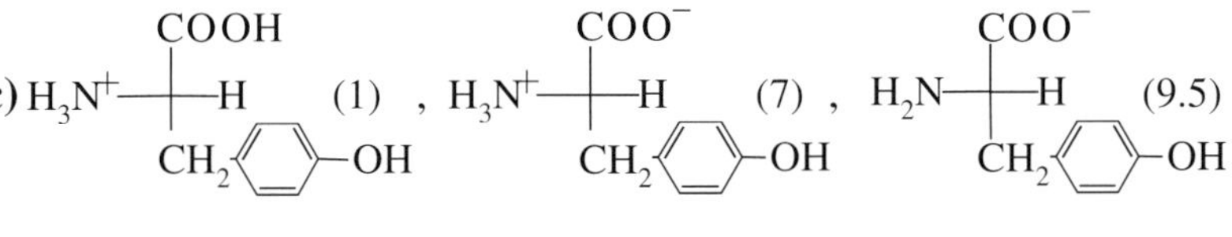

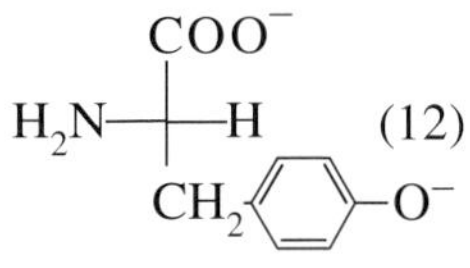 $pI = \frac{2.2 + 9.1}{2} = 5.7$

**(d)** 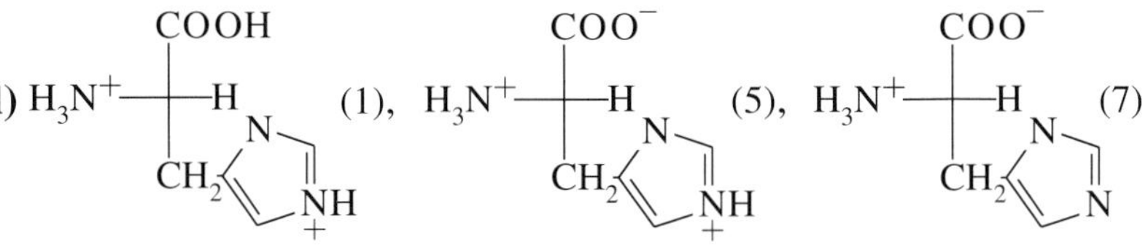

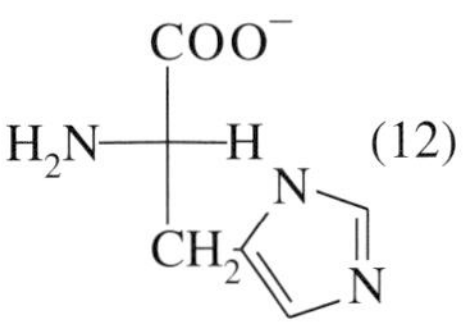 $pI = \frac{6.1 + 9.2}{2} = 7.7$

**(e)**

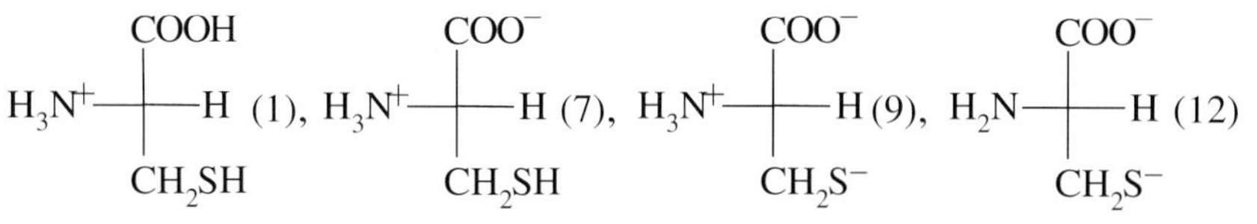

$$pI = \frac{1.9 + 8.4}{2} = 5.2$$

In Fällen, wo es mehr als 2 p*K*-Werte gibt, wird p*I* unter Verwendung der *pK*-Werte der Gruppen berechnet, die *zuerst* bei Behandlung der ladungsneutralen zwitterionischen Form mit Säure oder Base reagieren.

**(f)**

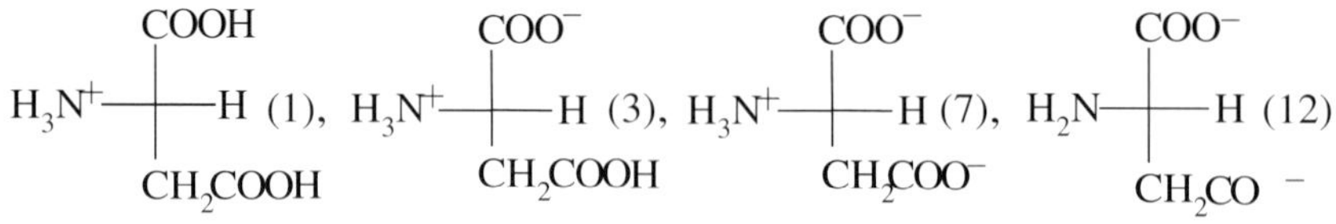

$$pI = \frac{2.0 + 3.9}{2} = 3.0$$

**(g)**

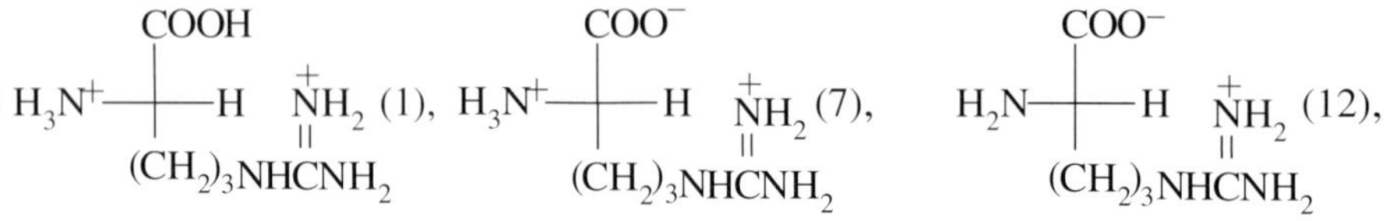

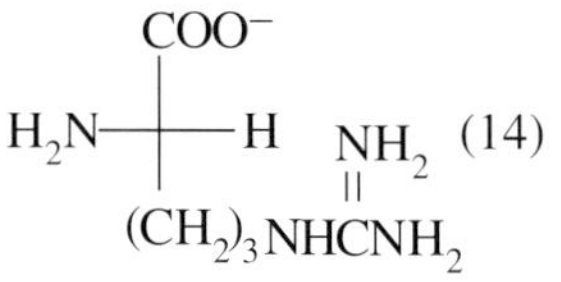

$$pI = \frac{9.0 + 13.2}{2} = 11.1$$

**4.** **(a)** Arg **(b)** Ala, Ser, Tyr, His, Cys **(c)** Asp.

**5.** **(a)** Da die R-Gruppe sekundär ist, sollte man Alkylierungsreaktionen vermeiden. Verwenden Sie die Strecker-Synthese:

$$(CH_3)_2CHCHO \xrightarrow[\text{2. HCN}]{\text{1. NH}_3} (CH_3)_2CH\overset{NH_2}{\overset{|}{C}}HCN \xrightarrow{H^+,\ H_2O} (CH_3)_2CH\overset{^+NH_3}{\overset{|}{C}}HCOO^-$$

**(b)** Die R-Gruppe ist primär; wir haben jetzt die Wahl. Entweder wenden wir die Strecker-Synthese an, wobei wir von $(CH_3)_2CHCH_2CHO$ ausgehen oder die Gabriel-Synthese:

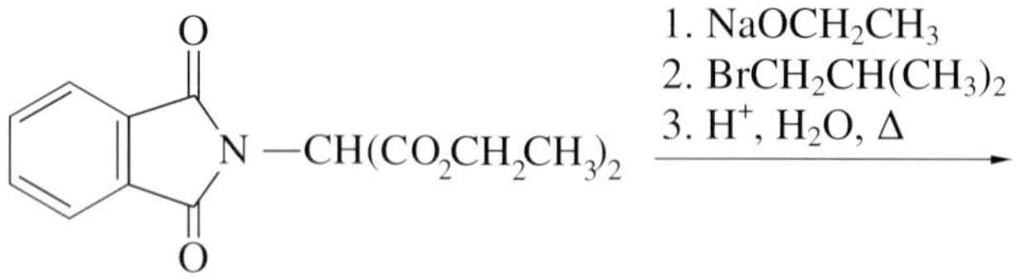

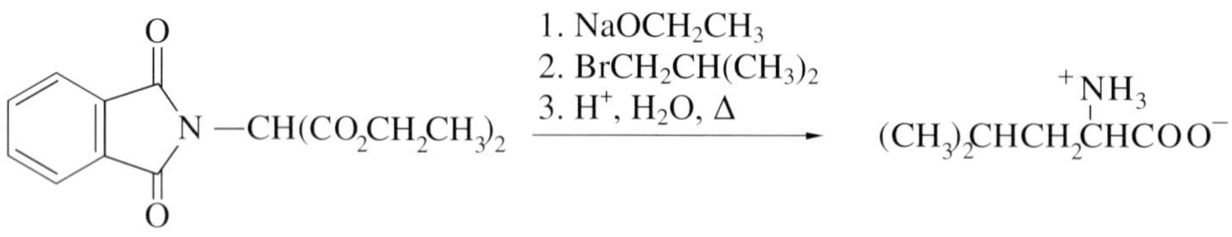

Selbst die Hell-Volhard-Zelinsky-Reaktion und nachfolgende Umsetzung mit Ammoniak eignet sich hier gut:

$$(CH_3)_2CHCH_2CH_2COOH \xrightarrow{Br_2,\ PBr_3} (CH_3)_2CHCH_2\overset{Br}{\overset{|}{C}}HCOOH \xrightarrow{NH_3,\ H_2O} (CH_3)_2CHCH_2\overset{^+NH_3}{\overset{|}{C}}HCOO$$

**(c)** Man kann auf mehreren Wegen vorgehen. Sie müssen aber erst erkennen, daß man einen Baustein mit drei Kohlenstoff-Atomen braucht, der an beiden Ende Abgangsgruppen besitzt, damit unter Ringbildung die Verknüpfung mit dem α-Kohlenstoff und dem Stickstoff der Aminogruppe erfolgen kann. Die Acetamidomalonester-Methode bietet dafür ein anschauliches Beispiel:

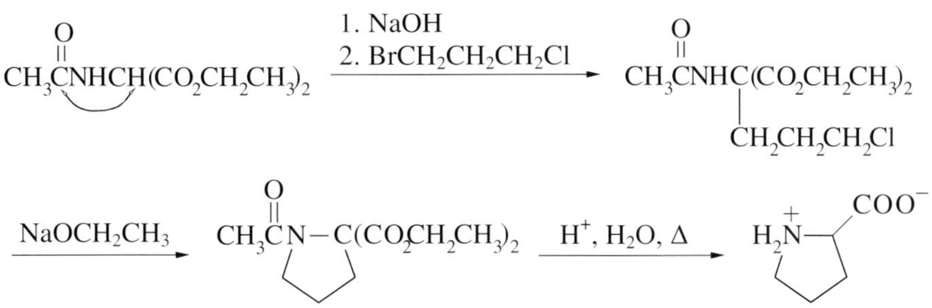

**(d)** Wir verwenden wieder die Acetamidomalonester-Methode, ersetzen aber $CH_2$=O (für die Serin-Synthese) durch $CH_3CHO$:

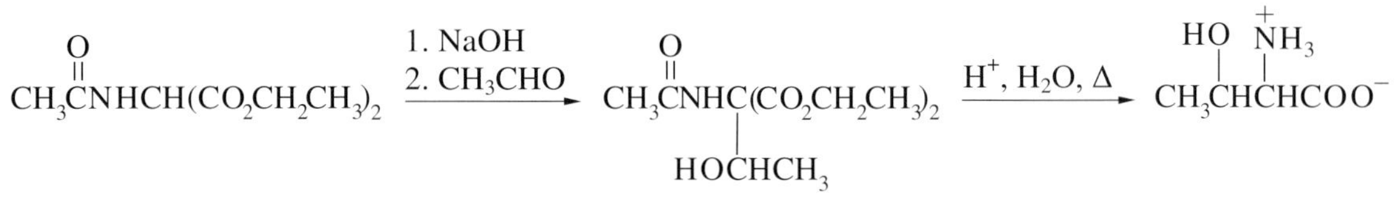

**(e)** Die zusätzliche Aminogruppe muß geschützt werden, unabhängig von der verwandten Methode. Hier ist eine Reaktionssequenz, die auf der Gabriel-Synthese aufbaut:

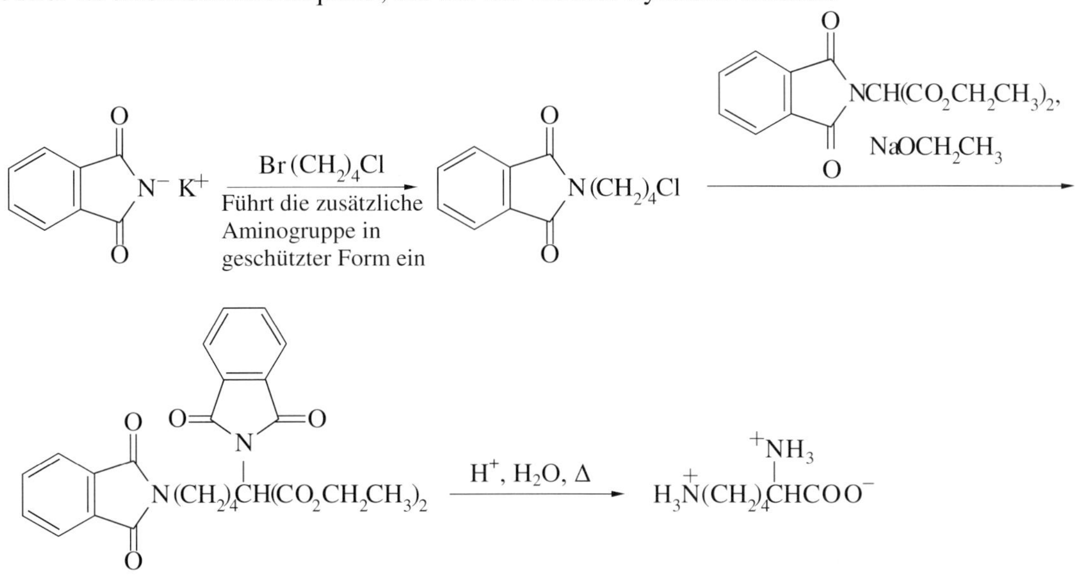

**6. (a)**

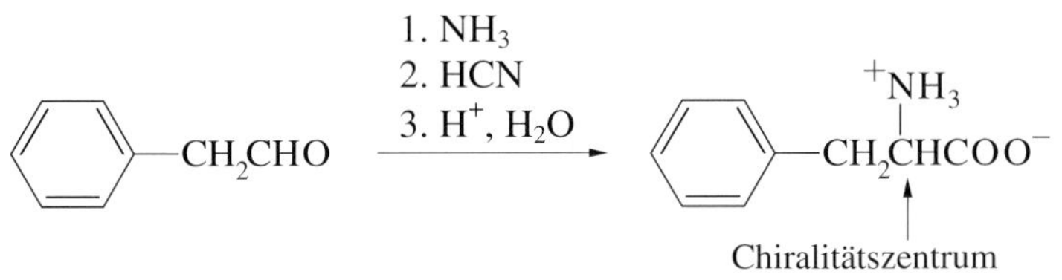

Chiral aber racemisch (d.h. nicht optisch aktiv).

**(b)** Die Verwendung eines optisch aktiven Amins (ein *S*-Enantiomer wird gezeigt) bedeutet, daß das Additionsprodukt in Wirklichkeit ein Gemisch darstellt, weil ein zweites Chiralitätszentrum entsteht, das entweder *R* oder *S* sein kann. Wir haben daher ein Gemisch von *R*,*S*- und *S*,*S*-Produkten. Da diese sich *diastereomer* zueinander verhalten, entstehen sie nicht unbedingt in gleichen Ausbeuten. In der Tat überwiegt das *S*,*S*-Produkt (dargestellt) bei weitem, und nach der Hydrolyse und Entfernung der Phenylmethyl-Gruppe in $H_2$ erhält man hauptsächlich die *S*-Aminosäure.

**7.** Allicin ist strukturell mit Cystein verwandt, welches durch Anwendung einer Variante der Acetamidomalonester-Synthese von Serin über die Sequenz -OH → –Br → SH leicht erhältlich sein sollte:

$$CH_3\overset{\overset{\displaystyle O}{\|}}{C}NHCH(CO_2CH_2CH_3)_2 \xrightarrow{\text{NaOH, }CH_2=O} CH_3\overset{\overset{\displaystyle O}{\|}}{C}NH\underset{\underset{\displaystyle HOCH_2}{|}}{C}(CO_2CH_2CH_3)_2 \xrightarrow[\text{2. }Na^+\ {}^-SH]{\text{1. }PBr_3} CH_3\overset{\overset{\displaystyle O}{\|}}{C}NH\underset{\underset{\displaystyle HSCH_2}{|}}{C}(CO_2CH_2CH_3)_2$$

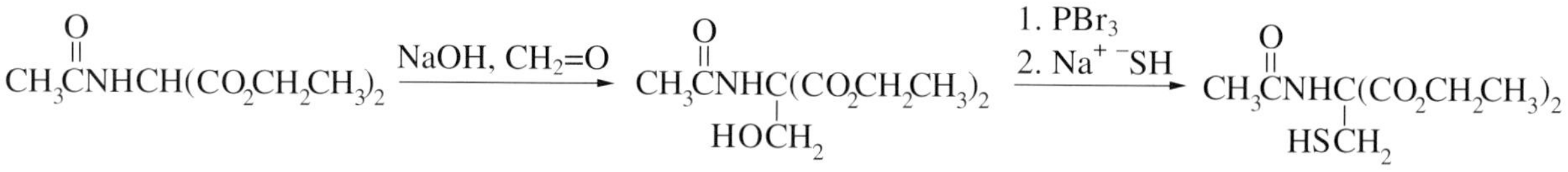

Wird dieses Produkt der Einwirkung heißer wäßriger Säure unterworfen, erhält man direkt Cystein. Sonst:

$$\xrightarrow[\text{2. }CH_2=CHCH_2Br]{\text{1. NaOH}} CH_3\overset{\overset{\displaystyle O}{\|}}{C}NH\underset{\underset{\displaystyle CH_2=CHCH_2SCH_2}{|}}{C}(CO_2CH_2CH_3)_2 \xrightarrow[\text{2. }H^+, H_2O, \Delta]{\text{1. }H_2O_2} CH_2=CHCH_2SCH_2\overset{\overset{\displaystyle O}{\|}}{C}\underset{\underset{\displaystyle NH_3^+}{|}}{}HCOO^-$$

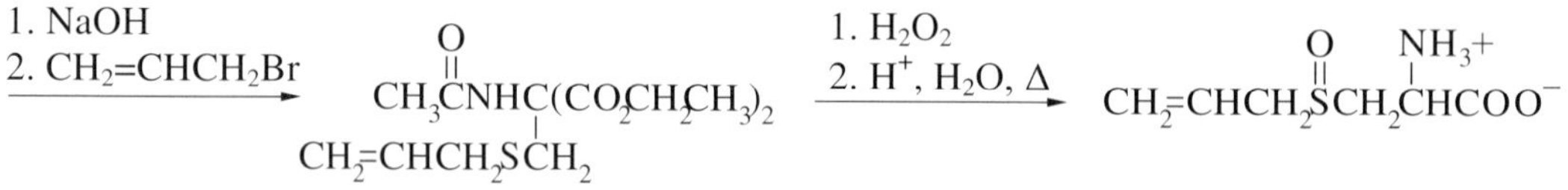

**8.** Die Alloisoleucine sind Diastereomere der Isoleucine, darum lassen sie sich durch einfaches Umkristallisieren voneinander trennen:

Gemisch $\xrightarrow[\text{2. auf 0 °C abkühlen}]{\text{1. In heißem 80\%igen Ethanol auflösen}}$
- Kristalle → (+)- und (-)-Isoleucin
- Lösung → (+)- und (-)-Alloisoleucin

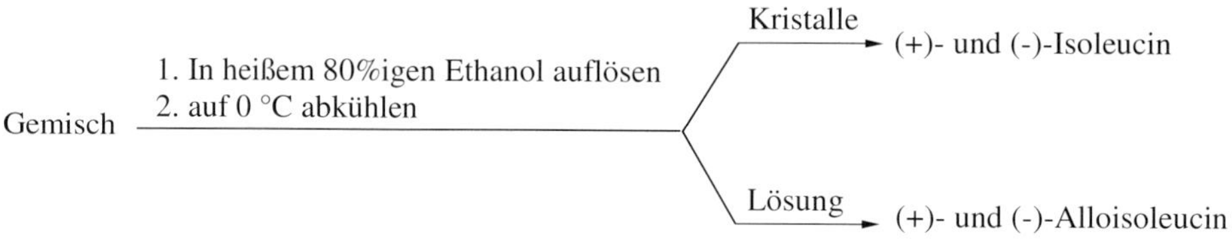

Die Trennung wird anschließend mit *jedem* einzelnen Enantiomerengemisch weitergeführt, wobei man Brucin zur Racematspaltung wie folgt einsetzt:

$$CH_3CH_2\underset{\underset{\displaystyle (+)/(-)\text{-Gemisch}}{}}{CH(CH_3)}\underset{\underset{\displaystyle NH_3^+}{|}}{C}HCOO^- \xrightarrow[\text{z.B. }R=C_6H_5]{\overset{\overset{\displaystyle O\ \ O}{\| \ \ \|}}{RCOCR,\ \Delta}} CH_3CH_2CH(CH_3)\underset{\underset{\displaystyle (+)/(-)}{}}{C}HCOOH\ \overset{\overset{\displaystyle O}{\|}}{\underset{\displaystyle RCNH}{}}$$

1. Brucin, $CH_3OH$, 0 °C
2. Trennen (Kristallisation)

- Salz der (−)-Säure
- Salz der (+)-Säure

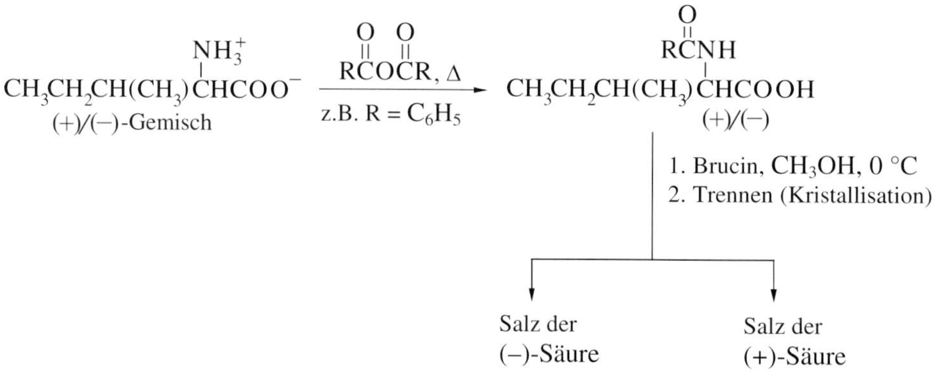

Schließlich setzt eine Behandlung mit $H^+$, $H_2O$ die einzelnen reinen Aminosäure-Enantiomere in Freiheit.

**9. (a)** Tripeptid   **(b)** Dipeptid   **(c)** Tetrapeptid   **(d)** Pentapeptid.

Peptidbindungen sind nichts anderes als Amid-Verknüpfunger $-\overset{\overset{\displaystyle O}{\|}}{C}-NH-$.

Zum Beispiel im Tripeptid **(a)**:

$$H_3N^+-\underset{\underset{\displaystyle (CH_3)_2CH}{|}}{C}H-\overset{\overset{\displaystyle O}{\|}}{C}-NH-\underset{\underset{\displaystyle CH_3}{|}}{C}H-\overset{\overset{\displaystyle O}{\|}}{C}-NH-\underset{\underset{\displaystyle HSCH_2}{|}}{C}H-COO^-$$

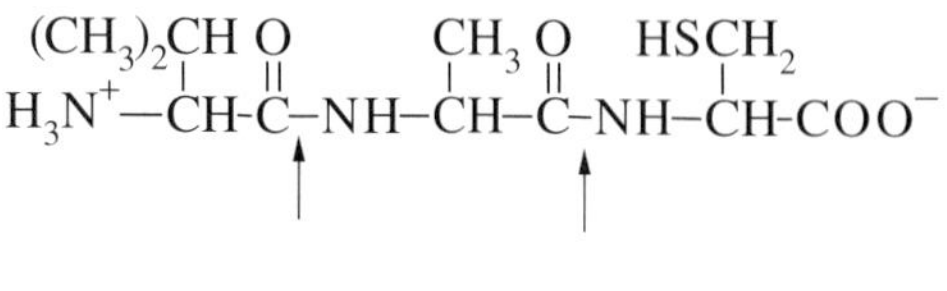

**10.** Es gilt die Übereinkunft, daß die Kurzschreibweise stets in der Weise erfolgt, daß das Ende der Peptidkette, das die freie Aminogruppe trägt, links liegt.

**(a)** Val-Ala-Cys   **(b)** Ser-Asp   **(c)** His-Thr-Pro-Lys   **(d)** Tyr-Gly-Gly-Phe-Leu.

**11.** Man bestimmt die Ladung der Aminosäure oder des Peptids bei pH 7. Negative Teilchen wandern zur Anode (A), positive zur Kathode (K) und neutrale Teilchen wandern überhaupt nicht (N).
Aminosäuren (Aufgabe **3**): **(a)** - **(e)** N, **(f)** A, **(g)** K.
Peptide (Aufgabe **9**): **(a)** N, **(b)** A, **(c)** K, **(d)** N.

**12.** Die Seitenketten sind alle klein (–H, $-CH_3$ oder $-CH_2OH$) und zum größtenteil unpolar. In den Abbildungen, insbesondere Abbildung 27.4 (b) liegen die R-Gruppen in der Faltblatt-Struktur in kleinen Kanälen zwischen den Schichten. Dort ist nur Platz für kleine Gruppen. Die unpolare Natur von fünf der sechs Gruppen ist auch in Übereinstimmung mit ihrem Standort, einem verhältnismäßig unpolaren Bereich mit wenigen Wasserstoffbrücken-bildenden Gruppen in der Nachbarschaft.

**13.** Durch ihre spiralige Gestalt sind die α-Helix-Abschnitte recht gut zu erkennen [vgl. Abbildung 27.4 (c)]. Myoglobin enthält in der Tat acht wichtige Abschnitte mit α-Helix-Struktur, die die Kennzeichnungen A-H tragen:

| α-Helix | Anzahl der Aminosäuren | α-Helix | Anzahl der Aminosäuren |
|---|---|---|---|
| A | 3-18 | E | 58-77 |
| B | 20-35 | F | 86-94 |
| C | 36-42 | G | 100-118 |
| D | 51-57 | H | 125 - 148 |

In der Abbildung sind alle Abschnitte bis auf α-Helix D (von der in dieser Perspektive nur das Kopfende zu sehen ist) leicht zu erkennen. Die vier Prolin-Bausteine befinden sich an den Enden der α-Helices oder in deren Nähe und liegen auf „Knicken" der Tertiärstruktur des Moleküls; eine Folge der besonderen Konformation des fünfgliedrigen Rings:

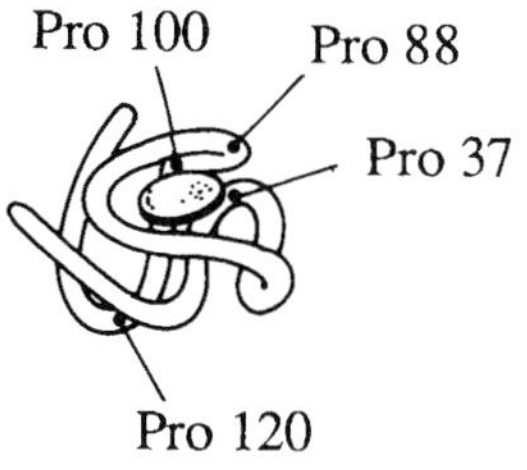


**14.** Mit Ausnahme der beiden Histidin-Bausteine, die mit dem an Häm gebundenen Eisen-Atom verknüpft sind, nehmen alle anderen polaren Seitenketten Lagen ein, in denen sie mit den Lösungsmittelmolekülen (Wasser) Wasserstoffbrücken-Bindungen eingehen können. Dagegen befinden sich alle unpolaren Seitenketten im Inneren und kommen so nicht in Berührung mit polaren Lösungsmittelmolekülen.

**15. (a)** Die Faltblatt-Struktur wird von Aminosäuren mit kleinen unpolaren Seitenketten bevorzugt und kann praktisch keine Wasserstoffbrücken-Bindungen zu einem polaren Lösungsmittel wie Wasser ausbilden (Aufgabe **12**).

**(b)** In globulären Proteinen sind die polaren Seitenketten dem Lösungsmittel ausgesetzt und machen das ganze Molekül löslich (Aufgabe **14**). Ähnliche Verhältnisse beobachten wir in Seifenmicellen, in denen sich die polaren Gruppen auf der Oberfläche befinden und für die Wasserlöslichkeit sorgen, während sich nichtpolare Gruppen im Inneren aufhalten.

**(c)** Wird die Tertiärstruktur eines globulären Proteins zerstört, dann werden die unpolaren Seitenketten der Aminosäuren dem polaren Lösungsmittel ausgesetzt und verringern stark die Löslichkeit des Proteinmoleküls als solchen.

**16.** (1) Spalten Sie die Disulfid-Brücke mit $HCO_3H$. (2) Einen Teil der Probe unterwerfen Sie einer erschöpfenden Hydrolyse (HCl mit $c = 6\ \text{mol}\ L^{-1}$, 110 °C, 24 h) und bestimmen die Aminosäuren und ihre Mengenverhältnisse mit einem Aminosäuren-"Analysator". (3) Führen Sie mit einer weiteren Substanzprobe eine Sequenzanalyse durch wiederholten Abbau nach Edman aus. Da es sich insgesamt nur um neun Aminosäuren handelt, kann die gesamte Kette auf diese Weise sequenziert werden.

**17. (a)** 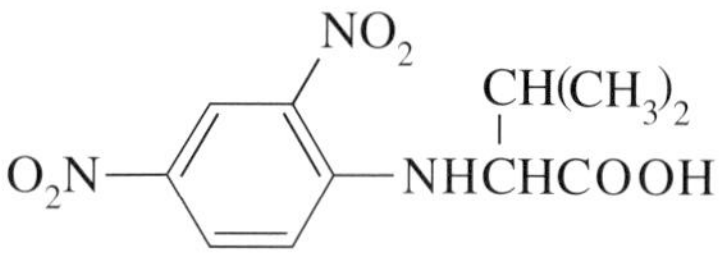 + Ala, Cys

**(b)** 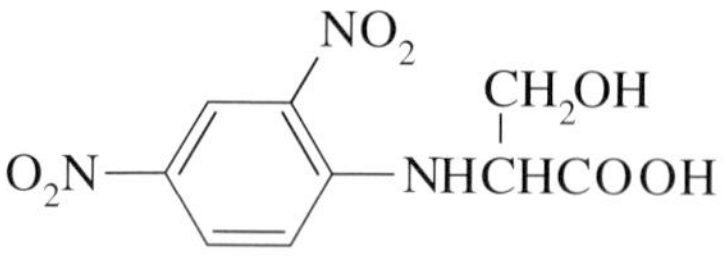 + Asp

**(c)** 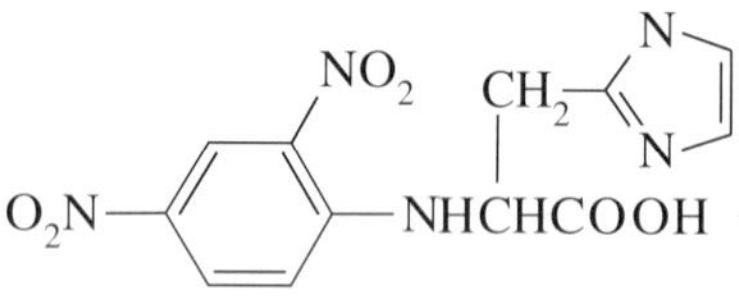 + Thr, Pro, Lys

**(d)** 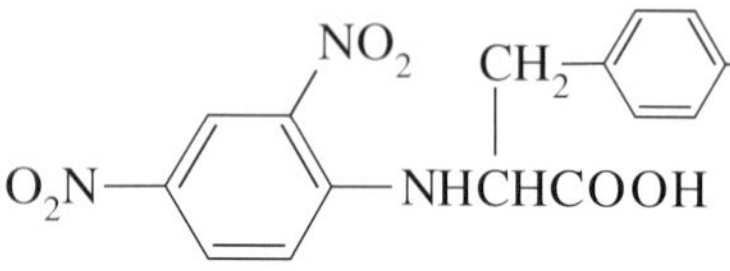 + 2 Gly, Phe, Leu

**18.** Da es sich um ein cyclisches Peptid handelt, führt keines der Verfahren zu normalen Ergebnissen. Sangers Reagenz reagiert mit den „zusätzlichen" Aminogruppen der beiden Ornithin-Bausteine. Nach der Hydrolyse erhält man

2 mol 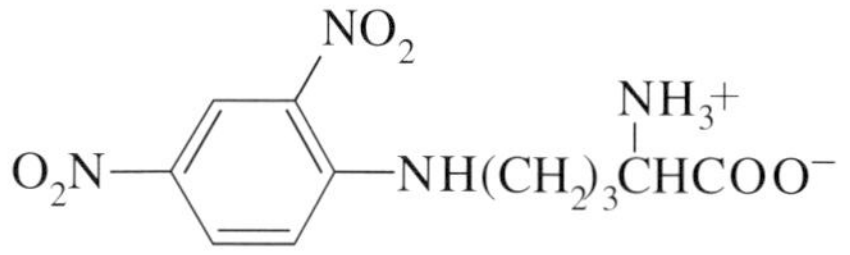

und jeweils 2 mol Leu, R-Phe, Pro und Val. Der Edman-Abbau führt einfach zu Thioharnstoff-Derivaten an den beiden Orn-Aminogruppen:

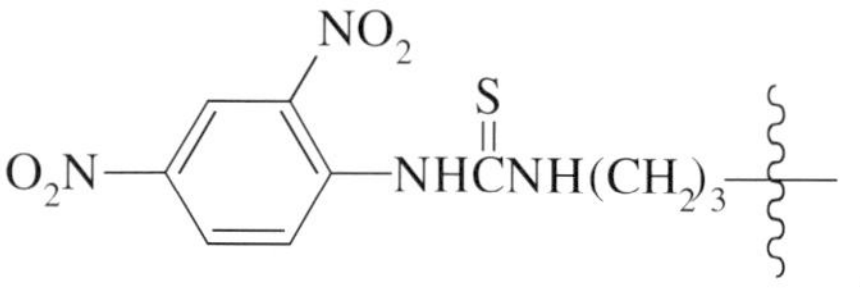

Da es keine α-Aminogruppe gibt, die reagieren kann, werden durch die schonende Behandlung mit Säure keinerlei Bindungen im Produkt gespalten, und das cyclische Polypeptid bleibt intakt.

**19.** Aus der Anwendung von Sangers Reagenz folgt, daß die „erste" (N-terminale) Aminosäure Arg ist. Die erschöpfende Hydrolyse ergibt eine Gesamtzahl von neun Aminosäuren. Wir ziehen jetzt die vier Fragmente der unvollständigen Hydrolyse heran, wobei wir wissen daß das Peptid mit Arg (oben) beginnt, darum muß als erstes das Fragment Arg-Pro-Pro-Gly am Anfang stehen. Es liegt nur ein Gly vor, darum ist das letzte Gly dieses Tetrapeptids das gleiche, das auch am Beginn des Tripeptid-Fragments Gly-Phe-Ser steht. Durch Überlappung aller Fragmente und mit ähnlichen Argumentationen können wir zur Lösung kommen. Da z.B. nur ein Ser vorliegt, muß das letzte Ser in dem oben genannten Tripeptid das gleiche sein wie das erste in Ser-Pro-Phe. Wir haben bis jetzt:

```
1   2   3   4   5   6   7   8
Arg-Pro-Pro-Gly
            Gly-Phe-Ser
                    Ser-Pro-Phe
```

Das letzte Fragment, Phe-Arg, befindet sich eindeutig am Ende und überlappt das Phe in Position 8. Darum lautet die Antwort:

Arg-Pro-Pro-Gly-Phe-Ser-Pro-Phe-Arg.

**20. (a)** Wenn sich durch Spaltung einer S–S-Brücke eines Peptids nicht 2 Einzelketten ergeben, dann müssen offensichtlich die beiden Schwefel-Atome in 2 Cys-Bausteinen einer *einzigen* Peptid-Kette enthalten sein:

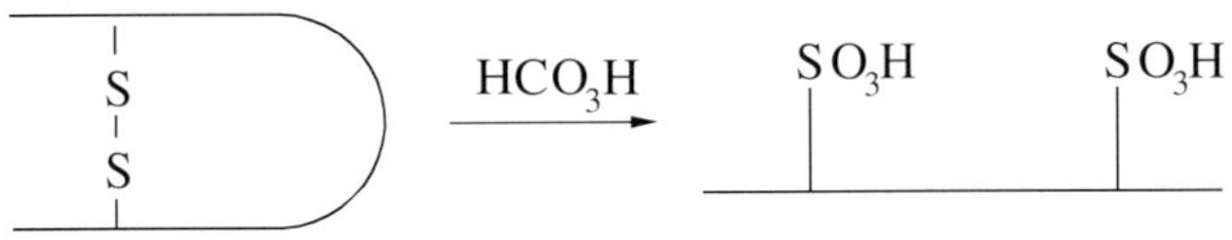

**(b)** *Trypsin* spaltet erst nach Arg oder Lys. Das erste und das dritte Peptid enden mit Lys, aber das zweite endet mit Cys(SO₃H). Da Trypsin *nicht* nach Cys(SO₃H) spalten sollte, besteht die einzige Möglichkeit für ein Bruchstück mit Cys(SO₃H) am Ende darin, daß das ganze Peptid mit Cys(SO₃H) endet:

$$\text{Spalten} \quad \text{Spalten}$$

$$\underline{\phantom{xx}}\text{Lys} - \text{Lys} - \text{Cys(SO}_3\text{H)} \xrightarrow{\text{Trypsin}} \underline{\phantom{xx}}\text{Lys} + \underline{\phantom{xx}}\text{Lys} + \underline{\phantom{xx}}\text{Cys(SO}_3\text{H)}$$

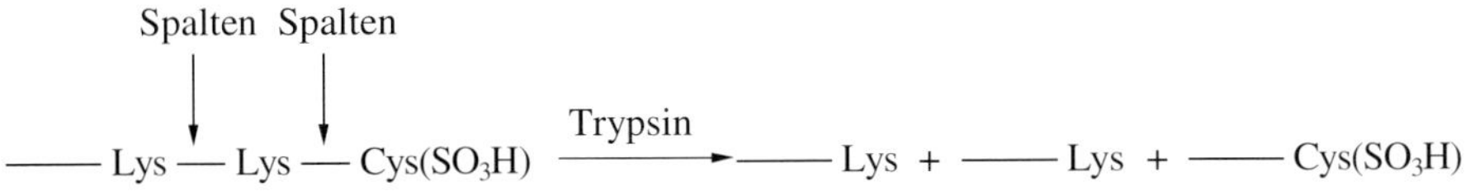

Somit *endet* das Peptid mit Thr-Phe-Thr-Ser-Cys.

**(c)** *Chymotrypsin* spaltet nach Phe, Trp und Tyr und ergibt andersartige Peptid-Fragmente. Jetzt besteht die Aufgabe darin, die Bruchstücke der Hydrolyse von Trypsin mit denen der Hydrolyse von Chymotrypsin zu überlappen:

Diese Überlappung führt zur Lösung

Trp-Phe-Thr-Ser-Cys (Trypsin-Fragment)

Ala–Gly–Cys–Lys–Asn–Phe

Lys-Thr-Phe-Thr-Ser-Cys (Chymotrypsin)

Ala–Gly–Cys–Lys–Asn–Phe-Phe-Trp-Lys

(wieder Trypsin)

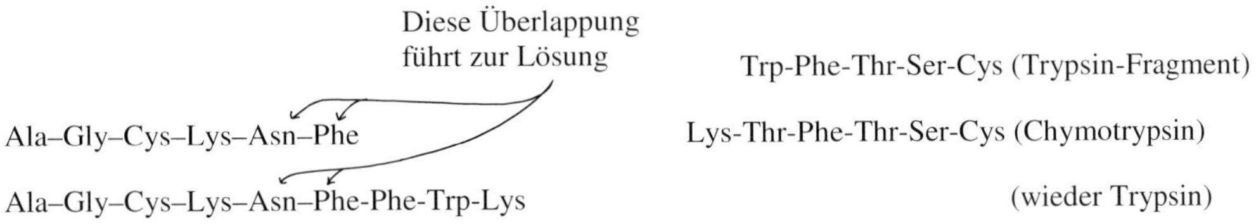

Darum lautet die Antwort:

Ala–Gly–Cys–Lys–Asn–Phe–Phe–Trp–Lys–Thr–Phe–Thr–Ser–Cys

$$\underline{\phantom{xxxxxxx}}\text{S}\!-\!\text{S}\underline{\phantom{xxxxxxxxxxx}}$$

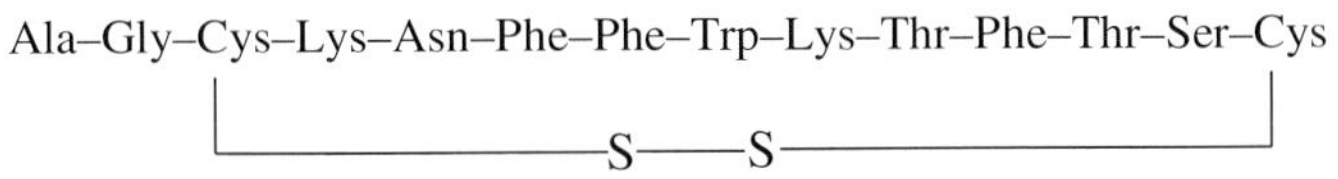

**21.** In der Reihenfolge des Auftretens

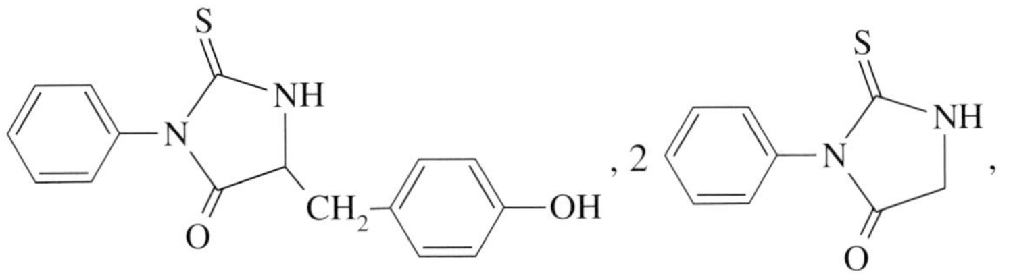

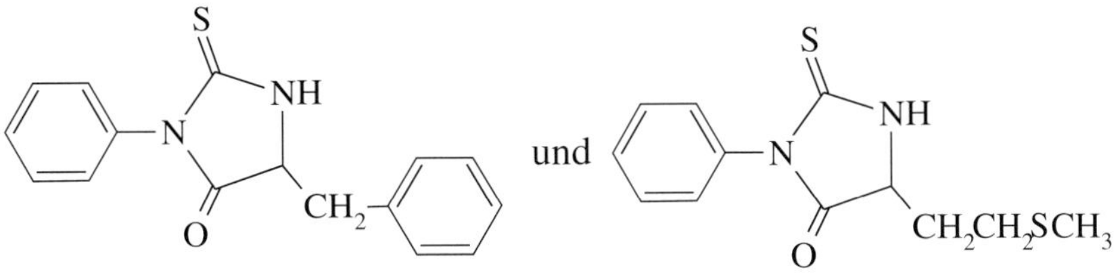

Das letzte von Leu-Enkephalin herrührende Produkt würde sein:

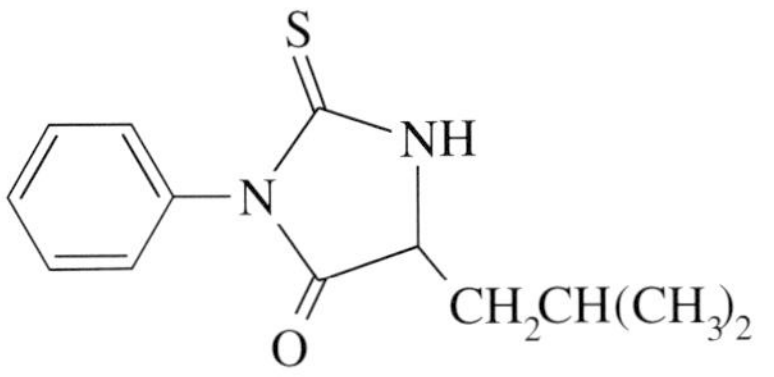

**22.** Wie in Aufgabe **20** halte man zuerst Ausschau nach einem Bruchstück, das mit einer Aminosäure endet, an deren Stelle keines der Enzyme spaltet. Alle *Chymotrypsin*-Bruchstücke enden auf Phe, Trp oder Tyr, das hilft also nicht weiter. Die Ergebnisse der *Trypsin*-Spaltung sind nützlicher: Es spaltet erst nach Arg oder Lys, somit muß das 18-Aminosäuren-Fragment, das auf Phe endet, sich auch am Ende des intakten Hormons befinden: Jetzt gilt es, die Bruchstücke zusammenzufügen. Beginnen Sie mit diesem Endstück der Trypsin-Hydrolyse und überlappen Sie es mit den Chymotrypsin-Bruch-stücken:

(Trypsin-Bruchstück) Val-Tyr-Pro-Asp-Ala-Gly-Glu-Asp-Gln-Ser-Ala-Glu-Ala-Phe-Pro-Leu-Glu-Phe
(Chymotrypsin-Bruchstücke) Pro-Asp-Ala-Gly-Glu-Asp-Gln-Ser-Ala-Glu-Ala-Phe Pro-Leu-Glu-Phe

Suchen Sie jetzt ein Chymotrypsin-Bruchstück, das mit dem Val-Tyr-Frontende des Trypsin-Fragments überlappt und setzen Sie dann das Verfahren fort bis zum N-terminalen Ende (dem „Anfang") des ganzen Hormons:

Ser-Tyr-Ser-Met-Glu-His-Phe-Arg Trp-Gly-Lys Pro-Val-Gly-Lys Pro-Val-Lys Val-Tyr-
Ser-Tyr Ser-Met-Glu-His-Phe Arg-Trp Gly-Lys-Pro-Val-Gly-Lys-Lys-Arg-Arg-Pro-Val-Lys-Val-Tyr

Die vollständige Antwort kann direkt abgelesen werden, indem man mit dem Ser-Tyr- oben beginnt und Val-Tyr mit dem großen Trypsin-Bruchstück überlappt und dann weiter zum Ende geht:

Ser-Tyr-Ser-Met-Glu-His-Phe-Arg-Trp-Gly-Lys-Pro-Val-Gly-Lys-Lys-Arg-Arg-
Pro-Val-Lys-Val-Tyr-Pro-Asp-Ala-Gly-Glu-Asp-Gln-Ser-Ala-Glu-Ala-Phe-Pro-Leu-Glu-Phe

**23. (a)** *Thermolysin* spaltet *vor* Leu, Ile und Val, somit muß die mit His beginnende Kette 'B' am *Anfang* des *ganzen Hormons* stehen.
Chymotrypsin spaltet nicht Peptid A, darum muß das Phe in ihm an seinem Ende stehen (sonst hätte Chymotrypsin es nach Phe gespalten). Wir wissen vom Sanger-Abbau her, daß A mit Leu beginnt. Wir können daher die Clostripain-Bruchstücke zusammenfügen und zur vollständigen Struktur von Peptid A gelangen:

Sanger ↓ muß am Ende stehen ↓
Leu-Asp-Ser-Arg Arg Ala-Gln-Asp-Asp (Clostripain-Fragmente)
somit ist Leu-Asp-Ser-Arg-Arg-Ala-Gln-Asp-Asp Peptid A

Da B mit His beginnt (Sanger), erweitern die Chymotrypsin-Ergebnisse unser Wissen bis zum folgenden Stand:

His-Ser-Gln-Gly-Thr-Phe ( Ser-Lys-Tyr / Thr-Ser-Asp-Tyr ) Peptid B
↑
Reihenfolge unbekannt

**(b)** Das Trypsin-Bruchstück überlappt mit den ersten vier Aminosäuren des Peptids A, darum erfahren wir daraus, daß es sich bei der unmittelbar vor dem Anfang von Peptid A stehenden Aminosäure um Tyr handelt. Da dieses ein Bruchstück ist, daß sich aus der *Trypsin*-Hydrolyse ergibt, muß dieses Tyr entweder auf Lys oder Arg folgen (dies sind die „Orte" der Trypsin-Hydrolyse). Jetzt müssen wir nach Tyr-Bausteinen an den Enden anderer Fragmente Ausschau halten, um einen zu finden, der auf Lys oder Arg folgt. Als einziges kommt ein Tyr in Frage, das auf Lys in einem der Bruchstücke von Peptid B folgt. Dieses muß sich offensichtlich am Ende von Peptid B befinden, das sich an den Anfang von Peptid A anschließt, somit kennen wir jetzt die korrekte Reihenfolge im Peptid B:

His-Ser-Gln-Gly-Thr-Phe-Thr-Ser-Asp-Tyr-Ser-Lys-Tyr ist Peptid B

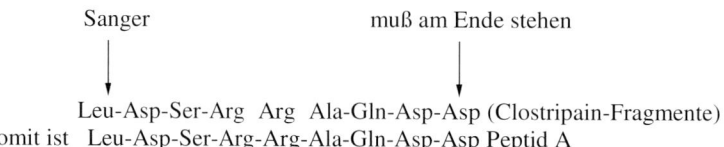

Bis hierher wissen wir folgendes von dem Hormon:

$$\underbrace{\text{His-...-Tyr-}}_{\text{Peptid B}}\underbrace{\text{Leu-...-Phe-}}_{\text{Peptid A}}\left(\begin{array}{c}\text{Val-Gln-Tyr}\\ \text{Leu-Met-Asn-Thr}\end{array}\right)$$

unbekannte Reihenfolge

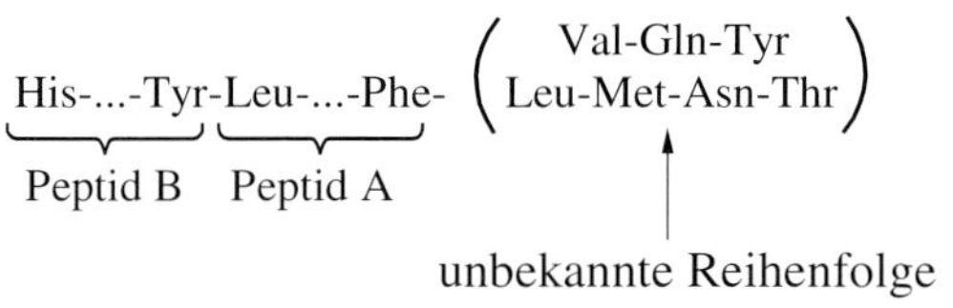

**(c)** Da Chymotrypsin Leu-Met-Asn-Thr aus dem Hormon freimacht und Chymotrypsin *nicht* nach Thr spalten dürfte, muß sich dieses Fragment am Ende des ganzen Moleküls befinden.
Somit lautet die Antwort:

His-Ser-Gln-Gly-Thr-Phe-Thr-Ser-Asp-Tyr-Ser-Lys-Tyr-Leu-Asp-Ser-Arg-
Arg-Ala-Gln-Asp-Phe-Val-Gln-Tyr-Leu-Met-Asn-Thr

**24.** Folgen Sie dem Beispiel von Übung 26.10 und beginnen Sie an dem Carboxy-terminalen Ende:

1. Phe + $(CH_3)_3COCOCOC(CH_3)_3$ $\longrightarrow$ Boc-Phe (N-geschütztes Phe)

2. Leu $\xrightarrow{CH_3OH,\ H^+}$ Leu–OCH$_3$  (Methylester: Carboxy-geschütztes Leu)

3. Boc–Phe + Leu–OCH$_3$ $\xrightarrow{DCC}$ Boc-Phe-Leu–OCH$_3$ $\xrightarrow{\text{verd. } H^+}$ Phe–Leu–OCH$_3$

4. Gly + $(CH_3)_3COCOCOC(CH_3)_3$ $\longrightarrow$ Boc–Gly (N-geschütztes Gly)

5. Boc–Gly + Phe–Leu–OCH$_3$ $\xrightarrow{DCC}$ Boc–Gly–Phe–Leu–OCH$_3$ $\xrightarrow{\text{verd. } H^+}$ Gly-Phe–Leu–OCH$_3$

6. Boc–Gly wieder + Gly–Phe–Leu–OCH$_3$ $\xrightarrow{DCC}$ Boc–Gly–Phe–Leu–OCH$_3$

$\xrightarrow{\text{verd. } H^+}$ Gly–Gly–Phe–Leu–OCH$_3$

7. Tyr + Überschuß $(CH_3)_3COCOCOC(CH_3)_3$ $\longrightarrow$ Boc–Tyr (Tyr am N und phenolischem O geschützt)

8. Boc–Tyr + Gly–Gly–Phe–Leu–OCH$_3$ $\xrightarrow{DCC}$ Boc–Tyr–Gly–Gly–Phe–Leu–OCH$_3$

$\xrightarrow{\begin{array}{l}1.\ H^+,\ H_2O\\ 2.\ HO^-,\ H_2O\end{array}}$ Tyr–Gly–Gly–Phe–Leu  (= Leu-Enkephalin)

**25.** 1. His $\xrightarrow{Cbz–Cl}$ Ring-geschütztes (Cbz)His $\xrightarrow{(CH_3)_3COCOCOC(CH_3)_3}$ Amin
N-geschütztes Boc-(CBz)His

Hier sollen *beide* reaktiven Stickstoffe von His auf verschiedene Weise blockiert werden.
Die Boc-Gruppe wird später mit Säure abgespalten, damit eine Peptid-Bindung geknüpft werden kann, während der Ring-Stickstoff mit Cbz geschützt bleibt.

2. Pro $\xrightarrow{CH_3OH,\ H^+}$ Pro–OCH$_3$ (Carboxy-geschütztes Pro)

3. Boc–(Cbz)His + Pro–OCH$_3$ $\xrightarrow{DCC}$ Boc–(Cbz)His–Pro–OCH$_3$ $\xrightarrow{\text{verd. } H^+}$
(Cbz)His–Pro–OCH$_3$

4. Glu $\xrightarrow{135\text{-}140\ °C}$ Pyroglutaminsäure (Aminogruppe ist jetzt ein Amid – somit ist kein weiterer Schutz erforderlich)

5. Pyroglutaminsäure + (Cbz)His-Pro–$OCH_3$ $\xrightarrow{DCC}$ Pyroglutamoyl–(Cbz)His–Pro–$OCH_3$

$\xrightarrow{1.\ H^-,\ H_2O;\ 2.\ DCC;\ 3.\ NH_3}$ Pyroglutamoyl–(Cbz)His–Pro–$NH_2$ $\xrightarrow{H_2,\ Pd}$ TRH

**26.** Ja: Die zweite Carboxyl-Gruppe im Asp stellt ein Problem dar. Es muß eine Methode gefunden werden, um diese „zusätzliche" –COOH-Gruppe selektiv zu schützen, gleichzeitig soll die andere –COOH-Gruppe frei sein, damit eine Peptid-Bindung geknüpft werden kann. Andere Aminosäuren, die Probleme verursachen, sind aus dem gleichen Grunde Glu und, wegen seiner „zusätzlichen" Aminogruppe, Lys. Auch sie müssen in Peptidsynthesen selektiv geschützt werden.

**27. (a)** C:

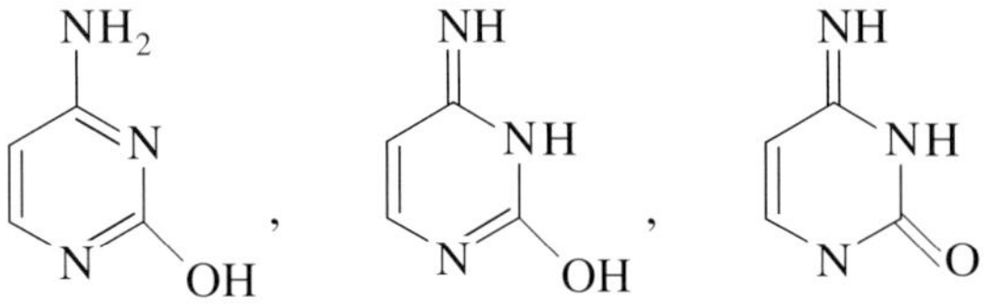

T:

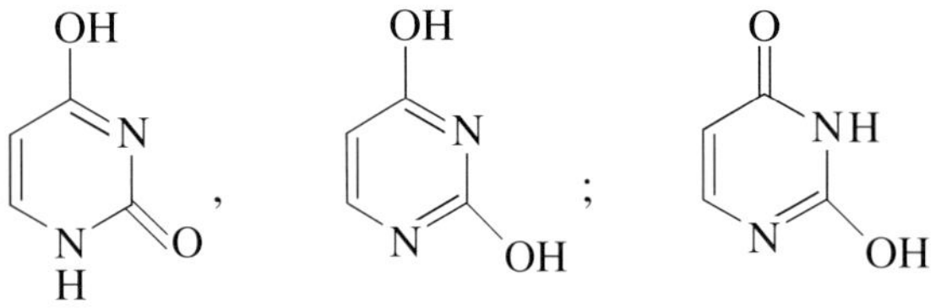

A:

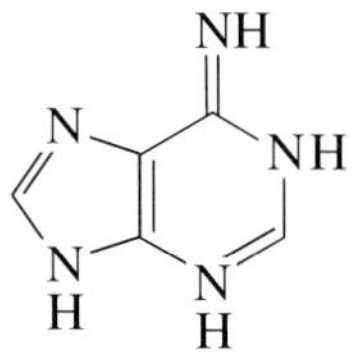

G:

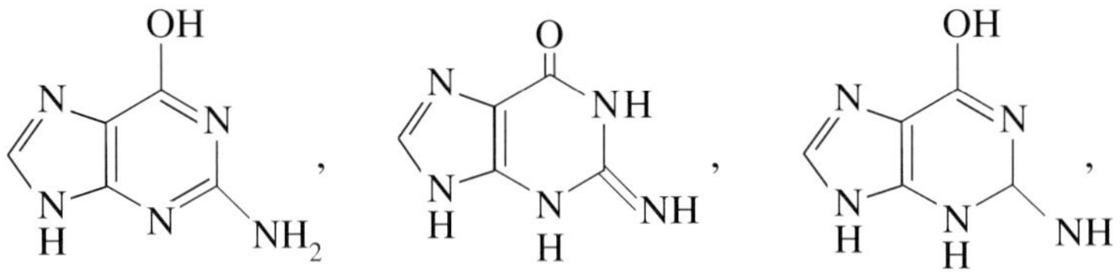

**(b)** C:

Imin A:

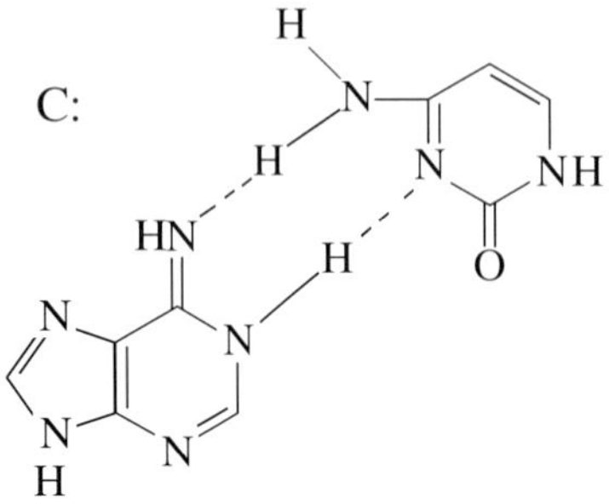

Durch diese Misspaarung wird A *scheinbar* zu G (es paart mit C anstatt mit einem U).

**(c)** Aminosäuren: Tyr-Gly-Gly-Phe-Met.

Mögliche Codons: AUG-(U)AC-GGA-GGA-UUU-AUG-UGA

Würde ein A im DNS-Strang sich versehentlich mit C anstatt mit U bei der Synthese dieser m-RNA an der eingekreisten Stellung paaren, erhielten wir CAC anstelle von UAC, welches für His anstatt Tyr kodiert. Das dann synthetisierte Peptid würde His-Gly-Gly-Phe-Met sein.

**28.** $2332 \times 3 + 3$ (Initiatior-Codons) + 3 (Terminations-Codons) = 7002.

**29. (a)**

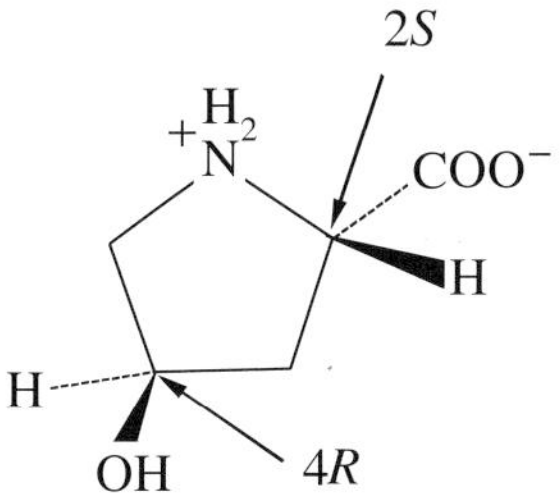


**(b)** (i) 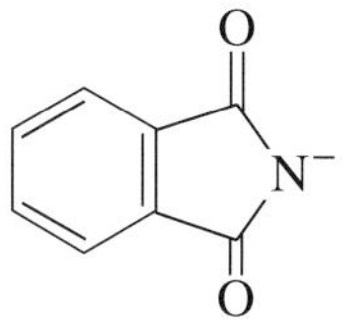 $K^+$; (ii) 1. $H^+$, $H_2O$, Δ; 2. $HO^-$, $H_2O$, Δ.

Mechanismen:

(i)

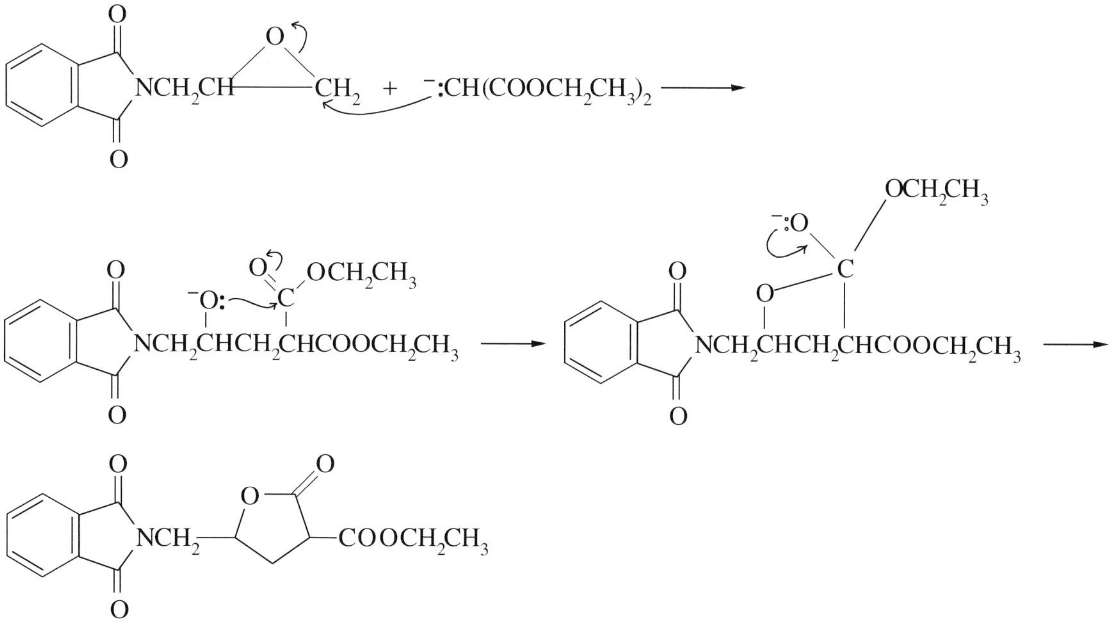

(ii)

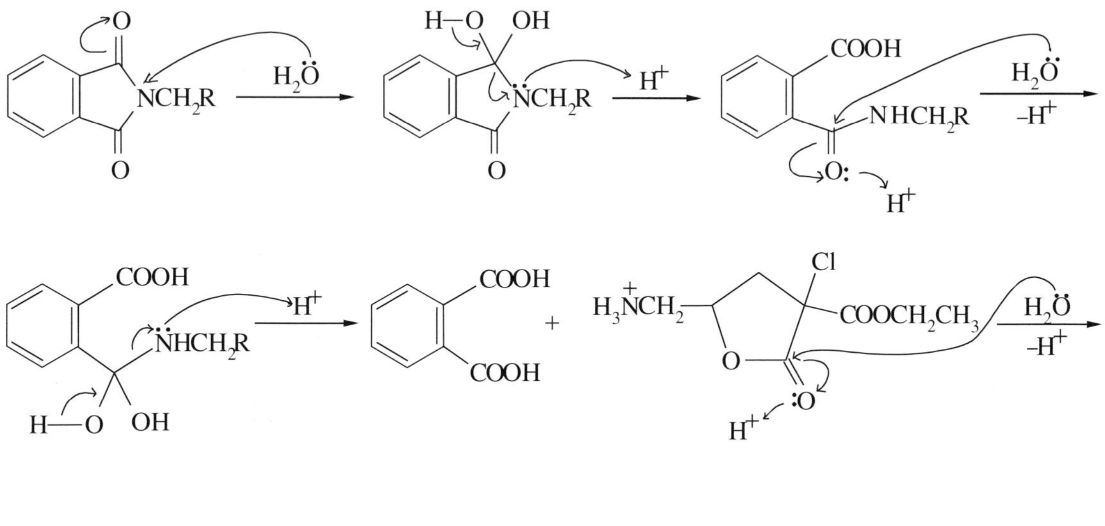

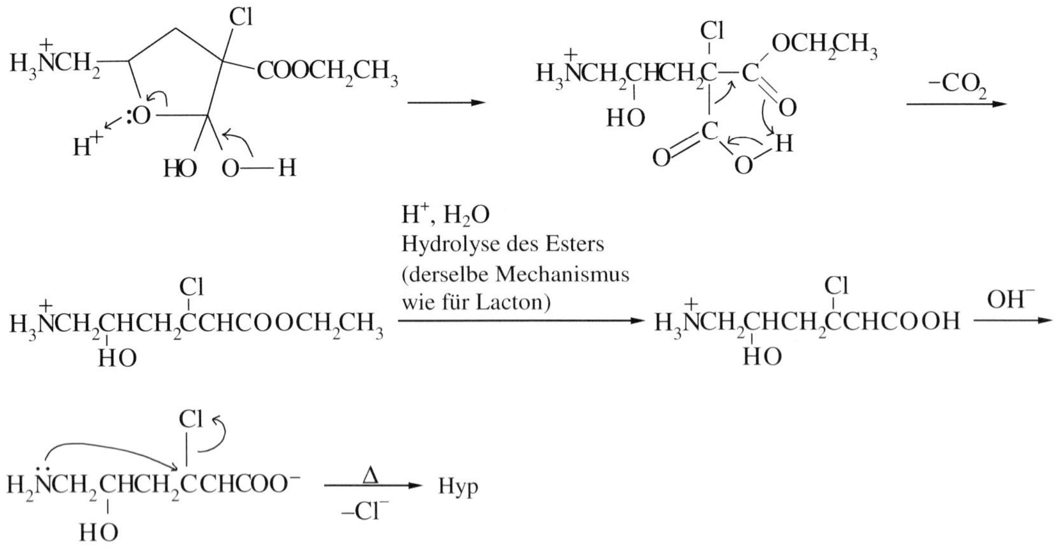


**(c)** In der Tabelle ist kein Codon für Hyp enthalten. Freies Hyp spielt für die Synthese von Collagen im Körper keine Rolle, weil der Körper nicht in der Lage ist, freies Hyp in Peptid-Ketten einzubauen. Gelatine liefert eine Menge Pro, darum ist sie in dieser Hinsicht wertvoll, aber sie ersetzt nicht das für die Biosynthese von Collagen unentbehrliche Vitamin C.

**30. (a)** AUG-GUG-CAC-CUG-ACU-CCU-GAG-GAG-AAG-usw.
Val-His- Leu- Thr- Pro- Glu- Glu- Lys-usw.
↗
Initiation

**(b)** GAG → GUG, codiert jetzt für Val.

**(c)** Durch den Ersatz von Glu, einer polaren Aminosäure (anionisch bei pH 7), durch Val, einer unpolaren Aminosäure (neutral bei pH 7), wird die Polarisierbarkeit des Moleküls vermindert, und es wird weniger wasserlöslich. Da das unpolare Val sich bevorzugt im Inneren des Moleküls aufhält (und es eine Aminosäure ersetzt, die nach außen in das Wasser gerichtet war), ändert sich die Gestalt des Moleküls (d.h. die Tertiärstruktur). Diese Änderung ist besonders verhängnisvoll, weil diese Substitution praktisch zu Beginn des ersten langen α-Helixabschnitts im Molekül erfolgt. Das Ergebnis ist ein defektes Hämoglobin, das zur Bildung unlöslicher Klumpen neigt, die die Blutgefäße verstopfen können und allgemein die Fähigkeit des Bluts zum Sauerstofftransport herabsetzen.

**31.**

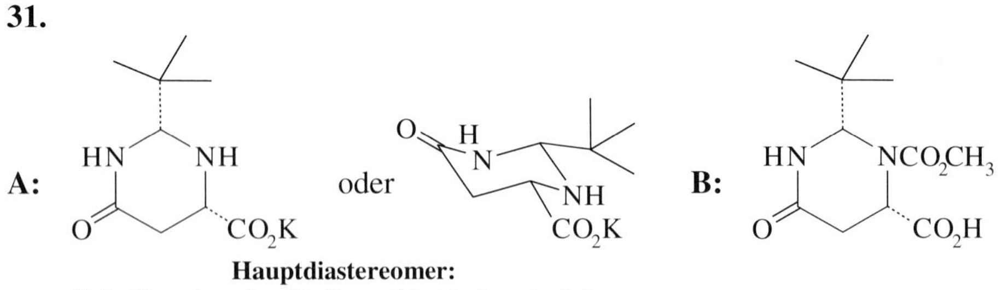


**Hauptdiastereomer:**
**Substituenten *cis*-ständig und beide äquatorial**

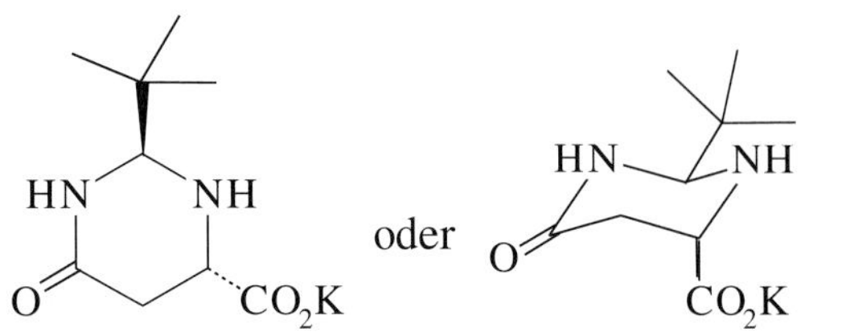


**Hauptdiastereomer:**
**Substituenten *trans*-ständig und nur tert-Butyl äquatorial**

C:

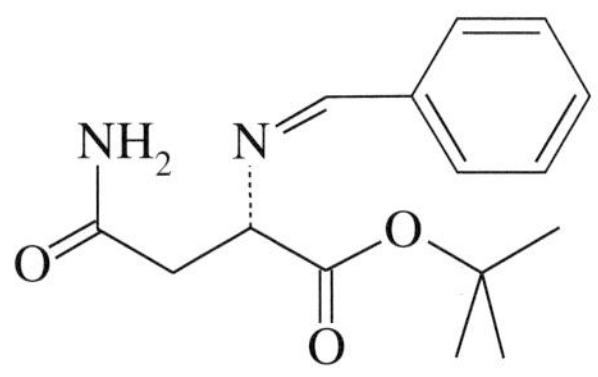


ein Imin

D:

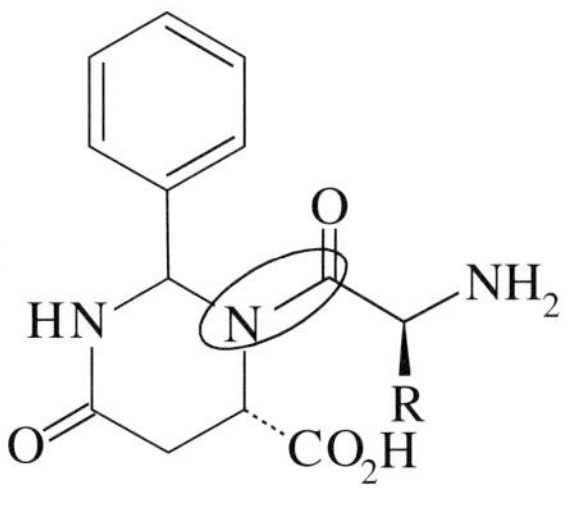